www.kuhminsa.com

산업안전 산업기사

필기

www.kuhminsa.com

한발 앞서는 출판사 구민사

KUH
MIN
SA

#604, Mullaebuk-ro 116, Yeongdeungpo-gu
Seoul, Republic of Korea

T. 02 701 7421
F. 02 3273 9642

Email kuhminsa@kuhminsa.co.kr

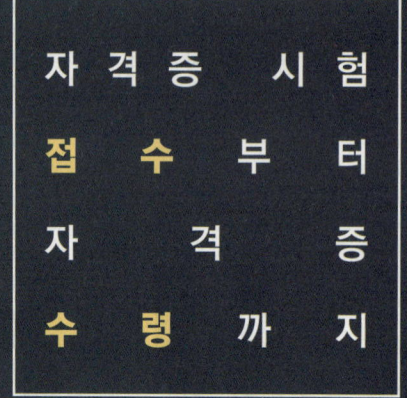

자격증 시험 접수부터 자격증 수령까지

필기원서접수
큐넷 회원 가입 후
(www.q-net.or.kr)
인터넷 접수만 가능
사진 파일, 접수비
(인터넷 결제) 필요
응시자격 요건
반드시 확인할 것

필기시험
입실 시간 미준수 시
시험 응시 불가
준비물 : 수험표,
신분증, 필기구 지참

합격여부확인
큐넷 사이트에서 확인
(www.q-net.or.kr)

실기원서접수
큐넷 회원 가입 후
(www.q-net.or.kr)
응시 자격 서류는
**실기시험 접수기간
(4일 내)** 에 제출
해야만 접수 가능

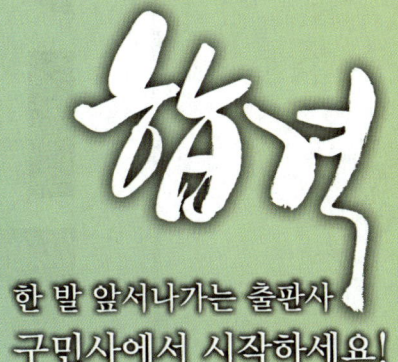

한 발 앞서나가는 출판사
구민사에서 시작하세요!

실기시험

필답형과 작업형으로 분류. 원서 접수 시 선택한 장소와 시간에 맞게 시험을 봅니다.
준비물 : 수험표, 신분증, 필기구 지참!

합격여부확인

큐넷 사이트에서 확인 (www.q-net.or.kr)

자격증신청

방문 or 인터넷 신청 가능. 방문 신청 시 신분증, 발급 수수료 지참할 것

자격증수령

방문 or 등기 우편 수령 가능. 등기비용을 추가하면 우편으로 받을 수 있습니다.

산업안전특강
카페 이용방법

STEP 01 무료 동영상+핸드북까지 주는 최쌤의 산업안전 필기책을 구입한다

STEP 02 최쌤과 함께하는 [산업안전특강] 네이버 카페에 가입한다

STEP 03 카페에서 도서인증 후 무료동영상을 마음껏 시청한다

STEP 04 궁금한 점은 [산업안전특강] 네이버 카페를 통해 질의응답 한다

STEP 05 시험장을 갈 때에는 꼭 **핸드북**과 **합격 페이퍼**를 가져가도록 한다

cafe.naver.com/sanupanjeon

100 DAY PLAN

D-60

전기 및 화학설비 안전 관리
건설공사 안전 관리

- **STEP 01** 동영상강의 듣기(5강좌 + 7강좌)
- **STEP 02** 교재내용 검토(이해가 안 되어도 읽기)
- **STEP 03** 교재의 과목별 예상문제 풀이
  (이해가 안 되어도 읽기)

D-20

5과목 공통

- **STEP 01** 교재의 과목별 "핵심요약" 내용 확인
  (암기하기)
- **STEP 02** 모의고사 풀이
- **STEP 03** 기출문제 풀이 후 틀린 문제 체크

한 국 산 업 인 력 공

D-100
산업재해 예방 및 안전보건교육
인간공학 및 위험성 평가 · 관리

- **STEP 01** 동영상강의 듣기(12강좌 + 7강좌)
- **STEP 02** 교재내용 검토(이해가 안 되어도 읽기)
- **STEP 03** 교재의 과목별 예상문제 풀이

D-80
기계 · 기구 및 설비 안전 관리
전기 및 화학설비 안전 관리

- **STEP 01** 동영상강의 듣기(7강좌 + 5강좌)
- **STEP 02** 교재내용 검토(이해가 안 되어도 읽기)
- **STEP 03** 교재의 과목별 예상문제 풀이

D-40
산업재해 예방 및 안전보건교육
인간공학 및 위험성 평가 · 관리
기계 · 기구 및 설비 안전 관리

- **STEP 01** 교재의 별표내용 다시 확인(암기하기)
- **STEP 02** 2년치 과년도 기출문제풀이
- **STEP 03** 기출문제 풀이 후 틀린 문제 체크

D-30
전기 및 화학설비 안전 관리
건설공사 안전 관리

- **STEP 01** 교재의 별표내용 다시 확인(암기하기)
- **STEP 02** 2년치 과년도 기출문제풀이
- **STEP 03** 기출문제 풀이 후 틀린 문제 체크

D-10
5과목 공통

- **STEP 01** 기출문제 & 모의고사 중 틀린 문제 다시 풀이(3회 반복)
- **STEP 02** 문제 풀이 후 틀린 문제 체크
- **STEP 03** 간략하게 정오노트 만들어 틀린 문제 이해하기

D-3
5과목 공통

- **STEP 01** 기출문제 & 모의고사 풀이 중 최종 틀린문제 다시 확인(2회 반복)
- **STEP 02** 교재의 "별표 2 ~ 3개" 내용 다시 확인
- **STEP 03** 시험 당일 아침 "시험 전 합격 페이퍼" 확인 [핸드북] 지참 잊지마세요!!

단 출 제 기 준 에 따 른 최 고 의 수 험 서

PREFACE

올해도 어김없이 책 원고를 넘기며 마무리하고, 곧 출간될 도서를 걱정 반, 설렘 반으로 기대해 봅니다. 온·오프라인에서 19년 이상 산업안전 기사(산업기사) 자격증 강의를 하며, 그간 제가 한 노력 이상의 좋은 평가를 받았음에 항상 감사하는 마음입니다.

자격증 시험합격이라는 작은 목표였지만 함께 노력하고, 함께 합격의 기쁨을 나누고, 기꺼이 그 영광을 제게 돌렸던 많은 교육생과 수험생 분들께 다시 한번 감사드립니다.

오랜 강의 경험과 노하우를 통해 꼭 필요한 부분에 대한 꼼꼼한 설명을, 출제 유형을 철저히 분석한 곳에서는 별표(★)로 표시하여 가장 합격에 최적화된 도서를 만들기 위해 노력하였습니다.

항상 수험생 여러분들 곁에서 수험생들의 고민을 어떻게 해결해 드려야 할까… 늘 고민하며 원고를 쓰고 있습니다.

이번 개정판에는 개정고시된 최신 법규를 적용하여 수험생들의 공부에 도움이 되도록 하였으며, 꼭 암기해야 하지만 암기하기 힘든 내용들을 암기법이란 타이틀을 만들어 실어보았습니다. 비록 유치하고 단순한 암기법이지만 '암기법이 너무 기가막혀 외워졌다'는 수험생 여러분의 고백을 기대해 봅니다.

합격하기 쉬운 교재를 만들기 위해 수험생의 입장에서 한번 더 생각하며 만들었습니다. 앞으로도 독자 분들의 소중한 의견을 귀담아 듣겠습니다.

마지막으로, 교재를 출판해 적극적으로 후원해 주신 도서출판 구민사 조규백 대표님과 직원 여러분께 깊은 감사를 드립니다.

저자 씀

CONTENTS

PART 01　산업재해 예방 및 안전보건교육

제1장 산업재해예방계획 수립 • 3
　　1. 안전관리 • 3
　　2. 안전보건관리 체제 및 운용 • 14
　　단원 예상문제 • 59
　　3. 재해조사 • 68
　　4. 산재분류 및 통계분석 • 77
　　5. 안전점검 인증 및 진단 • 89
　　단원 예상문제 • 109

제2장 안전보호구 관리 • 121
　　1. 보호구 및 안전장구관리 • 121
　　단원 예상문제 • 157

제3장 산업안전심리 • 165
　　1. 산업심리와 심리검사 • 165
　　단원 예상문제 • 173

제4장 인간의 행동과학 • 176
　　1. 조직과 인간행동 • 176
　　2. 재해빈발성 및 행동과학 • 181
　　3. 집단관리와 리더십 • 185
　　4. 생체리듬과 피로 • 189
　　단원 예상문제 • 193

제5장 안전보건교육의 내용 및 방법 • 201
1. 교육의 필요성과 목적 • 201
단원 예상문제 • 209
2. 교육방법 • 212
3. 교육실시 방법 • 217
4. 안전보건 교육 • 221
단원 예상문제 • 236

제6장 산업안전 관계법규 • 246
1. 작업 시작 전 점검 • 246
2. 관리감독자의 유해위험방지업무 • 249
3. 기타 산업안전보건법규 내용 • 254

PART 02 인간공학 및 위험성 평가·관리

제1장 안전과 인간공학 • 301
1. 인간공학의 정의 • 301
단원 예상문제 • 313

제2장 위험성 파악·결정 • 324
1. 시스템 위험성 추정 및 결정 • 324
단원 예상문제 • 343
2. 안전성 평가 및 설비의 유지관리 • 356
단원 예상문제 • 365

제3장 위험성 감소대책 수립·실행 • 371
1. 위험성 평가 • 371
2. 위험성 감소대책 수립 및 실행 • 376

제4장 근골격계질환 예방관리 • 383
1. 근골격계 유해요인 • 383
2. 인간공학적 유해요인 평가 • 391
3. 근골격계 유해요인 관리 • 397
단원 예상문제 • 403

제5장 유해요인 관리 • 408
1. 물리적 유해요인 관리 • 408
2. 화학적 유해요인 관리 • 430
3. 생물학적 유해요인 관리 • 439

제6장 작업환경 관리 • 441
1. 인체 계측 및 체계 제어 • 441
2. 표시장치 및 신체활동의 생리학적 측정법 • 445
단원 예상문제 • 456
3. 작업공간 및 작업 자세 • 469
4. 작업환경과 인간공학 • 474
단원 예상문제 • 481
5. 중량물 취급 작업 • 493
6. 작업측정 • 498
단원 예상문제 • 506

PART 03 기계 · 기구 및 설비 안전 관리

제1장 기계공정의 안전 • 513
    1. 기계공정의 특수성 분석 • 513
    2. 기계의 위험 안전조건 분석 • 522
    단원 예상문제 • 530

제2장 기계설비 위험요인 분석 • 537
    1. 공작기계의 안전 • 537
    단원 예상문제 • 559
    2. 프레스 및 전단기의 안전 • 569
    단원 예상문제 • 577
    3. 기타 산업용 기계 · 기구 • 583
    단원 예상문제 • 600
    4. 운반기계 및 건설기계 • 610
    5. 양중기 • 625
    단원 예상문제 • 643

제3장 기계안전시설 관리 • 654
    1. 안전시설 관리 계획하기 • 654
    단원 예상문제 • 661
    2. 안전시설 설치하기 • 664
    3. 안전시설 유지 · 관리하기 • 671
    4. 설비진단 및 검사 • 676

PART 04 전기 및 화학설비 안전 관리

제1장 전기안전관리 업무수행 • 683
    1. 전기안전관리 • 683
    2. 전기작업 안전 • 691
    단원 예상문제 • 702

제2장 감전재해 및 방지대책 • 705
    1. 감전재해예방 및 조치, 감전재해의 요인, 절연용 안전장구 • 705
    단원 예상문제 • 715

제3장 전기설비 위험요인 관리 • 721
    1. 전기설비 위험요인 파악 및 개선 • 721
    단원 예상문제 • 748

제4장 정전기 장·재해관리 • 754
    1. 정전기 위험요소 파악 및 제거 • 754
    단원 예상문제 • 759

제5장 전기 방폭관리 • 765
    1. 전기방폭설비, 전기방폭 사고예방 및 대응 • 765
    단원 예상문제 • 777

제6장 화학물질 안전관리 실행 • 782
    1. 화학물질(위험물, 유해화학물질) 확인 • 782
    2. 화학물질(위험물, 유해화학물질) 유해 위험성 확인 • 792
    단원 예상문제 • 815
    3. 화학물질 취급설비 개념 확인 • 821
    단원 예상문제 • 844

제7장 화공안전 비상조치 계획·대응 • 850
    1. 비상조치계획 및 평가 • 850

제8장 화공 안전운전·점검 • 856
    1. 공정안전, 물질안전보건자료 등 • 856
    단원 예상문제 • 879

제9장 화재·폭발 검토 • 880
    1. 화재·폭발 이론 및 발생 이해 • 880
    2. 소화 원리 이해 • 884
    단원 예상문제 • 889
    3. 폭발의 원리 및 특성 • 895
    4. 폭발방지대책 수립 • 902
    단원 예상문제 • 908

PART 05 건설공사 안전 관리

제1장 건설공사 특성 분석 • 917
    1. 건설공사 특수성 분석 • 917
    2. 안전관리 고려사항 확인 • 924
    단원 예상문제 • 933

제2장 건설공사 위험성 • 938
    1. 건설공사 유해·위험요인 파악 • 938
    단원 예상문제 • 947
    2. 건설공사 위험성 평가(위험성 추정·결정) • 950

제3장 건설업 산업안전보건관리비 관리 • 967
    1. 건설업 산업안전보건관리비 규정 • 967
    단원 예상문제 • 976

제4장 건설현장 안전시설 관리 • 979
    1. 안전시설 설치 및 관리 • 979
    단원 예상문제 • 1005
    2. 건설공구 및 장비 안전수칙 • 1016
    단원 예상문제 • 1035

제5장 비계 · 거푸집 가시설 위험방지 • 1040
    1. 건설 가시설물 설치 및 관리 • 1040
    단원 예상문제 • 1069

제6장 공사 및 작업종류별 안전 • 1080
    1. 양중 및 해체 공사 • 1080
    2. 양중기의 종류 및 안전수칙 • 1086
    단원 예상문제 • 1100
    3. 콘크리트 및 PC 공사 • 1104
    4. 운반 및 하역작업 • 1113
    단원 예상문제 • 1123

PART 부록 1 과년도 최근 기출문제

2014
1회[2014년 03월 02일 시행] • 1131
2회[2014년 05월 25일 시행] • 1155
3회[2014년 08월 17일 시행] • 1182

2015
1회[2015년 03월 08일 시행] • 1208
2회[2015년 05월 31일 시행] • 1234
3회[2015년 08월 16일 시행] • 1262

2016
1회[2016년 03월 06일 시행] • 1288
2회[2016년 05월 08일 시행] • 1315
3회[2016년 08월 21일 시행] • 1339

2017
1회[2017년 03월 05일 시행] • 1365
2회[2017년 05월 07일 시행] • 1393
3회[2017년 08월 26일 시행] • 1420

2018
1회[2018년 03월 04일 시행] • 1446
2회[2018년 04월 28일 시행] • 1471
3회[2018년 08월 19일 시행] • 1499

2019 1회[2019년 03월 03일 시행] • 1526
2회[2019년 04월 27일 시행] • 1553
3회[2019년 08월 04일 시행] • 1580

2020 1 · 2회[2020년 06월 06일 시행] • 1609
3회 [2020년 08월 22일 시행] • 1636

PART 부록 2 산업안전 산업기사 모의고사

제1회 산업안전 산업기사 모의고사 • 1667
제2회 산업안전 산업기사 모의고사 • 1702
제3회 산업안전 산업기사 모의고사 • 1736

별책 1 산업안전 주요과목 핸드북
별책 2 시험 전 합격 페이퍼

INSTRUCTION MANUAL

01 법규로 구성된 본문 참고의 예시

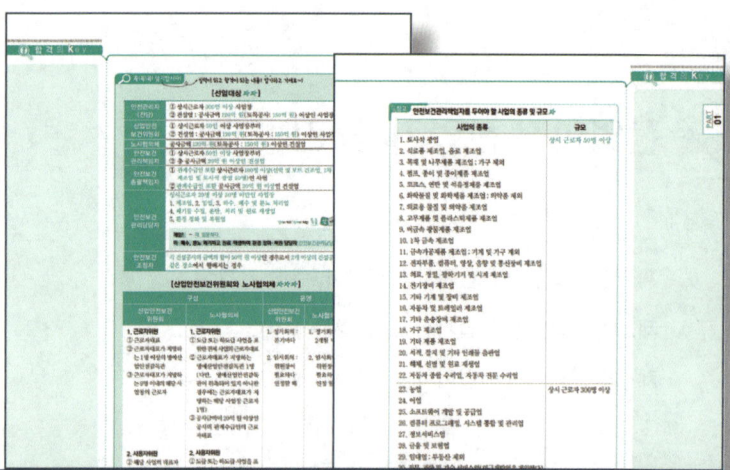

산업안전 산업기사 공부에 필요한 **주요 내용을 수록**하였습니다. 교재의 80% 내용은 산업안전보건법을 기준으로 하였습니다.
반드시 알아야 할 법규내용만을 정리하여 편하고 알기 쉽게 설명하였습니다.

02 각 항목별 주요 개요 & 저자의 특급 암기법

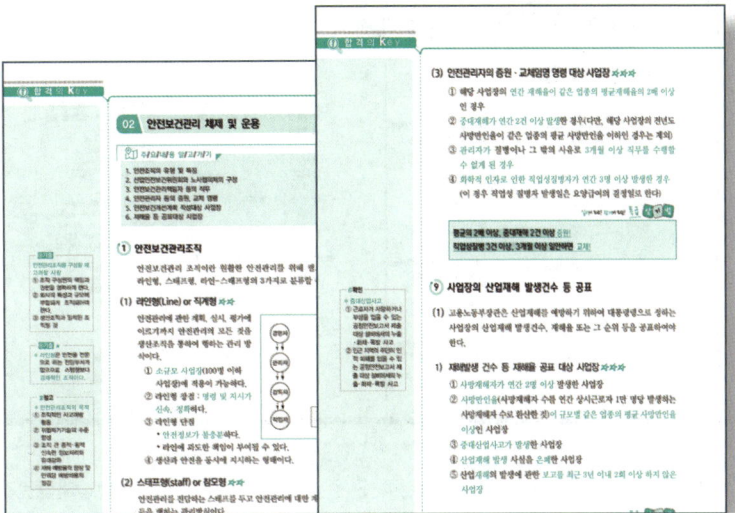

03 중요한 표의 구분 & 합격의 Key 중요 참고박스

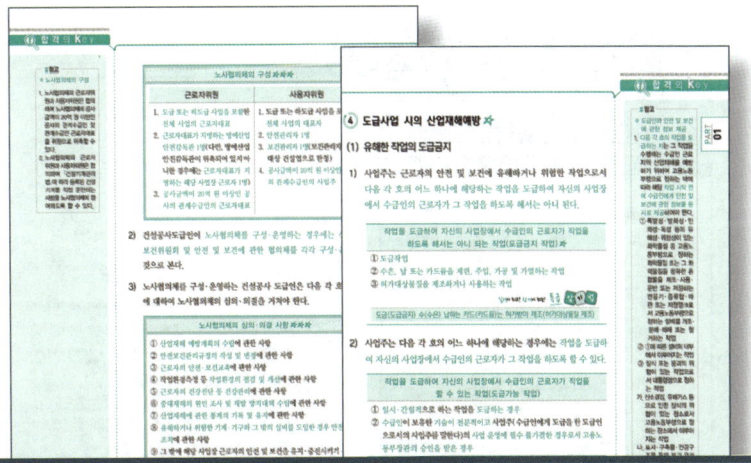

내용의 **중요도에 따라 별표로 구분**하였으며, 이해하기 쉽게 자세하면서도 편리하게 구성하였습니다. 별표 3(★★★)개와 별표 2(★★)개까지의 내용은 실기에서도 자주 출제되는 핵심내용입니다.

04 단원 예상문제의 상세한 해설과 참고 & 각 단원별 예상문제

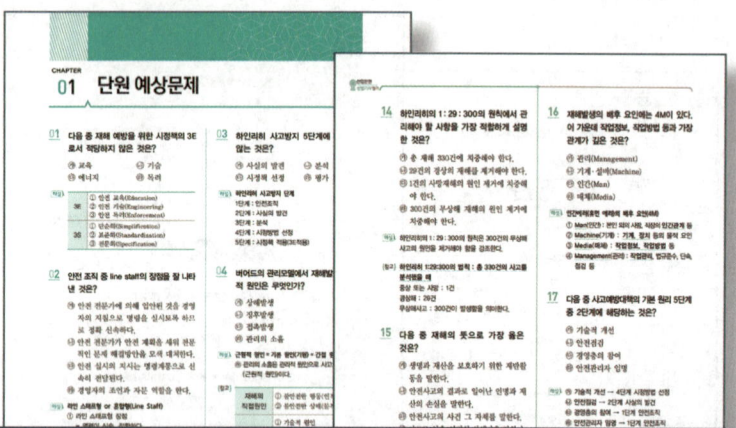

산업안전보건법 개정내용에 맞추어 각 단원이 끝나면 저자가 엄선한 **예상문제**를 통해 내용을 학습해 봅니다. **상세한 해설과 참고**를 통해 문제를 잘 이해할 수 있습니다.

05 시험에 자주 나오는 중요한 내용을 뽑아서 핵심요약 수록

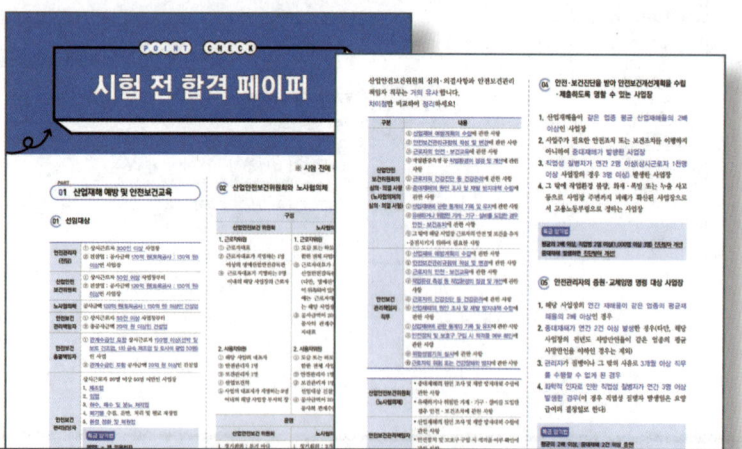

단원별 필기에는 자주 나오는 내용을 **별도 지면으로 제작**하여 시험 보기 전날까지 공부할 수 있게끔 간략하게 정리하였습니다.

06 최근 기출문제 수록 & 문제분석 & 모의고사

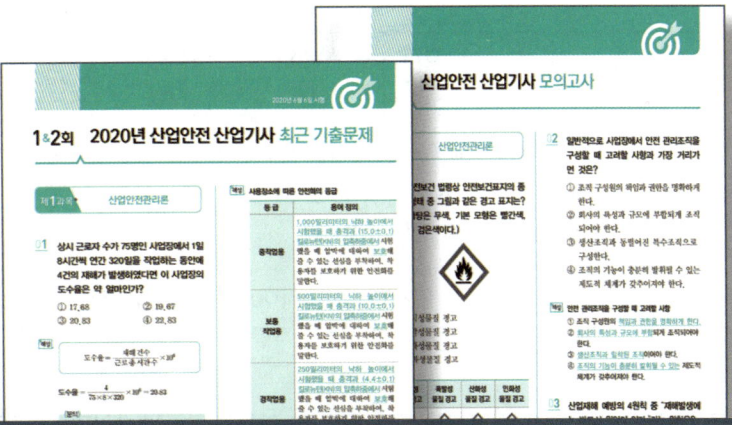

부록 – 과년도 기출문제의 해설에는 문제 "분석"이 실려있습니다.
"**실기까지 중요한 내용입니다.**"라는 내용은 **꼭! 여러 번! 읽고 넘어가세요.** 실기에 자주 출제되는 핵심내용으로 나올 때 마다 읽고 넘어간다면 **실기에서도 빛을 발할 것**입니다. "**출제비중이 낮은 문제입니다.**"는 쉽게 말하면 버리고 가도 될 문제입니다. 필기·실기 모두 출제비중이 낮은 내용으로 **다시 출제되더라도 답이 동일한 경우가 많습니다.** 버려야할 내용을 과감히 버리지 않고는 중요한 공부를 함에 있어 합격이 힘들어질 수 있다는 점을 **꼭! 기억해주세요.**

07

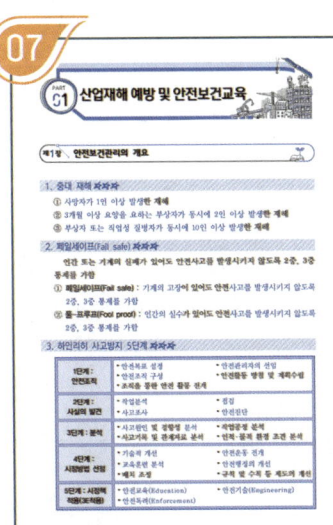

시험장에는 두꺼운 책을 들고 가기 힘드시죠. 한 번에 해결되는 **핸드북으로 시험 보기 바로 직전에 내용들을 다시 살펴볼 수 있습니다.**
필기시험이 끝이 아닙니다. 필기부터 실기를 대비한 공부를 하지 않고는 광범위한 내용을 실기에서 주관식으로 서술하기가 쉽지 않습니다.
교재에 따라 공부하시어 **수험생 모두가 합격**하시길 기원합니다.

산업안전 산업기사 출제기준

직무분야	안전관리	자격종목	산업안전 산업기사	적용기간	2025.1.1.~2026.12.31.

제조 및 서비스업 등 각 산업현장에 배속되어 산업재해 예방계획의 수립에 관한 사항을 수행하며, 작업환경의 점검 및 개선에 관한 사항, 유해 및 위험방지에 관한 사항, 사고사례 분석 및 개선에 관한 사항, 근로자의 안전교육 및 훈련에 관한 업무 수행

필기검정방법	객관식	문제수	100	시험시간	2시간 30분

필기과목명	문제수	주요항목	세부항목
산업재해 예방 및 안전보건교육	20	1. 산업재해예방 계획수립	1. 안전관리 2. 안전보건관리 체제 및 운용
		2. 안전보호구 관리	1. 보호구 및 안전장구 관리
		3. 산업안전심리	1. 산업심리와 심리검사 2. 직업적성과 배치 3. 인간의 특성과 안전과의 관계
		4. 인간의 행동과학	1. 조직과 인간행동 2. 재해 빈발성 및 행동과학 3. 집단관리와 리더십 4. 생체리듬과 피로
		5. 안전보건교육의 내용 및 방법	1. 교육의 필요성과 목적 2. 교육방법 3. 교육실시 방법 4. 안전보건교육계획 수립 및 실시 5. 교육내용
		6. 산업안전관계법규	1. 산업안전보건법령

필기과목명	문제수	주요항목	세부항목
인간공학 및 위험성 평가·관리	20	1. 안전과 인간공학	1. 인간공학의 정의 2. 인간-기계체계 3. 체계설계와 인간요소 4 인간요소와 휴먼에러
		2. 위험성 파악·결정	1. 위험성 평가 2. 시스템 위험성 추정 및 결정
		3. 위험성 감소대책 수립·실행	1. 위험성 감소대책 수립 및 실행
		4. 근골격계질환예방관리	1. 근골격계 유해요인 2. 인간공학적 유해요인 평가 3. 근골격계 유해요인 관리
		5. 유해요인 관리	1. 물리적 유해요인 관리 2. 화학적 유해요인 관리 3. 생물학적 유해요인 관리
		6. 작업환경 관리	1. 인체계측 및 체계제어 2. 신체활동의 생리학적 측정법 3. 작업 공간 및 작업자세 4. 작업측정 5. 작업환경과 인간공학 6. 중량물 취급 작업
기계·기구 및 설비 안전 관리	20	1. 기계안전시설 관리	1. 안전시설 관리 계획하기 2. 안전시설 설치하기 3. 안전시설 유지·관리하기
		2. 기계분야 산업재해 조사 및 관리	1. 재해조사
		3. 기계설비 위험요인 분석	1. 공작기계의 안전 2. 프레스 및 전단기의 안전 3. 기타 산업용 기계 기구 4. 운반기계 및 양중기

필기과목명	문제수	주요항목	세부항목
기계 · 기구 및 설비 안전 관리	20	4. 기계안전점검	1. 안전점검계획 수립 2. 안전점검 실행 3. 안전점검 평가
		5. 기계설비 유지 · 관리	1. 기계설비 위험요인 대책 제시 2. 기계설비 유지 · 관리
전기 및 화학설비 안전 관리	20	1. 전기작업 안전관리	1. 전기작업의 위험성 파악 2. 전기작업 안전 수행 3. 전기설비 및 기기
		2. 감전재해 및 방지대책	1. 감전재해 예방 및 조치 2. 감전재해의 요인 3. 절연용 안전장구
		3. 정전기 장 · 재해 관리	1. 정전기 위험요소 파악 2. 정전기 위험요소 제거
		4. 전기 방폭 관리	1. 전기방폭설비 2. 전기방폭 사고예방 및 대응
		5. 전기설비 위험요인 관리	1. 전기설비 위험요인 파악 2. 전기설비 위험요인 점검 및 개선
		6. 화재 · 폭발 검토	1. 화재 · 폭발 이론 및 발생 이해 2. 소화 원리 이해 3. 폭발방지대책 수립
		7. 화학물질 안전관리 실행	1. 화학물질(위험물, 유해화학물질) 확인 2. 화학물질(위험물, 유해화학물질) 유해 위험성 확인 3. 화학물질 취급설비 개념 확인
		8. 화공 안전운전 · 점검	1. 안전점검계획 수립 2. 설비 및 공정 안전 3. 안전점검 평가

필기과목명	문제수	주요항목	세부항목
건설공사 안전 관리	20	1. 건설현장 안전점검	1. 안전점검 계획 수립 2. 안전점검 고려사항
		2. 건설현장 유해·위험요인 관리	1. 건설공사 유해·위험요인파악
		3. 건설업 산업안전보건관리비 관리	1. 건설업 산업안전보건관리비 규정
		4. 건설현장 안전시설 관리	1. 안전시설 설치 및 관리 2. 건설공구 및 기계
		5. 비계·거푸집 가시설 위험 방지	1. 건설 가시설물 설치 및 관리
		6. 공사 및 작업종류별 안전	1. 양중 및 해체 공사 2. 콘크리트 및 PC 공사 3. 운반 및 하역작업

※ 출제기준의 세세항목은 한국산업인력공단 홈페이지(http://www.q-net.or.kr/) 자료실에서 확인하실 수 있습니다.

산업안전 산업기사 시험정보 안내

자격명(영문명)	산업안전산업기사(Industrial Engineer Industrial Safety)		
관련부처	고용노동부		
시행기관	한국산업인력공단		
개요	생산관리에서 안전을 제외하고는 생산성 향상이 불가능하다는 인식 속에서 산업현장의 근로자를 보호하고 근로자들이 안심하고 생산성 향상에 주력할 수 있는 작업환경을 만들기 위하여 전문적인 지식을 가진 기술 인력을 양성하고자 자격제도이다. 산업현장에서의 안전은 근로자의 생명과 직결되는 문제로서 안전을 비롯하여 보건, 환경 등에 대한 중요성이 부각된다.		
취득방법	관련학과		대학 및 전문대학의 안전공학, 산업안전공학, 보건안전학 관련학과
	시험 과목	필기	1. 산업재해예방 및 안전보건교육 2. 인간공학 및 위험성 평가 관리 3. 기계·기구 및 설비 안전 관리 4. 전기 및 화학설비 안전 관리 5. 건설공사 안전 관리
		실기	산업안전실무
	검정 방법	필기	객관식 4지 택일형 과목당 20문항(과목당 30분)
		실기	복합형 - 필답형(1시간, 55점) - 작업형(1시간 정도, 45점)
	합격 기준	필기	100점을 만점으로 하여 과목당 40점 이상, 전과목 평균 60점 이상
		실기	100점을 만점으로 하여 60점 이상

응시자격

기술자격 소지자	관련학과 졸업자	경력자
• 기능사(타 산업기사, 타 자격 포함) 이상 + 실무 1년 이상 • 동일분야 자격 산업기사 이상 • 노동부령이 정하는 기능경기대회 입상자 • 외국에서 동일한 종목에 해당하는 자격을 취득한 자	• 2년제 또는 3년제 졸업자, 예정자(전공) • 4년제 대학 졸업자, 예정자 (전공) - 4, 5, 6년제 대학 전 과정의 2/1 이상 마친 자도 해당 됨. • 노동부령이 정하는 교육훈련기관의 '산업기사 수준의 기술훈련과정' 이수 예정자 • 학점인정 등에 관한 법률 제7조 규정에 의하여 관련학과 41학점 이상을 인정받은 자	2년 이상 (동일 및 유사분야)

- **관련학과** : 2년제 대학교 이상의 학교에 개설되어 있는 산업공학과, 안전공학과 등
- **동일직무분야** : 생산관리, 건설, 광업자원, 기계, 재료, 화학, 섬유, 전기, 전자, 정보통신, 식품가공, 인쇄, 목재, 가구, 공예, 농림어업, 환경, 에너지

수행직무	제조 및 서비스업 등 각 산업현장에 배속되어 산업재해 예방계획의 수립에 관한 사항을 수행 하며, 작업환경의 점검 및 개선에 관한 사항, 유해 및 위험방지에 관한 사항, 사고사례 분석 및 개선에 관한 사항, 근로자의 안전교육 및 훈련에 관한 업무 수행
진로 및 전망	기계, 금속, 전기, 화학, 목재 등 모든 제조업체, 안전관리 대행업체, 산업안전관리 정부기관, 한국산업안전공단 등이 진출할 수 있다. 선진국의 척도는 안전수준으로 우리나라의 경우 재해율이 아직 후진국 수준에 머물러 있어 이에 대한 계속적 투자의 사회적 인식이 높아가고, 안전인증 대상을 확대하여 프레스, 용접기 등 기계·기구에서 이러한 기계·기구의 각종 방호장치까지 안전인증 을 취득하도록 산업안전보건법 시행규칙의 개정에 따른 고용창출 효과가 기대되고 있다. 또한 경제회복 국면과 안전보건조직 축소가 맞물림에 따라 산업 재해의 증가가 우려되고 있다. 특히 제조업의 경우 이미 올해 초부터 전년도의 재해율을 상회하고 있어 정부는 적극적인 재해 예방정책 등으로 이 자격증 취득자에 대한 인력수요는 증가할 것이다.
검정현황	(아래 표 참조)

종목명	연도	필기		
		응시	합격	합격률(%)
소 계		573,336	191,418	33.4%
산업안전산업기사	2023	38,901	17,308	44.5%
산업안전산업기사	2022	29,934	13,490	45.1%
산업안전산업기사	2021	25,952	12,497	48.2%
산업안전산업기사	2020	22,849	11,731	51.3%
산업안전산업기사	2019	24,237	11,470	47.3%
산업안전산업기사	2018	19,298	8,596	44.5%
산업안전산업기사	2017	17,042	5,932	34.8%
산업안전산업기사	2016	15,575	4,688	30.1%
산업안전산업기사	2015	14,102	4,238	30.1%
산업안전산업기사	2014	10,596	3,208	30.3%
산업안전산업기사	2013	8,714	2,184	25.1%
산업안전산업기사	2012	8,866	2,384	26.9%
산업안전산업기사	2011	7,943	2,249	28.3%
산업안전산업기사	2010	9,252	2,422	26.2%
산업안전산업기사	2009	9,192	2,777	30.2%
산업안전산업기사	2008	6,984	2,213	31.7%
산업안전산업기사	2007	7,278	2,220	30.5%
산업안전산업기사	2006	6,697	2,074	31%
산업안전산업기사	2005	5,012	1,693	33.8%
산업안전산업기사	2004	4,165	1,144	27.5%
산업안전산업기사	2003	4,130	828	20%
산업안전산업기사	2002	3,638	590	16.2%
산업안전산업기사	2001	4,398	719	16.3%
산업안전산업기사	1977~2000	268,581	74,763	27.8%

동향분석	검정현황을 살펴보면 점점 응시인원 및 합격률 모두 눈에 띄게 증가하는 추세를 확인할 수 있다. 이는 다양한 산업안전 현장에서 안전에 대한 수요와 관심이 높아졌음을 반영한다. 국가가 점점 선진화가 되고 산업이 빠른 속도로 발달됨에 따라 안전의식도 점점 높아지긴 하지만, 계속해서 뉴스에서는 수많은 안전사고들로 많은 근로자들이 직·간접적으로 피해를 받고 있는 것은 사실이다. 그렇기에 근로자들을 보호하고, 안심하게 일할 수 있는 작업환경을 조성하기 위해서 이와 같은 자격증이 요구되는 것이다. 정부의 적극적인 재해예방대책 등으로 인해 산업안전기사·산업기사의 수요 는 앞으로도 더욱 커질것으로 분석된다.

◈ 자격취득자에 대한 법령상 우대현황

순번	법령명	조문내역	활용내용
1	건설기계관리법 시행규칙	제33조 검사대행자등(별표9)	건설기계검사대행자의 인력기준
2	공무원수당 등에 관한 규정	제14조 특수업무수당(별표11)	특수업무 수당 지급
3	공무원임용시험령	제27조 경력경쟁채용시험 등의 응시자격 등(별표7, 별표8)	경력경쟁채용시험 등의 응시
4	공무원임용시험령	제31조 자격증 소지자 등에 대한 채용시험의 특전(별표 12)	6급 이하 공무원 채용시험 가산대상 자격증
5	공연법 시행령	제10조의2 안전진단기관의 지정요건(별표1의3)	안전진단기관의 지정요건
6	공연법 시행령	제10조의4 무대예술 전문인 자격검정의 응시기준(별표2)	무대예술전문인 자격검정의 등급별 응시기준
7	공직자윤리법 시행령	제34조 취업승인	관할공직자윤리위원회가 취업승인을 하는 경우
8	공직자윤리법의 시행에 관한 대법원규칙	제37조 취업승인신청	퇴직공직자의 취업승인 요건
9	공직자윤리법의 시행에 관한 헌법재판소규칙	제20조 취업승인	퇴직공직자의 취업승인 요건
10	관광진흥법 시행규칙	제41조 안전관리자의 자격·배치기준및임무(별표12)	유원시설업의 사업장에 상시 배치하여야 하는 안전관리자의 자격
11	관광진흥법 시행규칙	제70조 안전성검사기관 등록요건(별표24)	안전성검사기관 등록 시 인력 요건
12	교통안전법 시행령	제43조 시험의 일부 면제 등(별표7)	교통안전관리자 시험 일부 면제 대상자

순번	법령명	조문내역	활용내용
13	국가공무원법	제36조의2 채용시험의 가점	공무원 채용시험 응시 가점
14	국가과학기술 경쟁력 강화를 위한 이공계지원 특별법 시행령	제20조 연구기획평가사의 자격시험	연구기획평가사 자격시험 일부 면제 자격
15	국가과학기술 경쟁력 강화를 위한 이공계지원 특별법 시행령	제2조 이공계인력의 범위 등	이공계지원 특별법 해당 자격
16	국외유학에 관한 규정	제5조 자비유학자격	자비유학 자격
17	군인사법 시행령	제44조 전역 보류(별표 2, 별표 5)	전역 보류 자격
18	궤도운송법 시행령	제18조 안전관리책임자	시설안전관리책임자 선임기준
19	근로자직업능력 개발법 시행령	제28조 직업능력개발훈련교사의 자격 취득(별표2)	직업능력개발훈련교사의 자격
20	기술사법	제6조 기술사사무소의 개설등록 등	합동사무소 개설 시 요건
21	독학에 의한 학위취득에 관한 법률 시행규칙	제4조 국가기술자격 취득자에 대한 시험면제 범위 등	같은 분야 응시자에 대해 교양과정 인정시험, 전공기초과정 인정시험 및 전공심화과정 인정시험 면제
22	산업안전보건법 시행규칙	제130조 검사원의 자격	검사원의 자격
23	산업안전보건법 시행규칙	제75조 지정검사기관의 지정요건 (별표10)	지정검사기관의 인력기준
24	산업안전보건법 시행령	제12조 안전관리자의 선임 등 (별표3)	안전관리자를 두어야 할 사업의 종류·규모, 안전관리자의 수 및 선임방법
25	산업안전보건법 시행령	제14조 안전관리자의 자격(별표4)	안전관리자의 자격
26	선거관리위원회 공무원규칙	제29조 전직시험의 면제 (별표12)	전직시험의 면제
27	선거관리위원회 공무원규칙	제83조 응시에 필요한 자격증 (별표12)	채용시험과 전직시험에 응시하는 자의 자격
28	선거관리위원회 공무원규칙	제89조 채용시험의 특전(별표15)	채용, 전직시험의 응시에 필요한 자격증 구분
29	선거관리위원회 공무원 평정규칙	제23조 자격증의 가점	자격증 소지자에 대한 가점 평정
30	소방공무원임용령 시행규칙	제23조 응시자격 등의 기준 (별표2)	특별채용시험에 응시할 수 있는 자
31	소방공무원임용령 시행규칙	제24조 채용시험의 특전	소방간부후보생 선발시험과 소방사·지방소방사의 공개경쟁채용시험에 있어서의 자격증 가점비율
32	소방시설공사업법 시행규칙	제24조 소방기술과 관련된 자격·학력 및 경력의 인정범위 등	소방기술과 관련된 자격의 인정 범위
33	송유관안전관리법 시행령	제4조 안전관리자의 자격 등 (별표1)	안전관리자의 기술자격
34	엔지니어링산업진흥법 시행령	제3조 엔지니어링기술자(별표1)	엔지니어링기술자의 범위

순번	법령명	조문내역	활용내용
35	엔지니어링산업진흥법 시행령	제3조 엔지니어링기술자(별표1)	엔지니어링활동주체의 신고 기술인력
36	연구실 안전환경 조성에 관한 법률 시행령	제7조 안전점검의 실시시기 등 (별표3)	점검 실시자의 인적 자격 요건 등
37	연구직 및 지도직공무원의 임용 등에 관한 규정	제12조 전직시험의 면제 (별표2의5)	전직시험이 전직임용이 가능한 요건
38	연구직 및 지도직공무원의 임용 등에 관한 규정	제26조의2 채용시험의 특전 (별표6, 별표7)	연구사 및 지도사공무원 채용시험 시 가점
39	유해·위험작업의 취업 제한에 관한 규칙	제4조 자격취득 등을 위한 교육기관 (별표1의2)	지정교육기관의 인력기준
40	중소기업인력지원 특별법	제28조 근로자의 창업 지원 등	해당 직종과 관련분야에서 신기술에 기반한 창업의 경우 지원
41	중소기업제품 구매촉진 및 판로지원에 관한 법률 시행규칙	제12조 시험연구원의 지정 등 (별표3)	시험연구원의 지정기준
42	중소기업진흥에 관한 법률	제48조 1차시험의 면제	지도사의 1차시험 면제
43	지방공무원 임용령	제55조의3 자격증소지자에 대한 신규임용시험의 특전	6급이하 공무원 신규임용시 필기시험 점수 가산
44	헌법재판소 공무원 규칙	제21조 전직시험의 면제(별표7)	전직시험의 면제
45	헌법재판소 공무원 평정 규칙	제23조 자격증가점(별표4)	5급이하 및 기능직공무원 자격증 취득자 가점 평정

[노력하는 당신은 언제나 아름답습니다.
구민사가 당신의 합격을 기원합니다.]

PART 01

Industrial Engineer Industrial Safety

[산업재해 예방 및 안전보건교육]

CHAPTER 01   **산업재해예방계획 수립**

CHAPTER 02   **안전보호구 관리**

CHAPTER 03   **산업안전심리**

CHAPTER 04   **인간의 행동과학**

CHAPTER 05   **안전보건교육의 내용 및 방법**

CHAPTER 06   **산업안전 관계법규**

CHECK 01

노력하는 당신은 언제나 아름답습니다.

구민사가 당신의 합격을 기원합니다.

산업재해예방계획 수립

01 안전관리

> **주/요/내/용 알/고/가/기**
>
> 1. 하인리히 사고방지 5단계
> 2. 사고발생 이론
> 3. 사고빈도법칙
> 4. 하인리히와 버드의 재해손실비 계산
> 5. 3E와 3S
> 6. 무재해 운동의 3대 원칙
> 7. 무재해 운동의 3요소
> 8. 브레인스토밍의 4원칙
> 9. 위험예지 훈련 4단계

1 안전과 위험의 정의(산업안전보건법상의 용어 정의)

(1) "산업재해"란 노무를 제공하는 사람이 업무에 관계되는 건설물·설비·원재료·가스·증기·분진 등에 의하거나 작업 또는 그 밖의 업무로 인하여 사망 또는 부상하거나 질병에 걸리는 것을 말한다.

(2) "근로자"란 직업의 종류와 관계없이 임금을 목적으로 사업이나 사업장에 근로를 제공하는 자를 말한다.

(3) "사업주"란 근로자를 사용하여 사업을 하는 자를 말한다.

(4) "근로자대표"란 근로자의 과반수로 조직된 노동조합이 있는 경우에는 그 노동조합을, 근로자의 과반수로 조직된 노동조합이 없는 경우에는 근로자의 과반수를 대표하는 자를 말한다.

(5) "작업환경측정"이란 작업환경 실태를 파악하기 위하여 해당 근로자 또는 작업장에 대하여 사업주가 유해인자에 대한 측정계획을 수립한 후 시료(試料)를 채취하고 분석·평가하는 것을 말한다.

(6) "안전·보건진단"이란 산업재해를 예방하기 위하여 잠재적 위험성을 발견하고 그 개선대책을 수립할 목적으로 조사·평가하는 것을 말한다.

합격의 key

참고

※ 산업안전보건법의 목적
산업안전 및 보건에 관한 기준을 확립하고 그 책임의 소재를 명확하게 하여 산업재해를 예방하고 쾌적한 작업환경을 조성함으로써 노무를 제공하는 사람의 안전 및 보건을 유지·증진함을 목적으로 한다.

용어정의

1. 안전사고 (safety accident)
: 불안전한 행동과 불안전한 상태가 선행되어 직간접적으로 인명이나 재산상의 손실을 가져올 수 있는 사건 및 사고
2. 사고(Accident)
① 사고는 변형된 사상 (strained event)이다.
② 사고는 비계획적인 사상(unplaned event)이다.
③ 사고는 원하지 않는 사상(undesired event)이다.
④ 사고는 비효율적인 사상(inefficient event)이다.
3. 재해 : 안전사고의 결과로 일어난 인명과 재산의 손실
4. 안전관리 : 재해로부터 인간의 생명과 재산을 보호하기 위한 활동
5. 위험 : 잠재적인 손실이나 손상을 가져올 수 있는 상태나 조건
6. 표준안전 작업방법 : 안전하고 능률적으로 작업을 할 수 있도록 작업내용 및 작업 단위별로 사용설비, 작업자, 작업조건 및 작업방법 등에 관해 규정해 놓은 것

(7) "중대재해"란 산업재해 중 사망 등 재해 정도가 심하거나 다수의 재해자가 발생한 경우로서 고용노동부령으로 정하는 재해를 말한다. ✖✖✖

① 사망자가 1인 이상 발생한 재해
② 3개월 이상 요양을 요하는 부상자가 동시에 2인 이상 발생한 재해
③ 부상자 또는 직업성 질병자가 동시에 10인 이상 발생한 재해

(8) "도급"이란 명칭에 관계없이 물건의 제조·건설·수리 또는 서비스의 제공, 그 밖의 업무를 타인에게 맡기는 계약을 말한다.

(9) "도급인"이란 물건의 제조·건설·수리 또는 서비스의 제공, 그 밖의 업무를 도급하는 사업주를 말한다. 다만, 건설공사발주자는 제외한다.

(10) "수급인"이란 도급인으로부터 물건의 제조·건설·수리 또는 서비스의 제공, 그 밖의 업무를 도급받은 사업주를 말한다.

(11) "관계수급인"이란 도급이 여러 단계에 걸쳐 체결된 경우에 각 단계별로 도급받은 사업주 전부를 말한다.

(12) "건설공사발주자"란 건설공사를 도급하는 자로서 건설공사의 시공을 주도하여 총괄·관리하지 아니하는 자를 말한다. 다만, 도급받은 건설공사를 다시 도급하는 자는 제외한다.

(13) "건설공사"란 다음 각 목의 어느 하나에 해당하는 공사를 말한다.

① 「건설산업기본법」 제2조 제4호에 따른 건설공사
② 「전기공사업법」 제2조 제1호에 따른 전기공사
③ 「정보통신공사업법」 제2조 제2호에 따른 정보통신공사
④ 「소방시설공사업법」에 따른 소방시설공사
⑤ 「문화재수리 등에 관한 법률」에 따른 문화재수리 공사
⑥ 「국가유산수리 등에 관한 법률」에 따른 국가유산 수리공사

② 안전보건관리 제이론

(1) 하인리히 사고방지 5단계 ✰✰

1단계 : 안전조직	• 안전목표 설정 • 안전조직 구성 • 조직을 통한 안전 활동 전개	• 안전관리자의 선임 • 안전 활동 방침 및 계획 수립
2단계 : 사실의 발견	• 작업분석 • 사고조사	• 점검 • 안전진단
3단계 : 분석	• 사고원인 및 경향성 분석 • 작업공정 분석 • 사고기록 및 관계자료 분석 • 인적·물적 환경 조건 분석	
4단계 : 시정방법 선정	• 기술적 개선 • 교육훈련 분석 • 배치 조정	• 안전 운동 전개 • 안전행정의 개선 • 규칙 및 수칙 등 제도의 개선
5단계 : 시정책 적용(3E 적용)	• 안전교육(Education) • 안전기술(Engineering) • 안전독려(Enforcement)	

> 참고
> * 안전관리의 근본이념
>   • 기업의 경제적 손실 예방
>   • 생산성 향상 및 품질 향상
>   • 사회복지의 증진

(2) 사고 발생 이론

1) 하인리히(H. W. Heinrich) 사고 발생 도미노 5단계 ✰✰

1단계	선천적 결함(사회, 환경, 유전적 결함)
2단계	개인적 결함
3단계	불안전 행동(인적 결함), 불안전한 상태(물적 결함) : 제거 가능
4단계	사고
5단계	재해(상해)

> ○ 기출
> * 하인리히의 재해발생 이론
>   • 재해의 발생
>   = 물적 불안전상태
>   + 인적 불안전행위
>   + 잠재된 위험의 상태
>   = 설비적 결함
>   + 관리적 결함
>   + 잠재된 위험의 상태

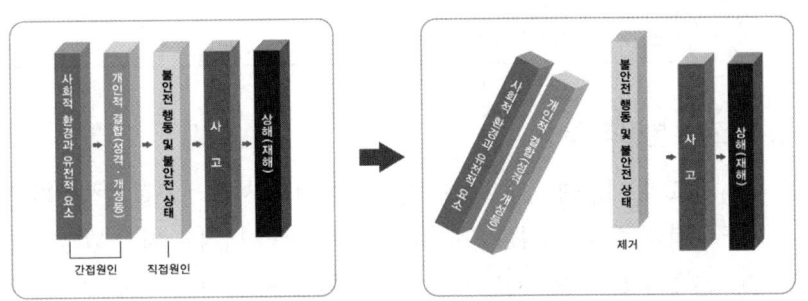

[하인리히의 사고 발생 5단계]

2) 버드(Frank. E. Bird)의 연쇄성이론 5단계 ✪✪

1단계	제어 부족(관리 부재)
2단계	기본원인(기원)
3단계	직접원인(징후)
4단계	사고(접촉)
5단계	상해(손실)

3) 아담스(Edward Adams) 연쇄성이론 5단계 ✪✪

1단계	관리구조
2단계	작전적 에러
3단계	전술적 에러
4단계	사고
5단계	상해

4) 자베타키스(Micheal Zabetakis)의 이론

1단계	안전정책과 결정
2단계	개인적인 요소
3단계	환경적 요소

5) 웨버의 연쇄성 이론

1단계	사회적 환경 및 유전적 요소(유전과 환경)
2단계	인간의 결함(개인적 결함)
3단계	불안전 행동 및 상태
4단계	사고
5단계	상해

(3) 사고의 본질적 특성

① 사고의 시간성 : 사고는 공간적이 아니고 시간적으로 발생한다.
② 우연성 중의 법칙성 : 사고는 우연이 아닌 법칙에 따라 발생한다.
③ 필연성 중의 우연성 : 인간의 착오와 같이 우연적인 사고도 있다.
④ 사고의 재현 불가능성 : 사고 발생 후 재현은 불가능하다.

(4) 사고빈도법칙 ✦✦

1) 하인리히 1 : 29 : 300의 법칙 : 총 330건의 사고를 분석했을 때
   중상 또는 사망 : 1건
   경상해 : 29건
   무상해사고(물적 손실) : 300건이 발생함을 의미한다.

2) 버드의 1 : 10 : 30 : 600의 법칙 : 총 641건의 사고를 분석했을 때
   중상 또는 폐질 : 1건
   경상해 : 10건
   무상해사고(물적 손실) : 30건
   무상해, 무사고(위험 순간) : 600건이 발생함을 의미한다.

(5) J · H Harvey(하비)의 3E ✦

① 안전 교육(Education)
② 안전 기술(Engineering)
③ 안전 독려(Enforcement)
   (강제, 관리, 규제, 감독)

(6) 3S ✦

① 단순화(Simplification)
② 표준화(Standardization)
③ 전문화(Specification)
④ 종합화(Synthesization) → 4S

(7) 안전관리 4-Cycle(P-D-C-A)

① 계획(Plan)
② 실시(Do)
③ 검토(Check)
④ 조치(Action)

(8) 인간에러(휴먼 에러)의 배후요인(4M) ✦✦✦

① Man(인간) : 본인 외의 사람, 직장의 인간관계 등
② Machine(기계) : 기계, 장치 등의 물적 요인
③ Media(매체) : 작업정보, 작업방법 등
④ Management(관리) : 작업관리, 법규준수, 단속, 점검 등

기출 ★

* 총 660건 사고분석 시
  (2 : 58 : 600)
  중상 또는 사망
  = 1 × 2 = 2건
  경상해
  = 29 × 2 = 58건
  무상해사고
  = 300 × 2 = 600건

* 총 990건 사고분석 시
  (3 : 87 : 900)
  중상 또는 사망
  = 1 × 3 = 3건
  경상해
  = 29 × 3 = 87건
  무상해사고
  = 300 × 3 = 900건

* 무상해, 무사고
  (위험 순간)
  = Near Accident

확인

하인리히의 1 : 29 : 300의 원칙은 300건의 무상해 사고의 원인을 제거해야 함을 강조한다.

문제

"Near Accident"란 무엇을 의미하는가?
㉮ 사고가 일어난 인접 지역
㉯ 사고가 일어난 지점에 계속 사고가 발생하는 지역
㉰ 사고가 일어나더라도 손실을 전혀 수반하지 않는 재해
㉱ 사고의 연관성

[해설]
"Near Accident"(앗차사고)는 사고나기 직전의 순간으로 인적, 물적 손실을 수반하지 않은 사고이다.

정답 ㉰

> **기출 ★**
> * 페일세이프(Fail-Safe)의 구분
> ① Fail Passive : 부품의 고장 시 기계장치는 정지 상태로 옮겨 간다.
> ② Fail active : 부품이 고장나면 경보를 울리며 짧은 시간 운전이 가능하다.
> ③ Fail operational : 부품의 고장이 있어도 다음 정기점검까지 운전이 가능하다.

> **기출 ★**
> * 페일세이프의 종류
> ① 다경로 하중구조
> ② 하중경감구조
> ③ 교대구조
> ④ 중복구조

(9) 페일세이프(Fail safe) ✦✦✦

인간 또는 기계의 실패가 있어도 안전사고를 발생시키지 않도록 2중, 3중 통제를 가함

① 페일세이프(Fail safe)

기계의 고장이 있어도 안전사고를 발생시키지 않도록 2중, 3중 통제를 가함

② 풀 – 프루프(Fool proof)

인간의 실수가 있어도 안전사고를 발생시키지 않도록 2중, 3중 통제를 가함

③ 제조물 책임과 안전

(1) 제조물 책임(PL : Product Liability)의 개념

제조물 책임이란 유통된 제조물의 결함으로 인하여 고객이 사용자 또는 제3자의 생명이나 신체 또는 당해 제조물 이외의 재산에 손해가 발생한 경우 제조업자나 판매업자의 제조물 결함에 관한 과실 유무에 관계없이 제조업자나 판매업자가 손해배상책임을 부담하는 것을 말한다.

(2) 제조물 책임법상 결함의 종류

① 제조상의 결함 : 제조업자의 제조물에 대한 제조, 가공 상의 주의의무의 이행 여부에 불구하고 제조물이 원래 의도한 설계와 다르게 제조, 가공됨으로써 안전하지 못하게 된 경우를 말한다.

② 설계상의 결함 : 제조업자가 합리적인 대체설계를 채용하였더라면 피해나 위험을 줄이거나 피할 수 있었음에도 대체설계를 채용하지 아니하여 당해 제조물이 안전하지 못하게 된 경우를 말한다.

③ 표시상의 결함 : 제조업자가 합리적인 설명, 지시, 경고 기타의 표시를 하였더라면 제조물에 의하여 발생 할 수 있는 피해나 위험을 줄이거나 피할 수 있었음에도 이를 하지 아니한 경우를 말한다.

(3) 제조물 책임법의(PL법) 3가지 기본 법칙

① **과실책임** : 주의의무 위반과 같이 소비자에 대한 보호 의무를 불이행한 경우 피해자에게 손해배상을 해야 할 의무이다.
② **보증책임** : 제조자가 제품의 품질에 대하여 명시적, 묵시적 보증을 한 후에 제품의 내용이 사실과 명백히 다른 경우 소비자에게 책임을 진다.
③ **엄격책임** : 제조자가 자사 제품이 더 이상 점검되어지지 않고 사용될 것을 알면서 제품을 시장에 유통시킬 때 그 제품이 인체에 상해를 줄 수 있는 결함이 있는 것으로 입증되면 제조자는 과실 유무에 상관없이 불법행위법상의 엄격책임이 있다.

4 무재해의 정의

「무재해」라 함은 무재해운동 시행사업장에서 근로자가 업무에 기인하여 사망 또는 4일 이상의 요양을 요하는 부상 또는 질병에 이환되지 않는 것을 말한다. 다만, 다음 각목의 1에 해당하는 경우에는 무재해로 본다.

① 업무수행 중의 사고 중 천재지변 또는 돌발적인 사고로 인한 구조행위 또는 긴급피난 중 발생한 사고
② 출·퇴근 도중에 발생한 재해
③ 운동경기 등 각종 행사 중 발생한 재해
④ 천재지변 또는 돌발적인 사고 우려가 많은 장소에서 사회통념상 인정되는 업무수행 중 발생한 사고
⑤ 제3자의 행위에 의한 업무상 재해
⑥ 업무상 질병에 대한 구체적인 인정기준 중 뇌혈관질병 또는 심장질병에 의한 재해
⑦ 업무시간 외에 발생한 재해
다만, 사업주가 제공한 사업장 내의 시설물에서 발생한 재해 또는 작업 개시 전의 작업준비 및 작업종료 후의 정리정돈과정에서 발생한 재해는 제외한다.
⑧ 도로에서 발생한 사업장 밖의 교통사고, 소속 사업장을 벗어난 출장 및 외부기관으로 위탁교육 중 발생한 사고, 회식 중의 사고, 전염병 등 사업주의 법 위반으로 인한 것이 아니라고 인정되는 재해

> **용어정의**
> * 「요양」이라 함은 부상 등의 치료를 말하며 재가, 통원 및 입원의 경우를 모두 포함한다.

특급 암기법
무재해 : 업무시간 외, 제3자, 각종 행사, 출·퇴근 도중, 뇌혈관질환·심장질환, 교통사고

합격의 key

5 무재해 운동 이론

(1) 무재해 운동의 3대 원칙 ✰✰

① 무(無)의 원칙(ZERO의 원칙)
무재해란 단순히 사망재해나 휴업재해만 없으면 된다는 소극적인 사고가 아닌, 사업장 내의 모든 잠재위험요인을 적극적으로 사전에 발견하고 파악·해결함으로써 산업재해의 근원적인 요소들을 없앤다는 것을 의미한다.

② 선취의 원칙(안전제일의 원칙)
무재해 운동에 있어서 안전제일이란 안전한 사업장을 조성하기 위한 궁극의 목표로서 사업장 내에서 행동하기 전에 잠재위험요인을 발견하고 파악·해결하여 재해를 예방하는 것을 의미한다.

③ 참가의 원칙(참여의 원칙)
무재해 운동에서 참여란 작업에 따르는 잠재위험요인을 발견하고 파악·해결하기 위하여 전원이 일치 협력하여 각자의 위치에서 적극적으로 문제해결을 하겠다는 것을 의미한다.

(2) 무재해 운동의 3요소 ✰

① 최고 경영자의 경영자세
안전보건은 최고경영자의 무재해, 무질병에 대한 확고한 경영자세로부터 시작된다.

② 라인관리자에 의한 안전보건 추진
관리감독자들(Line)이 생산활동 속에서 안전보건을 함께 실천하는 것이 성공의 지름길이다.

③ 직장의 자주 안전활동 활성화
직장의 팀 구성원과의 협동노력으로 자주적인 안전활동을 추진해 가는 것이 필요하다.

> **기출** ★
> ※ 무재해 운동의 3요소 중 최고 경영자의 경영자세가 가장 중요한 역할을 한다.

> **기출**
> ※ 무재해 운동의 3요소
> ① 이념
> ② 기법
> ③ 실천

6 무재해 소집단활동

(1) 브레인스토밍(Brain storming)

인간의 잠재의식을 일깨워 자유로이 **아이디어를 개발하자는 토의식 아이디어 개발 기법**이다.

[브레인스토밍의 4원칙 ★★]

비판금지	좋다, 나쁘다 비판은 하지 않는다.
자유분방	마음대로 **자유로이** 발언한다.
대량발언	무엇이든 좋으니 **많이** 발언한다.
수정발언	타인의 생각에 **동참하거나 보충** 발언해도 좋다.

(2) 미국 듀폰사의 STOP기법(Safety Training Observation Program : 안전교육관찰 프로그램)

숙련된 관찰자(안전관리자)가 불안전한 행위를 관찰하기 위한 기법으로 일상 업무 시 사용한 안전관찰카드를 분석하여 불안전한 행동의 경향을 파악하여 해당 부분에 대한 재발 방지 대책을 세운다.

[STOP 기법 진행방법]

결심 ⇨ 정지 ⇨ 관찰 ⇨ 보고

(3) T.B.M (Tool Box Meeting) : 즉시 적응법 ★(단시간 미팅 즉시 적응훈련)

- 재해를 방지하기 위해 **현장에서 그때그때의 상황에 맞게 적응하여 실시하는 활동**으로 단시간 미팅 즉시 적응훈련이라 한다.
- 작업 전, 종료 시 5~10분간 작업자 3~5인이 조를 이뤄 작업 시 위험요소에 대하여 말하는 방식이다.

(4) One Point 위험예지훈련

위험예지훈련 4라운드 중 2R, 3R, 4R을 모두 One Point로 요약하여 실시하는 T.B.M 위험예지훈련이다.

합격의 key

[문제]
문제해결훈련 브레인스토밍(Brain Storming)기법의 4원칙에 대한 설명으로 틀린 것은?
㉮ "개발한 아이디어에 대해 좋다." "나쁘다." 라는 비판을 하지 않는다.
㉯ 아이디어의 수는 많을수록 좋다.
㉰ 다른 사람 의견을 정중히 반대한다.
㉱ 자유자재로 변하는 아이디어를 개발한다.

[해설]
㉮ 비판금지
㉯ 대량발언
㉰ 다른 사람 의견을 반대해서는 안 된다. → 비판금지
㉱ 자유분방

[참고]
브레인 스토밍(Brain Storming)의 4원칙
① 비판금지 ② 대량발언
③ 수정발언 ④ 자유분방

정답 ㉰

[문제]
안전보건 의식고취를 위한 추진방법 중 출근 시, 작업을 시작하기 전에 5~10분 정도의 시간을 내서 회합을 갖는 것은?
㉮ OJT ㉯ OFF JT
㉰ TWT ㉱ TBM

[해설]
단시간 미팅 즉시 적응훈련 (T.B.M)
작업 전, 종료 시 5~10분간 작업자 3~5인이 조를 이뤄 작업 시 위험요소에 대하여 말하는 방식이다.

정답 ㉱

참고
T.B.M은 그때마다 생각해서 한 것보다는 그날의 지시작업에 관련하여 리더가 사전에 적절한 주제를 준비하는 것이 좋다. "오늘의 작업에는 어떤 위험이 있는가" "이 작업에는 어떤 위험이 있는가"라고 하는 것보다는 "이 작업의 단계에서는 어떤 위험이 있는가" "이 동작에는 어떤 위험이 있는가"와 같이 위험예지의 대상을 요약하기 위하여 주제를 보다 세분화하는 것이 좋다. 주제가 너무 광범위하면 10분 내에 대화하기 어렵다.

기출
※ "지적확인"의 효과
① 이완된 의식의 긴장, 집중
② 대상에 대한 집중력의 향상
③ 자신과 대상의 결합도 증대
④ 인지(cognition) 확률의 향상

지적 확인과 정확도	
지적 확인한 경우	0.80%
확인만 하는 경우	1.25%
지적만 하는 경우	1.50%
아무것도 하지 않은 경우	2.85%

(5) 안전 확인 5지 운동

① 모지(마음)
② 시지(복장)
③ 중지(규정)
④ 약지(정비)
⑤ 새끼손가락(확인)

(6) 지적확인 ✦

사람의 눈이나 귀 등 오관의 감각기관을 총동원해서 작업공정의 요소에서 자신의 행동을 (… 좋아)하고 대상을 지적하여 큰 소리로 확인하여 작업의 정확성과 안전을 확인하는 방법이다.

(7) 5C운동 ✦

① 복장단정(Correctness)
② 정리정돈(Clearance)
③ 청소청결(Cleaning)
④ 점검확인(Checking)
⑤ 전심전력(Concentration)

(8) E.C.R(Error Cause Removal) 제안제도

근로자 자신이 자기의 부주의 이외에 제반 오류의 원인을 생각함으로써 개선을 하도록 하는 방법이다.

① 첫째 : 아이디어 제안
② 둘째 : 조장이 접수
③ 셋째 : 무재해 추진 위원회에서 조치
④ 넷째 : 제안자에게 표창

(9) 터치 앤 콜(Touch and Call)

팀의 전 구성원이 원을 만들어 팀의 행동목표나 무재해 구호를 지적확인 하는 방법이다. (무재해로 나가자, 좋아! 좋아! 좋아!)

7 안전 활동 기법

(1) 위험예지 훈련

"위험을 미리 알자"는 의미로 작업장에 잠재하고 있는 위험요인을 소집단 토의를 통해 미리 생각하여 행동에 앞서 위험요인 해결하는 것을 습관화하여 사고를 예방하기 위한 훈련이다.

[위험예지 훈련 4단계 ✄✄]

1단계 : 현상 파악	• 어떤 위험이 잠재하고 있는가? • 전원이 대화로써 도해 상황속의 잠재위험요인을 발견하고 그 요인이 초래할 수 있는 사고를 생각해내는 단계
2단계 : 요인조사 (본질 추구)	• 이것이 위험의 포인트다. • 발견해 낸 위험 중 가장 위험한 것을 합의로서 결정하는 단계
3단계 : 대책 수립	• 당신이라면 어떻게 할 것인가? • 중요 위험요인을 해결하기 위한 대책을 세우는 단계
4단계 : 행동목표 설정 (합의요약)	• 우리들은 이렇게 하자! • 대책 중 중점 실시항목을 합의 요약해서 그것을 실천하기 위한 행동목표를 설정하는 단계

> **참고**
>
> ※ 위험예지훈련의 기법
> (위험예지훈련의 안전선취를 위한 방법)
> ① 감수성 훈련 : 위험을 예지, 예측하는 능력을 높이고 위험에 대한 감수성을 날카롭게 하기 위한 훈련을 말한다.
> ② 집중력 훈련 : 위험예지훈련의 요소요소에서 지적확인을 하여 집중력을 높임으로써 깜빡 잊거나, 멍해지거나, 부주의하는 것을 막는 훈련을 말한다.
> ③ 문제해결 훈련 : 문제점을 파악하여 문제해결 능력을 높이기 위한 훈련을 말한다.

(2) 개선의 4원칙(ECRS)

① Eliminate : 생략과 배제의 원칙
  불필요한 공정이나 작업의 배제, 생략(모든 개선에 있어서 가장 먼저 생각하고 적용할 것이 요구되는 원칙)

② Combine : 결합과 분리의 원칙
  공정이나 공구, 부품 등의 결합으로 간단하고 단순화된 형태로 접근

③ Rearrange : 재편성과 재배열의 원칙
  공정, 작업 순서의 변경, 재배열

④ Simplify : 단순화의 원칙
  공정, 작업 수단, 방법 등을 간단하고 용이하게 하거나 이동거리를 짧게, 중량을 가볍게 하는 등의 단순화

02 안전보건관리 체제 및 운용

> 주/요/내/용 알/고/가/기
> 1. 안전조직의 유형 및 특징
> 2. 산업안전보건위원회와 노사협의체의 구성
> 3. 안전보건관리책임자 등의 직무
> 4. 안전관리자 등의 증원, 교체 명령
> 5. 안전보건개선계획 작성대상 사업장
> 6. 재해율 등 공표대상 사업장

1 안전보건관리조직

안전보건관리 조직이란 원활한 안전관리를 위해 필요한 조직으로 라인형, 스태프형, 라인-스태프형의 3가지로 분류할 수 있다.

(1) 라인형(Line) or 직계형 ✿✿

안전관리에 관한 계획, 실시, 평가에 이르기까지 안전관리의 모든 것을 생산조직을 통하여 행하는 관리 방식이다.

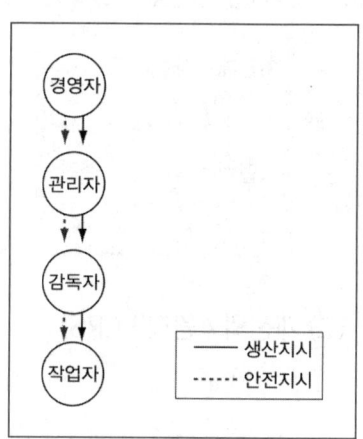

① 소규모 사업장(100명 이하 사업장)에 적용이 가능하다.
② 라인형 장점 : 명령 및 지시가 신속, 정확하다.
③ 라인형 단점
  • 안전정보가 불충분하다.
  • 라인에 과도한 책임이 부여될 수 있다.
④ 생산과 안전을 동시에 지시하는 형태이다.

(2) 스태프형(Staff) or 참모형 ✿✿

안전관리를 전담하는 스태프를 두고 안전관리에 대한 계획, 조사, 검토 등을 행하는 관리방식이다.
① 중규모 사업장(100 ~ 1,000명 정도의 사업장)에 적용이 가능하다.
② 스태프형 장점 : 안전정보 수집이 용이하고 빠르다.
③ 스태프형 단점 : 안전과 생산을 별개로 취급한다.
④ 안전 전문가(스태프)가 문제 해결방안을 모색한다.
⑤ 스태프는 경영자의 조언, 자문 역할을 한다.
⑥ 생산부문은 안전에 대한 책임, 권한이 없다.

기출
안전관리조직을 구성할 때 고려할 사항
① 조직 구성원의 책임과 권한을 명확하게 한다.
② 회사의 특성과 규모에 부합되게 조직되어야 한다.
③ 생산조직과 밀착된 조직일 것

기출 ★
* 라인형은 안전을 전문으로 하는 전담부서가 없으므로 스탭형보다 경제적인 조직이다.

참고
* 안전관리조직의 목적
① 조직적인 사고예방 활동
② 위험 제거 기술의 수준 향상
③ 조직 간 종적·횡적 신속한 정보처리와 유대강화
④ 재해 예방율의 향상 및 단위당 예방비용의 절감

⑦ 사업장의 특수성에 적합한 기술연구를 전문적으로 할 수 있다.
⑧ 권한 다툼이나 조정 때문에 통제 수속이 복잡해지며, 시간과 노력이 소모된다.

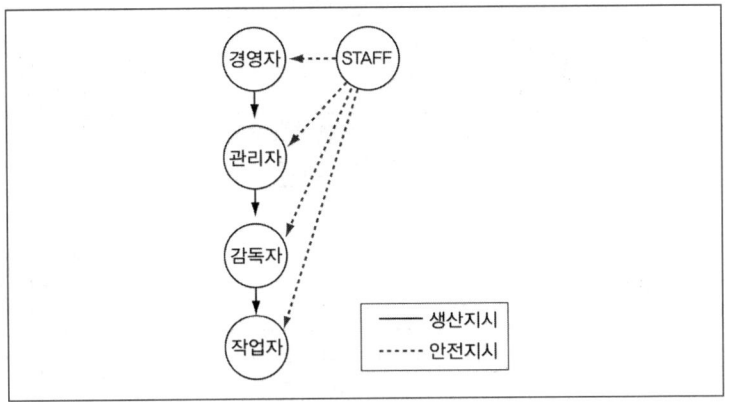

(3) 라인 스태프형(Line Staff) or 혼합형 ✖✖

라인형과 스태프형의 장점을 취한 형태로서 스태프는 안전을 입안, 계획, 평가, 조사하고 라인을 통하여 생산기술, 안전대책이 전달되는 관리방식이다.

① 대규모 사업장(1,000명 이상 사업장)에 적용이 가능하다.
② 라인 스태프형 장점
  - 안전전문가에 의해 입안된 것을 경영자가 명령하므로 명령이 신속, 정확하다.
  - 안전정보 수집이 용이하고 빠르다.
③ 라인 스태프형 단점
  - 명령계통과 조언, 권고적 참여의 혼돈이 우려된다.
  - 스태프의 월권행위가 우려되고 지나치게 스태프에게 의존할 수 있다.
  - 라인이 스태프에 의존 또는 활용하지 않는 경우가 있다.

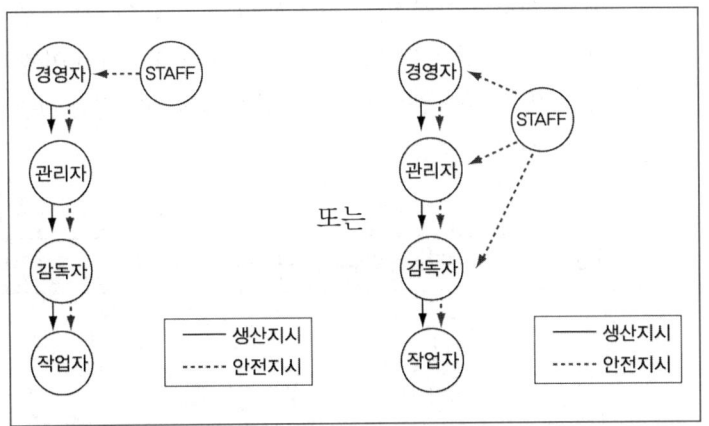

문제

안전조직을 설명한 것 중 Line-Staff에 해당되는 것은?
㉮ 조언이나 권고적 참여가 혼동된다.
㉯ 안전과 생산을 별도로 생각한다.
㉰ 안전에 대한 정보가 불충분하다.
㉱ 안전책임과 권한이 생산부분에는 없다.

[해설]
㉯ 안전과 생산을 별도로 생각한다. → 스탭형
㉰ 안전에 대한 정보가 불충분하다. → 라인형
㉱ 안전책임과 권한이 생산부분에는 없다 → 스탭형

정답 ㉮

② 안전보건관리체제

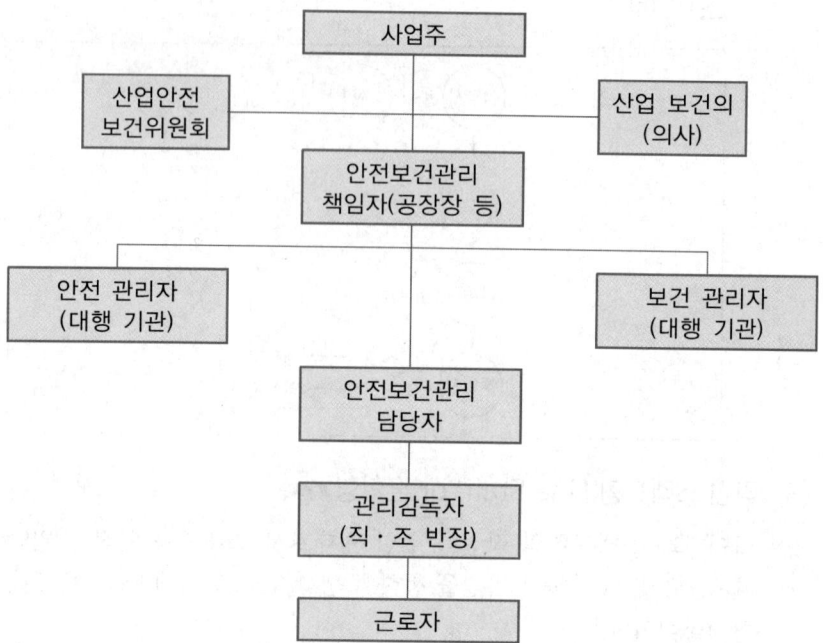

(1) 이사회 보고 및 승인 ✭

① 「상법」에 따른 주식회사 중 상시근로자 500명 이상을 사용하는 회사 및 「건설산업기본법」에 따라 평가하여 공시된 시공능력의 순위 상위 1천위 이내의 건설회사의 대표이사는 매년 회사의 안전 및 보건에 관한 계획을 수립하여 이사회에 보고하고 승인을 받아야 한다.
② 회사의 대표이사(「상법」에 따라 대표이사를 두지 못하는 회사의 경우에는 대표집행임원을 말한다)는 회사의 정관에서 정하는 바에 따라 회사의 안전 및 보건에 관한 계획을 수립해야 한다.
③ 대표이사는 안전 및 보건에 관한 계획을 성실하게 이행하여야 한다.
④ 안전 및 보건에 관한 계획에는 안전 및 보건에 관한 비용, 시설, 인원 등의 사항을 포함하여야 한다.

> **특급 암기법**
> 500명 이상 1천위 이내 건설회사는 비(예산)실(시설)대는 인원 매년 이사회에 보고

참고

※ 산업재해 예방에 관한 기본계획의 수립·공포
① 고용노동부장관은 산업재해 예방에 관한 기본계획을 수립하여야 한다.
② 고용노동부장관은 수립한 기본계획을 「산업재해보상보험법」에 따른 산업재해보상보험및예방심의위원회의 심의를 거쳐 공표하여야 한다. 이를 변경하려는 경우에도 또한 같다.

참고

※ 안전관리 업무의 위탁
안전관리자의 업무를 안전관리전문기관에 위탁할 수 있는 사업의 종류 및 규모는 건설업을 제외한 사업으로서 상시 근로자 300명 미만을 사용하는 사업으로 한다.

참고

※ 업무의 위탁
1. 대통령령으로 정하는 사업의 종류 및 사업장의 상시근로자 수에 해당하는 사업장의 사업주는 안전관리 업무를 안전관리전문기관에 안전관리자의 업무를 위탁할 수 있다.
2. 대통령령으로 정하는 사업의 종류 및 사업장의 상시근로자 수에 해당하는 사업장의 사업주는 보건관리전문기관에 보건관리자의 업무를 위탁할 수 있다.
3. 대통령령으로 정하는 사업의 종류 및 사업장의 상시근로자 수에 해당하는 사업장의 사업주는 안전관리전문기관 또는 보건관리전문기관에 안전보건관리담당자의 업무를 위탁할 수 있다.

안전 및 보건에 관한 계획에 포함하여야 할 사항

가. 안전 및 보건에 관한 경영방침
나. 안전·보건관리 조직의 구성·인원 및 역할
다. 안전·보건 관련 예산 및 시설 현황
라. 안전 및 보건에 관한 전년도 활동실적 및 다음 연도 활동계획

비(예산)실(시설)대는 인원 및 역할 경영활동계획에 포함

(2) 안전보건관리책임자 ✧✧

사업주는 사업장에 안전보건관리책임자("관리책임자")를 두어 업무를 총괄 관리하도록 하여야 한다.

참고 안전보건관리책임자를 두어야 할 사업의 종류 및 규모 ✧

사업의 종류	규모
1. 토사석 광업	상시 근로자 50명 이상
2. 식료품 제조업, 음료 제조업	
3. 목재 및 나무제품 제조업 ; 가구 제외	
4. 펄프, 종이 및 종이제품 제조업	
5. 코크스, 연탄 및 석유정제품 제조업	
6. 화학물질 및 화학제품 제조업 ; 의약품 제외	
7. 의료용 물질 및 의약품 제조업	
8. 고무 및 플라스틱제품 제조업	
9. 비금속 광물제품 제조업	
10. 1차 금속 제조업	
11. 금속가공제품 제조업 ; 기계 및 가구 제외	
12. 전자부품, 컴퓨터, 영상, 음향 및 통신장비 제조업	
13. 의료, 정밀, 광학기기 및 시계 제조업	
14. 전기장비 제조업	
15. 기타 기계 및 장비 제조업	
16. 자동차 및 트레일러 제조업	
17. 기타 운송장비 제조업	
18. 가구 제조업	
19. 기타 제품 제조업	
20. 서적, 잡지 및 기타 인쇄물 출판업	
21. 해체, 선별 및 원료 재생업	
22. 자동차 종합 수리업, 자동차 전문 수리업	

사업의 종류	규모
23. 농업 24. 어업 25. 소프트웨어 개발 및 공급업 26. 컴퓨터 프로그래밍, 시스템 통합 및 관리업 26의 2. 영상 · 오디오물 제공 서비스업 27. 정보서비스업 28. 금융 및 보험업 29. 임대업 ; 부동산 제외 30. 전문, 과학 및 기술 서비스업(연구개발업은 제외한다) 31. 사업지원 서비스업 32. 사회복지 서비스업	상시 근로자 300명 이상
33. 건설업	공사금액 20억 원 이상
34. 제1호부터 제26호까지, 제26호의2 및 제27호부터 제33호까지의 사업을 제외한 사업	상시 근로자 100명 이상

(3) 안전관리자 ✰✰

1) 사업주는 사업장에 안전에 관한 기술적인 사항에 관하여 사업주 또는 안전보건관리책임자를 보좌하고 관리감독자에게 지도·조언하는 업무를 수행하는 사람("안전관리자")를 두어야 한다.

2) 상시근로자 300명 이상을 사용하는 사업장[건설업의 경우에는 공사금액이 120억 원(종합공사를 시공하는 토목공사업의 경우에는 150억 원) 이상인 사업장]의 안전관리자는 해당 사업장에서 안전관리자의 업무만을 전담해야 한다.

3) 도급인의 사업장에서 이루어지는 도급사업의 공사금액 또는 관계수급인의 상시 근로자는 각각 해당 사업의 공사금액 또는 상시 근로자로 본다. 다만, 안전관리자를 두어야 할 사업의 기준에 해당하는 도급사업의 공사금액 또는 관계수급인의 상시 근로자의 경우에는 그러하지 아니하다.

4) 같은 사업주가 경영하는 둘 이상의 사업장이 다음 각 호의 어느 하나에 해당하는 경우에는 그 둘 이상의 사업장에 1명의 안전관리자를 공동으로 둘 수 있다. 이 경우 해당 사업장의 상시근로자 수의 합계는 300명 이내[건설업의 경우에는 공사금액의 합계가 120억 원(토목공사업의 경우 150억 원) 이내]이어야 한다.
   1. 같은 시·군·구(자치구를 말한다) 지역에 소재하는 경우
   2. 사업장 간의 경계를 기준으로 15킬로미터 이내에 소재하는 경우

참고

* 도급사업의 안전관리자 선임
안전관리자를 두어야 할 수급인인 사업주는 도급인인 사업주가 다음 각 호의 요건을 갖춘 경우에는 안전관리자를 선임하지 아니할 수 있다.
1. 도급인인 사업주 자신이 선임하여야 할 안전관리자를 둔 경우
2. 안전관리자를 두어야 할 수급인인 사업주의 업종별로 상시 근로자 수(건설업의 경우 상시 근로자 수 또는 공사금액)를 합계하여 그 근로자 수 또는 공사금액에 해당하는 안전관리자를 추가로 선임한 경우

참고

① 사업주가 안전관리자를 배치할 때에는 연장근로·야간근로 또는 휴일근로 등 해당 사업장의 작업 형태를 고려하여야 한다.
② 사업주는 안전관리 업무의 원활한 수행을 위하여 외부전문가의 평가·지도를 받을 수 있다.
③ 안전관리자는 업무를 수행할 때에는 보건관리자와 협력하여야 한다.

5) 도급인의 사업장에서 이루어지는 도급사업에서 도급인이 고용노동부령으로 정하는 바에 따라 그 사업의 관계수급인 근로자에 대한 안전관리를 전담하는 안전관리자를 선임한 경우에는 그 사업의 관계수급인은 해당 도급사업에 대한 안전관리자를 선임하지 않을 수 있다.

> **안전관리자 및 보건관리자를 두어야 할 수급인인 사업주가 안전관리자 및 보건관리자를 선임하지 않을 수 있는 조건**
>
> 1. 도급인인 사업주 자신이 선임해야 할 안전관리자 및 보건관리자를 둔 경우
> 2. 안전관리자 및 보건관리자를 두어야 할 수급인인 사업주의 사업의 종류별로 상시근로자 수(건설공사의 경우에는 건설공사 금액을 말한다)를 합계하여 그 상시근로자 수에 해당하는 안전관리자 및 보건관리자를 추가로 선임한 경우

6) 사업주는 안전관리자를 선임하거나 안전관리자의 업무를 안전관리전문기관에 위탁한 경우에는 고용노동부령으로 정하는 바에 따라 선임하거나 위탁한 날부터 14일 이내에 고용노동부장관에게 증명할 수 있는 서류를 제출하여야 한다. 안전관리자를 늘리거나 교체한 경우에도 또한 같다.

주요 내용요약 안전관리자의 선임방법

사업의 종류	선임기준
① 토사석 광업 ② 서적, 잡지 및 기타 인쇄물 출판업, 폐기물 수집·운반·처리 및 원료 재생업, 환경 정화 및 복원업, 운수 및 창고업, 자동차 종합 수리업, 자동차 전문 수리업, 발전업 ③ 대부분의 제조업	– 상시 근로자 50명 이상 500명 미만 : 1명 이상 – 상시 근로자 500명 이상 : 2명 이상
① 우편 및 통신업 ② 전기, 가스, 증기 및 공기조절 공급업(발전업은 제외한다) ③ 도매 및 소매업 ④ 숙박 및 음식점업 ⑤ 공공행정(청소, 시설관리, 조리 등 현업업무에 종사하는 사람으로서 고용노동부장관이 정하여 고시하는 사람으로 한정한다) ⑥ 교육서비스업 중 초등·중등·고등 교육기관, 특수학교·외국인학교 및 대안학교 (청소, 시설관리, 조리 등 현업 업무에 종사하는 사람으로서 고용노동부장관이 정하여 고시하는 사람으로 한정한다) ⑦ 농업, 임업 및 어업 등	– 상시 근로자 50명 이상 1,000명 미만 : 1명 (다만, 부동산업(부동산 관리업은 제외한다)과 사진처리업의 경우에는 상시근로자 100명 이상 1천명 미만으로 한다) – 상시 근로자 1,000명 이상 : 2명

> **참고**
>
> 공사금액이 1,500억 원인 건설현장에서 두어야 할 안전관리자의 수는?
>
> ※ 건설현장 안전관리자의 선임기준
>
> 1. 공사금액 120억 원 이상(토목공사업의 경우에는 150억 원 이상) 800억 원 미만 : 1명
> 2. 공사금액 800억 원 이상 1,500억 원 미만 : 2명 이상
> 3. 공사금액 1,500억 원 이상 2,200억 원 미만 : 3명 이상
>
> 정답 : 3명 이상

건설업	- 공사금액 50억 원 이상(관계수급인은 100억 원 이상) 120억 원 미만 (토목공사업의 경우에는 150억 원 미만) 또는 공사금액 120억 원 이상(토목공사업의 경우에는 150억 원 이상) 800억 원 미만 : 1명 이상 - 공사금액 800억 원 이상 1,500억 원 미만 : 2명 이상(다만, 전체 공사기간을 100으로 할 때 공사 시작에서 15에 해당하는 기간과 공사 종료 전의 15에 해당하는 기간 동안은 1명 이상으로 한다) - 공사금액 1,500억 원 이상 2,200억 원 미만 : 3명 이상 (다만, 전체 공사기간 중 전·후 15에 해당하는 기간은 2명 이상으로 한다) - 공사금액 2,200억 원 이상 3천억 원 미만 : 4명 이상 (다만, 전체 공사기간 중 전·후 15에 해당하는 기간은 2명 이상으로 한다) - 공사금액 3천억 원 이상 3,900억 원 미만 : 5명 이상(다만, 전체 공사기간 중 전·후 15에 해당하는 기간은 3명 이상으로 한다) - 공사금액 3,900억 원 이상 4,900억 원 미만 : 6명 이상 (다만, 전체 공사기간 중 전·후 15에 해당하는 기간은 3명 이상으로 한다) - 공사금액 4,900억 원 이상 6천억 원 미만 : 7명 이상 (다만, 전체 공사기간 중 전·후 15에 해당하는 기간은 4명 이상으로 한다) - 공사금액 6천억 원 이상 7,200억 원 미만 : 8명 이상 (다만, 전체 공사기간 중 전·후 15에 해당하는 기간은 4명 이상으로 한다) - 공사금액 7,200억 원 이상 8,500억 원 미만 : 9명 이상(다만, 전체 공사기간 중 전·후 15에 해당하는 기간은 5명 이상으로 한다) - 공사금액 8,500억 원 이상 1조원 미만 : 10명 이상(다만, 전체 공사기간 중 전·후 15에 해당하는 기간은 5명 이상으로 한다) - 1조원 이상 : 11명 이상[매 2천억 원(2조원 이상부터는 매 3천억 원)마다 1명씩 추가한다]. 다만, 전체 공사기간 중 전·후 15에 해당하는 기간은 선임 대상 안전관리자 수의 2분의 1(소수점 이하는 올림한다) 이상으로 한다)

> **참고** 안전관리자를 두어야 하는 사업의 종류, 사업장의 상시근로자 수, 안전관리자의 수 및 선임방법(제16조 제1항 관련)

사업의 종류	사업장의 상시 근로자 수	안전관리자의 수	안전관리자의 선임방법
1. 토사석 광업 2. 식료품 제조업, 음료 제조업 3. 섬유제품 제조업 ; 의복 제외 4. 목재 및 나무제품 제조 ; 가구 제외 5. 펄프, 종이 및 종이제품 제조업 6. 코크스, 연탄 및 석유정제품 제조업 7. 화학물질 및 화학제품 제조업 ; 의약품 제외 8. 의료용 물질 및 의약품 제조업 9. 고무 및 플라스틱제품 제조업 10. 비금속 광물제품 제조업 11. 1차 금속 제조업 12. 금속가공제품 제조업 ; 기계 및 가구 제외 13. 전자부품, 컴퓨터, 영상, 음향 및 통신장비 제조업 14. 의료, 정밀, 광학기기 및 시계 제조업 15. 전기장비 제조업 16. 기타 기계 및 장비제조업 17. 자동차 및 트레일러 제조업 18. 기타 운송장비 제조업 19. 가구 제조업 20. 기타 제품 제조업 21. 산업용 기계 및 장비 수리업 22. 서적, 잡지 및 기타 인쇄물 출판업 23. 폐기물 수집, 운반, 처리 및 원료 재생업 24. 환경 정화 및 복원업 25. 자동차 종합 수리업, 자동차 전문 수리업 26. 발전업 27. 운수 및 창고업	상시근로자 50명 이상 500명 미만	1명 이상	안전관리자의 자격을 가진 사람을 선임하여야 한다. 다만, 다음 조건에 의해 자격을 가진 자는 제외한다. - 건설안전 산업기사 이상의 자격을 취득한 사람 - 공업계 고등학교 또는 이와 같은 수준 이상의 학교를 졸업하고 해당 사업의 관리감독자로서의 업무(건설업의 경우는 시공실무경력)를 5년 이상 담당한 후 고용노동부장관이 지정하는 기관이 실시하는 교육을 받고 정해진 시험에 합격한 사람 - 전담 안전관리자를 두어야 하는 사업장(건설업은 제외한다)에서 안전 관련 업무를 10년 이상 담당한 사람 - 「건설산업기본법」에 따른 종합공사를 시공하는 업종의 건설현장에서 안전보건관리책임자로 10년 이상 재직한 사람 - 「건설기술 진흥법」에 따른 토목·건축 분야 건설기술인 중 등급이 중급 이상인 사람으로서 고용노동부장관이 지정하는 기관이 실시하는 산업안전교육(2023년 12월 31일까지의 교육만 해당한다)을 이수하고 정해진 시험에 합격한 사람 - 「국가기술자격법」에 따른 토목산업기사 또는 건축산업기사 이상의 자격을 취득한 후 해당 분야에서의 실무경력이 다음 각 목의 구분에 따른 기간 이상인 사람으로서 고용노동부장관이 지정하는 기관이 실시하는 산업안전교육(2023년 12월 31일까지의 교육만 해당한다)을 이수하고 정해진 시험에 합격한 사람 가. 토목기사 또는 건축기사 : 3년 나. 토목산업기사 또는 건축산업기사 : 5년
	상시근로자 500명 이상	2명 이상	① 안전관리자의 자격을 가진 사람을 선임하여야 한다. 다만, 다음 조건에 의해 자격을 가진 자는 제외한다. - 건설안전산업기사 이상의 자격을 취득한 사람 - 공업계 고등학교 또는 이와 같은 수준 이상의 학교를 졸업하고, 해당 사업의 관리감독자로서의 업무(건설업의 경우는 시공실무경력)를

사업의 종류	사업장의 상시 근로자 수	안전관리자의 수	안전관리자의 선임방법
			5년 이상 담당한 후 고용노동부장관이 지정하는 기관이 실시하는 교육을 받고 정해진 시험에 합격한 사람 - 전담 안전관리자를 두어야 하는 사업장(건설업은 제외한다)에서 안전 관련 업무를 10년 이상 담당한 사람 - 「건설산업기본법」 제8조에 따른 종합공사를 시공하는 업종의 건설현장에서 안전보건관리책임자로 10년 이상 재직한 사람 - 「건설기술 진흥법」에 따른 토목·건축 분야 건설기술인 중 등급이 중급 이상인 사람으로서 고용노동부장관이 지정하는 기관이 실시하는 산업안전교육(2023년 12월 31일까지의 교육만 해당한다)을 이수하고 정해진 시험에 합격한 사람 - 「국가기술자격법」에 따른 토목산업기사 또는 건축산업기사 이상의 자격을 취득한 후 해당 분야에서의 실무경력이 다음 각 목의 구분에 따른 기간 이상인 사람으로서 고용노동부장관이 지정하는 기관이 실시하는 산업안전교육(2023년 12월 31일까지의 교육만 해당한다)을 이수하고 정해진 시험에 합격한 사람 가. 토목기사 또는 건축기사 : 3년 나. 토목산업기사 또는 건축산업기사 : 5년 ② 다음 자격을 취득한 사람이 1명 이상 포함되어야 한다. - 산업안전지도사 자격을 가진 사람 - 산업안전산업기사 이상의 자격을 취득한 사람(산업안전산업기사의 자격을 취득한 사람은 제외한다) 또는 4년제 대학 이상의 학교에서 산업안전 관련 학위를 취득한 사람 또는 이와 같은 수준 이상의 학력을 가진 사람
28. 농업, 임업 및 어업 29. 제2호부터 제19호까지의 사업을 제외한 제조업 30. 전기, 가스, 증기 및 공기조절 공급업(발전업은 제외한다) 31. 수도, 하수 및 폐기물 처리, 원료 재생업(제23호 및 제24호에 해당하는 사업은 제외한다) 32. 도매 및 소매업 33. 숙박 및 음식점업 34. 영상·오디오 기록물 제작 및 배급업	상시근로자 50명 이상 1천명 미만. 다만, 부동산업(부동산 관리업은 제외한다)과 사진처리업의 경우에는 상시근로자 100명 이상 1천명 미만으로 한다.	1명 이상	안전관리자의 자격을 가진 사람을 선임하여야 한다. 다만, 다음 조건에 의해 자격을 가진 자는 제외한다. - 건설안전산업기사 이상의 자격을 취득한 사람 - 전담 안전관리자를 두어야 하는 사업장(건설업은 제외한다)에서 안전 관련 업무를 10년 이상 담당한 사람 - 종합공사를 시공하는 업종의 건설현장에서 안전보건관리책임자로 10년 이상 재직한 사람

사업의 종류	사업장의 상시 근로자 수	안전관리자의 수	안전관리자의 선임방법
35. 방송업 36. 우편 및 통신업 37. 부동산업 38. 임대업 ; 부동산 제외 39. 연구개발업 40. 사진처리업 41. 사업시설 관리 및 조경 서비스업 42. 청소년 수련시설 운영업 43. 보건업 44. 예술, 스포츠 및 여가관련 서비스업 45. 개인 및 소비용품수리업 (제25호에 해당하는 사업은 제외한다) 46. 기타 개인 서비스업 47. 공공행정(청소, 시설관리, 조리 등 현업업무에 종사하는 사람으로서 고용노동부장관이 정하여 고시하는 사람으로 한정한다) 48. 교육서비스업 중 초등·중등·고등 교육기관, 특수학교·외국인학교 및 대안학교 (청소, 시설관리, 조리 등 현업업무에 종사하는 사람으로서 고용노동부장관이 정하여 고시하는 사람으로 한정한다)			− 「건설기술 진흥법」에 따른 토목·건축 분야 건설기술인 중 등급이 중급 이상인 사람으로서 고용노동부장관이 지정하는 기관이 실시하는 산업안전교육(2023년 12월 31일까지의 교육만 해당한다)을 이수하고 정해진 시험에 합격한 사람 − 「국가기술자격법」에 따른 토목산업기사 또는 건축산업기사 이상의 자격을 취득한 후 해당 분야에서의 실무경력이 다음 각 목의 구분에 따른 기간 이상인 사람으로서 고용노동부장관이 지정하는 기관이 실시하는 산업안전교육(2023년 12월 31일까지의 교육만 해당한다)을 이수하고 정해진 시험에 합격한 사람 가. 토목기사 또는 건축기사 : 3년 나. 토목산업기사 또는 건축산업기사 : 5년 (다만, 제28호 및 제30호부터 제46호까지의 사업의 경우 건설안전산업기사 이상의 자격을 취득한 사람에 해당하는 사람에 대해서는 그렇지 않다)
	상시근로자 1천명 이상	2명 이상	① 안전관리자의 자격을 가진 사람을 선임하여야 한다. 다만, 다음 조건에 의해 자격을 가진 자는 제외한다. − 「초·중등교육법」에 따른 공업계 고등학교 또는 이와 같은 수준 이상의 학교를 졸업하고, 해당 사업의 관리감독자로서의 업무(건설업의 경우는 시공실무경력)를 5년 이상 담당한 후 고용노동부장관이 지정하는 기관이 실시하는 교육을 받고 정해진 시험에 합격한 사람은 제외한다. − 「건설기술 진흥법」에 따른 토목·건축 분야 건설기술인 중 등급이 중급 이상인 사람으로서 고용노동부장관이 지정하는 기관이 실시하는 산업안전교육(2023년 12월 31일까지의 교육만 해당한다)을 이수하고 정해진 시험에 합격한 사람 − 「국가기술자격법」에 따른 토목산업기사 또는 건축산업기사 이상의 자격을 취득한 후 해당 분야에서의 실무경력이 다음 각 목의 구분에 따른 기간 이상인 사람으로서 고용노동부장관이 지정하는 기관이 실시하는 산업안전교육(2023년 12월 31일까지의 교육만 해당한다)을 이수하고 정해진 시험에 합격한 사람

사업의 종류	사업장의 상시 근로자 수	안전관리자의 수	안전관리자의 선임방법
			가. 토목기사 또는 건축기사 : 3년 나. 토목산업기사 또는 건축산업기사 : 5년 ② 다음 자격을 취득한 사람이 1명 이상 포함되어야 한다. - 산업안전지도사 자격을 가진 사람 - 산업안전산업기사 이상의 자격을 취득한 사람 - 4년제 대학 이상의 학교에서 산업안전 관련 학위를 취득한 사람 또는 이와 같은 수준 이상의 학력을 가진 사람 - 전문대학 또는 이와 같은 수준 이상의 학교에서 산업안전 관련 학위를 취득한 사람
49. 건설업	공사금액 50억 원 이상 (관계수급인은 100억 원 이상) 120억 원 미만 (「건설산업기본법 시행령」 별표 1 제1호 가목의 토목공사업의 경우에는 150억원 미만)	1명 이상	안전관리자의 자격을 가진 사람 중 다음에 해당하는 사람을 선임하여야 한다. - 산업안전지도사 자격을 가진 사람 - 산업안전산업기사 이상의 자격을 취득한 사람 - 건설안전산업기사 이상의 자격을 취득한 사람 - 4년제 대학 이상의 학교에서 산업안전 관련 학위를 취득한 사람 또는 이와 같은 수준 이상의 학력을 가진 사람 - 전문대학 또는 이와 같은 수준 이상의 학교에서 산업안전 관련 학위를 취득한 사람 - 이공계 전문대학 또는 이와 같은 수준 이상의 학교에서 학위를 취득하고, 해당 사업의 관리감독자로서의 업무(건설업의 경우는 시공실무경력)를 3년(4년제 이공계 대학 학위 취득자는 1년) 이상 담당한 후 고용노동부장관이 지정하는 기관이 실시하는 교육을 받고 정해진 시험에 합격한 사람 - 공업계 고등학교 또는 이와 같은 수준 이상의 학교를 졸업하고, 해당 사업의 관리감독자로서의 업무(건설업의 경우는 시공실무경력)를 5년 이상 담당한 후 고용노동부장관이 지정하는 기관이 실시하는 교육(1998년 12월 31일까지의 교육만 해당한다)을 받고 정해진 시험에 합격한 사람 - 종합공사를 시공하는 업종의 건설현장에서 안전보건관리책임자로 10년 이상 재직한 사람

사업의 종류	사업장의 상시 근로자 수	안전관리자의 수	안전관리자의 선임방법
49. 건설업			- 「건설기술 진흥법」에 따른 토목·건축 분야 건설기술인 중 등급이 중급 이상인 사람으로서 고용노동부장관이 지정하는 기관이 실시하는 산업안전교육(2023년 12월 31일까지의 교육만 해당한다)을 이수하고 정해진 시험에 합격한 사람 - 「국가기술자격법」에 따른 토목산업기사 또는 건축산업기사 이상의 자격을 취득한 후 해당 분야에서의 실무경력이 다음 각 목의 구분에 따른 기간 이상인 사람으로서 고용노동부장관이 지정하는 기관이 실시하는 산업안전교육(2023년 12월 31일까지의 교육만 해당한다)을 이수하고 정해진 시험에 합격한 사람 가. 토목기사 또는 건축기사 : 3년 나. 토목산업기사 또는 건축산업기사 : 5년
	공사금액 120억 원 이상 (「건설산업기본법 시행령」 별표 1 제1호 가목의 토목공사업의 경우에는 150억 원 이상) 800억 원 미만		안전관리자의 자격을 가진 사람 중 다음에 해당하는 사람을 선임하여야 한다. - 산업안전지도사 자격을 가진 사람 - 산업안전산업기사 이상의 자격을 취득한 사람 - 건설안전산업기사 이상의 자격을 취득한 사람 - 4년제 대학 이상의 학교에서 산업안전 관련 학위를 취득한 사람 또는 이와 같은 수준 이상의 학력을 가진 사람 - 전문대학 또는 이와 같은 수준 이상의 학교에서 산업안전 관련 학위를 취득한 사람 - 이공계 전문대학 또는 이와 같은 수준 이상의 학교에서 학위를 취득하고, 해당 사업의 관리감독자로서의 업무(건설업의 경우는 시공실무경력)를 3년(4년제 이공계 대학 학위 취득자는 1년) 이상 담당한 후 고용노동부장관이 지정하는 기관이 실시하는 교육을 받고 정해진 시험에 합격한 사람 - 공업계 고등학교 또는 이와 같은 수준 이상의 학교를 졸업하고, 해당 사업의 관리감독자로서의 업무(건설업의 경우는 시공실무경력)를 5년 이상 담당한 후 고용노동부장관이 지정하는 기관이 실시하는 교육(1998년 12월 31일까지의 교육만 해당한다)을 받고 정해진 시험에 합격한 사람

사업의 종류	사업장의 상시 근로자 수	안전관리자의 수	안전관리자의 선임방법
49. 건설업			– 종합공사를 시공하는 업종의 건설현장에서 안전보건관리책임자로 10년 이상 재직한 사람
	공사금액 800억 원 이상 1,500억 원 미만	2명 이상. 다만, 전체 공사기간을 100으로 할 때 공사 시작에서 15에 해당하는 기간과 공사 종료 전의 15에 해당하는 기간 동안은 1명 이상으로 한다.	① 안전관리자의 자격을 가진 사람 중 다음에 해당하는 사람을 선임하여야 한다. – 산업안전지도사 자격을 가진 사람 – 산업안전산업기사 이상의 자격을 취득한 사람 – 건설안전산업기사 이상의 자격을 취득한 사람 – 4년제 대학 이상의 학교에서 산업안전 관련 학위를 취득한 사람 또는 이와 같은 수준 이상의 학력을 가진 사람 – 전문대학 또는 이와 같은 수준 이상의 학교에서 산업안전 관련 학위를 취득한 사람 – 이공계 전문대학 또는 이와 같은 수준 이상의 학교에서 학위를 취득하고, 해당 사업의 관리감독자로서의 업무(건설업의 경우는 시공실무경력)를 3년(4년제 이공계 대학 학위 취득자는 1년) 이상 담당한 후 고용노동부장관이 지정하는 기관이 실시하는 교육을 받고 정해진 시험에 합격한 사람 – 고등학교 또는 이와 같은 수준 이상의 학교를 졸업하고, 해당 사업의 관리감독자로서의 업무(건설업의 경우는 시공실무경력)를 5년 이상 담당한 후 고용노동부장관이 지정하는 기관이 실시하는 교육(1998년 12월 31일까지의 교육만 해당한다)을 받고 정해진 시험에 합격한 사람 – 종합공사를 시공하는 업종의 건설현장에서 안전보건관리책임자로 10년 이상 재직한 사람 ② 다음 자격을 취득한 사람이 1명 이상 포함되어야 한다. – 산업안전지도사 자격을 가진 사람 – 산업안전산업기사 이상의 자격을 취득한 사람 – 건설안전산업기사 이상의 자격을 취득한 사람

사업의 종류	사업장의 상시 근로자 수	안전관리자의 수	안전관리자의 선임방법
49. 건설업	공사금액 1,500억 원 이상 2,200억 원 미만	3명 이상. 다만, 전체 공사 기간 중 전·후 15에 해당하는 기간은 2명 이상으로 한다.	① 안전관리자의 자격을 가진 사람 중 다음에 해당하는 사람을 선임하여야 한다. - 산업안전지도사 자격을 가진 사람 - 산업안전 산업기사 이상의 자격을 취득한 사람 - 건설안전 산업기사 이상의 자격을 취득한 사람 - 4년제 대학 이상의 학교에서 산업안전 관련 학위를 취득한 사람 또는 이와 같은 수준 이상의 학력을 가진 사람 - 전문대학 또는 이와 같은 수준 이상의 학교에서 산업안전 관련 학위를 취득한 사람 - 이공계 전문대학 또는 이와 같은 수준 이상의 학교에서 학위를 취득하고, 해당 사업의 관리감독자로서의 업무(건설업의 경우는 시공실무경력)를 3년(4년제 이공계 대학 학위 취득자는 1년) 이상 담당한 후 고용노동부장관이 지정하는 기관이 실시하는 교육을 받고 정해진 시험에 합격한 사람 - 공업계 고등학교 또는 이와 같은 수준 이상의 학교를 졸업하고, 해당 사업의 관리감독자로서의 업무(건설업의 경우는 시공실무경력)를 5년 이상 담당한 후 고용노동부장관이 지정하는 기관이 실시하는 교육(1998년 12월 31일까지의 교육만 해당한다)을 받고 정해진 시험에 합격한 사람 - 다음에 해당하는 사람은 1명만 포함되어야 한다. 「국가기술자격법」에 따른 토목산업기사 또는 건축산업기사 이상의 자격을 취득한 후 해당 분야에서의 실무경력이 다음 각 목의 구분에 따른 기간 이상인 사람으로서 고용노동부장관이 지정하는 기관이 실시하는 산업안전교육(2023년 12월 31일까지의 교육만 해당한다)을 이수하고 정해진 시험에 합격한 사람 가. 토목기사 또는 건축기사 : 3년 나. 토목산업기사 또는 건축산업기사 : 5년 ② 다음 자격을 취득한 사람이 1명 이상 포함되어야 한다. - 산업안전지도사 자격을 가진 사람 - 「국가기술자격법」에 따른 건설안전기술사(건설안전 기사 또는 산업안전 산업기사의 자격을 취득한 후 7년 이상 건설안전 업무를 수행한 사람이
	공사금액 2,200억 원 이상 3천억 원 미만	4명 이상. 다만, 전체 공사 기간 중 전·후 15에 해당하는 기간은 2명 이상으로 한다.	

사업의 종류	사업장의 상시 근로자 수	안전관리자의 수	안전관리자의 선임방법
49. 건설업			거나 건설안전 산업기사 또는 산업안전산업기사의 자격을 취득한 후 10년 이상 건설안전 업무를 수행한 사람을 포함한다)자격을 취득한 사람
	공사금액 3천억 원 이상 3,900억 원 미만	5명 이상. 다만, 전체공사 기간 중 전·후 15에 해당하는 기간은 3명 이상으로 한다.	① 안전관리자의 자격을 가진 사람 중 다음에 해당하는 사람을 선임하여야 한다. - 산업안전지도사 자격을 가진 사람 - 산업안전산업기사 이상의 자격을 취득한 사람
	공사금액 3,900억 원 이상 4,900억 원 미만	6명 이상. 다만, 전체공사 기간 중 전·후 15에 해당하는 기간은 3명 이상으로 한다.	- 건설안전산업기사 이상의 자격을 취득한 사람 - 4년제 대학 이상의 학교에서 산업안전 관련 학위를 취득한 사람 또는 이와 같은 수준 이상의 학력을 가진 사람 - 전문대학 또는 이와 같은 수준 이상의 학교에서 산업안전 관련 학위를 취득한 사람 - 이공계 전문대학 또는 이와 같은 수준 이상의 학교에서 학위를 취득하고, 해당 사업의 관리감독자로서의 업무(건설업의 경우는 시공실무경력)를 3년(4년제 이공계 대학 학위 취득자는 1년) 이상 담당한 후 고용노동부장관이 지정하는 기관이 실시하는 교육을 받고 정해진 시험에 합격한 사람 - 공업계 고등학교 또는 이와 같은 수준 이상의 학교를 졸업하고, 해당 사업의 관리감독자로서의 업무(건설업의 경우는 시공실무경력)를 5년 이상 담당한 후 고용노동부장관이 지정하는 기관이 실시하는 교육(1998년 12월 31일까지의 교육만 해당한다)을 받고 정해진 시험에 합격한 사람 - 다음에 해당하는 사람은 1명만 포함되어야 한다. 「국가기술자격법」에 따른 토목산업기사 또는 건축산업기사 이상의 자격을 취득한 후 해당 분야에서의 실무경력이 다음 각 목의 구분에 따른 기간 이상인 사람으로서 고용노동부장관이 지정하는 기관이 실시하는 산업안전교육(2023년 12월 31일까지의 교육만 해당한다)을 이수하고 정해진 시험에 합격한 사람 가. 토목기사 또는 건축기사 : 3년 나. 토목산업기사 또는 건축산업기사 : 5년

사업의 종류	사업장의 상시 근로자 수	안전관리자의 수	안전관리자의 선임방법
49. 건설업			② 다음 자격을 취득한 사람이 2명 이상 포함되어야 한다. - 산업안전지도사 자격을 가진 사람 (다만, 전체 공사기간 중 전·후 15에 해당하는 기간에는 산업안전지도사 등이 1명 이상 포함되어야 한다)
	공사금액 4,900억 원 이상 6천억 원 미만	7명 이상. 다만, 전체 공사기간 중 전·후 15에 해당하는 기간은 4명 이상으로 한다.	① 안전관리자의 자격을 가진 사람 중 다음에 해당하는 사람을 선임하여야 한다. - 산업안전지도사 자격을 가진 사람 - 산업안전 산업기사 이상의 자격을 취득한 사람 - 건설안전 산업기사 이상의 자격을 취득한 사람 - 4년제 대학 이상의 학교에서 산업안전 관련 학위를 취득한 사람 또는 이와 같은 수준 이상의 학력을 가진 사람 - 전문대학 또는 이와 같은 수준 이상의 학교에서 산업안전 관련 학위를 취득한 사람 - 이공계 전문대학 또는 이와 같은 수준 이상의 학교에서 학위를 취득하고, 해당 사업의 관리감독자로서의 업무(건설업의 경우는 시공실무경력)를 3년(4년제 이공계 대학 학위 취득자는 1년) 이상 담당한 후 고용노동부장관이 지정하는 기관이 실시하는 교육을 받고 정해진 시험에 합격한 사람 - 공업계 고등학교 또는 이와 같은 수준 이상의 학교를 졸업하고, 해당 사업의 관리감독자로서의 업무(건설업의 경우는 시공실무경력)를 5년 이상 담당한 후 고용노동부장관이 지정하는 기관이 실시하는 교육(1998년 12월 31일까지의 교육만 해당한다)을 받고 정해진 시험에 합격한 사람 - 다음에 해당하는 사람은 2명까지만 포함되어야 한다. 「국가기술자격법」에 따른 토목산업기사 또는 건축산업기사 이상의 자격을 취득한 후 해당 분야에서의 실무경력이 다음 각 목의 구분에 따른 기간 이상인 사람으로서 고용노동부장관이 지정하는 기관이 실시하는 산업안전교육(2023년 12월 31일까지의 교육만 해당한다)을 이수하고 정해진 시험에 합격한 사람 　가. 토목기사 또는 건축기사 : 3년 　나. 토목산업기사 또는 건축산업기사 : 5년
	공사금액 6천억 원 이상 7,200억 원 미만	8명 이상. 다만, 전체 공사기간 중 전·후 15에 해당하는 기간은 4명 이상으로 한다.	

사업의 종류	사업장의 상시 근로자 수	안전관리자의 수	안전관리자의 선임방법
49. 건설업			② 다음 자격을 취득한 사람이 2명 이상 포함되어야 한다. - 산업안전지도사 자격을 가진 사람 (다만, 전체 공사기간 중 전·후 15에 해당하는 기간에는 산업안전지도사 등이 2명 이상 포함되어야 한다)
	공사금액 7,200억 원 이상 8,500억 원 미만	9명 이상. 다만, 전체 공사기간 중 전·후 15에 해당하는 기간은 5명 이상으로 한다.	① 안전관리자의 자격을 가진 사람 중 다음에 해당하는 사람을 선임하여야 한다. - 산업안전지도사 자격을 가진 사람 - 산업안전산업기사 이상의 자격을 취득한 사람
	공사금액 8,500억 원 이상 1조원 미만	10명 이상. 다만, 전체 공사기간 중 전·후 15에 해당하는 기간은 5명 이상으로 한다.	- 건설안전 산업기사 이상의 자격을 취득한 사람 - 4년제 대학 이상의 학교에서 산업안전 관련 학위를 취득한 사람 또는 이와 같은 수준 이상의 학력을 가진 사람
	1조원 이상	11명 이상. [매 2천억 원 (2조원 이상부터는 매 3천 억 원)마다 1명씩 추가한다]. 다만, 전체 공사기간 중 전·후 15에 해당하는 기간은 선임 대상 안전관리자 수의 2분의 1(소수점 이하는 올림한다) 이상으로 한다.	- 전문대학 또는 이와 같은 수준 이상의 학교에서 산업안전 관련 학위를 취득한 사람 - 이공계 전문대학 또는 이와 같은 수준 이상의 학교에서 학위를 취득하고, 해당 사업의 관리감독자로서의 업무(건설업의 경우는 시공실무경력)를 3년(4년제 이공계 대학 학위 취득자는 1년) 이상 담당한 후 고용노동부장관이 지정하는 기관이 실시하는 교육을 받고 정해진 시험에 합격한 사람 - 공업계 고등학교 또는 이와 같은 수준 이상의 학교를 졸업하고, 해당 사업의 관리감독자로서의 업무(건설업의 경우는 시공실무경력)를 5년 이상 담당한 후 고용노동부장관이 지정하는 기관이 실시하는 교육(1998년 12월 31일까지의 교육만 해당한다)을 받고 정해진 시험에 합격한 사람 - 다음에 해당하는 사람은 2명까지만 포함되어야 한다. 「국가기술자격법」에 따른 토목산업기사 또는 건축산업기사 이상의 자격을 취득한 후 해당 분야에서의 실무경력이 다음 각 목의 구분에 따른 기간 이상인 사람으로서 고용노동부장관이 지정하는 기관이 실시하는 산업안전교육(2023년 12월 31일까지의 교육만 해당한다)을 이수하고 정해진 시험에 합격한 사람 가. 토목기사 또는 건축기사 : 3년 나. 토목산업기사 또는 건축산업기사 : 5년

사업의 종류	사업장의 상시 근로자 수	안전관리자의 수	안전관리자의 선임방법
49. 건설업			② 다음 자격을 취득한 사람이 3명 이상 포함되어야 한다. (다만, 전체 공사기간 중 전·후 15에 해당하는 기간에는 산업안전지도사 등이 3명 이상 포함되어야 한다)

[비고]
1. 철거공사가 포함된 건설공사의 경우 철거공사만 이루어지는 기간은 전체 공사기간에는 산입되나 전체 공사기간 중 전·후 15에 해당하는 기간에는 산입되지 않는다. 이 경우 전체 공사기간 중 전·후 15에 해당하는 기간은 철거공사만 이루어지는 기간을 제외한 공사기간을 기준으로 산정한다.
2. 철거공사만 이루어지는 기간에는 공사금액별로 선임해야 하는 최소 안전관리자 수 이상으로 안전관리자를 선임해야 한다.

> **참고** **안전관리자의 자격**

안전관리자는 다음 각 호의 어느 하나에 해당하는 사람으로 한다.

1. 산업안전지도사 자격을 가진 사람
2. 「국가기술자격법」에 따른 산업안전산업기사 이상의 자격을 취득한 사람
3. 「국가기술자격법」에 따른 건설안전산업기사 이상의 자격을 취득한 사람
4. 「고등교육법」에 따른 4년제 대학 이상의 학교에서 산업안전 관련 학위를 취득한 사람 또는 이와 같은 수준 이상의 학력을 가진 사람
5. 「고등교육법」에 따른 전문대학 또는 이와 같은 수준 이상의 학교에서 산업안전 관련 학위를 취득한 사람
6. 「고등교육법」에 따른 이공계 전문대학 또는 이와 같은 수준 이상의 학교에서 학위를 취득하고, 해당 사업의 관리감독자로서의 업무(건설업의 경우는 시공실무경력)를 3년(4년제 이공계 대학 학위 취득자는 1년) 이상 담당한 후 고용노동부장관이 지정하는 기관이 실시하는 교육(1998년 12월 31일까지의 교육만 해당한다)을 받고 정해진 시험에 합격한 사람. 다만, 관리감독자로 종사한 사업과 같은 업종(한국표준산업분류에 따른 대분류를 기준으로 한다)의 사업장이면서, 건설업의 경우를 제외하고는 상시근로자 300명 미만인 사업장에서만 안전관리자가 될 수 있다.
7. 「초·중등교육법」에 따른 공업계 고등학교 또는 이와 같은 수준 이상의 학교를 졸업하고, 해당 사업의 관리감독자로서의 업무(건설업의 경우는 시공실무경력)를 5년 이상 담당한 후 고용노동부장관이 지정하는 기관이 실시하는 교육(1998년 12월 31일까지의 교육만 해당한다)을 받고 정해진 시험에 합격한 사람. 다만, 관리감독자로 종사한 사업과 같은 종류인 업종(한국표준산업분류에 따른 대분류를 기준으로 한다)의 사업장이면서, 건설업의 경우를 제외하고는 별표 3 제28호 또는 제33호의 사업을 하는 사업장(상시근로자 50명 이상 1천명 미만인 경우만 해당한다)에서만 안전관리자가 될 수 있다.
7의2. 「초·중등교육법」에 따른 공업계 고등학교를 졸업하거나 「고등교육법」에 따른 학교에서 공학 또는 자연과학 분야 학위를 취득하고, 건설업을 제외한 사업에서 실무경력이 5년 이상인 사람으로서 고용노동부장관이 지정하는 기관이 실시하는 교육(2028년 12월 31일까지의 교육만 해당한다)을 받고 정해진 시험에 합격한 사람. 다만, 건설업을 제외한 사업의 사업장이면서 상시근로자 300명 미만인 사업장에서만 안전관리자가 될 수 있다.
8. 다음 각 목의 어느 하나에 해당하는 사람. 다만, 해당 법령을 적용받은 사업에서만 선임될 수 있다.
   가. 「고압가스 안전관리법」 제4조 및 같은 법 시행령 제3조제1항에 따른 허가를 받은 사업자 중 고압가스를 제조·저장 또는 판매하는 사업에서 같은 법 제15조 및 같은 법 시행령 제12조에 따라 선임하는 안전관리 책임자
   나. 「액화석유가스의 안전관리 및 사업법」 제5조 및 같은 법 시행령 제3조에 따른 허가를 받은 사업자 중 액화석유가스 충전사업·액화석유가스 집단공급사업 또는 액화석유가스 판매사업에서 같은 법 제34조 및 같은 법 시행령 제15조에 따라 선임하는 안전관리책임자

다. 「도시가스사업법」 제29조 및 같은 법 시행령 제15조에 따라 선임하는 안전관리 책임자
라. 「교통안전법」 제53조에 따라 교통안전관리자의 자격을 취득한 후 해당 분야에 채용된 교통안전관리자
마. 「총포·도검·화약류 등의 안전관리에 관한 법률」 제2조제3항에 따른 화약류를 제조·판매 또는 저장하는 사업에서 같은 법 제27조 및 같은 법 시행령 제54조·제55조에 따라 선임하는 화약류제조보안책임자 또는 화약류관리보안책임자
바. 「전기사업법」 제73조에 따라 전기사업자가 선임하는 전기안전관리자

9. 전담 안전관리자를 두어야 하는 사업장(건설업은 제외한다)에서 안전 관련 업무를 10년 이상 담당한 사람
10. 「건설산업기본법」 제8조에 따른 종합공사를 시공하는 업종의 건설현장에서 안전보건관리책임자로 10년 이상 재직한 사람
11. 「건설기술 진흥법」에 따른 토목·건축 분야 건설기술인 중 등급이 중급 이상인 사람으로서 고용노동부장관이 지정하는 기관이 실시하는 산업안전교육(2023년 12월 31일까지의 교육만 해당한다)을 이수하고 정해진 시험에 합격한 사람
12. 「국가기술자격법」에 따른 토목산업기사 또는 건축산업기사 이상의 자격을 취득한 후 해당 분야에서의 실무경력이 다음 각 목의 구분에 따른 기간 이상인 사람으로서 고용노동부장관이 지정하는 기관이 실시하는 산업안전교육(2023년 12월 31일까지의 교육만 해당한다)을 이수하고 정해진 시험에 합격한 사람
   가. 토목기사 또는 건축기사 : 3년
   나. 토목산업기사 또는 건축산업기사 : 5년

(4) 안전보건관리담당자 ✿✿

1) 사업주는 사업장에 안전보건관리담당자를 두어야 한다. 다만, 안전관리자 또는 보건관리자가 있거나 이를 두어야 하는 경우에는 그러하지 아니하다.

2) 고용노동부장관은 산업재해 예방을 위하여 필요한 경우로서 고용노동부령으로 정하는 사유에 해당하는 경우에는 사업주에게 안전보건관리담당자를 대통령령으로 정하는 수 이상으로 늘리거나 교체할 것을 명할 수 있다.

3) 사업주는 상시근로자 20명 이상 50명 미만인 사업장에 안전보건관리담당자를 1명 이상 선임하여야 한다.

상시근로자 20명 이상 50명 미만에서 안전보건관리담당자를 선임하여야 하는 사업
① 제조업
② 임업
③ 하수, 폐수 및 분뇨 처리업
④ 폐기물 수집, 운반, 처리 및 원료 재생업
⑤ 환경 정화 및 복원업

특급 암기법

제임! - 재 임용하자.
하·폐수, 분뇨 폐기하고 원료 재생하여 환경 정화·복원 담당자(안전보건관리담당자)

4) 안전보건관리담당자는 안전보건관리 업무에 지장이 없는 범위에서 다른 업무를 겸할 수 있다.

안전보건관리담당자의 요건
해당 사업장 소속 근로자로서 다음 각 호의 어느 하나에 해당하는 요건을 갖추어야 한다.
1. 안전관리자의 자격을 갖추었을 것
2. 보건관리자의 자격을 갖추었을 것
3. 고용노동부장관이 정하여 고시하는 안전보건교육을 이수했을 것

(5) 관리감독자

1) 사업주는 사업장의 생산과 관련되는 업무와 그 소속 직원을 직접 지휘·감독하는 직위에 있는 사람("관리감독자")에게 산업안전 및 보건에 관한 업무로서 대통령령으로 정하는 업무를 수행하도록 하여야 한다.

2) 관리감독자가 있는 경우에는 「건설기술 진흥법」에 따른 안전관리책임자 및 안전관리담당자를 각각 둔 것으로 본다.

(6) 산업보건의

산업보건의를 두어야 할 사업의 종류 및 규모는 상시 근로자 50명 이상을 사용하는 사업으로서 의사가 아닌 보건관리자를 두는 사업장으로 한다. 다만, 보건관리대행기관에 보건관리자의 업무를 위탁한 경우에는 산업보건의를 두지 않을 수 있다.

(7) 보건관리자

사업주는 사업장의 보건에 관한 기술적인 사항에 관하여 사업주 또는 안전보건관리책임자를 보좌하고 관리감독자에게 지도·조언하는 업무를 수행하는 사람("보건관리자")을 두어야 한다.

(8) 안전보건총괄책임자

1) 도급인은 관계수급인 근로자가 도급인의 사업장에서 작업을 하는 경우에는 그 사업장의 안전보건관리책임자를 도급인의 근로자와 관계수급인 근로자의 산업재해를 예방하기 위한 업무를 총괄하여 관리하는 안전보건총괄책임자로 지정하여야 한다. 이 경우 안전보건관리책임자를 두지 아니하여도 되는 사업장에서는 그 사업장에서 사업을 총괄하여 관리하는 사람을 안전보건총괄책임자로 지정하여야 한다.

> **안전보건총괄책임자 지정대상 사업** ☆☆☆
> ① 관계수급인에게 고용된 근로자를 포함한 상시 근로자가 100명(선박 및 보트 건조업, 1차 금속 제조업 및 토사석 광업의 경우에는 50명) 이상인 사업
> ② 관계수급인의 공사금액을 포함한 해당 공사의 총 공사금액이 20억 원 이상인 건설업

2) 안전보건총괄책임자를 지정한 경우에는 「건설기술 진흥법」에 따른 안전총괄책임자를 둔 것으로 본다.

(9) 안전보건조정자

1) 2개 이상의 건설공사를 도급한 건설공사 발주자는 그 2개 이상의 건설공사가 같은 장소에서 행해지는 경우에 작업의 혼재로 인하여 발생할 수 있는 산업재해를 예방하기 위하여 건설공사 현장에 안전보건조정자를 두어야 한다.

2) 안전보건조정자를 두어야 하는 건설공사는 각 건설공사의 금액의 합이 50억 원 이상인 경우를 말한다.

3) 안전보건조정자를 두어야 하는 건설공사발주자는 분리하여 발주되는 공사의 착공일 전날까지 안전보건조정자를 지정하거나 선임하여 각각의 공사 도급인에게 그 사실을 알려야 한다.

참고

* 안전보건총괄책임자
① 같은 장소에서 행하여지는 사업으로서 다음 각 호의 어느 하나에 해당하는 사업 중 대통령령으로 정하는 사업의 사업주는 그 사업의 관리책임자를 안전보건총괄책임자로 지정하여 자신이 사용하는 근로자와 수급인이 사용하는 근로자가 같은 장소에서 작업을 할 때에 생기는 산업재해를 예방하기 위한 업무를 총괄 관리하도록 하여야 한다. 이 경우 관리책임자를 두지 아니하여도 되는 사업에서는 그 사업장에서 사업을 총괄 관리하는 자를 안전보건총괄책임자로 지정하여야 한다.
1. 사업의 일부를 분리하여 도급을 주어하는 사업
2. 사업이 전문분야의 공사로 이루어져 시행되는 경우 각 전문분야에 대한 공사의 전부를 도급을 주어하는 사업
② 안전보건총괄책임자를 지정한 경우에는 「건설기술 진흥법」에 따른 안전총괄책임자를 둔 것으로 본다.

참고
* 산업안전보건위원회
① 산업안전보건위원회의 회의는 대통령령으로 정하는 바에 따라 개최하고 그 결과를 회의록으로 작성하여 보존하여야 한다.
② 산업안전보건위원회는 해당 사업장 근로자의 안전과 보건을 유지·증진시키기 위하여 필요한 사항을 정할 수 있다.
③ 사업주와 근로자는 산업안전보건위원회가 심의·의결 또는 결정한 사항을 성실하게 이행하여야 한다.
④ 산업안전보건위원회의 심의·의결 또는 결정은 이 법과 이 법에 따른 명령, 단체협약, 취업규칙 및 안전보건관리규정에 반하여서는 아니 된다.
⑤ 사업주는 산업안전보건위원회의 위원으로서 정당한 활동을 한 것을 이유로 그 위원에게 불이익을 주어서는 아니 된다.

참고
* 명예산업안전감독관
고용노동부장관은 산업재해 예방활동에 대한 참여와 지원을 촉진하기 위하여 근로자, 근로자단체, 사업주단체 및 산업재해 예방 관련 전문단체에 소속된 자 중에서 명예산업안전감독관을 위촉할 수 있다.

참고 안전보건 조정자의 자격요건
1. 산업안전지도사
2. 「건설기술 진흥법」에 따른 발주청이 발주하는 건설공사인 경우 발주청에 따라 선임한 공사감독자
3. 다음 각 목의 어느 하나에 해당하는 사람으로서 해당 건설공사 중 주된 공사의 책임감리자
   가. 「건축법」에 따른 공사감리자
   나. 「건설기술 진흥법」에 따른 감리 업무를 수행하는 자
   다. 「주택법」에 따라 지정된 감리자
   라. 「전력기술관리법」에 따라 배치된 감리원
   마. 「정보통신공사업법」에 따라 해당 건설공사에 대하여 감리업무를 수행하는 자
4. 「건설산업기본법」에 따른 종합공사에 해당하는 건설현장에서 안전보건관리책임자로서 3년 이상 재직한 사람
5. 「국가기술자격법」에 따른 건설안전기술사
6. 「국가기술자격법」에 따른 건설안전기사를 취득한 후 건설안전 분야에서 5년 이상의 실무경력이 있는 사람
7. 「국가기술자격법」에 따른 건설안전산업기사를 취득한 후 건설안전 분야에서 7년 이상의 실무경력이 있는 사람

(10) 산업안전보건위원회 ✭✭

1) 사업주는 산업안전·보건에 관한 중요 사항을 심의·의결하기 위하여 근로자와 사용자가 같은 수로 구성되는 산업안전보건위원회를 설치·운영하여야 한다.

2) 산업안전보건위원회를 설치·운영해야 할 사업의 종류 및 규모

사업의 종류	규모
1. 토사석 광업 2. 목재 및 나무제품 제조업 ; 가구 제외 3. 화학물질 및 화학제품 제조업 ; 의약품 제외(세제, 화장품 및 광택제 제조업과 화학섬유 제조업은 제외한다) 4. 비금속 광물제품 제조업 5. 1차 금속 제조업 6. 금속가공제품 제조업 ; 기계 및 가구 제외 7. 자동차 및 트레일러 제조업 8. 기타 기계 및 장비 제조업(사무용 기계 및 장비 제조업은 제외한다) 9. 기타 운송장비 제조업(전투용 차량 제조업은 제외한다)	상시 근로자 50명 이상

사업의 종류	규모
실패! 되고! 합격도! 되는! 특급 암기법 **토사석 광업**에서 캔 **1차금속**으로 **금속가공제품**, **비금속 광물제품** 제조하여 **나무, 화학물질** 섞어서 **기계장비, 자동차 트레일러** 만들어 **운송장비 위원회** (산업안전보건위원회) 열자. ☆☆☆	
10. 농업 11. 어업 12. 소프트웨어 개발 및 공급업 13. 컴퓨터 프로그래밍, 시스템 통합 및 관리업 13의 2. 영상 · 오디오물 제공 서비스업 14. 정보서비스업 15. 금융 및 보험업 16. 임대업 ; 부동산 제외 17. 전문, 과학 및 기술 서비스업 (연구개발업은 제외한다) 18. 사업지원 서비스업 19. 사회복지 서비스업	상시 근로자 300명 이상
20. 건설업	공사금액 120억 원 이상 (토목공사업 : 150억 원 이상)
21. 제1호부터 제20호까지의 사업을 제외한 사업	상시 근로자 100명 이상

3) 산업안전보건위원회의 구성 ☆☆☆

근로자 위원	① 근로자대표 ② 근로자대표가 지명하는 1명 이상의 명예산업안전감독관 ③ 근로자대표가 지명하는 9명 이내의 해당사업장의 근로자
사용자 위원	① 해당 사업의 대표자 ② 안전관리자 1명 ③ 보건관리자 1명 ④ 산업보건의 ⑤ 사업의 대표자가 지명하는 9명 이내의 해당 사업장 부서의 장

> **기출** ★
> ※ 명예산업안전감독관 위촉대상
> 1. 산업안전보건위원회 또는 노사협의체 설치 대상 사업의 근로자 중에서 근로자대표가 사업주의 의견을 들어 추천하는 사람
> 2. 「노동조합 및 노동관계조정법」에 따른 연합단체인 노동조합 또는 그 지역 대표기구에 소속된 임직원 중에서 해당 연합단체인 노동조합 또는 그 지역대표기구가 추천하는 사람
> 3. 전국 규모의 사업주단체 또는 그 산하조직에 소속된 임직원 중에서 해당 단체 또는 그 산하조직이 추천하는 사람
> 4. 산업재해 예방 관련 업무를 하는 단체 또는 그 산하조직에 소속된 임직원 중에서 해당단체 또는 그 산하조직이 추천하는 사람

> **기출** ★
> ※ 명예산업안전감독관의 해촉
> ① 근로자대표가 사업주의 의견을 들어 위촉된 명예산업안전감독관의 해촉을 요청한 경우
> ② 위촉된 명예산업안전감독관이 해당 단체 또는 그 산하조직으로부터 퇴직하거나 해임된 경우
> ③ 명예산업안전감독관의 업무와 관련하여 부정한 행위를 한 경우
> ④ 질병이나 부상 등의 사유로 명예산업안전감독관의 업무 수행이 곤란하게 된 경우

참고

※ 명예산업안전감독관의 업무
1. 사업장에서 하는 자체점검 참여 및 근로감독관이 하는 사업장 감독 참여
2. 사업장 산업재해 예방계획 수립 참여 및 사업장에서 하는 기계·기구 자체검사 참석
3. 법령을 위반한 사실이 있는 경우 사업주에 대한 개선 요청 및 감독기관에의 신고
4. 산업재해 발생의 급박한 위험이 있는 경우 사업주에 대한 작업 중지 요청
5. 작업환경측정, 근로자 건강진단 시의 참석 및 그 결과에 대한 설명회 참여
6. 직업성 질환의 증상이 있거나 질병에 걸린 근로자가 여럿 발생한 경우 사업주에 대한 임시 건강진단 실시 요청
7. 근로자에 대한 안전수칙 준수 지도
8. 법령 및 산업재해 예방정책 개선 건의
9. 안전·보건 의식을 북돋우기 위한 활동 등에 대한 참여와 지원
10. 그 밖에 산업재해 예방에 대한 홍보 등 산업재해 예방업무와 관련하여 고용노동부장관이 정하는 업무

※ 명예산업안전감독관의 임기 : 2년으로 하되, 연임할 수 있다.

참고 산업안전보건위원회의 구성

1. 근로자 위원
① 근로자대표
- 근로자의 과반수로 조직된 노동조합이 있는 경우에는 그 노동조합의 대표자
- 근로자의 과반수로 조직된 노동조합이 없는 경우에는 근로자의 과반수를 대표하는 사람
- 해당 사업장에 단위 노동조합의 산하 노동단체가 그 사업장 근로자의 과반수로 조직되어 있는 경우에는 노동단체의 대표자를 말한다.

② 근로자대표가 지명하는 9명 이내의 해당 사업장의 근로자
- 명예산업안전감독관이 근로자위원으로 지명되어 있는 경우에는 그 수를 제외한 수의 근로자를 말한다.

2. 사용자위원
① 해당 사업의 대표자
- 같은 사업으로서 다른 지역에 사업장이 있는 경우에는 그 사업장의 최고책임자를 말한다.

② 안전관리자 1명
- 안전관리자를 두어야 하는 사업장으로 한정하되, 안전관리자의 업무를 안전관리전문기관에 위탁한 사업장의 경우에는 그 전문기관의 해당 사업장 담당자를 말한다.

③ 보건관리자 1명
- 보건관리자를 두어야 하는 사업장으로 한정하되, 보건관리자의 업무를 보건관리전문기관에 위탁한 경우에는 그 전문기관의 해당 사업장 담당자를 말한다.

④ 산업보건의
- 해당 사업장에 선임되어 있는 경우로 한정한다.

⑤ 사업의 대표자가 지명하는 9명 이내의 해당 사업장 부서의 장
- 상시 근로자 50명 이상 100명 미만을 사용하는 사업장에서는 제외하고 구성할 수 있다.

4) 건설공사도급인이 안전·보건에 관한 협의체를 구성한 경우에는 해당 협의체에 다음 각 호의 사람을 포함한 산업안전보건위원회를 구성할 수 있다.

① 근로자위원 : 도급 또는 하도급 사업을 포함한 전체 사업의 근로자대표, 명예산업안전감독관 및 근로자대표가 지명하는 해당 사업장의 근로자

② 사용자위원 : 도급인 대표자, 관계수급인의 각 대표자 및 안전관리자

5) 회의 등

① 산업안전보건위원회의 회의는 정기회의와 임시회의로 구분하되, 정기회의는 분기마다 위원장이 소집하며, 임시회의는 위원장이 필요하다고 인정할 때에 소집한다.

② 산업안전보건위원회는 다음 각 호의 사항을 기록한 회의록을 작성하여 갖춰 두어야 한다.
㉠ 개최 일시 및 장소
㉡ 출석위원
㉢ 심의 내용 및 의결·결정 사항
㉣ 그 밖의 토의사항

> **참고**
> ＊ 회의 결과 등의 공지
> 산업안전보건위원회의 위원장은 산업안전보건위원회에서 심의·의결된 내용 등 회의 결과와 중재 결정된 내용 등을 사내방송이나 사내보(社內報), 게시 또는 자체 정례조회 그 밖의 적절한 방법으로 근로자에게 신속히 알려야 한다.

6) 산업안전보건위원회의 심의·의결 사항 ✪✪✪
① 산업재해 예방계획의 수립에 관한 사항
② 안전보건관리규정의 작성 및 변경에 관한 사항
③ 근로자의 안전·보건교육에 관한 사항
④ 작업환경측정 등 작업환경의 점검 및 개선에 관한 사항
⑤ 근로자의 건강진단 등 건강관리에 관한 사항
⑥ 중대재해의 원인 조사 및 재발 방지대책 수립에 관한 사항
⑦ 산업재해에 관한 통계의 기록 및 유지에 관한 사항
⑧ 유해하거나 위험한 기계·기구·설비를 도입한 경우 안전·보건조치에 관한 사항
⑨ 그 밖에 해당 사업장 근로자의 안전 및 보건을 유지·증진시키기 위하여 필요한 사항

(11) 안전 및 보건에 관한 협의체 등의 구성·운영(노사협의체)

1) 대통령령으로 정하는 규모의 건설공사의 건설공사 도급인은 해당 건설공사 현장에 근로자위원과 사용자위원이 같은 수로 구성되는 안전 및 보건에 관한 협의체("노사협의체")를 대통령령으로 정하는 바에 따라 구성·운영할 수 있다.

노사협의체의 설치 대상 ✪✪
공사금액이 120억 원(「건설산업기본법 시행령」에 따른 토목공사업은 150억 원) 이상인 건설업(도급사업인 경우)

> **참고**
>
> ※ 노사협의체의 구성
>
> 1. 노사협의체의 근로자위원과 사용자위원은 합의하여 노사협의체에 공사금액이 20억 원 미만인 공사의 관계수급인 및 관계수급인 근로자대표를 위원으로 위촉할 수 있다.
> 2. 노사협의체의 근로자위원과 사용자위원은 합의하여 「건설기계관리법」에 따라 등록된 건설기계를 직접 운전하는 사람을 노사협의체에 참여하도록 할 수 있다.

노사협의체의 구성 ☆☆☆	
근로자위원	사용자위원
1. 도급 또는 하도급 사업을 포함한 전체 사업의 근로자대표 2. 근로자대표가 지명하는 명예산업안전감독관 1명(다만, 명예산업안전감독관이 위촉되어 있지 아니한 경우에는 근로자대표가 지명하는 해당 사업장 근로자 1명) 3. 공사금액이 20억 원 이상인 공사의 관계수급인의 근로자대표	1. 도급 또는 하도급 사업을 포함한 전체 사업의 대표자 2. 안전관리자 1명 3. 보건관리자 1명(보건관리자 선임 대상 건설업으로 한정) 4. 공사금액이 20억 원 이상인 공사의 관계수급인의 사업주

2) 건설공사도급인이 노사협의체를 구성·운영하는 경우에는 산업안전보건위원회 및 안전 및 보건에 관한 협의체를 각각 구성·운영하는 것으로 본다.

3) 노사협의체를 구성·운영하는 건설공사 도급인은 다음 각 호의 사항에 대하여 노사협의체의 심의·의결을 거쳐야 한다.

노사협의체의 심의·의결 사항 ☆☆☆
① 산업재해 예방계획의 수립에 관한 사항 ② 안전보건관리규정의 작성 및 변경에 관한 사항 ③ 근로자의 안전·보건교육에 관한 사항 ④ 작업환경측정 등 작업환경의 점검 및 개선에 관한 사항 ⑤ 근로자의 건강진단 등 건강관리에 관한 사항 ⑥ 중대재해의 원인 조사 및 재발 방지대책 수립에 관한 사항 ⑦ 산업재해에 관한 통계의 기록 및 유지에 관한 사항 ⑧ 유해하거나 위험한 기계·기구와 그 밖의 설비를 도입한 경우 안전·보건 조치에 관한 사항 ⑨ 그 밖에 해당 사업장 근로자의 안전 및 보건을 유지·증진시키기 위하여 필요한 사항

4) 노사협의체는 대통령령으로 정하는 바에 따라 회의를 개최하고 그 결과를 회의록으로 작성하여 보존하여야 한다.

노사협의체 운영
① 노사협의체의 회의는 정기회의와 임시회의로 구분한다. ② 정기회의는 2개월마다 노사협의체의 위원장이 소집하며, 임시회의는 위원장이 필요하다고 인정할 때에 소집한다.

5) 노사협의체는 산업재해 예방 및 산업재해가 발생한 경우의 대피방법 등 고용노동부령으로 정하는 사항에 대하여 협의하여야 한다.

노사협의체 협의사항 ☆
① 산업재해 예방방법 및 산업재해가 발생한 경우의 대피방법 ② 작업의 시작시간 및 작업장 간의 연락방법 ③ 그 밖의 산업재해 예방과 관련된 사항

6) 노사협의체를 구성·운영하는 건설공사도급인·근로자 및 관계수급인·근로자는 노사협의체가 심의·의결한 사항을 성실하게 이행하여야 한다.

7) 노사협의체는 법, 법에 따른 명령, 단체협약, 취업규칙 및 안전보건관리규정에 반하는 내용으로 심의·의결해서는 아니 된다.

8) 사업주는 노사협의체의 위원에게 직무 수행과 관련한 사유로 불리한 처우를 해서는 아니 된다.

합격의 key

🔍 꼭!꼭!꼭! 암기합시다! 실력이 되고 합격이 되는 내용! 암기하고 가세요~!

[선임대상 ✰✰]

안전관리자 (전담)	① 상시근로자 300인 이상 사업장 ② 건설업 : 공사금액 120억 원(토목공사 : 150억 원) 이상인 사업장
산업안전 보건위원회	① 상시근로자 50인 이상 사업장부터 ② 건설업 : 공사금액 120억 원(토목공사 : 150억 원) 이상인 사업장
노사협의체	공사금액 120억 원(토목공사 : 150억 원) 이상인 건설업(도급사업인 경우)
안전보건 관리책임자	① 상시근로자 50인 이상 사업장부터 ② 총 공사금액 20억 원 이상인 건설업
안전보건 총괄책임자	① 관계수급인 포함 상시근로자 100명 이상(선박 및 보트 건조업, 1차 금속 제조업 및 토사석 광업 50명)인 사업 ② 관계수급인 포함 공사금액 20억 원 이상인 건설업
안전보건 관리담당자	상시근로자 20명 이상 50명 미만인 사업장 1. 제조업, 2. 임업, 3. 하수, 폐수 및 분뇨 처리업 4. 폐기물 수집, 운반, 처리 및 원료 재생업 5. 환경 정화 및 복원업 실력이 되고! 합격이 되는! 특급 암기법 **제임! – 재 임용하자.** **하·폐수, 분뇨 폐기하고 원료 재생하여 환경 정화·복원 담당자(안전보건관리담당자)**
안전보건 조정자	각 건설공사의 금액의 합이 50억 원 이상인 경우로서 2개 이상의 건설공사가 같은 장소에서 행해지는 경우

[산업안전보건위원회와 노사협의체 ✰✰✰]

구성		운영	
산업안전보건 위원회	노사협의체	산업안전보건 위원회	노사협의체
1. 근로자위원 ① 근로자대표 ② 근로자대표가 지명하는 1명 이상의 명예산업안전감독관 ③ 근로자대표가 지명하는 9명 이내의 해당 사업장의 근로자	**1. 근로자위원** ① 도급 또는 하도급 사업을 포함한 전체 사업의 근로자대표 ② 근로자대표가 지명하는 명예산업안전감독관 1명 (다만, 명예산업안전감독관이 위촉되어 있지 아니한 경우에는 근로자대표가 지명하는 해당 사업장 근로자 1명) ③ 공사금액이 20억 원 이상인 공사의 관계수급인의 근로자대표	1. 정기회의 : 분기마다 2. 임시회의 : 위원장이 필요하다 인정할 때	1. 정기회의 : 2개월 마다 2. 임시회의 : 위원장이 필요하다 인정 할 때
2. 사용자위원 ① 해당 사업의 대표자 ② 안전관리자 1명 ③ 보건관리자 1명 ④ 산업보건의 ⑤ 사업의 대표자가 지명하는 9명 이내의 해당 사업장 부서의 장	**2. 사용자위원** ① 도급 또는 하도급 사업을 포함한 전체 사업의 대표자 ② 안전관리자 1명 ③ 보건관리자 1명 (보건관리자 선임대상 건설업으로 한정) ④ 공사금액이 20억 원 이상인 공사의 관계수급인의 사업주		
서류보존기한[산업안전보건위원회 및 노사협의체에 따른 회의록 : 2년]			

③ 안전보건 조직의 안전직무

(1) 사업주의 안전 직무 ✨✨✨
① 산업재해 예방을 위한 기준을 따를 것
② 근로자의 신체적 피로와 정신적 스트레스 등을 줄일 수 있는 쾌적한 작업환경의 조성 및 근로조건 개선
③ 해당 사업장의 안전·보건에 관한 정보를 근로자에게 제공

(2) 안전보건총괄책임자의 직무 ✨✨✨
① 산업재해가 발생할 급박한 위험이 있을 때 및 중대재해가 발생하였을 때의 작업의 중지
② 도급 시 산업재해 예방조치
③ 산업안전보건관리비의 관계수급인 간의 사용에 관한 협의·조정 및 그 집행의 감독
④ 안전인증대상 기계 등과 자율안전확인대상 기계 등의 사용 여부 확인
⑤ 위험성 평가의 실시에 관한 사항

(3) 안전보건관리책임자 직무 ✨✨✨
① 산업재해 예방계획의 수립에 관한 사항
② 안전보건관리규정의 작성 및 변경에 관한 사항
③ 근로자의 안전·보건교육에 관한 사항
④ 작업환경 측정 등 작업환경의 점검 및 개선에 관한 사항
⑤ 근로자의 건강진단 등 건강관리에 관한 사항
⑥ 산업재해의 원인 조사 및 재발 방지대책 수립에 관한 사항
⑦ 산업재해에 관한 통계의 기록 및 유지에 관한 사항
⑧ 안전장치 및 보호구 구입 시 적격품 여부 확인에 관한 사항
⑨ 위험성 평가의 실시에 관한 사항
⑩ 근로자의 위험 또는 건강장해의 방지에 관한 사항

참고

(1) 정부의 책무
1. 산업 안전 및 보건 정책의 수립 및 집행
2. 산업재해 예방 지원 및 지도
3. 직장 내 괴롭힘 예방을 위한 조치기준 마련, 지도 및 지원
4. 사업주의 자율적인 산업 안전 및 보건 경영체제 확립을 위한 지원
5. 산업 안전 및 보건에 관한 의식을 북돋우기 위한 홍보·교육 등 안전문화 확산 추진
6. 산업 안전 및 보건에 관한 기술의 연구·개발 및 시설의 설치·운영
7. 산업재해에 관한 조사 및 통계의 유지·관리
8. 산업 안전 및 보건 관련 단체 등에 대한 지원 및 지도·감독
9. 그 밖에 노무를 제공하는 자의 안전 및 건강의 보호·증진

(2) 사업주의 의무
1) 사업주(특수형태근로종사자로부터 노무를 제공받는 자와 물건의 수거·배달 등을 중개하는 자를 포함한다)는 다음 각 호의 사항을 이행함으로써 근로자(특수형태 근로종사자와 물건의 수거·배달 등을 하는 자를 포함한다)의 안전 및 건강을 유지·증진시키고 국가의 산업재해 예방정책을 따라야 한다.
① 산업재해 예방을 위한 기준을 따를 것
② 근로자의 신체적 피로와 정신적 스트레스 등을 줄일 수 있는 쾌적한 작업환경의 조성 및 근로조건 개선
③ 해당 사업장의 안전·보건에 관한 정보를 근로자에게 제공

2) 다음 각 호의 어느 하나에 해당하는 자는 발주·설계·제조·수입 또는 건설을 할 때 이 법과 이 법에 따른 명령으로 정하는 기준을 지켜야 하고, 발주·설계·제조·수입 또는 건설에 사용되는 물건으로 인하여 발생하는 산업재해를 방지하기 위하여 필요한 조치를 하여야 한다.

합격의 key

① 기계·기구와 그 밖의 설비를 설계·제조 또는 수입하는 자
② 원재료 등을 제조·수입하는 자
③ 건설물을 발주·설계·건설하는 자

참고

※ 산업보건의의 직무
1. 건강진단 결과의 검토 및 그 결과에 따른 작업배치, 작업 전환 또는 근로시간의 단축 등 근로자의 건강보호 조치
2. 근로자의 건강장해의 원인 조사와 재발 방지를 위한 의학적 조치
3. 그 밖에 근로자의 건강 유지 및 증진을 위하여 필요한 의학적 조치에 관하여 고용노동부장관이 정하는 사항

※ 보건관리자의 업무
1. 산업안전보건위원회에서 심의·의결한 업무와 안전보건관리규정 및 취업규칙에서 정한 업무
2. 안전인증대상 기계·기구 등과 자율안전확인 대상 기계·기구 등 중 보건과 관련된 보호구(保護具) 구입 시 적격품 선정에 관한 보좌 및 조언·지도
3. 물질안전보건자료의 게시 또는 비치에 관한 보좌 및 조언·지도
4. 위험성 평가에 관한 보좌 및 조언·지도
5. 산업보건의의 직무(보건관리자가 "의사"인 경우로 한정한다)
6. 해당 사업장 보건교육계획의 수립 및 보건교육 실시에 관한 보좌 및 조언·지도
7. 해당 사업장의 근로자를 보호하기 위한 다음 각 목의 조치에 해당하는 의료행위(보건관리자가 "의사", "간호사"에 해당하는 경우로 한정한다)
   가. 자주 발생하는 가벼운 부상에 대한 치료
   나. 응급처치가 필요한 사람에 대한 처치
   다. 부상·질병의 악화를 방지하기 위한 처치

비교합시다!

산업안전보건위원회(노사협의체) 심의·의결사항과 안전보건관리책임자 직무는 **거의 유사**합니다. **차이점만 비교하여 정리하세요!**

산업안전보건위원회의 (노사협의체) 심의·의결사항 ✧✧✧	① 산업재해 예방계획의 수립에 관한 사항 ② 안전보건관리규정의 작성 및 변경에 관한 사항 ③ 근로자의 안전·보건교육에 관한 사항 ④ 작업환경측정 등 작업환경의 점검 및 개선에 관한 사항 ⑤ 근로자의 건강진단 등 건강관리에 관한 사항 ⑥ 중대재해의 원인 조사 및 재발 방지대책 수립에 관한 사항 ✧ ⑦ 산업재해에 관한 통계의 기록 및 유지에 관한 사항 ✧ ⑧ 유해하거나 위험한 기계·기구·설비를 도입한 경우 안전·보건조치에 관한 사항 ⑨ 그 밖에 해당 사업장 근로자의 안전 및 보건을 유지·증진시키기 위하여 필요한 사항
안전보건관리책임자 직무 ✧✧✧	① 산업재해 예방계획의 수립에 관한 사항 ② 안전보건관리규정의 작성 및 변경에 관한 사항 ③ 근로자의 안전·보건교육에 관한 사항 ④ 작업환경 측정 등 작업환경의 점검 및 개선에 관한 사항 ⑤ 근로자의 건강진단 등 건강관리에 관한 사항 ⑥ 산업재해의 원인 조사 및 재발 방지대책 수립에 관한 사항 ⑦ 산업재해에 관한 통계의 기록 및 유지에 관한 사항 ⑧ 안전장치 및 보호구 구입 시 적격품 여부 확인에 관한 사항 ⑨ 위험성 평가의 실시에 관한 사항 ⑩ 근로자의 위험 또는 건강장해의 방지에 관한 사항

차이점

산업안전보건위원회 심의·의결사항과 안전보건관리책임자 직무 차이점
- 산업안전보건위원회 : 중대재해 원인 조사, 유해·위험기구 도입 시 안전·보건 조치
- 안전보건관리책임자 : 재해 원인 조사, 안전장치·보호구 구입 시 적격품 확인

(4) 안전관리자 직무 ✧✧✧

① 사업장 안전교육계획의 수립 및 안전교육 실시에 관한 보좌 및 조언·지도
② 사업장 순회점검·지도 및 조치의 건의
③ 산업재해 발생의 원인 조사·분석 및 재발 방지를 위한 기술적 보좌 및 조언·지도
④ 산업재해에 관한 통계의 유지·관리·분석을 위한 보좌 및 조언·지도
⑤ 안전인증대상 기계·기구 등과 자율안전확인대상 기계·기구 등 구입 시 적격품의 선정에 관한 보좌 및 조언·지도
⑥ 위험성 평가에 관한 보좌 및 조언·지도
⑦ 안전에 관한 사항의 이행에 관한 보좌 및 조언·지도

⑧ 산업안전보건위원회 또는 노사협의체, 안전보건관리규정 및 취업규칙에서 정한 직무
⑨ 업무수행 내용의 기록·유지
⑩ 그 밖에 안전에 관한 사항으로서 노동부장관이 정하는 사항

(5) 안전보건관리 담당자의 업무 ✿✿✿

① 안전·보건교육 실시에 관한 보좌 및 조언·지도
② 위험성 평가에 관한 보좌 및 조언·지도
③ 작업환경측정 및 개선에 관한 보좌 및 조언·지도
④ 건강진단에 관한 보좌 및 조언·지도
⑤ 산업재해 발생의 원인 조사, 산업재해 통계의 기록 및 유지를 위한 보좌 및 조언·지도
⑥ 산업안전·보건과 관련된 안전장치 및 보호구 구입 시 적격품 선정에 관한 보좌 및 조언·지도

(6) 관리감독자의 업무 ✿✿✿

① 기계·기구 또는 설비의 안전·보건 점검 및 이상 유무의 확인
② 근로자의 작업복·보호구 및 방호장치의 점검과 그 착용·사용에 관한 교육·지도
③ 산업재해에 관한 보고 및 이에 대한 응급조치
④ 작업장 정리·정돈 및 통로확보에 대한 확인·감독
⑤ 산업보건의, 안전관리자(안전관리전문기관의 해당 사업장 담당자) 및 보건관리자(보건관리전문기관의 해당 사업장 담당자), 안전보건관리담당자(안전관리전문기관 또는 보건관리전문기관의 해당 사업장 담당자)의 지도·조언에 대한 협조
⑥ 위험성 평가를 위한 유해·위험요인의 파악 및 개선조치의 시행에 대한 참여
⑦ 그 밖에 해당 작업의 안전·보건에 관한 사항으로서 고용노동부령으로 정하는 사항

(7) 안전보건조정자의 업무 ✿✿

① 같은 장소에서 행하여지는 각각의 공사 간에 혼재된 작업의 파악
② 혼재된 작업으로 인한 산업재해 발생의 위험성 파악
③ 혼재된 작업으로 인한 산업재해를 예방하기 위한 작업의 시기·내용 및 안전보건 조치 등의 조정

라. 건강진단 결과 발견된 질병자의 요양지도 및 관리
마. 가목부터 라목까지의 의료행위에 따르는 의약품의 투여
8. 작업장 내에서 사용되는 전체 환기장치 및 국소 배기장치 등에 관한 설비의 점검과 작업방법의 공학적 개선에 관한 보좌 및 조언·지도
9. 사업장 순회점검·지도 및 조치의 건의
10. 산업재해 발생의 원인 조사·분석 및 재발 방지를 위한 기술적 보좌 및 조언·지도
11. 산업재해에 관한 통계의 유지·관리·분석을 위한 보좌 및 조언·지도
12. 법 또는 법에 따른 명령으로 정한 보건에 관한 사항의 이행에 관한 보좌 및 조언·지도
13. 업무수행 내용의 기록·유지
14. 그 밖에 작업관리 및 작업환경관리에 관한 사항

📖 참고

1. 안전보건관리책임자
  • 사업장을 실질적으로 총괄하여 관리하는 사람
  • 안전관리자와 보건관리자를 지휘·감독한다.
2. 안전관리자
  사업장에서 안전에 관한 기술적인 사항에 관하여 사업주 또는 안전보건관리책임자를 보좌하고 관리감독자에게 지도·조언하는 업무를 수행하는 사람
3. 보건관리자
  보건에 관한 기술적인 사항에 관하여 사업주 또는 안전보건관리책임자를 보좌하고 관리감독자에게 지도·조언하는 업무를 수행하는 사람
4. 안전보건관리담당자
  사업장에 안전 및 보건에 관하여 사업주를 보좌하고 관리감독자에게 지도·조언하는 업무를 수행하는 사람
5. 관리감독자
  • 사업장의 생산과 관련되는 업무와 그 소속 직원을 직접 지휘·감독하는 직위에 있는 사람

> **합격의 key**
>
> - 관리감독자가 있는 경우에는 「건설기술 진흥법」에 따른 안전관리책임자 및 안전관리담당자를 각각 둔 것으로 본다.
> 6. 산업보건의 근로자의 건강관리나 그 밖에 보건관리자의 업무를 지도
>
> **참고 ★**
>
> ※ 안전관리자 등의 지도·조언
> 사업주, 안전보건관리책임자 및 관리감독자는 다음 각 호의 어느 하나에 해당하는 자가 안전 또는 보건에 관한 기술적인 사항에 관하여 지도·조언하는 경우에는 이에 상응하는 적절한 조치를 하여야 한다.
> 1. 안전관리자
> 2. 보건관리자
> 3. 안전보건관리담당자
> 4. 안전관리전문기관 또는 보건관리전문기관
> (해당 업무를 위탁받은 경우에 한정한다)

④ 각각의 공사 도급인의 안전보건관리책임자 간 작업 내용에 관한 정보 공유 여부의 확인

(8) 산업안전 지도사 및 산업보건 지도사의 직무

① 산업안전 지도사의 직무
- 공정상의 안전에 관한 평가·지도
- 유해·위험의 방지대책에 관한 평가·지도
- 공정상의 안전 및 유해·위험의 방지대책과 관련된 계획서 및 보고서의 작성
- 안전보건개선계획서의 작성
- 위험성 평가의 지도
- 그 밖에 산업안전에 관한 사항의 자문에 대한 응답 및 조언

② 산업 보건지도사의 직무
- 작업환경의 평가 및 개선 지도
- 작업환경 개선과 관련된 계획서 및 보고서의 작성
- 산업 보건에 관한 조사·연구
- 안전보건개선계획서의 작성
- 위험성 평가의 지도
- 직업성 질병 진단(의사인 산업 보건지도사만 해당) 및 예방 지도
- 그 밖에 산업 보건에 관한 사항의 자문에 대한 응답 및 조언

(9) 근로자의 의무

근로자는 법과 법에 따른 명령으로 정하는 산업재해 예방을 위한 기준을 지켜야 하며, 사업주 또는 근로감독관, 공단 등 관계인이 실시하는 산업재해 예방에 관한 조치에 따라야 한다.

4 도급사업 시의 산업재해예방

(1) 유해한 작업의 도급금지

1) 사업주는 근로자의 안전 및 보건에 유해하거나 위험한 작업으로서 다음 각 호의 어느 하나에 해당하는 작업을 도급하여 자신의 사업장에서 수급인의 근로자가 그 작업을 하도록 해서는 아니 된다.

> **작업을 도급하여 자신의 사업장에서 수급인의 근로자가 작업을 하도록 해서는 아니 되는 작업(도급금지 작업)**
> ① 도금작업
> ② 수은, 납 또는 카드뮴을 제련, 주입, 가공 및 가열하는 작업
> ③ 허가대상물질을 제조하거나 사용하는 작업

도금(도급금지) 수(수은) 납하는 카드(카드뮴)는 허가받아 제조(허가대상물질 제조)

2) 사업주는 다음 각 호의 어느 하나에 해당하는 경우에는 작업을 도급하여 자신의 사업장에서 수급인의 근로자가 그 작업을 하도록 할 수 있다.

> **작업을 도급하여 자신의 사업장에서 수급인의 근로자가 작업을 할 수 있는 작업(도급가능 작업)**
> ① 일시·간헐적으로 하는 작업을 도급하는 경우
> ② 수급인이 보유한 기술이 전문적이고 사업주(수급인에게 도급을 한 도급인으로서의 사업주를 말한다)의 사업 운영에 필수 불가결한 경우로서 고용노동부장관의 승인을 받은 경우

① 사업주는 고용노동부장관의 도급 작업에 대한 승인을 받으려는 경우에는 고용노동부령으로 정하는 바에 따라 고용노동부장관이 실시하는 안전 및 보건에 관한 평가를 받아야 한다.
② 고용노동부장관에 따른 승인의 유효기간은 3년의 범위에서 정한다.
③ 고용노동부장관은 유효기간이 만료되는 경우에 사업주가 유효기간의 연장을 신청하면 승인의 유효기간이 만료되는 날의 다음 날부터 3년의 범위에서 고용노동부령으로 정하는 바에 따라 그 기간의 연장을 승인할 수 있다. 이 경우 사업주는 안전 및 보건에 관한 평가를 받아야 한다.
④ 사업주는 도급공정, 도급공정 사용 최대 유해화학 물질량, 도급기간(3년 미만으로 승인 받은 자가 승인일부터 3년 내에서 연장하는 경우만 해당한다)을 변경하려는 경우에는 고용노동부령으로 정하는 바에 따라 변경에 대한 승인을 받아야 한다.

참고

* 도급인의 안전 및 보건에 관한 정보 제공
1. 다음 각 호의 작업을 도급하는 자는 그 작업을 수행하는 수급인 근로자의 산업재해를 예방하기 위하여 고용노동부령으로 정하는 바에 따라 해당 작업 시작 전에 수급인에게 안전 및 보건에 관한 정보를 문서로 제공하여야 한다.
  ① 폭발성·발화성·인화성·독성 등의 유해성·위험성이 있는 화학물질 중 고용노동부령으로 정하는 화학물질 또는 그 화학물질을 함유한 혼합물을 제조·사용·운반 또는 저장하는 반응기·증류탑·배관 또는 저장탱크로서 고용노동부령으로 정하는 설비를 개조·분해·해체 또는 철거하는 작업
  ② ①에 따른 설비의 내부에서 이루어지는 작업
  ③ 질식 또는 붕괴의 위험이 있는 작업으로서 대통령령으로 정하는 작업
    가. 산소결핍, 유해가스 등으로 인한 질식의 위험이 있는 장소로서 고용노동부령으로 정하는 장소에서 이루어지는 작업
    나. 토사·구축물·인공구조물 등의 붕괴 우려가 있는 장소에서 이루어지는 작업
2. 도급인이 안전 및 보건에 관한 정보를 해당 작업시작 전까지 제공하지 아니한 경우에는 수급인이 정보 제공을 요청할 수 있다.
3. 도급인은 수급인이 제공받은 안전 및 보건에 관한 정보에 따라 필요한 안전조치 및 보건조치를 하였는지를 확인하여야 한다.
4. 수급인은 안전보건 정보의 요청에도 불구하고 도급인이 정보를 제공하지 아니하는 경우에는 해당 도급 작업을 하지 아니할 수 있다. 이 경우 수급인은 계약의 이행 지체에 따른 책임을 지지 아니한다.

> 참고
>
> * 도급인의 관계수급인에 대한 시정조치
> ① 도급인은 관계수급인 근로자가 도급인의 사업장에서 작업을 하는 경우에 관계수급인 또는 관계수급인 근로자가 도급받은 작업과 관련하여 이 법 또는 이 법에 따른 명령을 위반하면 관계수급인에게 그 위반행위를 시정하도록 필요한 조치를 할 수 있다. 이 경우 관계수급인은 정당한 사유가 없으면 그 조치에 따라야 한다.
> ② 도급인은 수급인에게 안전 및 보건에 관한 정보를 문서로 제공하여야 하는 작업을 도급하는 경우에 수급인 또는 수급인 근로자가 도급받은 작업과 관련하여 이 법 또는 이 법에 따른 명령을 위반하면 수급인에게 그 위반행위를 시정하도록 필요한 조치를 할 수 있다. 이 경우 수급인은 정당한 사유가 없으면 그 조치에 따라야 한다.

⑤ 고용노동부장관은 승인, 연장승인 또는 변경승인을 받은 자가 다음 각 호의 어느 하나에 해당하는 경우에는 승인을 취소해야 한다.
  가. 도급승인 기준에 미달하게 된 때
  나. 거짓이나 그 밖의 부정한 방법으로 승인, 연장승인, 변경승인을 받은 경우
  다. 연장승인 및 변경승인을 받지 않고 사업을 계속한 경우

3) 도급의 승인

사업주는 자신의 사업장에서 안전 및 보건에 유해하거나 위험한 작업 중 급성 독성, 피부 부식성 등이 있는 물질의 취급 등 대통령령으로 정하는 작업을 도급하려는 경우에는 고용노동부장관의 승인을 받아야 한다. 이 경우 사업주는 고용노동부령으로 정하는 바에 따라 안전 및 보건에 관한 평가를 받아야 한다.

도급승인 대상 작업
1. 중량비율 1퍼센트 이상의 황산, 불화수소, 질산 또는 염화수소를 취급하는 설비를 개조·분해·해체·철거하는 작업 또는 해당 설비의 내부에서 이루어지는 작업. 다만, 도급인이 해당 화학물질을 모두 제거한 후 증명자료를 첨부하여 고용노동부장관에게 신고한 경우는 제외한다.
2. 그 밖에 따른 산업재해보상보험 및 예방심의위원회의 심의를 거쳐 고용노동부장관이 정하는 작업

4) 도급의 승인 시 하도급 금지

승인, 연장승인 또는 변경승인 및 승인을 받은 작업을 도급받은 수급인은 그 작업을 하도급할 수 없다.

5) 적격 수급인 선정 의무

사업주는 산업재해 예방을 위한 조치를 할 수 있는 능력을 갖춘 사업주에게 도급하여야 한다.

(2) 도급인의 안전조치 및 보건조치

1) 안전보건총괄책임자의 지정

① 도급인은 관계수급인 근로자가 도급인의 사업장에서 작업을 하는 경우에는 그 사업장의 안전보건관리책임자를 도급인의 근로자와 관계수급인 근로자의 산업재해를 예방하기 위한 업무를 총괄하여 관리하는 안전보건총괄책임자로 지정하여야 한다. 이 경우 안전보건관리책임자를 두지 아니하여도 되는 사업장에서는 그 사업장에서 사업을 총괄하여 관리하는 사람을 안전보건총괄책임자로 지정하여야 한다.

② 안전보건총괄책임자를 지정한 경우에는 「건설기술 진흥법」에 따른 안전총괄책임자를 둔 것으로 본다.

2) 도급인의 안전조치 및 보건조치

도급인은 관계수급인 근로자가 도급인의 사업장에서 작업을 하는 경우에 자신의 근로자와 관계수급인 근로자의 산업재해를 예방하기 위하여 안전 및 보건 시설의 설치 등 필요한 안전조치 및 보건조치를 하여야 한다. 다만, 보호구착용의 지시 등 관계수급인 근로자의 작업행동에 관한 직접적인 조치는 제외한다.

3) 도급에 따른 산업재해 예방조치

① 도급인은 관계수급인 근로자가 도급인의 사업장에서 작업을 하는 경우 다음 각 호의 사항을 이행하여야 한다.

> **관계수급인 근로자가 도급인의 사업장에서 작업을 하는 경우 도급인의 조치사항**
>
> 1. **도급인과 수급인을 구성원으로 하는** 안전 및 보건에 관한 협의체의 구성 및 운영
>   - 협의체는 도급인인 사업주 및 그의 수급인인 사업주 전원으로 구성하여야 한다.
>   - 협의체의 협의사항
>   - 작업의 시작시간
>   - 작업 또는 작업장 간의 연락방법
>   - 재해 발생 위험 시의 대피방법
>   - 작업장에서의 위험성평가의 실시에 관한 사항
>   - 사업주와 수급인 또는 수급인 상호 간의 연락 방법 및 작업공정의 조정
>   - 협의체는 매월 1회 이상 정기적으로 회의를 개최하고 그 결과를 기록·보존하여야 한다.

2. 작업장 순회점검 ✈

2일에 1회 이상	① 건설업 ② 제조업 ③ 토사석 광업 ④ 서적, 잡지 및 기타 인쇄물 출판업 ⑤ 음악 및 기타 오디오물 출판업 ⑥ 금속 및 비금속 원료 재생업
1주일에 1회 이상	그 밖의 사업

3. 관계수급인이 근로자에게 하는 안전보건교육을 위한 장소 및 자료의 제공 등 지원
4. 관계수급인이 근로자에게 하는 안전보건교육의 실시 확인
5. 다음 각 목의 어느 하나의 경우에 대비한 경보체계 운영과 대피방법 등 훈련

경보체계의 운영 및 대피방법 등을 훈련하여야 하는 경우
① 작업 장소에서 발파작업을 하는 경우 ② 작업 장소에서 화재·폭발, 토사·구축물 등의 붕괴 또는 지진 등이 발생한 경우

6. 수급인에게 위생시설 등 고용노동부령으로 정하는 시설의 설치 등을 위하여 필요한 장소의 제공 또는 도급인이 설치한 위생시설 이용의 협조

수급인에게 필요한 장소의 제공 및 이용을 협조하여야 하는 위생시설
① 휴게시설 ② 세면·목욕시설 ③ 세탁시설 ④ 탈의시설 ⑤ 수면시설

7. 같은 장소에서 이루어지는 도급인과 관계수급인 등의 작업에 있어서 관계수급인 등의 작업시기·내용, 안전조치 및 보건조치 등의 확인
8. 관계수급인 등의 작업 혼재로 인하여 화재·폭발 등 대통령령으로 정하는 위험이 발생할 우려가 있는 경우 관계수급인 등의 작업시기·내용 등의 조정

"화재·폭발 등 대통령령으로 정하는 위험이 발생할 우려가 있는 경우"란 다음 각 호의 경우를 말한다.
① 화재·폭발이 발생할 우려가 있는 경우 ② 동력으로 작동하는 기계·설비 등에 끼일 우려가 있는 경우 ③ 차량계 하역운반기계, 건설기계, 양중기(揚重機) 등 동력으로 작동하는 기계와 충돌할 우려가 있는 경우 ④ 근로자가 추락할 우려가 있는 경우 ⑤ 물체가 떨어지거나 날아올 우려가 있는 경우 ⑥ 기계·기구 등이 넘어지거나 무너질 우려가 있는 경우 ⑦ 토사·구축물·인공구조물 등이 붕괴될 우려가 있는 경우 ⑧ 산소 결핍이나 유해가스로 질식이나 중독의 우려가 있는 경우

② 도급인은 고용노동부령으로 정하는 바에 따라 자신의 근로자 및 관계수급인 근로자와 함께 정기적으로 또는 수시로 작업장의 안전 및 보건에 관한 점검을 하여야 한다.

점검반의 구성 ✿

- 도급인(같은 사업 내에 지역을 달리하는 사업장이 있는 경우에는 그 사업장의 안전보건관리책임자)
- 관계수급인(같은 사업 내에 지역을 달리하는 사업장이 있는 경우에는 그 사업장의 안전보건관리책임자)
- 도급인 및 관계수급인의 근로자 각 1명(관계수급인의 근로자의 경우에는 해당 공정만 해당한다)

도급사업의 합동 안전·보건점검의 횟수 ✿

1. 다음 각 목의 사업의 경우 : 2개월에 1회 이상
   가. 건설업
   나. 선박 및 보트 건조업
2. 그 밖의 사업 : 분기에 1회 이상

5 안전보건관리규정의 작성

(1) 안전보건관리규정의 작성 ✿✿

1) 안전보건관리규정을 작성하여야 할 사업은 상시 근로자 100명 이상을 사용하는 사업으로 한다.
2) 사업주는 안전보건관리규정을 작성하여야 할 사유가 발생한 날부터 30일 이내에 안전보건관리규정을 작성하여야 한다. 이를 변경할 사유가 발생할 경우에도 또한 같다.

참고 | 안전보건관리규정을 작성하여야 할 사업의 종류 및 규모 ✿✿

사업의 종류	규모
1. 농업 2. 어업 3. 소프트웨어 개발 및 공급업 4. 컴퓨터 프로그래밍, 시스템 통합 및 관리업 4의 2. 영상·오디오물 제공 서비스업 5. 정보서비스업 6. 금융 및 보험업 7. 임대업 ; 부동산 제외 8. 전문, 과학 및 기술 서비스업(연구개발업은 제외한다) 9. 사업지원 서비스업 10. 사회복지 서비스업	상시 근로자 300명 이상을 사용하는 사업장
11. 제1호부터 제4호까지, 제4호의 2 및 제5호부터 제10호까지의 사업을 제외한 사업	상시 근로자 100명 이상을 사용하는 사업장

참고

* 안전보건관리규정
① 안전보건관리규정은 해당 사업장에 적용되는 단체협약 및 취업규칙에 반할 수 없다. 이 경우 안전보건관리규정 중 단체협약 또는 취업규칙에 반하는 부분에 관하여는 그 단체협약 또는 취업규칙으로 정한 기준에 따른다.
② 사업주와 근로자는 안전보건관리규정을 지켜야 한다.
③ 안전보건관리규정에 관하여는 이 법에서 규정한 것을 제외하고는 그 성질에 반하지 아니하는 범위에서 「근로기준법」의 취업규칙에 관한 규정을 준용한다.
④ 안전보건관리규정을 작성하는 경우에는 소방·가스·전기·교통 분야 등의 다른 법령에서 정하는 안전관리에 관한 규정과 통합하여 작성할 수 있다.

3) 안전보건관리규정의 포함사항 ✮✮✮

사업주는 사업장의 안전·보건을 유지하기 위하여 다음 각 호의 사항이 포함된 안전보건관리규정을 작성하여야 한다.
① 안전·보건 관리조직과 그 직무에 관한 사항
② 안전·보건교육에 관한 사항
③ 작업장의 안전 및 보건관리에 관한 사항
④ 사고 조사 및 대책 수립에 관한 사항
⑤ 그 밖에 안전·보건에 관한 사항

4) 사업주는 안전보건관리규정을 작성하거나 변경할 때에는 산업안전보건위원회의 심의·의결을 거쳐야 한다. 다만, 산업안전보건위원회가 설치되어 있지 아니한 사업장의 경우에는 근로자대표의 동의를 받아야 한다. ✮

> **참고 안전보건관리규정의 세부 내용**
>
> 1. **총칙**
>   가. 안전보건관리규정 작성의 목적 및 적용 범위에 관한 사항
>   나. 사업주 및 근로자의 재해 예방 책임 및 의무 등에 관한 사항
>   다. 하도급 사업장에 대한 안전·보건관리에 관한 사항
>
> 2. **안전·보건 관리조직과 그 직무**
>   가. 안전·보건 관리조직의 구성방법, 소속, 업무 분장 등에 관한 사항
>   나. 안전보건관리책임자(안전보건총괄책임자), 안전관리자, 보건관리자, 관리감독자의 직무 및 선임에 관한 사항
>   다. 산업안전보건위원회의 설치·운영에 관한 사항
>   라. 명예산업안전감독관의 직무 및 활동에 관한 사항
>   마. 작업지휘자 배치 등에 관한 사항
>
> 3. **안전·보건교육**
>   가. 근로자 및 관리감독자의 안전·보건교육에 관한 사항
>   나. 교육계획의 수립 및 기록 등에 관한 사항
>
> 4. **작업장 안전관리**
>   가. 안전·보건관리에 관한 계획의 수립 및 시행에 관한 사항
>   나. 기계·기구 및 설비의 방호조치에 관한 사항
>   다. 유해·위험기계 등에 대한 자율검사프로그램에 의한 검사 또는 안전검사에 관한 사항
>   라. 근로자의 안전수칙 준수에 관한 사항
>   마. 위험물질의 보관 및 출입 제한에 관한 사항
>   바. 중대재해 및 중대산업사고 발생, 급박한 산업재해 발생의 위험이 있는 경우 작업중지에 관한 사항
>   사. 안전표지·안전수칙의 종류 및 게시에 관한 사항과 그 밖에 안전관리에 관한 사항

5. 작업장 보건관리
   가. 근로자 건강진단, 작업환경측정의 실시 및 조치절차 등에 관한 사항
   나. 유해물질의 취급에 관한 사항
   다. 보호구의 지급 등에 관한 사항
   라. 질병자의 근로 금지 및 취업 제한 등에 관한 사항
   마. 보건표지·보건수칙의 종류 및 게시에 관한 사항과 그 밖에 보건관리에 관한 사항

6. 사고 조사 및 대책 수립
   가. 산업재해 및 중대산업사고의 발생 시 처리 절차 및 긴급조치에 관한 사항
   나. 산업재해 및 중대산업사고의 발생 원인에 대한 조사 및 분석, 대책 수립에 관한 사항
   다. 산업재해 및 중대산업사고 발생의 기록·관리 등에 관한 사항

7. 위험성 평가에 관한 사항
   가. 위험성 평가의 실시 시기 및 방법, 절차에 관한 사항
   나. 위험성 감소대책 수립 및 시행에 관한 사항

8. 보칙
   가. 무재해 운동 참여, 안전·보건 관련 제안 및 포상·징계 등 산업재해 예방을 위하여 필요하다고 판단하는 사항
   나. 안전·보건 관련 문서의 보존에 관한 사항
   다. 그 밖의 사항
      사업장의 규모·업종 등에 적합하게 작성하며, 필요한 사항을 추가하거나 그 사업장에 관련되지 않는 사항은 제외할 수 있다.

(2) 안전보건관리규정 작성 시 유의사항

① 법정 기준을 상회하도록 작성
② 법령의 제·개정 시 즉시 수정
③ 현장의견을 충분히 반영
④ 정상 시 및 이상 시 조치에 관하여도 규정
⑤ 관리자층의 직무 및 권한 등을 명확히 기재

6 안전보건 관리계획

(1) 안전계획 작성 시 고려사항

① 사업장 실태에 맞도록 독자적, 실현가능성 있게
② 목표는 점진적으로 높게
③ 직장 단위로 구체적으로 작성

⑦ 안전보건 개선계획

고용노동부장관은 다음 각 호의 어느 하나에 해당하는 사업장으로서 산업재해 예방을 위하여 종합적인 개선조치를 할 필요가 있다고 인정되는 사업장의 사업주에게 고용노동부령으로 정하는 바에 따라 그 사업장, 시설, 그 밖의 사항에 관한 안전보건개선계획을 수립하여 시행할 것을 명할 수 있다. 이 경우 대통령령으로 정하는 사업장의 사업주에게는 안전보건진단을 받아 안전보건개선계획을 수립하여 시행할 것을 명할 수 있다.

안전보건 개선계획 작성대상 사업장 ☆☆☆

① 산업재해율이 같은 업종의 규모별 평균 산업재해율 보다 높은 사업장
② 사업주가 안전·보건조치의무를 이행하지 아니하여 중대재해가 발생한 사업장
③ 직업성 질병자가 연간 2명 이상 발생한 사업장
④ 유해인자의 노출기준을 초과한 사업장

특급 암기법

평균보다 높으면 개선계획!
중대재해 발생하면 개선계획!
직업성 질병자 2명
노출기준 초과하면 개선계획!

📖 **비교합시다!**

안전·보건진단을 받아 안전보건개선계획을 수립·제출하도록 명할 수 있는 사업장 ☆☆

1. 산업재해율이 같은 업종 평균 산업재해율의 2배 이상인 사업장
2. 사업주가 필요한 안전조치 또는 보건조치를 이행하지 아니하여 중대재해가 발생한 사업장
3. 직업병 질병자가 연간 2명 이상(상시 근로자 1천명 이상 사업장의 경우 3명 이상) 발생한 사업장
4. 그 밖에 작업환경 불량, 화재·폭발 또는 누출 사고 등으로 사업장 주변까지 피해가 확산된 사업장으로서 고용노동부령으로 정하는 사업장

특급 암기법

평균의 2배 이상, 직업성 질병 2명 이상(1,000명 이상 3명) 진단받아 개선!
중대재해 발생하면 진단받아 개선!

(1) 안전보건개선계획서에 포함사항 ✦

① 시설
② 안전·보건관리체제
③ 안전·보건교육
④ 산업재해예방 및 작업환경의 개선을 위하여 필요한 사항

(2) 사업주는 안전보건개선계획을 수립할 때에는 산업안전보건위원회의 심의를 거쳐야 한다. 다만, 산업안전보건위원회가 설치되어 있지 아니한 사업장의 경우에는 근로자대표의 의견을 들어야 한다.

(3) 안전보건개선계획서의 제출

① 안전보건개선계획서를 제출해야 하는 사업주는 안전보건개선계획서 수립·시행 명령을 받은 날부터 60일 이내에 관할 지방고용노동관서의 장에게 해당 계획서를 제출(전자문서로 제출하는 것을 포함한다)해야 한다.
② 지방고용노동관서의 장이 안전보건개선계획서를 접수한 경우에는 접수일부터 15일 이내에 심사하여 사업주에게 그 결과를 알려야 한다.
③ 사업주와 근로자는 심사를 받은 안전보건개선계획서를 준수하여야 한다.

8 안전관리자의 증원·교체임명 명령

(1) 지방고용노동관서의 장은 다음 각 호의 어느 하나에 해당하는 사유가 발생한 경우에는 사업주에게 안전관리자나 보건관리자 또는 안전보건관리담당자를 정수 이상으로 증원하게 하거나 교체하여 임명할 것을 명할 수 있다. 다만, 제4호에 해당하는 경우로서 직업성 질병자 발생 당시 사업장에서 해당 화학적 인자(因子)를 사용하지 않은 경우에는 그렇지 않다.

(2) 관리자를 정수 이상으로 증원하게 하거나 교체하여 임명할 것을 명하는 경우에는 미리 사업주 및 해당 관리자의 의견을 듣거나 소명자료를 제출받아야 한다. 다만, 정당한 사유 없이 의견진술 또는 소명자료의 제출을 게을리한 경우에는 그렇지 않다.

(3) 안전관리자의 증원 · 교체임명 명령 대상 사업장 ✤✤✤
   ① 해당 사업장의 연간 재해율이 같은 업종의 평균재해율의 2배 이상인 경우
   ② 중대재해가 연간 2건 이상 발생한 경우(다만, 해당 사업장의 전년도 사망만인율이 같은 업종의 평균 사망만인율 이하인 경우는 제외)
   ③ 관리자가 질병이나 그 밖의 사유로 3개월 이상 직무를 수행할 수 없게 된 경우
   ④ 화학적 인자로 인한 직업성 질병자가 연간 3명 이상 발생한 경우 (이 경우 직업성 질병자 발생일은 요양급여의 결정일로 한다)

> 평균의 2배 이상, 중대재해 2건 이상 증원!
> 직업성 질병 3명 이상, 3개월 이상 일안하면 교체!

📌 **확인**
* 중대산업사고
  ① 근로자가 사망하거나 부상을 입을 수 있는 공정안전보고서 제출 대상 설비에서의 누출·화재·폭발 사고
  ② 인근 지역의 주민이 인적 피해를 입을 수 있는 공정안전보고서 제출 대상 설비에서의 누출·화재·폭발 사고

9 사업장의 산업재해 발생건수 등 공표

(1) 고용노동부장관은 산업재해를 예방하기 위하여 대통령령으로 정하는 사업장의 산업재해 발생건수, 재해율 또는 그 순위 등을 공표하여야 한다.

1) 재해발생 건수 등 재해율 공표 대상 사업장 ✤✤✤
   ① 사망재해자가 연간 2명 이상 발생한 사업장
   ② 사망만인율(사망재해자 수를 연간 상시근로자 1만 명당 발생하는 사망재해자 수로 환산한 것)이 규모별 같은 업종의 평균 사망만인율 이상인 사업장
   ③ 중대산업사고가 발생한 사업장
   ④ 산업재해 발생 사실을 은폐한 사업장
   ⑤ 산업재해의 발생에 관한 보고를 최근 3년 이내 2회 이상 하지 않은 사업장

> 사망자 2명, 평균 사망만인율 이상 공표!
> 중대산업사고 발생하면 공표!
> 재해은폐, 재해보고 3년 동안 2번 이상 안하면 공표!

2) 제1호부터 제3호까지(사망재해자가 연간 2명 이상, 사망만인율이 규모별 같은 업종의 평균 사망만인율 이상, 중대산업사고가 발생한 사업장)의 규정에 해당하는 사업장은 해당 사업장이 관계수급인의 사업장으로서 도급인이 관계수급인 근로자의 산업재해 예방을 위한 조치의무를 위반하여 관계수급인 근로자가 산업재해를 입은 경우에는 도급인의 사업장의 산업재해발생건수 등을 함께 공표한다. ✄

(2) 고용노동부장관은 도급인의 사업장(도급인이 제공하거나 지정한 경우로서 도급인이 지배·관리하는 대통령령으로 정하는 장소를 포함한) 중 대통령령으로 정하는 사업장에서 관계수급인 근로자가 작업을 하는 경우에 도급인의 산업재해발생 건수 등에 관계수급인의 산업재해발생 건수 등을 포함하여 공표하여야 한다.

도급인이 지배·관리하는 장소
(도급인의 산업재해발생 건수 등에 관계수급인의 산업재해발생 건수 등을 포함하여 공표하여야 하는 장소)

1. 토사(土砂)·구축물·인공구조물 등이 붕괴될 우려가 있는 장소
2. 기계·기구 등이 넘어지거나 무너질 우려가 있는 장소
3. 안전난간의 설치가 필요한 장소
4. 비계(飛階) 또는 거푸집을 설치하거나 해체하는 장소
5. 건설용 리프트를 운행하는 장소
6. 지반(地盤)을 굴착하거나 발파작업을 하는 장소
7. 엘리베이터홀 등 근로자가 추락할 위험이 있는 장소
8. 석면이 붙어 있는 물질을 파쇄하거나 해체하는 작업을 하는 장소
9. 공중 전선에 가까운 장소로서 시설물의 설치·해체·점검 및 수리 등의 작업을 할 때 감전의 위험이 있는 장소
10. 물체가 떨어지거나 날아올 위험이 있는 장소
11. 프레스 또는 전단기(剪斷機)를 사용하여 작업을 하는 장소
12. 차량계(車輛系) 하역운반기계 또는 차량계 건설기계를 사용하여 작업하는 장소
13. 전기 기계·기구를 사용하여 감전의 위험이 있는 작업을 하는 장소
14. 「철도산업발전기본법」에 따른 철도차량(「도시철도법」에 따른 도시철도차량을 포함한다)에 의한 충돌 또는 협착의 위험이 있는 작업을 하는 장소
15. 그 밖에 화재·폭발 등 사고발생 위험이 높은 장소로서 고용노동부령으로 정하는 다음의 장소
    ① 화재·폭발 우려가 있는 다음 각 목의 어느 하나에 해당하는 작업을 하는 장소
        가. 선박 내부에서의 용접·용단작업
        나. 인화성 액체를 취급·저장하는 설비 및 용기에서의 용접·용단작업
        다. 특수화학설비에서의 용접·용단작업

라. 가연물(可燃物)이 있는 곳에서의 용접·용단 및 금속의 가열 등 화기를 사용하는 작업이나 연삭숫돌에 의한 건식연마작업 등 불꽃이 발생할 우려가 있는 작업
② 양중기(揚重機)에 의한 충돌 또는 협착(狹窄)의 위험이 있는 작업을 하는 장소
③ 유기화합물 취급 특별장소
④ 방사선 업무를 하는 장소
⑤ 밀폐공간
⑥ 위험물질을 제조하거나 취급하는 장소
⑦ 화학설비 및 그 부속설비에 대한 정비·보수 작업이 이루어지는 장소

- 붕괴, 기계의 넘어짐, 추락(안전난간, 비계 거푸집), 굴착 발파, 낙하비래, 감전, 철도충돌, 화재폭발
- 석면, 차량계 하역운반 및 건설기계, 프레스 전단기, 건설용 리프트

> **참고** 도급인의 산업재해 발생건수 등에 수급인의 산업재해 발생건수 등을 포함하여 공표하여야 하는 사업장(통합 공표대상 사업장)

도급인이 사용하는 상시근로자 수가 500명 이상인 다음 각 호의 어느 하나에 해당하는 사업장으로서 도급인 사업장의 사고사망만인율(질병으로 인한 사망재해자를 제외하고 산출한 사망만인율) 보다 관계수급인의 근로자를 포함하여 산출한 사고사망만인율이 높은 사업장을 말한다.

1. 제조업
2. 철도운송업
3. 도시철도운송업
4. 전기업

500명 이상의 제(제조업)철 운송(철도운송업) 도시(도시철도운송업)의 전기는 수급인 포함하여 공표

CHAPTER 01 단원 예상문제

01 안전조치의 방법을 설명한 것 중 올바른 것은?

㉮ 페일세이프(fail safe) : 사람이 잘못 조작하여도 안전하게 되도록 하는 것
㉯ 백업(backup) : 주요한 기능의 고장 시에 그 기능을 대행하여 안전을 유지하는 방법
㉰ 풀 프루프(fool proof) : 기계 또는 장치의 고장 시에도 안전하게 동작
㉱ 페일 소프트(fail soft) : 설비 또는 장치의 일부가 고장이 발생한 경우 전체적인 기능을 정지시키는 것

[해설] ① 페일세이프(Fail safe) : 기계의 고장이 있어도 안전사고를 발생시키지 않도록 2중, 3중 통제를 가함
② 풀 – 프루프(Fool proof) : 인간의 실수가 있어도 안전사고를 발생시키지 않도록 2중, 3중 통제를 가함
③ 페일 소프트(fail soft) : 설비 또는 장치의 일부가 고장이 발생한 경우 고장 부분을 제외하고 나머지 정상 부분으로 기능을 수행함

02 다음은 사고 연쇄 이론에 관한 사항이다. 사고를 가져오기 전 단계는?

㉮ 사회 환경
㉯ 개인적 결함
㉰ 불안전한 행동과 불안전한 상태
㉱ 상해

[해설] 하인리히(H. W. Heinrich) 사고 발생 도미노 5단계

1단계	선천적 결함 (사회, 환경, 유전적 결함)
2단계	개인적 결함
3단계	불안전 행동(인적 결함), 불안전한 상태(물적 결함)(제거 가능)
4단계	사고
5단계	재해(상해)

03 다음의 안전관리 조직의 유형 중 참모식 조직의 특성이 아닌 것은?

㉮ 모든 명령은 생산 계통을 따라 이루어진다.
㉯ 100명 이상의 사업장에 적합하다.
㉰ 안전 업무가 전담 기능에 의거해 수행되므로 발전적이다.
㉱ 라인식 조직보다 비경제적인 조직이며 안전기술 축적이 용이하다.

[해설] ㉮ 라인식 조직의 특성이다.

{참고} (1) **라인형(Line) or 직계형**
① 소규모 사업장(100명 이하 사업장)에 적용이 가능하다.
② 라인형 장점 : 명령 및 지시가 신속, 정확하다.
③ 라인형 단점
• 안전정보가 불충분하다.
• 라인에 과도한 책임이 부여될 수 있다.
④ 생산과 안전을 동시에 지시하는 형태이다.

(2) **스태프형(staff) or 참모형**
① 중규모 사업장(100~1,000명 정도의 사업장)에 적용이 가능하다.
② 스태프형 장점 : 안전정보 수집이 용이하고 빠르다.
③ 스태프 단점 : 안전과 생산을 별개로 취급한다.
④ 안전전문가(스태프)가 문제 해결방안을 모색한다.

정답 01 ㉯ 02 ㉰ 03 ㉮

⑤ 스태프는 경영자의 조언, 자문 역할을 한다.
⑥ 생산부문은 안전에 대한 책임, 권한이 없다.

(3) 라인 스태프형(Line Staff) or 혼합형
① 대규모 사업장(1,000명 이상 사업장)에 적용이 가능하다.
② 라인 스태프형 장점
 • 안전전문가에 의해 입안된 것을 경영자가 명령하므로 명령이 신속, 정확하다.
 • 안전정보 수집이 용이하고 빠르다.
③ 라인 스태프형 단점
 • 명령 계통과 조언, 권고적 참여의 혼돈이 우려된다.
 • 스태프의 월권행위가 우려되고 지나치게 스태프에게 의존할 수 있다.
 • 라인이 스태프에 의존 또는 활용하지 않는 경우가 있다.

04 버드(Bird)의 재해발생에 관한 연쇄이론 중 징후는 몇 단계에 해당하는가?

㉮ 제1단계 ㉯ 제2단계
㉰ 제3단계 ㉱ 제4단계

[해설] 버드(Frank. E. Bird)의 연쇄성이론 5단계

1단계	제어 부족(관리 부재)
2단계	기본 원인(기원)
3단계	직접 원인(징후)
4단계	사고(접촉)
5단계	상해(손실)

05 안전관리 조직의 기본 유형이 아닌 것은?

㉮ line system
㉯ staff system
㉰ line-staff system
㉱ safety system

[해설] 안전조직의 유형
① 라인형(Line) or 직계형
② 스태프형(Staff) or 참모형
③ 라인 스태프형(Line Staff) or 혼합형

06 안전관리의 4M 가운데 Media란 무엇을 의미하는 것인가?

㉮ 인간과 기계를 연결하는 매개체
㉯ 인간과 관리를 연결하는 매개체
㉰ 기계와 관리를 연결하는 매개체
㉱ 인간과 작업환경을 연결하는 매개체

[해설] Media(매체)는 인간과 기계를 연결하는 매개체이다.

{참고} 인간 에러(휴먼 에러)의 배후요인(4M)
① Man(인간) : 본인 외의 사람, 직장의 인간관계 등
② Machine(기계) : 기계, 장치 등의 물적 요인
③ Media(매체) : 작업 정보, 작업 방법 등
④ Management(관리) : 작업관리, 법규 준수, 단속, 점검 등

07 안전조직에서 line system의 단점 중 옳은 것은?

㉮ 비경제적 조직체제이다.
㉯ 안전관리부와 생산부 간의 유기적 협조가 곤란하다.
㉰ 안전조직원은 전문가이어야 한다.
㉱ 대규모 기업에서 채택이 곤란하다.

[해설] 라인형(Line) or 직계형
① <u>소규모 사업장</u>(100명 이하 사업장)에 적용이 가능하다.
② 라인형 장점 : **명령 및 지시가 신속, 정확**하다.
③ 라인형 단점
 • 안전정보가 불충분하다.
 • 라인에 과도한 책임이 부여될 수 있다.
④ 생산과 안전을 동시에 지시하는 형태이다.

08 사고 방지 대책 제5단계의 시정책의 적용에서 3E와 관계가 없는 것은?

㉮ 교육(Education)
㉯ 기술(Engineering)
㉰ 재정(Economics)
㉱ 독려(Enforcement)

정답 04 ㉰ 05 ㉱ 06 ㉮ 07 ㉱ 08 ㉰

[해설] J·H Harvey(하비)의 3E
① 안전 교육(Education)
② 안전 기술(Engineering)
③ 안전 독려(Enforcement), 안전감독

09 하인리히 재해 발생 5단계 중 3단계는?

㉮ 불안전 행위 또는 불안전상태
㉯ 사회적 환경 및 유전적 요소
㉰ 인적 결함
㉱ 사고

[해설] 하인리히(H. W. Heinrich) 사고발생 도미노 5단계

1단계	선천적 결함 (사회, 환경, 유전적 결함)
2단계	개인적 결함
3단계	불안전 행동(인적 결함), 불안전한 상태(물적 결함)(제거 가능)
4단계	사고
5단계	재해(상해)

10 재해 사고발생 비율에 대하여 버드(Frank E. Bird)는 1 : 10 : 30 : 600 비율 이론을 주장하였다. 여기서 "30"에 해당하는 것 다음 중 어느 것인가?

㉮ 중상
㉯ 경상
㉰ 무상해, 무사고(위험 순간)
㉱ 무상해 사고(물적 손실)

[해설] 버드의 1 : 10 : 30 : 600의 법칙
 : 총 641건의 사고를 분석했을 때
중상 또는 폐질 : 1건
경상해 : 10건
무상해 사고(물적 손실) : 30건
무상해, 무사고(위험 순간) : 600건이 발생함을 의미한다.

11 우리나라에서 어떤 한 해의 산업재해로 인한 경제적 직접 손실액(산재보상금 지급액)이 2조 원으로 집계되었다. 하인리히의 직접비와 간접비의 비율을 적용해 볼 때 총 경제적 손실 추정액은 얼마인가?

㉮ 4조 원   ㉯ 6조 원
㉰ 8조 원   ㉱ 10조 원

[해설] 하인리히의 총 재해비용 = 직접비 + 간접비
 (1 : 4)
직접비가 2조 원이므로
간접비 = 4 × 2조 원 = 8조 원
총 재해 비용 = 2조 원 + 8조 원 = 10조 원

12 다음 중 라인식 안전조직의 특성이 아닌 것은?

㉮ 규모가 작은 사업장에 적용된다.
㉯ 참모식 조직보다 경제적인 조직이다.
㉰ 안전관리 전담 요원을 별도로 지정한다.
㉱ 모든 명령은 생산 계통을 따라 이루어진다.

[해설] ㉰ 안전관리 전담 요원을 별도로 지정한다.
 → 스태프형

13 중규모 사업장에 가장 적합한 안전조직은?

㉮ 참모식 조직
㉯ 라인식 조직
㉰ 위원회 조직
㉱ 라인 및 참모 혼합식 조직

[해설] ① 라인형(Line) or 직계형 : 소규모 사업장(100명 이하 사업장)에 적용
② 스태프형(staff) or 참모형 : 중규모 사업장(100~1,000명 정도의 사업장)에 적용
③ 라인 스태프형(Line Staff) or 혼합 : 대규모 사업장(1,000명 이상 사업장)에 적용이 가능하다.

정답 09 ㉮ 10 ㉱ 11 ㉱ 12 ㉰ 13 ㉮

14 하인리히의 1 : 29 : 300의 원칙에서 관리해야 할 사항을 가장 적합하게 설명한 것은?

㉮ 총 재해 330건에 치중해야 한다.
㉯ 29건의 경상의 재해를 제거해야 한다.
㉰ 1건의 사망재해의 원인 제거에 치중해야 한다.
㉱ 300건의 무상해 재해의 원인 제거에 치중해야 한다.

[해설] 하인리히의 1 : 29 : 300의 원칙은 300의 무상해 사고의 원인을 제거해야 함을 강조한다.

{참고} 하인리히 1 : 29 : 300의 법칙 : 총 330건의 사고를 분석했을 때
중상 또는 사망 : 1건
경상해 : 29건
무상해 사고 : 300건이 발생함을 의미한다.

15 다음 중 재해의 뜻으로 가장 옳은 것은?

㉮ 생명과 재산을 보호하기 위한 제반활동을 말한다.
㉯ 안전사고의 결과로 일어난 인명과 재산의 손실을 말한다.
㉰ 안전사고의 사건 그 자체를 말한다.
㉱ 사고로 입은 인명의 상해만을 말한다.

[해설] 재해 : 안전사고의 결과로 일어난 인명과 재산의 손실

{참고} (1) 안전사고(safety accident) : 불안전한 행동과 불안전한 상태가 선행되어 직·간접적으로 인명이나 재산상의 손실을 가져올 수 있는 사건 및 사고를 의미한다.
(2) 안전관리 : 인간의 생명과 재산을 보호하기 위한 제반활동을 말한다.
(3) 위험 : 잠재적인 손실이나 손상을 가져올 수 있는 상태나 조건

16 재해 발생의 배후 요인에는 4M이 있다. 이 가운데 작업 정보, 작업 방법 등과 가장 관계가 깊은 것은?

㉮ 관리(Management)
㉯ 기계·설비(Machine)
㉰ 인간(Man)
㉱ 매체(Media)

[해설] 인간 에러(휴먼 에러)의 배후 요인(4M)
① Man(인간) : 본인 외의 사람, 직장의 인간관계 등
② Machine(기계) : 기계, 장치 등의 물적 요인
③ Media(매체) : 작업 정보, 작업 방법 등
④ Management(관리) : 작업관리, 법규 준수, 단속, 점검 등

17 다음 중 사고예방 대책의 기본 원리 5단계 중 2단계에 해당하는 것은?

㉮ 기술적 개선
㉯ 안전점검
㉰ 경영층의 참여
㉱ 안전관리자 임명

[해설] ㉮ 기술적 개선 → 4단계 시정방법 선정
㉯ 안전점검 → 2단계 사실의 발견
㉰ 경영층의 참여 → 1단계 안전조직
㉱ 안전관리자 임명 → 1단계 안전조직

{참고} 하인리히 사고방지 5단계

1단계 : 안전조직	• 안전목표 설정 • 안전관리자의 선임 • 안전조직 구성 • 안전 활동 방침 및 계획수립 • 조직을 통한 안전 활동 전개
2단계 : 사실의 발견	• 작업분석 • 점검 • 사고조사 • 안전진단
3단계 : 분석	• 사고원인 및 경향성 분석 • 작업공정 분석 • 사고기록 및 관계자료 분석 • 인적·물적 환경 조건 분석

정답 14 ㉱ 15 ㉯ 16 ㉱ 17 ㉯

4단계 : 시정방법 선정	• 기술적 개선 • 안전운동 전개 • 교육훈련 분석 • 안전행정의 개선 • 배치 조정 • 규칙 및 수칙 등 제도의 개선
5단계 : 시정책 적용 (3E 적용)	• 안전교육(Education) • 안전기술(Engineering) • 안전독려(Enforcement)

18 1,000명 이상의 대규모 기업에서 일반적으로 많이 채택되고 있는 안전조직의 방식은?

㉮ 라인 방식
㉯ 스탭 방식
㉰ 라인 – 스탭 방식
㉱ 인간 – 기계 방식

[해설] 1,000명 이상의 대규모 기업의 안전조직 → 라인 – 스태프형 조직

19 안전보건개선계획서에 포함되어야 할 사항이 아닌 것은?

㉮ 안전·보건교육
㉯ 안전보건관리예산
㉰ 안전·보건관리체계
㉱ 산업재해예방 및 작업환경의 개선을 위하여 필요한 사항

[해설] 안전보건개선계획서 포함사항
① 시설
② 안전·보건관리체제
③ 안전·보건교육
④ 산업재해 예방 및 작업환경의 개선을 위하여 필요한 사항

{참고} (1) 안전보건개선계획의 수립·시행명령을 받은 사업주는 고용노동부장관이 정하는 바에 따라 안전보건개선계획서를 작성하여 그 명령을 받은 날부터 60일 이내에 관할 **지방고용노동관서의 장에게 제출**하여야 한다.

(2) 안전보건개선계획 작성대상 사업장
① 산업재해율이 같은 업종의 규모별 평균 산업재해율보다 높은 사업장
② 사업주가 안전·보건조치의무를 이행하지 아니하여 중대재해가 발생한 사업장
③ 직업성 질병자가 연간 2명 이상 발생한 사업장
④ 유해인자의 노출기준을 초과한 사업장

평균보다 높으면 개선계획!
중대재해 발생하면 개선계획!
직업성 질병자 2명
노출기준 초과하면 개선계획!

20 다음 중 산업안전보건위원회의 구성원으로 잘못된 것은?

㉮ 당해 사업의 대표자
㉯ 근로자대표가 지명하는 1인 이상의 명예산업안전감독관
㉰ 근로자대표가 지명하는 10인 이내의 당해 사업장의 근로자
㉱ 당해 사업의 대표자가 지명하는 9인 이내의 당해 사업장 부서의 장

[해설] ㉰ 근로자대표가 지명하는 9명 이내의 해당 사업장의 근로자

{참고} 산업안전보건위원회의 구성

근로자 위원	① 근로자대표 ② 근로자대표가 지명하는 1명 이상의 명예산업안전감독관 ③ 근로자대표가 지명하는 9명 이내의 해당 사업장의 근로자
사용자 위원	① 해당 사업의 대표자 ② 안전관리자 1명 ③ 보건관리자 1명 ④ 산업보건의 ⑤ 사업의 대표자가 지명하는 9명 이내의 해당 사업장 부서의 장

정답 18 ㉰ 19 ㉯ 20 ㉰

21 버드(Frank Bird)의 도미노 이론을 올바르게 나열한 것은?

㉮ 기본 원인 → 제어의 부족 → 직접 원인 → 사고 → 상해
㉯ 기본 원인 → 직접 원인 → 제어의 부족 → 사고 → 상해
㉰ 제어의 부족 → 기본 원인 → 직접 원인 → 사고 → 상해
㉱ 제어의 부족 → 직접 원인 → 기본 원인 → 상해 → 사고

[해설] 버드(Frank. E. Bird)의 연쇄성 이론 5단계

1단계	제어 부족(관리 부재)
2단계	기본 원인(기원)
3단계	직접 원인(징후)
4단계	사고(접촉)
5단계	상해(손실)

{참고} 하인리히(H. W. Heinrich) 사고 발생 도미노 5단계

1단계	선천적 결함 (사회, 환경, 유전적 결함)
2단계	개인적 결함
3단계	불안전 행동(인적 결함), 불안전한 상태(물적 결함)(제거 가능)
4단계	사고
5단계	재해(상해)

아담스(Edward Adams) 연쇄성 이론 5단계

1단계	관리구조
2단계	작전적 에러
3단계	전술적 에러
4단계	사고
5단계	상해

22 하인리히(Heinrich)의 재해 발생 구성 비율에서 중상해가 5건 발생하였다면 무상해 사고는 몇 건 발생하겠는가?

㉮ 900건   ㉯ 1,200건
㉰ 1,500건   ㉱ 1,800건

[해설]
하인리히 1 : 29 : 300의 법칙
: 총 330건의 사고를 분석했을 때
• 중상 또는 사망 : 1건
• 경상해 : 29건
• 무상해사고 : 300건이 발생함을 의미한다.

중상해가 5건일 때
경상해 : 29 × 5 = 145건
무상해 사고 : 300 × 5 = 1,500건 발생

23 다음 중 산업안전보건 법령상 안전관리자를 증원하거나 임명을 해야 하는 경우가 아닌 것은?

㉮ 당해 사업장의 연간 재해율이 동일 업종 평균 재해율의 3배인 경우
㉯ 작업환경 불량, 화재, 폭발 또는 누출 사고 등으로 사회적 물의를 일으킨 경우
㉰ 중대재해가 연간 3건 발생한 경우
㉱ 안전관리자가 질병의 이유로 6개월 동안 직무를 수행할 수 없게 된 경우

[해설] 안전관리자의 증원·교체임명 명령 대상 사업장
① 해당 사업장의 **연간 재해율**이 같은 업종의 평균 재해율의 **2배 이상**인 경우
② **중대재해가 연간 2건 이상 발생한 경우**(다만, 해당 사업장의 전년도 사망만인율이 같은 업종의 평균 사망만인율 이하인 경우는 제외)
③ 관리자가 질병이나 그 밖의 사유로 **3개월 이상 직무를 수행할 수 없게 된 경우**
④ 화학적 인자로 인한 **직업성질병자가 연간 3명 이상 발생한 경우**

평균의 2배 이상, 중대재해 2건 이상 증원!
직업성 질병 3명 이상, 3개월 이상 일안하면 교체!

정답 21 ㉯ 22 ㉰ 23 ㉯

24 다음 중 라인 – 스탭(line staff) 조직의 단점으로 볼 수 없는 것은?

㉮ 권한의 분쟁이나 조정으로 인해 시간과 노력이 소모될 수 있다.
㉯ 명령계통과 조언·권고적 참여가 혼동되기 쉽다.
㉰ 스탭의 월권행위가 발생하는 경우가 있다.
㉱ 라인이 스탭에 의존 또는 활용하지 않는 경우가 있다.

[해설] **라인 스태프형(Line Staff) or 혼합형**
① 대규모 사업장(1,000명 이상 사업장)에 적용이 가능하다.
② 라인 스태프형 장점
 • 안전전문가에 의해 입안된 것을 경영자가 명령하므로 명령이 신속, 정확하다.
 • 안전정보 수집이 용이하고 빠르다.
③ 라인 스태프형 단점
 • 명령계통과 조언, 권고적 참여의 혼돈이 우려된다.
 • 스태프의 월권행위가 우려되고 지나치게 스태프에게 의존할 수 있다.
 • 라인이 스태프에 의존 또는 활용하지 않는 경우가 있다.

25 다음 중 안전관리에 있어 관리 사이클(PDCA)에 해당하지 않는 것은?

㉮ 계획(Plan)
㉯ 실시(Do)
㉰ 검토(Check)
㉱ 분석(Analysis)

[해설] **안전관리 4-Cycle(P – D – C – A)**
① 계획(Plan)
② 실시(Do)
③ 검토(Ceck)
④ 조치(Action)

26 재해예방 대책의 기본 원리 5단계 중 제4단계의 내용으로 적절하지 않은 것은?

㉮ 기술적인 개선
㉯ 작업배치의 조정
㉰ 교육훈련의 개선
㉱ 작업 분석 및 평가

[해설] ㉱ 2단계 사실의 발견 내용에 해당한다.

27 산업안전보건법상 안전보건관리규정에 포함되어야 할 내용이 아닌 것은?

㉮ 안전·보건교육에 관한 사항
㉯ 작업장 안전관리에 관한 사항
㉰ 사고 조사 및 대책 수립에 관한 사항
㉱ 보호구 안전인증에 관한 사항

[해설] **안전관리규정의 포함사항**
① <u>안전·보건 관리조직과 그 직무</u>에 관한 사항
② <u>안전·보건교육</u>에 관한 사항
③ <u>작업장의 안전 및 보건관리</u>에 관한 사항
④ <u>사고 조사 및 대책 수립</u>에 관한 사항
⑤ 그 밖에 안전·보건에 관한 사항

28 다음 중 재해 발생에 관한 아담스의 이론으로 옳은 것은?

㉮ 통제 부족 → 기본적 원인 → 직접적 원인 → 사고 → 상해
㉯ 관리구조 → 작전적 에러 → 전술적 에러 → 사고 → 상해·손해
㉰ 사회적 환경 및 유전적 요소 → 개인적 결함 → 불안전한 행동 및 상태 → 사고 → 상해
㉱ 개인·환경적인 요인 → 불안전 행동 및 상태 → 에너지 및 위험물의 예기치 못한 폭주 → 사고 → 구호

정답 24 ㉮ 25 ㉱ 26 ㉱ 27 ㉱ 28 ㉯

[해설] 아담스(Edward Adams)의 연쇄성 이론 5단계

1단계	관리구조
2단계	작전적 에러
3단계	전술적 에러
4단계	사고
5단계	상해

29 무재해 운동의 이념 3원칙에 해당되지 않는 것은?

㉮ 팀 활동의 원칙
㉯ 무의 원칙
㉰ 참여의 원칙
㉱ 선취의 원칙

[해설] 무재해 운동의 3대 원칙

① **무(無)의 원칙**(ZERO의 원칙) : 사업장 내의 모든 잠재위험요인을 적극적으로 사전에 발견하고 파악·해결함으로써 **산업재해의 근원적인 요소들을 없앤다는 것**을 의미한다.
② **선취의 원칙(안전제일의 원칙)** : 사업장 내에서 **행동하기 전에 잠재위험요인을 발견하고 파악·해결하여 재해를 예방하는 것**을 의미한다.
③ **참가의 원칙(참여의 원칙)** : 작업에 따르는 잠재위험요인을 발견하고 파악·해결하기 위하여 **전원이 일치 협력하여 각자의 위치에서 적극적으로 문제해결을 하겠다는 것**을 의미한다.

30 위험예지 4라운드 진행방법에서 위험의 포인트를 찾아내는 단계는 다음 중 어느 단계인가?

㉮ 대책 수립
㉯ 현상파악
㉰ 본질 추구
㉱ 목표 설정

[해설]

위험예지훈련 4단계	
1단계 : 현상 파악	• 어떤 위험이 잠재하고 있는가? • 전원이 대화로써 도해 상황속의 잠재위험요인을 발견하고 그 요인이 초래할 수 있는 사고를 생각해내는 단계
2단계 : 요인 조사 (본질 추구)	• **이것이 위험의 포인트다.** • 발견해 낸 위험 중 가장 위험한 것을 합의로서 결정하는 단계 (지적확인 단계)
3단계 : 대책 수립	• 당신이라면 어떻게 할 것인가? • 중요위험요인을 해결하기 위한 대책을 세우는 단계
4단계 : 행동목표 설정 (합의 요약)	• 우리들은 이렇게 하자! • 대책 중 중점 실시항목을 합의 요약해서 그것을 실천하기 위한 행동목표를 설정하는 단계

31 무재해 운동의 이념 가운데 직장의 위험요인을 행동하기 전에 예지하여 발견·파악·해결하는 것은 다음 중 무엇을 의미하는 것인가?

㉮ 선취의 원칙
㉯ 무의 원칙
㉰ 인간 존중의 원칙
㉱ 참가의 원칙

[해설] 무재해 운동의 3대 원칙

① **무(無)의 원칙**(ZERO의 원칙) : 사업장 내의 모든 잠재위험요인을 적극적으로 사전에 발견하고 파악·해결함으로써 **산업재해의 근원적인 요소들을 없앤다는 것**을 의미한다.
② **선취의 원칙(안전제일의 원칙)** : 사업장 내에서 **행동하기 전에 잠재위험요인을 발견하고 파악·해결하여 재해를 예방하는 것**을 의미한다.
③ **참가의 원칙(참여의 원칙)** : 작업에 따르는 잠재위험요인을 발견하고 파악·해결하기 위하여 **전원이 일치 협력하여 각자의 위치에서 적극적으로 문제해결을 하겠다는 것**을 의미한다.

정답 29 ㉮ 30 ㉰ 31 ㉮

32 다음 중 무재해 운동 추진의 3요소가 아닌 것은?

㉮ 최고 경영자의 경영 자세
㉯ 재해 상황 분석 및 해결
㉰ 직장 소집단의 자주 활동의 활성화
㉱ 관리감독자에 의한 안전보건의 추진

[해설] **무재해 운동의 3요소**
① 최고 경영자의 경영 자세
② 라인 관리자에 의한 안전보건 추진
③ 직장의 자주 안전 활동의 활성화

33 무재해 운동의 실천 기법 중 브레인스토밍의 4원칙에 해당하지 않는 것은?

㉮ 본질 추구
㉯ 비판 금지
㉰ 수정 발언
㉱ 대량 발언

[해설] **브레인스토밍의 4원칙**
- 비판 금지 : 좋다, 나쁘다 비판은 하지 않는다.
- 자유 분방 : 마음대로 자유로이 발언한다.
- 대량 발언 : 무엇이든 좋으니 많이 발언한다.
- 수정 발언 : 타인의 생각에 동참하거나 보충 발언해도 좋다.

34 다음 중 위험예지훈련 기초 4라운드(4R)에 대한 내용으로 틀린 것은?

㉮ 1라운드 : 본질 추구
㉯ 2라운드 : 위험요인 결정
㉰ 3라운드 : 대책 수립
㉱ 4라운드 : 목표 설정

[해설] **위험예지훈련 4단계**
1단계 : 현상 파악
2단계 : 요인 조사(본질추구)
3단계 : 대책 수립
4단계 : 행동목표 설정(합의요약)

정답 32 ㉯ 33 ㉮ 34 ㉮

03 재해조사

> 주/요/내/용 알/고/가/기
> 1. 재해조사 시 유의사항
> 2. 재해발생 시 조치순서
> 3. 재해의 직, 간접 원인

1 재해조사의 목적

산업재해에 대한 원인을 분명하게 함으로써 가장 적절한 예방 대책을 찾아내어 동종 재해 또는 유사 재해를 미연에 방지하기 위한 목적이다.

① 재해 발생 원인 및 결함 규명
② 재해예방 자료 수집
③ 동종 재해 및 유사 재해 재발 방지

2 재해조사 시 유의사항 ★

① 사실을 수집한다.
② 목격자 등이 증언하는 사실 이외의 추측의 말은 참고로만 한다.
③ 조사는 신속하게 행하고 긴급조치를 하여 2차 재해의 방지를 도모한다.
④ 사람, 기계설비, 환경의 측면에서 재해요인을 모두 도출한다.
⑤ 객관적인 입장에서 공정하게 조사하며, 조사는 2인 이상이 한다.
⑥ 책임추궁보다 재발 방지를 우선하는 기본 태도를 갖는다.

참고

※ 조사자의 태도
① 항상 객관성을 가지고 제3자의 입장에서 공평하게 조사한다.
② 책임추궁보다 재발방지를 우선하는 기본적 태도를 가진다.
③ 사고조사 목적 이외의 상황은 조사하지 않도록 한다.

참고

※ 일반적인 재해조사 항목
• 누가
• 언제
• 어떠한 장소에서
• 어떠한 작업을 하고 있을 때
• 어떠한 물 또는 환경에 어떠한 불안전 상태 또는 행동이 있었기에
• 어떻게 재해가 발생되었다.

참고

※ 업무상 재해
"업무상 재해"란 업무상의 사유에 따른 근로자의 부상·질병·장해 또는 사망을 말한다.

※ 사고로 인한 업무상 재해의 인정기준
1. 업무상 사고로 인한 재해가 발생할 것
2. 업무와 사고로 인한 재해 사이에 상당 인과관계가 있을 것

3 재해 발생 시 조치 순서 ✦

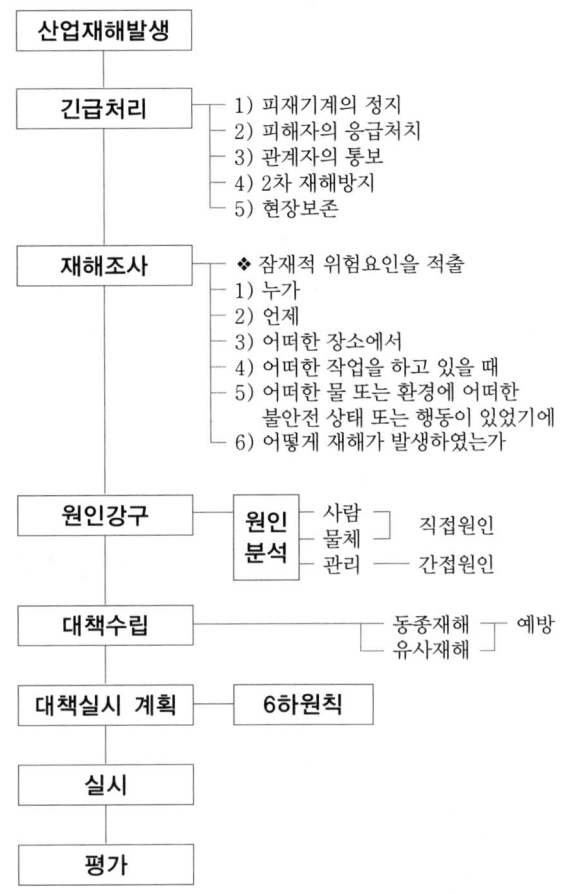

4 재해 발생 위험이 있을 경우의 조치

(1) 사업주의 작업 중지

사업주는 산업재해가 발생할 급박한 위험이 있을 때에는 즉시 작업을 중지시키고 근로자를 작업 장소에서 대피시키는 등 안전 및 보건에 관하여 필요한 조치를 하여야 한다.

(2) 근로자의 작업 중지

① 근로자는 산업재해가 발생할 급박한 위험이 있는 경우에는 작업을 중지하고 대피할 수 있다.
② 작업을 중지하고 대피한 근로자는 지체 없이 그 사실을 관리감독자 또는 그 밖에 부서의 장("관리감독자 등")에게 보고하여야 한다.

합격의 key

3. 근로자의 고의·자해행위 또는 범죄행위로 인한 재해가 아닐 것
다만, 그 부상·장해 또는 사망이 정상적인 인식능력 등이 뚜렷하게 저하된 상태에서 한 행위로 발생한 경우로서 다음 어느 하나에 해당하는 사유가 있으면 업무상 재해로 본다.
1. 업무상의 사유로 발생한 정신질환으로 치료를 받았거나 받고 있는 사람이 정신적 이상 상태에서 자해행위를 한 경우
2. 업무상 재해로 요양 중인 사람이 그 업무상 재해로 인한 정신적 이상 상태에서 자해행위를 한 경우
3. 그 밖에 업무상의 사유로 인한 정신적 이상 상태에서 자해행위를 하였다는 것이 의학적으로 인정되는 경우

◎기출 ★

※ 재해발생 시 조치순서
① 긴급조치
② 재해조사
③ 원인분석
④ 대책수립
⑤ 실시
⑥ 평가

※ 긴급조치 순서
① 피재기계 정지
② 피재자 응급조치
③ 관계자에게 통보
   (인적, 물적 손실 함께 통보)
④ 2차 재해 방지
⑤ 현장 보존

③ 관리감독자 등은 보고를 받으면 안전 및 보건에 관하여 필요한 조치를 하여야 한다.
④ 사업주는 산업재해가 발생할 급박한 위험이 있다고 근로자가 믿을 만한 합리적인 이유가 있을 때에는 작업을 중지하고 대피한 근로자에 대하여 해고나 그 밖의 불리한 처우를 해서는 아니 된다.

(3) 고용노동부장관의 시정조치

① 고용노동부장관은 사업주가 사업장의 건설물 또는 그 부속건설물 및 기계·기구·설비·원재료 등에 대하여 안전 및 보건에 관하여 고용노동부령으로 정하는 필요한 조치를 하지 아니하여 근로자에게 현저한 유해·위험이 초래될 우려가 있다고 판단될 때에는 해당 기계·설비 등에 대하여 사용중지·대체·제거 또는 시설의 개선, 그밖에 안전 및 보건에 관하여 고용노동부령으로 정하는 시정조치를 명할 수 있다.
② 시정조치 명령을 받은 사업주는 해당 기계·설비 등에 대하여 시정조치를 완료할 때까지 시정조치 명령 사항을 사업장 내에 근로자가 쉽게 볼 수 있는 장소에 게시하여야 한다.
③ 고용노동부장관은 사업주가 해당 기계·설비 등에 대한 시정조치 명령을 이행하지 아니하여 유해·위험 상태가 해소 또는 개선되지 아니하거나 근로자에 대한 유해·위험이 현저히 높아질 우려가 있는 경우에는 해당 기계·설비등과 관련된 작업의 전부 또는 일부의 중지를 명할 수 있다.
④ 고용노동부장관은 작업의 전부 또는 일부 중지를 명하려는 경우에는 작업중지명령서 등을 발부하거나 부착할 수 있다.
⑤ 고용노동부장관의 시정조치 명령을 받은 사업주는 해당 내용을 시정할 때까지 위반 장소 또는 사내 게시판 등에 게시해야 한다.
⑥ 사용중지 명령 또는 작업중지 명령을 받은 사업주는 그 시정조치를 완료한 경우에는 고용노동부장관에게 사용중지 또는 작업중지의 해제를 요청할 수 있다.
⑦ 고용노동부장관은 해제 요청에 대하여 시정조치가 완료되었다고 판단될 때에는 사용중지 또는 작업중지를 해제하여야 한다.

⑤ 재해발생 시 조치사항

(1) 산업재해 발생 은폐 금지 및 보고 ✄

1) 사업주는 산업재해가 발생하였을 때에는 그 발생 사실을 은폐해서는 아니 된다.

2) 사업주는 고용노동부령으로 정하는 산업재해에 대해서는 그 발생 개요·원인 및 보고 시기, 재발방지 계획 등을 고용노동부령으로 정하는 바에 따라 고용노동부장관에게 보고하여야 한다.

   ① 사업주는 산업재해로 사망자가 발생, 3일 이상의 휴업이 필요한 부상 또는 질병에 걸린 자가 발생 시 산업재해가 발생한 날부터 1개월 이내에 산업재해조사표를 작성, 관할 지방고용노동관서장에게 제출하여야 한다. ✄

   ② 산업재해조사표에 근로자대표의 확인을 받아야 하며, 그 기재 내용에 대하여 근로자대표의 이견이 있는 경우에는 그 내용을 첨부하여야 한다. 다만, 근로자대표가 없는 경우에는 재해자 본인의 확인을 받아 제출할 수 있다. ✄

3) 사업주는 산업재해가 발생한 때에는 다음 각 호의 사항을 기록·보존하여야 한다.

   ① 사업장의 개요 및 근로자의 인적사항
   ② 재해 발생의 일시 및 장소
   ③ 재해 발생의 원인 및 과정
   ④ 재해 재발방지 계획

(2) 중대재해 발생 시 사업주의 조치 ✄

1) 사업주는 중대재해가 발생하였을 때에는 즉시 해당 작업을 중지시키고 근로자를 작업장소에서 대피시키는 등 안전 및 보건에 관하여 필요한 조치를 하여야 한다.

2) 사업주는 중대재해가 발생한 사실을 알게 된 경우에는 고용노동부령으로 정하는 바에 따라 지체 없이 고용노동부장관에게 보고하여야 한다. 다만, 천재지변 등 부득이한 사유가 발생한 경우에는 그 사유가 소멸되면 지체 없이 보고하여야 한다.

📌 확인

※ 중대재해 발생 시 고용노동부장관의 조치

1) 고용노동부장관의 작업중지 조치

① 고용노동부장관은 중대재해가 발생하였을 때 다음 각 호의 어느 하나에 해당하는 작업으로 인하여 해당 사업장에 산업재해가 다시 발생할 급박한 위험이 있다고 판단되는 경우에는 그 작업의 중지를 명할 수 있다.
   • 중대재해가 발생한 해당 작업
   • 중대재해가 발생한 작업과 동일한 작업

② 고용노동부장관은 토사·구축물의 붕괴, 화재·폭발, 유해하거나 위험한 물질의 누출 등으로 인하여 중대재해가 발생하여 그 재해가 발생한 장소 주변으로 산업재해가 확산될 수 있다고 판단되는 등 불가피한 경우에는 해당 사업장의 작업을 중지할 수 있다.

③ 고용노동부장관은 사업주가 작업중지의 해제를 요청한 경우에는 작업중지 해제에 관한 전문가 등으로 구성된 심의위원회의 심의를 거쳐 고용노동부령으로 정하는 바에 따라 작업중지를 해제하여야 한다.

2) 중대재해 원인조사

① 고용노동부장관은 중대재해가 발생하였을 때에는 그 원인 규명 또는 산업재해 예방대책 수립을 위하여 그 발생 원인을 조사할 수 있다.

② 고용노동부장관은 중대재해가 발생한 사업장의 사업주에게 안전보건개선계획의 수립·시행, 그 밖에 필요한 조치를 명할 수 있다.

③ 누구든지 중대재해 발생 현장을 훼손하거나 고용노동부장관의 원인조사를 방해해서는 아니 된다.

> **합격의 key**
>
> 📌 **확인**
> ※ 작업중지 해제 심의위원회
> ① 심의위원회는 지방고용노동관서의 장, 공단 소속 전문가 및 해당 사업장과 이해관계가 없는 외부전문가 등을 포함하여 4명 이상으로 구성해야 한다.
> ② 지방고용노동관서의 장은 심의위원회가 작업중지명령 대상 유해·위험업무에 대한 안전·보건조치가 충분히 개선되었다고 심의·의결하는 경우에는 즉시 작업중지 명령의 해제를 결정해야 한다.
> ③ 심의위원회의 구성 및 운영에 필요한 사항은 고용노동부장관이 정한다.

3) 사업주는 "중대재해"가 발생한 때는 지체 없이 다음 각 호의 사항을 관할 지방고용 노동관서의 장에게 전화·팩스, 또는 그 밖에 적절한 방법으로 보고하여야 한다.

중대재해 발생 시 보고사항 ✮
• 발생 개요 및 피해 상황 • 조치 및 전망 • 그 밖의 중요한 사항

(3) 중대재해 발생 시 고용노동부장관의 작업 중지 조치

① 고용노동부장관은 중대재해가 발생하였을 때 다음 각 호의 어느 하나에 해당하는 작업으로 인하여 해당 사업장에 산업재해가 다시 발생할 급박한 위험이 있다고 판단되는 경우에는 그 작업의 중지를 명할 수 있다.
  • 중대재해가 발생한 해당 작업
  • 중대재해가 발생한 작업과 동일한 작업
② 고용노동부장관은 토사·구축물의 붕괴, 화재·폭발, 유해하거나 위험한 물질의 누출 등으로 인하여 중대재해가 발생하여 그 재해가 발생한 장소 주변으로 산업재해가 확산될 수 있다고 판단되는 등 불가피한 경우에는 해당 사업장의 작업을 중지할 수 있다.
③ 작업 중지를 명하는 경우에는 작업중지명령서를 발부해야 한다.
④ 사업주가 작업 중지의 해제를 요청할 경우에는 작업중지명령 해제 신청서를 작성하여 사업장의 소재지를 관할하는 지방고용노동관서의 장에게 제출해야 한다.
⑤ 사업주가 작업중지명령 해제신청서를 제출하는 경우에는 미리 유해·위험요인 개선 내용에 대하여 중대재해가 발생한 해당 작업 근로자의 의견을 들어야 한다. ✮
⑥ 지방고용노동관서의 장은 작업중지명령 해제를 요청 받은 경우에는 근로감독관으로 하여금 안전·보건을 위하여 필요한 조치를 확인하도록 하고, 천재지변 등 불가피한 경우를 제외하고는 해제요청일 다음 날부터 4일 이내(토요일과 공휴일을 포함하되, 토요일과 공휴일이 연속하는 경우에는 3일까지만 포함한다)에 작업중지 해제 심의위원회를 개최하여 심의한 후 해당조치가 완료되었다고 판단될 경우에는 즉시 작업중지명령을 해제해야 한다. ✮

■ 산업안전보건법 시행규칙 [별지 제30호서식]

산업재해조사표

※ 뒤쪽의 작성방법을 읽고 작성해 주시기 바라며, [ ]에는 해당하는 곳에 ∨ 표시를 합니다. (앞쪽)

I. 사업장 정보	① 산재관리번호 (사업개시번호)				사업자등록번호			
	② 사업장명				③ 근로자 수			
	④ 업종				소재지	(-)		
	⑤ 재해자가 사내 수급인 소속인 경우 (건설업 제외)	원도급인 사업장명			⑥ 재해자가 파견근로자인 경우	파견사업주 사업장명		
		사업장 산재관리번호 (사업개시번호)				사업장 산재관리번호 (사업개시번호)		
	건설업만 작성	발주자			[ ]민간 [ ]국가·지방자치단체 [ ]공공기관			
		⑦ 원수급 사업장명			공사현장 명			
		⑧ 원수급 사업장 산재 관리번호(사업개시번호)						
		⑨ 공사종류			공정률	%	공사금액	백만원

※ 아래 항목은 재해자별로 각각 작성하되, 같은 재해로 재해자가 여러 명이 발생한 경우에는 별도 서식에 추가로 적습니다.

II. 재해 정보	성명		주민등록번호 (외국인등록번호)		성별	[ ]남 [ ]여
	국적	[ ]내국인 [ ]외국인 [국적: ⑩ 체류자격:]			⑪ 직업	
	입사일	년 월 일		⑫ 같은 종류업무 근속기간		년 월
	⑬ 고용형태	[ ]상용 [ ]임시 [ ]일용 [ ]무급가족종사자 [ ]자영업자 [ ]그 밖의 사항 [ ]				
	⑭ 근무형태	[ ]정상 [ ]2교대 [ ]3교대 [ ]4교대 [ ]시간제 [ ]그 밖의 사항 [ ]				
	⑮ 상해종류 (질병명)		⑯ 상해부위 (질병부위)		⑰ 휴업예상 일수	휴업 [ ]일
						사망 여부 [ ] 사망

III. 재해 발생 개요 및 원인	⑱ 재해 발생 개요	발생일시	[ ]년 [ ]월 [ ]일 [ ]요일 [ ]시 [ ]분
		발생장소	
		재해관련 작업유형	
		재해발생 당시 상황	
	⑲ 재해발생원인		

IV. ⑳ 재발 방지 계획	

※ 위 재발방지 계획 이행을 위한 안전보건교육 및 기술지도 등을 한국산업안전보건공단에서 무료로 제공하고 있으니 즉시 기술지원 서비스를 받고자 하는 경우 오른쪽에 ∨표시를 하시기 바랍니다.   즉시 기술지원 서비스 요청[ ]

작성자 성명

작성자 전화번호   작성일   년   월   일

사업주   (서명 또는 인)

근로자대표(재해자)   (서명 또는 인)

(   )지방고용노동청장(지청장) 귀하

재해 분류자 기입란 (사업장에서는 작성하지 않습니다)	발생형태	□□□	기인물	□□□□□
	작업지역·공정	□□□	작업내용	□□□

210mm×297mm[백상지(80g/m²) 또는 중질지(80g/m²)]

■ 산업안전보건법 시행규칙 [별지 제1호서식]

통합 산업재해 현황 조사표

※ 제2쪽의 작성 요령을 읽고, 아래의 각 항목을 작성합니다.

(제1쪽)

Ⅰ. 도급인 사업장 정보

① 사업장명	② 사업자 등록번호	③ 사업장 관리번호	사업 개시번호	사업장 소재지	④ 근로자 수	⑤ 재해 현황				⑥ 업종
						사고 사망자 수	질병 사망자 수	사고 재해자 수 (사망 포함)	질병 재해자 수 (사망 포함)	

Ⅱ. 수급인 사업장 정보

⑦ 사업장명	사업자 등록번호	⑧ 사업장 관리번호	사업 개시번호	사업장 소재지	⑨ 근로자 수	⑩ 재해 현황			
						사고 사망자 수	질병 사망자 수	사고 재해자 수 (사망 포함)	질병 재해자 수 (사망 포함)
⑪ 합계	총 ( ) 개소					명	명	명	명	명

Ⅲ. 도급인과 수급인의 통합 산업재해발생건수 등의 정보

⑫ 도급인·수급인 통합 근로자 수	⑬ 도급인·수급인 통합 사고사망자 수	⑭ 도급인·수급인 통합 재해자 수
명	명	명
⑮ 도급인·수급인 통합 사고사망만인율(‱)		⑯ 도급인·수급인 통합 산업재해율(%)
‱		%

작성자 소속 및 성명:

작성자 전화번호: 작성일   년   월   일

원도급 사업주   (서명 또는 인)

고용노동부   (지)청장 귀하

210㎜×297㎜[일반용지 60g/㎡(재활용품)]

6 재해의 직, 간접 원인

(1) 직접 원인 ✯✯

① 인적 원인(불안전한 행동)
② 물적 원인(불안전한 상태)

인적 원인(불안전한 행동)	물적 원인(불안전한 상태)
• 위험장소 접근 • 안전장치의 기능 제거 • 복장, 보호구의 잘못 사용 • 기계·기구 잘못 사용 • 운전 중인 기계장치의 손질 • 불안전한 속도 조작 • 위험물 취급 부주의 • 불안전한 상태 방치 • 불안전한 자세·동작 • 감독 및 연락 불충분	• 물 자체의 결함 • 안전 방호장치의 결함 • 복장, 보호구의 결함 • 물의 배치 및 작업장소 불량 • 작업환경의 결함 • 생산공정의 결함 • 경계표시, 설비의 결함

(2) 간접 원인 ✯✯

① 기술적 원인 ② 교육적 원인
③ 신체적 원인 ④ 정신적 원인
⑤ 작업관리상 원인

기술적 원인	• 건물 기계장치 설계 불량 • 생산방법의 부적당	• 구조 재료의 부적합 • 점검 정비 보존 불량
교육적 원인	• 안전지식의 부족 • 경험 훈련의 부족 • 유해 위험 작업의 교육 불충분	• 안전수칙의 오해 • 작업 방법의 교육 불충분
작업 관리상 원인	• 안전관리 조직 결함 • 작업준비 불충분 • 작업지시 부적당	• 안전수칙 미제정 • 인원 배치 부적당

7 산업재해 발생형태(재해 발생의 매커니즘) ✯

(1) 단순자극형(집중형)

상호 자극에 의하여 순간적으로 재해가 발생하는 유형으로 재해가 일어난 장소에 그 시기에 일시적으로 요인이 집중한다는 유형이다.

참고

※ 재해의 원인
1. 간접 원인
   ① 기초 원인 : 학교 교육적 원인, 관리적 원인
   ② 2차원인 : 신체적 원인, 기술적 원인, 정신적원인, 안전 교육적 원인
2. 직접 원인
   ① 인적 원인 (불안전한 행동)
   ② 물적 원인 (불안전한 상태)

기출 ★★★

※ 인간에러(휴먼 에러)의 배후요인(4M)
① Man(인간)
   본인 외의 사람, 직장의 인간관계 등
② Machine(기계)
   기계, 장치 등의 물적 요인
③ Media(매체)
   작업정보, 작업방법 등(인간과 기계를 연결하는 매개체이다)
④ Management(관리)
   작업관리, 법규준수, 단속, 점검 등

참고

※ 재해예방 대책
① 기술적 대책
   • 설비 및 환경의 개선
   • 작업 방법의 개선
   • 점검 보존의 개선
   • 작업 행정의 개선
② 교육적 대책
   • 근로자 안전교육 및 훈련
③ 관리적 대책
   • 엄격한 규정에 의해 제도적으로 시행

(2) 연쇄형

하나의 사고 요인이 또 다른 요인을 발생시키면서 재해가 발생하는 유형이다.

(3) 복합형

단순자극형과 연쇄형의 복합적인 발생유형이다.

① 단순자극형(집중형) ②-1 단순연쇄형

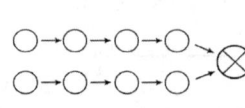
②-2 복합연쇄형

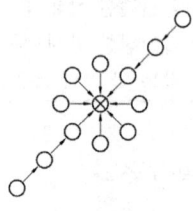
③ 복합형

[재해(⊗)의 발생 형태 3가지]

⊙기출 ★
- 사고와 손실의 관계 : 우연적
- 사고와 원인의 관계 : 필연적

문제

다음 중 재해예방의 4원칙에 대한 설명으로 잘못된 것은?
㉮ 사고의 발생과 그 원인과의 관계는 필연적이다.
㉯ 손실과 사고와의 관계는 필연적이다.
㉰ 재해를 예방하기 위한 대책은 반드시 존재한다.
㉱ 모든 인재는 예방이 가능하다.

[해설]
㉯ 손실과 사고와의 관계는 우연적이다.

정답 ㉯

---

8 산업재해 예방의 4원칙 ✿✿

① **예방 가능의 원칙** : 재해는 원칙적으로 원인만 제거되면 예방이 가능하다.
② **손실 우연의 원칙** : 사고의 결과 생기는 상해의 종류나 정도는 사고 발생 시 사고대상의 조건에 따라 우연히 발생한다.
③ **대책 선정의 원칙** : 사고의 원인에 대한 가장 적합한 대책이 선정되어야 한다.
④ **원인 연계의 원칙** : 재해는 직접원인과 간접원인이 연계되어 일어난다.

04 산재분류 및 통계분석

> 주/요/내/용 알/고/가/기
> 1. 재해율의 계산
> 2. 하인리히 및 시몬즈의 재해손실비의 계산
> 3. 근로불능상해의 구분
> 4. 재해사례연구 진행단계

1 재해율의 종류 및 계산 ✮✮✮

(1) 연천인율

① 근로자 1,000명 중 재해자 수 비율(1년간)

② 연천인율 = $\dfrac{\text{연간재해자 수}}{\text{연평균 근로자 수}} \times 1,000$

③ 연천인율 = 도수율 × 2.4

(2) 도수율(빈도율 F.R)

① 100만 근로시간당 요양재해 발생 건수 비율

② 도수율(빈도율) = $\dfrac{\text{재해 건수}}{\text{연 근로시간 수}} \times 1,000,000$

근로자 1인의 1년간 총 근로시간 수 계산
8시간 × 300일 = 2,400시간
• 1일 근로시간 8시간   • 1년 근로일수 300일

(3) 강도율(S.R)

① 1,000 근로시간당 요양재해로 인한 근로손실일수 비율

② 강도율 = $\dfrac{\text{총 요양 근로손실일수}}{\text{연 근로시간 수}} \times 1,000$

근로손실일수 = 휴업일수, 요양일수, 가료일수 × $\dfrac{300(\text{실제 근로일수})}{365}$

신체장해등급	사망, 1,2,3급	4급	5급	6급	7급	8급	9급	10급	11급	12급	13급	14급
손실일수	7,500일	5,500일	4,000일	3,000일	2,200일	1,500일	1,000일	600일	400일	200일	100일	50일

합격의 key

📖 **참고**

✳ 산업재해통계업무처리 규정상의 용어 정의

① "재해자수"는 근로복지공단의 유족급여가 지급된 사망자 및 근로복지공단에 최초요양신청서(재진 요양 신청이나 전원요양신청서는 제외)를 제출한 재해자 중 요양 승인을 받은 자(지방고용노동관서의 산재 미보고 적발 사망자 수를 포함)를 말한다.(다만, 통상의 출퇴근으로 발생한 재해는 제외)

② "사망자수"는 근로복지공단의 유족급여가 지급된 사망자(지방고용노동관서의 산재미보고 적발 사망자를 포함)수를 말한다.[다만, 사업장 밖의 교통사고(운수업, 음식숙박업은 사업장 밖의 교통사고도 포함)·체육행사·폭력행위·통상의 출퇴근에 의한 사망, 사고 발생일로부터 1년을 경과하여 사망한 경우는 제외]

③ "휴업재해자수"란 근로복지공단의 휴업급여를 지급받은 재해자 수를 말한다.[다만, 질병에 의한 재해와 사업장 밖의 교통사고(운수업, 음식숙박업은 사업장 밖의 교통사고도 포함)·체육행사·폭력행위·통상의 출퇴근으로 발생한 재해는 제외]

④ "임금근로자수"는 통계청의 경제활동 인구조사 상 임금근로자수를 말한다.

⑤ "산재보험적용근로자수"는 「산업재해보상보험법」이 적용되는 근로자 수를 말한다.

📌 **확인**

✳ 연천인율과 도수율의 관계
1,000명 × 연간 작업시간 2,400시간
= $10^6 \times \boxed{2.4}$

합격의 key

확인 ★
* 근로손실일수 = 휴업일수, 요양일수, 입원일수 $\times \frac{300}{365}$ 에서 300은 실제 근로일수를 뜻한다.
  예) 1년, 290일 근로하는 중 휴업일수가 20일이다. 근로손실일수를 계산하라.
  풀이) 근로손실일수
  $= 20 \times \frac{290}{365}$
  $= 15.89 ≒ 16일$

확인 ★
* 근로손실 연수의 계산 : 25년
  • 중대재해발생의 평균 근로연수 : 근무 15년 차에 가장 많이 발생
  • 평생 근로연수 : 40년
  • 근로손실 연수 : 40년 – 15년 = 25년

확인 ★
* 환산 강도율과 강도율의 관계
  (환산 강도율 = 강도율 × 100)
  환산 강도율은 평생근로시간 100,000시간 단위이고 강도율은 1,000시간 단위이므로 100,000시간 = 1,000시간×100이 된다.

확인 ★
* 환산 도수율과 도수율의 관계
  (환산 도수율 = 도수율 ÷ 10)
  환산 도수율은 평생근로시간 100,000시간 단위이고 도수율은 1,000,000단위 이므로 100,000시간 = 1,000,000시간 ÷10이 된다.

사망 및 1, 2, 3급의 근로손실일수 계산

25년 × 300일 = 7,500일

• 근로손실 연수 : 25년   • 1년 근로일수 : 300일

(4) 종합재해지수

① 재해의 빈도와 상해의 강약도를 혼합하여 집계하는 지표로 사용된다.
② $FSI = \sqrt{FR \times SR} = \sqrt{도수율 \times 강도율}$

(5) 환산 강도율(S)

① 일평생 근로하는 동안의 근로손실일 수를 말한다.
② 환산 강도율(S) = $\frac{총 \ 요양 \ 근로손실일수}{연 \ 근로시간 \ 수} \times$ 평생근로시간수(100,000)
③ 환산 강도율 = 강도율 × 100

근로자 1인의 평생 근로시간수 계산

(40년 × 2,400시간) + 4,000시간 = 100,000시간

• 1인의 일평생 근로연수 : 40년   • 1년 총 근로시간수 : 2,400시간
• 일평생 잔업시간 : 4,000시간

(6) 환산 도수율(F)

① 일평생 근로하는 동안의 재해건수를 말한다.
② 환산 도수율(F) = $\frac{재해 \ 건수}{연 \ 근로시간 \ 수} \times$ 평생근로시간수(100,000)
③ 환산 도수율 = 도수율 ÷ 10

(7) 평균 강도율

① 재해 1건의 평균 강하기를 말한다.
② 평균 강도율 = $\frac{강도율}{도수율} \times 1,000$

(8) 안전활동률

① 100만 시간당 안전 활동 건수를 나타낸다.
② 안전활동률 = $\frac{안전 \ 활동 \ 건수}{총 \ 근로시간 \ 수(근로시간수 \times 평균근로자수)} \times 10^6$

(9) Safe-T-Score(세이프 티 스코어)

① 과거와 현재의 안전을 성적 내어 비교, 평가하는 기법이다.

② Safe-T-Score = $\dfrac{\text{현재빈도율} - \text{과거빈도율}}{\sqrt{\dfrac{\text{과거빈도율}}{(\text{현재})\text{총근로시간수}} \times 1{,}000{,}000}}$

③ 판정
- 계산 값이 −2 이하 : 과거보다 안전이 좋아졌다.
- 계산 값이 −2 ~ +2 사이 : 과거와 큰 차이 없다.
- 계산 값이 +2 이상 : 과거보다 안전이 심각하게 나빠졌다.

(10) 사망 만인율

① 산재보험적용 근로자 수 10,000명당 발생하는 사망자 수의 비율을 말한다.

② 사망 만인율 = $\dfrac{\text{사망자 수}}{\text{산재보험적용 근로자 수}} \times 10{,}000$

(11) 재해율

① 산재보험적용 근로자 수 100명당 발생하는 재해자 수의 비율을 말한다.

② 재해율 = $\dfrac{\text{재해자 수}}{\text{산재보험적용 근로자 수}} \times 100$

(12) 휴업 재해율

① 임금 근로자수 100명당 발생하는 휴업 재해자수의 비율을 말한다.

② 휴업 재해율 = $\dfrac{\text{휴업 재해자 수}}{\text{임금 근로자 수}} \times 100$

(13) 건설업체의 산업재해 발생률 ★★

다음의 계산식에 따른 사고사망 만인율로 산출하되, 소수점 셋째 자리에서 반올림한다.

$$\text{사고사망 만인율}(\text{‱}) = \dfrac{\text{사고사망자수}}{\text{상시 근로자수}} \times 10{,}000$$

$$\text{상시 근로자 수} = \dfrac{\text{연간 국내공사 실적액} \times \text{노무비율}}{\text{건설업 월평균임금} \times 12}$$

참고

※ 건설기술 진흥법 시행령 건설사고조사위원회의 구성·운영

① 건설사고조사위원회는 위원장 1명을 포함한 12명 이내의 위원으로 구성한다.

② 건설사고조사위원회의 위원은 다음 각 호의 어느 하나에 해당하는 사람 중에서 해당 건설사고조사위원회를 구성·운영하는 국토교통부장관, 발주청 또는 인·허가기관의 장이 임명하거나 위촉한다.
 1. 건설공사 업무와 관련된 공무원
 2. 건설공사 업무와 관련된 단체 및 연구기관 등의 임직원
 3. 건설공사 업무에 관한 학식과 경험이 풍부한 사람

③ 위원의 임기는 2년으로 하며, 위원의 사임 등으로 새로 위촉된 위원의 임기는 전임위원 임기의 남은 기간으로 한다.

합격의 key

> **참고**
>
> * 직접비 : 법령에 따라 피해자에게 지급되는 비용을 말한다.
>
> * 간접비 : 간접비란 재료나 기계, 설비 등의 물적 손실과 기계 등 가동정지에서 오는 생산손실 및 작업을 하지 않았는데도 지급한 임금손실 등을 포함한 보이지 않는 손실비를 말한다.

> **참고**
>
> * 시몬즈(Simonds)의 비보험코스트의 종류
> ① 무상해 사고는 의료조치를 필요로 하지 않은 상해사고를 말한다.
> ② 휴업상해는 영구 일부 노동불능 및 일시 전 노동 불능 상해를 말한다.
> ③ 응급조치상해는 응급조치 또는 8시간 미만의 휴업의료 조치 상해를 말한다.
> ④ 통원상해는 일시 일부 노동불능 및 의사의 통원 조치를 요하는 상해를 말한다.

> **참고**
>
> * 산업재해보상보험법령상 보험급여의 종류
>
> 보험급여의 종류는 다음 각 호와 같다. 다만, 진폐에 따른 보험급여의 종류는 요양급여, 간병급여, 장례비, 직업재활급여, 진폐보상 연금 및 진폐 유족 연금으로 한다.
>
> ① 요양급여
> ② 휴업급여
> ③ 장해급여
> ④ 간병급여
> ⑤ 유족급여
> ⑥ 상병(傷病)보상 연금
> ⑦ 장례비
> ⑧ 직업재활급여

② 재해손실비의 종류 및 계산

하인리히 방식	총 재해비용 = 직접비 + 간접비 ✨✨ (1 : 4) ① 직접비 • 치료비　　　　• 휴업급여 • 요양급여　　　• 유족급여 • 장해급여　　　• 간병급여 • 직업재활급여　• 상병(傷病)보상연금 • 장의비 등 ② 간접비 • 인적 손실비　　• 물적 손실비 • 생산 손실비　　• 기계·기구 손실비 등
시몬즈의 방식	총 재해코스트 = 보험코스트 + 비보험코스트 ✨✨ 총 재해코스트 = 산재보험료+(A×휴업상해 건수)+(B×통원상해 건수) 　+(C×구급조치상해 건수)+(D×무상해 사고 건수) A, B, C, D : 상수(각 재해에 대한 평균 비보험코스트) 보험코스트 = 산재보험료 비보험코스트 • 휴업상해 • 통원상해 • 구급조치상해 • 무상해 사고
버즈의 방식	보험비용 : 비보험 재산 비용 : 비보험 기타 재산 비용 = 1 : 5~50 : 1~3
콤패스 방식	총 재해비용 = 공동비용 + 개별비용 ① 공동비용(불변비용) • 보험료 • 안전보건팀 유지비 등 ② 개별비용(가변비용) • 작업중단 손실비 • 사고조사비 • 수리비용 등

3 재해통계 분류방법

(1) ILO의 근로불능 상해의 구분(상해정도별 분류) ✶✶

① 사망
② 영구 전 노동불능 : 신체 전체의 노동기능 완전 상실(1~3급)
③ 영구 일부 노동불능 : 신체 일부의 노동 기능 상실 (4~14급)
④ 일시 전 노동불능 : 일정기간 노동 종사 불가(휴업상해)
⑤ 일시 일부 노동불능 : 일정기간 일부노동에 종사 불가(통원상해)
⑥ 구급조치상해

(2) 재해통계방법 ✶

① 파레토도 : 사고 유형, 기인물 등 데이터를 분류하여 그 항목값이 큰 순서대로 정리하여 막대그래프로 나타낸다.

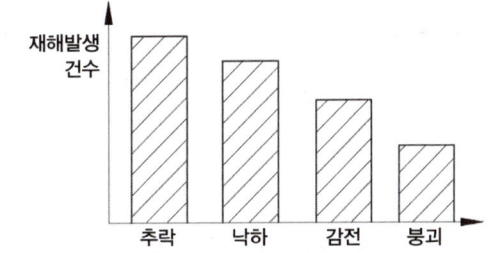

② 특성요인도 : 재해와 그 요인의 관계를 어골상으로 세분화하여 나타낸다.

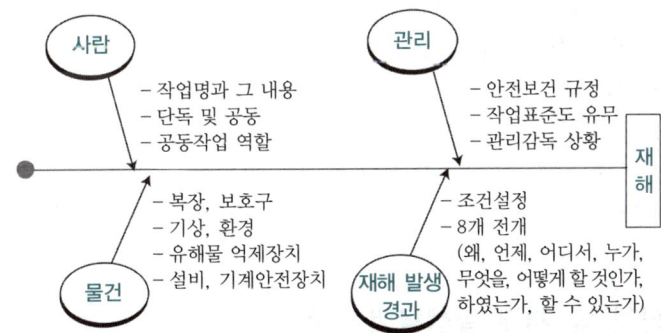

특성요인도의 작성방법

① 특성의 결정은 무엇에 대한 특성요인도를 작성할 것인가를 결정하고 기입한다.
② 등뼈는 원칙적으로 좌측에서 우측으로 향하여 가는 화살표를 기입한다.
③ 큰 뼈는 특성이 일어나는 요인이라고 생각되는 것을 크게 분류하여 기입한다.
④ 중 뼈는 특성이 일어나는 큰 뼈의 요인마다 다시 미세하게 원인을 결정하여 기입한다.
⑤ 작은 뼈는 개선책을 기입한다.
⑥ 원인을 확인한다.
⑦ 이력사항을 기입한다.(작성일, 작성자, 검토자, 대상제품, 작성목적 등)

합격의 key

기출

* 산업재해 통계
① 산업재해 통계는 구체적으로 표시되어야 한다.
② 산업재해 통계의 목적은 기업에서 발생한 산업재해에 대하여 효과적인 대책을 강구하기 위함이다.
③ 산업재해 통계는 안전활동을 추진하기 위한 기초 자료이다.

문제

국제노동기구(ILO)의 산업재해 정도구분에서 부상 결과 근로자가 신체장해등급 제12급 판정을 받았다고 하면 이는 어느 정도의 부상을 의미하는가?

㉮ 영구 일부 노동불능
㉯ 영구 전노동불능
㉰ 일시 일부 노동불능
㉱ 일시 전노동불능

[해설]
신체장해등급 제12급은 영구 일부 노동불능에 해당된다.

정답 ㉮

기출

* 재해분류 방법
① 통계적 분류
② 개별적 분류
③ 상해종류별 분류
④ 재해형태별 분류

참고
- 2개 이상 요인의 결과를 클로즈(close) 분석도(요인별 결과내역을 교차한 그림)를 작성하여 분석한다. → close분석
- 2개 이상의 원인을 서로 교차(cross)하여 분석한다. → cross분석

③ 크로스(Cross) 분석 : 2가지 또는 2개 항목 이상의 요인이 상호 계를 유지할 때 문제를 분석하는데 사용된다.

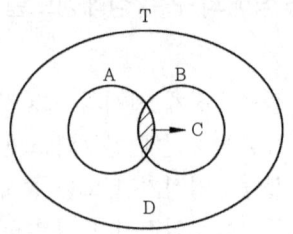

T : 전체 재해
A : 인적 원인으로 인한 재해
B : 물적 원인으로 인한 재해
C : 인적, 물적 원인이 함께 발생한 재해
D : 인적, 물적 원인 외의 원인으로 인한 재해

④ 관리도 : 시간경과에 따른 재해발생 건수 등 대략적인 추이 파악에 사용된다.

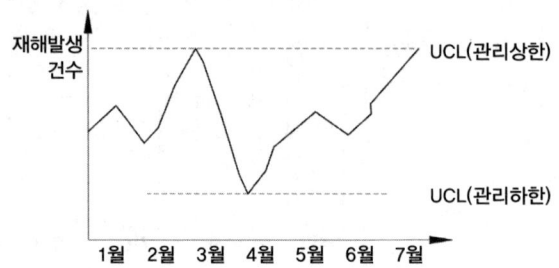

(3) 재해사례연구 진행 단계 ✿✿

전제 조건 : 재해 상황의 파악
1단계 : 사실의 확인
2단계 : 문제점 발견
3단계 : 근본 문제점 결정(재해원인 결정)
4단계 : 대책수립

실기기출 ★
* 1단계 사실의 확인에서 확인해야 할 4가지
 • 사람
 • 물건
 • 관리
 • 재해발생 경과

참고
* 재해사례 연구의 주된 목적
① 재해원인을 규명하여 대책을 세우기 위해
② 재해 방지의 원칙을 습득해서 일상 안전 보건 활동에 실천하기 위해서
③ 참가자의 안전보건활동에 관한 견해나 생각을 깊게 하고, 태도를 바꾸게 하기 위해서

4 상해 및 재해 발생형태 ✿✿✿

(1) 상해종류별 분류

분류 항목	세부 항목
① 골절	뼈가 부러진 상해
② 동상	저온물 접촉으로 생긴 동상 상해
③ 부종	국부의 혈액순환의 이상으로 몸이 퉁퉁 부어오르는 상해
④ 찔림(자상)	칼날 등 날카로운 물건에 찔린 상해

분류 항목	세부 항목
⑤ 타박상(뼘)(좌상)	타박·충돌·추락 등으로 피부표면보다는 피하조직 또는 근육부를 다친 상태
⑥ 절단(절상)	신체 부위가 절단된 상해
⑦ 중독·질식	음식물·약물·가스 등에 의한 중독이나 질식된 상해
⑧ 찰과상	스치거나 문질러서 피부가 벗겨진 상해
⑨ 베임(창상)	창·칼 등에 베인 상해
⑩ 화상	화재 또는 고온물 접촉으로 인한 상해
⑪ 뇌진탕	머리를 세게 맞았을 때 장해로 일어난 상해
⑫ 익사	물 속에 추락하여 익사한 상해
⑬ 피부병	직업과 연관되어 발생 또는 악화되는 모든 피부질환
⑭ 청력장애	청력이 감퇴 또는 난청이 된 상태
⑮ 시력장애	시력이 감퇴 또는 실명된 상해

(2) **재해 발생형태** : 재해 및 질병이 발생된 형태 또는 근로자(사람)에게 상해를 입힌 기인물과 상관된 현상

분류 항목	세부 항목
떨어짐	• 높이가 있는 곳에서 사람이 떨어짐 • 사람이 인력(중력)에 의하여 건축물, 구조물, 가설물, 수목, 사다리 등의 높은 장소에서 떨어지는 것
넘어짐	• 사람이 미끄러지거나 넘어짐 • 사람이 거의 평면 또는 경사면, 층계 등에서 구르거나 넘어지는 경우
깔림·뒤집힘	• 물체의 쓰러짐이나 뒤집힘 • 기대어져 있거나 세워져 있는 물체 등이 쓰러져 깔린 경우 및 지게차 등의 건설기계 등이 운행 또는 작업 중 뒤집어진 경우
부딪힘·접촉	• 물체에 부딪힘, 접촉 • 재해자 자신의 움직임·동작으로 인하여 기인물에 접촉 또는 부딪히거나, 물체가 고정부에서 이탈하지 않은 상태로 움직임(규칙, 불규칙) 등에 의하여 접촉한 경우
맞음	• 날아오거나 떨어진 물체에 맞음 • 구조물, 기계 등에 고정되어 있던 물체가 중력, 원심력, 관성력 등에 의하여 고정부에서 이탈하거나 또는 설비 등으로부터 물질이 분출되어 사람을 가해하는 경우
끼임	• 기계설비에 끼이거나 감김 • 두 물체 사이의 움직임에 의하여 일어난 것으로 직선 운동하는 물체 사이의 끼임, 회전부와 고정체 사이의 끼임, 롤러 등 회전체 사이에 물리거나 또는 회전체·돌기부 등에 감긴 경우

[문제]

작업 통로에 기름이 흩어져 있어서 작업자가 지나가다 넘어져 바닥에 머리를 다쳤다. 재해 분석이 가장 옳은 것은?

㉮ 사고유형 – 충돌,
　기인물 – 기름,
　가해물 – 바닥
㉯ 사고유형 – 전도,
　기인물 – 기름,
　가해물 – 바닥
㉰ 사고유형 – 전도,
　기인물 – 바닥,
　가해물 – 기름
㉱ 사고유형 – 낙하,
　기인물 – 통로,
　가해물 – 바닥

[해설]
• 넘어져 다쳤다.
　→ 재해유형 : 넘어짐
• 기름이 흩어져 있어 넘어짐
　→ 기인물 : 기름
• 바닥에 머리를 다쳤다.
　→ 가해물 : 바닥

[참고]
• 기인물 : 사고의 원인이 된 물체
• 가해물 : 해를 입힌 물체
• 넘어짐 : 사람이 미끄러지거나 넘어짐

정답 ㉯

용어정의 ★

※ 전락 : 계단 등에서 굴러 떨어짐

합격의 key

분류 항목	세부 항목
무너짐	• 건축물이나 쌓여진 물체가 무너짐 • 토사, 적재물, 구조물, 건축물, 가설물 등이 전체적으로 허물어져 내리거나 또는 주요 부분이 꺾어져 무너지는 경우
감전	전기설비의 충전부 등에 신체의 일부가 직접 접촉하거나 유도전류의 통전으로 근육의 수축, 호흡곤란, 심실세동 등이 발생한 경우 또는 특별고압 등에 접근함에 따라 발생한 섬락 접촉, 합선·혼촉 등으로 인하여 발생한 아크에 접촉된 경우
이상온도 접촉	고·저온 환경 또는 물체에 노출·접촉된 경우
화학물질 누출·접촉	유해·위험물질에 노출·접촉 또는 흡입한 경우를 말한다.
산소결핍	유해물질과 관련 없이 산소가 부족한 상태·환경에 노출되었거나 이물질 등에 의하여 기도가 막혀 호흡기능이 불충분한 경우
폭발·파열	건축물, 용기 내 또는 대기 중에서 물질의 화학적, 물리적 변화가 급격히 진행되어 열, 폭음, 폭발압이 동반하여 발생하는 경우를 말하며, 파열은 배관, 용기 등이 물리적인 압력에 의하여 찢어지거나 터진 경우로서 폭풍압이 동반되지 않은 경우를 말한다.
화 재	가연물에 점화원이 가해져 비의도적으로 불이 일어난 경우를 말한다.
불균형 및 무리한 동작	물체의 취급 없이 일시적이고 급격한 행위·동작 등 신체동작(반응)에 의한 경우나, 물체의 취급과 관련하여 근육의 힘을 많이 사용하는 경우로서 밀기, 당기기, 지탱하기, 들어올리기, 돌리기, 잡기, 운반하기 등과 같은 행위·동작
폭력행위	의도적인 또는 의도가 불분명한 위험행위(마약, 정신질환 등)로 자신 또는 타인에게 상해를 입힌 폭력·폭행을 말하며, 협박·언어·성폭력 및 동물에 의한 상해 등도 포함한다.
절단·베임·찔림	사람과 물체 간의 직접적인 접촉에 의한 것으로서 칼 등 날카로운 물체의 취급 또는 톱·절단기 등의 회전 날 부위에 접촉되어 신체가 절단되거나 베어진 경우
빠짐·익사	수중에 빠지거나 익사한 경우
사업장 내 교통사고	사업장 내의 도로에서 발생된 교통사고
사업장 외 교통사고	사업장 외의 도로에서 발생된 교통사고와 해상·항공과 관련하여 발생된 교통사고
체육행사 등의 사고	업무와 관련한 체육행사·워크숍, 회식 등에서 재해를 입은 경우
동물상해	동물에 의해 근로자가 상해를 입은 경우로 동물(개·소·말 등)에 물리거나 차이는 등에 의해 상해를 입은 경우

(3) 재해 발생형태의 분류기준

1) 두 가지 이상의 발생형태가 연쇄적으로 발생된 재해의 경우는 상해결과 또는 피해를 크게 유발한 형태로 분류한다. ✮

재해자가 「넘어짐」으로 인하여 기계의 동력전달부위 등에 끼이는 사고가 발생하여 신체부위가 「절단」된 경우	「끼임」
재해자가 구조물 상부에서 「넘어짐」으로 인하여 사람이 떨어져 두개골 골절이 발생한 경우	「떨어짐」
재해자가 「넘어짐」 또는 「떨어짐」으로 물에 빠져 익사한 경우	「빠짐 · 익사」

2) 기계의 구동축, 회전체 등 주요 부위의 파단, 파열 등으로 재해가 발생한 경우

→ 상해를 입힌 물체의 운동 형태에 따라 「맞음」 재해로 분류한다.

3) 「떨어짐」과 「넘어짐」의 분류 ✮

바닥면과 신체가 떨어진 상태로 더 낮은 위치로 떨어진 경우	「떨어짐」
바닥면과 신체가 접해있는 상태에서 더 낮은 위치로 떨어진 경우	「넘어짐」
신체가 바닥면과 접해있었는지 여부를 알 수 없는 경우 작업발판 등 구조물의 높이가 보폭(약 60cm) 이상인 경우	「떨어짐」
보폭 미만인 경우	「넘어짐」

4) 「맞음」, 「이상온도 접촉」 또는 「화학물질 누출·접촉」의 분류 ✮

물체 또는 물질이 떨어지거나 날아와 타박상 등의 상해를 입었을 경우	「맞음」
고·저온 물체 또는 물질이 떨어지거나 날아와 화상을 입었을 경우	「이상온도 접촉」
떨어지거나 날아온 물체 또는 물질의 특성에 의하여 상해를 입은 경우	「화학물질 누출·접촉」

5) 「폭력행위」와 「유해·위험물질 노출·접촉」의 분류

개, 뱀 등 동물에게 물려 광견병, 독성물질 중독이 발생한 경우	「유해·위험물질 접촉」
감염은 없이 찔림 정도의 교상만 발생한 경우	「폭력행위」

참고

1. 「떨어짐」 및 「넘어짐」 재해의 기인물과 가해물
- 「떨어짐」 및 「넘어짐」 재해는 떨어지거나 넘어진 장소, 작업바닥을 기인물로 분류하고, 떨어지거나 넘어지면서 충돌한 바닥, 지표면, 구조물, 적재물 등은 가해물로 분류한다.
- 의도적으로 떨어지거나, 넘어진 경우와 같이 특별한 외부적 영향이 없었던 경우에는 사람으로 분류한다.
- 예) 체육활동·훈련과정에서 발생한 재해

2. 「부딪힘」재해의 기인물과 가해물
- 「부딪힘」 재해를 일으킨 동력원(기계 등)을 기인물로 하고, 신체와 직접 부딪힌 물체는 가해물로 분류한다.

3. 「맞음」재해의 기인물과 가해물
- 물체를 지탱하고 있던 물체 또는 장소의 불안전한 상태, 물체가 떨어지거나 날아오는 재해를 일으킨 동력원 등을 기인물로 분류하고, 신체와 직접 접촉·부딪힌 물체는 가해물로 분류한다.
- 예) 각재를 목재가공용 둥근톱으로 절단하는 작업 중 절단편이 날아와 얼굴에 상해를 입은 경우
  → 기인물 : 둥근톱,
   가해물 : 절단편

4. 「끼임」 재해의 기인물과 가해물
- 상호 물체 간 협착 또는 감김 원인의 주체(운동 물체)를 기인물 및 가해물로 분류한다.
- 예) 「끼임」재해가 기계 등의 주 기능적인 작업점에서 발생된 경우는 해당기계를 기인물로 하되 주 기능적인 작업점이 아닌 일부 부속물에 접촉된 경우에는 기계부품, 부속물을 기인물 및 가해물로 분류한다.

---

6) 「폭발」과 「화재」의 분류

| 폭발과 화재, 두 현상이 복합적으로 발생된 경우 | ⇨ | 「폭발」 |

(4) 기인물 및 가해물

1) 기인물 : 직접적으로 재해를 유발하거나 영향을 끼친 에너지원(운동, 위치, 열, 전기 등)을 지닌 기계·장치, 구조물, 물체·물질, 사람 또는 환경을 말한다.

2) 2차 기인물 : 복합적 요인으로 발생된 재해에 있어서 기인물을 유발(가속화)시켰거나 재해 또는 특정물질에 노출을 유도한 것 즉, 간접적 영향을 끼친 물체, 사람, 에너지원, 환경요인을 말한다.

3) 가해물 : 근로자(사람)에게 직접적으로 상해를 입힌 기계, 장치, 구조물, 물체·물질, 사람 또는 환경 등을 말한다.

(5) 기인물 및 가해물의 분류기준

1) 재해발생 주 요인이 사물이면 그 사물을 기인물로 한다.

2) 재해발생 주 요인이 사람이나 기인물이 있으면 그 기인물로 분류한다. (조작 및 취급하던 물체를 우선한다)

| 예 운전 중 한눈을 팔다 전주에 충돌 | ⇨ | 기인물 : 차량 |

3) 재해발생 주 요인이 사람이고 기인물이 존재하지 않고 가해물이 있으면 그 가해물을 기인물로 분류한다.

| 예 손에 들고 있던 운반물을 놓침 | ⇨ | 기인물 : 운반물 |

4) 재해발생 주 요인이 사람이고 기인물, 가해물이 되는 사물이 없으면 사람으로 분류한다.

| 예 외부요인이 없는 상태에서 사람이 걷다가 발목을 겹질림 | ⇨ | 기인물 : 사람 |

5) 재해발생 주 요인이 사람이 아니고 불안전한 상태도 없으나 기인물이 있는 경우는 그 기인물로 분류한다.

| 예 자연재해, 천재지변 |

(6) 분류 시 유의사항

1) 「설비·기계, 휴대용 및 인력용 기계기구, 교통수단(완성품)」과 「부품·부속물」의 분류는 다음과 같이 적용한다.

① 사고 당시 완성품의 구성요소가 부착상태 또는 완성품의 용도, 주기능과 관련하여 **정상 사용 중 재해가 발생된 경우에는 완성품을 기인물로 분류**한다.

> **예** 용접작업 중 용접장치의 화염에 기인하여 상해를 입은 경우는 동 설비를 이용하여 정상적인 작업을 수행하는 과정에서 발생된 것이므로 기인물은 용접장치로 한다.

② 다만, 부착된 경우라도 완성품의 용도, 주기능과 무관하게 일부 부속물에 의하여 재해가 발생된 경우에는 「부품·부속물」로 분류한다.

> **예** 작업장 내 통로 이동 중 기계의 정상적인 작업용도 및 범위와 관계없이 동력전달부에 접촉하여 상해를 입은 경우 기인물은 기계의 부속물인 동력전달부로 한다.

③ 부품·구성요소가 그 완성품과 분리된 상태 또는 해체 중인 작업에서 재해를 유발한 경우는 부품·부속물로 분류한다.

> **예** 부착 상태로 수리 중인 경우는 전체 설비·기계 기구, 차량을 기인물로 하되, 해체하던 중인 경우는 부품·부속물을 기인물로 한다.

2) 다중 물체에 동시 혹은 연쇄적으로 접촉하여 직접적인 기인물을 알 수 없을 경우에는 다음과 같이 적용한다.

① 이동 물체와 고정 물체 사이의 접촉이면, 이동물체를 기인물로 분류한다.

> **예** 이동 차량에 치여 기둥에 부딪힌 경우는 차량이 기인물이 된다.

② 이동 물체와 이동 물체 사이의 접촉이면 어느 쪽의 잘못인가를 따라 판단하되, 판단이 곤란한 경우는 '피해를 입은 쪽'(피해자)을 기인물로 한다.

> **예** 트럭과 지게차가 운전 중 정면충돌하여 지게차 운전자가 사망한 경우는 지게차가 기인물(가해물 트럭)

3) 교통수단에 의한 재해의 기인물 분류는 다음과 같이 적용한다.

① 교통수단에 탑승한 상태이거나 교통수단에 의하여 다친 경우는 발생 형태에 관계 없이 그 **교통수단을 기인물로 분류**한다. 특히, 교통수단이 운행 중인 상태이면, 기후, 바람, 돌발 물체 등 외부 영향이 있는 경우라도 교통수단을 기인물로 분류한다.

> **예** 불도저가 전복된 경우 불도저를 지탱하고 있던 노견의 문제도 있지만 일반적으로 불도저 운전불량 등의 불안전 요소가 많으므로 불도저가 기인물

② 다만, 교통수단의 수리 또는 화물 적재작업 등 교통수단의 용도·목적 등과 직접적인 관련이 없이 재해가 발생된 경우는 해당 부속물 또는 다른 불안전 요인이 있었는지 여부에 따라 요인이 있는 경우는 해당 요인을 기인물로 요인이 없는 경우는 교통수단을 기인물로 분류한다.

> **예** 차량적재 작업과정에서 적재된 중량물의 결속을 위하여 고무로프를 당기던 중 고무로프가 파단되어 재해가 발생한 경우에는 고무로프가 기인물

4) 사람을 기인물로 분류하는 경우는 다음과 같다.

① 재해자의 신체상태(육체, 정신), 외부의 다른 영향 없이 재해자의 의지에 의한 신체동작(과다동작 제외) 또는 스트레스로 발생된 경우

> **예** 불안전한 요인이 없이 상해를 입은 경우에 한하여, 중량물 취급 등 다른 불안전한 요인에 기인한 것은 당해 불안전한 요인을 기인물로 한다.

② 재해자 자신이 아닌 동료, 환자 등 제3자에 의한 상해 또는 질병에 이환된 경우

5) 두 개 이상의 상이한 물체·물질이 재해를 유발한 경우는 다음과 같이 적용한다.

① 두 물체·물질의 취급 방법 오류로 재해가 발생한 경우 사람을 기인물로 하지 않고 두 물체·물질 중 사고를 유발할 수 있는 잠재 에너지 또는 동력을 지닌 물체 또는 물질을 기인물로 분류한다.

> **예** 물과 황산의 혼합방법 잘못으로 상해를 입은 경우 황산을 기인물로 분류

6) 대기조건 등 자연현상은 다른 항목으로 분류되지 않고 파악되는 유일한 기인물인 경우에 한하여 분류하고 다음과 같이 적용한다.

① 날씨 관련 요인으로 재해가 기인 되었으나 또 다른 특정 물체·물질에 영향을 받은 경우에는 그 특정 물체·물질을 기인물로 분류한다.

> **예** 바람이 불어 날린 톱밥이 근로자의 눈에 상해를 입힌 경우는 톱밥을 기인물로 분류

② 자연현상, 대기 및 환경조건의 「고·저온」은 작업환경 등의 대기조건인 경우에 분류하고, 고·저온 물체 또는 물질에 의한 재해의 경우에는 그 특정 물체·물질을 기인물로 분류한다.

05 안전점검 인증 및 진단

> **주요 개요**
> 1. 안전점검의 종류
> 2. 안전인증 대상 기계기구, 방호장치, 보호구, 합격표시
> 3. 자율안전확인 대상 기계기구, 방호장치, 보호구, 합격표시
> 4. 안전검사 대상 기계기구 및 검사주기, 합격표시

1 안전점검의 정의 및 목적

(1) 안전점검의 정의

사고가 발생하기 전에 모든 작업장에서 존재하는 불안전한 행동 및 불안전한 상태를 조사하여 위험성을 찾아내는 행위를 말한다.

(2) 안전 점검의 목적

① 결함이나 불안전 조건의 제거
② 기계·설비의 본래 성능 유지
③ 합리적인 생산관리

2 안전점검의 종류 ✦

① 정기점검(계획점검)
  • 일정 기간마다 정기적으로 실시하는 점검을 말한다.
  • 법적 기준 또는 사내 안전규정에 따라 해당 책임자가 실시하는 점검이다.
② 수시점검(일상점검)
  • 매일 작업 전, 중, 후에 실시하는 점검을 말한다.
  • 작업자·작업책임자·관리감독자가 실시하며 사업주의 안전순찰도 넓은 의미에서 포함된다.
③ 특별점검
  • 기계·기구 또는 설비의 신설·변경 또는 고장·수리 등으로 비정기적인 특정 점검을 말하며 기술 책임자가 실시한다.
  • 산업안전보건 강조기간, 악천후 시에도 실시한다.
④ 임시점검
  • 기계·기구 또는 설비의 이상 발견 시에 임시로 점검하는 점검을 말한다.
  • 정기점검 실시 후 다음 점검기일 이전에 임시로 실시하는 점검의 형태이다.

합격의 key

[문제]
다음 중 안전점검의 목적으로 볼 수 없는 것은?
㉮ 사고원인을 찾아 재해를 미연에 방지하기 위함이다.
㉯ 작업자의 잘못된 부분을 점검하여 책임을 부여하기 위함이다.
㉰ 재해의 재발을 방지하여 사전대책을 세우기 위함이다.
㉱ 현장의 불안전 요인을 찾아 계획에 적절히 반영시키기 위함이다.

[정답] ㉯

[기출]
※ 안전점검의 순서
실태파악 - 결함의 발견 - 대책결정 - 대책실시

※ 안전점검 보고서 작성 내용 중 주요 사항
① 작업현장의 현 배치 상태와 문제점
② 재해다발요인과 유형분석 및 비교 데이터 제시
③ 보호구, 방호장치 작업 환경 실태와 개선 제시

[참고]
※ 안전점검기준의 작성 시 유의사항(안전점검 시 고려사항)
① 점검대상물의 위험도를 고려한다.
② 점검대상물의 과거 재해사고 경력을 참작한다.
③ 점검대상물의 기능적 특성을 충분히 감안한다.
④ 점검자 능력을 감안하여 구체적인 계획 수립 후 점검을 실시한다.
⑤ 점검사항, 점검방법 등에 대한 지속적인 교육을 통하여 정확한 점검이 이루어지도록 한다.
⑥ 점검 시 특이한 사항 등을 기록, 보존하여 향후 점검 및 이상 발생 시 대비할 수 있도록 한다.

> 참고

1. 시설물의 안전 및 유지관리에 관한 기본계획의 수립
   국토교통부장관은 시설물이 안전하게 유지관리될 수 있도록 하기 위하여 5년마다 시설물의 안전 및 유지관리에 관한 기본계획을 수립·시행하여야 한다.

2. 시설물의 안전 및 유지관리에 관한 기본계획의 포함사항
   ① 시설물의 안전 및 유지관리에 관한 기본목표 및 추진방향에 관한 사항
   ② 시설물의 안전 및 유지관리체계의 개발, 구축 및 운영에 관한 사항
   ③ 시설물의 안전 및 유지관리에 관한 정보체계의 구축·운영에 관한 사항
   ④ 시설물의 안전 및 유지관리에 필요한 기술의 연구·개발에 관한 사항
   ⑤ 시설물의 안전 및 유지관리에 필요한 인력의 양성에 관한 사항
   ⑥ 그 밖에 시설물의 안전 및 유지관리에 관하여 대통령령으로 정하는 사항

3. 용어정의
   ① 안전점검 : 경험과 기술을 갖춘 자가 육안이나 점검기구 등으로 검사하여 시설물에 내재(內在)되어 있는 위험요인을 조사하는 행위를 말하며, 점검목적 및 점검수준을 고려하여 국토교통부령으로 정하는 바에 따라 정기안전점검 및 정밀안전점검으로 구분한다.
   ② 정밀안전진단 : 시설물의 물리적·기능적 결함을 발견하고 그에 대한 신속하고 적절한 조치를 하기 위하여 구조적 안전성과 결함의 원인 등을 조사·측정·평가하여 보수·보강 등의 방법을 제시하는 행위를 말한다.
   ③ 긴급안전점검 : 시설물의 붕괴·전도 등으로 인한 재난 또는 재해가 발생할 우려가 있는 경우에 시설물의 물리적·기능적 결함을 신속하게 발견하기 위하여 실시하는 점검을 말한다.

4. 시설물의 안전관리에 관한 특별법 상의 안전점검 및 정밀안전진단의 실시 시기
   1) 정기점검 : 반기에 1회 이상
   2) 긴급점검 : 관리주체가 필요하다고 판단한 때 또는 관계 행정기관의 장이 필요하다고 판단하여 관리주체에게 긴급점검을 요청한 때
   3) 정기점검, 정밀점검 및 정밀안전진단, 성능평가의 실시 주기

안전등급	정기 안전점검	정밀점검		정밀안전진단	성능평가
		건축물	그 외 시설물		
A등급	반기에 1회 이상	4년에 1회 이상	3년에 1회 이상	6년에 1회 이상	5년 1회 이상
B·C등급		3년에 1회 이상	2년에 1회 이상	5년에 1회 이상	
D·E등급	1년에 3회 이상	2년에 1회 이상	1년에 1회 이상	4년에 1회 이상	

5. 시설물관리계획에 포함사항
   ① 시설물의 적정한 안전과 유지관리를 위한 조직·인원 및 장비의 확보에 관한 사항
   ② 긴급 상황 발생 시 조치체계에 관한 사항
   ③ 시설물의 설계·시공·감리 및 유지관리 등에 관련된 설계도서의 수집 및 보존에 관한 사항
   ④ 안전점검 또는 정밀안전진단의 실시에 관한 사항
   ⑤ 보수·보강 등 유지관리 및 그에 필요한 비용에 관한 사항

> **참고**
> * 안전점검표에 포함되어야 할 항목
> ① 점검대상
> ② 점검부분
> ③ 점검항목
> ④ 점검방법
> ⑤ 실시주기
> ⑥ 판정기준
> ⑦ 조치

3 안전점검표(안전점검 체크리스트) 작성 시 유의사항 ★

① 사업장에 적합한 내용이며 독자적일 것
② 내용은 구체적이며, 재해예방에 실효가 있을 것
③ 중요도가 높은 순으로 작성할 것
④ 일정양식 및 점검대상을 정하여 작성할 것
⑤ 가급적 쉬운 표현으로 작성할 것

> **참고**
> * 안전점검 시 점검자가 갖추어야 할 태도 및 마음가짐
> ① 점검 본래의 취지 준수
> ② 점검 대상 부서의 협조
> ③ 모범적인 점검자의 자세
> ④ 점검결과의 통보

4 안전인증

유해·위험기계 중 근로자의 안전 및 보건에 위해(危害)를 미칠 수 있다고 인정되어 대통령령으로 정하는 것("안전인증대상 기계 등")을 제조하거나 수입하는 자(고용노동부령으로 정하는 안전인증대상 기계 등을 설치·이전하거나 주요구조 부분을 변경하는 자를 포함)는 안전인증대상 기계 등이 안전인증기준에 맞는지에 대하여 고용노동부장관이 실시하는 안전인증을 받아야 한다.

(1) 안전인증의 면제

1) 고용노동부장관은 다음 각 호의 어느 하나에 해당하는 경우에는 고용노동부령으로 정하는 바에 따라 안전인증의 전부 또는 일부를 면제할 수 있다.

안전인증의 전부 또는 일부를 면제할 수 있는 경우 ★
1. 연구·개발을 목적으로 제조·수입하거나 수출을 목적으로 제조하는 경우
2. 고용노동부장관이 정하여 고시하는 외국의 안전인증기관에서 인증을 받은 경우
3. 다른 법령에 따라 안전성에 관한 검사나 인증을 받은 경우로서 고용노동부령으로 정하는 경우

> **참고**
> 고용노동부장관은 근로자의 안전 및 보건에 필요하다고 인정하는 경우 안전인증대상 기계 등을 제조·수입 또는 판매하는 자에게 고용노동부령으로 정하는 바에 따라 해당 안전인증대상 기계 등의 제조·수입 또는 판매에 관한 자료를 공단에 제출하게 할 수 있다.

합격의 key

> **참고**
>
> ① 안전인증대상 기계·기구 등이 다음 각 호의 어느 하나에 해당하면 안전인증을 전부 면제한다.
>
> > 1. 연구·개발을 목적으로 제조·수입하거나 수출을 목적으로 제조하는 경우
> > 2. 「고압가스 안전관리법」에 따른 검사를 받은 경우
> > 3. 「에너지이용 합리화법」에 따른 검사를 받은 경우
> > 4. 「전기사업법」에 따른 검사를 받은 경우
> > 5. 「항만법」에 따른 검사를 받은 경우
> > 6. 「광산보안법」에 따른 검사 중 광업시설의 설치공사 또는 변경공사가 완료된 때에 받는 검사를 받은 경우
> > 7. 「건설기계관리법」에 따른 검사를 받은 경우 또는 형식승인을 받거나 형식신고를 한 경우
> > 8. 「선박안전법」에 따른 검사를 받은 경우
> > 9. 「원자력법」에 따른 검사를 받은 경우
> > 10. 「소방시설설치유지 및 안전관리에 관한 법률」에 따른 형식승인을 받은 경우
> > 11. 「방위사업법」에 따른 품질보증을 받은 경우
> > 12. 「위험물안전관리법」에 따른 검사를 받은 경우
>
> ② 안전인증대상 기계·기구 등이 다음 각 호의 어느 하나에 해당하는 인증 또는 시험이나 그 일부 항목이 안전인증기준과 같은 수준 이상인 것으로 인정되는 경우에는 해당 인증 또는 시험이나 그 일부 항목에 한정하여 안전인증을 면제한다.
>
> > 1. 고용노동부장관이 정하여 고시하는 외국의 안전인증기관에서 인증을 받은 경우
> > 2. 「품질경영 및 공산품안전관리법」에 따른 안전인증을 받은 경우
> > 3. 「산업표준화법」에 따른 인증을 받은 경우
> > 4. 「국가표준기본법」에 따른 시험·검사기관에서 실시하는 시험을 받은 경우
> > 5. 국제전기기술위원회(IEC)의 국제방폭전기 기계·기구 상호인정제도(IECEx Scheme)에 따라 인증을 받은 경우
>
> ③ 안전인증이 면제되는 안전인증대상 기계·기구 등을 제조하거나 수입하는 자는 해당 공산품의 출고 또는 통관 전에 안전인증 면제신청서에 다음 각 호의 서류를 첨부하여 안전인증기관에 제출하여야 한다.
>
> > 1. 제품 및 용도설명서
> > 2. 연구·개발을 목적으로 사용되는 것임을 증명하는 서류
> > 3. 외국의 안전인증기관의 인증증서 및 시험성적서
> > 4. 다른 법령에 따른 인증 또는 검사를 받았음을 증명하는 서류 및 시험성적서

2) 안전인증대상 기계 등이 아닌 유해·위험기계 등을 제조하거나 수입하는 자가 그 유해·위험기계 등의 안전에 관한 성능 등을 평가받으려면 고용노동부장관에게 안전인증을 신청할 수 있다. 이 경우 고용노동부장관은 안전인증기준에 따라 안전인증을 할 수 있다.

3) 안전인증을 받은 자는 안전인증을 받은 안전인증대상 기계 등에 대하여 고용노동부령으로 정하는 바에 따라 제품명·모델명·제조수량·판매수량 및 판매처 현황 등의 사항을 기록하여 보존하여야 한다. ✈

(2) 안전인증의 확인

1) 고용노동부장관은 안전인증을 받은 자가 안전인증기준을 지키고 있는지를 3년 이하의 범위에서 고용노동부령으로 정하는 주기마다 확인하여야 한다. 다만, 안전인증의 일부를 면제받은 경우에는 고용노동부령으로 정하는 바에 따라 확인의 전부 또는 일부를 생략할 수 있다.

2) 안전인증기관의 확인 주기 ✈
   ① 안전인증기관은 안전인증을 받은 제조자가 안전인증기준을 지키고 있는지를 2년에 1회 이상 확인하여야 한다.
   ② 다만, 다음 각 호의 모두에 해당하는 경우에는 3년에 1회 이상 확인할 수 있다.
      • 최근 3년 동안 안전인증이 취소되거나 안전인증표시의 사용금지 또는 개선명령을 받은 사실이 없는 경우
      • 최근 2회의 확인 결과 기술능력 및 생산 체계가 고용노동부장관이 정하는 기준 이상인 경우

3) 안전인증기관의 확인 사항
   ① 안전인증서에 적힌 제조 사업장에서 해당 유해·위험한 기계·기구 등을 생산하고 있는지 여부
   ② 안전인증을 받은 유해·위험한 기계·기구 등이 안전인증기준에 적합한지 여부
   ③ 제조자가 안전인증을 받을 당시의 기술능력·생산체계를 지속적으로 유지하고 있는지 여부
   ④ 유해·위험한 기계·기구 등이 서면심사 내용과 같은 수준 이상의 재료 및 부품을 사용하고 있는지 여부

(3) 안전인증의 표시

① 안전인증을 받은 자는 안전인증을 받은 유해·위험기계 등이나 이를 담은 용기 또는 포장에 고용노동부령으로 정하는 바에 따라 안전인증의 표시를 하여야 한다. ✮
② 안전인증을 받은 유해·위험기계 등이 아닌 것은 안전인증표시 또는 이와 유사한 표시를 하거나 안전인증에 관한 광고를 해서는 아니 된다.
③ 안전인증을 받은 유해·위험기계 등을 제조·수입·양도·대여하는 자는 안전인증표시를 임의로 변경하거나 제거해서는 아니 된다.
④ 고용노동부장관은 다음 각 호의 어느 하나에 해당하는 경우에는 안전인증표시나 이와 유사한 표시를 제거할 것을 명하여야 한다.

안전인증표시나 이와 유사한 표시를 제거할 것을 명할 수 있는 경우
1. 안전인증을 받지 아니하고 안전인증표시나 이와 유사한 표시를 한 경우 2. 안전인증이 취소되거나 안전인증표시의 사용금지 명령을 받은 경우

(4) 안전인증의 취소

1) 고용노동부장관은 안전인증을 받은 자가 다음 각 호의 어느 하나에 해당하면 안전인증을 취소하거나 6개월 이내의 기간을 정하여 안전인증표시의 사용을 금지하거나 안전인증기준에 맞게 시정하도록 명할 수 있다. 다만, 제1호의 경우에는 안전인증을 취소하여야 한다. ✮

안전인증을 취소, 안전인증표시의 사용금지, 안전인증기준에 맞게 시정을 요구할 수 있는 경우 ✮
1. 거짓이나 그 밖의 부정한 방법으로 안전인증을 받은 경우(안전인증 취소만 해당됨) 2. 안전인증을 받은 유해·위험기계 등의 안전에 관한 성능 등이 안전인증기준에 맞지 아니하게 된 경우 3. 정당한 사유 없이 안전인증 확인을 거부, 방해 또는 기피하는 경우

2) 고용노동부장관은 안전인증을 취소한 경우에는 고용노동부령으로 정하는 바에 따라 그 사실을 관보 등에 공고하여야 한다.

3) 안전인증이 취소된 자는 안전인증이 취소된 날부터 1년 이내에는 취소된 유해·위험기계 등에 대하여 안전인증을 신청할 수 없다. ✮

참고

* 안전인증의 취소 공고
고용노동부장관은 안전인증을 취소한 경우에는 안전인증을 취소한 날부터 30일 이내에 다음 각 호의 사항을 관보와 그 보급지역을 전국으로 하여 등록한 일반일간신문 또는 인터넷 등에 공고하여야 한다.
① 유해·위험 기계 등의 명칭 및 형식번호
② 안전인증번호
③ 제조자(수입자) 및 대표자
④ 사업장 소재지
⑤ 취소일 및 취소 사유

(5) 안전인증대상 기계 등의 제조 등의 금지

누구든지 다음 각 호의 어느 하나에 해당하는 안전인증대상 기계 등을 제조·수입·양도·대여·사용하거나 양도·대여의 목적으로 진열할 수 없다.

안전인증대상 기계 등을 제조·수입·양도·대여·사용하거나 양도·대여의 목적으로 진열할 수 없는 경우 ✈
① 안전인증을 받지 아니한 경우(안전인증이 전부 면제되는 경우는 제외) ② 안전인증기준에 맞지 아니하게 된 경우 ③ 안전인증이 취소되거나 안전인증표시의 사용금지 명령을 받은 경우

> **참고**
> 고용노동부장관은 안전인증대상 기계 등을 제조·수입·양도·대여·사용하거나 양도·대여의 목적으로 진열할 수 없는 안전인증대상 기계 등을 제조·수입·양도·대여하는 자에게 고용노동부령으로 정하는 바에 따라 그 안전인증대상 기계 등을 수거하거나 파기할 것을 명할 수 있다.

(6) 안전인증 심사의 종류 및 방법 ✈

1) 안전인증대상 기계·기구 등이 안전인증기준에 적합한지를 확인하기 위하여 안전 인증기관이 하는 심사는 다음과 같다.

구분		내용
예비심사		기계·기구 및 방호장치·보호구가 유해·위험한 기계·기구·설비 등 인지를 확인하는 심사(안전인증을 신청한 경우만 해당한다.)
서면심사		유해·위험한 기계·기구·설비 등의 제품기술과 관련된 문서가 안전인증기준에 적합한지에 대한 심사
기술능력 및 생산체계 심사		유해·위험한 기계·기구·설비 등의 안전성능을 지속적으로 유지·보증하기 위하여 사업장에서 갖추어야 할 기술능력과 생산체계가 안전인증기준에 적합한지에 대한 심사
제품심사		유해·위험한 기계·기구·설비 등이 서면심사 내용과 일치하는지 여부와 유해·위험한 기계·기구·설비 등의 안전에 관한 성능이 안전인증기준에 적합한지 여부에 대한 심사(다음 각 목의 심사는 어느 하나만을 받는다)
	개별 제품심사	• 서면심사 결과가 안전인증기준에 적합할 경우에 유해·위험한 기계·기구·설비 등 모두에 대하여 하는 심사 • 안전인증을 받으려는 자가 서면심사와 개별 제품심사를 동시에 할 것을 요청하는 경우 병행하여 할 수 있다.
	형식별 제품심사	• 서면심사와 기술능력 및 생산체계 심사 결과가 안전인증 기준에 적합할 경우에 유해·위험한 기계·기구·설비 등의 형식별로 표본을 추출하여 하는 심사 • 안전인증을 받으려는 자가 서면심사, 기술능력 및 생산체계 심사와 형식별 제품심사를 동시에 할 것을 요청하는 경우 병행하여 할 수 있다.

기술능력 및 생산체계 심사를 생략하는 경우
1. 기계톱(이동식만 해당), 방호장치 및 보호구를 고용노동부장관이 정하여 고시하는 수량 이하로 수입하는 경우
2. 개별 제품심사를 하는 경우
3. 안전인증(형식별 제품심사를 하여 안전인증을 받은 경우로 한정)을 받은 후 같은 공정에서 제조되는 같은 종류의 안전인증대상 기계·기구 등에 대하여 안전인증을 하는 경우

2) 심사종류별 심사기간

안전인증기관은 안전인증 신청서를 제출받으면 심사 종류별 기간 내에 심사하여야 한다. 다만, 제품심사의 경우 처리기간 내에 심사를 끝낼 수 없는 부득이한 사유가 있을 때에는 15일의 범위에서 심사기간을 연장할 수 있다.

> **기출** ★
> ※ 형식별 제품심사의 심사기간을 60일로 두는 보호구의 종류
> ① 추락 및 감전 위험방지용 안전모
> ② 안전화
> ③ 안전장갑
> ④ 방진마스크
> ⑤ 방독마스크
> ⑥ 송기(送氣)마스크
> ⑦ 전동식 호흡보호구
> ⑧ 보호복

심사 종류	심사 기간
예비심사	7일
서면심사	15일(외국에서 제조한 경우는 30일)
기술능력 및 생산체계 심사	30일(외국에서 제조한 경우는 45일)
제품심사	• 개별 제품심사 : 15일 • 형식별 제품심사 : 30일(방호장치, 보호구는 60일)

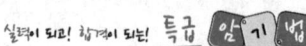

예비 7, 개별서면 15, 기생형식 30

5 자율안전확인

(1) 자율안전확인의 신고

1) 안전인증대상 기계 등이 아닌 유해·위험기계 등으로서 대통령령으로 정하는 것("자율안전확인대상 기계 등")을 제조하거나 수입하는 자는 자율안전확인대상 기계 등의 안전에 관한 성능이 고용노동부장관이 정하여 고시하는 자율안전기준에 맞는지 확인("자율안전확인")하여 고용노동부장관에게 신고하여야 한다. 다만, 다음 각 호의 어느 하나에 해당하는 경우에는 신고를 면제할 수 있다.

> **자율안전확인 신고를 면제할 수 있는 경우**
> ① 연구·개발을 목적으로 제조·수입하거나 수출을 목적으로 제조하는 경우
> ② 안전인증을 받은 경우
> ③ 다른 법령에 따라 안전성에 관한 검사나 인증을 받은 경우로서 고용노동부령으로 정하는 경우
> • 「농업기계화촉진법」에 따른 검정을 받은 경우
> • 「산업표준화법」에 따른 인증을 받은 경우
> • 「전기용품 및 생활용품 안전관리법」에 따른 안전인증 및 안전검사를 받은 경우
> • 국제전기기술위원회의 국제방폭전기기계·기구 상호인정제도에 따라 인증을 받은 경우

비교합시다! 안전인증의 전부 또는 일부를 면제할 수 있는 경우

1. 연구·개발을 목적으로 제조·수입하거나 수출을 목적으로 제조하는 경우
2. 고용노동부장관이 정하여 고시하는 외국의 안전인증기관에서 인증을 받은 경우
3. 다른 법령에 따라 안전성에 관한 검사나 인증을 받은 경우로서 고용노동부령으로 정하는 경우

2) 자율안전확인 신고를 한 자는 자율안전확인대상 기계 등이 **자율안전기준에 맞는 것임을 증명하는 서류를 보존**하여야 한다.

(2) 자율안전확인의 표시

1) 자율안전확인 신고를 한 자는 **자율안전확인대상 기계 등**이나 이를 담은 용기 또는 포장에 고용노동부령으로 정하는 바에 따라 **자율안전확인 표시**를 하여야 한다.

2) 자율안전확인대상 기계 등이 아닌 것은 자율안전확인 표시 또는 이와 유사한 표시를 하거나 자율안전확인에 관한 광고를 해서는 아니 된다.

3) 자율안전확인대상 기계 등을 제조·수입·양도·대여하는 자는 **자율안전확인 표시를 임의로 변경하거나 제거**해서는 아니 된다.

4) **고용노동부장관**은 다음 각 호의 어느 하나에 해당하는 경우에는 자율안전확인 표시나 이와 유사한 표시를 제거할 것을 명하여야 한다.

> **자율안전확인 표시나 이와 유사한 표시를 제거할 것을 명할 수 있는 경우**
> 1. 자율안전확인 대상이 아닌 기계 등에 자율안전확인 표시나 이와 유사한 표시를 한 경우
> 2. 거짓이나 그 밖의 부정한 방법으로 신고를 한 경우
> 3. 자율안전확인 표시의 사용 금지 명령을 받은 경우

참고

* 자율안전확인 표시의 사용 금지 공고내용
① 지방고용노동관서의 장은 자율안전확인 표시의 사용을 금지한 경우에는 이를 고용노동부장관에게 보고해야 한다.
② 고용노동부장관은 자율안전확인 표시 사용을 금지한 날부터 30일 이내에 다음 각 호의 사항을 관보나 인터넷 등에 공고해야 한다.
 1. 자율안전확인 대상기계 등의 명칭 및 형식번호
 2. 자율안전확인 번호
 3. 제조자(수입자)
 4. 사업장 소재지
 5. 사용금지 기간 및 사용금지 사유

* 고용노동부장관은 자율안전확인대상 기계 등을 제조·수입·양도·대여·사용하거나 양도·대여의 목적으로 진열할 수 없는 자율안전확인대상 기계 등을 제조·수입·양도·대여하는 자에게 고용노동부령으로 정하는 바에 따라 그 자율안전확인대상 기계 등을 수거하거나 파기할 것을 명할 수 있다.
① 지방고용노동관서의 장은 수거·파기명령을 할 때에는 그 사유와 이행에 필요한 기간을 정하여 제조·수입·양도 또는 대여하는 자에게 알려야 한다.
② 지방고용노동관서의 장은 수거·파기명령을 받은 자가 그 제품을 구성하는 부분품을 교체하여 결함을 개선하는 등 자율안전기준의 부적합 사유를 해소할 수 있는 경우에는 해당 부분품에 대해서만 수거·파기할 것을 명할 수 있다.
③ 수거·파기명령을 받은 자는 명령에 따른 필요한 조치를 이행하면 그 결과를 관할 지방고용노동관서의 장에게 보고해야 한다.
④ 지방고용노동관서의 장은 보고를 받은 경우에는 이행 결과 보고의 내용을 고용노동부장관에게 보고해야 한다.

합격의 key

> **참고**
>
> ※ 유해·위험기계 등의 안전 관련 정보의 종합 관리
>
> ① 고용노동부장관은 사업장의 유해·위험기계 등의 보유현황 및 안전검사 이력 등 안전에 관한 정보를 종합관리하고, 해당 정보를 안전인증기관 또는 안전검사기관에 제공할 수 있다.
> ② 고용노동부장관은 정보의 종합관리를 위하여 안전인증기관 또는 안전검사기관에 사업장의 유해·위험기계 등의 보유현황 및 안전검사 이력 등의 필요한 자료를 제출하도록 요청할 수 있다. 이 경우 요청을 받은 기관은 특별한 사유가 없으면 그 요청에 따라야 한다.
> ③ 고용노동부장관은 정보의 종합관리를 위하여 유해·위험기계 등의 보유현황 및 안전검사 이력 등 안전에 관한 종합정보망을 구축·운영하여야 한다.

> **🔍 비교합시다!** 안전인증표시나 이와 유사한 표시를 제거할 것을 명할 수 있는 경우
>
> 1. 안전인증을 받지 아니하고 안전인증표시나 이와 유사한 표시를 한 경우
> 2. 안전인증이 취소되거나 안전인증표시의 사용금지 명령을 받은 경우

(3) 자율안전확인 표시의 사용 금지

① 고용노동부장관은 신고된 자율안전확인대상 기계 등의 안전에 관한 성능이 자율안전기준에 맞지 아니하게 된 경우에는 신고한 자에게 6개월 이내의 기간을 정하여 자율안전확인표시의 사용을 금지하거나 자율안전기준에 맞게 시정하도록 명할 수 있다. ✦

② 고용노동부장관은 자율안전확인 표시의 사용을 금지하였을 때에는 그 사실을 관보 등에 공고하여야 한다.

(4) 자율안전확인대상 기계 등의 제조 등의 금지

누구든지 다음 각 호의 어느 하나에 해당하는 자율안전확인대상 기계 등을 제조·수입·양도·대여·사용하거나 양도·대여의 목적으로 진열할 수 없다.

> **자율안전확인대상 기계 등을 제조·수입·양도·대여·사용하거나 양도·대여의 목적으로 진열할 수 없는 경우** ✦✦
>
> ① 자율안전확인 신고를 하지 아니한 경우
> ② 거짓이나 그 밖의 부정한 방법으로 신고를 한 경우
> ③ 자율안전확인대상 기계 등의 안전에 관한 성능이 자율안전기준에 맞지 아니하게 된 경우
> ④ 자율안전확인 표시의 사용 금지 명령을 받은 경우

> **🔍 비교합시다!** 안전인증대상 기계 등을 제조·수입·양도·대여·사용하거나 양도·대여의 목적으로 진열할 수 없는 경우 ✦✦
>
> ① 안전인증을 받지 아니한 경우(안전인증이 전부 면제되는 경우는 제외)
> ② 안전인증기준에 맞지 아니하게 된 경우
> ③ 안전인증이 취소되거나 안전인증표시의 사용금지 명령을 받은 경우

> **참고**
>
> ※ 안전인증 대상 기계 및 자율안전확인 대상 기계 등의 성능시험
>
> 고용노동부장관은 안전인증대상 기계 등 또는 자율안전확인대상 기계 등의 안전성능의 저하 등으로 근로자에게 피해를 주거나 줄 우려가 크다고 인정하는 경우에는 대통령령으로 정하는 바에 따라 유해·위험기계 등을 제조하는 사업장에서 제품 제조과정을 조사할 수 있으며, 제조·수입·양도·대여하거나 양도·대여의 목적으로 진열된 유해·위험기계 등을 수거하여 안전인증기준 또는 자율안전기준에 적합한지에 대한 성능시험을 할 수 있다.

6 안전검사

(1) 안전검사

1) 유해하거나 위험한 기계·기구·설비로서 대통령령으로 정하는 것 ("안전검사대상 기계 등")을 사용하는 사업주는 안전검사대상 기계 등의 안전에 관한 성능이 고용노동부장관이 정하여 고시하는 검사기준에 맞는지에 대하여 안전검사를 받아야 한다. 이 경우 안전검사대상 기계 등을 사용하는 사업주와 소유자가 다른 경우에는 안전검사대상 기계 등의 소유자가 안전검사를 받아야 한다.

2) 안전검사대상 기계 등이 다른 법령에 따라 안전성에 관한 검사나 인증을 받은 경우로서 고용노동부령으로 정하는 경우에는 안전검사를 면제할 수 있다.

(2) 안전검사대상 기계 등의 사용 금지

사업주는 다음 각 호의 어느 하나에 해당하는 안전검사대상 기계 등을 사용해서는 아니 된다.

안전검사대상 기계 등의 사용 금지 항목
① 안전검사를 받지 아니한 안전검사대상 기계 등
② 안전검사에 불합격한 안전검사대상 기계 등

(3) 안전검사의 신청

① 안전검사를 받아야 하는 자는 안전검사 신청서를 검사 주기 만료일 30일 전에 안전검사기관에 제출하여야 한다.
② 안전검사 신청을 받은 안전검사기관은 30일 이내에 해당 기계·기구 및 설비별로 안전검사를 하여야 한다.
③ 안전검사기관은 안전검사 결과 안전검사기준에 적합한 경우에는 해당 사업주에게 "안전검사대상 유해·위험기계 등"에 직접 부착 가능한 안전검사 합격표시를 발급하고, 부적합한 경우에는 해당 사업주에게 안전검사 불합격통지서에 그 사유를 밝혀 발급하여야 한다.

참고

※ 안전검사합격증명서 발급
① 고용노동부장관은 안전검사에 합격한 사업주에게 고용노동부령으로 정하는 바에 따라 안전검사합격증명서를 발급하여야 한다.
② 안전검사합격증명서를 발급받은 사업주는 그 증명서를 안전검사대상 기계 등에 부착하여야 한다.

참고

※ 안전검사 결과의 보존
안전검사기관은 안전검사 결과서를 3년간 보존하여야 한다.

※ 안전검사의 방법 및 결과판정
① 안전검사기관에서 유해·위험기계 등에 대한 안전검사를 할 때에는 안전검사 결과서를 작성하여야 한다.
② 안전검사기관은 필수항목이 판정기준에 미달하거나 관리항목이 안전검사 고시의 검사기준에 미달하여 재해발생의 위험이 있다고 판단되는 경우에는 불합격 판정을 하고 이를 안전검사 결과서에 기재하여야 한다.
③ 안전검사기관은 안전검사 결과 불합격되거나 안전검사 고시의 검사기준에 미달하는 사항에 대하여는 사업장에 그 내용과 조치방법 등을 설명하고 개선하도록 건의하여야 한다.
④ 안전검사기관은 유해·위험기계 등에 대한 검사를 완료한 때에는 검사원이 서명한 안전검사 결과서 사본을 검사 신청인에게 발급하여야 한다.

합격의 key

> **참고**
>
> ※ 안전검사의 면제
> 다음 각 호의 어느 하나에 해당하는 검사를 받은 경우 안전검사를 면제할 수 있다.
> 1. 「건설기계관리법」에 따른 검사를 받은 경우(안전검사 주기에 해당하는 시기의 검사로 한정한다)
> 2. 「고압가스 안전관리법」에 따른 검사를 받은 경우
> 3. 「광산안전법」에 따른 검사 중 광업시설의 설치·변경공사 완료 후 일정한 기간이 지날 때마다 받는 검사를 받은 경우
> 4. 「선박안전법」에 따른 검사를 받은 경우
> 5. 「에너지이용 합리화법」에 따른 검사를 받은 경우
> 6. 「원자력안전법」에 따른 검사를 받은 경우
> 7. 「위험물안전관리법」에 따른 정기점검 또는 정기검사를 받은 경우
> 8. 「전기사업법」에 따른 검사를 받은 경우
> 9. 「항만법」에 따른 검사를 받은 경우
> 10. 「소방시설 설치 및 관리에 관한 법률」에 따른 자체점검을 받은 경우
> 11. 「화학물질관리법」에 따른 정기검사를 받은 경우

7 자율검사프로그램에 따른 안전검사

1) 안전검사를 받아야 하는 사업주가 근로자대표와 협의하여 검사기준, 검사 주기 등을 충족하는 자율검사프로그램을 정하고 고용노동부장관의 인정을 받아 다음 각 호의 어느 하나에 해당하는 사람으로부터 자율검사프로그램에 따라 안전검사대상 기계 등에 대하여 자율안전검사를 받으면 안전검사를 받은 것으로 본다.

자율안전검사를 실시할 수 있는 자격을 갖춘 사람 ★

① 고용노동부령으로 정하는 안전에 관한 성능검사와 관련된 자격 및 경험을 가진 사람
② 고용노동부령으로 정하는 바에 따라 안전에 관한 성능검사 교육을 이수하고 해당 분야의 실무 경험이 있는 사람
---

2) 자율검사프로그램의 유효기간은 2년으로 한다. ★

3) 자율검사프로그램의 인정

① 사업주가 자율검사프로그램을 인정받기 위해서는 다음 각 호의 요건을 모두 충족하여야 한다. 다만, 검사기관에 위탁한 경우에는 제1호 및 제2호를 충족한 것으로 본다.

자율검사프로그램을 인정받기 위한 요건 ★

- 검사원을 고용하고 있을 것
- 검사를 할 수 있는 장비를 갖추고 이를 유지·관리할 수 있을 것
- 안전검사 주기의 2분의 1에 해당하는 주기(크레인 중 건설현장 외에서 사용하는 크레인의 경우에는 6개월)마다 검사를 할 것
- 자율검사프로그램의 검사기준이 안전검사기준을 충족할 것
---

② 자율검사프로그램을 인정받으려는 자는 자율검사프로그램 인정신청서에 다음 각 호의 내용이 포함된 자율검사프로그램을 확인할 수 있는 서류 2부를 첨부하여 공단에 제출하여야 한다.

자율검사프로그램 인정신청서의 첨부서류

- 안전검사대상 기계 등의 보유 현황
- 검사원 보유 현황과 검사를 할 수 있는 장비 및 장비 관리방법(자율안전검사기관에 위탁한 경우에는 위탁을 증명할 수 있는 서류를 제출한다)
- 안전검사대상 기계 등의 검사 주기 및 검사기준
- 향후 2년간 검사대상 유해·위험기계 등의 검사수행계획
- 과거 2년간 자율검사프로그램 수행 실적(재신청의 경우만 해당한다)

③ 자율검사프로그램인정기관은 자율검사프로그램을 제출받은 경우에는 15일 이내에 인정 여부를 결정한다.

4) 사업주는 자율안전검사를 받은 경우에는 그 결과를 기록하여 보존하여야 한다.

5) 자율안전검사를 받으려는 사업주는 지정받은 자율안전검사기관에 자율안전검사를 위탁할 수 있다.

6) 자율검사프로그램 인정의 취소

① 고용노동부장관은 자율검사프로그램의 인정을 받은 자가 다음 각 호의 어느 하나에 해당하는 경우에는 자율검사프로그램의 인정을 취소하거나 인정받은 자율검사프로그램의 내용에 따라 검사를 하도록 하는 등 시정을 명할 수 있다. 다만, 제1호의 경우에는 인정을 취소하여야 한다.

자율검사프로그램의 인정을 취소하거나 시정을 명할 수 있는 경우

① 거짓이나 그 밖의 부정한 방법으로 자율검사프로그램을 인정받은 경우
② 자율검사프로그램을 인정받고도 검사를 하지 아니한 경우
③ 인정받은 자율검사프로그램의 내용에 따라 검사를 하지 아니한 경우
④ 자율안전검사 자격을 갖춘 자 또는 자율안전검사기관이 검사를 하지 아니한 경우

② 사업주는 자율검사프로그램의 인정이 취소된 안전검사대상 기계 등을 사용해서는 아니 된다.

비교 ★★

※ 안전인증대상 기계 등을 제조·수입·양도·대여·사용하거나 양도·대여의 목적으로 진열할 수 없는 경우

① 안전인증을 받지 아니한 경우(안전인증이 전부 면제되는 경우는 제외)
② 안전인증기준에 맞지 아니하게 된 경우
③ 안전인증이 취소되거나 안전인증표시의 사용금지 명령을 받은 경우

※ 자율안전확인대상 기계 등을 제조·수입·양도·대여·사용하거나 양도·대여의 목적으로 진열할 수 없는 경우

① 자율안전확인 신고를 하지 아니한 경우
② 거짓이나 그 밖의 부정한 방법으로 신고를 한 경우
③ 자율안전확인대상 기계 등의 안전에 관한 성능이 자율안전기준에 맞지 아니하게 된 경우
④ 자율안전확인 표시의 사용 금지 명령을 받은 경우

확인

* 인증 표시 색
  * 테두리와 문자 : 파란색(2.5PB 4/10)
  * 그 밖의 부분 : 흰색(N9.5)
    (테두리와 문자를 흰색, 그 밖의 부분을 파란색으로 표현할 수 있다)

8 안전인증의 표시

(1) 안전인증 및 자율안전확인의 표시 및 표시 방법 ✮✮

가. 표시는 「국가표준기본법 시행령」에 따른 표시기준 및 방법에 따른다.

나. 표시를 하는 경우 인체에 상해를 입힐 우려가 있는 재질이나 표면이 거친 재질을 사용해서는 안 된다.

9 안전인증 및 자율안전확인 대상 기계, 기구 등 ✫✫✫

	안전인증	자율안전확인
1. 기계 기구 · 설비	1. 설치·이전하는 경우 안전인증을 받아야 하는 기계·기구 　가. 크레인 　나. 리프트 　다. 곤돌라 2. 주요 구조 부분을 변경하는 경우 안전인증을 받아야 하는 기계·기구 　① 프레스 　② 전단기 및 절곡기(折曲機) 　③ 크레인 　④ 리프트 　⑤ 압력용기 　⑥ 롤러기 　⑦ 사출성형기(射出成形機) 　⑧ 고소(高所)작업대 　⑨ 곤돌라	① 연삭기 또는 연마기 　(휴대형은 제외) ② 산업용 로봇 ③ 혼합기 ④ 파쇄기 또는 분쇄기 ⑤ 식품가공용 기계 　(파쇄·절단·혼합·제면기만 해당한다) ⑥ 컨베이어 ⑦ 자동차정비용 리프트 ⑧ 공작기계 　(선반, 드릴기, 평삭·형삭기, 밀링만 해당) ⑨ 고정형 목재가공용 기계 　(둥근톱, 대패, 루타기, 띠톱, 모떼기 기계만 해당) ⑩ 인쇄기
	[특급 암기법] 유사한 종류끼리 묶어서 암기 **손 다치는 기계** - 프레스, 전단기 및 절곡기, 사출성형기, 롤러기 **양중기** - 크레인, 리프트, 곤돌라 **폭발** - 압력용기 **추락** - 고소작업대	**[특급 암기법]** **공작기계**로 철판 질라서 **연삭기**, **연마기**로 갈고, **고정형 목재가공용 기계**로 나무 자르고, **식품가공용 기계**로 식품 **파쇄**, **분쇄**하여 **혼합기**로 혼합한 후 **컨베이어**로 운반해서 **자동차 리프트**에 올려놓고 **인** 기있는 **산업용 로봇** 만들자.

합격의 key

※ 참고
* 안전인증의 면제

① 다음 각 호의 어느 하나에 해당하는 경우에는 안전인증을 전부 면제한다.
  1. 연구·개발을 목적으로 제조·수입하거나 수출을 목적으로 제조하는 경우
  2. 「건설기계관리법」에 따른 검사를 받은 경우 또는 같은 법 제18조에 따른 형식승인을 받거나 같은 조에 따른 형식신고를 한 경우
  3. 「고압가스 안전관리법」에 따른 검사를 받은 경우
  4. 「광산안전법」에 따른 검사 중 광업시설의 설치공사 또는 변경공사가 완료되었을 때에 받는 검사를 받은 경우
  5. 「방위사업법」에 따른 품질보증을 받은 경우
  6. 「선박안전법」에 따른 검사를 받은 경우
  7. 「에너지이용 합리화법」에 따른 검사를 받은 경우
  8. 「원자력안전법」에 따른 검사를 받은 경우
  9. 「위험물안전관리법」에 따른 검사를 받은 경우
  10. 「전기사업법」에 따른 검사를 받은 경우
  11. 「항만법」에 따른 검사를 받은 경우
  12. 「소방시설 설치 및 관리에 관한 법률」에 따른 형식승인을 받은 경우

② 안전인증대상기계 등이 다음 각 호의 어느 하나에 해당하는 인증 또는 시험을 받았거나 그 일부 항목이 이하 안전인증기준과 같은 수준 이상인 것으로 인정되는 경우에는 해당 인증 또는 시험이나 그 일부 항목에 한정하여 안전인증을 면제한다.
  1. 고용노동부장관이 정하여 고시하는 외국의 안전인증기관에서 인증을 받은 경우

합격의 key

2. 국제전기기술위원회(IEC)의 국제방폭전기기계·기구 상호인정제도(IECEx Scheme)에 따라 인증을 받은 경우
3. 「국가표준기본법」에 따른 시험·검사기관에서 실시하는 시험을 받은 경우
4. 「산업표준화법」에 따른 인증을 받은 경우
5. 「전기용품 및 생활용품 안전관리법」에 따른 안전인증을 받은 경우

③ 안전인증이 면제되는 안전인증대상기계 등을 제조하거나 수입하는 자는 해당 공산품의 출고 또는 통관 전에 안전인증 면제신청서에 다음 각 호의 서류를 첨부하여 안전인증기관에 제출해야 한다.

1. 제품 및 용도설명서
2. 연구·개발을 목적으로 사용되는 것임을 증명하는 서류

	안전인증	자율안전확인
2. 방호장치	① 프레스 및 전단기 방호장치 ② 양중기용 과부하방지장치 ③ 보일러 압력방출용 안전밸브 ④ 압력용기 압력방출용 안전밸브 ⑤ 압력용기 압력방출용 파열판 ⑥ 절연용 방호구 및 활선작업용 기구 ⑦ 방폭구조 전기기계 기구 및 부품 ⑧ 추락·낙하 및 붕괴 등의 위험 방지 및 보호에 필요한 가설기자재로서 고용노동부장관이 정하여 고시하는 것 ⑨ 충돌·협착 등의 위험 방지에 필요한 산업용 로봇 방호장치로서 고용노동부장관이 정하여 고시하는 것	① 아세틸렌, 가스집합 용접장치용 안전기 ② 교류아크용접기용 자동전격방지기 ③ 롤러기 급정지장치 ④ 연삭기 덮개 ⑤ 목재가공용 둥근톱 반발 예방장치 및 날접촉 예방장치 ⑥ 동력식수동대패의 칼날 접촉 방지장치 ⑦ 추락, 낙하 및 붕괴 등의 위험 방호에 필요한 가설기자재(안전인증 제외)

특급 암기법

안전인증 대상 중
손 다치는 기계 - 프레스 및 전단기의 방호장치
양중기 - 과부하방지장치
폭발 - 보일러 안전밸브, 압력용기 안전밸브, 파열판
충돌 - 산업용 로봇
전기 - 방폭구조, 절연용 방호구, 활선작업용 기구

특급 암기법

롤러를 통과한 철판을 **목재가공용 둥근톱, 동력식 수동대패**로 잘라서 **아세틸렌, 가스집합 용접장치, 교류아크용접기**로 용접해서 **연삭기**로 다듬자.

	안전인증	자율안전확인
3. 보호구	① 추락 및 감전 위험방지용 안전모 ② 안전화 ③ 안전장갑 ④ 방진마스크 ⑤ 방독마스크 ⑥ 송기마스크 ⑦ 전동식 호흡보호구 ⑧ 보호복 ⑨ 안전대 ⑩ 차광 및 비산물 위험방지용 보안경 ⑪ 용접용 보안면 ⑫ 방음용 귀마개 또는 귀덮개 실력이 되고! 합격이 되는! **특급 암기법** **머리** - 안전모 　　　(추락 및 감전방지용) **눈** - 보안경 　　(차광 및 비산물 위험 방지용) **코, 입** - 방진마스크, 　　　　방독마스크, 　　　　송기마스크, 　　　　전동식 호흡보호구 **얼굴** - 보안면(용접용) **귀** - 귀마개 또는 귀덮개 　　(방음용) **손** - 안전장갑 **허리** - 안전대 **발** - 안전화 **몸** - 보호복	① 안전모(안전인증 제외) ② 보안경(안전인증 제외) ③ 보안면(안전인증 제외)
4. 합격 표시	① 형식 또는 모델명 ② 규격 또는 등급 등 ③ 제조자 명 ④ 제조번호 및 제조연월 ⑤ 안전인증 번호	① 형식 또는 모델명 ② 규격 또는 등급 등 ③ 제조자 명 ④ 제조번호 및 제조연월 ⑤ 자율안전확인 번호

10 안전검사 대상 기계, 기구 등 ✿✿✿

1. 안전검사 대상 유해·위험기계 등	① 프레스 ② 전단기 ③ 크레인[정격 하중이 2톤 미만인 것 제외] ④ 리프트 ⑤ 압력용기 ⑥ 곤돌라 ⑦ 국소 배기장치(이동식은 제외) ⑧ 원심기(산업용만 해당) ⑨ 롤러기(밀폐형 구조는 제외한다) ⑩ 사출성형기[형 체결력(형 체결력) 294킬로뉴턴(KN) 미만은 제외] ⑪ 고소작업대 ⑫ 컨베이어 ⑬ 산업용 로봇 ⑭ 혼합기(26년 6월 26일 시행) ⑮ 파쇄기 또는 분쇄기(26년 6월 26일 시행) **특급 암기법** **손 다치는 기계** - 프레스, 전단기, 사출성형기, 롤러기, 혼합기, 파쇄기 또는 분쇄기(26년 6월 26일 시행) **양중기** - 크레인, 리프트, 곤돌라 **폭발** - 압력용기 **추가** - 극소(국소) 로봇이 고소의 큰(컨) 원을 검사(안전검사) 국소배기장치, 산업용 로봇, 고소작업대, 컨베이어, 원심기
2. 안전검사대상 유해·위험 기계 등의 검사 주기	1. 크레인(이동식 크레인은 제외한다), 리프트(이삿짐운반용 리프트는 제외한다) 및 곤돌라 : 사업장에 설치가 끝난 날부터 3년 이내에 최초 안전검사를 실시하되, 그 이후부터 2년마다(건설현장에서 사용하는 것은 최초로 설치한 날부터 6개월마다) 2. 이동식 크레인, 이삿짐운반용 리프트 및 고소작업대 : 신규등록 이후 3년 이내에 최초 안전검사를 실시하되, 그 이후부터 2년마다 3. 프레스, 전단기, 압력용기, 국소 배기장치, 원심기, 롤러기, 사출성형기, 컨베이어 및 산업용 로봇, 혼합기, 파쇄기 또는 분쇄기 : 사업장에 설치가 끝난 날부터 3년 이내에 최초 안전검사를 실시하되, 그 이후부터 2년마다(공정안전보고서를 제출하여 확인을 받은 압력용기는 4년마다)(26년 6월 26일 시행)

3. 안전검사 합격표시	① 검사 대상 유해·위험 기계명 ② 신청인 ③ 형식번호(기호) ④ 합격번호 ⑤ 검사유효기간 ⑥ 검사기관

> **참고**
> 안전보건진단을 실시한 안전보건진단기관은 진단 내용에 해당하는 사항에 대한 조사·평가 및 측정 결과와 그 개선방법이 포함된 보고서를 진단을 의뢰받은 날로부터 30일 이내에 해당 사업장의 사업주 및 관할 지방고용노동관서의 장에게 제출(전자문서로 제출하는 것을 포함한다)해야 한다.

11 안전보건 진단

1) 고용노동부장관은 추락·붕괴, 화재·폭발, 유해하거나 위험한 물질의 누출 등 산업재해 발생의 위험이 현저히 높은 사업장의 사업주에게 안전보건진단기관이 실시하는 안전보건진단을 받을 것을 명할 수 있다.

   안전진단 대상 사업장의 종류
   ① 중대재해 발생 사업장
   ② 안전보건개선계획 수립·시행명령을 받은 사업장
   ③ 추락·폭발·붕괴 등 재해발생 위험이 현저히 높은 사업장으로서 지방노동관서의 장이 안전·보건진단이 필요하다고 인정하는 사업장

2) 안전보건진단 명령을 받은 사업주는 15일 이내에 안전보건진단기관에 안전보건진단을 의뢰해야 한다.

3) 사업주는 안전보건진단기관이 실시하는 안전보건진단에 적극 협조하여야 하며, 정당한 사유 없이 이를 거부하거나 방해 또는 기피해서는 아니 된다. 이 경우 근로자대표가 요구할 때에는 해당 안전보건진단에 근로자대표를 참여시켜야 한다.

4) 안전진단 결과의 보고
   ① 안전보건진단기관은 안전보건진단을 실시한 경우에는 안전보건진단 결과보고서를 해당 사업장의 사업주 및 고용노동부장관에게 제출하여야 한다.
   ② 안전·보건진단을 실시한 경우에는 조사·평가 및 측정 결과와 그 개선방법이 포함된 보고서를 진단 실시일 부터 30일 이내에 해당 사업장의 사업주 및 관할 지방노동관서의 장에게 제출하여야 한다.

5) 안전보건진단의 종류 및 내용

종류	진단내용
종합진단	1. 경영·관리적 사항에 대한 평가 　가. 산업재해 예방계획의 적정성 　나. 안전·보건 관리조직과 그 직무의 적정성 　다. 산업안전보건위원회 설치·운영, 명예산업안전감독관의 역할 등 근로자의 참여 정도 　라. 안전보건관리규정 내용의 적정성 2. 산업재해 또는 사고의 발생 원인(산업재해 또는 사고가 발생한 경우만 해당한다) 3. 작업조건 및 작업방법에 대한 평가 4. 유해·위험요인에 대한 측정 및 분석 　가. 기계·기구 또는 그 밖의 설비에 의한 위험성 　나. 폭발성·물반응성·자기반응성·자기발열성 물질, 자연발화성 액체·고체 및 인화성 액체 등에 의한 위험성 　다. 전기·열 또는 그 밖의 에너지에 의한 위험성 　라. 추락, 붕괴, 낙하, 비래(飛來) 등으로 인한 위험성 　마. 그 밖에 기계·기구·설비·장치·구축물·시설물·원재료 및 공정 등에 의한 위험성 　바. 법 제118조제1항에 따른 허가대상물질, 고용노동부령으로 정하는 관리대상 유해물질 및 온도·습도·환기·소음·진동·분진, 유해광선 등의 유해성 또는 위험성 5. 보호구, 안전·보건장비 및 작업환경 개선시설의 적정성 6. 유해물질의 사용·보관·저장, 물질안전보건자료의 작성, 근로자 교육 및 경고표시 부착의 적정성 7. 그 밖에 작업환경 및 근로자 건강 유지·증진 등 보건관리의 개선을 위하여 필요한 사항
안전진단	1. 산업재해 또는 사고의 발생 원인(산업재해 또는 사고가 발생한 경우만 해당한다) 2. 작업조건 및 작업방법에 대한 평가 3. 유해·위험요인에 대한 측정 및 분석(안전 관련 사항만 해당한다) 　가. 기계·기구 또는 그 밖의 설비에 의한 위험성 　나. 폭발성·물반응성·자기반응성·자기발열성 물질, 자연발화성 액체·고체 및 인화성 액체 등에 의한 위험성 　다. 전기·열 또는 그 밖의 에너지에 의한 위험성 　라. 추락, 붕괴, 낙하, 비래(飛來) 등으로 인한 위험성 　마. 그 밖에 기계·기구·설비·장치·구축물·시설물·원재료 및 공정 등에 의한 위험성
보건진단	1. 산업재해 또는 사고의 발생 원인(산업재해 또는 사고가 발생한 경우만 해당한다) 2. 작업조건 및 작업방법에 대한 평가 3. 허가대상물질, 관리대상 유해물질 및 온도·습도·환기·소음·진동·분진, 유해광선 등의 유해성 또는 위험성 4. 보호구, 안전·보건장비 및 작업환경 개선시설의 적정성(보건 관련 사항만 해당한다) 5. 유해물질의 사용·보관·저장, 물질안전보건자료의 작성, 근로자 교육 및 경고표시 부착의 적정성 6. 그 밖에 작업환경 및 근로자 건강 유지·증진 등 보건관리의 개선을 위하여 필요한 사항

CHAPTER 01 단원 예상문제

01 100명이 있는 사업장에서 3개월간 불안전 행동 발견조치 건수가 10건, 안전 홍보가 5건, 불안전 상태 지적 20건, 안전회의가 3건 있었을 때 이 사업장의 안전활동률은 얼마인가?
(단, 1일 8시간, 월 25일 근무)

㉮ 0.63   ㉯ 6.33
㉰ 6.63   ㉱ 633.33

[해설]

$$\text{안전활동률} = \frac{\text{안전활동 건수}}{\text{총 근로시간수(연근로시간수} \times \text{평균 근로자 수)}} \times 10^6$$

$$\text{안전활동률} = \frac{10+5+20+3}{100 \times 8 \times 25 \times 3} \times 10^6 = 633.33$$

02 80명의 근로자가 공장에서 1일 8시간, 연간 300일을 작업하여 연간 근로시간 수는 192,000시간이었다. 이 기간 동안에 5명의 부상자를 냈을 때 도수율은 얼마가 되겠는가?

㉮ 7.8
㉯ 17.6
㉰ 26.0
㉱ 36.0

[해설]

$$\text{도수율} = \frac{\text{재해 건수}}{\text{연근로시간수}} \times 1,000,000$$

$$\text{도수율} = \frac{5}{192,000} \times 10^6 = 26.04$$

03 도수율이 0.02, 강도율이 1.5인 사업장의 종합 재해지수는 얼마인가?

㉮ 5.031   ㉯ 2.151
㉰ 0.356   ㉱ 0.173

[해설] 종합재해지수

$$FSI = \sqrt{FR \times SR} = \sqrt{\text{도수율} \times \text{강도율}}$$

$$FSI = \sqrt{0.02 \times 1.5} = 0.173$$

04 근로자 200명이 근무하는 어느 사업장에 1년에 9명의 사상자가 발생하였다고 한다. 연천인율은 얼마인가?

㉮ 40   ㉯ 45
㉰ 50   ㉱ 55

[해설]

① 연천인율 = $\frac{\text{연간재해자 수}}{\text{연평균 근로자 수}} \times 1,000$

② 연천인율 = 도수율 × 2.4

①에 의해 연천인율 = $\frac{9}{200} \times 1,000 = 45$

05 다음 재해 분석 중 불안전한 행동에 관한 분석 내용과 거리가 먼 것은?

㉮ 위험한 장소의 접근금지
㉯ 복장 보호구의 미착용
㉰ 감독 및 연락 불충분
㉱ 작업환경의 결함

[해설] 작업환경의 결함 → 불안전한 상태

》》정답 01 ㉱ 02 ㉰ 03 ㉱ 04 ㉯ 05 ㉱

{참고}		
인적 원인 (불안전한 행동)		• 위험장소 접근 • 안전장치의 기능 제거 • 복장, 보호구의 잘못 사용 • 기계 · 기구 잘못 사용 • 운전 중인 기계장치의 손질 • 불안전한 속도 조작 • 위험물 취급 부주의 • 불안전한 상태 방치 • 불안전한 자세 · 동작 • 감독 및 연락 불충분
물적 원인 (불안전한 상태)		• 물 자체의 결함 • 안전 방호장치의 결함 • 복장, 보호구의 결함 • 물의 배치 및 작업 장소 불량 • 작업환경의 결함 • 생산공정의 결함 • 경계표시, 설비의 결함

06 상시 50인이 근로하는 공장에서 1일 8시간, 연 근로일 수 300일에 1년간 3건의 부상자를 낸 공장의 강도율이 1.5였다면 총 휴업일수는 얼마인가?

㉮ 180일　　㉯ 190일
㉰ 208일　　㉱ 219일

[해설]

$$강도율 = \frac{총요양근로손실일수}{연근로시간수} \times 1,000$$

근로손실일수 = 휴업일수, 요양일수, 입원일수
$$\times \frac{300(실제근로일수)}{365}$$

$$강도율 = \frac{총요양근로손실일수}{연근로시간수} \times 1,000$$

$$총요양근로손실일수 = \frac{강도율 \times 연근로시간수}{1,000}$$

$$= \frac{1.5 \times (8 \times 300 \times 50)}{1,000}$$

$$= 180일$$

$$총요양근로손실일수 = 휴업일수 \times \frac{300}{365}$$

$$휴업일수 = 총요양근로손실일수 \times \frac{365}{300}$$

$$= 180 \times \frac{365}{300} = 219일$$

07 어떤 사업장의 종합재해지수가 16.95이고 도수율이 20.83이라면 강도율은 얼마인가?

㉮ 20.45
㉯ 15.92
㉰ 13.79
㉱ 10.54

[해설] 종합재해지수

$$FSI = \sqrt{FR \times SR} = \sqrt{도수율 \times 강도율}$$

$$FSI = \sqrt{도수율 \times 강도율}$$
$$FSI^2 = 도수율 \times 강도율$$

$$강도율 = \frac{FSI^2}{도수율}$$

$$강도율 = \frac{16.95^2}{20.83} = 13.79$$

08 다음 중 재해방지 기본 원칙에 해당되지 않는 것은?

㉮ 대책 선정의 원칙
㉯ 손실 우연의 법칙
㉰ 예방 가능의 원칙
㉱ 통계 방법의 원칙

[해설] 산업재해 예방의 4원칙
① 예방 가능의 원칙 : 재해는 원칙적으로 원인만 제거되면 예방이 가능하다.
② 손실 우연의 원칙 : 사고의 결과 생기는 상해의 종류와 정도는 사고 발생 시 사고대상의 조건에 따라 우연히 발생한다.
③ 대책 선정의 원칙 : 사고의 원인에 대한 적합한 대책이 선정되어야 한다.
④ 원인 연계의 원칙 : 재해는 직접 원인과 간접 원인이 연계되어 일어난다.

정답　06 ㉱　07 ㉰　08 ㉱

09 1일 8시간 연간 300일, 100명의 근로자가 근무하고 있는 어떤 화학공장이 있다. 1년 동안 8명이 부상당하는 재해가 발생하여 휴업일수 219일의 손실을 가져왔다면 근로 총 손실 일수와 강도율은?

㉮ 손실 일수 : 160일, 강도율 : 0.91
㉯ 손실 일수 : 170일, 강도율 : 0.81
㉰ 손실 일수 : 180일, 강도율 : 0.75
㉱ 손실 일수 : 219일, 강도율 : 0.91

[해설]

$$강도율 = \frac{총요양근로손실일수}{연근로시간수} \times 1,000$$

$$근로손실일수 = 휴업일수, 요양일수, 입원일수 \times \frac{300(실제근로일수)}{365}$$

1. 총요양근로손실일수 $= 휴업일수 \times \frac{300}{365}$
   $= 219 \times \frac{300}{365} = 180일$

2. 강도율 $= \frac{총요양근로손실일수}{연근로시간수} \times 1,000$
   $= \frac{180}{100 \times 8 \times 300} \times 1,000 = 0.75$

10 재해 발생 형태별 분류 가운데 물건이 주체가 되어 사람이 상해를 입는 경우에 해당되는 것은?

㉮ 떨어짐　　㉯ 넘어짐
㉰ 맞음　　　㉱ 부딪힘·접촉

[해설] 물건이 주체가 되어 사람이 상해를 입음
→ 맞음

{참고} 재해의 발생형태

분류 항목	세부 항목
떨어짐	• 높이가 있는 곳에서 **사람이 떨어짐** • 사람이 인력(중력)에 의하여 건축물, 구조물, 가설물, 수목, 사다리 등의 **높은 장소에서 떨어지는 것**
넘어짐	• 사람이 미끄러지거나 넘어짐 • 사람이 거의 평면 또는 경사면, 층계 등에서 구르거나 넘어지는 경우
깔림·뒤집힘	• 물체의 쓰러짐이나 뒤집힘 • 기대어져 있거나 세워져 있는 물체 등이 쓰러져 깔린 경우 및 지게차 등의 건설기계 등이 운행 또는 작업 중 뒤집어진 경우
부딪힘·접촉	• 물체에 부딪힘, 접촉 • 재해자 자신의 움직임·동작으로 인하여 기인물에 접촉 또는 부딪히거나, 물체가 고정부에서 이탈하지 않은 상태로 움직임(규칙, 불규칙) 등에 의하여 접촉한 경우
맞음	• 날아오거나 떨어진 물체에 맞음 • 구조물, 기계 등에 고정되어 있던 물체가 중력, 원심력, 관성력 등에 의하여 고정부에서 이탈하거나 또는 설비 등으로부터 물질이 분출되어 사람을 가해하는 경우
끼임	• 기계설비에 끼이거나 감김 • 두 물체 사이의 움직임에 의하여 일어난 것으로 직선 운동하는 물체 사이의 끼임, 회전부와 고정체 사이의 끼임, 롤러 등 회전체 사이에 물리거나 또는 회전체·돌기부 등에 감긴 경우
무너짐	• 건축물이나 쌓여진 물체가 무너짐 • 토사, 적재물, 구조물 건축물, 가설물 등이 전체적으로 허물어져 내리거나 또는 주요 부분이 꺾어져 무너지는 경우
감전	• 전기설비의 충전부 등에 신체의 일부가 직접 접촉하거나 유도전류의 통전으로 근육의 수축, 호흡곤란, 심실세동 등이 발생한 경우 또는 특별고압 등에 접근함에 따라 발생한 섬락 접촉, 합선·혼촉 등으로 인하여 발생한 아크에 접촉된 경우
이상온도 접촉	• 고·저온 환경 또는 물체에 노출·접촉된 경우
화학물질 누출·접촉	• 유해·위험물질에 노출·접촉 또는 흡입한 경우를 말한다.

정답 09 ㉰　10 ㉰

분류 항목	세부 항목
산소결핍	• 유해물질과 관련 없이 **산소가 부족한 상태·환경에 노출**되었거나 이물질 등에 의하여 **기도가 막혀 호흡기능이 불충분**한 경우
폭발·파열	• 건축물, 용기 내 또는 대기 중에서 **물질의 화학적, 물리적 변화가 급격히 진행되어 열, 폭음, 폭발압이 동반하여 발생하는 경우**를 말하며, **파열은 배관, 용기 등이 물리적인 압력에 의하여 찢어지거나 터진 경우**로서 폭풍압이 동반되지 않은 경우를 말한다.
화재	• 가연물에 점화원이 가해져 비의도적으로 **불이 일어난 경우**를 말한다.
불균형 및 무리한 동작	• **물체의 취급 없이 일시적이고 급격한 행위·동작** 등 신체동작(반응)에 의한 경우나, **물체의 취급과 관련하여 근육의 힘을 많이 사용하는 경우**로서 밀기, 당기기, 지탱하기, 들어올리기, 돌리기, 잡기, 운반하기 등과 같은 행위·동작
폭력행위	• 의도적인 또는 의도가 불분명한 위험행위(마약, 정신질환 등)로 자신 또는 타인에게 상해를 입힌 폭력·폭행을 말하며, 협박·언어·성폭력 등을 포함한다.
절단·베임·찔림	• 사람과 물체 간의 직접적인 접촉에 의한 것으로서 **칼 등 날카로운 물체의 취급** 또는 톱·절단기 등의 **회전날 부위에 접촉되어 신체가 절단되거나 베어진 경우**
빠짐·익사	• **수중에 빠지거나 익사한 경우**
사업장 내 교통사고	• 사업장 내의 도로에서 발생된 교통사고
사업장 외 교통사고	• 사업장 외의 도로에서 발생된 교통사고와 해상·항공과 관련하여 발생된 교통사고
체육행사 등의 사고	• 업무와 관련한 체육행사·워크숍, 회식 등에서 재해를 입은 경우
동물상해	• 동물에 의해 근로자가 상해를 입은 경우로 동물(개·소·말 등)에 물리거나 차이는 등에 의해 상해를 입은 경우

11 다음 중 사고의 직접 원인은 어느 것인가?

㉮ 개인적 결함 ㉯ 사회적 환경
㉰ 유전적 요소 ㉱ 불안전한 상태

[해설] **재해의 직접 원인**
① 인적 원인(불안전한 행동)
② 물적 원인(불안전한 상태)

{참고} **재해의 간접 원인**
① 기술적 원인 ② 교육적 원인
③ 신체적 원인 ④ 정신적 원인
⑤ 작업관리상 원인

12 재해조사 및 통계분석 시 사고의 유형, 기인물 등의 분류 항목을 큰 값에서 작은 값의 순서로 도표화한 것은?

㉮ 파레토(pareto)도
㉯ 클로즈(close)도
㉰ 관리도
㉱ 특성요인도

[해설] 사고의 유형, 기인물 등의 분류 항목을 큰 값에서 작은 값의 순서로 도표화한 것 → 파레토도

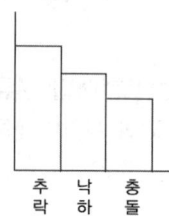

{참고} **재해통계 방법**
① **파레토도** : 사고 유형, 기인물 등 데이터를 분류하여 **그 항목 값이 큰 순서대로 정리**하여 막대그래프로 나타낸다.
② **특성요인도** : **재해와 그 요인의 관계를 어골상으로** 세분화하여 **나타낸다.**
③ **크로스(cross) 분석** : 2가지 또는 2개 항목 이상의 요인이 상호관계를 유지할 때 문제를 분석하는데 사용된다.
④ **관리도** : 시간경과에 따른 재해발생 건수 등 **대략적인 추이 파악에 사용된다.**

정답 11 ㉱ 12 ㉮

13 도수율(Frequency Rate of Injury)이 10.0인 사업장에서 작업자가 평생 동안 작업할 경우 발생할 수 있는 재해의 건수는? (단, 평생의 총 근로 시간 수는 120,000시간으로 한다)

㉮ 1.0건　　㉯ 1.2건
㉰ 2.4건　　㉱ 12.0건

[해설] **환산 도수율(F)**

① 일평생 근로하는 동안의 재해건수를 말한다.
② 환산 도수율(F) = $\dfrac{재해건수}{연근로시간수} \times 평생근로시간수(10^5)$
③ 환산 도수율 = 도수율 ÷ 10

1. 평생 근무하는 기간 중의 재해건수 = 환산 도수율
2. 평생 근로시간이 100,000시간일 때
   환산 도수율 = 도수율 ÷ 10
   환산 도수율 = 10 ÷ 10 = 1건
3. 문제에서 평생 근로시간이 120,000시간이므로
   $100,000 : 1 = 120,000 : X$
   $100,000 \times X = 1 \times 120,000$
   $X = \dfrac{120,000}{100,000} = 1.2건$

∴ 평생 근무기간 중 1.2건의 재해를 당한다.

14 근로시간 1,000시간당 재해에 의해서 상실되는 근로손실일수를 뜻하고 있는 재해율은?

㉮ 강도율　　㉯ 도수율
㉰ 연천인율　　㉱ 종합재해지수

[해설] **강도율(S.R)** : 1,000 근로시간당 근로손실일수 비율

{참고} (1) **연천인율** : 근로자 1,000명 중 재해자수 비율 (1년간)
(2) **도수율(빈도율 F.R)** : 100만 근로시간 당 재해 발생 건수 비율

15 재해 빈발자에 대한 분류 중 작업이 어렵거나 설비의 결함 때문에 발생되는 재해자는 다음 중 어느 유형에 해당되는가?

㉮ 소질성 빈발자
㉯ 상황성 빈발자
㉰ 습관성 빈발자
㉱ 미숙성 빈발자

[해설] 작업에 어렵거나 설비의 결함 때문에 발생되는 재해자 → 상황성 누발자

{참고} **재해 누발자의 유형**

① **미숙성 누발자**
  • 기능 미숙자
  • 환경에 익숙하지 못한 자

② **상황성 누발자**
  • 작업에 어려움이 많은 자
  • 기계 설비의 결함이 있을 때
  • 심신에 근심이 있는 자
  • 환경 상 주의력 집중이 혼란되기 쉬울 때

③ 소질성 누발자
  • **개인 소질 가운데 재해 원인 요소를 가지고 있는 자**
  • 개인의 특수 성격 소유자

소질성 누발자의 공통된 성격
• 주의력 산만 및 주의력 지속 불능 • 흥분성 • 저지능 • 비협조성 • 도덕성의 결여 • 소심한 성격 • 감각운동 부적합 등

④ 습관성 누발자
  • 재해 경험에 의해 겁쟁이가 되거나 신경과민이 된 자
  • 슬럼프에 빠져있는 자

정답 13 ㉯　14 ㉮　15 ㉯

16 B기업체에서 1,000명의 작업자가 1주에 40시간, 연간 50주를 작업하는데 80건의 재해가 발생하였다. 이 가운데 작업자들이 질병 등 기타 이유로 인하여 총 근로시간의 5%를 결근하였다면 이 기업체의 도수율은 약 얼마인가?

㉮ 35.05 ㉯ 42.11
㉰ 57.21 ㉱ 68.35

[해설]
$$도수율 = \frac{재해 건수}{연근로시간수} \times 10^6$$

$$도수율 = \frac{재해 건수}{연근로시간수} \times 10^6$$
$$= \frac{80}{1,000 \times 50 \times 40 \times 0.95} \times 10^6$$
$$= 42.11$$

(총 근로시간의 5%를 결근 → 출근율 95%)

17 다음 중 불안전한 행동과 가장 관계가 적은 것은?

㉮ 물건을 급히 운반하려다 부딪쳤다.
㉯ 뛰어가다 넘어져 골절상을 입었다.
㉰ 높은 장소에서 작업 중 부주의로 떨어졌다.
㉱ 정지해 있는 호이스트의 고리에 머리를 다쳤다.

[해설] ㉱ 호이스트 고리의 불안전한 상태에 해당한다.

18 "사고에는 반드시 원인이 있다."라는 원칙은 산업재해 예방의 4원칙 중 무엇에 해당하는가?

㉮ 대책 선정의 원칙
㉯ 원인 연계의 원칙
㉰ 손실 우연의 원칙
㉱ 예방 가능의 원칙

[해설] 산업재해 예방의 4원칙
① 예방 가능의 원칙 : 재해는 원칙적으로 원인만 제거되면 예방이 가능하다.
② 손실 우연의 원칙 : 사고의 결과 생기는 상해의 종류와 정도는 사고 발생 시 사고대상의 조건에 따라 우연히 발생한다.
③ 대책 선정의 원칙 : 사고의 원인에 대한 적합한 대책이 선정되어야 한다.
④ 원인 연계의 원칙 : 재해는 직접 원인과 간접 원인이 연계되어 일어난다.
   (사고에는 반드시 원인이 있다)

19 A 사업장에서 근로자 2,000명이 1일 9시간씩 연간 300일 작업하는데 1명의 사망자와 의사 진단에 의해 60일의 휴업일수를 가져왔다. 이 사업장의 강도율은 약 얼마인가?

㉮ 1.21 ㉯ 1.40
㉰ 1.57 ㉱ 1.84

[해설]
$$강도율 = \frac{총요양근로손실일수}{연근로시간수} \times 1,000$$

근로손실일수 = 휴업일수, 요양일수, 입원일수
$$\times \frac{300(실제근로일수)}{365}$$

$$강도율 = \frac{총요양근로손실일수}{연근로시간수} \times 1,000$$
$$= \frac{7,500 + (60 \times \frac{300}{365})}{2,000 \times 9 \times 300} \times 1,000 = 1.40$$

20 다음 중 재해 발생 시 가장 먼저 해야 할 일은?

㉮ 재해자의 구조
㉯ 상급 부서의 보고
㉰ 현장 보존
㉱ 2차 재해의 방지

정답 16 ㉯ 17 ㉱ 18 ㉯ 19 ㉯ 20 ㉮

[해설] **재해 발생 시 조치 순서**
① 긴급조치   ② 재해조사
③ 원인 분석 ④ 대책 수립
⑤ 실시   ⑥ 평가

{참고} **긴급조치 순서**
① 피재 기계 정지
② 피재자 응급조치
③ 관계자에게 통보(인적, 물적 손실을 함께 통보)
④ 2차 재해 방지
⑤ 현장 보존

21 한 사람의 평생 근로연수를 40년으로 하고, 1일 8시간씩 1개월에 25일의 정상근로와 연간 100시간의 시간 외 근무를 하였다고 가정한다면, 이 근로자가 도수율이 15.13인 사업장에서 근무하는 경우에 평생 근무기간 중 약 몇 건의 재해를 당할 수 있겠는가?

㉮ 1.51   ㉯ 2.51
㉰ 5.02   ㉱ 15.13

[해설]
1. 평생 근무하는 기간 중의 재해건수 = 환산 도수율

   환산 도수율(F)
   ① 일평생 근로하는 동안의 재해건수를 말한다.
   ② 환산 도수율(F) = $\frac{재해건수}{연근로시간수} \times$ 평생근로시간수(10^5)
   ③ 환산 도수율 = 도수율 ÷ 10

2. 평생 근로시간 수
   = 40년 × (8시간 × 25일 × 12개월 + 100시간)
   = 100,000시간
3. 평생 근로시간이 100,000시간일 때
   환산 도수율 = 도수율 ÷ 10
   환산 도수율 = 15.13 ÷ 10 = 1.513
   ∴ 평생 근무기간 중 1.513건의 재해를 당한다.

22 다음의 재해원인 중 간접원인으로 볼 수 없는 것은?

㉮ 안전교육 미시행
㉯ 생산방법의 부적당
㉰ 구조 재료의 부적합
㉱ 보호구의 미사용

[해설] ㉱ "보호구의 미사용"은 불안전 행동으로 재해의 직접 원인에 해당한다.

{참고} (1) **재해의 직접원인**
① 인적 원인(불안전한 행동)
② 물적 원인(불안전한 상태)

인적 원인 (불안전한 행동)	• 위험장소 접근 • 안전장치의 기능 제거 • **복장, 보호구의 잘못 사용** • 기계·기구 잘못 사용 • 운전 중인 기계장치의 손질 • 불안전한 속도 조작 • 위험물 취급 부주의 • 불안전한 상태 방치 • 불안전한 자세·동작 • 감독 및 연락 불충분
물적 원인 (불안전한 상태)	• 물 자체의 결함 • 안전 방호장치의 결함 • 복장, 보호구의 결함 • 물의 배치 및 작업 장소 불량 • 작업환경의 결함 • 생산 공정의 결함 • 경계 표시, 설비의 결함

(2) **재해의 간접 원인**
① 기술적 원인   ② 교육적 원인
③ 신체적 원인   ④ 정신적 원인
⑤ 작업관리상 원인

정답 21 ㉮ 22 ㉱

23 연평균 1,000명의 근로자가 작업하는 사업장에서 1일 8시간 동안 연간 300일을 근무하는 동안 24건의 재해가 발생하였다. 만약, 이 사업장에서 한 작업자가 평생 동안 근무한다면 약 몇 건의 재해를 당하겠는가? (단, 1인당 평생근로시간은 100,000시간으로 한다)

㉮ 1건   ㉯ 3건
㉰ 7건   ㉱ 10건

[해설] **환산 도수율(F)**

① 일평생 근로하는 동안의 재해건수를 말한다.
② 환산 도수율(F) = $\dfrac{재해건수}{연 근로시간수} \times 평생근로시간수(10^5)$
③ 환산 도수율 = 도수율 ÷ 10

환산 도수율(F) = $\dfrac{24}{1,000 \times 8 \times 300} \times 10^5 = 1$건

24 산업안전보건법령상 안전인증대상 기계·기구 등이 아닌 것은?

㉮ 프레스   ㉯ 전단기
㉰ 롤러기   ㉱ 산업용 원심기

[해설] **안전인증 대상 기계·기구**

설치·이전하는 경우 안전인증을 받아야 하는 기계·기구	주요 구조 부분을 변경하는 경우 안전인증을 받아야 하는 기계·기구
① 크레인 ② 리프트 ③ 곤돌라	① 프레스 ② 전단기 및 절곡기 (折曲機) ③ 크레인 ④ 리프트 ⑤ 압력용기 ⑥ 롤러기

⑦ 사출성형기 (射出成形機)
⑧ 고소(高所)작업대
⑨ 곤돌라

실력이 되고! 합격이 되는! **특급 암기법**

유사한 종류끼리 묶어서 암기
손 다치는 기계 – 프레스, 전단기 및 절곡기, 사출성형기, 롤러기
양중기 – 크레인, 리프트, 곤돌라
폭발 – 압력용기
추락 – 고소작업대

25 부주의 발생현상 중 주의의 일점 집중 현상과 가장 관련이 깊은 것은?

㉮ 의식의 과잉
㉯ 의식의 우회
㉰ 의식의 단절
㉱ 의식수준의 저하

[해설] **일점 집중 현상** : 과긴장(의식의 과잉) 시 중요한 한 가지 일에만 집중하고 나머지 안전 수단을 생략하게 되는 현상

26 다음 중 점검 시기에 의한 안전 점검의 분류에 해당하지 않는 것은?

㉮ 성능점검   ㉯ 정기점검
㉰ 임시점검   ㉱ 특별점검

[해설] **안전점검의 종류**

① 정기점검(계획점검) : 일정 기간마다 정기적으로 실시하는 점검을 말한다.
② 수시점검(일상점검) : 매일 작업 전, 중, 후에 실시하는 점검을 말한다.
③ 특별점검 : 기계·기구 또는 설비의 신설
 • 변경 또는 고장·수리 등으로 비정기적인 특정 점검을 말하며 기술 책임자가 실시한다. 산업안전보건 강조 기간, 악천후 시에도 실시한다.
④ 임시점검 : 기계·기구 또는 설비의 이상 발견 시에 임시로 점검하는 점검을 말한다.

정답 23 ㉮ 24 ㉱ 25 ㉮ 26 ㉮

27 어느 공장의 연간 재해율을 조사한 결과 도수율이 12이고, 강도율이 1.2일 때 이 공장의 재해 1건당 근로손실일수는 얼마인가?

㉮ 0.01　　㉯ 1
㉰ 10　　㉱ 100

[해설] 평균강도율 : 재해 1건당의 근로손실일수

$$평균강도율 = \frac{강도율}{도수율} \times 1{,}000 = \frac{1.2}{12} \times 1{,}000 = 100$$

28 재해의 발생 형태 분류 중 사람이 평면상으로 넘어졌을 경우를 무엇이라고 하는가?

㉮ 떨어짐　　㉯ 부딪힘·접촉
㉰ 넘어짐　　㉱ 끼임

[해설] 사람이 평면상으로 넘어짐 → 넘어짐

29 다음 중 재해 발생의 원인별 분류 시 물적 원인으로 볼 수 없는 것은?

㉮ 불안전한 설계
㉯ 방호장치의 불충분
㉰ 주변 환기의 부족
㉱ 안전장치의 제거

[해설] ㉱ 안전장치의 제거 → 불안전한 행동

{참고} 재해의 직접 원인
① 인적 원인(불안전한 행동)
② 물적 원인(불안전한 상태)

인적 원인 (불안전한 행동)	• 위험장소 접근 • **안전장치의 기능 제거** • **복장, 보호구의 잘못 사용** • 기계·기구 잘못 사용 • 운전 중인 기계장치의 손질 • 불안전한 속도 조작
	• 불안전한 속도 조작 • 위험물 취급 부주의 • 불안전한 상태 방치 • 불안전한 자세·동작 • 감독 및 연락 불충분
물적 원인 (불안전한 상태)	• 물 자체의 결함 • 안전 방호장치의 결함 • 복장, 보호구의 결함 • 물의 배치 및 작업 장소 불량 • 작업환경의 결함 • 생산 공정의 결함 • 경계 표시, 설비의 결함

30 사고 조사를 할 때 사고결과에 대한 원인 요소 및 상호의 관계를 인과(因果)관계로 결부하여 나타내는 통계적 원인 분석 방법은?

㉮ 관리도　　㉯ 특성요인도
㉰ 클로즈 분석　　㉱ 파레토도

[해설] 사고 결과에 대한 원인의 상호관계를 나타내는 분석법 → 특성요인도

{참고} 재해통계 방법
① 파레토도 : 사고 유형, 기인물 등 데이터를 분류하여 그 항목값이 큰 순서대로 정리하여 막대 그래프로 나타낸다.
② 특성요인도 : 재해와 그 요인의 관계를 어골상으로 세분화하여 나타낸다.
③ 크로스(cross) 분석 : 2가지 또는 2개 항목 이상의 요인이 상호관계를 유지할 때 문제를 분석하는데 사용된다.
④ 관리도 : 시간 경과에 따른 재해발생 건수 등 대략적인 추이 파악에 사용된다.

31 강도율이 5.5라 함은 연 근로시간 몇 시간 중 재해로 인한 근로손실이 110일 발생하였음을 의미하는가?

㉮ 10,000　　㉯ 20,000
㉰ 50,000　　㉱ 100,000

•))정답　27 ㉱　28 ㉰　29 ㉱　30 ㉯　31 ㉯

해설)
$$강도율 = \frac{총요양근로손실일수}{연근로시간수} \times 1,000$$

근로손실일수 = 휴업일수, 요양일수, 입원일수
$$\times \frac{300(실제근로일수)}{365}$$

$$강도율 = \frac{총요양근로손실일수}{연근로시간수} \times 1,000$$

$$연근로시간수 = \frac{총요양근로손실일수 \times 1,000}{강도율}$$

$$= \frac{110 \times 1,000}{5.5} = 20,000시간$$

32 국제노동기구(ILO)의 분류에 부상결과 신체장해 등급 제4급 ~ 제14급에 해당한 상해로 옳은 것은?

㉮ 영구 전 노동 불능 상해
㉯ 일시 전 노동 불능 상해
㉰ 영구 일부 노동 불능 상해
㉱ 일시 일부 노동 불능 상해

해설) ILO의 근로 불능 상해의 구분(상해정도별 분류)
① 사망
② 영구 전 노동 불능 : 신체 전체의 노동 기능 완전 상실(1~3급)
③ 영구 일부 노동 불능 : 신체 일부의 노동 기능 상실(4~14급)
④ 일시 전 노동 불능 : 일정 기간 노동 종사 불가 (휴업 상해)
⑤ 일시 일부 노동 불능 : 일정 기간 일부 노동에 종사 불가(통원 상해)
⑥ 구급조치 상해

33 평균 근로자 수가 50명인 A 공장에서 지난 한 해 동안 3명의 재해자가 발생하였다. 이 공장의 강도율이 1.5이었다면 총 근로손실일수는 며칠 인가? (단, 근로자는 1일 8시간씩 300일을 근무하였다.)

㉮ 180   ㉯ 190
㉰ 208   ㉱ 219

해설)
$$강도율 = \frac{총요양근로손실일수}{연근로시간수} \times 1,000$$

근로손실일수 = 휴업일수, 요양일수, 입원일수
$$\times \frac{300(실제근로일수)}{365}$$

$$강도율 = \frac{총요양근로손실일수}{연근로시간수} \times 1,000$$

$$총요양근로손실일수 = \frac{강도율 \times 연근로시간 수}{1,000}$$

$$= \frac{1.5 \times (50 \times 8 \times 300)}{1,000}$$

$$= 180일$$

34 산업안전보건법령에 따라 건설현장에서 사용하는 크레인, 리프트 및 곤돌라는 최초로 설치한 날부터 얼마마다 안전검사를 실시하여야 하는가?

㉮ 6개월   ㉯ 1년
㉰ 2년   ㉱ 3년

해설) 안전검사대상 유해·위험기계 등의 검사 주기
1. 크레인(이동식 크레인은 제외한다), 리프트(이삿짐운반용 리프트는 제외한다) 및 곤돌라 : 사업장에 설치가 끝난 날부터 3년 이내에 최초 안전검사를 실시하되, 그 이후부터 2년마다(건설현장에서 사용하는 것은 최초로 설치한 날부터 6개월마다)
2. 이동식 크레인, 이삿짐운반용 리프트 및 고소작업대 : 신규등록 이후 3년 이내에 최초 안전검사를 실시하되, 그 이후부터 2년마다
3. 프레스, 전단기, 압력용기, 국소 배기장치, 원심기, 롤러기, 사출성형기, 컨베이어 및 산업용 로봇, 혼합기, 파쇄기 또는 분쇄기 : 사업장에 설치가 끝난 날부터 3년 이내에 최초 안전검사를 실시하되, 그 이후부터 2년마다(공정안전보고

정답 32 ㉰ 33 ㉮ 34 ㉮

서를 제출하여 확인을 받은 압력용기는 4년마다)(26년 6월 26일 시행)

35 다음 중 상해의 종류별 분류에 해당하지 않는 것은?

㉮ 골절 ㉯ 중독
㉰ 동상 ㉱ 산소결핍

[해설] ㉱ 산소결핍에 해당하는 상해 종류는 "질식"이다.

{참고} 상해 종류별 분류

분류 항목	세부 항목
① 골절	뼈가 부러진 상해
② 동상	저온물 접촉으로 생긴 동상 상해
③ 부종	국부의 혈액순환의 이상으로 몸이 퉁퉁 부어오르는 상해
④ 찔림(자상)	칼날 등 날카로운 물건에 찔린 상해
⑤ 타박상(뻠)	타박·충돌·추락 등으로 피부표면보다는 피하조직 또는 근육부를 다친 상태
⑥ 절단(절상)	신체 부위가 절단된 상해
⑦ 중독·질식	음식물·약물·가스 등에 의한 중독이나 질식된 상해
⑧ 찰과상	스치거나 문질러서 피부가 벗겨진 상해
⑨ 베임(창상)	창·칼 등에 베인 상해
⑩ 화상	화재 또는 고온물 접촉으로 인한 상해
⑪ 뇌진탕	머리를 세게 맞았을 때 장해로 일어난 상해
⑫ 익사	물 속에 추락하여 익사한 상해
⑬ 피부병	직업과 연관되어 발생 또는 악화되는 모든 피부질환
⑭ 청력장애	청력이 감퇴 또는 난청이 된 상태
⑮ 시력장애	시력이 감퇴 또는 실명된 상해

36 산업안전보건법상 안전검사대상 유해·위험기계에 해당하지 않는 것은?

㉮ 프레스 ㉯ 리프트
㉰ 전기 용접기 ㉱ 산업용 원심기

[해설] 안전검사 대상 유해·위험기계
① 프레스
② 전단기
③ 크레인[정격 하중이 2톤 미만인 것 제외]
④ 리프트
⑤ 압력용기
⑥ 곤돌라
⑦ 국소 배기장치(이동식은 제외)
⑧ 원심기(산업용만 해당)
⑨ 롤러기(밀폐형 구조는 제외한다)
⑩ 사출성형기[형 체결력(형 체결력) 294킬로뉴턴(KN) 미만은 제외]
⑪ 고소작업대
⑫ 컨베이어
⑬ 산업용 로봇
⑭ 혼합기(26년 6월 26일 시행)
⑮ 파쇄기 또는 분쇄기(26년 6월 26일 시행)

특급 암기법

안전인증대상 중
손 다치는 기계 - 프레스, 전단기, 사출성형기, 롤러기, 혼합기, 파쇄기 또는 분쇄기
(26년 6월 26일 시행)
양중기 - 크레인, 리프트, 곤돌라
폭발 - 압력용기
추가 - 극소(국소) 로봇이 고소의 큰(컨) 원을 검사(안전검사)
국소배기장치, 산업용 로봇, 고소작업대, 컨베이어, 원심기

37 기계·기구 또는 설비의 신설, 변경 또는 고장 수리 등 부정기적인 점검을 말하며 기술적 책임자가 시행하는 점검을 무슨 점검이라 하는가?

㉮ 정기 점검 ㉯ 수시 점검
㉰ 특별 점검 ㉱ 임시 점검

[해설] 안전 점검의 종류
① **정기 점검(계획점검)** : 일정 기간마다 정기적으로 실시하는 점검을 말한다.
② **수시 점검(일상점검)** : 매일 작업 전, 중, 후에 실시하는 점검을 말한다.
③ **특별 점검** : 기계·기구 또는 설비의 신설·변경 또는 고장·수리 등으로 비정기적인 특정 점검을 말하며 기술 책임자가 실시한다. 산업안전

정답 35 ㉱ 36 ㉰ 37 ㉰

보건 강조기간, 악천후 시에도 실시한다.
④ **임시 점검** : 기계·기구 또는 설비의 이상 발견 시에 임시로 점검하는 점검을 말한다.

38 다음 중 재해 발생 시 가장 먼저 해야 할 일은?

㉮ 현장 보존
㉯ 상급 부서의 보고
㉰ 재해자의 구조 및 응급조치
㉱ 2차 재해의 방지

[해설] **재해 발생 시 조치 순서**
① 긴급조치   ② 재해조사
③ 원인 분석   ④ 대책 수립
⑤ 실시   ⑥ 평가

{참고} **긴급조치 순서**
① 피재 기계 정지
② 피재자 응급조치
③ 관계자에게 통보(인적, 물적 손실 함께 통보)
④ 2차 재해 방지
⑤ 현장 보존

39 다음 중 안전점검의 목적에 관한 설명으로 적절하지 않은 것은?

㉮ 기기 및 설비의 결함이나 불안전한 상태의 제거로 사전에 안전성을 확보하기 위함이다.
㉯ 기기 및 설비의 안전상태 유지 및 본래의 성능을 유지하기 위함이다.
㉰ 재해 방지를 위하여 그 재해 요인의 대책과 실시를 계획적으로 하기 위함이다.
㉱ 현장에서 불필요한 시설을 중단시켜 전체의 가동률을 높이기 위함이다.

[해설] **안전점검의 목적**
① 결함이나 불안전 조건의 제거
② 기계, 설비의 본래 성능 유지

③ 합리적인 생산관리

40 안전점검 체크리스트 작성 시 유의해야 할 사항과 관계가 가장 적은 것은?

㉮ 사업장에 적합한 독자적인 내용으로 작성한다.
㉯ 점검 항목은 전문적이면서 간략하게 작성한다.
㉰ 관계의 의견을 통하여 정기적으로 검토·보완 작성한다.
㉱ 위험성이 높고, 긴급을 요하는 순으로 작성한다.

[해설] ㉯ 내용은 구체적이며 재해예방에 실효가 있게 작성하여야 한다.

{참고} **안전점검표(안전점검 체크리스트) 작성 시 유의사항**
① 사업장에 적합한 내용이며 독자적일 것
② 내용은 구체적이며, 재해예방에 실효가 있을 것
③ 중요도가 높은 순으로 작성할 것
④ 일정 양식 및 점검대상을 정하여 작성할 것
⑤ 가급적 쉬운 표현으로 작성할 것

41 다음 중 재해예방의 4원칙에 해당하지 않는 것은?

㉮ 예방 가능의 원칙
㉯ 대책 선정의 원칙
㉰ 손실 우연의 원칙
㉱ 통계 확률의 원칙

[해설] **산업재해 예방의 4원칙**
① **예방 가능의 원칙** : 재해는 원칙적으로 <u>원인만 제거되면 예방이 가능</u>하다.
② **손실 우연의 원칙** : <u>사고의 결과 생기는 상해의 종류와 정도</u>는 사고 발생 시 사고대상의 조건에 따라 <u>우연히 발생한다.</u>
③ **대책 선정의 원칙** : <u>사고의 원인에 대한 적합한 대책이 선정되어야 한다.</u>
④ **원인 연계의 원칙** : <u>재해는 직접 원인과 간접 원인이 연계되어 일어난다.</u>

정답 38 ㉰ 39 ㉱ 40 ㉯ 41 ㉱

CHAPTER 02 안전보호구 관리

01 보호구 및 안전장구관리

> **주/요/내/용 알/고/가/기**
> 1. 보호구의 지급
> 2. 안전인증 대상 보호구의 종류
> 3. 안전인증 제품표시의 붙임
> 4. 안전모의 성능 시험 종류
> 5. 안전화의 성능 시험 종류
> 6. 방진마스크의 등급
> 7. 방독마스크의 등급 및 정화통 표시색
> 8. 안전대의 종류

1 보호구의 개요

(1) 보호구의 지급 ✰✰✰

사업주는 다음 각 호에서 정하는 바에 따라 그 작업조건에 적합한 보호구를 동시에 작업하는 근로자의 수 이상으로 지급하고 이를 착용하도록 하여야 한다.

① 물체가 떨어지거나 날아올 위험 또는 근로자가 추락할 위험이 있는 작업 : 안전모
② 높이 또는 깊이 2미터 이상의 추락할 위험이 있는 장소에서 하는 작업 : 안전대(安全帶)
③ 물체의 낙하·충격, 물체에의 끼임, 감전 또는 정전기의 대전(帶電)에 의한 위험이 있는 작업 : 안전화
④ 물체가 흩날릴 위험이 있는 작업 : 보안경
⑤ 용접 시 불꽃이나 물체가 흩날릴 위험이 있는 작업 : 보안면
⑥ 감전의 위험이 있는 작업 : 절연용 보호구
⑦ 고열에 의한 화상 등의 위험이 있는 작업 : 방열복
⑧ 선창 등에서 분진(粉塵)이 심하게 발생하는 하역작업 : 방진마스크
⑨ 섭씨 영하 18도 이하인 급냉동어창에서 하는 하역작업 : 방한모·방한복·방한화·방한장갑
⑩ 물건을 운반하거나 수거·배달하기 위하여 이륜자동차 또는 원동기장치 자전거를 운행하는 작업 : 승차용 안전모
⑪ 물건을 운반하거나 수거·배달하기 위하여 자전거 등을 운행하는 작업 : 안전모

합격의 key

합격의 key

※ 보호구의 분류

안전 보호구	① 안전화 ② 안전모 ③ 안전대 ④ 안전장갑
위생 보호구	① 방진마스크, 방독마스크, 송기마스크 ② 보안경 ③ 귀마개, 귀덮개 ④ 보호복

비교 ★★★

※ 자율안전 확인제품 표시사항
① 형식 또는 모델명
② 규격 또는 등급 등
③ 제조자명
④ 제조번호 및 제조 연월
⑤ 자율안전확인 번호

---

(2) 보호구 구비 조건 ✪

① 사용 목적에 적합해야 한다.
② 착용이 간편해야 한다.
③ 작업에 방해되지 않아야 한다.
④ 품질이 우수해야 한다.
⑤ 구조, 끝마무리가 양호해야 한다.
⑥ 겉모양, 보기가 좋아야 한다.
⑦ 유해, 위험에 대한 방호가 완전할 것
⑧ 금속성 재료는 내식성일 것

(3) 안전인증 대상 보호구의 종류 ✪✪✪

① 추락 및 감전 위험방지용 안전모
② 안전화
③ 안전장갑
④ 방진마스크
⑤ 방독마스크
⑥ 송기마스크
⑦ 전동식 호흡보호구
⑧ 보호복
⑨ 안전대
⑩ 차광 및 비산물 위험방지용 보안경
⑪ 용접용 보안면
⑫ 방음용 귀마개 또는 귀덮개

(4) 자율안전 확인 대상 보호구의 종류 ✪✪✪

① 안전모(안전인증 대상 제외)
② 보안경(안전인증 대상 제외)
③ 보안면(안전인증 대상 제외)

(5) 안전인증 제품표시의 붙임 ✪✪✪

안전인증제품에는 안전인증 표시 외에 다음 각 목의 사항을 표시한다.

① 형식 또는 모델명 ② 규격 또는 등급 등
③ 제조자명 ④ 제조번호 및 제조연월
⑤ 안전인증 번호

② 안전인증 대상 보호구의 종류별 특성 및 성능기준, 시험방법

(1) 추락 및 감전 위험방지용 안전모

① "모체"란 착용자의 머리부위를 덮는 주된 물체로서 단단하고 매끄럽게 마감된 재료를 말한다.
② "착장체"란 머리받침끈, 머리고정대 및 머리받침고리로 구성되어 추락 및 감전 위험방지용 안전모(이하 "안전모"라 한다) 머리부위에 고정시켜주며, 안전모에 충격이 가해졌을 때 착용자의 머리부위에 전해지는 충격을 완화시켜주는 기능을 갖는 부품을 말한다.
③ "충격흡수재"란 안전모에 충격이 가해졌을 때, 착용자의 머리부위에 전해지는 충격을 완화하기 위하여 모체의 내면에 붙이는 부품을 말한다.
④ "턱끈"이란 모체가 착용자의 머리부위에서 탈락하는 것을 방지하기 위한 부품을 말한다.
⑤ "통기구멍"이란 통풍의 목적으로 모체에 있는 구멍을 말한다.
⑥ "챙"이란 햇빛 등을 가리기 위한 목적으로 착용자의 이마 앞으로 돌출된 모체의 일부를 말한다.
⑦ "착용높이"란 안전모를 머리모형에 장착하였을 때 머리고정대의 하부와 머리모형 최고점과의 수직거리를 말한다.
   안전모의 착용높이는 85mm 이상이고 외부수직거리는 80mm 미만일 것
⑧ "외부수직거리"란 안전모를 머리모형에 장착하였을 때 모체외면의 최고점과 머리모형 최고점과의 수직거리를 말한다.
⑨ "내부수직거리"란 안전모를 머리모형에 장착하였을 때 모체내면의 최고점과 머리모형 최고점과의 수직거리를 말한다.
   안전모의 내부수직거리는 25mm 이상 50mm 미만일 것
⑩ "수평간격"이란 모체 내면과 머리모형 전면 또는 측면간의 거리를 말한다.
   안전모의 수평간격은 5mm 이상일 것
⑪ "관통거리"란 모체두께를 포함하여 철제추가 관통한 거리를 말한다.

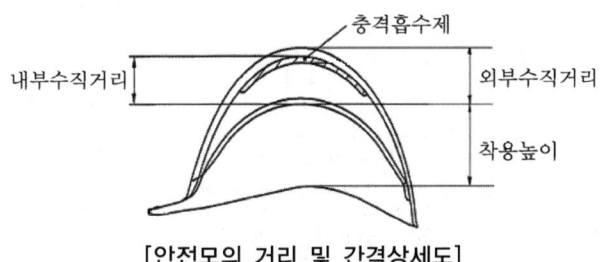

[안전모의 거리 및 간격상세도]

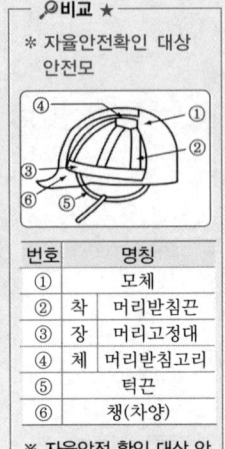

번호	명칭	
①		모체
②	착	머리받침끈
③	장	머리고정대
④	체	머리받침고리
⑤		턱끈
⑥		챙(차양)

※ 자율안전 확인 대상 안전모에는 충격흡수재가 없다.

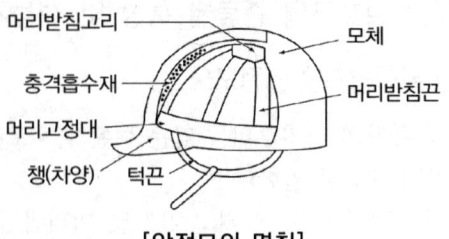

[안전모의 명칭]

1) 안전모의 일반구조

일반구조
1. 안전모는 모체, 착장체 및 턱끈을 가질 것
2. 착장체의 머리고정대는 착용자의 머리부위에 적합하도록 조절할 수 있을 것
3. 착장체의 구조는 착용자의 머리에 균등한 힘이 분배되도록 할 것
4. 모체, 착장체 등 안전모의 부품은 착용자에게 상해를 줄 수 있는 날카로운 모서리 등이 없을 것
5. 모체에 구멍이 없을 것(착장체 및 턱끈의 설치 또는 안전등, 보안면 등을 붙이기 위한 구멍은 제외한다)
6. 턱끈은 사용 중 탈락되지 않도록 확실히 고정되는 구조일 것
7. 안전모의 착용높이는 85mm 이상이고 외부수직거리는 80mm 미만일 것
8. 안전모의 내부수직거리는 25mm 이상 50mm 미만일 것
9. 안전모의 수평간격은 5mm 이상일 것
10. 머리받침끈의 폭은 15mm 이상이어야 하며, 교차지점 중심으로부터 방사되는 끈의 총합은 72mm 이상일 것
11. 턱끈의 폭은 10mm 이상일 것
12. 안전모의 모체, 착장체 및 충격흡수재를 포함한 질량은 440g을 초과하지 않을 것
13. AB종 안전모는 충격흡수재를 가져야 하며, 리벳(rivet) 등 기타 돌출부가 모체의 표면에서 5mm 이상 돌출되지 않아야 한다.
14. AE종 안전모는 금속제의 부품을 사용하지 않고, 착장체는 모체의 내·외면을 관통하는 구멍을 뚫지 않고 붙일 수 있는 구조로서 모체의 내·외면을 관통하는 구멍 핀홀 등이 없어야 한다.

2) 안전인증 안전모의 종류(추락, 감전방지용) ✦✦✦

종류 (기호)	사용구분	비고
AB	물체의 낙하 또는 비래 및 추락에 의한 위험을 방지 또는 경감시키기 위한 것	
AE	물체의 낙하 또는 비래에 의한 위험을 방지 또는 경감하고, 머리부위 감전에 의한 위험을 방지하기 위한 것	내전압성
ABE	물체의 낙하 또는 비래 및 추락에 의한 위험을 방지 또는 경감하고, 머리부위 감전에 의한 위험을 방지하기 위한 것	내전압성
내전압성이란 7,000V 이하의 전압에 견디는 것을 말한다.		

3) 안전인증 안전모의 성능 시험 종류 및 시험성능기준 ✩✩

항 목	시험성능 기준
① 내관통성 시험	AE, ABE종 안전모는 관통거리가 9.5mm 이하이고, AB종 안전모는 관통거리가 11.1mm 이하이어야 한다.
② 충격흡수성 시험	최고전달충격력이 4,450N을 초과해서는 안되며, 모체와 착장체의 기능이 상실되지 않아야 한다.
③ 내전압성 시험	AE, ABE종 안전모는 교류 20kV에서 1분간 절연파괴 없이 견뎌야 하고, 이때 누설되는 충전전류는 10mA 이하이어야 한다.
④ 내수성 시험	AE, ABE종 안전모는 질량증가율이 1% 미만이어야 한다.
⑤ 난연성 시험	모체가 불꽃을 내며 5초 이상 연소되지 않아야 한다.
⑥ 턱끈풀림 시험	150N 이상 250N 이하에서 턱끈이 풀려야 한다.

🔎 비교 ★★

* 자율안전 확인 안전모 성능 시험 종류
① 내관통성 시험
② 충격흡수성 시험
③ 난연성 시험
④ 턱끈풀림시험

안전모의 내수성 시험 ✩

- AE, ABE종 안전모의 내수성 시험은 시험 안전모의 모체를 20~25℃의 수중에 24시간 담가놓은 후, 대기 중에 꺼내어 마른 천 등으로 표면의 수분을 닦아내고 다음 산식으로 질량증가율(%)을 산출한다.

$$질량증가율(\%) = \frac{담근\ 후의\ 질량 - 담그기\ 전의\ 질량}{담그기\ 전의\ 질량} \times 100$$

- AE, ABE종 안전모는 질량증가율이 1% 미만이어야 한다.

(2) 안전화

1) 안전화의 명칭

① 가죽제안전화 각 부분의 명칭

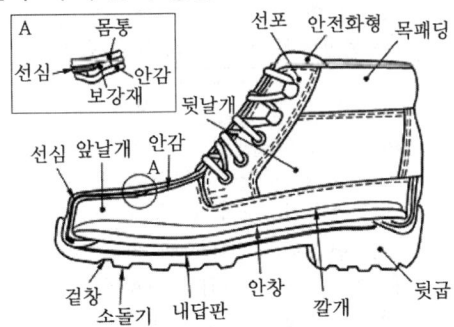

② 고무제안전화 각 부분의 명칭

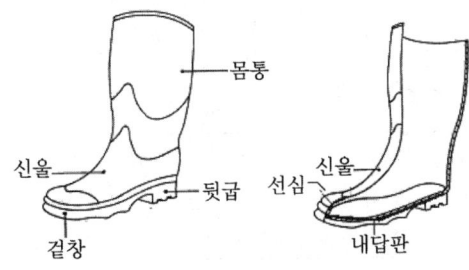

2) 안전화의 종류

종 류	성능구분
가죽제 안전화	물체의 낙하, 충격 또는 날카로운 물체에 의한 찔림 위험으로부터 발을 보호하기 위한 것
고무제 안전화	물체의 낙하, 충격 또는 날카로운 물체에 의한 찔림 위험으로부터 발을 보호하고 내수성을 겸한 것
정전기 안전화	물체의 낙하, 충격 또는 날카로운 물체에 의한 찔림 위험으로부터 발을 보호하고 정전기의 인체대전을 방지하기 위한 것
발등 안전화	물체의 낙하, 충격 또는 날카로운 물체에 의한 찔림 위험으로부터 발 및 발등을 보호하기 위한 것
절연화	물체의 낙하, 충격 또는 날카로운 물체에 의한 찔림 위험으로부터 발을 보호하고 저압의 전기에 의한 감전을 방지하기 위한 것
절연장화	고압에 의한 감전을 방지 및 방수를 겸한 것
화학물질용 안전화	물체의 낙하, 충격 또는 날카로운 물체에 의한 찔림 위험으로부터 발을 보호하고 화학물질로부터 유해위험을 방지하기 위한 것

3) 사용장소에 따른 안전화의 등급

등 급	용어 정의
중 작업용	1,000밀리미터의 낙하높이에서 시험했을 때 충격과 (15.0 ±0.1)킬로뉴턴(KN)의 압축하중에서 시험했을 때 압박에 대하여 보호해 줄 수 있는 선심을 부착하여, 착용자를 보호하기 위한 안전화를 말한다.
보통 작업용	500밀리미터의 낙하높이에서 시험했을 때 충격과 (10.0 ±0.1)킬로뉴턴(KN)의 압축하중에서 시험했을 때 압박에 대하여 보호해 줄 수 있는 선심을 부착하여, 착용자를 보호하기 위한 안전화를 말한다.
경 작업용	250밀리미터의 낙하높이에서 시험했을 때 충격과 (4.4 ±0.1)킬로뉴턴(KN)의 압축하중에서 시험했을 때 압박에 대하여 보호해 줄 수 있는 선심을 부착하여, 착용자를 보호하기 위한 안전화를 말한다.

구 분	사용 장소
중 작업용	광업, 건설업 및 철광업 등에서 원료취급, 가공, 강재취급 및 강재 운반, 건설업 등에서 중량물 운반 작업, 가공대상물의 중량이 큰 물체를 취급하는 작업장으로서 날카로운 물체에 의해 찔릴 우려가 있는 장소
보통 작업용	기계공업, 금속가공업, 운반, 건축업 등 공구 가공품을 손으로 취급하는 작업 및 차량 사업장, 기계 등을 운전 조작하는 일반작업장으로서 날카로운 물체에 의해 찔릴 우려가 있는 장소
경 작업용	금속 선별, 전기제품 조립, 화학제품 선별, 반응장치 운전, 식품 가공업 등 비교적 경량의 물체를 취급하는 작업장으로서 날카로운 물체에 의해 찔릴 우려가 있는 장소

4) 고무제 안전화의 구분

구 분	사용 장소
일 반 용	일반작업장
내 유 용	탄화수소류의 윤활유 등을 취급하는 작업장

5) 정전기안전화의 구분

구 분			대전방지성능(저항)
신울 등이 가죽제인 것	선심 있는 것	1종	0.1MΩ < R < 100MΩ
		2종	0.1MΩ < R < 10MΩ
	선심 없는 것	1종	0.1MΩ < R < 100MΩ
		2종	0.1MΩ < R < 10MΩ
신울 등이 고무제인 것	선심 있는 것	1종	0.1MΩ < R < 100MΩ
		2종	0.1MΩ < R < 10MΩ
	선심 없는 것	1종	0.1MΩ < R < 100MΩ
		2종	0.1MΩ < R < 10MΩ

[비고]
1. 1종은 착화에너지가 0.1mJ 이상의 가연성물질 또는 가스(메탄, 프로판 등)를 취급하는 작업장에서 사용하는 것이어야 한다.
2. 2종은 착화에너지가 0.1mJ 미만의 가연성물질 또는 가스(수소, 아세틸렌 등)를 취급하는 작업장에서 사용하는 것이어야 한다.

6) 발등 안전화의 구분

구 분	방호대 결합방법
고정식	안전화에 방호대를 고정한 것
탈착식	안전화의 끈 등을 이용하여 안전화에 방호대를 결합한 것으로 그 탈착이 가능한 것

7) 절연화의 구분

구 분		내전압 성능
신울 등이 가죽제인 것	선심 있는 것	14,000V에 1분간 견디고 충전전류가 5mA 이하일 것
	선심 없는 것	
신울 등이 고무제인 것	선심 있는 것	
	선심 없는 것	

8) 절연장화의 성능 기준

항 목		시험 성능 기준
내전압성 시험		20,000V에 1분간 견디고 이때의 충전전류가 20mA 이하일 것
인장강도 시험	겉 창	880N/cm² 이상일 것
	몸 통	1,270N/cm² 이상일 것
신장율 시험	겉 창	350% 이상일 것
	몸 통	350% 이상일 것
노화 후의 잔존율시험	겉창, 몸통, 인장강도	가열 전의 80% 이상일 것
	겉창, 몸통, 신장율	가열 전의 75% 이상일 것
내열성 시험		균열, 흠 등 외관상 이상이 없을 것

9) 화학물질용 안전화의 종류

구 분		사 용 장 소
가죽제		물체의 낙하, 충격 또는 날카로운 물체에 의한 찔림 위험과 화학물질로부터 발을 보호하기 위한 것
고무제	내답판 있는 것	물체의 낙하, 충격 또는 날카로운 물체에 의한 찔림 위험과 화학물질로부터 발을 보호하기 위한 것
	내답판 없는 것	

10) 가죽제 안전화 성능시험 종류 ✮✮

① 내충격성 시험 ② 내압박성 시험
③ 내답발성 시험 ④ 박리저항 시험
⑤ 내유성 시험   ⑥ 인장강도 시험 및 신장율 시험
⑦ 내부식성 시험 ⑧ 인열강도 시험
⑨ 은면결렬 시험

가죽제 안전화의 내유성 시험

질량(m_3)을 달고 다시 실온의 증류수 중에서 질량(m_4)를 달아서 다음 산식에 의해서 부피변화율을 산출한다.

$$\Delta V = \frac{(m_3 - m_4) - (m_1 - m_2)}{(m_1 - m_2)} \times 100$$

ΔV : 부피변화율(%) m_1 : 담그기 전 공기 중에서의 질량(g)
m_2 : 담그기 전 수중에서의 질량(g) m_3 : 담근 후 공기 중에서의 질량(g)
m_4 : 담근 후 수중에서의 질량(g)

(3) 안전장갑

1) 내전압용 절연장갑

① 절연장갑의 등급 ✮

등 급	최대사용전압	
	교류(V, 실효값)	직류(V)
00	500	750
0	1,000	1,500
1	7,500	11,250
2	17,000	25,500
3	26,500	39,750
4	36,000	54,000

교류 × 1.5 = 직류

② 절연장갑의 성능

인장강도	1,400N/cm² 이상(평균값)
신장율	100분의 600 이상(평균값)
영구신장율	100분의 15 이하
추가표시	안전인증 절연장갑에는 안전인증의 표시 외에 다음 각목의 내용을 추가로 표시해야 한다. 가. 등급별 사용전압 나. 등급별 색상 　• 00등급 : 갈색　　• 0등급 : 빨간색 　• 1등급 : 흰색　　• 2등급 : 노란색 　• 3등급 : 녹색　　• 4등급 : 등색

공(00)갈 공(0)적 1백 2황 3녹 4등

2) 화학물질용 안전장갑

화학물질 보호성능 표시	

(4) 방진마스크

① "분진 등"이란 분진, 미스트 및 흄을 총칭하는 것으로 물리적 작용 및 화학적 반응에 의해 생성된 고체 또는 액체입자를 말한다.
② "전면형 방진마스크"란 분진 등으로부터 안면부 전체(입, 코, 눈)를 덮을 수 있는 구조의 방진마스크를 말한다.
③ "반면형 방진마스크"란 분진 등으로부터 안면부의 입과 코를 덮을 수 있는 구조의 방진마스크를 말한다.

1) 방진마스크의 등급

등급	특급	1급	2급
사용 장소	• 베릴륨등과 같이 독성이 강한 물질들을 함유한 분진 등 발생장소 • 석면 취급 장소	• 특급마스크 착용장소를 제외한 분진 등 발생장소 • 금속흄 등과 같이 열적으로 생기는 분진 등 발생장소 • 기계적으로 생기는 분진 등 발생장소(규소 등과 같이 2급 방진마스크를 착용하여도 무방한 경우는 제외한다)	• 특급 및 1급 마스크 착용장소를 제외한 분진 등 발생장소
배기밸브가 없는 안면부여과식 마스크는 특급 및 1급 장소에 사용해서는 안 된다.			

2) 방진마스크의 형태

종류	분리식		안면부여과식
	격리식	직결식	
형태	• 전면형 그림 1 참조 • 반면형 그림 3 참조	• 전면형 그림 2 참조 • 반면형 그림 4 참조	• 반면형 그림 5 참조
사용조건	산소농도 18% 이상인 장소에서 사용하여야 한다.		

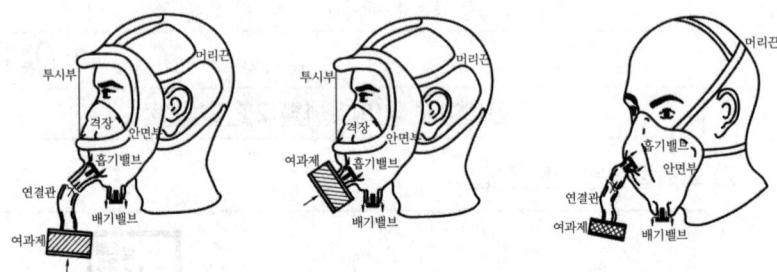

[그림 1] 격리식 전면형   [그림 2] 직결식 전면형   [그림 3] 격리식 반면형

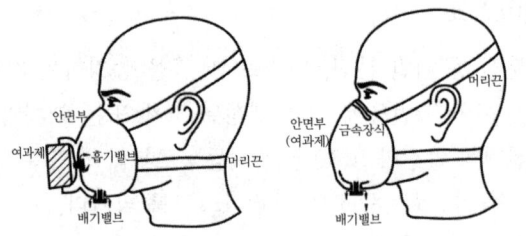

[그림 4] 직결식 반면형   [그림 5] 안면부여과식

🔍 비교 ★

※ 방진마스크의 구비 조건
① 여과효율이 좋을 것
② 흡·배기 저항이 작을 것
③ 안면밀착성이 좋을 것
④ 시야가 넓을 것
⑤ 피부접촉부의 고무질이 좋을 것

3) 방진마스크의 일반구조 ✯

① 착용 시 이상한 압박감이나 고통을 주지 않을 것
② 전면형 : 호흡 시에 투시부가 흐려지지 않을 것
③ 분리식 마스크 : 여과재, 흡기밸브, 배기밸브 및 머리끈을 쉽게 교환할 수 있고 착용자 자신이 안면부와의 밀착성 여부를 수시로 확인할 수 있을 것
④ 안면부여과식 : 여과재로 된 안면부가 사용 중 심하게 변형되지 않을 것
⑤ 안면부여과식 : 여과재를 안면에 밀착시킬 수 있을 것

4) 여과재 등 분진 포집효율

형태 및 등급		염화나트륨(NaCl) 및 파라핀 오일(Paraffin oil) 시험(%)
분리식	특급	99.95 이상
	1급	94.0 이상
	2급	80.0 이상
안면부 여과식	특급	99.0 이상
	1급	94.0 이상
	2급	80.0 이상

5) 시야

형태		시야(%)	
		유효시야	겹침시야
전면형	1안식	70 이상	80 이상
	2안식	70 이상	20 이상

6) 안면부 내부의 이산화탄소농도

안면부 내부의 이산화탄소농도	안면부 내부의 이산화탄소 농도가 부피분율 1% 이하일 것

7) 방진마스크 성능시험 종류

방진마스크 성능시험 종류

① 안면부 흡기저항시험
② 여과재의 분진 등 포집효율시험
③ 안면부 배기저항시험
④ 안면부 누설율시험
⑤ 배기밸브 작동시험
⑥ 시야시험
⑦ 강도, 신장율 및 영구변형율시험
⑧ 불연성시험
⑨ 음성 전달판시험
⑩ 투시부의 내충격성 시험
⑪ 여과재 질량시험
⑫ 여과재 호흡저항시험
⑬ 안면부내부의 이산화탄소농도시험

합격의 key

[문제]
다음은 방진마스크를 선택할 때의 일반적인 유의사항에 관한 설명 중 틀린 것은?

㉮ 중량이 가벼울수록 좋다.
㉯ 흡기저항이 큰 것일수록 좋다.
㉰ 안면에의 밀착성이 좋아야 한다.
㉱ 손질하기가 간편할수록 좋다.

[해설]
㉯ 흡·배기 저항은 낮을수록 좋다.

[정답] ㉯

> **참고** 여과재의 분진 등 포집효율 시험
>
> 여과재를 분진포집효율 시험 장치에 장착하여 염화나트륨 에어로졸을 분당 95L의 유량으로 여과재에 통과시킨 후 여과재 통과 전후의 농도를 측정한다. 이때의 측정값은 (30±3)초 사이에서 얻어진 평균값으로 하되, 포집효율시험 시작 후 3분 이내에 측정한다.
>
> $$P(\%) = \frac{C_1 - C_2}{C_1} \times 100$$
>
> P : 여과재의 분진 등 포집효율(%)
> C_1 : 여과재 통과전의 염화나트륨 농도(mg/m^3)
> C_2 : 여과재 통과후의 염화나트륨 농도(mg/m^3)

(5) 방독마스크

① "파과"란 대응하는 가스에 대하여 정화통 내부의 흡착제가 포화상태가 되어 흡착능력을 상실한 상태를 말한다. ✦
② "파과시간"이란 어느 일정농도의 유해물질 등을 포함한 공기를 일정 유량으로 정화통에 통과하기 시작부터 파과가 보일 때까지의 시간을 말한다.
③ "파과곡선"이란 파과시간과 유해물질 등에 대한 농도와의 관계를 나타낸 곡선을 말한다.
④ "전면형 방독마스크"란 유해물질 등으로부터 안면부 전체(입, 코, 눈)를 덮을 수 있는 구조의 방독마스크를 말한다.
⑤ "반면형 방독마스크"란 유해물질 등으로부터 안면부의 입과 코를 덮을 수 있는 구조의 방독마스크를 말한다.
⑥ "복합용 방독마스크"란 2종류 이상의 유해물질 등에 대한 제독능력이 있는 방독마스크를 말한다. ✦✦
⑦ "겸용 방독마스크"란 방독마스크(복합용 포함)의 성능에 방진마스크의 성능이 포함된 방독마스크를 말한다. ✦✦

1) 방독마스크의 종류 및 시험가스 ✦✦✦

종 류	시험가스
유기화합물용	시클로헥산(C_6H_{12}) 디메틸에테르(CH_3OCH_3) 이소부탄(C_4H_{10})
할로겐용	염소가스 또는 증기(Cl_2)
황화수소용	황화수소가스(H_2S)
시안화수소용	시안화수소가스(HCN)
아황산용	아황산가스(SO_2)
암모니아용	암모니아가스(NH_3)

2) 방독마스크의 등급 ★★

등 급	사용 장소
고농도	가스 또는 증기의 농도가 100분의 2(암모니아에 있어서는 100분의 3) 이하의 대기 중에서 사용하는 것
중농도	가스 또는 증기의 농도가 100분의 1(암모니아에 있어서는 100분의 1.5) 이하의 대기 중에서 사용하는 것
저농도 및 최저농도	가스 또는 증기의 농도가 100분의 0.1 이하의 대기 중에서 사용하는 것으로서 긴급용이 아닌 것

비고 : 방독마스크는 산소농도가 18% 이상인 장소에서 사용하여야 하고, 고농도와 중농도에서 사용하는 방독마스크는 전면형(격리식, 직결식)을 사용해야 한다.

3) 방독마스크의 형태 및 구조

형 태		구 조
격리식	전면형	정화통, 연결관, 흡기밸브, 안면부, 배기밸브 및 머리끈으로 구성되고, 정화통에 의해 가스 또는 증기를 여과한 청정공기를 연결관을 통하여 흡입하고 배기는 배기밸브를 통하여 외기중으로 배출하는 것으로 안면부 전체를 덮는 구조
	반면형	정화통, 연결관, 흡기밸브, 안면부, 배기밸브 및 머리끈으로 구성되고, 정화통에 의해 가스 또는 증기를 여과한 청정공기를 연결관을 통하여 흡입하고 배기는 배기밸브를 통하여 외기중으로 배출하는 것으로 코 및 입부분을 덮는 구조
직결식	전면형	정화통, 흡기밸브, 안면부, 배기밸브 및 머리끈으로 구성되고, 정화통에 의해 가스 또는 증기를 여과한 청정공기를 흡기밸브를 통하여 흡입하고 배기는 배기밸브를 통하여 외기중으로 배출하는 것으로 정화통이 직접 연결된 상태로 안면부 전체를 덮는 구조
	반면형	정화통, 흡기밸브, 안면부, 배기밸브 및 머리끈으로 구성되고, 정화통에 의해 가스 또는 증기를 여과한 청정공기를 흡기밸브를 통하여 흡입하고 배기는 배기밸브를 통하여 외기중으로 배출하는 것으로 안면부와 정화통이 직접 연결된 상태로 코 및 입부분을 덮는 구조

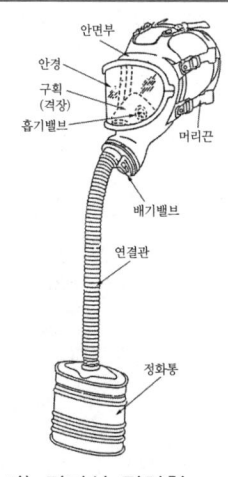
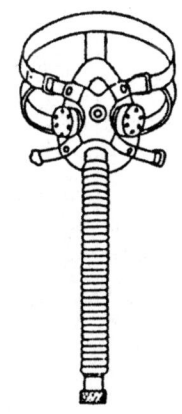

가) 격리식 전면형   나) 격리식 반면형

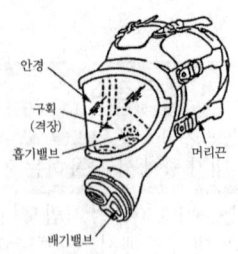
다) 직결식 전면형(1안식)

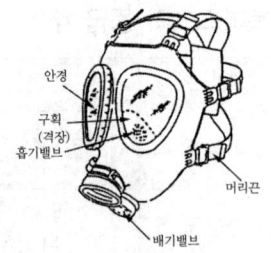
라) 직결식 전면형(2안식)

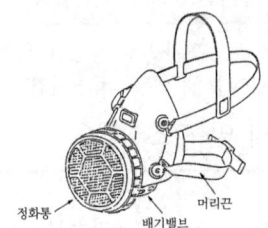
마) 직결식 반면형

4) 시험가스의 조건 및 파과농도, 파과시간

종류 및 등급		시험가스의 조건		파과농도 (ppm, ±20%)	파과시간 (분)	분진포집 효율 (%)
		시험가스	농도(%) (±10%)			
유기 화합물용	고농도	시클로헥산	0.8	10.0	65 이상	**특급 : 99.95 1급 : 94.0 2급 : 80.0
	중농도	〃	0.5		35 이상	
	저농도	〃	0.1		70 이상	
	최저농도	〃	0.1		20 이상	
할로겐용	고농도	염소가스	1.0	0.5	30 이상	
	중농도	〃	0.5		20 이상	
	저농도	〃	0.1		20 이상	
황화 수소용	고농도	황화수소가스	1.0	10.0	60 이상	
	중농도	〃	0.5		40 이상	
	저농도	〃	0.1		40 이상	
시안화 수소용	고농도	시안화수소가스	1.0	10.0*	35 이상	
	중농도	〃	0.5		25 이상	
	저농도	〃	0.1		25 이상	

아황산용	고농도	아황산가스	1.0	5.0	30 이상
	중농도	〃	0.5		20 이상
	저농도	〃	0.1		20 이상
암모니아용	고농도	암모니아가스	1.0	25.0	60 이상
	중농도	〃	0.5		40 이상
	저농도	〃	0.1		50 이상

* 시안화수소가스에 의한 제독능력시험 시 시아노겐(C_2N_2)은 시험가스에 포함될 수 있다. (C_2N_2+HCN)를 포함한 파과농도는 10ppm을 초과할 수 없다
** 겸용의 경우 정화통과 여과재가 장착된 상태에서 분진포집효율시험을 하였을 때 등급에 따른 기준치 이상일 것

5) 시야

형태		시야(%)	
		유효시야	겹침시야
전면형	1 안식	70 이상	80 이상
	2 안식		20 이상

6) 안면부 내부의 이산화탄소 농도 ✤

안면부 내부의 이산화탄소 농도	안면부 내부의 이산화탄소 농도가 부피분율 1% 이하일 것

7) 방독마스크 성능시험

방독마스크 성능시험 종류
① 안면부 흡기저항시험　　② 정화통의 제독능력시험 ③ 안면부 배기저항시험　　④ 안면부 누설율시험 ⑤ 배기밸브 작동시험　　　⑥ 시야시험 ⑦ 강도, 신장율 및 영구변형율시험　⑧ 불연성시험 ⑨ 음성 전달판시험　　　　⑩ 투시부의 내충격성 시험 ⑪ 정화통 질량시험　　　　⑫ 정화통 호흡저항시험 ⑬ 안면부 내부의 이산화탄소농도시험

8) 안전인증 방독마스크 표시 외에 표시사항 ✤

① 파과곡선도
② 사용시간 기록카드
③ 정화통의 외부측면의 표시 색
④ 사용상의 주의사항

9) 흡수제 종류

① 활성탄　　　　　② 큐프라 마이트
③ 호프칼 라이트　　④ 실리카겔
⑤ 소다라임　　　　⑥ 알칼리제재 등

10) 정화통 외부 측면의 표시 색 ✯✯✯

종 류	표시 색
유기화합물용 정화통	갈색
할로겐용 정화통	회색
황화수소용 정화통	회색
시안화수소용 정화통	회색
아황산용 정화통	노란색
암모니아용 정화통	녹색
복합용 및 겸용의 정화통	복합용의 경우 : 해당가스 모두 표시(2층 분리) 겸용의 경우 : 백색과 해당가스 모두 표시(2층 분리)

※ 증기밀도가 낮은 유기화합물 정화통의 경우 색상표시 및 화학물질명 또는 화학기호를 표기

11) 방독마스크의 유효시간 계산 ✯

$$\text{유효시간(파과시간)} = \frac{\text{시험가스농도} \times \text{표준유효시간}}{\text{작업장 공기 중 유해가스 농도}} \text{ (분)}$$

(6) 송기마스크

① "안면부 등"이란 안면부, 페이스실드 및 후드를 말한다.
② "디맨드밸브"란 흡기 때 열리고 흡기를 정지시켰을 때 및 배기할 때 닫히는 밸브를 말한다.
③ "압력 디맨드밸브"란 안면부 안이 외기압보다 일정 정도만 양압이 되도록 설계된 밸브로서 안면부 안에 일정 양압 이하가 되는 경우 작동하는 밸브를 말한다.
④ "공급밸브"란 디맨드밸브와 압력 디맨드밸브를 말한다.
⑤ "AL마스크"란 에어라인 마스크와 복합식 에어라인 마스크를 말한다.

1) 송기마스크의 종류 및 등급 ✯

종 류	등 급		구 분
호스 마스크	폐력 흡인형		안면부
	송풍기형	전동	안면부, 페이스실드, 후드
		수동	안면부
에어라인 마스크	일정유량형		안면부, 페이스실드, 후드
	디맨드형		안면부
	압력디맨드형		안면부
복합식 에어라인마스크	디맨드형		안면부
	압력디맨드형		안면부

[문제]
어느 작업장의 공기 중 사염화탄소의 농도가 0.2%인 곳에서 근로자가 착용한 정화통의 흡수능력이 CCℓ₄ 0.5%에 대하여 100분이라 할 때 방독마스크 정화통의 유효시간은 얼마인가?
㉮ 200분
㉯ 250분
㉰ 300분
㉱ 350분

[해설]
방독마스크의 유효시간(파과시간)
$= \frac{\text{시험가스농도} \times \text{표준유효시간}}{\text{작업장 공기 중 유해가스 농도}}$ (분)
$= \frac{0.5\% \times 100분}{0.2\%} = 250(분)$

정답 ㉯

[확인 ★]
* 송기마스크
산소결핍장소(산소농도 18% 미만)에서 반드시 착용하여야 한다.

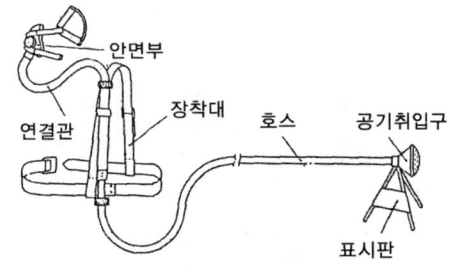

[그림 1] 폐력 흡인형 호스 마스크

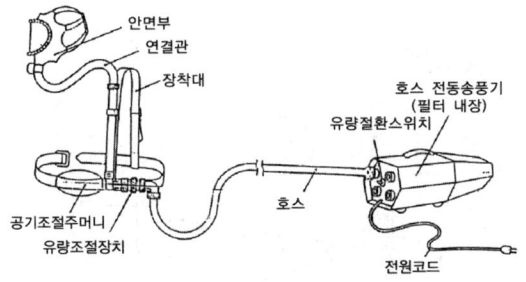

[그림 2] 전동 송풍기형 호스 마스크

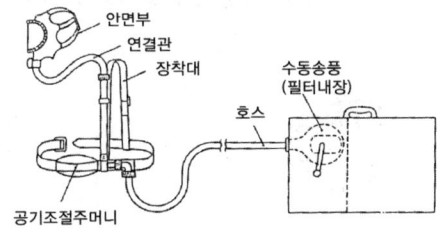

[그림 3] 수동 송풍기형 호스 마스크

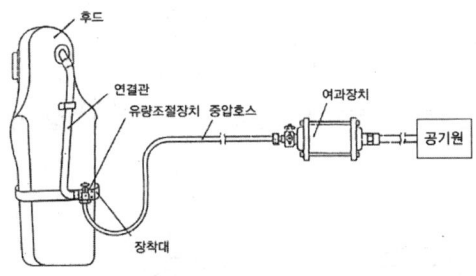

[그림 4] 일정유량형 에어라인 마스크

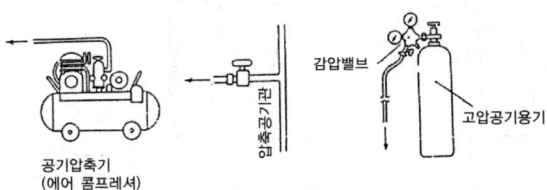

[그림 5] AL 마스크용 공기원의 종류

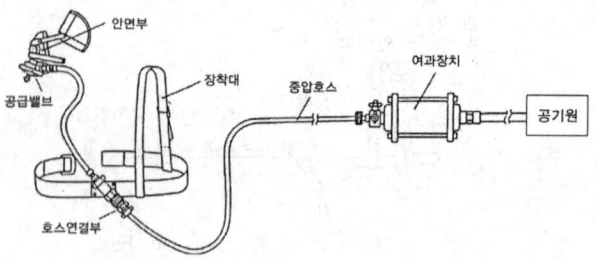

[그림 6] 디맨드형 에어라인 마스크

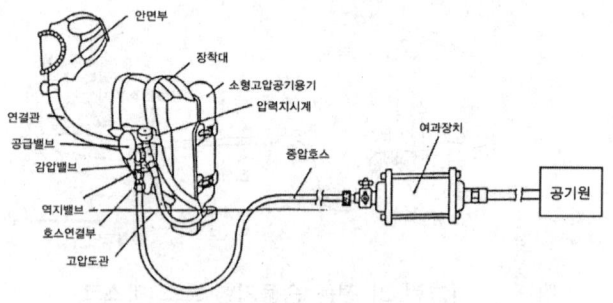

[그림 7] 복합식 에어라인 마스크

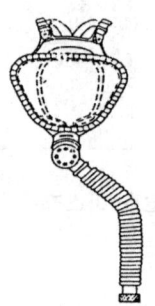 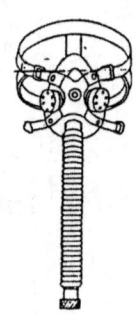

[그림 8] 전면형 안면부   [그림 9] 반면형 안면

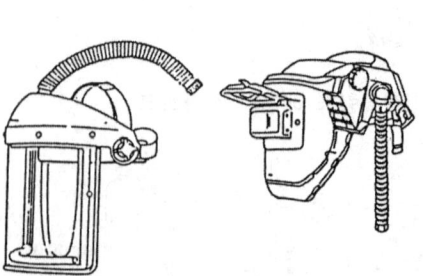 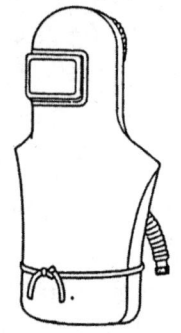

[그림 10] 페이스 실드   [그림 11] 후 드

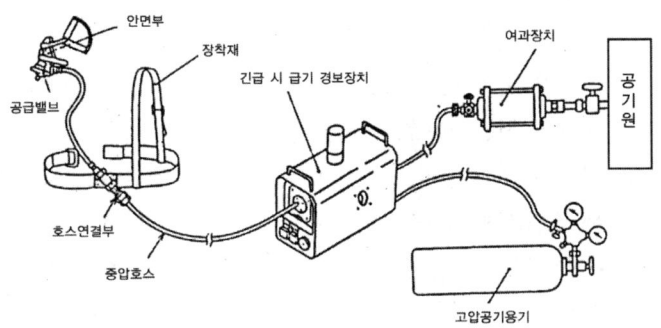

[그림 12] 긴급 시 급기 경보장치

2) 송풍기형 호스 마스크의 분진 포집효율

등급	전동	수동
효율(%)	99.8 이상	95.0 이상

3) 송기마스크 성능시험

송기마스크 성능시험 종류
① 안면부 누설율시험
② 저압부의 기밀성시험
③ 배기밸브의 작동기밀성시험
④ 안면부 내의 압력시험
⑤ 통기저항시험
⑥ 호스 및 중압호스시험
⑦ 호스 및 중압호스 연결부시험
⑧ 송풍기시험
⑨ 송풍기형 호스마스크의 분진포집효율시험
⑩ 일정 유량형 에어라인마스크의 공기공급량시험
⑪ 기타의 구조시험

> **참고 송풍기형 호스마스크의 분진포집효율 시험방법**
> 송풍기형 호스마스크의 분진포집효율 시험방법은 공기 중 분진농도와 안면부 등의 흡기구 분진농도를 측정한 후, 다음 산식에 의해 분진포집효율을 산출한다.
>
> $$F = \frac{C_1 - C_2}{C_1} \times 100$$
>
> 여기에서,
> F : 분진포집효율(%)
> C_1 : 분진시험장치의 공기 중의 분진 농도(mg/m^3)
> C_2 : 송기마스크의 흡기구에서 나오는 공기 중의 분진 농도(mg/m^3)

(7) 전동식 호흡보호구

① "전동식보호구"란 사용자의 몸에 전동기를 착용한 상태에서 전동기 작동에 의해 여과된 공기가 호흡호스를 통하여 안면부에 공급하는 형태의 전동식보호구를 말한다.
② "겸용"이란 방독마스크(복합용 포함) 및 방진마스크의 성능이 포함된 전동식보호구를 말한다.
③ "복합용"이란 2종류 이상의 유해물질에 대한 제독능력이 있는 전동식보호구를 말한다.
④ "전동식 후드"란 안면부 전체를 덮는 형태로 머리·안면부·목·어깨 부분까지 보호할 수 있는 구조의 전동식 후드를 말한다.
⑤ "전동식 보안면"이란 안면부를 덮는 형태로 머리 및 안면부를 보호할 수 있는 구조의 전동식 보안면을 말한다.
⑥ "착용부품"이란 전동식보호구 각각의 부품을 결합하여 어깨 또는 허리에 전동식보호구와 조립하여 사용하는 부품을 말한다.
⑦ "호흡호스"란 상압에 가까운 압력으로 공기가 들어가도록 안면부에 연결된 주름진 유연한 호스(hose)를 말한다.
⑧ "호흡공기"란 호흡하기에 적합한 공기를 말한다.
⑨ "호흡저항"이란 흡기 및 배기 중 공기흐름에 따른 전동식보호구 안면부 내부의 호흡저항을 말한다.
⑩ "본질안전방폭구조"란 정상시 및 사고시(단선, 단락, 지락 등)에 발생하는 전기불꽃, 아크 또는 고온에 의하여 폭발성 가스 또는 증기에 점화되지 않는 것이 점화시험, 기타에 의하여 확인된 구조를 말한다.

1) 전동식 호흡보호구의 분류

분 류	사용 구분
전동식 방진마스크	분진 등이 호흡기를 통하여 체내에 유입되는 것을 방지하기 위하여 고효율 여과재를 전동장치에 부착하여 사용하는 것
전동식 방독마스크	유해물질 및 분진 등이 호흡기를 통하여 체내에 유입되는 것을 방지하기 위하여 고효율 정화통 및 여과재를 전동장치에 부착하여 사용하는 것
전동식 후드 및 전동식보안면	유해물질 및 분진 등이 호흡기를 통하여 체내에 유입되는 것을 방지하기 위하여 고효율 정화통 및 여과재를 전동장치에 부착하여 사용함과 동시에 머리, 안면부, 목, 어깨 부분까지 보호하기 위해 사용하는 것

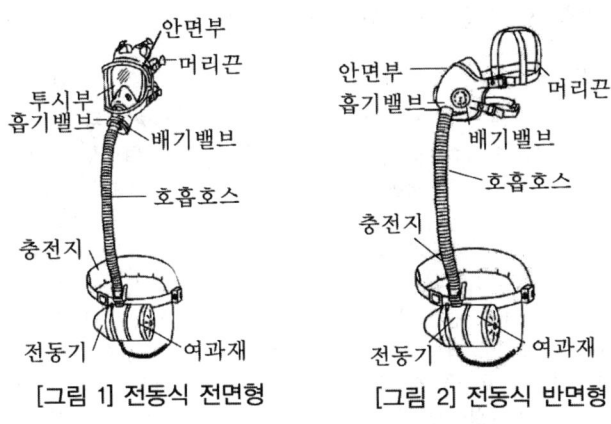

[그림 1] 전동식 전면형 [그림 2] 전동식 반면형

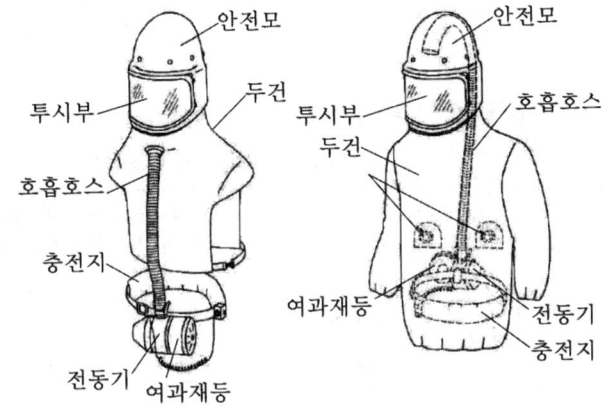

[그림 3] 전동식 후드

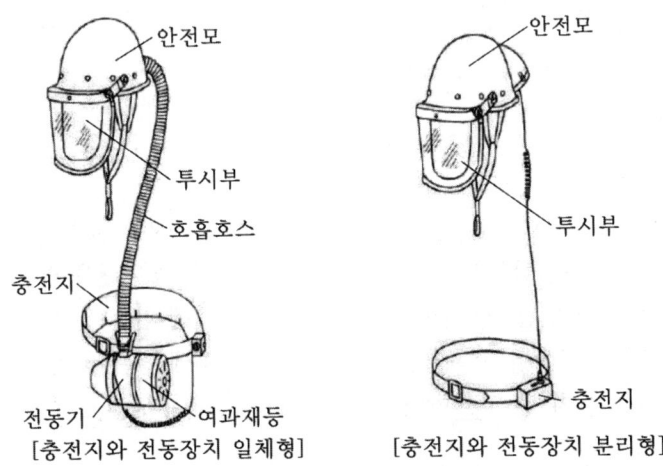

[충전지와 전동장치 일체형] [충전지와 전동장치 분리형]

[그림 4] 전동식 보안면

2) 전동식 후드 및 전동식 보안면의 등급

형태	종류	등급	사용 장소

전동식 후드 및 전동식 보안면	• 분진, 미스트, 흄용
	• 유기화합물용
	  (고, 중, 저농도)
	• 할로겐용
	  (고, 중, 저농도)
	• 황화수소용
	  (고, 중, 저농도)
	• 시안화수소용
	  (고, 중, 저농도)
	• 아황산용
	  (고, 중, 저농도)
	• 암모니아용
	  (고, 중, 저농도)
		전동식 특급	• 베릴륨 등과 같이 독성이 강한 물질들을 함유한 분진 등 발생장소
			• 석면 취급장소(안면부 누설률 0.05 % 이하인 경우에 한함)

		전동식 1급	• 전동식 특급 착용 장소를 제외한 분진 등 발생장소 • 금속흄 등과 같이 열적으로 생기는 분진 등 발생장소 • 기계적으로 생기는 분진 등 발생장소 (규소 등과 같이 전동식 2급을 착용하여도 무방한 경우는 제외한다)
		전동식 2급	• 전동식 특급 및 전동식 1급 착용 장소를 제외한 분진 등 발생장소

3) 전동식 후드 및 전동식 보안면의 분진포집 효율

[여과재의 분진 등 포집효율]

형태 및 등급		염화나트륨(NaCl) 및 파라핀 오일(Paraffin oil) 시험(%)
전동식 후드 및 전동식 보안면	전동식 특급	99.8 이상
	전동식 1급	98.0 이상
	전동식 2급	90.0 이상

[후드 및 보안면 내부의 이산화탄소 농도]

상 태	전원을 켠 상태
농도(%)	후드 및 보안면 내부의 이산화탄소(CO_2)농도가 부피분율 1.0% 이하일 것

(8) 보호복

1) 방열복

① "내열원단"이란 내열섬유에 유연접착제를 바르고 알루미늄이 증착된 필름을 접착시켜 주름이 생기지 않도록 한 원단을 말한다.
② "방열상의"란 내열원단으로 제조되어 상체에 입는 옷을 말한다.
③ "방열하의"란 내열원단으로 제조되어 하체에 입는 옷을 말한다.
④ "방열일체복"이란 방열 상·하의가 단일하게 연결되어 있는 옷을 말한다.
⑤ "방열장갑"이란 내열원단으로 제조되어 손에 끼는 장갑을 말한다.
⑥ "방열두건"이란 내열원단으로 제조되어 안전모와 안면렌즈가 일체형으로 부착되어 있는 형태의 두건을 말한다.

㉠ 방열복의 종류

종류	착용 부위
방열상의	상 체
방열하의	하 체
방열일체복	몸체(상·하체)
방열장갑	손
방열두건	머 리

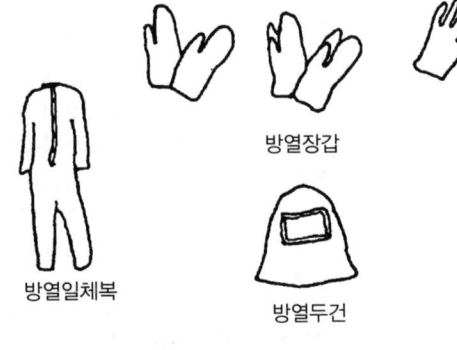

㉡ 방열두건의 사용구분

차광도 번호	사 용 구 분
#2~#3	고로강판가열로, 조괴(造塊) 등의 작업
#3~#5	전로 또는 평로 등의 작업
#6~#8	전기로의 작업

㉢ 방열복의 질량

종류	방열상의	방열하의	방열일체복	방열장갑	방열두건
질량 (단위 : kg)	3.0	2.0	4.3	0.5	2.0

ⓔ 부품별 용도 및 성능기준

부품별	용도	성능기준	적용대상
내열원단	겉감용 및 방열장갑의 등감용	• 질량 : 500g/m² 이하 • 두께 : 0.70mm 이하	방열상의·방열하의·방열일체복·방열장갑·방열두건
	안 감	• 질량 : 330g/m² 이하	〃
내열펠트	누 빔 중간층용	• 두께 : 0.1mm 이하 • 질량 : 300g/m² 이하	〃
면포	안감용	고급면	〃
안면렌즈	안면 보호용	• 재질 : 폴리카보네이트 또는 이와 동등 이상의 성능이 있는 것에 산화동이나 알루미늄 또는 이와 동등이상의 것을 증착하거나 도금 필름을 접착한 것 • 두께 : 3.0mm 이상	방열두건

ⓜ 방열복의 시험성능기준

구분	항목	시험 성능 기준			
내열원단	난연성	잔염 및 잔진시간이 2초 미만이고 녹거나 떨어지지 말아야 하며, 탄화길이가 102mm 이내 일 것			
	절연저항	표면과 이면의 절연저항이 1MΩ 이상일 것			
	인장강도	인장강도는 가로, 세로방향으로 각각 25kg$_f$ 이상 일 것			
	내열성	균열 또는 부풀음이 없을 것			
	내한성	피복이 벗겨져 떨어지지 않을 것			
안면렌즈	차광능력	투시부의 가시광선 파장영역에 대한 시감투과율은 0.061% 이상, 43.2% 이하이고, 가시광선 투과율에 따른 적외선 투과율이 다음 수치 이하일 것			
		차광도 번호 (#)	가시광선 투과율(%) (380~780nm)	적외선 투과율(%)	
				근적외선 (780~ 1300nm)	증적외선 (1300~ 2000nm)
		2.0	43.2~29.1	21	13
		2.5	29.1~17.8	15	9.6
		3	17.8~8.5	12	8.5
		4	8.5~3.2	6.4	5.4
		5	3.2~1.2	3.2	3.2
		6	1.2~0.44	1.7	1.9
		7	0.44~0.16	0.81	1.2
		8	0.16~0.061	0.43	0.68

구분	항목	시 험 성 능 기 준				
안면렌즈	열충격	열충격 시험 시 균열, 파손, 얼룩, 발포가 없을 것				
	표면마모저항	헤이즈 미터에 의한 시험결과가 다음 기준에 적합할 것				
		연삭재의 량(g)	100	200	400	800
		표면마모 저항(%)	3 이하	5 이하	8 이하	13 이하
	내충격	균열 및 파손이 없을 것				
내열원단 및 안면렌즈	열전도율	이면중심 온도가 47℃ 이하이고, 온도상승이 25℃/4min 이하 일 것				

2) 화학물질용 보호복

① 화학물질 : 제조 등이 금지되는 유해물질, 허가 대상 유해물질 및 관리대상 유해물질을 말한다.

② 화학물질용 보호복 : 화학물질이 피부를 통하여 인체에 흡수되는 것을 방지하기 위한 것으로서 신체의 전부 또는 일부를 보호하기 위한 옷을 말한다.

종류	형식	형식구분 기준
전신 보호복	액체방호형 (3형식)	보호복의 재료, 솔기 및 접합부가 화학물질의 분사에 대한 보호성능을 갖는 구조
	분무방호형 (4형식)	보호복의 재료, 솔기 및 접합부가 화학물질의 분무에 대한 보호성능을 갖는 구조
부분 보호복	액체방호형 (3형식)	화학물질로부터 신체의 특정한 부분을 보호하는 것으로 재료, 솔기가 화학물질의 분사에 대한 보호성능을 갖는 구조

[화학물질 보호성능 표시]

(9) 안전대

① "벨트"란 신체지지의 목적으로 허리에 착용하는 띠 모양의 부품을 말한다.

② "안전그네"란 신체지지의 목적으로 전신에 착용하는 띠 모양의 것으로서 상체 등 신체 일부분만 지지하는 것은 제외한다. ✄

③ "지탱벨트"란 U자걸이 사용 시 벨트와 겹쳐서 몸체에 대는 역할을 하는 띠 모양의 부품을 말한다.

④ "죔줄"이란 벨트 또는 안전그네를 구명줄 또는 구조물 등 기타 걸이설비와 연결하기 위한 줄모양의 부품을 말한다.

⑤ "D링"이란 벨트 또는 안전그네와 죔줄을 연결하기 위한 D자형의 금속 고리를 말한다.
⑥ "각링"이란 벨트 또는 안전그네와 신축조절기를 연결하기 위한 사각형의 금속 고리를 말한다.
⑦ "버클"이란 벨트 또는 안전그네를 신체에 착용하기 위해 그 끝에 부착한 금속장치를 말한다.
⑧ "추락방지대"란 신체의 추락을 방지하기 위해 자동잠김 장치를 갖추고 죔줄과 수직구명줄에 연결된 금속장치를 말한다.
⑨ "훅 및 카라비너"란 죔줄과 걸이설비 등 또는 D링과 연결하기 위한 금속장치를 말한다.
⑩ "보조훅"이란 U자걸이를 위해 훅 또는 카라비너를 지탱벨트의 D링에 걸거나 떼어낼 때 추락을 방지하기 위한 훅을 말한다.
⑪ "신축조절기"란 죔줄의 길이를 조절하기 위해 죔줄에 부착된 금속의 조절장치를 말한다.
⑫ "8자형 링"이란 안전대를 1개걸이로 사용할 때 훅 또는 카라비너를 죔줄에 연결하기 위한 8자형의 금속고리를 말한다.
⑬ "안전블록"이란 안전그네와 연결하여 추락발생시 추락을 억제할 수 있는 자동잠김장치가 갖추어져 있고 죔줄이 자동적으로 수축되는 장치를 말한다. ✄
⑭ "보조죔줄"이란 안전대를 U자걸이로 사용할 때 U자걸이를 위해 훅 또는 카라비너를 지탱벨트의 D링에 걸거나 떼어낼 때 잘못하여 추락하는 것을 방지하기 위한 링과 걸이설비연결에 사용하는 훅 또는 카라비너를 갖춘 줄모양의 부품을 말한다.
⑮ "수직구명줄"이란 로프 또는 레일 등과 같은 유연하거나 단단한 고정줄로서 추락발생시 추락을 저지시키는 추락방지대를 지탱해 주는 줄모양의 부품을 말한다.
⑯ "충격흡수장치"란 추락 시 신체에 가해지는 충격하중을 완화시키는 기능을 갖는 죔줄에 연결되는 부품을 말한다.
⑰ 낙하거리
　㉠ "억제거리"란 감속거리를 포함한 거리로서 추락을 억제하기 위하여 요구되는 총 거리를 말한다.
　㉡ "감속거리"란 추락하는 동안 전달충격력이 생기는 지점에서의 착용자의 D링 등 체결지점과 완전히 정지에 도달하였을 때의 D링 등 체결지점과의 수직거리를 말한다.
⑱ "최대전달충격력"이란 동하중시험 시 시험몸통 또는 시험추가 추락하였을 때 로드셀에 의해 측정된 최고 하중을 말한다.

> **참고**
> * 충격 흡수장치의 동하중 성능 기준
> ① 최대 전달 충격력은 6.0kN 이하 이어야 함
> ② 감속 거리는 1,000mm 이하 이어야 함

⑲ "U자걸이"란 안전대의 죔줄을 구조물 등에 U자 모양으로 돌린 뒤 훅 또는 카라비너를 D링에, 신축조절기를 각링 등에 연결하는 걸이 방법을 말한다. ✤

⑳ "1개걸이"란 죔줄의 한쪽 끝을 D링에 고정시키고 훅 또는 카라비너를 구조물 또는 구명줄에 고정시키는 걸이 방법을 말한다. ✤

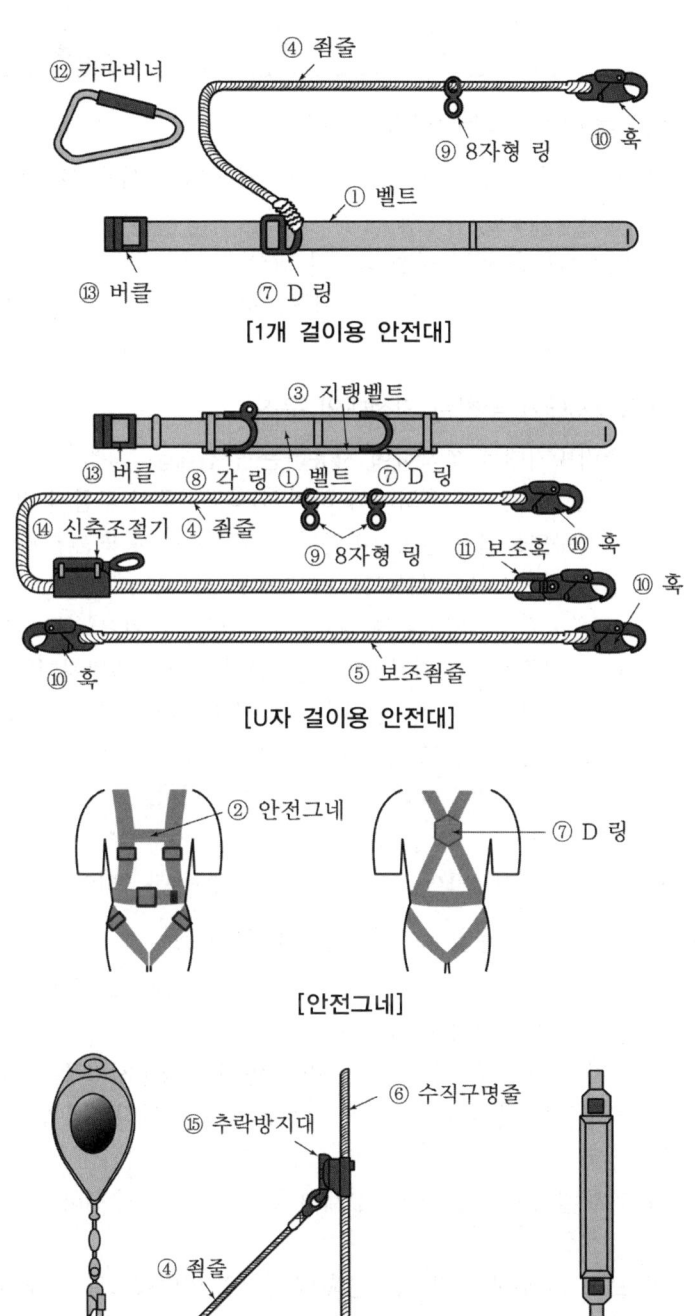

> **확인**
> * 벨트식 : 1개 걸이용, U자 걸이용
> * 안전그네식 : 추락방지대, 안전블록

1) **안전대의 종류** ✡✡✡

종류	사용 구분
벨트식	1개 걸이용
	U자 걸이용
안전그네식	추락방지대
	안전블록

2) **안전블록이 부착된 안전대의 구조** ✡

① 안전블록을 부착하여 사용하는 안전대는 신체지지의 방법으로 안전그네만을 사용할 것
② 안전블록은 정격 사용 길이가 명시 될 것
③ 안전블록의 줄은 합성섬유로프, 웨빙(webbing), 와이어로프이어야 하며, 와이어로프인 경우 최소지름이 4mm 이상일 것

3) **추락방지대가 부착된 안전대의 구조**

① 추락방지대를 부착하여 사용하는 안전대는 신체지지의 방법으로 안전그네만을 사용하여야 하며 수직구명줄이 포함될 것
② 수직구명줄에서 걸이설비와의 연결부위는 혹 또는 카라비너 등이 장착되어 걸이설비와 확실히 연결될 것
③ 유연한 수직구명줄은 합성섬유로프 또는 와이어로프 등이어야 하며 구명줄이 고정되지 않아 흔들림에 의한 추락방지대의 오작동을 막기 위하여 적절한 긴 장수단을 이용, 팽팽히 당겨질 것
④ 죔줄은 합성섬유로프, 웨빙, 와이어로프 등일 것
⑤ 고정된 추락방지대의 수직구명줄은 와이어로프 등으로 하며 최소지름이 8mm 이상일 것
⑥ 고정 와이어로프에는 하단부에 무게추가 부착되어 있을 것

4) **U자 걸이를 사용할 수 있는 안전대의 구조**

① 지탱 벨트, 각링, 신축 조절기가 있을 것(안전 그네를 착용할 경우 지탱 벨트를 사용하지 않아도 된다)
② U자 걸이 사용 시 D링, 각 링은 안전대 착용자의 몸통 양 측면에 해당하는 곳에 고정되도록 지탱벨트 또는 안전그네에 부착할 것
③ 신축 조절기는 죔줄로부터 이탈하지 않도록 할 것
④ U자 걸이 사용 상태에서 신체의 추락을 방지하기 위하여 보조죔줄을 사용할 것
⑤ 보조 훅 부착 안전대는 신축 조절기의 역방향으로 낙하 저지 기능을 갖출 것, 다만 죔줄에 스토퍼가 부착될 경우에는 이에 해당하지 않는다.

⑥ 보조 훅이 없는 U자 걸이 안전대는 1개 걸이로 사용할 수 없도록 훅이 열리는 너비가 죔줄의 직경보다 작고 8자형 링 및 이음형 고리를 갖추지 않을 것

(10) 차광보안경

① "접안경"이란 착용자의 시야를 확보하는 보안경의 일부로서 렌즈 및 플레이트 등을 말한다.
② "필터"란 해로운 자외선 및 적외선 또는 강렬한 가시광선의 강도를 감소시킬 수 있도록 설계된 것을 말한다.
③ "필터렌즈(플레이트)"란 유해광선을 차단하는 원형 또는 변형모양의 렌즈(플레이트)를 말한다.
④ "커버렌즈(플레이트)"란 분진, 칩, 액체약품 등 비산물로부터 눈을 보호하기 위해 사용하는 렌즈(플레이트)를 말한다.
⑤ "시감투과율"이란 필터 입사에 대한 투과 광속의 비를 말하며, 분광투과율을 측정한다.
⑥ "적외선 투과율"은 780나노미터 이상 1,400나노미터 이하, 780나노미터 이상 2,000나노미터 이하 영역의 평균 분광투과율을 말한다.
⑦ "차광도 번호(scale number)"란 필터와 플레이트의 유해광선을 차단할 수 있는 능력을 말하고 자외선, 가시광선 및 적외선에 대해 표기할 수 있다.

1) 사용구분에 따른 차광보안경의 종류 ✈(안전인증 대상)

종류	사용구분
자외선용	자외선이 발생하는 장소
적외선용	적외선이 발생하는 장소
복합용	자외선 및 적외선이 발생하는 장소
용접용	산소용접작업등과 같이 자외선, 적외선 및 강렬한 가시광선이 발생하는 장소

2) 차광보안경의 표시사항

추가표시	안전인증 차광보안경에는 안전인증의 표시 외에 차광도번호, 굴절력성능수준 등의 내용을 추가로 표시해야 한다.

3) 차광보안경의 성능시험

차광보안경 성능시험 종류	
① 시야범위시험	② 표면검사
③ 내노후성시험	④ 내충격성시험

> 비교
>
> ※ 자율안전 확인에 따른 보안경의 종류
>
> | 종류 | 사용 구분 |
> |---|---|
> | 유리 보안경 | 비산물로부터 눈을 보호하기 위한 것으로 렌즈의 재질이 유리인 것 |
> | 프라스틱 보안경 | 비산물로부터 눈을 보호하기 위한 것으로 렌즈의 재질이 프라스틱인 것 |
> | 도수 렌즈 보안경 | 비산물로부터 눈을 보호하기 위한 것으로 도수가 있는 것 |

⑤ 각주굴절력시험　　　　　　⑥ 구면굴절력, 난시굴절력시험
⑦ 차광능력시험　　　　　　　⑧ 시감투과율차이 시험
⑨ 내식성시험　　　　　　　　⑩ 내발화성시험

(11) 용접용 보안면(안전인증 대상)

① "용접용 보안면(이하 "보안면"이라 한다)"이란 용접작업 시 머리와 안면을 보호하기 위한 것으로 통상적으로 지지대를 이용하여 고정하며 적합한 필터를 통해서 눈과 안면을 보호하는 보호구이다.
② "차광속도"란 자동용접필터에서 용접아크 발생시 낮은 수준의 차광도에서 높은 수준의 차광도로 전환되는 시간을 말한다.

1) 용접용 보안면의 형태

형태	구조
헬멧형	안전모나 착용자의 머리에 지지대나 헤드밴드 등을 이용하여 적정 위치에 고정, 사용하는 형태(자동용접필터형, 일반용접필터형)
핸드실드형	손에 들고 이용하는 보안면으로 적절한 필터를 장착하여 눈 및 안면을 보호하는 형태

2) 용접용 보안면의 종류

종류	용접필터의 자동변화 유무에 따라 자동용접필터형과 일반용접필터형으로 구분한다.

3) 용접용 보안면의 투과율

투과율	커버플레이트	89% 이상
	자동용접필터	낮은 수준의 최소시감투과율 0.16% 이상

(12) 방음용 귀마개 또는 귀덮개

① "방음용 귀마개(ear-plugs)"란 외이도에 삽입 또는 외이 내부·외이도 입구에 반 삽입함으로서 차음효과를 나타내는 일회용 또는 재사용 가능한 방음용 귀마개를 말한다.
② "방음용 귀덮개(ear-muff)"란 양쪽 귀 전체를 덮을 수 있는 컵(머리띠 또는 안전모에 부착된 부품을 사용하여 머리에 압착 될 수 있는 것)을 말한다.
③ "음압수준"이란 음압을 다음 식에 따라 데시벨(dB)로 나타낸 것을 말하며 KS C 1505(적분평균소음계) 또는 KS C 1502(소음계)에 규정하는 소음계의 "C" 특성을 기준으로 한다.

$$\text{음압수준(dB)} = 20 \log 10 \frac{P}{P_0}$$

P : 측정음압으로서 파스칼(Pa) 단위를 사용
P_0 : 기준음압으로서 $20\mu\text{Pa}$ 사용

④ "최소가청치"란 음압수준을 감지할 수 있는 최저 음압수준을 말한다.
⑤ "상승법"이란 최소가청치를 측정함에 있어 충분히 낮은 음압수준으로부터 2.5dB 또는 그 이하의 비율로 일정하게 순차적으로 음압수준을 상승시켜 최소가청치로 하는 방법을 말한다.
⑥ "백색소음"이란 20~20,000Hz의 가청범위 전체에 걸쳐 연속적으로 균일하게 분포된 주파수를 갖는 소음을 말한다.
⑦ "중심주파수"란 가청범위 대역에서 125Hz·250Hz·500Hz·1,000Hz·2,000Hz·4,000Hz 및 8,000Hz의 주파수를 말한다.
⑧ "1/3 옥타브대역"이란 제7호의 주파수를 중심으로 표와 같은 주파수의 범위를 말한다.

[1/3 옥타브대역]

중심주파수(Hz)	주파수 범위(Hz)
125	112 ~ 140
250	224 ~ 280
500	450 ~ 560
1,000	900 ~ 1,120
2,000	1,800 ~ 2,240
4,000	3,550 ~ 4,500
8,000	7,100 ~ 9,000

⑨ "1/3 옥타브대역 소음"이란 백색소음을 1/3 옥타브대역 필터(1/3 옥타브대역 이외의 대역은 모두 제거시키는 것)에 통과시킨 소음을 말한다.
⑩ "시험음"이란 차음 성능시험에 사용하는 음을 말한다.
⑪ "환경소음"이란 시험장소에서 시험음이 없을 때의 소음을 말한다.

1) 방음용 귀마개 또는 귀덮개의 종류·등급 ✄

종류	등급	기호	성능
귀마개	1종	EP-1	저음부터 고음까지 차음하는 것
	2종	EP-2	주로 고음을 차음하고 저음(회화음영역)은 차음하지 않는 것
귀덮개	-	EM	

비고 : 귀마개의 경우 재사용 여부를 제조특성으로 표기

합격의 key

2) 귀마개·귀덮개 표시사항

추가표시	안전인증 귀마개 또는 귀덮개에는 안전인증의 표시 외에 다음 각목의 내용을 추가로 표시해야 한다. 가. 일회용 또는 재사용 여부 나. 세척 및 소독방법등 사용상의 주의사항(다만, 재사용 귀마개에 한한다)

3) 귀마개·귀덮개의 성능시험

귀마개 · 귀덮개 성능시험 종류
① 차음성능시험 ② 충격시험 ③ 저온충격시험

3 안전보건 표지의 종류, 용도 및 적용

(1) 안전보건 표지의 정의 및 제작

① "안전·보건표지"란 근로자의 안전 및 보건을 확보하기 위하여 위험장소 또는 위험물질에 대한 경고, 비상시에 대처하기 위한 지시 또는 안내, 그 밖에 근로자의 안전·보건의식을 고취하기 위한 사항 등을 그림·기호 및 글자 등으로 표시하여 근로자의 판단이나 행동의 착오로 인하여 산업재해를 일으킬 우려가 있는 작업장의 특정 장소, 시설 또는 물체에 설치하거나 부착하는 표지를 말한다.

② 안전·보건표지는 그 표시내용을 근로자가 빠르고 쉽게 알아볼 수 있는 크기로 제작하여야 한다.

③ 안전·보건표지 속의 그림 또는 부호의 크기는 안전·보건표지의 크기와 비례하여야 하며, 안전·보건표지 전체 규격의 30퍼센트 이상이 되어야 한다. ✿

④ 안전·보건표지는 쉽게 파손되거나 변형되지 아니하는 재료로 제작하여야 한다.

⑤ 야간에 필요한 안전·보건표지는 야광물질을 사용하는 등 쉽게 알아볼 수 있도록 제작하여야 한다.

기출

* 안전표지 사용 목적
  : 안전의식 고취
① 유해위험 기계·기구 자재 등의 위험성을 표시하여 작업자로 하여금 예상되는 재해를 사전에 예방
② 작업 대상의 유해·위험성의 성질에 따라 작업행위를 통제하고 대상물을 신속 용이하게 판별하여 안전한 행동을 하게 함으로써 재해와 사고를 미연에 방지

참고

* 안전보건표지의 설치
① 사업주는 안전보건표지를 설치하거나 부착할 때에는 근로자가 쉽게 알아볼 수 있는 장소·시설 또는 물체에 설치하거나 부착해야 한다.
② 사업주는 안전보건표지를 설치하거나 부착할 때에는 흔들리거나 쉽게 파손되지 않도록 견고하게 설치하거나 부착해야 한다.
③ 안전보건표지의 성질상 설치하거나 부착하는 것이 곤란한 경우에는 해당 물체에 직접 도색할 수 있다.

(2) 안전보건 표지의 색채, 색도기준 및 용도 ✿✿✿

색채	색도기준	용도	사용례
빨간색	7.5R 4/14	금지	정지신호, 소화설비 및 그 장소, 유해행위의 금지
빨간색	7.5R 4/14	경고	화학물질 취급장소에서의 유해·위험경고
노란색	5Y 8.5/12	경고	화학물질 취급장소에서의 유해·위험경고 이외의 위험경고, 주의표지 또는 기계방호물
파란색	2.5PB 4/10	지시	특정 행위의 지시 및 사실의 고지
녹색	2.5G 4/10	안내	비상구 및 피난소, 사람 또는 차량의 통행표지
흰색	N9.5		파란색 또는 녹색에 대한 보조색
검은색	N0.5		문자 및 빨간색 또는 노란색에 대한 보조색

> **참고** **색도기준의 표시방법**
> 7.5R 4/14에서 7.5R → 색상, 4 → 명도, 14 → 채도를 나타낸다.

실력이 되고! 합격이 되는! 특급

- 7.5R 4/14 → 싫어(7.5) 4/14
- 5Y 8.5/12 → 오(5)! 빨리와(8.5) 이리(12)
- 2.5PB 4/10 → 2.5×4=10
- 2.5G 4/10 → 2.5×4=10

합격의 key

문제
안전표지의 구성요소에 해당되지 않는 것은?
㉮ 모양
㉯ 색깔
㉰ 내용
㉱ 크기

[해설]
안전표지의 구성요소
① 모양 ② 색깔 ③ 내용

정답 ㉱

문제
산업안전표지 중 안내표지(녹색)의 사용 예에 해당되는 것은?
㉮ 사실의 고지 및 특정행위의 지시
㉯ 비상구 및 차량의 통행표시
㉰ 유해 행위의 금지
㉱ 기계 방호물

[해설]
㉮ 사실의 고지 및 특정행위의 지시 → 지시표지(파랑)
㉰ 유해 행위의 금지 → 금지표지(빨강)
㉱ 기계 방호물 → 경고표지(노랑)

정답 ㉯

합격의 key

참고

* 금지표지
  1. 출입금지
  2. 보행금지
  3. 차량통행금지
  4. 사용금지
  5. 탑승금지
  6. 금연
  7. 화기금지
  8. 물체이동금지

* 경고표지
  1. 인화성물질 경고
  2. 산화성물질 경고
  3. 폭발성물질 경고
  4. 급성독성물질 경고
  5. 부식성물질 경고
  6. 발암성·변이원성·생식독성·전신독성·호흡기과민성물질 경고
  7. 방사성물질 경고
  8. 고압전기 경고
  9. 매달린물체 경고
  10. 낙하물 경고
  11. 고온 경고
  12. 저온 경고
  13. 몸균형 상실 경고
  14. 레이저광선 경고
  15. 위험장소 경고

(3) 안전보건 표지의 종류 및 형태 (제6조제1항 관련) ✩✩✩

1. 금지표지	101 출입금지	102 보행금지	103 차량통행금지	104 사용금지
	105 탑승금지	106 금연	107 화기금지	108 물체이동금지
2. 경고표지	201 인화성물질 경고	202 산화성물질 경고	203 폭발성물질 경고	204 급성독성물질 경고	205 부식성물질 경고
	206 방사성물질 경고	207 고압전기 경고	208 매달린 물체 경고	209 낙하물 경고	210 고온 경고
	211 저온 경고	212 몸균형 상실 경고	213 레이저광선 경고	214 발암성·변이원성·생식독성·전신독성·호흡기과민성 물질 경고	215 위험장소 경고

3. 지시표지	301 보안경 착용	302 방독마스크 착용	303 방진마스크 착용	304 보안면 착용	305 안전모 착용
	306 귀마개 착용	307 안전화 착용	308 안전장갑 착용	309 안전복 착용	
4. 안내표지	401 녹십자표지	402 응급구호표지	403 들것	404 세안장치	
	405 비상용기구	406 비상구	407 좌측비상구	408 우측비상구	
5. 관계자외 출입금지	501 허가대상물질 작업장 관계자외 출입금지 (허가물질 명칭) 제조/사용/보관 중 보호구/보호복 착용 흡연 및 음식물 섭취 금지		502 석면취급/해체 작업장 관계자외 출입금지 석면 취급/해체 중 보호구/보호복 착용 흡연 및 음식물 섭취 금지		503 금지대상물질의 취급 실험실 등 관계자외 출입금지 발암물질 취급 중 보호구/보호복 착용 흡연 및 음식물 섭취 금지

참고

* 지시표지
  1. 보안경 착용
  2. 방독마스크 착용
  3. 방진마스크 착용
  4. 보안면 착용
  5. 안전모 착용
  6. 귀마개 착용
  7. 안전화 착용
  8. 안전장갑 착용
  9. 안전복착용

* 안내표지
  1. 녹십자표지
  2. 응급구호표지
  3. 들것
  4. 세안장치
  5. 비상용기구
  6. 비상구
  7. 좌측비상구
  8. 우측비상구

* 출입금지표지
  1. 허가대상유해물질 취급
  2. 석면취급 및 해체·제거
  3. 금지유해물질 취급

실기기출 ★

* 산업안전보건법 상의 안전보건표지 중 '관계자외 출입금지' 표지의 하단에 포함되어야 하는 문자 2가지
  ① 보호구/보호복 착용
  ② 흡연 및 음식물 섭취 금지

합격의 key

(4) 안전 · 보건표지의 형태 및 색채 ✿✿✿

분류	형태	색채
금지표지	⊘	• 바탕 : 흰색 • 기본모형 : 빨간색 • 관련 부호 및 그림 : 검은색
경고표지	◇	• 바탕 : 무색 • 기본모형 : 빨간색(검은색도 가능)
경고표지	△	• 바탕 : 노란색 • 기본모형, 관련부호, 그림 : 검은색
지시표지	○	• 바탕 : 파란색 • 관련 그림 : 흰색
안내표지	▭	• 바탕 : 흰색 • 기본모형, 관련부호 : 녹색
안내표지	▭	• 바탕 : 녹색 • 관련부호 및 그림 : 흰색

출입금지표지	A
	B
	C
		• 바탕 : 흰색
		• 글자 : 검은색
		• 다음 글자는 빨간색
		  – ○○○ 제조 / 사용 / 보관 중
		  – 석면 취급 / 해체 중
		  – 발암물질 취급 중

CHAPTER 02 단원 예상문제

01 안전표지는 색깔로 그 목적을 판별할 수 있다. 안전표지와 색깔이 맞는 것은?

㉮ 금지표지 – 황색
㉯ 경고표지 – 백색
㉰ 지시표지 – 적색
㉱ 안내표지 – 녹색

[해설] ㉮ 금지표지 – 빨간색
㉯ 경고표지 – 빨간색 또는 노란색
㉰ 지시표지 – 파란색
㉱ 안내표지 – 녹색

{참고} 안전·보건표지의 색채, 색도 기준 및 용도

색채	색도 기준	용도	사용례
빨간색	7.5R 4/14 암기: 싫어(7.5) 4/14	금지	정지신호, 소화설비 및 그 장소, 유해행위의 금지
		경고	화학물질 취급장소에서의 유해·위험 경고
노란색	5Y 8.5/12 암기: 오(5) 빨리와(8.5) 이리(12)	경고	화학물질 취급장소에서의 유해·위험경고 이외의 위험경고, 주의표지 또는 기계방호물
파란색	2.5PB 4/10 암기: 2.5×4=10	지시	특정 행위의 지시 및 사실의 고지
녹색	2.5G 4/10 암기: 2.5×4=10	안내	비상구 및 피난소, 사람 또는 차량의 통행표지
흰색	N9.5		파란색 또는 녹색에 대한 보조색
검은색	N0.5		문자 및 빨간색 또는 노란색에 대한 보조색

02 흰색 바탕에 빨간색 기본모형의 안전보건표지판의 종류는 어느 것인가?

㉮ 지시 ㉯ 금지
㉰ 경고 ㉱ 안내

[해설] 흰색 바탕에 빨간색 기본모형 → 금지표지

03 우리나라 산업안전 표지의 명칭으로서 잘못 표기된 것은?

㉮ 금지표지 ㉯ 경고표지
㉰ 안내표지 ㉱ 위험표지

[해설] 안전표지의 종류
① 금지표지 ② 경고표지
③ 지시표지 ④ 안내표지
⑤ 출입 금지표지

04 공장 내에 안전 표지를 부착하는 주된 이유는?

㉮ 능률적인 작업을 유도하기 위하여
㉯ 인간 심리의 활성화 촉진
㉰ 인간 행동의 변화 통제
㉱ 공장 내의 환경 정비 목적

[해설] 안전표지 사용 목적
① 유해위험 기계·기구 자재 등의 위험성을 표시하여 **작업자로 하여금 예상되는 재해를 사전에 예방**
② 작업대상의 유해·위험성의 성질에 따라 **작업행위를 통제**하고 대상물을 신속 용이하게 판별하여 안전한 행동을 하게 함으로써 재해와 사고를 미연에 방지

▶ 정답 01 ㉱ 02 ㉯ 03 ㉱ 04 ㉰

05 안전모의 턱 끈은 다음 사고 중 어느 경우를 대비하여 고려된 것인가?

㉮ 추락
㉯ 폭발
㉰ 감전
㉱ 질식

[해설] 안전모의 턱 끈은 추락 시 안전모의 벗겨짐을 방지한다.

06 AE와 ABE형의 안전모의 내수성 시험은 모체를 20~25℃의 수중에 24시간 담가 놓은 후 대기 중에 꺼내어 수분을 제거한 무게 증가율이 얼마일 때 합격하는가?

㉮ 1% 미만
㉯ 2% 이하
㉰ 2.5% 미만
㉱ 3% 이하

[해설] AE, ABE종 안전모는 질량 증가율이 1% 미만이어야 한다.

{참고} 안전모의 내수성 시험
- AE, ABE종 안전모의 내수성 시험은 시험 안전모의 모체를 (20~25)℃의 수중에 24시간 담가놓은 후, 대기 중에 꺼내어 마른 천 등으로 표면의 수분을 닦아내고 다음 산식으로 질량 증가율(%)을 산출한다.
- 질량 증가율(%)
$$= \frac{\text{담근 후의 질량} - \text{담그기 전의 질량}}{\text{담그기 전의 질량}} \times 100$$
- AE, ABE종 안전모는 질량 증가율이 1% 미만이어야 한다.

07 안전 보건표지의 색채의 사용례에서 빨강으로 표시해야 하는 항목이 아닌 것은?

㉮ 소화 설비
㉯ 위험 경고
㉰ 정지신호
㉱ 유해행위의 금지

[해설] ㉯ 위험 경고 → 노란색

08 안전표지 중 들것, 비상구, 응급구호표지를 나타내는 색은?

㉮ 적색
㉯ 황색
㉰ 녹색
㉱ 주황색

[해설] 들것, 비상구, 응급구호표지 : 안내표지 → 녹색

09 산업안전보건법상 안전모를 구분할 때, 물체의 낙하 및 비래에 의한 위험을 방지 또는 경감하고, 머리 부위 감전에 의한 위험을 방지하기 위하여 사용하는 안전모는?

㉮ A
㉯ AB
㉰ AE
㉱ ABE

[해설] 안전인증대상 안전모의 종류

종류 (기호)	사용 구분	비 고
AB	**물체의 낙하 또는 비래** 및 **추락**에 의한 위험을 **방지** 또는 경감시키기 위한 것	
AE	**물체의 낙하 또는 비래**에 의한 위험을 방지 또는 경감하고, **머리 부위 감전**에 의한 위험을 **방지**하기 위한 것	내전압성
ABE	**물체의 낙하 또는 비래** 및 **추락**에 의한 위험을 방지 또는 경감하고, **머리 부위 감전**에 의한 위험을 **방지**하기 위한 것	내전압성

내전압성이란 7,000V 이하의 전압에 견디는 것을 말한다.

정답 05 ㉮ 06 ㉮ 07 ㉯ 08 ㉰ 09 ㉰

10 안전표지에서 주의 및 위험표지의 글자에 대한 보조색으로 이용되는 색채는?

㉮ 보라색 ㉯ 빨간색
㉰ 검은색 ㉱ 흰색

[해설] 문자 및 빨간색 또는 노란색에 대한 보조색 → 검은색

11 방진마스크의 구비조건으로 틀린 것은?

㉮ 흡배기 저항이 높을 것
㉯ 중량이 가벼울 것
㉰ 안면밀착성이 좋을 것
㉱ 포집효율이 좋을 것

[해설] 방진마스크의 구비조건
① 여과효율(포집효율)이 좋을 것
② 흡·배기 저항이 낮을 것
③ 안면밀착성이 좋을 것
④ 시야가 넓을 것
⑤ 피부접촉부의 고무질이 좋을 것

12 다음 중 방독 마스크의 사용을 금지하는 경우로 옳은 것은?

㉮ 페인트를 제조할 때
㉯ 소방작업을 할 때
㉰ 갱내의 산소가 결핍되었을 때
㉱ 이산화질소가 존재할 때

[해설] ㉰ 갱내의 산소가 결핍되었을 때 → 송기마스크 착용

{참고} 방독마스크는 산소농도 18% 이상에서 착용하여야 한다.(산소결핍 상태에서는 절대 착용하여서는 안 된다.)

13 산업안전표지에서 안내표지 중 세안 장치의 기본 모형 형태는?

㉮ 사각형
㉯ 원형
㉰ 삼각형
㉱ 마름모형

[해설] 안내표지의 기본 모형 → 사각형

{참고}

금지 표지		바탕 : 흰색 기본 모형 : 빨간색 관련 부호 및 그림 : 검은색
경고 표지		바탕 : 노란색, 기본 모형, 관련 부호 및 그림 : 검은색
		바탕 : 무색, 기본 모형 : 빨간색 (검은색도 가능)
지시 표지		바탕 : 파란색, 관련 그림 : 흰색
안내 표지		바탕 : 흰색, 기본 모형 및 관련 부호 : 녹색 또는 바탕 : 녹색, 관련 부호 및 그림 : 흰색
출입 금지 표지	A B C	글자 : 흰색 바탕에 흑색 다음 글자 : 적색 -○○○제조/사용/보관 중 - 석면취급/해체 중 - 발암물질 취급 중

•)) 정답 10 ㉰ 11 ㉮ 12 ㉰ 13 ㉮

14 보호구에서 안전대의 종류에 해당하지 않는 것은?

㉮ 1개 걸이용
㉯ U자 걸이용
㉰ 안전 블록
㉱ 1개 걸이 U자 걸이 공용

[해설] 안전대의 종류

종류	사용 구분
벨트식	1개 걸이용
	U자 걸이용
안전그네식	추락방지대
	안전블록

15 가죽제 안전화의 성능시험 항목에 해당되지 않는 것은?

㉮ 내압박성   ㉯ 내충격성
㉰ 내전압성   ㉱ 박리저항

[해설] 가죽제 안전화 성능시험 종류
① **내충격성** 시험   ② **내압박성** 시험
③ **내답발성** 시험   ④ **박리저항** 시험
⑤ 내유성 시험
⑥ 인장강도 시험 및 신장률 시험
⑦ 내부식성 시험
⑧ 인열강도 시험
⑨ 은면결렬 시험

16 일반 보안면의 투시부의 가시광선 투과성은 투명한 투시부일 경우 입사광선의 85% 이상을 투과하여야 하며 채색투시부의 경우 채광도에 따라 투과율이 결정되는데 차광도가 "밝음"일 때 투과율은 몇 %인가?

㉮ 50±7   ㉯ 30±7
㉰ 23±4   ㉱ 14±4

[해설] 자율안전 확인에 따른 보안면(일반 보안면)의 투과율

구 분		투과율(%)
투명 투시부		85 이상
채색 투시부	밝 음	50 ± 7
	중간밝기	23 ± 4
	어 두 움	14 ± 4

17 산업안전보건법상 안전·보건표지의 종류 중 지시표지에 포함되지 않는 것은?

㉮ 안전모 착용
㉯ 안전화 착용
㉰ 방호복 착용
㉱ 방독마스크 착용

[해설] 지시표지의 종류
① 보안경 착용
② 방독마스크 착용
③ 방진마스크 착용
④ 보안면 착용
⑤ 안전모 착용
⑥ 귀마개 착용
⑦ 안전화 착용
⑧ 안전장갑 착용
⑨ 안전복 착용

18 다음 중 안전모의 성능시험 항목에 해당되지 않는 것은?

㉮ 내관통성
㉯ 내수성
㉰ 내식성
㉱ 내전압성

[해설] 안전모의 성능시험 종류(안전인증 대상 안전모)
① **내관통성** 시험
② **충격흡수성** 시험
③ **내전압성** 시험
④ **내수성** 시험
⑤ **난연성** 시험
⑥ **턱끈풀림** 시험

정답 14 ㉱ 15 ㉰ 16 ㉮ 17 ㉰ 18 ㉰

19 다음 중 유기화합물용 방독마스크의 정화통 색은?

㉮ 녹색   ㉯ 갈색
㉰ 적색   ㉱ 백색

[해설] 정화통 외부 측면의 표시 색

종 류	표시 색
유기화합물용 정화통	갈 색
할로겐용 정화통	회 색
황화수소용 정화통	
시안화수소용 정화통	
아황산용 정화통	노란색
암모니아용 정화통	녹 색
복합용 및 겸용의 정화통	복합용의 경우 해당가스 모두 표시 (2층 분리)
	겸용의 경우 백색 과 해당가스 모두 표시(2층 분리)

20 산업안전보건법에 규정된 안전·보건표지에 관한 설명으로 옳은 것은?

㉮ 안내표지는 청색의 원형 바탕에 백색으로 표시되어 있으며 9종류가 있다.
㉯ "인화성물질의 경고"표지는 검정색 삼각형 모양의 노랑의 바탕색을 사용한다.
㉰ 안전·보건표지에 사용되는 흰색은 파란색 또는 녹색에 대한 보조색이다.
㉱ 안전·보건표지에 사용되는 기본모형의 색채 중 빨강은 경고표지에 사용할 수 없다.

[해설] ㉮ 안내표지는 흰색(또는 녹색)의 사각형 바탕에 관련 그림은 녹색(또는 흰색)으로 표시되어 있으며 8종류가 있다.
㉯ "인화성물질의 경고"표지는 바탕은 무색 마름모 모양의 빨간색(또는 검은색)의 기본 모형을 사용한다.
㉱ 안전·보건표지에 사용되는 기본 모형의 색채 중 빨강은 경고표지에 사용할 수 있다.

21 산업안전보건법상 다음 [그림]의 안전·보건표지 명칭은?

㉮ 화재 경고
㉯ 인화성물질 경고
㉰ 폭발성물질 경고
㉱ 산화성물질 경고

[해설]

2. 경고 표지

201 인화성 물질 경고	202 산화성 물질 경고	203 폭발성 물질 경고	204 급성독성 물질 경고	205 부식성 물질 경고
206 방사성 물질 경고	207 고압전기 경고	208 매달린 물체 경고	209 낙하물 경고	210 고온 경고
211 저온 경고	212 몸균형 상실 경고	213 레이저광선 경고		
214 발암성·변이원성· 생식독성·전신독성· 호흡기과민성 물질 경고		215 위험장소 경고		

정답 19 ㉯ 20 ㉰ 21 ㉱

22
다음 중 물체의 낙하 또는 비래 및 추락에 의한 위험을 방지 또는 경감하고, 머리부위 감전에 의한 위험을 방지하기 위한 경우 가장 적절한 안전모의 종류는?

㉮ A ㉯ AB
㉰ ABE ㉱ AE

[해설] 안전인증 안전모의 종류(추락, 감전방지용)

종류 (기호)	사용 구분	비 고
AB	물체의 낙하 또는 비래 및 추락에 의한 위험을 방지 또는 경감시키기 위한 것	
AE	물체의 낙하 또는 비래에 의한 위험을 방지 또는 경감하고, 머리부위 감전에 의한 위험을 방지하기 위한 것	내전압성
ABE	물체의 낙하 또는 비래 및 추락에 의한 위험을 방지 또는 경감하고, 머리부위 감전에 의한 위험을 방지하기 위한 것	내전압성

내전압성이란 7,000V 이하의 전압에 견디는 것을 말한다.

23
다음 중 안전·보건표지의 색채와 사용 사례가 올바르게 연결된 것은?

㉮ 녹색 - 특정 행위의 지시 및 사실의 고지
㉯ 빨강 - 화학물질 취급 장소에서의 유해·위험 경고
㉰ 노랑 - 소화설비 및 그 장소
㉱ 파랑 - 사람 또는 차량의 통행표지

[해설] 안전·보건표지의 색채, 색도 기준 및 용도

색채	색도 기준	용도	사용례
빨간색	7.5R 4/14 암기: 싫어(7.5) 4/14	금지	정지신호, 소화설비 및 그 장소, 유해행위의 금지
		경고	화학물질 취급장소에서의 유해·위험 경고
노란색	5Y 8.5/12 암기: 오(5) 빨리와(8.5) 이리(12)	경고	화학물질 취급장소에서의 유해·위험경고 이외의 위험경고, 주의표지 또는 기계방호물
파란색	2.5PB 4/10 암기: 2.5×4=10	지시	특정 행위의 지시 및 사실의 고지
녹색	2.5G 4/10 암기: 2.5×4=10	안내	비상구 및 피난소, 사람 또는 차량의 통행표지
흰색	N9.5		파란색 또는 녹색에 대한 보조색
검은색	N0.5		문자 및 빨간색 또는 노란색에 대한 보조색

24
안전 보건표지의 종류와 기본모형이 잘못 연결된 것은?

㉮ 금지표시-원형
㉯ 경고표시-마름모형
㉰ 지시표지-삼각형
㉱ 안내표지-직사각형

[해설] ㉰ 지시표지 - 원형

25
다음 중 암모니아용 정화통 외부 측면의 표시 색으로 옳은 것은?

㉮ 녹색 ㉯ 갈색
㉰ 회색 ㉱ 노란색

정답 22 ㉰ 23 ㉯ 24 ㉰ 25 ㉮

[해설] **정화통 외부 측면의 표시 색**

종 류	표시 색
유기화합물용 정화통	갈 색
할로겐용 정화통	회 색
황화수소용 정화통	회 색
시안화수소용 정화통	회 색
아황산용 정화통	노란색
암모니아용 정화통	녹 색
복합용 및 겸용의 정화통	복합용의 경우 해당가스 모두 표시 (2층 분리)
	겸용의 경우 백색과 해당가스 모두 표시(2층 분리)

26 다음 중 자율안전 확인 대상 보안경의 사용 구분에 따른 종류에 해당하지 않는 것은?

㉮ 유리 보안경
㉯ 자외선용 보안경
㉰ 플라스틱 보안경
㉱ 도수렌즈 보안경

[해설] **자율안전 확인에 따른 보안경의 종류**

종류	사용 구분
유리 보안경	비산물로부터 눈을 보호하기 위한 것으로 렌즈의 재질이 유리인 것
플라스틱 보안경	비산물로부터 눈을 보호하기 위한 것으로 렌즈의 재질이 플라스틱인 것
도수렌즈 보안경	비산물로부터 눈을 보호하기 위한 것으로 도수가 있는 것

27 다음 중 안전모에 있어 착장제의 구성 요소에 해당되지 않는 것은?

㉮ 턱끈
㉯ 머리고정대
㉰ 머리받침고리
㉱ 머리받침끈

[해설] 착장체 : **머리받침끈, 머리고정대 및 머리받침고리로 구성**되어 머리 부위에 고정시켜 주며, 안전모에 충격이 가해졌을 때 착용자의 머리 부위에 전해지는 충격을 완화시켜 주는 기능을 갖는 부품을 말한다.

{참고}

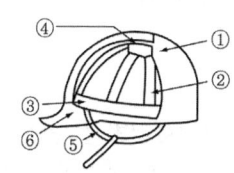

[안전모의 명칭]

번호	명 칭	
①		모체
②	착장체	머리받침끈
③		머리고정대
④		머리받침고리
⑤		턱끈
⑥		챙(차양)

28 산업안전보건법에 따라 안전·보건표지에 사용된 색채의 색도기준이 5Y 8/12일 때 이 색채의 명도 값으로 옳은 것은?

㉮ 2.5
㉯ 8
㉰ 12
㉱ 8/12

[해설] 5Y : 색상, 8 : 명도, 12 : 채도

정답 26 ㉯ 27 ㉮ 28 ㉯

29 밀폐 작업 공간에서 유해물과 분진이 있는 상태에서 작업할 때 가장 적합한 보호구는?

㉮ 방진마스크
㉯ 방독마스크
㉰ 송기마스크
㉱ 보안경

[해설] 밀폐 작업 공간에서 작업할 경우 산소결핍에 의한 질식과 유독가스에 의한 중독이 우려되므로 송기마스크 또는 방독마스크를 착용하여야 한다.

{참고} 보호구 우선 순위
송기마스크 〉 방독마스크 〉 방진마스크

30 산업안전보건법상 안전·보건표지 중 폭발성 물질 경고의 색채에 관한 설명으로 옳은 것은?

㉮ 바탕은 파란색, 관련 그림은 흰색
㉯ 바탕은 무색, 기본모형은 빨간색
㉰ 바탕은 흰색, 기본모형 및 관련 부호는 녹색
㉱ 바탕은 노란색, 기본모형, 관련 부호 및 그림은 검은색

[해설] 폭발성 물질 경고
바탕 : 무색
기본 모형 : 빨간색

31 내전압용 절연장갑의 성능기준에 있어 최대사용전압에 따른 등급 구분에서 최소등급인 "00등급"의 색상으로 옳은 것은?

㉮ 갈색
㉯ 흰색
㉰ 노란색
㉱ 녹색

[해설] 내전압용 절연장갑의 등급별 색상
- 00등급 : 갈색
- 0등급 : 빨간색
- 1등급 : 흰색
- 2등급 : 노란색
- 3등급 : 녹색
- 4등급 : 등색

공갈, 공적, 1백, 2황, 3녹, 4등

32 산업안전보건법상 안전보건·표지의 종류 중 안내표지에 해당하는 것은?

㉮ 금연
㉯ 몸 균형 상실 경고
㉰ 안전모 착용
㉱ 녹십자 표지

[해설] ㉮ 금연 – 금지표지
㉯ 몸 균형 상실 경고 – 경고표지
㉰ 안전모 착용 – 지시표지
㉱ 녹십자 표지 – 안내 표지

정답 29 ㉰ 30 ㉯ 31 ㉮ 32 ㉱

CHAPTER 03 산업안전심리

01 산업심리와 심리검사

주/요/내/용 알/고/가/기

1. 인간의 특성
2. 산업안전심리 5요소
3. 착각현상
4. 착시현상

1 산업심리

(1) 심리검사의 종류

유형에 따른 분류	• 적성검사 및 성취도 검사 • 속도검사 및 능력검사 • 개인검사 및 집단검사		
내용에 따른 분류	• 직업검사	• 지능검사	• 성격검사
목적에 따른 분류	• 지능검사	• 적성검사	• 성취검사 • 성격검사

(2) 심리검사의 기준

① 표준화 ② 객관성 ③ 규준성
④ 신뢰성 ⑤ 타당성

(3) 산업 심리검사의 구비요건

① 타당성(validity)
   측정하려고 하는 성능을 어느 정도 충실히 수행하고 있는가를 나타낸다.
② 신뢰성(reliability)
   동일한 검사를 동일한 사람에게 시간 간격을 두고 실시할 때 그 결과가 크게 다르지 않아야 한다.
③ 실용성(practicality)
   검사를 실시하고 채점하기 용이하다든지, 결과의 해석이나 이용의 방법이 간단하고 비용이 적게 들어야 한다.

합격의 key

용어정의

* 산업심리학
  사람을 적재적소에 배치할 수 있는 과학적 판단과 배치된 사람이 만족하게 자기 책무를 다할 수 있는 여건을 만들어 주는 방법을 연구하는 학문이다.

문제

다음 심리검사의 종류 중 계산에 의한 검사와 거리가 먼 것은?
㉮ 수학응용검사
㉯ 계산검사
㉰ 공구판단검사
㉱ 기록검사

[해설]
공구판단검사는 특정 공구를 이용한 검사법으로 계산에 의한 검사가 아니다.

정답 ㉰

문제

적성의 요인이 아닌 것은?
㉮ 인간성
㉯ 지능
㉰ 인간의 개인차
㉱ 흥미

[해설]
적성이란 개인이 맡은 업무를 성공적으로 수행할 수 있는지에 대한 잠재적인 능력으로 인간성, 지능, 흥미 등이 영향을 미치나 인간의 개인차는 적성의 요인이 아니다.

정답 ㉰

합격의 key

문제
다음 중 정신력과 관련이 있는 생리적 현상과 거리가 먼 것은?
㉮ 육체적 능력의 초과
㉯ 인내력 부족
㉰ 신경 계통의 이상
㉱ 근육 운동의 부적합

[해설]
㉯ 인내력부족은 정신력과 관련 있는 심리적 요인이다.
㉮, ㉰, ㉱는 생리적(육체적) 요인

정답 ㉯

---

(4) 직무 스트레스의 내·외적 요인

내적 요인	외적 요인
• 자존심의 손상 • 업무상의 죄책감 • 현실에서의 부적응 • 지나친 경쟁심과 재물에 대한 욕심 • 가족 간의 대화 단절 및 의견 불일치 • 출세욕의 좌절감과 자만심의 상충	• 경제적 빈곤 • 가족관계의 갈등 심화 • 직장에서의 대인 관계상의 갈등과 대립 • 가족의 죽음, 질병 • 자신의 건강문제

(5) 산업심리에서 사고요인

정신적 요소	개성적 결함
• 방심과 공상 • 판단력의 부족 • 주의력의 부족 • 안전지식의 부족	• 과도한 자존심과 자만심 • 사치와 허영심 • 도전적 성격과 다혈질 • 인내력 부족 • 고집과 과도한 집착력 • 나약한 마음 • 태만·경솔성 • 배타성과 이질성

(6) 직무스트레스에 의한 건강장해 예방 조치

사업주는 근로자가 장시간 근로, 야간작업을 포함한 교대작업, 차량운전[전업(專業)으로 하는 경우에만 해당한다] 및 정밀기계 조작작업 등 신체적 피로와 정신적 스트레스 등이 높은 작업을 하는 경우에 직무스트레스로 인한 건강장해 예방을 위하여 다음 각 호의 조치를 하여야 한다.

① 작업환경·작업내용·근로시간 등 직무스트레스 요인에 대하여 평가하고 근로시간 단축, 장·단기 순환작업 등의 개선대책을 마련하여 시행할 것
② 작업량·작업일정 등 작업계획 수립 시 해당 근로자의 의견을 반영할 것
③ 작업과 휴식을 적절하게 배분하는 등 근로시간과 관련된 근로조건을 개선할 것
④ 근로시간 외의 근로자 활동에 대한 복지 차원의 지원에 최선을 다할 것
⑤ 건강진단 결과, 상담자료 등을 참고하여 적절하게 근로자를 배치하고 직무스트레스 요인, 건강문제 발생 가능성 및 대비책 등에 대하여 해당 근로자에게 충분히 설명할 것
⑥ 뇌혈관 및 심장질환 발병위험도를 평가하여 금연, 고혈압 관리 등 건강증진 프로그램을 시행할 것

② 직업적성과 배치

(1) 적성검사의 분류 및 특성

① 신체검사(체격검사)
② 생리적 기능 검사
- 감각기능 검사
- 심폐기능 검사
- 체력 검사

③ 심리학적 검사
- 지능검사
- 지각동작검사
- 인성검사
- 기능검사

(2) 직무분석 방법 ✭

① 면접법
직무를 실제 수행하는 종업원과 직접 대면하여 직무정보를 얻는 방법이다.

② 질문지법
질문지를 통해 직무정보를 얻는 방법이다.

③ 직접관찰법
직무수행중인 종업원의 행동을 관찰하여 직무를 판단하는 방법이다.

④ 일지작성법
직무수행자가 매일 작성하는 업무일지로 해당직무의 정보를 수집하는 방법이다.

⑤ 결정 사건 기법
- 직무행동 가운데 중요한, 혹은 가치있는 면에 대한 정보를 수집하는 방법으로 직무수행과 성과간의 관계를 직접적으로 파악할 수 있다.
- 성공적이지 못한 근로자와 성공적인 근로자를 구별해 내는 행동을 밝히는 목적으로 사용된다. ✭

⑥ 워크샘플링법
관찰법을 개발한 것으로 전체작업 과정 동안 무작위로 많은 관찰을 행하여 직무행동에 관한 정보를 얻는 방법이다.

⑦ 혼합법
2가지 이상의 방법을 혼합하여 사용하는 것으로 흔히 질문지법과 면접법을 혼용하여 사용한다.

(3) 인사관리의 중요기능 ✭

① 조직과 리더십
② 선발(시험 및 적성검사)
③ 배치
④ 작업 분석
⑤ 업무 평가
⑥ 상담 및 노사 간의 이해

참고
* 적성검사
특수한 분야의 직무를 수행할 수 있는 잠재적 능력을 평가하는 시험을 말한다.

기출
* 적성발견 방법
① 자기 이해
② 계발적 경험
③ 적성검사

* 기계적 적성과 사무적 적성

기계적 적성	사무적 적성
• 손과 팔의 솜씨 • 기계적 이해 • 공간의 시각화	• 지각의 정확도

참고
* 직무분석
한 사람의 종업원이 수행하는 일의 전체를 직무라고 하며, 인사관리나 조직관리의 기초를 세우기 위하여 직무의 내용을 분석하는 일을 직무분석이라고 한다.

기출

직무기술서
(Job Description)
: 직무와 관련된 과업, 업무, 책임 등을 기술
- 직무의 명칭 및 직무담당부서
- 직무내용 요약
- 직무수행 단계
- 직무수행 방법
- 직무 진행 요건
- 수행되는 과업

직무명세서
(Job Specification)
: 사람과 관련된 지식, 기술, 능력 등을 기술
- 직무에 대한 지식
- 직무에 대한 기술
- 작업자의 요구되는 성격
- 작업자의 요구되는 능력 및 적성
- 작업자의 요구되는 경험 및 경력
- 작업자의 요구되는 직무 자격 요건
- 요구되는 태도 및 가치관

합격의 key

> **참고**
> ※ 직무분석을 통한 정보의 활용
> • 인사선발
> • 교육 및 훈련
> • 배치 및 경력개발
> • 임금
> • 부서편성
> • 채용, 승진

> **참고**
> ※ 인사관리
> 조직이 목적을 달성하기 위해 인력을 조달하고 유지, 개발하여 이를 활용하는 관리활동이다.

> **문제**
> 인사관리의 중요한 기능요소에 해당되지 않는 것은?
> ㉮ 조직과 리더십
> ㉯ 기능검사 및 시험
> ㉰ 배치
> ㉱ 작업분석
>
> [해설]
> 인사관리의 중요 기능
> ① 조직과 리더십
> ② 선발(시험 및 적성검사)
> ③ 배치
> ④ 작업 분석
> ⑤ 업무 평가
> ⑥ 상담 및 노사 간의 이해
>
> 정답 ㉯

> **문제**
> 적성배치에 있어서 고려되어야 할 기본 사항에 해당되지 않는 것은?
> ㉮ 적성 검사를 실시하여 개인의 능력을 파악한다.
> ㉯ 직무 평가를 통하여 자격수준을 정한다.
> ㉰ 주관적인 감정요소에 따른다.
> ㉱ 인사관리의 기준원칙을 고수한다.
>
> [해설]
> ㉰ 주관적인 감정요소를 배제한다.
>
> 정답 ㉰

(4) 적성배치의 원칙

① 적성검사를 실시하여 개인의 능력을 평가한다.
② 직무 평가를 통하여 자격수준을 정한다.
③ 주관적인 감정요소를 배제한다.
④ 인사관리의 기준 원칙에 준한다.
⑤ 직무에 영향을 줄 수 있는 환경적 요소를 검토한다.

3 인간의 특성과 안전과의 관계

(1) 인간의 특성

① 간결성의 원리 ✤
 최소에너지에 의해 목적에 달성하려는 경향을 말하며, 생략행위를 유발하는 심리적 요인에 해당한다.

> **비교합시다! 생략 행위**
> 작업현장에서 소정의 작업용구를 사용하지 않고 근처의 용구를 사용해서 임시 변통하는 인간심리 결함행위 ✤

② 주의의 일점집중현상 ✤
 인간은 위급한 상황 시 가장 중요한 일에만 집중한다.
③ 순간적인 대피방향 : 좌측
④ 동조행동
 집단 규범·관습이나 다른 사람의 반응에 일치하도록 행동하는 양식을 말한다.
⑤ Risk Taking(위험감수)
 객관적인 위험을 자기 나름대로 판단해서 의지·결정하고 행동에 옮기는 것
⑥ 감각차단현상 ✤
 단조로운 업무가 장시간 지속될 때 감각기능 및 판단 능력이 둔화 또는 마비되는 현상

(2) 산업안전심리 5요소

① 동기(motive)
 동기는 능동적인 감각에 의한 자극에서 일어나는 사고의 결과로서 사람의 마음을 움직이는 원동력이다.

② 기질(temper)

인간의 성격, 능력 등 개인적인 특성을 말하는 것으로 성장 시의 생활환경에서 영향을 받으며 특히 여러 사람과의 접촉 및 주위 환경에 따라 달라진다.

③ 감정(emotion)

감정이란 지각, 사고 등과 같이 대상의 성질을 아는 작용이 아니고 희로애락 등의 의식을 말한다. 사람의 감정은 안전과 밀접한 관계를 가지고 사고를 일으키는 정신적 동기를 만든다.

④ 습성(habits)

동기, 기질, 감정 등이 밀접한 연관관계를 형성하여 인간의 행동에 영향을 미칠 수 있도록 하는 것을 말한다.

⑤ 습관(custom)

성장과정을 통해 형성된 특성 등이 자신도 모르게 습관화된 현상을 말하며 습관에 영향을 미치는 요소로는 동기, 기질, 감정, 습성 등이 있다.

(3) 레윈(K. Lewin)의 법칙

인간의 행동은 개체의 자질과 심리적 환경의 함수관계이다.

레윈의 법칙 ✈✈

$$B = f(P \cdot E)$$

여기서, B : Behavior(인간의 행동)
f : function(함수관계)
P : Person(개체 : 연령, 경험, 심신상태, 성격, 지능 등)
E : Environment(심리적 환경 : 인간관계, 작업환경 등)

---

4 착각, 착시, 착오현상

(1) 인간 의식의 공통적 경향 ✈

① 의식은 현상의 대응력에 한계가 있다.
② 의식은 그 초점에서 멀어질수록 희미해진다.
③ 당면한 문제에 의식의 초점이 합치되지 않고 있을 때는 대응력이 저감된다.
④ 인간의 의식은 중단되는 경향이 있다.
⑤ 인간의 의식은 파동한다.
(극도의 긴장을 유지할 수 있는 시간은 불과 수 초라고 하며 긴장 후에는 반드시 이완한다)

합격의 key

문제
적성배치에 필요한 인간 능력의 측정은 정신 능력과 신체적 능력이다. 다음 중 정신 능력의 주요 분석 단계에 해당되지 않는 것은?
㉮ 언어이해 ㉯ 지각속도
㉰ 반응속도 ㉱ 공간 시각화

[해설]
㉰ 반응속도는 신체적 능력에 해당한다.

━━━━[정답] ㉰

문제
작업현장에서 소정의 작업용구를 사용하지 않고 근처의 용구를 사용해서 임시 변통하는 인간심리 결함행위에 해당하는 것은?
㉮ 무의식적 행동
㉯ 지름길 반응
㉰ 억측 판단
㉱ 생략 행위

[해설]
소정의 작업용구를 사용하지 않고 근처의 용구를 사용 → 필요한 공구를 사용하지 않았으므로 생략행위이다.

━━━━[정답] ㉱

⊙기출 ★
* 안전심리 5대 요소
동기, 기질, 습성, 습관, 감정이며 안전심리에서 가장 중요한 요소는 개성과 사고력이다.

문제
다음 중 착오 요인과 관계가 먼 것은?
㉮ 동기부여의 부족
㉯ 정보 부족
㉰ 정서적 불안정
㉱ 자기합리화

━━━━[정답] ㉮

참고

※ 착오
- 주관적 인식과 객관적 사실이 일치하지 않는 일
- 의도된 것과는 다른 부정확한 수행을 말한다.

문제

인간과오에서 "의지적 제어가 되지 않는다.", "결정을 잘못한다." 등은 다음 어느 것에 해당되는가?

㉮ 동작조작 미스
㉯ 기억판단 미스
㉰ 인지확인 미스
㉱ 사람과 환경 조건의 영향

[해설]
"의지적 제어가 되지 않는다.", "결정을 잘못한다."는 올바른 판단을 내리지 못하는 것으로 기억판단 미스에 해당된다.

정답 ㉯

용어정의

※ 착각현상
대상이 특수한 조건하에서 통상의 경우와는 달리 지각되는 현상.

---

(2) 인간의 착오 요인 ✦

인지과정 착오의 요인	• 정보량 저장의 한계 • 감각 차단 현상 • 정서적 불안정 • 생리, 심리적 능력의 한계(정보 수용 능력의 한계)
판단과정 착오 요인	• 자기 합리화 • 능력 부족 • 정보부족 • 자기과신
조작과정의 착오 요인	• 작업자의 기능 미숙(기술 부족) • 작업경험 부족 • 피로
심리적, 기타 요인	• 불안·공포·과로·수면부족 등

(3) 착각의 매커니즘

① 위치착오
② 순서착오
③ 패턴착오
④ 형상착오
⑤ 기억오류

(4) 착각현상 ✦

가현운동(β 운동)	정지하고 있는 대상물이 급속히 나타나던가 소멸하는 것으로 인하여 일어나는 운동으로 마치 대상물이 운동하는 것처럼 인식되는 현상을 말한다. 예 영화의 영상
유도 운동	움직이지 않는 것이 움직이는 것처럼 느껴지는 현상 예 상행선 열차를 타고 가며 정지하고 있는 하행선열차를 보면 마치 하행선 열차가 움직이는 것처럼 느껴지는 현상
자동 운동	• 암실에서 정지된 소광점을 응시하면 광점이 움직이는 것처럼 보이는 현상 • 안구의 불규칙한 운동 때문에 생기는 현상이다. **자동운동이 잘 발생되는 조건** • 광점이 작을 것 • 시야의 다른 부분이 어두울 것 • 대상이 단순할 것 • 빛의 강도가 작을 것

(5) 착시현상 ✨

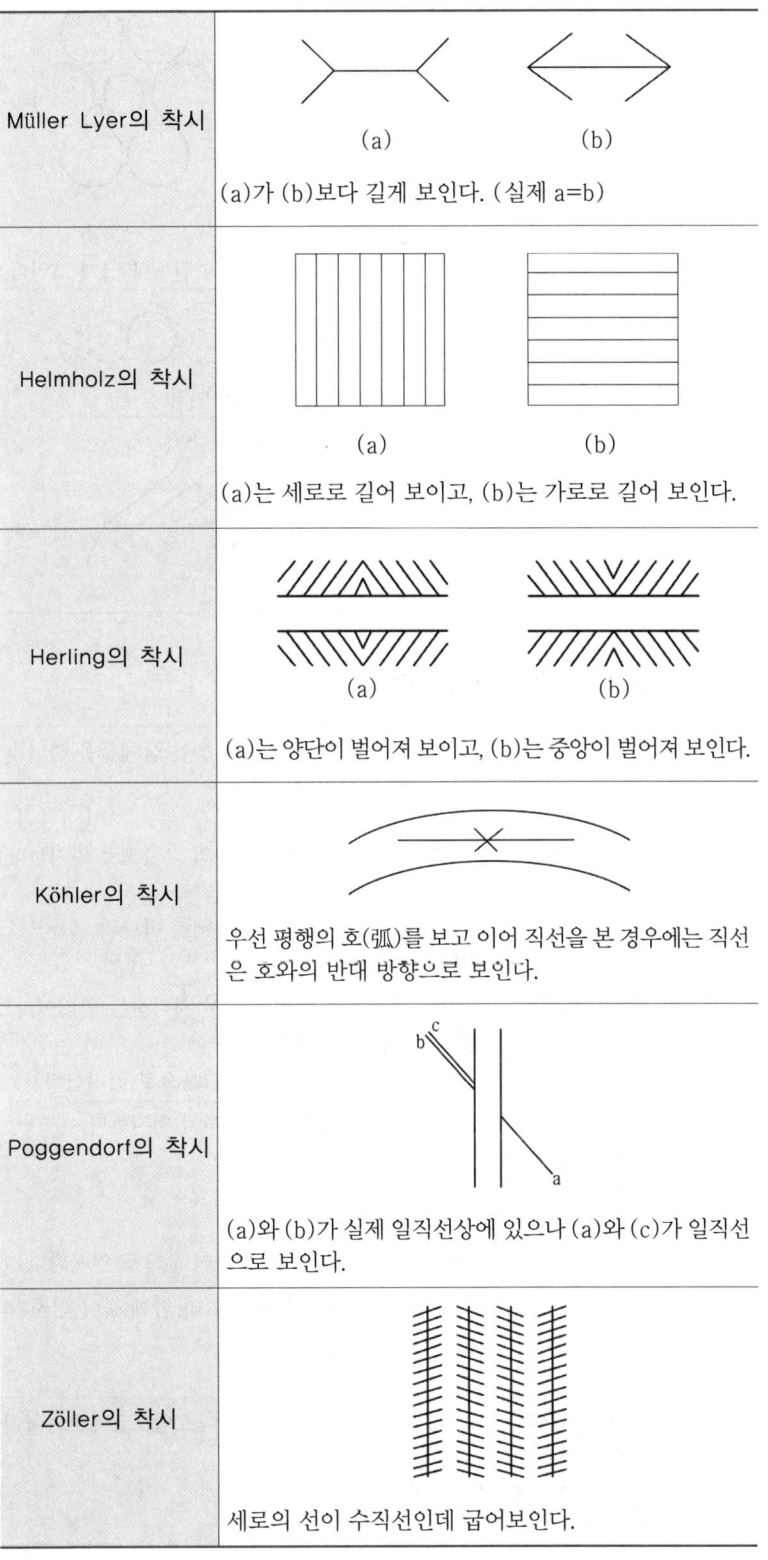

Müller Lyer의 착시	(a)가 (b)보다 길게 보인다. (실제 a=b)
Helmholz의 착시	(a)는 세로로 길어 보이고, (b)는 가로로 길어 보인다.
Herling의 착시	(a)는 양단이 벌어져 보이고, (b)는 중앙이 벌어져 보인다.
Köhler의 착시	우선 평행의 호(弧)를 보고 이어 직선을 본 경우에는 직선은 호와의 반대 방향으로 보인다.
Poggendorf의 착시	(a)와 (b)가 실제 일직선상에 있으나 (a)와 (c)가 일직선으로 보인다.
Zöller의 착시	세로의 선이 수직선인데 굽어보인다.

> **용어정의**
> * 착시현상
> 정상적인 시력을 가지고도 물체를 정확하게 볼 수 없는 현상을 말한다.

기타의 착시현상	동심원의 착시
	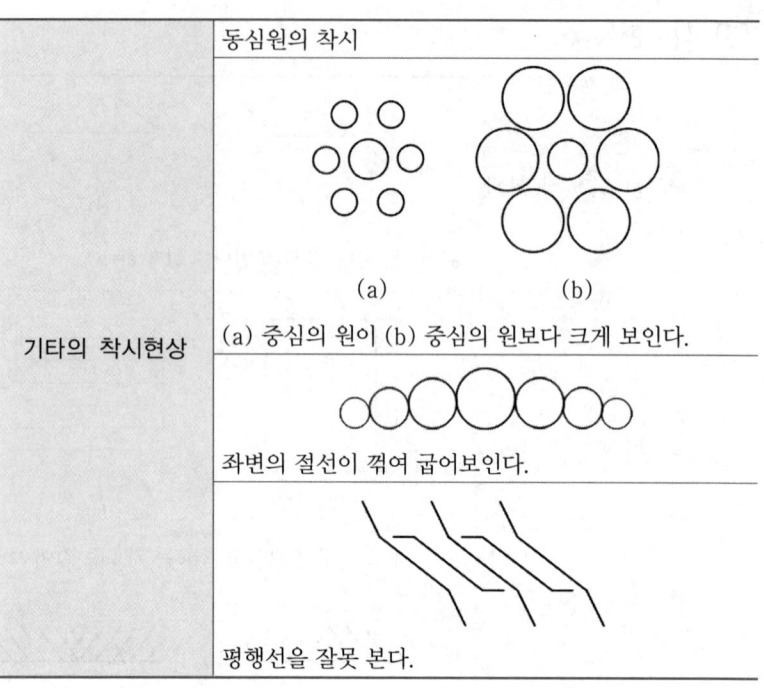(a) 중심의 원이 (b) 중심의 원보다 크게 보인다.
	좌변의 절선이 꺾여 굽어보인다.
	평행선을 잘못 본다.

(6) 군화의 법칙(게슈탈트의 법칙)

> **참고**
> * 군화의 법칙
>   (게슈탈트의 법칙)
>   • 게슈탈트는 '모양, 형태'라는 뜻으로 독일의 심리학자 M.베르트하이머가 처음으로 제기한 원리이다.
>   • 사물을 볼 때 무리를 지어서 보려는 시각적 심리를 뜻하며 관련이 있는 요소끼리 통합된 것으로 지각된다는 점에서 '군화의 법칙'이라고도 한다.

① 근접의 요인	사물을 인지할 때, 가까이에 있는 물체들을 하나의 그룹으로 묶어 인지한다. ○○　○○　○○　○○ (가까이 있는 원 2개를 하나의 그룹으로 인지한다) ○○○○○○○○ (배열간격이 동일할 경우 전체를 하나의 그룹으로 인지한다)
② 동류(同類)의 요인 (유사의 요인)	유사한 자극끼리 함께 묶어서 지각하는 원리이다. ●○●○●○ (●　○을 묶어서 하나의 그룹으로 인지한다)
③ 폐합(閉合)의 요인 (폐쇄의 요인)	완성되지 않은 형태를 완성시켜 인지한다. (떨어져 있는 부분들을 합하여 원으로 인지한다)
④ 연속의 요인	요소들이 부드러운 연속을 따라 함께 묶여 인지된다.
⑤ 좋은 모양의 요인(단순성, 대칭성, 규칙성, 상징성)	좋은 모양을 만드는 것끼리 한데 모임으로써 보기 좋아진다.

CHAPTER 03 단원 예상문제

01 안전 그림의 착시(錯視) 현상 중 Herling 착시현상에 해당되는 것은?

㉮ a가 b보다 길게 보인다.

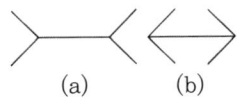

㉯ a는 세로로 길어 보이고, b는 가로로 길어 보인다.

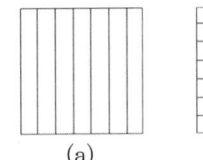 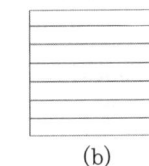

㉰ a는 양단이 벌어져 보이고 b는 중앙이 벌여져 보인다.

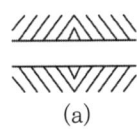 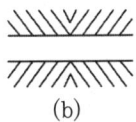

㉱ a와 c가 일직선으로 보인다.

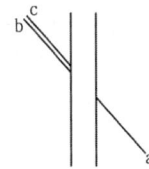

[해설] ㉮ Müller Lyer의 착시
㉯ Helmholz의 착시
㉰ Herling의 착시
㉱ Poggendorf의 착시

02 인간의 행동에 대하여 미국의 심리학자 레윈(K. Lewin)은 $B = f(P \cdot E)$와 같은 식으로 나타내었다. 여기서 인간관계 요인을 나타내는 변수는 다음 중 어느 것인가?

㉮ B(Behavior)
㉯ f(Function)
㉰ P(Person)
㉱ E(Environment)

[해설] 레윈(K. Lewin)의 법칙 : 인간의 행동은 개체의 자질과 심리적 환경의 함수관계이다.

> $B = f(P \cdot E)$
> 여기서,
> B : Behavior(인간의 행동)
> f : function(함수관계)
> P : Person(개체 : 연령, 경험, 심신 상태, 성격, 지능 등)
> E : Environment
> (심리적 환경 : 인간관계, 작업환경 등)

03 우선 평행의 호를 보고 이어 직선을 본 경우에 직선은 호와의 반대 방향에 보이는 착시현상은?

㉮ 동화착오   ㉯ 분할착오
㉰ 윤곽착오   ㉱ 방향착오

[해설] Köhler의 착시(윤곽착오) : 우선 평행의 호(弧)를 보고 이어 직선을 본 경우에는 직선은 호와의 반대 방향으로 보인다.

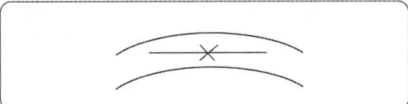

🔊 정답 01 ㉰ 02 ㉱ 03 ㉰

04. 스트레스(Stress)에 관한 설명으로 가장 옳은 것은?

㉮ 스트레스 상황에 직면하는 기회가 많을수록 스트레스 발생 가능성은 낮아진다.
㉯ 스트레스는 직무몰입과 생산성 감소의 직접적인 원인이 된다.
㉰ 스트레스는 부정적인 측면만 가지고 있다.
㉱ 스트레스는 나쁜 일에서만 발생한다.

[해설] ㉯ 스트레스로 인해 직무에 대한 집중도가 떨어지며, 생산성 감소의 결과를 가져온다.

05. 인지(認知)과정에서 생길 수 있는 착오의 원인이 아닌 것은?

㉮ 심리적 능력한계
㉯ 감각차단 현상
㉰ 자기기술 과신
㉱ 정보량의 저장한계

[해설] ㉰ "자기기술 과신"은 판단과정의 착오 요인이다.

{참고} 인간의 착오 요인

인지과정 착오의 요인	· **정보량 저장의 한계** · **감각 차단 현상** · 정서적 불안정 · **생리, 심리적 능력의 한계** (정보 수용 능력의 한계)
판단과정 착오 요인	· 자기 합리화 · 능력 부족 · 정보 부족 · **자기과신**
조작과정의 착오 요인	· 작업자의 기능 미숙 (기술 부족) · 작업경험 부족 · 피로
심리적, 기타 요인	· 불안·공포·과로·수면 부족 등

06. 다음의 설명과 그림은 어떤 착시 현상과 관계가 깊은가?

"그림에서 선 ab와 선 cd는 그 길이가 동일한 것이지만, 시각적으로는 선 ab가 선 cd보다 길어 보인다."

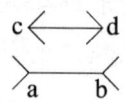

㉮ 헬몰쯔(Helmholz)의 착시
㉯ 쾰러(Köhler)의 착시
㉰ 뮬러-라이어(Müler-Lyer)의 착시
㉱ 포겐 도르프(Poggendorf)의 착시

[해설] 착시현상

Müller Lyer의 착시	(a) (b) (a)가 (b)보다 길게 보인다. (실제 a=b)
Helmholz의 착시	(a) (b) (a)는 세로로 길어 보이고, (b)는 가로로 길어 보인다.
Herling의 착시	(a) (b) (a)는 양단이 벌어져 보이고, (b)는 벌어져 보인다.
Köhler의 착시	우선 평행의 호(弧)를 보고 이어 직선을 본 경우에는 직선은 호와의 반대 방향으로 보인다.

정답 04 ㉯ 05 ㉰ 06 ㉰

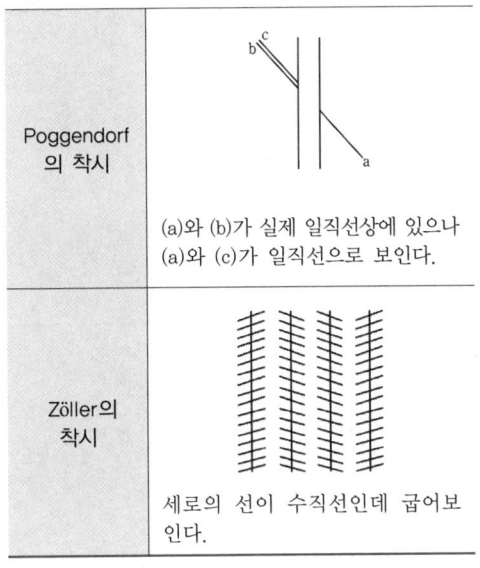

| Poggendorf의 착시 | (a)와 (b)가 실제 일직선상에 있으나 (a)와 (c)가 일직선으로 보인다. |
| Zöller의 착시 | 세로의 선이 수직선인데 굽어보인다. |

07 다음 중 감각 차단 현상이 발생하기 가장 쉬운 경우는?

㉮ 복잡한 업무가 장시간 지속될 때
㉯ 정신적인 업무가 장시간 지속될 때
㉰ 단조로운 업무가 장시간 지속될 때
㉱ 주의력의 배분을 요하는 작업을 장시간 지속할 때

[해설] **감각 차단 현상** : 단조로운 업무가 장시간 지속될 때 감각기능 및 판단능력이 둔화 또는 마비되는 현상

08 다음 중 피로의 정신적 증상으로 가장 관련이 깊은 것은?

㉮ 주의력이 감소 또는 경감된다.
㉯ 작업의 효과나 작업량이 감퇴 및 저하된다.
㉰ 작업에 대한 무감각·무표정·경련 등이 일어난다.
㉱ 작업에 대한 몸의 자세가 흐트러지고 지치게 된다.

[해설] **피로의 증상**
① 신체적 증상(생리적 현상)
 • 작업에 대한 몸 자세가 흐트러지고 지치게 된다.
 • 작업에 대한 무감각, 무표정, 경련 등이 일어난다.
 • 작업 효과나 작업량이 감퇴 및 저하된다.
② 정신적 증상(심리적 현상)
 • **주의력이 감소 또는 경감된다.**
 • 불쾌감이 증가된다.
 • 긴장감이 해지 또는 해소된다.
 • 권태, 태만해지고 관심 및 흥미감이 상실된다.
 • 졸음, 두통, 싫증, 짜증이 일어난다.

09 산업 스트레스의 요인 중 직무 특성과 관련된 요인으로 볼 수 없는 것은?

㉮ 조직구조
㉯ 작업 속도
㉰ 근무시간
㉱ 업무의 반복성

[해설] 장시간 근로, 야간작업을 포함한 교대작업, 차량 운전 및 정밀기계 조작 작업 등으로부터 발생하는 신체적 피로와 정신적 스트레스 등을 직무 스트레스라 한다.

10 다음 중 산업 심리의 5대 요소가 아닌 것은?

㉮ 동기   ㉯ 지능
㉰ 감정   ㉱ 습관

[해설] **산업안전 심리 5요소**
① **동기**(motive)   ② **기질**(temper)
③ **감정**(emotion)   ④ **습성**(habits)
⑤ **습관**(custom)

정답 09 ㉮ 10 ㉯

CHAPTER 04 인간의 행동과학

01 조직과 인간행동

> 주/요/내/용 알/고/가/기
> 1. 인간의 방어기제
> 2. 양립성
> 3. 모랄 서베이(morale survey)

1 인간관계 및 인간의 행동성향합1

(1) 인간의 행동성향 ✭

① 투사
- 자기 속의 억압된 것을 다른 사람의 것으로 생각하는 것
- 자신의 불만이나 불안을 해소시키기 위해서 자신의 잘못을 남의 탓으로 돌리는 행동

② 모방
- 남의 행동이나 판단을 표본으로 하여 그것과 같거나 또는 그것에 가까운 행동 또는 판단을 취하려는 행동

③ 암시
- 다른 사람으로부터의 판단이나 행동을 무비판적으로 논리적·사실적 근거 없이 받아들이는 행동

④ 승화
- 사회적으로 승인되지 않은 욕구가 사회적, 문화적으로 가치있는 것으로 나타남
- 자신의 동기에 대해 불안을 느끼는 사람은 무의식적으로 내면의 동기를 사회가 용납하는 다른 동기로 변형시킴

⑤ 합리화
- 자기행위는 합리적이고 정당하며 실제보다 훌륭하게 평가함
- 자기의 실패나 약점을 그럴듯한 이유나 변명을 들어 자신의 실패를 정당화 하는 행동

참고
* 인간관계
  [人間關係, human relations]
  사람과 사람과의 인격적인 관계, 조직구성원 사이의 직능적·합리적 관계보다는 심리적·정서적 관계를 말한다. 작업 능률은 노동 조건과 물적 조건의 개선에 의해 향상될 수도 있으나 구성원의 심리적 욕구 충족이 중요하다.

기출
* 인간의 행동특성에 있어 "태도"
① 인간의 행동은 태도에 따라 달라진다.
② 태도가 결정되면 장시간 유지된다.
③ 개인의 심적 태도교정보다 집단의 심적 태도 교정이 용이하다
④ 태도는 행동결정을 판단하고, 지시하는 내적 행동체계라고 할 수 있다.

참고
* 태도(attitude)의 3가지 구성요소
① 인지적 요소
② 정서적 요소
③ 행동 경향 요소

[프로이드 적응기제 중 합리화 유형]

① 신포도형	• 포도를 먹고자 한 여우가 모든 노력을 통해서도 그것을 먹을 수 없게 되자 그 포도의 맛이 시기 때문에 먹을 필요가 없다고 자기 자신의 행위를 스스로 위로하는 것 • 어떤 목표를 달성하려 했으나 실패한 사람이 처음부터 그것을 원하지 않았다고 하는 것
② 달콤한 레몬형	• 자기가 현재 가지고 있는 것이야말로 그가 원하던 것이라고 스스로 믿는 것
③ 투사형	• 자신의 결함이나 실수를 자기 이외의 다른 대상에게로 책임을 전가시키는 것
④ 망상형	• 이치에 맞지 않는 잘못된 생각이나 근거가 없는 주관적인 신념으로 자신을 합리화 하는 것

⑥ 억압
  • 의식에서 용납하기 힘든 생각, 욕망, 충동, 공격성 등을 무의식적으로 눌러 버리는 것이다.

⑦ 동일화(Identification)
  • 다른 사람의 행동 양식이나 태도를 투입시키거나 다른 사람 가운데서 자기와 비슷한 점을 발견하는 것
  • 부모, 형, 주위의 중요한 인물들의 태도나 행동을 따라하는 것
    예 고등학교 때 선생님이 멋있어서 열심히 그 과목을 공부하는 것

⑧ 반동형성 : 겉으로 드러나는 태도나 언행이 마음속의 욕구나 생각과 정반대인 경우로 자신의 감정과 정반대의 태도를 취하는 것
    예 슬퍼서 울고 싶은데 오히려 더 많이 웃고 떠든다.

⑨ 보상
  • 심리적으로 어떤 약점이 있는 사람이 이를 보충하기 위해 다른 어떤 것을 과도히 발전시키는 것이다.
  • 자신의 결함이나 열등감, 긴장을 해소시키기 위하여 장점 등으로 그 결함을 보충하려는 행동
    예 다리가 짧은 사람이 걸음을 더 빠르게 걸으려 하는 것

⑩ 퇴행 : 좌절을 심하게 당했을 때 현재보다 유치한 과거 수준으로 후퇴하는 것
    예 한글을 잘하던 아이가 엄마의 꾸중으로 한글을 모두 잊은 상태로 돌아가 버리는 것

⑪ 커뮤니케이션 : 갖가지 행동 양식이나 기초를 매개로 하여 어떤 사람으로부터 다른 사람에게 전달되는 과정
    예 언어, 몸짓, 신호, 기호

⑫ 억측판단 ✈ : 작업공정 중에 규정대로 수행하지 않고 '괜찮다'고 생각하여 자기주관대로 행하는 행동(객관적인 위험을 행동에 옮김)
    예 신호등의 신호가 녹색에서 황색으로 바뀌었으나 괜찮다고 판단하고 지나감

합격의 key

문제
자신의 동기에 대하여 불안을 느끼는 사람은 무의식적으로 내면의 동기를 자기 자신 및 사회가 용납할 수 있는 다른 동기로 변형하는 방어기제는?
㉮ 억압
㉯ 승화
㉰ 합리화
㉱ 동일시

정답 ㉯

참고
* 직장에서의 부적응의 유형
① 망상인격 : 자기 주장이 강하고 대인관계가 빈약하며, 사소한 일에 있어서도 타인이 자신을 제외했다고 여겨 악의를 나타내는 특징을 가진 유형
② 분열인격 : 사회적 관계에 거리를 두고 인간관계에 있어 감정을 거의 표현하지 않는 유형
③ 무력인격 : 즐거움을 느끼지 못하고 쉽게 피로를 느끼며, 열정이 부족하고 신체 감정적 스트레스에 과민한 인격 유형
④ 강박인격 : 매사에 완벽을 추구하며 과도한 성취지향성, 엄격하거나 지나치게 양심적인 행동을 추구하는 유형
⑤ 순환인격 : 의기양양하고 명랑한 기분과 의기소침하고 우울한 기분이 외적 또는 내적인 자극 없이 순환적으로 반복되는 유형

기출 ★
* 억측판단이 발생하는 배경
• 정보가 불확실할 때
• 희망적인 관측이 있을 때
• 과거의 성공한 경험이 있을 때
• 일을 빨리 끝내고 싶은 강한 욕구가 있거나 귀찮고 초조할 때

용어정의
* 적응기제
  생리적·성격적 욕구의 저지로 인한 긴장을 해소하기 위한 여러 가지 기제의 특징

문제
자동차가 교차점에서 신호대기를 하고 있을 때 전방의 신호가 파랗게 되고 나서 발차해야 하는데 좌우의 신호가 빨갛게 된 찰나에 발차하는 경우는 어떤 개념의 예에 해당하는가?
㉮ 장면 행동
㉯ 주변적 동작
㉰ 무의식 행동
㉱ 억측 판단

[해설]
억측판단 : 규정대로 수행하지 않고 괜찮다고 판단하여 하는 행동을 말한다.

정답 ㉱

참고
* 호손(Hawthorne)실험
  인간관계 관리의 개선을 위한 연구로 미국의 메이요(E. Mayo)교수가 주축이 되어 호손공장에서 실시되었다.

기출
동기조사 방법 중 가장 우수한 방법은 종업원의 작업태도 연구이다.

---

(2) 적응기제

① 도피기제(Escape Mechanism) : 갈등을 해결하지 않고 도망감

[도피기제의 종류]

억압	무의식으로 쑤셔 넣기
퇴행	유아 시절로 돌아가 유치해짐
백일몽	공상의 나래를 펼침
고립(거부)	외부와의 접촉을 끊음

② 방어기제(Defece Mechanism) : 갈등을 이겨내려는 능동성과 적극성

[방어기제의 종류]

보상	열등감을 다른 곳에서 강점으로 발휘함
합리화	자기변명, 자기실패의 합리화, 자기미화
승화	열등감과 욕구불만을 사회적으로 바람직한 가치로 나타내는 것
동일시	힘 있고 능력 있는 사람을 통해 자기만족을 얻으려 함
투사	자신의 열등감을 다른 것에 던져 그것들도 결점이 있음을 발견해서 열등감에서 벗어나려함

③ 공격기제(Aggressive Mechanism)

(3) 욕구저지 반응기제

① 욕구저지 공격가설 : 욕구저지는 공격을 유발한다.
② 욕구저지 퇴행가설 : 욕구저지는 원시적 단계로 역행한다.
③ 욕구저지 고착가설 : 욕구저지는 자포자기적 반응을 유발한다.

2 인간관계 관리방법

(1) 호손(Hawthorne)실험

① 작업 능률을 좌우하는 것은 단지, 임금, 노동시간 등의 노동조건과 조명, 환기, 기타 작업환경으로서의 물적 조건보다 종업원의 태도, 즉 심리적, 내적 양심과 감정이 중요하다.
② 물적 조건도 그 개선에 의하여 효과를 가져올 수 있으나 종업원의 심리적 요소가 더 중요하다.

(2) 카운슬링

① 카운슬링 방법
- 직접충고
- 설득적 방법
- 설명적 방법

② 카운슬링의 순서

장면구성 – 대담자 대화 – 의견 재분석 – 감정표출 – 감정의 명확화

③ 카운슬링의 효과
- 정신적 스트레스 해소
- 동기부여
- 안전태도형성

(3) 모랄 서베이(morale survey)의 주요 방법

① 통계에 의한 방법
- 사고 상해율, 생산성, 지각, 조퇴 등을 분석하여 통계 내는 방법
- 다른 조사법의 보조 자료로 많이 사용된다.

② 사례연구법
- 제안제도, 고충처리제도, 카운슬링 등의 사례를 통하여 불만 등을 파악하는 방법

③ 관찰법
- 종업원의 근무 실태를 계속 관찰하여 문제점을 찾아내는 방법

④ 실험연구법
- 실험 그룹과 통제 그룹으로 나누고 자극을 주어 태도 변화의 여부를 조사 하는 방법

⑤ 태도조사법(의견조사)
- 모랄서베이에서 가장 많이 사용되는 방법
- 질문지법, 면접법, 집단토의법, 투사법에 의해 의견을 조사하는 방법

(4) 양립성 ✈

자극과 반응의 관계가 인간의 기대와 모순되지 않는 성질을 말한다.

① 개념적 양립성
- 외부자극에 대해 인간의 개념적 현상의 양립성
- 예 빨간 버튼은 온수, 파란 버튼은 냉수 ✈

용어정의

* 카운슬링
심리적인 문제나 고민이 있는 사람에게 실시하는 상담 활동

기출

* 모랄서베이 [morale survey]
- 종업원의 근로 의욕·태도 등에 대한 측정으로 태도조사라고도 한다.
- 종업원이 자기의 직무·직장·상사·승진·대우 등에 대하여 어떻게 생각하고 있는지를 측정·조사하는 것이다.

참고

* 모랄 서베이의 효과
① 근로자의 불만을 해소하고 노동 의욕을 높인다.
② 경영 관리 개선 자료로 활용할 수 있다.
③ 종업원의 정화작용을 촉진시킨다.

참고

* 인간관계 관리기법
① 소시오매트리 (sociometry) : 집단 내의 선택(선호), 커뮤니케이션 및 상호작용의 패턴에 관한 자료를 수집하고 분석하여 집단의 성질, 구조, 역동성, 상호관계를 분석하는 기법
② 소시오그램 (Sociogram)
- 측정 테스트로 얻은 결과를 도식이나 그림으로 나타내는 방법
- 집단 내의 대인관계, 집단구조를 직관적으로 파악하기 위하여 작성하며, 집단의 구조 분석을 위하여 이용

- 누가 어떤 선택을 하였는가, 집단 속에서 누가 어떤 위치에 있는가를 알 수가 있다.
③ 그리드 훈련 (grid training) : 업무의 관심과 인간에 대한 관심을 구분하여 인간에 대한 관심과 업무에 대한 관심이 아주 낮은 1.1형, 인간에 대한 관심은 높으나 업적에 대한 관심이 낮은 1.9형, 업적에 대한 관심은 높으나 인간에 대한 관심이 낮은 9.1형, 인간에 대한 관심이 아주 높고 조직력과 잘 발휘되는 9.9형으로 나누고 9.9형이 되도록 훈련해 나가는 기법
④ 집단역학(Group dynamic, 집단역동, 사회역학) : 집단 내의 갈등과 부조화를 해결함으로써 집단 내에서의 상호작용 관계를 원만히 해 집단의 공동목표를 달성해가는 과정
⑤ 감수성 훈련 (ST ; Sensitivity Training) : 사람의 마음을 있는 그대로 받아들여 대인능력이 증대 되도록 훈련하는 집단학습법

참고
1. 테크니컬 스킬즈 (technical skills) : 사물을 처리함에 있어 인간의 목적에 유익하도록 처리하는 능력
2. 소셜 스킬즈 (Social Skills) : 사람과 사람 사이의 커뮤니케이션을 양호하게 하고 사람의 요구를 충족시키면서 감정을 제고시키는 능력

참고
※ 집단 간의 갈등 요인
① 욕구 좌절
② 제한된 자원
③ 집단 간의 목표 차이
④ 동일한 사안을 바라보는 집단 간의 인식 차이

② 공간적 양립성
- 표시장치, 조종장치의 형태 및 공간적 배치의 양립성
  예) 오른쪽 조리대는 오른쪽 조절장치로, 왼쪽 조리대는 왼쪽 조절장치로 조정한다. ★

③ 운동의 양립성
- 표시장치, 조종장치 등의 운동 방향의 양립성
  예) 조종장치를 오른쪽으로 돌리면 표시장치 지침이 오른쪽으로 이동한다. ★

④ 양식 양립성
- 직무에 알맞은 자극과 응답 양식의 존재에 대한 양립성
  예) 음성 과업에 대해서는 청각적 자극 제시와 이에 대한 음성응답 과업에 갖는 양립성이다.

③ 사회행동 기본형태 ★

① 협력 : 조력, 분업
② 대립 : 공격, 경쟁
③ 도피 : 고립, 정신병, 자살
④ 융합 : 강제 타협

참고 조하리의 창(Johari's window)

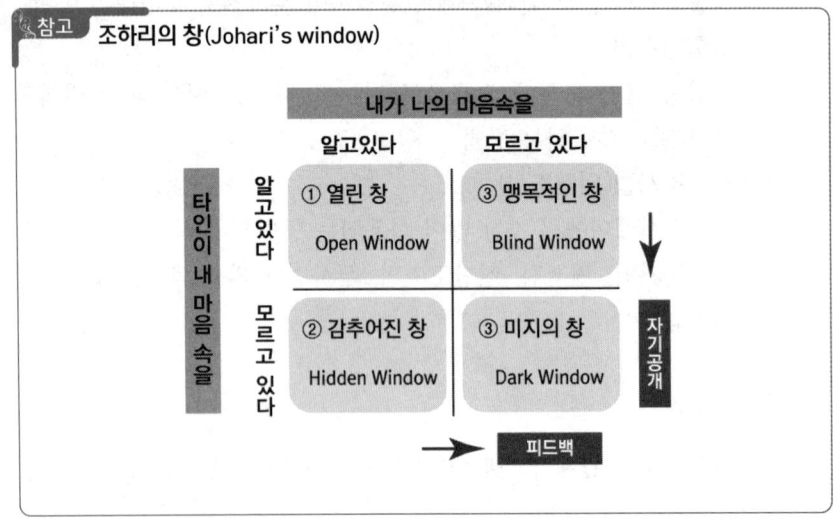

02 재해빈발성 및 행동과학

> 주/요/내/용 알/고/가/기
> 1. 재해설
> 2. 재해 누발자의 유형
> 3. 동기부여 이론
> 4. 인간주의 특성의 종류
> 5. 부주의 원인 및 대책

1 사고 경향

(1) 안전사고 요인

① **개인차** : 개인마다의 신체적 조건, 지능, 감각적 기능, 성격 및 태도 등의 개인 차이
② **지능** : 인간이 어떠한 상황에 처해 있을 때 그것을 효과적으로 해결할 수 있는 종합적인 능력
③ **성격과 태도**
  - 책임감
  - 안정성
  - 자기중심적 사고방식
  - 자제력
  - 불평, 불만적 태도
④ **특수 지능** : 각 직무의 특성에 따라 필요로 하는 기능

2 재해 빈발성

(1) 재해설 ✦

① **기회설(상황설)**
  - 재해가 일어날 수 있는 상황만 주어지면 재해가 유발된다는 설
  - 작업이 어려워 재해를 일으켰다.
② **암시설(습관설)**
  한번 재해를 당한 사람은 겁쟁이가 되어 신경과민으로 또 재해를 유발한다는 설
③ **경향설(성향설)**
  근로자 중 재해가 빈발하는 소질적 결함자가 있다는 설

(2) 재해 누발자의 유형 ✦

① **미숙성 누발자**
  - 기능 미숙자
  - 환경에 익숙하지 못한 자

참고

※ 사고 경향성 이론
① 근로자 중 재해가 빈발하는 소질적 결함자가 있다는 이론
② 어떠한 사람이 다른 사람보다 사고를 더 잘 일으킨다는 이론
③ 사고를 많이 내는 여러 명의 특성을 측정하여 사고를 예방하는 것이다.
④ 검증하기 위한 효과적인 방법은 다른 두 시기 동안에 같은 사람의 사고기록을 비교하는 것이다.

기출

※ Y–K(Yukata–Kohata) 성격검사

CC'형 : 담즙질 (진공성형)
① 운동 및 결단이 빠르고 기민하다.
② 적응이 빠르다.
③ 세심하지 않다.
④ 내구, 집념이 부족하다.
⑤ 진공 자신감이 강하다.

MM'형 : 흑담즙질 (신경질형)
① 운동성이 느리고 지속성이 풍부하다.
② 적응이 느리다.
③ 세심 억제 정확성이 강하다.
④ 내구성, 집념, 지속성이 강하다.
⑤ 담력, 자신감이 강하다.

SS'형 : 다혈질 (운동성형)
① 운동 및 결단이 빠르고 기민하다.
② 적응이 빠르다.
③ 세심하지 않다.
④ 내구, 집념이 부족하다.
⑤ 담력, 자신감이 약하다.

PP'형 : 점액질 (평범수동성형)
① 운동성이 느리고 지속성이 풍부하다.
② 적응이 느리다.
③ 세심 억제 정확성이 강하다.
④ 내구성, 집념, 지속성이 강하다.
⑤ 담력, 자신감이 약하다.

Am형 : 이상질
① 지속성이 극도로 나쁘고 운동성이 극도로 느리다.
② 적응이 극도로 느리다.

합격의 key

* Y · G(失田部 · Guilford) 성격검사
① A형(평균형) : 조화적, 적응적
② B형(右偏형) : 정서 불안정, 활동적, 외향적 (불안정 부적응, 적극형)
③ C형(左偏형) : 안전 소극형(온순, 소극적, 안정, 비활동, 내향적)
④ D형(右下형) : 안정, 적응, 적극형 (정서안정, 사회적응, 활동적, 대인관계 양호)
⑤ E형(左下형) : 불안정, 부적응, 수동형(D형과 반대)

확인
* 저차원의 이론 ★
① 매슬로의 생리적, 안전, 사회적 욕구
② 알더퍼의 생존 욕구, 관계 욕구
③ Herzberg의 위생 요인
④ 맥그리거의 X이론

* 고차원의 이론 ★
① 매슬로의 존경, 자아실현의 욕구
② 알더퍼의 성장욕구
③ Herzberg의 동기 요인
④ 맥그리거의 Y이론

기출
* 동기부여(motivation)에 있어 동기가 가지는 성질
① 행동을 촉발시키는 개인의 힘을 뜻하는 활성화
② 일정한 강도와 방향을 지닌 행동을 유지시키는 지속성
③ 노력의 투입을 선택적으로 한 방향으로 지향하도록 하는 통로화

---

② 상황성 누발자
- 작업에 어려움이 많은 자
- 기계 설비의 결함이 있을 때
- 심신에 근심이 있는 자
- 환경상 주의력 집중이 혼란되기 쉬울 때

③ 소질성 누발자
- 개인 소질 가운데 재해 원인 요소를 가지고 있는 자
- 개인의 특수 성격 소유자

소질성 누발자의 공통된 성격	
• 주의력 산만 및 주의력 지속 불능	• 흥분성
• 저지능	• 비협조성
• 도덕성의 결여	• 소심한 성격
• 감각운동 부적합 등	

④ 습관성 누발자
- 재해 경험에 의해 겁쟁이가 되거나 신경과민이 된 자
- 슬럼프에 빠져있는 자

3 동기부여 이론

(1) 데이비스(K. Davis)의 동기부여 이론

데이비스의 동기부여 이론 ✿
인간의 성과 × 물질의 성과 = 경영의 성과
지식(knowledge) × 기능(skill) = 능력(ability)
상황(situation) × 태도(attitude) = 동기유발(motivation)
능력 × 동기유발 = 인간의 성과(human performance)

(2) 매슬로(Maslow A. H.)의 욕구단계 이론(인간의 욕구 5단계 ✿✿)

제1단계(생리적 욕구)	기아, 갈증, 호흡, 배설, 성욕 등 인간의 가장 기본적인 욕구
제2단계(안전 욕구)	자기 보존 욕구
제3단계(사회적 욕구)	소속감과 애정 욕구
제4단계(존경 욕구)	인정받으려는 욕구
제5단계(자아실현의 욕구)	• 잠재적인 능력을 실현하고자 하는 욕구(성취 욕구) • 편견 없이 받아들이는 성향, 타인과의 거리를 유지하며 사생활을 즐기거나 창의적 성격으로 봉사, 특별히 좋아하는 사람과 긴밀한 관계를 유지하려는 인간의 욕구

(3) 헤르츠버그(Herzberg)의 동기 · 위생 이론 ★★

위생 요인	유지 욕구	• 인간의 동물적 욕구를 반영하는 것으로 Maslow의 욕구 단계에서 생리적, 안전, 사회적 욕구와 비슷하다. • 저차원의 욕구
	직무 환경 ★	• 회사정책과 관리　• 개인 상호 간의 관계 • 감독　• 임금　• 보수 • 작업조건　• 지위　• 안전
동기 요인	만족 욕구	• 자아 실현을 하려는 인간의 독특한 경향을 반영한 것으로, Maslow의 자아 실현 욕구와 비슷하다. • 고차원의 욕구
	직무 내용 ★	• 성취감　• 책임감　• 안정감 • 성장과 발전　• 도전감　• 일 그 자체

(4) 알더퍼의 E.R.G(Existence Relatedness Growth needs theory) 이론 ★★

① E : 생존욕구 또는 존재욕구(Existence needs) - 의식주, 봉급, 직무안전
② R : 관계욕구(Relatedness needs) - 대인관계
③ G : 성장욕구(Growth needs) - 개인적 발전

(5) 맥그리거(McGregor)의 X, Y 이론 ★★

X이론의 특징	Y이론의 특징
인간 불신감	상호 신뢰감
성악설	성선설
인간은 원래 게으르고 태만하여 남의 지배를 받기를 즐긴다.	인간은 부지런하고 적극적이며 자주적이다.
물질욕구(저차원 욕구)에 만족	정신욕구(고차원 욕구)에 만족
명령, 통제에 의한 관리 (권위주의형 리더십)	목표 통합과 자기통제에 의한 자율관리 (민주주의형 리더십)
저개발국형	선진국형

[맥그리거의 X, Y이론의 관리 처방] ★

X이론(저차원)	Y이론(고차원)
• 경제적 보상체제의 강화 • 권위주의적 리더십의 확립 • 면밀한 감독과 엄격한 통제 • 상부 책임제도의 강화	• 분권화와 권한의 위임 • 직무확장 및 목표에 의한 관리 • 민주적 리더십의 확립 • 비공식적 조직의 활용 • 상호 신뢰감 • 책임과 창조력 • 인간관계 관리방식

◎기출

※ 헤르츠버그의 일을 통한 동기부여 원칙 ★
• 직무에 따라 자유와 권한 제공
• 교육을 통한 직접적 정보 제공
• 개인적 책임이나 책무를 증가시킴
• 더욱 어렵고 새로운 업무수행을 하도록 과업 부여

문제

Herzberg의 일을 통한 동기부여 원칙 중 잘못된 것은?
㉮ 직무에 따라 자유와 권한
㉯ 교육을 통한 간접적 정보 제공
㉰ 개인적 책임이나 책무를 증가시킴
㉱ 더욱 새롭고 어려운 업무수행 하도록 과업 부여

[해설]
㉯ 교육을 통한 정보는 직접적인 정보를 제공하여야 동기부여가 된다.

정답 ㉯

◎기출

※ 동기유발(motivation) 방법 ★
① 결과를 알려준다.
② 안전의 근본이념을 인식시킨다.
③ 상벌제도를 효과적으로 활용한다.
④ 동기유발의 최적수준을 유지한다.
⑤ 경쟁과 협동을 유도한다.
⑥ 안전목표를 명확히 설정한다.

참고

※ 동기부여(motivation)에 있어 동기가 가지는 성질
① 행동을 촉발시키는 개인의 힘을 뜻하는 활성화
② 일정한 강도와 방향을 지닌 행동을 유지시키는 지속성
③ 노력의 투입을 선택적으로 한 방향으로 지향하도록 하는 통로화

합격의 key

확인
* 일점 집중 현상 ★
중요한 한 가지 일에만 집중하고 나머지 안전 수단은 생략하게 되는 현상이다.

문제
부주의 발생 원인별로 방지하는 방법이 옳게 짝 지워진 것은?
㉮ 소질적 문제 - 안전교육
㉯ 경험, 미경험 - 적성배치
㉰ 작업 순서의 부자연성
  - 인간공학적 접근방법
㉱ 의식우회 - 작업환경 개선

[해설]
㉮ 소질적 문제 - 적성배치
㉯ 경험, 미경험자 - 안전교육 및 훈련
㉱ 의식의 우회 - 카운슬링

정답 ㉰

기출 ★
* 부주의에 의한 사고 방지대책
1. 정신적 대책
   • 주의력 집중 훈련
   • 스트레스 해소 대책
   • 안전의식의 제고
   • 작업 의욕 고취
2. 기능 및 작업 측면 대책
   • 적성배치
   • 표준작업(동작)의 습관화
   • 안전작업방법의 습득
   • 작업조건의 개선 및 적응력 향상
3. 설비 및 환경 측면 대책
   • 표준 작업제도의 도입
   • 설비 및 작업환경의 안전화
   • 긴급 시 안전작업 대책 수립

4 주의와 부주의

(1) 인간 의식레벨의 분류 ✈

단계	의식의 모드	생리적 상태	의식의 상태
Phase 0	무의식, 실신	수면, 뇌발작	주의작용 0
Phase Ⅰ	의식흐림	피로, 단조로운 일	부주의
Phase Ⅱ	이완	안정기거, 휴식	안정기거, 휴식
Phase Ⅲ	상쾌	적극적	적극활동
Phase Ⅳ	과긴장	일점집중현상, 긴급방위	감정흥분

(2) 인간 주의특성의 종류 ✈

① **선택성** : 사람은 한 번에 여러 종류의 자극을 지각하거나 수용하지 못하며 소수의 특정한 것으로 한정해서 선택하는 기능을 말한다.
② **방향성** : 시선에서 벗어난 부분은 무시되기 쉽다.
   (주시점만 응시한다)
③ **변동성** : 주의는 리듬이 있어 일정한 수순을 지키지 못한다.
④ **단속성** : 고도의 주의는 장시간 집중이 곤란하다.
⑤ **주의력의 중복집중 곤란** : 동시에 두 개 이상의 방향을 잡지 못한다.

(3) 부주의 원인 ✈

① **의식 단절** : 의식 흐름의 단절(특수한 질병 등에 의한 경우로 의식 수준은 Phase 0인 상태)
② **의식 우회** : 걱정, 고뇌 등으로 의식이 빗나감
③ **의식 수준 저하** : 피로, 단조로운 작업의 연속으로 의식수준이 저하됨
④ **의식 혼란** : 외부자극의 강·약에 의해 위험요인에 대응할 수 없을 때 발생
⑤ **의식 과잉** : 긴급 상황 시 일점 집중 현상을 일으킨다.

(4) 부주의의 원인과 대책 ✈

① 소질적 문제 : 적성 배치
② 의식의 우회 : 카운슬링
③ 경험, 미경험자 : 안전교육, 훈련
④ 작업환경 조건 불량 : 환경 정비
⑤ 작업순서의 부적당 : 작업순서 정비

03 집단관리와 리더십

주/요/내/용 알/고/가/기

1. 리더십(leadership)의 유형
2. 리더십의 권한의 역할
3. 리더십과 헤드십의 특성
4. 슈퍼(super)의 역할이론

1 리더십(leadership)의 유형

(1) 리더십의 정의 : 일정한 상황에서 목표달성을 위해 개인 및 집단의 행위에 영향력을 행사하는 능력

리더십(leadership)
$L = f(l,\ f_1,\ s)$
여기서, L : 리더십(leadership) f : 함수(function) l : 리더(leader) f_1 : 멤버, 추종자(follower) s : 상황요인(situational variables)

(2) 지도 형태에 따른 분류

① 인간 지향성   ② 임무 지향성

(3) 선출 방식에 따른 분류

① 리더십(leadership) : 선출된 자의 권한 대행
② 헤드십(headship) : 임명된 자의 권한 행사

(4) 업무 추진의 방식에 따른 분류 ✈

① 권위주의적 리더 : 리더가 독단적으로 의사를 결정하는 형태
② 민주주의적 리더 : 집단 토의에 의해 의사를 결정하는 형태
③ 자유방임적 리더 : 리더 역할은 하지 않고 명목상 자리만 유지하는 형태(집단에게 완전한 자유를 주고 사실상 리더십의 행사가 없는 형태)

(5) 행동유형 방식에 따른 분류

① 참여적 리더십 : 부하들과 상담하여 부하의견을 고려하는 형태
② 지시적 리더십 : 지도자는 독선적이며 조직 구성원들을 보상 – 체벌의 연속선상에서 명령하고 통제한다.

합격의 key

⊙기출

※ 리더십의 정의 ★
- 주어진 상황 속에서 목표달성을 위해 집단행동에 영향을 미치는 과정
- 집단목표를 위해 스스로 노력하도록 사람에게 영향력을 행사한 활동
- 어떤 특정한 목표달성을 지향하고 있는 상황 하에서 행사되는 대인간의 활동
- 공통된 목표달성을 지향하도록 사람에게 영향을 미치는 것

문제

리더십의 특성 조건에 속하지 않는 것은?
㉮ 기계적 성숙
㉯ 혁신적 능력
㉰ 표현능력
㉱ 대인적 숙련

[해설]
㉮ 기계적 성숙은 기계를 다루는 작업자에게 필요한 능력이다.

정답 ㉮

문제

리더십(Leadership)을 정의한 것 가운데 잘못 정의된 것은?
㉮ 집단목표를 위해 스스로 노력하도록 사람에게 영향력을 행사한 활동
㉯ 어떤 특정한 목표달성을 지향하고 있는 상황하에서 행사되는 대인간의 활동
㉰ 공통된 목표달성을 지향하도록 사람에게 영향을 미치는 것
㉱ 주어진 상황 속에서 목표 달성을 위해 개인 활동에만 영향을 미치는 과정

[해설]
㉱ 목표 달성을 위해 집단행동에 영향을 미치는 과정을 리더십이라 한다.

정답 ㉱

합격의 key

참고
리더십을 결정하는 3가지 요소
① 부하의 특성과 행동
② 리더의 특성과 행동
③ 리더십이 발생하는 상황의 특성

기출
* 리더십 연구 접근방법
① 특성론 : 효과적인 리더의 특성을 탐색
  (예 : 신체적 특성, 사회적 배경, 지능, 성격 등)
② 행위론 : 리더가 부하에 대해 어떻게 행동하는 지를 기술
  (예 : 전제형, 방임형, 민주형 리더십)
③ 상황론 : 리더십 유형과 상황간의 관계를 기술
  (예 : 피들러의 환경적 응적 모형, 통로-목표 리더십, 브룸-예튼의 모형, 적합적 리더십 등)

기출 ★
* 조직이 지도자에게 부여하는 권한
  • 보상적 권한
  • 강압적 권한
  • 합법적 권한
* 지도자 자신이 자기에게 부여하는 권한
  위임된 권한, 전문성의 권한

참고
* 허시(Hersey)와 브랜차드(Blanchard)의 리더십의 4가지 유형
① 설득적 리더십
② 지시적 리더십
③ 참여적 리더십
④ 위임적 리더십

---

③ **지원적 리더십** : 우호적이며 친밀감이 강하고 부하의 의사 표현을 존중하는 형태
④ **성취지향적 리더십** : 도전적 목표설정을 강조하고 부하능력을 신뢰하는 형태
⑤ **셀프 리더십** : 부하들의 역량을 개발하여 부하들로 하여금 자율적으로 업무를 추진하게 하고, 스스로 자기조절능력을 갖게 하는 형태

(6) 리더의 행동유형 중 관리그리드 이론 ✵

(1.1)형	무관심형
(1.9)형	인기형
(9.1)형	과업형
(5.5)형	타협형
(9.9)형	이상형

* (x,y)형에서 x는 과업의 관심도를 y는 인간관계의 관심도를 나타낸다.

② 리더십의 권한의 역할 ✵

(1) **보상적 권한** : 지도자가 부하에게 보상할 수 있는 능력

(2) **강압적 권한** : 지도자가 부하들을 처벌할 수 있는 권한

(3) **합법적 권한** : 조직의 규정에 의해 공식화된 권한

(4) **위임된 권한** : 부하직원들이 지도자를 따르고 지도자와 함께 일하는 것

(5) **전문성의 권한** : 지도자가 집단 목표수행에 전문적인 지식을 갖고 있는가와 관련한 권한

비교합시다! 리더의 세력

강압적 세력 (coercive power)	부하들이 바람직하지 않은 행동을 했을 때 처벌을 줄 수 있는 권한
보상적 세력 (reward power)	바람직한 행동을 했을 때 보상을 줄 수 있는 세력 (승진, 휴가 등)
합법적 세력 (legitimate power)	조직의 공식적 권력구조에 의해 주어진 권한
전문적 세력 (expert power)	리더가 그 분야의 지식을 갖추고 있는 정도에 의해 전문적 권한이 결정된다.
참조적 세력 (referent power, attraction power)	부하들이 리더의 생각과 목표를 동일시하거나 존경하고 매력을 느껴 리더를 참조하고픈 데서 파생된 권한 (진정한 리더십이라 할 수 있다)

3 헤드십(headship)

(1) 헤드십의 특성 ✮

① 권한 근거는 공식적이다.
② 상사와 부하와의 관계는 지배적, 종속적이다.
③ 상사와 부하와의 사회적 간격은 넓다.
④ 지휘 형태는 권위주의적이다.

(2) 리더십과 헤드십의 특성 ✮

구 분	리더십	헤드십
권한 행사	선출된 리더	임명적 헤드
권한 부여	밑으로 부터의 동의	위에서 위임
권한 귀속	집단 목표에 기여한 공로인정	공식화된 규정에 의함
상하, 부하 관계	개인적인 영향	지배적임
부하와의 관계	좁음	넓음
지휘형태	민주주의적	권위주의적
책임귀속	상사와 부하	상사
권한근거	개인적	법적, 공식적

4 사기와 집단역학

(1) 집단의 유형

구분	특징	예
1차 집단 (primary group)	• 면대면 상호작용과 집단 구성원 간의 상호의존과 동일시를 중요시한다. • 작고 오래 지속되는 집단의 형태이다.	가족, 친한 친구 등
2차 집단 (secondary group)	보다 복잡한 사회에서 나타나는 비교적 크고 공식적으로 조직되는 사회집단이다.	직장동료, 모임 등

🔎 **용어정의**

* **헤드십(headship)**
  구성원의 자발적 협력에서가 아니라 권력의 조직화된 체제에 의해서 집단 기능이 수행되는 형태이다.

* **집단**
  집단이란 특정 목적을 달성하기 위해 두 사람 이상이 결합된 사회적 단위를 말한다. 단순히 모여 있는 것이 아니라 조직의 목적을 달성하기 위한 일을 각자 나누어 수행하는 단위이다.

* **집단역학**
  집단에 대한 과학적 연구, 사회집단에서 일어나는 행동, 변화과정에 대한 연구를 뜻한다.

📋 **문제**

안전교육 성과를 위한 그룹활동의 지도방법 중 미국의 크리가 주장한 소집단 활동으로서 1차 집단은?
㉮ 직접 대면하는 옆 동료 근로자
㉯ 안전 학술단체의 회원들
㉰ 정부 안전 관련자
㉱ 산업안전 협회 등 단체

[해설]
1차 집단은 가장 가까운 집단으로 직접 대면하는 옆 동료 근로자가 해당된다.

정답 ㉮

🔎 **용어정의**

* **관료주의**
  관청이나 사회집단에서 흔히 나타나는 독특한 행동양식이나 의식상태를 비판적으로 이르는 말로써 상급자에게 약하고, 하급자에게는 힘을 내세우려 하며, 자기업무와 직접 관련이 없는 일에는 신경쓰지 않고 자기책임은 지지 않으려 하면서도 독선적인 행동이나 의식을 보이는 특성을 말한다.

공식 집단	비공식 집단
• 지정된 목적을 달성하기 위하여 조직에 의하여 형성된 의식적이고 형식적인 집단으로 정부, 기업, 노조단체 등이 있다. • 조직의 합리적 특성으로 조직의 목적, 방침 등의 결정이 용이하다. • 미리 정해진 규칙에 따라 갈등과 문제의 조정이 이루어진다. • 비개성적이고 기능화된 조직이므로 구성원의 활동은 명확히 제약된다. • 조직은 목적 달성을 위해 노력한다.	• 개인의 관심사나 욕구를 만족시키기 위하여 친밀한 대면접촉에 의해 자발적으로 형성되는 집단으로 친목모임, 취미단체, 연예인 팬클럽 등이 있다. • 감정, 관습 등을 기초로 자생적으로 형성되어 인간관계와 개인의 욕구를 충족시켜 준다. • 직접적이고 빈번한 개인 간의 접촉을 필요로 한다.

문제
다음 중 관료주의의 중요한 4가지 차원이 아닌 것은?
㉮ 조직도에 나타난 조직의 크기와 넓이
㉯ 관리자가 책임질 수 있는 근로자수
㉰ 관리자를 대단위로 묶어 분산
㉱ 작업의 단순화와 전문화

[해설]
㉰ 관리자를 소단위로 묶어 분산

정답 ㉰

(2) 집단의 기능 ✦

① 응집력 : 집단내부로부터 생기는 힘
② 행동의 규범 : 그 집단을 유지하며, 집단의 목표를 달성하는 데 필수적인 것으로서 자연 발생적으로 성립되는 것이다.
③ 집단의 목표 : 집단을 형성하기 위한 기본 조건으로 가장 중요한 요소는 특정 목표를 지녀야 한다.

(3) 비통제적 집단행동 ✦

① 군중(Crowd) : 공통된 규범이나 조직성 없이 우연히 조직된 인간의 일시적 집합을 말한다.
② 모브(Mob) : 비통제의 집단 행동 중 폭동과 같은 것을 의미하며 군중보다 합의성이 없고 감정에 의해서만 행동하는 특성을 가진다.
③ 패닉(Panic) : 위험을 회피하기 위해서 일어나는 집합적인 도주현상, 방어적인 행동 특징을 보이는 집단 행동이다.
④ 심리적 전염 : 사람들의 정서와 행동이 한 사람에서 다른 사람으로 옮겨져 심리 상태가 집단화되는 현상을 말한다.

(4) 집단과 인간관계에서 집단의 효과

① 동조 효과 : 주위 사람들이 하는 것을 자발적으로 따라 하는 행동
② 견물 효과 : 개인보다는 집단을 더 자랑스럽게 생각하는 현상
③ 시너지효과 : 두 개 이상의 요소들이 상호작용하여 이들이 합해진 효과가 개별 효과의 합보다 더 큰 효과를 발생시키는 현상

04 생체리듬과 피로

주/요/내/용 알/고/가/기
1. 산소부채(oxygen debt)현상
2. 피로의 측정법
3. 에너지 대사율(RMR)
4. 작업강도 구분에 따른 RMR
5. 휴식시간
6. 바이오리듬의 종류

1 피로의 증상 및 대책

(1) 피로의 종류

원인에 따른 분류	정신적 피로	두뇌를 사용하는 작업을 오랫동안 계속하거나, 정신적 긴장이 지속되는 경우에 피로감을 느끼게 되고 일의 능률이 점차적으로 떨어지는 현상
	신체적 피로	스포츠 활동이나 노동 등의 신체 활동을 오래 계속 했을 때 생기는 피로
회복형태에 따른 분류	정상피로	일상생활 중 생기는 피로로 하루정도 휴식하면 회복된다.
	축적피로	피로가 반복적으로 누적된 상태로 피로가 다음날까지 회복되지 않는다.
발생부위에 따른 분류	국소피로	신체 한 부위에 생겨난 피로
	전신피로	전신운동을 한 후 온몸이 나른해지는 것과 같은 피로
증상에 따른 분류	주관적 피로	본인만이 느끼는 자각증상으로「몸이 무겁다」,「쉬고 싶다」등의 독특한 징후가 나타난다.
	타각적 (객관적) 피로	작업량 또는 그 질의 저하로 나타나며 운동하기 전과 운동 후의 근력측정에 의해 객관적으로 평가 할 수 있다.
	생리적 피로	근의 피로, 신경전달의 피로, 기타 신체 여러 기능의 질적 저하를 뜻하는 것으로, 여러 가지 측정기구에 의해 가장 정확하게 평가할 수 있다.

(2) 산업피로의 요인
  ① 신체적 요인
    약한 체력, 수면 부족, 영양상태 악화, 신체적 결함, 생리현상 등에 의한 체력 손실 등
  ② 심리적 요인
    과중한 책임감, 흥미 상실, 작업에 대한 불안감과 구속감 등
  ③ 외부적 요인
    작업조건, 환경조건, 생활조건 등

용어정의

* 피로
작업활동을 계속하게 되면 작업 능률의 감퇴 및 저하, 착오의 증가, 주의력의 감소, 흥미의 상실, 권태 등으로 심리적 불쾌감을 일으키는 현상이다.

참고

* 피로의 직접적인 원인
  ㉮ 작업 환경
  ㉯ 작업 속도
  ㉰ 작업 태도

합격의 key

참고

※ 피로의 단계
① 잠재기 : 능률저하가 나타나는 시기이나 잘 느끼지 못함
② 현재기 : 확실한 능률저하가 생기며, 이상발한, 구갈, 두통, 탈력감이 있고, 특히 관절이나 근육통이 수반되어 신체를 움직이기 귀찮아지는 단계
③ 진행기 : 활동을 중지하고 휴양이 필요한 단계
④ 축적피로기 : 피로가 축적되어 질병이 발생하는 단계, 수개월~수년의 요양이 필요한 단계

기출

※ 인간에 대한 모니터링 방법
① 셀프모니터링 (자기감지) 지각에 의하여 자신의 상태를 알고 행동하는 감시방법
② 생리학적 모니터링 맥박수, 호흡속도, 체온, 뇌파 등으로 인간의 상태를 파악하는 방법
③ 비주얼 모니터링 (시각적 모니터링) 동작자의 태도보고 동작자의 상태를 파악하는 방법
④ 반응에 대한 모니터링 자극을 가하여 이에 대한 반응을 보고 정상, 비정상을 판단하는 방법
⑤ 환경의 모니터링 환경조건의 개선으로 기분을 좋게 하여 정상작업 할 수 있도록 하는 방법

참고

※ CFF(Critical Flicker Fusion) : 플리커테스트 (점멸융합주파수)
• 피곤해지면 시각이 둔화되는 성질을 이용한 피로도 평가방법으로 시중추나 망막시신경의 감도가 좋을 때는 높은 수치를 나타낸다.
• 수치가 낮을수록 시각계의 피로가 높은 상태임을 나타내는 피로의 감각기능 검사 방법이다.

(3) 피로의 증상

① 신체적 증상(생리적 현상)
  • 작업에 대한 몸 자세가 흐트러지고 지치게 된다.
  • 작업에 대한 무감각, 무표정, 경련 등이 일어난다.
  • 작업 효과나 작업량이 감퇴 및 저하된다.

② 정신적 증상(심리적 현상)
  • 주의력이 감소 또는 경감된다.
  • 불쾌감이 증가된다.
  • 긴장감이 해지 또는 해소된다.
  • 권태, 태만해지고 관심 및 흥미감이 상실된다.
  • 졸음, 두통, 싫증, 짜증이 일어난다.

(4) 피로의 대책

① 젖산의 제거   ② 휴식과 수면
③ 영양 보급   ④ 목욕

(5) 산소부채(oxygen debt)현상 ✦

격렬한 작업이나 운동을 할 때에는 산소 섭취량이 산소 소모량보다 부족하게 되어 산소량이 산소부채(산소 빚)를 일으킨다. 작업이나 운동 시 빚진 산소 부족분을 작업이나 운동이 끝난 후에 갚기 위해 작업이나 운동 후 호흡이 즉시 정상으로 회복되지 않고 서서히 회복되는 산소부채의 보상 현상이 발생한다.

2 피로의 측정법

(1) 생리학적 측정방법

: 감각기능, 반사기능, 대사기능 등을 이용한 측정법 ✦

① EMG(electromyogram ; 근전도) : 근육활동 전위차의 기록
② ECG(electrocardiogram ; 심전도) : 심장근 활동 전위차의 기록
③ ENG 또는 EEG(electroneurogram ; 뇌전도) : 신경활동 전위차의 기록
④ EOG(electrooculogram ; 안전도) : 안구(眼球)운동 전위차의 기록
⑤ 산소소비량
⑥ 에너지 소비량(RMR)
⑦ 피부전기반사(GSR)
⑧ 점멸 융합 주파수(플리커법, 어름거림 검사)

(2) **심리학적 측정방법** : 동작분석, 연속반응시간, 자세변화, 주의력, 집중력 등을 이용한 측정법

(3) **생화학적 측정방법** : 혈액, 뇨 중의 스테로이드량, 아드레날린 배설량 등 측정

3 작업강도와 피로

(1) **에너지 대사율(RMR)** ✯✯

① 작업강도는 에너지 대사율로 나타낸다.

RMR의 계산
$\text{RMR} = \dfrac{\text{노동대사량}}{\text{기초대사량}} = \dfrac{\text{작업 시의 소비 energy} - \text{안정 시 소비 energy}}{\text{기초대사량}}$

② 작업 시의 소비에너지는 작업 중에 소비한 산소의 소모량으로 측정한다.
③ 안정 시의 소비에너지는 의자에 앉아서 호흡하는 동안에 소비한 산소의 소모량으로 측정한다.

(2) **작업강도 구분에 따른 RMR** ✯✯

RMR의 구분
경작업(輕작업, 가벼운 작업) : 1~2
중작업(中작업, 보통 작업) : 2~4
중작업(重작업, 힘든 작업) : 4~7
초중작업(超重작업, 굉장히 힘든 작업) : 7 이상

(3) **작업강도에 영향을 주는 요인**

① 에너지 소비 ② 작업대상의 복잡성
③ 작업대상의 종류 ④ 작업대상의 변화
⑤ 작업의 정밀도 ⑥ 작업의 밀도
⑦ 작업 자세 ⑧ 작업 범위
⑨ 대인관계 ⑩ 위험성의 정도
⑪ 작업시간의 길이

합격의 key

> **참고**
> * 바이오리듬
>   인간의 생리적 주기 또는 리듬을 나타낸다. 신체(physical)·감정(sensitivity)·지성(intellectual)의 머리글자를 따서 PSI 학설이라고도 한다.
>
> * 바이오리듬의 위험일
>   바이오리듬의 위험한 시기(위기선)는 정중앙에 있을 때이다. 리듬이 불안정해 지기 때문에 사고의 가능성이 높아진다. 이런 위험일은 한 달에 6일 정도 나타난다.

> **기출**
> * 사고발생 시간대
>   • 24시간 중 사고 발생률이 가장 심한 시간대 : 03~05시 사이
>   • 주간 일과 중 : 오전 10~11시, 오후 15~16시 사이
>   • 주간 일과 중 위험 시간대보다도 주간 일과 전 시간대(새벽)가 더 위험하다.

> **문제**
> 생체리듬의 변화에 대한 설명 중 잘못된 것은?
> ㉮ 야간에는 체중이 감소한다.
> ㉯ 야간에는 말초운동 기능이 저하된다.
> ㉰ 체온, 혈압, 맥박수는 주간에 상승하고 야간에 감소한다.
> ㉱ 혈액의 수분과 염분량은 주간에 증가하고 야간에 감소한다.
>
> [해설]
> ㉱ 혈액의 수분과 염분량은 주간에 감소하고 야간에 증가한다.
>
> **정답** ㉱

(4) 휴식시간 ✿✿

휴식시간의 계산
휴식시간 (R) = $\dfrac{60 \times (E-5)}{E-1.5}$ [분]   • 1.5 : 휴식 중의 에너지 소비량   • 5(kcal/분) : 기초대사량을 포함한 보통 작업에 대한 평균 에너지   (기초대사량을 포함하지 않을 경우 : 4kcal/분)   • 60(분) : 작업시간   • E(kcal/분) : 주어진 작업 시 필요한 에너지

4 생체리듬(biorhythm)

(1) 바이오리듬의 종류

육체적 리듬(P)	• 23일 주기 • 청색의 실선으로 표시 • 식욕, 소화력, 활동력, 지구력 등을 나타냄
감성적 리듬(S)	• 28일 주기 • 적색의 점선으로 표시 • 감정, 주의심, 창조력, 희로애락 등을 나타냄
지성적 리듬(I)	• 33일 주기 • 녹색의 일점쇄선으로 표시 • 상상력, 사고력, 기억력, 인지력, 판단력 등을 나타냄

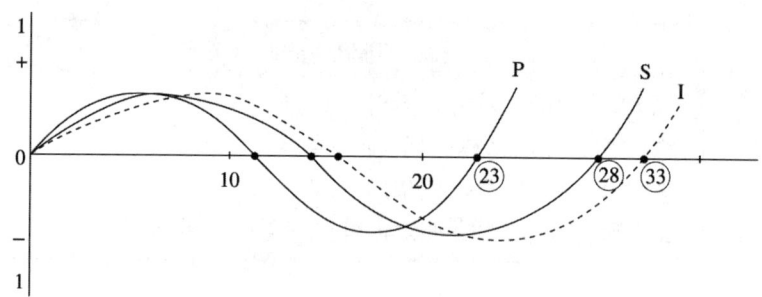

* Sine곡선의 (+) → (−)로 변화하는 점이 위험일이다.
* 안정기(+)와 불안정기(−)의 교차점을 위험일이라 한다.
* 1달에 6일 정도 위험일이 존재한다.

(2) 생체리듬의 변화 ✿

① 야간에는 체중이 감소한다.
② 야간에는 말초운동 기능이 저하된다.
③ 체온, 혈압, 맥박수는 주간에 상승하고 야간에 감소한다.
④ 혈액의 수분과 염분량은 주간에 감소하고 야간에 증가한다.

CHAPTER 04 단원 예상문제

01 인간 의식의 공통적인 경향이 아닌 것은?

㉮ 의식은 연속되는 경향이 있다.
㉯ 의식에는 현상 대응력에 한계가 있다.
㉰ 의식은 그 초점에서 멀어질수록 희미해진다.
㉱ 당면한 사태에 의식의 초점이 합치되지 않고 있을 때는 대응력이 떨어진다.

[해설] ㉮ 의식은 수면 등에 의해 중단하는 경향이 있다.

{참고} 인간 의식의 공통적 경향
① 의식은 현상의 대응력에 한계가 있다.
② 의식은 그 초점에서 멀어질수록 희미해진다.
③ 당면한 문제에 의식의 초점이 합치되지 않고 있을 때는 대응력이 저감된다.
④ 인간의 의식은 중단되는 경향이 있다.
⑤ 인간의 의식은 파동한다.

02 다음 중 리더십(Leader Ship)의 특성이 아닌 것은?

㉮ 밑으로부터의 동의에 의한 권한 부여
㉯ 개인적 영향에 의한 부하와의 관계 유지
㉰ 넓은 부하와의 사회적 간격
㉱ 민주주의적 지휘 형태

[해설] 리더십과 헤드십의 특성

구 분	리더십	헤드십
권한 행사	**선출**된 리더	**임명**적 헤드
권한 부여	**밑**으로 부터의 동의	**위**에서 위임
권한 귀속	집단 목표에 기여한 **공로인정**	공식화된 **규정**에 의함
상하, 부하 관계	**개인적**인 영향	**지배적**임
부하와의 관계	**좁음**	**넓음**
지휘형태	**민주주의적**	**권위주의적**
책임귀속	상사와 부하	상사
권한근거	개인적	법적, 공식적

03 다음은 부주의에 대한 설명이다. 틀린 것은?

㉮ 부주의는 거의 모든 사고의 직접 원인이 된다.
㉯ 부주의라는 말은 불안전한 행위뿐만 아니라 불안전한 상태에도 통용된다.
㉰ 부주의라는 말은 결과를 표현한다.
㉱ 부주의라는 말은 무의식적 행위나 의식의 주변에서 행해지는 행위에 나타난다.

[해설] ㉮ 부주의는 불안전 행동 및 상태를 유발하는 사고의 간접 원인이 된다.

04 인간성에 대한 "사람은 남에게 지휘받는 것을 좋아하고, 스스로 책임지는 것을 싫어하며 무엇보다도 안전을 추구한다."라는 가설과 관계가 깊은 이론은?

㉮ ERG이론
㉯ X이론
㉰ Y이론
㉱ 성취동기 이론

정답 01 ㉮ 02 ㉰ 03 ㉮ 04 ㉯

[해설] 남에게 지휘받는 것을 좋아하고 책임지는 것을 싫어함 → X이론

{참고} 맥그리거(McGregor)의 X, Y이론

X이론의 특징	Y이론의 특징
인간 불신감	상호 신뢰감
성악설	성선설
인간은 원래 게으르고 태만하여 남의 지배를 받기를 즐긴다.	인간은 부지런하고 적극적이며 자주적이다.
물질욕구 (저차원 욕구)에 만족	정신욕구 (고차원 욕구)에 만족
명령, 통제에 의한 관리 (권위주의형 리더십)	목표 통합과 자기통제에 의한 자율관리 (민주주의형 리더십)
저개발국형	선진국형

05 어떤 작업에 대한 평균 에너지 값이 4.7kcal/분 일 경우 1시간의 총 작업시간 내에 포함시켜야만 하는 휴식 시간은 약 얼마인가? (단, 작업에 대한 평균 에너지가의 상한은 4kcal/분이다)

㉮ 3.86분
㉯ 7.23분
㉰ 10.11분
㉱ 13.13분

[해설]
$$휴식시간(R) = \frac{60 \times (E-5)}{E-1.5} [분]$$

- 1.5 : 휴식 중의 에너지 소비량
- 5(kcal/분) : 보통 작업에 대한 평균 에너지 (기초대사량 포함하지 않을 경우 : 4kcal/분)
- 60(분) : 작업시간
- E(kcal/분) : 문제에서 주어진 작업 시 필요한 에너지

작업에 대한 평균 에너지가 4이므로

$$휴식시간(R) = \frac{60 \times (4.7-4)}{4.7-1.5} = 13.13(분)$$

06 피로의 측정방법 3가지가 아닌 것은?

㉮ 생리학적 측정
㉯ 물리학적 측정
㉰ 생화학적 측정
㉱ 심리학적 측정

[해설] 피로의 측정법
① 생리학적 측정방법 : 감각기능, 반사기능, 대사기능 등을 이용한 측정법
② 심리학적 측정방법 : 동작분석, 연속반응시간, 자세 변화, 주의력, 집중력 등을 이용한 측정법
③ 생화학적 측정방법 : 혈액, 뇨 중의 스테로이드량, 아드레날린 배설량 등 측정

07 다음 중 인간의식의 레벨(level)에 관한 설명으로 틀린 것은?

㉮ 24시간의 생리적 리듬의 계곡에서 tension level은 낮에는 높고 밤에는 낮다.
㉯ 24시간의 생리적 리듬의 계곡에서 tension level은 낮에는 낮고 밤에는 높다.
㉰ 피로 시의 tension level은 저하 정도가 크지 않다.
㉱ 졸았을 때는 의식상실의 시기로 tension level은 0이다.

[해설] ㉯ 긴장수준(tension level)은 낮에는 높고 밤에는 낮다.

08 부주의 발생현상 중 질병의 경우에 주로 나타나는 것은?

㉮ 의식의 단절
㉯ 의식의 우회
㉰ 의식 수준의 저하
㉱ 의식의 과잉

[해설] 부주의 원인
① 의식 단절 : 의식 흐름의 단절(특수한 질병 등에 의한 경우로 의식수준은 Phase 0인 상태)
② 의식 우회 : 걱정, 고뇌 등으로 의식이 빗나감

정답 05 ㉱ 06 ㉯ 07 ㉯ 08 ㉮

③ 의식 수준 저하 : 피로, 단조로운 작업의 연속으로 의식수준이 저하됨
④ 의식 혼란 : 외부자극의 강·약에 의해 위험요인에 대응 할 수 없을 때 발생
⑤ 의식 과잉 : 긴급 상황 시 일점 집중 현상을 일으킨다.

09 의식이 명확하고 사물을 적극적으로 받아들이려고 하는 상태의 의식단계(Phase)는?

㉮ Phase Ⅰ   ㉯ Phase Ⅱ
㉰ Phase Ⅲ   ㉱ Phase Ⅳ

[해설] 의식이 명확하고 사물을 적극적으로 받아들이려고 하는 상태는 의식이 가장 명료한 상태인 Phase Ⅲ 단계이다.

{참고} 인간 의식레벨의 분류

Phase 0	무의식, 실신	수면, 뇌발작	주의작용 0
Phase i	의식 흐림	피로, 단조로운 일	부주의
Phase ii	이완	안정기거, 휴식	안정기거, 휴식
Phase iii	상쾌	적극적	적극 활동
Phase iv	과긴장	일점집중현상, 긴급방위	감정흥분

10 리더십의 권한 중 목표 달성을 위하여 부하 직원들이 상사를 존경하여 상사와 함께 일하고자 할 때 상사에게 부여되는 권한을 무엇이라 하는가?

㉮ 보상적 권한
㉯ 강압적 권한
㉰ 합법적 권한
㉱ 위임된 권한

[해설] 리더십의 권한의 역할
(1) 보상적 권한 : 지도자가 부하에게 보상할 수 있는 능력
(2) 강압적 권한 : 지도자가 부하들을 처벌할 수 있는 권한
(3) 합법적 권한 : 조직의 규정에 의해 공식화된 권한
(4) 위임된 권한 : 부하직원들이 지도자를 따르고 지도자와 함께 일하는 것
(5) 전문성의 권한 : 지도자가 집단 목표수행에 전문적인 지식을 갖고 있는 가와 관련한 권한

11 다음의 의식 레벨 단계 중 신뢰도가 가장 높은 단계는?

㉮ phase Ⅳ   ㉯ phase Ⅲ
㉰ phase Ⅱ   ㉱ phase Ⅰ

[해설] 가장 신뢰도가 높은 단계 → 적극활동 단계 (phase Ⅲ)

12 비통제의 집단행동 중 폭동과 같은 것을 말하며, 군중(Crowd)보다 합의성이 없고, 감정에 의해서만 행동하는 특성을 무엇이라 하는가?

㉮ 모브(Mob)
㉯ 패닉(Panic)
㉰ 모방(Imitation)
㉱ 심리적 전염(Mental Epidemic)

[해설] 비통제적 집단행동
① 군중(Crowd) : 공통된 규범이나 조직성 없이 우연히 조직된 인간의 일시적 집합
② 모브(Mob) : 비통제의 집단행동 중 폭동과 같은 것을 의미하며 군중보다 합의성이 없고 감정에 의해서만 행동하는 특성을 가진다.
③ 패닉(Panic) : 위협을 회피하기 위해서 일어나는 집합적인 도주현상
④ 심리적 전염

정답 09 ㉰ 10 ㉱ 11 ㉯ 12 ㉮

13 다음의 내용은 주의의 특징 중 어느 것을 의미하는가?

> "주의에는 리듬이 있으며, 언제나 일정 수준을 유지할 수는 없다."

㉮ 선택성
㉯ 방향성
㉰ 변동성
㉱ 일점 집중형

[해설] 주의는 리듬이 있어 일정한 수순을 지키지 못한다. → 변동성

{참고} 인간 주의특성의 종류
① 선택성 : 사람은 한 번에 여러 종류의 자극을 지각하거나 수용하지 못하며 소수의 특정한 것으로 한정해서 선택하는 기능을 말한다.
② 방향성 : 시선에서 벗어난 부분은 무시되기 쉽다.(주시점만 응시한다)
③ 변동성 : 주의는 리듬이 있어 일정한 수순을 지키지 못한다.
④ 단속성 : 고도의 주의는 장시간 집중이 곤란하다.
⑤ 주의력의 중복집중 곤란 : 동시에 두 개 이상의 방향을 잡지 못한다.

14 피로를 측정하는 방법은 크게 3가지로 구분할 수 있는데 동작분석, 연속반응시간 등을 통하여 피로를 측정하는 방법은 다음 중 어느 것에 해당되는가?

㉮ 생리학적 측정
㉯ 생화학적 측정
㉰ 심리학적 측정
㉱ 생체역학적 측정

[해설] 피로의 측정법
(1) 생리학적 측정방법 : 감각기능, 반사기능, 대사기능 등을 이용한 측정법
  ① EMG(electromyogram; 근전도) : 근육활동 전위차의 기록
  ② ECG(electrocardiogram; 심전도) : 심장근 활동 전위차의 기록
  ③ ENG 또는 EEG(electroneurogram; 뇌전도) : 신경활동 전위차의 기록
  ④ EOG(electrooculogram; 안전도) : 안구(眼球)운동 전위차의 기록
  ⑤ 산소소비량
  ⑥ 에너지 소비량(RMR)
  ⑦ 피부전기반사(GSR)
  ⑧ 점멸 융합 주파수(플리커법, 어름거림 검사)
(2) 심리학적 측정방법 : 동작분석, 연속반응시간, 자세변화, 주의력, 집중력 등을 이용한 측정법
(3) 생화학적 측정방법 : 혈액, 뇨 중의 스테로이드량, 아드레날린 배설량 등 측정

15 다음의 피로의 요인 중 외부 인자에 속하지 않는 것은?

㉮ 작업조건
㉯ 환경조건
㉰ 생활조건
㉱ 경험조건

[해설] 산업피로의 요인
① 신체적 요인 : 약한 체력, 수면 부족, 영양 상태 악화, 신체적 결함, 생리현상 등에 의한 체력 손실 등
② 심리적 요인 : 과중한 책임감, 흥미 상실, 작업에 대한 불안감과 구속감 등
③ 외부적 요인 : 작업조건, 환경조건, 생활조건 등

16 다음의 적응기제 중 자기의 난처한 입장이나 실패의 결점을 이유나 변명으로 일관하는 것, 또는 실제의 행위나 상태보다 훌륭하게 평가되기 위하여 구실을 내세우는 행위를 무엇이라 하는가?

㉮ 투사 ㉯ 도피
㉰ 합리화 ㉱ 동일화

[해설] **합리화**
- 자기 행위는 합리적이고 정당하며 **실제보다 훌륭하게 평가함**
- 원하는 목표 행동을 하지 못하였을 경우 그에 대하여 그럴듯한 이유나 변명을 들어 자신의 실패를 정당화하는 방어기제이다.

{참고} ① 투사
- 자기 속의 억압된 것을 다른 사람의 것으로 생각하는 것
- **자신의 잘못을 남의 탓으로 돌리는 행동**
② 동일화
- 다른 사람의 행동 양식이나 태도를 투입시키거나 다른 사람 가운데서 자기와 비슷한 점을 발견하는 것
- **부모, 형, 주위의 중요한 인물들의 태도나 행동을 따라하는 것**

17 다음 중 피로 측정에 관한 감각기능 검사의 측정 대상항목과 가장 거리가 먼 것은?

㉮ 뇌파
㉯ 플리커
㉰ 안구운동
㉱ 체온·피부온도

[해설] ㉮ 뇌파 → 뇌전도
㉯ 플리커 → 플리커테스트(점멸융합주파수)
㉰ 안구운동 → 안전도

18 다음 중 허츠버그(Herzberg)의 2요인 이론에 대한 설명으로 옳은 것은?

㉮ 위생요인은 직무내용에 관련된 요인이다.
㉯ 동기요인은 직무에 만족을 느끼는 주요인이다.
㉰ 위생요인은 매슬로 욕구 단계 중 존경, 자아실현의 욕구와 유사하다.
㉱ 동기요인은 매슬로 욕구 단계 중 생리적 욕구와 유사하다.

[해설] ㉮ 위생요인은 직무 환경과 관련된 요인이다.
㉰ 위생요인은 매슬로 욕구 단계 중 생리적, 안전, 사회적 욕구와 유사하다.
㉱ 동기요인은 매슬로 욕구 단계 중 존경, 자아실현의 욕구와 유사하다.

{참고} **헤르츠버그(Herzberg)의 동기·위생 이론**
① **위생 요인**(유지 욕구) : **인간의 동물적 욕구를 반영**하는 것으로 Maslow의 욕구 단계에서 생리적, 안전, 사회적 욕구와 비슷하다.(**저차원의 욕구**)
② **동기 요인**(만족 욕구) : **자아실현을 하려는 인간의 독특한 경향을 반영한 것**으로 Maslow의 자아실현 욕구와 비슷하다.(**고차원의 욕구**)

위생 요인(직무 환경)	동기 요인(직무 내용)
· 회사정책과 관리 · 개인 상호 간의 관계 　(대인관계) · 감독 · **임금** · 보수 · **작업조건** · 지위 · **안전**	· **성취감** · **책임감** · **안정감** · 성장과 발전 · 도전감 · **일 그 자체**

정답 16 ㉰ 17 ㉱ 18 ㉯

19 다음 중 주의의 특징으로 볼 수 없는 것은?

㉮ 변동성
㉯ 선택성
㉰ 방향성
㉱ 통합성

[해설] **인간 주의 특성의 종류**
① **선택성** : 사람은 한 번에 여러 종류의 자극을 지각하거나 수용하지 못하며 **소수의 특정한 것으로 한정해서 선택하는 기능**을 말한다.
② **방향성** : 시선에서 벗어난 부분은 무시되기 쉽다.(주시점만 응시한다.)
③ **변동성** : **주의는 리듬이 있어 일정한 수순을 지키지 못한다.**
④ **단속성** : **고도의 주의는 장시간 집중이 곤란**하다.
⑤ **주의력의 중복집중 곤란** : 동시에 두 개 이상의 방향을 잡지 못한다.

20 다음 중 맥그리거(McGregor)의 X이론에 따른 관리 처방으로 볼 수 없는 것은?

㉮ 목표에 의한 관리
㉯ 권위주의적 리더십 확립
㉰ 경제적 보상체제의 강화
㉱ 면밀한 감독과 엄격한 통제

[해설] **맥그리거(McGregor)의 X, Y이론의 관리 처방**

X이론(저차원)	Y이론(고차원)
• 경제적 보상체제의 강화 • 권위주의적 리더십의 확립 • 면밀한 감독과 엄격한 통제 • 상부 책임제도의 강화	• 분권화와 권한의 위임 • 직무확장 및 목표에 의한 관리 • 민주적 리더십의 확립 • 비공식적 조직의 활용 상호 신뢰감

21 다음 중 리더십에 대한 설명으로 틀린 것은?

㉮ 조직원에 의하여 선출된다.
㉯ 지휘의 형태는 민주주의적이다.
㉰ 조직원과의 사회적 간격이 넓다.
㉱ 권한의 근거는 개인의 능력에 의한다.

[해설] ㉰ 조직원과의 사회적인 간격이 좁다.

{참고} **리더십과 헤드십의 특성**

구 분	리더십	헤드십
권한 행사	**선출**된 리더	**임명**적 헤드
권한 부여	**밑**으로 부터의 동의	**위**에서 위임
권한 귀속	집단 목표에 기여한 **공로인정**	공식화된 **규정**에 의함
상하, 부하 관계	**개인적**인 영향	**지배적**임
부하와의 관계	**좁음**	**넓음**
지휘형태	**민주주의적**	**권위주의적**
책임귀속	상사와 부하	상사
권한근거	개인적	법적, 공식적

22 다음 중 리더의 행동유형 측면에서 부하들과 상담하여 부하의 의견을 고려하는 형태의 리더십은?

㉮ 참여적 리더십
㉯ 지원적 리더십
㉰ 지시적 리더십
㉱ 성취 지향적 리더십

[해설] **행동유형 방식에 따른 분류**
① 참여적 리더십 : 부하들과 상담하여 부하 의견을 고려하는 형태
② 지시적 리더십 : 지도자는 독선적이며 조직 구성원들을 보상 – 체벌의 연속 상에서 명령하고 통제한다.
③ 지원적 리더십 : 우호적이며 친밀감이 강하고 부하의 의사 표현을 존중하는 형태
④ 성취 지향적 리더십 : 도전적 목표 설정을 강조하고 부하 능력을 신뢰하는 형태

정답 19 ㉱ 20 ㉮ 21 ㉰ 22 ㉮

23 다음 중 적응기제(Aujustment Mechanism)의 유형에서 "동일화(identification)"의 사례에 해당하는 것은?

㉮ 운동시합에 진 선수가 컨디션이 좋지 않았다고 한다.
㉯ 결혼에 실패한 사람이 고아들에게 정열을 쏟고 있다.
㉰ 아버지의 성공을 자랑하며 자신의 목에 힘이 들어가 있다.
㉱ 동생이 태어난 후 초등학교에 입학한 큰 아이가 손가락을 빨기 시작한다.

[해설] **동일화**
- 다른 사람의 행동 양식이나 태도를 투입시키거나 다른 사람 가운데서 자기와 비슷한 점을 발견하는 것
- **부모, 형, 주위의 중요한 인물들의 태도나 행동을 따라하는 것**
- 예 고등학교 때 선생님이 멋있어서 열심히 그 과목을 공부하는 것

24 다음과 같은 [조건]의 작업에 있어 1시간의 총 작업시간 내에 포함시켜야 하는 휴식시간은 약 얼마인가?

[조건]
- 작업할 때의 평균에너지소비량 : 4.7kcal/min
- 작업에 대한 평균에너지소비량 : 4kcal/min
- 1시간 휴식시간 중 에너지 소비량 : 2kcal/min

㉮ 7.23분
㉯ 10.11분
㉰ 13.13분
㉱ 15.56분

[해설]
$$휴식시간\ (R) = \frac{60 \times (E-5)}{E-1.5} [분]$$

- 1.5 : 휴식 중의 에너지 소비량
- 5(kcal/분) : 보통 작업에 대한 평균 에너지 (기초대사량을 포함하지 않은 경우 : 4kcal/분)
- 60(분) : 작업시간
- E(kcal/분) : 문제에서 주어진 작업 시 필요한 에너지

문제에서 휴식시간 중 에너지 소비량 2, 작업에 대한 평균 에너지 4이므로

$$휴식시간\ (R) = \frac{60 \times (E-4)}{E-2}$$
$$= \frac{60 \times (4.7-4)}{4.7-2} = 15.56분$$

25 의사결정 과정에 따른 리더십의 유형 중에서 민주형에 속하는 것은?

㉮ 집단 구성원에게 자유를 준다.
㉯ 지도자가 모든 정책을 결정한다.
㉰ 집단토론이나 집단결정을 통해서 정책을 결정한다.
㉱ 명목적인 리더의 자리를 지키고 부하 직원들에게 의견에 따른다.

[해설] **업무 추진의 방식에 따른 분류**
① **권위주의적 리더** : 리더가 독단적으로 의사를 결정하는 형태
② **민주주의적 리더** : 집단토의에 의해 의사를 결정하는 형태
③ **자유방임적 리더** : 리더 역할은 하지 않고 명목상 자리만 유지하는 형태

26 한 지점에 주의를 집중하면 다른 곳의 주의가 약해지는 것은 주의의 특징 중 무엇에 해당하는가?

㉮ 선택성   ㉯ 방향성
㉰ 단속성   ㉱ 변동성

정답 23 ㉰ 24 ㉱ 25 ㉰ 26 ㉯

[해설] 한 지점에 주의를 집중하면 다른 곳의 주의가 약해진다. → 주시점만 응시한다. → 방향성

{참고} 인간 주의특성의 종류
① 선택성 : 사람은 한번에 여러 종류의 자극을 지각하거나 수용하지 못하며 소수의 특정한 것으로 한정해서 선택하는 기능을 말한다.
② 방향성 : 시선에서 벗어난 부분은 무시되기 쉽다.(주시점만 응시한다)
③ 변동성 : 주의는 리듬이 있어 일정한 수준을 지키지 못한다.
④ 단속성 : 고도의 주의는 장시간 집중이 곤란하다.
⑤ 주의력의 중복집중 곤란 : 동시에 두 개 이상의 방향을 잡지 못한다.

27 집단에 있어서의 인간관계를 하나의 단면에서 포착하였을 때 이러한 단면적인 인간관계가 생기는 기제와 가장 거리가 먼 것은?

㉮ 모방 ㉯ 습성
㉰ 동일화 ㉱ 커뮤니케이션

[해설] 인간의 행동성향(인간관계가 생기는 기제)
① 투사 : 자기 속의 억압된 것을 다른 사람의 것으로 생각하는 것
② 모방 : 남의 행동이나 판단을 표본으로 하여 그것과 같거나 또는 그것에 가까운 행동 또는 판단을 취하려는 행동
③ 암시 : 다른 사람으로부터의 판단이나 행동을 무비판적으로 논리적·사실적 근거없이 받아들이는 행동
④ 승화 : 사회적으로 승인되지 않은 욕구가 사회적, 문화적으로 가치있는 것으로 나타남
⑤ 합리화 : 자기행위는 합리적이고 정당하며 실제보다 훌륭하게 평가함
⑥ 억압 : 의식적으로 용납하기 힘든 생각, 충동, 공격성 등을 무의식적으로 눌러버리는 것
⑦ 동일화 : 다른 사람의 행동 양식이나 태도를 투입시키거나 다른 사람 가운데서 자기와 비슷한 점을 발견하는 것
⑧ 반동형성 : 겉으로 드러나는 태도나 언행이 마음속의 욕구나 생각과 정반대인 경우로 자신의 감정과 정반대의 태도를 취하는 것
⑨ 보상 : 심리적으로 어떤 약점이 있는 사람이 이를 보충하기 위해 다른 어떤 것을 과도히 발전시키는 것
⑩ 퇴행 : 좌절을 심하게 당했을 때 현재보다 유치한 과거 수준으로 후퇴하는 것
⑪ 커뮤니케이션 : 갖가지 행동 양식이나 기초를 매개로 하여 어떤 사람으로부터 다른 사람에게 전달되는 과정
⑫ 억측판단 : 작업공정 중에 규정대로 수행하지 않고 '괜찮다'고 생각하여 자기 주관대로 행하는 행동

28 인간관계 메커니즘 중에서 다른 사람으로 부터의 판단이나 행동을 무비판적으로 논리적, 사실적 근거 없이 받아들이는 것을 무엇이라 하는가?

㉮ 모방(imitation)
㉯ 암시(suggestion)
㉰ 투사(projection)
㉱ 동일화(identification)

[해설] 암시 : 다른 사람으로부터의 판단이나 행동을 무비판적으로 논리적·사실적 근거 없이 받아들이는 행동

29 적응기제(Adjustment Mechanism) 중 방어적 기제(Defence Mechanism)에 해당하는 것은?

㉮ 고립
㉯ 퇴행
㉰ 억압
㉱ 보상

[해설] 적응기제
① 도피기제 : 억압, 퇴행, 백일몽, 고립
② 방어기제 : 보상, 합리화, 승화, 동일시, 투사
③ 공격기제

정답 27 ㉯ 28 ㉯ 29 ㉱

CHAPTER 05 안전보건교육의 내용 및 방법

01 교육의 필요성과 목적

> 주/요/내/용 알/고/가/기
> 1. 교육 지도의 원칙
> 2. 학습이론
> 3. 전이
> 4. 적응기제
> 5. SUPER D.E의 역할이론
> 6. 교육의 3요소
> 7. 교육의 3단계
> 8. 교육 진행 4단계

1 안전교육 목적 및 필요성

(1) 안전교육 실시 목적
① 인간 정신의 안전화
② 인간행동의 안전화
③ 환경의 안전화
④ 설비물자의 안전화
⑤ 생산성 및 품질향상 기여
⑥ 직·간접적 경제적 손실 방지
⑦ 작업자를 산업재해로부터 보호

(2) 안전교육의 기본방향
① 사고사례 중심의 안전교육
② 안전작업(표준작업)을 위한 안전교육
③ 안전의식 향상을 위한 안전교육

(3) 안전교육의 필요성
① 지식 교육
  - 재해 발생의 원리를 통한 안전의식 향상
  - 작업에 필요한 안전규정 및 기준 습득
② 기능 교육
  - 안전작업 기능 향상
  - 위험 예측 및 방호장치 관리 능력 향상
③ 태도 교육
  - 표준 안전작업 방법의 습관화
  - 지시전달 확인 등 안전 태도의 습관화

합격의 key

[문제]
안전교육 중 제1단계로 시행되며 화학, 전기, 방사능의 설비를 갖춘 기업에서 특히 필요성이 큰 교육은?
㉮ 안전기술교육
㉯ 안전지식교육
㉰ 안전태도교육
㉱ 안전기능교육

[해설]
안전교육 실시 단계
• 1단계 : 지식교육
• 2단계 : 기능교육
• 3단계 : 태도교육

정답 ㉯

합격의 key

[기출]
안전 동기를 유발시킬 수 있는 방법
① 동기유발의 최적수준을 유지한다.
② 상과 벌을 준다.
③ 안전목표를 명확히 설정하고 결과를 알려준다.
④ 경쟁과 협동을 유발한다.

[문제]
안전교육에 있어서 안전한 마음가짐을 갖도록 하는 가치관 형성 교육으로 이끌어야 하는 교육 단계에 해당하는 것은?
㉮ 지식교육
㉯ 기능교육
㉰ 태도교육
㉱ 추후지도

[해설]
안전한 마음가짐을 갖도록 하는 가치관 형성 교육 → 태도교육

[정답] ㉰

[문제]
안전교육의 피교육자의 심리 상태를 이해하기 위한 내용과 거리가 먼 것은 어느 것인가?
㉮ 긴장감을 제거해줄 것
㉯ 교육자의 입장에서 가르칠 것
㉰ 안심감을 줄 것
㉱ 믿을 수 있는 내용으로 쉽게 할 것

[해설]
㉯ 피교육자(학생)의 입장에서 가르칠 것

[정답] ㉯

[참고]
※ 교육지도의 5단계
원리의 제시 → 관련된 개념의 분석 → 가설의 설정 → 자료의 평가 → 결론

---

(4) 교육 지도의 원칙 ✦

① **상대방(피교육자) 입장에서 교육**
- 피교육자(학생)가 교육 내용을 충분히 이해할 수 있도록 교육한다.
- 피교육자(학생)의 지식이나 기능 정도에 맞게 교육한다.

② **동기부여**
- 가르치기에 앞서서 상대방으로부터 알려고 하는 의욕을 일어나게 하는 것이 중요하다.
- 동기유발의 최적수준을 유지한다.
- 상과 벌을 준다.
- 안전목표를 명확히 설정하고 결과를 알려준다.
- 경쟁과 협동을 유발한다.

③ **반복교육**
- 인간은 교육을 실시한 후 1시간이 경과하면 교육내용의 50%를 망각하게 되므로 반복하여 교육한다.
- 지식은 반복에 의해 기억된 후 무의식 중에 행동으로 표현된다.

④ **쉬운 것에서부터 어려운 것으로 진행**
- 쉬운 부분에서 점차 어려운 부분으로 교육을 진행한다.

⑤ **한 번에 한 가지씩 교육**
- 교육순서에 따라 한 번에 한 가지씩 교육한다.

⑥ **인상의 강화**
- 특히 중요한 것은 재 강조한다.
- 보조재 및 현장사진, 사고사례 등을 활용한다.

⑦ **5감의 활용**

구분	시각	청각	촉각	미각	후각
교육효과	60%	20%	15%	3%	2%

⑧ **기능적인 이해**
- 기술 교육 과정에서 가장 중요한 것이 기능적인 이해이다. '왜 그렇게 되어야 하는가?' 하는 문제에 관하여 기능적으로 이해시켜야 한다.

(5) 교육의 효과순서 ✦

지식변화 → 기능변화 → 태도변화 → 개인행동 변화 → 집단행동 변화

❷ 교육 심리학

(1) 교육 심리학의 정의

교육의 과정에서 일어나는 여러 문제를 심리학적 측면에서 연구하여 원리를 정립하고 방법을 제시함으로써 교육의 효과를 극대화하려는 학문을 말한다.

(2) 교육심리학의 연구방법

① 관찰법
② 질문지법
③ 투사법
④ 검사법
⑤ 사회성 측정법
⑥ 사례연구법

> **참고**
> ※ 투사법
> 인간의 내면에서 일어나고 있는 심리적 사고에 대하여 사물을 이용하여 인간의 성격을 알아보는 방법

(3) 심리학적 검사의 분류

① 직업적성검사
② 지능검사
③ 성격검사

(4) 근로자 직무적성을 결정하는 심리검사의 특징

① 특정 시기에 모든 근로자를 검사하고 그 검사점수와 근로자 직무 평정척도를 상호 연관시키는 예언적 타당성을 갖추어야 한다.
② 검사의 관리를 위한 조건, 절차의 일관성과 통일성에 대한 심리검사의 표준화가 마련되어야 한다.
③ 검사반응이 순수한 개인차를 나타낼 수 있어야 한다.
④ 심리검사의 결과를 해석하기 위해서는 개인의 성적을 다른 사람들의 성적과 비교할 수 있는 비교의 기준이 있어야 한다.

❸ 학습이론

(1) 자극과 반응이론(S-R이론) ✈

학습이란 어떤 자극(S)에 대해서 생체가 나타내는 특정 반응(R)의 결합으로 이루어진다는 학습이론으로 Thorndike가 이 이론의 시초라고 할 수 있다.

① **돈다이크(Thorndike)의 학습의 법칙(시행착오설)** ✈ : 학습이란 맹목적인 시행을 되풀이하는 가운데 자극과 반응의 결합의 과정이다.

> **문제**
> 시행 착오설에 의하면 "학습이란 맹목적인 시행을 되풀이하는 가운데 자극과 반응의 결합의 과정이다."로 정의하고 있다. 다음 중 시행 착오설에 의한 학습의 원칙이 아닌 것은?
> ㉮ 연습의 법칙
> ㉯ 효과의 법칙
> ㉰ 동일성의 법칙
> ㉱ 준비성의 법칙
> **정답** ㉰

- 준비성의 법칙
- 연습 또는 반복의 법칙
- 효과의 법칙

② 파블로프의 조건반사설(자극과 반응이론 : S-R이론) ✈ : 유기체에 자극을 주면 반응함으로써 새로운 행동이 발달된다.
- 일관성의 원리
- 계속성의 원리
- 시간의 원리
- 강도의 원리

③ 스키너의 조작적 조건화설 : 강화에 의해 행동을 변화시킴
- 반응을 할 때마다 강화를 주는 것보다 간헐적으로 강화를 제공하는 것이 효과적이다.
- 벌이나 혐오자극보다 칭찬, 격려 등 긍정적 강화물이 학습에 효과적이다.
- 반응을 보인 후 즉시 강화물을 제공하는 것이 효과적이다.

④ 반두라(Bandura)의 사회학습이론
- 개인은 직접적인 경험이 아닌 관찰을 통해서도 학습을 할 수 있으며, 대부분의 학습이 다른 사람의 행동을 관찰하고 모방한 결과 일어난다.
- 다른 아동이 보상이나 벌을 받는 것을 관찰함으로써 간접적인 강화(대리적 강화)를 받는다.

> **참고**
> ※ Skinner의 강화이론
> ① 처벌은 더 강한 처벌에 의해서만 그 효과가 지속되는 부작용이 있다.
> ② 부분강화에 의하면 학습은 급속도로 진행되지만, 빠른 속도로 학습효과가 사라진다.
> ③ 부적강화란 반응 후 처벌이나 비난 등의 해로운 자극이 주어져서 반응 발생율이 감소하는 것이다.
> ④ 정적강화란 반응 후 음식이나 칭찬 등의 이로운 자극을 주었을 때 반응 발생율이 높아지는 것이다.

(2) **하버드학파의 교수법** ✈

1단계	2단계	3단계	4단계	5단계
준비 시킨다.	교시 시킨다.	연합 한다.	총괄 한다.	응용 시킨다.

(3) **톨만(Tolman)의 기호형태설** ✈
- 학습은 환경에 대한 인지 지도를 신경조직 속에 형성시키는 것이다.
- 학습은 자극과 자극 사이에 형성된 결속이다.
  [S-S(Sign-Signification)이론]
- 톨만은 문제사태의 인지를 학습에 있어서 가장 필요한 조건이라고 생각하였다. 그는 학습의 목표를 의미체라 하고 그것을 달성하는 수단이 되는 대상을 기호라고 부르고, 이 양자 간의 수단, 목적 관계를 기호-형태라고 칭하였다.

(4) 학습경험선정의 원리 ✈
① 기회의 원리 : 교육목표를 달성하기 위해서는 학습자가 스스로 해 볼 수 있는 기회를 가져야 한다.
② 만족의 원리(동기유발의 원리) : 학생들이 해보는 과정에서 만족감을 느낄 수가 있어야 한다.
③ 가능성의 원리 : 학생들에게 요구되는 행동이 현재 능력 성취 발달 수준에 맞아야 한다.
④ 다목적달성의 원리 : 여러 가지의 목표를 동시에 달성하는 데 도움을 주도록 한다.
⑤ 협동의 원리 : 함께 활동할 수 있는 기회를 주어야 한다.

(5) 학습지도의 원리 ✈
① 자발성의 원리 : 학습자 스스로가 능동적으로 학습활동에 의욕을 가지고 참여하도록 하는 원리
② 개별화의 원리 : 학습자를 존중하고, 학습자 개개인의 능력, 소질, 성향 등 모든 발달가능성을 신장시키려는 원리
③ 목적의 원리 : 학습자는 학습목표가 분명하게 인식되었을 때 자발적이고 적극적인 학습활동을 하게 된다.
④ 사회화의 원리 : 학교교육을 통하여 학생들이 사회화되어 유용한 사회인으로 육성시키고자 하는 교육이다.
⑤ 통합화의 원리 : 학습자를 전체적 인격체로 보고 그에게 내재하여 있는 모든 능력을 조화적으로 발달시키기 위한 생활 중심의 통합교육을 원칙으로 하는 원리
⑥ 직관의 원리(직접경험의 원리) : 학습에 있어 언어 위주로 설명을 하는 수업보다는 구체적인 사물을 학습자가 직접 경험해 봄으로써 학습의 효과를 높일 수 있는 원리

(6) 존 듀이(John Dewey)의 5단계 사고 과정
① 1단계 : 문제의 제기 – 시사 받는다.(Suggestion)
② 2단계 : 문제의 인식 – 머리로 생각한다.(Intellectualization)
③ 3단계 : 현상 분석(조사) – 가설을 설정한다.(Hypothesis)
④ 4단계 : 가설 정렬 – 추론한다.(Reasoning)
⑤ 5단계 : 가설 검증 – 행동에 의해 가설을 검토한다.

4 학습조건

(1) 전이 ✈
한 상황에서 실시한 학습이 다른 상황의 학습에 영향을 끼치는 현상

> **참고**
> ※ 학습경험 조직의 원리
> ① 계속성의 원리 : 중요한 학습경험을 반복을 통해 강화하는 것
> ② 계열성의 원리 : 학습경험의 요인들이 깊이와 넓이에 있어 점진적으로 증가하는 것
> ③ 통합성의 원리 : 여러 학습경험들 간에 상호 보완적 관계를 유지하고 여러 과목을 조화롭게 배열하는 것
> ④ 균형성의 원리 : 학습경험은 특수한 기능과 목적에 따라 만족할 수 있도록 기능적으로 조직되어야 한다.
> ⑤ 다양성의 원리 : 학생들의 요구나 흥미, 능력이 반영될 수 있도록 다양하고 융통성 있는 학습경험을 조직하도록 한다.
> ⑥ 보편성의 원리 : 건전한 민주시민의 요소를 기를 수 있도록 학습경험이 조직되어야 한다.

> **참고**
> ※ 교육지도의 5단계
> • 1단계 : 원리의 제시
> • 2단계 : 관련된 개념의 분석
> • 3단계 : 가설의 설정
> • 4단계 : 자료의 평가
> • 5단계 : 결론

앞에 실시한 교육이 뒤에 실시한 학습을 방해하는 조건 ✱

① 학습의 정도 : 앞의 학습이 불완전할 경우
② 유사성 : 앞뒤의 학습 내용이 비슷한 경우
③ 시간적 간격
　• 뒤의 학습을 앞의 학습 직후에 실시하는 경우
　• 앞의 학습 내용을 제어하기 직전에 실시하는 경우
④ 학습자의 태도
⑤ 학습자의 지능

(2) 기억의 과정 ✱

기명 ⇨ 파지 ⇨ 재생 ⇨ 재인

① 기억 : 과거 행동이 미래 행동에 영향을 줌
② 기명 : 사물의 인상을 마음에 간직함
③ 파지 : 인상이 보존됨
④ 재생 : 보존된 인상이 떠오름
⑤ 재인 : 과거에 경험했던 것과 비슷한 상황에서 떠오르는 현상

(3) 망각

경험한 내용이나 학습된 내용을 다시 생각하여 작업에 적용하지 아니하고 방치함으로써 경험의 내용이나 인상이 약해지거나 소멸되는 현상

① 학습된 내용은 학습 직후의 망각율이 가장 높다.
② 의미 없는 내용은 의미 있는 내용보다 빨리 망각한다.
③ 사고를 요하는 내용이 단순한 지식보다 망각이 적다.
④ 연습은 학습한 직후에 시키는 것이 효과가 있다.

망각을 방지하는 방법(파지를 유지하기 위한 방법)

① 적절한 지도 계획을 수립하여 연습을 할 것
② 연습은 학습한 직후에 시키며, 간격을 두고 때때로 연습을 할 것
③ 학습 자료는 학습자에게 의미를 알게 질서 있게 학습시킬 것

(4) 에빙하우스(H.Ebbinhaus)의 망각곡선

학습시간 경과에 따른 망각율
① 1시간 경과 : 50[%] 이상 망각
② 48시간 경과 : 70[%] 이상 망각
③ 31일 경과 : 80[%] 이상 망각

(5) 적응기제 ✦

방어적 기제		도피적 기제	
• 보상	• 합리화	• 고립	• 퇴행
• 동일시	• 승화	• 억압	• 백일몽

(6) 슈퍼(SUPER D.E)의 역할이론 ✦

① 역할 연기(Role playing)
자아 탐색인 동시에 자아실현의 수단이다.

② 역할 기대(Role expection)
자기 자신의 역할을 기대하고 감수하는 자는 자기 직업에 충실하다고 본다.

③ 역할 조성(Role shaping)
여러 가지 역할이 발생 시 그 중 어떤 역할에는 불응 또는 거부감을 나타내거나 또 다른 역할에는 적응하여 실현키 위해 일을 구할 때 발생한다.

④ 역할 갈등(R. K troubling)
작업 중 서로 상반된 역할이 기대될 경우 갈등이 발생한다.

> [기출]
> ※ 역할 갈등의 원인
> ① 역할 마찰
> ② 역할 부적합
> ③ 역할 모호성
> ④ 역할 긴장

5 안전보건 교육계획 수립 및 실시

(1) 안전교육계획 수립 시 고려할 사항

① 자료 수집
② 현장 의견의 충분한 반영
③ 교육 시행 체계와의 관계를 고려
④ 법 규정 교육과 그 이상의 교육을 계획

(2) 안전교육 계획의 세부 사항

① 소요인원
② 교육장소
③ 소요 기자재
④ 시범 및 실습계획
⑤ 평가계획
⑥ 일정표
⑦ 소요 예산 책정
⑧ 사내·외 현장 견학

> [기출] ★
> ※ 사업장 안전교육 훈련의 특징
> ① 기업의 목적에 따라 계획하고 실시한다.
> ② 교육훈련에 의해 기업 이익을 기대한다.
> ③ 필요할 때 집중적으로 실시한다.
> ④ 작업을 수행하는데 중점을 둔다.

합격의 key

기출
* 안전교육 계획수립 및 추진순서
교육의 필요점 발견 → 교육 대상 결정 → 교육 준비 → 교육 실시 → 평가

문제
안전교육의 계획, 수립 시 고려할 사항이 아닌 것은?
㉮ 필요한 정보를 수집한다.
㉯ 현장의 의견을 반영한다.
㉰ 안전교육 시행체계와의 관련을 고려한다.
㉱ 법 규정에 의한 교육에만 집중한다.

[해설]
법 규정 교육과 그 이상의 교육을 계획한다.

정답 ㉱

기출
안전교육 실시계획
① 소요인원
② 교육장소
③ 교육의 보조자료
④ 시범 및 실습계획
⑤ 견학계획
⑥ 토의 진행계획
⑦ 일정표
⑧ 평가계획

기출
안전교육 목표에 포함하여야 할 사항
① 교육 및 훈련의 범위
② 책임한계의 명시
③ 교육 보조자료의 준비 및 사용지침

기출
* 강의계획의 4단계
1단계 : 학습목적과 학습성과의 선정
2단계 : 학습자료의 수집 및 체계화
3단계 : 교수방법의 선정
4단계 : 강의안 작성

(3) 안전교육 계획 수립

① 교육목표 설정 : 첫째 과제
② 교육 대상자와 범위설정
③ 교육의 과정 결정
④ 교육방법 결정
⑤ 보조자료 및 강사, 조교의 편성
⑥ 교육 진행 사항
⑦ 소요 예산 산정

(4) 안전교육 계획 수립 시 포함사항

① 교육의 목표
② 교육대상
③ 강사
④ 교육방법
⑤ 교육시간과 시기
⑥ 교육장소

CHAPTER 05 단원 예상문제

01 안전교육 훈련은 인간 행동 변용을 안전하게 유지하기 위함이 목적으로서 이러한 행동 변용의 전개 과정 순서가 알맞은 것은?

㉮ 자극 – 욕구 – 판단 – 행동
㉯ 욕구 – 자극 – 판단 – 행동
㉰ 판단 – 자극 – 욕구 – 행동
㉱ 행동 – 욕구 – 자극 – 판단

[해설] **인간 행동 변용의 전개 과정**
자극 – 욕구 – 판단 – 행동

02 안전교육 계획에 포함하여야 할 사항이 아닌 것은?

㉮ 교육의 종류 및 대상
㉯ 교육의 과목 및 내용
㉰ 교육장소 및 방법
㉱ 교육지도안

[해설] **안전교육계획에 포함하여야 할 사항**
① 교육의 목표
② 교육대상
③ 강사
④ 교육과목, 내용, 방법
⑤ 교육시간과 시기
⑥ 교육장소

03 안전보건 교육의 기본적인 지도 원리에 해당되지 않는 것은?

㉮ 동기부여(Motivation)
㉯ 반복(Repeat)
㉰ 어려운 데서 쉬운 대로
㉱ 5감의 활용

[해설] **교육 지도의 원칙**
① 상대방(피교육자) 입장에서 교육
② 동기부
③ 반복교육
④ **쉬운 것에서부터 어려운 것으로 진행**
⑤ 한 번에 한 가지씩 교육
⑥ 인상의 강화
⑦ 5감의 활용
⑧ 기능적인 이해

04 다음 중 전이(transter)의 조건이 아닌 것은?

㉮ 학습의 정도
㉯ 학습의 방법
㉰ 학습의 평가
㉱ 학습자의 태도

[해설] 앞에 실시한 교육이 뒤에 실시한 학습을 방해하는 조건(전이가 잘 되는 조건)
① 학습의 정도 : 앞의 학습이 불완전할 경우
② 유사성 : 앞뒤의 학습 내용이 비슷한 경우
③ 시간적 간격
  • 뒤의 학습을 앞의 학습 직후에 실시하는 경우
  • 앞의 학습 내용을 제어하기 직전에 실시하는 경우
④ 학습자의 태도
⑤ 학습자의 지능

05 다음 중 안전교육자의 자세로서 바람직하지 못한 것은?

㉮ 상대방의 입장이 되어서 가르칠 것
㉯ 쉬운 것에서 어려운 것으로 가르칠 것
㉰ 가능한 한 전문용어를 사용하여 가르칠 것
㉱ 중요한 것은 반복해서 가르칠 것

정답 01 ㉮ 02 ㉱ 03 ㉰ 04 ㉰ 05 ㉰

[해설] ㉰ 가급적 쉬운 표현으로 하여야 한다.

{참고} 교육 지도의 원칙
① 상대방(피교육자) 입장에서 교육
② 동기부여
③ 반복 교육
④ 쉬운 것에서부터 어려운 것으로 진행
⑤ 한 번에 한 가지씩 교육
⑥ 인상의 강화
⑦ 5감의 활용
⑧ 기능적인 이해

06 수퍼(Super)의 역할이론 중 역할연기에 대한 설명으로 옳은 것은?

㉮ 인간을 사물에 적응시키는 능력이다.
㉯ 자아탐색인 동시에 자아실현의 수단이다.
㉰ 개인의 역할을 기대하고 감수하는 수단이다.
㉱ 다른 역할을 해내기 위해 다른 일을 구할 때도 있다.

[해설] 수퍼(SUPER D.E)의 역할이론
① 역할 연기(Role playing) : 자아 탐색인 동시에 자아실현의 수단이다.
② 역할 기대(Role expection) : 자기 자신의 역할을 기대하고 감수하는 자는 자기 직업에 충실하다고 본다.
③ 역할 조성(Role shaping) : 여러 가지 역할이 발생 시 그 중 어떤 역할에는 불응 또는 거부감을 나타내거나 또 다른 역할에는 적응하여 실현키 위해 일을 구할 때 발생한다.
④ 역할 갈등(R. K troubling) : 작업 중 서로 상반된 역할이 기대될 경우 갈등이 발생한다.

07 안전관리자가 안전교육의 효과를 높이기 위해서 안전 퀴즈대회를 열어 우승자에게 상을 주었다면 이는 어떤 학습 원리를 학습자에게 적용한 것인가?

㉮ Thorndike의 연습의 법칙
㉯ Thorndike의 준비성의 법칙
㉰ Pavlov의 강도의 원리
㉱ Skinner의 강화의 원리

[해설] 우승자에게 상을 줌 → 스키너의 강화의 원리

{참고} 스키너의 조작적 조건화설(강화의 원리) : 강화에 의해 행동을 변화시킴
• 반응을 할 때마다 강화를 주는 것보다 간헐적으로 강화를 제공하는 것이 효과적이다.
• 벌이나 혐오자극보다 칭찬, 격려 등 긍정적 강화물이 학습에 효과적이다.
• 반응을 보인 후 즉시 강화물을 제공하는 것이 효과적이다.

08 다음 중 S-R 이론에 대한 설명으로 가장 적절한 것은?

㉮ 학습을 자극에 의한 반응으로 보는 이론
㉯ 학습은 자극에 의한 무반응의 강도
㉰ 학습은 유전과 환경 사이의 반응
㉱ 학습과 학습자료에 관한 이론

[해설] S-R 이론 = 자극과 반응이론

09 안전교육 훈련의 기법 중 하버드 학파의 5단계 교수법을 순서대로 나열한 것은?

㉮ 총괄 → 연합 → 준비 → 교시 → 응용
㉯ 준비 → 교시 → 연합 → 총괄 → 응용
㉰ 교시 → 준비 → 연합 → 응용 → 총괄
㉱ 응용 → 연합 → 교시 → 준비 → 총괄

정답 06 ㉯ 07 ㉱ 08 ㉮ 09 ㉯

[해설] **하버드학파의 교수법**

1단계	**준비**시킨다.
2단계	**교시**시킨다.
3단계	**연합**한다.
4단계	**총괄**한다.
5단계	**응용**시킨다.

10 다음 중 형식교육에 있어 교육의 3요소로 볼 수 없는 것은?

㉮ 주체 ㉯ 객체
㉰ 매개체 ㉱ 일정

[해설] **교육의 3요소**

	교육의 주체	교육의 객체	교육의 매개체
형식적 교육	**강사**	**학생**(수강자)	**교재**(학습내용)
비형식적 교육	부모, 형, 선배, 사회인사	자녀와 미성숙자	교육적 환경 인간관계

11 다음 중 학습전이(transfer)의 조건이 아닌 것은?

㉮ 학습의 정도
㉯ 시간적 간격
㉰ 학습의 평가
㉱ 학습자와 태도

[해설] **전이** : 한 상황에서 실시한 학습이 다른 상황의 학습에 영향을 끼치는 현상

12 다음 중 기억과 망각에 관한 내용으로 틀린 것은?

㉮ 학습된 내용은 학습 직후의 망각률이 가장 낮다.
㉯ 의미 없는 내용은 의미 있는 내용보다 빨리 망각한다.
㉰ 사고력을 요하는 내용이 단순한 지식보다 기억, 파지의 효과가 높다.
㉱ 연습은 학습한 직후에 시키는 것이 효과가 있다.

[해설] ㉮ 학습 직후의 망각률이 가장 높다.

{참고} **망각** : 경험한 내용이나 학습된 내용을 다시 생각하여 작업에 적용하지 아니하고 **방치함으로써** 경험의 내용이나 **인상이 약해지거나 소멸되는 현상**
① 학습된 내용은 학습 직후의 망각률이 가장 높다.
② 의미 없는 내용은 의미 있는 내용보다 빨리 망각한다.
③ 사고를 요하는 내용이 단순한 지식보다 망각이 적다.
④ 연습은 학습한 직후에 시키는 것이 효과가 있다.

13 파블로프(pavlov)의 조건반사설에 의한 학습이론의 원리에 해당하지 않는 것은?

㉮ 일관성의 원리
㉯ 시간의 원리
㉰ 강도의 원리
㉱ 준비성의 원리

[해설] **파블로프의 조건반사설**(자극과 반응이론 : S-R 이론)
• **일관성**의 원리
• **계속성**의 원리
• **시간**의 원리
• **강도**의 원리

정답 10 ㉱ 11 ㉰ 12 ㉮ 13 ㉱

02 교육방법

> **주/요/내/용 알/고/가/기**
> 1. OJT와 OFF JT의 특징
> 2. 전습법과 분습법의 차이
> 3. 관리감독자 대상 교육의 종류
> 4. TWI 교육 과정
> 5. 교육의 3요소
> 6. 교육의 3단계
> 7. 교육 진행 4단계

1 OJT와 OFF JT의 특징 ★

(1) OJT(On The Job Training)
직속 상사가 부하직원에게 일상 업무를 통하여 지식, 기능, 문제해결 능력 및 태도 등을 교육하는 방법으로 개별교육에 적합하다.

(2) OFF JT(Off The Job Training)
외부강사를 초청하여 근로자를 일정한 장소에 집합시켜 실시하는 교육 형태로서 집합교육에 적합하다.

OJT의 특징 ★	① 개개인에게 적절한 훈련이 가능하다. ② 직장의 실정에 맞는 훈련이 가능하다. ③ 교육효과가 즉시 업무에 연결된다. ④ 훈련에 대한 업무의 계속성이 끊어지지 않는다. ⑤ 상호 신뢰 이해도가 높다.
OFF JT의 특징 ★	① 다수의 근로자들에게 훈련을 할 수 있다. ② 훈련에만 전념하게 된다. ③ 특별설비기구 이용이 가능하다. ④ 많은 지식이나 경험을 교류할 수 있다. ⑤ 교육 훈련 목표에 대하여 집단적 노력이 흐트러질 수 있다.

2 전습법과 분습법 ✯

(1) 전습법
① 망각이 적다.
② 반복이 적다.
③ 연합이 생긴다.
④ 시간과 노력이 적다.

(2) 분습법
① 학습효과가 빠르다.
② 길고 복잡한 학습에 적합하다.
③ 주의와 집중력의 범위를 좁히는데 적합하다.

3 관리감독자 대상 교육

(1) TWI(Training Within Industry) ✯✯
① 대상 : 일선관리감독자 대상 교육
② 교육시간 : 1일 2시간씩 5일간(총 10시간) 실시한다.
③ 교육방법 : 토의식과 실연법을 중심으로 한다.

TWI 교육과정(교육내용) ✯✯
① 작업 방법 기법(Job Method Training : JMT)
② 작업 지도 기법(Job Instruction Training : JIT)
③ 인간 관계관리 기법 or 부하통솔법(Job Relations Training : JRT)
④ 작업 안전 기법(Job Safety Training : JST)

(2) MTP(Management Training Program)
① 대상 : 중간계층 관리자 대상 교육
② 교육시간 : 2시간씩 20회에 걸쳐 40시간 훈련한다.

(3) ATT(American Telephone & Telegraph Company)
① 대상 : 한정되어 있지 않고 한번 교육을 이수한 자는 부하에게 지도가 가능하다.
② 교육시간 : 1차 훈련은 1일 8시간씩 2주간 실시하며, 2차 과정은 문제가 발생할 때마다 실시한다.
③ 토의식 방식으로 진행한다.

용어정의

* 전습법
학습내용을 처음부터 끝까지 완전히 습득할 때까지 학습하는 방법

용어정의

* 분습법
학습과제를 몇 개의 부분으로 나누어 학습하는 방법(부분 학습법)

기출

* 새로운 기술의 연습 방법
① 새로운 기술을 학습하는 경우에는 일반적으로 집중 연습보다 배분 연습이 더 효과적이다.
② 교육훈련과정에서는 학습 자료를 한꺼번에 묶어서 일괄적으로 연습하는 방법을 집중 연습이라고 한다.
③ 충분한 연습으로 완전 학습한 후에도 일정량 연습을 계속하는 것을 초과 학습이라고 한다.
④ 기술을 배울 때는 적극적 연습과 피드백이 있어야 부적절하고 비효과적 반응을 제거할 수 있다.

기출

* ATT의 교육내용 (교육훈련 기법)
• 인사관계
• 고객관계
• 종업원의 향상
• 작업의 계획 및 인원 배치
• 계획적 감독 등

(4) CCS(Civil Communication Section)

① 대상 : 최고층 관리감독자 대상 교육
② 교육시간 : 매주 4일, 4시간씩으로 8주간(합계 128시간) 실시
③ 강의법에 토의법이 가미된 방식

4 학습목적

(1) 학습목적의 3요소

① 학습목표(goal) : 학습을 통하여 달성하려는 지표를 말한다.
　(학습목적의 핵심)
② 주제(subject) : 목적달성을 위한 중심내용을 의미한다.
③ 학습정도(level of learning) : 주제를 학습시킬 때 내용 범위와 내용의 정도를 뜻한다.

[학습의 정도 4단계]

① 인지(to acquaint)	~을 인지하여야 한다.
② 지각(to know)	~을 알아야 한다.
③ 이해(to understand)	~을 이해하여야 한다.
④ 적용(to apply)	~을 ~에 적용할 수 있어야 한다.

(2) 학습의 전개 과정

① 쉬운 것부터 어려운 것으로 학습한다.
② 과거에서 현재, 미래의 순으로 학습한다.
③ 많이 사용하는 것에서 적게 사용하는 순으로 학습한다.
④ 간단한 것에서 복잡한 것으로 학습한다.
⑤ 전체에서 부분으로 학습한다.
⑥ 기지에서 미지로 학습한다.

5 교육의 단계

(1) 교육의 3요소

	교육의 주체	교육의 객체	교육의 매개체
형식적 교육	강사	학생(수강자)	교재(학습 내용)
비형식적 교육	부모, 형, 선배, 사회인사	자녀와 미성숙자	교육적 환경 인간관계

기출

* 학습성과 : 학습 목적을 세분화하여 구체적으로 결정한 것을 말한다.

* 학습성과 설정 시 유의사항
① 객관적 입장에서 구체적으로 서술
② 학습목적에 적합하고 타당해야 한다.
③ 주제가 포함되어야 한다.
④ 학습정도가 포함되어야 한다.

참고

1. 엔드라고지 모델에 기초한 학습자로서의 성인의 특징
① 성인들은 과제(문제) 중심적으로 학습하고자 한다.
② 성인들은 자기 주도적으로 학습하고자 한다.
③ 성인들은 많은 다양한 경험을 가지고 학습에 참여한다.
④ 성인들은 왜 배워야 하는지에 대해 알고자 하는 욕구를 가지고 있다.

2. 성인학습의 원리
① 자기주도성의 원리
② 자발학습의 원리
③ 상호학습의 원리
④ 참여교육의 원리

(2) 교육의 3단계 ✈

① 제1단계(지식교육)
   강의 및 시청각 교육 등을 통하여 지식을 전달하는 단계
② 제2단계(기능교육)
   시범, 견학, 현장실습 교육 등을 통하여 경험을 체득하는 단계
③ 제3단계(태도교육)
   작업 동작 지도 등을 통하여 안전 행동을 습관화 하는 단계

[태도교육 실시 순서 ✈]

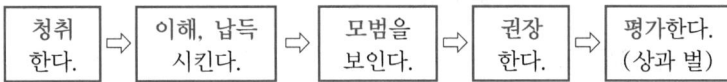

청취한다. ⇒ 이해, 납득 시킨다. ⇒ 모범을 보인다. ⇒ 권장한다. ⇒ 평가한다. (상과 벌)

(3) 교육진행 4단계 ✈

단계	교육방법
제 1단계 : 도입 (학습할 준비를 시킨다)	• 마음을 안정시킨다. • 무슨 작업을 할 것인가를 말해준다. • 그 작업에 대해 알고 있는 정도를 확인한다. • 작업을 배우고 싶은 의욕을 갖게 한다. • 정확한 위치에 자리잡게 한다.
제 2단계 : 제시 (작업을 설명한다)	• 주요 단계를 하나씩 설명해주고, 시범해 보이고, 그려 보인다. • 급소를 강조한다. • 확실하게, 빠짐없이, 끈기 있게 지도한다.
제 3단계 : 적용 (작업을 시켜본다)	• 작업을 지켜보고 잘못을 고쳐준다. • 작업을 시키면서 설명하게 한다. • 다시 한번 시키면서 급소를 말하게 한다. • 확실히 알았다고 할 때까지 확인한다. • 이해할 수 있는 능력 이상으로 강요하지 않는다.
제 4단계 : 확인 (가르친 뒤 살펴본다)	• 일에 임하도록 한다. • 모르는 것이 있을 때는 물어볼 사람을 정해 둔다. • 질문을 하도록 분위기를 조성한다. • 점차 지도 횟수를 줄여간다.

6 교육 훈련의 평가방법

(1) 교육 훈련 평가의 목적

① 작업자의 적정배치를 위하여
② 지도 방법을 개선하기 위하여
③ 학습지도를 효과적으로 하기 위하여

기출
* 기능교육의 3원칙
  • 준비철저
  • 위험작업의 규제
  • 안전작업의 표준화

참고
* 교육지도의 5단계
  • 1단계 : 원리의 제시
  • 2단계 : 관련된 개념의 분석
  • 3단계 : 가설의 설정
  • 4단계 : 자료의 평가
  • 5단계 : 결론

기출
기술교육(교시법)의 4단계
도입
(준비단계 : preparation)
↓
실연
(일을 하여 보이는 단계 : presentation)
↓
실습
(일을 시켜보는 단계 : performance)
↓
확인
(보습지도의 단계 : follow up)

기출
안전교육의 효과 순서
지식변화 → 기능변화 → 태도변화 → 개인행동변화 → 집단행동변화

기출
행동변화의 전개과정 순서
자극 → 욕구 → 판단 → 행동

합격의 key

> **기출**
> ※ 교육훈련 평가
> 교육이나 훈련이 그 목적을 달성하였는가 분석하는 것을 말한다.
>
> ※ 교육과목에 따른 학습평가 방법
> ① 지식교육 : 평가시험 및 기타 테스트
> ② 기능교육 : 노트 및 테스트
> ③ 태도교육 : 관찰 및 면접

> **참고**
> ※ 교육프로그램의 타당도 평가
> ① 전이 타당도 : 피교육자가 교육·훈련을 이수한 후 직무에서 직무성공을 거둘 수 있는지에 대한 타당도
> ② 훈련 타당도 : 계획된 교육·훈련 프로그램이 피교육자에게 적절한가에 대한 타당도
> ③ 조직 내 타당도 : 교육·훈련 프로그램이 조직 내의 상이한 집단의 피교육자에게도 동일하게 효과적인지에 대한 타당도
> ④ 조직 간 타당도 : 교육·훈련 프로그램이 다른 조직의 피교육자에게도 동일하게 효과적인지에 대한 타당도

> **기출**
> ※ 교육평가의 방법
> ① 관찰법
> ② 면접법
> ③ 사회측정법
> ④ 질문지법
> ⑤ 투영법
> ⑥ 일기법
> ⑦ 사례연구법
> ⑧ 자료분석법
> ⑨ 상호 평가법

> **기출**
> 태도교육의 효과 측정법으로 면접이 가장 많이 이용된다.

(2) 학습 평가의 기본기준 4가지

① 타당도(평가 목적과의 타당도)
- 무엇을 평가하고 있는가?
- 얼마나 충실하게 평가하고 있는가?

② 신뢰도(정확성 및 일관성)
- 어떻게 평가하고 있는가?
- 평가의 오차는 적어야 한다.
- 정확하게 평가하고 있는가?

③ 객관도
- 평가자의 편견이나 감정에 좌우되지 않고 있는가?
- 평가자의 주관적인 판단의 오류를 범하지 않고 있는가?

④ 실용도
- 시간과 비용, 인력이 적게 소요되는가?
- 과중한 부담과 복잡한 절차는 없는가?

(3) 교육훈련 평가의 4단계

1단계 : 반응단계	훈련을 어떻게 생각하고 있는가?
2단계 : 학습단계	어떠한 원칙과 사실 및 기술 등을 배웠는가?
3단계 : 행동단계	교육훈련을 통하여 직무수행상 어떠한 행동의 변화를 가져왔는가?
4단계 : 결과단계	교육훈련을 통하여 직무에 어떠한 성과가 있었는가?

03 교육실시 방법

> 주/요/내/용 알/고/가/기
> 1. 강의법의 장·단점
> 2. 토의법의 장·단점
> 3. 실연법과 모의법의 정의
> 4. 프로그램학습법의 장·단점
> 5. 토의식 교육법의 종류별 특징

1 교육실시 방법의 종류

(1) 강의법

강사가 중심이 되어 학습자들에게 지식, 개념, 사실 등의 정보를 제공하는 것을 목적으로 하여 해설방식으로 진행하는 학습지도 형태이다.

[강의법의 장·단점]

장점 ★	• 새로운 기술, 지식, 정보를 체계적으로 전달할 수 있다. • 많은 양의 정보를 전달할 수 있다. • 한 사람의 강사가 많은 학생을 지도할 수 있다. (교육의 경제성이 높다) • 구체적인 사실적 정보의 제공과 요점을 파악하기에 효율적이다.
단점	• 학습자의 이해 수준을 알 수가 없다. • 학습자의 성향을 고려할 수 없다. • 학습자의 능동적 참여를 기대할 수 없다. • 강사의 지식수준에서 모든 것이 이루어지기 때문에 학습자에게 끼치는 영향이 크다. • 상대적으로 피드백이 부족하다.

(2) 토의법

- 집단구성원들이 특정한 문제에 대하여 서로 의견을 발표하면서 올바른 결론에 도달하는 학습방법이다.
- 간단한 정보나 지식의 습득보다는 인지능력의 함양에 적합하다.
- 알고 있는 지식을 심화시키거나 어떠한 자료에 대해 보다 명료한 생각을 갖도록 하는데 적합하다.

◎기출

＊ 강의법 ★
제시 단계에서 가장 많은 시간을 소비한다.

＊ 토의법 ★
적용 단계에서 가장 많은 시간을 소비한다.

[토의법의 장·단점]

장점 ★	• 학습자의 적극적인 참여를 통해 학습동기와 흥미를 유발시킬 수 있다. • 자기 스스로 사고하는 능력 및 표현력을 키울 수 있다. • 자신의 생각에 대한 타당성을 검증하는 기회를 얻을 수 있다. • 사회적 기능 및 태도를 형성시킬 수 있다. • 강사가 학습자의 이해 정도를 파악하기 쉽다.
단점	• 시간이 많이 소요된다. • 철저한 사전준비와 체계적인 관리에도 불구하고 예측하지 못한 상황이 발생할 수 있다. • 집단 구성원 수에 한계가 있다. • 다양하고 많은 양의 정보를 다루기에 어려움이 있다. • 내용에 대한 사전 지식이 필요하다.

(3) 실연법 ★

학습자가 이미 설명을 듣거나 시범을 보고 알게 된 지식이나 기능을 강사의 감독 아래 직접적으로 연습해 적용케 하는 교육방법이다.

(4) 모의법 ★

실제의 장면이나 상태와 극히 유사한 사태를 인위적으로 만들어 그 속에서 학습토록 하는 교육방법이다.

> 참고
> ※ 모의법의 단점
> 1. 단위시간 당 교육비가 비싸고 시간의 소비가 많다.
> 2. 시설의 유지비가 많다.
> 3. 학생 대 교사의 비율이 높다.

(5) 프로그램 학습법

학생이 혼자서 자기 능력과 시간, 학습 속도에 맞추어 학습할 수 있도록 프로그램 학습자료를 이용하여 학습하는 형태이다.

[프로그램 학습법의 장·단점 ★]

장점 ★	• 기본 개념학습이나 논리적인 학습에 유리하다. • 지능, 학습 속도 등 개인차를 고려할 수 있다. • 수업의 모든 단계에 적용이 가능하다. • 수강자들이 학습이 가능한 시간대의 폭이 넓다. • 매 학습마다 피드백을 할 수 있다. • 학습자의 학습과정을 쉽게 알 수 있다.
단점 ★	• 한 번 개발된 프로그램 자료는 변경이 어렵다. • 개발비가 많이 들고 제작 과정이 어렵다. • 교육 내용이 고정되어 있다. • 학습에 많은 시간이 걸린다. • 집단 사고의 기회가 없다.

(6) 시청각 교육법

• 라디오·텔레비전·견학 등 다양한 시청각 교육매체를 이용하여 학습자의 감각기관을 통해 학습효과를 높이기 위한 학습방법

- 교육 대상자 수가 많고 교육 대상자의 학습능력의 차가 큰 경우 집단 안전교육 방법으로 가장 효과적이다. ✮
- 학습자들에게 공통의 경험을 형성시켜줄 수 있다.

(7) 구안법(Project method)

학습자가 마음속에 생각하고 있는 것(자신의 목표)을 구체적으로 실천하기 위하여 스스로 계획을 세워 수행하는 학습활동이다.

[Project method의 실시 순서]

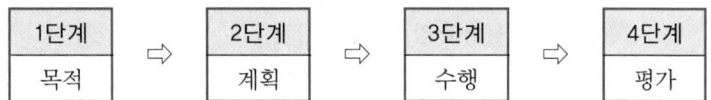

> **기출**
> * 구안법(Project method)의 장점
> ① 창조력이 생긴다.
> ② 동기부여가 충분하다.
> ③ 현실적인 학습방법이다.

(8) 문제법(Problem Method)

- 새로운 문제에 당면했을 때 그 문제를 해결하는 과정에서 이루어지는 학습방법
- 학생이 현실에서 당면하는 여러 문제들을 해결해가는 과정 중 지식, 기능, 태도 등을 종합적으로 획득하도록 하는 학습법이다.

[Problem Method의 실시 순서]

1단계	⇨	2단계	⇨	3단계	⇨	4단계	⇨	5단계
문제의 인식		해결방법의 연구 계획		자료의 수집		해결방법의 실시		정리와 결과의 검토

2 토의식 교육법의 종류 ✮

(1) 사례연구법(Case Study : Case Method) ✮

- 먼저 사례를 제시, 문제적 사실들과 그의 상호관계에 대해서 검토하고 대책을 토의하는 학습법이다.
- 하버드대학에서 개발한 기법으로 고도의 판단력을 양성할 수 있다.

사례연구법의 장점
• 학습에 흥미가 있고, 학습동기를 유발할 수 있다. • 현실적인 문제의 학습이 가능하다. • 관찰력과 분석력을 높일 수 있다. • 의사소통 기술이 향상된다. • 문제를 다양한 관점에서 바라보게 된다.

(2) 롤 플레잉(Role Playing)

- 롤 플레잉(역할연기)는 참가자에게 일정한 역할을 주어서 실제적으로 연기를 시켜봄으로써 자기의 역할을 보다 확실히 인식시키는 방법이다.
- 관찰에 의한 학습, 실행에 의한 학습, 피드백에 의한 학습 분석과 개념화를 통한 학습이 가능하다.

롤 플레잉의 장점
• 관찰능력을 높이고 감수성이 향상된다. • 자기의 태도에 반성과 창조성이 생긴다. • 의견 발표에 자신이 생기고 고찰력이 풍부해진다.

(3) 포럼(Forum)

새로운 자료나 교재를 제시, 거기서의 문제점을 피교육자로 하여금 제기하게 하여 발표하고 토의하는 방법이다.

(4) 심포지엄(Symposium)

몇 사람의 전문가에 의하여 과제에 관한 견해를 발표한 뒤 참가자로 하여금 의견이나 질문을 하게 하여 토의하는 방법이다.

(5) 패널 디스커션(Panel discussion)

패널 멤버(교육과제에 정통한 전문가 4-5명)가 피교육자 앞에서 토의를 하고, 뒤에 피교육자 전원이 참가하여 사회자의 사회에 따라 토의하는 방법이다.

(6) 버즈 세션(Buzz Session)

- 6-6 회의
- 사회자와 기록계를 선출한 후 6명씩의 소집단으로 구분하고, 소집단별로 6분씩 자유토의를 행하여 의견을 종합하는 방법이다.

04 안전보건 교육

> 주/요/내/용 알/고/가/기
> 1. 안전보건 교육의 교육대상별 교육시간
> 2. 안전보건관리책임자의 교육내용
> 3. 안전관리자의 교육내용
> 4. 관리감독자의 교육내용

1 안전보건관리책임자 등에 대한 직무교육 ★

다음 각 호의 어느 하나에 해당하는 사람은 해당 직위에 선임(위촉의 경우를 포함)되거나 채용된 후 3개월(보건관리자가 의사인 경우는 1년) 이내에 직무를 수행하는 데 필요한 신규교육을 받아야 하며, 신규교육을 이수한 후 매 2년이 되는 날을 기준으로 전후 6개월 사이에 고용노동부장관이 실시하는 안전보건에 관한 보수교육을 받아야 한다.

① 안전보건관리책임자
② 안전관리자(「기업활동 규제완화에 관한 특별조치법」에 따라 안전관리자로 채용된 것으로 보는 사람을 포함한다)
③ 보건관리자
④ 안전보건관리담당자
⑤ 안전관리전문기관 또는 보건관리전문기관에서 안전관리자 또는 보건관리자의 위탁 업무를 수행하는 사람
⑥ 건설재해예방전문지도기관에서 지도업무를 수행하는 사람
⑦ 안전검사기관에서 검사업무를 수행하는 사람
⑧ 자율안전검사기관에서 검사업무를 수행하는 사람
⑨ 석면조사기관에서 석면조사 업무를 수행하는 사람

참고

* 사업장 내 안전·보건 교육을 통한 근로자 체득 능력
① 잠재위험 발견 능력
② 비상사태 대응 능력
③ 직면한 문제의 사고 발생 가능성 예지 능력

참고

1. 근로자(관리감독자의 지위에 있는 사람은 제외한다)가 「화학물질관리법 시행규칙」에 따른 유해화학물질 안전교육을 받은 경우에는 그 시간만큼 해당 분기의 정기교육을 받은 것으로 본다.
2. 방사선작업종사자가 「원자력안전법 시행령」에 따라 방사선작업종사자 정기교육을 받은 때에는 그 해당시간 해당 분기의 정기교육을 받은 것으로 본다.
3. 방사선 업무에 관계되는 작업에 종사하는 근로자가 「원자력안전법 시행령」에 따라 방사선작업종사자 신규교육 중 직장교육을 받은 때에는 그 시간만큼 해당 근로자에 대한 특별교육을 받은 것으로 본다.

합격의 key

> **참고**
>
> ＊ 안전보건교육의 면제
> 사업주는 해당 근로자가 채용되거나 변경된 작업에 경험이 있을 경우 채용 시 교육 또는 특별교육 시간을 다음 각 호의 기준에 따라 실시할 수 있다.
> 1. 같은 종류의 업종에 6개월 이상 근무한 경험이 있는 근로자를 이직 후 1년 이내에 채용하는 경우 : 채용 시 교육시간의 100분의 50 이상
> 2. 특별교육 대상작업에 6개월 이상 근무한 경험이 있는 근로자가 다음 각 목의 어느 하나에 해당하는 경우 : 특별교육 시간의 100분의 50 이상
>   가. 근로자가 이직 후 1년 이내에 채용되어 이직 전과 동일한 특별교육 대상작업에 종사하는 경우
>   나. 근로자가 같은 사업장 내 다른 작업에 배치된 후 1년 이내에 배치 전과 동일한 특별교육 대상작업에 종사하는 경우
> 3. 채용 시 교육 또는 특별교육을 이수한 근로자가 같은 도급인의 사업장 내에서 이전에 하던 업무와 동일한 업무에 종사하는 경우 : 소속 사업장의 변경에도 불구하고 해당 근로자에 대한 채용 시 교육 또는 특별교육 면제
> 4. 그 밖에 고용노동부장관이 채용 시 교육 또는 특별교육 면제 대상으로 인정하는 교육

2 안전보건 교육의 교육시간 ✿✿✿

(1) 사업주가 근로자에게 실시해야 하는 안전보건교육의 교육시간

교육과정	교육대상		교육시간
가. 정기교육	1) 사무직 종사 근로자		매반기 6시간 이상
	2) 그 밖의 근로자	가) 판매업무에 직접 종사하는 근로자	매반기 6시간 이상
		나) 판매업무에 직접 종사하는 근로자 외의 근로자	매반기 12시간 이상
나. 채용 시의 교육	1) 일용근로자 및 근로계약기간이 1주일 이하인 기간제근로자		1시간 이상
	2) 근로계약기간이 1주일 초과 1개월 이하인 기간제근로자		4시간 이상
	3) 그 밖의 근로자		8시간 이상
다. 작업내용 변경 시의 교육	1) 일용근로자 및 근로계약기간이 1주일 이하인 기간제근로자		1시간 이상
	2) 그 밖의 근로자		2시간 이상
라. 특별교육	1) 일용근로자 및 근로계약기간이 1주일 이하인 기간제 근로자(타워크레인신호작업에 종사하는 근로자 제외)		2시간 이상
	2) 일용근로자 및 근로계약기간이 1주일 이하인 기간제 근로자 중 타워크레인 호작업에 종사하는 근로자		8시간 이상
	3) 일용근로자 및 근로계약기간이 1주일 이하인 기간제 근로자를 제외한 근로자		가) 16시간 이상(최초 작업에 종사하기 전 4시간 이상 실시하고 12시간은 3개월 이내에서 분할하여 실시 가능) 나) 단기간 작업 또는 간헐적 작업인 경우에는 2시간 이상
마. 건설업 기초안전·보건교육	건설 일용근로자		4시간

1. 위 표의 적용을 받는 "일용근로자"란 근로계약을 1일 단위로 체결하고 그 날의 근로가 끝나면 근로관계가 종료되어 계속 고용이 보장되지 않는 근로자를 말한다.
2. 일용근로자가 위 표의 나목 또는 라목에 따른 교육을 받은 날 이후 1주일 동안 같은 사업장에서 같은 업무의 일용근로자로 다시 종사하는 경우에는 이미 받은 위 표의 나목 또는 라목에 따른 교육을 면제한다.
3. 다음 각 목의 어느 하나에 해당하는 경우는 위 표의 가목부터 라목까지의 규정에도 불구하고 해당 교육과정별 교육시간의 2분의 1 이상을 그 교육시간으로 한다.
   가. 영 별표 1 제1호에 따른 사업
   나. 상시근로자 50명 미만의 도매업, 숙박 및 음식점업
4. 근로자가 다음 각 목의 어느 하나에 해당하는 안전교육을 받은 경우에는 그 시간만큼 위 표의 가목에 따른 해당 반기의 정기교육을 받은 것으로 본다.
   가. 「원자력안전법 시행령」 제148조제1항에 따른 방사선작업종사자 정기교육
   나. 「항만안전특별법 시행령」 제5조제1항제2호에 따른 정기안전교육
   다. 「화학물질관리법 시행규칙」 제37조제4항에 따른 유해화학물질 안전교육
5. 근로자가 「항만안전특별법 시행령」 제5조제1항제1호에 따른 신규안전교육을 받은 때에는 그 시간만큼 위 표의 나목에 따른 채용 시 교육을 받은 것으로 본다.
6. 방사선 업무에 관계되는 작업에 종사하는 근로자가 「원자력안전법 시행규칙」 제138조제1항제2호에 따른 방사선작업종사자 신규교육 중 직장교육을 받은 때에는 그 시간만큼 위 표의 라목에 따른 특별교육 중 별표 5 제1호라목의 33.란에 따른 특별교육을 받은 것으로 본다.

(2) 관리감독자 안전보건교육

교육과정	교육시간
가. 정기교육	연간 16시간 이상
나. 채용 시 교육	8시간 이상
다. 작업내용 변경 시 교육	2시간 이상
라. 특별교육	16시간 이상(최초 작업에 종사하기 전 4시간 이상 실시하고, 12시간은 3개월 이내에서 분할하여 실시 가능)
	단기간 작업 또는 간헐적 작업인 경우에는 2시간 이상

(3) 안전보건관리책임자 등에 대한 교육(직무교육)

교육대상	교육시간	
	신규교육	보수교육
가. 안전보건관리책임자	6시간 이상	6시간 이상
나. 안전관리자, 안전관리전문기관의 종사자	34시간 이상	24시간 이상
다. 보건관리자, 보건관리전문기관의 종사자	34시간 이상	24시간 이상
라. 건설재해예방 전문지도기관 종사자	34시간 이상	24시간 이상
마. 석면조사기관 종사자	34시간 이상	24시간 이상
바. 안전보건관리담당자	–	8시간 이상
사. 안전검사기관, 자율안전검사기관의 종사자	34시간 이상	24시간 이상

(4) 특수형태 근로 종사자에 대한 안전보건교육

교육과정	교육시간
가. 최초 노무제공 시 교육	2시간 이상(단기간 작업 또는 간헐적 작업에 노무를 제공하는 경우에는 1시간 이상 실시하고, 특별교육을 실시한 경우는 면제)
나. 특별교육	16시간 이상(최초 작업에 종사하기 전 4시간 이상 실시하고 12시간은 3개월 이내에서 분할하여 실시 가능)
	단기간 작업 또는 간헐적 작업인 경우에는 2시간 이상

(5) 검사원 성능검사 교육

교육과정	교육대상	교육시간
성능검사 교육	–	28시간 이상

참고

* 교육시간 및 교육내용
1. 사업주가 "특별교육"을 실시한 때에는 해당 근로자에 대하여 "채용 시 교육" 및 "작업내용 변경 시 교육"을 실시한 것으로 본다.
2. 사업주가 안전보건교육을 자체적으로 실시하는 경우에 교육을 할 수 있는 사람은 다음 각 호의 어느 하나에 해당하는 사람으로 한다.
① 다음 각 목의 어느 하나에 해당하는 사람
  가. 안전보건관리책임자
  나. 관리감독자
  다. 안전관리자
      (안전관리전문기관에서 안전관리자의 위탁업무를 수행하는 사람을 포함한다)
  라. 보건관리자
      (보건관리전문기관에서 보건관리자의 위탁업무를 수행하는 사람을 포함한다)
  마. 안전보건관리담당자
      (안전관리전문기관 및 보건관리전문기관에서 안전보건관리담당자의 위탁업무를 수행하는 사람을 포함한다)
  바. 산업보건의
② 공단에서 실시하는 해당 분야의 강사요원 교육과정을 이수한 사람
③ 산업안전지도사 또는 산업보건지도사
④ 산업안전보건에 관하여 학식과 경험이 있는 사람으로서 고용노동부장관이 정하는 기준에 해당하는 사람

참고

* 건설업 기초안전보건교육

건설업의 사업주는 건설일용 근로자를 채용할 때에 그 근로자에 대하여 대통령령으로 정하는 인력, 시설, 장비 등의 요건을 갖추어 고용노동부 장관에게 등록한 기관이 실시하는 기초안전보건교육을 이수하도록 하여야 한다. 다만 건설 일용근로자가 그 사업주에게 채용되기 전에 건설업 기초교육을 이수한 경우에는 그러하지 아니한다.

③ 사업주가 근로자에게 실시해야 하는 안전보건교육의 대상별 교육내용

(1) 근로자 정기안전·보건교육 ✿✿✿

근로자의 정기교육 내용

① 산업안전 및 산업재해 예방에 관한 사항(화재·폭발 사고 발생 시 대피에 관한 사항을 포함한다)
② 산업보건 및 건강장해 예방에 관한 사항(폭염·한파작업으로 인한 건강장해 발생 시 응급조치에 관한 사항을 포함한다)
③ 유해·위험 작업환경 관리에 관한 사항
④ 산업안전보건법령 및 산업재해보상보험제도에 관한 사항
⑤ 직무스트레스 예방 및 관리에 관한 사항
⑥ 직장 내 괴롭힘, 고객의 폭언 등으로 인한 건강장해 예방 및 관리에 관한 사항
⑦ 건강증진 및 질병 예방에 관한 사항
⑧ 위험성 평가에 관한 사항

실력이 되는! 합격이 되는! 특급 알기법

공통 항목(관리감독자, 근로자)
1. 근로자는 **법, 산재보상제도**를 알자.
2. 근로자는 **건강을 보존(산업보건)**하고 **건강장해, 스트레스, 괴롭힘, 폭언 예방**하자!
3. 근로자는 **유해위험 환경을 관리**해서 **안전**하고 **산업재해 예방**하자!
4. 근로자는 **위험성을 평가**하자!

근로자 정기교육의 특징
1. 근로자는 **건강증진**하고 **질병예방**하자!

근로자 채용 시 교육 및 작업내용 변경 시 교육내용

① 산업안전 및 산업재해 예방에 관한 사항(화재·폭발 사고 발생 시 대피에 관한 사항을 포함한다)
② 산업보건 및 건강장해 예방에 관한 사항
③ 산업안전보건법령 및 산업재해보상보험제도에 관한 사항
④ 직무스트레스 예방 및 관리에 관한 사항
⑤ 직장 내 괴롭힘, 고객의 폭언 등으로 인한 건강장해 예방 및 관리에 관한 사항
⑥ 기계·기구의 위험성과 작업의 순서 및 동선에 관한 사항
⑦ 물질안전보건자료에 관한 사항
⑧ 작업 개시 전 점검에 관한 사항
⑨ 정리정돈 및 청소에 관한 사항
⑩ 사고 발생 시 긴급조치에 관한 사항
⑪ 위험성 평가에 관한 사항

근로자 채용 시 교육 및 작업내용 변경 시 교육내용

공통 항목
1. 신규자는 **법, 산재보상제도**를 알자!
2. 신규자는 **건강을 보존(산업보건)**하고 **건강장해, 스트레스, 괴롭힘, 폭언 예방**하자!
3. 신규자는 **안전**하고 **산업재해 예방**하자!
4. 신규자는 **위험성을 평가**하자!

신규채용자는 회사에 처음 입사해서 처음 일을 하는 근로자, 안전하게 일하기 위한 기본내용을 교육한다.
1. 신규자는 **기계기구 위험성, 작업순서, 동선**을 알자!
2. 신규자는 **취급물질의 위험성(물질안전보건자료)**을 알자!
3. 신규자는 **작업 전 점검**하자!
4. 신규자는 항상 **정리정돈 청소**하자!
5. 신규자는 **사고 시 조치**를 알자!

(2) 관리감독자의 정기안전·보건교육 ✿✿✿오

관리감독자의 정기교육 내용

① 산업안전 및 산업재해 예방에 관한 사항(화재·폭발 사고 발생 시 대피에 관한 사항을 포함한다)
② 산업보건 및 건강장해 예방에 관한 사항(폭염·한파작업으로 인한 건강장해 발생 시 응급조치에 관한 사항을 포함한다)
③ 유해·위험 작업환경 관리에 관한 사항
④ 산업안전보건법령 및 산업재해보상보험 제도에 관한 사항
⑤ 직무스트레스 예방 및 관리에 관한 사항
⑥ 직장 내 괴롭힘, 고객의 폭언 등으로 인한 건강장해 예방 및 관리에 관한 사항
⑦ 위험성평가에 관한 사항
⑧ 작업공정의 유해·위험과 재해 예방대책에 관한 사항
⑨ 표준안전 작업방법 결정 및 지도·감독 요령에 관한 사항
⑩ 비상시 또는 재해 발생 시 긴급조치에 관한 사항
⑪ 사업장 내 안전보건관리체제 및 안전·보건조치 현황에 관한 사항
⑫ 현장근로자와의 의사소통능력 및 강의능력 등 안전보건교육 능력 배양에 관한 사항
⑬ 그 밖의 관리감독자의 직무에 관한 사항

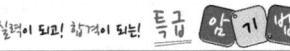

공통 항목(관리감독자, 근로자)
1. 관리자는 **법, 산재보상제도**를 알자.
2. 관리자는 **건강을 보존(산업보건)**하고 **건강장해, 스트레스, 괴롭힘, 폭언 예방**하자!
3. 관리자는 **유해위험 환경을 관리**해서 **안전**하고 **산업재해 예방**하자!
4. 관리자는 **위험성을 평가**하자!

관리감독자의 정기교육 내용

관리감독자 정기교육의 특징
1. 관리자는 **유해위험의 재해예방대책 세우**자!
2. 관리자는 **안전 작업방법 결정해서 감독**하자!
3. 관리자는 **재해발생 시 긴급조치**하자!
4. 관리자는 **안전보건 조치**하자!
5. 관리자는 **안전보건교육 능력 배양**하자!

관리감독자의 채용 시 교육 및 작업내용 변경 시 교육내용

① 산업안전 및 산업재해 예방에 관한 사항(화재·폭발 사고 발생 시 대피에 관한 사항을 포함한다)
② 산업보건 및 건강장해 예방에 관한 사항
③ 산업안전보건법령 및 산업재해보상보험 제도에 관한 사항
④ 직무스트레스 예방 및 관리에 관한 사항
⑤ 직장 내 괴롭힘, 고객의 폭언 등으로 인한 건강장해 예방 및 관리에 관한 사항
⑥ 위험성평가에 관한 사항
⑦ 기계·기구의 위험성과 작업의 순서 및 동선에 관한 사항
⑧ 작업 개시 전 점검에 관한 사항
⑨ 물질안전보건자료에 관한 사항
⑩ 사업장 내 안전보건관리체제 및 안전·보건조치 현황에 관한 사항
⑪ 표준안전 작업방법 결정 및 지도·감독 요령에 관한 사항
⑫ 비상시 또는 재해 발생 시 긴급조치에 관한 사항
⑬ 그 밖의 관리감독자의 직무에 관한 사항

공통 항목 – 채용시 근로자 교육과 동일
1. 신규 관리자는 **법, 산재보상제도**를 알자!
2. 신규 관리자는 **건강을 보존(산업보건)**하고 **건강장해, 스트레스, 괴롭힘, 폭언 예방**하자!
3. 신규 관리자는 **안전**하고 **산업재해 예방**하자!
4. 신규 관리자는 **위험성을 평가**하자!

채용시 근로자 교육 중 "정리정돈 청소"제외
1. 신규 관리자는 **기계기구 위험성, 작업순서, 동선**을 알자!
2. 신규 관리자는 **취급물질의 위험성(물질안전보건자료)**을 알자!
3. 신규 관리자는 **작업 전 점검**하자!

신규 관리자 내용 추가
1. 신규 관리자는 **안전보건 조치**하자!
2. 신규 관리자는 **안전 작업방법 결정해서 감독**하자!
3. 신규 관리자는 **재해 시 긴급조치**하자!

(3) 건설업 기초안전·보건교육에 대한 내용 및 시간 ✈

교육 내용	시간
1. 건설공사의 종류(건축, 토목 등) 및 시공 절차	1시간
2. 산업재해 유형별 위험요인 및 안전보건조치	2시간
3. 안전보건관리체제 현황 및 산업안전보건 관련 근로자 권리·의무	1시간

(4) 특수형태근로종사자에 대한 안전보건교육(최초 노무제공 시 교육)

교육 내용
아래의 내용 중 특수형태근로종사자의 직무에 적합한 내용을 교육해야 한다. ① 교통안전 및 운전안전에 관한 사항 ② 보호구 착용에 대한 사항 ③ 산업안전 및 사고 예방에 관한 사항 ④ 산업보건 및 직업병 예방에 관한 사항 ⑤ 건강증진 및 질병 예방에 관한 사항 ⑥ 유해·위험 작업환경 관리에 관한 사항 ⑦ 기계·기구의 위험성과 작업의 순서 및 동선에 관한 사항 ⑧ 작업 개시 전 점검에 관한 사항 ⑨ 정리정돈 및 청소에 관한 사항 ⑩ 사고 발생 시 긴급조치에 관한 사항 ⑪ 물질안전보건자료에 관한 사항 ⑫ 직무스트레스 예방 및 관리에 관한 사항 ⑬ 직장 내 괴롭힘, 고객의 폭언 등으로 인한 건강장해 예방 및 관리에 관한 사항 ⑭ 산업안전보건법령 및 산업재해보상보험 제도에 관한 사항

특급 암기법
채용 시 교육 내용 + 근로자 정기교육 내용 + 보호구 + 교통, 운전안전(위험성평가 제외)

(5) 물질안전보건 자료에 관한 교육 ✈

교육 내용	
교육 내용	• 대상 화학물질의 명칭(또는 제품명) • 물리적 위험성 및 건강 유해성 • 취급상의 주의사항 • 적절한 보호구 • 응급조치 요령 및 사고 시 대처 방법 • 물질안전보건자료 및 경고표지를 이해하는 방법

> **참고**
>
> **특수형태근로종사자로부터 노무를 제공받는 자 중 안전·보건교육을 실시하여야 하는 자** ★
>
> 1. 「건설기계관리법」에 따라 등록된 건설기계를 직접 운전하는 사람
> 2. 「체육시설의 설치·이용에 관한 법률」에 따라 직장체육시설로 설치된 골프장 또는 체육시설업의 등록을 한 골프장에서 골프경기를 보조하는 골프장 캐디
> 3. 한국표준직업분류표의 세분류에 따른 택배원으로서 택배사업(소화물을 집화·수송 과정을 거쳐 배송하는 사업을 말한다)에서 집화 또는 배송 업무를 하는 사람
> 4. 한국표준직업분류표의 세분류에 따른 택배원으로서 고용노동부장관이 정하는 기준에 따라 주로 하나의 퀵서비스업자로부터 업무를 의뢰받아 배송 업무를 하는 사람
> 5. 고용노동부장관이 정하는 기준에 따라 주로 하나의 대리운전업자로부터 업무를 의뢰받아 대리운전 업무를 하는 사람

(6) 특별교육 대상 작업별 교육내용

작업명	교육 내용
<공통내용> 제1호부터 제38호까지의 작업	"채용 시의 교육 및 작업내용 변경 시의 교육" 내용
<개별내용> 1. 고압실 내 작업(잠함 공법이나 그 밖의 압기공법으로 대기압을 넘는 기압인 작업실 또는 수갱 내부에서 하는 작업만 해당한다)	• 고기압 장해의 인체에 미치는 영향에 관한 사항 • 작업의 시간·작업 방법 및 절차에 관한 사항 • 압기공법에 관한 기초지식 및 보호구 착용에 관한 사항 • 이상 발생 시 응급조치에 관한 사항 • 그 밖에 안전·보건관리에 필요한 사항
2. 아세틸렌 용접장치 또는 가스집합 용접장치를 사용하는 금속의 용접·용단 또는 가열작업(발생기·도관 등에 의하여 구성되는 용접장치만 해당한다) ★	• 용접 흄, 분진 및 유해광선 등의 유해성에 관한 사항 • 가스용접기, 압력조정기, 호스 및 취관두(불꽃이 나오는 용접기의 앞부분) 등의 기기점검에 관한 사항 • 작업방법·순서 및 응급처치에 관한 사항 • 안전기 및 보호구 취급에 관한 사항 • 화재예방 및 초기대응에 관한 사항 • 그 밖에 안전·보건관리에 필요한 사항

작업명	교육 내용
3. 밀폐된 장소(탱크 내 또는 환기가 극히 불량한 좁은 장소를 말한다)에서 하는 용접작업 또는 습한 장소에서 하는 전기용접 작업	• 작업순서, 안전작업방법 및 수칙에 관한 사항 • 환기설비에 관한 사항 • 전격 방지 및 보호구 착용에 관한 사항 • 질식 시 응급조치에 관한 사항 • 작업환경 점검에 관한 사항 • 그 밖에 안전·보건관리에 필요한 사항
4. 폭발성·물반응성·자기반응성·자기발열성 물질, 자연발화성 액체·고체 및 인화성 액체의 제조 또는 취급작업(시험연구를 위한 취급작업은 제외한다)	• 폭발성·물반응성·자기반응성·자기발열성 물질, 자연발화성 액체·고체 및 인화성 액체의 성질이나 상태에 관한 사항 • 폭발 한계점, 발화점 및 인화점 등에 관한 사항 • 취급방법 및 안전수칙에 관한 사항 • 이상 발견 시의 응급처치 및 대피 요령에 관한 사항 • 화기·정전기·충격 및 자연발화 등의 위험방지에 관한 사항 • 작업순서, 취급주의사항 및 방호거리 등에 관한 사항 • 그 밖에 안전·보건관리에 필요한 사항
5. 액화석유가스·수소가스 등 인화성 가스 또는 폭발성 물질 중 가스의 발생장치 취급작업	• 취급가스의 상태 및 성질에 관한 사항 • 발생장치 등의 위험 방지에 관한 사항 • 고압가스 저장설비 및 안전취급방법에 관한 사항 • 설비 및 기구의 점검 요령 • 그 밖에 안전·보건관리에 필요한 사항
6. 화학설비 중 반응기, 교반기·추출기의 사용 및 세척작업	• 각 계측장치의 취급 및 주의에 관한 사항 • 투시창·수위 및 유량계 등의 점검 및 밸브의 조작 주의에 관한 사항 • 세척액의 유해성 및 인체에 미치는 영향에 관한 사항 • 작업 절차에 관한 사항 • 그 밖에 안전·보건관리에 필요한 사항
7. 화학설비의 탱크 내 작업	• 차단장치·정지장치 및 밸브 개폐장치의 점검에 관한 사항 • 탱크 내의 산소농도 측정 및 작업환경에 관한 사항 • 안전보호구 및 이상 발생 시 응급조치에 관한 사항 • 작업절차·방법 및 유해·위험에 관한 사항 • 그 밖에 안전·보건관리에 필요한 사항
8. 분말·원재료 등을 담은 호퍼(하부가 깔대기 모양으로 된 저장통)·저장창고 등 저장탱크의 내부작업	• 분말·원재료의 인체에 미치는 영향에 관한 사항 • 저장탱크 내부작업 및 복장보호구 착용에 관한 사항 • 작업의 지정·방법·순서 및 작업환경 점검에 관한 사항 • 팬·풍기(風旗) 조작 및 취급에 관한 사항 • 분진 폭발에 관한 사항 • 그 밖에 안전·보건관리에 필요한 사항

작업명	교육 내용
9. 다음 각 목에 정하는 설비에 의한 물건의 가열·건조작업 가. 건조설비 중 위험물 등에 관계되는 설비로 속부피가 1세제곱미터 이상인 것 나. 건조설비 중 가목의 위험물 등 외의 물질에 관계되는 설비로서, 연료를 열원으로 사용하는 것(그 최대연소소비량이 매 시간당 10킬로그램 이상인 것만 해당한다) 또는 전력을 열원으로 사용하는 것(정격소비전력이 10킬로와트 이상인 경우만 해당한다)	• 건조설비 내외면 및 기기기능의 점검에 관한 사항 • 복장보호구 착용에 관한 사항 • 건조 시 유해가스 및 고열 등이 인체에 미치는 영향에 관한 사항 • 건조설비에 의한 화재·폭발 예방에 관한 사항
10. 다음 각 목에 해당하는 집재장치(집재기·가선·운반기구·지주 및 이들에 부속하는 물건으로 구성되고, 동력을 사용하여 원목 또는 장작과 숯을 담아 올리거나 공중에서 운반하는 설비를 말한다)의 조립, 해체, 변경 또는 수리작업 및 이들 설비에 의한 집재 또는 운반 작업 가. 원동기의 정격출력이 7.5킬로와트를 넘는 것 나. 지간의 경사거리 합계가 350미터 이상인 것 다. 최대사용하중이 200킬로그램 이상인 것	• 기계의 브레이크 비상정지장치 및 운반경로, 각종 기능 점검에 관한 사항 • 작업 시작 전 준비사항 및 작업방법에 관한 사항 • 취급물의 유해·위험에 관한 사항 • 구조상의 이상 시 응급처치에 관한 사항 • 그 밖에 안전·보건관리에 필요한 사항

작업명	교육 내용
11. 동력에 의하여 작동되는 프레스기계를 5대 이상 보유한 사업장에서 해당 기계로 하는 작업	• 프레스의 특성과 위험성에 관한 사항 • 방호장치 종류와 취급에 관한 사항 • 안전작업방법에 관한 사항 • 프레스 안전기준에 관한 사항 • 그 밖에 안전·보건관리에 필요한 사항
12. 목재가공용 기계(둥근톱기계, 띠톱기계, 대패기계, 모떼기기계 및 라우터기(목재를 자르거나 홈을 파는 기계)만 해당하며, 휴대용은 제외한다)를 5대 이상 보유한 사업장에서 해당 기계로 하는 작업	• 목재가공용 기계의 특성과 위험성에 관한 사항 • 방호장치의 종류와 구조 및 취급에 관한 사항 • 안전기준에 관한 사항 • 안전작업방법 및 목재 취급에 관한 사항 • 그 밖에 안전·보건관리에 필요한 사항
13. 운반용 등 하역기계를 5대 이상 보유한 사업장에서의 해당 기계로 하는 작업	• 운반하역기계 및 부속설비의 점검에 관한 사항 • 작업순서와 방법에 관한 사항 • 안전운전방법에 관한 사항 • 화물의 취급 및 작업신호에 관한 사항 • 그 밖에 안전·보건관리에 필요한 사항
14. 1톤 이상의 크레인을 사용하는 작업 또는 1톤 미만의 크레인 또는 호이스트를 5대 이상 보유한 사업장에서 해당 기계로 하는 작업	• 방호장치의 종류, 기능 및 취급에 관한 사항 • 걸고리·와이어로프 및 비상정지장치 등의 기계·기구 점검에 관한 사항 • 화물의 취급 및 안전작업방법에 관한 사항 • 신호방법 및 공동작업에 관한 사항 • 인양 물건의 위험성 및 낙하·비래(飛來)·충돌재해 예방에 관한 사항 • 인양물이 적재될 지반의 조건, 인양하중, 풍압 등이 인양물과 타워크레인에 미치는 영향 • 그 밖에 안전·보건관리에 필요한 사항
15. 건설용 리프트·곤돌라를 이용한 작업	• 방호장치의 기능 및 사용에 관한 사항 • 기계, 기구, 달기체인 및 와이어 등의 점검에 관한 사항 • 화물의 권상·권하 작업방법 및 안전작업 지도에 관한 사항 • 기계·기구에 특성 및 동작원리에 관한 사항 • 신호방법 및 공동작업에 관한 사항 • 그 밖에 안전·보건관리에 필요한 사항
16. 주물 및 단조(금속을 두들기거나 눌러서 형체를 만드는 일) 작업	• 고열물의 재료 및 작업환경에 관한 사항 • 출탕·주조 및 고열물의 취급과 안전작업방법에 관한 사항 • 고열작업의 유해·위험 및 보호구 착용에 관한 사항 • 안전기준 및 중량물 취급에 관한 사항 • 그 밖에 안전·보건관리에 필요한 사항

작업명	교육 내용
17. 전압이 75볼트 이상인 정전 및 활선작업	• 전기의 위험성 및 전격 방지에 관한 사항 • 해당 설비의 보수 및 점검에 관한 사항 • 정전작업·활선작업 시의 안전작업방법 및 순서에 관한 사항 • 절연용 보호구, 절연용 방호구 및 활선작업용 기구 등의 사용에 관한 사항 • 그 밖에 안전·보건관리에 필요한 사항
18. 콘크리트 파쇄기를 사용하여 하는 파쇄작업(2미터 이상인 구축물의 파쇄작업만 해당한다)	• 콘크리트 해체 요령과 방호거리에 관한 사항 • 작업안전조치 및 안전기준에 관한 사항 • 파쇄기의 조작 및 공통작업 신호에 관한 사항 • 보호구 및 방호장비 등에 관한 사항 • 그 밖에 안전·보건관리에 필요한 사항
19. 굴착면의 높이가 2미터 이상이 되는 지반 굴착(터널 및 수직갱 외의 갱 굴착은 제외한다)작업	• 지반의 형태·구조 및 굴착 요령에 관한 사항 • 지반의 붕괴재해 예방에 관한 사항 • 붕괴 방지용 구조물 설치 및 작업방법에 관한 사항 • 보호구의 종류 및 사용에 관한 사항 • 그 밖에 안전·보건관리에 필요한 사항
20. 흙막이 지보공의 보강 또는 동바리를 설치하거나 해체하는 작업	• 작업안전 점검 요령과 방법에 관한 사항 • 동바리의 운반·취급 및 설치 시 안전작업에 관한 사항 • 해체작업 순서와 안전기준에 관한 사항 • 보호구 취급 및 사용에 관한 사항 • 그 밖에 안전·보건관리에 필요한 사항
21. 터널 안에서의 굴착작업(굴착용 기계를 사용하여 하는 굴착작업 중 근로자가 칼날 밑에 접근하지 않고 하는 작업은 제외한다) 또는 같은 작업에서의 터널 거푸집 지보공의 조립 또는 콘크리트 작업	• 작업환경의 점검 요령과 방법에 관한 사항 • 붕괴 방지용 구조물 설치 및 안전작업 방법에 관한 사항 • 재료의 운반 및 취급·설치의 안전기준에 관한 사항 • 보호구의 종류 및 사용에 관한 사항 • 소화설비의 설치장소 및 사용방법에 관한 사항 • 그 밖에 안전·보건관리에 필요한 사항
22. 굴착면의 높이가 2미터 이상이 되는 암석의 굴착작업	• 폭발물 취급 요령과 대피 요령에 관한 사항 • 안전거리 및 안전기준에 관한 사항 • 방호물의 설치 및 기준에 관한 사항 • 보호구 및 신호방법 등에 관한 사항 • 그 밖에 안전·보건관리에 필요한 사항
23. 높이가 2미터 이상인 물건을 쌓거나 무너뜨리는 작업(하역기계로만 하는 작업은 제외한다)	• 원부재료의 취급 방법 및 요령에 관한 사항 • 물건의 위험성·낙하 및 붕괴재해 예방에 관한 사항 • 적재방법 및 전도 방지에 관한 사항 • 보호구 착용에 관한 사항 • 그 밖에 안전·보건관리에 필요한 사항

작업명	교육 내용
24. 선박에 짐을 쌓거나 부리거나 이동시키는 작업	• 하역 기계·기구의 운전방법에 관한 사항 • 운반·이송경로의 안전작업방법 및 기준에 관한 사항 • 중량물 취급 요령과 신호 요령에 관한 사항 • 작업안전 점검과 보호구 취급에 관한 사항 • 그 밖에 안전·보건관리에 필요한 사항
25. 거푸집 동바리의 조립 또는 해체작업	• 동바리의 조립방법 및 작업 절차에 관한 사항 • 조립재료의 취급방법 및 설치기준에 관한 사항 • 조립 해체 시의 사고 예방에 관한 사항 • 보호구 착용 및 점검에 관한 사항 • 그 밖에 안전·보건관리에 필요한 사항
26. 비계의 조립·해체 또는 변경작업	• 비계의 조립순서 및 방법에 관한 사항 • 비계작업의 재료 취급 및 설치에 관한 사항 • 추락재해 방지에 관한 사항 • 보호구 착용에 관한 사항 • 비계상부 작업 시 최대 적재하중에 관한 사항 • 그 밖에 안전·보건관리에 필요한 사항
27. 건축물의 골조, 다리의 상부구조 또는 탑의 금속제의 부재로 구성되는 것(5미터 이상인 것만 해당한다)의 조립·해체 또는 변경작업	• 건립 및 버팀대의 설치순서에 관한 사항 • 조립 해체 시의 추락재해 및 위험요인에 관한 사항 • 건립용 기계의 조작 및 작업신호 방법에 관한 사항 • 안전장비 착용 및 해체순서에 관한 사항 • 그 밖에 안전·보건관리에 필요한 사항
28. 처마 높이가 5미터 이상인 목조건축물의 구조 부재의 조립이나 건축물의 지붕 또는 외벽 밑에서의 설치작업	• 붕괴·추락 및 재해 방지에 관한 사항 • 부재의 강도·재질 및 특성에 관한 사항 • 조립·설치 순서 및 안전작업방법에 관한 사항 • 보호구 착용 및 작업 점검에 관한 사항 • 그 밖에 안전·보건관리에 필요한 사항
29. 콘크리트 인공구조물(그 높이가 2미터 이상인 것만 해당한다)의 해체 또는 파괴작업	• 콘크리트 해체기계의 점검에 관한 사항 • 파괴 시의 안전거리 및 대피 요령에 관한 사항 • 작업방법·순서 및 신호 방법 등에 관한 사항 • 해체·파괴 시의 작업안전기준 및 보호구에 관한 사항 • 그 밖에 안전·보건관리에 필요한 사항
30. 타워크레인을 설치(상승작업을 포함한다)·해체하는 작업	• 붕괴·추락 및 재해 방지에 관한 사항 • 설치·해체 순서 및 안전작업방법에 관한 사항 • 부재의 구조·재질 및 특성에 관한 사항 • 신호방법 및 요령에 관한 사항 • 이상 발생 시 응급조치에 관한 사항 • 그 밖에 안전·보건관리에 필요한 사항

작업명	교육 내용
31. 보일러(소형 보일러 및 다음 각 목에서 정하는 보일러는 제외한다)의 설치 및 취급 작업 가. 몸통 반지름이 750밀리미터 이하이고 그 길이가 1,300밀리미터 이하인 증기보일러 나. 전열면적이 3제곱미터 이하인 증기보일러 다. 전열면적이 14제곱미터 이하인 온수보일러 라. 전열면적이 30제곱미터 이하인 관류보일러(물관을 사용하여 가열시키는 방식의 보일러)	• 기계 및 기기 점화장치 계측기의 점검에 관한 사항 • 열관리 및 방호장치에 관한 사항 • 작업순서 및 방법에 관한 사항 • 그 밖에 안전·보건관리에 필요한 사항
32. 게이지 압력을 제곱센티미터당 1킬로그램 이상으로 사용하는 압력용기의 설치 및 취급작업	• 안전시설 및 안전기준에 관한 사항 • 압력용기의 위험성에 관한 사항 • 용기 취급 및 설치기준에 관한 사항 • 작업안전 점검 방법 및 요령에 관한 사항 • 그 밖에 안전·보건관리에 필요한 사항
33. 방사선 업무에 관계되는 작업(의료 및 실험용은 제외한다)	• 방사선의 유해·위험 및 인체에 미치는 영향 • 방사선의 측정기기 기능의 점검에 관한 사항 • 방호거리·방호벽 및 방사선물질의 취급 요령에 관한 사항 • 응급처치 및 보호구 착용에 관한 사항 • 그 밖에 안전·보건관리에 필요한 사항
34. 밀폐공간에서의 작업 ✿	• 산소농도 측정 및 작업환경에 관한 사항 • 사고 시의 응급처치 및 비상 시 구출에 관한 사항 • 보호구 착용 및 보호 장비 사용에 관한 사항 • 작업 내용·안전 작업 방법 및 절차에 관한 사항 • 장비·설비 및 시설 등의 안전점검에 관한 사항 • 그 밖에 안전·보건 관리에 필요한 사항

작업명	교육 내용
35. 허가 및 관리 대상 유해물질의 제조 또는 취급작업	• 취급물질의 성질 및 상태에 관한 사항 • 유해물질이 인체에 미치는 영향 • 국소배기장치 및 안전설비에 관한 사항 • 안전작업방법 및 보호구 사용에 관한 사항 • 그 밖에 안전·보건관리에 필요한 사항
36. 로봇작업	• 로봇의 기본원리·구조 및 작업방법에 관한 사항 • 이상 발생 시 응급조치에 관한 사항 • 안전시설 및 안전기준에 관한 사항 • 조작방법 및 작업순서에 관한 사항
37. 석면해체·제거작업	• 석면의 특성과 위험성 • 석면해체·제거의 작업방법에 관한 사항 • 장비 및 보호구 사용에 관한 사항 • 그 밖에 안전·보건관리에 필요한 사항
38. 가연물이 있는 장소에서 하는 화재위험작업	• 작업준비 및 작업절차에 관한 사항 • 작업장 내 위험물, 가연물의 사용·보관·설치 현황에 관한 사항 • 화재위험작업에 따른 인근 인화성 액체에 대한 방호조치에 관한 사항 • 화재위험작업으로 인한 불꽃, 불티 등의 흩날림 방지 조치에 관한 사항 • 인화성 액체의 증기가 남아 있지 않도록 환기 등의 조치에 관한 사항 • 화재감시자의 직무 및 피난교육 등 비상조치에 관한 사항 • 그 밖에 안전·보건관리에 필요한 사항
39. 타워크레인을 사용하는 작업 시 신호업무를 하는 작업 ✡	• 타워크레인의 기계적 특성 및 방호장치 등에 관한 사항 • 화물의 취급 및 안전작업방법에 관한 사항 • 신호방법 및 요령에 관한 사항 • 인양 물건의 위험성 및 낙하·비래·충돌재해 예방에 관한 사항 • 인양물이 적재될 지반의 조건, 인양하중, 풍압 등이 인양물과 타워크레인에 미치는 영향 • 그 밖에 안전·보건관리에 필요한 사항

CHAPTER 05 단원 예상문제

01 O.J.T(On the Job Training)의 효과가 아닌 것은?

㉮ 작업요령을 보다 효율적으로 이해하게 된다.
㉯ 작업요령이 몸에 배게 되어 작업능률이 향상된다.
㉰ 추지도(追指道) 교육을 효율적으로 추진할 수 있다.
㉱ 다수의 근로자들에게 조직적 훈련을 행하는 것이 가능하다.

[해설] ㉱ OFF JT의 특징이다.

{참고} 1. OJT(On The Job Training) : 직속 상사가 부하 직원에게 일상 업무를 통하여 지식, 기능, 문제 해결 능력 및 태도 등을 교육하는 방법으로 개별 교육에 적합하다.
2. OFF JT(Off The Job Training) : 외부강사를 초청하여 근로자를 일정한 장소에 집합시켜 실시하는 교육 형태로서 집합교육에 적합하다.

OJT의 특징	OFF JT의 특징
① 개개인에게 적절한 **훈련**이 가능하다.	① 다수의 근로자들에게 **훈련**을 할 수 있다.
② 직장의 실정에 맞는 **훈련**이 가능하다.	② **훈련에만 전념**하게 된다.
③ 교육**효과**가 즉시 업무에 연결된다.	③ **특별설비기구 이용**이 가능하다.
④ 훈련에 대한 **업무의 계속성이 끊어지지 않는다.**	④ 많은 지식이나 경험을 교류 할 수 있다.
⑤ 상호 **신뢰 이해도**가 높다.	⑤ 교육 훈련 목표에 대하여 **집단적 노력이 흐트러 질 수 있다.**

02 다음 기업 내 정형교육 중 TWI의 훈련 내용이 아닌 것은?

㉮ 작업방법훈련(JMT)
㉯ 작업지도훈련(JIT)
㉰ 사례연구훈련(CMT)
㉱ 인간관계훈련(JRT)

[해설] TWI 교육과정
① 작업방법기법(Job Method Training : JMT)
② 작업지도기법(Job Instruction Training : JIT)
③ 인간관계관리기법 or 부하통솔법
　(Job Relations Training : JRT)
④ 작업안전기법(Job Safety Training : JST)

03 알고 있으나 그대로 하지 않는 사람에게는 어떤 안전교육이 필요한가?

㉮ 태도교육
㉯ 기능교육
㉰ 지식교육
㉱ 실습교육

[해설] 알고 있으나 하지 않는 사람에게는 태도교육을 실시하여야 한다.

{참고} 교육의 3단계
① 제1단계(지식교육) : 강의 및 시청각 교육 등을 통하여 지식을 전달하는 단계
② 제2단계(기능교육) : 시범, 견학, 현장실습 교육 등을 통하여 경험을 체득하는 단계
③ 제3단계(태도교육) : 작업 동작 지도 등을 통하여 안전행동을 습관화하는 단계

정답 01 ㉱ 02 ㉰ 03 ㉮

04 안전교육의 방법 중 프로그램 학습법의 장점이라 할 수 있는 것은?

㉮ 기본 개념학이나 논리적 학습에 유리하다.
㉯ 여러 가지 수업 매체를 동시에 활용할 수 있다.
㉰ 사실, 사상을 시간, 장소의 제한 없이 제시할 수 있다.
㉱ 학습자의 태도, 정서 등의 감화를 위한 학습에 효과적이다.

[해설] **프로그램 학습법** : 학생이 혼자서 자기능력과 시간, 학습속도에 맞추어 학습할 수 있도록 프로그램 학습 자료를 이용하여 학습하는 형태이다.

프로그램 학습법의 장점	프로그램 학습법의 단점
• **기본개념학습이나 논리적인 학습에 유리하다.** • 지능, 학습속도 등 개인차를 고려할 수 있다. • 수업의 모든 단계에 적용이 가능하다. • 수강자들이 학습이 가능한 시간대의 폭이 넓다. • 매 학습마다 피드백을 할 수 있다.	• 한 번 개발된 프로그램 자료는 변경이 어렵다. • 개발비가 많이 들고 제작 과정이 어렵다. • 교육 내용이 고정되어 있다. • 학습에 많은 시간이 걸린다. • 집단 사고의 기회가 없다.

05 안전교육방법 중 실연법의 설명으로 맞는 것은?

㉮ 시설유지비가 적게 든다.
㉯ 학생들의 참여가 제약된다.
㉰ 학생들의 사회성이 결여되기 쉽다.
㉱ 다른 방법보다 교사 대 학습자 수의 비율이 높다.

[해설] **실연법** : 학습자가 이미 설명을 듣거나 시범을 보고 알게 된 지식이나 기능을 강사의 감독 아래 직접적으로 연습해 적용케 하는 교육방법으로 다른 방법보다 교사 대 학습자 수의 비율이 높다.

06 산업안전보건법령상 특별안전·보건 교육의 대상 작업에 해당하지 않는 것은?

㉮ 석면 해체·제거 작업
㉯ 밀폐된 장소에서 하는 용접 작업
㉰ 화학설비 취급품의 검수·확인 작업
㉱ 2m 이상의 콘크리트 인공구조물의 해체 작업

[해설] ㉰ "화학설비 중 반응기, 교반기·추출기의 사용 및 세척작업", "화학설비의 탱크 내 작업"이 특별안전·보건 교육의 대상 작업이다.

07 교육의 4단계 기법이 올바르게 진행된 것은 어느 것인가?

㉮ 제시-도입-적용-확인
㉯ 확인-도입-제시-적용
㉰ 도입-확인-적용-제시
㉱ 도입-제시-적용-확인

[해설] **교육 진행 4단계**
제1단계 : **도입**(학습할 준비를 시킨다)
제2단계 : **제시**(작업을 설명한다)
제3단계 : **적용**(작업을 시켜본다)
제4단계 : **확인**(가르친 뒤 살펴본다)

08 안전·보건교육 중 근로자 채용 시 교육 내용과 가장 거리가 먼 것은?

㉮ 작업 개시 전 점검에 관한 사항
㉯ 현장 안전개선 방법 및 조사 방법에 관한 사항
㉰ 기계·기구의 위험성과 작업의 순서 및 동선에 관한 사항
㉱ 산업보건 및 건강장해 예방에 관한 사항

[해설] **근로자 채용 시의 교육 및 작업내용 변경 시의 교육**
① **산업안전 및 산업재해 예방에 관한 사항**(화재·폭발 사고 발생 시 대피에 관한 사항을 포함한다)
② **산업보건 및 건강장해 예방에 관한 사항**
③ **산업안전보건법령 및 산업재해보상보험제도에**

정답 04 ㉮ 05 ㉱ 06 ㉰ 07 ㉱ 08 ㉯

관한 사항
④ 직무스트레스 예방 및 관리에 관한 사항
⑤ 직장 내 괴롭힘, 고객의 폭언 등으로 인한 건강장해 예방 및 관리에 관한 사항
⑥ 기계·기구의 위험성과 작업의 순서 및 동선에 관한 사항
⑦ 물질안전보건자료에 관한 사항
⑧ 작업 개시 전 점검에 관한 사항
⑨ 정리정돈 및 청소에 관한 사항
⑩ 사고 발생 시 긴급조치에 관한 사항
⑪ 위험성 평가에 관한 사항

> **특급 암기법**
>
> 공통 항목
> 1. 신규자는 **법, 산재보상제도**를 알자!
> 2. 신규자는 **건강을 보존(산업보건)**하고 **건강장해, 스트레스, 괴롭힘, 폭언 예방**하자!
> 3. 신규자는 **안전**하고 **산업재해** 예방하자!
> 4. 신규자는 **위험성을 평가**하자!
>
> 신규채용자는 회사에 처음 입사해서 처음 일을 하는 근로자, 안전하게 일하기 위한 기본내용을 교육한다.
> 1. 신규자는 **기계·기구 위험성, 작업순서, 동선**을 알자!
> 2. 신규자는 **취급물질의 위험성(물질안전보건자료)**을 알자!
> 3. 신규자는 **작업 전 점검**하자!
> 4. 신규자는 항상 **정리정돈 청소**하자!
> 5. 신규자는 **사고 시 조치**를 알자!

{참고} (1) 관리감독자 정기안전·보건교육
① 산업안전 및 산업재해 예방에 관한 사항(화재·폭발 사고 발생 시 대피에 관한 사항을 포함한다)
② 산업보건 및 건강장해 예방에 관한 사항(폭염·한파작업으로 인한 건강장해 발생 시 응급조치에 관한 사항을 포함한다)
③ 유해·위험 작업환경 관리에 관한 사항
④ 산업안전보건법령 및 산업재해보상보험 제도에 관한 사항
⑤ 직무스트레스 예방 및 관리에 관한 사항
⑥ 직장 내 괴롭힘, 고객의 폭언 등으로 인한 건강장해 예방 및 관리에 관한 사항
⑦ 위험성평가에 관한 사항
⑧ 작업공정의 유해·위험과 재해 예방대책에 관한 사항
⑨ 표준안전 작업방법 결정 및 지도·감독 요령에 관한 사항
⑩ 비상시 또는 재해 발생 시 긴급조치에 관한 사항
⑪ 사업장 내 안전보건관리체제 및 안전·보건조치 현황에 관한 사항
⑫ 현장근로자와의 의사소통능력 및 강의능력 등 안전보건교육 능력 배양에 관한 사항
⑬ 그 밖의 관리감독자의 직무에 관한 사항

> **특급 암기법**
>
> 공통 항목(관리감독자, 근로자)
> 1. 관리자는 **법, 산재보상제도**를 알자.
> 2. 관리자는 **건강을 보존(산업보건)**하고 **건강장해, 스트레스, 괴롭힘, 폭언 예방**하자!
> 3. 관리자는 **유해위험 환경을 관리**해서 **안전**하고 **산업재해** 예방하자!
> 4. 관리자는 **위험성을 평가**하자!
>
> 관리감독자 정기교육의 특징
> 1. 관리자는 **유해위험의 재해예방대책** 세우자!
> 2. 관리자는 **안전 작업방법 결정**해서 감독하자!
> 3. 관리자는 **재해발생 시 긴급조치**하자!
> 4. 관리자는 **안전보건 조치**하자!
> 5. 관리자는 **안전보건교육 능력 배양**하자!

(2) 근로자 정기안전·보건교육
① 산업안전 및 산업재해 예방에 관한 사항(화재·폭발 사고 발생 시 대피에 관한 사항을 포함한다)
② 산업보건 및 건강장해 예방에 관한 사항(폭염·한파작업으로 인한 건강장해 발생 시 응급조치에 관한 사항을 포함한다)
③ 유해·위험 작업환경 관리에 관한 사항
④ 산업안전보건법령 및 산업재해보상보험제도에 관한 사항
⑤ 직무스트레스 예방 및 관리에 관한 사항
⑥ 직장 내 괴롭힘, 고객의 폭언 등으로 인한 건강장해 예방 및 관리에 관한 사항
⑦ 건강증진 및 질병 예방에 관한 사항
⑧ 위험성 평가에 관한 사항

> **특급 암기법**
>
> 공통 항목(관리감독자, 근로자)
> 1. 근로자는 **법, 산재보상제도**를 알자.
> 2. 근로자는 **건강을 보존(산업보건)**하고 **건강장해, 스트레스, 괴롭힘, 폭언 예방**하자!
> 3. 근로자는 **유해위험 환경을 관리**해서 **안전**하고 **산업재해** 예방하자!
> 4. 근로자는 **위험성을 평가**하자!
>
> 근로자 정기교육의 특징
> 1. 근로자는 **건강증진**하고 **질병예방**하자!

정답 09 ④

09 강의식 교육지도에서 가장 많은 시간이 할당되는 단계는?

㉮ 도입단계 ㉯ 제시단계
㉰ 적용단계 ㉱ 확인단계

[해설] ① 강의식 교육에서 가장 많은 시간이 소요되는 단계 : 제시(설명)
② 토의식 교육에서 가장 많은 시간이 소요되는 단계 : 적용(시켜봄)

10 직속상사가 현장에서 업무상의 개별교육이나 지도훈련을 하는 교육의 형태는?

㉮ ATT ㉯ TWI
㉰ OJT ㉱ Off the J.T

[해설] (1) OJT(On The Job Training) : 직속상사가 부하 직원에게 일상 업무를 통하여 지식, 기능, 문제해결 능력 및 태도 등을 교육하는 방법으로 개별교육에 적합하다.
(2) OFF JT(Off The Job Training) : 외부강사를 초청하여 근로자를 일정한 장소에 집합시켜 실시하는 교육형태로서 집합교육에 적합하다.

11 다음 기업 내 안전교육 중 TWI의 훈련 내용이 아닌 것은?

㉮ 작업방법훈련(JMT)
㉯ 작업지도훈련(JIT)
㉰ 사례연구훈련(CST)
㉱ 인간관계훈련(JRT)

[해설] TWI(Training Within Industry) : 일선관리감독자 대상 교육

TWI 교육과정
① **작업방법기법**(Job Method Training : JMT)
② **작업지도기법** (Job instruction Training : JIT)
③ **인간관계관리기법 or 부하통솔법** (Job Relations Training : JRT)
④ **작업안전기법**(Job Safety Training : JST)

12 안전교육 중 ATP(Administration Training Program)라고도 하며, 당초에는 일부 회사의 최고 관리자에 대해서만 행하여졌던 것이 널리 보급된 것은?

㉮ TMI(Training Within Industry)
㉯ MTP(Management Training Program)
㉰ CCS(Civil Comunication Section)
㉱ ATT(American Telephone & Telegram Co)

[해설] CCS(Civil Communication Section) : 최고층 관리감독자 대상 교육

{참고} ① TWI(Training Within Industry) : 일선관리 감독자 대상 교육
② MTP(Management Training Program) : 중간계층관리자 대상 교육
③ ATT(American Telephone & Telegraph Company) : 대상이 한정되어 있지 않고 한번 교육을 이수한 자는 부하에게 지도가 가능하다.

13 다음 중 토의법의 장점으로 볼 수 없는 것은?

㉮ 사고, 표현력을 향상시켜 준다.
㉯ 민주적 태도의 가치관을 육성할 수 있다.
㉰ 타인의 의견을 존중하는 태도를 기를 수 있다.
㉱ 전체적인 교육내용을 제시하는데 유리하다.

[해설] ㉱ 전체적인 교육내용을 제시하는데 유리한 것은 강의법이다.

정답 10 ㉰ 11 ㉰ 12 ㉰ 13 ㉱

{참고}

토의법의 장점	토의법의 단점
• 학습자의 적극적인 참여를 통해 학습동기와 흥미를 유발시킬 수 있다. • 자기 스스로 **사고하는 능력 및 표현력을 키울 수 있다.** • 자신의 생각에 대한 타당성을 검증하는 기회를 얻을 수 있다. • **사회적 기능 및 태도를 형성**시킬 수 있다. • 강사가 **학습자의 이해 정도를 파악하기** 쉽다.	• 시간이 많이 소요된다. • 철저한 사전준비와 체계적인 관리에도 불구하고 예측하지 못한 상황이 발생할 수 있다. • 집단 구성원 수에 한계가 있다. • 다양하고 많은 양의 정보를 다루기에 어려움이 있다. • **내용에 대한 사전 지식이 필요**하다.

14 전문가 4~5명이 피교육자 앞에서 자유로이 토의를 하고, 그 후에 피교육자 전원이 사회자의 사회에 따라 토의하는 방법을 무엇이라 하는가?

㉮ 패널 디스커션(Panel Discussion)
㉯ 심포지엄(Symposium)
㉰ 버즈세션(Buzz Session)
㉱ 롤 플레잉(Role Playing)

[해설] **패널 디스커션**(Panel discussion) : 패널 멤버(교육과제에 정통한 전문가 4~5명)가 피교육자 앞에서 **토의를 하고**, 뒤에 피교육자 **전원이 참가하여 사회자의 사회에 따라 토의**하는 방법이다.

{참고} (1) **포럼**(Forum) : 새로운 자료나 교재를 제시, 거기서의 **문제점을 피교육자로 하여금** 제기하게 하여 **발표하고 토의**하는 방법이다.
(2) **심포지엄**(Symposium) : 몇 사람의 전문가에 의하여 과제에 관한 견해를 발표한 뒤 참가자로 하여금 의견이나 질문을 하게 하여 **토의**하는 방법이다.

(3) **버즈 세션**(Buzz Session) : 6-6 회의라고도 하며 사회자와 기록계를 선출한 후 **6명씩의 소집단으로 구분**하고, 소집단별로 **6분씩 자유토의**를 행하여 의견을 종합하는 방법이다.

15 교육의 3요소 중 교육의 주체로 옳은 것은?

㉮ 강사
㉯ 교재
㉰ 수강자
㉱ 교육방법

[해설] **교육의 3요소**

교육의 주체	교육의 객체	교육의 매개체
강사	학생(수강자)	교재(학습내용)

16 안전 행동을 실행해 낼 수 있는 동기를 부여하는데 가장 적절한 교육은?

㉮ 안전지식 교육
㉯ 안전기능 교육
㉰ 안전태도 교육
㉱ 안전환경 교육

[해설] 안전 행동을 실행해 낼 수 있는 동기를 부여하여 습관화하는 교육 → 태도 교육

{참고} **교육의 3단계**
① 제1단계(**지식** 교육) : 강의 및 시청각 교육 등을 통하여 지식을 전달하는 단계
② 제2단계(**기능** 교육) : 시범, 견학, 현장실습 교육 등을 통하여 경험을 체득하는 단계
③ 제3단계(**태도** 교육) : 작업 동작 지도 등을 통하여 안전행동을 습관화하는 단계

정답 14 ㉮ 15 ㉮ 16 ㉰

17 안전교육 방법 중 사례연구법의 장점으로 볼 수 없는 것은?

㉮ 흥미가 있고, 학습 동기를 유발할 수 있다.
㉯ 현실적인 문제의 학습이 가능하다.
㉰ 관찰력과 분석력을 높일 수 있다.
㉱ 원칙과 규정의 체계적 습득이 용이하다.

[해설] **사례연구법**(Case Study : Case Method) : 먼저 **사례를 제시**, 문제적 사실들과 그의 상호관계에 대해서 **검토하고 대책을 토의**하는 학습법이다.

사례연구법의 장점
• 학습에 흥미가 있고, **학습동기를 유발**할 수 있다. • **현실적인 문제의 학습이 가능**하다. • **관찰력과 분석력을 높일 수 있다.**

18 다음 중 학습의 전개 단계에서 주제를 논리적으로 체계화하는 방법과 거리가 가장 먼 것은?

㉮ 간단한 것에서 복잡한 것으로
㉯ 부분적인 것에서 전체적인 것으로
㉰ 미리 알려져 있는 것에서 미지의 것으로
㉱ 많이 사용하는 것에서 적게 사용하는 것으로

[해설] **학습의 전개 과정**
① **쉬운 것부터 어려운 것으로** 학습한다.
② **과거에서 현재, 미래의 순으로** 학습한다.
③ **많이 사용하는 것에서 적게 사용하는 순으로** 학습한다.
④ **간단한 것에서 복잡한 것으로** 학습한다.
⑤ **전체에서 부분으로** 학습한다.

19 다음 중 Project Method의 4단계를 올바르게 나열한 것은?

㉮ 계획 → 목적 → 수행 → 평가
㉯ 계획 → 수행 → 목적 → 평가
㉰ 목적 → 수행 → 계획 → 평가
㉱ 목적 → 계획 → 수행 → 평가

[해설] **구안법**(Project method) : 학습자가 마음속에 생각하고 있는 것(자신의 목표)을 구체적으로 실천하기 위하여 **스스로 계획을 세워 수행하는 학습활동**이다.

Project method의 실시 순서	
1단계	목적
2단계	계획
3단계	수행
4단계	평가

20 다음 중 산업안전보건법상 특별안전보건교육 대상 작업이 아닌 것은?

㉮ 주물 및 단조 작업
㉯ 전압이 50볼트의 정전 및 활선작업
㉰ 화학설비 중 반응기, 교반기, 추출기의 사용 및 세척 작업
㉱ 액화석유가스, 수소가스 등 가연성, 폭발성 가스의 발생장치 취급작업

[해설] ㉯ 전압이 75볼트 이상인 정전 및 활선작업

정답 17 ㉱ 18 ㉯ 19 ㉱ 20 ㉯

21 다음 중 교육 대상자 수가 많고, 교육 대상자의 학습능력의 차이가 큰 경우 집단안전 교육 방법으로서 가장 효과적인 방법은?

㉮ 문답식 교육   ㉯ 토의식 교육
㉰ 시청각 교육   ㉱ 상담식 교육

[해설] **시청각교육법**
- 라디오·텔레비전·견학 등 다양한 시청각 교육 매체를 이용하여 학습자의 감각기관을 통해 학습 효과를 높이기 위한 학습방법
- <u>교육 대상자 수가 많고 교육 대상자의 학습능력의 차가 큰 경우 집단안전교육 방법으로 가장 효과적</u>이다.

22 다음 중 토의법의 장점으로 볼 수 없는 것은?

㉮ 사고표현력을 길러준다.
㉯ 결정된 사항에 따르도록 한다.
㉰ 내용에 대한 사전지식이 필요 없다.
㉱ 자기 스스로 사고하는 능력을 길러준다.

[해설] ㉰ <u>내용에 대한 사전 지식이 필요</u>하다.

23 안전교육의 방법 중 프로그램 학습법(programmed self-instruction method)에 관한 설명으로 틀린 것은?

㉮ 개발비가 적게 들어 쉽게 적용할 수 있다.
㉯ 수업의 모든 단계에서 적용이 가능하다.
㉰ 한 번 개발된 프로그램 자료는 개조하기 어렵다.
㉱ 수강자들이 학습이 가능한 시간대의 폭이 넓다.

[해설] ㉮ 개발비가 많이 들고 제작 과정이 어렵다.

24 안전교육의 방법 중 TWI(Training Within Industry for supervisor)의 교육내용에 해당하지 않는 것은?

㉮ 작업 지도 기법(JIT)
㉯ 작업 개선 기법(JMT)
㉰ 인간관계 관리 기법(JRT)
㉱ 작업환경 개선 기법(JET)

[해설]

TWI 교육과정
① **작업방법기법** (Job Method Training : JMT)
② **작업지도기법** (Job Instruction Training : JIT)
③ **인간관계관리 기법 or 부하통솔법** (Job Relations Training : JRT)
④ **작업안전기법** (Job Safety Training : JST)

25 다음 중 O.J.T(On the Job Training)의 장점으로 틀린 것은?

㉮ 훈련이 추상적이지 않고 실제적이다.
㉯ 훈련과 업무를 병행할 수 있다.
㉰ 상사나 동료 사이에 이해나 협조정신을 강화할 수 있다.
㉱ 통일된 내용과 동일 수준의 훈련이 될 수 있다.

[해설] ㉱ OFF JT의 특징이다.

{참고} (1) <u>OJT(On The Job Training)</u> : 직속상사가 부하직원에게 일상업무를 통하여 지식, 기능, 문제해결 능력 및 태도 등을 교육하는 방법으로 개별교육에 적합하다.
(2) <u>OFF JT(Off The Job Training)</u> : 외부강사를 초청하여 근로자를 일정한 장소에 집합시켜 실시하는 교육 형태로서 집합교육에 적합하다.

정답 21 ㉰ 22 ㉰ 23 ㉮ 24 ㉱ 25 ㉱

26 산업안전보건법령상 일용근로자의 안전·보건교육 과정별 교육시간 기준으로 틀린 것은?

㉮ 채용 시의 교육 : 1시간 이상
㉯ 작업내용 변경 시의 교육 : 2시간 이상
㉰ 건설업 기초안전·보건교육(건설 일용근로자) : 4시간
㉱ 특별교육 : 2시간 이상(흙막이 지보공의 보강 또는 동바리를 설치하거나 해체하는 작업에 종사하는 일용근로자)

[해설] ㉯ 작업내용 변경 시의 교육 : 1시간 이상

27 산업안전보건법상 사업주가 근로자에게 실시해야 하는 안전·보건교육 중 근로자 정기 안전·보건교육의 내용이 아닌 것은?

㉮ 산업안전 및 산업재해 예방에 관한 사항
㉯ 산업보건 및 건강장해 예방에 관한 사항
㉰ 유해·위험 작업환경 관리에 관한 사항
㉱ 기계·기구 또는 설비의 안전·보건 점검에 관한 사항

[해설] 근로자 정기안전·보건교육
① 산업안전 및 산업재해 예방에 관한 사항(화재·폭발 사고 발생 시 대피에 관한 사항을 포함한다)
② 산업보건 및 건강장해 예방에 관한 사항(폭염·한파작업으로 인한 건강장해 발생 시 응급조치에 관한 사항을 포함한다)
③ 유해·위험 작업환경 관리에 관한 사항
④ 산업안전보건법령 및 산업재해보상보험제도에 관한 사항
⑤ 직무스트레스 예방 및 관리에 관한 사항
⑥ 직장 내 괴롭힘, 고객의 폭언 등으로 인한 건강장해 예방 및 관리에 관한 사항
⑦ 건강증진 및 질병 예방에 관한 사항
⑧ 위험성 평가에 관한 사항

특급 암기법

공통 항목(관리감독자, 근로자)
1. 근로자는 법, 산재보상제도를 알자.
2. 근로자는 건강을 보존(산업보건)하고 건강장해, 스트레스, 괴롭힘, 폭언 예방하자!
3. 근로자는 유해위험 환경을 관리해서 안전하고 산업재해 예방하자!
4. 근로자는 위험성을 평가하자!

근로자 정기교육의 특징
1. 근로자는 건강증진하고 질병예방하자!

28 토의법 중에서 참가자에게 일정한 역할을 주어서 실제적으로 연기를 시켜봄으로써 자기의 역할을 보다 확실히 인식시키는 방법에 해당하는 것은?

㉮ 포럼(forum)
㉯ 심포지엄(symposium)
㉰ 버즈 세션(buzz session)
㉱ 롤 플레잉(role playing)

[해설] 롤 플레잉(Role Playing) : 롤 플레잉(역할연기)는 참가자에게 일정한 역할을 주어서 **실제적으로 연기를 시켜봄**으로써 자기의 역할을 보다 확실히 인식시키는 방법이다.

{참고} (1) 포럼(Forum) : 새로운 자료나 교재를 제시, 거기서의 문제점을 피교육자로 하여금 제기하게 하여 발표하고 토의하는 방법이다.
(2) 심포지엄(Symposium) : 몇 사람의 전문가에 의하여 과제에 관한 견해를 발표한 뒤 참가자로 하여금 의견이나 질문을 하게 하여 토의하는 방법이다.
(3) 패널 디스커션(Panel discussion) : 패널 멤버(교육과제에 정통한 전문가 4~5명)가 피교육자 앞에서 토의를 하고, 뒤에 피교육자 전원이 참가하여 사회자의 사회에 따라 토의하는 방법이다.
(4) 버즈 세션(Buzz Session) : 6-6 회의라고도 하며 사회자와 기록계를 선출한 후 6명씩의 소집단으로 구분하고, 소집단별로 6분씩 자유 토의를 행하여 의견을 종합하는 방법이다.

정답 26 ㉯ 27 ㉱ 28 ㉱

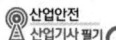

29 강의계획에 있어 학습 목적의 3요소에 해당되지 않는 것은?

㉮ 목표
㉯ 주제
㉰ 학습 내용
㉱ 학습 정도

[해설] **학습 목적의 3요소**
① 학습 목표(goal) : 학습을 통하여 달성하려는 지표를 말한다(학습 목적의 핵심).
② 주제(subject) : 목적달성을 위한 중심내용을 의미한다.
③ 학습 정도(level of learning) : 주제를 학습시킬 때 내용 범위와 내용의 정도를 뜻한다.

30 안전교육 훈련의 기법 중 교시법의 4단계를 올바르게 나열한 것은?

㉮ 실연 → 도입 → 실습 → 확인
㉯ 확인 → 도입 → 실연 → 실습
㉰ 도입 → 실연 → 실습 → 확인
㉱ 도입 → 실습 → 실연 → 확인

[해설] **교시법의 4단계**

도입(준비단계)
↓
실연(일을 하여 보이는 단계)
↓
실습(일을 시켜보는 단계)
↓
확인(보습지도의 단계)

31 다음 중 교육훈련의 평가 방법의 종류가 아닌 것은?

㉮ 관찰법
㉯ 면접법
㉰ 실연법
㉱ 자료분석법

[해설] ㉰ **실연법**은 학습자가 이미 설명을 듣거나 시범을 보고 알게 된 지식이나 기능을 강사의 감독 아래 **직접적으로 연습해 적용케 하는 교육방법**이다.

32 안전교육 훈련기법에 있어 지식형성 측면에서 가장 적합한 기본교육 훈련 방식은?

㉮ 실습 방식
㉯ 제시 방식
㉰ 참가 방식
㉱ 시뮬레이션 방식

[해설] 지식 형성 측면에서는 제시 방식(설명)이 가장 적합하다.

33 산업안전보건법상 유해 또는 위험한 작업에 근로자를 사용할 때 실시하는 특별 교육 중 안전에 관한 교육을 실시하는 업무를 가진 사람은?

㉮ 명예산업안전감독관
㉯ 사업주
㉰ 보건관리자
㉱ 관리감독자

정답 29 ㉯ 30 ㉰ 31 ㉰ 32 ㉯ 33 ㉱

[해설] **관리감독자**
- 경영조직에서 <u>생산과 관련되는 업무와 그 소속 직원을 직접 지휘·감독하는 부서의 장</u> 또는 그 직위를 담당하는 자를 말한다.
- <u>사업주는 관리감독자로 하여금</u> 직무와 관련된 안전·보건에 관한 업무로서 <u>안전·보건점검 등을 수행하도록 하여야 한다.</u> 다만, 위험 방지가 특히 필요한 작업으로서 대통령령으로 정하는 작업에 대하여는 <u>소속 직원에 대한 특별교육 등 안전·보건에 관한 업무를 추가로 수행하도록 하여야 한다.</u>

34 산업안전보건법상 사업주가 근로자에게 실시해야 하는 안전보건교육 중 근로자 안전보건 교육과정에 해당하지 않는 것은?

㉮ 정기교육
㉯ 특별교육
㉰ 검사원 양성교육
㉱ 작업내용 변경 시의 교육

[해설] **근로자 안전보건교육 시간**

교육과정	교육대상			교육시간
가. 정기교육	1) 사무직 종사 근로자			매반기 6시간 이상
	2) 그 밖의 근로자	가) 판매업무에 직접 종사하는 근로자		매반기 6시간 이상
		나) 판매업무에 직접 종사하는 근로자 외의 근로자		매반기 12시간 이상

교육과정	교육대상	교육시간
나. 채용 시 교육	1) 일용근로자 및 근로계약기간이 1주일 이하인 기간제 근로자	1시간 이상
	2) 근로계약기간이 1주일 초과 1개월 이하인 기간제 근로자	4시간 이상
	3) 그 밖의 근로자	8시간 이상
다. 작업내용 변경 시 교육	1) 일용근로자 및 근로계약기간이 1주일 이하인 기간제 근로자	1시간 이상
	2) 그 밖의 근로자	2시간 이상
라. 특별교육	1) 일용근로자 및 근로계약기간이 1주일 이하인 기간제 근로자(타워크레인 신호작업에 종사하는 근로자 제외)	2시간 이상
	2) 일용근로자 및 근로계약기간이 1주일 이하인 기간제 근로자 중 타워크레인 신호작업에 종사하는 근로자	8시간 이상
	3) 일용근로자 및 근로계약기간이 1주일 이하인 기간제 근로자를 제외한 근로자	가) 16시간 이상 (최초 작업에 종사하기 전 4시간 이상 실시하고 12시간은 3개월 이내에서 분할하여 실시 가능) 나) 단기간 작업 또는 간헐적 작업인 경우에는 2시간 이상
마. 건설업 기초안전 · 보건교육	건설 일용근로자	4시간 이상

📢 **정답** 34 ㉰

CHAPTER 06 산업안전 관계법규

01 작업 시작 전 점검

작업의 종류	점검 내용
1. 프레스 등을 사용하여 작업을 할 때	가. 클러치 및 브레이크의 기능 나. 크랭크축·플라이휠·슬라이드·연결봉 및 연결나사의 풀림 여부 다. 1행정 1정지기구·급정지장치 및 비상정지장치의 기능 라. 슬라이드 또는 칼날에 의한 위험방지 기구의 기능 마. 프레스의 금형 및 고정볼트 상태 바. 방호장치의 기능 사. 전단기(剪斷機)의 칼날 및 테이블의 상태
2. 로봇의 작동 범위에서 그 로봇에 관하여 교시등(로봇의 동력원을 차단하고 하는 것은 제외한다)의 작업을 할 때	가. 외부 전선의 피복 또는 외장의 손상 유무 나. 매니퓰레이터(manipulator) 작동의 이상 유무 다. 제동장치 및 비상정지장치의 기능
3. 공기압축기를 가동할 때	가. 공기저장 압력용기의 외관 상태 나. 드레인밸브(drain valve)의 조작 및 배수 다. 압력방출장치의 기능 라. 언로드밸브(unloading valve)의 기능 마. 윤활유의 상태 바. 회전부의 덮개 또는 울의 상태 사. 그 밖의 연결 부위의 이상 유무
4. 크레인을 사용하여 작업을 하는 때	가. 권과방지장치·브레이크·클러치 및 운전장치의 기능 나. 주행로의 상측 및 트롤리(trolley)가 횡행하는 레일의 상태 다. 와이어로프가 통하고 있는 곳의 상태
5. 이동식 크레인을 사용하여 작업을 할 때	가. 권과방지장치나 그 밖의 경보장치의 기능 나. 브레이크·클러치 및 조정장치의 기능 다. 와이어로프가 통하고 있는 곳 및 작업장소의 지반상태
6. 리프트를 사용하여 작업을 할 때	가. 방호장치·브레이크 및 클러치의 기능 나. 와이어로프가 통하고 있는 곳의 상태
7. 곤돌라를 사용하여 작업을 할 때	가. 방호장치·브레이크의 기능 나. 와이어로프·슬링와이어(sling wire) 등의 상태
8. 양중기의 와이어로프·달기체인·섬유로프·섬유벨트 또는 훅·샤클·링 등의 철구를 사용하여 고리걸이 작업을 할 때	와이어로프 등의 이상 유무

작업의 종류	점검 내용
9. 지게차를 사용하여 작업을 하는 때	가. 제동장치 및 조종장치 기능의 이상 유무 나. 하역장치 및 유압장치 기능의 이상 유무 다. 바퀴의 이상 유무 라. 전조등·후미등·방향지시기 및 경보장치 기능의 이상 유무
10. 구내운반차를 사용하여 작업을 할 때	가. 제동장치 및 조종장치 기능의 이상 유무 나. 하역장치 및 유압장치 기능의 이상 유무 다. 바퀴의 이상 유무 라. 전조등·후미등·방향지시기 및 경음기 기능의 이상 유무 마. 충전장치를 포함한 홀더 등의 결합상태의 이상 유무
11. 고소작업대를 사용하여 작업을 할 때	가. 비상정지장치 및 비상하강 방지장치 기능의 이상 유무 나. 과부하 방지장치의 작동 유무(와이어로프 또는 체인구동방식의 경우) 다. 아웃트리거 또는 바퀴의 이상 유무 라. 작업면의 기울기 또는 요철 유무 마. 활선작업용 장치의 경우 홈·균열·파손 등 그 밖의 손상 유무
12. 화물자동차를 사용하는 작업을 하게 할 때	가. 제동장치 및 조종장치의 기능 나. 하역장치 및 유압장치의 기능 다. 바퀴의 이상 유무
13. 컨베이어 등을 사용하여 작업을 할 때	가. 원동기 및 풀리(pulley) 기능의 이상 유무 나. 이탈 등의 방지장치 기능의 이상 유무 다. 비상정지장치 기능의 이상 유무 라. 원동기·회전축·기어 및 풀리 등의 덮개 또는 울 등의 이상 유무
14. 차량계 건설기계를 사용하여 작업을 할 때	브레이크 및 클러치 등의 기능
14-2. 용접·용단 작업 등의 화재위험작업을 할 때 (제2편 제2장 제2절)	가. 작업 준비 및 작업 절차 수립 여부 나. 화기작업에 따른 인근 가연성물질에 대한 방호조치 및 소화기구 비치 여부 다. 용접불티 비산방지덮개 또는 용접방화포 등 불꽃·불티 등의 비산을 방지하기 위한 조치 여부 라. 인화성 액체의 증기 또는 인화성 가스가 남아 있지 않도록 하는 환기 조치 여부 마. 작업근로자에 대한 화재예방 및 피난교육 등 비상조치 여부
	실력이 되고! 합격이 되는! 특급 알기법 작업준비, 절차수립 → 불꽃비산방지 → 환기 → 소화기구 → 화재예방, 피난교육
15. 이동식 방폭구조(防爆構造) 전기기계·기구를 사용할 때	전선 및 접속부 상태

작업의 종류	점검 내용
16. 근로자가 반복하여 계속적으로 중량물을 취급하는 작업을 할 때	가. 중량물 취급의 올바른 자세 및 복장 나. 위험물이 날아 흩어짐에 따른 보호구의 착용 다. 카바이드·생석회(산화칼슘) 등과 같이 온도상승이나 습기에 의하여 위험성이 존재하는 중량물의 취급방법 라. 그 밖에 하역운반기계 등의 적절한 사용방법
17. 양화장치를 사용하여 화물을 싣고 내리는 작업을 할 때	가. 양화장치(揚貨裝置)의 작동상태 나. 양화장치에 제한하중을 초과하는 하중을 실었는지 여부
18. 슬링 등을 사용하여 작업을 할 때	가. 훅이 붙어 있는 슬링·와이어슬링 등이 매달린 상태 나. 슬링·와이어슬링 등의 상태(작업시작 전 및 작업 중 수시로 점검)

02 관리감독자의 유해위험방지업무

작업의 종류	직무수행 내용
1. 프레스등을 사용하는 작업	가. 프레스 등 및 그 방호장치를 점검하는 일 나. 프레스 등 및 그 방호장치에 이상이 발견 되면 즉시 필요한 조치를 하는 일 다. 프레스 등 및 그 방호장치에 전환스위치를 설치했을 때 그 전환스위치의 열쇠를 관리하는 일 라. 금형의 부착·해체 또는 조정작업을 직접 지휘하는 일
2. 목재가공용 기계를 취급하는 작업	가. 목재가공용 기계를 취급하는 작업을 지휘하는 일 나. 목재가공용 기계 및 그 방호장치를 점검하는 일 다. 목재가공용 기계 및 그 방호장치에 이상이 발견된 즉시 보고 및 필요한 조치를 하는 일 라. 작업 중 지그(jig) 및 공구 등의 사용 상황을 감독하는 일
3. 크레인을 사용하는 작업 ✿	가. 작업방법과 근로자 배치를 결정하고 그 작업을 지휘하는 일 나. 재료의 결함 유무 또는 기구 및 공구의 기능을 점검하고 불량품을 제거하는 일 다. 작업 중 안전대 또는 안전모의 착용 상황을 감시하는 일
4. 위험물을 제조하거나 취급하는 작업	가. 작업을 지휘하는 일 나. 위험물을 제조하거나 취급하는 설비 및 그 설비의 부속설비가 있는 장소의 온도·습도·차광 및 환기 상태 등을 수시로 점검하고 이상을 발견하면 즉시 필요한 조치를 하는 일 다. 나목에 따라 한 조치를 기록하고 보관하는 일
5. 건조설비를 사용하는 작업 ✿	가. 건조설비를 처음으로 사용하거나 건조방법 또는 건조물의 종류를 변경했을 때에는 근로자에게 미리 그 작업방법을 교육하고 작업을 직접 지휘하는 일 나. 건조설비가 있는 장소를 항상 정리정돈하고 그 장소에 가연성 물질을 두지 않도록 하는 일
6. 아세틸렌 용접장치를 사용하는 금속의 용접·용단 또는 가열 작업	가. 작업방법을 결정하고 작업을 지휘하는 일 나. 아세틸렌 용접장치의 취급에 종사하는 근로자로 하여금 다음의 작업요령을 준수하도록 하는 일 　(1) 사용 중인 발생기에 불꽃을 발생시킬 우려가 있는 공구를 사용하거나 그 발생기에 충격을 가하지 않도록 할 것 　(2) 아세틸렌 용접장치의 가스누출을 점검할 때에는 비눗물을 사용하는 등 안전한 방법으로 할 것 　(3) 발생기실의 출입구 문을 열어 두지 않도록 할 것 　(4) 이동식 아세틸렌 용접장치의 발생기에 카바이드를 교환할 때에는 옥외의 안전한 장소에서 할 것 다. 아세틸렌 용접작업을 시작할 때에는 아세틸렌 용접장치를 점검하고 발생기 내부로부터 공기와 아세틸렌의 혼합가스를 배제하는 일

작업의 종류	직무수행 내용
6. 아세틸렌 용접장치를 사용하는 금속의 용접·용단 또는 가열 작업	라. 안전기는 작업 중 그 수위를 쉽게 확인할 수 있는 장소에 놓고 1일 1회 이상 점검하는 일 마. 아세틸렌 용접장치 내의 물이 동결되는 것을 방지하기 위하여 아세틸렌 용접장치를 보온하거나 가열할 때에는 온수나 증기를 사용하는 등 안전한 방법으로 하도록 하는 일 바. 발생기 사용을 중지하였을 때에는 물과 잔류 카바이드가 접촉하지 않은 상태로 유지하는 일 사. 발생기를 수리·가공·운반 또는 보관할 때에는 아세틸렌 및 카바이드에 접촉하지 않은 상태로 유지하는 일 아. 작업에 종사하는 근로자의 보안경 및 안전장갑의 착용 상황을 감시하는 일

7. 가스집합용접장치의 취급 작업	가. 작업방법을 결정하고 작업을 직접 지휘하는 일
	나. 가스집합장치의 취급에 종사하는 근로자로 하여금 다음의 작업요령을 준수하도록 하는 일
	  (1) 부착할 가스용기의 마개 및 배관 연결부에 붙어 있는 유류·찌꺼기 등을 제거할 것
	  (2) 가스용기를 교환할 때에는 그 용기의 마개 및 배관 연결부 부분의 가스누출을 점검하고 배관 내의 가스가 공기와 혼합되지 않도록 할 것
	  (3) 가스누출 점검은 비눗물을 사용하는 등 안전한 방법으로 할 것
	  (4) 밸브 또는 콕은 서서히 열고 닫을 것
	다. 가스용기의 교환작업을 감시하는 일
	라. 작업을 시작할 때에는 호스·취관·호스밴드 등의 기구를 점검하고 손상·마모 등으로 인하여 가스나 산소가 누출될 우려가 있다고 인정할 때에는 보수하거나 교환하는 일
	마. 안전기는 작업 중 그 기능을 쉽게 확인할 수 있는 장소에 두고 1일 1회 이상 점검하는 일
	바. 작업에 종사하는 근로자의 보안경 및 안전장갑의 착용 상황을 감시하는 일

8. 거푸집 동바리의 고정·조립 또는 해체 작업/지반의 굴착작업/흙막이 지보공의 고정·조립 또는 해체 작업/터널의 굴착작업/건물 등의 해체작업	가. 안전한 작업방법을 결정하고 작업을 지휘하는 일 나. 재료·기구의 결함 유무를 점검하고 불량품을 제거하는 일 다. 작업 중 안전대 및 안전모 등 보호구 착용 상황을 감시하는 일
9. 높이 5미터 이상의 비계(飛階)를 조립·해체하거나 변경하는 작업(해체작업의 경우 가목은 적용 제외) ✦	가. 재료의 결함 유무를 점검하고 불량품을 제거하는 일 나. 기구·공구·안전대 및 안전모 등의 기능을 점검하고 불량품을 제거하는 일 다. 작업방법 및 근로자 배치를 결정하고 작업 진행 상태를 감시하는 일 라. 안전대와 안전모 등의 착용 상황을 감시하는 일

작업의 종류	직무수행 내용
10. 달비계 작업	가. 작업용 섬유로프, 작업용 섬유로프의 고정점, 구명줄의 조정점, 작업대, 고리걸이용 철구 및 안전대 등의 결손 여부를 확인하는 일 나. 작업용 섬유로프 및 안전대 부착 설비용 로프가 고정점에 풀리지 않는 매듭 방법으로 결속되었는지 확인하는 일 다. 근로자가 작업대에 탑승하기 전 안전모 및 안전대를 착용하고 안전대를 구명줄에 체결했는지 확인하는 일 라. 작업 방법 및 근로자 배치를 결정하고 작업 진행 상태를 감시하는 일
11. 발파작업 ✮	가. 점화 전에 점화작업에 종사하는 근로자가 아닌 사람에게 대피를 지시하는 일 나. 점화작업에 종사하는 근로자에게 대피장소 및 경로를 지시하는 일 다. 점화 전에 위험구역 내에서 근로자가 대피한 것을 확인하는 일 라. 점화순서 및 방법에 대하여 지시하는 일 마. 점화신호를 하는 일 바. 점화작업에 종사하는 근로자에게 대피신호를 하는 일 사. 발파 후 터지지 않은 장약이나 남은 장약의 유무, 용수(湧水)의 유무 및 암석·토사의 낙하 여부 등을 점검하는 일 아. 점화하는 사람을 정하는 일 자. 공기압축기의 안전밸브 작동 유무를 점검하는 일 차. 안전모 등 보호구 착용 상황을 감시하는 일
12. 채석을 위한 굴착작업 ✮	가. 대피방법을 미리 교육하는 일 나. 작업을 시작하기 전 또는 폭우가 내린 후에는 토사 등의 낙하·균열의 유무 또는 함수(含水)·용수(湧水) 및 동결의 상태를 점검하는 일 다. 발파한 후에는 발파장소 및 그 주변의 토사 등의 낙하·균열의 유무를 점검하는 일
13. 화물취급작업 ✮	가. 작업방법 및 순서를 결정하고 작업을 지휘하는 일 나. 기구 및 공구를 점검하고 불량품을 제거하는 일 다. 그 작업장소에는 관계 근로자가 아닌 사람의 출입을 금지하는 일 라. 로프 등의 해체작업을 할 때에는 하대(荷臺) 위의 화물의 낙하위험 유무를 확인하고 작업의 착수를 지시하는 일
14. 부두와 선박에서의 하역 작업	가. 작업방법을 결정하고 작업을 지휘하는 일 나. 통행설비·하역기계·보호구 및 기구·공구를 점검·정비하고 이들의 사용 상황을 감시하는 일 다. 주변 작업자간의 연락을 조정하는 일
15. 전로 등 전기작업 또는 그 지지물의 설치, 점검, 수리 및 도장 등의 작업	가. 작업구간 내의 충전전로 등 모든 충전 시설을 점검하는 일 나. 작업방법 및 그 순서를 결정(근로자 교육 포함)하고 작업을 지휘하는 일 다. 작업근로자의 보호구 또는 절연용 보호구 착용 상황을 감시하고 감전재해 요소를 제거하는 일

작업의 종류	직무수행 내용
	라. 작업 공구, 절연용 방호구 등의 결함 여부와 기능을 점검하고 불량품을 제거하는 일 마. 작업장소에 관계 근로자 외에는 출입을 금지하고 주변 작업자와의 연락을 조정하며 도로작업 시 차량 및 통행인 등에 대한 교통통제 등 작업전반에 대해 지휘·감시하는 일 바. 활선작업용 기구를 사용하여 작업할 때 안전거리가 유지되는지 감시하는 일 사. 감전재해를 비롯한 각종 산업재해에 따른 신속한 응급처치를 할 수 있도록 근로자들을 교육하는 일

16. 관리대상 유해물질을 취급하는 작업	가. 관리대상 유해물질을 취급하는 근로자가 물질에 오염되지 않도록 작업방법을 결정하고 작업을 지휘하는 업무
	나. 관리대상 유해물질을 취급하는 장소나 설비를 매월 1회 이상 순회점검하고 국소배기장치 등 환기설비에 대해서는 다음 각 호의 사항을 점검하여 필요한 조치를 하는 업무. 단, 환기설비를 점검하는 경우에는 다음의 사항을 점검
	  (1) 후드(hood)나 덕트(duct)의 마모·부식, 그 밖의 손상 여부 및 정도
	  (2) 송풍기와 배풍기의 주유 및 청결 상태
	  (3) 덕트 접속부가 헐거워졌는지 여부
	  (4) 전동기와 배풍기를 연결하는 벨트의 작동 상태
	  (5) 흡기 및 배기 능력 상태
	다. 보호구의 착용 상황을 감시하는 업무
	라. 근로자가 탱크 내부에서 관리대상 유해물질을 취급하는 경우에 다음의 조치를 했는지 확인하는 업무
	  (1) 관리대상 유해물질에 관하여 필요한 지식을 가진 사람이 해당 작업을 지휘
	  (2) 관리대상 유해물질이 들어올 우려가 없는 경우에는 작업을 하는 설비의 개구부를 모두 개방
	  (3) 근로자의 신체가 관리대상 유해물질에 의하여 오염되었거나 작업이 끝난 경우에는 즉시 몸을 씻는 조치
	  (4) 비상시에 작업설비 내부의 근로자를 즉시 대피시키거나 구조하기 위한 기구와 그 밖의 설비를 갖추는 조치
	  (5) 작업을 하는 설비의 내부에 대하여 작업 전에 관리대상 유해물질의 농도를 측정하거나 그 밖의 방법으로 근로자가 건강에 장해를 입을 우려가 있는지를 확인하는 조치
	  (6) 제(5)에 따른 설비 내부에 관리대상 유해물질이 있는 경우에는 설비 내부를 충분히 환기하는 조치
	  (7) 유기화합물을 넣었던 탱크에 대하여 제(1)부터 제(6)까지의 조치 외에 다음의 조치
	    (가) 유기화합물이 탱크로부터 배출된 후 탱크 내부에 재유입되지 않도록 조치

작업의 종류	직무수행 내용
	(나) 물이나 수증기 등으로 탱크 내부를 씻은 후 그 씻은 물이나 수증기 등을 탱크로부터 배출 (다) 탱크 용적의 3배 이상의 공기를 채웠다가 내보내거나 탱크에 물을 가득 채웠다가 내보내거나 탱크에 물을 가득 채웠다가 배출 마. 나목에 따른 점검 및 조치 결과를 기록·관리하는 업무
17. 허가대상 유해물질 취급작업	가. 근로자가 허가대상 유해물질을 들이마시거나 허가대상 유해물질에 오염되지 않도록 작업수칙을 정하고 지휘하는 업무 나. 작업장에 설치되어 있는 국소배기장치나 그 밖에 근로자의 건강장해 예방을 위한 장치 등을 매월 1회 이상 점검하는 업무 다. 근로자의 보호구 착용 상황을 점검하는 업무
18. 석면 해체·제거작업	가. 근로자가 석면분진을 들이마시거나 석면분진에 오염되지 않도록 작업방법을 정하고 지휘하는 업무 나. 작업장에 설치되어 있는 석면분진 포집장치, 음압기 등의 장비의 이상 유무를 점검하고 필요한 조치를 하는 업무 다. 근로자의 보호구 착용 상황을 점검하는 업무

19. 고압작업	가. 작업방법을 결정하여 고압작업자를 직접 지휘하는 업무
	나. 유해가스의 농도를 측정하는 기구를 점검하는 업무
	다. 고압작업자가 작업실에 입실하거나 퇴실하는 경우에 고압작업자의 수를 점검하는 업무
	라. 작업실에서 공기조절을 하기 위한 밸브나 콕을 조작하는 사람과 연락하여 작업실 내부의 압력을 적정한 상태로 유지하도록 하는 업무
	마. 공기를 기압조절실로 보내거나 기압조절실에서 내보내기 위한 밸브나 콕을 조작하는 사람과 연락하여 고압작업자에 대하여 가압이나 감압을 다음과 같이 따르도록 조치하는 업무
	  (1) 가압을 하는 경우 1분에 제곱센티미터당 0.8킬로그램 이하의 속도로 함
	  (2) 감압을 하는 경우에는 고용노동부장관이 정하여 고시하는 기준에 맞도록 함
	바. 작업실 및 기압조절실 내 고압작업자의 건강에 이상이 발생한 경우 필요한 조치를 하는 업무

20. 밀폐공간 작업 ★	가. 산소가 결핍된 공기나 유해가스에 노출되지 않도록 작업 시작 전에 해당 근로자의 작업을 지휘하는 업무 나. 작업을 하는 장소의 공기가 적절한지를 작업 시작 전에 측정하는 업무 다. 측정장비·환기장치 또는 송기마스크 등을 작업 시작 전에 점검하는 업무 라. 근로자에게 송기마스크 등의 착용을 지도하고 착용 상황을 점검하는 업무

03 기타 산업안전보건법규 내용

주/요/내/용 알/고/가/기

1. 공정안전보고서의 제출 대상
2. 공정안전보고서의 내용
3. 물질안전보건자료의 작성·비치 등에 관한 사항
4. 물질안전보건자료의 작성항목
5. 물질안전보건자료 작성 제외 대상
6. 건설공사 중 유해위험방지계획서 작성대상 공사
7. 건설공사 유해위험방지계획서 제출 서류

1 안전보건조치

(1) 사업주는 다음 각 호의 어느 하나에 해당하는 위험으로 인한 산업재해를 예방하기 위하여 필요한 조치(안전조치)를 하여야 한다.

① 기계·기구, 그 밖의 설비에 의한 위험
② 폭발성, 발화성 및 인화성 물질 등에 의한 위험
③ 전기, 열, 그 밖의 에너지에 의한 위험

(2) 사업주는 다음 각 호의 어느 하나에 해당하는 작업을 할 경우 건강장해를 예방하기 위하여 필요한 조치(보건조치)를 하여야 한다.

① 원재료·가스·증기·분진·흄(fume, 열이나 화학반응에 의하여 형성된 고체증기가 응축되어 생긴 미세입자를 말한다)·미스트(mist, 공기 중에 떠다니는 작은 액체방울을 말한다)·산소결핍·병원체 등에 의한 건강장해
② 방사선·유해광선·고열·한랭·초음파·소음·진동·이상기압 등에 의한 건강장해
③ 사업장에서 배출되는 기체·액체 또는 찌꺼기 등에 의한 건강장해
④ 계측감시(計測監視), 컴퓨터 단말기 조작, 정밀공작(精密工作) 등의 작업에 의한 건강장해
⑤ 단순 반복작업 또는 인체에 과도한 부담을 주는 작업에 의한 건강장해
⑥ 환기·채광·조명·보온·방습·청결 등의 적정기준을 유지하지 아니하여 발생하는 건강장해
⑦ 폭염·한파에 장시간 작업함에 따라 발생하는 건강장해

참고

* 근로자의 안전조치 및 보건조치 준수
근로자는 안전조치와 보건조치에 대하여 사업주가 한 조치로서 고용노동부령으로 정하는 조치사항을 지켜야 한다.

참고

* 질병자의 근로 금지·제한
① 사업주는 감염병, 정신질환 또는 근로로 인하여 병세가 크게 악화될 우려가 있는 질병으로서 고용노동부령으로 정하는 질병에 걸린 사람에게는 「의료법」에 따른 의사의 진단에 따라 근로를 금지하거나 제한하여야 한다.
② 사업주는 근로가 금지되거나 제한된 근로자가 건강을 회복하였을 때에는 지체 없이 근로를 할 수 있도록 하여야 한다.

참고

* 유해·위험작업에 대한 근로시간 제한
① 사업주는 유해하거나 위험한 작업으로서 높은 기압에서 하는 작업 등 대통령령으로 정하는 작업에 종사하는 근로자에게는 1일 6시간, 1주 34시간을 초과하여 근로하게 해서는 아니 된다.
② 사업주는 대통령령으로 정하는 유해하거나 위험한 작업에 종사하는 근로자에게 필요한 안전조치 및 보건조치 외에 작업과 휴식의 적정한 배분 및 근로시간과 관련된 근로조건의 개선을 통하여 근로자의 건강 보호를 위한 조치를 하여야 한다.

(3) 사업주는 굴착, 채석, 하역, 벌목, 운송, 조작, 운반, 해체, 중량물취급, 그 밖의 작업을 할 때 불량한 작업방법 등에 의한 위험으로 인한 산업 재해를 예방하기 위하여 필요한 조치를 하여야 한다.

(4) 사업주는 근로자가 다음 각 호의 어느 하나에 해당하는 장소에서 작업을 할 때 발생할 수 있는 산업재해를 예방하기 위하여 필요한 조치를 하여야 한다. ✡

① 근로자가 추락할 위험이 있는 장소
② 토사·구축물 등이 붕괴할 우려가 있는 장소
③ 물체가 떨어지거나 날아올 위험이 있는 장소
④ 천재지변으로 인한 위험이 발생할 우려가 있는 장소

(5) 사업주는 근로자(관계수급인의 근로자를 포함)가 신체적 피로와 정신적 스트레스를 해소할 수 있도록 휴식시간에 이용할 수 있는 휴게시설을 갖추어야 한다.

> **휴게시설 설치·관리기준 준수 대상 사업장** ✡
>
> 1. 상시근로자(관계수급인의 근로자를 포함) 20명 이상을 사용하는 사업장 (건설업의 경우에는 관계수급인의 공사금액을 포함한 해당 공사의 총공사 금액이 20억 원 이상인 사업장으로 한정)
> 2. 다음 각 목의 어느 하나에 해당하는 직종의 상시근로자가 2명 이상인 사업 장으로서 상시근로자 10명 이상 20명 미만을 사용하는 사업장(건설업은 제외)
>   가. 전화 상담원
>   나. 돌봄 서비스 종사원
>   다. 텔레마케터
>   라. 배달원
>   마. 청소원 및 환경미화원
>   바. 아파트 경비원
>   사. 건물 경비원

② 그 밖의 고용형태에서의 산업재해 예방

(1) 특수형태 근로종사자에 대한 안전조치 및 보건조치

1) 계약의 형식에 관계없이 근로자와 유사하게 노무를 제공하여 업무상 의 재해로부터 보호할 필요가 있음에도 「근로기준법」등이 적용되지 아니하는 자로서 다음 각 호의 요건을 모두 충족하는 사람("특수형 태근로종사자")의 노무를 제공받는 자는 특수형태근로종사자의 산업

참고

※ 자격 등에 의한 취업 제한
사업주는 유해하거나 위험 한 작업으로서 상당한 지식 이나 숙련도가 요구되는 고 용노동부령으로 정하는 작 업의 경우 그 작업에 필요한 자격·면허·경험 또는 기 능을 가진 근로자가 아닌 사 람에게 그 작업을 하게 해서 는 아니 된다.

참고

※ 고객의 폭언 등으로 인한 건강장해 예방조치

① 사업주는 고객응대근로 자에 대하여 고객의 폭 언 등으로 인한 건강장 해를 예방하기 위하여 고용노동부령으로 정하 는 바에 따라 필요한 조 치를 하여야 한다.
가. 폭언 등을 하지 않도록 요청하는 문구 게시 또 는 음성 안내
나. 고객과의 문제 상황 발 생 시 대처방법 등을 포 함하는 고객응대업무 매 뉴얼 마련
다. 고객응대업무 매뉴얼의 내용 및 건강장해 예방 관련 교육 실시
라. 그 밖에 고객응대근로 자의 건강장해 예방을 위하여 필요한 조치

② 사업주는 고객의 폭언 등으로 인하여 고객응 대근로자에게 건강장 해가 발생하거나 발생 할 현저한 우려가 있는 경우에는 다음의 조치를 하여야 한다.
가. 업무의 일시적 중단 또 는 전환
나. 「근로기준법」에 따른 휴게시간의 연장
다. 폭언 등으로 인한 건강 장해 관련 치료 및 상담 지원
라. 관할 수사기관 또는 법 원에 증거물·증거서류 를 제출하는 등 법 제41 조 제항에 따른 고객응 대근로자 등이 같은 항 에 따른 폭언 등으로 인 하여 고소, 고발 또는 손 해배상 청구 등을 하는 데 필요한 지원

합격의 key

③ 고객응대근로자는 사업주에게 고객의 폭언 등으로 인하여 건강장해가 발생하거나 발생할 현저한 우려가 있는 경우에는 업무의 일시적 중단 또는 전환 조치를 요구할 수 있고, 사업주는 고객응대근로자의 요구를 이유로 해고 또는 그 밖의 불리한 처우를 해서는 아니 된다.

참고

※ 특수형태 근로종사자의 범위

1. 보험을 모집하는 사람으로서 다음 각 목의 어느 하나에 해당하는 사람
   가. 「보험업법」에 따른 보험설계사
   나. 「우체국예금·보험에 관한 법률」에 따른 우체국보험의 모집을 전업(專業)으로 하는 사람
2. 「건설기계관리법」에 따라 등록된 건설기계를 직접 운전하는 사람
3. 「통계법」에 따라 통계청장이 고시하는 직업에 관한 표준분류의 세세분류에 따른 학습지 방문강사, 교육 교구 방문강사, 그 밖에 회원의 가정 등을 직접 방문하여 아동이나 학생 등을 가르치는 사람
4. 「체육시설의 설치·이용에 관한 법률」에 따라 직장체육시설로 설치된 골프장 또는 체육시설업의 등록을 한 골프장에서 골프경기를 보조하는 골프장 캐디
5. 한국표준직업분류표의 세분류에 따른 택배원으로서 택배사업(소화물을 집화·수송 과정을 거쳐 배송하는 사업을 말한다)에서 집화 또는 배송 업무를 하는 사람
6. 한국표준직업분류표의 세분류에 따른 택배원으로서 고용노동부장관이 정하는 기준에 따라 주로 하나의 퀵서비스업자로부터 업무를 의뢰받아 배송 업무를 하는 사람
7. 「대부업 등의 등록 및 금융이용자 보호에 관한 법률」에 따른 대출모집인
8. 「여신전문금융업법」에 따른 신용카드회원 모집인

재해 예방을 위하여 필요한 안전조치 및 보건조치를 하여야 한다.
① 대통령령으로 정하는 직종에 종사할 것
② 주로 하나의 사업에 노무를 상시적으로 제공하고 보수를 받아 생활할 것
③ 노무를 제공할 때 타인을 사용하지 아니할 것

2) 대통령령으로 정하는 특수형태 근로종사자로부터 노무를 제공받는 자는 고용노동부령으로 정하는 바에 따라 안전 및 보건에 관한 교육을 실시하여야 한다.

참고 | 특수형태근로종사자로부터 노무를 제공받는 자 중 안전·보건교육을 실시하여야 하는 자 ✄

1. 「건설기계관리법」에 따라 등록된 건설기계를 직접 운전하는 사람
2. 「체육시설의 설치·이용에 관한 법률」에 따라 직장체육시설로 설치된 골프장 또는 체육시설업의 등록을 한 골프장에서 골프경기를 보조하는 골프장 캐디
3. 한국표준직업분류표의 세분류에 따른 택배원으로서 택배사업(소화물을 집화·수송 과정을 거쳐 배송하는 사업을 말한다)에서 집화 또는 배송 업무를 하는 사람
4. 한국표준직업분류표의 세분류에 따른 택배원으로서 고용노동부장관이 정하는 기준에 따라 주로 하나의 퀵서비스업자로부터 업무를 의뢰받아 배송 업무를 하는 사람
5. 고용노동부장관이 정하는 기준에 따라 주로 하나의 대리운전업자로부터 업무를 의뢰받아 대리운전 업무를 하는 사람

3) 정부는 특수형태 근로종사자의 안전 및 보건의 유지·증진에 사용하는 비용의 일부 또는 전부를 지원할 수 있다.

(2) 배달종사자에 대한 안전조치

이동통신단말장치로 물건의 수거·배달 등을 중개하는 자는 그 중개를 통하여 이륜자동차로 물건을 수거·배달 등을 하는 사람의 산업재해 예방을 위하여 필요한 안전조치 및 보건조치를 하여야 한다.

(3) 가맹본부의 산업재해 예방 조치

가맹본부 중 대통령령으로 정하는 가맹본부는 가맹점사업자에게 가맹점의 설비나 기계, 원자재 또는 상품 등을 공급하는 경우에 가맹점사업자와 그 소속 근로자의 산업재해 예방을 위하여 다음 각 호의 조치를 하여야 한다.

산업재해 예방 조치를 하여야 하는 가맹본부	가맹본부의 산업재해 예방 조치
「가맹사업거래의 공정화에 관한 법률」에 따라 등록한 정보공개서(직전 사업연도 말 기준으로 등록된 것을 말한다)상 업종이 다음 각 호의 어느 하나에 해당하는 경우로서 가맹점의 수가 200개 이상인 가맹본부를 말한다. 1. 대분류가 외식업인 경우 2. 대분류가 도소매업으로서 중분류가 편의점인 경우	1. 다음의 내용을 포함한 가맹점의 안전 및 보건에 관한 프로그램의 마련·시행 ① 가맹본부의 안전보건경영방침 및 안전보건활동 계획 ② 가맹본부의 프로그램 운영 조직의 구성, 역할 및 가맹점사업자에 대한 안전보건교육 지원 체계 ③ 가맹점 내 위험요소 및 예방대책 등을 포함한 가맹점 안전보건매뉴얼 ④ 가맹점의 재해 발생에 대비한 가맹본부 및 가맹점사업자의 조치사항 2. 가맹본부가 가맹점에 설치하거나 공급하는 설비·기계 및 원자재 또는 상품 등에 대하여 가맹점사업자에게 안전 및 보건에 관한 정보의 제공

3 공정안전보고서

(1) 공정안전보고서의 작성·제출

1) 사업주는 사업장에 대통령령으로 정하는 유해하거나 위험한 설비가 있는 경우 그 설비로부터의 위험물질 누출, 화재 및 폭발 등으로 인하여 사업장 내의 근로자에게 즉시 피해를 주거나 사업장 인근 지역에 피해를 줄 수 있는 사고로서 대통령령으로 정하는 사고("중대산업사고")를 예방하기 위하여 대통령령으로 정하는 바에 따라 공정안전보고서를 작성하고 고용노동부장관에게 제출하여 심사를 받아야 한다. 이 경우 공정안전보고서의 내용이 중대산업사고를 예방하기 위하여 적합하다고 통보받기 전에는 관련된 유해하거나 위험한 설비를 가동해서는 아니 된다. ✦

2) 사업주는 공정안전보고서를 작성할 때 산업안전보건위원회의 심의를 거쳐야 한다. 다만, 산업안전보건위원회가 설치되어 있지 아니한 사업장의 경우에는 근로자대표의 의견을 들어야 한다. ✦

---

9. 고용노동부장관이 정하는 기준에 따라 주로 하나의 대리운전업자로부터 업무를 의뢰받아 대리운전 업무를 하는 사람
10. 「방문판매 등에 관한 법률」의 방문판매원이나 후원방문판매원으로서 고용노동부장관이 정하는 기준에 따라 상시적으로 방문판매업무를 하는 사람
11. 한국표준직업분류표의 세세분류에 따른 대여 제품 방문점검원
12. 한국표준직업분류표의 세세분류에 따른 가전제품 설치 및 수리원으로서 가전제품을 배송, 설치 및 시운전하여 작동상태를 확인하는 사람
13. 「화물자동차 운수사업법」에 따른 화물차주로서 다음 각 목의 어느 하나에 해당하는 사람
    가. 「자동차관리법」의 특수자동차로 수출입 컨테이너를 운송하는 사람
    나. 「자동차관리법」의 특수자동차로 시멘트를 운송하는 사람
    다. 「자동차관리법」의 피견인자동차나 일반형 화물자동차로 철강재를 운송하는 사람
    라. 「자동차관리법」의 일반형 화물자동차나 특수용도형 화물자동차로 「물류정책기본법」의 위험물질을 운송하는 사람
14. 「소프트웨어 진흥법」에 따른 소프트웨어사업에서 노무를 제공하는 소프트웨어기술자

📖 **참고**

※ 배달종사자에 대한 안전조치

이동통신 단말장치로 물건의 수거·배달 등을 중개하는 자는 그 중개를 통하여 이륜자동차로 물건을 수거·배달 등을 하는 자의 산업재해 예방을 위하여 필요한 안전조치 및 보건조치를 하여야 한다.

3) 공정안전보고서의 제출 시기 ✦

사업주는 유해하거나 위험한 설비의 설치 · 이전 또는 주요 구조부분의 변경공사의 착공일(기존 설비의 제조 · 취급 · 저장 물질이 변경되거나 제조량 · 취급량 · 저장량이 증가하여 유해 · 위험물질 규정량에 해당하게 된 경우에는 그 해당일을 말한다) 30일 전까지 공정안전보고서를 2부 작성하여 공단에 제출해야 한다.

(2) 공정안전보고서의 심사

1) 공단은 공정안전보고서를 제출받은 경우에는 제출받은 날부터 30일 이내에 심사하여 1부를 사업주에게 송부하고, 그 내용을 지방고용노동관서의 장에게 보고해야 한다.

2) 심사결과 구분 ✦✦

적정	보고서의 심사기준을 충족시킨 경우
조건부 적정	보고서의 심사기준을 대부분 충족하고 있으나 부분적인 보완이 필요하다고 판단할 경우
부적정	보고서의 심사기준을 충족시키지 못한 경우

3) 사업주는 심사를 받은 공정안전보고서를 사업장에 갖추어 두어야 한다.

4) 사업주는 심사를 받은 공정안전보고서의 내용을 변경하여야 할 사유가 발생한 경우에는 지체 없이 그 내용을 보완하여야 한다.

(3) 공정안전보고서의 이행 ✦

사업주와 근로자는 심사를 받은 공정안전보고서의 내용을 지켜야 한다.

(4) 공정안전보고서의 확인

1) 사업주는 심사를 받은 공정안전보고서의 내용을 실제로 이행하고 있는지 여부에 대하여 고용노동부령으로 정하는 바에 따라 고용노동부 장관의 확인을 받아야 한다.

2) 공정안전보고서를 제출하여 심사를 받은 사업주는 다음 각 호의 시기별로 공단의 확인을 받아야 한다. 다만, 화공안전 분야 산업안전지도사 또는 대학에서 조교수 이상으로 재직하고 있는 사람으로서 화공 관련 교과를 담당하고 있는 사람, 그 밖에 자격 및 관련 업무 경력 등을 고려하여 고용노동부장관이 정하여 고시하는 요건을 갖춘 사람에게 자체감사를 하게 하고 그 결과를 공단에 제출한 경우에는 공단은 확인을 하지 아니할 수 있다.(안전보건진단을 받은 사업장 등 고용노동부장관이 정하여 고시하는 사업장의 경우에는 공단의 확인을 생략할 수 있다)

공정안전보고서의 확인 시기	
신규로 설치될 유해 · 위험설비	설치 과정 및 설치 완료 후 시운전단계 각 1회
기존에 설치되어 사용 중인 유해 · 위험설비	심사 완료 후 3개월 이내
유해 · 위험설비와 관련한 공정의 중대한 변경의 경우	변경 완료 후 1개월 이내
유해 · 위험설비 또는 이와 관련된 공정에 중대한 사고 또는 결함이 발생한 경우	1개월 이내

3) 공단은 사업주로부터 확인요청을 받은 날부터 1개월 이내에 내용이 현장과 일치하는지 여부를 확인하고, 확인한 날부터 15일 이내에 그 결과를 사업주에게 통보하고 지방고용노동관서의 장에게 보고해야 한다.

적합	현장과 일치하는 경우
부적합	현장과 일치하지 아니하는 경우
조건부 적합	현장과 불일치하는 사항 또는 조건부 적정 사항 중 확인일 이후에 조치하여도 안전상에 문제가 없는 경우

참고
* 중대산업사고
1. 근로자가 사망하거나 부상을 입을 수 있는 유해, 위험설비에서의 누출·화재·폭발 사고
2. 인근 지역의 주민이 인적 피해를 입을 수 있는 설비에서의 누출·화재·폭발 사고

참고
* 공정안전보고서의 제출
① 사업주는 유해하거나 위험한 설비를 설치·이전하거나 고용노동부장관이 정하는 주요 구조 부분을 변경할 때에는 고용노동부령으로 정하는 바에 따라 공정안전보고서를 작성하여 고용노동부장관에게 제출해야 한다. 이 경우 「화학물질관리법」에 따라 사업주가 환경부장관에게 제출해야 하는 유해화학물질 화학사고 장외영향평가서 또는 위해관리계획서의 내용이 공정안전보고서에 포함시켜야 할 사항에 해당하는 경우에는 그 해당 부분에 대해서 장외영향평가서 또는 위해관리계획서 사본의 제출로 갈음할 수 있다.
② 사업주가 제출해야 할 공정안전보고서가 「고압가스 안전관리법」에 따른 고압가스를 사용하는 단위공정 설비에 관한 것인 경우로서 해당 사업주가 같은 법에 따른 안전관리규정과 안전성향상계획을 작성하여 공단 및 한국가스안전공사가 공동으로 검토·작성한 의견서를 첨부하여 허가 관청에 제출한 경우에는 해당 단위공정 설비에 관한 공정안전보고서를 제출한 것으로 본다.

(5) 공정안전보고서 이행상태 평가

1) 고용노동부장관은 고용노동부령으로 정하는 바에 따라 공정안전보고서의 이행 상태를 정기적으로 평가할 수 있다.

2) 고용노동부장관은 공정안전보고서의 확인(신규로 설치되는 유해·위험설비의 경우에는 설치완료 후 시운전 단계에서의 확인을 말한다) 후 1년이 지난 날부터 2년 이내에 공정안전보고서 이행상태평가를 하여야 한다.

3) 고용노동부장관은 이행상태평가 후 4년마다 이행상태평가를 하여야 한다. 다만, 다음 각 호의 어느 하나에 해당하는 경우에는 1년 또는 2년마다 실시할 수 있다.
   ① 이행상태평가 후 사업주가 이행상태평가를 요청하는 경우
   ② 사업장에 출입하여 검사 및 안전·보건점검 등을 실시한 결과 변경요소 관리계획 미준수로 공정안전보고서 이행상태가 불량한 것으로 인정되는 경우 등 고용노동부장관이 정하여 고시하는 경우

4) 이행상태평가는 공정안전보고서의 세부 내용에 관하여 실시한다.

5) 고용노동부장관은 평가 결과 보완상태가 불량한 사업장의 사업주에게는 공정안전보고서의 변경을 명할 수 있으며, 이에 따르지 아니하는 경우 공정안전보고서를 다시 제출하도록 명할 수 있다.

(6) 공정안전보고서의 제출 대상 ✿✿✿

1) 공정안전보고서를 작성하여야 하는 유해·위험설비란 다음 각 호의 어느 하나에 해당하는 사업을 하는 사업장의 경우에는 그 보유설비를 말하고, 그 외의 사업을 하는 사업장의 경우에는 유해·위험물질 중 하나 이상을 규정량 이상 제조·취급·사용·저장하는 설비 및 그 설비의 운영과 관련된 모든 공정설비를 말한다.

공정안전보고서 제출 대상 ✭✭✭
① 원유 정제처리업
② 기타 석유정제물 재처리업
③ 석유화학계 기초화학물 제조업 또는 합성수지 및 기타 플라스틱물질 제조업
④ 질소 화합물, 질소·인산 및 칼리질 화학비료 제조업 중 질소질 비료 제조
⑤ 복합비료 및 기타 화학비료 제조업 중 복합비료 제조(단순혼합 또는 배합에 의한 경우는 제외한다)
⑥ 화학 살균·살충제 및 농업용 약제 제조업[농약 원제(原劑) 제조만 해당한다]
⑦ 화약 및 불꽃제품 제조업

화재·폭발 – 원유, 석유정제물, 화약 및 불꽃제품
중독·질식 – 농약, 비료(복합비료, 질소질 비료)

2) 설비의 주요 구조 부분을 변경함으로써 공정안전보고서를 제출하여야 하는 경우 ✭

① 생산량의 증가, 원료 또는 제품의 변경을 위하여 반응기(관련설비 포함)를 교체 또는 추가로 설치하는 경우
② 변경된 생산설비 및 부대설비의 해당 전기정격용량이 300킬로와트 이상 증가한 경우(유해·위험물질의 누출·화재·폭발과 무관한 자동화창고·조명설비 등은 제외)
③ 플레어스택을 설치 또는 변경하는 경우

3) 다음 각 호의 설비는 유해·위험설비로 보지 아니한다.

공정안전보고서 제출 제외 대상 설비 ✭✭
① 원자력 설비
② 군사시설
③ 사업주가 해당 사업장 내에서 직접 사용하기 위한 난방용 연료의 저장설비 및 사용설비
④ 도매·소매시설
⑤ 차량 등의 운송설비
⑥ 「액화석유가스의 안전관리 및 사업법」에 따른 액화석유가스의 충전·저장시설
⑦ 「도시가스사업법」에 따른 가스공급시설
⑧ 그 밖에 고용노동부장관이 누출·화재·폭발 등으로 인한 피해의 정도가 크지 않다고 인정하여 고시하는 설비

(7) 공정안전보고서의 내용

1) 공정안전보고서의 내용 ✿✿✿

   ① 공정안전자료
   ② 공정위험성 평가서
   ③ 안전운전계획
   ④ 비상조치계획
   ⑤ 그 밖에 공정상의 안전과 관련하여 노동부장관이 필요하다고 인정하여 고시하는 사항

2) 공정안전보고서의 세부내용 ✿

   ① 공정안전자료
   - 취급·저장하고 있거나 취급·저장하려는 유해·위험물질의 종류 및 수량
   - 유해·위험물질에 대한 물질안전보건자료
   - 유해·위험설비의 목록 및 사양
   - 유해·위험설비의 운전방법을 알 수 있는 공정도면
   - 각종 건물·설비의 배치도
   - 폭발위험장소 구분도 및 전기단선도
   - 위험설비의 안전설계·제작 및 설치 관련 지침서

   ② 공정위험성 평가서 및 잠재위험에 대한 사고예방·피해 최소화 대책
   - 체크리스트(Check List)
   - 상대위험순위 결정(Dow and Mond Indices)
   - 작업자 실수 분석(HEA)
   - 사고 예상 질문 분석(What-if)
   - 위험과 운전 분석(HAZOP)
   - 이상위험도 분석(FMECA)
   - 결함 수 분석(FTA)
   - 사건 수 분석(ETA)
   - 원인결과 분석(CCA)

   ③ 안전운전계획
   - 안전운전지침서
   - 설비점검·검사 및 보수 계획, 유지계획 및 지침서
   - 안전작업허가
   - 도급업체 안전관리계획

> **참고**
> 공정위험성 평가서는 공정의 특성 등을 고려하여 위험성평가 기법 중 한 가지 이상을 선정하여 위험성평가를 한 후 그 결과에 따라 작성해야 하며, 사고예방·피해 최소화 대책은 위험성평가 결과 잠재위험이 있다고 인정되는 경우에만 작성한다.

- 근로자 등 교육계획
- 가동 전 점검지침
- 변경 요소 관리계획
- 자체 감사 및 사고조사계획
- 그 밖에 안전운전에 필요한 사항

④ 비상조치 계획
- 비상조치를 위한 장비·인력보유현황
- 사고 발생 시 각 부서·관련 기관과의 비상연락체계
- 사고 발생 시 비상조치를 위한 조직의 임무 및 수행 절차
- 비상조치 계획에 따른 교육계획
- 주민홍보계획
- 그 밖에 비상조치 관련 사항

4 물질안전보건자료(MSDS : Material Safety Data Sheet)

(1) 물질안전보건자료의 작성 및 제출

화학물질 또는 이를 함유한 혼합물로서 "물질안전보건자료대상물질"을 제조하거나 수입하려는 자는 다음 각 호의 사항을 적은 물질안전보건자료를 고용노동부령으로 정하는 바에 따라 작성하여 고용노동부장관에게 제출하여야 한다. 이 경우 고용노동부장관은 고용노동부령으로 물질안전보건자료의 기재 사항이나 작성 방법을 정할 때 「화학물질관리법」 및 「화학물질의 등록 및 평가 등에 관한 법률」과 관련된 사항에 대해서는 환경부장관과 협의하여야 한다.

물질안전보건자료에 적어야 하는 사항

1. 제품명
2. 물질안전보건자료 대상물질을 구성하는 화학물질 중 유해인자의 분류기준에 해당하는 화학물질의 명칭 및 함유량
3. 안전 및 보건상의 취급 주의 사항
4. 건강 및 환경에 대한 유해성, 물리적 위험성
5. 물리·화학적 특성 등 고용노동부령으로 정하는 사항
   ① 물리·화학적 특성
   ② 독성에 관한 정보
   ③ 폭발·화재 시의 대처방법
   ④ 응급조치 요령
   ⑤ 그 밖에 고용노동부장관이 정하는 사항

> **참고**
>
> ※ 물질안전보건자료의 작성 및 제출
> 1. 물질안전보건자료대상물질을 제조·수입하려는 자가 물질안전보건자료를 작성하는 경우에는 그 물질안전보건자료의 신뢰성이 확보될 수 있도록 인용된 자료의 출처를 함께 적어야 한다.
> 2. 물질안전보건자료 및 화학물질의 명칭 및 함유량에 관한 자료는 물질안전보건자료대상물질을 제조하거나 수입하기 전에 공단에 제출해야 한다.
> 3. 물질안전보건자료를 공단에 제출하는 경우에는 공단이 구축하여 운영하는 물질안전보건자료시스템을 통한 전자적 방법으로 제출해야 한다. 다만, 물질안전보건자료시스템이 정상적으로 운영되지 않거나 신청인이 물질안전보건자료시스템을 이용할 수 없는 등의 부득이한 사유가 있는 경우에는 전자적 기록매체에 수록하여 직접 또는 우편으로 제출할 수 있다.

합격의 key

물질안전보건자료의 작성항목(Data Sheet 16가지 항목) ✰✰

1. 화학제품과 회사에 관한 정보
2. 유해·위험성
3. 구성성분의 명칭 및 함유량
4. 응급조치요령
5. 폭발·화재 시 대처방법
6. 누출사고 시 대처방법
7. 취급 및 저장방법
8. 노출방지 및 개인보호구
9. 물리화학적 특성
10. 안정성 및 반응성
11. 독성에 관한 정보
12. 환경에 미치는 영향
13. 폐기 시 주의사항
14. 운송에 필요한 정보
15. 법적규제 현황
16. 기타 참고사항

물질안전보건자료 작성 제외 대상 ✰✰

1. 「건강기능식품에 관한 법률」에 따른 건강기능식품
2. 「농약관리법」에 따른 농약
3. 「마약류 관리에 관한 법률」에 따른 마약 및 향정신성의약품
4. 「비료관리법」에 따른 비료
5. 「사료관리법」에 따른 사료
6. 「생활주변방사선 안전관리법」에 따른 원료물질
7. 「생활화학제품 및 살생물제의 안전관리에 관한 법률」에 따른 안전확인대상 생활화학제품 및 살생물제품 중 일반소비자의 생활용으로 제공되는 제품
8. 「식품위생법」에 따른 식품 및 식품첨가물
9. 「약사법」에 따른 의약품 및 의약외품
10. 「원자력안전법」에 따른 방사성물질
11. 「위생용품 관리법」에 따른 위생용품
12. 「의료기기법」에 따른 의료기기
12의2. 「첨단재생의료 및 첨단바이오의약품 안전 및 지원에 관한 법률」에 따른 첨단바이오의약품
13. 「총포·도검·화약류 등의 안전관리에 관한 법률」에 따른 화약류
14. 「폐기물관리법」에 따른 폐기물
15. 「화장품법」에 따른 화장품
16. 제1호부터 제15호까지의 규정 외의 화학물질 또는 혼합물로서 일반소비자의 생활용으로 제공되는 것(일반소비자의 생활용으로 제공되는 화학물질 또는 혼합물이 사업장 내에서 취급되는 경우를 포함한다)

참고

※ 물질안전보건자료의 작성 및 제출

1. 물질안전보건자료 대상물질을 제조하거나 수입하려는 자는 물질안전보건자료 대상물질을 구성하는 화학물질 중 유해인자의 분류기준에 해당하지 아니하는 화학물질의 명칭 및 함유량을 고용노동부장관에게 별도로 제출하여야 한다.
2. 물질안전보건자료 대상물질을 제조하거나 수입한 자는 물질안전보건자료에 적어야 하는 사항 중 다음 각 호의 사항 중 어느 하나가 변경된 경우 그 변경 사항을 반영한 물질안전보건자료를 고용노동부장관에게 제출하여야 한다.
   가. 제품명(구성성분의 명칭 및 함유량의 변경이 없는 경우로 한정한다)
   나. 물질안전보건자료대상물질을 구성하는 화학물질 중 화학물질의 명칭 및 함유량(제품명의 변경 없이 구성성분의 명칭 및 함유량만 변경된 경우로 한정한다)
   다. 건강 및 환경에 대한 유해성, 물리적 위험성
3. 물질안전보건자료대상물질을 제조하거나 수입하는 자는 변경사항을 반영한 물질안전보건자료를 지체 없이 공단에 제출해야 한다.

17. 고용노동부장관이 정하여 고시하는 연구·개발용 화학물질 또는 화학제품. 이 경우 법 제110조 제1항부터 제3항까지의 규정에 따른 자료의 제출만 제외된다.
18. 그 밖에 고용노동부장관이 독성·폭발성 등으로 인한 위해의 정도가 적다고 인정하여 고시하는 화학물질

> 실력이 되고! 합격이 되는! 특급
>
> **비료로 농사지은 식품, 건강식품, 위생용품 폐기물**에서 **화약, 방사성 원료물질** 나와서 **소비자용 의료기기, 첨단 의약품, 마약, 화장품**으로 **치료했다.**

(2) 물질안전보건자료의 제공

① 물질안전보건자료 대상물질을 양도하거나 제공하는 자는 이를 양도받거나 제공받는 자에게 물질안전보건자료를 제공하여야 한다.
② 동일한 상대방에게 같은 물질안전보건자료대상물질을 2회 이상 계속하여 양도 또는 제공하는 경우에는 해당 물질안전보건자료대상물질에 대한 물질안전보건자료의 변경이 없으면 추가로 물질안전보건자료를 제공하지 않을 수 있다. 다만, 상대방이 물질안전보건자료의 제공을 요청한 경우에는 그렇지 않다.

(3) 물질안전보건자료의 일부 비공개 승인

① 영업비밀과 관련되어 화학물질의 명칭 및 함유량을 물질안전보건자료에 적지 아니하려는 자는 고용노동부령으로 정하는 바에 따라 고용노동부장관에게 신청하여 승인을 받아 해당 화학물질의 명칭 및 함유량을 대체할 수 있는 대체자료로 적을 수 있다. 다만, 근로자에게 중대한 건강장해를 초래할 우려가 있는 화학물질로서 산업재해보상보험 및 예방심의위원회의 심의를 거쳐 고용노동부장관이 고시하는 것은 그러하지 아니하다.
② 승인의 유효기간은 승인을 받은 날부터 5년으로 한다.
③ 고용노동부장관은 다음 각 호의 어느 하나에 해당하는 경우에는 승인 또는 연장승인을 취소할 수 있다. 다만, ①의 경우에는 그 승인 또는 연장승인을 취소하여야 한다.

승인 또는 연장승인을 취소할 수 있는 경우
① 거짓이나 그 밖의 부정한 방법으로 승인 또는 연장승인을 받은 경우 ② 승인 또는 연장승인을 받은 화학물질이 근로자에게 중대한 건강장해를 초래할 우려가 있는 화학물질에 해당하게 된 경우

※ 참고
* 물질안전보건자료의 제공
1. 물질안전보건자료 대상물질을 제조하거나 수입한 자는 이를 양도받거나 제공받은 자에게 변경된 물질안전보건자료를 제공하여야 한다.
2. 물질안전보건자료를 제공하는 경우에는 물질안전보건자료 시스템 제출시 부여된 번호를 해당 물질안전보건자료에 반영하여 물질안전보건자료 대상물질과 함께 제공 하거나 그 밖에 고용노동부장관이 정하여 고시한 바에 따라 제공해야 한다.

※ 참고
* 물질안전보건자료의 일부 비공개 승인
1. 고용노동부장관은 승인 신청을 받은 경우 고용노동부령으로 정하는 바에 따라 화학물질의 명칭 및 함유량의 대체 필요성, 대체자료의 적합성 및 물질안전보건자료의 적정성 등을 검토하여 승인 여부를 결정하고 신청인에게 그 결과를 통보하여야 한다.
2. 고용노동부장관은 승인에 관한 기준을 산업재해보상보험 및 예방심의위원회의 심의를 거쳐 정한다.
3. 고용노동부장관은 유효기간이 만료되는 경우에도 계속하여 대체자료로 적으려는 자가 그 유효기간의 연장승인을 신청하면 유효기간이 만료되는 다음 날부터 5년 단위로 그 기간을 계속하여 연장 승인할 수 있다.
4. 신청인은 승인 또는 연장승인에 관한 결과에 대하여 고용노동부령으로 정하는 바에 따라 고용노동부장관에게 이의신청을 할 수 있다.
5. 고용노동부장관은 이의신청에 대하여 고용노동부령으로 정하는 바에 따라 승인 또는 연장승인 여부를 결정하고 그 결과를 신청인에게 통보하여야 한다.

> **참고**
>
> ※ 국외제조자가 선임한 자에 의한 정보 제출
> ① 국외제조자는 고용노동부령으로 정하는 요건을 갖춘 자를 선임하여 물질안전보건자료 대상물질을 수입하는 자를 갈음하여 다음 각 호에 해당하는 업무를 수행하도록 할 수 있다.
>
> | 국외제조자가 선임한 자의 업무 수행 내용 |
> |---|
> | ① 물질안전보건자료의 작성·제출 |
> | ② 화학물질의 명칭 및 함유량 또는 분류기준에 해당하지 아니하는 화학물질의 명칭 및 함유량에 따른 확인 서류의 제출 |
> | ③ 대체자료 기재 승인, 유효기간 연장승인 및 이의신청 |
>
> ② 선임된 자는 고용노동부장관에게 물질안전보건자료를 제출하는 경우 그 물질안전보건자료를 해당 물질안전보건자료 대상물질을 수입하는 자에게 제공하여야 한다.
> ③ 선임된 자는 고용노동부령으로 정하는 바에 따라 국외제조자에 의하여 선임되거나 해임된 사실을 고용노동부장관에게 신고하여야 한다.

④ 다음 각 호의 어느 하나에 해당하는 자는 근로자의 안전 및 보건을 유지하거나 직업성 질환 발생 원인을 규명하기 위하여 근로자에게 중대한 건강장해가 발생하는 등 고용노동부령으로 정하는 경우에는 물질안전보건자료 대상물질을 제조하거나 수입한 자에게 대체자료로 적힌 화학물질의 명칭 및 함유량 정보를 제공할 것을 요구할 수 있다. 이 경우 정보 제공을 요구받은 자는 고용노동부장관이 정하여 고시하는 바에 따라 정보를 제공하여야 한다.

근로자의 안전 및 보건을 유지, 직업성 질환 발생원인 규명을 위하여 대체자료를 제공할 것을 제조자 및 수입자에게 요구할 수 있는 자 ✄
① 근로자를 진료하는「의료법」에 따른 의사 ② 보건관리자 및 보건관리전문기관 ③ 산업보건의 ④ 근로자대표 ⑤ 역학조사 실시 업무를 위탁받은 기관 ⑥「산업재해보상보험법」업무상질병판정위원회

(4) 물질안전보건자료의 게시 및 교육 ✄✄

① 물질안전보건자료 대상물질을 취급하는 사업주는 다음 각 호의 어느 하나에 해당하는 장소 또는 전산장비에 항상 물질안전보건자료를 게시하거나 갖추어 두어야 한다. 다만, 장비에 게시하거나 갖추어 두는 경우에는 고용노동부장관이 정하는 조치를 해야 한다.

물질안전보건자료를 게시 또는 비치하여야 하는 장소 ✄
• 물질안전보건자료 대상물질을 취급하는 작업공정이 있는 장소 • 작업장 내 근로자가 가장 보기 쉬운 장소 • 근로자가 작업 중 쉽게 접근할 수 있는 장소에 설치된 전산장비

② 건설공사, 임시 작업 또는 단시간 작업에 대해서는 물질안전보건자료대상물질의 관리요령으로 대신 게시하거나 갖추어 둘 수 있다. 다만, 근로자가 물질안전보건자료의 게시를 요청하는 경우에는 제1항에 따라 게시해야 한다.
③ 사업주는 물질안전보건자료 대상물질을 취급하는 작업공정별로 고용노동부령으로 정하는 바에 따라 물질안전보건자료 대상물질의 관리요령을 게시하여야 한다.(작업공정별 관리 요령은 유해성·위험성이 유사한 물질안전보건자료대상물질의 그룹별로 작성하여 게시할 수 있다)

물질안전보건자료대상물질의 작업공정별 관리요령에 포함사항 ✌✌

- 제품명
- 건강 및 환경에 대한 유해성, 물리적 위험성
- 안전 및 보건상의 취급주의 사항
- 적절한 보호구
- 응급조치 요령 및 사고 시 대처방법

📱 비교합시다!

물질안전보건자료에 적어야 하는 사항	관리요령에 포함사항	교육내용
1. 제품명 2. 물질안전보건자료 대상물질을 구성하는 화학물질 중 유해인자의 분류기준에 해당하는 화학물질의 명칭 및 함유량 3. 안전 및 보건상의 취급 주의 사항 4. 건강 및 환경에 대한 유해성, 물리적 위험성 5. 물리·화학적 특성 등 고용노동부령으로 정하는 사항 ① 물리·화학적 특성 ② 독성에 관한 정보 ③ 폭발·화재 시의 대처방법 ④ 응급조치 요령 ⑤ 그 밖에 고용노동부장관이 정하는 사항	1. 제품명 2. 건강 및 환경에 대한 유해성, 물리적 위험성 3. 안전 및 보건상의 취급 주의 사항 4. 적절한 보호구 5. 응급조치 요령 및 사고 시 대처방법	1. 대상 화학물질의 명칭 (또는 제품명) 2. 물리적 위험성 및 건강 유해성 3. 취급상의 주의사항 4. 적절한 보호구 5. 응급조치 요령 및 사고 시 대처방법 6. 물질안전보건자료 및 경고표지를 이해하는 방법

물질안전보건자료에 적어야 하는 사항, 관리 요령에 포함사항, 교육내용의 공통 내용
1. 제품명(명칭)
2. 물리적 위험성 및 건강 유해성
3. 취급 주의 사항
4. 응급조치 요령, 사고 시 대처법

④ 사업주는 다음 각 호의 어느 하나에 해당하는 경우에는 작업장에서 취급하는 물질안전보건자료대상물질의 내용을 근로자에게 교육하고 교육을 실시하였을 때에는 교육시간 및 내용 등을 기록하여 보존해야 한다. 이 경우 교육받은 근로자에 대해서는 해당 교육 시간만큼 안전·보건교육을 실시한 것으로 본다.(유해성·위험성이 유사한 물질안전보건자료대상물질을 그룹별로 분류하여 교육할 수 있다)

물질안전보건자료대상물질의 내용을 근로자에게 교육하여야 하는 경우 ✽
① 물질안전보건자료 대상물질을 제조·사용·운반 또는 저장하는 작업에 근로자를 배치하게 된 경우 ② 새로운 물질안전보건자료 대상물질이 도입된 경우 ③ 유해성·위험성 정보가 변경된 경우

물질안전보건자료에 관한 교육내용 ✽
① 대상화학물질의 명칭(또는 제품명) ② 물리적 위험성 및 건강 유해성 ③ 취급상의 주의사항 ④ 적절한 보호구 ⑤ 응급조치 요령 및 사고 시 대처방법 ⑥ 물질안전보건자료 및 경고표지를 이해하는 방법

(5) 물질안전보건자료 대상물질 용기 등의 경고 표시 ✽✽

① 물질안전보건자료 대상물질을 양도하거나 제공하는 자는 고용노동부령으로 정하는 방법에 따라 이를 담은 용기 및 포장에 경고표시를 하여야 한다. 다만, 용기 및 포장에 담는 방법 외의 방법으로 물질안전보건자료 대상물질을 양도하거나 제공하는 경우에는 고용노동부장관이 정하여 고시한 바에 따라 경고표시 기재 항목을 적은 자료를 제공하여야 한다.

② 사업주는 사업장에서 사용하는 물질안전보건자료 대상물질을 담은 용기에 고용노동부령으로 정하는 방법에 따라 경고표시를 하여야 한다. 다만, 용기에 이미 경고표시가 되어있는 등 고용노동부령으로 정하는 경우에는 그러하지 아니하다.

(6) 작성원칙

① MSDS는 한글로 작성하는 것을 원칙으로 하되 화학물질명, 외국기관명 등의 고유명사는 영어로 표기할 수 있다. ✖

② 제1항에도 불구하고 실험실에서 시험·연구목적으로 사용하는 시약으로서 MSDS가 외국어로 작성된 경우에는 한국어로 번역하지 아니할 수 있다.

③ 시험결과를 반영하고자 하는 경우에는 해당국가의 우량실험기준(GLP)에 따라 수행한 시험결과를 우선적으로 고려하여야 한다. ✖

④ 외국어로 되어있는 MSDS를 번역하는 경우에는 자료의 신뢰성이 확보될 수 있도록 최초 작성기관명 및 시기를 함께 기재하여야 하며, 다른 형태의 관련 자료를 활용하여 MSDS를 작성하는 경우에는 참고문헌의 출처를 기재하여야 한다.

⑤ MSDS 작성에 필요한 용어, 작성에 필요한 기술지침은 한국산업안전보건공단이 정할 수 있다.

⑥ MSDS의 작성단위는 「계량에 관한 법률」이 정하는 바에 의한다. ✖

⑦ 각 작성항목은 빠짐없이 작성하여야 한다. 다만, 부득이 어느 항목에 대해 관련 정보를 얻을 수 없는 경우에는 작성란에 "자료없음"이라고 기재하고, 적용이 불가능하거나 대상이 되지 않는 경우에는 작성란에 "해당없음"이라고 기재한다. ✖

⑧ 구성 성분의 함유량을 기재하는 경우에는 함유량의 ± 5%의 범위에서 함유량의 범위(하한값~상한값)로 함유량을 대신하여 표시할 수 있다. 이 경우 함유량이 5% 미만인 경우에는 그 하한값을 1%[발암성 물질, 생식세포 변이원성 물질은 0.1%, 호흡기과민성물질(가스인 경우에 한함) 0.2%, 생식독성 물질은 0.3%]이상으로 표시한다. ✖

⑨ 사업주가 MSDS를 작성할 때에는 취급근로자의 건강보호 목적에 맞도록 성실하게 작성하여야 한다.

물질안전보건자료(MSDS)

1. **물질안전보건자료의 작성 및 제출** ✿✿
   ① 화학물질 또는 이를 함유한 혼합물로서 "물질안전보건자료대상물질"을 제조하거나 수입하려는 자는 다음 각 호의 사항을 적은 물질안전보건자료를 고용노동부령으로 정하는 바에 따라 작성하여 고용노동부장관에게 제출하여야 한다. 이 경우 고용노동부장관은 고용노동부령으로 물질안전보건자료의 기재 사항이나 작성 방법을 정할 때 「화학물질관리법」 및 「화학물질의 등록 및 평가 등에 관한 법률」과 관련된 사항에 대해서는 환경부장관과 협의하여야 한다.
   ② 물질안전보건자료 및 화학물질의 명칭 및 함유량에 관한 자료는 물질안전보건자료대상물질을 제조하거나 수입하기 전에 공단에 제출해야 한다.

물질안전보건자료에 적어야 하는 사항 ✿✿

1. 제품명
2. 물질안전보건자료 대상물질을 구성하는 화학물질 중 유해인자의 분류기준에 해당하는 화학물질의 명칭 및 함유량
3. 안전 및 보건상의 취급 주의 사항
4. 건강 및 환경에 대한 유해성, 물리적 위험성
5. 물리·화학적 특성 등 고용노동부령으로 정하는 사항
   ① 물리·화학적 특성
   ② 독성에 관한 정보
   ③ 폭발·화재 시의 대처방법
   ④ 응급조치 요령
   ⑤ 그 밖에 고용노동부장관이 정하는 사항

물질안전보건자료의 작성항목(Data Sheet 16가지 항목) ✿✿

1. 화학제품과 회사에 관한 정보
2. 유해·위험성
3. 구성성분의 명칭 및 함유량
4. 응급조치요령
5. 폭발·화재 시 대처방법
6. 누출사고 시 대처방법
7. 취급 및 저장방법
8. 노출방지 및 개인보호구
9. 물리화학적 특성
10. 안정성 및 반응성
11. 독성에 관한 정보
12. 환경에 미치는 영향
13. 폐기 시 주의사항
14. 운송에 필요한 정보
15. 법적규제 현황
16. 기타 참고사항

물질안전보건자료 작성 제외 대상 ✿✿

1. 「건강기능식품에 관한 법률」에 따른 건강기능식품
2. 「농약관리법」에 따른 농약
3. 「마약류 관리에 관한 법률」에 따른 마약 및 향정신성의약품
4. 「비료관리법」에 따른 비료
5. 「사료관리법」에 따른 사료
6. 「생활주변방사선 안전관리법」에 따른 원료물질
7. 「생활화학제품 및 살생물제의 안전관리에 관한 법률」에 따른 안전확인대상 생활화학제품 및 살생물제품 중 일반소비자의 생활용으로 제공되는 제품
8. 「식품위생법」에 따른 식품 및 식품첨가물
9. 「약사법」에 따른 의약품 및 의약외품
10. 「원자력안전법」에 따른 방사성물질
11. 「위생용품 관리법」에 따른 위생용품
12. 「의료기기법」에 따른 의료기기
12의2. 「첨단재생의료 및 첨단바이오의약품 안전 및 지원에 관한 법률」에 따른 첨단바이오의약품
13. 「총포·도검·화약류 등의 안전관리에 관한 법률」에 따른 화약류
14. 「폐기물관리법」에 따른 폐기물
15. 「화장품법」에 따른 화장품
16. 제1호부터 제15호까지의 규정 외의 화학물질 또는 혼합물로서 일반소비자의 생활용으로 제공되는 것(일반소비자의 생활용으로 제공되는 화학물질 또는 혼합물이 사업장 내에서 취급되는 경우를 포함한다)
17. 고용노동부장관이 정하여 고시하는 연구·개발용 화학물질 또는 화학제품. 이 경우 법 제110조 제1항부터 제3항까지의 규정에 따른 자료의 제출만 제외된다.
18. 그 밖에 고용노동부장관이 독성·폭발성 등으로 인한 위해의 정도가 적다고 인정하여 고시하는 화학물질

실력이 되고! 합격이 되는! **특급 암기법**

비료로 농 사지은 식품, 건강식품, 위생용품 폐기물에서 화약, 방사성 원료물질 나와서 소비자용 의료기기, 첨단 의약품, 마약, 화장품으로 치료했다.

2. 물질안전보건자료 대상 물질을 양도하거나 제공하는 자는 이를 양도받거나 제공받는 자에게 물질안전보건자료를 제공하여야 한다.

3. **물질안전보건자료의 게시 및 교육**

   ① 물질안전보건자료대상물질을 취급하는 사업주는 다음 각 호의 어느 하나에 해당하는 장소 또는 전산장비에 항상 물질안전보건자료를 게시하거나 갖추어 두어야 한다.

핵심요약 시험에 강하다!

물질안전보건자료를 게시 또는 비치하여야 하는 장소 ★
• 물질안전보건자료 대상물질을 취급하는 작업공정이 있는 장소 • 작업장 내 근로자가 가장 보기 쉬운 장소 • 근로자가 작업 중 쉽게 접근할 수 있는 장소에 설치된 전산장비

② 사업주는 물질안전보건자료 대상물질을 취급하는 작업공정별로 고용노동부령으로 정하는 바에 따라 물질안전보건자료 대상물질의 관리요령을 게시하여야 한다. (작업공정별 관리 요령은 유해성·위험성이 유사한 물질안전보건자료대상물질의 그룹별로 작성하여 게시할 수 있다)

물질안전보건자료대상물질의 작업공정별 관리요령에 포함사항 ★★
• 제품명 • 건강 및 환경에 대한 유해성, 물리적 위험성 • 안전 및 보건상의 취급주의 사항 • 적절한 보호구 • 응급조치 요령 및 사고 시 대처방법

4. 사업주는 다음 각 호의 어느 하나에 해당하는 경우에는 작업장에서 취급하는 물질안전보건자료대상물질의 내용을 근로자에게 교육하고 교육을 실시하였을 때에는 교육시간 및 내용 등을 기록하여 보존해야 한다.

물질안전보건자료대상물질의 내용을 근로자에게 교육하여야 하는 경우 ★
① 물질안전보건자료 대상물질을 제조·사용·운반 또는 저장하는 작업에 근로자를 배치하게 된 경우 ② 새로운 물질안전보건자료 대상물질이 도입된 경우 ③ 유해성·위험성 정보가 변경된 경우

물질안전보건자료에 관한 교육내용 ★
① 대상 화학물질의 명칭(또는 제품명) ② 물리적 위험성 및 건강 유해성 ③ 취급상의 주의사항 ④ 적절한 보호구 ⑤ 응급조치 요령 및 사고 시 대처방법 ⑥ 물질안전보건자료 및 경고표지를 이해하는 방법

5. 물질안전보건자료 대상 물질을 양도하거나 제공하는 자는 고용노동부령으로 정하는 방법에 따라 이를 담은 용기 및 포장에 경고 표시를 하여야하며, 사업장에서 사용하는 물질안전보건자료 대상 물질을 담은 용기에 고용노동부령으로 정하는 방법에 따라 경고표시를 하여야 한다.

5 유해·위험방지 계획서

(1) 유해·위험 방지 계획서의 작성·제출

1) 사업주는 다음 각 호의 어느 하나에 해당하는 경우에는 유해위험방지계획서를 작성하여 고용노동부령으로 정하는 바에 따라 고용노동부장관에게 제출하고 심사를 받아야 한다. 다만, 사업주 중 산업재해 발생률 등을 고려하여 고용노동부령으로 정하는 기준에 해당하는 사업주는 유해위험방지계획서를 스스로 심사하고, 그 심사결과서를 작성하여 고용노동부장관에게 제출하여야 한다.

   ① 대통령령으로 정하는 사업의 종류 및 규모에 해당하는 사업으로서 해당 제품의 생산 공정과 직접적으로 관련된 건설물·기계·기구 및 설비 등 일체를 설치·이전하거나 그 주요 구조 부분을 변경하려는 경우
   ② 유해하거나 위험한 작업 또는 장소에서 사용하거나 건강장해를 방지하기 위하여 사용하는 기계·기구 및 설비로서 대통령령으로 정하는 기계·기구 및 설비를 설치·이전하거나 그 주요 구조 부분을 변경하려는 경우
   ③ 대통령령으로 정하는 크기, 높이 등에 해당하는 건설공사를 착공하려는 경우

2) 대통령령으로 정하는 크기, 높이 등에 해당하는 건설공사를 착공하려는 사업주는 유해위험방지계획서를 작성할 때 건설안전 분야의 자격 등 고용노동부령으로 정하는 자격을 갖춘 자의 의견을 들어야 한다.

유해·위험방지계획서 작성 자격을 갖춘 자
① 건설안전 분야 산업안전지도사
② 건설안전기술사 또는 토목·건축 분야 기술사
③ 건설안전산업기사 이상으로서 건설안전 관련 실무경력이 7년(기사는 5년) 이상인 사람

3) 사업주가 공정안전보고서를 고용노동부장관에게 제출한 경우에는 해당 유해·위험설비에 대해서는 유해위험방지계획서를 제출한 것으로 본다.

4) 공단은 유해위험방지계획서 및 그 첨부 서류를 접수한 경우에는 접수일부터 15일 이내에 심사하여 사업주에게 그 결과를 알려야 한다. 다만, 자체심사 및 확인업체가 유해위험방지계획서 자체 심사서를 제출한 경우에는 심사를 하지 않을 수 있다.

참고

※ 유해위험방지계획서의 제출

① 같은 사업장 내에서 공사의 착공시기를 달리하는 사업의 사업주는 해당 공사별 또는 해당 공사의 단위작업공사 종류별로 유해·위험방지계획서를 분리하여 각각 제출할 수 있다. 이 경우 이미 제출한 유해·위험방지계획서의 첨부서류와 중복되는 서류는 제출하지 아니할 수 있다.

② 자체심사 및 확인업체는 자체심사 및 확인방법에 따라 유해·위험방지계획서를 스스로 심사하여 해당 공사의 착공 전날까지 유해·위험방지계획서 자체심사서를 공단에 제출하여야 한다. 이 경우 공단은 필요한 경우 자체심사 및 확인 대상 사업주의 자체심사에 관하여 지도·조언할 수 있다.

참고

사업주는 제조업 등 유해·위험 방지 계획서를 작성할 때에 다음 각 호의 어느 하나에 해당하는 자격을 갖춘 사람 또는 공단이 실시하는 관련교육을 20시간 이상 이수한 사람 중 1명 이상을 포함시켜야 한다.

1. 기계, 재료, 화학, 전기·전자, 안전관리 또는 환경분야 기술사 자격을 취득한 사람
2. 기계안전·전기안전·화공안전분야의 산업안전지도사 또는 산업보건지도사 자격을 취득한 사람
3. 관련분야 기사 자격을 취득한 사람으로서 해당 분야에서 3년 이상 근무한 경력이 있는 사람
4. 관련분야 산업기사 자격을 취득한 사람으로서 해당 분야에서 5년 이상 근무한 경력이 있는 사람

합격의 key

5. 「고등교육법」에 따른 대학 및 산업대학(이공계 학과에 한정한다)을 졸업한 후 해당 분야에서 5년 이상 근무한 경력이 있는 사람 또는 「고등교육법」에 따른 전문대학(이공계 학과에 한정한다)을 졸업한 후 해당 분야에서 7년 이상 근무한 경력이 있는 사람
6. 「초・중등교육법」에 따른 전문계 고등학교 또는 이와 같은 수준 이상의 학교를 졸업하고 해당 분야에서 9년 이상 근무한 경력이 있는 사람

유해위험 방지계획서 심사 결과의 구분 ✰✰

① 적정 : 근로자의 안전과 보건을 위하여 필요한 조치가 구체적으로 확보되었다고 인정되는 경우
② 조건부 적정 : 근로자의 안전과 보건을 확보하기 위하여 일부 개선이 필요하다고 인정되는 경우
③ 부적정 : 기계・설비 또는 건설물이 심사기준에 위반되어 공사착공 시 중대한 위험발생의 우려가 있거나 계획에 근본적 결함이 있다고 인정되는 경우

---

5) 사업주는 스스로 심사하거나 고용노동부장관이 심사한 유해위험방지계획서와 그 심사결과서를 사업장에 갖추어 두어야 한다.

6) 대통령령으로 정하는 크기, 높이 등에 해당하는 건설공사를 착공하려는 사업주로서 유해위험방지계획서 및 그 심사 결과서를 사업장에 갖추어 둔 사업주는 해당 건설공사의 공법의 변경 등으로 인하여 그 유해위험방지계획서를 변경할 필요가 있는 경우에는 이를 변경하여 갖추어 두어야 한다.

(2) 유해위험방지계획서 이행의 확인

1) 유해위험방지계획서에 대한 심사를 받은 사업주는 고용노동부령으로 정하는 바에 따라 유해위험방지계획서의 이행에 관하여 고용노동부장관의 확인을 받아야 한다.

2) 유해・위험 방지 계획서의 작성・제출 대상 외의 법에서 정한 부분 단서에 따른 사업주는 고용노동부령으로 정하는 바에 따라 유해위험방지계획서의 이행에 관하여 스스로 확인하여야 한다. 다만, 해당 건설공사 중에 근로자가 사망(교통사고 등 고용노동부령으로 정하는 경우는 제외한다)한 경우에는 고용노동부령으로 정하는 바에 따라 유해위험방지계획서의 이행에 관하여 고용노동부장관의 확인을 받아야 한다.

3) 고용노동부장관은 유해위험방지계획서 확인 결과 유해위험방지계획서대로 유해・위험방지를 위한 조치가 되지 아니하는 경우에는 고용노동부령으로 정하는 바에 따라 시설 등의 개선, 사용중지 또는 작업중지 등 필요한 조치를 명할 수 있다.

4) 유해위험방지계획서의 확인사항

① 기계·기구 및 설비에 대한 유해위험방지계획서를 제출한 사업주는 해당 건설물·기계·기구 및 설비의 시운전단계에서, 건설공사에 따른 사업주는 건설공사 중 6개월 이내마다 다음 각 호의 사항에 관하여 공단의 확인을 받아야 한다. ✻
  - 유해·위험방지계획서의 내용과 실제 공사 내용이 부합하는지 여부
  - 유해·위험방지계획서 변경내용의 적정성
  - 추가적인 유해·위험요인의 존재 여부

② 자체심사 및 확인업체의 사업주는 해당 공사 준공 시까지 6개월 이내마다 자체확인을 하여야 하며, 공단은 필요한 경우 해당 자체확인에 관하여 지도·조언할 수 있다. 다만, 그 공사 중 사망재해가 발생한 경우에는 공단의 확인을 받아야 한다.

(3) 유해·위험방지 계획서 작성대상 사업 ✻✻✻

"대통령령으로 정하는 업종 및 규모에 해당하는 사업"이란 다음 각 호의 어느 하나에 해당하는 사업으로서 전기사용설비의 정격용량의 합이 300킬로와트 이상인 사업을 말한다.

유해·위험방지계획서 작성대상(제조업) ✻✻✻

1. 1차 금속 제조업
2. 금속가공제품(기계 및 가구는 제외한다) 제조업
3. 비금속 광물제품 제조업
4. 목재 및 나무제품 제조업
5. 화학물질 및 화학제품 제조업
6. 기타 기계 및 장비 제조업
7. 자동차 및 트레일러 제조업
8. 고무제품 및 플라스틱제품 제조업
9. 기타 제품 제조업
10. 식료품 제조업
11. 반도체 제조업
12. 가구 제조업
13. 전자부품제조업

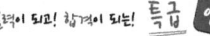

1차 금속으로 **금속가공제품, 비금속광물제품** 제조하여 **나무, 화학물질** 섞어서 **기계장비, 자동차 트레일러** 만들고, **고무풀**(고무 및 플라스틱)로 **기타 식료품** 만들었더니 **도대체**(반도체)**가**(가구) **전부**(전자부품) **유해·위험**(유해·위험방지계획서)하다.

참고

* 유해위험방지계획서의 확인사항
1. 건설물·기계·기구 및 설비 또는 건설공사의 경우 사업주가 고용노동부장관이 정하는 요건을 갖춘 지도사에게 확인을 받고 그 결과를 공단에 제출하면 공단은 확인에 필요한 현장방문을 지도사의 확인결과로 대체할 수 있다. 다만, 건설업의 경우 최근 2년간 사망재해(별표 1 제3호라목에 따른 재해는 제외한다)가 발생한 경우에는 그렇지 않다.
2. 공단은 확인 결과 해당 사업장의 유해·위험의 방지상태가 적정하다고 판단되는 경우에는 5일 이내에 확인결과 통지서를 사업주에게 발급하여야 하며, 확인 결과 경미한 유해·위험요인이 발견된 경우에는 일정한 기간을 정하여 개선하도록 권고하되, 해당 기간 내에 개선되지 아니한 경우에는 기간 만료일부터 10일 이내에 확인결과 조치 요청서에 그 이유를 적은 서면을 첨부하여 지방고용노동관서의 장에게 보고하여야 한다.
3. 공단은 확인 결과 중대한 유해·위험요인이 있어 작업의 중지, 사용 중지 및 주요 시설의 개선 등이 필요하다고 인정되는 경우에는 지체 없이 확인결과 조치 요청서에 그 이유를 적은 서면을 첨부하여 지방고용노동관서의 장에게 보고하여야 한다.

다음 각 호의 어느 하나에 해당하는 기계·기구 및 설비를 말한다.

유해·위험방지계획서 작성대상(기계·기구 및 설비) ✯✯✯

① 금속이나 그 밖의 광물의 용해로
② 화학설비
③ 건조설비
④ 가스집합 용접장치
⑤ 근로자의 건강에 상당한 장해를 일으킬 우려가 있는 물질로서 고용노동부령으로 정하는 물질의 밀폐·환기·배기를 위한 설비

유해·위험방지계획서 작성대상(건설공사) ✯✯✯

① 다음 각 목의 어느 하나에 해당하는 건축물 또는 시설 등의 건설·개조 또는 해체공사
　가. 지상높이가 31미터 이상인 건축물 또는 인공구조물
　나. 연면적 3만 제곱미터 이상인 건축물
　다. 연면적 5천 제곱미터 이상인 시설로서 다음의 어느 하나에 해당하는 시설
　　1) 문화 및 집회시설(전시장 및 동물원·식물원은 제외한다)
　　2) 판매시설, 운수시설(고속철도의 역사 및 집배송시설은 제외한다)
　　3) 종교시설
　　4) 의료시설 중 종합병원
　　5) 숙박시설 중 관광숙박시설
　　6) 지하도상가
　　7) 냉동·냉장 창고시설
② 연면적 5천제곱미터 이상의 냉동·냉장창고시설의 설비공사 및 단열공사
③ 최대 지간길이(다리의 기둥과 기둥의 중심사이의 거리)가 50미터 이상인 교량 건설 등 공사
④ 터널 건설 등의 공사
⑤ 다목적댐, 발전용댐 및 저수용량 2천만톤 이상의 용수 전용 댐, 지방상수도 전용 댐 건설 등의 공사
⑥ 깊이 10미터 이상인 굴착공사

- 지상높이 31m, 연면적 3만m², 사람 많은 시설 연면적 5,000m²
- 연면적 5,000m² 냉동·냉장창고시설
- 최대 지간길이가 50미터 이상 교량
- 터널
- 저수용량 2천만 톤 이상 댐
- 10미터 이상인 굴착

참고

계획서의 검토

① 공단은 유해·위험방지계획서 및 그 첨부서류를 접수한 경우에는 접수일부터 15일 이내에 심사하여 사업주에게 그 결과를 알려야 한다. 다만, 자체심사 및 확인업체가 유해·위험방지계획서 자체심사서 등을 제출한 경우에는 심사를 하지 아니할 수 있다.
② 공단은 유해·위험방지계획서 심사 시 관련 분야의 학식과 경험이 풍부한 사람을 심사위원으로 위촉하여 해당 분야의 심사에 참여하게 할 수 있다.
③ 공단은 유해·위험방지계획서 심사에 참여한 위원에게 수당과 여비를 지급할 수 있다. 다만, 소관 업무와 직접 관련되어 참여한 위원의 경우에는 그러하지 아니하다.
④ 고용노동부장관이 정하는 건설물·기계기구 및 설비 또는 건설공사의 경우에는 고용노동부장관이 정하는 요건을 갖춘 산업안전지도사 또는 산업보건지도사에게 유해·위험방지계획서에 대한 평가를 받은 후 그 결과를 제출할 수 있다. 이 경우 공단은 평가서를 검토한 결과 그 내용이 적합하다고 인정되면 해당 평가서로 심사를 갈음할 수 있다.
⑤ 유해·위험방지계획서에 대한 평가는 평가를 의견을 제시한 자가 하여서는 아니 된다.

참고

계획서의 비치

① 유해·위험방지계획서의 심사를 받은 사업주와 유해·위험방지계획서 자체심사서를 제출한 사업주는 유해·위험방지계획서를 해당 사업장에 갖추어 두어야 한다.
② 사업주는 유해·위험방지계획서의 변경사유가 발생한 경우에는 이를 보완하여 갖추어 두어야 한다.

(4) 제출서류

1) 사업주가 제조업 대상 사업, 대상기계·기구 설비에 해당하는 유해·위험방지계획서를 제출하려면 다음 각 호의 서류를 첨부하여 해당 작업 시작 15일 전까지 공단에 2부를 제출하여야 한다.

유해·위험방지계획서 제출서류(제조업 및 대상 기계·기구설비)	
제조업 대상 사업 첨부서류	① 건축물 각 층의 평면도 ② 기계·설비의 개요를 나타내는 서류 ③ 기계·설비의 배치도면 ④ 원재료 및 제품의 취급, 제조 등의 작업방법의 개요 ⑤ 그 밖에 고용노동부장관이 정하는 도면 및 서류
대상 기계·기구 설비 첨부서류	① 설치장소의 개요를 나타내는 서류 ② 설비의 도면 ③ 그 밖에 고용노동부장관이 정하는 도면 및 서류

2) 사업주가 건설공사에 해당하는 유해·위험방지계획서를 제출하려면 건설공사 유해·위험방지계획서 다음 각 호 서류를 첨부하여 해당 공사의 착공 전날까지 공단에 2부를 제출하여야 한다. 이 경우 해당 공사가 「건설기술 진흥법」에 따른 안전관리계획을 수립해야 하는 건설공사에 해당하는 경우에는 유해위험방지계획서와 안전관리계획서를 통합하여 작성한 서류를 제출할 수 있다.

유해·위험방지계획서 첨부서류(건설공사)
1. 공사 개요 및 안전보건관리계획 　가. 공사 개요서 　나. 공사현장의 주변 현황 및 주변과의 관계를 나타내는 도면 　　 (매설물 현황을 포함) 　다. 건설물, 사용 기계설비 등의 배치를 나타내는 도면 　라. 전체 공정표 　마. 산업안전보건관리비 사용계획 　바. 안전관리 조직표 　사. 재해 발생 위험 시 연락 및 대피방법 2. 작업 공사 종류별 유해·위험방지계획

👑 유해위험 방지계획서

1. **유해·위험방지 계획서 작성대상 사업** ✿✿

   "대통령령으로 정하는 업종 및 규모에 해당하는 사업"이란 다음 각 호의 어느 하나에 해당하는 사업으로서 전기사용설비의 정격용량의 합이 300킬로와트 이상인 사업을 말한다.

유해·위험방지계획서 작성대상(제조업) ✿✿✿
1. 1차 금속 제조업 2. 금속가공제품(기계 및 가구는 제외한다) 제조업 3. 비금속 광물제품 제조업 4. 목재 및 나무제품 제조업 5. 화학물질 및 화학제품 제조업 6. 기타 기계 및 장비 제조업 7. 자동차 및 트레일러 제조업 8. 고무제품 및 플라스틱제품 제조업 9. 기타 제품 제조업 10. 식료품 제조업 11. 반도체 제조업 12. 가구 제조업 13. 전자부품제조업

   > 실력이 되고! 합격이 되는! **특급 암기법**
   >
   > **1차 금속**으로 **금속가공제품, 비금속광물제품** 제조하여 **나무, 화학물질** 섞어서 **기계장비, 자동차 트레일러** 만들고, **고무풀**(고무 및 플라스틱)로 **기타 식료품** 만들었더니 **도대체**(반도체)가 **(가구) 전부**(전자부품) **유해·위험**(유해·위험방지 계획서)하다.

   다음 각 호의 어느 하나에 해당하는 기계·기구 및 설비를 말한다.

유해·위험방지계획서 작성대상(기계·기구 및 설비) ✿✿✿
① 금속이나 그 밖의 광물의 용해로 ② 화학설비 ③ 건조설비 ④ 가스집합 용접장치 ⑤ 근로자의 건강에 상당한 장해를 일으킬 우려가 있는 물질로서 고용노동부령으로 정하는 물질의 밀폐·환기·배기를 위한 설비

유해·위험방지계획서 작성대상(건설공사) ✯✯✯

① 다음 각 목의 어느 하나에 해당하는 건축물 또는 시설 등의 건설·개조 또는 해체공사
    가. 지상높이가 31미터 이상인 건축물 또는 인공구조물
    나. 연면적 3만 제곱미터 이상인 건축물
    다. 연면적 5천 제곱미터 이상인 시설로서 다음의 어느 하나에 해당하는 시설
        1) 문화 및 집회시설(전시장 및 동물원·식물원은 제외한다)
        2) 판매시설, 운수시설(고속철도의 역사 및 집배송시설은 제외한다)
        3) 종교시설
        4) 의료시설 중 종합병원
        5) 숙박시설 중 관광숙박시설
        6) 지하도상가
        7) 냉동·냉장 창고시설
② 연면적 5천제곱미터 이상의 냉동·냉장창고시설의 설비공사 및 단열공사
③ 최대 지간길이(다리의 기둥과 기둥의 중심사이의 거리)가 50미터 이상인 교량 건설 등 공사
④ 터널 건설 등의 공사
⑤ 다목적댐, 발전용댐 및 저수용량 2천만톤 이상의 용수 전용 댐, 지방상수도 전용 댐 건설 등의 공사
⑥ 깊이 10미터 이상인 굴착공사

- 지상높이 31m, 연면적 3만m², 사람 많은 시설 연면적 5,000m²
- 연면적 5,000m² 냉동·냉장창고시설
- 최대 지간길이 50미터 이상 교량
- 터널
- 저수용량 2천만 톤 이상 댐
- 10미터 이상인 굴착

2. 유해·위험방지 계획서 제출서류 ✯✯

사업주가 제조업 대상 사업, 대상기계·기구 설비에 해당하는 유해·위험방지계획서를 제출하려면 다음 각 호의 서류를 첨부하여 해당 공사 착공 15일 전까지 공단에 2부를 제출하여야 한다.

제조업 대상 사업 첨부서류	① 건축물 각 층의 평면도 ② 기계·설비의 개요를 나타내는 서류 ③ 기계·설비의 배치도면 ④ 원재료 및 제품의 취급, 제조 등의 작업방법의 개요 ⑤ 그 밖에 고용노동부장관이 정하는 도면 및 서류
대상 기계·기구 설비 첨부서류	① 설치장소의 개요를 나타내는 서류 ② 설비의 도면 ③ 그 밖에 고용노동부장관이 정하는 도면 및 서류

사업주가 건설공사에 해당하는 유해·위험방지계획서를 제출하려면 건설공사 유해·위험방지계획서 다음 각 호 서류를 첨부하여 해당 공사의 착공 전날까지 공단에 2부를 제출하여야 한다.

건설업 대상 첨부서류	① 공사 개요 및 안전보건관리계획 　㉠ 공사 개요서 　㉡ 공사현장의 주변 현황 및 주변과의 관계를 나타내는 도면 　　(매설물 현황을 포함) 　㉢ 건설물, 사용 기계설비 등의 배치를 나타내는 도면 　㉣ 전체 공정표 　㉤ 산업안전보건관리비 사용계획 　㉥ 안전관리 조직표 　㉦ 재해 발생 위험 시 연락 및 대피방법 ② 작업공사 종류별 유해·위험방지계획

3. 유해·위험방지 계획서 심사결과의 구분 ✮✮

① 적정	근로자의 안전과 보건을 위하여 필요한 조치가 구체적으로 확보되었다고 인정되는 경우
② 조건부 적정	근로자의 안전과 보건을 확보하기 위하여 일부 개선이 필요하다고 인정되는 경우
③ 부적정	기계·설비 또는 건설물이 심사기준에 위반되어 공사착공 시 중대한 위험 발생의 우려가 있거나 계획에 근본적 결함이 있다고 인정되는 경우

6 작업환경 측정

(1) 작업환경 측정

1) 사업주는 유해인자로부터 근로자의 건강을 보호하고 쾌적한 작업환경을 조성하기 위하여 인체에 해로운 작업을 하는 작업장으로서 고용노동부령으로 정하는 작업장에 대하여 고용노동부령으로 정하는 자격을 가진 자로 하여금 작업환경측정을 하도록 하여야 한다.

2) 도급인의 사업장에서 관계수급인 또는 관계수급인의 근로자가 작업을 하는 경우에는 도급인이 자격을 가진 자로 하여금 작업환경측정을 하도록 하여야 한다.

3) 사업주는 근로자대표(관계수급인의 근로자대표를 포함한다)가 요구하면 작업환경측정 시 근로자대표를 참석시켜야 한다.

4) 사업주는 작업환경측정 결과를 기록하여 보존하고 고용노동부령으로 정하는 바에 따라 고용노동부장관에게 보고하여야 한다. 다만, 사업주로부터 작업환경측정을 위탁받은 작업환경측정기관이 작업환경측정을 한 후 그 결과를 고용노동부령으로 정하는바에 따라 고용노동부장관에게 제출한 경우에는 작업환경측정 결과를 보고한 것으로 본다.

5) 사업주는 작업환경측정 결과를 해당 작업장의 근로자(관계수급인 및 관계수급인 근로자를 포함한다)에게 알려야 하며, 그 결과에 따라 근로자의 건강을 보호하기 위하여 해당 시설·설비의 설치·개선 또는 건강진단의 실시 등의 조치를 하여야 한다.

6) 사업주는 산업안전보건위원회 또는 근로자대표가 요구하면 작업환경측정 결과에 대한 설명회 등을 개최하여야 한다. 이 경우 작업환경측정을 위탁하여 실시한 경우에는 작업환경측정기관에 작업환경측정 결과에 대하여 설명하도록 할 수 있다.

(2) 작업환경측정 대상 작업장

① 작업환경측정대상 작업장이란 작업환경측정 대상 유해인자에 노출되는 근로자가 있는 작업장을 말한다. 다만, 다음 각 호의 어느 하나에 해당하는 경우에는 작업환경측정을 하지 않을 수 있다.

합격의 key

작업환경측정을 하지 않을 수 있는 경우

1. 관리대상 유해물질의 허용소비량을 초과하지 않는 작업장(그 관리대상 유해물질에 관한 작업환경측정만 해당한다)
2. 임시 작업 및 단시간 작업을 하는 작업장(고용노동부장관이 정하여 고시하는 물질을 취급하는 작업을 하는 경우는 제외한다)
3. 분진작업의 적용 제외 작업장(분진에 관한 작업환경측정만 해당한다)
4. 그 밖에 작업환경측정 대상 유해인자의 노출 수준이 노출기준에 비하여 현저히 낮은 경우로서 고용노동부장관이 정하여 고시하는 작업장

② 안전보건진단기관이 안전보건진단을 실시하는 경우에 작업장의 유해인자 전체에 대하여 고용노동부장관이 정하는 방법에 따라 작업환경을 측정하였을 때에는 사업주는 해당 측정주기에 실시해야 할 해당 작업장의 작업환경측정을 하지 않을 수 있다.

> **참고 작업환경측정 대상 유해인자**
> 1. 화학적 인자
>   - 가. 유기화합물(114종)
>   - 나. 금속류(24종)
>   - 다. 산 및 알칼리류(17종)
>   - 라. 가스 상태 물질류(15종)
>   - 마. 허가 대상 유해물질(12종)
>   - 바. 금속가공유(Metal working fluids, 1종)
> 2. 물리적 인자(2종)
>   - 가. 8시간 시간가중평균 80dB 이상의 소음
>   - 나. 고열
> 3. 분진(7종)
>   - 가. 광물성 분진(Mineral dust)
>   - 나. 곡물 분진(Grain dust)
>   - 다. 면 분진(Cotton dust)
>   - 라. 목재 분진(Wood dust)
>   - 마. 석면 분진(Asbestos dusts; 1332-21-4 등)
>   - 바. 용접 흄(Welding fume)
>   - 사. 유리섬유(Glass fiber dust)
> 4. 그 밖에 고용노동부장관이 정하여 고시하는 인체에 해로운 유해인자

(3) 작업환경 측정 횟수

① 사업주는 작업장 또는 작업공정이 신규로 가동되거나 변경되는 등으로 작업환경측정 대상 작업장이 된 경우에는 그 날부터 30일 이내에 작업환경측정을 하고, 그 후 반기(半期)에 1회 이상 정기적으로 작업환경을 측정해야 한다. 다만, 작업환경측정 결과가 다음 각 호의 어느 하나에 해당하는 작업장 또는 작업공정은 해당 유해인자에 대하여 그 측정일부터 3개월에 1회 이상 작업환경측정을 해야 한다.

3개월에 1회 이상 작업환경 측정을 하여야 하는 경우

1. 화학적 인자(고용노동부장관이 정하여 고시하는 물질만 해당한다)의 측정치가 노출기준을 초과하는 경우
2. 화학적 인자(고용노동부장관이 정하여 고시하는 물질은 제외한다)의 측정치가 노출기준을 2배 이상 초과하는 경우

② 사업주는 최근 1년간 작업공정에서 공정 설비의 변경, 작업방법의 변경, 설비의 이전, 사용 화학물질의 변경 등으로 작업환경측정 결과에 영향을 주는 변화가 없는 경우로서 다음 각 호의 어느 하나에 해당하는 경우에는 해당 유해인자에 대한 작업환경측정을 1년에 1회 이상 할 수 있다. 다만, 고용노동부장관이 정하여 고시하는 물질을 취급하는 작업공정은 그러하지 아니하다.

1년 1회 이상 작업환경 측정을 할 수 있는 경우

1. 작업공정 내 소음의 작업환경측정 결과가 최근 2회 연속 85데시벨(dB) 미만인 경우
2. 작업공정 내 소음 외의 다른 모든 인자의 작업환경 측정 결과가 최근 2회 연속 노출기준 미만인 경우

(4) 작업환경 측정 방법

사업주는 작업환경측정을 할 때에는 다음 각 호의 사항을 지켜야 한다.

① 작업환경측정을 하기 전에 예비조사를 할 것
② 작업이 정상적으로 이루어져 작업시간과 유해인자에 대한 근로자의 노출 정도를 정확히 평가할 수 있을 때 실시할 것
③ 모든 측정은 개인시료 채취방법으로 하되, 개인시료 채취방법이 곤란한 경우에는 지역시료 채취방법으로 실시(이 경우 그 사유를 별지 제21호서식의 작업환경측정 결과표에 분명하게 밝혀야한다)할 것

(5) 작업환경 측정 결과의 보고

① 사업주는 작업환경측정을 한 경우에는 작업환경측정 결과보고서에 작업환경측정 결과표를 첨부하여 시료채취를 마친 날부터 30일 이내에 관할 지방고용노동관서의 장에게 제출하여야 한다. 다만, 시료분석 및 평가에 상당한 시간이 걸려 시료채취를 마친 날부터 30일 이내에 보고하는 것이 어려운 사업장의 사업주는 고용노동부

참고

* **서류의 보존**

① 작업환경측정 결과를 기록한 서류는 보존(전자적 방법으로 하는 보존을 포함한다)기간을 5년으로 한다. 다만, 고용노동부장관이 정하여 고시하는 물질에 대한 기록이 포함된 서류는 그 보존기간을 30년으로 한다.

② 지정측정기관은 작업환경측정을 한 경우에는 다음 각 호의 사항을 적은 서류를 보존하여야 한다.
  1. 측정 대상 사업장의 명칭 및 소재지
  2. 측정 연월
  3. 측정을 한 사람의 성명
  4. 측정방법 및 측정 결과
  5. 기기를 사용하여 분석한 경우에는 분석자·분석방법 및 분석자료 등 분석과 관련된 사항

③ 지도사는 다음 각 호의 사항을 적은 서류를 보존하여야 한다.
  1. 의뢰자의 성명(법인의 경우는 그 명칭) 및 주소
  2. 의뢰를 받은 연월일
  3. 실시항목
  4. 의뢰자로부터 받은 보수액

④ 석면해체·제거업자는 다음 각 호의 사항을 적은 서류를 보존하여야 한다.
  1. 석면해체·제거작업장의 명칭 및 소재지
  2. 석면해체·제거작업 근로자의 인적사항(성명, 생년월일 등을 말한다)
  3. 작업의 내용 및 작업기간

장관이 정하여 고시하는 바에 따라 그 사실을 증명하여 지방고용노동관서의 장에게 신고하면 30일의 범위에서 제출 기간을 연장할 수 있다.

② 작업환경측정기관이 작업환경측정을 한 경우에는 시료채취를 마친 날부터 30일 이내에 작업환경측정 결과표를 전자적 방법으로 지방고용노동관서의 장에게 제출하여야 한다. 다만, 시료분석 및 평가에 상당한 시간이 걸려 시료채취를 마친 날부터 30일 이내에 보고하는 것이 어려운 지정측정기관은 고용노동부장관이 정하여 고시하는 바에 따라 그 사실을 증명하여 지방고용노동관서의 장에게 신고하면 30일의 범위에서 제출 기간을 연장할 수 있다.

③ 사업주는 작업환경측정 결과 노출기준을 초과한 작업공정이 있는 경우에는 해당 시설·설비의 설치·개선 또는 건강진단의 실시 등 적절한 조치를 하고 시료채취를 마친 날부터 60일 이내에 해당 작업공정의 개선을 증명할 수 있는 서류 또는 개선 계획을 관할 지방고용노동관서의 장에게 제출하여야 한다.

(6) 작업환경측정 신뢰성 평가

1) 공단은 다음 각 호의 어느 하나에 해당하는 경우에는 작업환경측정 신뢰성 평가를 할 수 있다.

① 작업환경측정 결과가 노출 기준 미만인데도 직업병 유소견자가 발생한 경우
② 공정설비, 작업방법 또는 사용 화학물질의 변경 등 작업 조건의 변화가 없는데도 유해인자 노출 수준이 현저히 달라진 경우
③ 작업환경측정방법을 위반하여 작업환경측정을 한 경우 등 신뢰성 평가의 필요성이 인정되는 경우

2) 공단이 신뢰성 평가를 할 때에는 작업환경측정 결과와 작업환경측정 서류를 검토하고, 해당 작업공정 또는 사업장에 대하여 작업환경측정을 해야 하며, 그 결과를 해당 사업장의 소재지를 관할하는 지방고용노동관서의 장에게 보고해야 한다.

3) 지방고용노동관서의 장은 작업환경측정 결과 노출 기준을 초과한 경우에는 사업주로 하여금 해당 시설·설비의 설치·개선 또는 건강진단의 실시 등 적절한 조치를 하도록 해야 한다.

7 건강진단

(1) 건강진단에 관한 사업주의 의무

1) 사업주는 건강진단을 실시하는 경우 근로자대표가 요구하면 근로자대표를 참석시켜야 한다.

2) 사업주는 산업안전보건위원회 또는 근로자대표가 요구할 때에는 직접 또는 건강진단을 한 건강진단기관에 건강진단 결과에 대하여 설명하도록 하여야 한다. 다만, 개별 근로자의 건강진단 결과는 본인의 동의 없이 공개해서는 아니 된다.

3) 사업주는 건강진단의 결과를 근로자의 건강 보호 및 유지 외의 목적으로 사용해서는 아니 된다.

4) 사업주는 건강진단의 결과 근로자의 건강을 유지하기 위하여 필요하다고 인정할 때에는 작업장소 변경, 작업 전환, 근로시간 단축, 야간근로(오후 10시부터 다음 날 오전 6시까지 사이의 근로를 말한다)의 제한, 작업환경측정 또는 시설·설비의 설치·개선 등 고용노동부령으로 정하는 바에 따라 적절한 조치를 하여야 한다.

(2) 건강진단에 관한 근로자의 의무

근로자는 사업주가 실시하는 건강진단을 받아야 한다. 다만, 사업주가 지정한 건강진단기관이 아닌 건강진단기관으로부터 이에 상응하는 건강진단을 받아 그 결과를 증명하는 서류를 사업주에게 제출하는 경우에는 사업주가 실시하는 건강진단을 받은 것으로 본다.

(3) 건강진단기관 등의 결과보고 의무

1) 건강진단기관은 건강진단을 실시한 때에는 고용노동부령으로 정하는 바에 따라 그 결과를 근로자 및 사업주에게 통보하고 고용노동부장관에게 보고하여야 한다.

① 건강진단기관이 건강진단을 실시하였을 때에는 그 결과를 고용노동부장관이 정하는 건강진단 개인표에 기록하고, 건강진단 실시일부터 30일 이내에 근로자에게 송부하여야 한다.

참고

※ 일반건강진단을 실시한 것으로 인정하는 경우
1. 「국민건강보험법」에 따른 건강검진
2. 「선원법」에 따른 건강진단
3. 「진폐의 예방과 진폐근로자의 보호 등에 관한 법률」에 따른 정기 건강진단
4. 「학교보건법」에 따른 건강검사
5. 「항공안전법」에 따른 신체검사
6. 그 밖에 일반건강진단의 검사항목을 모두 포함하여 실시한 건강진단

※ 특수건강진단을 실시한 것으로 인정하는 경우
1. 「원자력안전법」에 따른 건강진단(방사선만 해당한다)
2. 「진폐의 예방과 진폐근로자의 보호 등에 관한 법률」에 따른 정기 건강진단(광물성 분진만 해당한다)
3. 「진단용 방사선 발생장치의 안전관리에 관한 규칙」에 따른 건강진단(방사선만 해당한다)
3의 2. 「동물 진단용 방사선 발생장치의 안전관리에 관한 규칙」에 따른 건강진단(방사선만 해당한다)
4. 그 밖에 다른 법령에 따라 별표 24에서 정한 법 제130조제1항에 따른 특수건강진단(이하 "특수건강진단"이라 한다)의 검사항목을 모두 포함하여 실시한 건강진단(해당하는 유해인자만 해당한다)

합격의 key

> **참고**
>
> ※ 특수건강진단대상 유해 인자 ★
>
> 1. 화학적 인자
>   ① 유기화합물(109종)
>   ② 금속류(20종)
>   ③ 산 및 알칼리류(8종)
>   ④ 가스 상태 물질류(14종)
>   ⑤ 허가 대상 유해물질 (12종)
>   ⑥ 금속가공유 : 미네랄 오일미스트(광물성 오일, Oil mist, mineral)
>
> 2. 분진(7종)
>   ① 곡물 분진
>   ② 광물성 분진
>   ③ 면 분진
>   ④ 목재 분진
>   ⑤ 용접 흄
>   ⑥ 유리섬유 분진
>   ⑦ 석면분진
>
> 3. 물리적 인자(8종)
>   ① 소음
>   ② 진동
>   ③ 방사선
>   ④ 고기압
>   ⑤ 저기압
>   ⑥ 유해광선(자외선, 적외선, 마이크로파 및 라디오파)
>
> 4. 야간작업(2종)
>   ① 6개월간 밤 12시부터 오전 5시까지의 시간을 포함하여 계속되는 8시간 작업을 월 평균 4회 이상 수행하는 경우
>   ② 6개월간 오후 10시부터 다음날 오전 6시 사이의 시간 중 작업을 월 평균 60시간 이상 수행하는 경우

② 건강진단기관은 건강진단을 실시한 결과 질병 유소견자가 발견된 경우에는 건강진단을 실시한 날부터 30일 이내에 해당 근로자에게 의학적 소견 및 사후관리에 필요한 사항과 업무수행의 적합성 여부(특수건강진단기관인 경우에만 해당한다)를 설명하여야 한다. 다만, 해당 근로자가 소속한 사업장의 의사인 보건관리자에게 이를 설명한 경우에는 그렇지 않다.

③ 건강진단기관은 건강진단을 실시한 날부터 30일 이내에 다음 각 호의 구분에 따라 건강진단 결과표를 사업주에게 송부해야 한다.
  • 일반 건강진단을 실시한 경우 : 일반 건강진단 결과표
  • 특수건강진단·배치전건강진단·수시건강진단 및 임시건강진단을 실시한 경우 : 특수·배치전·수시·임시건강진단 결과표

④ 특수건강진단기관은 특수건강진단·수시건강진단 또는 임시건강진단을 실시한 경우에는 건강진단을 실시한 날부터 30일 이내에 건강진단 결과표를 지방고용노동관서의 장에게 제출해야 한다. 다만, 건강진단개인표 전산입력자료를 고용노동부장관이 정하는 바에 따라 공단에 송부한 경우에는 그렇지 않다.

⑤ 건강진단을 한 기관은 사업주가 근로자의 건강보호를 위하여 건강진단 결과를 요청하는 경우 일반건강진단 결과표를 사업주에게 송부해야 한다.

⑥ 일반건강진단을 실시한 기관은 사업주가 근로자의 건강보호를 위하여 건강진단 결과를 요청하는 경우 일반건강진단 결과표 사업주에게 통보하여야 한다.

> **참고**
>
> ※ 특수건강진단의 시기 및 주기

구분	대상 유해 인자	시기(배치 후 첫 번째 특수 건강진단)	주기
1	N,N-디메틸아세트아미드 N,N-디메틸포름아미드	1개월 이내	6개월
2	벤젠	2개월 이내	6개월
3	1,1,2,2-테트라클로로에탄 사염화탄소 아크릴로니트릴 염화비닐	3개월 이내	6개월
4	석면, 면 분진	12개월 이내	12개월
5	광물성 분진 목재 분진 소음 및 충격소음	12개월 이내	24개월
6	제1호부터 제5호까지의 대상 유해인자를 제외한 별표 22의 모든 대상 유해인자	6개월 이내	12개월

2) 건강진단 결과 건강관리 구분 ✯

건강관리 구분		건강관리 구분내용
A		건강관리상 사후관리가 필요 없는 근로자(건강한 근로자)
C	C_1	직업성 질병으로 진전될 우려가 있어 추적검사 등 관찰이 필요한 근로자(직업병 요관찰자)
	C_2	일반질병으로 진전될 우려가 있어 추적관찰이 필요한 근로자(일반질병 요관찰자)
D_1		직업성 질병의 소견을 보여 사후관리가 필요한 근로자(직업병 유소견자)
D_2		일반 질병의 소견을 보여 사후관리가 필요한 근로자(일반질병 유소견자)
R		건강진단 1차 검사결과 건강수준의 평가가 곤란하거나 질병이 의심되는 근로자(제2차 건강진단 대상자)

※ "U"는 2차 건강진단 대상임을 통보하고 10일을 경과하여 해당 검사가 이루어지지 않아 건강관리구분을 판정할 수 없는 근로자 "U"로 분류한 경우에는 해당 근로자의 퇴직, 기한 내 미실시 등 2차 건강진단의 해당 검사가 이루어지지 않은 사유를 시행규칙 제105조 제3항에 따른 건강진단결과표의 사후관리소견서 검진소견란에 기재하여야 함.

(4) 건강진단 결과의 보존

사업주는 건강진단 결과표 및 근로자가 제출한 건강진단 결과를 증명하는 서류를 5년간 보존하여야 한다. 다만, 고용노동부장관이 고시하는 발암성 확인물질을 취급하는 근로자에 대한 건강진단 결과의 서류 또는 전산입력 자료는 30년간 보존하여야 한다.

(5) 건강진단의 종류 및 정의

1) "일반건강진단"이란 상시 사용하는 근로자의 건강관리를 위하여 사업주가 주기적으로 실시하는 건강진단을 말한다.

일반건강진단 실시시기 ✯✯
① 사무직 종사 근로자(판매업무 종사하는 근로자 제외) : 2년에 1회 이상
② 그 밖의 근로자 : 1년에 1회 이상

2) "특수건강진단"이란 다음 각 목의 어느 하나에 해당하는 근로자의 건강관리를 위하여 사업주가 실시하는 건강진단을 말한다.
   ① 특수건강진단 대상 업무에 종사하는 근로자

참고
* 배치 전 건강진단 실시의 면제
1. 다른 사업장에서 해당 유해인자에 대하여 다음 각 목의 어느 하나에 해당하는 건강진단을 받고 6개월(별표 23 제4호부터 제6호까지의 유해인자에 대하여 건강진단을 받은 경우에는 12개월로 한다)이 지나지 아니한 근로자로서 "건강진단 개인표" 또는 그 사본을 제출한 근로자
   가. 배치전건강진단
   나. 배치전건강진단의 제1차 검사항목을 포함하는 특수건강진단, 수시건강진단 또는 임시건강진단
   다. 배치전건강진단의 제1차 검사항목 및 제2차 검사항목을 포함하는 건강진단
2. 해당 사업장에서 해당 유해인자에 대하여 제1호 각 목의 어느 하나에 해당하는 건강진단을 받고 6개월(별표 23 제4호부터 제6호까지의 유해인자에 대하여 건강진단을 받은 경우에는 12개월로 한다)이 지나지 아니한 근로자

참고
사업주는 특수건강진단기관 또는 건강진단기관에서 일반건강진단을 실시하여야 한다.

참고
* 건강관리카드
① 고용노동부장관은 고용노동부령으로 정하는 건강장해가 발생할 우려가 있는 업무에 종사하였거나 종사하고 있는 사람 중 고용노동부령으로 정하는 요건을 갖춘 사람에게 직업병 조기발견 및 지속적인 건강관리를 위하여 건강관리카드를 발급하여야 한다.

> ② 건강관리카드를 발급받은 사람이 「산업재해보상보험법」에 따라 요양급여를 신청하는 경우에는 건강관리카드를 제출함으로써 해당 재해에 관한 의학적 소견을 적은 서류의 제출을 대신할 수 있다.
> ③ 건강관리카드를 발급받은 사람은 그 건강관리카드를 타인에게 양도하거나 대여해서는 아니 된다.
> ④ 건강관리카드를 발급받은 사람 중 건강관리카드를 발급받은 업무에 종사하지 아니하는 사람은 고용노동부령으로 정하는 바에 따라 특수건강진단에 준하는 건강진단을 받을 수 있다.

② 건강진단 실시 결과 직업병 소견이 있는 근로자로 판정받아 작업전환을 하거나 작업 장소를 변경하여 해당 판정의 원인이 된 특수건강진단 대상 업무에 종사하지 아니하는 사람으로서 해당 유해인자에 대한 건강진단이 필요하다는 의사의 소견이 있는 근로자

특수건강진단 주기를 다음 회에 한정하여 관련 유해인자별로 2분의 1로 단축하여 실시할 수 있는 근로자

1. 작업환경을 측정한 결과 노출기준 이상인 작업공정에서 해당 유해인자에 노출되는 모든 근로자
2. 수시건강진단 또는 임시건강진단을 실시한 결과 직업병 유소견자가 발견된 작업공정에서 해당 유해인자에 노출되는 모든 근로자(다만, 고용노동부장관이 정하는 바에 따라 특수건강진단·수시건강진단 또는 임시건강진단을 실시한 의사로부터 특수건강진단 주기를 단축하는 것이 필요하지 않다는 소견을 받은 경우는 제외)
3. 특수건강진단 또는 임시건강진단을 실시한 결과 해당 유해인자에 대하여 특수건강진단 실시 주기를 단축해야 한다는 의사의 소견을 받은 근로자

3) "배치 전 건강진단"이란 특수건강진단 대상 업무에 종사할 근로자에 대하여 배치예정업무에 대한 적합성 평가를 위하여 사업주가 실시하는 건강진단을 말한다.

4) "수시건강진단"이란 특수건강진단 대상 업무에 따른 유해인자로 인한 것이라고 의심되는 건강장해 증상을 보이거나 의학적 소견이 있는 근로자 중 보건관리자 등이 사업주에게 건강진단 실시를 건의하는 등 고용노동부령으로 정하는 근로자에 대하여 실시하는 건강진단을 말한다.

5) "임시건강진단"이란 같은 유해인자에 노출되는 근로자들에게 유사한 질병의 증상이 발생한 경우 등 고용노동부령으로 정하는 경우에 근로자의 건강을 보호하기 위하여 사업주가 특정 근로자에 대하여 실시하는 건강진단을 말한다.

임시건강진단을 실시하여야 하는 경우
• 같은 부서에 근무하는 근로자 또는 같은 유해인자에 노출되는 근로자에게 유사한 질병의 자각·타각 증상이 발생한 경우 • 직업병 유소견자가 발생하거나 여러 명이 발생할 우려가 있는 경우 • 그 밖에 지방고용노동관서의 장이 필요하다고 판단하는 경우

> **참고**
>
> ### 1. 역학조사
> ① 고용노동부장관은 직업성 질환의 진단 및 예방, 발생 원인의 규명을 위하여 필요하다고 인정할 때에는 근로자의 질환과 작업장의 유해요인의 상관관계에 관한 역학조사를 할 수 있다. 이 경우 사업주 또는 근로자대표, 그 밖에 고용노동부령으로 정하는 사람이 요구할 때 고용노동부령으로 정하는 바에 따라 역학조사에 참석하게 할 수 있다.
> ② 사업주 및 근로자는 고용노동부장관이 역학조사를 실시하는 경우 적극 협조하여야 하며, 정당한 사유 없이 역학조사를 거부·방해하거나 기피해서는 아니 된다.
> ③ 누구든지 역학조사 참석이 허용된 사람의 역학조사 참석을 거부하거나 방해해서는 아니 된다.
> ④ 역학조사에 참석하는 사람은 역학조사 참석 과정에서 알게 된 비밀을 누설하거나 도용해서는 아니 된다.
>
> ### 2. 역학조사의 대상 및 절차
> 1) 다음 각 호의 어느 하나에 해당하는 경우에는 역학조사를 할 수 있다.
>
> ① 작업환경측정 또는 건강진단의 실시 결과만으로 직업성 질환에 걸렸는지를 판단하기 곤란한 근로자의 질병에 대하여 사업주·근로자대표·보건관리자(보건관리전문기관을 포함한다) 또는 건강진단기관의 의사가 역학조사를 요청하는 경우
> ② 「산업재해보상보험법」에 따른 근로복지공단이 고용노동부장관이 정하는 바에 따라 업무상 질병 여부의 결정을 위하여 역학조사를 요청하는 경우
> ③ 공단이 직업성 질환의 예방을 위하여 필요하다고 판단하여 역학조사평가위원회의 심의를 거친 경우
> ④ 그 밖에 직업성 질환에 걸렸는지 여부로 사회적 물의를 일으킨 질병에 대하여 작업장 내 유해요인과의 연관성 규명이 필요한 경우 등으로서 지방고용노동관서의 장이 요청하는 경우
>
> 2) 사업주 또는 근로자대표가 역학조사를 요청하는 경우에는 산업안전보건위원회의 의결을 거치거나 각각 상대방의 동의를 받아야 한다. 다만, 관할 지방고용노동관서의 장이 역학조사의 필요성을 인정하는 경우에는 그렇지 않다.

> **용어정의**
> 1. "위험성 평가"란 사업주가 스스로 유해·위험요인을 파악하고 해당 유해·위험요인의 위험성 수준을 결정하여, 위험성을 낮추기 위한 적절한 조치를 마련하고 실행하는 과정을 말한다.
> 2. "유해·위험요인"이란 유해·위험을 일으킬 잠재적 가능성이 있는 것의 고유한 특징이나 속성을 말한다.
> 3. "위험성"이란 유해·위험요인이 사망, 부상 또는 질병으로 이어질 수 있는 가능성과 중대성 등을 고려한 위험의 정도를 말한다.

8 사업장의 위험성 평가

사업주는 건설물, 기계·기구·설비, 원재료, 가스, 증기, 분진, 근로자의 작업행동 또는 그 밖의 업무로 인한 유해·위험 요인을 찾아내어 부상 및 질병으로 이어질 수 있는 위험성의 크기가 허용 가능한 범위인지를 평가하여야 하고, 그 결과에 따라 이 법과 이 법에 따른 명령에 따른 조치를 하여야 하며, 근로자에 대한 위험 또는 건강장해를 방지하기 위하여 필요한 경우에는 추가적인 조치를 하여야 한다.

(1) 위험성 평가 실시주체

1) 사업주는 스스로 사업장의 유해·위험요인을 파악하고 이를 평가하여 관리 개선하는 등 위험성 평가를 실시하여야 한다.

2) 작업의 일부 또는 전부를 도급에 의하여 행하는 사업의 경우는 도급을 준 도급인("도급사업주")과 도급을 받은 수급인("수급사업주")은 각각 위험성 평가를 실시하여야 한다.

3) 도급사업주는 수급사업주가 실시한 위험성 평가 결과를 검토하여 도급사업주가 개선할 사항이 있는 경우 이를 개선하여야 한다.

(2) 위험성 평가의 대상

1) 위험성 평가의 대상이 되는 유해·위험요인은 업무 중 근로자에게 노출된 것이 확인되었거나 노출될 것이 합리적으로 예견 가능한 모든 유해·위험요인이다. 다만, 매우 경미한 부상 및 질병만을 초래할 것으로 명백히 예상되는 유해·위험요인은 평가 대상에서 제외할 수 있다.

2) 사업주는 사업장 내 부상 또는 질병으로 이어질 가능성이 있었던 상황("아차사고")을 확인한 경우에는 해당 사고를 일으킨 유해·위험요인을 위험성 평가의 대상에 포함시켜야 한다.

3) 사업주는 사업장 내에서 중대재해가 발생한 때에는 지체 없이 중대재해의 원인이 되는 유해·위험요인에 대해 위험성 평가를 실시하고, 그 밖의 사업장 내 유해·위험요인에 대해서는 위험성 평가 재검토를 실시하여야 한다.

(3) 근로자 참여 ✤ (산업위생 실기 시출)

사업주는 위험성 평가를 실시할 때 다음 각 호에 해당하는 경우 해당 작업에 종사하는 근로자를 참여시켜야 한다.

① 유해·위험요인의 위험성 수준을 판단하는 기준을 마련하고, 유해·위험요인별로 허용 가능한 위험성 수준을 정하거나 변경하는 경우
② 해당 사업장의 유해·위험요인을 파악하는 경우
③ 유해·위험요인의 위험성이 허용 가능한 수준인지 여부를 결정하는 경우
④ 위험성 감소대책을 수립하여 실행하는 경우
⑤ 위험성 감소대책 실행 여부를 확인하는 경우

(4) 사업장 위험성 평가의 방법 ✤

① 안전보건관리책임자 등 해당 사업장에서 사업의 실시를 총괄 관리하는 사람에게 위험성 평가의 실시를 총괄 관리하게 할 것
② 사업장의 안전관리자, 보건관리자 등이 위험성 평가의 실시에 관하여 안전보건관리책임자를 보좌하고 지도·조언하게 할 것
③ 유해·위험요인을 파악하고 그 결과에 따른 개선조치를 시행할 것
④ 기계·기구, 설비 등과 관련된 위험성 평가에는 해당 기계·기구, 설비 등에 전문 지식을 갖춘 사람을 참여하게 할 것
⑤ 안전·보건관리자의 선임의무가 없는 경우에는 업무를 수행할 사람을 지정하는 등 그 밖에 위험성 평가를 위한 체제를 구축할 것

(5) 사업주는 위험성 평가를 실시하기 위한 필요한 교육을 실시하여야 한다. 이 경우 위험성 평가에 대해 외부에서 교육을 받았거나, 관련학문을 전공하여 관련 지식이 풍부한 경우에는 필요한 부분만 교육을 실시하거나 교육을 생략할 수 있다.

(6) 사업주가 위험성 평가를 실시하는 경우에는 산업안전·보건 전문가 또는 전문기관의 컨설팅을 받을 수 있다.

(7) 사업주가 다음 각 호의 어느 하나에 해당하는 제도를 이행한 경우에는 그 부분에 대하여 이 고시에 따른 위험성 평가를 실시한 것으로 본다.

합격의 key

위험성 평가를 실시한 것으로 인정하는 경우
① 위험성 평가 방법을 적용한 안전·보건진단 ② 공정안전보고서(다만, 공정안전보고서의 내용 중 공정위험성 평가서가 최대 4년 범위 이내에서 정기적으로 작성된 경우에 한한다.) ③ 근골격계부담작업 유해요인조사 ④ 그 밖에 법과 이 법에 따른 명령에서 정하는 위험성 평가 관련 제도

(8) 사업주는 사업장의 규모와 특성 등을 고려하여 다음 각 호의 위험성 평가 방법 중 한 가지 이상을 선정하여 위험성 평가를 실시할 수 있다.

① 위험 가능성과 중대성을 조합한 빈도·강도법
② 체크리스트(Checklist)법
③ 위험성 수준 3단계(저·중·고) 판단법
④ 핵심요인 기술(One Point Sheet)법
⑤ 그 외 공정위험성 평가 기법

> 참고
> ※ 공정위험성평가 기법
> 가. 체크리스트
>   (Check List)
> 나. 상대위험순위 결정
>   (Dow and Mond Indices)
> 다. 작업자 실수 분석
>   (HEA)
> 라. 사고 예상 질문 분석
>   (What-if)
> 마. 위험과 운전 분석
>   (HAZOP)
> 바. 이상위험도 분석
>   (FMECA)
> 사. 결함 수 분석(FTA)
> 아. 사건 수 분석(ETA)
> 자. 원인결과 분석(CCA)

(9) 위험성 평가의 절차 ✈

사업주는 위험성 평가를 다음의 절차에 따라 실시하여야 한다. 다만, 상시근로자 5인 미만 사업장(건설공사의 경우 1억 원 미만)의 경우 제1호의 절차를 생략할 수 있다.

① 사전준비
② 유해·위험요인 파악
③ 위험성 결정
④ 위험성 감소대책 수립 및 실행
⑤ 위험성 평가 실시내용 및 결과에 관한 기록 및 보존

(10) 사전 준비

1) 사업주는 위험성 평가를 효과적으로 실시하기 위하여 최초 위험성 평가 시 다음 각 호의 사항이 포함된 위험성 평가 실시규정을 작성하고, 지속적으로 관리하여야 한다.

> 참고
> 사업주는 다음 각 호의 사업장 안전보건정보를 사전에 조사하여 위험성 평가에 활용할 수 있다.
> ① 작업표준, 작업절차 등에 관한 정보
> ② 기계·기구, 설비 등의 사양서, 물질안전보건자료(MSDS) 등의 유해·위험요인에 관한 정보

위험성 평가 실시규정 작성 시 포함사항

① 평가의 목적 및 방법
② 평가담당자 및 책임자의 역할
③ 평가시기 및 절차
④ 근로자에 대한 참여·공유방법 및 유의사항
⑤ 결과의 기록·보존

2) 사업주는 위험성 평가를 실시하기 전에 다음 각 호의 사항을 확정하여야 한다.

① 위험성의 수준과 그 수준을 판단하는 기준
② 허용 가능한 위험성의 수준(이 경우 법에서 정한 기준 이상으로 위험성의 수준을 정하여야 한다)

(11) 유해·위험요인의 파악

사업주는 다음 각 호의 방법 중 어느 하나 이상의 방법을 사용하되, 특별한 사정이 없으면 제1호에 의한 방법을 포함하여야 한다.

유해·위험요인을 파악하는 방법

① 사업장 순회점검에 의한 방법
② 근로자들의 상시적 제안에 의한 방법
③ 설문조사·인터뷰 등 청취조사에 의한 방법
④ 물질안전보건자료, 작업환경측정결과, 특수건강진단결과 등 안전보건 자료에 의한 방법
⑤ 안전보건 체크리스트에 의한 방법
⑥ 그 밖에 사업장의 특성에 적합한 방법

(12) 위험성 결정

① 사업주는 파악된 유해·위험요인이 근로자에게 노출되었을 때의 위험성을 위험성 평가를 실시하기 전에 확정한 '위험성의 수준과 그 수준을 판단하는 기준'에 따라 판단하여야 한다.
② 사업주는 제1항에 따라 판단한 위험성의 수준이 위험성 평가를 실시하기 전에 확정한 '허용 가능한 위험성의 수준'인지 결정하여야 한다.

---

③ 기계·기구, 설비 등의 공정 흐름과 작업 주변의 환경에 관한 정보
④ 관계수급인 근로자가 도급인의 사업장에서 작업을 하는 경우로서 같은 장소에서 사업의 일부 또는 전부를 도급을 주어 행하는 작업이 있는 경우 혼재 작업의 위험성 및 작업 상황 등에 관한 정보
⑤ 재해사례, 재해통계 등에 관한 정보
⑥ 작업환경측정결과, 근로자 건강진단결과에 관한 정보
⑦ 그 밖에 위험성 평가에 참고가 되는 자료 등

(13) 위험성 감소대책 수립 및 실행

사업주는 허용 가능한 위험성이 아니라고 판단한 경우에는 위험성의 수준, 영향을 받는 근로자 수 및 다음 각 호의 순서를 고려하여 위험성 감소를 위한 대책을 수립하여 실행하여야 한다. 이 경우 법령에서 정하는 사항과 그 밖에 근로자의 위험 또는 건강장해를 방지하기 위하여 필요한 조치를 반영하여야 한다.

위험성 감소대책 수립 순서
① 위험한 작업의 폐지·변경, 유해·위험물질 대체 등의 조치 또는 설계나 계획 단계에서 위험성을 제거 또는 저감하는 조치 ② 연동장치, 환기장치 설치 등의 공학적 대책 ③ 사업장 작업절차서 정비 등의 관리적 대책 ④ 개인용 보호구의 사용

(14) 위험성 평가의 공유

1) 사업주는 위험성 평가를 실시한 결과 중 다음 각 호에 해당하는 사항을 근로자에게 게시, 주지 등의 방법으로 알려야 한다.

위험성 평가 결과 중 근로자에게 알려야 하는 사항
① 근로자가 종사하는 작업과 관련된 유해·위험요인 ② 위험성 결정 결과 ③ 유해·위험요인의 위험성 감소대책과 그 실행 계획 및 실행 여부 ④ 위험성 감소대책에 따라 근로자가 준수하거나 주의하여야 할 사항

2) 사업주는 위험성 평가 결과 중대재해로 이어질 수 있는 유해·위험요인에 대해서는 작업 전 안전점검회의(TBM : Tool Box Meeting) 등을 통해 근로자에게 상시적으로 주지시키도록 노력하여야 한다.

(15) 기록 및 보존

1) 위험성 평가의 결과와 조치사항을 기록·보존할 때에는 다음 각 호의 사항이 포함되어야 한다. ✦

위험성 평가 기록에 포함사항

① 위험성 평가 대상의 유해·위험요인
② 위험성 결정의 내용
③ 위험성 결정에 따른 조치의 내용
④ 위험성 평가를 위해 사전조사 한 안전보건정보
⑤ 그 밖에 사업장에서 필요하다고 정한 사항

2) 사업주는 제1항에 따른 자료를 3년간 보존해야 한다. ★

(16) 위험성 평가의 실시 시기

1) 사업주는 사업이 성립된 날(사업 개시일을 말하며, 건설업의 경우 실착공일을 말한다)로부터 1개월이 되는 날까지 위험성 평가의 대상이 되는 유해·위험요인에 대한 최초 위험성 평가의 실시에 착수하여야 한다. 다만, 1개월 미만의 기간 동안 이루어지는 작업 또는 공사의 경우에는 특별한 사정이 없는 한 작업 또는 공사 개시 후 지체 없이 최초 위험성 평가를 실시하여야 한다.

2) 사업주는 다음 각 호의 어느 하나에 해당하여 추가적인 유해·위험요인이 생기는 경우에는 해당 유해·위험요인에 대한 수시 위험성 평가를 실시하여야 한다. 다만, 제5호에 해당하는 경우에는 재해발생 작업을 대상으로 작업을 재개하기 전에 실시하여야 한다.

수시평가를 하여야 하는 경우

① 사업장 건설물의 설치·이전·변경 또는 해체
② 기계·기구, 설비, 원재료 등의 신규 도입 또는 변경
③ 건설물, 기계·기구, 설비 등의 정비 또는 보수(주기적·반복적 작업으로서 이미 위험성 평가를 실시한 경우에는 제외)
④ 작업방법 또는 작업절차의 신규 도입 또는 변경
⑤ 중대산업사고 또는 산업재해(휴업 이상의 요양을 요하는 경우에 한정한다) 발생
⑥ 그 밖에 사업주가 필요하다고 판단한 경우

참고

사업주가 사업장의 상시적인 위험성 평가를 위해 다음 각 호의 사항을 이행하는 경우 수시평가와 정기평가를 실시한 것으로 본다.

① 매월 1회 이상 근로자 제안제도 활용, 아차사고 확인, 작업과 관련된 근로자를 포함한 사업장 순회점검 등을 통해 사업장 내 유해·위험요인을 발굴하여 위험성 결정 및 위험성 감소대책 수립·실행을 할 것

② 매주 안전보건관리책임자, 안전관리자, 보건관리자, 관리감독자 등(도급사업수의 경우 수급사업장의 안전·보건 관련 관리자 등을 포함한다)을 중심으로 위험성 결정 및 위험성 감소대책 수립·실행 결과 등을 논의·공유하고 이행상황을 점검할 것

③ 매 작업일마다 근로자가 준수하여야 할 사항 및 주의하여야 할 사항을 작업 전 안전점검회의 등을 통해 공유·주지할 것

3) 사업주는 다음 각 호의 사항을 고려하여 위험성 평가의 결과에 대한 적정성을 1년마다 정기적으로 재검토하여야 한다. 재검토 결과 허용 가능한 위험성 수준이 아니라고 검토된 유해·위험요인에 대해서는 위험성 감소대책을 수립하여 실행하여야 한다.

위험성 평가 결과에 대한 적정성을 재검토 하여야 하는 경우
① 기계·기구, 설비 등의 기간 경과에 의한 성능 저하 ② 근로자의 교체 등에 수반하는 안전·보건과 관련되는 지식 또는 경험의 변화 ③ 안전·보건과 관련되는 새로운 지식의 습득 ④ 현재 수립되어 있는 위험성 감소대책의 유효성 등

9 서류의 보존

1) 사업주는 다음 각 호의 서류를 3년(②경우 2년을 말한다) 동안 보존하여야 한다. 다만, 고용노동부령으로 정하는 바에 따라 보존기간을 연장할 수 있다.

3년 동안 보존하여야 하는 서류(②경우 2년 보존)
① 안전보건관리책임자·안전관리자·보건관리자·안전보건관리담당자 및 산업보건의의 선임에 관한 서류 ② 산업안전보건위원회 회의록(2년 보관) ③ 안전조치 및 보건조치에 관한 사항으로서 고용노동부령으로 정하는 사항을 적은 서류 ④ 산업재해의 발생 원인 등 기록 ⑤ 화학물질의 유해성·위험성 조사에 관한 서류 ⑥ 작업환경측정에 관한 서류(작업환경측정 결과를 기록한 서류 5년, 고용노동부장관이 고시하는 물질 30년) ⑦ 건강진단에 관한 서류(건강진단 결과를 증명하는 서류 5년, 고용노동부장관이 고시하는 물질 30년)

2) 안전인증 또는 안전검사의 업무를 위탁받은 안전인증기관 또는 안전검사기관은 안전인증·안전검사에 관한 사항으로서 고용노동부령으로 정하는 서류를 3년 동안 보존하여야 하고, 안전인증을 받은 자는 안전인증대상 기계 등에 대하여 기록한 서류를 3년 동안 보존하여야 하며, 자율안전확인 대상 기계 등을 제조하거나 수입하는 자는 자율안전기준에 맞는 것임을 증명하는 서류를 2년 동안 보존하여야 하고, 자율안전검사를 받은 자는 자율검사프로그램에 따라 실시한 검사 결과에 대한 서류를 2년 동안 보존하여야 한다.

3) 일반 석면조사를 한 건축물·설비소유주 등은 그 결과에 관한 서류를 그 건축물이나 설비에 대한 해체·제거작업이 종료될 때까지 보존하여야 하고, 기관석면조사를 한 건축물·설비소유주 등과 석면 조사기관은 그 결과에 관한 서류를 3년 동안 보존하여야 한다.

4) 작업환경측정 결과를 기록한 서류는 보존(전자적 방법으로 하는 보존을 포함한다)기간을 5년으로 한다. 다만, 고용노동부장관이 정하여 고시하는 물질에 대한 기록이 포함된 서류는 그 보존기간을 30년으로 한다.

5) 건강진단 결과표에 따라 근로자가 제출한 건강진단 결과를 증명하는 서류(이들 자료가 전산입력된 경우에는 그 전산입력된 자료를 말한다)를 5년간 보존해야 한다. 다만, 고용노동부장관이 정하여 고시하는 물질을 취급하는 근로자에 대한 건강진단 결과의 서류 또는 전산입력 자료는 30년간 보존해야 한다.

6) 지도사는 그 업무에 관한 사항으로서 고용노동부령으로 정하는 사항을 적은 서류를 5년 동안 보존하여야 한다.

7) 석면해체·제거업자는 석면해체·제거작업에 관한 서류 중 고용노동부령으로 정하는 서류를 30년 동안 보존하여야 한다.

8) 전산입력 자료가 있을 때에는 그 서류를 대신하여 전산입력 자료를 보존할 수 있다.

MEMO

PART 02

Industrial Engineer Industrial Safety

[인간공학 및
위험성 평가 · 관리]

CHAPTER 01   안전과 인간공학

CHAPTER 02   위험성 파악 · 결정

CHAPTER 03   위험성 감소대책 수립 · 실행

CHAPTER 04   근골격계질환 예방관리

CHAPTER 05   유해요인 관리

CHAPTER 06   작업환경 관리

노력하는 당신은 언제나 아름답습니다.
구민사가 당신의 합격을 기원합니다.

CHAPTER 01 안전과 인간공학

01 인간공학의 정의

주/요/내/용 알/고/가/기

1. 인간 - 기계의 기능 비교
2. 인간 - 기계 통합시스템(man-machine system)의 정보처리 기능
3. 인간 - 기계 통합시스템(man-machine system)의 유형별 특징
4. 기계설비 고장 유형
5. 체계 기준의 요건
6. 작업설계(job design)

1 인간공학의 정의

(1) 정의
- 인간의 특성과 한계능력을 공학적으로 분석, 평가하여 이를 복잡한 체계의 설계에 응용함으로써 효율을 최대로 활용할 수 있도록 하는 학문분야이다.
- 인간 공학은 기계와 그 기계조작 및 환경조건을 인간의 특성에 맞추어 설계하기 위한 수단을 연구하는 학문이다.

(2) 인간공학의 연구목적
가장 궁극적인 목적은 안전성 제고와 능률의 향상이다.

① 안전성의 향상과 사고방지
② 기계 조작의 능률성과 생산성의 향상
③ 쾌적성

(3) 인간 기준의 종류 ✪

① 인간의 성능 척도
② 주관적 반응
③ 생리학적 지표
④ 사고 및 과오의 빈도

합격의 key

◎ 기출
※ 인간공학을 나타내는 용어
- human factors
- human engineering
- ergonomics
- engineering psychology

참고
※ 인간공학 연구방법의 3가지
① 조사연구 : 집단 속성에 관한 특성을 연구
② 실험연구 : 특정 현상을 정확히 이해하고 예측하기 위한 연구
③ 평가연구 : 실제의 제품이나 시스템이 추구하는 특성 및 수준이 달성되는지를 비교하고 분석하는 것(시스템이나 제품의 영향 평가)

참고
※ 인간공학의 적용 분야
① 제품설계
② 재해·질병 예방
③ 장비·공구·설비의 설계

◎ 기출
※ 인간과 기계의 능력에 대한 비교
① 기능의 수행이 유일한 기준은 아니다.
② 상대적인 비교는 항상 변하기 마련이다.
③ 인간과 기계의 비교가 항상 적용되지 않는다.
④ 기능의 할당에서 사회적인 또는 이에 관련된 가치들을 고려해야 한다.
⑤ 최선의 성능을 마련하는 것이 항상 중요한 것은 아니다.

합격의 key

(4) 작업관리(방법공학, 작업설계, 직무설계)

1) 작업관리란 작업자, 기계, 재료, 작업방법, 작업환경 등의 제반 조건을 분석, 비능률적인 요소는 제거하여 최적의 작업조건을 달성하기 위한 기법을 말한다.

   ① 동작/방법연구와 시간연구를 주요 영역으로 하는 경영기법이다.
   ② 생산성과 함께 작업자의 안전을 추구하였다.
   ③ 제조업뿐만 아니라 서비스업에도 적용 가능한 기법들이다.
   ④ 작업관리에서 다루는 분야
   - 작업측정
   - 작업방법의 개선
   - 생산성 관리

2) 작업관리의 주목적

   ① 정확한 작업측정을 통한 작업개선
   ② 공정개선을 통한 작업의 편리성 향상
   ③ 표준시간 설정을 통한 작업효율 관리

3) 작업관리는 동작연구(motion study = 방법연구 : method study)와 시간연구(time study)로 구성된다.

동작연구(방법연구)	• 작업을 수행하기 위한 최선의 방법을 강구하는 기법이다. • 미국의 길브레드 부부에 의해 창시되었다. • 작업과정을 미세한 기본동작으로 분해하고 불필요한 부분을 제거하는 등 동작을 가장 편하게 하며, 사용하기 가장 편리한 도구나 기계를 개발하여 최상의 작업방법을 강구하는 기법이다.
시간연구	• 작업이 수행되는 시간을 측정하여 표준시간을 확립하는 기법이다. • 미국의 테일러가 스톱워치로 작업을 측정한 것에서 시작되었다. • 숙련된 작업자가 정상속도로 수행할 때 소요되는 시간인 표준시간을 결정하는 기법이다. • 작업에서 불필요한 요소와 시간을 찾아내어 작업을 개선하고, 작업에 필요한 적정시간을 설정하는 기법이다.

① 동작연구(방법연구)의 종류
- 공정분석 : 공정을 처리순서에 따라 가공, 운반, 검사, 정체, 저장으로 분류하고 각 공정의 가공조건, 경과시간, 이동거리 등과 함께 분석하는 방법
- 작업분석 : 경제적 생산 및 생산성 향상을 목적으로 생산에 필요한 작업 공정에서 주로 실제로 작업하는 사람을 주체로 조사·연구하는 방법
- 동작분석 : 각 작업을 세밀한 단위에 이르기까지 분석, 평가하여 불합리한 요소를 제거하고 작업수행에 요구되는 합리적인 방법을 결정하기 위해 실시

[공정도의 기호 : KS A 3002]

공정명	기호의 명칭	공정기호	의미
가공	가공	○	원료, 재료, 부품 또는 제품의 형상, 품질에 변화를 주는 과정을 나타낸다.
운반	운반	⇨	원료, 재료, 부품 또는 제품의 위치에 변화를 주는 과정을 나타낸다. (지름은 가공기호의 1/2~1/3로 한다)
검사	수량검사	□	원료, 재료, 부품 또는 제품의 양(수량)을 측정하여 그 결과를 기준과 비교하고 차이를 아는 과정을 나타낸다.
검사	품질검사	◇	원료, 재료, 부품 및 제품품질을 시험하고, 그 결과 로트의 합격, 불합격 또는 제품의 양, 불량을 판정하는 과정을 나타낸다.
정체	저장	▽	원료, 재료, 부품 또는 제품을 계획에 따라 저장하고 있는 과정을 나타낸다.
정체	지체	D	원료, 재료, 부품 또는 제품이 계획과는 달리 지체되어 있는 상태를 나타낸다.

합격의 key

공정명	기호의 명칭	공정기호	의 미
복합기호	품질/수량검사	◇□	품질검사를 주로 하면서 수량검사도 한다.
	수량/품질검사	□◇	수량검사를 주로 하면서 품질검사도 한다.
	가공/수량검사	○□	가공을 주로 하면서 수량검사도 한다.
	가공/운반	⇨	가공을 주로 하면서 운반도 한다.

② 표준시간(standard time)의 조건
- 숙련된 작업자가(표준작업 능력을 지닌 작업자)
- 표준 작업조건(환경)에서
- 보통의 속도로(표준작업 속도로)
- 표준 작업방법으로
- 1단위의 작업을 수행하는데 소요되는 시간을 말한다.

표준시간 = 정미시간 + 여유시간 = 정미시간(1 + 여유율)

- 정미시간 : 정상적으로 작업을 수행하는데 순수하게 사용되는 시간
- 여유시간 : 작업 수행에 있어서의 피로 등으로 인한 작업 지연, 기계 고장 등으로 작업을 중단할 경우의 소요시간을 보상하기 위한 시간

예제

정미시간(normal time)이 10분, 외경법으로 설정한 여유율이 10%인 작업의 표준시간을 구하시오.

[해설]

표준시간 = 정미시간 × (1+여유율) = 10분 × (1+0.1) = 11분

② 인간 - 기계체계

(1) 인간 - 기계의 기능 비교 ✭

구 분	인간의 장점	기계의 장점
감지기능	• 저에너지 자극 감지 • 다양한 자극 식별 • 예기치 못한 사건 감지	• 인간의 감지 범위 밖의 자극 감지 • 인간, 기계의 모니터 기능
정보처리 결정	• 많은 양의 정보를 장시간 보관 • 귀납적, 다양한 문제 해결	• 정보를 신속, 대량 보관 • 연역적, 정량적 문제 해결
행동기능	• 과부하 상태에서는 중요한 일에만 집념할 수 있다.	• 과부하에서 효율적 작동 • 장시간 중량 작업, 반복 작업, 동시 여러 가지 작업을 수행할 수 있다.

(2) 인간 - 기계 통합시스템(man-machine system)의 정의

사람 + 기계 + 환경으로 구성된 시스템으로 인간만으로 또는 기계만으로 발휘하는 그 이상의 큰 능력을 나타내는 시스템을 말한다.

(3) 인간 - 기계시스템 설계원칙

① 배열을 고려한 설계
② 양립성에 맞게 설계
③ 인체 특성에 적합한 설계

(4) 인간 - 기계 통합시스템(man-machine system)의 정보처리 기능 ✭✭✭

① 감지 기능 : 인간은 감각기관, 기계는 전자 장치 및 기계 장치를 통하여 감지한다.
② 정보보관 기능 : 인간은 두뇌, 기계는 자기테이프 및 천공카드에 보관한다.
③ 정보처리 및 의사결정 : 기억된 내용을 근거로 간단하거나 복잡한 과정을 통해 의사결정을 내리는 과정이다.
④ 행동 : 결정된 사항의 실행과 조정을 하는 과정이다.
   • 인간의 행동기능 : 신체 제어
   • 기계의 행동기능 : 음성, 신호, 출력 등 ✭

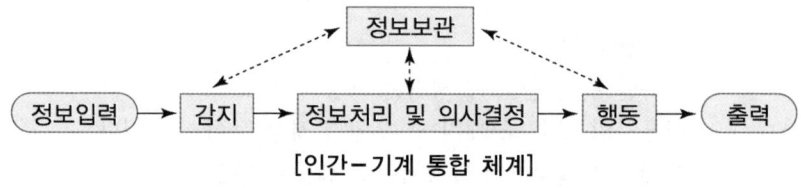

[인간-기계 통합 체계]

◉기출

* 인간이 현존하는 기계를 능가하는 기능
① 원칙을 적용하여 다양한 문제를 해결한다.
② 관찰을 통해서 일반화하고 귀납적으로 추리한다.
③ 주위의 이상하거나 예기치 못한 사건들을 감지한다.
④ 어떤 운용방법이 실패할 경우 새로운 다른 방법을 선택할 수 있다.

용어정의

* 인간-기계 시스템 (man-machine system)
• 인간이 기계를 사용해서 작업할 때 이를 하나의 시스템으로 생각하는 경우를 말한다.
• 인간-기계 시스템에서 기계는 인간이 만든 모든 것을 말한다.

참고

* 인간 커뮤니케이션 링크의 종류
• 방향성 Link
• 통신계 Link
• 시작 Link

* 인간-기계 체계 설계시 인간공학적 해석방법
① 링크해석법
② 웨이트식 중요빈도법
③ 공간지수법

◉기출

* 인간전달 함수의 결점
① 입력의 협소성
② 불충분한 직무 묘사
③ 시점적 제약성

* 인간과 기계와의 조화성
① 신체적 조화성
② 지적 조화성
③ 감성적 조화성

합격의 key

◎기출
* 인간과 기계의 능력에 대한 실용성 한계
① 기능의 수행이 유일한 기준은 아니다.
② 상대적인 비교는 항상 변하기 마련이다.
③ 일반적인 인간과 기계의 비교가 항상 적용되는 것은 아니다.
④ 최선의 성능을 마련하는 것이 항상 중요한 것은 아니다.

참고
* 인간-기계 시스템에서 조작성 인간 에러발생 빈도수의 순서
정보 관련 → 표시장치 → 제어장치 → 시간 관련

* 시스템 안전분석을 효과적으로 하기 위해서 알아야 할 요소
① 시스템의 설계도
② 시스템의 제조공정
③ 시스템의 운용방법

확인
* 시스템의 종류
① 개방시스템
(Open System)
입력에 반응하는 출력이 다시 입력에 연결되지 않고 입력에 영향을 끼치지 않는 시스템
② 폐쇄시스템 ★
(Feedback System, Closed System)
입력에서 반응하는 출력이 다시 입력에 연결되어 영향을 끼치는 시스템, 결국 목표에 도달할 수 있다.
(연속적인 조종 가능)

◎기출
* 적정 윤활의 원칙
① 적량의 규정
② 윤활기간의 올바른 준수
③ 올바른 윤활법의 채용
④ 올바른 윤활유의 선정

---

(5) 인간 - 기계 통합시스템(man-machine system)의 유형 ✈

① 수동시스템
- 사용자가 손공구나 기타 보조물 등을 사용하여 자기의 신체적 힘을 동력원으로 하여 작업을 수행하는 시스템이다.
- 가장 다양성이 높은 체계이다. 예 장인과 공구

② 기계시스템(반자동 시스템)
- 여러 종류의 동력 공작 기계와 같이 고도로 통합된 부품들로 구성되어 있다.
- 인간의 역할은 제어 기능을 담당하고, 힘에 대한 공급은 기계가 담당한다.
- 운전자의 조종에 의해 운용되며 융통성이 없는 시스템이다.
  예 자동차, 공작기계 등

③ 자동 시스템
- 기계가 감지, 정보 처리 및 의사 결정, 행동 기능 및 정보 보관 등 모든 임무를 미리 설계된 대로 수행하게 된다.
- 인간은 감시, 감독, 보전 등의 역할을 담당하게 된다.
  예 컴퓨터, 자동교환대 등

(6) 기계설비 고장 유형 ✈

① 초기 고장 (감소형)
- 설계상 · 구조상 결함, 불량 제조 · 생산 과정 등의 품질 관리 미비로 생기는 고장 형태
- 점검 작업이나 시운전 작업 등으로 사전에 방지할 수 있는 고장
- 욕조곡선(Bathtub) : 예방보전을 하지 않을 때의 곡선은 서양식 욕조 모양과 비슷하게 나타나는 현상

[예방보전(PM : Preventive Maintenance) 기간 ✈]

디버깅(Debugging) 기간	기계의 결함을 찾아내 단시간 내 고장률을 안정시키는 기간
번인(Burn in) 기간	기계를 장시간 가동하여 그동안에 고장 난 것을 제거하는 기간
에이징(Aging)	비행기에서 3년 이상 시운전하는 기간
스크리닝(screening)	기기의 신뢰성을 높이기 위하여 품질이 떨어지는 것이나 고장 발생 초기의 것을 선별, 제거하는 것

② 우발고장 (일정형)
- 예측할 수 없을 때에 생기는 고장의 형태
- 사용자의 실수, 천재지변, 우발적 사고 등이 원인이다.
- 기계마다 일정하게 발생되며 고장률이 가장 낮다.

우발고장의 고장 원인	• 안전계수가 낮기 때문 • 사용자의 과오 때문 • 최선의 검사방법으로도 탐지되지 않는 결함 때문에

③ 마모 고장(증가형)
  • 기계적 요소나 부품의 마모, 사람의 노화 현상 등에 의해 고장률이 상승하는 형이다.
  • 고장이 일어나기 직전에 교환, 안전진단 및 적당한 보수에 의해서 방지할 수 있는 고장이다.
④ 기계설비의 고장 유형 곡선 ✮
  욕조 곡선(Bathtub curve)

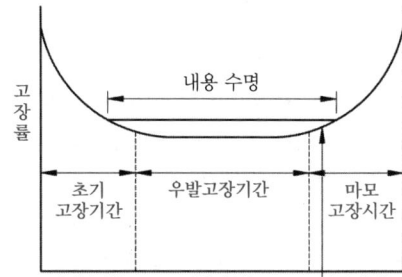

3 체계(system)설계와 인간 요소

(1) 체계분석 및 설계의 인간공학적 가치 ✮

① 성능의 향상 : 적절한 유능한 운용자
② 훈련비용의 절감 : 숙련도
③ 인력 이용률의 향상 : 인력자원의 효과적 이용
④ 사고 및 오용으로부터의 손실감소 : 인간공학 원칙 적용
⑤ 생산 및 보전의 경제성 증대 : 설계 단순화 및 인간공학 원칙 적용
⑥ 사용자의 수용도 향상 : 운용 및 보전성 용이

(2) 체계설계의 주요과정

① 목표 및 성능명세 결정
② 체계의 정의
③ 기본 설계 ✮
  • 작업설계   • 직무분석   • 기능할당
  • 인간 성능 요건 명세 결정
④ 계면 설계(인간-기계 인터페이스 설계)
⑤ 촉진물 설계(매뉴얼 및 성능 보조자료 작성)
⑥ 시험 및 평가

참고
※ 체계(system)의 특성
① 집합성
② 관련성
③ 목적추구성

기출
※ 인간-기계 체계에서 인간과 기계가 만나는 면(面) : 계면

참고

* 체계기준
① 신뢰도(Reliability : Rt) : 체계 또는 부품이 주어진 운용조건하에서 의도하는 사용기간 중에 의도한 목적에 만족스럽게 작동할 확률
② 가용도(Availability : At) : 체계가 어떤 시점에서 만족스럽게 작동할 수 있는 확률
③ 정비도(Maintainability : Mt) : 고장난 체계가 일정한 시간 안에 수리될 확률
④ 고장률(Hazard rate : ht) : 단위시간당 시간구간 초에 정상 작동하던 체계가 그 시간구간 내에 고장나는 비율
⑤ 고장률 함수 ★
$$h(t) = \frac{f(t)}{R(t)}$$
⑥ 고장밀도함수(Failure density function : ft) : 단위시간당 고장이 발생하는 체계의 비율

참고

* 시스템 설계 평가 종류
① 성능평가
② 기능평가
③ 신뢰성 평가

문제

다음 중 신뢰성 설계기술이 아닌 것은?
㉮ 신뢰성 추출(Sampling)
㉯ 중복(Redundancy)설계
㉰ 부품의 단순화와 표준화
㉱ 인간공학적 설계와 보전성 설계

정답 ㉮

---

(3) 체계 기준(system criteria)

① 체계 기준
체계가 원래 의도하는 바를 얼마나 달성하는가를 나타내는 기준으로서 체계의 수명, 신뢰도, 정비도, 가용도, 운용비, 운용연장도, 소요인력, 사용상의 용이성 등이 있다.

② 체계 기준의 요건(인간공학 연구조사에 사용되는 기준의 구비조건) ★
- 적절성 : 의도된 목적에 적합하여야 한다.
- 무오염성 : 측정하고자 하는 변수 외의 다른 변수의 영향을 받아서는 안된다.
- 신뢰성 : 반복실험 시 재현성이 있어야 한다.(반복성)
- 민감도 : 예상차이점에 비례하는 단위로 측정하여야 한다.

③ 인간기준 : 인간성능(Human Performance)에 의한 판단 기준 ★
- 인간성능 척도 : 여러 가지 감각활동, 정신활동, 근육활동에 의해 판단(자극에 대한 반응시간)

인간성능 척도		
- 빈도수 척도	- 지연성 척도	- 지속성 척도

- 생리학적 지표 : 맥박, 혈압, 뇌파, 호흡수 등으로 판단
- 주관적인 반응 : 개인 성능 평점, 체계설계에 대한 대안에 대한 평점등 주관적 평가로 판단
- 사고빈도 : 사고나 상해 발생 빈도에 의해 판단

(4) 신뢰성 설계

① 중복(Redundancy)설계 : 일부에 고장이 발생해도 전체 고장이 일어나지 않도록 여력인 부분을 추가하여 중복 설계한다.(병렬설계)
② 부품의 단순화와 표준화
③ 인간공학적 설계와 보전성 설계

(5) 작업설계(job design) : 작업 만족도를 위한 설계

① 작업 확대 : 수평적 확대(범위)
② 작업 윤택화 : 수직적 확대(깊이)
③ 작업 만족도 : 작업 설계 시의 딜레마
④ 작업 순환 : 작업 능률, 생산성 강조(인간요소적 접근방법)

(6) 계면설계(interface design)

작업공간, 표시장치, 조종장치 등이 계면에 해당되며 계면 설계를 위한 인간 요소 관련 자료는 상식과 경험, 정량적 자료, 전문가의 판단 등이다.

(7) 촉진물 설계

만족스런 인간 성능을 증진시킬 수 있는 보조물의 설계를 뜻한다.

(8) 시험 및 평가

- 체계개발 산물이 의도대로 작동되는가?
- 인간 성능에 관계되는 속성이 적합하게 설계. 사용되는지 보증, 검토하는 단계

(9) 감성공학

- 인간의 마음을 구체적인 물리적 설계요소로 번역하여 이를 실현하는 기술을 뜻한다.
- 인간이 가지고 있는 소망으로서의 이미지나 감성을 구체적인 제품 설계로 실현해내는 공학적 접근방법이다.

참고
* 인터페이스(계면) 설계
  사용자가 쉽고 친근하게 컴퓨터를 사용할 수 있도록 화면을 설계하는 것

기출
* 이동전화 설계에서 사용성 개선을 위해 사용자의 인지적 특성이 가장 많이 고려되어야 하는 사용자 인터페이스 요소 : 한글입력 방식

용어정의
* 감정
  비교적 단순한 심리적 체험(예 밝다)
* 감성
  외부의 물리적 자극에 따른 감각, 지각으로 사람의 내부에 일어나는 고도의 심리적 체험(예 쾌적감, 온화함)

합격의 key

참고
1. 작위오류(행동오류) : 하지 말아야 할 행동을 하여 생긴 오류
   - 순서오류
   - 과잉행동오류
   - 시간오류
   - 선택오류
2. 부작위오류 : 마땅히 하여야 할 행동을 하지 않아 생긴 오류
   - 생략오류

참고
* 순서오류
sequential error 또는 sequencial error
* sequential(미국, 영국)
  : 잇따라 일어나는
* sequencial(포르투갈어)
  : 잇따라 일어나는

참고
* 인간의 신뢰성 3요소
  ① 주의력
  ② 긴장 수준
  ③ 의식 수준

* 차피니스(Chapanis)의 인간에러의 분류
  ① 신호의 에러
  ② 직업 공간의 에러
  ③ 지시의 에러
  ④ 예측의 에러
  ⑤ 연속 응답의 에러

* L.W.Rock의 인간에러의 분류
  ① 설계 에러
  ② 제작 에러
  ③ 검사 에러
  ④ 시간 에러
  ⑤ 조작 에러
  ⑥ 취급 에러

* 인지
  눈앞에 제시된 정보나 신호를 인정하는 것

* 확인
  작업을 진행하기 위하여 작업에 대한 정보나 신호 등을 작업에 필요한 것과 불필요한 것으로 구별하여 필요한 것에 대한 인식을 하는 것

---

4 인간요소와 휴먼에러

(1) 인간 실수의 분류

[휴먼에러의 심리적 분류(Swain의 분류) ☆☆]

① omission error(누설 오류, 생략 오류, 부작위 오류)	필요한 작업 또는 절차를 수행하지 않는 데 기인한 에러
② time error(시간 오류)	필요한 작업 또는 절차의 수행 지연으로 인한 에러
③ commission error (작위 오류)	필요한 작업 또는 절차의 불확실한 수행으로 인한 에러
④ sequential error (순서 오류)	필요한 작업 또는 절차의 순서 착오로 인한 에러
⑤ extraneous error (과잉행동 오류)	불필요한 작업 또는 절차를 수행함으로써 기인한 에러

[원인의 레벨적 분류 ☆☆]

① primary error(1차 에러)	작업자 자신으로부터 발생한 에러
② secondary error(2차 에러)	작업 형태, 작업조건 중 문제가 생겨 필요한 사항을 실행할 수 없어 발생한 에러
③ command error	실행하고자 하여도 필요한 물품, 정보, 에너지 등이 공급되지 않아서 작업자가 움직일 수 없는 상태에서 발생한 에러

(2) 인간실수의 형태적 특성

1) 행동과정을 통한 분류

   ① 입력 에러(input error) : 감각 또는 지각 입력의 에러
   ② 정보처리 에러(information processing error) : 중재(mediation) 또는 정보처리 절차의 에러
   ③ 출력 에러(output error) : 신체적 반응의 출력 에러
   ④ 피드백 에러(feedback error) : 인간 제어의 에러
   ⑤ 의사결정 에러(decision making error) : 주어진 의사결정 과정에서의 에러

2) 대뇌 정보처리 에러

   ① 제1단계 : 인지단계 - 인지(확인) 에러(입력 에러)
   외계로부터 작업정보의 습득으로부터 감각 중추로 인지되기까지 일어날 수 있는 에러이며, 확인 착오도 이에 포함된다.

② 제2단계 : 판단단계 – 판단(기억) 에러
중추신경의 의사과정에서 일으키는 에러로써 의사결정의 착오나 기억에 관한 실패도 여기에 포함된다.
② 제3단계 : 조작단계 – 조작(동작) 에러(반응 에러)
운동 중추에서 올바른 지령이 주어졌으나 동작 도중에 일어난 에러이다.

[인간의 정보처리 과정에서 발생되는 에러]

Mistake (착오, 착각)	• 인지 과정과 의사결정 과정에서 발생하는 에러 • 상황해석을 잘못하거나 틀린 목표를 착각하여 행하는 경우
Lapse (건망증)	• 저장단계에서 발생하는 에러 • 어떤 행동을 잊어버리고 안하는 경우
Slip (실수, 미끄러짐)	• 실행단계에서 발생하는 에러 • 상황(목표)해석은 제대로 하였으나 의도와는 다른 행동을 하는 경우
Violation (위반)	• 알고 있음에도 의도적으로 따르지 않거나 무시한 경우

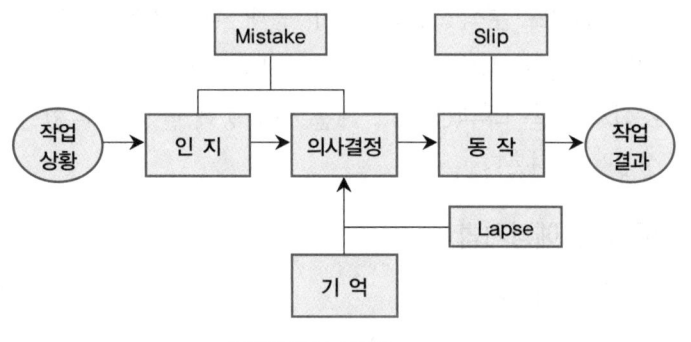

[휴먼에러 모형]

[휴먼에러의 작업별 오류 유형]

조작 오류	기계나 설비를 조작하는 과정에서 발생하는 오류
설치 오류	설비, 장치 등을 설치할 때에 발생하는 오류
보전 오류	기계나 설비에 필요한 주유를 생략하였다든지 부품의 교체 시기에 규격이 다른 부품을 사용했다든지 하는 오류로 보전 작업 상의 오류
검사 오류	불량품 검사나 품질검사 등에서 발생하는 오류

합격의 key

[문제]
다음 정보를 받아들이는 인간-기계 계에서 행동의 변수에 해당되는 것은?
① 규칙성 ② 정확성
③ 빈도 ④ 강도

[해설]
• 행동의 변수 – 규칙성
• 기계의 변수 – 정확성, 빈도, 강도

정답 ①

[문제]
인간정보처리 과정에서 실패가 일어나는 것이 잘못 연결된 것은?
① 입력 에러-확인 미스
② 매개 에러-결정 미스
③ 출력 에러-동작 미스
④ 판단 에러-반응 미스

[해설]
④ 판단 에러-기억 미스

[참고]
잘못 기억함으로써 잘못된 판단을 내리게 된다.

정답 ④

참고
* 휴먼에러
인간의 어떤 행위가 작업을 수행하거나 판단을 하는데 나쁜 영향을 미칠 소지가 있는 행위를 말한다.

* Temper proof
안전장치를 제거하는 경우 제품이 작동되지 않도록 하는 설계

* lock system
안전사고가 일어나지 않도록 인간, 기계를 통제하는 시스템
① interlock system : 기계 중심의 lock system
② translock system : 인간-기계 사이 lock system
③ intralock system : 인간 중심의 lock system

> 참고
> * Fail-Safe의 종류
>   ① 중복구조
>   ② 교대구조
>   ③ 다경로 하중 구조
>   ④ 하중경감구조

3) 휴먼에러의 배후요인(4M)

[4M ☆☆☆]

① Man(인간)	본인 외의 사람, 직장의 인간관계 등
② Machine(기계)	기계, 장치 등의 물적 요인
③ Media(매체)	작업정보, 작업방법 등(인간과 기계를 연결하는 매개체이다)
④ Management(관리)	작업관리, 법규준수, 단속, 점검 등

(3) 인간실수 확률에 대한 추정기법

1) 위급사건기법(CIT)

인간-기계 엔지니어로 하여금 사고, 위기 인발, 조작 실수 등 정보를 수집하기 위해 면접하는 방법

2) 인간에러율 예측기법(THERP)

인간의 과오율을 예측하기 위한 기법

$$\text{인간과오율 HEP} = \frac{\text{실제 과오의 수}}{\text{과오발생 전체기회 수}} \;☆$$

3) 직무 위급도 분석 : 안전, 경미, 중대, 파국적으로 위험을 구분한다.

4) 결함수 분석(FTA) : 결함을 분석하는 기법

5) 조작자 행동 나무(OAT) : 제품 사용 중에 발생할 수 있는 여러 가지 상황을 그려본다.

(4) 인간실수 예방기법

1) 페일세이프(Fail-Safe)

기계설비에 결함이 발생되더라도 사고가 발생 되지 않도록 2중, 3중으로 통제를 가한다.

[페일세이프의 구분 ☆☆☆]

① Fail Passive	부품의 고장 시 기계장치는 정지 상태로 옮겨간다.
② Fail active	부품이 고장 나면 경보를 울리며 짧은 시간 운전이 가능하다.
③ Fail operational	부품의 고장이 있어도 다음 정기점검까지 운전이 가능하다.

2) 풀 프루프(Fool-proof) ☆☆☆

인간의 실수가 있더라도 사고로 연결되지 않도록 2중, 3중으로 통제를 가한다.

CHAPTER 01 단원 예상문제

01 전선, 도관, 지레 등으로 이루어진 제어회로에 의해 부품들이 연결된 기계 체계는 다음 중 어느 것인가?

㉮ 수동 체계
㉯ 자동 체계
㉰ 기계화 체계
㉱ 반자동 체계

[해설] 제어회로에 의해 부품들이 연결된 기계 체계
→ 자동 체계

{참고} 인간 – 기계통합시스템(man-machine system)의 유형
① 수동 시스템
- 사용자가 손공구나 기타 보조물 등을 사용하여 자기의 신체적 힘을 동력원으로 하여 작업을 수행하는 시스템이다.
- 가장 다양성이 높은 체계이다.
- 예 장인과 공구
② 기계 시스템(반자동 시스템)
- 여러 종류의 동력 공작 기계와 같이 고도로 통합된 부품들로 구성되어 있다.
- 인간의 역할은 제어 기능을 담당하고, 힘에 대한 공급은 기계가 담당한다.
- 예 자동차, 공작기계 등
③ 자동 시스템
- 기계가 감지, 정보 처리 및 의사 결정, 행동 기능 및 정보 보관 등 모든 임무를 미리 설계된 대로 수행하게 된다.
- 인간은 감시, 감독, 보전 등의 역할을 담당하게 된다.
- 예 컴퓨터, 자동교환대 등

02 체계(system)의 특성이 아닌 것은?

㉮ 집합성
㉯ 관련성
㉰ 목적 추구성
㉱ 환경 독립성

[해설] 체계(system)의 특성
① 집합성
② 관련성
③ 목적 추구성

03 인간과 기계의 기능 비교에 대한 설명 중 맞지 않는 것은?

㉮ 인간은 임기응변능력이 기계보다 앞선다.
㉯ 기계는 쉽게 피로하지 않는다는 점에서 인간보다 앞선다.
㉰ 반복 작업인 경우는 인간의 신뢰도는 기계보다 앞선다.
㉱ 인간은 귀납적으로 정보를 처리한다.

[해설] ㉰ 반복 작업인 경우 기계의 신뢰도가 인간보다 앞선다.

{참고} 인간 – 기계의 기능 비교

구 분	인간의 장점	기계의 장점
감지 기능	• 저에너지 자극 감지 • 다양한 자극 식별 • 예기치 못한 사건 감지	• 인간의 감지 범위 밖의 자극 감지 • 인간·기계의 모니터 기능
정보처리 결정	• 많은 양의 정보 장시간 보관 • 귀납적, 다양한 문제 해결	• 정보를 신속 대량 보관 • 연역적, 정량적
행동 기능	• 과부하 상태에서는 중요한 일에만 집념할 수 있다.	• 과부하에서 효율적 작동 • 장시간 중량 작업, 반복, 동시 여러 가지 작업을 수행 가능

•))) 정답   01 ㉯ 02 ㉱ 03 ㉰

04 인간-기계통합 체계에서 인간 또는 기계에 의해서 수행되는 4가지 기본 기능 중 다른 세 가지 기능 모두와 상호 작용 하는 것은?

㉮ 감지
㉯ 정보 보관
㉰ 행동 기능
㉱ 정보처리 및 의사결정

[해설]

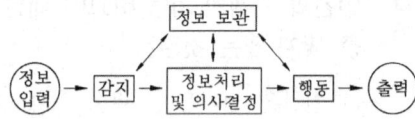

05 체계 분석 및 설계에 있어서의 인간공학의 가치가 아닌 것은?

㉮ 성능의 향상
㉯ 훈련비용의 증가
㉰ 인력 이용률의 향상
㉱ 생산 및 보전의 경제성 증대

[해설] 체계 분석 및 설계의 인간공학 가치
① **성능의 향상** : 적절한 유능한 운용자
② **훈련 비용의 절감** : 숙련도
③ **인력 이용률의 향상** : 인력자원의 효과적 이용
④ **사고 및 오용으로부터의 손실 감소** : 인간공학 원칙 적용
⑤ 생산 및 보전의 경제성 증대 : 설계 단순화 및 인간공학 원칙 적용
⑥ 사용자의 수용도 향상 : 운용 및 보전성 용이

06 기준(Criteria)의 유형 가운데 체계 기준(System Criteria)에 해당되지 않는 것은?

㉮ 운용비
㉯ 신뢰도
㉰ 사고빈도
㉱ 사용상의 용이성

[해설] 체계 기준 : 체계가 원래 의도하는 바를 얼마나 달성하는가를 나타내는 기준으로서
① 체계의 수명　　② 신뢰도
③ 정비도　　　　④ 가용도
⑤ 운용비　　　　⑥ 운용 연장도
⑦ 소요인력
⑧ 사용상의 용이성 등이 있다.

07 인간과 기계의 능력에 대한 일반적인 비교는 여러 요인에 의해서 실용성에 한계가 있다. 이러한 요인에 해당되지 않는 것은?

㉮ 기능의 수행에 유일한 기준이다.
㉯ 상대적인 비교는 항상 변하기 마련이다.
㉰ 인간과 기계의 비교가 항상 적용되지 않는다.
㉱ 기능의 할당에서 사회적인 또는 이에 관련된 가치들을 고려해야 한다.

[해설] 인간과 기계의 능력에 대한 비교
① 기능의 수행이 유일한 기준은 아니다.
② 상대적인 비교는 항상 변하기 마련이다.
③ 인간과 기계의 비교가 항상 적용되지 않는다.
④ 기능의 할당에서 사회적인 또는 이에 관련된 가치들을 고려해야 한다.
⑤ 최선의 성능을 마련하는 것이 항상 중요한 것은 아니다.

08 인간-기계의 계면(interface)에서 조화성의 차원으로 고려될 수 없는 것은?

㉮ 지적 조화성
㉯ 신체적 조화성
㉰ 통계적 조화성
㉱ 감성적 조화성

[해설] 인간과 기계의 조화성
① 신체적 조화성
② 지적 조화성
③ 감성적 조화성

정답 04 ㉱　05 ㉯　06 ㉰　07 ㉮　08 ㉰

09 인간공학에 사용되는 인간기준(Human Criteria)의 4가지 유형에 포함되지 않는 것은?

㉮ 사고빈도
㉯ 주관적 반응
㉰ 생리학적 지표
㉱ 심리적 지표

[해설] **인간 기준** : 인간 성능(Human Performance)에 의한 판단 기준
① **인간 성능 척도** : 여러 가지 감각활동, 정신활동, 근육 활동에 의해 판단
② **생리학적 지표** : 맥박, 혈압, 뇌파, 호흡수 등으로 판단
③ **주관적인 반응** : 개인 성능 평점, 체계 설계에 대한 대안에 대한 평점 등 주관적 평가로 판단
④ **사고 빈도** : 사고나 상해 발생 빈도에 의해 판단

10 제조나 생산과정에서의 품질관리 미비로 생기는 고장으로 점검 작업이나 시운전으로 예방할 수 있는 고장은?

㉮ 우발고장　　㉯ 마모고장
㉰ 초기고장　　㉱ 평상고장

[해설] 제조나 품질 관리 미비로 생기는 고장 형태 → 초기고장

{참고} **기계설비 고장 유형**
① **초기 고장(감소형)**
  • **설계상, 구조상 결함, 불량 제조·생산과정** 등의 품질 관리 미비로 생기는 고장 형태
  • **점검 작업이나 시운전 작업 등으로** 사전에 **방지할 수 있는 고장**
② **우발고장(일정형)**
  • **예측할 수 없을 때에 생기는 고장의 형태**
  • 사용자의 실수, 천재지변, 우발적 사고 등이 원인이다.
  • 기계마다 일정하게 발생되며 **고장률이 가장 낮다.**
③ **마모 고장(증가형)**
  • 기계적 요소나 **부품의 마모**, 사람의 노화현상 등에 의해 고장률이 상승하는 형이다.
  • 고장이 일어나기 직전에 **교환, 안전 진단 및 적당한 보수에 의해서 방지**할 수 있는 고장이다.

11 인간이 현존하는 기계를 능가하는 기능은?

㉮ 귀납적 추리를 한다.
㉯ 소음 등 주위가 불안정한 상황에서도 효율적으로 작동한다.
㉰ 암호화된 정보를 신속하게 대량으로 보관한다.
㉱ 입력신호에 대해 신속하고 일관성 있는 반응을 한다.

[해설] **인간 – 기계의 기능 비교**

구 분	인간의 장점	기계의 장점
감지기능	• 저에너지 자극 감지 • 다양한 자극 식별 • 예기치 못한 사건 감지	• 인간의 감지 범위 밖의 자극 감지 • 인간·기계의 모니터 기능
정보처리 결정	• **많은 양의 정보 장시간 보관** • **귀납적**, 다양한 문제 해결	• **정보를 신속 대량 보관** • **연역적**, 정량적
행동기능	• 과부하 상태에서는 중요한 일에만 집념할 수 있다.	• 과부하에서 효율적 작동 • 장시간 중량 작업, 반복, 동시 여러 가지 작업을 수행 가능

12 제품의 변화, 전달된 통신, 제공된 용역(Service)과 같은 것은 인간-기계통합 체계의 기본 기능 중 어디에 속하는가?

㉮ 정보 보관
㉯ 행동 기능(신체 제어 및 통신)
㉰ 정보 입력
㉱ 출력

[해설] 제품의 변화, 전달된 통신, 제공된 용역 → 출력

{참고} • **행동** : 결정된 사항의 실행과 조정을 하는 과정이다.
• **인간의 행동 기능** : 신체 제어
• **기계의 행동 기능** : 음성, 신호, 출력 등

▶) 정답　09 ㉱　10 ㉰　11 ㉮　12 ㉱

13 운전자의 조종에 의해 운용되며 융통성이 없는 시스템 형태는 무엇인가?

㉮ 수동 체계 ㉯ 기계화 체계
㉰ 자동 체계 ㉱ 시스템 체계

[해설] 운전자의 조종에 의해 운용되며 융통성이 없는 시스템 → 기계화 체계

{참고} 인간 - 기계 통합시스템(man-machine system)의 유형
① **수동시스템**
  • 사용자가 **손공구**나 기타 보조물 등을 사용하여 자기의 **신체적 힘을 동력원**으로 하여 작업을 수행하는 시스템이다.
  • **가장 다양성이 높은 체계**이다.
  • 예 장인과 공구
② 기계시스템(반자동 시스템)
  • 여러 종류의 동력 공작 기계와 같이 **고도로 통합된 부품들로 구성**되어 있다.
  • **인간의 역할은 제어** 기능을 담당하고, 힘에 **대한 공급은 기계**가 담당한다.
  • 운전자의 조종에 의해 운용되며 융통성이 없는 시스템이다.
  • 예 자동차, 공작기계 등
③ 자동 시스템
  • **기계**가 감지, 정보 처리 및 의사 결정, 행동 기능 및 정보 보관 등 **모든 임무를 미리 설계된 대로 수행**하게 된다.
  • **인간은 감시, 감독, 보전 등의 역할**을 담당하게 된다.
  • 예 컴퓨터, 자동교환대 등

14 다음 중 기계가 갖고 있는 한계점으로 옳지 않은 것은?

㉮ 기계는 융통적이지 못하다.
㉯ 기계는 임기응변을 하지 못한다.
㉰ 기계는 물리적인 힘을 지속적으로 적용하지 못한다.
㉱ 기계는 예기치 못한 사건들을 감지할 수 없다.

[해설] ㉰ 기계는 물리적인 힘을 지속적으로 적용할 수 있다.

15 다음 중 시스템의 수명곡선(욕조곡선)에서 우발고장 기간에 발생하는 고장의 원인으로 볼 수 없는 것은?

㉮ 안전계수가 낮기 때문에
㉯ 사용자의 과오 때문에
㉰ 최선의 검사 방법으로도 탐지되지 않는 결함 때문에
㉱ 부적절한 설치나 시동 때문에

[해설]
우발고장의 고장 원인
• 안전계수가 낮기 때문   • 사용자의 과오 때문   • 최선의 검사 방법으로도 탐지되지 않는 결함 때문

16 다음 중 인간 - 기계 통합 체계의 유형으로 볼 수 없는 것은?

㉮ 자동체계 ㉯ 제어체계
㉰ 기계화 체계 ㉱ 수동체계

[해설] 인간 - 기계 통합시스템(man-machine system)의 유형

수동 시스템	• 사용자가 **손공구**나 기타보조물 **등을 사용하여 자기의 신체적 힘을 동력원**으로 하여 작업을 수행하는 시스템이다. • 가장 다양성이 높은 체계이다. • 예 장인과 공구
기계 시스템 (반자동 시스템)	• 여러 종류의 동력 공작 기계와 **같이 고도로 통합된 부품**들로 구성되어 있다. • **인간의 역할은 제어 기능을 담당하고, 힘에 대한 공급은 기계가 담당**한다. • 운전자의 조종에 의해 운용되며 융통성이 없는 시스템이다. • 예 자동차, 공작기계 등
자동 시스템	• **기계가 감지**, 정보 처리 및 의사 결정, 행동 기능 및 정보 보관 등 **모든 임무를 미리 설계된 대로** 수행하게 된다. • **인간은 감시, 감독, 보전 등의 역할**을 담당하게 된다. • 예 컴퓨터, 자동교환대 등

정답 13 ㉯ 14 ㉰ 15 ㉱ 16 ㉯

17 다음 중 시스템 안전을 위한 업무의 수행 요건이 아닌 것은?

㉮ 안전 활동의 계획 및 관리
㉯ 시스템 안전에 필요한 사항의 동일성 식별
㉰ 시스템 안전에 대한 프로그램 해석 및 평가
㉱ 다른 시스템 프로그램과 분리 및 배제

[해설] **시스템 안전관리**
① 안전 활동의 계획 및 조직과 관리
② **다른 시스템 프로그램 영역과 조정**
③ 시스템 안전에 필요한 사항의 동일성의 식별
④ 시스템 안전에 대한 프로그램의 해석과 검토 및 평가 등의 시스템 안전업무

18 인간-기계 체계에서 인간과 기계가 만나는 면(面)을 무엇이라고 하는가?

㉮ 계면
㉯ 포락면
㉰ 의사결정면
㉱ 인체설계면

[해설] 인간-기계 체계에서 인간과 기계가 만나는 면(面) : 계면

{참고} **계면설계(interface design)** : 작업공간, 표시장치, 조종장치 등이 계면에 해당되며 계면설계를 위한 인간요소 관련 자료는 상식과 경험, 정량적 자료, 전문가의 판단 등이다.

19 인간공학의 중요한 연구과제인 계면(interface) 설계에 있어서 다음 중 계면에 해당되지 않는 것은?

㉮ 작업공간
㉯ 표시장치
㉰ 조종장치
㉱ 조명시설

[해설] **계면 설계(interface design)** : 작업공간, 표시장치, 조종장치 등이 계면에 해당되며 계면설계를 위한 인간요소 관련 자료는 상식과 경험, 정량적 자료, 전문가의 판단 등이다.

20 다음 중 체계가 감지, 정보보관, 정보처리 및 의식결정, 행동을 포함한 모든 임무를 수행하는 체계를 무엇이라 하는가?

㉮ 수동 체계
㉯ 기계화 체계
㉰ 자동 체계
㉱ 반자동 체계

[해설] **자동 시스템**
• 기계가 감지, 정보 처리 및 의사 결정, 행동 기능 및 정보 보관 등 <u>모든 임무를 미리 설계된 대로 수행하게 된다.</u>
• 인간은 감시, 감독, 보전 등의 역할을 담당하게 된다.

21 다음 중 인간이 기계보다 능가하는 기능이라고 할 수 없는 것은?

㉮ 완전히 새로운 해결책을 찾아내는 기능
㉯ 반복적인 작업을 신뢰성 있게 수행하는 기능
㉰ 관찰을 통해서 일반화하여 귀납적으로 추리하는 기능
㉱ 불시에 발생한 부적절한 일에 대하여 능숙하게 진행시키는 기능

[해설] ㉯ 반복적인 작업을 신뢰성 있게 수행 → 기계의 장점

22 다음 중 인간이 현존하는 기계를 능가하는 기능은?

㉮ 예기치 못한 사건들을 감지한다.
㉯ 반복적인 작업을 신뢰성 있게 수행한다.
㉰ 암호화된 정보를 신속하게 대량으로 보관한다.
㉱ 입력신호에 대해 신속하고 일관성 있는 반응을 한다.

[해설] ㉮ 인간의 장점
㉯, ㉰, ㉱ 기계의 장점

정답 17 ㉱ 18 ㉮ 19 ㉱ 20 ㉰ 21 ㉯ 22 ㉮

23 시스템 신뢰도를 증가시킬 수 있는 방법이 아닌 것은?

㉮ 페일 세이프(fail safe) 설계
㉯ 풀 프루프(fool proof) 설계
㉰ 중복(redundancy) 설계
㉱ 록 시스템(lock system) 설계

[해설] 신뢰성 설계
① 중복(Redundancy)설계
② 부품의 단순화와 표준화
③ 인간공학적 설계(페일세이프, 풀 프루프 설계)와 보전성 설계

24 기계와 인간의 상대적 수행도를 나타내는 다음 [그림]에서 시스템의 재설계가 요구되는 영역은?

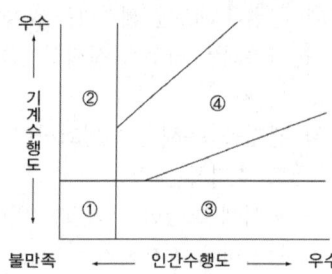

㉮ ① ㉯ ②
㉰ ③ ㉱ ④

[해설] 그림에서 ①의 경우는 인간, 기계의 수행도가 모두 불만족으로 시스템을 재설계하여야 한다.

25 일반적으로 연구조사에 사용되는 기준 중 기준척도의 신뢰성이 의미하는 것으로 옳은 것은?

㉮ 보편성 ㉯ 적절성
㉰ 반복성 ㉱ 객관성

[해설] 체계 기준의 요건
• 적절성 : 의도된 목적에 적합하여야 한다.
• 무오염성 : 측정하고자 하는 변수 외의 다른 변수의 영향을 받아서는 안 된다.
• 신뢰성 : 반복실험 시 재현성이 있어야 한다. (반복성)
• 민감도 : 예상차이점에 비례하는 단위로 측정하여야 한다.

26 일반적인 인간-기계 시스템의 형태 중 인간이 사용자나 동력원으로 기능하는 것은?

㉮ 기계화 체계 ㉯ 수동 체계
㉰ 자동 체계   ㉱ 반자동 체계

[해설] 인간의 힘을 동력원으로 하는 체계 → 수동 체계

27 인간-기계 시스템에서 인간과 기계에 록 시스템을 설치할 때 다음 설명 중 옳은 것은?

㉮ 기계와 인간의 사이에는 인트라록 시스템을 둔다.
㉯ 인터록 시스템과 인트라록 시스템 사이에는 트랜스록 시스템을 둔다.
㉰ 트랜스록 시스템과 인터록 시스템 사이에는 인트라록 시스템을 둔다.
㉱ 트랜스록 시스템과 인트라록 시스템 사이에는 인터록 시스템을 둔다.

[해설] lock system
① interlock system : 기계 중심의 lock system
② translock system : 인간 – 기계 사이의 lock system(인터록과 인트라록 시스템 사이)
③ intralock system : 인간 중심의 lock system

28 인간과 기계가 주고받는 정보교환에 있어서 N개 대안이 있을 경우 각 대안의 실현 확률을 P라고 할 때 정보량(H)을 구하는 식으로 옳은 것은?

㉮ $H = \log_P N$
㉯ $H = \log N^P$
㉰ $H = \log_2 \dfrac{1}{P}$
㉱ $H = \log \dfrac{1}{P^N}$

[해설] 정보량(H) $= \log_2 \dfrac{1}{P}$

정답 23 ㉱ 24 ㉮ 25 ㉰ 26 ㉯ 27 ㉯ 28 ㉰

29 다음 중 작업 설계를 함에 있어서 작업 만족도를 얻기 위한 수단으로 볼 수 없는 것은?

㉮ 작업 순환
㉯ 작업 분석
㉰ 작업 윤택화
㉱ 작업 확대

[해설] **작업 설계(job design)** : 작업 만족도를 위한 설계
① **작업 확대** : 수평적 확대(범위)
② **작업 윤택화** : 수직적 확대(깊이)
③ **작업 만족도** : 작업 설계 시의 딜레마
④ **작업 순환** : 작업능률, 생산성 강조 (인간 요소적 접근 방법)

30 인간공학의 연구 방법에서 체계 개발에 있어 사용될 수 있는 인간 기준이 아닌 것은?

㉮ 인간 성능 척도
㉯ 객관적 반응
㉰ 생리학적 지표
㉱ 사고 빈도

[해설] **인간 기준** : 인간 성능(Human Performance)에 의한 판단 기준
- **인간 성능 척도** : 여러 가지 감각활동, 정신활동, 근육 활동에 의해 판단
- **생리학적 지표** : 맥박, 혈압, 뇌파, 호흡수 등으로 판단
- **주관적인 반응** : 개인 성능 평점, 체계 설계에 대한 대안에 대한 평점 등 주관적 평가로 판단
- **사고 빈도** : 사고나 상해발생 빈도에 의해 판단

31 [보기]와 같은 위험관리의 단계를 순서 대로 올바르게 나열한 것은?

[보기]
① 위험의 분석 ② 위험의 파악
③ 위험의 처리 ④ 위험의 평가

㉮ ① → ② → ③ → ④
㉯ ② → ③ → ① → ④
㉰ ② → ① → ④ → ③
㉱ ① → ③ → ② → ④

[해설] **위험관리의 순서**
위험의 파악 → 위험의 분석 → 위험의 평가 → 위험의 처리

32 다음 중 인간과 기계의 능력에 대한 실용성 한계에 관한 설명과 가장 거리가 먼 것은?

㉮ 일반적인 인간과 기계의 비교가 항상 적용된다.
㉯ 상대적인 비교는 항상 변하기 마련이다.
㉰ 기능의 수행이 유일한 기준은 아니다.
㉱ 최선의 성능을 마련하는 것이 항상 중요한 것은 아니다.

[해설] ㉮ 일반적인 인간 – 기계의 비교가 항상 적용되는 것은 아니다.

정답 29 ㉯ 30 ㉯ 31 ㉰ 32 ㉮

33 인간 에러(human error)를 일으킬 수 있는 정신적 요소가 아닌 것은?

㉮ 방심과 공상
㉯ 개성적 결함 요소
㉰ 판단력의 부족
㉱ 기능 정도

[해설] ㉱ 인간 에러의 기술적 요소에 해당한다.

34 다음 중 인간 실수확률에 대한 추정기법이 아닌 것은?

㉮ 계층분석모델
㉯ 위급사건기법
㉰ 직무 위급도 분석
㉱ 조작자 행동 나무

[해설] 인간 실수 확률에 대한 추정기법
(1) **위급사건기법(CIT)** : 인간 – 기계 엔지니어로 하여금 사고, 위기 인발, 조작 실수 등 정보를 수집하기 위해 면접하는 방법
(2) **인간에러율 예측기법(THERP)** : 인간의 과오율을 예측하기 위한 기법

인간과오율

$$HEP = \frac{\text{실제과오의 수}}{\text{과오발생 전체기회수}}$$

(3) **직무 위급도 분석** : 안전, 경미, 중대, 파국적으로 위험을 구분한다.
(4) **결함수 분석(FTA)** : 결함을 분석하는 기법
(5) **조작자 행동 나무(OAT)** : 제품 사용 중에 발생할 수 있는 여러 가지 상황을 그려본다.

35 검사공정의 작업자가 제품의 완성도에 대한 검사를 하고 있다. 어느 날 10,000개의 제품에 대한 검사를 실시하여 200개의 부적합품(불량품)을 발견하였으나, 이 Lot에는 실제로 500개의 부적합품(불량품)이 있었다. 이 때 인간과오 확률(Human Error Probability)은 얼마인가?

㉮ 0.02
㉯ 0.03
㉰ 0.04
㉱ 0.05

[해설]
$$\text{인간과오율}(HEP) = \frac{\text{실제과오의 수}}{\text{과오발생 전체기회수}}$$

$$HEP = \frac{\text{실제과오의 수}}{\text{과오발생 전체기회수}} = \frac{500 - 200}{10,000} = 0.03$$

36 Human Error의 배경요인 중 4M이 아닌 것은?

㉮ 인간(Man)
㉯ 기계(Machine)
㉰ 재료(Material)
㉱ 관리(Management)

[해설] 휴먼 에러의 배후요인(4M)
① **Man**(인간) : 본인 외의 사람, 직장의 인간관계 등
② **Machine**(기계) : **기계, 장치** 등의 물적 요인
③ **Media**(매체) : **작업정보, 작업방법** 등
④ **Management**(관리) : **작업관리**, 법규준수, 단속, 점검 등

정답 33㉱ 34㉮ 35㉯ 36㉰

37. 다음 중 작위적 오류(commission error)에 해당되지 않는 것은?

㉮ 전선(cable)이 바뀌었다.
㉯ 틀린 부품을 사용하였다.
㉰ 부품이 거꾸로 조립되었다.
㉱ 부품을 빠뜨리고 조립하였다.

[해설] ㉱ 부품을 빠뜨리고 조립하였다. →
omission error(누설 오류, 생략 오류, 부작위 오류)

{참고} 휴먼에러의 심리적 분류(Swain의 분류)
① omission error(누설오류, 생략오류, 부작위오류) : 필요한 작업 또는 절차를 수행하지 않는데 기인한 에러
② time error(시간오류) : 필요한 작업 또는 절차의 수행 지연으로 인한 에러
③ commission error(작위오류) : 필요한 작업 또는 절차의 불확실한 수행으로 인한 에러
④ sequential error(순서오류) : 필요한 작업 또는 절차의 순서 착오로 인한 에러
⑤ extraneous error(과잉행동오류) : 불필요한 작업 또는 절차를 수행함으로써 기인한 에러

38. 휴먼에러 중 필요한 task 및 절차를 수행하지 않아 발생하는 에러를 무엇이라 하는가?

㉮ time error
㉯ omission error
㉰ commission error
㉱ extraneous error

[해설] 휴먼에러의 심리적 분류(Swain의 분류)
① omission error(누설오류, 생략오류, 부작위오류) : 필요한 작업 또는 절차를 수행하지 않는데 기인한 에러
② time error(시간오류) : 필요한 작업 또는 절차의 수행 지연으로 인한 에러
③ commission error(작위오류) : 필요한 작업 또는 절차의 불확실한 수행으로 인한 에러
④ sequential error(순서오류) : 필요한 작업 또는 절차의 순서 착오로 인한 에러
⑤ extraneous error(과잉행동오류) : 불필요한 작업 또는 절차를 수행함으로써 기인한 에러

39. 인간 오류의 분류에 있어 원인에 의한 분류 중 작업의 조건이나 작업의 형태 중에서 다른 문제가 생겨 그 때문에 필요한 사항을 실행할 수 없는 오류(error)를 무엇이라고 하는가?

㉮ secondary error
㉯ primary error
㉰ command error
㉱ commission error

[해설] 휴먼에러 원인의 레벨적 분류
① primary error(1차 에러) : 작업자 자신으로 부터 발생한 에러
② secondary error(2차 에러) : 작업형태, 작업조건 중 문제가 생겨 필요한 사항을 실행할 수 없어 발생한 에러
③ command error : 실행하고자 하여도 필요한 물품, 정보, 에너지 등이 공급되지 않아서 작업자가 움직일 수 없는 상태에서 발생한 에러

정답 37 ㉱ 38 ㉯ 39 ㉮

40. James Reason의 원인적 휴먼에러 종류 중 다음 설명의 휴먼에러 종류는?

> 자동차가 우측 운행하는 한국의 도로에 익숙해진 운전자가 좌측 운행을 해야 하는 일본에서 우측 운행을 하다가 교통사고를 냈다.

㉮ 고의 사고(Violation)
㉯ 숙련 기반 에러(Skill based error)
㉰ 규칙 기반 착오(Rule based mistake)
㉱ 지식 기반 착오
   (Knowledge based mistake)

[해설] **Reason의 휴먼 에러의 분류(원인적 분류)**
1. **숙련 기반 에러(Skill based error)**: 평소에는 숙련된 작업이었으나 실수(Slip)와 건망증(Lapse)에 의해 제대로 수행하지 못함
   예) 평소에는 사과를 잘 깎았으나 깎다가 손을 다침, 가스렌지에 찌개를 끓이던 것을 깜박 잊고 찌개가 타버림
2. **규칙 기반 착오(Rule based mistake)**: 잘못된 규칙을 기억하거나 제대로 된 규칙을 상황에 맞지 않게 적용한 에러
   예) 일본에서 우측통행을 하다가 사고가 남
3. **지식 기반 착오(Knowledge based mistake)**: 장기기억 속에 관련 지식이 없는 경우 처음 접하는 상황에서 추론을 통하여 해결하려 하였으나 실패로 이어지는 에러
   예) 외국에서 처음 보는 도로 표지판을 이해하지 못하여 사고가 남

41. 인간-기계시스템의 작동 순서도표(OSD) 기호 중 "행동"을 의미하는 기호는?

㉮ □ ㉯ ◇
㉰ ▽ ㉱ ○

[해설]

행동	□
전달	▽
수신	○

42. 작업관리의 주목적으로 가장 거리가 먼 것은?

㉮ 정확한 작업측정을 통한 작업 개선
㉯ 공정개선을 통한 작업의 편리성 향상
㉰ 표준시간 설정을 통한 작업효율 관리
㉱ 납품관리를 통한 품질 향상

[해설] **작업관리의 주목적**
㉮ 정확한 작업측정을 통한 작업 개선
㉯ 공정개선을 통한 작업의 편리성 향상
㉰ 표준시간 설정을 통한 작업효율 관리

정답 40 ㉰ 41 ㉮ 42 ㉱

43 다음 중 작업관리에서 다루는 분야로 보기 어려운 것은?

㉮ 작업강도 강화
㉯ 생산성 관리
㉰ 작업방법의 개선
㉱ 작업측정

[해설] 작업관리에서 다루는 분야
• 작업측정
• 작업방법의 개선
• 생산성 관리

44 다음 중 작업관리의 내용과 거리가 먼 것은?

㉮ 동작/방법연구와 시간연구를 주요 영역으로 하는 경영기법이다.
㉯ 생산성과 함께 작업자의 안전을 추구하였다.
㉰ 작업자에게 가능하면 많은 작업을 하게 하는 것이 주목적이다.
㉱ 제조업뿐만 아니라 서비스업에도 적용 가능한 기법들이다.

[해설] 작업관리란 작업자, 기계, 재료, 작업방법, 작업환경 등의 제반 조건을 분석, 비능률적인 요소는 제거하여 최적의 작업조건을 달성하기 위한 기법을 말한다.
㉮ 동작/방법연구와 시간연구를 주요 영역으로 하는 경영기법이다.
㉯ 생산성과 함께 작업자의 안전을 추구하였다.
㉰ 제조업뿐만 아니라 서비스업에도 적용 가능한 기법들이다.

45 다음 중 인간의 오류모형에 있어서 상황해석을 잘못하거나 목표를 잘못 이해하고 착각하여 행하는 경우를 무엇이라 하는가?

㉮ 착오(Mistake)
㉯ 실수(Slip)
㉰ 건망증(Lapse)
㉱ 위반(Violation)

[해설] 인간의 정보처리 과정에서 발생되는 에러

Mistake (착오, 착각)	• 인지과정과 의사결정과정에서 발생하는 에러 • **상황해석을 잘못하거나 틀린 목표를 착각하여 행하는 경우**
Lapse (건망증)	• 저장단계에서 발생하는 에러 • **어떤 행동을 잊어버리고 안하는 경우**
Slip (실수, 미끄러짐)	• 실행단계에서 발생하는 에러 • **상황(목표)해석은 제대로 하였으나 의도와는 다른 행동을 하는 경우**

정답 43 ㉮ 44 ㉰ 45 ㉮

CHAPTER 02 위험성 파악·결정

01 시스템 위험성 추정 및 결정

> **주/요/내/용 알/고/가/기**
> 1. 시스템 안전성 확보책
> 2. 시스템 안전관리
> 3. 시스템 안전프로그램의 목표 사항
> 4. 시스템 위험분석기법의 종류별 특징
> 5. FTA의 논리기호 및 사상기호
> 6. FTA에 의한 재해사례 연구 순서
> 7. 설비의 신뢰도(직렬연결, 병렬연결)
> 8. 발생확률의 계산
> 9. 컷셋과 패스셋 구하기

① 시스템위험분석 및 관리

(1) 시스템 안전의 정의

어떤 시스템에 있어서 가능 시간, 코스트(cost) 등의 제약 조건하에서 인원 및 설비가 당하는 상해 및 손상을 최소한으로 줄이는 것이다.

(2) 시스템 안전성 확보책

① 위험 상태의 존재 최소화 ② 안전장치의 채택
③ 경보장치의 채택   ④ 특수 수단 개발, 표식의 규격화

(3) 시스템 안전관리

① 안전 활동의 계획 및 조직과 관리
② 다른 시스템 프로그램 영역과 조정
③ 시스템 안전에 필요한 사항의 동일성의 식별
④ 시스템 안전에 대한 프로그램의 해석과 검토 및 평가 등의 시스템 안전업무

(4) 시스템 안전 프로그램의 목표 사항

① 시스템 목표 및 필요사항과 모순되지 않는 안전성의 시스템 설계에 의한 구체화
② 신재료 및 신제조, 시험기술의 채용 및 사용에 따른 위험의 최소화
③ 유사한 시스템 프로그램에 의하여 작성된 과거 안전성 데이터의 고찰 및 이용

합격의 key

■ 참고
* system이란?
① 요소의 집합에 의해 구성되고
② system 상호 간에 관계를 유지하면서
③ 정해진 조건 아래에서
④ 어떤 목적을 위하여 작용하는 집합체라 할 수 있다.

■ 용어정의
* 시스템 안전공학
시스템 내의 위험성을 적시에 식별하고 그 예방 또는 필요한 조치를 도모하기 위한 시스템 공학의 한 분야

■ 용어정의
* 시스템 안전 프로그램 (System safety program)
: 시스템의 전 수명단계를 통하여 가장 적합할 때에 가장 효율적이고 경제적인 방법으로 시스템 안전요건을 만족시킴으로써 시스템의 효용성을 높이려는 안전관리 활동들의 추진계획을 말한다.
* 수명주기(Life cycle)
: 생산시스템의 구상단계에서 시작하여 완전히 폐기될 때까지의 안전성을 평가함에 있어서 고려되어야 하는 전 체기간을 말한다.

■ 기출
* 시스템 안전프로그램의 5단계 ★
① 제1단계 : 구상 단계
② 제2단계 : 사양결정 단계(정의)
③ 제3단계 : 설계단계
④ 제4단계 : 제작단계
⑤ 제5단계 : 조업단계

(5) 시스템 안전프로그램 계획에 포함사항
(kosha guide "생산시스템의 수명주기에 따른 리스크 평가지침")

① 시스템 안전조직
② 시스템 안전업무활동
③ 시스템 안전문서 양식
④ 시스템 개발과정에서의 안전업무활동 시기 및 방법
⑤ 리스트 평가방법 및 수용기준

(6) 위험처리기술 ✈

① 위험의 제거(위험 감축) : 위험 요소를 적극적으로 예방하고 경감하려는 것을 말한다.
② 위험의 회피 : 위험한 작업 자체를 하지 않거나 작업방법을 개선하는 것을 말한다.
③ 위험의 보유 : 위험의 일부 또는 전부를 스스로 인수하는 것을 말한다. 위험에 대한 무지에서 무의식적으로 위험에 노출되는 소극적 보유와 위험을 의식하면서 보유하는 적극적 보유가 있다.
④ 위험의 전가 : 위험을 보험, 보증, 공제기금제도 등으로 분산시키는 것을 말한다.

(7) 위험성을 예측, 평가하는 단계

① 1단계 : 평가대상 공정 선정
평가대상 공정이나 작업을 선정하는 단계로 평가대상 공정의 안전보건상 위험 정보에 대한 사전 파악을 포함한다.
② 2단계 : 위험요인 도출
위험요인을 인적, 기계적, 물질·환경적, 관리적으로 구분하여 도출하는 단계이다.
③ 3단계 : 위험도 계산
사고 빈도와 사고 강도의 곱으로 위험도 수준을 결정하는 단계이다.
④ 4단계 : 위험도 평가
현재의 위험도가 허용할 수 있는 위험인지 위험도를 평가하는 단계이다.
⑤ 5단계 : 개선대책 수립
위험도 평가 결과에 따라 개선대책을 수립하고 실시하여 도출한 위험요인을 허용 가능한 위험도로 낮추는 단계이다.

참고
* 시스템 안전 프로그램의 내용
① 일반개요
② 안전조직, 책임 및 권한
③ 시스템안전기준
④ 수행해야 하는 시스템 안전업무활동
⑤ 시스템 안전문서
⑥ 안전업무활동의 관리
⑦ 안전훈련
⑧ 설비 및 지원기능

참고
* 시스템 안전프로그램 계획(SSPP)에서 수행해야 하는 시스템 안전업무활동
① 정성적 분석
② 정량적 분석
③ 운용 위험요인 분석 (OHA)
④ 업무활동 심사의 참가
⑤ 설계 심사에의 참가

참고
* 시스템 설계자의 평가방법
① 성능 평가
② 기능 평가
③ 신뢰성 평가

참고
* 위험관리의 내용
① 위험의 파악
② 사고 발생 확률 예측
③ 위험의 처리

기출
* 위험관리의 순서
위험의 파악 → 위험의 분석 → 위험의 평가 → 위험의 처리

* 위험(Risk)의 3요소 (Triplets)
① 사고 시나리오(S_i)
② 사고 발생 확률(P_i)
③ 파급효과 또는 손실(X_i)

② 위험분석기법

(1) 구상(Concept) 단계

구상 단계는 시스템을 제작하기 위한 시작 단계로서, 시스템의 사용 목적과 기능, 앞으로 생산할 시스템을 개발함에 있어 일반적인 진행 과정이 결정된다.

(2) 정의(Definition) 단계

예비 설계안과 생산 기술과의 비교를 통해 시스템 개발의 가능성과 타당성을 확인하고, 시스템 개발상의 일반적인 설계가 이루어지는 단계이다.

(3) 개발(Development) 단계

- 시스템 개발의 공식적인 시작단계이다. 이미 시스템 안전 프로그램에 계획된 대로 개발단계에서 시도되어야 하는 시스템 안전 업무들이 시작된다.
- 생산시스템 사용자에게 교육시키기 위한 다양한 훈련과정에 관계 자료들을 제공한다.

(4) 제조(Production) 단계

- 제조 단계에서 수행되는 거의 모든 업무는 주로, 이전 단계에서 획득된 시스템의 안전수준이 생산단계에서도 유지되는가를 확인하기 위한 것이다.
- 이 단계에서 안전교육이 시작된다.

(5) 배치(Deployment) 단계, 운용 단계

운용 단계는 시스템 개발, 생산의 다음 단계로서, 사용자가 최초의 시스템을 사용하기 위해 수용하는 순간부터 시작한다.

(6) 폐기(Disposal) 단계

폐기 단계는 시스템이 갖는 특정한 설계요인 때문에 매우 중요할 수도 있다. 시스템의 유해위험요인이 있는 부분, 예를 들어 부식성·유해성 물질, 방사능 폐기물, 가연성 물질, 방향성 물질 등을 폐기하는 절차는 시스템 개발 초기에, 주로 개발 단계에서 검토되고 결정되어야 한다.

3 시스템 위험분석기법

(1) 예비 위험 분석(PHA : Preliminary Hazards Analysis)

1) 모든 시스템 안전프로그램의 최초 단계(설계단계, 구상단계)에서 실시하는 분석법으로서 시스템 내의 위험 요소가 얼마나 위험한 상태에 있는가를 정성적으로 평가하는 기법이다. ✡✡

2) PHA의 4가지 주요목표
    ① 시스템의 모든 주요한 사고를 식별하고, 대략적인 말로 표시할 것
    ② 사고를 유발하는 요인을 식별할 것
    ③ 사고가 발생한다고 가정하고 시스템에 생기는 결과를 식별하고 평가할 것
    ④ 식별된 사고를 다음 4가지 범주로 분류할 것

[PHA 카테고리 분류 ✡]

Class 1. 파국적(catastrophic)	사망, 시스템 손상
Class 2. 위기적(critical)	심각한 상해, 시스템 중대 손상
Class 3. 한계적(marginal)	경미한 상해, 시스템 성능 저하
Class 4. 무시(negligible)	경미한 상해 및 시스템 저하 없음

(2) 결함위험분석(FHA : Fault Hazards Analysis)

1) 한 계약자만으로 모든 시스템의 설계를 담당하지 않고 몇 개의 공동 계약자가 분담할 경우 서브 시스템(sub system)의 해석에 사용되는 분석법이다. ✡✡

2) 전체 제품을 몇 개의 하부제품(서브시스템)으로 나누어 제작하는 경우 하부제품이 전체 제품에 미치는 영향을 분석하는 기법으로 제품 정의 및 개발단계에서 수행된다.

◎기출 ★

1. MIL-STD-882B(미국 방성의 위험성 평가)의 위험도 분류
    ① 제1단계 : 파국적(치명적)
    ② 제2단계 : 위기적(위험)
    ③ 제3단계 : 한계적
    ④ 제4단계 : 무시

2. MIL-STD-882B의 시스템 안전 필요사항에 대한 우선권 순서 최소 리스크를 위한 설계 → 안전장치 설치 → 경보장치 설치 → 절차 및 교육 훈련 개발

3. MIL-STD-882B의 위험성 평가 매트릭스(Matrix) 분류
    ① 자주 발생(Frequent)
    ② 보통 발생(Probable)
    ③ 가끔 발생(Occasional)
    ④ 거의 발생하지 않음(Remote)
    ⑤ 극히 발생하지 않음(Improbable)

3) FHA의 기재사항 ★
- 서브 시스템의 요소
- 그 요소의 고장형
- 고장형에 대한 고장률
- 요소 고장 시 시스템의 운용 형식
- 서브 시스템에 대한 고장의 영향
- 2차 고장
- 고장형을 지배하는 뜻밖의 일
- 위험성의 분류
- 전 시스템에 대한 고장의 영향
- 기타

(3) 고장형태와 영향분석(FMEA : Failure Modes and Effects Analysis)

1) 시스템에 영향을 미치는 모든 요소의 고장을 형태별로 분석하여 그 영향을 검토하는 정성적, 귀납적 분석법이다. ★★

2) FMEA 위험성 분류 ★

발생확률(β)에 따른 분류	위험성 분류 표시
• 실제손실 $\beta = 1.00$ • 예상되는 손실 $0.1 < \beta < 1.00$ • 가능한 손실 $0 < \beta \leq 0.1$ • 영향 없음 $\beta = 0$	• category 1 : 생명 또는 가옥의 상실 • category 2 : 임무 수행의 실패 • category 3 : 활동의 지연 • category 4 : 손실과 영향없음

3) FMEA의 실시 절차 ★

1단계 : 대상 시스템의 분석	• 기기 및 시스템의 구성 및 기능의 전반적 파악 • FMEA의 실시를 위한 기본방침의 설정 • 기능 BLOCK과 신뢰성 BLOCK도의 작성
2단계 : 고장형과 그 영향의 검토	• 고장 모드의 예측과 설정 • 고장 원인의 상정 • 상위 아이템에 대한 고장 영향의 검토 • 고장 검지법의 검토 • 고장에 대한 보상법과 대응법의 검토 • FMEA WORK SHEET에 관한 기입 • 고장등급의 평가
3단계 : 치명도 해석과 개선책의 검토	• 치명도 해석 • 해석결과의 정리

◎기출 ★

1. 고장형태와 영향분석(FMEA)의 평가요소
    ① 고장발생의 빈도
    ② 고장방지의 가능성
    ③ 기능적 고장 영향의 중요도

2. FMEA의 고장 평점을 결정하는 5가지 평가 요소
    ① 신규설계의 정도
    ② 고장발생의 빈도
    ③ 고장방지의 가능성
    ④ 영향을 미치는 시스템의 범위
    ⑤ 기능적 고장 영향의 중요도

4) FMEA의 기재사항
   ① 요소의 명칭
   ② 고장의 형
   ③ 다른 요소 및 전 시스템에 대한 고장의 영향
   ④ 위험성의 분류
   ⑤ 고장의 발견방법
   ⑥ 시정방법

5) FMEA의 장·단점
   ① 장점
      • 서식이 간단하고 적은 노력으로도 분석이 가능하다.
   ② 단점
      • 논리성이 부족하다.
      • 각 요소 간의 영향을 분석하기 어렵기 때문에 동시에 두 개 이상의 고장이 날 경우 해석이 곤란하다.
      • 요소가 물체로 한정되어 있어 인적 원인분석이 곤란하다.

(4) ETA(Event Tree Analysis)와 DT(Decision Trees)

1) ETA(Event Tree Analysis) : 사건수(사상수)분석법
   ① 사상의 안전도를 사용하여 시스템의 안전도 나타내는 귀납적, 정량적인 분석법이다.
   ② 사고 시나리오에서 연속된 사건들의 발생경로를 파악하고 평가하기 위한 귀납적이고 정량적인 시스템안전 프로그램 분석법이다.
   ③ 재해의 확대요인을 분석하는데 적합하며 디시젼 트리를 재해사고의 분석에 이용할 경우의 분석법이다.
   ④ ETA 작성법
      • 좌에서 우로 진행한다.
      • 요소의 성공사상은 위쪽에, 실패사상은 아래쪽으로 분기한다.
      • 분기마다 안전도와 불안전도의 발생확률이 표시된다.
        (분기된 각 사상의 합은 항상 1이다)

2) DT(Decision Trees)
   요소의 신뢰도를 이용하여 시스템의 신뢰도를 나타내는 기법으로 귀납적이고, 정량적인 분석 방법이다.

확인 ★

* FTA : 연역적, 정량적
  FMEA : 귀납적, 정성적
  ETA, DT : 귀납적, 정량적
  CA : 정량적

문제

다음은 사건수분석(Event Tree Analysis, ETA)의 작성사례이다. A, B, C에 들어갈 확률값들이 올바르게 나열된 것은?

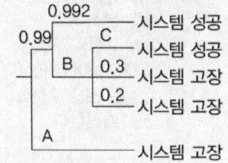

㉮ A : 0.01 B : 0.008
   C : 0.03
㉯ A : 0.008 B : 0.01
   C : 0.2
㉰ A : 0.01 B : 0.008
   C : 0.5
㉱ A : 0.03 B : 0.01
   C : 0.008

[해설]
성공과 실패사상의 확률의 합은 항상 1이므로
A = 1 − 0.99 = 0.01
B = 1 − 0.992 = 0.008
C = 1 − (0.3 + 0.2) = 0.5

정답 ㉰

참고
* 치명도 분석법
  (CA : Criticality Analysis)
  사고의 위험성만 분석하는 방법으로 각 요소가 전체 시스템에 미치는 영향을 분석하기가 곤란하다.
  따라서, FMEA와 함께 사용된다.(FMEA-CA)
  ① 먼저, 고장형태를 해석하여 시스템에 끼치는 영향을 해석하고
  ② 하나의 치명적인 고장을 결정하여 위험성을 분석하고
  ③ 여러 고장의 위험성을 구분하여 위험성이 높은 것을 우선적으로 개선한다.

참고
고장형태 및 영향분석(FMEA) + 치명도 분석(CA) → FMECA

(5) 치명도 분석(CA : Criticality Analysis)

1) 고장이 직접 시스템의 손실과 인명의 사상에 연결되는 높은 위험도를 가진 요소나 고장의 형태에 따른 분석법이다.

2) 고장이 시스템에 얼마나 치명적인 영향을 끼치는지에 대한 고장을 정량적으로 분석하는 기법이다. ✿✿

3) 정성적 방법에 의한 FMEA에 대해 정량적 성격을 부여한다.

4) 고장 등급의 평가

$$치명도(Cr) = C_1 \times C_2 \times C_3 \times C_4 \times C_5$$

여기서, C_1 : 고장 영향의 중대도 C_2 : 고장의 발생 빈도
       C_3 : 고장 검출의 곤란도 C_4 : 고장 방지의 곤란도
       C_5 : 고장 시정시간의 여유도

(6) 인간에러율 예측기법 (THERP : Technique of Human Error Rate Prediction)

1) 인간의 과오(human error)를 정량적으로 평가하기 위하여 1963년 Swain 등에 의해 개발된 기법이다. ✿✿

2) 인간의 과오율 추정법 등 5개의 스텝으로 되어 있다.

(7) MORT(Management Oversight and Risk Tree)

1) 1970년 이후 미국의 W. G. Johnson 등에 의해 개발된 최신 시스템 안전프로그램으로서 원자력 산업의 고도 안전 달성을 위해 개발된 분석 기법이다.

2) 관리, 설계, 생산, 보전 등의 광범위한 안전을 도모하기 위한 연역적이고, 정량적인 분석법이다. ✿✿

(8) 운용 및 지원위험 분석(O&S : operating & support 또는 OSHA)

1) 시스템의 모든 사용단계에서 생산, 보전, 시험, 운반, 구출, 구조, 훈련 및 폐기 등에 사용되는 인원, 순서, 설비에 관하여 위험을 동정하고 그것들의 안전요건을 결정하기 위한 분석법이다. ✰✰

2) 시스템이 저장되어 이동되고 실행됨에 따라 발생하는 작동시스템의 기능이나 과업, 활동으로부터 발생되는 위험에 초점을 맞춘 위험분석 차트이다.

(9) FAFR(Fatal Accident Frequency Rate)

1) 위험도를 표시하는 단위로 10^8(1억)시간 당 사망자 수를 나타낸다.

2) $\text{FAFR} = \dfrac{\text{사망자 수}}{\text{총 작업시간수}} \times 10^8$ ✰

(10) HAZOP(Hazard and Operability, 위험 및 운전성 검토)

각각의 장비에 대해 잠재된 위험이나 기능 저하 등 시설에 결과적으로 미칠 수 있는 영향을 평가하기 위하여 공정이나 설계도 등에 체계적인 검토를 행하는 것을 말한다.

1) 용어의 정의

   ① 의도 : 어떤 부분이 어떻게 작동되리라고 기대된 것을 의미하는 것으로 서술적일 수도 있고 도면화 될 수도 있다.
   ② 이상 : 의도에서 벗어난 것을 의미하며 유인어를 체계적으로 적용하여 얻어진다.
   ③ 원인 : 이상이 발생한 원인을 의미한다.
   ④ 결과 : 이상이 발생할 경우 그것에 대한 결과이다.
   ⑤ 위험 : 손실, 손상, 부상 등을 초래할 수 있는 결과를 의미한다.
   ⑥ 유인어 : 간단한 용어로서 창조적 사고를 유도하고 이상을 발견하고 의도를 한정하기 위해 사용된다.

참고

* HAZOP의 전제조건
① 이상 발생 시 안전장치는 정상 작동하는 것으로 간주한다.
② 두 개 이상의 기기 고장이나 사고는 일어나지 않는 것으로 간주한다.
③ 장치 자체는 설계 및 제작 사양에 맞게 제작된 것으로 간주한다.
④ 조작자는 위험 상황이 일어났을 때 그것을 인식할 수 있고, 충분한 시간이 있는 경우 필요한 조치사항을 취하는 것으로 간주한다.

2) 유인어의 종류

[유인어의 종류와 뜻]

No 또는 Not	완전한 부정
More 또는 Less	양의 증가 및 감소
As Well As	성질상의 증가, 설계 의도 외의 다른 변수가 부가되는 경우
Part of	일부 변경(설계 의도대로 완전히 이루어지지 않은 상태), 성질상의 감소
Reverse	설계 의도의 논리적인 역, 설계 의도와 정 반대로 나타나는 현상
Other Than	완전한 대체, 설계 의도대로 되지 않거나 유지되지 않은 상태

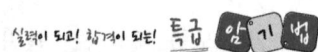

1. P(**최초의**)HA : 시스템 안전 프로그램의 **최초 단계의 분석** 기법
2. F(**고장**)ME(**영향**)A(**분석**) : **고장**을 형태별로 **분석하여** 그 **영향을 검토**하는 분석 기법
3. E(**사상**)TA : **사상의 안전도를 사용하여 시스템의 안전도 나타내는 분석** 기법
4. D(**요소**)T : **요소의 신뢰도를 이용하여 시스템의 신뢰도를 나타내는 분석** 기법
5. C(**치명도**)A : **높은 위험도(정량적 분석)를 가진 고장**의 형태에 따른 **분석법**
6. THE(**휴먼에러, 인간과오**)RP : **인간의 과오를** 평가하기 위한 **분석** 기법
7. MO(**광범위**)RT : **광범위한 안전을 도모**하기 위한 분석법
8. O&S 또는 O(**사용**)SHA : 시스템의 **모든 사용단계에서 안전** 요건을 결정하기 위한 분석법
9. F(**결함**)TA : **결함수법**이라 하며 **재해 발생을 연역적, 정량적으로 예측**할 수 있는 기법
10. F(**결함**)H(**위험**)A(**분석**) : **서브 시스템의 해석에 사용**되는 분석법

④ 결함수분석(FTA : Fault Tree Analysis)

(1) FTA의 정의

화학 플랜트, 핵 발전소, 대기 우주산업 및 전자공업에서 어떤 특정한 사고에 대하여 그 사고의 원인이 되는 장치 및 기기의 결함이나 작업자 오류 등을 연역적이며 정량적으로 평가하는 분석법이다.

(2) FTA의 특징

시스템 고장을 발생시키는 사상과 원인과의 관계를 논리기호(AND와 OR)를 사용하여 나뭇가지 모양의 그림(Tree)으로 나타낸 FT(Fault Tree)를 만들고 이에 의거하여 시스템의 고장확률을 구함으로써 취약부분을 찾아내어 시스템의 신뢰도를 개선하는 정량적 고장해석 및 신뢰성 평가 방법이다.

> 참고
> FTA는 고장사상을 1차 고장, 2차 고장, Command fault의 3가지로 전개한다.
> - 1차 고장은 설계사상 범위 내의 동작이나 환경에서 발생하는 요소의 고장이며,
> - 2차 고장은 설계사양을 뛰어넘는 환경 하에서 일어나는 고장으로 근접요소의 고장이나 운전자의 실수 등이며,
> - Command fault는 구동 입력의 고장으로 인하여 그 요소가 작동하지 않게 되는 고장을 말한다.

[FTA의 장점 ✈]

① 사고원인 규명의 간편화	사고의 세부적인 원인목록을 작성하여 전문지식이 부족한 사람도 목록만을 가지고 해당 사고의 구조를 파악할 수 있다.
② 사고원인 분석의 일반화	재해 발생의 모든 원인들의 연쇄를 한눈에 알기 쉽게 Tree상으로 표현할 수 있다.
③ 사고원인 분석의 정량화	FTA에 의한 재해발생 원인의 정량적 해석과 예측, 컴퓨터 처리 및 통계적인 처리가 가능하다.
④ 노력, 시간의 절감	FTA의 전산화를 통하여 사고 발생에의 기여도가 높은 중요원인을 분석 파악하여 사고 예방을 위한 노력과 시간을 절감할 수 있다.
⑤ 시스템의 결함 진단	복잡한 시스템 내의 결함을 최소 시간과 최소비용으로 효과적인 교정을 통하여 재해 발생 초기에 필요한 조치를 취할 수 있다.
⑥ 안전점검 Check List 작성	FTA에 의한 재해 원인 분석을 토대로 안전점검상 중점을 두어야 할 부분 등을 체계적으로 정리한 안전점검 Check List를 만들 수 있다.

[FTA의 단점]

① 숙련된 전문가 필요	FTA를 수행하기 위하여는 이 분야에 전문 지식을 가진 숙련자가 필요하다.
② 시간 및 경비의 소요	분석대상 시스템이나 공정의 크기에 따라 소요 시간과 경비는 차이가 있을 수 있으나 일반적으로 정성 평가에 비하여 막대한 시간과 경비가 소요된다.
③ 고장률 자료 확보	성공적인 FTA를 위하여 설비, 부품의 정확한 고장률 확보가 전제되어야 한다.
④ 단일 사고의 해석	FTA는 공정에서 발생 가능한 사고를 가정하여 그 발생확률과 중요원인을 규명하는 방법으로서 예상치 못한 사고 또는 사소한 위험성은 간과하기 쉽다.
⑤ 논리게이트 선택의 신중	분석자의 의식 중에는 항상 사고확률의 감소라는 개념이 잠재되어 있다고 볼 수 있다. 따라서 특히 AND게이트 선택 시에는 논리적으로 타당한가를 신중히 검토하여야 정확한 FTA 결과를 도출할 수 있다.

(3) 결함수 분석 기법의 적용 시기

① 공정개발 단계
② 설계 및 건설 단계
③ 시운전 단계
④ 운전 단계
⑤ 공정 및 운전절차의 수정 또는 변경 시
⑥ 예상되는 사고나 사고원인 조사 시

(4) 논리기호 및 사상기호✧✧

기호	명명	기호 설명
○	기본사상	더 이상 전개할 수 없는 사건의 원인
◇	생략사상	관련 정보가 미비하여 계속 개발될 수 없는 특정 초기 사상
⌂	통상사상	발생이 예상되는 사상
▭	결함사상 (정상사상, 중간사상)	한 개 이상의 입력에 의해 발생된 고장 사상
∩	OR게이트	한 개 이상의 입력이 발생하면 출력 사상이 발생하는 논리게이트
∩	AND게이트	입력 사상이 전부 발생하는 경우에만 출력 사상이 발생하는 논리게이트
(또는) 동시발생	배타적 OR게이트	입력 사상 중 오직 한 개의 발생으로만 출력 사상이 생성되는 논리게이트
(또는) Ai,Aj,Ak 순으로	우선적 AND게이트	입력 사상이 특정 순서대로 발생한 경우에만 출력 사상이 발생하는 논리게이트
2개의 출력 Ai Aj Ak	조합 AND게이트	3개 이상의 입력 중 2개가 일어나면 출력이 생긴다.
△	전이기호	다른 부분에 있는 게이트와의 연결 관계를 나타내기 위한 기호
△	전이기호(IN)	삼각형 정상의 선은 정보의 전입 루트를 나타낸다.
△	전이기호(OUT)	삼각형 옆의 선은 정보의 전출 루트를 나타낸다.
▽	전이기호 (수량이 다르다)	

참고

1. 기본사상 중 인간의 실수

2. 생략사상으로서 간소화

3. 생략사상 중 인간의 실수

참고

"OR"게이트
불 대수로 Q = A + B(논리합와 같이 표시되며, Q가 일어나기 위해서는 사건 A 또는 B중의 한 개, 또는 A, B사건 모두 일어나야 한다.

"AND"게이트
AND게이트는 게이트에 소속된 사건들의 상호교점을 나타내며, 불대수 기호로는 Q = A × B(논리곱)와 같이 표현된다.

기호	내용
AND Gate	하위의 사건을 모두 만족하는 경우에 사용하는 논리게이트
OR Gate	하위의 사건 중 하나라도 만족하면 사용하는 논리게이트

참고

* AND게이트는 OR게이트와의 구분을 위하여 기호 안에 [·]을 붙이는 경우도 있다.

* OR게이트는 AND게이트와의 구분을 위하여 기호 안에 [+]를 붙이는 경우도 있다.

합격의 key

> **⊙기출**
>
> ※ 한국산업 표준상 결함나무 분석(FTA) 시의 사상기호
>
> 1. 공사상(Zero event) : 발생할 수 없는 사상
>
>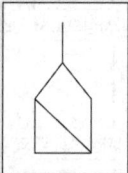
>
> 2. 심층분석사상 : 추후 다른 결함나무에서 심층분석 되는 사상
>
>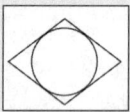
>
> 3. 기본사상 : 세분될 수 없는 사상
>
>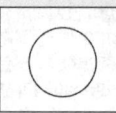
>
> 4. 통상사상 : 확실히 발생하였거나, 발생할 사상
>
>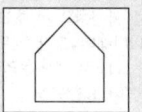

> **⊙기출**
>
> ※ FTA기법의 순서
> - 1단계 : 시스템의 정의
> - 2단계 : FT의 작성
> - 3단계 : 정성적 평가
> - 4단계 : 정량적 평가
>
> ※ FTA기법의 절차
> 시스템 정의 → 기초 OR GATE사상 분석 → 논리게이트를 이용한 도해(FT 작성) → 결정된 사상이 조금 더 전개가 가능한지 검사 → FT 간소화 → 정성적 평가 → 정량적 평가

기호	명명	기호 설명
(육각형-원)	억제게이트	이 게이트의 출력 사상은 한 개의 입력 사상에 의해 발생하며, 입력 사상이 출력 사상을 생성하기 전에 특정 조건을 만족하여야 하는 논리게이트
(타원)	조건부사상	논리게이트에 연결되어 사용되며, 논리에 적용되는 조건이나 제약 등을 명시한다.
A	부정게이트	입력과 반대 현상의 출력 생김
(위험지속기간)	위험지속 AND게이트	입력이 생겨서 일정 시간이 지속될 때 출력이 생긴다.

(5) 결함수 분석(FTA) 순서

① 재해위험도를 검토하여 해석할 재해를 결정
② 재해 발생 확률의 목표치를 결정
③ 재해 관련 불량상태, 결함 원인과 그 영향조사
④ FT를 작성
⑤ 수학적 처리하여 간소화
⑥ 불량상태나 결함 상태를 FT에 표시
⑦ 재해의 발생 확률을 계산
⑧ 과거 재해의 발생률 비교
⑨ 결과가 너무 다르면 ③으로 돌아감
⑩ 안전 수단 및 재해방지 대책

(6) FTA에 의한 재해사례 연구 순서 ★★

1단계	2단계	3단계	4단계
톱사상의 설정	재해 원인 규명	FT도의 작성	개선계획의 작성

(7) 컷셋과 패스셋

1) 컷셋(Cut Set) ★★
   - 정상사상을 발생시키는 기본 사상의 집합
   - 모든 기본 사상이 일어났을 때 정상사상을 일으키는 기본 사상들의 집합이다.

2) 미니멀 컷(Minimal Cut Set) ✖✖
   - 정상사상을 일으키기 위한 기본사상의 최소집합
   - 컷셋 중 타 컷셋을 포함하고 있는 것을 배제하고 남은 컷셋들을 의미(최소한의 컷)
   - 시스템의 위험성을 나타낸다.
   - 반복사상이 없는 경우 일반적으로 퍼셀(Fussell) 알고리즘을 이용하여 구한다.

3) 패스셋(Path Set) ✖✖
   - 시스템의 고장을 일으키지 않는 기본사상들의 집합
   - 포함된 기본 사상이 일어나지 않을 때 처음으로 정상사상이 일어나지 않는 기본 사상들의 집합이다.

4) 미니멀 패스(Minimal Path Set) ✖✖
   - 시스템의 기능을 살리는 최소한의 집합(최소한의 패스)
   - 시스템의 신뢰성을 나타낸다.

5 정성적, 정량적 분석 및 신뢰도의 계산

(1) 성능 신뢰도

1) 인간의 신뢰성 요인
   ① 주의력
   ② 긴장 수준
   ③ 의식 수준(경험 수준, 지식수준, 기술 수준)

2) 기계의 신뢰성 요인
   ① 재질
   ② 기능
   ③ 작동 방법

3) 설비의 신뢰도 ✖✖
   ① 직렬연결
   - 요소 중 하나가 고장이면 전체 시스템은 고장이다.
   - 전체 시스템의 수명은 요소 중 가장 짧은 것으로 결정된다.

신뢰도 $R_s = R_1 \times R_2 \times R_3$

기출

결함수 분석의 최소 컷셋과 관련된 알고리즘
① Boolean Algebra
② Fussell Algorithm
③ Limnios & Ziani Algorithm

문제

FTA에서 시스템의 안정성을 정량적으로 평가할 때, 이 평가에 포함되는 5개 항목에 대한 위험 점수가 합산해서 몇 점이면 FTA를 다시 하게 되는가?

㉮ 10점 이상
㉯ 14점 이상
㉰ 16점 이상
㉱ 20점 이상

[해설]
5개 항목에 대한 위험 점수가 16점 이상이면 FTA를 다시 해야 한다.

정답 ㉰

② 병렬연결
- 요소 중 하나만 정상이라도 전체 시스템은 정상 가동된다.
- 전체 시스템의 수명은 요소 중 가장 긴 것으로 결정된다.

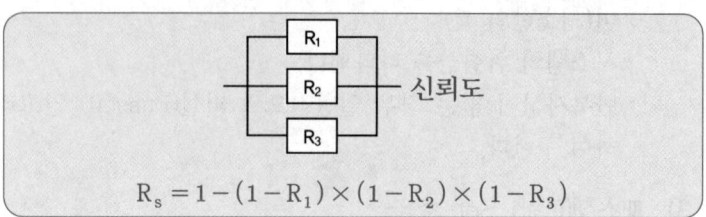

$$R_s = 1-(1-R_1) \times (1-R_2) \times (1-R_3)$$

4) 리던던시(redundancy) ✦

일부에 고장이 발생해도 전체 고장이 일어나지 않도록 여력인 부분을 추가하여 중복 설계한다.(병렬설계)

(2) 확률 사상의 계산

1) 논리곱의 확률(독립 사상)

$A(B \cdot C \cdot D) = AB \cdot AC \cdot AD$

2) 논리합의 확률(독립 사상)

$A(B+C+D) = 1-(1-AB)(1-AC)(1-AD)$

3) 불대수의 법칙

① 동정 법칙 : $A + A = A$, $AA = A$
② 교환 법칙 : $AB = BA$, $A + B = B + A$
③ 흡수 법칙 : $A(AB) = (AA)B = AB$ ✦
   $A + AB = A \cup (A \cap B) = (A \cup A) \cap (A \cup B) = A \cap (A \cup B) = A$
   $\overline{A \cdot B} = \overline{A} + \overline{B}$ ✦
④ 배분 법칙 : $A(B+C) = AB + AC$, $A+(BC) = (A+B) \cdot (A+C)$
⑤ 결합 법칙 : $A(BC) = (AB)C$, $A + (B + C) = (A + B) + C$
⑥ 항등 법칙 : $A + 0 = A$, $A + 1 = 1$, $A \times 1 = A$, $A \times 0 = 0$ ✦

4) 드 모르간의 법칙 ✦

① $\overline{A + B} = \overline{A} \cdot \overline{B}$
② $A + \overline{A} \cdot B = A + B$

📖 확인 ★

$\overline{A} + A = 1$
$\overline{A} \cdot A = 0$
$1 + A = 1$
$1 \cdot A = A$
$0 + A = A$
$0 \cdot A = 0$

문제

다음 중 불대수의 관계식으로 틀린 것은?
㉮ $A + AB = A$
㉯ $A(A+B) = A + B$
㉰ $A + \overline{A}B = A + B$
㉱ $A + \overline{A} = 1$

[해설]
㉮ $A + AB = A + O = A$
   ($AB = 0$)
㉯ $A(A+B) = A(1) = A$
   ($A + B = 1$)
㉰ $A + \overline{A}B = A + BB = A + B$
   ($\overline{A} = B$)
㉱ $A + \overline{A} = A + B = 1$
   ($\overline{A} = B$)

정답 ㉯

예제 01 ☆☆

①, ②, ③의 발생확률이 각각 0.1, 0.2, 0.3일 때
① G_1의 발생확률(고장확률)을 계산하라.
② G_1의 신뢰도를 계산하라.

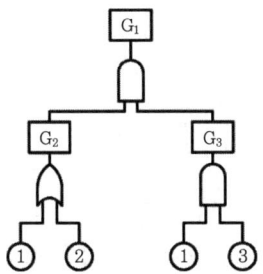

[해설]
1. 중복사상이 있을 경우 미니멀 컷을 구하여 미니멀 컷의 발생확률이 전체 시스템의 발생확률이 된다.(문제에서 중복사상 ①이 존재한다.)
2. FT도에서 미니멀 컷을 구하면
$$G_1 = G_2 \cdot G_3 = \binom{①}{②}(①③) = (①①③)(②①③) = (①③)(①②③)$$
미니멀 컷 (①③)
3. 미니멀 컷의 발생확률(G_1의 발생확률)
$= 0.1 \times 0.3 = 0.03$
4. G_1의 신뢰도
$= 1 - 0.03 = 0.97$

예제 02 ☆☆

①, ②, ③, ④의 발생확률이 각각 0.1, 0.2, 0.3, 0.4일 때
① G_1의 발생확률(고장확률)을 계산하라.
② G_1의 신뢰도를 계산하라.

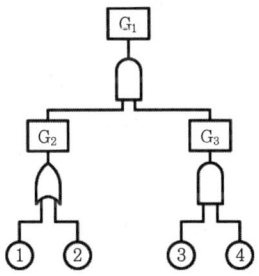

[해설] 중복사상이 없을 경우 공식에 의하여 계산한다.
① G_1의 발생확률(고장확률)의 계산
$G_1 = G_2 \times G_3$
$= \{1-(1-①)(1-②)\} \times (③ \times ④)$
$= \{1-(1-0.1)(1-0.2)\} \times (0.3 \times 0.4)$
$= 0.0336$
② G_1의 신뢰도의 계산
G_1의 발생확률(고장확률)이 0.0336이므로 고장나지 않을 확률(신뢰도)은
$1 - 0.0336 = 0.9664$

합격의 key

[문제]
아래 그림의 결함수를 간략히 한 것은?

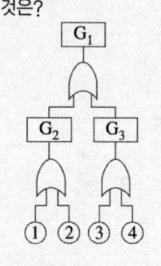

㉮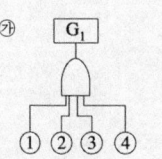

㉯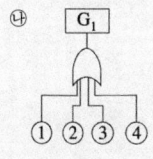

㉰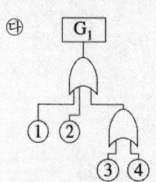

㉱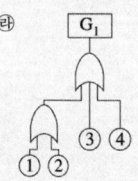

[해설]
G_1, G_2, G_3가 모두 OR게이트로 연결되어 있으므로 OR게이트로 모두 묶을 수 있다.

㉯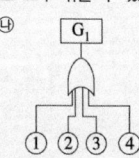

[참고]
만약 G_1, G_2, G_3가 모두 AND게이트로 연결되어 있다면 AND게이트로 모두 묶을 수 있다.

㉮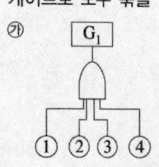

[정답] ㉯

예제 03 ☆☆

①, ②의 발생확률이 각각 0.1, 0.2일 때
① G_1의 발생확률(고장확률)을 계산하라.
② G_1의 신뢰도를 계산하라.

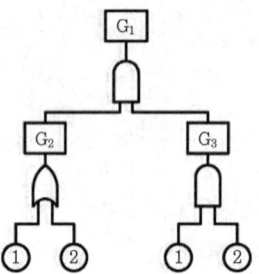

[해설]
1. 중복사상 ①, ②가 있으므로 미니멀 컷의 발생확률이 시스템의 발생확률이 된다.
2. FT도에서 미니멀 컷을 구하면
   $G_1 = G_2 \cdot G_3$
   $= \binom{①}{②}(①②) = (①①②)(②①②) = (①②)(①②)$
   미니멀 컷 (①②)
3. 미니멀 컷의 발생확률(G_1의 발생확률)
   $= 0.1 \times 0.2 = 0.02$
4. G_1의 신뢰도
   $= 1 - 0.02 = 0.98$

예제 04 ☆☆

그림과 같은 기초사건이 반복되지 않은 결함나무가 있다. 독립인 기초사건들의 확률은 ① = 0.3, ② = 0.2, ③ = 0.1일 때 정상사건의 발생확률은?

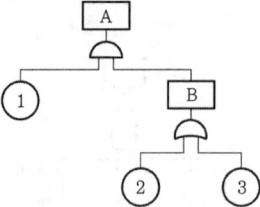

[해설] A = ① × B
       = ① × {1 − (1 − ②)(1 − ③)}
       = 0.3 × {1 − (1 − 0.2)(1 − 0.1)}
       = 0.084

(3) 컷셋과 미니멀 컷 ✿✿

예제 01 ✿✿

다음 FT도에서 컷과 미니멀 컷을 구하라.

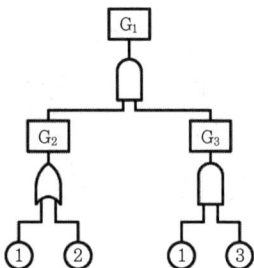

[해설] $G_1 = G_2 \cdot G_3$

= (①②) · (①③)

= (①①③)
  (②①③)

컷셋 : (①③) (①②③)
미니멀 컷 : (①③)
(미니멀 컷셋은 정상사상을 일으키는 최소한의 집합이다. 집합(①③)은 (①②③)의 부분집합으로 (①③)만으로도 정상사상이 발생하므로 미니멀 컷셋은 (①③)이 된다.)

예제 02 ✿✿

다음 FT도에서 컷과 미니멀 컷을 구하라.

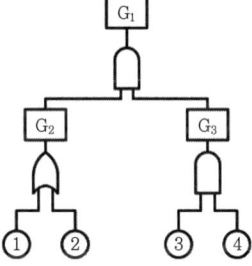

[해설] $G_1 = G_2 \cdot G_3$

= (①②) · (③④) = (①③④)(②③④)

컷셋 : (①③④) (②③④)
미니멀 컷 : (①③④) 또는 (②③④)
(출력이 생긴 집합을 모두 모으면 컷셋이고, 출력이 생긴 집합 각각은 미니멀 컷이 된다.)

합격의 key

예제 03 ✿✿

다음 FT도에서 컷과 미니멀 컷을 구하라.

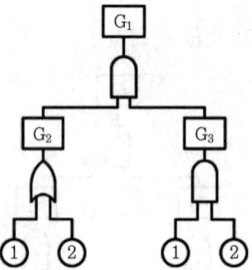

[해설] $G_1 = G_2 \cdot G_3$

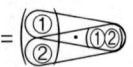

= (①①②) = (①②)
   (②①②) (①②)

컷셋 : (①②)
미니멀 컷 : (①②)
(출력이 생긴 집합을 모두 모으면 컷셋이고, 출력이 생긴 집합 각각은 미니멀 컷이 된다. 이 문제는 컷셋과 미니멀 컷셋이 동일한 경우이다.)

CHAPTER 02 단원 예상문제

01 시스템 안전 접근 방법 중 귀납적, 정량적 방법인 것은?
㉮ OS ㉯ ETA
㉰ FTA ㉱ FMEA

[해설] FTA : 연역적, 정량적
FMEA : 귀납적, 정성적
ETA, DT : 귀납적, 정량적

02 다음 중 1970년대에 산업안전을 목적으로 개발된 시스템 안전 프로그램으로 ERDA(미 에너지 연구 개발청)에서 개발된 것으로 관리, 설계, 생산, 보전 등의 넓은 범위의 안전성을 검토하기 위한 기법은?
㉮ FTA ㉯ MORT
㉰ FMEA ㉱ FHA

[해설] 관리, 설계, 생산, 보전 등의 광범위한 안전을 도모하기 위한 분석법 → MORT

{참고} 시스템 위험 분석
(1) 예비 위험 분석(PHA) : 모든 시스템 안전 프로그램의 최초 단계(설계단계, 구상단계)에서 실시하는 분석법
(2) 결함위험분석(FHA) : 서브시스템(sub system)의 해석에 사용되는 분석법
(3) ETA : 사상의 안전도를 사용하여 시스템의 안전도를 나타내는 귀납적, 정량적인 분석법
(4) DT(dicision Trees) : 요소의 신뢰도를 이용하여 시스템의 신뢰도를 나타내는 기법
(5) 치명도 분석(CA) : 높은 위험도를 가진 요소나 고장의 형태에 따른 분석법으로 고장을 정량적으로 분석하는 기법
(6) 인간에러율 예측기법(THERP) : 인간의 과오(human error)를 정량적으로 평가하기 위하여 개발된 기법
(7) MORT : 관리, 설계, 생산, 보전 등의 광범위한 안전을 도모하기 위한 분석법
(8) 운용 및 지원위험 분석(O&S 또는 OSHA) : 시스템의 모든 사용단계에서 안전 요건을 결정하기 위한 분석법

03 위험 분석상의 강도를 분류할 시에 환경, 운전원의 과오, 절차의 결함, 요소의 고장 또는 기능 불량이 시스템의 성능을 저하시키지만 인적, 물적의 중대한 손해를 초래하지 않고 대처 또는 제어할 수 있는 상태는?
㉮ 파국적(Catastrophic)
㉯ 중대(Critical)
㉰ 한계적(Marginal)
㉱ 무시가능(Negligible)

[해설] 인적, 물적의 중대한 손해를 초래하지 않고 대처 또는 제어할 수 있는 상태 → 한계적

{참고} PHA 카테고리 분류
• Class 1 : 파국적 – 사망, 시스템 손상
• Class 2 : 위기적 – 심각한 상해, 시스템 중대 손상
• Class 3 : 한계적 – 경미한 상해, 시스템 성능 저하
• Class 4 : 무시 – 경미한 상해 및 시스템 저하 없음

정답 01 ㉯ 02 ㉯ 03 ㉰

04 사상의 안전도를 사용한 시스템의 안전도를 나타내는 시스템 모델의 하나로서 귀납적이기는 하나 정량적 분석 수법이며, 재해의 확대 요인의 분석 등에 적합한 기법은?

㉮ OS ㉯ FTA
㉰ ETA ㉱ FMEA

[해설] 사상의 안전도를 사용하여 시스템의 안전도를 나타내는 귀납적. 정량적인 분석법 → ETA

05 시스템의 구상 단계에서 시스템 고유의 위험 상태를 식별하고 예상되는 재해의 위험 수준을 결정하는 시스템 안전 분석 기법은?

㉮ FTA ㉯ PHA
㉰ FMEA ㉱ ETA

[해설] 시스템의 구상 단계에서 실시하는 분석법 → 예비 위험 분석(PHA)

06 다음 시스템 안전해석 방법 중 틀린 것은?

㉮ THERP : 정량적 해석방법
㉯ ETA : 귀납적, 정량적 해석방법
㉰ PHA : 정성적 해석방법
㉱ FMEA : 연역적, 정량적 해석방법

[해설] ㉱ FMEA : 귀납적, 정성적 해석방법

{참고} FTA : 연역적, 정량적
FMEA : 귀납적, 정성적
ETA, DT : 귀납적, 정량적

07 예비위험분석(PHA)의 설명으로 옳은 것은?

㉮ 시스템 안전 위험분석을 수행하기 위한 예비적인 최초의 작업으로 위험 요소가 얼마나 위험한지를 평가
㉯ 손실과 인명의 사상에 연결되는 높은 위험도를 가진 요소나 고장의 형태에 따른 분석법
㉰ 각 서브 시스템 및 전 시스템의 안전성에 악영향을 끼치지 않게 하기 위한 분석 기법
㉱ 관리, 설계, 생산, 보존 등에 대해서 광범위하게 안전성을 확보하기 위한 기법

[해설] ㉮ 예비위험분석(PHA)
㉯ 치명도 분석(CA)
㉰ 결함위험분석(FHA)
㉱ MORT

08 시스템 안전 분석에 대한 설명 중 틀린 것은?

㉮ 해석의 수리적 방법에 따라 정성적, 정량적 해석 방법이 있다.
㉯ 해석의 논리적 견지에 따라 귀납적, 연역적 해석 방법이 있다.
㉰ FTA는 연역적, 정량적 분석이 가능한 방법이다.
㉱ 예비사고분석(PHA)은 운용사고 해석이라고 말할 수 있다.

[해설] ④ 운용 및 지원위험 분석 → O&S(OSA, OSHA)

정답 04 ㉰ 05 ㉯ 06 ㉱ 07 ㉮ 08 ㉱

09 시스템이나 서브시스템 위험분석을 위하여 일반적으로 사용되는 전형적인 정성적, 귀납적 분석기법으로 시스템에 영향을 미치는 모든 요소의 고장을 형태별로 분석하여 그 영향을 검토하는 분석기법은?

㉮ PHA   ㉯ FMEA
㉰ SSHA   ㉱ ETA

[해설] 고장형태와 영향분석 (FMEA) : 시스템에 영향을 미치는 모든 요소의 고장을 형태별로 분석하여 그 영향을 검토하는 정성적, 귀납적 분석법이다.

10 다음 중 인간의 과오를 평가하기 위한 정량적 해석방법은?

㉮ THERP   ㉯ FTA
㉰ CA   ㉱ PHA

[해설] 인간의 과오를 정량적으로 평가하기 위하여 개발된 기법 → 인간에러율 예측기법(THERP)

11 5,000개의 베어링을 품질 검사하여 400개의 불량품을 처리하였으나 실제로는 1,000개의 불량 베어링이 있었다면 이러한 상황의 HEP(Human error pribability)는?

㉮ 0.04   ㉯ 0.08
㉰ 0.12   ㉱ 0.16

[해설]
$$인간과오율(HEP) = \frac{실제과오의 수}{과오발생 전체기회 수}$$

$$HEP = \frac{실제과오의 수}{과오발생 전체기회 수} = \frac{1000-400}{5000} = 0.12$$

12 다음 중 신뢰도 구조상으로 직렬구조에 해당되는 것은?

㉮ 3발 자전거의 바퀴
㉯ 건물 내의 스프링 쿨러
㉰ 검사 인원의 중복 투입
㉱ 자동차의 브레이크 시스템

[해설] ㉮ 3발 자전거의 바퀴는 바퀴 중 하나가 고장인 경우 자전거의 기능을 잃게 되므로 직렬구조에 해당한다.

{참고} ① 직렬연결
- 요소 중 하나가 고장이면 전체 시스템은 고장이다.
- 전체 시스템의 수명은 요소 중 가장 짧은 것으로 결정된다.

② 병렬연결
- 요소 중 하나만 정상이라도 전체 시스템은 정상 가동된다.
- 전체 시스템의 수명은 요소 중 가장 긴 것으로 결정된다.

13 [그림]과 같은 시스템의 신뢰도는 얼마인가?

㉮ 0.6261   ㉯ 0.7371
㉰ 0.8481   ㉱ 0.9591

[해설] $0.9 \times \{1-(1-0.7) \times (1-0.7)\} \times 0.9 = 0.7371$

정답   09 ㉯   10 ㉮   11 ㉰   12 ㉮   13 ㉯

14 다음 중 직렬 구조를 갖는 시스템의 특성으로 틀린 것은?

㉮ 요소(要素) 중 어느 하나가 고장이면 시스템은 고장이다.
㉯ 요소의 수가 적을수록 시스템의 신뢰도는 높아진다.
㉰ 요소의 수가 많을수록 시스템의 수명은 짧아진다.
㉱ 시스템의 수명은 요소 중에서 수명이 가장 긴 것으로 정해진다.

[해설] ㉱ 시스템의 수명은 요소 중 가장 짧은 것으로 결정된다.

{참고} ① **직렬연결**
 • 요소 중 하나가 고장이면 전체 시스템은 고장이다.
 • 전체 시스템의 수명은 요소 중 가장 짧은 것으로 결정된다.
② **병렬연결**
 • 요소 중 하나만 정상이라도 전체 시스템은 정상 가동된다.
 • 전체 시스템의 수명은 요소 중 가장 긴 것으로 결정된다.

15 시스템 안전해석 방법 중 고장이 직접 시스템의 손실과 인명의 사상에 연결되는 높은 위험도를 가진 요소나 고장의 형태에 따른 분석법은?

㉮ CA   ㉯ ETA
㉰ PHA   ㉱ FMEA

[해설] 높은 위험도를 가진 요소나 고장의 형태에 따른 분석법 → 치명도 분석(CA)

16 고장형태 및 영향분석에서 평가요소에 해당되지 않는 것은?

㉮ C_1 : 기능적 고장 영향의 중요도
㉯ C_2 : 영향을 미치는 시스템의 범위
㉰ C_3 : 고장발생의 빈도
㉱ C_4 : 고장의 영향 크기

[해설] **고장형태 및 영향분석의 평가요소**
① 예측되는 고장모드
② 고장 영향의 중대성
③ 고장 발생 빈도
④ 검지의 난이도
⑤ 최초로 검지할 수 있는 시점
⑥ 검지방법

17 그림과 같은 시스템에서 펌프 A의 신뢰도는 0.999, 밸브 B와 C의 신뢰도가 모두 0.99 일 경우 전체의 신뢰도는 얼마인가?

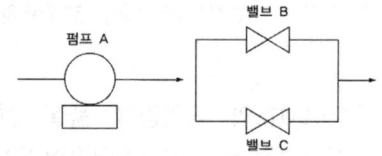

㉮ 0.9810909
㉯ 0.9820101
㉰ 0.9867204
㉱ 0.9989001

[해설] 신뢰도 $R_S = 0.999 \times \{1-(1-0.99) \times (1-0.99)\}$
$= 0.9989001$

18 다음 중 예비위험분석(PHA)에 관한 설명으로 가장 적절한 것은?

㉮ 시스템안전 위험분석을 수행하기 위한 예비적인 최초의 작업으로 위험요소가 얼마나 위험한지를 평가한다.
㉯ 손실과 인명의 사상에 연결되는 높은 위험도를 가진 요소나 고장의 형태에 따른 분석법이다.
㉰ 각 서브시스템 및 전 시스템의 안전성이 악영향을 끼치지 않게 하기 위한 분석기법이다.
㉱ 원자력 발전과 같이 관리, 설계, 생산, 보존 등에 대해서 광범위하게 안전성을 확보하기 위한 기법이다.

[해설] ㉮ **예비 위험 분석(PHA)** : 모든 시스템 안전 프로그램의 최초 단계(설계단계, 구상단계)에서 실시하는 분석법
㉯ CA
㉰ FHA
㉱ MORT

19 시스템의 평가척도 중 시스템의 목표를 잘 반영하는가를 나타내는 척도를 무엇이라 하는가?

㉮ 신뢰성
㉯ 다딩싱
㉰ 측정의 민감도
㉱ 무오염성

[해설] **체계 기준의 요건**
- **적절성** : 의도된 목적에 적합하여야 한다.(타당성)
- **무오염성** : 측정하고자 하는 변수외의 다른 변수의 영향을 받아서는 안 된다.
- **신뢰성** : 반복실험 시 재현성이 있어야 한다. (반복성)
- **민감도** : 예상 차이점에 비례하는 단위로 측정하여야 한다.

20 위험조정을 위한 필요한 기술은 조직형태에 따라 다양하며 4가지로 분류하였을 때 이에 속하지 않는 것은?

㉮ 보류(retention)
㉯ 위험감축(reduction)
㉰ 전가(transfer)
㉱ 계속(continuation)

[해설] **위험처리기술**
① **위험의 제거(위험 감축)** : 위험 요소를 적극적으로 예방하고 경감하려는 것을 말한다. (위험경감, 감축)
② **위험의 회피** : 위험한 작업 자체를 하지 않거나 작업방법을 개선하는 것을 말한다.
③ **위험의 보유(위험 보류)** : 위험의 일부 또는 전부를 스스로 인수하는 것을 말한다. (위험 보류, 분류)
④ **위험의 전가**(transfer) : 위험을 보험, 보증, 공제 기금제도 등으로 분산시키는 것을 말한다.

21 다음 중 시스템 안전을 위한 업무의 수행 요건이 아닌 것은?

㉮ 안전 활동의 계획 및 관리
㉯ 시스템 안전에 필요한 사항의 동일성 식별
㉰ 시스템 안전에 대한 프로그램 해석 및 평가
㉱ 다른 시스템 프로그램과 분리 및 배제

[해설] **시스템 안전관리**
① 안전 활동의 계획 및 조직과 관리
② 다른 시스템 프로그램 영역과 조정
③ 시스템 안전에 필요한 사항의 동일성의 식별
④ 시스템 안전에 대한 프로그램의 해석과 검토 및 평가 등의 시스템 안전 업무

정답 18 ㉮ 19 ㉯ 20 ㉱ 21 ㉱

22 시스템안전 분석 기법 중 FMEA에 관한 설명으로 옳은 것은?

㉮ 화학설비에 적용하기 위해 개발되었고 전문가와 브레인스토밍 팀을 구성하여 분석한다.
㉯ 휴먼에러와 휴먼에러에 의한 영향을 예견하기 위해 사용되며 HAZOP과 함께 사용할 수 있다.
㉰ 그래픽 모델을 사용하여 분석과정을 가시화시키는 분석방법이며 논리기호를 사용한다.
㉱ 시스템을 구성요소로 나누어 고장의 가능성을 정하고 그 영향을 결정하여 분석하는 방법이다.

[해설] **고장형태와 영향분석(FMEA)** : 시스템에 영향을 미치는 모든 요소의 **고장을 형태별로 분석하여 그 영향을 검토하는 정성적, 귀납적 분석법**이다.

23 불대수를 이용하여 FT(결함수)를 수식화할 때 논리곱의 관계로 표시되는 게이트는?

㉮ AND 게이트   ㉯ OR 게이트
㉰ 억제게이트   ㉱ 부정게이트

[해설] AND 게이트 : 논리곱의 관계
OR 게이트 : 논리합의 관계

24 그림에서 G_1의 발생 확률은? (단, G_2 : 0.1, G_3 : 0.2, G_4 : 0.3의 발생 확률을 갖는다)

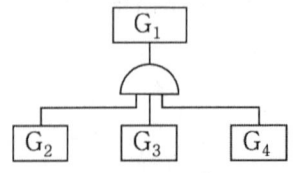

㉮ 0.6   ㉯ 0.496
㉰ 0.006   ㉱ 0.3

[해설] $G_1 = G_2 \times G_3 \times G_4 = 0.1 \times 0.2 \times 0.3 = 0.006$

25 결함수 그림에 해당하는 minimal cut set을 구하면?

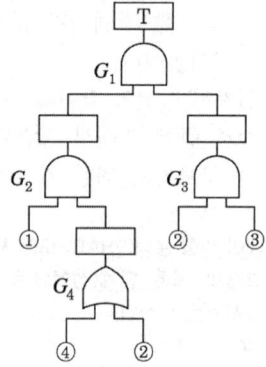

㉮ [2,3]   ㉯ [1,2,3]
㉰ [1,2,3][2,3,4]   ㉱ [1,2,3][1,3,4]

[해설] $G_1 = G_2 \cdot G_3$
$= \begin{pmatrix} ① \\ ② \end{pmatrix} \begin{pmatrix} ④ \\ ② \end{pmatrix} (② ③)$
$= (①, ④, ②, ③)(①, ②, ②, ③)$
$= (①, ②, ③, ④)(①, ②, ③)$
• 컷셋 (①, ②, ③, ④)(①, ②, ③)
• 미니멀 컷셋 (①, ②, ③)

26 다음의 결함수에서 정상사상의 재해발생 확률을 구하면 얼마인가? (단, 기본사상 1과 2는 AND게이트로 연결되어 있고, 기본사상 1과 2의 발생확률은 각각 $2 \times 10^{-3}/h$, $4 \times 10^{-2}/h$이다)

㉮ $5 \times 10^{-5} h$ ㉯ $6 \times 10^{-5} h$
㉰ $7 \times 10^{-5} h$ ㉱ $8 \times 10^{-5} h$

정답 22 ㉱ 23 ㉮ 24 ㉰ 25 ㉯ 26 ㉱

[해설] 1과 2가 AND게이트로 연결되어 있으므로
발생확률 $= (2 \times 10^{-3}) \times (4 \times 10^{-2})$
$= 8 \times 10^{-5}/h$

27 그림의 결함수에서 컷셋을 구한 것이다. 올바른 것은?

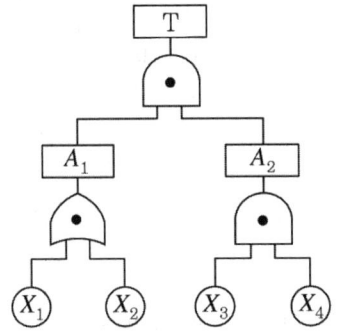

㉮ $(X_1, X_2, X_3), (X_2, X_3, X_4)$
㉯ $(X_1, X_3, X_4), (X_2, X_3, X_4)$
㉰ $(X_1, X_2, X_3), (X_1, X_3, X_4)$
㉱ $(X_2, X_3, X_4), (X_1, X_2)$

[해설] $T = A_1, A_2$
$= \binom{X_1}{X_2}(X_3, X_4)$
$= (X_1, X_3, X_4)$
$\quad (X_2, X_3, X_4)$
컷셋 : $(X_1, X_3, X_4) (X_2, X_3, X_4)$
미니멀 컷 : (X_1, X_3, X_4) or (X_2, X_3, X_4)

28 FT(Fault Tree)도를 작성할 때 일반적으로 최하단에 사용되지 않는 사상은?

㉮ 결함사상
㉯ 통상사상
㉰ 기본사상
㉱ 생략사상

[해설] • FT(Fault Tree)도는 톱사상(결함사상)으로부터 재해 원인을 분석하는 연역적 분석기법이다.
• 결함사상은 정상사상(톱사상)과 중간사상에 사용된다.

29 다음 FT도에서 사상 A가 발생할 확률은?(단, 각 사상의 발생할 확률은 B_1은 0.1, B_2는 0.2, B_3는 0.3으로 계산한다.)

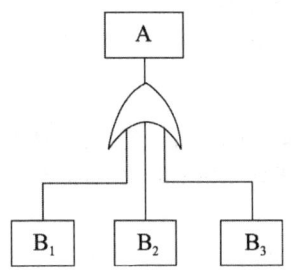

㉮ 0.006 ㉯ 0.496
㉰ 0.604 ㉱ 0.804

[해설] $A = 1 - (1-B_1) \times (1-B_2) \times (1-B_3)$
$= 1 - (1-0.1) \times (1-0.2) \times (1-0.3) = 0.496$

30 성공수(success tree)의 정상 사상을 발생시키는 기본 사상들의 집합을 시스템 신뢰도 측면에서는 무엇이라고 하는가?

㉮ cut set   ㉯ true set
㉰ path set   ㉱ module set

[해설] 성공수(success tree)의 정상 사상을 발생시키는 (고장을 일으키지 않는) 기본 사상들의 집합
→ 패스셋

{참고} (1) 컷셋(Cut Set)
• 정상사상을 발생시키는(고장을 일으키는) 기본 사상의 집합
• 모든 기본 사상이 일어났을 때 정상사상을 일으키는 기본 사상들의 집합이다.

(2) 미니멀 컷(Minimal Cut Set)
• 정상사상을 일으키기 위한 기본 사상의 최소

정답 27 ㉯ 28 ㉮ 29 ㉯ 30 ㉰

집합(최소한의 컷)
• 시스템의 위험성을 나타낸다.

(3) 패스 셋(Path Set)
• 재해가 일어나지 않는 기본 사상들의 집합
• 포함된 기본 사상이 일어나지 않을 때 처음으로 정상 사상이 일어나지 않는 기본 사상들의 집합이다.

(4) 미니멀 패스(Minimal Path Set)
• 최소한의 패스
• 시스템의 신뢰성 나타낸다.

31 다음의 FTA에 사용되는 기호 중 "생략사상"을 나타내는 기호는?

㉮ 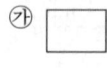　㉯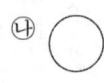
㉰ 　㉱

[해설] ㉮ 결함 사상(또는 중간 사상)
㉯ 기본 사상
㉰ 생략 사상
㉱ 통상 사상

32 FTA(Fault Tree Analysis)에 사용되는 논리 중에서 입력 사상 중 어느 하나만이라도 발생하게 되면 출력 사상이 발생하는 것은?

㉮ AND GATE
㉯ OR GATE
㉰ 기본 사상
㉱ 통상 사상

[해설] 입력 사상 중 어느 하나만이라도 발생하게 되면 출력 사상이 발생하는 것 → OR 게이트

{참고} AND 게이트 : 입력 사상이 전부 발생하는 경우에만 출력 사상이 발생

33 다음과 같은 FT도에서 정상사상 "A"의 발생 확률은 약 얼마인가?
(단, 원 아래의 수치는 각 사상에 대한 발생확률이다)

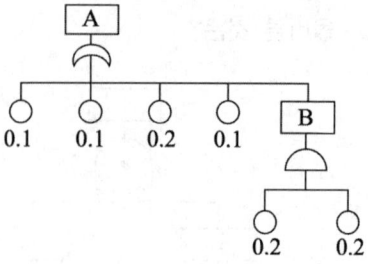

㉮ 0.04　㉯ 0.44
㉰ 0.63　㉱ 0.99

[해설] 1. B는 AND 게이트이므로
$B = 0.2 \times 0.2 = 0.04$

2. A는 OR 게이트이므로
$A = 1-(1-0.1)\times(1-0.1)\times(1-0.2)$
$\quad \times(1-0.1)\times(1-B)$
$= 1-(1-0.1)\times(1-0.1)\times(1-0.2)$
$\quad \times(1-0.1)\times(1-0.04)$
$= 0.440128$

34 다음 중 path set에 관한 설명으로 옳은 것은?

㉮ 시스템의 위험성을 표시한다.
㉯ FT도에서 Top 사상을 일으키기 위한 필요 최소한의 조합이다.
㉰ 시스템이 고장 나지 않도록 하는 사상의 조합이다.
㉱ 일반적으로 Fussell Algorithm을 이용하여 구한다.

35 FT도에서 사용되는 논리기호와 명칭이 맞지 않는 것은?

㉮ ⌂ : 통상사상

㉯ △ : 전이기호

㉰ ○ : 기본사상

㉱ ▭ : 이하 생략의 결함사상

[해설] ㉱ 정상사상(중간사상), 결함사상

{참고} 논리기호 및 사상기호
KOSHA CODE(산업안전공단 교육자료)의 FTA 논리기호

기호	명명	기호 설명
◇	생략사상 (Undeveloped event)	사고결과나 관련 **정보가 미비하여 계속 개발될 수 없는 특정 초기 사상**
⌂	통상사상 (External event)	유통계통의 층 변화와 같이 일반적으로 발병이 예상되는 사상
⌒	OR 게이트 (OR gate)	한 개 이상의 입력사상이 발생하면 출력사상이 발생하는 논리게이트
⌐	AND 게이트 (AND gate)	입력사상이 전부 발생하는 경우에만 출력사상이 발생하는 논리게이트
⬡○	억제 게이트 (Inhibit gate)	AND 게이트의 특별한 경우로서 이 게이트의 출력사상은 한 개의 입력사상에 의해 발생하며, 입력사상이 출력사상을 생성하기 전 특정조건을 만족하여하는 논리게이트
△	전이기호 (Transfer symbol)	다른 부분에 있는(예 다른 페이지) 게이트와의 연결관계를 나타내기 위한 기호. 전입(Transfer in)과 전출(Transfer out)기호가 있음

기호	명명	기호 설명
⌐	AND 게이트 (AND gate)	입력사상이 전부 발생하는 경우에만 출력사상이 발생하는 논리게이트
⬡○	억제 게이트 (Inhibit gate)	AND 게이트의 특별한 경우로서 이 게이트의 출력사상은 한 개의 입력사상에 의해 발생하며, 입력사상이 출력사상을 생성하기 전 특정조건을 만족하여하는 논리게이트
△	전이기호 (Transfer symbol)	다른 부분에 있는(예 다른 페이지) 게이트와의 연결관계를 나타내기 위한 기호. 전입(Transfer in)과 전출(Transfer out)기호가 있음

36 시스템 안전해석 방법 중 "HAZOP"에서 "완전 대체"를 의미하는 유인어는?

㉮ NOT
㉯ REVERSE
㉰ PART OF
㉱ OTHER THAN

[해설]

유인어의 종류와 뜻

- No 또는 Not : 완전한 부정
- More 또는 Less : 양의 증가 및 감소
- As Well As : 성질상의 증가
- Part of : 일부 변경, 성질상의 감소
- Reverse : 설계 의도의 논리적인 역
- Other Than : 완전한 대체

37 다음 중 불대수의 관계식으로 옳은 것은?

㉮ $A(A \cdot B) = B$
㉯ $A + B = A \cdot B$
㉰ $A + A \cdot B = A \cdot B$
㉱ $(A+B)(A+C) = A + (B \cdot C)$

정답 35 ㉱ 36 ㉱ 37 ㉱

해설 ㉮ $A(A \cdot B) = (AA)B = AB$
㉯ $A + B = B + A$
㉰ $A + A \cdot B = A + O = A$
㉱ $(A+B)(A+C) = A + (B \cdot C)$

{참고} **불대수의 법칙**
① **동정법칙** : $A + A = A, AA = A$
② **교환법칙** : $AB = BA, A + B = B + A$
③ **흡수법칙** : $A(AB) = (AA)B = AB$
$\overline{A \cdot B} = \overline{A} + \overline{B}$
④ **배분법칙** :
$A(B + C) = AB + AC,$
$A + (BC) = (A + B) \cdot (A + C)$
⑤ **결합법칙** :
$A(BC) = (AB)C, A + (B + C) = (A + B) + C$
⑥ **항등법칙** :
$A + O = A, A + 1 = 1, A \times 1 = A, A \times 0 = O$

38 [그림]과 같은 시스템에서 각 부품의 신뢰도가 다음과 같을 때 전체 시스템의 신뢰도는 약 얼마인가?

- A : 0.6   - B : 0.9
- C : 0.5   - D : 0.9
- E : 0.9

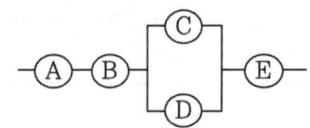

㉮ 0.4104
㉯ 0.4617
㉰ 0.6314
㉱ 0.6804

해설 $0.6 \times 0.9 \times \{1 - (1 - 0.5) \times (1 - 0.9)\} \times 0.9$
$= 0.4617$

39 다음 중 FT도에 사용되는 기호의 명칭으로 옳은 것은?

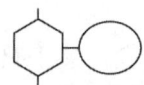

㉮ 억제 게이트
㉯ 부정게이트
㉰ 배타적 OR 게이트
㉱ 우선적 AND 게이트

해설

기호	명명
A	부정게이트
또는 동시발생	배타적 OR게이트
또는 Ai, Aj, Ak 순으로 Ai Aj Ak	우선적 AND게이트

40 다음 중 결함수분석법(FTA)에 관한 설명으로 틀린 것은?

㉮ 최초 watson이 군용으로 고안하였다.
㉯ 미니멀 패스(minimal path sets)를 구하기 위해서는 미니멀 컷(minimal path set)의 상대성을 이용한다.
㉰ 정상사상의 발생확률을 구한 다음 FT를 작성한다.
㉱ AND 게이트의 확률 계산은 입력사상의 곱으로 한다.

해설 ㉰ FT를 작성한 후 정상사상·재해 발생확률을 구한다.

정답 38 ㉯ 39 ㉮ 40 ㉰

{참고} 결함수 분석(FTA) 순서
① 재해위험도를 검토하여 해석할 재해를 결정
② 재해 발생 확률의 목표치를 결정
③ 재해 관련 불량상태, 결함원인과 그 영향조사
④ FT를 작성
⑤ 수학적 처리하여 간소화
⑥ 불량상태나 결함 상태를 FT에 표시
⑦ 재해의 발생 확률을 계산
⑧ 과거 재해의 발생률 비교
⑨ 결과가 너무 다르면 ③으로 돌아감
⑩ 안전 수단 및 재해방지 대책

41 3개의 서로 다른 부품이 OR gate에 연결된 FTA모델이 있다. 각 부품의 고장확률은 0.2 이고, "시스템이 작동 안됨"을 정상사상(top event)으로 했을 때 정상사상이 발생할 확률은 얼마인가?

㉮ 0.008　　㉯ 0.488
㉰ 0.512　　㉱ 0.992

[해설] "시스템이 작동 안됨"을 정상사상(top event)으로 했을 때 정상사상이 발생할 확률은 시스템이 고장날 확률을 말한다.
OR게이트이므로 고장확률
$= 1 - (1-0.2) \times (1-0.2) \times (1-0.2) = 0.488$

42 FT도에 사용되는 다음의 기호가 의미하는 내용으로 옳은 것은?

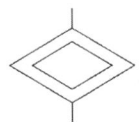

㉮ 생략 사상으로서 간소화
㉯ 생략 사상으로서 인간의 실수
㉰ 생략 사상으로서 조직자의 간과
㉱ 생략 사상으로서 시스템의 고장

[해설] 1. 생략 사상
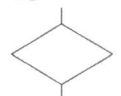

2. 생략 사상으로서 간소화
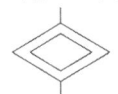

3. 생략 사상 중 인간의 실수
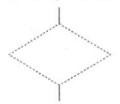

43 FT도에 사용되는 기호 중 입력 현상이 생긴 후 일정 시간이 지속된 때에 출력이 생기는 것을 나타내는 것은?

㉮ 위험 지속 기호
㉯ 억제 게이트
㉰ OR 게이트
㉱ 배타적 OR 게이트

[해설] **위험 지속 AND 게이트** : 입력 현상이 생겨서 어떤 일정한 시간이 지속될 때 출력이 생긴다.

44 다음 FT도에서 정상사상 A의 발생확률은 약 얼마인가? (단, 기본사상 ①, ②의 발생확률은 각각 2×10^{-3}/h, 3×10^{-2}/h이다)

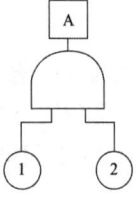

정답　41 ㉯　42 ㉮　43 ㉮　44 ㉮

㉮ $6 \times 10^{-5}/h$ ㉯ $5 \times 10^{-5}/h$
㉰ $5 \times 10^{-6}/h$ ㉱ $6 \times 10^{-6}/h$

[해설] AND 게이트이므로
발생확률 = ① × ②
= $(2 \times 10^{-3}) \times (3 \times 10^{-2})$
= $6 \times 10^{-5}/h$

45 시스템 신뢰도를 증가시킬 수 있는 방법이 아닌 것은?

㉮ 페일세이프 설계
㉯ 풀 프루프 설계
㉰ 중복설계
㉱ Lock System 설계

[해설] 신뢰성 설계
① 중복(Redundancy)설계 : 일부에 고장이 발생해도 전체 고장이 일어나지 않도록 여력인 부분을 추가하여 중복 설계한다(병렬 설계).
② **부품의 단순화와 표준화**
③ **인간공학적 설계와 보전성 설계**
④ 페일세이프 설계 및 풀 프루프 설계

46 다음 시스템의 신뢰도는 얼마인가?

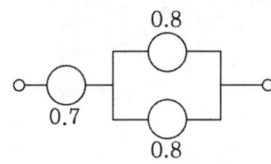

㉮ 0.672   ㉯ 0.776
㉰ 0.885   ㉱ 0.954

[해설] 신뢰도 $R = 0.7 \times \{1-(1-0.8) \times (1-0.8)\}$
= 0.672

47 인간과 기계에서 병렬로 연결된 작업의 신뢰도는 얼마인가? (단, 인간은 0.8, 기계는 0.98의 신뢰도를 갖고 있다)

㉮ 0.996   ㉯ 0.986
㉰ 0.976   ㉱ 0.966

[해설] $1-(1-0.8) \times (1-0.98) = 0.996$

48 다음 그림과 같은 시스템의 신뢰도는 약 얼마인가? (단, 부품 1, 2, 3의 신뢰도는 0.5이고, 부품 4, 5의 신뢰도는 0.9임)

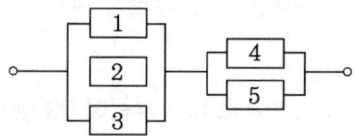

㉮ 0.62   ㉯ 0.74
㉰ 0.87   ㉱ 0.99

[해설] $R = \{1-(1-①) \times (1-②) \times (1-③)\} \times$
$\{1-(1-④) \times (1-⑤)\}$
= $\{1-(1-0.5) \times (1-0.5) \times (1-0.5)\} \times$
$\{1-(1-0.9) \times (1-0.9)\}$
= 0.86625

49 다음 시스템의 신뢰도는?

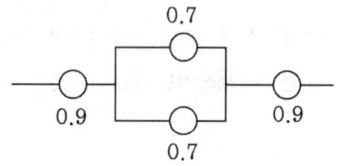

㉮ 0.6261   ㉯ 0.7371
㉰ 0.8481   ㉱ 0.9591

[해설] 신뢰도
= $0.9 \times \{1-(1-0.7) \times (1-0.7) \times 0.9\}$
= 0.7371

정답 45 ㉱ 46 ㉮ 47 ㉮ 48 ㉰ 49 ㉯

50 인간이 기계를 조종하여 임무를 수행하여야 하는 인간-기계 체계가 있다. 만일 이 인간-기계 통합체계의 신뢰도가 0.8 이상이어야 하며, 인간의 신뢰도는 0.9라 한다면, 기계의 신뢰도는 얼마 이상이어야 하는가?

㉮ 0.57 ㉯ 0.62
㉰ 0.73 ㉱ 0.89

[해설] 인간-기계 체계에서 인간과 기계는 직렬의 관계이므로(기계가 인간을 따른다)
신뢰도 = 인간의 신뢰도 × 기계의 신뢰도
$0.8 = 0.9 \times x$
$x = \dfrac{0.8}{0.9} = 0.89$
∴ 기계의 신뢰도는 0.89 이상이어야 한다.

51 병렬계 시스템의 특성에 대한 설명으로 틀린 것은?

㉮ 요소의 중복도가 증가할수록 계의 수명은 짧아진다.
㉯ 요소의 수가 많을수록 고장의 기회는 줄어든다.
㉰ 요소의 어느 하나가 정상적이면 계는 정상이다.
㉱ 시스템의 수명은 요소 중 수명이 가장 긴 것으로 정할 수 있다.

[해설] ㉮ 요소의 중복도가 증가할수록 계의 수명은 길어진다.

{참고} 설비의 신뢰도
① 직렬연결
 • 요소 중 하나가 고장이면 전체 시스템은 고장이다.
 • 전체 시스템의 수명은 요소 중 가장 짧은 것으로 결정된다.
 • 신뢰도 Rs = $R_1 \times R_2 \times R_3$

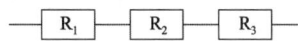

② 병렬연결
 • 요소 중 하나만 정상이라도 전체 시스템은 정상 가동된다.
 • 전체 시스템의 수명은 요소 중 가장 긴 것으로 결정된다.

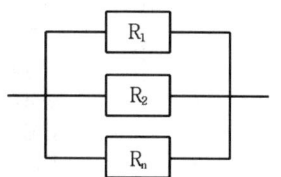

 • 신뢰도 Rs = $1-(1-R_1) \times (1-R_2) \times (1-R_3)$

52 작업원 2인이 중복하여 작업하는 공정에서 작업자의 신뢰도는 0.85로 동일하며, 작업 간의 50%만 중복작업을 지원한다면 이 공정의 인간 신뢰도는 얼마인가?

㉮ 0.6694 ㉯ 0.7225
㉰ 0.9138 ㉱ 0.9888

[해설] 1. 작업원 2인이 중복하여 작업 → 중복작업을 하는 경우이므로 병렬관계에 해당한다.
2. 작업자의 신뢰도는 0.85로 동일하며, 작업 간의 50%만 중복작업을 지원 → 작업자 1명의 신뢰도는 0.85이고 다른 한 사람의 신뢰도는 50%만 지원하므로 $0.85 \times 0.5 = 0.425$가 된다.
3. 신뢰도 $= 1-(1-0.85) \times (1-0.425)$
$= 0.9138$

53 다음 시스템의 신뢰도는 얼마인가?

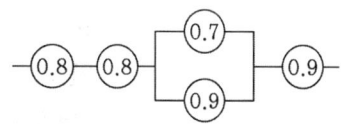

㉮ 0.3628 ㉯ 0.4608
㉰ 0.5587 ㉱ 0.6667

[해설] $0.8 \times 0.8 \times \{1-(1-0.7) \times (1-0.9)\} \times 0.9$
$= 0.5587$

정답 50 ㉱ 51 ㉮ 52 ㉰ 53 ㉰

02 안전성 평가 및 설비의 유지관리

> **주/요/내/용 알/고/가/기**
> 1. 안전성 평가 6단계
> 2. 정성적, 정량적 평가항목
> 3. 유해·위험방지 계획서 작성 대상 사업
> 4. 제출 시 첨부 서류
> 5. MTBF, MTTF, MTTR의 정의
> 6. 고장률의 계산
> 7. MTBF의 계산
> 8. 신뢰도 및 불신뢰도의 계산

참고
* 안전성 평가와 종류
  ① 세이프티 – 어세스먼트 : 안전성 평가
  ② 테크놀로지 – 어세스먼트 : 기술개발의 종합평가
  ③ 리스크–어세스먼트 : 위험성 평가
  ④ 휴먼 어세스먼트 : 인간과 사고의 평가

기출
* Technology Assessment (기술평가)
기술 개발과정에서 효율성과 위험성을 종합적으로 분석·판단할 수 있는 평가 방법을 말한다.

1 안전성 평가의 개요

(1) 안전성 평가의 정의

새로운 시스템이나 설비 등을 도입할 때, 사고 방지를 위해 설계나 계획 단계에서 위험성의 여부를 평가하는 것을 말한다.

(2) 안전성 평가의 4가지 기법

① 체크리스트에 의한 평가
② 위험의 예측 평가
③ FMEA
④ FTA

(3) 검토절차

① 1단계 : 목적과 범위 결정
② 2단계 : 검토 팀의 선정
③ 3단계 : 검토 준비
④ 4단계 : 검토 실시
⑤ 5단계 : 후속 조치 후의 결과 기록

(4) 안전성 평가 6단계 ✭✭

1단계	관계자료의 정비 검토
2단계	정성적인 평가
3단계	정량적인 평가
4단계	안전대책 수립
5단계	재해사례에 의한 평가
6단계	FTA에 의한 재평가

① 1단계 : 관계자료의 정비 검토(작성 준비)

관계자료 조사항목
- 입지조건과 관련된 지질도 등 입지에 관한 도표
- 화학설비 배치도
- 건조물(건물)의 평면도, 단면도 및 입면도
- 제조 공정의 개요
- 기계실 및 전기실의 평면도, 단면도 및 입면도
- 공정기기 목록
- 운전 요령
- 요원 배치 계획
- 배관이나 계장 등의 계통도
- 제조 공정상 일어나는 화학반응
- 원재료, 중간체, 제품 등의 물리화학적 성질 및 인체에 미치는 영향

② 2단계 : 정성적인 평가

정성적 평가항목 ✭

① 입지 조건	② 공장 내의 배치
③ 소방설비	④ 공정 기기
⑤ 수송·저장	⑥ 원재료
⑦ 중간체	⑧ 제품
⑨ 건조물(건물)	⑩ 공정

③ 3단계 : 정량적인 평가
- 당해 화학설비의 취급물질, 화학설비의 용량, 온도, 압력, 조작의 5개 항목에 대해 A, B, C, D급으로 분류하고 A급은 10점, B급은 5점, C급은 2점, D급은 0점을 부여한 후, 점수들의 합을 구한다.

정량적 평가항목 ✭

① 취급물질	② 화학설비의 용량
③ 온도	④ 압력
⑤ 조작	

※참고

* 정성적 분석법
① 체크리스트 (Checklist)
② 사고 예상 질문 분석 (What–If)
③ 상대위험 순위 (Dow and Mond indices)
④ 위험과 운전 분석 (HAZOP)
⑤ PHA
⑥ FMEA

* 정량적 분석법
① 결함수분석(FTA)
② 사건수분석(ETA)
③ 원인–결과분석 (Cause–Consequence Analysis)

※참고

설계관계 항목
- 입지조건
- 공장 내의 배치
- 건축물
- 소방용 설비 등

운전관계 항목
- 원재료, 중간체, 제품 등
- 공정
- 수송, 저장 등
- 공정 기기

합격의 key

- 합산결과에 의한 위험도 등급

등급	점수	내용
등급 Ⅰ	16점 이상	위험도가 높다.
등급 Ⅱ	11점 이상 15점 이하	-
등급 Ⅲ	10점 이하	주위 상황, 다른 설비와 관련해서 평가 위험도가 낮다.

④ 4단계 : 안전대책 수립
- 설비 등에 관한 대책(위험 등급 1 · 2등급의 물적 안전조치 사항)
- 위험 등급 3등급 시 설비 등에 관한 대책
- 관리적 대책

⑤ 5단계 : 재해사례에 의한 평가

⑥ 6단계 : FTA에 의한 재평가

(5) 설비도입 및 제품개발 단계에서의 안전성 평가

① 구상단계
- 시스템 안전계획의 작성
- 예비 위험분석의 작성
- 안전성에 관한 정보 및 문서의 작성
- 구상단계 정식화 회의에의 참가

② 설계단계
- 구상단계에서 작성된 시스템 안전프로그램을 실시할 것
- 시스템의 설계에 반영할 안정성 설계기준을 결정하여 발표할 것
- 예비 위험분석을 시스템 안전 위험분석으로 바꾸어 완료시킬 것
- 사양서 중에 시스템 안전성 필요사항을 정의하여 포함시킬 것
- 안전성 결정사항을 문서로 하여 보존할 것

③ 제조, 조립, 시험단계
- 시스템 안전위험분석(SSHA)에서 지정된 전 조치의 실시를 보증하는 계통적인 감시 및 확인 프로그램을 확립하여 실시할 것
- 운용안전성분석(OSA)을 실시할 것
- 안전성이 손상되는 일이 없도록 제조, 조립, 시험방법 과정을 검토하고 평가할 것
- 제조환경이 제품의 안전설계를 손상하지 않도록 할 것
- 위험한 상태를 유발할 수 있는 모든 결함에 대해서는 정보의 피드백 시스템을 확립할 것

[문제]
시스템의 제조, 설치 및 시험단계에서 이루어지는 시스템 안전부문의 주요 작업이 아닌 것은?
㉮ 운용 안전성 분석(OSA)의 실시
㉯ 안전성이 손상되는 일이 없도록 조작장치, 사용설명서의 변경과 수정을 평가할 것
㉰ 제조환경이 제품의 안전설계를 손상하지 않도록 산업안전 보건 기준에 부합되도록 할 것
㉱ 시스템 안전성 위험분석(SSHA)에서 지정된 전 조치의 실시를 보증하는 계통적인 감시, 확인 프로그램을 확립 실시할 것

[해설]
㉯ 안전성이 손상되는 일이 없도록 제조, 조립, 시험방법 과정을 검토, 평가할 것

[참고]
조작장치, 사용설명서의 변경과 수정을 요하는 단계는 운용단계이다.

정답 ㉯

- 품질보증 요원이 이용할 수 있는 안전성의 검사 및 확인에 관한 시험법을 정할 것
- 안전성을 보증하기 위하여 일어날 수 있는 변화를 예측하고 그것에 수반되는 재설계나 변경을 개시할 것

④ 운용단계
- 모든 운용, 보전 및 위급 시에 절차를 평가하여 그들이 설계 때에 고려된 바와 같은 타당성이 있느냐의 여부를 식별할 것
- 안전성에 손상이 일어나지 않도록 조작장치, 사용설명서의 변경과 수정을 요할 것
- 제조, 조립, 시험단계에서의 확립된 고장의 정보 피드백 시스템을 유지할 것
- 바람직한 운용 안전성 레벨의 유지를 보증하기 위하여 시스템 안전의 실증과 검사를 할 것
- 사고와 그 유발 사고를 조사하고 분석할 것
- 위험 상태의 재발 방지를 위해 적절한 개량조치를 강구할 것

> **문제**
> 다음 중 운용상의 시스템 안전에서 검토 및 분석해야 할 사항으로 틀린 것은?
> ㉮ 훈련
> ㉯ 사고조사에의 참여
> ㉰ ECR제안 제도
> ㉱ 고객에 의한 최종 성능 검사
> **정답** ㉱

2 유해 · 위험방지 계획서 제출대상

(1) 유해 · 위험방지 계획서의 제출 등

대통령령으로 정하는 업종 및 규모에 해당하는 사업의 사업주는 해당 제품생산 공정과 직접적으로 관련된 건설물 · 기계 · 기구 및 설비 등 일체를 설치 · 이전하거나 그 주요 구조 부분을 변경할 때에는 "유해 · 위험방지계획서"를 작성하여 노동부장관에게 제출하여야 한다.

(2) 유해 · 위험방지 계획서 작성 대상 사업 ✿✿✿

다음 각 호의 어느 하나에 해당하는 사업으로서 전기사용설비의 정격 용량의 합이 300킬로와트 이상인 사업을 말한다.

합격의 key

유해 · 위험방지 계획서 작성대상(제조업)

① 금속 가공제품(기계 및 가구는 제외한다) 제조업
② 비금속 광물제품 제조업
③ 기타 기계 및 장비 제조업
④ 자동차 및 트레일러 제조업
⑤ 식료품 제조업
⑥ 고무제품 및 플라스틱제품 제조업
⑦ 목재 및 나무제품 제조업
⑧ 기타 제품 제조업
⑨ 1차 금속 제조업
⑩ 가구 제조업
⑪ 화학물질 및 화학제품 제조업
⑫ 반도체 제조업
⑬ 전자부품 제조업

특급 암기법

1차 금속으로 **금속** 가공제품, **비금속** 광물제품 제조하여 **나무**, **화학물질** 섞어서 **기계장비**, **자동차 트레일러** 만들고, **고무풀**(고무 및 플라스틱)로, **기타 식료품** 만들었더니 **도대체**(반도체)**가**(가구) **전부**(전자부품) **유해 · 위험**(유해 · 위험방지 계획서)**하다**.

다음 각 호의 어느 하나에 해당하는 기계 · 기구 및 설비를 말한다.

유해 · 위험방지 계획서 작성대상(기계 · 기구 및 설비) ☆☆

① 금속이나 그 밖의 광물의 용해로
② 화학설비
③ 건조설비
④ 가스집합 용접장치
⑤ 근로자의 건강에 상당한 장해를 일으킬 우려가 있는 물질로서 고용노동부령으로 정하는 물질의 밀폐 · 환기 · 배기를 위한 설비

(3) 제출 시 첨부서류

1) 사업주가 제조업 대상 사업, 대상기계 · 기구 설비에 해당하는 유해 · 위험방지 계획서를 제출하려면 다음 각 호의 서류를 첨부하여 해당 공사 착공 15일 전까지 공단에 2부를 제출하여야 한다.

제조업 대상 사업 첨부서류	① 건축물 각 층의 평면도 ② 기계·설비의 개요를 나타내는 서류 ③ 기계·설비의 배치도면 ④ 원재료 및 제품의 취급, 제조 등의 작업방법의 개요 ⑤ 그 밖에 고용노동부장관이 정하는 도면 및 서류
대상 기계·기구 설비 첨부서류	① 설치장소의 개요를 나타내는 서류 ② 설비의 도면 ③ 그 밖에 고용노동부장관이 정하는 도면 및 서류

2) 유해위험 방지계획서 심사 결과의 구분 ✿

① **적정** : 근로자의 안전과 보건을 위하여 필요한 조치가 구체적으로 확보되었다고 인정되는 경우

② **조건부 적정** : 근로자의 안전과 보건을 확보하기 위하여 일부 개선이 필요하다고 인정되는 경우

③ **부적정** : 기계·설비 또는 건설물이 심사기준에 위반되어 공사 착공 시 중대한 위험 발생의 우려가 있거나 계획에 근본적 결함이 있다고 인정되는 경우

3 설비의 유지관리

(1) 설비 관리의 정의

기업의 생산성을 높이기 위하여 설비의 조사, 계획, 설계, 구축, 운전, 유지/보전을 거쳐 설비의 생애(Life-Cycle)를 통하여 설비의 기능 및 신뢰성을 향상하기 위한 제반 활동을 말한다.

(2) 설비의 운전 및 유지관리

1) MTBF(평균 고장 간격 : Mean Time Between Failures) ✿✿

수리 가능한 제품에서 고장~다음 고장까지 시간의 평균치(신뢰도)를 말한다.

합격의 key

◎기출
※ 신뢰도와 고장률은 지수분포를 따른다.

참고
1. 지수분포 : 사건이 서로 독립적일 때, 일정 시간 동안 발생하는 사건의 횟수가 푸아송 분포를 따른다면, 다음 사건이 일어날 때까지 대기 시간, 고장 날 확률이 시간에 따라 일정한 경우는 지수분포를 따른다.
2. 와이블분포 : 연속확률 분포로서 부품의 수명 추정 분석, 산업 현장에서 어떤 제품의 제조와 배달에 걸리는 시간, 날씨예보, 신뢰성공학에서 실패분석에 사용된다.
3. 이항분포 : 몇 번의 독립 시행에서 어떤 사건이 일어날 확률과 일어나지 않을 확률의 두 항을 써서 나타내는 확률 분포이다.
4. 포아송 분포 : 특정 시간 또는 거리나 공간에서 독립적인 사건이 발생한 횟수를 확률변수로 하는 확률 분포이다.

문제
일정한 고장률을 가진 어떤 기계의 고장률이 0.004/시간일 때 10시간 이내에 고장을 일으킬 확률은?
㉮ $1+e^{0.04}$ ㉯ $1-e^{-0.004}$
㉰ $1-e^{0.04}$ ㉱ $1-e^{-0.04}$

해설
고장을 일으킬 확률= 불신뢰도
불신뢰도 = 1 – 신뢰도
① 신뢰도 $R(t) = e^{-\frac{t}{t_0}} = e^{-\lambda \times t}$
 (t_0 : 평균 고장시간 or 평균 수명
 t : 앞으로 고장 없이 사용할 시간
 λ : 고장률)
신뢰도 $R(t) = e^{-0.004 \times 10}$
 $= e^{-0.04}$
② 불신뢰도 $= 1 - e^{-0.04}$

정답 ㉱

◎기출
※ 설비고장 도수율
$= \frac{설비 고장 건수}{설비 가동시간}$

※ 설비고장 강도율
$= \frac{설비 고장 정지시간}{설비 가동시간}$

※ 설비의 가용도
$= \frac{작동가능시간}{작동가능시간+작동불능시간}$

[고장률과 신뢰도] ✰✰✰

① 고장률	고장률(λ)= $\frac{고장건수}{총가동시간}$ (건/시간)
② MTBF(평균 고장시간)	MTBF = $\frac{1}{고장률(\lambda)}$ (시간)
③ 신뢰도 (고장 나지 않을 확률)	신뢰도란 고장 나지 않을 확률을 말한다. $R(t) = e^{-\frac{t}{t_0}} = e^{-\lambda \times t}$ 여기서, t_0 : 평균 고장시간 or 평균 수명 t : 앞으로 고장 없이 사용할 시간 λ : 고장률
④ 불신뢰도(고장 날 확률)	1 – 신뢰도

2) **MTTF(고장까지의 평균시간 : Mean Time to Failure)** ✰✰
수리가 불가능한 제품에서 처음 고장 날 때까지의 시간(평균수명)을 말한다.

[계의 수명] ✰✰

① 직렬계의 수명	MTTF(MTBF) × $\frac{1}{요소갯수(n)}$
② 병렬계의 수명	MTTF(MTBF) × $\left(1+\frac{1}{2}+\frac{1}{3}+\cdots+\frac{1}{n}\right)$ 여기서, n : 요소의 개수

3) **MTTR(Mean Time to Repair)** ✰✰
평균 수리에 소요되는 시간을 말한다.

[MTTR과 설비가동률] ✰

① MTTR	MTTR = $\frac{수리시간 합계}{수리횟수}$ (시간)
② 설비가동률	설비가동률= $\frac{MTBF}{MTBF+MTTR} = \frac{\frac{1}{\lambda}}{\frac{1}{\lambda}+\frac{1}{\mu}}$ 여기서, λ : 고장률, μ : 수리율

4 보전성 공학

(1) 예방보전(PM : Preventive maintenance)

시스템 또는 부품의 사용 중 고장 또는 정지와 같은 사고를 미리 방지하거나, 품목을 사용 가능 상태로 유지하기 위하여 계획적으로 하는 보전 활동이다.

정기 보전	• 적정 주기를 정하고 주기에 따라 수리, 교환 등을 행하는 활동 • 시간 기준 보전(TBM : Timed Based Maintenance) : 설비의 열화에 따른 수리주기를 정하고 그 주기에 맞추어 수리를 실시한다.
예지 보전	• 설비의 열화의 상태를 알아보기 위한 점검이나 점검에 따른 수리를 행하는 활동 • 상태 기준 보전(CBM : Condition Based Maintenance) : 설비의 열화상태가 미리 정한 기준에 도달하면 수리를 행한다.

(2) 사후 보전(BM : Break-down maintenance)

시스템 내지 부품이 고장에 의해 정지 또는 유해한 성능 저하를 초래한 뒤 수리를 하는 보전 활동이다.

(3) 보전 예방(MP : Maintenance Prevention)

- 신규설비의 계획과 건설을 할 때 보전정보나 새로운 기술을 도입하여 열화 손실을 적게 하는 보전 활동이다.
- 우수한 설비의 선정, 조달 또는 설계를 통하여 궁극적으로 설비의 설계, 제작 단계에서 보전활동이 불필요한 체제를 목표로 한 보전 활동이다.

(4) 개량 보전(CM : Corrective maintenance)

설비의 신뢰성, 보전성, 경제성, 조작성, 안전성, 에너지 절약, 유용성 등의 향상을 목적으로 설비의 재질이나 형상의 개량, 설계변경 등을 행하는 보전활동이다.

참고

* TPM (Total Productive Maintenance)
: 전사적 설비보전활동
• 설비고장을 없애고 설비효율을 극대화하는 것을 목표로 전원이 참가하는 생산보전활동이다.

기출

* 설비보전 평가식
① 성능가동률 = 속도가동률 × 정미가동률
② 시간가동률 = (부하시간 - 정지시간) / 부하시간
③ 설비종합효율 = 시간가동률 × 성능가동률 × 양품률
④ 정미가동률 = (생산량 × 실제 사이클 타임) / (부하시간 - 정지시간)

(5) 일상 보전(RM : Routine maintenance)

설비의 열화를 방지하고 그 진행을 지연시켜 수명을 연장하기 위한 목적으로 매일 설비의 점검, 청소, 주유 및 교체 등을 행하는 보전 활동이다.

(6) 생산 보전(PM : Production Maintenance)

미국의 GE사가 처음으로 사용한 보전으로 설계에서 폐기에 이르기까지 기계설비의 전 과정에서 소요되는 설비의 열화 손실과 보전 비용을 최소화하여 생산성을 향상시키는 보전방법

(7) 보전성 설계의 고려사항

① 고장이나 결함이 발생한 부분에 접근이 좋을 것
② 고장이나 결함의 징조를 쉽게 검출할 수 있을 것
③ 고장, 결합부품 및 재료의 교환이 신속하고 쉬울 것

CHAPTER 02 단원 예상문제

01 사업장의 안전성 평가는 6단계 과정을 거쳐 실시된다. 이때 가장 먼저 수행해야 되는 단계는?

㉮ 관계자료의 정비 검토
㉯ 정성적 평가
㉰ 정량적 평가
㉱ 작업조건 측정

[해설] 안전성 평가 6단계
① 1단계 : 관계자료의 정비 검토(작성 준비)
② 2단계 : 정성적인 평가
③ 3단계 : 정량적인 평가
④ 4단계 : 안전대책 수립
⑤ 5단계 : 재해사례에 의한 평가
⑥ 6단계 : FTA에 의한 재평가

02 안전성 평가를 위해 제출하는 유해 위험 방지 계획서의 제출대상 사업장의 전기 사용설비의 정격용량은?

㉮ 150kW 이상
㉯ 300kW 이상
㉰ 450kW 이상
㉱ 1,000kW 이상

[해설] 다음 각 호의 어느 하나에 해당하는 사업으로서 전기 사용설비의 정용량의 합이 300킬로와트 이상인 사업을 말한다.

03 안전성 평가의 기법이 아닌 것은?

㉮ 위험의 예측 평가
㉯ 체크리스트에 의한 평가
㉰ 고장모드 영향분석
㉱ 재해정보에 의한 평가

[해설] 안전성 평가의 4가지 기법
① 체크리스트에 의한 평가
② 위험의 예측 평가
③ FMEA(고장모드 영향 분석)
④ FTA

04 어떤 부품은 고장까지의 평균 시간이 1,000시간이며, 지수분포를 따르고 있다. 이 부품을 1,000시간 작동시킨 경우의 신뢰도는?

㉮ 0.905
㉯ 0.6322
㉰ 0.3678
㉱ 0.095

[해설]
1. 신뢰도 : 고장나지 않을 확률
$$R(t) = e^{-\frac{t}{t_0}} = e^{-\lambda \times t}$$
(t_0 : 평균 고장시간 or 평균수명
t : 앞으로 고장 없이 사용할 시간
λ : 고장률)
2. 불신뢰도 : 고장 날 확률
   1 − 신뢰도

신뢰도 $R(t) = e^{-\frac{t}{t_0}} = e^{-\frac{1000}{1000}} = e^{-1} = 0.3678$

05 화학설비에 대한 안전성 평가 단계 중 제2단계의 주요 진단 항목이 아닌 것은?

㉮ 건조물
㉯ 공정계통도
㉰ 중간 제품
㉱ 소방설비

[해설] 2단계 : 정성적인 평가

정성적 평가항목	
① 입지 조건	② 공장 내의 배치
③ 소방설비	④ 공정 기기
⑤ 수송·저장	⑥ 원재료
⑦ 중간체	⑧ 제품
⑨ 건조물(건물)	⑩ 공정

정답 01 ㉮ 02 ㉯ 03 ㉱ 04 ㉰ 05 ㉯

06 화학 설비에 대한 안전성 평가 중 정량적 평가의 항목이 아닌 것은?

㉮ 온도
㉯ 공정
㉰ 취급물질
㉱ 화학 설비의 용량

해설)
정량적 평가항목
① 취급물질 ② 화학 설비의 용량 ③ 온도 ④ 압력 ⑤ 조작

07 [보기]와 같은 화학설비에 대한 안전성 평가 항목을 순서대로 나열한 것은?

[보기]
① 정성적 평가
② 안전대책
③ 재평가
④ 관계자료의 작성 준비
⑤ 정량적 평가

㉮ ④→②→⑤→①→③
㉯ ④→⑤→①→②→③
㉰ ④→①→⑤→②→③
㉱ ④→②→①→⑤→③

해설) **안전성 평가 6단계**
① 1단계 : 관계자료의 정비 검토(작성 준비)
② 2단계 : 정성적인 평가
③ 3단계 : 정량적인 평가
④ 4단계 : 안전대책 수립
⑤ 5단계 : 재해사례에 의한 평가
⑥ 6단계 : FTA에 의한 재평가

08 화학설비에 대한 안전성 평가를 위해 준비해야 하는 관계자료와 가장 거리가 먼 것은?

㉮ 운전 요령
㉯ 임금현황
㉰ 공정계통도
㉱ 화학설비 배치도

해설)
관계자료 조사 항목
• 입지조건과 관련된 지질도 등 입지에 관한 도표 • **화학설비 배치도** : 설비 내의 기기, 건조물(건물) 및 설비의 배치도 • 건조물(건물)의 평면도, 단면도 및 입면도 • 제조 공정의 개요 • 기계실 및 전기실의 평면도, 단면도 및 입면도 • **공정계통도** • 공정기기 목록 • **운전 요령** • 요원 배치 계획 • 배관이나 계장 등의 계통도 • 제조 공정상 일어나는 화학반응 • 원재료, 중간체, 제품 등의 물리화학적 성질 및 인체에 미치는 영향

09 다음 중 시설배치에 따른 안전성 평가 시 검토해야 할 사항으로 적절하지 않은 것은?

㉮ 작업의 흐름에 따라 기계를 배치한다.
㉯ 기계 설비를 통로 측에 설치할 수 없을 경우에는 작업자가 통로 쪽으로 등을 향하여 일할 수 있도록 한다.
㉰ 기계 설비 주위에 충분한 운전 공간, 보수 점검 공간을 확보한다.
㉱ 공장 내외는 안전한 통로를 두어야 하며, 통로는 선을 그어 작업장과 명확히 구별하도록 한다.

해설) **기계설비의 Layout 시 유의사항**
① 작업 흐름에 따라 배치한다.
② 통로를 확보한다.
③ 장래의 확장을 고려하여 설계, 배치한다.
④ 기계설비의 간격을 유지한다.
⑤ 유해, 위험 공정으로부터 작업자를 격리한다.
⑥ 운반 작업을 기계 작업화한다.
⑦ 원재료, 제품 저장소 등의 공간을 확보한다.

정답 06 ㉯ 07 ㉰ 08 ㉯ 09 ㉯

10 보전성 설계의 고려 사항이 아닌 것은?

㉮ 고장이나 결함이 발생한 부분에 접근성이 좋을 것
㉯ 고장이나 결함의 징조를 쉽게 검출할 수 있을 것
㉰ 경험이 풍부하고 수리에 숙련되어 능력이 충분할 것
㉱ 고장, 결합부품 및 재료의 교환이 신속하고 쉬울 것

[해설] **보전성 설계의 고려 사항**
① 고장이나 결함이 발생한 부분에 접근이 좋을 것
② 고장이나 결함의 징조를 쉽게 검출할 수 있을 것
③ 고장, 결합부품 및 재료의 교환이 신속하고 쉬울 것

11 기계의 신뢰도가 고장률이 일정한 지수 분포를 나타내며, 고장률이 0.04일 때 이 기계가 10시간 동안 만족스럽게 작동할 확률은?

㉮ 0.40 ㉯ 0.67
㉰ 0.84 ㉱ 0.96

[해설]
신뢰도 : 고장나지 않을 확률
$$R(t) = e^{-\frac{t}{t_0}} = e^{-\lambda \times t}$$
여기서, t_0 : 평균 고장시간 or 평균 수명
　　　　t : 앞으로 고장 없이 사용할 시간
　　　　λ : 고장률

$R(t) = e^{-\lambda \times t} = e^{-0.04 \times 10} = e^{-0.4} = 0.67$

12 평균고장시간(MTTF)이 6×10^5 시간인 요소 3개가 직렬계를 이루었을 때의 계(system)의 수명은?

㉮ 2×10^5 시간
㉯ 3×10^5 시간
㉰ 9×10^5 시간
㉱ 18×10^5 시간

[해설] **계의 수명**

① 직렬계의 수명
$$MTTF(MTBF) \times \frac{1}{요소갯수(n)}$$
② 병렬계의 수명
$$MTTF(MTBF) \times (1 + \frac{1}{2} + \frac{1}{3} + \cdots + \frac{1}{n})$$
여기서, n : 요소의 개수

직렬계의 수명 : $MTTF(MTBF) \times \frac{1}{요소갯수(n)}$
$= 6 \times 10^5 \times \frac{1}{3} = 2 \times 10^5$ 시간

13 각각 10,000시간의 수명을 가진 A·B 두 요소가 병렬계를 이루고 있을 때 이 시스템의 수명은 얼마인가? (단, 요소 A·B의 수명은 지수분포를 따른다)

㉮ 5,000시간
㉯ 10,000시간
㉰ 15,000시간
㉱ 20,000시간

[해설] $10,000 \times (1 + \frac{1}{2}) = 15,000$ 시간

정답 10 ㉰ 11 ㉯ 12 ㉮ 13 ㉰

14 어떤 공장에서 10,000시간 가동하는 동안 부품 15,000개 중 15개의 불량품이 발생하였다면 평균고장간격(MTBF)은?

㉮ 1×10^6 시간
㉯ 2×10^6 시간
㉰ 1×10^7 시간
㉱ 2×10^7 시간

[해설] **고장률과 평균고장간격**

① 고장률(λ) = $\dfrac{\text{고장건수}}{\text{총가동시간}}$ (건/시간)

② MTBF = $\dfrac{1}{\text{고장률}(\lambda)}$ (시간)

1. 고장률(λ) = $\dfrac{\text{고장건수}}{\text{총가동시간}} = \dfrac{15}{15,000 \times 10,000}$
= 0.0000001

2. MTBF = $\dfrac{1}{\text{고장률}(\lambda)} = \dfrac{1}{0.0000001} = 10000000$
= 1×10^7 시간

15 어떤 기기의 고장률이 시간당 0.002로 일정하다고 한다. 이 기기를 100시간 사용했을 때 고장이 발생할 확률은?

㉮ 0.1813   ㉯ 0.2214
㉰ 0.6253   ㉱ 0.8187

[해설]
1. 신뢰도 : 고장나지 않을 확률
$R(t) = e^{-\frac{t}{t_0}} = e^{-\lambda \times t}$
(t_0 : 평균 고장시간 or 평균 수명
t : 앞으로 고장 없이 사용할 시간
λ : 고장률)

2. 불신뢰도 : 고장 날 확률
1 − 신뢰도

1. 신뢰도 : 고장나지 않을 확률
$R(t) = e^{-\lambda \times t} = e^{-0.002 \times 100} = e^{-0.2} = 0.8187$

2. 불신뢰도 : 고장 날 확률
1 − 신뢰도 = 1−0.8187 = 0.1813

16 평균고장시간(MTTF)이 4×10^8 시간인 요소 2개가 병렬체계를 이루었을 때 이 체계의 수명은 얼마인가?

㉮ 2×10^8 시간   ㉯ 4×10^8 시간
㉰ 6×10^8 시간   ㉱ 8×10^8 시간

[해설] **계의 수명**

① 직렬계의 수명
MTTF(MTBF) $\times \dfrac{1}{\text{요소갯수}(n)}$

② 병렬계의 수명
MTTF(MTBF) $\times (1+\dfrac{1}{2}+\dfrac{1}{3}+ \ldots +\dfrac{1}{n})$
여기서, n : 요소의 개수

병렬계의 수명
= $4 \times 10^8 \times \left(1+\dfrac{1}{2}\right) = 6 \times 10^8$ 시간

17 수리하여 사용이 가능한 시스템에서 고장과 고장 사이의 정상적인 상태로 동작하는 평균시간을 무엇이라 하는가?

㉮ MDT   ㉯ MTBF
㉰ MTTR ㉱ MTBR

[해설]
1. MTBF(평균고장간격 : Mean Time Between Failures) : 수리 가능한 제품에서 고장 ~ 다음 고장까지 시간의 평균치를 말한다(신뢰도).
2. MTTF(고장까지의 평균시간 : Mean Time to Failure) : 수리가 불가능한 제품에서 처음 고장 날 때까지의 시간을 말한다(평균수명).
3. MTTR(Mean Time to Repair) : 평균 수리에 소요되는 시간을 말한다.

정답 14 ㉰ 15 ㉮ 16 ㉰ 17 ㉯

18 평균 수명이 10,000시간인 지수분포를 따르는 요소 10개가 직렬계로 구성되어 있는 경우 계의 기대 수명은?

㉮ 1,000시간
㉯ 5,000시간
㉰ 10,000시간
㉱ 100,000시간

[해설] 계의 수명

① 직렬계의 수명
$$MTTF(MTBF) \times \frac{1}{요소갯수(n)}$$

② 병렬계의 수명
$$MTTF(MTBF) \times (1 + \frac{1}{2} + \frac{1}{3} + \cdots + \frac{1}{n})$$
여기서, n : 요소의 개수

요소 10개가 직렬계로 구성되어 있으므로
계의 수명 = $MTTF(MTBF) \times \frac{1}{요소갯수(n)}$
= $10,000 \times \frac{1}{10}$ = 1,000시간

19 다음 중 사후보전에 필요한 수리시간의 평균치를 나타낸 것은?

㉮ MTTF ㉯ MTBF
㉰ MDT   ㉱ MTTR

[해설] ㉱ MTTR(Mean Time to Repair) : 평균 수리에 소요되는 시간

20 어떤 전자기기의 수명은 지수분포를 따르며, 그 평균 수명이 1,000시간이라고 할 때 500시간 동안 고장 없이 작동할 확률은 약 얼마인가?

㉮ 0.1353   ㉯ 0.3935
㉰ 0.6065   ㉱ 0.8647

[해설]
1. 신뢰도 : 고장나지 않을 확률
$$R(t) = e^{-\frac{t}{t_0}} = e^{-\lambda \times t}$$
(t_0 : 평균 고장시간 또는 평균 수명
t : 앞으로 고장 없이 사용할 시간
λ : 고장률)

2. 불신뢰도 : 고장 날 확률
1 - 신뢰도

신뢰도 : 고장나지 않을 확률
$$R(t) = e^{-\frac{t}{t_0}} = e^{-\frac{500}{1000}} = e^{-0.5} = 0.6065$$

21 다음 설명에 해당하는 설비 보전 방식은?

"설비를 항상 정상, 양호한 상태로 유지하기 위한 정기적인 검사와 초기의 단계에서 성능의 저하나 고장을 제거하던가 조정 또는 수복하기 위한 설비의 보수 활동을 의미한다."

㉮ 예방보전(preventive maintenance)
㉯ 보전예방(maintenance prevention)
㉰ 개량보전(corrective maintenance)
㉱ 사후보전(break-down maintenance)

[해설] 설비를 정상상태로 유지하기 위하여 정기적인 검사를 하는 등의 활동 → 예방보전

{참고} (1) 예방보전(PM : Preventive maintenance) : 시스템 또는 부품의 사용 중 고장 또는 정지와 같은 사고를 미리 방지하거나, 품목을 사용 가능 상태로 유지하기 위하여 계획적으로 하는 보전 활동이다.

(2) 사후보전 (BM : Break-down maintenance) : 시스템 내지 부품이 고장에 의해 정지 또는 유해한 성능 저하를 초래한 뒤 수리를 하는 보전 활동이다.

정답 18 ㉮ 19 ㉱ 20 ㉰ 21 ㉮

(3) **보전예방**(MP : Maintenance Prevention) : 신규설비의 계획과 건설을 할 때 **보전정보나 새로운 기술을 도입하여 열화 손실을 적게하는 보전** 활동이다.

(4) **개량보전**(CM : Corrective maintenance) : 설비의 신뢰성, 보전성, 경제성, 조작성, 안전성, 에너지 절약, 유용성 등의 향상을 목적으로 **설비의 재질이나 형상의 개량, 설계변경 등에 의한 설비의 체질을 개선하여 설비의 생산성을 높이기 위한 보전** 활동이다.

(5) **일상보전**(RM : Routine Maintenance) : 설비의 열화를 방지하고 그 진행을 지연시켜 수명을 연장하기 위한 목적으로 **매일 설비의 점검, 청소, 주유 및 교체 등을 행하는 보전활동**이다.

(6) **생산보전** : 미국의 GE사가 처음으로 사용한 보전으로 **설계에서 폐기에 이르기 까지 기계설비의 전과정에서 소요되는 설비의 열화 손실과 보전비용을 최소화하여 생산성을 향상시키는 보전활동**이다.

22 다음 중 설비의 가용도를 나타내는 공식으로 옳은 것은?

㉮ 가용도 = $\dfrac{\text{작동가능시간}}{\text{작동가능시간} + \text{작동불능시간}}$

㉯ 가용도 = $\dfrac{\text{작동가능시간}}{\text{작동불능시간}}$

㉰ 가용도 = $\dfrac{\text{작동불능시간}}{\text{작동불능시간} + \text{작동가능시간}}$

㉱ 가용도 = $\dfrac{\text{작동불능시간}}{\text{작동가능시간}}$

[해설] 설비의 가용도 = $\dfrac{\text{작동가능시간}}{\text{작동가능시간} + \text{작동불능시간}}$

23 시스템을 가동시키기 시작하면서부터 최초의 고장까지를 평균 고장시간이라고 하는데 다음 중 평균 고장시간을 나타내는 용어는?

㉮ MTTF
㉯ MTBF
㉰ MTTR
㉱ MTBR

[해설] ㉮ MTTF(고장까지의 평균 시간) : 수리가 불가능한 제품에서 처음 고장날 때까지의 시간(평균수명)
㉯ MTBF(평균 고장간격) : 수리가 가능한 제품에서 고장 ~ 다음 고장까지의 시간의 평균치(신뢰도)
㉰ MTTF(고장까지의 평균 시간) : 수리가 불가능한 제품에서 처음 고장날 때까지의 시간(평균수명)

정답 22 ㉮ 23 ㉮

CHAPTER 03 위험성 감소대책 수립 · 실행

01 위험성 평가

> 주/요/내/용 알/고/가/기
> 1. 위험성 평가의 정의
> 2. 위험성 평가의 방법
> 3. 위험성 평가의 절차

1 위험성 평가의 정의 및 개요

(1) 위험성 평가의 정의

1) "위험성 평가"란 사업주가 스스로 유해·위험요인을 파악하고 해당 유해·위험요인의 위험성 수준을 결정하여, 위험성을 낮추기 위한 적절한 조치를 마련하고 실행하는 과정을 말한다.

2) "유해·위험요인"이란 유해·위험을 일으킬 잠재적 가능성이 있는 것의 고유한 특징이나 속성을 말한다.

3) "위험성"이란 유해·위험요인이 사망, 부상 또는 질병으로 이어질 수 있는 가능성과 중대성 등을 고려한 위험의 정도를 말한다.

(2) 평가대상의 선정

1) 위험성 평가 실시 주체
  ① 사업주는 스스로 사업장의 유해·위험요인을 파악하고 이를 평가하여 관리 개선하는 등 위험성 평가를 실시하여야 한다.
  ② 작업의 일부 또는 전부를 도급에 의하여 행하는 사업의 경우는 도급을 준 도급인(이하 "도급사업주"라 한다)과 도급을 받은 수급인(이하 "수급사업주"라 한다)은 각각 위험성 평가를 실시하여야 한다.
  ③ 도급사업주는 수급사업주가 실시한 위험성 평가 결과를 검토하여 도급사업주가 개선할 사항이 있는 경우 이를 개선하여야 한다.

2) 위험성 평가의 대상 ✖
   ① 위험성 평가의 대상이 되는 유해·위험요인은 업무 중 근로자에게 노출된 것이 확인되었거나 노출될 것이 합리적으로 예견 가능한 모든 유해·위험요인이다. 다만, 매우 경미한 부상 및 질병만을 초래할 것으로 명백히 예상되는 유해·위험요인은 평가 대상에서 제외할 수 있다.
   ② 사업주는 사업장 내 부상 또는 질병으로 이어질 가능성이 있었던 상황(이하 "아차사고"라 한다)을 확인한 경우에는 해당 사고를 일으킨 유해·위험요인을 위험성 평가의 대상에 포함시켜야 한다.
   ③ 사업주는 사업장 내에서 중대재해가 발생한 때에는 지체 없이 중대재해의 원인이 되는 유해·위험요인에 대해 위험성 평가를 실시하고, 그 밖의 사업장 내 유해·위험요인에 대해서는 위험성 평가 재검토를 실시하여야 한다.

3) 사업장의 공정, 작업, 장소, 기계·기구, 물질, 부품, 작업행동, 가스, 분진 등을 꼼꼼히 살펴보고, 그간 있었던 산업 재해나 아차사고 등을 고려하여 위험성 평가의 대상을 선정한다.

(3) 위험성 평가의 실시 시기

1) 사업주는 사업이 성립된 날(사업 개시일을 말하며, 건설업의 경우 실착공일을 말한다)로부터 1개월이 되는 날까지 위험성 평가의 대상이 되는 유해·위험요인에 대한 최초 위험성 평가의 실시에 착수하여야 한다. 다만, 1개월 미만의 기간 동안 이루어지는 작업 또는 공사의 경우에는 특별한 사정이 없는 한 작업 또는 공사 개시 후 지체 없이 최초 위험성 평가를 실시하여야 한다.

2) 사업주는 다음 각 호의 어느 하나에 해당하여 추가적인 유해·위험요인이 생기는 경우에는 해당 유해·위험요인에 대한 수시 위험성 평가를 실시하여야 한다. 다만, 제5호에 해당하는 경우에는 재해 발생 작업을 대상으로 작업을 재개하기 전에 실시하여야 한다.

수시평가를 하여야 하는 경우

① 사업장 건설물의 설치·이전·변경 또는 해체
② 기계·기구, 설비, 원재료 등의 신규 도입 또는 변경
③ 건설물, 기계·기구, 설비 등의 정비 또는 보수(주기적·반복적 작업으로서 이미 위험성 평가를 실시한 경우에는 제외)
④ 작업방법 또는 작업절차의 신규 도입 또는 변경
⑤ 중대산업사고 또는 산업재해(휴업 이상의 요양을 요하는 경우에 한정한다) 발생
⑥ 그 밖에 사업주가 필요하다고 판단한 경우

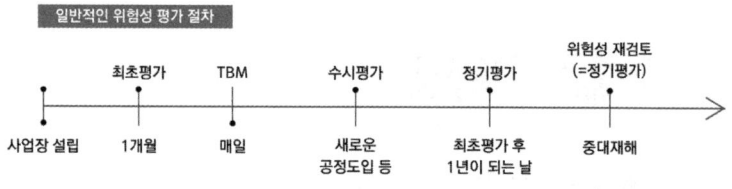
일반적인 위험성 평가 절차

(4) 평가방법

1) 사업장 위험성 평가의 방법 ✮

① 안전보건관리책임자 등 해당 사업장에서 사업의 실시를 총괄 관리하는 사람에게 위험성 평가의 실시를 총괄 관리하게 할 것
② 사업장의 안전관리자, 보건관리자 등이 위험성 평가의 실시에 관하여 안전보건관리책임자를 보좌하고 지도·조언하게 할 것
③ 유해·위험요인을 파악하고 그 결과에 따른 개선조치를 시행할 것
④ 기계·기구, 설비 등과 관련된 위험성 평가에는 해당 기계·기구, 설비 등에 전문 지식을 갖춘 사람을 참여하게 할 것
⑤ 안전·보건관리자의 선임의무가 없는 경우에는 업무를 수행할 사람을 지정하는 등 그 밖에 위험성 평가를 위한 체제를 구축할 것

2) 사업주는 사업장의 규모와 특성 등을 고려하여 다음 각 호의 위험성 평가 방법 중 한 가지 이상을 선정하여 위험성 평가를 실시할 수 있다.

① 위험 가능성과 중대성을 조합한 빈도·강도법
② 체크리스트(Checklist)법
③ 위험성 수준 3단계(저·중·고) 판단법
④ 핵심요인 기술(One Point Sheet)법
⑤ 그 외 공정 위험성 평가 기법

3) 위험성 평가의 절차 ✮

사업주는 위험성 평가를 다음의 절차에 따라 실시하여야 한다. 다만, 상시근로자 5인 미만 사업장(건설공사의 경우 1억원 미만)의 경우 제1호의 절차를 생략할 수 있다.
① 사전준비
② 유해·위험요인 파악
③ 위험성 결정
④ 위험성 감소대책 수립 및 실행
⑤ 위험성 평가 실시내용 및 결과에 관한 기록 및 보존

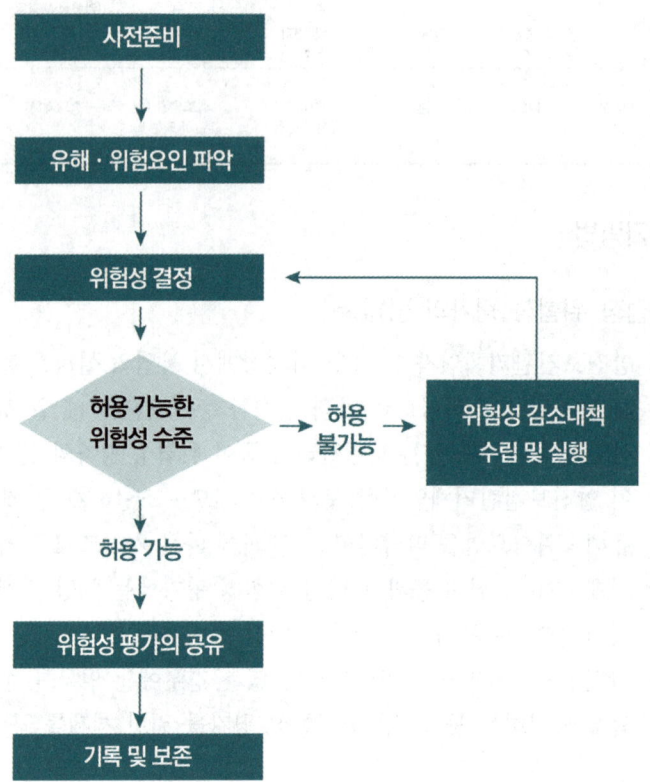

4) 유해·위험요인의 파악
① 사업주는 사업장 내의 유해·위험요인을 파악하여야 한다. 이때 업종, 규모 등 사업장 실정에 따라 다음 각 호의 방법 중 어느 하나 이상의 방법을 사용하되, 특별한 사정이 없으면 제1호에 의한 방법을 포함하여야 한다.
가. 사업장 순회점검에 의한 방법
나. 근로자들의 상시적 제안에 의한 방법

다. 설문조사·인터뷰 등 청취조사에 의한 방법
라. 물질안전보건자료, 작업환경측정결과, 특수건강진단결과 등 안전보건 자료에 의한 방법
마. 안전보건 체크리스트에 의한 방법
바. 그 밖에 사업장의 특성에 적합한 방법

5) 위험성 평가의 공유

① 사업주는 위험성 평가를 실시한 결과 중 다음 각 호에 해당하는 사항을 근로자에게 게시, 주지 등의 방법으로 알려야 한다.

위험성 평가 결과 중 근로자에게 알려야 하는 사항
① 근로자가 종사하는 작업과 관련된 유해·위험요인
② 위험성 결정 결과
③ 유해·위험요인의 위험성 감소대책과 그 실행 계획 및 실행 여부
④ 위험성 감소대책에 따라 근로자가 준수하거나 주의하여야 할 사항

② 사업주는 위험성 평가 결과 중대재해로 이어질 수 있는 유해·위험요인에 대해서는 작업 전 안전점검회의(TBM : Tool Box Meeting) 등을 통해 근로자에게 상시적으로 주지시키도록 노력하여야 한다.

6) 기록 및 보존

① 위험성 평가의 결과와 조치사항을 기록·보존할 때에는 다음 각 호의 사항이 포함되어야 한다. ✭

위험성 평가 기록에 포함사항
① 위험성 평가 대상의 유해·위험요인
② 위험성 결정의 내용
③ 위험성 결정에 따른 조치의 내용
④ 위험성 평가를 위해 사전조사 한 안전보건정보
⑤ 그 밖에 사업장에서 필요하다고 정한 사항

② 사업주는 제1항에 따른 자료를 3년간 보존해야 한다. ✭

02 위험성 감소대책 수립 및 실행

> 주/요/내/용 알/고/가/기
>
> 1. 위험성 개선대책의 종류
> 2. 위험성의 결정
> 3. 허용 가능한 위험 여부의 결정
> 4. 위험성 감소대책 수립 및 실행

1 위험성 개선대책(공학적·관리적)의 종류

(1) 위험성 개선대책의 종류

제거 · 대체 (본질적 · 근원적 대책)	① 위험한 작업의 폐지·변경 ② 유해위험물질 또는 유해위험요인이 보다 적은 재료로의 대체 ③ 설계나 계획단계에서 위험성을 제거 또는 저감하는 조치
공학적 대책	① 인터록장치 설치 ② 안전장치(방호장치)의 설치 ③ 방호문 설치 ④ 국소배기장치 등의 설치
관리적 대책	① 매뉴얼 정비 ② 출입금지 ③ 노출관리 ④ 교육훈련 등
개인보호구	제거 · 대체, 공학적 대책, 관리적 대책의 조치를 취하더라도 제거 · 감소할 수 없었던 위험성에 대해서만 실시

> 참고

위험요인		제거·대체	공학적 대책	관리적 대책	개인 보호구
추락	비계	• 시스템비계 사용	• 작업발판 • 안전난간 설치	• 특별교육	• 안전모, 안전대 착용
	지붕	• 고소작업대 사용 등 지붕 위 작업 최소화	• 작업발판 설치 • 채광창 덮개 • 추락 방호망 설치	• 작업 전 관리 감독	• 안전모, 안전대 착용
	사다리	• 이동식 비계 등 작업 발판으로 대체	• 전도방지 조치 (아웃트리거 등)	• 2인 1조 작업	• 안전모, 안전대 착용
	고소작업대	• 현장에 적합한 사양의 장비 사용	• 작업대 안전난간 설치 • 방호장치 설치 • 아웃트리거 설치	• 작업계획서 작성 • 유도자 배치	• 안전모, 안전대 착용
끼임	점검·수리 시 전원잠금 및 표지부착 (LOTO)	• 전원의 차단 (에너지원의 제거)	• 기동 스위치 잠금 장치 사용 • 안전블럭 사용	• 전원투입금지 표지판 설치 • 정비작업절차 수립 • 작업허가제 운영	
	방호장치	• 안전인증 받은 기계·기구로 대체 • 위험부가 노출되지 않도록(밀폐형 구조) 변경	• 방호장치, 방호덮개, 울타리등 설치	• 작업 전 정상 작동 여부 점검	• 말려 들어 갈 위험이 없는 작업 복 사용
부딪힘	혼재작업·충돌방지장치	• 시공 시 공정관리로 중첩 최소화 • 차량과 근로자의 이동 동선 분리	• 지게차 후방경보 장치, 경광등 설치 • 스마트 안전장치 사용 • 안전통행로 설치	• 작업계획서 작성 • 작업지휘자 배치 • 유도자 배치 • 출입 통제	• 안전모 착용

(2) 위험성의 결정

① 사업주는 파악된 유해·위험요인이 근로자에게 노출되었을 때의 위험성을 '위험성의 수준과 그 수준을 판단하는 기준'에 의해 판단하여야 한다.

② 사업주는 판단한 위험성의 수준이 허용 가능한 위험성의 수준인지 결정하여야 한다.

> **참고** 위험성 결정 기록 예시

◎ 평가대상 : 비계설치공사   ◎ 평가자 : 박안전, 김반장

번호	유해·위험요인 파악 (위험한 상황과 결과)	위험성의 수준 (상, 중, 하)	개선 대책	개선 예정일	개선 완료일	담당자
1	비계의 작업발판 위에서 이동 또는 작업 중 떨어짐 위험	☑ ☐ ☐ 상 중 하				
2	비계 조립 작업 중 강관 등 자재가 떨어져 이동하는 근로자에게 맞음 위험	☐ ☑ ☐ 상 중 하				
3	비계 조립 작업 시 강관이 고압선에 접촉되어 감전 위험	☐ ☐ ☑ 상 중 하				

(3) 허용 가능한 위험 여부의 결정

1) 빈도와 강도를 곱하거나 더해서 나온 숫자가 유해·위험요인의 위험성의 크기이며, 이를 사전에 근로자들과 상의하여 준비한 "허용 가능한 위험성의 크기"와 비교한다.

> **참고**
>
> ◎ 빈도의 크기 : 2 (※ 사유 : 이동식 사다리 작업을 1주일에 1회 실시)
> ◎ 강도의 크기 : 3 (※ 사유 : 추락 시 근로자 사망)
> ◎ 위험성의 크기 : 6 = 2(빈도의 크기) × 3(강도의크기)

빈도의 크기 산출 기준			강도의 크기 산출 기준		
구분	빈도의 크기	기준	구분	강도의 크기	기준
빈번	3	1일에 1회 정도	대	③	사망(장애 발생)
가끔	②	1주일에 1회 정도	중	2	휴업 필요
거의 없음	1	3개월에 1회 정도	소	1	비치료

※ 예를 들어 "3 × 3" 평가방법을 사용하면 유해·위험요인의 위험성 크기는 1에서부터 9까지의 숫자로 나타나게 된다.
1×1=1, 1×2=2, 1×3=3
2×1=2, 2×2=4, 2×3=6
3×1=3, 3×2=6, 3×3=9

2) 우리 사업장에서는 3까지의 위험성 크기만을 허용 가능하다고 정해 놓았다면, 유해·위험요인의 위험성이 4, 6, 9에 해당하는 경우에는 위험성 감소대책의 수립·이행이 필요하다.

> **참고**
>
> 허용 가능한 위험수준인지 여부의 결정 예시
>
> | 위험성의 크기 | 허용 가능 여부 | 개선 여부 |
> |---|---|---|
> | 4~9 | 허용 불가능 | 개선책 마련·이행 |
> | 1~3 | 허용 가능 | (필요 시) 개선 |
>
> → 허용 불가능한 위험이므로 개선대책 마련·이행

위험성 평가 실시규정(예시)					
사업장명	○○산업	위험성 평가 실시규정(예시) (최초-정기-수시평가용)	담당자	검토자	근로자 대표	승인자
작성일자 (개정일자)	'22.2.1. ('23.5.10.)					
목적	• 실질적인 위험성 평가로 안전사고를 예방하여 무재해 사업장 달성				
방법	• 위험성 수준 5단계 판단법(매우높음 – 높음 – 보통 – 낮음 – 매우낮음)을 채택한다. – 작업기간 1개월 미만의 임시·수시·비정형 작업에 대해서는 핵심요인기술법을 활용한다. • 위험성 결정 시 "낮음" 이상에 대해서는 위험성 감소대책을 수립한다. • 이외의 사항은 「새로운 위험성평가 안내서」를 따른다.				
위험성 수준의 판단 기준	• 매우 높음 : 사망 또는 영구적 장해 • 높음 : 6개월 이상 휴업을 요하는 부상·질병 • 보통 : 3~6개월 휴업을 요하는 부상·질병 • 낮음 : 3개월 미만 휴업을 요하는 부상·질병 • 매우 낮음 : 휴업을 요하지 않는 부상·질병				
허용 가능한 위험성 수준	• 매우낮음(매우높음부터 낮음의 경우 위험성 감소대책을 수립한다)				

(4) 위험성 감소대책 수립 및 실행

1) 사업주는 허용 가능한 위험성이 아니라고 판단한 경우에는 위험성의 수준, 영향을 받는 근로자 수 및 다음 각 호의 순서를 고려하여 위험성 감소를 위한 대책을 수립하여 실행하여야 한다. 이 경우 법령에서 정하는 사항과 그 밖에 근로자의 위험 또는 건강장해를 방지하기 위하여 필요한 조치를 반영하여야 한다.

① 위험한 작업의 폐지·변경, 유해·위험물질 대체 등의 조치 또는 설계나 계획 단계에서 위험성을 제거 또는 저감하는 조치

② 연동장치, 환기장치 설치 등의 공학적 대책
③ 사업장 작업절차서 정비 등의 관리적 대책
④ 개인용 보호구의 사용

2) 사업주는 위험성 감소대책을 실행한 후 해당 공정 또는 작업의 위험성의 수준이 사전에 자체 설정한 허용 가능한 위험성의 수준인지를 확인하여야 한다.

3) 위험성 수준 확인 결과, 위험성이 자체 설정한 허용 가능한 위험성 수준으로 내려오지 않는 경우에는 허용 가능한 위험성 수준이 될 때까지 추가의 감소대책을 수립·실행하여야 한다.

4) 사업주는 중대재해, 중대산업사고 또는 심각한 질병이 발생할 우려가 있는 위험성으로서 수립한 위험성 감소대책의 실행에 많은 시간이 필요한 경우에는 즉시 잠정적인 조치를 강구하여야 한다.

5) 위험성 감소대책 수립시의 순서
① 법령 등에 규정된 사항이 있는지를 검토하여 법령에 규정된 방법으로 조치를 실시하는 것이 최우선이다.
② 위험한 작업을 아예 폐지하거나, 기계·기구, 물질의 변경 또는 대체를 통해 위험을 본질적으로 제거하는 방안을 우선 고려한다.
③ 인터록, 안전장치, 방호문, 국소배기장치 설치 등 유해·위험요인의 유해성이나 위험에의 접근 가능성을 줄이는 공학적 방법을 검토한다.
④ 작업매뉴얼 정비, 출입금지·작업허가 제도 도입, 근로자들에게 주의사항 교육 등 관리적 방법을 검토한다.
⑤ 위의 모든 조치들로도 줄이기 어려운 위험에 대해 최후의 방법으로 개인보호구의 사용을 검토하여야 합니다.

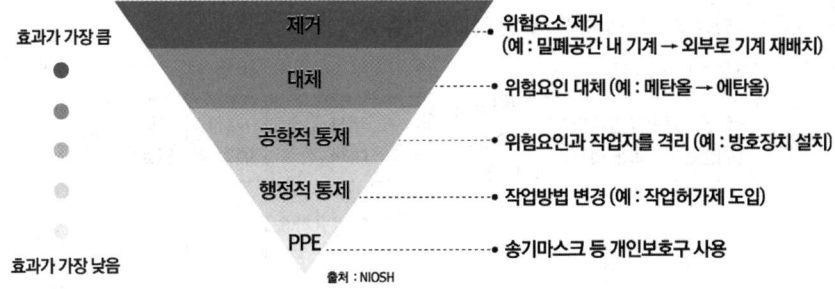

6) 위험성 감소대책 수립·실행 시의 고려사항
   ① 위험성의 크기가 큰 것부터 위험성 감소대책의 대상으로 한다. 위험성 감소를 위한 우선도를 결정하는 방법은 위험성 평가 1단계인 사전준비 단계에서 미리 설정해 두는 것이 바람직하다.
   ② 안전보건 상 중대한 문제가 있는 것은 위험성 감소 조치를 즉시 실시하여야 한다.
   ③ 위험성 감소대책의 구체적 내용은 법령에 규정된 사항이 있는 경우에는 그것을 반드시 실시해야 한다.
   ④ 이 경우, ④의 조치로 ①~③의 조치를 대체해서는 안 되며, 비용 대비 효과 측면에서 현저한 불균형이 있는 경우를 제외하고는 보다 상위의 감소대책을 실시할 필요가 있다.

7) 위험성 감소대책 수립·실행 추진방법
   ① 위험성 감소대책을 실행한 후에는 해당 대책이 타당한 것인지, 위험성이 적절하게 감소된 수준으로 되었는지의 여부를 확인한다.
   ② 유해·위험요인의 제거가 충분하지 않은 경우에는 위험성을 추정하고 결정한 후, 다시 감소대책을 수립하고 실행하여야 한다
   ③ 본질(근원)적 또는 공학적인 방법으로서는 위험성이 허용 가능한 수준으로 내려가지 않는 경우에는 관리적 대책으로 대응한다.
   ④ 새로운 유해·위험요인이 발생되는 경우에는 재차 위험성 평가를 실시하여야 한다.

합격의 key

> **참고** 위험성 감소대책 수립·실행 결과의 기록 예시
>
> ◎ 평가대상 : 비계설치공사　　　　　　　　　　　　　◎ 평가자 : 박안전, 김반장

번호	유해·위험요인 파악 (위험한 상황과 결과)	위험성의 수준 (상, 중, 하)	개선 대책	개선 예정일	개선 완료일	담당자
1	비계의 작업발판 위에서 이동 또는 작업 중 떨어짐 위험	☑ □ □ 상 중 하	• 작업발판 단부에 안전난간을 설치 • 임의 해체구간에서 작업 시 반드시 부착설비에 안전대 체결	'23. 3.15	'23. 3.15	김반장
2	비계 조립 작업 중 강관 등 자재가 떨어져 이동하는 근로자에게 맞음 위험	□ ☑ □ 상 중 하	• 비계설치 작업 중 비계 하부에 작업자 출입하지 못하도록 감시자 배치	'23. 3.15	'23. 3.15	박안전
3	비계 조립 작업 시 강관이 고압선에 접촉되어 감전 위험 ⋮	□ □ ☑ 상 중 하				

근골격계질환 예방관리

01 근골격계 유해요인

> 주/요/내/용 알/고/가/기
> 1. 근골격계 질환의 정의
> 2. 근골격계 질환(누적 외상성 질환, CTDs)의 발생 요인
> 3. 영상표시단말기 작업으로 인한 관련 증상(VDT 증후군)

1 근골격계 질환의 정의 및 유형

(1) 근골격계 질환의 정의

1) 근골격계질환

반복적인 동작, 부적절한 작업자세, 무리한 힘의 사용, 날카로운 면과의 신체접촉, 진동 및 온도 등의 요인에 의하여 발생하는 건강장해로서 목, 어깨, 허리, 팔·다리의 신경·근육 및 그 주변 신체조직 등에 나타나는 질환을 말한다.

2) 누적외상질환

① 주로 상지(팔, 上肢)를 반복하여 움직이는 작업(동적 부담)이나 상지 및 목을 특정 위치로 고정시켜 일하는 작업(정적 부담)에 의해서 주로 발생한다.
② 뒷머리, 목, 어깨, 팔, 손 및 손가락의 어느 부분 또는 전체에 걸쳐 결림, 저림, 아픔 등의 불편함이 나타나는 것을 말한다.

3) 근골격계부담작업

단순반복작업 또는 인체에 과도한 부담을 주는 작업으로서 작업량·작업속도·작업강도 및 작업장 구조 등에 따라 고용노동부장관이 정하여 고시하는 작업을 말한다.

4) 근골격계질환 예방관리 프로그램

유해요인 조사, 작업환경 개선, 의학적 관리, 교육·훈련, 평가에 관한 사항 등이 포함된 근골격계질환을 예방관리하기 위한 종합적인 계획을 말한다.

(2) 근골격계질환(누적외상성질환, CTDs)의 발생요인 ✤

① 반복적인 동작
② 부적절한 작업 자세
③ 무리한 힘의 사용
④ 날카로운 면과의 신체접촉
⑤ 진동 및 온도(저온)

(3) 근골격계 질환의 특징

① 노동력 손실에 따른 경제적 피해가 크다.
② 근골격계 질환의 최우선 관리목표는 발생의 최소화이다.
③ 자각증상으로 시작되며 환자 발생이 집단적이다.
④ 손상의 정도 측정이 어렵다.
⑤ 단편적인 작업환경개선으로 좋아지지 않는다.
⑥ 회복과 악화가 반복된다.(한번 악화되어도 회복은 가능하다.)

(4) 근골격계 질환의 유형 ✤

① 점액낭염(윤활낭염 : bursitis) : 관절 사이의 윤활액을 싸고 있는 윤활낭에 염증이 생기는 질병을 말한다.
② 건초염(tenosynovitis), 건염(tendonitis) : 건초염은 건막에 염증이 생기는 질환이며 건염(tendonitis)은 건에 염증이 생기는 질환으로 건염과 건초염을 정확히 구분하기 어렵다.
③ 손목뼈터널 증후군(수근관 증후군 : carpal tunnel sysdrome) : 반복적이고 지속적인 손목의 압박, 무리한 힘 등으로 인해 수근관 내부에 정중신경이 손상되어 발생한다. ✤
④ 내상과염(golfer elbow), 외상과염(tennis elbow) : 과다한 손목 동작, 손가락 동작으로 점액낭에 염증이 생긴 질환으로 팔꿈치 관절 내·외부에서 통증이 발생한다.
⑤ 수완진동증후군(hand-arm vibration syndrome : HAVS) : 진동공구의 진동으로 인해 손가락 혈관이 수축되어 손가락이 하얗게 변하며 감각마비, 저린 증상 등을 일으킨다.

⑥ 거북목 증후군(경추자세 증후군) : 뒷목과 어깨의 지속적인 긴장이 원인으로 가만히 있어도 머리가 거북이처럼 구부정하게 앞으로 나와 있는 자세가 나타내며 장시간 컴퓨터 모니터를 사용하는 사무직 종사자에게 흔한 질환이다.
⑦ 요부 염좌(lumbar sprain) : 요추부의 인대나 근육이 늘어나거나 파열되는 질환을 말한다.
⑧ 추간판 탈출증(디스크) : 디스크(척추와 척추 사이에 있는 연골)의 수핵이 갑자기 또는 서서히 후방으로 탈출되면서 다리로 내려가는 신경근을 압박하여 요통 및 좌골신경통을 일으키는 질환이다.
⑨ 결절종(ganglion) : 관절 부위의 얇은 막이나 건초부분의 낭종이나 활액을 채우고 있는 건초가 부풀어 오르는 현상으로, 손목의 윗부분이나 요골 부위가 붓거나 혹이 생기는 질환을 말한다.

2 VDT 증후군

(1) 영상표시단말기 작업으로 인한 관련 증상(VDT 증후군)의 정의

"영상표시단말기 작업으로 인한 관련 증상(VDT 증후군)"이란 영상표시단말기를 취급하는 작업으로 인하여 발생되는 경견완증후군 및 기타 근골격계 증상·눈의 피로·피부증상·정신신경계증상 등을 말한다.

(2) VDT증후군의 발생 요인 ✮

① 나이, 시력, 경력, 작업수행도 등
② 책상, 의자, 키보드 등에 의한 작업 자세
③ 반복적인 작업, 부적절한 휴식시간
④ 조명, 채광 등 부적합한 작업환경

(3) 영상표시단말기 작업으로 인한 관련 증상(VDT 증후군)

1) 근골격계 증상

   목, 어깨, 팔꿈치, 손목 및 손가락 등에 나타나는 통증과 저림, 쑤심 등의 증상

2) 눈의 피로

3) 피부 증상

   날씨가 건조할 때 화면에서 발생되는 정전기에 의해 민감한 피부반응이 나타나는 경우가 있다.

4) 정신적 스트레스

   정서적 불편(초조, 근심, 착란, 긴장, 무기력감)과 생리적 반응(혈압 상승, 소화불량, 심박수 증가, 아드레날린 분비 촉진, 두통) 등의 증상

5) 전자파 장해

   컴퓨터 화면으로부터 발생되는 전자기파(EMF)에 의한 장해

(4) 컴퓨터 단말기 조작업무에 대한 조치

① 실내는 명암의 차이가 심하지 않도록 하고 직사광선이 들어오지 않는 구조로 할 것
② 저 휘도형(低輝度型)의 조명기구를 사용하고 창·벽면 등은 반사되지 않는 재질을 사용할 것
③ 컴퓨터 단말기와 키보드를 설치하는 책상과 의자는 작업에 종사하는 근로자에 따라 그 높낮이를 조절할 수 있는 구조로 할 것
④ 연속적으로 컴퓨터 단말기 작업에 종사하는 근로자에 대하여 작업 시간 중에 적절한 휴식시간을 부여할 것

(5) 영상표시단말기 작업의 작업 자세

1) 영상표시단말기 취급근로자의 시선은 화면상단과 눈높이가 일치할 정도로 하고 작업 화면상의 시야는 수평선상으로부터 아래로 10도 이상 15도 이하에 오도록 하며 화면과 근로자의 눈과의 거리(시거리 : Eye-Screen Distance)는 40센티미터 이상을 확보할 것

[작업자의 시선 범위]

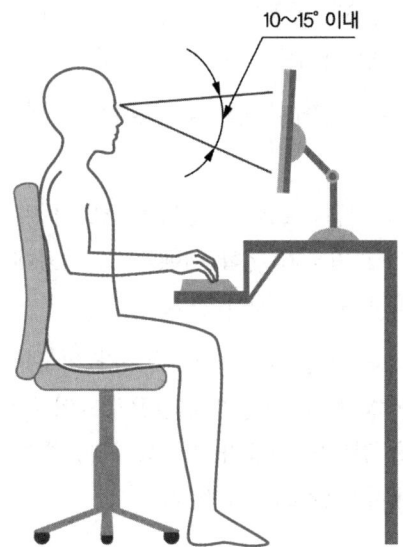

2) 위팔(Upper Arm)은 자연스럽게 늘어뜨리고, 작업자의 어깨가 들리지 않아야 하며, 팔꿈치의 내각은 90도 이상이 되어야 하고, 아래팔(Forearm)은 손등과 수평을 유지하여 키보드를 조작할 것, 아래팔은 손등과 일직선을 유지하여 손목이 꺾이지 않도록 한다. ✮

[팔꿈치 내각 및 키보드 높이]   [아래팔과 손등은 수평을 유지]

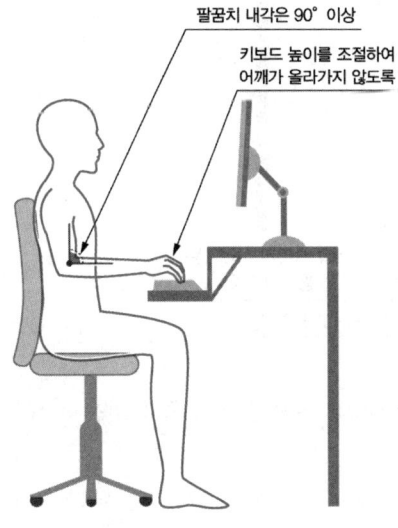
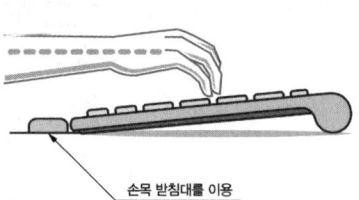

3) 연속적인 자료의 입력 작업 시에는 서류받침대(Document Holder)를 사용하도록 하고, 서류받침대는 높이·거리·각도 등을 조절하여 화면과 동일한 높이 및 거리에 두어 작업할 것

4) 의자에 앉을 때는 의자 깊숙히 앉아 의자등받이에 등이 충분히 지지되도록 할 것

5) 영상표시단말기 취급근로자의 발바닥 전면이 바닥면에 닿는 자세를 기본으로 하되, 그러하지 못할 때에는 발 받침대(Foot Rest)를 조건에 맞는 높이와 각도로 설치할 것 ✈

6) 무릎의 내각(Knee Angle)은 90도 전후가 되도록 하되, 의자의 앉는 면의 앞부분과 영상표시단말기 취급근로자의 종아리 사이에는 손가락을 밀어 넣을 정도의 틈새가 있도록 하여 종아리와 대퇴부에 무리한 압력이 가해지지 않도록 할 것 ✈

[무릎 내각]

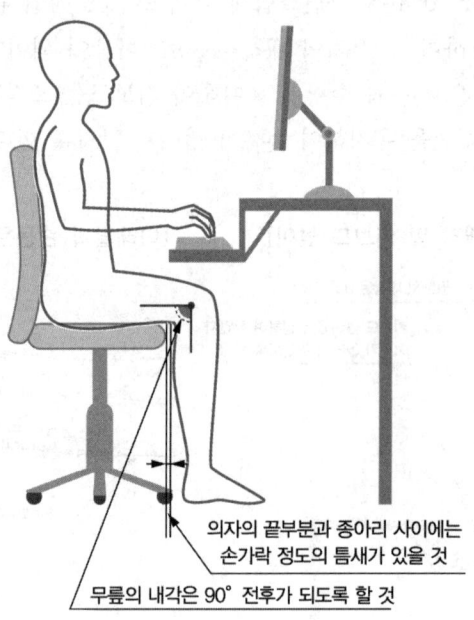

의자의 끝부분과 종아리 사이에는 손가락 정도의 틈새가 있을 것
무릎의 내각은 90° 전후가 되도록 할 것

7) 키보드를 조작하여 자료를 입력할 때 양 손목을 바깥으로 꺾은 자세가 오래 지속되지 않도록 주의할 것

(6) 영상표시단말기 작업의 작업환경관리

1) 조명과 채광

① 작업실내의 창·벽면 등을 반사되지 않는 재질로 하여야 하며, 조명은 화면과 명암의 대조가 심하지 않도록 하여야 한다.

② 영상표시단말기를 취급하는 작업장 주변 환경의 조도를 화면의 바탕 색상이 검정색 계통일 때 300럭스(Lux) 이상 500럭스 이하, 화면의 바탕색상이 흰색 계통일 때 500럭스 이상 700럭스 이하를 유지하도록 하여야 한다.

③ 사업주는 화면을 바라보는 시간이 많은 작업일수록 화면 밝기와 작업대 주변 밝기의 차이를 줄이도록 하고, 작업 중 시야에 들어오는 화면·키보드·서류 등의 주요 표면 밝기를 가능한 한 같도록 유지하여야 한다.

④ 창문에는 차광망 또는 커텐 등을 설치하여 직사광선이 화면·서류 등에 비치는 것을 방지하고 필요에 따라 언제든지 그 밝기를 조절할 수 있도록 하여야 한다.

⑤ 사업주는 작업대 주변에 영상표시단말기작업 전용의 조명등을 설치할 경우에는 영상표시단말기 취급근로자의 한쪽 또는 양쪽 면에서 화면·서류면·키보드 등에 균등한 밝기가 되도록 설치하여야 한다.

2) 눈부심 방지

① 지나치게 밝은 조명·채광 또는 깜박이는 광원 등이 직접 영상표시단말기 취급근로자의 시야에 들어오지 않도록 하여야 한다.

② 눈부심 방지를 위하여 화면에 보안경 등을 부착하여 빛의 반사가 증가하지 않도록 하여야 한다.

③ 작업면에 도달하는 빛의 각도를 화면으로부터 45도 이내가 되도록 조명 및 채광을 제한하여 화면과 작업대 표면반사에 의한 눈부심이 발생하지 않도록 하여야 한다. 다만, 조건상 빛의 반사방지가 불가능할 경우에는 다음 각 호의 방법으로 눈부심을 방지하도록 하여야 한다.
- 화면의 경사를 조정할 것
- 저휘도형 조명기구를 사용할 것
- 화면상의 문자와 배경과의 휘도비(Contrast)를 낮출 것
- 화면에 후드를 설치하거나 조명기구에 간이 차양막 등을 설치할 것
- 그 밖의 눈부심을 방지하기 위한 조치를 강구할 것

기출

* 컴퓨터 단말기 작업 시 적정 실내조도
① 바탕화면이 흰색계통일 경우 : 500~700Lux
② 바탕화면이 검은색 계통일 경우 : 300~500Lux
③ 영상표시 단말기(VDT)화면과 주변과의 광도비 = 1 : 3

3 근골격계 부담작업의 범위

(1) 근골격계 부담작업

"근골격계 부담작업"이라 함은 다음 각 호의 1에 해당하는 작업을 말한다. 다만, 단기간작업 또는 간헐적인 작업은 제외한다.

① 하루에 4시간 이상 집중적으로 자료입력 등을 위해 키보드 또는 마우스를 조작하는 작업
② 하루에 총 2시간 이상 목, 어깨, 팔꿈치, 손목 또는 손을 사용하여 같은 동작을 반복하는 작업
③ 하루에 총 2시간 이상 머리 위에 손이 있거나, 팔꿈치가 어깨 위에 있거나, 팔꿈치를 몸통으로부터 들거나, 팔꿈치를 몸통 뒤쪽에 위치하도록 하는 상태에서 이루어지는 작업
④ 지지되지 않은 상태이거나 임의로 자세를 바꿀 수 없는 조건에서, 하루에 총 2시간 이상 목이나 허리를 구부리거나 비트는 상태에서 이루어지는 작업
⑤ 하루에 총 2시간 이상 쪼그리고 앉거나 무릎을 굽힌 자세에서 이루어지는 작업
⑥ 하루에 총 2시간 이상 지지되지 않은 상태에서 1kg 이상의 물건을 한손의 손가락으로 집어 옮기거나, 2kg 이상에 상응하는 힘을 가하여 한손의 손가락으로 물건을 쥐는 작업
⑦ 하루에 총 2시간 이상 지지되지 않은 상태에서 4.5kg 이상의 물건을 한손으로 들거나 동일한 힘으로 쥐는 작업
⑧ 하루에 10회 이상 25kg 이상의 물체를 드는 작업
⑨ 하루에 25회 이상 10kg 이상의 물체를 무릎 아래에서 들거나, 어깨 위에서 들거나, 팔을 뻗은 상태에서 드는 작업
⑩ 하루에 총 2시간 이상, 분당 2회 이상 4.5kg 이상의 물체를 드는 작업
⑪ 하루에 총 2시간 이상 시간당 10회 이상 손 또는 무릎을 사용하여 반복적으로 충격을 가하는 작업

> - 키보드 입력 4시간, 나머지 2시간
> - 2시간 4.5kg 한손 쥐기 / 2시간 1kg 손가락 집어 옮기기, 2kg 손가락 쥐기 /10회 25kg, 25회 10kg 무릎 아래, 2시간 분당 2회 4.5kg 들기 / 2시간 시간당 10회 반복 충격

02 인간공학적 유해요인 평가

> 주/요/내/용 알/고/가/기
> 1. 유해요인 평가기법의 종류 및 특징
> 2. OWAS, RULA, REBA, SI 기법의 특징

1 근골격계질환의 유해요인 평가기법

(1) 유해요인 평가기법의 종류 및 특징

REBA	평가도구명 (Analysis Tools)	REBA(Rapid Entire Body Assessment)
	평가되는 위해 요인	반복성, 힘, 불편한 자세
	관련된 신체 부위	손목, 팔, 어깨, 목, 상체, 허리, 다리
	적용대상 작업 종류	간호사, 청소부, 주부 등의 작업이 비고정적인 형태의 서비스업 계통
	한계점	반복성 미고려
OWAS	평가도구명 (Analysis Tools)	OWAS (Ovaco Working Posture Analysing System)
	평가되는 위해 요인	자세, 힘, 노출 시간
	관련된 신체 부위	상체, 허리, 하체
	적용대상 작업 종류	중량물 취급
	한계점	중량물작업 한정, 반복성 미고려
JSI	평가도구명 (Analysis Tools)	JSI(Job Strain index : 작업 긴장도 지수)
	평가되는 위해 요인	반복성, 힘, 불편한 자세
	관련된 신체 부위	손, 손목
	적용대상 작업 종류	경조립 작업, 검사, 육류가공, 포장, 자료입력, 세탁
	한계점	손, 손목 부위 작업 한정, 평가의 객관성
RULA	평가도구명 (Analysis Tools)	RULA(Rapid Upper Limb Assessment)
	평가되는 위해 요인	반복성, 힘, 불편한 자세
	관련된 신체 부위	손목, 팔, 팔꿈치, 어깨, 목, 상체

RULA	적용대상 작업 종류	조립작업, 목공작업, 정비작업, 육류가공, 교환대, 치과
	한계점	반복성과 정적자세의 고려가 다소 미흡, 전문성 요구
Revised NIOSH Lifting Equation	평가도구명 (Analysis Tools)	Revised NIOSH Lifting Equation (NIOSH 들기 작업 지침)
	평가되는 위해 요인	반복성, 힘, 불편한 자세
	관련된 신체 부위	허리
	적용대상 작업 종류	물자취급(운반, 정리), 음료수 운반, 4kg 이상의 중량물 취급, 과도한 힘을 요하는 작업, 고정된 들기 작업
	한계점	전문성 요구

(2) 인간공학적 작업부하 평가 기법

관찰적 작업자세 평가 기법	① 작업 장면을 관찰 / 촬영한 다음 분석을 통해 작업 부하를 평가하고, 조치하는 단계로 이루어진다. ② 전신 : OWAS, RULA, REBA, QEC 등 ③ 손 중심 작업 : SI, ACGIH Hand Activity Level
작업 특성별 부하 평가 기법	① 들기 작업 혹은 진동 등 작업 특성에 따라 특정 항목을 평가하는 기법이다. ② 들기작업 : NIOSH 들기식(NLE), 3DSSPP, ACGIH Lifting TLVs ③ 들기 / 내리기 / 밀기 / 당기기 / 운반 : 스눅 테이블 ④ 진동 : ACGIH Hand Arm Vibration TLVs, Whole Body Vibration TLVs
실험적 작업부하 평가 기법	① 실험실에서 전용 장비를 사용하여 작업부하를 정밀하게 평가하는 기법이다. ② 인체 역학적 부하 평가 : 근력, 관절 모멘트, 반발력 등 ③ 생리학적 작업부하 평가 : 심박수, 근전도, 산소 소비량 등 심·물리학적 작업부하 평가

② OWAS, RULA, REBA, SI ✦

(1) OWAS(Ovako Working posture Analysis System)
: 작업부하 평가기법

1) OWAS 평가도구의 특징
   ① 근력을 발휘하기에 부적절한 작업자세를 구별해내기 위한 목적으로 개발하였다.
   ② OWAS는 작업자세로 인한 작업부하를 평가하는데 초점이 맞추어져 있다.
   ③ 작업 자세에는 상지(팔), 하지(다리), 허리, 하중으로 구분하여 각 부위의 자세를 코드로 표현한다. ✦
   ④ OWAS는 신체 부위의 자세뿐만 아니라 중량물의 사용도 고려하여 평가하다.
   ⑤ OWAS 활동 점수표는 4단계 조치단계로 구분된다.

2) OWAS의 장·단점 ✦

장점	단점
① 특별한 기구 없이 관찰에 의해서만 작업 자세를 평가할 수 있다. ② 전반적인 작업으로 인한 위해도를 쉽고 간단하게 조사할 수 있다. ③ 여러 작업 중에서 개선을 필요로 하는 작업을 우선적으로 선정할 수 있다. ④ 상지와 하지의 작업분석이 가능하며, 작업 대상물의 무게를 분석요인에 포함할 수 있다.	① 작업 자세 특성이 정적인 자세에 초점이 맞추어져 있다. ② 상지나 하지 등 몸의 일부의 움직임이 적으면서도 반복하여 사용하는 작업에서는 차이를 파악하기 어렵다. ③ 중량물 취급 작업 외에는 작업에 소요되는 힘과 반복성에 대한 위험성이 평가에 반영되지 않는다. ④ 지속 시간을 검토할 수 없으므로 보관유지자세의 평가는 어렵다.

3) 작업 부하 수준(조치수준 AC : Action Category)

작업 부하 수준	평가내용
수준 1(AC 1)	• 근골격계에 특별한 해를 끼치지 않음 • 작업 자세에 아무런 조치도 필요치 않음
수준 2(AC 2)	• 근골격계에 약간의 해를 끼침 • 가까운 시일 내에 작업자세의 교정이 필요함
수준 3(AC 3)	• 근골격계에 직접적인 해를 끼침. • 가능한 빨리 작업자세를 교정해야 함
수준 4(AC 4)	• 근골격계에 매우 심각한 해를 끼침 • 즉각적인 작업자세의 교정이 필요함

(2) RULA(Rapid Upper Limb Assessment)

1) RULA 평가도구의 특징
    ① 어깨, 팔목, 손목, 목 등 상지에 초점을 맞춘 작업자세로 인한 작업 부하를 쉽고 빠르게 평가하기 위해 개발되었다.
    ② 나쁜 작업 자세로 인한 상지의 장애(Disorders)를 안고 있는 작업자의 비율이 어느 정도인지를 쉽고 빠르게 파악하는 방법을 제시한다.
    ③ 근육의 피로에 영향을 주는 작업 자세나 정적인 또는 반복적인 작업 여부, 작업을 수행하는데 필요한 힘의 크기 등 작업으로 인한 근육 부하를 평가한다.
    ④ 비교적 사용이 용이하고 인간공학 전문가의 정확한 분석 이전에 일차적인 분석 도구로 유용하다.

2) RULA의 평가방법
    ① 작업 자세 평가, 근육의 사용 여부 평가, 힘과 부하량의 평가의 3부분으로 나누어 평가한다.

작업자세 평가	신체를 크게 2부분으로 나누어 평가한다. • A군(상완, 전완, 손목) • B군(목, 허리, 다리)
근육사용 여부 평가	정적인 자세가 1분 이상 유지되거나 분당 4회 이상 반복적으로 작업을 한 경우 1점이 추가된다.
힘과 부하량의 평가	외부 힘이 사용된 양에 따라 점수가 추가되며 최소 0점에서 최고 3점의 점수가 더해진다.

② 3가지 평가 값을 더하여 총괄점수를 계산하며 산출된 총괄점수는 조치수준을 구하는데 사용 된다.

3) 조치수준

최종점수	조치수준	설명
1	1	작업이 오랫동안 지속적, 반복적으로 행해지지 않는다면 작업 자세에 별 문제 없음
2		
3	2	작업 자세에 대한 추가적인 조사 필요
4		작업 자세의 변경이 요구됨
5	3	조사 및 작업 자세 변경이 빠른 시일 내 필요함
6		
7	4	조사와 작업 자세 변경이 즉시 필요함

(3) REBA(Rapid Entire Body Assessment)

1) REBA 평가도구의 특징

① OWAS기법과 RULA기법의 문제점을 보완하여 가장 최근에 만들어졌지만 아직 그 타당성이 증명되지 않았다.
② REBA는 보건관리와 다른 서비스 산업에서 발견되는 예측할 수 없는 작업 자세에 민감하게 잘 적용하기 위해 개발되었다.
③ 작업자의 움직임 단계를 관찰한 후 신체 부위를 분할하여 각 신체 부위에 부위별 점수를 부여 한 후 점수 코드 체제를 이용하여 평가 하는 분석 하는 방법이다.

(4) JSI(Job Strain Index)혹은 SI(Strain Index) : 작업부하지수

1) SI 평가도구의 특징

① 상지 질환에 대한 정량적 평가방법으로 인간공학적 작업 분석의 도구로서 생리학 및 인체역학(biomechanics)의 과학적 근거를 바탕으로 개발되었다.
② 검증 과정을 통해서 의학적인 진단 결과와도 매우 유의한 타당성이 인정되었다는 장점이 있다.
③ 손목의 특이적인 위험성만이 강조되었고, 진동에 대한 위험 요인이 배제되었으며, 신뢰도가 검증되지 않았다는 한계점이 있다.

2) SI의 평가방법
   ① 각 요소는 근육사용 힘, 근육사용 기간, 빈도, 자세, 작업속도, 하루 작업시간으로 구성되어 있다.
   ② 6개의 위험요소를 곱한 값이 부하지수이다.
   ③ 작업부하지수가 3 이하이면 안전하며, 5를 초과하면 상지질환으로 초래될 가능성이 있고, 7 이상은 매우 위험한 것으로 간주된다.

3) SI 점수 계산

> SI Score = 힘의 강도 계수 × 힘의 지속정도 계수 × 분당 힘의 빈도 계수 × 손과 손목의 자세 계수 × 작업속도 계수 × 하루 작업시간 계수
>
> • 힘의 지속정도 : 얼마나 오랫동안 힘이 들어가는가로 설명할 수 있다.
>
> $$힘의\ 지속정도 = \frac{100 \times 힘\ 부가시간(초)}{전체측정시간사이클(초)}$$
>
> • $$분당\ 힘의\ 빈도 = \frac{힘이\ 들어간\ 횟수}{총\ 관찰시간(분)}$$

03 근골격계 유해요인 관리

> 주/요/내/용 알/고/가/기
> 1. 근골격계 질환 유해요인 조사
> 2. 근골격계 질환 예방관리 프로그램
> 3. 작업환경 개선방법

1 근골격계 질환 유해요인 조사

(1) 근골격계 질환 유해요인 조사 ✭

1) 상시근로자 1인 이상의 근로자를 사용하는 사업주는 근로자가 근골격계부담작업을 하는 경우에 3년마다 다음 각 호의 사항에 대한 유해요인조사를 하여야 한다. 다만, 신설되는 사업장의 경우에는 신설일로 부터 1년 이내에 최초의 유해요인 조사를 하여야 한다.
   ① 설비·작업공정·작업량·작업속도 등 작업장 상황
   ② 작업시간·작업자세·작업방법 등 작업조건
   ③ 작업과 관련된 근골격계질환 징후와 증상 유무 등

2) 사업주는 다음 각 호의 어느 하나에 해당하는 사유가 발생하였을 경우에 1개월 이내에 조사대상 및 조사 방법 등을 검토하여 유해요인 조사를 해야 한다. 다만, 근골격계 질환에 대하여 최근 1년 이내에 유해요인 조사를 하고 그 결과를 반영하여 작업환경 개선에 필요한 조치를 한 경우는 제외한다. ✭
   ① 임시 건강진단 등에서 근골격계 질환자가 발생하였거나 근로자가 근골격계 질환으로 업무상 질병으로 인정받은 경우(근골격계 부담작업이 아닌 작업에서 근골격계 질환자가 발생하였거나 근골격계 부담 작업이 아닌 작업에서 발생한 근골격계 질환에 대해 업무상 질병으로 인정받은 경우를 포함한다)
   ② 근골격계 부담 작업에 해당하는 새로운 작업·설비를 도입한 경우
   ③ 근골격계 부담 작업에 해당하는 업무의 양과 작업공정 등 작업환경을 변경한 경우

3) 사업주는 유해요인 조사에 근로자 대표 또는 해당 작업 근로자를 참여시켜야 한다.

(2) 유해요인조사 방법

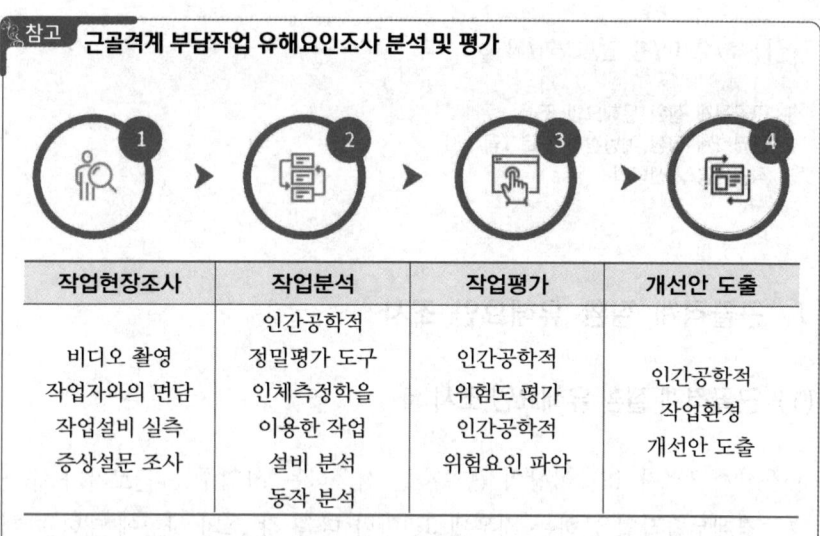

참고 근골격계 부담작업 유해요인조사 분석 및 평가

작업현장조사	작업분석	작업평가	개선안 도출
비디오 촬영 작업자와의 면담 작업설비 실측 증상설문 조사	인간공학적 정밀평가 도구 인체측정학을 이용한 작업 설비 분석 동작 분석	인간공학적 위험도 평가 인간공학적 위험요인 파악	인간공학적 작업환경 개선안 도출

1) 유해요인조사는 근골격계 질환자가 발생·인정된 작업 또는 근골격계 부담작업에 해당하는 각각의 작업에 대해 실시하되, 근로자와의 면담, 증상 설문조사, 인간공학적 측면을 고려한 조사 등 적절한 방법으로 한다.

2) 유해요인조사는 사업장 내 근골격계 부담작업 각각에 대하여 실시한다. 다만, 동일한 작업형태와 동일한 작업조건의 근골격계 부담작업이 존재하는 경우에는 근골격계 부담작업의 종류와 수에 대한 대표성, 조사 실시 주기 또는 연도 등을 고려하여 단계적으로 일부 작업에 대해서 조사할 수 있다.

① 한 단위작업에 10개 이하의 근골격계 부담작업이 동일 작업으로 이루어지는 경우에는 작업강도가 가장 높은 2개 이상의 작업을 표본으로 선정한다.

② 만일, 한 단위작업에 동일 근골격계 부담작업의 수가 10개를 초과하는 경우에는 초과하는 5개의 작업 당 1개의 작업을 표본으로 추가한다.

(3) 유해요인조사 내용 ✦

작업장 상황조사	① 작업공정 ② 작업설비 ③ 작업량 ④ 작업속도 및 최근 업무의 변화 등
작업조건 조사	① 반복동작 ② 부적절한 자세 ③ 과도한 힘 ④ 접촉스트레스 ⑤ 진동 ⑥ 기타 요인(예 극저온, 직무 스트레스)
증상 설문조사	① 증상과 징후 ② 직업력(근무력) ③ 근무형태(교대제 여부 등) ④ 취미활동 ⑤ 과거질병력 등

(4) 유해성 등의 주지

근로자가 근골격계 부담작업을 하는 경우에 다음 각 호의 사항을 근로자에게 알려야 한다.

① 근골격계 부담작업의 유해요인
② 근골격계 질환의 징후와 증상
③ 근골격계 질환 발생 시의 대처요령
④ 올바른 작업자세와 작업도구, 작업시설의 올바른 사용방법
⑤ 그 밖에 근골격계 질환 예방에 필요한 사항

2 근골격계 질환 예방관리 프로그램

(1) 근골격계 질환 예방관리 프로그램 시행 ✦

1) 다음 각 호의 어느 하나에 해당하는 경우에 근골격계 질환 예방관리 프로그램을 수립하여 시행하여야 한다.

① 근골격계 질환으로 업무상 질병으로 인정받은 근로자가 연간 10명 이상 발생한 사업장 또는 5명 이상 발생한 사업장으로서 발생 비율이 그 사업장 근로자 수의 10퍼센트 이상인 경우

② 근골격계 질환 예방과 관련하여 노사 간 이견(異見)이 지속되는 사업장으로서 고용노동부장관이 필요하다고 인정하여 근골격계 질환 예방관리 프로그램을 수립하여 시행할 것을 명령한 경우

2) 사업주는 근골격계 질환 예방관리 프로그램을 작성·시행할 경우에 노사협의를 거쳐야 한다.

3) 사업주는 근골격계 질환 예방관리 프로그램을 작성·시행할 경우에 인간공학·산업의학·산업위생·산업간호 등 분야별 전문가로부터 필요한 지도·조언을 받을 수 있다.

4) 근골격계질환 예방관리프로그램의 주요 구성요소
   ① 인간공학적 분석
   ② 유해요인에 대한 작업환경 개선
   ③ 의학적 관리
   ④ 교육 및 훈련
   ⑤ 평가

3 작업개선안의 원리 및 도출방법

(1) 작업환경 개선방법 ✈

사업주는 작업관찰을 통해 유해요인을 확인하고, 그 원인을 분석하여 그 결과에 따라 공학적 개선(engineering control) 또는 관리적 개선(administrative control)을 실시한다.

공학적 개선	① 현장에서 직접적인 설비나 작업방법, 작업도구 등을 작업자가 쉽고, 편하고, 안전하게 사용할 수 있도록 유해·위험요인의 원인을 제거하거나 개선하기 위하여 재설계, 재배열, 수정, 교체(substitution) 등을 하는 것을 말한다. ② 공학적 개선 항목 • 공구 · 장비 • 작업장 • 포장 • 부품 • 제품
관리적 개선	① 작업절차 또는 작업노출 등을 수정·관리하는 것을 말한다. ② 관리적 개선 항목 • 작업의 다양성 제공 • 작업일정 및 작업 속도 조절 • 회복시간 제공 • 작업 습관 변화 • 작업공간, 공구 및 장비의 주기적인 청소 및 유지보수 • 작업자 적정배치 • 직장체조 강화 등

(2) 개선안 실행절차
(개선안을 확정하고 현장에 적용할 때 고려하여야 할 사항)

어떤 작업이나 설비를 개선할 때에는 어떤 것을 개선할 것인가에 대한 우선순위를 정하여야 효율적인 개선을 할 수 있다.

① 개선에 대한 아이디어를 갖고 있는가?
② 개선안의 적용 용이성은? 같은 효과를 내면서 비용이 적게 드는 대안은 없는가?
③ 개선에 필요한 요구조건이 수용 가능한가? 기술적, 금전적, 시간적 제약은 없는가?
④ 생산성, 효율성, 품질의 개선 효과는?
⑤ 사용자의 정서에 긍정적으로 작용하는 받아들일 수 있는 대안인가?
⑥ 개선 후 과거에 인지되지 않았던 위험요소가 첨가되지는 않는가?
⑦ 적용에 필요한 훈련 시간은 적당하고 가능한가?

(3) 개선계획서 작성 및 시행

1) 개선계획서를 작성할 때에는 노동조합 또는 해당 근로자의 의견을 수렴하고, 필요한 경우에는 관계 전문가의 자문을 받는다.

2) 개선계획서에 포함사항
   ① 공정명
   ② 작업명
   ③ 문제점
   ④ 개선방향
   ⑤ 추진일정
   ⑥ 개선비용
   ⑦ 해당 근로자의견 또는 확인

3) 개선안 실행을 위한 우선순위 결정 시 고려사항
   ① 유해도가 높은 작업
   ② 다수의 근로자가 유해요인에 노출되고 있거나 증상 및 불편을 호소하는 작업
   ③ 비용 – 편익의 효과가 큰 작업 유해요인 노출 특성의 변화

(4) 근골격 질환 예방을 위한 작업방법 ✩

① 수공구의 무게는 가능한 한 줄이고 손잡이는 접촉면적을 크게 한다.
② 부자연스러운 자세를 피한다. (손목, 팔꿈치, 허리가 뒤틀리지 않도록 한다)
③ 작업시간을 조절하고 과도한 힘을 주지 않는다.
④ 동일한 자세 작업을 피하고 작업대사량을 줄인다.

CHAPTER 04 단원 예상문제

01 유해요인 조사 방법 중 OWAS에 대한 설명으로 틀린 것은?

㉮ OWAS는 작업자세로 인한 작업부하를 평가하는 것에 초점이 맞추어져 있다.
㉯ 작업 자세에는 허리, 팔, 손목으로 구분하여 각 부위의 자세를 코드로 표현한다.
㉰ OWAS는 신체 부위의 자세뿐만 아니라 중량물의 사용도 고려하여 평가하다.
㉱ OWAS 활동 점수표는 4단계 조치단계로 구분된다.

[해설] ㉯ 작업 자세에는 상지(팔), 하지(다리), 허리, 하중으로 구분하여 각 부위의 자세를 코드로 표현한다.

02 OWAS 평가방법에서 고려되는 항목으로 적절하지 않은 것은?

㉮ 하중
㉯ 허리
㉰ 다리
㉱ 손목

[해설] OWAS 평가방법에서 고려되는 항목
① 상지(팔)
② 하지(다리)
③ 허리
④ 하중

03 유해요인 조사 도구 중 JSI(Job Strain Index)의 평가 항목에 해당하지 않는 것은?

㉮ 손/손목의 자세
㉯ 1일 작업의 생산량
㉰ 힘을 발휘하는 강도
㉱ 힘을 발휘하는 지속시간

[해설] JSI(Job Strain Index) 혹은 SI(Strain Index) Score = 힘의 강도 계수 × 힘의 지속정도 계수 × 분당 힘의 빈도 계수 × 손과 손목의 자세 계수 × 작업속도 계수 × 하루 작업시간 계수

04 컴퓨터 입력작업과 같은 상지중심작업의 근골격계 질환 작업유해요인 분석 평가법으로 가장 적당한 것은?

㉮ OWAS
㉯ RULA
㉰ NLE
㉱ Snook table

[해설] RULA : 어깨, 팔목, 손목, 목 등 상지에 초점을 맞춘 작업자세로 인한 작업부하를 쉽고 빠르게 평가하기 위해 개발되었다.

05 작업 관련 근골격계 질환과 관련한 직접적인 유해요인과 거리가 먼 것은?

㉮ 진동
㉯ 고온
㉰ 불편한 자세
㉱ 반복성

▶) 정답 01 ㉯ 02 ㉱ 03 ㉯ 04 ㉯ 05 ㉯

[해설] 근골격계질환(누적외상성질환, CTDs)의 발생요인
① 반복적인 동작
② 부적절한 작업 자세
③ 무리한 힘의 사용
④ 날카로운 면과의 신체접촉
⑤ 진동 및 온도(저온)

06 다음 중 근골격계 질환의 발생원인과 가장 거리가 먼 것은?

㉮ 반복적인 동작
㉯ 부적절한 작업 자세
㉰ 진동 및 온도
㉱ 잘못 설계된 계기판

[해설] 근골격계질환(누적외상성질환, CTDs)의 발생요인
① 반복적인 동작
② 부적절한 작업 자세
③ 무리한 힘의 사용
④ 날카로운 면과의 신체접촉
⑤ 진동 및 온도(저온)

07 다음 중 VDT 증후군의 발생 요인이 아닌 것은?

㉮ 인간의 과오를 중요하게 생각하지 않는 직장분위기
㉯ 나이, 시력, 경력, 작업수행도 등
㉰ 책상, 의자, 키보드 등에 의한 작업 자세
㉱ 반복적인 작업, 휴식시간의 문제

[해설] VDT 증후군의 발생 요인
① 나이, 시력, 경력, 작업수행도 등
② 책상, 의자, 키보드 등에 의한 작업 자세
③ 반복적인 작업, 부적절한 휴식시간
④ 조명, 채광 등 부적합한 작업환경

08 근골격계 질환의 발생원인 중 직접적인 위험요인이 아닌 것은?

㉮ 작업강도
㉯ 작업 자세
㉰ 작업 만족도
㉱ 작업의 반복도

[해설] 근골격계질환(누적외상성질환, CTDs)의 발생요인
① 반복적인 동작
② 부적절한 작업 자세
③ 무리한 힘의 사용
④ 날카로운 면과의 신체접촉
⑤ 진동 및 온도(저온)

09 VDT 증후군을 예방하기 위한 조치사항으로 거리가 먼 것은?

㉮ 손은 팔꿈치 높이로 놓이게 하고 팔걸이는 작업 공간 가까이 배치한다.
㉯ 발꿈치가 땅에 닿지 않도록, 의자 높이를 조절하여 사용한다.
㉰ 등받이는 조절가능하고 적절한 지지대가 있는 것을 사용한다.
㉱ 모니터는 화면 상단과 눈높이가 일치하도록 맞추어 사용한다.

[해설] ㉯ 발바닥 전면이 바닥면에 닿는 자세를 기본으로 하되, 그러하지 못할 때에는 <u>발 받침대(Foot Rest)를 조건에 맞는 높이와 각도로 설치할 것</u>

정답 06 ㉱ 07 ㉮ 08 ㉰ 09 ㉯

10 근골격계 질환의 유형에 관한 설명으로 틀린 것은?

㉮ 수근관 증후군은 손목이 꺾인 상태나 과도한 힘을 준 상태에서 반복적 손 운동을 할 때 발생한다.
㉯ 결절종은 반복, 구부림, 진동 등에 의하여 건의 섬유질이 손상되거나 찢어지는 등의 건에 염증이 생기는 질환이다.
㉰ 외상과염은 팔꿈치 부위의 인대에 염증이 생김으로써 발생하는 증상이다.
㉱ 백색 수지증은 손가락에 혈액의 원활한 공급이 이루어지지 않을 경우에 발생하는 증상이다.

[해설] ㉯ 결절종(ganglion)은 관절 부위의 얇은 막이나 건초부분의 낭종이나 활액을 채우고 있는 건초가 부풀어 오르는 현상으로, 손목의 윗부분이나 요골 부위가 붓거나 혹이 생기는 질환을 말한다.

11 다음 중 건염에 대한 정의로 가장 적절한 것은?

㉮ 장시간 진동에 노출되어 촉각 저하를 야기하는 질환
㉯ 예정사항과 실제 성과를 기록·비교하여 작업을 관리하는 계획도표이다.
㉰ 근육과 뼈를 연결하는 건에 염증이 발생한 질환
㉱ 근육조직이 파괴되어 작은 덩어리가 발생한 질환

[해설] 건초염(tenosynovitis), 건염(tendonitis)
건초염은 건막에 염증이 생기는 질환이며 건염(tendonitis)은 건에 염증이 생기는 질환을 말한다.

12 다음 중 근골격계 부담작업의 유해요인 조사 및 평가에 관한 설명으로 틀린 것은?

㉮ 조사항목으로는 작업장의 상황, 작업조건, 증상의 설문조사 등이 있다.
㉯ 유해요인 조사는 2년마다 시행한다.
㉰ 신설되는 사업장의 경우에는 신설일로부터 1년 이내에 최초의 유해요인 조사를 실시하여야 한다.
㉱ 사업주는 개선계획의 타당성을 검토하기 위하여 외부의 전문기관이나 전문가로부터 지도·조언을 들을 수 있다.

[해설] 근골격계 질환 유해요인 조사
상시근로자 1인 이상의 근로자를 사용하는 사업주는 근로자가 근골격계 부담작업을 하는 경우에 3년마다 유해요인조사를 하여야 한다. 다만, 신설되는 사업장의 경우에는 신설일로 부터 1년 이내에 최초의 유해요인 조사를 하여야 한다.

{참고} 유해요인조사 내용

작업장 상황조사	① 작업공정 ② 작업설비 ③ 작업량 ④ 작업속도 및 최근 업무의 변화 등
작업조건 조사	① 반복 동작 ② 부적절한 자세 ③ 과도한 힘 ④ 접촉 스트레스 ⑤ 진동 ⑥ 기타 요인 예 극저온, 직무 스트레스)
증상 설문조사	① 증상과 징후 ② 직업력(근무력) ③ 근무형태(교대제 여부 등) ④ 취미활동 ⑤ 과거 질병력 등

정답 10 ㉯ 11 ㉰ 12 ㉯

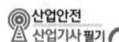

13 다음 중 근골격계 부담작업에 해당하지 않는 것은?

㉮ 하루에 4시간 이상 집중적으로 자료 입력 등을 위해 키보드 또는 마우스를 조작하는 작업
㉯ 하루에 총 2시간 이상 목, 어깨, 팔꿈치, 손목 또는 손을 사용하여 같은 동작을 반복하는 작업
㉰ 하루에 총 2시간 이상 쪼그리고 앉거나 무릎을 굽힌 자세에서 이루어지는 작업
㉱ 하루에 총 2시간 이상, 분당 5회 이상 2kg 이상의 물체를 드는 작업

[해설] ㉱ 하루에 총 2시간 이상, 분당 2회 이상 4.5kg 이상의 물체를 드는 작업

{참고} 근골격계 부담작업
① 하루에 4시간 이상 집중적으로 자료입력 등을 위해 키보드 또는 마우스를 조작하는 작업
② 하루에 총 2시간 이상 목, 어깨, 팔꿈치, 손목 또는 손을 사용하여 같은 동작을 반복하는 작업
③ 하루에 총 2시간 이상 머리 위에 손이 있거나, 팔꿈치가 어깨 위에 있거나, 팔꿈치를 몸통으로부터 들거나, 팔꿈치를 몸통 뒤쪽에 위치하도록 하는 상태에서 이루어지는 작업
④ 지지되지 않은 상태이거나 임의로 자세를 바꿀 수 없는 조건에서, 하루에 총 2시간 이상 목이나 허리를 구부리거나 비트는 상태에서 이루어지는 작업
⑤ 하루에 총 2시간 이상 쪼그리고 앉거나 무릎을 굽힌 자세에서 이루어지는 작업
⑥ 하루에 총 2시간 이상 지지되지 않은 상태에서 1kg 이상의 물건을 한손의 손가락으로 집어 옮기거나, 2kg 이상에 상응하는 힘을 가하여 한 손의 손가락으로 물건을 쥐는 작업
⑦ 하루에 총 2시간 이상 지지되지 않은 상태에서 4.5kg 이상의 물건을 한손으로 들거나 동일한 힘으로 쥐는 작업
⑧ 하루에 10회 이상 25kg 이상의 물체를 드는 작업
⑨ 하루에 25회 이상 10kg 이상의 물체를 무릎 아래에서 들거나, 어깨 위에서 들거나, 팔을 뻗은 상태에서 드는 작업
⑩ 하루에 총 2시간 이상, 분당 2회 이상 4.5kg 이상의 물체를 드는 작업
⑪ 하루에 총 2시간 이상 시간당 10회 이상 손 또는 무릎을 사용하여 반복적으로 충격을 가하는 작업

- 키보드 입력 4시간, 나머지 2시간
- 2시간 4.5kg 한손 쥐기 / 2시간 1kg 손가락 집어 옮기기, 2kg 손가락 쥐기 / 10회 25kg, 25회 10kg 무릎 아래, 2시간 분당 2회 4.5kg 들기 / 2시간 시간당 10회 반복 충격

14 다음 중 근골격계질환 예방관리 프로그램의 주요 구성요소로 볼 수 없는 것은?

㉮ 인간공학적 분석
㉯ 의학적 관리
㉰ 교육 및 훈련
㉱ 보상절차 수립

[해설] 근골격계질환 예방관리프로그램의 주요 구성요소
① 인간공학적 분석
② 유해요인에 대한 작업환경 개선
③ 의학적 관리
④ 교육 및 훈련
⑤ 평가

정답 13 ㉱ 14 ㉱

15 근골격계질환 예방을 위한 바람직한 관리적 개선 방안으로 적합하지 않은 것은?

㉮ 작업일정 및 작업 속도를 조절한다.
㉯ 규칙적이고 잦은 휴식을 통하여 피로의 누적을 방지한다.
㉰ 작업 확대를 통하여 한 작업자가 할 수 있는 일의 다양성을 넓힌다.
㉱ 중량물 운반 등 특정 작업에 적합한 작업자를 선별하여 상대적 위험도를 경감시킨다.

해설

공학적 개선	① 현장에서 직접적인 설비나 작업방법, 작업도구 등을 작업자가 쉽고, 편하고, 안전하게 사용할 수 있도록 유해·위험요인의 원인을 제거하거나 개선하기 위하여 재설계, 재배열, 수정, 교체(substitution) 등을 하는 것을 말한다. ② 공학적 개선 항목 • 공구·장비 • 작업장 • 포장 • 부품 • 제품
관리적 개선	① 작업절차 또는 직업노출 등을 수정·관리하는 것을 말한다. ② 관리적 개선 항목 • 작업의 다양성 제공 • 작업 일정 및 작업 속도 조절 • 회복시간 제공 • 작업 습관 변화 • 작업 공간, 공구 및 장비의 주기적인 청소 및 유지 보수 • 작업자 적정배치 • 직장 체조 강화 등

16 근골격계 부담작업의 유해요인 조사의 내용 중 작업장 상황조사 항목에 해당되지 않는 것은?

㉮ 작업공정
㉯ 작업설비
㉰ 작업량
㉱ 근무형태

해설 유해요인조사 내용

작업장 상황조사	① 작업공정 ② 작업설비 ③ 작업량 ④ 작업속도 및 최근 업무의 변화 등
작업조건 조사	① 반복 동작 ② 부적절한 자세 ③ 과도한 힘 ④ 접촉 스트레스 ⑤ 진동 ⑥ 기타 요인 예 극저온, 직무 스트레스
증상 설문조사	① 증상과 징후 ② 직업력(근무력) ③ 근무형태(교대제 여부 등) ④ 취미활동 ⑤ 과거 질병력 등

정답 15 ㉰ 16 ㉱

CHAPTER 05 유해요인 관리

01 물리적 유해요인 관리

> 주/요/내/용 알/고/가/기
> 1. 물리적 유해요인의 생체작용
> 2. 물리적 유해요인의 노출기준

1 물리적 유해요인 파악

(1) 물리적 인자의 분류기준

1) 소음

   소음성 난청을 유발할 수 있는 85데시벨(A) 이상의 시끄러운 소리

2) 진동

   착암기, 손망치 등의 공구를 사용함으로써 발생되는 백랍병·레이노 현상·말초순환장애 등의 국소 진동 및 차량 등을 이용함으로써 발생되는 관절통·디스크·소화장애 등의 전신 진동

3) 방사선

   직접·간접으로 공기 또는 세포를 전리하는 능력을 가진 알파선·베타선·감마선·엑스선·중성자선 등의 전자선

4) 이상 기압

   게이지 압력이 제곱센티미터당 1킬로그램 초과 또는 미만인 기압

5) 이상 기온

   고열·한랭·다습으로 인하여 열사병·동상·피부질환 등을 일으킬 수 있는 기온

(2) 소음

1) 소음의 정의
① 원하지 않는 소리
② 심리적으로 불쾌감을 주고 신체에 장애를 일으키는 소리를 말한다.

2) 소음작업의 정의(산업안전보건법의 정의) ✯✯
하루 8시간 동안 85dB 이상의 소음이 발생하는 작업을 말한다.

3) 강렬한 소음작업의 정의(종류) ✯✯
① 하루 8시간 동안 90dB 이상의 소음이 발생하는 작업
② 하루 4시간 동안 95dB 이상의 소음이 발생하는 작업
③ 하루 2시간 동안 100dB 이상의 소음이 발생하는 작업
④ 하루 1시간 동안 105dB 이상의 소음이 발생하는 작업
⑤ 하루 30분 동안 110dB 이상의 소음이 발생하는 작업
⑥ 하루 15분 동안 115dB 이상의 소음이 발생하는 작업

4) 충격소음의 정의 ✯✯
최대 음압 수준에 120dB(A) 이상인 소음이 1초 이상의 간격으로 발생하는 것을 말한다.

(3) 소음의 생체작용

1) 소음이 인체에 미치는 영향(생리적 영향)
① 혈압 증가
② 맥박수 증가
③ 위분비액 감소
④ 집중력 감소
⑤ 청력 손실(소음성 난청)

2) 청력 손실

일시성 청력손실	영구성 청력손실(소음성 난청)
① 강력한 소음에 노출되어 생기는 일시적인 청력 저하 현상으로 4,000~6,000Hz에서 가장 많이 생긴다. ② 일시적인 청신경 세포의 피로현상으로 회복하려면 12~24시간을 요하는 가역적인 청력 저하이나 소음성 난청의 경고신호로 볼 수 있다.(일시적인 현상으로 휴식하면 곧바로 회복된다.)	① 영구적으로 회복되지 않는 청력 손실을 말한다. ② 심한 소음에 반복 노출되면 코르티기관의 손상으로 일시적인 청력 변화가 영구적 청력 변화로 변하게 된다. ✤ ③ 소음성 난청은 4,000 ~ 6,000Hz 정도에서 가장 많이 발생한다.(주로 주파수 4,000Hz 영역에서 시작하여 전 영역으로 파급된다.) ④ 소음성 난청은 대부분 양측성이며, 감각 신경성 난청에 속한다. ⑤ 일주일 정도가 지나도록 회복되지 않는 청력치의 감소 부분은 영구적 난청에 해당된다.

3) C_5 – dip 현상 ✤

소음성 난청의 초기 단계로서 4,000Hz 부근의 음에 대한 청력 저하가 심하게 생기게 되는 현상을 말한다.

4) 소음성 난청(청력 손실)에 영향을 미치는 요소

① 개인의 감수성 : 개인의 감수성에 따라 소음 반응이 다양하다.
② 음의 강도 : 음압수준이 높을수록 유해하다.
③ 폭로 시간(노출시간) : 계속적 노출이 간헐적 노출보다 더 유해하다.
④ 음의 물리적 특성
 • 고주파 음이 저주파 음보다 더 유해하다.
 • 충격음 및 연속음의 유해성이 더 크다.
⑤ 심한 소음에 반복하여 노출되면 일시적 청력 변화는 영구적 청력 변화로 변한다.

(4) 진동

1) 진동의 정의
   ① 진동 : 어떤 물체가 외력에 의하여 평형상태에 있는 위치에서 좌우 또는 상하로 흔들리는 현상을 말한다.
   ② 공명 : 외부진동에 따라 생체가 진동하는 현상을 말한다.

2) 진동작업의 정의(산업안전보건법 기준)
   진동작업이란 다음 각 목의 어느 하나에 해당하는 기계·기구를 사용하는 작업을 말한다.

   ① 착암기(鑿巖機)
   ② 동력을 이용한 해머
   ③ 체인톱
   ④ 엔진 커터(engine cutter)
   ⑤ 동력을 이용한 연삭기(研削機)
   ⑥ 임팩트 렌치(impact wrench)
   ⑦ 그 밖에 진동으로 인하여 건강장해를 유발할 수 있는 기계·기구

3) 인체에 영향을 주는 진동 범위
   ① 전신진동 : 2 ~ 100Hz(공해 진동 : 1~90Hz)
   ② 국소진동 : 8 ~ 1,500Hz
   ③ 수직진동 : 4,000 ~ 8,000Hz
   ④ 수평진동 : 1,000 ~ 2,500Hz
   ⑤ 사람이 느끼는 최소 진동치 : 55±5dB
   ⑥ 전신은 4Hz, 두부와 견부는 20~30Hz, 안구는 60~90Hz 진동에 공명한다.

(5) 진동의 생체작용

1) 전신진동의 특징
   ① 전신진동은 신체 전신에 전파되는 진동을 말한다.
   ② 비행기와 선박, 트럭과 같은 교통차량, 트랙터 및 흙 파는 기계와 같은 각종 영농기계에 탑승하였을 때 발생하는 진동 등이 해당된다.
   ③ 전신진동은 2~100Hz(저주파)에서 장해를 유발한다.
   ④ 진동수가 클수록, 가속도가 클수록 장해와 진동감각이 증가한다.

2) 전신진동이 인체에 미치는 영향
   ① 전신진동의 영향이나 장해는 자율신경 특히 순환기에 크게 나타난다.
   ② 평형기관에 영향을 주어 구토감, 현기증, 두통, 생식기의 기능 이상 등을 일으킨다.(위장장해, 내장하수증, 척추 이상)
   ③ 말초혈관이 수축되고, 혈압상승과 맥박이 증가(산소소비량과 폐환기량이 증가)한다.
   ④ 전신진동은 100Hz까지 문제이나 대개는 30Hz에서 문제가 되고 60~90Hz에서는 시력장해가 온다.

3) 국소진동의 특징
   ① 국소적으로 손, 발 등 신체의 특정 부위로 전달되는 진동을 말한다.
   ② 착암기, 분쇄기(그라인더), 연마기 등 진동공구 작업 등에서 발생한다.
   ③ 국소진동은 8~1,500Hz(고주파)에서 장해를 유발한다.
   ④ 진동이 심한 기계조작 등으로 혈관신경계장해를 초래하며 손가락 마비, 근육통, 관절통, 관절운동 장애를 초래한다.

4) 레이노(Raynaud's phenonmenon) 현상 ✭
   국소진동으로 인하여 말초혈관운동 장애가 발생하여 수지가 창백해지고 손이 차며 통증이 오는 현상으로 추운 환경에서 더 잘 발생한다.

(6) 방사선

1) 방사선의 정의
   ① 전자기파의 형태로, 한 위치에서 다른 위치로 이동하는 에너지를 말한다.
   ② 인간 생체에서 이온화시키는 데 필요한 최소에너지를 기준으로 전리방사선과 비전리방사선으로 구분한다.

2) 전리방사선(이온화 방사선)의 종류
   ① 전자기 방사선(X-Ray, γ선)
   ② 입자 방사선(α, β입자, 중성자)

> 참고
> ✽ 전리방사선의 인체 투과력 및 전리작용
> ① 인체의 투과력 순서
> 중성자 > X선 or γ > β > α
>
> ② 전리작용
> (REB : 생물학적 효과) 순서
> 중성자 > α > β > X선 or γ

3) 비전리방사선(비이온화방사선)의 정의
    ① 긴 파장을 가지고 있어 원자를 이온화시키지 못하여(전리시키지 못함) 비이온화방사선이라고도 한다.
    ② 주파수가 감소하는 순서에 따라 자외선, 가시광선, 적외선, 마이크로파, 라디오파, 초저주파, 극저주파가 있다.

4) 비전리방사선의 종류 및 파장
    ① 자외선(화학선) : 100~400nm(1,000 ~ 4,000Å)
    ② 적외선(열선) : 750~1,200nm(7,500 ~ 12,000Å)
    ③ 가시광선 : 400~760nm(4,000~7,600Å)
    ④ 마이크로파 : 1~300cm

(7) 방사선의 생체 작용

1) 전리방사선의 건강 영향
    ① α 입자는 투과력이 작아 우리 피부를 직접 통과하지 못하기 때문에 피부를 통한 영향은 매우 작다.
    ② 방사선은 생체 내 구성원자나 분자에 결합되어 전자를 유리시켜 이온화하고 원자의 들뜸 현상을 일으킨다.
    ③ 반응성이 매우 큰 자유라디칼이 생성되어 단백질, 지질, 탄수화물, 그리고 DNA 등 생체 구성 성분을 손상시킨다.

2) 자외선의 인체 영향(생물학적 작용)
    ① 화학선 : 눈과 피부 등에 화학변화를 일으킨다.
    ② 광화학적 반응 : 산소분자를 해리하여 오존을 생성한다.
    ③ 피부작용
        • 피부암, 피부 홍반 형성 및 색소 침착, 피부 비후를 일으킨다.
        • 옥외작업을 하면서 콜타르의 유도체, 벤조피렌, 안트라센 화합물과 상호작용하여 피부암을 유발시킨다.
    ④ 눈에 대한 영향 : 결막염, 백내장, 급성 각막염 발생시킴
    ⑤ 비타민 D 생성
    ⑥ 살균작용
    ⑦ 전신 건강장해

3) 적외선의 인체영향(생물학적 작용)
    ① 적외선이 신체에 조사되면 일부는 피부에서 반사되고 나머지는 조직에 흡수된다.

② 적외선이 흡수되면 화학반응을 일으키는 것이 아니라 구성분자의 운동에너지를 증가시키므로 조직온도가 상승한다.
③ 적외선 백내장을 초자공, 대장공 백내장이라 한다.(초자공, 용광로의 근로자들과 대장공들에게 백내장이 수정체의 뒷부분에서 발병)
④ 장기간 조사 시 두통, 자극작용이 있으며, 강력한 적외선은 뇌막자극 증상(의식상실, 열사병) 등을 유발할 수 있다.

4) 가시광선의 인체 영향

조명 부족	• 조명 부족 하에서 장시간 작업하면 근시, 안정피로, 안구진탕증을 일으킨다. • 녹내장, 백내장, 망막변성 등 기질적 안질환은 조명 부족과 무관하다.
조명 과잉	• 장시간에 걸쳐 강렬한 광선에 노출되면 시력장애, 시야협착, 암순응의 저하 등을 일으킨다.

(8) 이상기압

1) 용어 정의
① "이상기압"이란 압력이 제곱센티미터당 1킬로그램 이상인 기압을 말한다.
② "고압작업"이란 이상기압에서 잠함공법(潛函工法)이나 그 외의 압기공법(壓氣工法)으로 하는 작업을 말한다.
③ "잠수작업"이란 물속에서 하는 다음 각 목의 작업을 말한다.
   • 표면 공급식 잠수작업 : 수면 위의 공기압축기 또는 호흡용 기체 통에서 압축된 호흡용 기체를 공급받으면서 하는 작업
   • 스쿠버 잠수작업 : 호흡용 기체 통을 휴대하고 하는 작업
④ "기압조절실"이란 고압작업에 종사하는 근로자가 작업실에 출입할 때 가압 또는 감압을 받는 장소를 말한다.
⑤ "압력"이란 게이지 압력을 말한다.

2) 수면 하에서의 기압
수면 하에서의 압력은 수심이 10m 깊어질 때마다 1기압씩 더해진다.

예 • 수심 10m에서의 압력 : 게이지압 1기압, 절대압 2기압
• 수심 45m에서의 압력 : 게이지압(작용압) 4.5기압, 절대압 5.5기압

(9) 고압환경에서의 생체영향

1) **1차적 가압현상**

   ① 생체와 환경 사이의 압력(기압) 차이로 인한 기계적 작용을 말한다.
   ② 울혈, 부종, 출혈, 동통이 생기며 기압 증가에 따른 부비강, 치아의 압박 장애를 일으킨다.

2) **2차적 가압현상**

   고압 하의 대기가스의 독성 때문에 나타나는 현상을 말한다.

질소의 마취작용	① 질소가스는 정상기압에서는 비활성이지만 4기압 이상에서는 마취작용을 나타낸다. ② 질소 마취증세는 후유증이나 별도의 치료가 필요하지 않으며 대기압 조건으로 복귀(얕은 수심으로 상승)하면 사라진다. ③ 수심 90~120m에서 질소의 마취작용으로 환청, 환시, 조울증, 기억력 감퇴 등이 나타나며 작업능력 저하, 다행증이 생긴다. ④ 예방으로는 고압환경에서 작업하는 근로자에게 질소를 헬륨으로 대치한 공기를 호흡시킨다.
산소중독 증세	① 산소분압이 2기압을 넘으면 산소중독 증세가 나타난다. ② 산소중독 증세는 가역적인 증세로 고압산소에 대한 노출이 중지되면 증상은 즉시 멈춘다. ③ 시력장애, 정신혼란, 근육경련, 수지와 족지의 작열통 등을 일으킨다.
이산화탄소의 작용	① 산소의 독성과 질소의 마취작용을 증가시킨다. ② 고압환경에서 이산화탄소의 농도는 0.2%를 초과하지 않아야 한다. ③ 동통성 관절장애(bends)도 이산화탄소의 분압 증가로 많이 발생한다.

3) **감압병(decompression : 잠함병, 케이슨병)**

   ① 급격한 감압 시에 혈액 속의 질소가 혈액과 조직에 기포를 형성하여 종격기종, 기흉 등의 혈액순환 장해와 조직 손상을 일으킨다.
   ② 감압병의 치료는 재가압 산소요법이 최상이다.
   ③ 중추신경계 감압병은 고공비행사는 뇌에, 잠수사는 척수에 더 잘 발생한다.

(10) 저기압(저압환경)에서의 인체 영향

1) 저기압의 작업환경에 대한 인체의 영향
   ① 고도 18,000ft(5,468m) 이상이 되면 21% 이상의 산소가 필요하게 된다.
   ② 고도 10,000ft(3,048m)까지는 시력, 협조운동의 가벼운 장해 및 피로를 유발한다.
   ③ 고도의 상승으로 기압이 저하되면 공기의 산소분압이 감소되고 동시에 폐포 내 산소분압도 감소된다.
   ④ 산소결핍을 보충하기 위하여 호흡수, 맥박수가 증가된다.

2) 고공 증상
   신경장애, 동통성 관절 장해, 항공치통, 항공이염, 항공부비감염 등을 일으킨다.

3) 폐수종
   ① 진해성 기침과 호흡 곤란이 나타나고 폐동맥 혈압이 상승하다가 산소공급과 해면으로의 귀환으로 급속히 소실된다.
   ② 어른보다 순화적응속도가 느린 어린이에게 많이 발생한다.
   ③ 고공 순화된 사람이 해면에 돌아올 때 자주 발생한다.

4) 고산병
   극도의 우울증, 두통, 식욕상실을 보이는 임상 증세군이며 가장 특징적인 것은 흥분성이다.

5) 저산소증(Hypoxia : 산소결핍증)
   ① 저기압에서 가장 문제가 되는 것은 저산소증(산소결핍증)이다.
   ② 체내 조직의 산소가 결핍된 상태를 저산소증이라 한다.
   ③ 산소결핍에 가장 민감한 조직은 뇌(대뇌피질)이다.
   ④ 생체 내에서 산소공급정지가 2분 이상이 되면 활동성이 회복되지 않는 비가역적인 파괴가 일어난다.
   ⑤ 고산지대나 지역이 높은 곳에서 발생하며 판단력 장해, 행동장해, 권태감 등을 일으킨다.

(11) 이상기온

1) 용어 정의
① 고열 : 열에 의하여 근로자에게 열경련, 열탈진 또는 열사병 등의 건강장해를 유발할 수 있는 더운 온도를 말한다.
② 한랭 : 냉각원(冷却源)에 의하여 근로자에게 동상 등의 건강장해를 유발할 수 있는 차가운 온도를 말한다.
③ 다습 : 습기로 인하여 근로자에게 피부질환 등의 건강장해를 유발할 수 있는 습한 상태를 말한다.

2) 습구흑구온도지수(Wet-Bulb Globe Temperature : WBGT)
근로자가 고열환경에 종사함으로써 받는 열 스트레스 또는 위해를 평가하기 위한 도구(단위 : ℃)로써 기온, 기습 및 복사열을 종합적으로 고려한 지표를 말한다.

3) 온열요소(인체의 열 교환에 영향을 미치는 요소)
① 기온(온도)
② 기습(습도)
③ 기류(대류, 풍속)
④ 복사열

(12) 고온의 생체작용

1) 고온에서의 생리적 변화
① 체표면의 한선의 수(땀샘)가 증가
② 갑상선호르몬 분비 감소
③ 간 기능 저하(콜레스테롤/콜레스테롤 에스터 비 감소)

고온의 일차적 생리적 현상	고온의 이차적 생리적 현상
① 발한(땀)	① 심혈관 장애
② 불감발한	② 신장 장애
③ 피부혈관의 확장	③ 위장 장애
④ 체표면적 증가	④ 신경계 장애
⑤ 호흡증가	⑤ 피부기능 변화
⑥ 근육이완	⑥ 수분 및 염분 부족

참고
사업주는 근로자가 다음 각 호의 어느 하나에 해당하는 경우에는 적절하게 휴식하도록 하는 등 근로자 건강장해를 예방하기 위하여 필요한 조치를 해야 한다.
1. 고열·한랭·다습 작업을 하는 경우
2. 폭염에 노출되는 장소에서 작업하여 열사병 등의 질병이 발생할 우려가 있는 경우

참고
※ 불감 발한(不感 發汗)
느끼지 못하는 사이에 피부나 허파로부터 수증기, 이산화탄소 등이 체외로 증발·발산하는 현상을 말한다.

2) 고열장애 분류

열성발진 (heat rashes), 열성 혈압증	① 가장 흔히 발생하는 피부장해로서 땀띠(plickly heat)라고도 한다. ② 한선(땀샘)에 염증이 생기고 피부에 작은 수포가 형성된다.(범위가 넓어지면 발한에 장애를 줌)
열쇠약 (heat prostration)	① 고열작업장에서의 만성적인 건강장해 ② 전신권태, 위장장애, 불면, 빈혈 등의 증상이 있다.
열경련 (heat cramp)	① 전형적인 열 중증의 형태로 고온환경에서 심한 육체적인 노동을 할 때 혈중 염분농도 저하가 원인이 된다. ② 근육경련, 현기증, 이명, 두통, 구역, 구토 등의 증상이 있다. ③ 수분 및 NaCl 보충(생리식염수 0.1% 공급)한다.(일시에 염분농도가 높으면 흡수 저하가 일어나므로 식염정제를 공급해서는 안 된다)
열피로 (heat exhaustion), 열탈진, 열피비	① 고온 환경에서 장시간 힘든 노동을 할 때 고열에 순환되지 않은 작업자에게 많이 발생한다. ② 과다 발한으로 인한 수분과 염분 손실 및 탈수로 인한 혈장량 감소가 원인이다. ③ 심할 경우 허탈로 빠져 의식을 잃을 수도 있다. ④ 휴식 후 5% 포도당을 정맥주사 한다.
열허탈 (heat collapse), 열실신 (heat synoope)	① 고열작업장에 순화되지 못한 작업자가 고열작업을 수행(중근 작업을 2시간 이상 하였을 때)하는 경우에 혈액순환 장애로 인하여 신체 말단부에 혈액이 과다하게 저류되며 뇌의 혈액 흐름이 좋지 못하여 대뇌피질의 혈류량이 부족(뇌의 산소 부족)하여 발생한다. ② 저혈압, 뇌의 산소 부족으로 실신, 현기증을 느낀다. ③ 시원한 그늘에서 휴식시키고 염분과 수분을 경구로 보충한다.
열사병	① 태양의 복사열에 직접 노출 시에 뇌의 온도 상승으로 체온조절 중추기능 장애(중추신경 마비)를 일으켜서 체내에 열이 축적되어 발생한다. ② 중추신경계의 장애 : 신체 내부의 체온조절계통이 기능을 잃어 발생한다. ③ 전신적인 발한정지 : 피부는 땀이 나지 않아 건조하다. ④ 응급처치법 : 체온을 급히 하강(얼음물에 몸을 담가서 체온을 39℃ 이하로 유지)시킨 후 체열생산 억제를 위하여 항신진대사제를 투여한다.

- 열성발진(땀띠) → 열쇠약 → 열경련(혈중 염분농도 저하) → 열피로, 열탈진(탈수로 인한 혈장량 감소) → 열허탈(대뇌피질의 혈류량 부족)
- 열사병 : 체온조절 중추 기능 장해

(13) 저온의 생체작용

1) 저온(한랭환경)에서의 생리적 변화

저온 환경의 일차적인 생리적 변화	저온 환경의 이차적인 생리적 반응
① 근육 긴장의 증가 및 떨림(전율) ② 피부혈관의 수축 ③ 말초혈관의 수축 ④ 화학적 대사 작용의 증가 　(갑상선 호르몬 분비 증가) ⑤ 체표면적의 감소	① 말초 냉각 : 말초혈관의 수축으로 표면 조직의 냉각이 진행된다. ② 식욕 변화 : 저온에서는 근육 활동, 조직 대사의 증진으로 식욕이 항진된다. ③ 혈압 변화 : 피부혈관 수축으로 혈압은 일시적으로 상승한다. ④ 순환 기능 : 피부혈관의 수축으로 순환 기능이 감소된다.

2) 한랭 환경에 의한 건강장해

① 전신체온강하(저체온증 : general hypothermia)
- 전신 체온 강하는 장시간의 한랭 노출과 체열 상실에 따라 발생하는 급성 중증장해이다.
- 저체온증은 몸의 심부 온도가 35℃ 이하로 내려간 것을 말한다.
- 전신 저체온의 첫 증상은 억제하기 어려운 떨림과 냉(冷)감각이 생기고 심박동이 불규칙하고 느려지며, 맥박은 약해지고 혈압이 낮아진다.

② 동상(frostbite)
- 동상은 조직의 동결을 말하며, 피부의 이론상 동결온도는 약 -1℃ 정도이다.
- 저온 작업에서 손가락, 발가락 등의 말초 부위는 피부 온도 저하가 가장 심한 부위이다.
- 발가락은 12℃에서 시린 느낌이 생기고 6℃에서는 아픔을 느낀다.
- 동상의 구분

제1도 동상 (발적)	가려우며 혈관 확장으로 국소 발적이 생긴다.
제2도 동상 (수포형성과 염증)	수포와 함께 광범위한 삼출성 염증이 생긴다.
제3도 동상 (조직괴사 및 괴저)	심부조직까지 동결되어 조직의 괴사로 인한 괴저가 발생한다.

③ 참호족(참수족, 침수족 : trench foot, immersion foot)
- 한랭 환경에 장기간 노출됨과 동시에 발이 지속적으로 습기나 물에 잠길 경우 발생한다.(침수족이 참호족보다 노출시간이 길 때 발생)
- 지속적인 국소의 산소결핍이 원인이며, 모세혈관 벽이 손상되어 부종, 작열감, 가려움, 심한 동통 등이 나타나며 수포, 궤양이 형성되기도 한다.
- 침수족과 참호족은 발생조건이 유사하며 임상증상과 징후가 거의 같다.

② 물리적 인자의 노출 기준

(1) 소음

1) 소음의 노출 기준(충격 소음 제외) ✡✡✡

1일 노출시간(hr)	8	4	2	1	1/2	1/4
소음 강도 dB(A)	90	95	100	105	110	115

주 : 115dB(A)를 초과하는 소음 수준에 노출되어서는 안 됨

2) 충격 소음의 노출 기준 ✡✡

1일 노출 회수	100	1,000	10,000
충격 소음의 강도 dB(A)	140	130	120

주 : 1. 최대 음압 수준이 140dB(A)를 초과하는 충격 소음에 노출되어서는 안 됨
   2. 충격 소음이라 함은 최대 음압 수준에 120dB(A) 이상인 소음이 1초 이상의 간격으로 발생하는 것을 말함

3) 소음의 노출 정도 평가

> 1. 노출지수 $(EI) = \dfrac{C_1}{T_1} + \dfrac{C_2}{T_2} + \cdots + \dfrac{C_n}{T_n}$
>
>   여기서,
> C : 소음의 실제 노출시간
> T : 소음의 노출기준
>
> 2. 평가
> $EI > 1$: 노출기준을 초과함
> $EI < 1$: 노출기준을 초과하지 않음

(2) 고온

1) 고온의 노출 기준 (단위 : ℃, WBGT)

작업 휴식시간 비 \ 작업 강도	경작업	중등작업	중작업
계 속 작 업	30.0	26.7	25.0
매시간 75% 작업, 25% 휴식	30.6	28.0	25.9
매시간 50% 작업, 50% 휴식	31.4	29.4	27.9
매시간 25% 작업, 75% 휴식	32.2	31.1	30.0

주 : 1. 경작업 : 200kcal까지의 열량이 소요되는 작업을 말하며, 앉아서 또는 서서 기계의 조정을 하기 위하여 손 또는 팔을 가볍게 쓰는 일 등을 뜻함
2. 중등작업 : 시간당 200~350kcal의 열량이 소요되는 작업을 말하며, 물체를 들거나 밀면서 걸어다니는 일 등을 뜻함
3. 중작업 : 시간당 350~500kcal의 열량이 소요되는 작업을 말하며, 곡괭이질 또는 삽질하는 일 등을 뜻함

2) 고온의 노출기준 표시단위는 습구흑구온도지수(WBGT)를 사용하며 다음 각 호의 식에 따라 산출한다.

합격의 key

문제

태양광선이 내리쬐는 옥외장소의 자연습구온도 20℃, 흑구온도 18℃, 건구온도 30℃일 때 습구흑구온도지수(WBGT)는?

㉮ 20.6℃
㉯ 22.5℃
㉰ 25.0℃
㉱ 28.5℃

[해설]
옥외(태양광선이 내리쬐는 장소)
WBGT(℃) = 0.7×자연습구온도 + 0.2×흑구온도 + 0.1×건구온도 = 0.7×20 + 0.2×18 + 0.1×30 = 20.6(℃)

정답 ㉮

습구흑구온도지수(WBGT)의 산출

1. 옥외(태양광선이 내리쬐는 장소)
   WBGT(℃) = 0.7 × 자연습구온도 + 0.2 × 흑구온도 + 0.1 × 건구온도

2. 옥내 또는 옥외(태양광선이 내리쬐지 않는 장소)
   WBGT(℃) = 0.7 × 자연습구온도 + 0.3 × 흑구온도

3. 평균 $WBGT(℃) = \dfrac{WBGT_1 \times t_1 + \cdots + WBGT_n \times t_n}{t_1 + \cdots + t_n}$

   $WBGT_n$: 각 습구흑구온도지수의 측정치(℃)
   T_n : 각 습구흑구온도지수 치의 발생시간(분)

(3) 라돈

1) 라돈의 노출기준

작업장 농도(Bq/m³)
600

주 : 1. 단위환산(농도) : 600 Bq/m³ = 16pCi/L
   (※ 1pCi/L = 37.46 Bq/m³)
2. 단위환산(노출량) : 600 Bq/m³인 작업장에서 연 2,000시간 근무하고, 방사평형인자(Feq) 값을 0.4로 할 경우 9.2 mSv/y 또는 0.77 WLM/y에 해당
   (※ 800 Bq/m³(2,000시간 근무, Feq = 0.4) = 1WLM = 12 mSv)

③ 물리적 유해요인 관리대책 수립

(1) 소음 관리대책

1) 소음 관리대책(방음대책)

음원(소음발생원) 대책	전파경로 대책	수음 대책
① 발생원 제거 ② 소음기 설치 ③ 소음 발생기구에 방진고무 설치 ④ 방음커버 설치 ⑤ 흡음덕트 설치	① 흡음 및 차음처리 ② 방음벽 설치 ③ 거리 감쇠 ④ 지향성 변환 (음원 방향 변경) 등	① 마스킹 효과 ② 귀마개 착용 ③ 이중창 설치 등

2) 난청 발생에 따른 조치

사업주는 소음으로 인하여 근로자에게 소음성 난청 등의 건강장해가 발생하였거나 발생할 우려가 있는 경우에 다음 각 호의 조치를 하여야 한다.

① 해당 작업장의 소음성 난청 발생 원인 조사
② 청력손실을 감소시키고 청력 손실의 재발을 방지하기 위한 대책 마련
③ ②에 따른 대책의 이행 여부 확인
④ 작업전환 등 의사의 소견에 따른 조치

3) 청력보존 프로그램 시행

사업주는 다음 각 호의 어느 하나에 해당하는 경우에 청력보존 프로그램을 수립하여 시행하여야 한다.

① 근로자가 소음 작업, 강렬한 소음 작업 또는 충격소음 작업에 종사하는 사업장
② 소음으로 인하여 근로자에게 건강장해가 발생한 사업장

참고

"청력보존 프로그램"이란 다음 각 목의 사항이 포함된 소음성 난청을 예방·관리하기 위한 종합적인 계획을 말한다.
가. 소음노출 평가
나. 소음노출에 대한 공학적 대책
다. 청력보호구의 지급과 착용
라. 소음의 유해성 및 예방 관련 교육
마. 정기적 청력검사
바. 청력보존 프로그램 수립 및 시행 관련 기록·관리체계
사. 그 밖에 소음성 난청 예방·관리에 필요한 사항

4) 청력 보호구

종류	등급	기호	성능
귀마개	1종	EP-1	저음부터 고음까지 차음하는 것
귀마개	2종	EP-2	주로 고음을 차음하여 회화음 영역인 저음은 차음하지 않는 것
귀덮개		EM	

(2) 진동방지 대책

1) 진동방지(방진) 대책

발생원 대책	① 기초중량을 부가 및 경감한다. ② 진동원을 제거한다.(가장 적극적인 방법) ③ 방진재를 이용하여 탄성지지한다. ④ 기진력을 감쇠시킨다.(동적 흡진) ⑤ 불평형력의 평형을 유지한다.
전파경로 대책	① 거리감쇠를 크게 한다. ② 수진점 부근에 방진구를 설치하여 전파경로를 차단한다.
수진측 대책	① 수진측에 탄성지지를 한다. ② 수진점의 기초중량을 부가 및 경감한다. ③ 근로자 작업시간 단축 및 교대제를 실시한다. ④ 근로자 보건교육을 실시한다.

2) 진동보호구의 지급

사업주는 진동작업에 근로자를 종사하도록 하는 경우에 방진장갑 등 진동보호구를 지급하여 착용하도록 하여야 한다.

3) 유해성 등의 주지

사업주는 근로자가 진동작업에 종사하는 경우에 다음 각 호의 사항을 근로자에게 충분히 알려야 한다.

① 인체에 미치는 영향과 증상
② 보호구의 선정과 착용방법
③ 진동 기계·기구 관리 및 사용방법
④ 진동 장해 예방방법

(3) 방사선 관리대책

1) 방사선 피폭의 방호 대책
   (3대 기본 요소 : 거리, 시간, 차폐)
   ① 방사선을 차폐한다.
   ② 노출시간을 줄인다.
   ③ 가급적 거리를 멀게 한다.

2) 비전리전자기파에 의한 건강장해 예방 조치
   사업주는 사업장에서 발생하는 유해광선·초음파 등 비전리전자기파(컴퓨터 단말기에서 발생하는 전자파는 제외한다)로 인하여 근로자에게 심각한 건강장해가 발생할 우려가 있는 경우에 다음 각 호의 조치를 하여야 한다.

   ① 발생원의 격리·차폐·보호구 착용 등 적절한 조치를 할 것
   ② 비전리전자기파 발생장소에는 경고 문구를 표시할 것
   ③ 근로자에게 비전리전자기파가 인체에 미치는 영향, 안전작업 방법 등을 알릴 것

(4) 이상 기압에 대한 관리대책

1) 고압시간의 제한
   ① 고압시간은 고압실내 작업자에게 가압을 시작한 때부터 감압을 시작하는 때까지의 시간을 말한다.
   ② 고압시간은 1일 6시간, 1주 34시간을 초과하지 아니할 것 ★

2) 잠수시간
   ① 잠수작업자가 잠수를 시작한 때부터 부상을 시작하는 때까지의 시간을 말한다.
   ② 잠수시간은 1일 6시간, 1주 34시간을 초과하지 아니할 것 ★
   ③ 감압의 속도는 매분 매제곱센티미터당 0.8킬로그램 이하로 할 것

3) 감압병 예방 및 치료
   ① 고압환경에서의 작업시간을 제한(1일 6시간, 주 34시간)하고 고압실내의 작업에서는 탄산가스 분압이 증가하지 않도록 신선한 공기를 송기시킨다.

> **참고**
>
> * 국제방사선방호위원회(ICRP)의 방사선 노출을 최소화하기 위한 3원칙
>
> ① 작업의 최적화(최소화)
> 피폭 가능성, 피폭자 수, 개인 선량의 크기 등을 경제 사회적 인자를 고려하여 합리적으로 최소화하여야 함
>
> ② 작업의 정당성(정당화)
> 피폭상황의 변화가 있는 경우 관련 행위가 손해(위해) 보다 이익이 커야 함
>
> ③ 개개인의 노출량의 한계 (선량한도 적용)
> 관리되는 선원들로 부터 받는 특정 개인의 총 선량은 ICRP가 권고하는 선량한도를 초과하지 않아야 함(의료피폭은 제외)

> **참고**
>
> * 건강장해 예방조치
> 사업주는 고열작업에 근로자를 종사하도록 하는 때에는 건강장해를 예방하기 위하여 다음 각 호의 건강장해 예방조치를 취한다.
> ① 건강진단 결과에 따라 적절한 건강관리 및 적정배치 등을 실시한다.
> ② 근로자의 수면시간, 영양지도 등 일상의 건강관리지도를 실시하고 필요 시 건강상담을 실시한다.
> ③ 작업개시 전 근로자의 건강상태를 확인하고 작업 중에는 주기적으로 순회하여 상담하는 등 근로자의 건강상태를 확인하고 필요한 조치를 조언한다.
> ④ 작업근로자에게 수분이나 염분의 보급 등 필요한 보건지도를 실시한다.
> ⑤ 휴게시설에 체온계를 비치하여 휴식시간 등에 측정할 수 있도록 한다.
>
> * 고열작업 종사의 제한
> 사업주는 다음 각 호에 해당하는 근로자에 대하여는 고열작업의 내용과 건강 상태의 정도를 고려하여 고열작업 종사를 제한한다.
> ① 비만자
> ② 심장혈관계에 이상이 있는 자
> ③ 피부질환을 앓고 있거나 감수성이 높은 자
> ④ 발열성 질환을 앓고 있거나 회복기에 있는 자
> ⑤ 45세 이상의 고령자
>
> * 안전보건교육
> 사업주는 고열작업에 근로자를 종사하도록 하는 때에는 작업을 지휘·감독하는 자와 해당 작업근로자에 대해서 다음 각 호의 내용에 대한 안전보건교육을 실시한다.
> ① 고열이 인체에 미치는 영향
> ② 고열에 의한 건강장해 예방법
> ③ 응급 시의 조치사항

② 감압이 끝날 무렵에 순수한 산소를 흡입시키면 감압시간을 25%가량 단축시킬 수 있다.

③ 헬륨은 호흡저항이 작고, 질소보다 확산속도가 크며, 체외로 배출되는 시간이 질소에 비하여 50% 정도 밖에 걸리지 않아 고압환경에서 작업하는 근로자에게 질소를 헬륨으로 대치한 공기를 호흡시켜 감압병을 예방한다.

④ 특별히 잠수에 익숙한 사람을 제외하고는 10m/min 속도 정도로 잠수하는 것이 안전하다.

⑤ 감압병이 발생하면 환자를 원래의 고압환경 상태로 바로 복귀시키거나, 인공 고압실에 넣어 혈관 및 조직 속에 발생한 질소의 기포를 용해시킨 후 서서히 감압한다.

⑥ 정상기압보다 1.25기압을 넘지 않는 고압환경에는 아무리 오랫동안 폭로되거나 아무리 빨리 감압하더라도 기포를 형성하지 않는다.

⑦ 적성검사로 부적합자를 색출한다. (비만자의 작업 금지)

⑧ 귀 등의 장애를 예방하기 위해서는 압력을 가하는 속도를 매분당 $0.8kg/cm^2$ 이하가 되도록 한다.

(5) 고온에 대한 관리대책

1) 고열작업 시의 조치

사업주는 실내에서 고열작업을 하는 경우에 고열을 감소시키기 위하여 환기장치 설치, 열원과의 격리, 복사열 차단 등 필요한 조치를 하여야 한다.

2) 고열장해 예방 작업관리조치

사업주는 고열작업에 근로자를 종사하도록 하는 때에는 건강장해를 예방하기 위하여 다음 각 호의 작업관리 조치를 취한다.

① 근로자를 새로이 배치할 경우에는 고열에 순응할 때까지 고열작업 시간을 매일 단계적으로 증가시키는 등 필요한 조치를 한다. 고열에의 순응은 하루 중 오전에는 시원한 곳에서 일하게 하고 오후에만 고열작업을 시키는 방법 등으로 실시한다.

② 근로자가 온도, 습도를 쉽게 알 수 있도록 온도계 등의 기기를 상시 작업 장소에 비치한다.

③ 인력에 의한 굴착작업 등 에너지 소비량이 많은 작업이나 연속작업은 가능한 한 줄인다.

④ 작업휴식시간비를 초과하여 근로자가 작업하지 않도록 한다.
⑤ 근로자들이 휴식시간에 이용할 수 있는 휴게시설을 갖춘다. 휴게시설을 설치하는 때에는 고열작업과 격리된 장소에 설치하고 잠자리를 가질 수 있는 넓이를 확보한다.
⑥ 고열물체를 취급하는 장소 또는 현저히 뜨거운 장소에는 관계근로자외의 자의 출입을 금지시키고 그 뜻을 보기 쉬운 장소에 게시하여야 한다.
⑦ 작업복이 심하게 젖게 되는 작업장에 대하여는 탈의시설, 목욕시설, 세탁시설 및 작업복을 건조시킬 수 있는 시설을 설치·운영한다.
⑧ 근로자가 작업 중 땀을 많이 흘리게 되는 장소에는 소금과 깨끗하고 차가운 음료수 등을 비치한다.

3) 보호구

사업주는 고열작업에 근로자를 종사하도록 하는 때에는 건강장해를 예방하기 위하여 다음 각 호의 기준에 따라 적절한 보호구와 작업복 등을 지급·관리하고 이를 근로자가 착용하도록 조치한다.

① 다량의 고열물체를 취급하거나 현저히 더운 장소에서 작업하는 근로자에게는 방열장갑 및 방열복을 개인전용의 것으로 지급한다.
② 작업복은 열을 잘 흡수하는 복장을 피하고 흡습성, 환기성의 좋은 복장을 착용시킨다.
③ 직사광선 하에서는 환기성이 좋은 모자 등을 쓰게 한다.
④ 근로자로 하여금 지급한 보호구는 상시 점검하도록 하고 보호구에 이상이 있다고 판단한 경우 사업주는 이상 유무를 확인하여 이를 보수하거나 다른 것으로 교환하여 준다.

(6) 저온에 대한 관리대책

1) 한랭장해 예방 조치

사업주는 근로자가 한랭작업을 하는 경우에 동상 등의 건강장해를 예방하기 위하여 다음 각 호의 조치를 하여야 한다.

① 혈액순환을 원활히 하기 위한 운동지도를 할 것
② 적절한 지방과 비타민 섭취를 위한 영양지도를 할 것

참고

※ 건강장해 예방조치
사업주는 한랭작업에 근로자를 종사하도록 하는 때에는 전신 저체온증, 동상 등의 건강장해를 예방하기 위하여 다음 각 호의 조치를 하여야 한다.
① 건강진단 결과에 따라 적절한 건강관리 및 적정배치 등을 실시한다.
② 근로자의 수면시간, 영양지도 등 일상의 건강관리지도를 실시하고 필요한 때에는 건강상담을 실시한다.
③ 작업을 시작하기 전 근로자의 건강상태를 확인하고 작업 중에는 주기적으로 순회하여 상담하는 등 근로자의 건강상태를 확인하고 필요한 조치를 조언한다.
④ 작업근로자에게 따뜻한 음료의 공급 등 필요한 보건지도를 실시한다.

※ 한랭작업 종사의 제한
사업주는 다음 각 호에 해당하는 근로자를 한랭 작업에 배치하고자 할 때에는 의사인 보건관리자 또는 산업의학전문의에게 의뢰하여 업무에 적합한지를 평가받도록 한다.
① 고혈압 및 심장혈관질환자
② 간장 및 위장기능 장애자
③ 위산과다증 및 신장기능 이상자
④ 감기에 잘 걸리거나 한랭에 알레르기가 있는 자
⑤ 과거에 한랭장애 병력이 있는 자
⑥ 흡연 및 음주를 많이 하는 자

※ 안전보건교육
사업주는 한랭작업에 근로자를 종사하도록 하는 때에는 작업을 지휘·감독하는 자와 해당 작업근로자에 대해서 다음 각 호의 내용에 대한 안전보건교육을 실시한다.
① 전신 저체온증·동상 등 한랭장애의 증상
② 전신 저체온증·동상 등 한랭장애의 예방방법
③ 응급한 때의 조치사항

2) 한랭작업환경의 관리

① 환경관리
사업주는 한랭작업에 근로자를 종사하도록 하는 때에는 건강장해를 예방하기 위하여 다음 각 호의 환경관리 조치를 취한다.
- 한랭작업이 실내인 경우에는 난방 등을 위하여 적절한 온·습도 조절장치를 설치한다.
- 근로자가 온도·습도를 쉽게 알 수 있도록 온도계 등의 기기를 상시 작업장소에 비치한다.

② 작업관리
사업주는 한랭작업에 근로자를 종사하도록 하는 때에는 동상 등의 건강장해를 예방하기 위하여 다음 각호의 조치를 취한다.
- 혈액순환을 원활히 하기 위한 운동지도를 실시한다.
- 적정한 지방과 비타민 섭취를 위한 영양지도를 실시한다.
- 젖은 작업복 등은 즉시 갈아입도록 한다.
- 근로자들이 휴식시간에 이용할 수 있는 휴게시설을 갖춘다. 휴게시설을 설치하는 때에는 한랭작업과 격리된 장소에 설치한다. 한랭작업이 야외작업인 경우에는 트레일러, 승합차 등과 같은 이동식 시설을 포함한 따뜻한 휴게시설이 제공되어야 한다.
- 다량의 저온물체를 취급하는 장소 또는 현저히 차가운 장소에는 관계 근로자외의 자의 출입을 금지시키고 그 뜻을 보기 쉬운 장소에 게시하여야 한다.
- 작업복이 심하게 젖게 되는 작업장에 대하여는 탈의시설, 목욕시설, 세탁시설 및 작업복을 건조시킬 수 있는 시설을 설치·운영한다.
- 추운 곳에서 일하는 근로자들은 가급적 순환근무를 하여 한랭 환경에 너무 오래 노출되지 않게 한다.
- 한랭 환경의 작업에서 차가운 금속에 근로자의 피부가 접촉되지 않도록 한다.

3) 보호구

사업주는 한랭작업에 근로자를 종사하도록 하는 때에는 건강장해를 예방하기 위하여 다음 각 호의 기준에 따라 적절한 보호구와 작업복 등을 지급·관리하고 이를 근로자가 착용하도록 조치한다.

① 다량의 저온 물체를 취급하거나 현저히 추운 장소에서 작업하는 근로자에게는 방한모, 방한화, 방한장갑 및 방한복을 개인전용의 것으로 지급한다.
② 기온이 4℃ 이하의 작업환경에서는 근로자가 적절한 보호복을 착용하도록 하며, 젖은 곳에서는 방수복을 착용하게 한다.
③ 신발은 고무인 바닥을 천으로 둘러싸고 가죽으로 덮은 부츠를 제공한다.
④ 머리를 통해 50%의 열 소실이 있는 경우 털모자 또는 열선이 있는 안전모와 같은 머리 보호구를 제공한다.
⑤ 근로자로 하여금 지급한 보호구는 상시 점검하도록 하고 보호구에 이상이 있다고 판단한 경우 사업주는 이상 유무를 확인하여 이를 보수하거나 다른 것으로 교환하여 준다.

02 화학적 유해요인 관리

> 주/요/내/용 알/고/가/기
> 1. 입자상 물질의 종류 및 정의
> 2. 노출지수 및 허용농도
> 3. 작업환경 개선대책

1 화학적 유해요인 파악

(1) 화학물질의 분류기준

1) 물리적 위험성 분류기준
   ① **폭발성 물질** : 자체의 화학반응에 따라 주위 환경에 손상을 줄 수 있는 정도의 온도·압력 및 속도를 가진 가스를 발생시키는 고체·액체 또는 혼합물
   ② **인화성 가스** : 20℃, 표준압력(101.3kPa)에서 공기와 혼합하여 인화되는 범위에 있는 가스와 54℃ 이하 공기 중에서 자연 발화하는 가스(혼합물을 포함한다)
   ③ **인화성 액체** : 표준압력(101.3kPa)에서 인화점이 93℃ 이하인 액체
   ④ **인화성 고체** : 쉽게 연소되거나 마찰에 의하여 화재를 일으키거나 촉진할 수 있는 물질
   ⑤ **에어로졸** : 재충전이 불가능한 금속·유리 또는 플라스틱 용기에 압축가스·액화가스 또는 용해가스를 충전하고 내용물을 가스에 현탁시킨 고체나 액상입자로, 액상 또는 가스상에서 폼·페이스트·분말상으로 배출되는 분사장치를 갖춘 것
   ⑥ **물반응성 물질** : 물과 상호작용을 하여 자연발화되거나 인화성 가스를 발생시키는 고체·액체 또는 혼합물
   ⑦ **산화성 가스** : 일반적으로 산소를 공급함으로써 공기보다 다른 물질의 연소를 더 잘 일으키거나 촉진하는 가스
   ⑧ **산화성 액체** : 그 자체로는 연소하지 않더라도, 일반적으로 산소를 발생시켜 다른 물질을 연소시키거나 연소를 촉진하는 액체
   ⑨ **산화성 고체** : 그 자체로는 연소하지 않더라도 일반적으로 산소를 발생시켜 다른 물질을 연소시키거나 연소를 촉진하는 고체

⑩ **고압가스** : 20℃, 200킬로파스칼(kPa) 이상의 압력 하에서 용기에 충전되어 있는 가스 또는 냉동액화가스 형태로 용기에 충전되어 있는 가스(압축가스, 액화가스, 냉동액화가스, 용해가스로 구분한다)

⑪ **자기반응성 물질** : 열적(熱的)인 면에서 불안정하여 산소가 공급되지 않아도 강렬하게 발열·분해하기 쉬운 액체·고체 또는 혼합물

⑫ **자연발화성 액체** : 적은 양으로도 공기와 접촉하여 5분 안에 발화할 수 있는 액체

⑬ **자연발화성 고체** : 적은 양으로도 공기와 접촉하여 5분 안에 발화할 수 있는 고체

⑭ **자기발열성 물질** : 주위의 에너지 공급 없이 공기와 반응하여 스스로 발열하는 물질(자기발화성 물질은 제외한다)

⑮ **유기과산화물** : 2가의 -O-O- 구조를 가지고 1개 또는 2개의 수소 원자가 유기라디칼에 의하여 치환된 과산화수소의 유도체를 포함한 액체 또는 고체 유기물질

⑯ **금속 부식성 물질** : 화학적인 작용으로 금속에 손상 또는 부식을 일으키는 물질

2) 건강 및 환경 유해성 분류기준

① **급성 독성 물질** : 입 또는 피부를 통하여 1회 투여 또는 24시간 이내에 여러 차례로 나누어 투여하거나 호흡기를 통하여 4시간 동안 흡입하는 경우 유해한 영향을 일으키는 물질

② **피부 부식성 또는 자극성 물질** : 접촉 시 피부조직을 파괴하거나 자극을 일으키는 물질(피부 부식성 물질 및 피부 자극성 물질로 구분한다)

③ **심한 눈 손상성 또는 자극성 물질** : 접촉 시 눈 조직의 손상 또는 시력의 저하 등을 일으키는 물질(눈 손상성 물질 및 눈 자극성 물질로 구분한다)

④ **호흡기 과민성 물질** : 호흡기를 통하여 흡입되는 경우 기도에 과민 반응을 일으키는 물질

⑤ **피부 과민성 물질** : 피부에 접촉되는 경우 피부 알레르기 반응을 일으키는 물질

⑥ **발암성 물질** : 암을 일으키거나 그 발생을 증가시키는 물질

⑦ **생식세포 변이원성 물질** : 자손에게 유전될 수 있는 사람의 생식세포에 돌연변이를 일으킬 수 있는 물질

⑧ 생식독성 물질 : 생식기능, 생식능력 또는 태아의 발생·발육에 유해한 영향을 주는 물질
⑨ 특정 표적장기 독성 물질(1회 노출) : 1회 노출로 특정 표적장기 또는 전신에 독성을 일으키는 물질
⑩ 특정 표적장기 독성 물질(반복 노출) : 반복적인 노출로 특정 표적장기 또는 전신에 독성을 일으키는 물질
⑪ 흡인 유해성 물질 : 액체 또는 고체 화학물질이 입이나 코를 통하여 직접적으로 또는 구토로 인하여 간접적으로, 기관 및 더 깊은 호흡기관으로 유입되어 화학적 폐렴, 다양한 폐 손상이나 사망과 같은 심각한 급성 영향을 일으키는 물질
⑫ 수생 환경 유해성 물질 : 단기간 또는 장기간의 노출로 수생생물에 유해한 영향을 일으키는 물질
⑬ 오존층 유해성 물질 : 「오존층 보호를 위한 특정물질의 제조규제 등에 관한 법률」 제2조제1호에 따른 특정 물질

(2) 입자상 물질에 의한 건강장해

1) 입자상 물질의 종류 및 정의

흄 (fume)	금속의 증기가 공기 중에서 응고되어 화학변화(산화)를 일으켜 만들어진 고체의 미립자(금속산화물)
미스트 (mist)	공기 중에 부유, 비산되는 액체 미립자를 말하며 입자의 크기는 보통 100μm 이하이다.
먼지 (dust)	입자의 크기는 1~100μm 정도의 고체의 미립자가 공기 중에 부유하고 있는 것
연기 (smoke)	유해물질이 연소 시에 불완전 연소의 결과로 생기는 미립자로 액체나 고체의 2가지 상태로 존재할 수 있다. (크기는 0.01~1.0μm 정도)
안개 (fog)	증기가 응축되어 생성된 액체 입자로 크기는 1~10μm 정도이다.
스모그 (smog)	smoke(연기)와 fog(안개)가 결합된 상태를 말한다.
에어로졸 (aerosol)	유기물의 불완전 연소에 의한 액체와 고체의 미세한 입자가 공기 중에 부유되어 있는 혼합체를 말한다.
섬유 (fiber)	길이가 5μm 이상이고 길이 대 너비의 비가 3 : 1 이상인 가늘고 긴 먼지로 석면 섬유, 식물섬유, 유리섬유, 암면 등이 있다.
검댕 (soot)	탄소함유 물질의 불완전연소로 생성된 탄소입자의 응집체

2) 유해분진의 종류

① 진폐성 분진(진폐증을 일으키는 분진) : 유리규산(SiO_2), 석면, 활석, 흑연 등
② 알레르기성 분진 : 꽃가루, 털, 나무가루 등
③ 중독성 분진 : 납, 수은, 카드뮴 등
④ 자극성 분진 : 산, 알카리, 크롬산 등
⑤ 불활성 분진 : 석회석, 시멘트, 석탄 등
⑥ 유기성 분진 : 목분진, 면, 밀가루
⑦ 발암성 분진 : 석면, 니켈카보닐, 아민계 색소 등

3) 분진에 의한 건강장해

① 털, 나무가루, 꽃가루 등의 유기분진은 알레르기성 천식, 피부병 등을 유발한다.
② $5\mu m$ 이하의 미세한 분진은 폐에 흡인되어 섬유증식, 결절형성 등을 유발한다.
③ 석영(유리규산), 석면, 흑연 등은 폐에서의 산소섭취능력을 방해하고 폐결핵을 유발한다.
④ $2~5\mu m$ 크기의 유리규산(석영) 분진은 규폐성 결정과 폐포벽 파괴 등 망상 내피계 반응을 일으킨다.
⑤ 석탄, 석회석, 시멘트 등은 많은 양을 흡입하지 않으면 유해작용을 일으키지 않는 불활성분진이다.

(3) 석면에 의한 건강장해

1) 석면의 종류

석면 종류	화학식
백석면(크리소타일) : 사문석계	$Mg_3(Si_2O_5)(OH)_4$
청석면(크로시돌라이트) : 각섬석계	$Na_2Fe_3^{2+}Fe_2^{3+}Si_8O_{22}(OH)_2$
갈석면(아모사이트) : 각섬석계	$(FeMg)SiO_3$
트레모라이트-석면	$Ca_2(Mg,Fe)_5Si_8O_{22}(OH)_2$
악티노라이트-석면	$Ca_2Mg_5(Si_8O_{22})(OH)_2$
안소필라이트-석면	$(Mg,Fe)_7Si_8O_{22}(OH)_2$

2) 석면으로 인한 건강장해
① 석면 중 건강에 가장 치명적인 영향을 미치는 것(발암성이 가장 강하다)은 청석면(크로시돌라이트 : crocidolite)이다.
인체에 해로운 순서 : 청석면 > 갈석면 > 백석면
② 석면폐증, 폐암, 악성중피종 등을 유발한다.

2 화학적 유해요인 노출기준

(1) 유해인자별 노출 농도의 허용기준

유해인자		허용기준			
		시간 가중 평균값(TWA)		단시간 노출값(STEL)	
		ppm	mg/m³	ppm	mg/m³
1. 6가크롬[18540-29-9] 화합물 (Chromium VI compounds)	불용성		0.01		
	수용성		0.05		
2. 납[7439-92-1] 및 그 무기화합물 (Lead and its inorganic compounds)			0.05		
3. 니켈[7440-02-0] 화합물(불용성 무기화합물로 한정한다)(Nickel and its insoluble inorganic compounds)			0.2		
4. 니켈카르보닐 (Nickel carbonyl; 13463-39-3)		0.001			
5. 디메틸포름아미드 (Dimethylformamide; 68-12-2)		10			
6. 디클로로메탄 (Dichloromethane; 75-09-2)		50			
7. 1,2-디클로로프로판 (1,2-Dichloro propane; 78-87-5)		10		110	
8. 망간[7439-96-5] 및 그 무기화합물 (Manganese and its inorganic compounds)			1		
9. 메탄올(Methanol; 67-56-1)		200		250	
10. 메틸렌 비스(페닐 이소시아네이트) [Methylene bis(phenyl isocya nate); 101-68-8 등]		0.005			

물질명			
11. 베릴륨[7440-41-7] 및 그 화합물 (Beryllium and its compounds)		0.002		0.01
12. 벤젠(Benzene; 71-43-2)	0.5		2.5	
13. 1,3-부타디엔 (1,3-Butadiene; 106-99-0)	2		10	
14. 2-브로모프로판 (2-Bromopropane; 75-26-3)	1			
15. 브롬화 메틸 (Methyl bromide; 74-83-9)	1			
16. 산화에틸렌 (Ethylene oxide; 75-21-8)	1			
17. 석면 (제조·사용하는 경우만 해당한다) (Asbestos; 1332-21-4 등)		0.1개/cm³		
18. 수은[7439-97-6] 및 그 무기화합물 (Mercury and its inorganic compounds)		0.025		
19. 스티렌(Styrene; 100-42-5)	20		40	
20. 시클로헥사논 (Cyclohexanone; 108-94-1)	25		50	
21. 아닐린(Aniline; 62-53-3)	2			
22. 아크릴로니트릴 (Acrylonitrile; 107-13-1)	2			
23. 암모니아 (Ammonia; 7664-41-7 등)	25		35	
24. 염소(Chlorine; 7782-50-5)	0.5		1	
25. 염화비닐 (Vinyl chloride; 75-01-4)	1			
26. 이황화탄소 (Carbon disulfide; 75-15-0)	1			
27. 일산화탄소 (Carbon monoxide; 630-08-0)	30		200	
28. 카드뮴[7440-43-9] 및 그 화합물 (Cadmium and its compounds)		0.01 (호흡성 분진인 경우 0.002)		
29. 코발트[7440-48-4] 및 그 무기화합물 (Cobalt and its inorganic compounds)		0.02		

30. 콜타르피치[65996-93-2] 휘발물 (Coal tar pitch volatiles)		0.2	
31. 톨루엔(Toluene; 108-88-3)	50		150
32. 톨루엔-2,4-디이소시아네이트 (Toluene-2,4-diisocyanate; 584-84-9 등)	0.005		0.02
33. 톨루엔-2,6-디이소시아네이트 (Toluene-2,6-diisocyanate; 91-08-7 등)	0.005		0.02
34. 트리클로로메탄 (Trichloromethane; 67-66-3)	10		
35. 트리클로로에틸렌 (Trichloroethylene; 79-01-6)	10		25
36. 포름알데히드 (Formaldehyde; 50-00-0)	0.3		
37. n-헥산(n-Hexane; 110-54-3)	50		
38. 황산(Sulfuric acid; 7664-93-9)		0.2	0.6

[비고]

1. "시간가중평균값(TWA, Time-Weighted Average)"이란 1일 8시간 작업을 기준으로 한 평균노출농도로서 산출공식은 다음과 같다.

$$TWA \text{환산값} = \frac{C_1 \cdot T_1 + C_2 \cdot T_2 + \cdots + C_n \cdot T_n}{8}$$

   주) C : 유해인자의 측정농도(단위 : ppm, mg/cm^3 또는 개/cm^3)
   T : 유해인자의 발생시간(단위 : 시간)

2. "단시간 노출값(STEL, Short-Term Exposure Limit)"이란 15분 간의 시간가중평균값으로서 노출 농도가 시간가중평균값을 초과하고 단시간 노출값 이하인 경우에는 ① 1회 노출 지속시간이 15분 미만이어야 하고, ② 이러한 상태가 1일 4회 이하로 발생해야 하며, ③ 각 회의 간격은 60분 이상이어야 한다.

3. "등"이란 해당 화학물질에 이성질체 등 동일 속성을 가지는 2개 이상의 화합물이 존재할 수 있는 경우를 말한다.

> 참고
>
> 1. 노출지수 $EI = \dfrac{C_1}{T_1} + \dfrac{C_2}{T_2} + \cdots + \dfrac{C_n}{T_n}$
>
>   여기서 C : 화학물질 각각의 측정치
> T : 화학물질 각각의 노출기준
>   판정 : $R > 1$ 경우 노출기준을 초과함
>
> 2. 혼합물의 TLV-TWA
>
> $TLV - TWA = \dfrac{C_1 + C_2 + \cdots + C_n}{EI}$
>
> 3. 액체 혼합물의 구성성분(%)을 알 때 혼합물의 허용농도(노출기준)
>
>   혼합물의 노출기준(mg/m^3)
> $= \dfrac{1}{\dfrac{f_a}{TLV_a} + \dfrac{f_b}{TLV_b} + \cdots + \dfrac{f_n}{TLV_n}}$
>
>   여기서, f_a, f_b, f_n : 액체 혼합물에서의 각 성분 무게(중량) 구성비(%)
> TLV_a, TLV_b, TLV_n : 해당 물질의 노출기준(mg/m^3)

3 화학적 유해요인의 관리대책

(1) 유해물 취급상의 안전조치

① 유해물 발생원의 봉쇄
② 유해물의 위치, 작업공정의 변경
③ 작업공정의 은폐 및 작업장의 격리

(2) 작업환경 개선대책

1) 대치(대체)

① 공정의 변경
② 유해물질 변경
③ 시설의 변경

2) 격리(Isolation)
   ① 저장물질의 격리
   ② 시설의 격리
   ③ 공정의 격리
   ④ 작업자의 격리

3) 환기
   ① 국소환기
   ② 전체환기

4) 교육
   올바른 작업방법에 대한 교육과 습관화

03 생물학적 유해요인 관리

> 주/요/내/용 알/고/가/기
> 1. 생물학적 유해인자의 정의
> 2. 생물학적 유해인자의 분류기준

1 생물학적 유해요인 파악

(1) 생물학적 유해인자

1) 생물체 또는 생물체로부터 방출된 입자, 휘발성분에 의해 건강장해를 유발하는 물질을 말한다.

2) 바이오에어로졸 : 살아있거나, 살아있는 생물체를 포함하거나 또는 살아있는 생물체로부터 방출된 0.01-100㎛ 입경 범위의 부유 입자, 거대 분자 또는 휘발성 성분을 말한다.

3) 생물학적 유해요인에 노출되면 세균 및 병원성 바이러스에 감염되거나 알레르기 반응 또는 독성반응을 일으킬 수 있다.

(2) 생물학적 인자의 분류기준

1) 혈액매개 감염인자

후천성면역결핍 바이러스, B형·C형간염 바이러스, 매독 바이러스 등 혈액을 매개로 다른 사람에게 전염되어 질병을 유발하는 인자를 말한다.

2) 공기매개 감염인자

결핵·수두·홍역 등 공기 또는 비말감염 등을 매개로 호흡기를 통하여 전염되는 인자를 말한다.

3) 곤충 및 동물매개 감염인자

쯔쯔가무시증, 렙토스피라증, 유행성출혈열 등 동물의 배설물 등에 의하여 전염되는 인자 및 탄저병, 브루셀라병 등 가축 또는 야생동물로부터 사람에게 감염되는 인자를 말한다.

(3) 곤충 및 동물매개 감염병 고위험작업의 종류

① 습지 등에서의 실외 작업
② 야생 설치류와의 직접 접촉 및 배설물을 통한 간접 접촉이 많은 작업
③ 가축 사육이나 도살 등의 작업

② 생물학적 유해요인 노출기준

(1) 사무실 공기관리지침의 오염물질 관리기준

사업주는 쾌적한 사무실 공기를 유지하기 위해 사무실 오염물질은 다음 기준에 따라 관리한다.

오염물질	관리기준
미세먼지(PM10)	100 $\mu g/m^3$
초미세먼지(PM2.5)	50 $\mu g/m^3$
이산화탄소(CO_2)	1,000 ppm
일산화탄소(CO)	10 ppm
이산화질소(NO_2)	0.1 ppm
포름알데히드(HCHO)	100 $\mu g/m^3$
총 휘발성유기화합물(TVOC)	500 $\mu g/m^3$
라돈(radon)	148 Bq/m^3
총 부유세균	800 CFU/m^3
곰팡이	500 CFU/m^3

* 라돈은 지상 1층을 포함한 지하에 위치한 사무실에만 적용한다.
* 관리기준 : 8시간 시간가중평균농도 기준
* PM 10이란 입경이 10μm 이하인 먼지를 의미한다.
* 총 부유세균의 단위는 CFU/m^3로, $1m^3$ 중에 존재하고 있는 집락형성 세균 개체수를 의미한다.

> **특급 암기법**
>
> 이질 0.1, 일탄 10/ 초먼 50, 포름알·미먼 100/ 라돈 148, 휘유, 곰팡이 500/ 부유 800, 이탄 1,000
> (부유 CFU/m^3, 초먼·미먼·포름알·휘유 $\mu g/m^3$, 나머지 ppm)

CHAPTER 06 작업환경 관리

01 인체 계측 및 체계 제어

> 주/요/내/용 알/고/가/기
> 1. 인체계측자료의 응용 3원칙
> 2. 인간에 대한 모니터링 방법
> 3. 피드백제어(feedback control)
> 4. 통제표시비(C / D비) 계산 및 설계시 고려사항
> 5. 양립성

1 인체 계측

(1) 인체 계측 방법

① 정적 인체 계측(구조적 인체치수) : 정지 상태에서의 신체를 계측하는 방법
② 동적 인체 계측(기능적 인체치수) : 체위의 움직임에 따라 계측하는 방법

(2) 인체 계측자료의 응용 3원칙 ✮

① 최대치수와 최소치수 설계(극단치 설계)
최대치수 또는 최소치수를 기준으로 하여 설계한다.

최대치수 설계의 예	최소치수 설계의 예
• 위험구역의 울타리 높이 • 출입문의 높이 • 그네줄의 인장강도	• 물건을 올리는 선반의 높이 • 조정장치를 조정하는 힘 • 조정장치까지의 조정거리

② 조절(조정)범위(조절식 설계)
  • 체격이 다른 여러 사람에 맞도록 설계한다.
    예 침대, 의자 높낮이 조절, 자동차의 운전석 위치조정
③ 평균치를 기준으로 한 설계
  • 최대 치수나 최소 치수, 조절식으로 하기가 곤란할 때 평균치를 기준으로 하여 설계한다. 예 은행의 창구 높이

참고

* 최대집단치 설계
정규분포도 상에 95% 이상의 최대치를 적용하여 설계하는 방법

* 최소집단치 설계
정규분포도 상에 5% 이하의 최소치를 적용하여 설계하는 방법

* 평균치에 의한 설계
정규분포도 상에 5% ~ 95% 사이의 가장 분포도가 많은 구간을 적용하여 설계하는 방법

기출

* 인체측정자료의 설계에 적용 순서
조절식 설계 → 극단치 설계 → 평균치 설계

(3) 인간에 대한 모니터링 방법

① 셀프 모니터링(자기 감지)
지각에 의해서 자신의 상태를 알고 행동하는 감시방법
② 생리학적 모니터링
맥박수, 호흡속도, 체온, 뇌파 등으로 인간의 상태를 모니터링 하는 방법
③ 비주얼 모니터링(시각적 모니터링)
동작자의 태도 보고 동작자의 상태를 파악하는 방법
④ 반응에 대한 모니터링
자극(시각, 청각, 촉각)을 가하여 이에 대한 반응을 보고 정상, 비정상을 판단하는 방법
⑤ 환경의 모니터링
환경조건의 개선으로 기분을 좋게 하여 정상 작업할 수 있도록 하는 방법

2 제어장치

> **용어정의**
> ※ 제어장치(controller)
> 물체, 프로세스, 기계 등을 제어, 조정하는 데 필요한 신호를 공급하는 장치

(1) 제어장치의 유형

① 시퀀스 제어
미리 정해진 순서 또는 일정한 논리에 따라 제어의 각 단계를 진행시켜 가는 제어
② 서보 시스템
물체의 위치 · 방위 · 자세 등의 변위를 제어량(출력)으로 하고, 목표값(입력)의 임의의 변화에 추종하도록 한 제어
③ 공정제어
산업의 공정 상태량(온도, 압력, 유량 등)을 제어량으로 하는 자동제어의 총칭
④ 자동조정
전압, 전류, 주파수 등의 제어에 사용되며 자동조작으로 항상 일정 값을 유지해 준다.
⑤ 개방 루프 제어(open loop control)
출력이 다시 입력에 연결되지 않고 입력에 영향을 끼치지 않는 시스템
⑥ 피드백 제어(feedback control), 폐쇄 루프 제어(cloesd loop control)
출력 결과를 입력측으로 되돌려, 이것을 목표값과 비교하면서 목표값과 출력결과가 일치할 때까지 제어를 되풀이하여 제어량이 목표값과 일치하도록 하는 제어

(2) 통제표시비(C / R 비 또는 C / D 비)

통제 기기와 시각적 표시장치의 관계를 나타내며, 연속 조종장치에만 적용된다.

1) 통제표시비의 계산 ✄

①
$$C/R비 = \frac{X}{Y}$$

여기서, X : 통제 기기의 변위량(cm)
Y : 표시 계기 지침의 변위량(cm)

②
$$C/R비 = \frac{\frac{a}{360} \times 2\pi L}{Y}$$

여기서, a : 조종 장치의 움직인 각도
L : 조종 장치의 반경

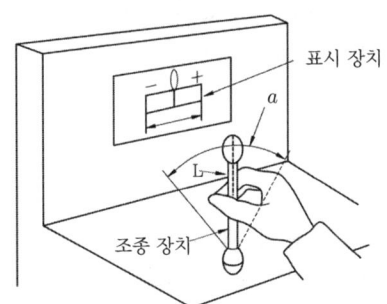

2) 통제표시비 설계 시 고려사항 ✄

① 계기의 크기 ② 목측거리(목시거리)
③ 조작시간   ④ 방향성
⑤ 공차

3) 최적 C/R비는 1.18 ~ 2.42 정도이다.

(3) 기계의 통제기능

① 양의 조절에 의한 통제(연속 조종 장치) : 노브, 크랭크, 핸들, 레버, 페달 등
② 개폐에 의한 통제(단속 조종 장치) : 푸시 버튼, 토글스위치, 로터리스위치 등
③ 반응에 의한 통제 : 자동경보 시스템 등

기출 ★

* C / R비가 클수록
- 미세한 조종은 쉬우나 수행시간이 길어진다.
- 민감하지 않은 장치이다.
- 정확도보다 속도가 중요하다면 C/R 비율을 1보다 낮게 조절하여야 한다.

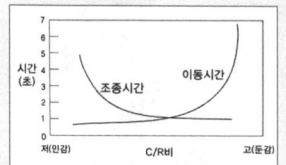

참고

* 연속 조종장치

참고

※ 단속 조종장치, 불연속 조종장치

푸시 버튼

토글스위치

로터리스위치

기출 ★

※ 수동 조작구 조작할 때 적합한 팔꿈치 각도 : 90~135°

※ 완력 검사에서 당기는 힘을 측정할 때 가장 큰 힘을 낼 수 있는 팔꿈치 각도 : 150°

문제

수동 조작구를 조작할 때 적합한 작업자의 팔꿈치 각도는?

㉮ 60~100°
㉯ 45~85°
㉰ 90~135°
㉱ 135~180°

[해설]
수동 조작구 조작 시 작업자의 팔꿈치 각도는 90 ~ 135° 이다.

정답 ㉰

---

③ 양립성 ✦

(1) 양립성 : 자극과 반응의 관계가 인간의 기대와 모순되지 않는 성질

① 개념적 양립성
  • 외부자극에 대한 인간의 개념적 현상의 양립성
    예 빨간 버튼은 온수, 파란 버튼은 냉수

② 공간적 양립성
  • 표시장치, 조종장치의 형태 및 공간적 배치의 양립성
    예 오른쪽 조리대는 오른쪽 조절장치로, 왼쪽 조리대는 왼쪽 조절장치로 조정한다.

③ 운동의 양립성
  • 표시장치, 조종장치 등의 운동 방향의 양립성
    예 조종장치를 오른쪽으로 돌리면 표시장치 지침이 오른쪽으로 이동한다.

④ 양식 양립성
  • 직무에 알맞은 자극과 응답 양식의 존재에 대한 양립성
    예 음성과업에 대해서는 청각적 자극 제시와 이에 대한 음성응답 과업에서 갖는 양립성이다.

④ 수공구

수공구 사용으로 인한 손 상해로서 단순외상, 누적 외상증, 건 활막염, 트리거 핑거, 테니스 엘보 등이 우려된다.

(1) 수공구의 설계원칙

① 손목을 곧게 유지한다.
  (손목을 굽히면 수근관에서 건이 굽혀서 융기되고 건 활막염으로 진전된다)
② 손바닥에 가해지는 압력을 줄인다.
③ 손가락의 반복 사용을 피한다.(트리거 핑거를 유발할 수 있다)
④ 손잡이는 손바닥과의 접촉 면적이 크게 설계한다.
⑤ 공구의 무게를 줄이고 사용 시 균형이 유지되도록 한다.
⑥ 손잡이 단면은 원형 또는 타원형으로 한다.
⑦ 동력 공구의 손잡이는 두 손가락 이상으로 작동하도록 한다.
⑧ 손잡이 직경은 30~45mm 크기가 적당하다.
  (정밀작업 시는 5~12mm, 회전력이 필요한 대형 스크루드라이버 같은 공구는 50~60mm)

02 표시장치 및 신체활동의 생리학적 측정법

> **주/요/내/용 알/고/가/기**
> 1. 부호의 3가지 유형
> 2. 암호 체계의 일반적 사항
> 3. 경계 및 경보신호 설계지침
> 4. 청각적표시의 설계원리
> 5. 청각장치와 시각장치의 비교
> 6. 생리학적 측정방법
> 7. R.M.R.의 계산
> 8. 휴식시간의 계산

1 시각적 표시장치

데이터를 시각적으로 표시하는 장치를 말하며 정량적 표시, 정성적 표시, 상태 표시, 신호 및 경보등, 묘사적 표시, 문자-숫자 및 관련 표시장치, 시각적 암호, 부호 및 기호 등으로 구분한다.

(1) 표시장치의 유형

① 정적 표시장치
  • 시간에 따라 변화하지 않는 표시장치 예 간판, 도표, 그래프 등
② 동적 표시장치
  • 시간에 따라 변화하는 표시장치 예 기압계, 고도계, 온도조절기 등

(2) 시식별에 영향을 주는 조건

시식별에 영향을 주는 조건	물체가 잘 보이는 조건
• 광속발산도 • 휘도 • 조도 • 광도 • 반사율 • 노출 시간 • 대비	• 색상 • 명도 • 채도 • 대비

확인 ★

* 명조응
눈이 빛에 적응하는 기간으로 극장 안에서 밖으로 나왔을 때 눈이 부신 현상이다.(1~3분 소요)

* 암조응
눈이 어두움에 적응하는 기간으로 밝은 곳에서 극장 안으로 들어갔을 때 앞이 잘 보이지 않는 현상이다.(약 30분 정도 소요)

참고

* 시각과정
동공은 원형인데 그 크기는 홍채 근육의 작용으로 변한다. 동공을 통과한 광선은 수정체에서 굴절되고 정상시력이나 교정 시력인 사람의 수정체는 눈 후면의 감광표면인 망막 위에 빛의 초점을 맞춘다.(망막은 카메라의 필름에 해당한다)

기출

1. 맥락막 : 암갈색을 띠며 망막내면을 덮고 있는 것으로 빛의 산란을 막는 암실역할을 한다.
2. 각막 : 안구의 가장 바깥쪽 표면으로 눈에서 빛이 가장 먼저 통과하는 부분이다.
3. 망막 : 인간의 눈의 부위 중에서 실제로 빛을 수용하여 두뇌로 전달하는 역할
4. 수정체 : 빛을 굴절시켜서 망막에 상이 맺히게 하는 역할(카메라 렌즈 역할)
5. 초자체 : 안구 중심부의 공간을 채우며 투명한 젤의 형태로 존재, 안구의 구조를 유지하는 데 중요한 역할

② 시각적 표시장치의 종류

(1) 정량적 표시장치 ✦

온도나 속도와 같이 동적으로 변화하는 변수나 자로 재는 길이와 같은 정적 변수의 계량값에 관한 정보를 제공하는데 사용된다.

① **정목동침형** : 눈금은 고정, 지침이 움직이는 형태
② **정침동목형** : 지침은 고정, 눈금이 움직이는 형태
③ **계수형** : 전력계, 택시요금 계기와 같이 숫자가 정확히 표시되는 형태

지침의 설계요령
① 선각이 20도 정도 되는 뾰족한 지침을 사용한다. ② 지침의 끝은 작은 눈금과 맞닿되, 겹쳐지지 않아야 한다. ③ 원형 눈금의 경우 지침의 색은 선단에서 눈금의 중심까지 칠한다. ④ 지침은 눈금과 밀착시킨다.

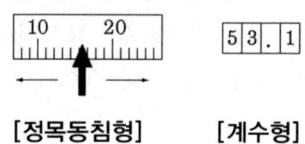

[정목동침형]   [계수형]

(2) 정성적 표시장치

온도, 압력, 속도와 같이 연속적으로 변하는 변수의 대략적인 값이나 변화 추세, 비율 등을 알고자 할 때 주로 사용한다.

① 색 이용
② 상태 점검

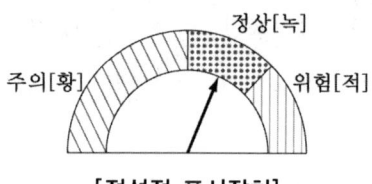

[정성적 표시장치]

(3) 상태 표시기(status indicator)

체계의 상황이나 상태를 나타낸다.

(4) 신호, 경고등

비상 또는 위험 상황, 물체의 존재 유무 등을 나타낸다.

신호 및 경보등의 빛의 검출성에 영향을 미치는 인자

① 광원의 크기 : 배경보다 2배 이상의 밝기를 가진다.
② 광속발산도 및 노출시간
③ 색광(검출 효과가 빠른 순서 : 적색-녹색-황색-백색)
④ 점멸속도 : 주의를 끌기 위해서는 초당 3~10회의 점멸속도와 지속시간은 0.05초 이상이 적당하다.
⑤ 배경광
⑥ 조작자의 정상시선 30도 내에 위치한다.
⑦ 경고등은 점멸하는 형태가 좋다.

(5) 묘사적 표시장치

① 위치나 구조가 변하는 경향이 있는 요소를 배경에 중첩시켜 변화하는 상황을 나타내는 장치
② 해석이 필요치 않은 표현을 위한 표시장치로서 사물 재현(TV화 항공 사진) 및 도해 및 상징 등이 예이다.

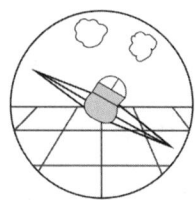

[묘사적 표시장치]

(6) 문자 - 숫자 표시 장치

문자, 숫자 및 관련된 여러 형태의 암호화 부호를 사용하는 장치
① 가시성(visibility)
 • 배경과 분리하여 볼 수 있는 글자나 상징의 질(검출성)
② 식별성(legibility)
 • 글자(alphanumeric character)를 서로 분간할 수 있는 속성
 • 획의 굵기, 글자 형태, 대비, 조도 등의 특징에 따라 영향 받음
③ 가독성(readability)
 • 의미있는 문자군으로 나타낸 정보 내용을 얼마나 쉽게 읽히는가 하는 능률의 정도

획폭비 (문자나 숫자의 높이 : 획 굵기의 비)	종횡비 (문자나 숫자의 폭 : 높이의 비)
• 검은 바탕에 흰 숫자 1 : 13.3 • 흰 바탕에 검은 숫자 1 : 8	• 문자 1 : 1 • 숫자 3 : 5(0.6 : 1) • 영문 대문자 0.7 : 1

기출

* 동목(moving scale)형 표시장치의 설계
① 눈금과 손잡이가 같은 방향으로 회전하도록 설계한다.
② 눈금의 숫자는 우측으로 증가하도록 설계한다.
③ 꼭지의 시계 방향 회전이 지시치를 증가시키도록 설계한다.

참고

* 아날로그(analog) 표시장치의 선택 시 고려해야 할 사항
① 일반적으로 고정눈금에서 지침이 움직이는 것이 좋다.(동침형 선호)
② 온도계나 고도계에 사용되는 눈금이나 지침은 수직표시가 바람직하다.
③ 눈금의 증가는 시계 방향이 적합하다.
④ 수동조절이 필요할 때에는 눈금보다 지침으로 조절한다.

기출

* 항공기 위치 표시장치의 설계원칙
① 표시의 현실성 : 표시장치의 이미지(상하, 좌우, 깊이)는 현실 공간과 일치하게 표시한다.
② 통합 : 관련된 모든 정보를 통합하여 상호관계를 바로 인식할 수 있도록 한다.
③ 양립적 이동 : 항공기의 이동 부분의 영상은 고정된 눈금이나 좌표계에 나타내는 것이 바람직하다.
④ 추종 표시 : 원하는 목표와 실제 지표가 공통 눈금이나 좌표계에서 이동하게 한다.

참고

* 비행 자세 표시 장치
① 항공기 이동형(외견형) (outside-in) : 지평선 고정, 항공기가 움직이는 형태
② 지평선 이동형(내견형) (inside-out) : 항공기 고정, 지평선이 움직이는 형태
③ 빈도 분리형 : 내견+외견 혼합용

합격의 key

참고
* 표지 도안의 원칙
  ① 그림과 바탕이 뚜렷할 것
  ② 속이 찬 경계 대비가 선 경계보다 좋음
  ③ 테두리를 사용할 것
  ④ 특징을 단순화할 것
  ⑤ 통일성을 가질 것

기출
* 광삼 현상 (Irradiation)
  흰 모양이 주위의 검은 배경으로 번지어 보이는 현상
  - 조도가 높은 현상에서 더욱 뚜렷해진다.
  - 검은 바탕에 흰 글자의 획 폭은 흰 바탕에 검은 글자보다 가늘어야 한다.

참고
* 정보 수용을 위한 작업자의 시각 영역
  ① 판별 시야 : 시력, 색 판별 등의 시각 기능이 뛰어나며 정밀도가 높은 정보를 수용할 수 있는 범위
  ② 유효 시야 : 안구 운동만으로 정보를 주시하고 순간적으로 특정 정보를 수용할 수 있는 범위
  ③ 보조 시야 : 정보 수용 능력이 극도로 떨어지며 머리를 움직여야만 식별 가능한 범위
  ④ 유도 시야 : 제시된 정보의 존재를 판별할 수 있는 정도의 식별 능력 밖에 없지만 인간의 공간좌표 감각에 영향을 미치는 범위

기출
* 암호의 성능
  숫자 암호 > 영문자 암호 > 기하학적 형상 암호 > 구성 암호

[형태별 인식의 용이성]

인지 용이성 순위	1	2	3	4	5	6
형상	삼각형 △	마름모 ◇	정사각형 □	직사각형 ▭	오각형 ⬠	원 ○

③ 부호 및 기호, 시각적 암호

(1) 부호의 3가지 유형 ★

① 임의적 부호
  - 부호가 이미 고안되어 있으므로 이를 배워야 하는 부호
    예 안전표지판의 원형 – 금지, 삼각형 – 경고표지 등

② 묘사적 부호
  - 사물의 행동을 단순하고 정확하게 묘사한 부호
    예 위험표지판의 해골과 뼈, 보도 표지판의 걷는 사람

③ 추상적 부호
  - 전언의 기본요소를 도식적으로 압축한 부호

(2) 암호 체계의 일반적 사항 ★

① 암호의 검출성 : 암호화한 자극은 검출이 가능할 것
② 암호의 변별성 : 다른 암호 표시와 구별될 수 있을 것
③ 부호의 양립성 : 자극 – 반응의 관계가 인간의 기대와 모순되지 않는 성질

[양립성의 종류]

공간 양립성	표시 장치나 조종 장치에서 물리적 형태나 공간적인 배치의 양립성 예 오른쪽 조리대는 오른쪽 조절장치로, 왼쪽 조리대는 왼쪽 조절장치로 조정한다.
운동 양립성	표시 장치, 조종 장치, 체계 반응의 운동 방향의 양립성 예 조종장치를 오른쪽으로 돌리면 표시장치 지침이 오른쪽으로 이동한다.
개념 양립성	인간이 가지는 개념적 연상의 양립성 예 빨간 버튼은 온수, 파란 버튼은 냉수
양식 양립성	직무에 알맞은 자극과 응답 양식의 존재에 대한 양립성 예 음성과업에 대해서는 청각적 자극 제시와 이에 대한 음성 응답 등의 양립성이다.

④ 부호의 의미 : 암호를 사용할 때는 그 사용자가 그 뜻을 분명히 알 수 있어야 한다.

⑤ 암호의 표준화 : 암호를 표준화하여 다른 상황으로 변화하더라도 쉽게 이용할 수 있어야 한다.
⑥ 다차원 암호의 사용 : 2가지 이상의 암호를 조합해서 사용하면 정보 전달이 촉진된다.

4 청각적 표시장치

데이터를 청각으로 표시하는 장치를 말하며 신호원 자체가 음일 때, 무선기 신호, 항로정보 등과 같이 연속적으로 변하는 정보를 제시할 때 사용한다.

(1) 청각적 표시장치의 3가지 기능

① 검출성 : 신호의 존재 여부를 결정
② 상대 식별 : 2가지 이상의 신호가 근접하여 제시되었을 때 이를 구별하는 능력
③ 절대 식별
  - 특정한 신호가 단독으로 제시되었을 때 이를 구별하는 능력
  - 절대식별 능력이 가장 좋은 감각기관 : 후각

(2) 경계 및 경보신호 설계지침

① 귀는 중음역에 민감하므로 500~3,000Hz의 진동수 사용
② 300m 이상 장거리용 신호는 1,000Hz 이하의 진동수 사용
③ 장애물 및 칸막이 통과 시는 500Hz 이하의 진동수 사용
④ 주의를 끌기 위해서는 변조된 신호 사용
⑤ 배경 소음의 진동수와 구별되는 신호 사용
⑥ 경보효과를 높이기 위해서 개시 시간이 짧은 고감도 신호를 사용
⑦ 가능하면 확성기, 경적 등과 같은 별도의 통신계통을 사용

(3) 청각적표시의 설계원리

① 양립성
  - 가능한 한 사용자가 알고 있거나 자연스러운 신호를 선택한다.
  - 긴급용 신호일 때는 높은 주파수를 사용한다.
② 근사성 : 복잡한 정보를 나타내고자 할 때는 다음과 같이 2단계 신호를 고려한다.
  - 주의 신호 : 주의를 끌어서 정보의 일반적 부류를 식별하게 한다.
  - 지정 신호 : 주의 신호로 식별된 신호의 정확한 정보를 지정하는 것으로 처음 신호 후에 나타낸다.

기출

* 명료도 지수
  통화 이해도를 추정할 수 있는 근거로 사용된다. 각 옥타브 대의 음성과 소음의 dB값에 가중치를 곱하여 합계를 구한 것이다. 음성통신계통의 명료도지수가 약 0.3 이하이면 음성통신자료를 전송하기에는 부적당한 것으로 본다.

참고

* 귀의 구조
① 귀는 소리를 전기적 자극으로 전환시켜주는 청각기관과, 우리 몸의 균형과 자세를 유지시켜주는 평형기관으로 구성된다.
② 귀의 구조는 외이, 중이, 내이 등의 3부위로 나눌 수 있다.
③ 외이는 바깥의 귓바퀴(이개)와 귀구멍(외이도)으로 구성된다.
④ 중이는 외이와 중이를 나누는 고막을 경계로 하여, 중이강, 유양동, 이관으로 구분된다.
⑤ 내이는 미로(迷路)라고도 하며 청각을 담당하는 와우와 몸의 평형을 담당하는 전정과 세반고리관의 세부분으로 구성되며 난원창, 청신경으로 이루어져 있다.
⑥ 달팽이관은 나선형으로 생긴 관으로 기저막이 진동한다.
⑦ 고막은 외이도와 중이의 경계부위에 위치해 있으며 음파를 진동으로 바꾼다.
⑧ 중이에는 인두와 교통하여 고실 내압을 조절하는 유스타키오관이 존재한다.

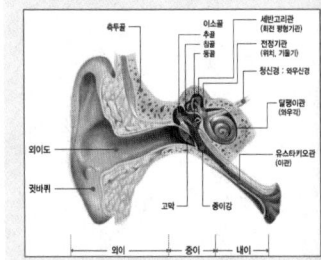

합격의 key

기출
1. 인간의 가청 주파수 범위
   20 ~ 20,000HZ
2. 가청 주파수 내에서 사람의 귀가 가장 민감하게 반응하는 주파수 대역 : 500~3,000Hz

문제
고음은 멀리 가지 못한다. 300m 이상의 장거리용 신호는 몇 Hz 이하의 진동수를 사용하여야 하는가?
㉮ 500Hz
㉯ 1,000Hz
㉰ 3,000Hz
㉱ 5,000Hz

[해설]
장거리용 신호는 1,000Hz 이하의 진동수를 사용하여야 한다.

정답 ㉯

참고
* 변화감지역 (just noticeable difference) : 물리적 자극의 변화 여부를 감지할 수 있는 최소의 자극범위

참고
* HUD
• 자동차나 항공기의 앞 유리 혹은 차양판 등에 정보를 중첩 투사하는 표시장치
• 도형과 숫자, 글자로 조종사에게 현재의 속도, 고도, 방향 등과 같은 다양한 정보들을 알려준다.

---

③ 분리성
   • 청각신호는 기존 입력과 쉽게 식별되는 것이어야 한다.
   • 두 가지 이상의 채널을 듣고 있다면 각 채널의 주파수가 분리되어야 한다.
④ 검약성 : 조작자에 대한 입력신호는 꼭 필요한 정보만을 제공한다.
⑤ 불변성 : 동일한 신호는 항상 동일한 정보를 지정하도록 한다.

(4) 청각장치와 시각장치의 비교 ✮✮

청각장치	시각장치
① 전언이 짧고, 간단할 때	① 전언이 길고, 복잡할 때
② 재참조되지 않는다.	② 재참조 된다.
③ 시간적인 사상을 다룬다.	③ 공간적인 위치 다룬다.
④ 즉각적인 행동을 요구할 때	④ 즉각적 행동을 요구하지 않을 때
⑤ 시각계통이 과부하일 때	⑤ 청각계통이 과부하일 때
⑥ 주위가 너무 밝거나 암조응일 때	⑥ 주위가 너무 시끄러울 때
⑦ 자주 움직이는 경우	⑦ 한곳에 머무르는 경우

참고

1. 신호 검출 이론(signal detection theory : SDT)
   ① 어떤 상황에서의 의미 있는 자극이 이의 감지를 방해하는 '잡음'(noise)과 함께 발생하였을 때, 이 잡음이 자극 검출에 끼치는 영향에 대한 이론
   ② 신호와 잡음이 중첩될 때 혼동이 일어나기 쉬우며, 신호의 유무를 판정함에 있어 4가지 반응 대안이 있다.

판정 자극	신호(Signal)	소음(Noise)
신호 발생(S)	Hit : P(S/S)	False Alarm : P(S/N)
신호 없음(N)	Miss : P(N/S)	Correct Rejection : P(N/N)

   False Alarm = commission error
   자극 : 보낸 신호가 올바른 것이면(Signal), 보낸 신호가 틀린 신호이면(Noise)
   판정 : 관찰자의 반응으로 신호가 올바르다고 답하는 경우(S), 신호가 틀렸다고 답하는 경우(N)

   ③ 신호의 탐지는 관찰자의 민감도와 반응편향에 달려 있다.
      • 민감도 : 자극과 소음을 구별하는 능력
      • 반응편향 : 자극에 대한 관찰자의 반응기준

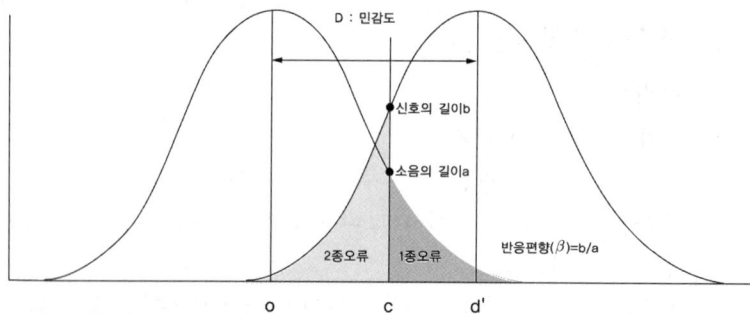

2. 신호 검출 이론의 응용 분야
   ① 품질검사, ② 의료진단, ③ 교통통제

5 촉각 및 후각적 표시장치

(1) 촉각적 표시장치
① 손과 손가락을 기본 정보 수용기로 이용한다.
② 촉각적 표시장치의 용도는 맹인용 점자와 형상 암호화된 조종장치를 들 수 있다.
③ 촉각적 표시장치에서 자주 사용되는 자극유형은 기계적 진동이나 전기적 자극이다.

(2) 조종장치의 촉각적 암호화
위험 기계의 조종장치를 촉각적으로 암호화할 수 있는 3가지 차원
① 형상 암호화, ② 크기 암호화, ③ 표면 촉감 암호화

(3) 후각적 표시장치
① 냄새를 이용하는 표시장치로서 다른 표시장치의 보조수단으로서 활용될 수 있다.
 예) 광부들에게 긴급대피를 알려주기 위하여 악취 시스템을 사용하는데 악취를 환기계통에 주입하여 즉시 전체 갱내에 퍼지도록 한다.

> **참고**
>
> 1. 정보의 측정단위 bit
>   ① 실현 가능성이 같은 2개의 대안 중 하나가 명시되었을 때 얻는 정보량
>   ② 이진법의 최소의 단위를 bit라고 하며 1개의 비트는 2가지 상태를 나타낼 수 있으므로 n개의 비트로는 2^n가지의 상태를 나타낸다.
> 2. 정보량의 계산
>   확률 p인 사건이 일어났을 때, 그 정보는 $\log_2 \frac{1}{P}$ 비트 정보량을 가진다.
>
>   ① 정보량(H) = $\log_2 \frac{1}{P}$ ② 평균정보량 H = $\sum P_i \log_2 \left(\frac{1}{P_i}\right)$
>
>   여기서, P_i : 각 대안의 실현 확률
>
> 예) 현재 시험문제와 같이 4지 택일형 문제의 정보량은 얼마인가?
>
>   정보량(H) = $\log_2 \frac{1}{\frac{1}{4}} = \log_2 4 = 2\,bit$ (4지 택일형에서 정답일 확률 = $\frac{1}{4}$)
>
> 예) 4가지 대안이 일어날 확률이 (0.5, 0.25, 0.125, 0.125)일 때 평균 정보량 (bit)은 얼마인가?
>
>   평균 정보량 H = $\sum P_i \log_2 \left(\frac{1}{P_i}\right)$
>
> $H = 0.5 \log_2 \left(\frac{1}{0.5}\right) + 0.25 \log_2 \left(\frac{1}{0.25}\right) + 0.125 \log_2 \left(\frac{1}{0.125}\right) + 0.125 \log_2 \left(\frac{1}{0.125}\right)$
> $= 1.75 (bit)$

합격의 key

문제
신호검출이론에 대한 설명으로 틀린 것은?
① 신호와 소음을 쉽게 식별할 수 없는 상황에 적용된다.
② 일반적인 상황에서 신호 검출을 간섭하는 소음이 있다.
③ 통제된 실험실에서 얻은 결과를 현장에 그대로 적용 가능하다.
④ 긍정(hit), 허위(false alarm), 누락(miss), 부정(correct rejection)의 네 가지 결과로 나눌 수 있다.

[해설]
③ 신호검출이론은 관찰자의 민감도와 반응편향에 따라 신호의 탐지가 달라진다는 이론으로 통제된 실험실에서 얻은 결과를 현장에 그대로 적용할 수 없다.

정답 ③

합격의 key

◎기출
* 정신적 작업 부하 척도
① 심박수(부정맥)
② 뇌전위
   (점멸융합주파수)
③ 동공반응(눈 깜박임률)
④ 호흡수

참고
* 시각적 점멸융합주파수 (VFF)
① 계속되는 자극들이 점멸하는 것 같이 보이지 않고 연속적으로 느껴지는 주파수를 측정한다.
② 중추신경계의 피로(정신피로)의 척도로 사용된다.

◎기출
* 시각적 점멸융합주파수 (VFF)에 영향을 주는 변수
① 조명강도의 대수치에 선형적으로 비례한다.
② 표적과 주변의 휘도가 같을 때 최대가 된다.
③ 휘도만 같다면 색상은 영향을 주지 않는다.
④ 사람들 간에 큰 차이가 있으나 개인의 경우 일관성이 있다.
⑤ 암조응일 때는 영향을 주지 않는다.
⑥ 연습의 효과는 아주 적다.

* 점멸융합주파수 (Flicker-Fusion Frequency)의 특징
① 중추신경계의 정신적 피로도의 척도로 사용된다.
② 빛의 검출성에 영향을 주는 인자 중의 하나이다.
③ 점멸속도는 점멸융합주파수보다 작아야 한다.
④ 점멸속도가 약 30Hz 이상이면 불이 계속 켜진 것처럼 보인다.
⑤ 주의를 끌기 위해서는 초당 3~10회 점멸속도에 지속시간 0.05초 이상이 적당하다.

6 신체활동의 생리학적 측정법

(1) 생리학적 측정방법

: 감각기능, 반사기능, 대사기능 등을 이용한 측정법

① EMG(electromyogram ; 근전도) : 근육 활동 전위차의 기록
② ECG(electrocardiogram ; 심전도) : 심장근 활동 전위차의 기록
③ ENG 또는 EEG(electroencephalogram ; 뇌전도) : 신경 활동 전위차의 기록
④ EOG(electrooculogram ; 안전도) : 안구(眼球)운동 전위차의 기록
⑤ 산소소비량
⑥ 에너지 소비량(RMR)
⑦ 피부전기반사(GSR)
⑧ 점멸 융합 주파수(플리커법, 어름거림 검사)

(2) 에너지 대사율(RMR)

① 작업강도는 에너지 대사율로 나타낸다.

$$RMR = \frac{노동\ 대사량}{기초\ 대사량} = \frac{작업\ 시의\ 소비\ energy - 안정\ 시\ 소비\ energy}{기초\ 대사량}$$

② 작업 시의 소비에너지는 작업 중에 소비한 산소의 소모량으로 측정한다.
③ 안정 시의 소비에너지는 의자에 앉아서 호흡하는 동안에 소비한 산소의 소모량으로 측정한다.

(3) 작업강도 구분에 따른 RMR

① 경작업(輕작업), 가벼운 작업 : 1~2
② 중작업(中작업), 보통 작업 : 2~4
③ 중작업(重작업), 힘든 작업 : 4~7
④ 초중작업(超重작업), 굉장히 힘든 작업 : 7 이상

(4) 휴식시간

휴식시간의 계산
휴식시간 $(R) = \dfrac{60 \times (E-5)}{E-1.5}$ [분]

- 1.5 : 휴식 중의 에너지 소비량
- 5(kcal/분) : 기초대사를 포함한 보통 작업에 대한 평균 에너지 (기초대사를 제외한 경우 4kcal/분)
- 60(분) : 작업시간
- E(kcal/분) : 문제에서 주어진 작업을 수행하는데 필요한 에너지

> **참고** 작업에 대한 평균 에너지
> - 하루 동안 보통 사람이 낼 수 있는 에너지 : 4,300kcal/day
> - 기초대사와 여가에 필요한 대사량 : 2,300kcal/day
> - 보통 작업할 때 사용할 수 있는 에너지 : 4,300−2,300=2,000kcal/day
> - 8시간으로 나누면 : 4kcal/min
>   (기초대사를 포함한 에너지의 상한은 5kcal/min이다)

(5) 유해·위험 예방조치 외에 작업과 휴식의 적정한 배분, 그 밖에 근로시간과 관련된 근로조건의 개선을 통하여 근로자의 건강 보호를 위한 조치를 하여야 하는 작업(산업안전보건법 기준)

① 갱(坑) 내에서 하는 작업
② 다량의 고열 물체를 취급하는 작업과 현저히 덥고 뜨거운 장소에서 하는 작업
③ 다량의 저온 물체를 취급하는 작업과 현저히 춥고 차가운 장소에서 하는 작업
④ 라듐 방사선이나 엑스선, 그 밖의 유해 방사선을 취급하는 작업
⑤ 유리·흙·돌·광물의 먼지가 심하게 날리는 장소에서 하는 작업
⑥ 강렬한 소음이 발생하는 장소에서 하는 작업
⑦ 착암기 등에 의하여 신체에 강렬한 진동을 주는 작업
⑧ 인력으로 중량물을 취급하는 작업
⑨ 납·수은·크롬·망간·카드뮴 등의 중금속 또는 이황화탄소·유기용제, 그 밖에 고용노동부령으로 정하는 특정 화학물질의 먼지·증기 또는 가스가 많이 발생하는 장소에서 하는 작업

7 동작의 속도와 정확성

(1) 피츠의 법칙(Fitts' Law)

- 인간의 행동에 대해 속도와 관계를 설명하는 기본적인 법칙이다.
- 시작점에서 목표로 하는 지역에 얼마나 **빠르게** 닿을 수 있을지를 예측하고자 하는 것이다.
- 목표까지 움직이는 데 필요한 시간은 목표 크기와 목표까지의 거리의 함수이다.
- 목표물의 크기가 작아질수록 속도와 정확도가 나빠지고 목표물과의 거리가 멀어질수록 필요한 시간이 더 길어진다.(표적이 작고 이동거리가 길수록 이동시간이 증가한다.)

> **참고**
> ※ 작업 효율(%)
> $\frac{작업\ 출력}{에너지\ 소비량} \times 100$
>
> ※ 짐을 들어 올리는 방법 중 양손으로 들기 작업이 가장 힘이 든다.
>
> ※ 산소소비량 및 기초대사량
> ① 보통사람의 산소소비량 : 50ml/min
> ② 기초대사량 : 1,500~1,800kcal/day
> ③ 기초대사와 여가에 필요한 대사량 : 2,300kcal/day

> **기출** ★
> ※ 산소부채(산소 빚) 격렬한 작업이나 운동을 할 때에는 산소섭취량이 산소 소모량보다 부족하여 산소부채(산소 빚)를 일으킨다. 작업이나 운동이 끝난 후 산소 빚을 되갚기 위한 산소부채 보상현상이 일어난다.

> **참고**
> 체내에서 유기물을 합성하거나 분해하는 에너지 전환과정 → 에너지 대사

> **문제**
> 인간의 손이나 발을 이동시켜 조작장치를 조작하는데 걸리는 시간을 표적까지의 거리와 표적 크기의 함수로 나타내는 모형은?
> ㉮ 힉(Hick)의 법칙
> ㉯ 피츠의 법칙(Fitts' Law)
> ㉰ 웨버(Weber)의 법칙
> ㉱ 신호탐지이론(SDT)
>
> [해설]
> 조작하는데 걸리는 시간을 표적까지의 거리와 표적 크기의 함수로 나타내는 모형
> → 피츠의 법칙(Fitts' Law)
>
> 정답 ㉯

합격의 key

문제
주어진 자극에 대해 인간이 갖는 변화감지역을 표현하는 데에는 Weber의 법칙을 이용한다. 이 때 Weber비와 인간의 분별력과의 관계를 설명한 것은?
㉮ Weber비가 클수록 분별력이 좋다.
㉯ Weber비가 작을수록 분별력이 좋다.
㉰ Weber비와 분별력과는 관계가 없다.
㉱ Weber비는 모든 사람에 대해 일정하다.

정답 ㉯

참고
* 작업표본(Work Sample)의 제한점
 · 주로 기계를 다루는 직무에 효과적이다.
 · 훈련생보다 경력자 선발에 적합하다.
 · 실시하는데 시간과 비용이 많이 든다.

기출
* 감각기관별 반응시간
 · 청각 : 0.17초
 · 촉각 : 0.18초
 · 시각 : 0.20초
 · 미각 : 0.29초
 · 통각 : 0.70초

기출
* 피부감각의 민감한 순서
통각 – 압각 – 냉각 – 온각

기출
* 자극의 역치
자극이 어느 정도 이상이면 가시전압이 나타나게 되는데 가시전압을 나타나게 하는 최소자극의 크기를 말한다.

기출
인간의 반응체계에서 이미 시작된 반응을 수정하지 못하는 저항시간
→ 0.2초

- 시스템을 디자인할 때 신속한 이동이 필요하고 정확성이 중요할 때 조절은 가깝고 커야 한다.
- 자동차 가속페달과 브레이크 페달 간의 간격, 브레이크 폭 등을 결정하는데 사용한다.

(2) 웨버(Weber)의 법칙
- 음의 높이, 무게 등 물리적 자극을 상대적으로 판단하는데 있어 특정 감각기관의 변화감지역은 표준자극에 비례한다.
- 주어진 자극에 대해 인간이 갖는 변화감지역을 표현하는 데에는 Weber의 법칙을 이용한다.
- Weber의 법칙 = $\dfrac{\Delta I}{I}$

 (I = 표준자극, ΔI = 변화감지역)
- Weber비가 작을수록 분별력이 좋다.

(3) 힉의 법칙(힉 – 하이만)의 법칙
- 사용자들이 결정을 내리는데 걸리는 시간은 주어진 선택 가능한 선택지의 수에 따라 결정된다는 법칙

(4) 작업표본(Work Sampling)
- 임의로 선정된 시간마다 하나 이상의 작업자 또는 기계 작업을 관찰하여 그 결과로 실제 작업시간과 지체시간으로 총 소요시간의 비율을 파악하려는 확률적 관측방법에 의한 표준시간을 설정하는 기법
- 모의 작업 활동을 통해 개인의 직업 적성, 근로자 특성, 직업 흥미 등을 평가

(5) 동작 시간 및 반응시간
① 반응시간
 자극이 주어진 순간부터 동작을 개시할 때까지의 총 시간
② 단순반응시간
 하나의 특정한 자극만이 발생할 수 있을 때 반응에 걸리는 시간으로서 흔히 실험에서와 같이 자극을 예상하고 있을 때이다.
 (0.15~0.2초 정도)
③ 동작 시간
 신호에 따라서 동작을 실행하는데 걸리는 시간(약 0.3초 정도)

(6) 사정효과(range effect)

눈으로 보지 않고 손을 수평면상에서 움직이는 경우에 짧은 거리는 지나치고 긴 거리는 못 미치는 등 조작자가 작은 오차에는 과잉반응, 큰 오차에는 과소반응을 하는 현상을 말한다.

(7) 진전

- 손이 규칙적인 리듬을 가지고 떨리는 증세
- 진전은 신체 부위를 정확하게 한자리에 유지해야 하는 작업 활동에서 아주 중요한데, 사람이 떨지 않으려고 노력할수록 더 심해진다.

진전을 감소시키는 방법
• 시각적 참조 • 몸과 작업에 관계되는 부위를 잘 받친다. • 손이 심장높이에 있을 때 진전이 가장 적다. • 작업 대상물에 기계적인 마찰이 있도록 한다.

참고

1. 인간의 감지능력(JND : Just Notice Difference)

① 인간의 감지능력은 상대적 판단(2가지 이상의 신호가 동시에 제시될 때, 같고 다름을 비교하여 판단)에 의해 좌우된다.
② JND는 자극 사이의 변화를 감지할 수 있는 최소의 자극범위를 말한다.
③ JND가 작을수록 감각 변화를 검출하기 쉽다.
④ JND는 기준자극의 크기에 비례한다.

$$\text{Weber비} = \frac{JND}{\text{기준자극 크기}}$$

2. 인간의 정보처리 능력

① 인간의 정보처리 능력은 단기 기억에 대한 처리능력으로 나타낸다.
② 절대 식별(상대적 비교가 아닌 신호가 단독으로 제시되었을 때 식별할 수 있는 능력) 능력으로 나타낸다.
③ 단일 자극 보다는 여러 차원을 조합하여 자극하는 경우 신뢰성 있게 전송할 수 있는 가지 수가 증가한다.
④ 경로용량(Channel Capacity)
  - 절대 식별에 근거하여 정보를 신뢰성 있게 전달할 수 있는 능력
  - 단기 기억에 의해 신뢰성 있게 정보 전달을 할 수 있는 자극 판별 수
  - 인간이 신뢰성 있게 정보를 전달할 수 있는 기억은 5가지 미만이다.
  - 밀러의 매직넘버(인간이 절대 식별 시 작업 기억 중에 유지할 수 있는 항목의 최대수) 7±2

기출

1. 작업기억 : 감각기관을 통해 입력된 정보를 일시적으로 기억하고, 각종 인지적 과정을 계획하고 순서 지으며 실제로 수행하는 작업장으로서의 기능을 수행하는 단기적 기억을 말한다.

2. 작업기억(working memory)에서 일어나는 정보코드화
  ① 의미 코드화
  ② 음성 코드화
  ③ 시각 코드화

CHAPTER 06 단원 예상문제

01 다음의 정량적 표시장치에 대한 설명으로 틀린 것은?

㉮ 정목동침형은 대략적인 편차나 변화를 빨리 파악할 수 있다.
㉯ 정침동목은 조작 상의 실수 없이 쉽게 조작할 수 있어 생산설비에 많이 사용되고 있다.
㉰ 계수형은 판독 오차가 적다.
㉱ 필요에 따라 계수형과 아날로그형을 혼합해서 사용할 수 있다.

[해설] ㉯ 조작 상의 실수 없이 쉽게 조작할 수 있어 생산 설비에 많이 사용되는 것은 정목동침형이다.

{참고} **정량적 표시장치**
온도나 속도와 같이 동적으로 변화하는 변수나 자로 재는 길이와 같은 정적 변수의 계량값에 관한 정보를 제공하는데 사용된다.
① **정목동침형** : 눈금은 고정, 지침이 움직이는 형태
② **정침동목형** : 지침은 고정, 눈금이 움직이는 형태
③ **계수형** : 전력계, 택시요금 계기와 같이 숫자가 정확히 표시되는 형태

02 시각적 부호 가운데 위험 표지판에 해골과 뼈를 나타내듯이 사물이나 행동 수정을 단순하고 정확하게 의미를 전달하기 위한 부호는?

㉮ 추상적 부호 ㉯ 묘사적 부호
㉰ 임의적 부호 ㉱ 상태적 부호

[해설] **부호의 3가지 유형**
① 임의적 부호
 • 부호가 이미 고안되어 있으므로 이를 배워야 하는 부호
 • 예 안전표지판의 원형 – 금지, 삼각형 – 안내 표시 등
② 묘사적 부호
 • 사물의 행동을 단순하고 정확하게 묘사한 부호
 • 예 위험표지판의 해골과 뼈, 보도 표지판의 걷는 사람
③ 추상적 부호
 • 전언의 기본요소를 도식적으로 압축한 부호

03 시각적 표시장치에서 지침설계의 요령이 아닌 것은?

㉮ 뾰족한 지침을 사용한다.
㉯ 지침의 끝은 눈금과 겹치도록 한다.
㉰ 지침을 눈금면에 밀착시킨다.
㉱ 원형 눈금일 경우 지침의 색은 선단에서 눈금의 중심까지 칠한다.

[해설] **지침의 설계요령**
① 선각이 20도 정도되는 뾰족한 지침을 사용한다.
② **지침의 끝은 작은 눈금과 맞닿되, 겹쳐지지 않아야 한다.**
③ 원형 눈금의 경우 지침의 색은 선단에서 눈금의 중심까지 칠한다.
④ 지침은 눈금과 밀착시킨다.

•)) 정답 01 ㉯ 02 ㉯ 03 ㉯

04 경계 및 경보 신호를 설계할 때 적합하지 않은 것은?

㉮ 장애물이 있을 시는 500Hz 이하의 진동수를 갖는 신호를 사용
㉯ 주의를 끌기 위해서는 변조된 신호를 사용
㉰ 배경소음의 진동수와 같은 신호를 사용
㉱ 경보효과를 높이기 위해서 개시 시간이 짧은 고감도 신호를 사용

[해설] 경계 및 경보 신호 설계지침
① 귀는 중음역에 민감하므로 500~3000Hz의 진동수 사용
② 300m 이상 장거리용 신호는 1000Hz 이하의 진동수 사용
③ 장애물 및 칸막이 통과 시는 500Hz 이하의 진동수 사용
④ 주의를 끌기 위해서는 변조된 신호 사용
⑤ 배경 소음의 진동수와 구별되는 신호 사용
⑥ 경보효과를 높이기 위해서 개시시간이 짧은 고감도 신호를 사용
⑦ 가능하면 확성기, 경적 등과 같은 별도의 통신 계통을 사용

05 어떤 상황 하에서 정보를 전송하기 위해 표시장치를 선택하거나 설계할 때, 청각 장치를 사용하는 사례로 올바른 것은?

㉮ 전언이 길다.
㉯ 전언이 후에 재참조 된다.
㉰ 전언이 시간적인 사상을 다룬다.
㉱ 직무상 수신자가 한 곳에 머무르는 경우

[해설] 청각 장치와 시각 장치의 비교

청각 장치	시각 장치
① 전언이 짧고, 간단할 때	① 전언이 길고, 복잡할 때
② 재참조 되지 않음	② 재참조 된다.
③ 시간적인 사상을 다룬다.	③ 공간적인 위치를 다룬다.
④ 즉각적인 행동 요구할 때	④ 즉각적 행동 요구하지 않을 때
⑤ 시각계통 과부하일 때	⑤ 청각계통 과부하일 때
⑥ 주위가 너무 밝거나 암조응일 때	⑥ 주위가 너무 시끄러울 때
⑦ 자주 움직이는 경우	⑦ 한곳에 머무르는 경우

06 동적인 촉각적 표시장치에서 기계적 자극에는 어떤 것이 있는가?

㉮ 표면 촉감
㉯ 맥동전류 자극
㉰ 전기 자극
㉱ 진동기

[해설] 진동기는 기계적 자극에 의해 움직임을 전달하는 동적인 촉각적 표시장치이다.

{참고} 촉각적 표시장치 : 피부감각을 통해 정적, 동적인 정보를 전송하는 매체

07 다음 중 정보의 시각적 제시(視覺的 提示)가 적당한 경우는?

㉮ 수용 위치에 소음이 많은 경우
㉯ 정보를 나중에 다시 볼 필요가 없을 때
㉰ 정보의 지시대로 즉시 행동해야 할 때
㉱ 작동자의 직무상 여러 곳으로 움직여야 할 때

[해설] ㉮ 시각 장치 사용
㉯, ㉰, ㉱ 청각 장치 사용

정답 04 ㉰ 05 ㉰ 06 ㉱ 07 ㉮

08 수치를 정확히 읽어야 할 경우에 적합한 시각적 표시 장치는?

㉮ 동침형 ㉯ 동목형
㉰ 수평형 ㉱ 계수형

[해설] **정량적 표시장치**
① 정목동침형 : 눈금은 고정, 지침이 움직이는 형태
② 정침동목형 : 지침은 고정, 눈금이 움직이는 형태
③ 계수형 : 전력계, 택시요금 계기와 같이 <u>숫자가 정확히 표시되는 형태</u>

09 촉각적 표시장치에서 기본 정보 수용기로 주로 사용되는 것은?

㉮ 귀 ㉯ 손
㉰ 눈 ㉱ 코

[해설] 촉각적 표시장치에서 손과 손가락을 기본 정보 수용기로 이용한다.

10 구성, 숫자, 영문자, 기하학적 형상 중에서 암호로서의 성능이 가장 좋은 것부터 배열한 것은?

㉮ 기하학적 형상 – 숫자 – 구성 – 영문자
㉯ 구성 – 기하학적 형상 – 영문자 – 숫자
㉰ 영문자 – 구성 – 숫자 – 기학학적 형상
㉱ 숫자 – 영문자 – 기하학적 형상 – 구성

[해설] **암호의 성능**
숫자 암호 > 영문자 암호 > 기하학적 형상 암호 > 구성 암호

11 정량적인 동적 표시장치에 해당되지 않는 것은?

㉮ 정목동침형
㉯ 정침동목형
㉰ 계수형
㉱ 상태표시기

[해설] **정량적 표시장치**
① <u>정목동침형</u> : <u>눈금은 고정, 지침이 움직이는 형태</u>
② <u>정침동목형</u> : <u>지침은 고정, 눈금이 움직이는 형태</u>
③ <u>계수형</u> : 전력계, 택시요금 계기와 같이 <u>숫자가 정확히 표시되는 형태</u>

12 산업안전표지 중 유독물 경고는 해골과 뼈로 나타내고 있다. 이처럼 사물이나 행동을 단순하고 정확하게 나타낸 부호를 무엇이라 하는가?

㉮ 묘사적 부호 ㉯ 추상적 부호
㉰ 사실적 부호 ㉱ 임의적 부호

[해설] 사물이나 행동을 단순하고 정확하게 나타낸 부호 → 묘사적 부호

{참고} **부호의 3가지 유형**
① <u>임의적 부호</u>
 • 부호가 이미 <u>고안되어 있으므로 이를 배워야 하는 부호</u>
 • 예 <u>안전표지판</u>의 원형 – 금지, 삼각형 – 안내 표시 등
② <u>묘사적 부호</u>
 • 사물의 <u>행동을 단순하고 정확하게 묘사한 부호</u>
 • 예 위험표지판의 해골과 뼈, 보도표지판의 걷는 사람
③ <u>추상적 부호</u>
 • 전언의 기본요소를 <u>도식적으로 압축</u>한 부호

정답 08 ㉱ 09 ㉯ 10 ㉱ 11 ㉱ 12 ㉮

13 일정한 범위에서 수치가 자주 또는 계속 변하는 경우 가장 유용한 표시장치는?

㉮ 디지털 표시장치
㉯ 카운터 표시장치
㉰ 고정 눈금 이동 지침 표시장치
㉱ 이동 눈금 고정 지침 표시장치

[해설] 일정한 범위에서 수치가 자주 또는 계속 변하는 경우(예 시계) → 눈금은 고정, 지침이 움직이는 형태(고정눈금 이동지침 표시장치)가 적합하다.

14 다음 중 경계 및 경보신호를 설계할 때 적합하지 않는 것은?

㉮ 장애물이 있는 경우에는 500Hz 이하의 진동수를 갖는 신호를 사용
㉯ 주의를 끌기 위해서는 변조된 신호를 사용
㉰ 배경소음의 진동수와 같은 신호를 사용
㉱ 경보효과를 높이기 위해서 개시시간이 짧은 고감도 신호를 사용

[해설] ㉰ 배경소음의 진동수와 구별되는 신호 사용

{참고} 경계 및 경보 신호 설계지침
① 귀는 중음역에 민감하므로 500~3000Hz의 진동수 사용
② 300m 이상 장거리용 신호는 1000Hz 이하의 진동수 사용
③ 장애물 및 칸막이 통과 시는 500Hz 이하의 진동수 사용
④ 주의를 끌기 위해서는 변조된 신호 사용
⑤ 배경 소음의 진동수와 구별되는 신호 사용
⑥ 경보효과를 높이기 위해서 개시시간이 짧은 고감도 신호를 사용
⑦ 가능하면 확성기, 경적 등과 같은 별도의 통신 계통을 사용

15 암호체계 사용상의 일반적 지침 중 부호의 양립성(compatibility)에 대한 설명은?

㉮ 자극은 주어진 상황하의 감지장치나 사람이 감지할 수 있는 것이어야 한다.
㉯ 암호의 표시는 다른 암호 표시와 구별될 수 있어야 한다.
㉰ 자극과 반응 간의 관계가 인간의 기대와 모순되지 않아야 한다.
㉱ 두 가지 이상을 조합하여 사용하면 정보의 전달이 촉진된다.

[해설] 양립성 : 자극과 반응의 관계가 인간의 기대와 모순되지 않는 성질

개념적 양립성	• 외부자극에 대해 **인간의 개념적 현상의 양립성** • 예 빨간 버튼은 온수, 파란 버튼은 냉수
공간적 양립성	• 표시장치, 조종장치의 **형태 및 공간적 배치의 양립성** • 예 오른쪽 조리대는 오른쪽 조절장치로, 왼쪽 조리대는 왼쪽 조절장치로 조정한다.
운동의 양립성	• **표시장치, 조종장치 등의 운동 방향의 양립성** • 예 조종장치를 오른쪽으로 돌리면 표시장치 지침이 오른쪽으로 이동한다.
양식 양립성	• 자극과 응답양식의 존재에 대한 양립성 • 예 청각적 자극 제시와 이에 대한 음성응답 과업에서 갖는 양립성

정답 13 ㉰ 14 ㉰ 15 ㉰

16 다음 중 통제표시비의 설계 시 고려하여야 할 사항으로 볼 수 없는 것은?

㉮ 계기의 크기 ㉯ 작업자의 시력
㉰ 조작시간 ㉱ 방향성

해설) 통제표시비 설계 시 고려사항
· 계기의 크기 · 목측거리(목시거리)
· 조작시간 · 방향성

17 암호체계 사용상의 일반적인 지침에서 "암호의 변별성"을 의미하는 것으로 가장 적절한 것은?

㉮ 암호화한 자극은 감지장치나 사람이 감지할 수 있어야 한다.
㉯ 모든 암호의 표시는 다른 암호 표시와 구분될 수 있어야 한다.
㉰ 암호를 사용할 때에는 사용자가 그 뜻을 분명히 알 수 있어야 한다.
㉱ 두 가지 이상의 암호 차원을 조합해서 사용하면 정보전달이 촉진된다.

해설) ㉯ 다른 암호 표시와 구별될 수 있어야 한다. → 변별성

{참고} 암호 체계의 일반적 사항
① 암호의 **검출성** : 암호화한 자극은 **검출이 가능**할 것
② 암호의 **변별성** : **다른 암호 표시와 구별될 수** 있을 것
③ 부호의 **양립성** : 자극-반응의 관계가 **인간의 기대와 모순되지 않는 성질**
④ 부호의 **의미** : 암호를 사용할 때는 그 **사용자가 그 뜻을 분명히 알 수 있어야 한다.**
⑤ 암호의 **표준화** : 암호를 **표준화**하여 다른 상황으로 변화하더라도 **쉽게 이용할 수 있어야 한다.**
⑥ **다차원 암호의 사용** : 2가지 이상의 **암호를 조합해서 사용**하면 정보 전달이 촉진된다.

18 출력되는 값을 정확히 읽어야 하는 경우에 가장 적합한 시각적 표시장치의 형태는?

㉮ 동침형 ㉯ 동목형
㉰ 수직형 ㉱ 계수형

해설) 정량적 표시장치
① 정목동침형 : **눈금은 고정, 지침이 움직이는** 형태
② 정침동목형 : **지침은 고정, 눈금이 움직이는** 형태
③ 계수형 : 전력계, 택시요금 계기와 같이 **숫자가 정확히 표시되는 형태**

19 다음 중 조종장치를 촉각적으로 식별하기 위하여 암호화할 때 사용하는 방법으로 볼 수 없는 것은?

㉮ 형상을 이용한 암호화
㉯ 표면 촉감을 이용한 암호화
㉰ 크기를 이용한 암호화
㉱ 전기적 자극을 이용한 암호화

해설) 조종장치의 촉각적 암호화
① 형상 암호
② 크기 암호
③ 표면 촉감 암호화

20 다음 중 암호체계 사용상의 일반적인 지침에 해당하지 않는 것은?

㉮ 암호의 검출성
㉯ 부호의 양립성
㉰ 암호의 표준화
㉱ 암호의 단일 차원화

정답 16 ㉰ 17 ㉯ 18 ㉱ 19 ㉱ 20 ㉱

[해설] **암호체계의 일반적 사항**
① 암호의 검출성 : 암호화한 자극은 검출이 가능할 것
② 암호의 변별성 : 다른 암호 표시와 구별될 수 있을 것
③ 부호의 양립성 : 자극-반응의 관계가 인간의 기대와 모순되지 않는 성질
④ 부호의 의미 : 암호를 사용할 때는 그 사용자가 그 뜻을 분명히 알 수 있어야 한다.
⑤ 암호의 표준화 : 암호를 표준화하여 다른 상황으로 변화하더라도 쉽게 이용할 수 있어야 한다.
⑥ 다차원 암호의 사용 : 2가지 이상의 암호를 조합해서 사용하면 정보 전달이 촉진된다.

21 정보 입력에 사용되는 표시장치 중 청각 장치보다 시각 장치를 사용하는 것이 더 유리한 경우는?

㉮ 정보의 내용이 긴 경우
㉯ 수신자가 직무상 자주 이동하는 경우
㉰ 정보의 내용이 즉각적인 행동을 요하는 경우
㉱ 정보를 나중에 다시 확인하지 않아도 되는 경우

[해설] **청각 장치와 시각 장치의 비교**

청각 장치	시각 장치
① 전언이 짧고, 간단할 때	① 전언이 길고, 복잡할 때
② 재참조 되지 않음	② 재참조 된다.
③ 시간적인 사상을 다룬다.	③ 공간적인 위치 다룬다.
④ 즉각적인 행동 요구할 때	④ 즉각적 행동 요구하지 않을 때
⑤ 시각계통 과부하일 때	⑤ 청각계통 과부하일 때
⑥ 주위가 너무 밝거나 암조응일 때	⑥ 주위가 너무 시끄러울 때
⑦ 자주 움직이는 경우	⑦ 한곳에 머무르는 경우

22 다음 중 정보의 측정단위인 bit를 올바르게 설명한 것은?

㉮ 실현 가능성이 같은 2개의 대안 중 하나가 명시되었을 때 얻는 정보량
㉯ 실현 가능성이 같은 4개의 대안 중 하나가 명시되었을 때 얻는 정보량
㉰ 실현 가능성이 같은 8개의 대안 중 하나가 명시되었을 때 얻는 정보량
㉱ 실현 가능성이 같은 16개의 대안 중 하나가 명시되었을 때 얻는 정보량

[해설] **정보의 측정단위 bit**
실현 가능성이 같은 2개의 대안 중 하나가 명시되었을 때 얻는 정보량

23 [그림]에서 A는 자극의 불확실성, B는 반응의 불확실성을 나타낼 때 C 부분에 해당하는 것은?

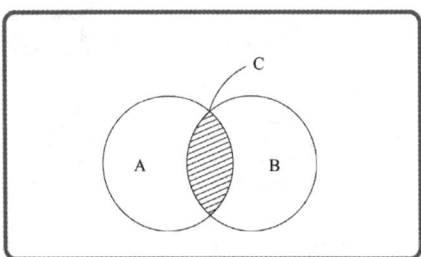

㉮ 전달된 정보량
㉯ 불안전한 행동량
㉰ 자극과 반응의 확실성
㉱ 자극과 반응의 검출성

[해설] 그림에서 C는 전달된 정보량을 나타낸다.

정답 21 ㉮ 22 ㉮ 23 ㉮

24 다음 중 관측하고자 하는 측정값을 가장 정확하게 읽을 수 있는 표시장치는?

㉮ 묘사적 표시장치
㉯ 상태표시기
㉰ 동침형 표시장치
㉱ 계수형 표시장치

[해설] 정량적 표시장치
① 정목동침형 : 눈금은 고정, 지침이 움직이는 형태
② 정침동목형 : 지침은 고정, 눈금이 움직이는 형태
③ 계수형 : 전력계, 택시요금 계기와 같이 숫자가 정확히 표시되는 형태

25 다음 중 형상 암호화된 조종 장치에서 단회전용 조종장치로 가장 적절한 것은?

㉮ 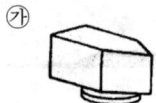　㉯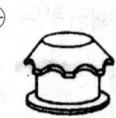
㉰ 　㉱

[해설] ㉮ 이산멈춤용
㉯, ㉰ 다회전용
㉱ 단회전용

{참고} 1. 양의 조절에 의한 통제(연속 조종장치) : 노브, 크랭크, 핸들, 레버, 페달 등
2. 개폐에 의한 통제(단속 조종장치) : 푸시 버튼, 토글스위치, 로터리스위치 등

26 제어장치에서 제어장치의 변위를 3cm 움직였을 때 표시계의 지침이 5cm 움직였다면 이 기기의 통제표시비는 얼마인가?

㉮ 0.6　　㉯ 0.20
㉰ 0.25　㉱ 4.0

[해설] 통제표시비(C / R 비)

1. $C/R비 = \dfrac{X}{Y}$
   X : 통제기기의 변위량(cm)
   Y : 표시계기 지침의 변위량(cm)

2. $C/R비 = \dfrac{\dfrac{a}{360} \times 2\pi L}{Y}$
   a : 조종장치의 움직인 각도
   L : 조종장치의 반경

$C/R비 = \dfrac{X}{Y} = \dfrac{3}{5} = 0.6$

27 통제표시비의 설계 시 고려사항이 아닌 것은?

㉮ 계기의 크기
㉯ 조작 거리
㉰ 조작 시간
㉱ 방향성

[해설] 통제표시비 설계 시 고려사항
① 계기의 크기
② 목측 거리(목시 거리)
③ 조작 시간
④ 방향성

28 Energy 대사율인 RMR(Relative Metabolic Rate)에 대한 설명 중 틀린 것은?

㉮ 작업대사량 = 작업 시 소비에너지 – 안정 시 소비에너지
㉯ RMR = 작업대사량 ÷ 기초대사량
㉰ 산소의 소모량을 측정키 위한 용기는 더글라스 백(Douglas Bag)을 이용한다.
㉱ 기초대사량은 의자에 앉아서 호흡하는 동안에 소비한 산소의 소비량으로 측정한다.

[해설] **에너지 대사율(RMR)**
① 작업강도는 에너지 대사율로 나타낸다.

$$RMR = \frac{노동대사량(작업대사량)}{기초대사량}$$

$$= \frac{작업시의 \ 소비\ energy - 안정시 \ 소비\ energy}{기초대사량}$$

② 작업 시의 소비에너지는 작업 중에 소비한 산소의 소모량으로 측정한다.
③ 안정 시의 소비에너지는 의자에 앉아서 호흡하는 동안에 소비한 산소의 소모량으로 측정한다.

{참고} **산소소비량의 측정** : 더글라스 백을 사용하여 배기를 수집하고 백(bag)에서 배기의 표본을 취하여 가스분석장치로 분석하고 가스메터를 통과시켜 배기량을 측정한다.

29 인체 치수 측정 자료의 활용을 위한 적용 원리 대상에 들어가지 않는 것은?

㉮ 최대치수와 최소치수의 파악
㉯ 조절범위의 설정
㉰ 임의 선택자료의 활용
㉱ 평균치의 활용

[해설] **인체계측자료의 응용 3원칙**
① 최대치수와 최소치수 설계(극단치 설계)
  • 최대치수 또는 최소치수를 기준으로 하여 설계한다.

최대치수 설계의 예	최소치수 설계의 예
• 위험구역의 울타리 높이 • 출입문의 높이 • **그네줄의 인장강도**	• 물건을 올리는 선반의 높이 • 조정장치를 조정하는 힘 • 조정장치까지의 조정거리

② 조절범위(조정)
  • 체격이 다른 여러 사람에 맞도록 설계한다.
  •[예] 침대, 의자 높낮이 조절, 자동차의 운전석 위치 조정
③ 평균치를 기준으로 한 설계
  • 최대치수나 최소치수 조절식으로 하기가 곤란할 때 평균치를 기준으로 하여 설계한다.
  •[예] 은행의 창구 높이

30 기계의 통제장치 형태 중 개폐에 의한 통제장치는?

㉮ 노브(Knob)
㉯ 토글 스위치(Toggle switch)
㉰ 레버(Lever)
㉱ 크랭크(Crank)

[해설] **기계의 통제기능**
① 양의 조절에 의한 통제(연속 조종장치) : **노브, 크랭크, 핸들, 레버, 페달** 등
② 개폐에 의한 통제(단속 조종장치, 불연속 조종장치) : **푸시 버튼, 토글 스위치, 로터리 스위치** 등
③ 반응에 의한 통제 : 자동경보 시스템 등

정답 28 ㉱ 29 ㉰ 30 ㉯

31 기계가 정보의 입수와 통제하는 기능 중 계기나 신호 또는 감각에 의하여 행하는 통제 기능은?

㉮ 개폐에 의한 통제
㉯ 반복에 의한 통제
㉰ 반응에 의한 통제
㉱ 양의 조절에 의한 통제

[해설] **기계의 통제 기능**
① 양의 조절에 의한 통제(연속 조종장치) : 노브, 크랭크, 핸들, 레버, 페달 등
② 개폐에 의한 통제(단속 조종장치, 불연속 조종장치) : 푸시 버튼, 토글 스위치, 로터리 스위치 등
③ 반응에 의한 통제 : 계기, 신호, 감각에 의한 통제(자동경보 시스템 등)

32 에너지 대사율을 산출하는 공식을 옳게 나타낸 것은?

㉮ 기초대사량 ÷ 소비에너지량
㉯ 작업대사량 ÷ 기초대사량
㉰ 기초대사량 ÷ 작업대사량
㉱ 소비에너지량 ÷ 기초대사량

[해설] **에너지 대사율(RMR)**
① 작업강도는 에너지 대사율로 나타낸다.

$$RMR = \frac{노동대사량(작업대사량)}{기초대사량}$$
$$= \frac{작업시의\ 소비\ energy - 안정시\ 소비\ energy}{기초대사량}$$

② 작업 시의 소비에너지는 작업 중에 소비한 산소의 소모량으로 측정한다.
③ 안정 시의 소비에너지는 의자에 앉아서 호흡하는 동안에 소비한 산소의 소모량으로 측정한다.

33 동작자의 태도를 보고 동작자의 상태를 파악하는 감시 방법은?

㉮ Self monitoring
㉯ Visual monitoring
㉰ 생리학적 monitoring
㉱ 반응에 의한 monitoring

[해설] **인간에 대한 모니터링 방법**
① 셀프 모니터링(자기감지) : 지각에 의해서 자신의 상태를 알고 행동하는 감시방법
② 생리학적 모니터링 : 맥박수, 호흡속도, 체온, 뇌파 등으로 인간의 상태 모니터링 하는 방법
③ **비주얼 모니터링(시각적 모니터링) : 동작자의 태도보고 동작자의 상태를 파악하는 방법**
④ 반응에 대한 모니터링 : 자극(시각, 청각, 촉각)을 가하여 이에 대한 반응 보고 정상, 비정상을 판단하는 방법
⑤ 환경의 모니터링 : 환경조건의 개선으로 기분을 좋게 하여 정상작업 할 수 있도록 하는 방법

34 다음 중 통제비와 관련이 없는 것은?

㉮ C/D비라고도 한다.
㉯ 최적 통제비는 이동시간과 조정시간의 교차점이다.
㉰ Maslow와 관련이 깊다.
㉱ 통제기기와 시각표시 관계를 나타내는 비율이다.

[해설] ㉰ Maslow는 인간의 욕구를 5단계로 구분하였다.

35 다음 중 골격(뼈)의 주요 기능이 아닌 것은?

㉮ 신체를 지지하고 형상을 유지하는 역할
㉯ 주요한 부분을 보호하는 역할
㉰ 신체 활동을 수행하는 역할
㉱ 유기질을 저장하는 역할

정답 31 ㉰ 32 ㉯ 33 ㉯ 34 ㉰ 35 ㉱

[해설] 골격(뼈)의 주요 기능
① 신체를 지지하고 형상을 유지하는 역할
② 신체의 주요한 부분을 보호하는 역할
③ 신체 활동을 수행하는 역할
④ 혈액을 생성하는 역할

36 기계의 통제를 위한 통제 기기의 선택 조건이 아닌 것은?

㉮ 계기의 지침은 일치성이 있어야 한다.
㉯ 식별이 어려운 통제 기기를 선택해야 한다.
㉰ 특정 목적에 사용되는 통제 기기는 여러 개를 조합하여 사용하는 것이 좋다.
㉱ 통제 기기가 복잡하고 정밀한 조절이 필요한 때에는 멀티 로테이션 컨트롤 기기를 사용하는 것이 좋다.

[해설] ㉯ 식별이 쉬운 통제 기기를 선택해야 한다.

37 어떤 작업의 평균 에너지 값이 5kcal/min라고 했을 때 1시간 작업 시 휴식시간은 약 몇 분이 필요한가? (단, 기초대사를 포함한 작업에 대한 평균에너지 값의 상한은 4kcal/min, 휴식시간에 대한 평균에너지 값은 1.5kcal/min이다)

㉮ 15   ㉯ 18
㉰ 21   ㉱ 24

[해설]
$$휴식시간 (R) = \frac{60 \times (E-5)}{E-1.5} [분]$$

- 1.5 : 휴식 중의 에너지 소비량
- 5(kcal/분) : 보통 작업에 대한 평균 에너지
- 60(분) : 작업시간
- E(kcal/분) : 문제에서 주어진 작업을 수행하는데 필요한 에너지

작업에 대한 평균 에너지 값이 4kcal/min로 주어졌으므로,

$$휴식시간 (R) = \frac{60 \times (E-4)}{E-1.5} = \frac{60 \times (5-4)}{5-1.5}$$
$$= 17.14분$$

38 일반적으로 인체계측자료를 설계에 응용할 때의 내용으로 잘못된 것은?

㉮ 선반 높이의 설계를 위하여 5%의 하위 백분위 수를 사용하였다.
㉯ 조종 위치까지의 거리 설계를 위하여 5%의 하위 백분위 수를 사용하였다.
㉰ 출입문의 설계를 위하여 5%의 하위 백분위 수를 사용하였다.
㉱ 비상벨의 위치 설계를 위하여 5%의 하위 백분위 수를 사용하였다.

[해설] ㉰ 출입문의 설계 : 95%의 상위 백분위 수를 사용하여야 한다.

{참고} ① 최대집단치 설계 : 정규분포도 상에 95% 이상의 최대치를 적용하여 설계하는 방법
② 최소집단치 설계 : 정규분포도 상에 5% 이하의 최소치를 적용하여 설계하는 방법

최대치수설계의 예	최소치수설계의 예
· 위험구역의 울타리 높이 · 출입문의 높이 · **그네줄의 인장강도**	· 물건을 올리는 선반의 높이 · 조정장치를 조정하는 힘 · 조정장치까지의 조정거리

39 인간의 기대하는 바와 자극 또는 반응들이 일치하는 관계를 무엇이라 하는가?

㉮ 관련성   ㉯ 반응성
㉰ 자극성   ㉱ 양립성

[해설] 양립성 : 자극과 반응의 관계가 인간의 기대와 모순되지 않는 성질

정답 36 ㉯ 37 ㉯ 38 ㉰ 39 ㉱

40 집단으로부터 얻은 자료를 선택하여 사용할 때에 특정한 설계 문제에 따라 대상 자료를 선택하는 인체계측자료의 응용원칙 3가지와 거리가 먼 것은?

㉮ 사용빈도에 따른 설계
㉯ 조절 범위식 설계
㉰ 극단치에 속한 사람을 위한 설계
㉱ 평균치를 기준으로 한 설계

[해설] **인체계측자료의 응용 3원칙**
① 최대치수와 최소치수 설계(극단치 설계)
  • 최대 치수 또는 최소 치수를 기준으로 하여 설계한다.
② 조절범위(조정)
  • 체격이 다른 여러 사람에 맞도록 설계한다.
  • [예] 침대, 의자 높낮이 조절, 자동차의 운전석 위치 조정
③ 평균치를 기준으로 한 설계
  • 최대치수나 최소치수 조절식으로 하기가 곤란할 때 평균치를 기준으로 하여 설계한다.
  • [예] 은행의 창구 높이

41 자극들 간, 반응들 간, 혹은 자극과 반응 조합의 관계가 인간의 기대와 모순되지 않는 것을 무엇이라 하는가?

㉮ 검출성   ㉯ 변별성
㉰ 양립성   ㉱ 표준화

[해설] **양립성** : 자극 – 반응의 관계가 인간의 기대와 모순되지 않는 성질

42 다음 중 자극 반응시간(reaction time)이 가장 빠른 감각은?

㉮ 시각   ㉯ 청각
㉰ 촉각   ㉱ 통각

[해설] 감각기관별 반응시간

청각	촉각	시각	미각	통각
0.17초	0.18초	0.20초	0.29초	0.70초

43 인체 측정치의 응용원칙에서 최대치를 적용하여 반영하는 경우가 아닌 것은?

㉮ 선반의 높이
㉯ 출입문의 크기
㉰ 버스 내 승객용 좌석 간의 거리
㉱ 와이어로프의 사용 중량

[해설]

최대치수 설계의 예	최소치수 설계의 예
• 위험구역의 울타리 높이 • 출입문의 높이 • <u>그네줄의 인장강도</u>	• 물건을 올리는 선반의 높이 • 조정장치를 조정하는 힘 • 조정장치까지의 조정거리

44 다음 내용에 해당하는 양립성의 종류는?

[자동차를 운전하는 과정에서 우측으로 회전하기 위하여 핸들을 우측으로 돌린다.]

㉮ 개념의 양립성
㉯ 운동의 양립성
㉰ 공간의 양립성
㉱ 감성의 양립성

[해설] 우측으로 회전하기 위해 핸들을 우측으로 돌린다.
→ 운동의 양립성

{참고} **양립성** : 자극과 반응의 관계가 인간의 기대와 모순되지 않는 성질

정답 40 ㉮ 41 ㉰ 42 ㉯ 43 ㉮ 44 ㉯

① 개념적 양립성
- 외부자극에 대해 **인간의 개념적 현상의 양립성**
- 예 **빨간 버튼은 온수, 파란 버튼은 냉수**

② 공간적 양립성
- 표시장치, 조종장치의 **형태 및 공간적 배치의 양립성**
- 예 오른쪽 조리대는 오른쪽 조절장치로, 왼쪽 조리대는 왼쪽 조절장치로 조정한다.

③ 운동의 양립성
- 표시장치, 조종장치 등의 **운동 방향의 양립성**
- 예 조종장치를 오른쪽으로 돌리면 표시장치 지침이 오른쪽으로 이동한다.

④ **양식** 양립성
- 자극과 응답양식의 존재에 대한 양립성
- 예 청각적 자극 제시와 이에 대한 음성응답 과업에서 갖는 양립성

45 다음 중에서 육체적 활동에 대한 생리학적 측정법으로 가장 거리가 먼 것은?

㉮ 심박수 ㉯ EMG
㉰ EEG ㉱ 에너지소비량

[해설] ㉰ EEG는 뇌전도로서 신경활동에 대한 생리학적 측정법이다.

{참고} **생리학적 측정방법**
① **EMG**(electromyogram; **근전도**) : **근육활동 전위차의 기록**
② **ECG**(electrocardiogram; **심전도**) : **심장근 활동 전위차의 기록**
③ EEG(electroencephalogram; 뇌전도) : 신경활동 전위차의 기록
④ EOG(electrooculogram; 안전도) : 안구(眼球)운동 전위차의 기록
⑤ 산소소비량
⑥ 에너지 소비량(RMR)
⑦ 피부전기반사(GSR) : 작업부하의 정신적 부담도가 피로와 함께 증가하는 양상을 전기저항의 변화에서 측정한다.
⑧ 점멸 융합 주파수(플리커법)

46 다음 중 인체 측정에 관한 설명으로 틀린 것은?

㉮ 기능적 인체 치수는 움직이는 몸의 자세로부터 측정하는 것이다.
㉯ 일반적으로 인체의 치수측정은 구조적 치수, 기능적 치수로 대별할 수 있다.
㉰ 구조적 인체 치수는 표준 자세에서 움직이지 않는 상태를 측정하는 것이다.
㉱ 마틴식 인체계측기를 활용하여 간소복 차림의 상태에서 측정하는 것을 원칙으로 한다.

[해설] ㉱ 마틴식 인체계측기를 활용하여 해부학적 자세에서 측정하는 것을 원칙으로 한다.

47 다음 중 암호체계 사용상의 일반적인 지침에서 "암호의 변별성"을 의미하는 것으로 가장 적절한 것은?

㉮ 암호화한 자극은 감지장치나 사람이 감지할 수 있어야 한다.
㉯ 모든 암호의 표시는 다른 암호 표시와 구분될 수 있어야 한다.
㉰ 암호를 사용할 때에는 사용자가 그 뜻을 분명히 알 수 있어야 한다.
㉱ 두 가지 이상의 암호 차원을 조합해서 사용하면 정보 전달이 촉진된다.

[해설] **암호의 변별성** : **다른 암호와 구별**될 수 있을 것

{참고} **암호 체계의 일반적 사항**
① 암호의 **검출성** : 암호화한 자극은 **검출이 가능**할 것
② 암호의 **변별성** : **다른 암호 표시와 구별**될 수 있을 것
③ 부호의 **양립성** : 자극-반응의 관계가 **인간의 기대와 모순되지 않는 성질**

정답 45 ㉰ 46 ㉱ 47 ㉯

④ **부호의 의미** : 암호를 사용할 때는 그 **사용자가 그 뜻을 분명히 알 수 있어야 한다.**
⑤ **암호의 표준화** : 암호를 **표준화**하여 다른 상황으로 변화하더라도 **쉽게 이용할 수 있어야** 한다.
⑥ **다차원 암호의 사용** : **2가지 이상의 암호를 조합해서 사용**하면 정보 전달이 촉진된다.

48 작업 영역을 설계할 때 조정 가능성의 대상에 해당하지 않는 것은?

㉮ 작업대의 조정 가능성
㉯ 작업 공구의 조정 가능성
㉰ 작업 대상물의 조정 가능성
㉱ 작업대와 관련된 작업자 자세의 조정 가능성

[해설] ㉰ 작업 영역을 설계할 때 작업 대상물을 조정하여서는 안 된다.

49 공간이나 제품의 설계 시 움직이는 몸의 자세를 고려하기 위해 사용되는 인체치수는?

㉮ 비례적 인체치수
㉯ 구조적 인체치수
㉰ 기능적 인체치수
㉱ 해부적 인체치수

[해설] 인체계측 방법
① 정적 인체계측(구조적 인체치수) : 정지 상태에서의 신체를 계측하는 방법
② 동적 인체계측(기능적 인체치수) : 체위의 움직임에 따른 계측하는 방법

정답 48 ㉰ 49 ㉰

03 작업공간 및 작업 자세

> 주/요/내/용 알/고/가/기
> 1. 작업공간 포락면, 파악한계
> 2. 정상 작업역, 최대 작업역
> 3. 부품배치의 원칙
> 4. 동작경제의 3원칙
> 5. 의자설계의 원칙

1 작업공간 및 작업 자세

(1) 작업공간

① **포락면** : 한 장소에 앉아서 수행하는 작업에서 작업하는데 사용하는 공간
② **파악한계** : 앉은 작업자가 특정한 수작업 기능을 수행할 수 있는 공간의 외곽한계
③ **특수작업역** : 특정 공간에서 작업하는 구역

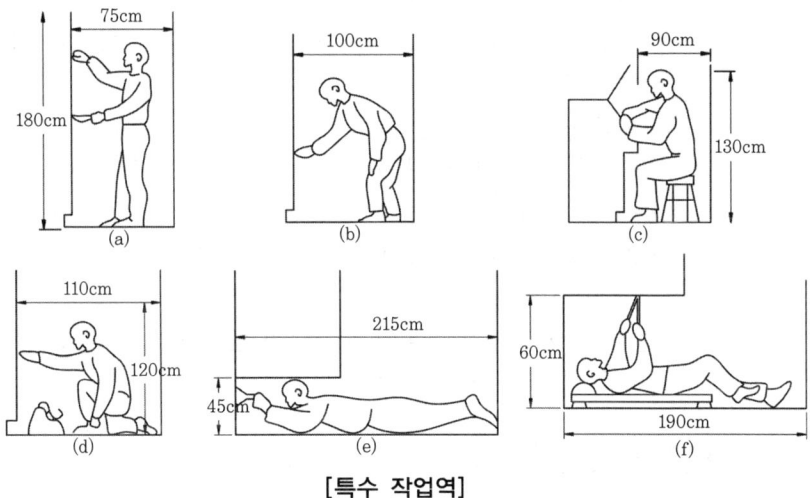

[특수 작업역]

(2) 수평 작업대

① 정상 작업 역
- 상완을 자연스럽게 늘어뜨린 채 전완만으로 뻗어 파악할 수 있는 구역
- 팔을 굽히고도 편하게 작업을 하면서 좌우의 손을 움직여 생기는 작은 원호형의 영역

> 참고
> ※ 수평 작업대
> 책상, 탁자, 조리대, 세공대 등과 같이 수평면 상에서 수행하는 작업할 때 사용하는 작업대

┌─문제─────────────┐
표준체구의 남자가 서서 작업을 하는 경우, 작업점의 위치가 신체의 전방 20cm일 때 가장 적당한 작업점의 높이는?
㉮ 높이 60cm
㉯ 높이 90cm
㉰ 높이 120cm
㉱ 높이 150cm

[해설]
성인 남자 기준, 서서 작업할 때의 작업점 위치는 높이 90cm가 가장 적당하다.

정답 ㉯
└──────────────┘

┌─참고─────────────┐
※ 입식 작업대의 높이 결정에 있어 고려하여야 할 사항
① 작업자의 신장
② 작업물의 크기
③ 작업물의 무게
└──────────────┘

┌─문제─────────────┐
입식작업을 할 때 중량물을 취급하는 중(重)작업의 경우 적절한 작업대의 높이는?
㉮ 팔꿈치 높이보다 10~20cm 높게 설계한다.
㉯ 팔꿈치 높이에 맞추어 설계한다.
㉰ 팔꿈치 높이보다 5~10cm 낮게 설계한다.
㉱ 팔꿈치 높이보다 10~20cm 낮게 설계한다.

[해설]
① 입식작업 시 중(重)작업의 작업대의 높이 : 팔꿈치 높이보다 10~20cm 낮게 설계
② 입식작업 시 경(經)작업의 작업대의 높이 : 팔꿈치 높이보다 5~10cm 낮게 설계

정답 ㉱
└──────────────┘

┌─참고─────────────┐
※ 동작분석의 주목적
① 동작 계열의 개선
② 표준 동작의 설계
③ 모션 마인드의 체질화
└──────────────┘

② 최대 작업 역
- 전완과 상완을 곧게 펴서 파악할 수 있는 구역
- 어깨로부터 팔을 펴서 수평면상에 원을 그릴 때 부채꼴 원호의 내부지역

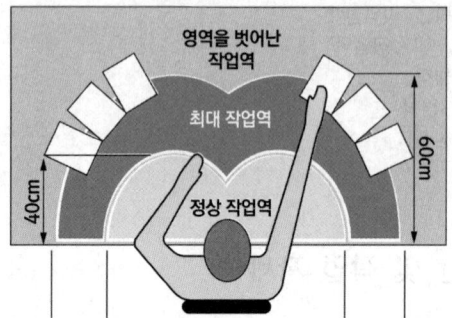

(3) 작업대의 높이

① 석식 작업대 높이
- 작업대 높이는 의자 높이, 작업대 두께, 대퇴 여유 등을 고려하여 설계하여야 한다.
- 작업의 성격에 따라 작업대 높이도 달라지며 가벼운 작업일수록 높아야 하고, 거친 작업에는 약간 낮은 편이 낫다.
- 의자 높이, 작업대 높이, 발걸이 등을 조절할 수 있도록 하는 것이 바람직하다.

② 입식 작업대 높이
- 경(經)작업 시 작업대의 높이는 팔꿈치 높이보다 5~10cm 정도 낮은 것이 적당하다. ✖
- 중(重)작업 시 작업대의 높이는 팔꿈치 높이보다 10~20cm 정도 낮은 것이 적당하다. ✖
- 정밀작업 시 작업대의 높이는 팔꿈치 높이보다 5~10cm 정도 높은 것이 적당하다.

(4) 신체의 기본동작 ✖

굴곡(flexion, 굽히기)	관절각이 감소하는 움직임
신전(extension, 펴기)	관절각이 증가하는 움직임
외전(abduction, 벌리기)	신체 중심선으로부터 밖으로 이동
내전(adduction, 모으기)	신체 중심선으로 이동
외선(external rotation)	신체 중심선으로부터 밖으로 회전
내선(internal rotation)	신체 중심선으로 회전

② 부품배치의 원칙 ✦

(1) 중요성의 원칙
부품을 작동하는 성능이 체계의 목표달성에 중요한 정도에 따라 우선순위를 결정한다.

(2) 사용빈도의 원칙
부품을 사용하는 빈도에 따라 우선순위를 결정한다.

(3) 기능별 배치의 원칙
기능적으로 관련된 부품들(표시장치, 조정장치 등)을 모아서 배치한다.

(4) 사용 순서의 원칙
사용 순서에 따라 장치들을 가까이에 배치한다.

③ 개선의 4원칙(ECRS) ✦

① Eliminate : 생략과 배제의 원칙
  - 불필요한 공정이나 작업의 배제, 생략(모든 개선에 있어서 가장 먼저 생각하고 적용할 것이 요구되는 원칙)

② Combine : 결합과 분리의 원칙
  - 공정이나 공구, 부품 등의 결합으로 간단하고 단순화된 형태로 접근

③ Rearrange : 재편성과 재배열의 원칙
  - 공정, 작업 순서의 변경, 재배열

④ Simplify : 단순화의 원칙
  - 공정, 작업 수단, 방법 등을 간단하고 용이하게 하거나 이동거리를 짧게, 중량을 가볍게 하는 등의 단순화

④ 동작경제의 3원칙(바안즈, Barnes) ✦

(1) 인체 사용에 관한 원칙
① 두 손을 동시에 동작하기 시작하여 동시에 끝나도록 하여야 한다.
② 휴식시간 중이 아니면 두 손을 동시에 쉬어서는 안 된다.
③ 두 팔의 동작들은 서로 반대 방향에서 대칭적으로 움직인다.

합격의 key

[기출]
* 부품의 일반적 위치 내에서 구체적인 배치를 결정하는 기준 ★
  - 사용 순서의 원칙
  - 기능별 배치의 원칙

[참고]
* 기계설비의 layout (기계 배치 시 고려사항)
① 작업의 흐름에 따라 기계를 배치한다.
② 기계, 설비 주위에 충분한 공간을 둔다.
③ 안전한 통로를 확보한다.
④ 제품저장 공간을 충분히 확보한다.
⑤ 기계, 설비 설치 시 점검·보수가 용이하도록 한다.
⑥ 폭발위험 기계 설치 시는 작업자 위치 선정 시 원격거리를 고려한다.
⑦ 장래 확장을 고려하여 배치한다.

[기출]
* 동작경제의 3원칙 ★ (길브레드 Gilbrett)
(1) 작업량 절약의 원칙
  ① 적게 운동한다.
  ② 재료나 공구는 취급하는 부근에 정돈한다.
  ③ 동작의 수를 줄인다.
  ④ 동작의 양을 줄인다.
(2) 동작개선의 원칙
  ① 동작이 자동적으로 리드미컬한 순서로 한다.
  ② 양손은 동시에 반대의 방향으로 좌우 대칭적으로 운동한다.
  ③ 가급적 관성, 중력, 기계력 등을 이용한다.
  ④ 작업점의 높이를 적당히 하고 피로를 줄인다.
  ⑤ 물건을 장시간 취급할 때는 장구를 사용한다.
(3) 동작능 활용의 원칙
  ① 발 또는 왼손으로 할 수 있는 일은 오른손을 사용하지 않는다.
  ② 양손으로 동시에 작업을 시작하고 동시에 끝낸다.

④ 손과 신체의 동작은 작업을 원만하게 수행할 수 있는 범위 내에서 가장 낮은 동작 등급을 사용한다. 인체의 사용 범위가 넓을수록 피로가 더하고 시간도 낭비된다.
⑤ 가능한 한 관성(Momentum)을 이용해야 하며 작업자가 관성을 억제해야 하는 경우 관성을 최소한도로 줄인다.
⑥ 손의 동작은 부드러운 연속동작으로 하고 급격한 방향 전환을 가지는 직선 동작은 피한다.

(2) 작업장의 배치에 관한 원칙

① 모든 공구 및 재료는 정위치에 배치해야 한다.
② 공구, 재료 및 조정기는 사용 위치에 가까이 두어야 한다.
③ 가능하면 낙하식 운반법을 사용한다.
④ 재료와 공구들은 자기 위치에 있도록 한다.

(3) 공구 및 설비의 설계에 관한 원칙

① 치공구, 발로 조정하는 장치에 의해서 수행할 수 있는 작업에는 손의 부담을 덜어주어야 한다.(발로 수행할 수 있는 작업은 손을 사용하지 않음)
② 공구를 결합하여 사용한다.
③ 공구 및 재료는 가능한 한 작업자 앞에 둔다.

5 의자설계 원칙

(1) 의자 설계의 일반 원리

① 요추의 전만곡선을 유지할 것
② 디스크의 압력을 줄인다.
③ 등근육의 정적부하를 감소시킨다.
④ 자세 고정을 줄인다.
⑤ 쉽게 조절할 수 있도록 설계할 것

(2) 의자 설계의 원칙

① 체중 분포
  • 의자에 앉았을 때 체중이 주로 좌골 결절에 실려야 한다.
② 의자 좌판의 높이
  • 좌판 앞부분이 대퇴를 압박하지 않도록 오금 높이보다 높지 않아야 한다.
  • 치수는 5% 오금높이로 한다.

[문제]

인간공학적 의자 설계의 원칙에 대한 설명 중 틀린 것은?
㉮ 사람이 의자에 앉아있을 때 체중이 주로 좌골결절에 실려 있어야 한다.
㉯ 좌판 앞부분은 오금보다 높지 않아야 한다.
㉰ 일반적으로 좌판의 길이는 몸이 큰 사람을 기준으로 결정한다.
㉱ 의자에 앉아 있을 때 몸통에 안정을 주어야 한다.

[해설]
① 좌판의 길이(깊이)는 작은 사람을 기준으로 하여 엉덩이~오금길이보다 5~10cm 짧게 설계한다.(좌판의 길이 : 좌판끝~등받이까지 거리)
② 좌판의 폭은 큰사람을 기준으로 하여 엉덩이 폭에 좌·우로 5cm 여유를 더하여 설계한다.

정답 ㉰

③ 의자 좌판의 깊이(길이)와 폭
- 일반적으로 좌판의 폭은 큰사람에게 맞도록 설계한다.
- 깊이는 장딴지 여유를 주고 대퇴를 압박하지 않도록 작은 사람에게 맞도록 설계한다.

④ **몸통의 안정**
- 의자 좌판의 각도는 3°, 등판의 각도는 100°가 몸통에 안정적이다.
- 좌판의 앞 모서리 부분은 5cm 정도 낮아야 한다.
- 좌판과 등받이 사이의 각도는 90~105°를 유지하도록 한다.

04 작업환경과 인간공학

> 주/요/내/용 알/고/가/기
> 1. 반사율 및 조도의 계산
> 2. 법적 조도기준
> 3. 소음의 계산
> 4. 소음작업
> 5. 복합소음과 마스킹 현상
> 6. 열평형 방정식
> 7. 옥스퍼드 지수와 실효온도

1 조명방식 및 조명수준

(1) 전반조명과 국부조명

① 전반조명
    조명기구를 일정한 높이와 간격으로 배치하여 작업장 전체를 균일하게 밝히는 조명방식

② 국부조명
    필요한 곳만을 강하게 조명하는 조명법으로 정밀한 작업 또는 시력을 집중시켜줄 수 있는 일에 사용하는 조명방식이다.

(2) 직접조명과 간접조명

① 직접조명
    등기구에서 발산되는 광속의 90% 이상을 직접 작업면에 투사하는 조명방식

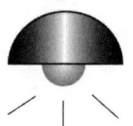

장점	• 조명률이 크므로 소비전력은 간접조명의 1/2~1/3이다. • 설비비가 저렴하며 설계가 단순하다. • 효율이 좋다. • 조명기구의 점검, 보수가 용이하다.
단점	• 눈이 부시다. • 빛이 반사되어 물체를 식별하기가 어렵다. • 균일한 조도를 얻기 어렵다.

② 간접조명

등기구에서 발산되는 광속의 90% 이상을 천장이나 벽에 투사시켜 이로부터 반사 확산된 광속을 이용하는 조명방식

장점	• 눈부심이 적고 조도가 균일하다. • 그림자가 부드럽다. • 등기구의 사용을 최소화하여 조명 효과를 얻을 수 있다.
단점	• 밝지 않다. • 천장 색에 따라 조명 빛깔이 변한다. • 효율성이 떨어진다. • 설비비가 많이 들고 보수가 쉽지 않다.

2 반사율과 휘광

(1) 휘광 : 눈부심

① 광원으로부터 직사휘광 처리법 ✤
- 광원의 휘도를 줄이고 광원 수를 늘린다.
- 광원을 시선에서 멀게 한다.
- 휘광원 주위를 밝게 하여 광속 발산비(휘도)를 줄인다.
- 가리개, 갓, 차양을 사용한다.

② 창문으로부터 직사휘광 처리법
- 창문을 높이 단다.
- 외부에 드리우개(overhang) 설치한다.
- 안쪽에 수직날개(fin)를 설치한다.
- 차양, 발을 사용한다.

③ 반사휘광 처리법
- 발광체의 휘도를 줄인다.
- 일반 조명 수준을 높인다.
- 산란광, 간접광, 조절판, 창문에 차양을 사용한다.
- 반사광이 비치지 않게 광원을 위치한다.
- 무광택 도료, 빛을 산란시키는 표면색을 한 가구, 윤기 없앤 종이를 사용한다.

(2) 반사율 : 반사광의 에너지와 입사광의 에너지의 비율을 말한다.

① 반사율(%) = $\dfrac{\text{광속발산도}(fL)}{\text{조명}(fc)} \times 100$ ✤

② 조명(fc) = $\dfrac{\text{광속발산도}(fL)}{\text{반사율}(\%)} \times 100$

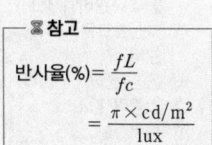

참고

반사율(%) = $\dfrac{fL}{fc}$

= $\dfrac{\pi \times \text{cd/m}^2}{\text{lux}}$

③ 대비(%) = $\dfrac{\text{배경 반사율}(Lb) - \text{표적물체 반사율}(Lt)}{\text{배경 반사율}(Lb)} \times 100$

④ 옥내 최적 반사율(천장 : 바닥 반사율 비율 = 3 : 1 이상 유지)
  • 천장(80~91%) > 벽(40~60%) > 가구(25~45%) > 바닥(20~40%)
  • 옥내의 반사율은 천정으로 올라갈수록 높고 바닥으로 내려갈수록 낮아져야 한다.

③ 조도와 광도

(1) 조도(lux) = $\dfrac{\text{광도}}{(\text{거리})^2}$

  ① 단위 fc(foot-candle)
    • 1촉광의 점광원으로부터 1foot 떨어진 곡면에 비추는 광밀도 ($1\,\text{lumen}/\text{ft}^2$)
  ② lux(meter-candle)
    • 1촉광의 점광원으로부터 1m 떨어진 곡면에 비추는 광밀도 ($1\,\text{lumen}/\text{m}^2$)
    • 1fc = 10 lux

(2) 법적 조도 기준

  ① 초정밀 작업 : 750Lux 이상
  ② 정밀 작업 : 300Lux 이상
  ③ 보통 작업 : 150Lux 이상
  ④ 기타 작업 : 75Lux 이상

(3) 광도

  • 일정한 방향에서 물체 전체의 밝기를 나타내는 양
  • 단위 : 촉광(燭光), 칸델라(candela)

④ 소음과 청력손실

(1) 소음과 청력손실

  ① 진동수가 높아짐에 따라 청력손실도 심해진다.
  ② 청력손실의 정도는 노출 소음 수준에 따라 증가한다.
  ③ 초기 청력손실은 4,000Hz에서 가장 크게 나타난다.
  ④ 강한 소음에 대해서는 노출 기간에 따라 청력손실이 증가하지만 약한 소음과는 관계가 없다.

참고

* 대비
  표적의 반사율과 배경의 반사율의 차이
  • 표적이 배경보다 어두울 때 : +100~0사이
  • 표적이 배경보다 밝을 때 : 0~무한대 사이

참고

1. 조도(Lux)
   물체나 표면에 도달하는 빛의 단위 면적당 밀도

2. 광속 발산도(휘도) (luminance)
   단위면적당 표면에서 방사되거나 방출되는 빛의 양

* foot-Lambert(fL)
  완전방사 및 반사하는 표면의 1fc로 조명될 때의 조도와 같은 광속 발산도

* Lambert(L)
  완전발산 및 반사하는 표면이 표준촛불로 1cm 거리에서 조명될 때의 조도와 같은 광속 발산도

기출

* 소음으로 인한 생리적 변화(소음이 인체에 미치는 영향)
  ① 혈관의 수축에 의한 맥박의 증가(심장 박동수 증가)
  ② 혈압 상승
  ③ 혈액 성분 및 오줌 성분의 변화
  ④ 타액 또는 위액 분비 불량(위 분비량 감소)
  ⑤ 부신호르몬의 이상 분비
  ⑥ 동공 팽창
  ⑦ 집중력 감소
  ⑧ 청력손실

> **소음을 내는 기계로부터 거리가 d_2만큼 떨어진 곳의 소음 계산** ✨
>
> $$dB_2 = dB_1 - 20 \times \log\left(\frac{d_2}{d_1}\right)$$
>
> 소음기계로부터 d_1 떨어진 곳의 소음 : dB_1
> 소음기계로부터 d_2 떨어진 곳의 소음 : dB_2

(2) 음량 수준 측정 척도 ✨

① phone에 의한 음량 수준
② sone에 의한 음량 수준
③ 인식소음 수준

> **[기출] 음의 크기 단위** ✨
>
> 1phone : 1000Hz, 1dB 음의 크기
> 1sone : 1000Hz, 40dB 음의 크기
>
> $$S(sone) = 2^{\frac{(p-40)}{10}} \quad (단, P = phone)$$
>
> 즉, 40phon = 1sone

3) 복합 소음 ✨

① 두 소음 수준차가 10dB 이내일 때 : 복합 소음 발생
② 같은 소음 수준의 기계 2대일 때 : 3dB 소음이 증가하는 현상을 말한다.

> **합성소음도(전체 소음, 여러 소음원 동시 가동 시의 소음도)**
>
> $$L = 10\log\left(10^{\frac{L_1}{10}} + 10^{\frac{L_2}{10}} + \cdots + 10^{\frac{L_n}{10}}\right) (dB)$$
>
> 여기서, L : 합성소음도(dB)
> $L_1 \sim L_2$: 각 각 소음원의 소음(dB)

(4) 은폐 현상(Masking 현상) ✨

① 두 음의 차가 10dB 이상인 경우 발생한다.
② 높은 음이 낮은 음을 상쇄시켜 높은 음만 들리는 현상이다.

참고

※ 소음의 영향
① 간단하고 정규적인 과업의 퍼포먼스는 소음의 영향이 없으며 오히려 개선되는 경우도 있다.
② 시력, 대비판별, 암시, 순응, 눈동자 속도 등 감각기능은 모두 소음의 영향이 적다.
③ 운동 퍼포먼스는 균형과 관계되지 않는 한 소음에 의해 나빠지지 않는다.
④ 쉬지 않고 계속 실행하는 과업에 있어 소음은 부정적인 영향을 미친다.

기출

※ 어떤 소리가 1000Hz, 60dB인 음과 같은 높이임에도 4배 더 크게 들린다면, 이 소리의 음압수준은 얼마인가?
• 음압수준이 10dB 증가하면 → 소리는 2배 크게 들린다.
• 음압수준이 20dB 증가하면 → 소리는 4배 크게 들린다.
• 60dB + 20dB = 80dB

확인

※ 90dB 소음을 발생시키는 기계 2대의 복합 소음 : 90dB + 3dB = 93dB

기출

※ 은폐 현상 ★
(Masking 현상)
컴퓨터 자판 소리에 사람의 대화 소리가 안 들리는 현상

5 열교환 과정과 열 압박

(1) 열평형 방정식

열교환 과정은 다음과 같이 열평형 방정식으로 나타낼 수 있다.

열평형 방정식(인체의 열교환 과정)
S(열 축적) = M(대사 열) − E(증발) ± R(복사) ± C(대류) − W(한 일) 여기서, S는 열 이득 및 열 손실량이며, 열평형 상태에서는 0이다.

(2) 불쾌지수

① 기온과 습도에 의하여 감각온도의 개략적 단위로서 사용된다.
② 불쾌지수 = (건구온도+습구온도)×0.72+40.6(섭씨온도 기준)
③ 불쾌지수 = (건구온도+습구온도)×0.4+15(화씨온도 기준)
④ 불쾌지수가 80 이상일 때는 모든 사람이 불쾌감을 가지기 시작하고, 75의 경우는 절반 정도가 불쾌감을 가지며, 70~75에서는 불쾌감을 느끼기 시작하며, 70 이하는 모두 쾌적하고 느낀다.

6 Oxford 지수와 실효온도

(1) Oxford 지수

습건(WD) 지수라고도 하며, 습구·건구 온도의 가중 평균치로서 다음과 같이 나타낸다.

옥스퍼드 지수(습·건 지수)
WD = 0.85W + 0.15d (℃) 여기서, W : 습구온도 d : 건구온도

(2) 실효온도(감각온도, effective temperature)

실효온도는 온도, 습도 및 공기 유동이 인체에 미치는 열 효과를 하나의 수치로 통합한 경험적 감각지수로 상대습도 100%일 때의 건구온도에서 느끼는 것과 동일한 온감(溫感)이다.

① 실효온도의 결정 요소 : 온도, 습도, 대류(공기 유동)
② 허용한계
  • 정신작업(사무작업) : 60~64°F
  • 경작업 : 55~60°F
  • 중작업 : 50~55°F

◎기출
※ 공기의 온열조건 ★
온도, 습도, 대류, 복사

7 진동

(1) 전신진동이 인간 성능에 끼치는 영향

① 진동은 진폭에 비례하여 시력을 손상하며, 10~25Hz의 경우에 가장 심하다.
② 진동은 진폭에 비례하여 추적능력을 손상하며, 5Hz 이하의 낮은 진동수에서 가장 심하다.
③ 안정되고, 정확한 근육조절을 요하는 작업은, 진동에 의해서 저하된다.
④ 반응시간, 감시, 형태 식별 등 주로 중앙 신경 처리에 달린 임무는 진동의 영향이 적다.

> **기출 ★**
> * 진동의 영향이 가장 큰 작업 : 추적능력
> * 진동의 영향이 가장 작은 작업 : 형태 식별

8 색채

(1) 색의 3속성

① 색상
② 명도
③ 채도

> **참고**
> * 조명 3속성
>   휘도, 광도, 조도
> * 무채색 3요소
>   흑색, 백색, 회색

(2) 색채의 생물학적 작용

① 적색은 신경에 대한 흥분 작용을 가지고 조직 호흡면에서 환원작용을 촉진한다.
② 청색은 진정 작용을 가지고 조직 호흡면에서 산화작용을 촉진한다.
③ 명도가 높은 색은 빠르고, 가볍고, 경쾌하게 느껴지고 명도가 낮은 색은 둔하고, 무겁고, 느리게 느껴진다.
④ 빠르고, 가볍고, 경쾌한 색에서 둔하고, 무겁고, 느린 색의 순서
백색 → 황색 → 녹색 → 등색 → 자색 → 적색 → 청색 → 흑색

> **기출**
> * 시식 별 영향 요인
>   광도, 조도, 광속 발산비, 대비, 반사율, 노출시간, 휘도 등

(3) 물체가 잘 보이는 조건 : 색상, 명도, 채도, 대비 등

(4) 색채와 심리

① **적색** : 공포, 열정, 애정, 활기, 용기
② **황색** : 주의, 조심, 희망, 광명, 향상
③ **청색** : 진정, 냉담, 소극, 소원
④ **녹색** : 안전, 안식, 평화, 위안
⑤ **자색** : 우미, 고취, 불안, 영원

(5) 색채 조절의 효과 및 목적

① 피로의 경감
② 생산성 향상
③ 재해 감소
④ 작업의 질적 향상
⑤ 밝기의 증가
⑥ 기술 향상
⑦ 불량품 감소
⑧ 능률 향상
⑨ 동기 유발
⑩ 재해사고 방지를 위한 표식의 명확화

(6) 시력

① 시각

시각의 계산

$$시각(분) = \frac{57.3 \times 60 \times L}{D}$$

여기서, D : 물체와 눈 사이의 거리
L : 시선과 직각으로 측정한 물체의 크기

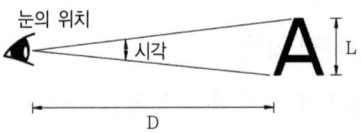

② 동(動) 시력
- 움직이는 물체를 식별할 수 있는 시각적 능력을 말한다.
- 초당 물체 이동속도가 60° 이상이면 시력은 급격히 감소한다.
- 정상인의 수평면 시계 : 200°
- $시력 = \frac{1}{시각}$

③ 유효시야
안구운동만으로 정보를 주시하고 정보를 수용할 수 있는 범위를 말한다.

(7) 디옵터
- 렌즈의 굴절력을 나타내는 단위로, 초점거리(m로 표시)의 역수이다.
- D의 값이 클수록 도수가 높다.
- $디옵터 = \frac{1}{초점거리}$

◎기출

① 배열시력
(vernier hyper acuity)
두 개 이상의 물체가 평면상에서 일렬로 서 있는지를 판별하는 능력을 말한다.

② 동적시력
(dynamic visual acuity)
움직이는 물체를 정확하고 빠르게 인지하는 능력을 말한다.

③ 입체시력
(stereoscopic acuity)
거리가 있는 한 물체에 대한 약간 다른 상이 두 눈의 망막에 맺힐 때 이것을 구별하는 능력

④ 최소지각시력
(minimum perceptible acuity)
배경으로부터 한 점을 식별하는 능력을 말한다.

◎기출

＊ 자극의 역치
자극이 어느 정도 이상이면 가시 전압이 나타나게 되는데 가시 전압을 나타나게 하는 최소 자극의 크기를 말한다.

CHAPTER 06 단원 예상문제

01 인간이 앉아서 작업대 위에 손을 움직여 나타나는 평면작업 중 팔을 굽히고도 편하게 작업을 하면서 좌우의 손을 움직여 생기는 작은 원호형의 영역을 무엇이라 하는가?

㉮ 최대 작업역
㉯ 평면 작업역
㉰ 작업 공간 포락면
㉱ 정상 작업역

[해설] 수평 작업대
① 정상 작업역
 • 상완을 자연스럽게 늘어뜨린 채 전완만으로 뻗어 파악할 수 있는 구역
 • 팔을 굽히고도 편하게 작업을 하면서 좌우의 손을 움직여 생기는 작은 원호형의 영역
② 최대 작업역
 • 전완과 상완을 곧게 펴서 파악할 수 있는 구역
 • 어깨로부터 팔을 펴서 수평면상에 원을 그릴 때 부채꼴 원호의 내부지역

02 한 장소에 앉아서 작업을 수행할 때 사람이 작업하는데 사용하는 공간을 무엇이라 하는가?

㉮ 파악한계 ㉯ 작업 자세
㉰ 정상작업역 ㉱ 포락면

[해설] 작업 공간
① 포락면 : 한 장소에 앉아서 수행하는 작업에서 작업하는데 사용하는 공간
② 파악한계 : 앉은 작업자가 특정한 수작업 기능을 수행할 수 있는 공간의 외곽 한계

{참고} 수평 작업대
① 정상 작업역
 • 상완을 자연스럽게 늘어뜨린 채 전완만으로 뻗어 파악할 수 있는 구역
 • 팔을 굽히고도 편하게 작업을 하면서 좌우의 손을 움직여 생기는 작은 원호형의 영역
② 최대 작업역
 • 전완과 상완을 곧게 펴서 파악할 수 있는 구역
 • 어깨로부터 팔을 펴서 수평면상에 원을 그릴 때 부채꼴 원호의 내부지역

03 다음 중 부품배치의 4원칙에 속하지 않는 것은?

㉮ 중요도의 높음에 따른 우선 배치
㉯ 사용 빈도의 높음에 따른 우선 배치
㉰ 기능별에 따른 그룹화
㉱ 색깔에 따른 우선 배치

[해설] 부품배치의 원칙
① 중요성의 원칙 : 부품을 작동하는 성능이 체계의 목표 달성에 중요한 정도에 따라 우선순위를 결정한다.
② 사용빈도의 원칙 : 부품을 사용하는 빈도에 따라 우선순위를 결정한다.
③ 기능별 배치의 원칙 : 기능적으로 관련된 부품들(표시장치, 조정장치 등)을 모아서 배치한다.
④ 사용 순서의 원칙 : 사용 순서에 따라 장치들을 가까이에 배치한다.

정답 01 ㉱ 02 ㉱ 03 ㉱

04 신체 부위의 동작에 대한 설명 중 굴곡과 반대 방향의 동작으로 신체 부위 간의 각도가 증가하는 관절 동작은?

㉮ 내전 ㉯ 회전
㉰ 신전 ㉱ 외전

[해설] **신체의 기본동작**

굴곡 (flexion, 굽히기)	관절각이 감소하는 움직임
신전 (extension, 펴기)	관절각이 증가하는 움직임
외전 (abduction, 벌리기)	신체 중심선으로부터 밖으로 이동
내전 (adduction, 모으기)	신체 중심선으로 이동
외선 (external rotation)	신체 중심선으로부터의 회전
내선 (internal rotation)	신체 중심선으로의 회전

05 수평작업대 설계에 있어서 최대 작업역에 대한 설명으로 옳은 것은?

㉮ 전완만으로 편하게 뻗어 파악할 수 있는 구역
㉯ 전완과 상완을 곧게 펴서 파악할 수 있는 구역
㉰ 상완만을 뻗어 파악할 수 있는 구역
㉱ 사지를 최대한으로 움직여 파악할 수 있는 구역

[해설] **수평 작업대**
① 정상 작업역 : 상완을 자연스럽게 늘어뜨린 채 <u>전완만으로 뻗어 파악 할 수 있는 구역</u>
② 최대 작업역 : <u>전완과 상완을 곧게 펴서 파악할 수 있는 구역</u>

06 다음 중 동작경제의 원칙에 해당하지 않는 것은?

㉮ 가능하다면 낙하식 운반방법을 이용한다.
㉯ 양손을 동시에 반대의 방향으로 운동한다.
㉰ 자연스러운 리듬이 생기지 않도록 동작을 배치한다.
㉱ 양손으로 동시에 작업을 시작하고, 동시에 끝낸다.

[해설] ㉰ 자연스러운 리듬이 생기도록 동작을 배치한다.

{참고} **동작경제의 3원칙(바안즈, Barnes)**

(1) **인체 사용에 관한 원칙**
① 두 손을 동시에 동작하기 시작하여 동시에 끝나도록 하여야 한다.
② 휴식 시간 중이 아니면 두 손을 동시에 쉬어서는 안 된다.
③ 두 팔의 동작들은 서로 반대 방향에서 대칭적으로 움직인다.
④ 손과 신체의 동작은 작업을 원만하게 수행할 수 있는 범위 내에서 가장 낮은 동작 등급을 사용한다. 인체의 사용 범위가 넓을수록 피로가 더하고 시간도 낭비된다.
⑤ 가능한 한 관성(Momentum)을 이용해야 하며 작업자가 관성을 억제해야 하는 경우 관성을 최소한도로 줄인다.
⑥ 손의 동작은 부드러운 연속동작으로 하고 급격한 방향 전환을 가지는 직선동작은 피한다.

(2) **작업장의 배치에 관한 원칙**
① 모든 공구 및 재료는 정위치에 배치해야 한다.
② 공구, 재료 및 조정기는 사용위치에 가까이 두어야 한다.
③ 가능하면 낙하식 운반법을 사용한다.
④ 재료와 공구들은 자기 위치에 있도록 한다.

(3) **공구 및 설비의 설계에 관한 원칙**
① 치공구, 발로 조정하는 장치에 의해서 수행

정답 04 ㉰ 05 ㉯ 06 ㉰

할 수 있는 작업에는 손의 부담을 덜어주어야 한다.
② 공구를 결합하여 사용한다.
③ 공구 및 재료는 가능한 한 작업자 앞에 둔다.

07 다음 중 의자 설계 시의 원칙에 고려되는 일반적인 사항으로 가장 거리가 먼 것은?

㉮ 체중의 분포
㉯ 의자 좌판의 높이
㉰ 의자 등판의 높이
㉱ 의자 좌판의 깊이와 폭

[해설] 의자 설계의 원칙
① 체중 분포
 • 의자에 앉았을 때 **체중이 주로 좌골 결절에 실려야 한다.**
② 의자 좌판의 높이
 • **좌판 앞부분**이 대퇴를 압박하지 않도록 **오금 높이보다 높지 않아야 한다.**
 • **치수는 5% 오금 높이로 한다.**
③ 의자 좌판의 깊이(길이)와 폭
 • 일반적으로 **폭은 큰사람에게 맞도록 설계한다.**
 • **깊이**는 장딴지 여유를 주고 대퇴를 압박하지 않도록 **작은 사람에게 맞도록 설계한다.**
④ **몸통의 안정**
 • 의자 좌판의 각도는 3°, 등판의 각도는 100°가 몸통에 안정적이다.

08 윗 팔을 자연스럽게 수직으로 늘어뜨린 채, 아래팔만으로 편하게 뻗어 파악할 수 있는 구역을 무엇이라 하는가?

㉮ 파악 한계역
㉯ 최소 작업역
㉰ 정상 작업역
㉱ 최대 작업역

[해설] ① 정상 작업역 : 상완을 자연스럽게 늘어뜨린채 전완만으로 뻗어 파악 할 수 있는 구역
② 최대 작업역 : 전완과 상완을 곧게 펴서 파악할 수 있는 구역

09 다음 중 동작경제의 원칙으로 틀린 것은?

㉮ 동작의 범위는 최대로 할 것
㉯ 동작은 연속된 곡선운동으로 할 것
㉰ 양손은 좌우 대칭적으로 움직일 것
㉱ 양손은 동시에 시작하고 동시에 끝내도록 할 것

[해설] ㉮ 동작의 범위는 최소로 할 것

{참고} 동작경제의 3원칙(바안즈, Barnes)
(1) 인체 사용에 관한 원칙
 ① 두 손을 동시에 동작하기 시작하여 동시에 끝나도록 하여야 한다.
 ② 휴식 시간 중이 아니면 두 손을 동시에 쉬어서는 안 된다.
 ③ 두 팔의 동작들은 서로 반대 방향에서 대칭적으로 움직인다.
 ④ 손과 신체의 동작은 작업을 원만하게 수행할 수 있는 범위 내에서 가장 낮은 동작등급을 사용한다. 인체의 사용 범위가 넓을수록 피로가 더하고 시간도 낭비된다.
 ⑤ 가능한 한 관성(Momentum)을 이용해야 하며 작업자가 관성을 억제해야 하는 경우 관성을 최소한도로 줄인다.
 ⑥ 손의 동작은 부드러운 연속동작으로 하고 급격한 방향 전환을 가지는 직선동작은 피한다.
(2) 작업장의 배치에 관한 원칙
 ① 모든 공구 및 재료는 정위치에 배치해야 한다.
 ② 공구, 재료 및 조정기는 사용 위치에 가까이 두어야 한다.
 ③ 가능하면 낙하식 운반법을 사용한다.
 ④ 재료와 공구들은 자기 위치에 있도록 한다.
(3) 공구 및 설비의 설계에 관한 원칙
 ① 치공구, 발로 조정하는 장치에 의해서 수행할 수 있는 작업에는 손의 부담을 덜어주어

정답 07 ㉰ 08 ㉰ 09 ㉮

제6장 단원 예상문제 • **483**

야 한다.
② 공구를 결합하여 사용한다.
③ 공구 및 재료는 가능한 한 작업자 앞에 둔다.

10 다음 중 일반적인 수공구의 설계 원칙으로 볼 수 없는 것은?

㉮ 손목을 곧게 유지한다.
㉯ 반복적인 손가락 동작을 피한다.
㉰ 사용이 용이한 검지만을 주로 사용한다.
㉱ 손잡이는 접촉면적을 가능하면 크게 한다.

[해설] **수공구의 설계 원칙**
① 손목을 곧게 유지한다.
② 손바닥에 가해지는 압력을 줄인다.
③ 손가락의 반복 사용을 피한다.
④ 손잡이는 손바닥과의 접촉 면적이 크게 설계한다.
⑤ 공구의 무게를 줄이고 사용 시 균형이 유지되도록 한다.

11 사물을 볼 수 있는 최소 각이 30초인 사람과 최소 각이 1분인 사람의 산술적 시력 차이는 얼마인가?

㉮ 0.5   ㉯ 1.0
㉰ 1.5   ㉱ 2.0

[해설] 시력 $= \dfrac{1}{\text{최소각}}$

최소 각이 30초(0.5분)인 사람의 시력
$= \dfrac{1}{0.5} = 2.0$

최소 각이 1분인 사람의 시력 $= \dfrac{1}{1} = 1.0$
시력의 차이 $= 2.0 - 1.0 = 1.0$

12 신체 부위의 운동 중 몸의 중심선으로 이동하는 운동을 무엇이라 하는가?

㉮ 굴곡운동
㉯ 내전운동
㉰ 신전운동
㉱ 외전운동

[해설] **신체의 기본동작**

동작	설명
굴곡 (flexion, 굽히기)	관절각이 감소하는 움직임
신전 (extension, 펴기)	관절각이 증가하는 움직임
외전 (abduction, 벌리기)	신체 중심선으로부터 밖으로 이동
내전 (adduction, 모으기)	신체 중심선으로 이동
외선 (external rotation)	신체 중심선으로부터의 회전
내선 (internal rotation)	신체 중심선으로의 회전

13 앉은 작업자가 특정한 수작업 기능을 편안히 수행할 수 있는 공간의 외곽한계를 무엇이라 하는가?

㉮ 작업 공간 포락면
㉯ 파악한계
㉰ 정상 작업역
㉱ 최대 작업역

[해설] **작업 공간**
① 포락면 : 한 장소에 앉아서 수행하는 작업에서 작업하는데 사용하는 공간
② 파악한계 : 앉은 작업자가 특정한 수작업 기능을 수행할 수 있는 공간의 외곽한계

정답 10 ㉰ 11 ㉯ 12 ㉯ 13 ㉯

14 다음 중 사무실 설계 시 추천 반사율이 낮은 것부터 순서대로 나열한 것은?

> ① 바닥 ② 벽 ③ 천정
> ④ 사무용 기기

㉮ ① - ② - ③ - ④
㉯ ③ - ④ - ① - ②
㉰ ① - ④ - ② - ③
㉱ ① - ④ - ③ - ②

[해설] 옥내 최적 반사율
(천장 : 바닥 반사율 비율 = 3 : 1 이상 유지)
- 천장(80~91%) > 벽(40~60%) > 가구(25~45%) > 바닥(20~40%)
- 옥내의 반사율은 천정으로 올라갈수록 높고 바닥으로 내려갈수록 낮아져야 한다.

15 광원으로부터의 직사휘광을 처리하는 방법이 아닌 것은?

㉮ 광원의 휘도를 줄이며 수를 줄인다.
㉯ 광원을 시선에서 멀리 둔다.
㉰ 휘광원 주위를 밝게 하여 휘도비를 줄인다.
㉱ 가리개, 갓 등을 사용한다.

[해설] 광원으로부터 직사휘광 처리법
① 광원의 휘도를 줄이고 광원 수를 늘인다.
② 광원을 시선에서 멀게 한다.
③ 휘광원 주위를 밝게하여 광속 발산비(휘도)를 줄인다.
④ 가리개, 갓, 차양을 사용한다.

16 88dB의 소음을 내는 방적기 두 대가 있다. 이 방적기 두 대가 내는 복합 소음은 몇 dB인가?

㉮ 88dB   ㉯ 91dB
㉰ 120dB   ㉱ 176dB

[해설] 복합 소음 : 같은 소음 수준의 기계가 2대일 때 3dB 소음이 증가하는 현상을 말한다.
88 + 3 = 91dB

{참고} 복합 소음(합성 소음)
① 두 소음 수준차가 10dB 이내일 때 : 복합 소음 발생
② 같은 소음 수준의 기계 2대일 때 3dB 소음이 증가하는 현상을 말한다.
③ 합성소음도(전체 소음, 여러 소음원 동시 가동 시의 소음도)

$$L = 10\log(10^{\frac{L_1}{10}} + 10^{\frac{L_2}{10}} + \cdots + 10^{\frac{L_n}{10}})(dB)$$

여기서, L : 합성소음도(dB)
$L_1 \sim L_2$: 각각 소음원의 소음(dB)

17 광원의 밝기가 100cd이고, 10m 떨어진 곡면을 비출 때의 조도는?

㉮ 1Lux   ㉯ 10Lux
㉰ 100Lux   ㉱ 1,000Lux

[해설]
$$조도 = \frac{광도}{(거리)^2}(Lux)$$

$$조도 = \frac{100}{10^2} = 1Lux$$

정답 14 ㉰ 15 ㉮ 16 ㉯ 17 ㉮

18 다음 소음방지 대책 중 가장 효과적인 방법은?

㉮ 음원 대책 ㉯ 능동 제어
㉰ 수음자 대책 ㉱ 전파경로 대책

[해설] **소음 대책**
① **소음원 통제** : 기계에 고무받침대 부착, 차량 소음기 등(**가장 적극적인 대책**)
② 소음의 격리 : 씌우개, 방, 장벽, 창문 등으로 격리
③ 차폐장치, 흡음제 사용
④ 음향처리제 사용
⑤ 적절한 배치(Layout)
⑥ 배경음악
⑦ 보호구 사용 : 귀마개, 귀덮개 (**가장 소극적인 대책**)

19 건구온도가 30℃, 습구온도가 27℃ 일 때 사람들이 느끼는 불쾌감은?

㉮ 모든 사람이 불쾌감을 느낀다.
㉯ 일부분의 사람이 불쾌감을 느끼기 시작한다.
㉰ 대부분 불쾌감을 느끼지 못한다.
㉱ 일부분의 사람이 쾌적함을 느끼기 시작한다.

[해설] **불쾌지수(섭씨온도 기준)**
= (건구온도+습구온도) × 0.72 + 40.6
불쾌지수 = (30 + 27) × 0.72 + 40.6 = 81.64
→ 불쾌지수가 80 이상일 때는 모든 사람이 불쾌감을 가지기 시작한다.

{참고} **불쾌지수**
① 기온과 습도에 의하여 감각온도의 개략적 단위로서 사용된다.
② 불쾌지수(섭씨온도 기준)
 = (건구온도+습구온도)× 0.72 + 40.6
③ 불쾌지수(화씨온도 기준)
 = (건구온도+습구온도)× 0.4 + 15
④ 불쾌지수가 80 이상일 때는 모든 사람이 불쾌감을 가지기 시작하고, 75의 경우는 절반 정도가 불쾌감을 가지며, 70~75에서는 불쾌감을 느끼기 시작하며, 70 이하는 모두 쾌적하다고 느낀다.

20 온도, 습도 및 공기의 유동이 인체에 미치는 열 효과를 하나의 수치로 통합한 감각지수를 무엇이라 하는가?

㉮ 보온율
㉯ 열압박 지수
㉰ oxford 지수
㉱ 실효온도

[해설] **실효온도(감각온도, effective temperature)**
실효온도는 온도, 습도 및 공기 유동이 인체에 미치는 열효과를 하나의 수치로 통합한 경험적 감각지수로 **상대습도 100%일 때의 건구온도에서 느끼는 것과 동일한 온감(溫感)**이다.

{참고} **실효온도의 결정 요소** : 온도, 습도, 대류(공기 유동)

21 건설현장의 안전표시판의 반사율이 80%이고, 인쇄된 글자의 반사율이 10%이면, 대비는 약 몇 %인가?

㉮ 56 ㉯ 65
㉰ 71 ㉱ 88

[해설]
$$대비 = \frac{배경반사율(I_b) - 표적물체반사율(I_t)}{배경반사율(I_b)} \times 100$$

$$대비 = \frac{80-10}{80} \times 100 = 87.5\%$$

22 4m 거리에서 조도가 60lux였다면 2m 에서는 조도가 얼마인가?

㉮ 150 lux ㉯ 240 lux
㉰ 320 lux ㉱ 480 lux

[해설]
$$조도 = \frac{광도}{(거리)^2} (lux)$$

정답 18 ㉮ 19 ㉮ 20 ㉱ 21 ㉱ 22 ㉯

1. 4m에서의 조도가 60[Lux]이므로

   $60 = \dfrac{광도}{4^2}$

   광도 $= 60 \times 4^2 = 960$[cd]

2. 2m에서의 조도

   조도 $= \dfrac{960}{2^2} = 240$[Lux]

23 인간은 계속되는 소음에 장시간 노출되는 경우 청력을 손실하며 소음의 강도와 노출 허용시간은 반비례하는 것이 일반적이다. "소음작업"이라 함은 1일 8시간 작업을 기준으로 몇 dB 이상의 소음이 발생하는 작업인가?

㉮ 75dB   ㉯ 80dB
㉰ 85dB   ㉱ 90dB

[해설] **소음작업** : 하루 8시간 동안 85dB 이상의 소음이 발생하는 작업

{참고} **강렬한 소음작업**
① 하루 8시간 동안 90dB 이상의 소음이 발생하는 작업
② 하루 4시간 동안 95dB 이상의 소음이 발생하는 작업
③ 하루 2시간 동안 100dB 이상의 소음이 발생하는 작업
④ 하루 1시간 동안 105dB 이상의 소음이 발생하는 작업
⑤ 하루 30분 동안 110dB 이상의 소음이 발생하는 작업
⑥ 하루 15분 동안 115dB 이상의 소음이 발생하는 작업

24 조도에 관한 설명 중 틀린 것은?

㉮ 조도란 어떤 물체나 표면에 도달하는 광의 밀도를 말한다.
㉯ 1[fc]란 1촉광의 점광원으로부터 1foot 떨어진 곡면에 비추는 광의 밀도를 말한다.
㉰ 1[lux]란 1촉광의 점광원으로부터 1m 떨어진 곡면에 비추는 광의 밀도를 말한다.
㉱ 조도는 광도에 비례하고 거리에 반비례한다.

[해설] ㉱ 조도는 광도에 비례하고 거리제곱에 반비례한다.

$$조도 = \dfrac{광도}{(거리)^2} (\text{lux})$$

{참고} ① fc(foot-candle)
• 1촉광의 점광원으로부터 1foot 떨어진 곡면에 비추는 광밀도(1 lumen/ft²)
② lux(meter-candle)
• 1촉광의 점광원으로부터 1m 떨어진 곡면에 비추는 광밀도(1 lumen/m²)
• 1fc = 10 lux

25 60fL의 광도를 요하는 시각 표시장치의 반사율이 75%일 때 소요조명은 몇 fc인가?

㉮ 75
㉯ 80
㉰ 85
㉱ 90

[해설]

$$반사율(\%) = \dfrac{광속발산도(fL)}{조명(fc)} \times 100$$

$$조명 = \dfrac{광속발산도(fL) \times 100}{반사율(\%)}$$

조명 $= \dfrac{광속발산도(fL) \times 100}{반사율(\%)}$

$= \dfrac{60 \times 100}{75} = 80 fc$

정답 23 ㉰ 24 ㉱ 25 ㉯

26 일반적으로 인체에 가해지는 온, 습도 및 기류 등의 외적변수를 종합적으로 평가하는 데에는 "불쾌지수"라는 지표가 이용된다. 식이 다음과 같은 경우 건구온도와 습구온도의 단위로 옳은 것은?

> 불쾌지수
> = 0.72(건구온도 + 습구온도) + 40.6

㉮ 섭씨온도 ㉯ 화씨온도
㉰ 절대온도 ㉱ 실효온도

[해설] 불쾌지수(섭씨온도 기준)
= (건구온도 + 습구온도) × 0.72 + 40.6
불쾌지수(화씨온도 기준)
= (건구온도 + 습구온도) × 0.4 + 15

27 1 sone은 몇 phon인가?

㉮ 1   ㉯ 10
㉰ 20 ㉱ 40

[해설] ① 1phone : 1000Hz, 1dB 음의 크기
② 1sone : 1000Hz, 40dB 음의 크기
③ 1sone = 40phon

{참고} $S(sone) = 2^{\frac{(p-40)}{10}}$
(단, P = phone)

28 시야는 색상에 따라 그 범위가 달라지는데 다음 중 시야의 범위가 가장 넓은 색상은?

㉮ 백색 ㉯ 청색
㉰ 적색 ㉱ 녹색

[해설] 명도가 높을수록 시야의 범위 넓다. 명도가 가장 높은 색은 백색이다.

29 색(色)의 3속성 중 하나인 명도(Value, Lightness)가 갖는 심리적 과정에 대한 설명으로 틀린 것은?

㉮ 명도가 높을수록 작게 보이고, 명도가 낮을수록 크게 보인다.
㉯ 명도가 높을수록 가깝게 보이고, 명도가 낮을수록 멀리 보인다.
㉰ 명도가 높을수록 가볍게 느껴지고, 명도가 낮을수록 무겁게 느껴진다.
㉱ 명도가 높을수록 빠르고 경쾌하게 느껴지고, 명도가 낮을수록 둔하고 느리게 느껴진다.

[해설] ㉮ 명도가 높을수록 크게 보이고, 명도가 낮을수록 작게 보인다.

30 인간과 주위와의 열교환 과정을 나타낼 수 있는 열균형 방정식으로 가장 적절한 것은?

㉮ 열 축적=대사+증발±복사±대류+일
㉯ 열 축적=대사-증발±복사±대류-일
㉰ 열 축적=대사±증발-복사-대류±일
㉱ 열 축적=대사-증발-복사+대류+일

[해설] 열평형 방정식

> S(열 축적) = M(대사 열) - E(증발) ± R(복사)
> ± C(대류) - W(한 일)

정답 26 ㉮ 27 ㉱ 28 ㉮ 29 ㉮ 30 ㉯

31 다음의 열균형 방정식의 각 기호와 의미가 바르게 연결된 것은?

$$S(열\ 축적) = M(대사) - E \pm R \pm C - W$$

㉮ E : 증발   R : 복사   C : 대류
㉯ E : 대류   R : 증발   C : 복사
㉰ E : 복사   R : 대류   C : 증발
㉱ E : 복사   R : 일   C : 대류

[해설] **열평형 방정식**

$$S(열\ 축적) = M(대사\ 열) - E(증발) \pm R(복사) \pm C(대류) - W(한\ 일)$$

32 연속적인 소음에 장시간 노출되는 경우 인간의 청력손실이 가장 심한 주파수 대역은?

㉮ 2000Hz   ㉯ 4000Hz
㉰ 6000Hz   ㉱ 8000Hz

[해설] 청력손실이 가장 심한 주파수는 4000Hz이다.

{참고} 소음과 청력손실
① 진동수가 높아짐에 따라 청력손실도 심해진다.
② 청력손실의 정도는 노출 소음 수준에 따라 증가한다.
③ 초기 청력손실은 4000Hz에서 가장 크게 나타난다.
④ 강한 소음에 대해서는 노출기간에 따라 청력손실이 증가하지만 약한 소음과는 관계가 없다.

33 VDT(Visual Display Terminal)를 취급하는 작업장에서 화면의 바탕색이 검정색 계통일 경우 추천되는 조명수준으로 가장 적절한 것은?

㉮ 200~300 Lux
㉯ 300~500 Lux
㉰ 750~800 Lux
㉱ 800~900 Lux

[해설] 컴퓨터 단말기 작업 시 적정 실내조도
① 바탕화면이 흰색 계통일 경우 500~700Lux
② 바탕화면이 검은색 계통일 경우 300~500Lux

34 다음 중 진동이 인간 성능에 미치는 일반적인 영향과 거리가 먼 것은?

㉮ 진동은 진폭에 비례하여 시력을 손상하며 10~25Hz의 경우가 가장 심하다.
㉯ 진동은 진폭에 비례하여 추적능력을 손상하며 5Hz 이하의 낮은 진동수에 가장 심하다.
㉰ 안정되고 정확한 근육조절을 요하는 작업은 진동에 의해서 저하된다.
㉱ 반응시간, 감시, 형태 식별 등 주로 중앙 신경 처리에 달린 임무는 진동의 영향에 민감하다.

[해설] 전신 진동이 인간 성능에 끼치는 영향
① 진동은 진폭에 비례하여 시력을 손상하며, 10~25Hz의 경우에 가장 심하다.
② 진동은 진폭에 비례하여 추적능력을 손상하며, 5Hz 이하의 낮은 진동수에서 가장 심하다.
③ 안정되고, 정확한 근육조절을 요하는 작업은 진동에 의해서 저하된다.
④ 반응시간, 감시, 형태 식별 등 주로 중앙신경 처리에 달린 임무는 진동의 영향이 적다.

▶) 정답   31 ㉮ 32 ㉯ 33 ㉯ 34 ㉱

35 한 사무실에서 타자기의 소리 때문에 말소리가 묻히는 현상을 무엇이라 하는가?
- ㉮ CAS
- ㉯ dB(A)
- ㉰ masking
- ㉱ phon

[해설] 은폐현상(Masking 현상)
① 두음의 차가 10dB 이상인 경우 발생한다.
② 높은 음이 낮은 음을 상쇄시켜 높은 음만 들리는 현상이다.

36 다음 중 작업장의 조명 수준에 대한 설명으로 가장 적절한 것은?
- ㉮ 작업환경의 추천 광도비는 5:1 정도이다.
- ㉯ 천장은 80~90% 정도의 반사율을 가지도록 한다.
- ㉰ 작업영역에 따라 휘도의 차이를 크게 한다.
- ㉱ 실내표면의 반사율은 천장에서 바닥의 순으로 증가시킨다.

[해설] ㉮ 작업환경의 추천 광도비는 3:1 정도이다.
㉰ 작업영역에 따라 휘도의 차이를 작게 한다.
㉱ 실내표면의 반사율은 바닥에서 천정의 순으로 증가시킨다.

{참고} 옥내 최적 반사율
- 천장 : 바닥 반사율 비율 = 3:1 이상 유지
- 천장(80~91%) > 벽(40~60%) > 가구(25~45%) > 바닥(20~40%)
- 옥내의 반사율은 천정으로 올라갈수록 높고 바닥으로 내려갈수록 낮아져야 한다.

37 다음 중 인간 눈에서 빛이 가장 먼저 접촉하는 부분은?
- ㉮ 각막
- ㉯ 망막
- ㉰ 초자체
- ㉱ 수정체

[해설] 각막 : 안구의 가장 바깥쪽 표면으로 눈에서 빛이 가장 먼저 통과하는 부분이다.

38 다음 중 산업안전보건법에 따라 상시 작업에 종사하는 장소에서 보통 작업을 하고자 할 때 작업 면의 최소 조도(Lux)로 옳은 것은? (단, 작업장은 일반적인 작업 장소이며, 감광재료를 취급하지 않는 장소이다)
- ㉮ 75
- ㉯ 150
- ㉰ 300
- ㉱ 750

[해설] 법적 조도 기준
① 초정밀 작업 : 750 Lux 이상
② 정밀 작업 : 300 Lux 이상
③ 보통 작업 : 150 Lux 이상
④ 기타 작업 : 75 Lux 이상

39 다음 중 소음을 측정하는 기본 단위에 해당하는 것은?
- ㉮ 지멘스(S)
- ㉯ 데시벨(dB)
- ㉰ 루멘(lumen)
- ㉱ 거스트(Gust)

[해설] 소음의 단위 : 데시벨(dB)

40 급작스런 큰 소음으로 인하여 생기는 생리적 변화가 아닌 것은?
- ㉮ 근육이완
- ㉯ 혈압상승
- ㉰ 동공팽창
- ㉱ 심장박동수 증가

[해설] 소음으로 인한 생리적 변화
① 혈관의 수축에 의한 맥박의 증가

정답 35㉰ 36㉯ 37㉮ 38㉯ 39㉯ 40㉮

② 혈압 상승
③ 혈액 성분 및 소변 성분의 변화
④ 타액 또는 위액 분비 불량
⑤ 부신호르몬의 이상 분비
⑥ 동공 팽창

41 다음 중 누적손상장애(CTDs)의 원인으로 거리가 먼 것은?

㉮ 진동공구의 사용
㉯ 과도한 힘의 사용
㉰ 높은 장소에서의 작업
㉱ 부적절한 자세에서의 작업

[해설] **근골격계 질환(누적 외상성 질환, CTDs)의 발생요인**
① 반복적인 동작
② 부적절한 작업 자세
③ 무리한 힘의 사용
④ 날카로운 면과의 신체접촉
⑤ 진동 및 온도(저온)

62 인간이 청각으로 느끼는 소리의 크기를 측정하는 2가지 척도로 손(sone)과 폰(phon)이 있다. 다음 중 40phon은 몇 sone에 해당되는가?

㉮ 1 ㉯ 2
㉰ 4 ㉱ 8

[해설] 1. **1phone** : 1000Hz, 1dB 음의 크기
2. **1sone** : 1000Hz, 40dB 음의 크기
3. $S(\text{sone}) = 2^{\frac{(p-40)}{10}}$ (단, P = phone)
   즉, **40phon = 1sone**

43 광도(luminance)는 단위면적당 표면에서 반사되는 광량(光量)을 말한다. 다음 중 광도의 단위가 아닌 것은?

㉮ Lambert(L)
㉯ candle-Lambert(cdL)
㉰ foot-Lambert
㉱ nit(cd/m²)

[해설] **광도의 단위**
① Lambert(L) : 1cm²의 표면에서 1lm(루멘)의 광속을 복사하거나 반사하는 밝기
② foot-Lambert : 휘도의 단위로서(foot-candle)의 조명을 받은 면의 휘도
③ nit(cd/m²) : 1m²당 1cd의 휘도를 말한다.

44 고열 작업환경에서 심한 근육 작업 후에 근육의 수축이 격렬하게 일어나며, 탈수와 체내 염분농도 부족에 의해 야기되는 장해는?

㉮ 열경련
㉯ 열사병
㉰ 열쇠약
㉱ 열피로

[해설] **열경련(Heat Cramp)**
• 고온에서 지속적인 육체노동 시 **수분 및 혈중 염분 손실로 인한 근육발작 및 경련을 일으킨다.**
• 수분 및 NaCl을 보충한다.

{참고} ① **열허탈(Heat Collapse)**
• 고열 환경에서 혈관 운동 장해에 의한 **대뇌피질의 혈류량 부족 및 뇌의 산소 부족으로 실신하거나 현기증을 일으킨다.**
② **열피로(Heat Exhaustion)**
• 고온에서 장시간 중노동시 **수분·염분 부족이 원인이 되어 현기증, 구토, 심할 경우 허탈로 빠져 의식을 잃을 수도 있다.**
• 휴식 후에 5% 포도당을 정맥주사 한다.
③ **열사병(Heat Stroke)**
• 고온다습한 환경에 장시간 노출될 경우 **뇌의 온도 상승으로 인해 신체의 체온중추기능의 장해**, 발한정지(땀을 흘리지 못하여 체온조절 안 됨), 직장 온도 상승 등을 일으킨다.
• 치료 : 얼음물에 담가 체온을 급히 하강시킨다. 호흡 곤란 시 산소를 공급한다.

정답 41 ㉰ 42 ㉮ 43 ㉯ 44 ㉮

45 다음 중 실내면의 추천 반사율이 높은 것에서부터 낮은 순으로 올바르게 배열된 것은?

㉮ 바닥 > 가구 > 벽 > 천장
㉯ 바닥 > 벽 > 가구 > 천장
㉰ 천장 > 가구 > 벽 > 바닥
㉱ 천장 > 벽 > 가구 > 바닥

[해설] **옥내 최적 반사율**
(천장 : 바닥 반사율 비율 = 3 : 1 이상 유지)
- **천장(80~91%) > 벽(40~60%) > 가구(25~45%) > 바닥(20~40%)**
- 옥내의 반사율은 천정으로 올라갈수록 높고 바닥으로 내려갈수록 낮아져야 한다.

정답 45 ㉱

05 중량물 취급 작업

> 주/요/내/용 알/고/가/기
> 1. NIOSH Lifting Equation
> 2. 중량물 취급 방법

1 NIOSH 들기작업 지침 원

(1) NIOSH 들기작업 지침 적용기준

① 보통속도로 반드시 두 손으로 들어 올리는 작업이어야 한다. 한 손으로 들어 올리는 작업은 해당되지 않는다.
② 물체의 폭이 75cm 이하로 두 손을 적당히 벌리고 작업할 수 있어야 한다. ✦
③ 물체를 들어 올리는데 자연스러워야 한다.
④ 신발이 작업장에 닿을 때 미끄럽지 않아야 하며, 손으로 물건을 잡을 때 불편이 없어야 한다.
⑤ 작업장의 온도가 적절해야 한다.

(2) NIOSH 들기작업 지침의 감시기준(AL)

AL(Action limit)은 안전작업 무게로서 다음 기준에 의해 설정되었다.

① 남자의 99%, 여자의 75%가 작업 가능하다.
② 작업 강도, 즉 에너지 소비량이 3.5kcal/min이다.
③ 5번 요추와 1번 천추에 미치는 압력이 3400N의 부하이다.

$$AL(kg) = 40\left(\frac{15}{H}\right)(1-0.004|V-75|)\left(0.7+\frac{7.5}{D}\right)\left(1-\frac{F}{F_{max}}\right)$$

여기서,
- H : 대상 물체의 수평거리
- V : 대상 물체의 수직거리(바닥으로부터 물체 중심까지의 거리, 즉 들어 올리기 전 물체의 위치)
- D : 대상물체의 이동거리
- F : 분당 중량물 취급작업의 빈도(들어올리는 횟수 : AL에 가장 큰 영향 줌)
- F_{max}(8시간 작업기준) : $V > 75cm$: 15회, $V \leq 75cm$: 12회

> **참고**
> 중량물의 취급에서 근로자가 항상 수작업으로 물건을 취급하는 경우에는 중량이 남자 근로자인 경우 체중의 40% 이하, 여자 근로자인 경우 체중의 24% 이하가 되도록 하여야 하며 중량물의 폭은 75cm 이상 되지 않도록 하여야 한다.

(3) NIOSH 들기작업 지침의 최대허용기준(MPL)

MPL(maximum permissible limit)은 다음 기준을 가진다.
① MPL을 초과하는 작업에서는 대부분의 근로자들에게 근육·골격 장해가 발생한다.
② MPL에 해당되는 작업에서 디스크에 L_5/S_1 디스크에 640Kg(6400N) 정도의 압력이 초과되어 대부분의 근로자에게 장해가 나타난다. (대부분의 근로자들이 압력에 견디지 못함)
③ L_5/S_1 디스크에서 추간판 탈출증이 주로 발생한다.
④ MPL에 해당하는 작업이 요구하는 에너지대사량은 5.0kcal/min를 초과한다.
⑤ 남성 근로자의 25% 미만과 여성 근로자의 1% 미만에서만 MPL 수준의 작업수행이 가능하다.
⑥ MPL을 초과하는 경우 공학적 방법을 적용하여 중량물 취급작업을 다시 설계해야 한다.

MPL(최대허용기준) = 3×AL(감시기준)

(4) 권장무게한계(RWL : Recommended Weight Limit)

권장 무게 한계란 건강한 작업자가 특정한 들기작업에서 실제 작업시간 동안 허리에 무리를 주지 않고 요통의 위험 없이 들 수 있는 무게의 한계를 말한다. RWL은 여러 작업 변수들에 의해 결정된다.

> **참고**
> 처음의 23kg이라는 숫자는 최적의 환경에서 들기작업을 할 때의 최대 허용 무게이다.

$$RWL(Kg) = LC(23) \times HM \times VM \times DM \times AM \times FM \times CM$$

Item	
LC	최적의 환경에서 들기 작업 할 때의 최대 허용 무게 23kg
HM	수평 계수(Horizontal Multiplier)
VM	수직 계수(Vertical Multiplier)
DM	거리 계수(Distance Multiplier)
AM	비대칭 계수(Asymmetric Multiplier)
FM	빈도 계수(Frequency Multiplier)
CM	커플링 계수(Coupling Multiplier)

(5) 들기 지수, 중량물 취급지수(LI : Lifting Index)

LI는 실제 작업물의 무게와 RWL의 비(ratio)이며 특정 작업에서의 육체적 스트레스의 상대적인 양을 나타낸다. 즉 LI가 1.0보다 크면 작업 부하가 권장치보다 크다고 할 수 있다.

$$LI = \frac{\text{실제 작업 무게}(L)}{\text{권장무게한계}(RWL)}$$

2 중량물 취급방법

(1) 중량물 운반 시 준수사항

① 숙련된 경험자를 작업 지휘자로 선정하여 운반방법, 운반 단계 등을 협의 결정하여야 한다.
② 공동으로 중량물을 운반할 때에는 근로자의 체력, 신장 등을 고려하여 현저한 차이가 있는 작업자는 제외하고 작업지휘자의 지시에 따라 통일된 행동을 하여야 한다.
③ 무게 중심이 높은 하물은 인력으로 운반하여서는 아니 된다.

참고

최적의 환경이란 허리의 비틀림 없이 정면에서 들기작업을 가끔씩 할 때(F<0.2), 작업물이 작업자 몸 가까이 있으며 수평거리(H)는 15cm, 수직위치(V)는 75cm, 작업자가 물체를 옮기는 거리의 수직이동거리(D)가 25cm 이하이며 커플링이 좋은 상태이다.

참고

* 커플링 계수 (Coupling Multiplier)
커플링은 물체를 들 때에 미끄러지거나 떨어뜨리지 않도록 손잡이 등이 좋은지를 권장 무게 한계에 반영한 것이다.
① 좋다 : 손잡이가 들기 적당하게 위치한 경우, 손잡이는 없지만, 들기 쉽고 편하게 들 수 있는 부분이 존재할 경우
② 괜찮다 : 손잡이나 잡을 수 있는 부분이 있으며 적당하게 위치하지는 않았지만, 손목의 각도를 90도 정도 유지할 수 있을 경우
③ 나쁘다 : 손잡이나 잡을 수 있는 부분이 없거나 불편한 경우, 끝부분이 날카로운 경우

(2) 사업주는 근로자가 5킬로그램 이상의 중량물을 들어 올리는 작업을 하는 경우에 다음 각 호의 조치를 해야 한다.

① 주로 취급하는 물품에 대하여 근로자가 쉽게 알 수 있도록 물품의 중량과 무게중심에 대하여 작업장 주변에 안내표시를 할 것
② 취급하기 곤란한 물품은 손잡이를 붙이거나 갈고리, 진공빨판 등 적절한 보조도구를 활용할 것

(3) 중량물 취급 작업의 작업계획의 작성 ✦

중량물의 취급 작업	–	가. 추락위험을 예방할 수 있는 안전대책 나. 낙하위험을 예방할 수 있는 안전대책 다. 전도위험을 예방할 수 있는 안전대책 라. 협착위험을 예방할 수 있는 안전대책 마. 붕괴위험을 예방할 수 있는 안전대책

(4) 중량물 운반방법

중량물의 취급에서 근로자가 항상 수작업으로 물건을 취급하는 경우에는 중량이 남자 근로자인 경우 체중의 40% 이하, 여자 근로자인 경우 체중의 24% 이하가 되도록 하여야 하며 중량물의 폭은 75cm 이상 되지 않도록 하여야 한다.

중량물 운반하기	1. 혼자서 운반할 때 ① 허리를 편 채로 앞을 주시하면서 다리만을 움직여 이동한다. ② 방향 전환 시는 몸을 틀지 말고 먼저 이동방향으로 발을 옮긴다. 2. 2인 이상 운반할 때 55Kg 이상의 운반물은 아래와 같은 요령으로 반드시 2인 이상이 공동운반을 하도록 한다. ① 운반할 때는 중량물 가까이 신체를 붙여서 허리보다 높은 위치로 올려 들도록 한다. ② 지휘자를 정하여 작업방법, 순서, 기계·기구점검 등에 대하여 지휘를 받도록 한다.
중량물 밀기	운반물이 무거운 것일수록 다리를 크게 벌려 허리를 낮추고 앞다리에 체중을 실어서 밀도록 한다.

중량물 끌기	무거운 물건을 한 손으로 끌면 예상치 않은 방향으로 나가거나 중심이 한쪽으로 치우쳐 허리를 삐는 수가 있다. 따라서 운반물은 양손으로 끌고 또 다리를 모으지 않도록 한다.
높은 장소의 물건 들기	운반물체에 몸을 가까이 붙이고 안전한 받침대를 사용하도록 한다. 또 다리는 운반물과 나란하게 하지 말고 신체의 균형을 유지하도록 앞뒤로 벌린다.
연속해서 물건을 옆으로 옮기기	허리를 비틀지 않도록 한다. 또 하반신을 돌려서 하지를 충분히 사용하고 무릎의 탄력을 살린다. 연속해서 작업할 때 물건의 무게는 체중의 40% 이하가 안전하다.
물건을 어깨에 메기	상체를 구부리지 말고 등을 곧게 펴도록 한다. 걸을 때는 허리를 낮추고 무릎의 탄력을 이용하도록 한다. 또 물건을 중심과 허리와 발이 동일선상으로 유지되도록 한다.

(5) 요통 발생의 요인 ✖

① 잘못된 작업 방법 및 자세
② 작업습관과 개인적인 생활 태도
③ 근로자의 육체적 조건
④ 물리적 환경요인(작업빈도, 물체의 무게 및 크기 등)
⑤ 요통 및 기타 장애(자동차 사고, 넘어짐 등)의 경력

(6) 요통 예방을 위한 안전작업수칙

① 중량물을 취급할 때는 허리의 힘보다는 팔, 다리, 복부의 근력을 이용하도록 한다.
② 중량물을 들어올릴 때는 물체를 최대한 몸 가까이에서 잡고 들어올리도록 한다.
③ 중량물 취급 시 허리는 곧게 펴고 가급적 구부리거나 비틀지 않고 작업하도록 한다.

> **참고**
> ※ 요통 예방을 위한 최적 안전 작업 범위
> ① 최적 안전작업범위는 몸의 무게중심에서 가장 가까운 부분으로 허리에 주는 부담도 가장 적다.
> ② 팔을 몸체부에 붙이고 손목만 위, 아래로 움직일 수 있는 범위이다.
> ③ 몸으로부터 약간 떨어진 구역으로 팔꿈치를 몸의 측면에 붙이고 손을 어깨 높이에서 허벅지 부위까지 오르내릴 수 있는 범위에 해당한다.
> ④ 이 작업 범위에서 작업 시 허리에 가해지는 압박은 약간 있으나 비교적 안전하다.

06 작업측정

> **주/요/내/용 알/고/가/기**
>
> 1. 작업관리의 목적
> 2. 작업측정 기법
> 3. work sampling의 특징
> 4. 표준자료, MTM, Work factor의 특징

1 작업관리의 목적

(1) 작업관리

1) 용어정의

① 작업관리 : 작업자, 기계, 재료, 작업방법, 작업환경 등의 제반 조건을 분석, 비능률적인 요소는 제거하여 최적의 작업조건을 달성 하기 위한 기법을 말한다.

② 정상작업 : 정상작업은 매일 같은 장소에서 같은 작업을 반복하는 작업이며, 작업조건, 작업방법, 순서, 작업관리 등이 표준화되어 있다.

③ 비정상작업 : 비정상작업은 정상작업과 다르게 작업의 조건이 정상 적이지 않은 상태에서 이루어지는 작업이다.

④ 작업량(workload) : 작업의 양을 수(number)로 표시한 것으로 정의된다.

⑤ 과업(task) : 근로자가 도달할 수 있는 1일 작업량으로 정의된다.

2) 작업관리의 목적

① 정확한 작업측정을 통하여 생산 작업을 합리적이고 효율적으로 개선한다.

② 공정개선을 통하여 작업의 편리성을 향상시킨다.

③ 표준시간 설정을 통하여 작업효율을 관리한다.

④ 안전하게 작업을 실시하도록 한다.

⑤ 표준화된 작업의 실시과정에서 그 표준이 유지 되도록 한다.

3) 작업관리의 구성

① 동작연구(motion study, 방법연구 : method study)

② 시간연구(time study)

참고

* 작업관리(방법공학, 작업설계, 직무설계)
① 동작/방법연구와 시간 연구를 주요 영역으로 하는 경영기법이다.
② 생산성과 함께 작업자 의 안전을 추구하였다.
③ 제조업뿐만 아니라 서 비스업에도 적용 가능 한 기법들이다.
④ 작업관리에서 다루는 분야
 • 작업측정
 • 작업방법의 개선
 • 생산성 관리

2 방법연구 및 작업측정

(1) 동작연구(방법연구)
① 작업을 수행하기 위한 최선의 방법을 강구하는 기법이다.
② 미국의 길브레드 부부에 의해 창시되었다.
③ 작업과정을 미세한 기본동작으로 분해하고 불필요한 부분을 제거하는 등 동작을 가장 편하게 하며, 사용하기 가장 편리한 도구나 기계를 개발하여 최상의 작업방법을 강구하는 기법이다.

(2) 작업측정(Work Measurement)
정상적인 작업 환경에서 특정 작업의 수행에 소요되는 시간과 자원을 측정하는 것을 말한다.

(3) 작업측정의 기법

직접 측정법	간접 측정법
① 시간 연구법 　• 스톱 워치법 　• 촬영법 　• VTR분석법 ② 예정시간표준법 ③ 워크샘플링법	① 표준 자료법 ② PTS법 ③ 실적 자료법

(4) 작업량 측정을 위한 기본 개념
(과학적 작업량 측정 방식 5단계, 과학적 관리 원칙)

제1단계	• 특정 작업에 능숙한 노동자를 10명~15명 선발한다.
제2단계	• 작업 동작을 세분화하고, 작업에 사용될 도구의 효율적 사용 방법도 분석한다. • 서어블릭(therblig) 기호 분석 기법이 적용된다.
제3단계	• 초 단위 시계로 각 동작을 마치는 데 필요한 시간을 측정하고 분석해서 '최적의 동작'을 발견해 낸다.
제4단계	• 부자연스럽거나 불필요한 작업 동작을 없앤다.
제5단계	• 최적의 동작과 도구를 조합해 하나의 연속동작을 만들고, 이를 표준 작업방식으로 정한다.

> **참고**
> ※ 서어블릭(therblig) 동작 단위 중 손의 움직임과 관련된 동작을 말한다.

합격의 key

> **참고**
> ※ 시간연구에서 측정된 결과가 적정 시간이 되고 표준시간이 되기 위한 필수 조건
> ① 작업방법의 개선
> ② 동작의 명확성
> ③ 작업조건의 표준화

> **참고**
> ※ 평정(rating, 정상화)
> 시간 관측 중 작업자의 속도를 측정자가 가지고 있는 정상속도와 비교, 판단하여 관측 시간치를 수정하는 것을 말한다.

3 표준시간 및 연구

(1) 표준시간

① 표준 환경 조건에서 평균 숙련의 작업자가 정상적인 속도로 한 단위의 작업을 완성하는 데 걸리는 시간을 말한다.
② 표준시간(ST)은 정미작업시간(NT)와 여유시간(AT)와의 합이 된다.

---
1. 표준시간 = 정미시간 + 여유시간
2. 표준시간 = 정미시간×(1+여유율)
3. 표준시간 = 관측시간 평균×레이팅계수×(1+여유율)
4. 정미시간 = 관측시간의 평균×레이팅계수
5. 레이팅(평정, 정상화) 계수 = 실제 작업속도/정상 작업속도

- 정미시간 : 정상적으로 작업을 수행하는데 순수하게 사용되는 시간
- 여유시간 : 작업 수행에 있어서의 피로 등으로 인한 작업 지연, 기계 고장 등으로 작업을 중단할 경우의 소요시간을 보상하기 위한 시간
- 레이팅 계수 : 대상 작업자의 실제 작업속도와 시간 연구자의 정상 작업속도와의 비
---

(2) 표준시간(standard time)의 조건

① 숙련된 작업자가(표준작업 능력을 지닌 작업자)
② 표준 작업조건(환경)에서
③ 보통의 속도로(표준작업 속도로)
④ 표준 작업방법으로
⑤ 1단위의 작업을 수행하는데 소요되는 시간을 말한다.

(3) 표준시간의 3가지 원칙

① 적정성(신뢰성, 정당성) : 관리자 및 작업자 모두가 충분히 신뢰할 수 있는 과학적인 기법을 적용하여야 한다.
② 공정성(일관성, 형평성) : 공장, 현장, 부문 간 공정하게(일관되게) 표준시간이 작성되어야 한다.
③ 보편성 : 세계적으로 통용되는 표준적인 속도의 개념을 이용하여 표준시간을 설정하여야 한다.

(4) 시간연구법

① 작업이 수행되는 시간을 측정하여 표준시간을 확립하는 기법이다.
② 미국의 테일러가 스톱워치로 작업을 측정한 것에서 시작되었다.
③ 연속적인 측정방법으로 스톱워치, 전자식 타이머, 비디오카메라 등이 사용되며 작업을 실제로 관측하여 표준시간을 산정한다.
④ 숙련된 작업자가 정상속도로 수행할 때 소요되는 시간인 표준시간을 결정하는 기법이다.
⑤ 작업에서 불필요한 요소와 시간을 찾아내어 작업을 개선하고, 작업에 필요한 적정시간을 설정하는 기법이다.

4 워크 샘플링(work sampling)의 원리 및 절차

(1) 워크 샘플링(work sampling) 시간 분석

① 통계적 수법을 이용하여 작업자 또는 기계의 가동상태를 스톱워치 없이 순간적으로 작업상태를 관측 방법이다.
② 작업자를 무작위로 관찰하여 특정 활동에 실제 소비하는 시간의 비율을 추정하고 이에 근거하여 시간 표준을 설정하는 기법을 말한다.

(2) 워크 샘플링(work sampling) 시간 분석의 절차

① 연구대상 직무나 그룹 선정한다.
② 작업자에게 분석 수행함을 알리고 작업자의 활동을 나열하면서 서술한다.
③ 필요한 관찰의 횟수 및 관찰 시점을 결정한다.
④ 작업자의 활동을 관찰, 평정, 기록한다.
⑤ 산출물의 단위당 정상시간(정미시간)을 산출한다. 여기서 실제 작업 중인 비율은 총 관찰 횟수 중 실제 일을 하는 것으로 관찰된 횟수의 비율로 측정한다.

$$정상시간(정미시간) = \frac{총 작업시간 \times 실제 작업 중인 비율 \times 평정계수}{총 생산량}$$

> **참고**
>
> * 워크 샘플링 법에서 표본크기(관찰횟수) 결정에 사용되는 공식
> $n = (\frac{z}{E})^2 P(1-P)$

⑥ 산출물의 단위당 표준시간 산출을 한다.

$$표준시간 = \frac{정상시간 \times 100(\%)}{100 - 여유율(\%)}$$

> **참고**
>
> 사업장의 근로자 A에 대해 워크 샘플링 분석을 해 보니 이 담당자의 실제 근무시간의 비율은 총 근무시간의 80%였으며, 평정계수는 100%였다. 이 근로자는 8시간의 분석대상 근무시간 중 200단위의 작업을 처리하였다. 이 사업장은 총근무시간의 10%를 여유시간으로 준다고 할 때 고객당 정상시간과 표준시간을 구하면?
>
> 1. 정상시간 $= \dfrac{총작업시간 \times 실제 작업 중인 비율 \times 평정계수}{총 생산량}$
>
> $= \dfrac{480 \times 0.80 \times 1.00}{200} = 1.92$분/단위
>
> 2. 표준시간 $= \dfrac{정상시간 \times 100(\%)}{100 - 여유율(\%)} = \dfrac{1.92 \times 100}{100 - 10} = 2.13$분/단위

(3) 워크샘플링의 장·단점

장점	단점
① 시간측정 장치가 필요 없다. ② 작업 상황을 그대로 반영시킬 수 있다. ③ 관측시간이 짧다. (관측이 순간적으로 이루어져 작업에 방해가 적다.) ④ 한 명의 평가자가 동시에 여러 작업을 측정할 수 있다. ⑤ 연구를 일시 중단하였다가 다시 계속할 수 있다. ⑥ 작업자가 의식적으로 행동하는 일이 적어 결과의 신뢰수준이 높다.	① 시간연구법과 비교하여 부정확하다. (상세하지 못하다.) ② 짧은 주기의 작업, 반복작업인 경우 부적합하다. ③ 한 명의 평가자가 한 대의 기계만을 분석하므로 연구비용이 많이 든다.

5 표준자료, PTS법(MTM법, Work factor법)

(1) 표준 자료법
① 간접 측정방법에 의하여 표준시간을 결정하는 방법을 말한다.
② 작업시간을 새롭게 측정하기보다는 과거에 측정한 기록들을 기준으로 동작에 영향을 주는 요인들을 검토하여 동작시간을 함수식, 표, 그래프 등으로 예측하는 방법이다.
③ 시간연구법 및 PTS법에 의해 측정된 표준자료를 분석하여 합성함으로써 정상시간(정미시간)을 구하고 여기에 여유시간을 더하여 표준시간을 산정하는 방법으로 합성법(synthetic method)라고도 한다.

(2) 표준자료법의 특징

장점	단점
① 현장에서 직접 작업시간을 측정하지 않더라도 표준시간을 구할 수 있다. ② 레이팅이 필요 없다. ③ 누구라도 일관성 있게 표준시간을 산정할 수 있다.	① 표준시간의 정확도가 떨어진다. ② 초기비용이 높다. (생산량이 적거나 제품이 큰 경우 부적합) ③ 작업 표준화가 곤란하거나 작업조건이 불안정한 경우 표준자료의 작성이 곤란하다.

(3) PTS법
① 하나의 작업이 실제 시작되기 전에 미리 작업에 필요한 소요시간을 작업방법에 따라 이론적으로 정해 나가는 방법으로 WF분석법과 MTM분석법이 있다.
② 직접 작업자를 대상으로 작업시간을 측정하지 않아도 된다.
③ 표준시간의 설정에 논란이 되는 rating의 필요가 없어 표준시간의 일관성이 증대된다.
④ 실제 생산현장을 보지 않고도 작업대의 배치와 작업방법을 알면 표준시간의 산출이 가능하다.

> 참고
> * 레이팅(Rating)
> 관측 대상 작업속도와 정상적인 속도를 비교, 판단하고 관측시간치를 수정하는 것을 말한다.

1) WF분석(work factor분석)

표준시간 설정을 위해 정밀계측시계를 이용하여 극소동작에 대한 상세 데이터를 분석하여 기초적인 동작시간 공식을 작성한다.

① 인간의 동작 시간을 신체 부위, 동작의 크기(동작을 움직인 거리), 작업요소의 중량이나 저항, 동작의 난이도(인위적 조절정도)에 따라 기준 시간을 결정한다. ✄
② 각 요소 동작마다 각 신체 부위별로 동작시간을 실제 데이터에 의해 제약요인과 관련지어 해석하고 시간표(예정표)를 만들어 둔다. 이때의 시간은 1분을 1만 WFU로 하는 WFU 단위로 표시된다.
③ 실제 작업을 구성요소 동작으로 분해하여, 각 요소 동작마다 그 크기의 제약조건에 맞는 시간을 시간표에서 찾아내고, 합계로서 표준 작업시간을 얻는다.
④ 표준 요소는 10가지로 구성된다.

번호	표준 요소		기호	동작 내용
1	이동	뻗치다.	R	손이나 팔 등 신체부위의 위치를 바꿈
		옮긴다.	M	물건을 이동시킴 (또는 이동 중에 유용한 일을함)
2	잡는다.		Gr	물체를 작업자의 컨트롤 하에 두는 동작
3	놓는다.		Rl	물체에서 신체 부위를 분리하는 동작
4	앞에 놓다.		PP	다음 목적에 알맞게 물체의 방향을 바꾸는 동작
5	조립		Asy	2가지 물체를 조합 또는 정리하는 동작
6	사용		Use	공구 및 기계 등을 사용하는 요소
7	분해		Dsy	조립된 물체를 풀어내는 동작
8	정신작용		Mp	눈, 귀, 뇌 및 신경계통을 사용하는 요소
9	대기		W	대기, 놓고 있는 상태
10	유지		H	물건을 들고 있거나 누르고 있는 상태

2) MTM(methods time measurement) 분석

작업을 몇 개의 기본동작으로 분석하여 기본동작의 성질과 조건에 따라 미리 정해진 시간치를 적용하여 정미시간을 계산한다.

① 작업수행방법을 파악한 후 시간치를 결정하기 때문에 methods time이라 한다.
② WF분석법과 동일한 관점에서 실시하지만, 시간표에서 각 요소동작을 케이스(작업 조건이 주는 곤란성)와 타입(상태·속도 등)에 따라 더 세분하고, 그 각 요소 동작에 대하여 동작의 크기마다 시간치를 표시한다.
③ 시간치는 1시간을 10만 TMU로 하는 TMU 단위로 나타내고 표준 작업시간을 시간표에서 얻은 구성요소 시간의 합성으로 산출한다.
④ MTM의 기본동작은 손·눈·신체 동작으로 분류하고, 동작의 거리·중량·난이도나 목적물의 상태 등의 조건을 근거로 이를 기호화(記號化)하여 여기에 정해진 시간치를 적용시킨다.
⑤ MTM시스템의 종류

MTM – 1	작업을 가장 정확하고 세밀하게 분석할 수 있으나 작업분석에 상당한 시간이 소요되는 시스템
MTM – 2	반복성이 크지 않으며 생산주기 중작업장 요소의 총 시간이 1분이 넘는 작업에만 적합하다.
MTM – 3	생산주기가 길고 조업시간이 짧은 작업을 대상으로 개발된 것으로 MTM시스템 중 가장 단순하다.

CHAPTER 06 단원 예상문제

01 워크샘플링에 대한 설명으로 옳은 것은?

㉮ 표준시간 설정에 이용할 경우 레이팅이 필요 없다.
㉯ 작업순서를 기록할 수 있어 개개의 작업에 대한 깊은 연구가 가능하다.
㉰ 작업자가 의식적으로 행동하는 일이 적어 결과의 신뢰수준이 높다.
㉱ 반복 작업인 경우 적당하다.

[해설] 워크샘플링

장점	단점
① 시간측정 장치가 필요 없다.	① 시간연구법과 비교하여 부정확하다. (상세하지 못하다.)
② 작업 상황을 그대로 반영시킬 수 있다.	② 짧은 주기의 작업, 반복작업인 경우 부적합하다.
③ 관측시간이 짧다. (관측이 순간적으로 이루어져 작업에 방해가 적다.)	③ 한 명의 평가자가 한 대의 기계만을 분석하므로 연구비용이 많이 든다.
④ 한 명의 평가자가 동시에 여러 작업을 측정할 수 있다.	
⑤ 연구를 일시 중단하였다가 다시 계속할 수 있다.	
⑥ 작업자가 의식적으로 행동하는 일이 적어 결과의 신뢰수준이 높다.	

02 워크샘플링에 대한 설명으로 옳은 것은?

㉮ 시간 연구법보다 더 정확하다.
㉯ 자료수집 및 분석시간이 길다.
㉰ 관측이 순간적으로 이루어져 작업에 방해가 적다.
㉱ 컨베이어 작업처럼 짧은 주기의 작업에 알맞다.

[해설] 워크샘플링법은 관측이 순간적으로 이루어져 작업에 방해가 적다.

03 표준자료법의 특징으로 옳은 것은?

㉮ 레이팅이 필요하다.
㉯ 표준시간의 정도가 뛰어나다.
㉰ 직접적인 표준자료 구축 비용이 크다.
㉱ 작업방법의 변경 시 표준시간을 설정할 수 있다.

[해설] 표준자료법의 특징

장점	단점
① 현장에서 직접 작업 시간을 측정하지 않더라도 표준시간을 구할 수 있다.	① 표준시간의 정확도가 떨어진다.
② 레이팅이 필요 없다.	② 초기비용이 높다. (생산량이 적거나 제품이 큰 경우 부적합)
③ 누구라도 일관성 있게 표준시간을 산정할 수 있다.	③ 작업 표준화가 곤란하거나 작업조건이 불안정한 경우 표준자료의 작성이 곤란하다.

정답 01 ㉰ 02 ㉰ 03 ㉱

04 다음의 특징을 가지는 표준시간 측정법은?

> 연속적인 측정방법으로 스톱워치, 전자식 타이머, 비디오카메라 등이 사용되며 작업을 실제로 관측하여 표준시간을 산정한다.

㉮ PTS법
㉯ 시간연구법
㉰ 표준자료법
㉱ 워크 샘플링

[해설] **시간연구법**
① 작업이 수행되는 시간을 측정하여 표준시간을 확립하는 기법이다.
② 미국의 테일러가 스톱워치로 작업을 측정한 것에서 시작되었다.
③ 연속적인 측정방법으로 스톱워치, 전자식 타이머, 비디오카메라 등이 사용되며 작업을 실제로 관측하여 표준시간을 산정한다. 숙련된 작업자가 정상속도로 수행할 때 소요되는 시간인 표준시간을 결정하는 기법이다.
④ 작업에서 불필요한 요소와 시간을 찾아내어 작업을 개선하고, 작업에 필요한 적정시간을 설정하는 기법이다.

05 다음 표준시간 산정 방법 중 간접측정 방법에 해당하는 것은?

㉮ PTS법
㉯ 스톱워치법
㉰ VTR 촬영법
㉱ 워크 샘플링법

[해설]

직접 측정법	간접 측정법
① 시간 연구법 　• 스톱 워치법 　• 촬영법 　• VTR분석법 ② 예정시간표준법 ③ 워크샘플링법	① 표준 자료법 ② PTS법 ③ 실적 자료법

06 PTS법의 특징이 아닌 것은?

㉮ 직접 작업자를 대상으로 작업시간을 측정하지 않아도 된다.
㉯ 표준시간의 설정에 논란이 되는 rating의 필요가 없어 표준시간의 일관성이 증대된다.
㉰ 실제 생산현장을 보지 않고도 작업대의 배치와 작업방법을 알면 표준시간의 산출이 가능하다.
㉱ 표준자료 작성의 초기비용이 적기 때문에 생산량이 적거나 제품이 큰 경우에 적합하다.

[해설] **PTS법**
① 하나의 작업이 실제 시작되기 전에 미리 작업에 필요한 소요시간을 작업방법에 따라 이론적으로 정해 나가는 방법으로 WF분석법과 MTM분석법이 있다.
② 직접 작업자를 대상으로 작업시간을 측정하지 않아도 된다.
③ 표준시간의 설정에 논란이 되는 rating의 필요가 없어 표준시간의 일관성이 증대된다.
④ 실제 생산현장을 보지 않고도 작업대의 배치와 작업방법을 알면 표준시간의 산출이 가능하다.

정답 04 ㉯ 05 ㉮ 06 ㉱

07 Work Factor에서 동작시간 결정 시 고려하는 4가지 요인에 해당하지 않는 것은?

㉮ 수행도
㉯ 동작 거리
㉰ 중량이나 저항
㉱ 인위적 조절 정도

[해설] Work Factor법은 인간의 동작시간을 신체 부위, 동작의 크기(동작을 움직인 거리), 작업요소의 중량이나 저항, 동작의 난이도(인위적 조절정도)에 따라 기준 시간을 결정한다.

08 관측평균시간이 0.8분, 레이팅 계수 120%, 정미시간에 대한 작업 여유율이 15%일 때 표준시간은 약 얼마인가?

㉮ 0.78분
㉯ 0.88분
㉰ 1.104분
㉱ 1.264분

[해설]
1. 표준시간 = 정미시간 + 여유시간
2. 표준시간 = 정미시간 × (1+여유율)
3. 표준시간 = 관측시간 평균×레이팅 계수×(1+여유율)
4. 정미시간 = 관측시간의 평균×레이팅 계수
5. 레이팅(평정, 정상화) 계수
   = 실제 작업속도 / 정상 작업속도

표준시간 = 관측시간 평균×레이팅 계수×(1+여유율)
= 0.8×1.2×(1+0.15)
= 1.104(분)

09 표본의 크기가 충분히 크다면 모집단의 분포와 일치한다는 통계적 이론에 근거하여 인간 활동이나 기계의 가동상황 등을 무작위로 관측하여 측정하는 표준시간 측정방법은?

㉮ Work Sampling 법
㉯ Work Factor 법
㉰ PTS(Predetermined Time Standards) 법
㉱ MTM(Methods Time Measurement) 법

[해설] 워크샘플링(work sampling) 시간 분석
① 통계적 수법을 이용하여 작업자 또는 기계의 가동상태를 스톱워치 없이 순간적으로 작업상태를 관측 방법이다.
② 작업자를 무작위로 관찰하여 특정 활동에 실제 소비하는 시간의 비율을 추정하고 이에 근거하여 시간 표준을 설정하는 기법을 말한다.

10 워크샘플링에 대한 장·단점으로 적합하지 않은 것은?

㉮ 시간연구법보다 더 자세하다.
㉯ 특별한 측정 장치가 필요 없다.
㉰ 관측이 순간적으로 이루어져 작업에 방해가 적다.
㉱ 자료수집이나 분석에 필요한 순수시간이 다른 시간연구방법에 비하여 짧다.

정답 07 ㉮ 08 ㉰ 09 ㉮ 10 ㉮

[해설] **워크샘플링**

장점	단점
① 시간측정 장치가 필요 없다. ② 작업 상황을 그대로 반영시킬 수 있다. ③ 관측시간이 짧다. (관측이 순간적으로 이루어져 작업에 방해가 적다.) ④ 한 명의 평가자가 동시에 여러 작업을 측정할 수 있다. ⑤ 연구를 일시 중단하였다가 다시 계속할 수 있다. ⑥ 작업자가 의식적으로 행동하는 일이 적어 결과의 신뢰수준이 높다.	① 시간연구법과 비교하여 부정확하다. (상세하지 못하다.) ② 짧은 주기의 작업, 반복작업인 경우 부적합하다. ③ 한 명의 평가자가 한 대의 기계만을 분석하므로 연구비용이 많이 든다.

11 표준시간의 산정 방법과 구체적인 측정 기법의 연결이 옳지 않은 것은?

㉮ 시간연구법 – 스톱워치법
㉯ PTS법 – MTM법, Work factor법
㉰ 워크샘플링법 – 직접 관찰법
㉱ 실적자료법 – 전자식 자료 집적기

[해설] ㉱ 실적자료법-과거자료, 경험

12 작업관리의 목적에 부합하지 않는 것은?

㉮ 안전하게 작업을 실시하도록 한다.
㉯ 작업의 효율성을 높여 재고량을 확보한다.
㉰ 생산 작업을 합리적이고 효율적으로 개선한다.
㉱ 표준화된 작업의 실시과정에서 그 표준이 유지되도록 한다.

[해설] **작업관리의 주목적**
① 정확한 작업측정을 통하여 생산 작업을 합리적이고 효율적으로 개선한다.
② 공정개선을 통하여 작업의 편리성을 향상시킨다.
③ 표준시간 설정을 통하여 작업효율을 관리한다.
④ 안전하게 작업을 실시하도록 한다.
⑤ 표준화된 작업의 실시과정에서 그 표준이 유지되도록 한다.

정답 11 ㉱ 12 ㉯

MEMO

PART 03

Industrial Engineer Industrial Safety

기계 · 기구 및 설비 안전 관리

CHAPTER 01 **기계공정의 안전**

CHAPTER 02 **기계설비 위험요인 분석**

CHAPTER 03 **기계안전시설 관리**

노력하는 당신은 언제나 아름답습니다.
구민사가 당신의 합격을 기원합니다.

CHAPTER 01 기계공정의 안전

01 기계공정의 특수성 분석

⇨ 시험출제빈도가 낮은 내용입니다. ✈ 위주로 가볍게 공부하세요!

주/요/내/용 알/고/가/기

1. 파레토도, 특성요인도, 클로즈 분석, 관리도
2. 안전작업절차서
3. 공정관리
4. 공정분석

1 파레토도, 특성요인도, 클로즈 분석, 관리도

(1) **파레토도(Pareto Diagram)** : 사고 유형, 기인물 등 데이터를 분류하여 그 항목값이 큰 순서대로 정리하여 막대그래프로 나타낸다.

(2) **특성요인도(Characteristic Diagram)** : 재해와 그 요인의 관계를 어골상으로 세분화하여 나타낸다.

특성요인도의 작성방법

① 특성의 결정은 무엇에 대한 특성요인도를 작성할 것인가를 결정하고 기입한다.
② 등뼈는 원칙적으로 좌측에서 우측으로 향하여 가는 화살표를 기입한다.
③ 큰 뼈는 특성이 일어나는 요인이라고 생각되는 것을 크게 분류하여 기입한다.
④ 중 뼈는 특성이 일어나는 큰 뼈의 요인마다 다시 미세하게 원인을 결정하여 기입한다.
⑤ 작은 뼈는 개선책을 기입한다.
⑥ 원인을 확인한다.
⑦ 이력사항을 기입한다.(작성일, 작성자, 검토자, 대상제품, 작성목적 등)

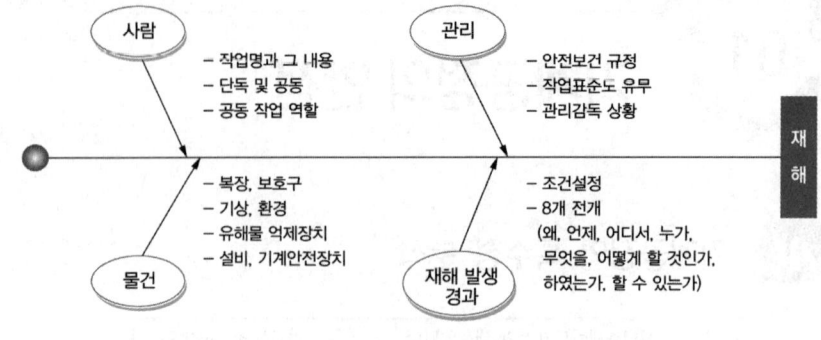

(3) **크로스(cross) 분석** : 2가지 또는 2개 항목 이상의 요인이 상호관계를 유지할 때 문제를 분석하는데 사용된다.

(4) **관리도(Control Chart)** : 시간 경과에 따른 재해 발생 건수 등 대략적인 추이 파악에 사용된다.

2 표준안전작업 절차서

(1) 안전작업 절차서

① 작업/활동이 재해 위험성을 줄이는 방법으로 수행되도록 위험요인, 위험성 및 관련 통제조치를 제시하는 작업 절차서를 말한다.
② 작업안전분석(JSA), 작업위험분석(JHA), 안전작업방법 기술서(SWMS)와 같은 안전작업 절차는 표준화된 안전작업 수행방법을 위험성평가에 기반하여 기술한 절차서이다.
③ 안전작업 절차서는 작업 수행 시 발생하는 재해 위험성의 감소를 보장하기 위하여 위험요인, 위험성평가, 위험관리 방법을 기술한다.
④ 안전작업 절차는 특히 작업을 수행하는 인원을 안전하게 하는데 목적이 있다.
⑤ 표준 운전절차서와 같은 기타 공통문서는 장비손상을 방지하기 위하여 장비를 올바르게 사용하게 하는 것과 관련이 있으나, 반드시 근로자의 안전과 관련이 있는 것은 아니다.
⑥ 신규 근로자들을 안전하게 작업/활동을 수행하게 할 수 있도록 도울 뿐만 아니라 신규 근로자들이 교육 및 오리엔테이션을 통해 수행할 작업의 위험성을 파악하는데 도움을 준다.

참고

※ 용어 정의
1. 작업 단계 : **활동/작업의 단계별 순서**를 말한다.
2. 위험성 관리 : 실천 가능한 범위에서 가능한 낮은 수준으로 위험성을 관리하는 방법을 말한다.

※ 안전작업절차서의 책임

1) 안전보건관리책임자
안전보건관리책임자는 관리대상인 사업장 내·외 모든 지역에서 안전작업절차가 실행되도록 하여야 한다.

2) 안전보건담당 부서
① 안전보건담당 부서는 안전작업절차 지침의 작성, 유지 및 관련 도구/양식 그리고 안전작업 절차 개발 관련 교육과정을 제공하여야한다.
② 안전보건담당 부서는 안전보건 감사지침에 따라 안전작업 절차의 개발 및 사용을 감사하여야 한다.

3) 근로자
안전보건 위험성에 노출된 모든 근로자는 담당 작업에서 실행하여야 하는 안전작업 절차를 준수하여야 한다.

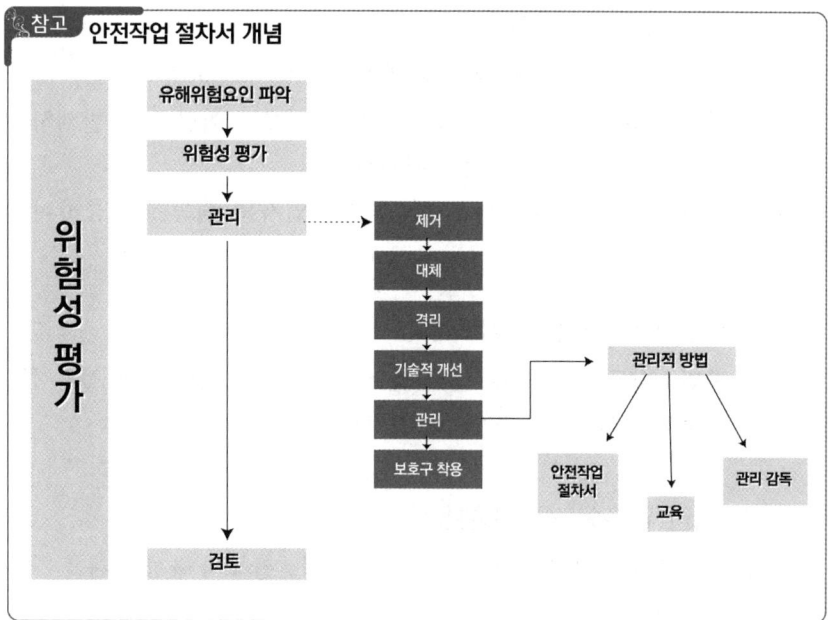

참고 안전작업 절차서 개념

(2) 안전작업 절차가 제공하는 정보

① 작업 수행방법에 대한 설명
② 안전·환경에 위험성이 있다고 평가되는 작업의 확인
③ 안전·환경 위험성에 대한 기술
④ 작업 시에 적용되어야 하는 관리조치에 대한 기술
⑤ 안전·환경적으로 보장된 작업을 수행하기 위해 필요한 조치에 대한 기술
⑥ 준수하여야 할 법령, 기준, 지침 등을 기술
⑦ 작업에 사용되는 장비, 장비 운용자의 자격, 안전 작업방법에 대한 교육 등에 대하여 기술

(3) 안전작업 절차서의 개발 단계

작업 / 활동을 관찰 → 관련 법적 요구사항을 검토 → 기본적인 업무순서를 기록 → 단계별 잠재적인 위험요인을 기록 → 위험요인 제거 및 관리 방법을 식별

참고

1. 개발팀 선정
① 작업/활동의 모든 측면을 다루는 양질의 정보를 가지고 여러 개발자와 함께 안전작업절차서를 개발하여야 한다. 개발팀에 2명 이상이 참여하면 위험요인 및 관리가 적절하게 식별될 수 있다.
② 안전작업절차 개발을 수행하는 사람은 프로세스에 익숙하고 위험요인 식별 및 제어방법을 이해하고 있어야 한다. 실제로 작업을 수행하는 근로자가 개발과정에 참여하는 것이 중요하다. 안전작업절차 개발에 참여하는 인원은 작업의 복잡성, 작업 개소, 참여 인원의 능력에 따라 달라진다.
③ 팀 구성원은 근로자, 해당 작업관련 전문가, 관리자, 안전전문가, 안전교육강사, 엔지니어 등으로 구성한다. 가능하면 최소 3명 이상이 안전작업절차서 개발에 참여하여야 한다. 개발팀 구성원은 안전작업절차서가 실행되는 방법과 왜 필요한지에 대한 교육을 받고 이해하여야 한다.

2. 안전작업절차서 개발 시 확인사항

1) 사고보고서 및 위험요인 보고서에 있는 시정조치 내용
2) 위험성 평가서의 위험 관리 조치 내용

예
① 과거에 그 업무와 관련된 사건이 있었는지
② 위험성 평가가 필요한 신규 업무
③ 충전된 전기 설비에서의 작업
④ 철거작업
⑤ 석면제거작업
⑥ 지붕에서 작업 시

1) 작업 / 활동을 관찰한다.
   ① 수행되고 있는 작업 / 활동을 관찰하여 문서화 하여야 한다.
   ② 작업 / 활동에 대한 정보를 수집하고 실제로 어떤 일이 발생하고 작업이 어떻게 진행되는지 확인한다.
   ③ 이용 중인 장비보다는 수행 중인 작업자의 행동에 집중하여야 한다.

2) 관련 법적 요구사항을 검토한다.
   ① 작업 / 활동이 유해 화학물질을 사용하는 경우 안전작업 절차서는 유해화학 물질별 물질안전보건자료를 참조하여야 한다.

3) 기본적인 업무순서를 기록한다.
   ① 작업 / 활동 관련 근로자들과 함께 작업 / 활동의 구성 단계를 기록한다.
   ② 개발은 근로자 또는 근로자 대표와의 협의 하에 진행되어야 한다.
   ③ 프로세스의 각 단계별 문서화는 수행중인 작업/활동의 시연 또는 관찰에 의해서 이루어질 수 있다.

4) 단계별 잠재적인 위험요인을 기록한다.
   ① 단계별 재해 또는 질병을 야기할 가능성이 있는 것이 무엇인지를 식별한다.
   ② 여기에는 다음과 같은 내용이 포함되어야 한다.
      • 관리가 필요한 위험성이 있는 활동을 가진 프로세스, 사건, 작업의 목록화
      • 단계별로 발생하는 모든 부정적인 결과 식별
      • 부정적인 결과의 가능한 모든 원인 식별

5) 위험요인 제거 및 관리 방법을 식별한다.
   ① 식별된 위험에 대해 발생 가능성이 있는 모든 위험을 제거 또는 관리하는 조치를 열거해야 한다.
   ② 단계별 위험관리 방법을 활용하여 식별된 위험요인에 대하여 시정 조치를 한다.

(4) 안전작업 절차서를 수시로 검토하여야 하는 경우

① 작업 / 활동의 변화
② 새로운 위험요인이 식별될 때
③ 작업 / 활동과 관련한 앗차 사고, 재해, 직업병이 발생한 후
④ 법규, 기준, 지침 등의 변경이 있을 때
⑤ 일정 주기마다(최대 1년)

3 공정도를 활용한 공정분석 기술

(1) 공정관리의 정의

공정관리란 협의의 생산관리인 생산통제(Production Control)로 쓰이며, 이를 미국 기계기사협회인 ASME(American Society of Mechanical Engineers)에서는 "공장에 있어서 원재료로부터 최종제품에 이르기까지의 자재, 부품의 조립 및 종합조립의 흐름을 순서정연하게 능률적인 방법으로 계획하고, 공정을 결정하고(Routing), 일정을 세워(Scheduling), 작업을 할당하고(Dispatching), 신속하게 처리하는(Expediting) 절차"라고 정의하고 있다.

(2) 공정관리의 목표

1) 대내적인 목표

생산과정에 있어서 작업자의 대기나 설비의 유휴에 의한 손실시간을 감소시켜서 가동률을 향상시키고, 또한 자재의 투입에서부터 제품이 출하되기까지의 시간을 단축함으로써 재공품(제조 대기 중인 미완성품)의 감소와 생산속도의 향상을 목적으로 하는 것

2) 대외적인 목표

납기 또는 일정기간 중에 필요로 하는 생산량의 요구조건을 준수하기 위해 생산과정을 합리화 하는 것

(3) 공정관리의 기능

1) **계획기능**
   생산계획을 통칭하는 것으로서 공정계획을 행하여 작업의 순서와 방법을 결정하고, 일정계획을 통해 공정별 부하를 고려한 개개 작업의 착수시기와 완성일자를 결정하며 납기를 유지케 한다.

2) **통제기능**
   계획기능에 따른 실제 과정의 지도, 조정 및 결과와 계획을 비교하고 측정, 통제하는 것을 뜻한다.

3) **감사기능**
   계획과 실행의 결과를 비교 검토하여 차이를 찾아내고 그 원인을 추적하여 적절한 조치를 취하며, 개선해 나감으로써 생산성을 향상시키는 기능이다.

(4) 공정(절차)계획(Routing)

절차계획 (Routing)	작업의 순서, 표준시간, 각 작업이 행해질 장소를 결정하고 할당하는 것
공수계획	주어진 생산예정표에 의해 결정된 생산량에 대해서 작업량을 구체적으로 결정하고 이것을 현 인원과 기계설비능력을 고려하여 양자를 조정하는 기능이다. ① 부하계획 부하는 일반적으로 할당된 작업이라 할 수 있으며, 부하계획이란 최대작업량과 평균작업량의 비율인 부하율을 최적으로 유지할 수 있는 작업량의 할당 계획이다. ② 능력계획 능력(Capacity)이란 작업수행상의 능력을 말하며, 이에 대한 계획은 부하계획과 더불어 기준조업도와 실제조업도와의 비율을 최적으로 유지하기 위해서 현유능력을 계획하는 것 ③ 일정계획 일정계획(Scheduling)이란 절차계획 및 공수계획에 기초를 두고 생산에 필요한 원재료의 조달, 반입으로부터 제품을 완성하기까지 수행될 모든 작업을 구체적으로 할당하고 각 작업이 수행되어야 할 시기를 결정하는 것을 말한다.

일정계획	① 대 일정계획(Master Scheduling) • 종합적인 장기계획으로 주 일정계획 또는 대강 일정계획이라고도 한다. • 납기에 따른 월별생산량이 예정되면 기준일정표에 의거한 각 직장별 또는 제품별, 부분품별로 작업개시일과 작업시간 및 완성 기일을 지시하는 것 ② 중 일정계획(Operation Scheduling) • 대 일정계획에 준해 제작에 필요한 셉작업 즉, 공정별 또는 부품별 일정계획이다. • 중 일정계획은 일정계획의 기본이 되는 것으로 작업공정별 일정계획 또는 제조계획이라고도 한다. ③ 소 일정계획(Detailed Scheduling) • 중 일정계획의 지시일정에 따라 특정기계 내지 작업자에게 할당될 작업을 결정하고 그 작업의 개시일과 종료일을 나타낸 것이다. • 소 일정계획을 통해서 진도관리가 이루어지며, 작업분배도 이루어진다.

(5) 공정분석

원재료가 출고되면서부터 제품으로 출하될 때까지 다양한 경로에 따른 경과 시간과 이동 거리를 공정도시기호를 이용하여 계통적으로 나타냄으로써 공정계열의 합리화를 위한 개선방안을 모색할 때 매우 유용한 방법이다.

1) 공정의 분류에 대하여 안다.

① 가공공정(Operation)

제조의 목적을 직접적으로 달성하는 공정으로 그 내용은 변질, 변형, 변색, 조립, 분해로 되어있고 대상물을 목적에 접근시키는 유일한 상태이다.

② 운반공정(Transportation)
- 제품이나 부품이 하나의 작업 장소에서 타 작업장소로 이동하기 위해 발생하는 작업으로 이동, 하역을 하고 있는 상태이다.
- 가공을 위해 가까운 작업대에서 재료를 가져온다든지, 제품을 쌓아둔다든지 하는 경우는 가공의 일부를 하고 있는 것으로 생각하며, 독립된 운반으로는 볼 수 없다.

③ 검사공정(Inspection)
- 양의 검사는 수량, 중량의 측정 등이다.

- 질적 검사는 설정된 품질표준에 대해서 가공부품의 가공정도를 확인하는 것 또는 가공 부품을 품질, 등급별로 분류하는 공정이다.

④ 정체공정(Delay)
- 체류는 제품이나 부품이 다음의 가공, 조립을 하기 위해 일시 기다리는 상태이다.
- 저장은 계획적인 보관이며 다음의 가공조립으로 허가 없이 이동하는 것이 금지되어 있는 상태이다.

(6) 공정분석 기호

1) 길브레스(Gilbreth) 기호

기호	의미
○ (큰 원)	가공
○ (작은 원)	운반 : 가공의 1/2원으로 나타냄
□	검사
▽	저장 또는 정체

2) ASME 기호

ASME에서는 길브레스의 기호의 운반을 작은 원 대신에 화살표를 쓰고 정체기호를 첨가하여 5가지를 표준으로 설정하여 현재는 이 5가지가 광범위하게 채택되고 있다.

기호	의미
○	가공
⇨	운반
□	검사
D	정체
▽	저장

3) 기본 공정 분석기호

요소 공정	기호의 명칭	기호	의미
가공	가공	○	원료, 재료, 부품 또는 제품의 형상, 품질에 변화를 주는 과정
운반	운반	⇨	원료, 재료, 부품 또는 제품의 위치에 변화를 주는 과정
검사	수량검사	□	원료, 재료, 부품 또는 제품의 양이나 개수를 세어 그 결과를 기준과 비교하여 차이를 파악하는 과정
	품질검사	◇	원료, 재료, 부품 및 제품품질 특성을 시험하고 그 결과를 기준과 비교하여 합·불, 양호, 불량 판정하는 과정
정체	저장	▽	원료, 재료, 부품 또는 제품을 계획에 의해 쌓아두는 과정
	대기	D	원료, 재료, 부품 또는 제품이 계획의 차질로 체류된 상태
보조 기호	관리구분	∿∿∿	관리 구분 또는 책임구분으로 나타냄
	담당구분	+	담당자 또는 작업자의 책임구분으로 나타냄
	생략	╪	공정계열의 일부 생략을 나타냄
	폐기	✕	원재료, 부품 또는 제품의 일부를 폐기하는 경우
복합기호	품질/수량검사	◇안에□	품질검사를 주로 하면서 수량검사도 함
	수량/품질검사	□안에◇	수량검사를 주로 하면서 품질검사도 함
	가공/수량검사	□안에○	가공을 주로 하면서 수량검사도 함
	가공/운반	⇨안에○	가공을 주로 하면서 운반도 함

02 기계의 위험 안전조건 분석

> 주/요/내/용 알/고/가/기
> 1. 위험점 분류
> 2. 기계 설비의 안전 조건(근원적 안전)
> 3. 기계 설비의 본질 안전
> 4. Fail safe의 구분
> 5. 방호장치의 분류

1 기계의 위험요인

(1) 위험점 분류 ✰✰✰

① 협착점 : 왕복운동 부분과 고정 부분 사이에서 형성되는 위험점
  예 프레스기, 전단기, 성형기 등

② 끼임점 : 고정 부분과 회전하는 동작 부분 사이에서 형성되는 위험점
  예 연삭숫돌과 덮개, 교반기 날개와 하우징 등

> [기출]
> ※ 재해의 원인이 되는 위험의 5요소
> ① 함정(Trap)
> ② 충격(Impact)
> ③ 접촉(Contact)
> ④ 얽힘 또는 말림 (Entanglement)
> ⑤ 튀어나옴(Ejection)

③ 절단점 : 회전하는 운동부 자체, 운동하는 기계 부분 자체의 위험점
   예 날, 커터를 가진 기계

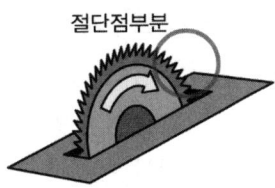

④ 물림점 : 회전하는 두 개의 회전체에 물려 들어가는 위험점
   예 롤러와 롤러, 기어와 기어 등

※ 물림점의 형성조건
서로 반대 방향의 회전체

⑤ 접선 물림점 : 회전하는 부분의 접선 방향으로 물려 들어가는 위험
   예 벨트와 풀리, 체인과 스프로킷, 랙과 피니언 등

⑥ 회전 말림점 : 회전하는 물체에 작업복, 머리카락 등이 말려 들어가는 위험점
   예 회전축, 커플링 등

2 기계의 일반적인 안전사항

(1) 원동기·회전축 등의 위험 방지 ✵✵

① 기계의 원동기·회전축·기어·풀리·플라이 휠·벨트 및 체인 등 근로자에게 위험을 미칠 우려가 있는 부위에는 덮개·울·슬리브 및 건널다리 등을 설치하여야 한다.
② 회전축·기어·풀리 및 플라이 휠 등에 부속하는 키·핀 등의 기계요소는 묻힘형으로 하거나 해당 부위에 덮개를 설치하여야 한다.
③ 벨트의 이음 부분에는 돌출된 고정구를 사용하여서는 아니된다.
④ 건널다리에는 안전난간 및 미끄러지지 아니하는 구조의 발판을 설치하여야 한다.
⑤ 연삭기(硏削機) 또는 평삭기(平削機)의 테이블, 형삭기(形削機) 램 등의 행정 끝이 근로자에게 위험을 미칠 우려가 있는 경우에 해당 부위에 덮개 또는 울 등을 설치하여야 한다.
⑥ 선반 등으로부터 돌출하여 회전하고 있는 가공물이 근로자에게 위험을 미칠 우려가 있는 경우에 덮개 또는 울 등을 설치하여야 한다.
⑦ 원심기에는 덮개를 설치하여야 한다.
⑧ 분쇄기·파쇄기·마쇄기·미분기·혼합기 및 혼화기 등을 가동하거나 원료가 흩날리거나 하여 근로자가 위험해질 우려가 있는 경우 해당 부위에 덮개를 설치하는 등 필요한 조치를 해야 하며, 분쇄기 등의 가동 중 덮개를 열어야 하는 경우에는 다음 각 호의 어느 하나 이상에 해당하는 조치를 해야 한다.

- 근로자가 덮개를 열기 전에 분쇄기 등의 가동을 정지하도록 할 것
- 분쇄기 등과 덮개 간에 연동장치를 설치하여 덮개가 열리면 분쇄기 등이 자동으로 멈추도록 할 것
- 분쇄기 등에 광전자식 방호장치 등 감응형(感應形) 방호장치를 설치하여 근로자의 신체가 위험한계에 들어가게 되면 분쇄기 등이 자동으로 멈추도록 할 것

⑨ 근로자가 분쇄기 등의 개구부로부터 가동 부분에 접촉함으로써 위해(危害)를 입을 우려가 있는 경우 덮개 또는 울 등을 설치해야 하며, 분쇄기 등의 가동 중 덮개 또는 울 등을 열어야 하는 경우에는 다음 각 호의 어느 하나 이상에 해당하는 조치를 해야 한다.

- 근로자가 덮개 또는 울 등을 열기 전에 분쇄기 등의 가동을 정지하도록 할 것
- 분쇄기 등과 덮개 또는 울 등 간에 연동장치를 설치하여 덮개 또는 울 등이 열리면 분쇄기 등이 자동으로 멈추도록 할 것
- 분쇄기 등에 광전자식 방호장치 등 감응형 방호장치를 설치하여 근로자의 신체가 위험한계에 들어가게 되면 분쇄기 등이 자동으로 멈추도록 할 것

⑩ 종이·천·비닐 및 와이어로프 등의 감김통 등에 의하여 근로자가 위험해질 우려가 있는 부위에 덮개 또는 울 등을 설치하여야 한다.

⑪ 압력용기 및 공기압축기 등에 부속하는 원동기·축이음·벨트·풀리의 회전 부위 등 근로자가 위험에 처할 우려가 있는 부위에 덮개 또는 울 등을 설치하여야 한다.

(2) 리미트 스위치

기계가 한계를 벗어나 과도하게 작동하는 것을 제한하는 장치를 말한다.

① 과부하방지 장치
② 권과방지 장치
③ 과전류차단 장치
④ 압력제한 장치

(3) 기계의 점검 사항

정지상태에서 점검해야 할 사항	운전상태에서 점검해야 할 사항
① 주유 상태	① 클러치
② 개폐기의 이상 유무	② 기어의 맞물림 상태
③ 방호장치의 이상 유무	③ 베어링의 온도 상승 유무
④ 동력 전달장치의 이상 유무	④ 이상음 및 진동 상태
⑤ 볼트, 너트의 풀림 유무	⑤ 슬라이드면의 온도 상승 여부
⑥ 스위치 상태의 이상 유무	

(4) 기계설비의 Layout 시 유의사항

① 작업 흐름에 따라 배치한다.
② 통로를 확보한다.
③ 장래의 확장을 고려하여 설계, 배치한다.
④ 기계설비의 간격을 유지한다.

⑤ 유해, 위험공정으로부터 작업자를 격리한다.
⑥ 운반작업을 기계 작업화한다.
⑦ 원재료, 제품저장소 등의 공간을 확보한다.

3 통로

(1) 사업주는 작업장으로 통하는 장소 또는 작업장 내에는 근로자가 사용하기 위한 안전한 통로를 설치하고 항상 사용 가능한 상태로 유지하여야 한다.

(2) 통로의 주요한 부분에는 통로표시를 하고, 근로자가 안전하게 통행할 수 있도록 하여야 한다.

(3) 사업주는 근로자가 안전하게 통행할 수 있도록 통로에 75럭스 이상의 채광 또는 조명시설을 하여야 한다. 다만, 갱도 또는 상시통행을 하지 아니하는 지하실 등을 통행하는 근로자로 하여금 휴대용 조명기구를 사용하도록 한 때에는 그러하지 아니하다.

(4) 사업주는 옥내에 통로를 설치하는 때에는 걸려 넘어지거나 미끄러지는 등의 위험이 없도록 하여야 한다. 이때 통로 면으로부터 높이 2미터 이내에는 장애물이 없도록 하여야 한다.

4 기계설비의 안전조건(근원적 안전)

기계설비의 근원적 안전조건 ☆☆
① 외관상 안전화
② 기능적 안전화
③ 구조의 안전화(구조부분 강도적 안전화)
④ 작업의 안전화
⑤ 보수유지의 안전화
⑥ 표준화

(1) 외관상 안전화
① 회전부에 덮개 설치
② 안전색채 사용
   예 기계의 시동 버튼 : 녹색, 정지 버튼 : 적색

(2) 기능적 안전화
① 전압 강하에 따른 오동작 방지
② 정전 및 단락에 따른 오동작 방지
③ 사용 압력 변동 시 등의 오동작 방지

(3) 구조 부분 안전화(구조 부분 강도적 안전화)
① 설계상의 결함 방지
   사용 도중 재료의 강도가 열화될 것을 감안하여 설계 하여야 한다.
② 재료의 결함 방지
   재료 자체의 균열, 부식, 강도 저하 등 결함에 대하여 적절한 재료로 대체하여야 한다.
③ 가공 결함 방지
   재료의 가공 도중에 발생되는 결함을 열처리 등을 통하여 사전에 예방하여야 한다.

(4) 작업의 안전화
작업환경, 작업 방법을 검토하고 작업위험분석을 실시하여 작업을 표준작업화한다.

   예 • 조작장치는 조작이 쉽게 설계
      • 적당한 수공구의 사용
      • 불필요한 동작을 배제하고 작업의 표준화
      • 급정지장치 등을 설치할 것

(5) 보수유지의 안전화(보전성 향상 위한 고려 사항)
   예 • 보전용 통로와 작업장 확보
      • 기계는 분해하기 쉽게
      • 부품 교환이 용이한 구조
      • 보수, 점검이 용이하도록
      • 주유 방법 쉽게 개선

(6) 표준화

5 기계설비의 본질안전 조건 ✩

근로자의 실수나 기계설비에 이상이 발생하여도 재해가 발생되지 않도록 설계되는 기본적 개념을 말한다.

(1) 안전기능을 기계설비 내에 내장할 것
설계단계에서 안전을 반영한다.

(2) 풀프루프(fool proof) 기능 가질 것
작업자의 실수가 있더라도 사고로 연결되지 않도록 2중, 3중 통제를 한다.

(3) 페일세이프(fail safe) 기능 가질 것
기계, 설비가 고장 나더라도 사고로 연결되지 않도록 2중, 3중 통제를 한다.

6 방호장치의 분류

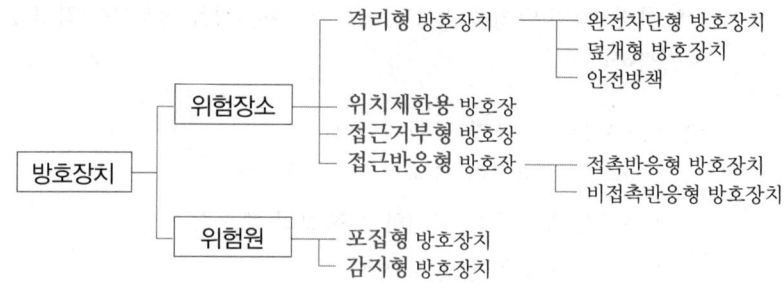

용어정의

※ 방호장치
기계·기구 및 설비를 사용할 경우 작업자에게 상해를 입힐 우려가 있는 부분으로부터 작업자를 보호하기 위하여 일시적 또는 영구적으로 설치하는 기계적 안전장치를 말한다.

기출 ★

※ 방호장치의 기본 목적
① 작업자의 보호
② 인적·물적 손실의 방지
③ 기계 위험 부위의 접촉 방지
④ 방음이나 집진
⑤ 가공물 등의 낙하에 의한 위험방지

참고

※ 방호장치 선정 시 검토사항
① 방호의 정도
② 적용의 범위
③ 보수, 정비의 난이
④ 신뢰성
⑤ 작업성
⑥ 경비

※ 방호장치의 일반원칙
① 작업방해의 제거
② 작업점의 보호
③ 외관상의 안전화
④ 기계특성의 적합성

(1) 위험장소에 따른 분류

격리형 방호장치	• 위험한 작업점과 작업자 사이에 서로 접근되어 일어날 수 있는 재해를 방지하기 위해 차단벽이나 망을 설치하는 방호장치 예 완전 차단형 방호장치, 덮개형 방호장치, 방책 등
위치 제한형 방호장치	• 작업자의 신체 부위가 위험한계 밖에 있도록 기계의 조작장치를 위험한 작업점에서 안전거리 이상 떨어지게 하거나 조작장치를 양손으로 동시 조작하게 함으로써 위험한계에 접근하는 것을 제한하는 방호장치 예 프레스의 양수조작식 방호장치
접근 거부형 방호장치	• 작업자의 신체 부위가 위험한계 내로 접근하였을 때 기계적인 작용에 의하여 접근을 못하도록 저지하는 방호장치 예 프레스의 수인식, 손 쳐내기식 방호장치
접근 반응형 방호장치	• 작업자의 신체 부위가 위험한계 또는 그 인접한 거리 내로 들어오면 이를 감지하여 그 즉시 기계의 동작을 정지시키고 경보 등을 발하는 방호장치 예 프레스의 광전자식 방호장치

(2) 위험원에 따른 분류

포집형 방호장치	• 위험장소에 설치하여 위험원이 비산하거나 튀는 것을 포집하여 작업자로부터 위험원을 차단하는 방호장치 예 목재가공용 둥근톱의 반발예방장치, 연삭기의 덮개 등
감지형 방호장치	• 이상 온도, 이상 기압, 과부하 등 기계의 부하가 안전한계치를 초과하는 경우에 이를 감지하고 자동으로 안전상태가 되도록 조정하거나 기계의 작동을 중지시키는 방호장치

CHAPTER 01 단원 예상문제

01 일종의 연동 기구로서 안전한 상태를 확보하도록 한 기구로 기계적, 전기적 구조로 되어 있는 장치는?

㉮ 자동식 방호장치
㉯ 가변적 방호장치
㉰ 고정식 방호장치
㉱ 인터록 방호장치

[해설] **인터록장치(연동장치)** : 리미트 스위치가 내장되어 있어 <u>기계가 안전한 조건을 갖추지 않으면 작동하지 않도록 하여 기계의 오조작을 방지</u>한다.

02 다음 중 기계설비의 안전조건에 해당되지 않는 것은?

㉮ 외형의 안전화
㉯ 기능의 안전화
㉰ 구조의 안전화
㉱ 기계조작 방법의 안전화

[해설] **기계 설비의 안전 조건(근원적 안전)**
(1) 외관상 안전화
  ① 회전부에 덮개 설치
  ② 안전색채 사용
   예) 기계의 시동 버튼 – 녹색
       정지 버튼 – 적색
(2) 기능적 안전화
  ① 전압 강하에 따른 오동작 방지
  ② 정전 및 단락에 따른 오동작 방지
  ③ 사용 압력 변동 시 등의 오동작 방지
(3) **구조 부분 안전화(구조 부분 강도적 안전화)**
  ① <u>설계상의 결함 방지</u>
  ② <u>재료의 결함 방지</u>
  ③ <u>가공 결함 방지</u>

(4) **작업의 안전화**
  예) • 조작 장치는 조작이 쉽게 설계
      • 적당한 수공구의 사용
      • 불필요한 동작을 배제하고 작업의 표준화
      • 급정지장치 등의 설치 것
(5) 보수 유지의 안전화(보전성 향상 위한 고려 사항)
(6) 표준화

{참고} **기계 설비의 본질 안전**
(1) 안전기능을 기계설비 내에 내장할 것
(2) 풀 프루프(fool proof) 기능 가질 것
   : 작업자의 실수가 있더라도 사고로 연결되지 않도록 2중, 3중 통제를 한다.
(3) 페일세이프(fail safe) 기능 가질 것
   : 기계, 설비가 고장 나더라도 사고로 연결되지 않도록 2중, 3중 통제를 한다.

03 다음 중 물림점(nip point)를 가진 기계는?

㉮ 롤분쇄기
㉯ 밀링머신
㉰ 연삭기
㉱ 띠톱

[해설] **물림점** : <u>회전하는 두 개의 회전체에 물려 들어가는 위험점</u>
예) 롤러와 롤러, 기어와 기어 등

{참고} **위험점의 분류**
① **협착점** : <u>왕복운동 부분과 고정 부분</u> 사이에서 형성되는 위험점
   예) 프레스기, 전단기, 성형기 등
② **끼임점** : <u>고정 부분과 회전하는 동작 부분</u> 사이에서 형성되는 위험점
   예) 연삭숫돌과 덮개, 교반기 날개, 하우징 등

정답 01 ㉱ 02 ㉱ 03 ㉮

③ 절단점 : 회전하는 운동부 자체, **운동하는 기계 부분 자체의 위험점**
   예 날, 커터를 가진 기계
④ **물림점** : 회전하는 **두 개의 회전체에 물려 들어가는 위험점**
   예 롤러와 롤러, 기어와 기어 등
⑤ 접선 물림점 : 회전하는 부분의 접선 방향으로 물려 들어가는 위험점
   예 벨트와 풀리, 체인과 스프로킷, 랙과 피니언 등
⑥ 회전 말림점 : 회전하는 물체에 작업복, 머리카락 등이 **말려 들어가는 위험점**
   예 회전축, 커플링 등

04 기계설비의 방호 방법에서 위험원에 대한 방호 방법은?

㉮ 덮개형 방호장치
㉯ 접근반응형 방호장치
㉰ 위치 제한 장치
㉱ 접근 거부형 방호장치

[해설] 위험원에 따른 분류

포집형 방호장치 (덮개형)	• 위험장소에 설치하여 위험원이 비산하거나 튀는 것을 포집하여 작업자로부터 위험원을 차단하는 방호장치 • 예 **목재가공용 둥근톱의 반발예방장치, 연삭기의 덮개 등**
감지형 방호장치	• 이상온도, 이상기압, 과부하등 기계의 부하가 안전한계치를 초과하는 경우에 이를 감지하고 자동으로 안전상태가 되도록 조정하거나 기계의 작동을 중지시키는 방호장치

{참고} 위험 장소에 따른 분류

격리형 방호장치	• 위험한 작업점과 작업자 사이에 서로 접근되어 일어날 수 있는 재해를 방지하기 위해 차단벽이나 망을 설치하는 방호장치 • 예 **완전 차단형 방호장치, 덮개형 방호장치, 방책 등**
위치 제한형 방호장치	• 작업자의 신체 부위가 위험한계 밖에 있도록 기계의 조작장치를 위험한 작업점에서 안전거리 이상 떨어지게 하거나 조작장치를 양손으로 동시 조작하게 함으로써 위험한계에 접근하는 것을 제한하는 방호장치 • 예 **프레스의 양수조작식 방호장치**
접근 거부형 방호장치	• 작업자의 신체 부위가 위험한계 내로 접근하였을 때 기계적인 작용에 의하여 접근을 못하도록 저지하는 방호장치 • 예 **프레스의 수인식, 손쳐내기식 방호장치**
접근 반응형 방호장치	• 작업자의 신체 부위가 위험한계 또는 그 인접한 거리 내로 들어오면 이를 감지하여 그 즉시 기계의 동작을 정지시키고 경보 등을 발하는 방호장치 • 예 **프레스의 광전자식 방호장치**

05 기계에서 왕복운동을 하는 운동부와 움직임 없는 고정부 사이에서 형성되는 위험점을 무엇이라 하는가?

㉮ 협착점
㉯ 끼임점
㉰ 절단점
㉱ 물림점

[해설] **왕복운동 부분과 고정부분 사이**에서 형성되는 위험점 → **협착점**

정답 04 ㉮ 05 ㉮

06 기계운동 형태에 따른 위험점 분류에 해당되지 않는 것은?

㉮ 끼임점 ㉯ 회전물림점
㉰ 협착점 ㉱ 절단점

[해설] 위험점의 분류
① 협착점 ② 끼임점
③ 절단점 ④ 물림점
⑤ 접선 물림점 ⑥ 회전 말림점

07 기계설비의 본질적 안전화 내용에 포함될 사항으로 틀린 것은?

㉮ 안전기능이 기계설비에 내장되어 있어야 한다.
㉯ 풀 프루프(Fool proof) 기능을 가져야 한다.
㉰ 조작상 위험이 가능한 없도록 설계하여야 한다.
㉱ 페일 세이프(Fail safe) 기능은 없어도 된다.

[해설] 기계설비의 본질 안전 조건
① 안전 기능을 기계설비 내에 내장할 것
② 풀 프루프(fool proof) 기능 가질 것
③ 페일세이프(fail safe) 기능 가질 것

08 기계의 원동기, 회전축 및 체인 등 근로자에게 위험을 미칠 우려가 있는 부위에 설치해야 하는 위험 방지 장치로 적합하지 않는 것은?

㉮ 덮개
㉯ 건널다리
㉰ 클러치
㉱ 슬리브

[해설] 원동기·회전축 등의 위험 방지
① 기계의 **원동기·회전축·기어·풀리·플라이 휠·벨트 및 체인** 등 근로자에게 위험을 미칠 우려가 있는 부위에는 **덮개·울·슬리브 및 건널다리 등을 설치**하여야 한다.
② 회전축·기어·풀리 및 플라이 휠 등에 부속하는 **키·핀 등의 기계 요소는 묻힘형으로 하거나 해당 부위에 덮개를 설치**하여야 한다.
③ **벨트의 이음 부분에는 돌출된 고정구를 사용하여서는 아니 된다.**
④ 건널다리에는 **안전난간 및 미끄러지지 아니하는 구조의 발판을 설치**하여야 한다.

09 위험기계 및 위험기구 방호조치 기준상 작업자의 신체 부위가 위험한계 내로 접근하였을 때 기계적인 작용에 의하여 근접을 저지하는 방호장치에 해당하는 것은?

㉮ 위치 제한형 방호장치
㉯ 접근 거부형 방호장치
㉰ 접근 반응형 방호장치
㉱ 감지형 방호장치

[해설] 신체 부위가 위험한계 내로 접근하였을 때 접근을 못하도록 저지하는 방호장치 → 접근 거부형 방호장치

10 다음 위험점 중 기계의 회전운동 하는 부분과 고정부 사이에 위험이 형성되는 점은?

㉮ 접선 물림점(tangential point)
㉯ 물림점(nip point)
㉰ 끼임점(shear point)
㉱ 절단점(cutting point)

[해설] 회전 부분과 고정 부분 사이에서 형성되는 위험점 → 끼임점

정답 06 ㉯ 07 ㉱ 08 ㉰ 09 ㉯ 10 ㉰

11 다음 중 근로자에게 위험을 미칠 우려가 있는 공작기계에서 덮개, 울 등을 설치해야 하는 경우와 가장 거리가 먼 것은?

㉮ 연삭기 또는 평삭기의 테이블, 형삭기램 등의 행정 끝
㉯ 선반으로부터 돌출하여 회전하고 있는 가공물 부근
㉰ 톱날 접촉 예방 장치가 설치된 원형 톱(목재 가공용 둥근톱 기계 제외) 기계의 위험 부위
㉱ 띠톱기계의 위험한 톱날(절단 부분 제외) 부위

[해설] ㉰ 원형 톱기계의 방호장치는 톱날 접촉 예방 장치이다.

{참고} 공작기계 안전조치
(1) **행정 끝의 덮개** : 사업주는 **연삭기 또는 평삭기의 테이블, 형삭기램 등의 행정 끝**이 근로자에게 위험을 미칠 우려가 있는 때에는 해당 부위에 **덮개 또는 울 등을 설치**하여야 한다.
(2) **돌출가공물의 덮개** : 사업주는 **선반 등으로부터 돌출하여 회전하고 있는 가공물**이 근로자에게 위험을 미칠 우려가 있는 때에는 **덮개 또는 울 등을 설치**하여야 한다.
(3) **띠톱기계의 덮개** : 사업주는 **띠톱기계**(목재가공용 띠톱기계를 제외한다)의 절단에 필요한 톱날 부위 외의 위험한 톱날부 위에는 **덮개 또는 울 등을 설치**하여야 한다.
(4) **원형 톱기계의 톱날접촉예방장치** : 사업주는 **원형 톱기계**(목재가공용 둥근톱기계를 제외한다)에는 **톱날접촉예방장치를 설치**하여야 한다.

12 기계설비의 안전 조건 중 외관의 안전화에 해당하는 조치는?

㉮ 고장 발생을 최소화하기 위해 정기점검을 실시한다.
㉯ 전압강하, 정전 시의 오동작을 방지하기 위하여 제어장치를 설치하였다.
㉰ 기계의 예리한 돌출부 등에 안전 덮개를 설치하였다.
㉱ 강도를 고려하여 안전율을 초대로 고려하여 설계하였다.

[해설] 기계 설비의 안전 조건(근원적 안전)
(1) **외관상 안전화**
  ① 회전부에 덮개 설치
  ② 안전색채 사용
(2) **기능적 안전화**
  ① 전압 강하에 따른 오동작 방지
  ② 정전 및 단락에 따른 오동작 방지
  ③ 사용압력 변동 시 등의 오동작 방지
(3) **구조 부분 안전화(구조부분 강도적 안전화)**
  ① 설계상의 결함 방지
  ② 재료의 결함 방지
  ③ 가공 결함

13 기계설비의 안전화 중 기능의 안전화에 해당되는 것은?

㉮ 위험부의 덮개 설치
㉯ 전압강하 시 기계의 자동정지
㉰ 안전율의 확보
㉱ 기계 외관에 안전색채 사용

[해설] ㉮ 외관상 안전화
㉯ 기능적 안전화
㉰ 구조 부분 안전화
㉱ 외관상 안전화

정답 11 ㉰ 12 ㉰ 13 ㉯

14 왕복운동을 하는 운동부와 고정부 사이에서 형성되는 위험점인 협착점(squeeze point)이 형성되는 기계로 거리가 먼 것은?

㉮ 프레스
㉯ 조형기
㉰ 연삭기
㉱ 성형기

[해설] ㉰ 연삭기는 회전하는 숫돌과 고정되어 있는 덮개 또는 작업대 사이에 끼임점이 존재한다.

15 산업안전기준에 관한 규칙에 따른 작업장의 안전기준에 대한 설명으로 옳지 않은 것은?

㉮ 작업장 비상구의 문은 피난방향으로 열리도록 할 것
㉯ 작업장의 통로는 90럭스 이상의 채광 또는 조명시설을 할 것
㉰ 작업장의 옥내통로는 통로벽면으로부터 높이 2m 이내에는 장애물이 없도록 할 것
㉱ 작업장의 연면적이 400m² 이상이거나 상시 50인 이상의 근로자가 작업하는 옥내작업장에는 경보용 설비 또는 기구를 설치할 것

[해설] **통로**
① 사업주는 작업장으로 통하는 장소 또는 작업장 내에는 근로자가 사용하기 위한 안전한 통로를 설치하고 항상 사용 가능한 상태로 유지하여야 한다.
② 통로의 주요한 부분에는 통로표시를 하고, 근로자가 안전하게 통행할 수 있도록 하여야 한다.
③ 사업주는 근로자가 안전하게 통행할 수 있도록 **통로에 75럭스 이상의 채광 또는 조명시설을** 하여야 한다.
④ 사업주는 옥내에 통로를 설치하는 때에는 걸려 넘어지거나 미끄러지는 등의 위험이 없도록 하여야 한다. 이때 **통로 면으로부터 높이 2미터 이내에는 장애물이 없도록 하여야 한다.**

16 기계의 운전 상태에서 점검할 사항으로 거리가 먼 것은?

㉮ 기어의 물림 상태
㉯ 급유 확인
㉰ 베어링의 온도 상승
㉱ 소음, 진동 유무

[해설] ㉯ 급유 확인은 기계를 정지시킨 후 실시하여야 한다.

17 위험한 작업점과 작업자 사이에 서로 접근되어 일어날 수 있는 재해를 방지하는 격리형 방호장치가 아닌 것은?

㉮ 완전 차단형 방호장치
㉯ 덮개형 방호장치
㉰ 안전방책
㉱ 양수조작식 방호장치

[해설] **격리형 방호장치** : 완전 차단형 방호장치, 덮개형 방호장치, 방책 등

18 기계의 안전 조건 중 구조의 안전화 방법에 해당되지 않는 것은?

㉮ 기계재료의 선정 시 재료 자체에 결함이 없는지 철저히 확인한다.
㉯ 사용 중 재료의 강도가 열화될 것을 감안하여 설계 시 안전율을 고려한다.
㉰ 기계작동 시 기계의 오동작을 방지하기 위하여 오동작 방지 회로를 적용한다.
㉱ 가공 경화와 같은 가공결함이 생길 우려가 있는 경우는 열처리 등으로 결함을 방지한다.

[해설] ㉰ 기계의 오동작 방지 → 기능적 안전화

정답 14 ㉰ 15 ㉯ 16 ㉯ 17 ㉱ 18 ㉰

{참고} **구조 부분 안전화(구조부분 강도적 안전화)**
① **설계상의 결함 방지** : 사용 도중 재료의 강도가 열화될 것을 감안하여 설계하여야 한다.
② **재료의 결함 방지** : 재료 자체의 균열, 부식, 강도 저하 등 결함에 대하여 적절한 재료로 대체하여야 한다.
③ **가공 결함** : 재료의 가공 도중에 발생되는 결함을 열처리 등을 통하여 사전에 예방하여야 한다.

19 기계를 구성하는 요소에서 피로현상은 안전과 일정한 관련이 있다. 피로현상과 가장 관련이 적은 것은?

㉮ 소음   ㉯ 노치
㉰ 치수 효과   ㉱ 부식

[해설] ㉯ Notch부는 응력집중 현상으로 쉽게 피로파괴가 생긴다.
㉰ 치수효과(Size Effect) : 부재의 치수가 변하면 피로강도가 변하는 현상
㉱ 부식이 될수록 피로한도는 감소된다.

20 '저장'을 뜻하는 공정분석 기호는?

㉮ ○   ㉯ □
㉰ ▽   ㉱ ᧐

[해설] **ASME 기호**

○	가공
⇨	운반
□	검사
D	정체
▽	저장

21 공정관리의 목표를 대외적과 대내적으로 구분할 때, 대외적 목표에 속하지 않는 것은?

㉮ 가격   ㉯ 납기
㉰ 품질   ㉱ 가동률 향상

[해설] ㉱ 가동률 향상 → 대내적인 목표에 해당한다.

{참고} **공정관리의 목표**
① 대내적인 목표 : 생산과정에 있어서 작업자의 대기나 설비의 유휴에 의한 손실시간을 감소시켜서 가동률을 향상시키고, 또한 자재의 투입에서부터 제품이 출하되기까지의 시간을 단축함으로써 재공품(제조 대기 중인 미완성품)의 감소와 생산속도의 향상을 목적으로 하는 것
② 대외적인 목표 : 납기 또는 일정기간 중에 필요로 하는 생산량의 요구조건을 준수하기 위해 생산과정을 합리화하는 것

22 다음의 공정분석기호 중에서 수량의 검사를 나타낸 것은 무엇인가?

㉮ ○   ㉯ ⇨
㉰ ▽   ㉱ □

[해설] **공정분석기호**

요소 공정	기호의 명칭	기호
가공	가공	○
운반	운반	⇨
검사	수량검사	□
	품질검사	◇
정체	저장	▽
	대기	D

정답 19 ㉮ 20 ㉰ 21 ㉱ 22 ㉱

23 작업의 순서, 표준시간, 각 작업이 행해질 장소를 결정하고 할당하는 것은 다음 중 무엇인가?

㉮ 부하계획
㉯ 능력계획
㉰ 절차계획
㉱ 재고계획

[해설]

	절차계획(Routing)	작업의 순서, 표준시간, 각 작업이 행해질 장소를 결정하고 할당하는 것
공수계획		주어진 생산예정표에 의해 결정된 생산량에 대해서 작업량을 구체적으로 결정하고 이것을 현 인원과 기계설비 능력을 고려하여 양자를 조정하는 기능이다. ① 부하계획 부하는 일반적으로 할당된 작업이라 할 수 있으며, 부하계획이란 최대작업량과 평균작업량의 비율인 부하율을 최적으로 유지할 수 있는 작업량의 할당 계획이다. ② 능력계획 능력(Capacity)이란 작업수행상의 능력을 말하며, 이에 대한 계획은 부하계획과 더불어 기준조업도와 실제조업도와의 비율을 최적으로 유지하기 위해서 현유능력을 계획하는 것 ③ 일정계획 일정계획(Scheduling)이란 절차계획 및 공수계획에 기초를 두고 생산에 필요한 원재료의 조달, 반입으로부터 제품을 완성하기까지 수행될 모든 작업을 구체적으로 할당하고 각 작업이 수행되어야 할 시기를 결정하는 것을 말한다.
일정계획		① 대 일정계획(Master Scheduling) • 종합적인 장기계획으로 주 일정계획 또는 대강 일정계획이라고도 한다. • 납기에 따른 월별생산량이 예정되면 기준일정표에 의거한 각 직장별 또는 제품별, 부분품별로 작업개시일과 작업시간 및 완성 기일을 지시하는 것 ② 중 일정계획(Operation Scheduling) • 대 일정계획에 준해 제작에 필요한 셉작업 즉, 공정별 또는 부품별 일정계획이다. • 중 일정계획은 일정계획의 기본이 되는 것으로 작업공정별 일정계획 또는 제조계획이라고도 한다. ③ 소 일정계획(Detailed Scheduling) • 중 일정계획의 지시일정에 따라 특정기계 내지 작업자에게 할당될 작업을 결정하고 그 작업의 개시일과 종료일을 나타낸 것이다. • 소 일정계획을 통해서 진도관리가 이루어지며, 작업분배도 이루어진다.

정답 23 ㉰

CHAPTER 02 기계설비 위험요인 분석

01 공작기계의 안전

> **주/요/내/용 알/고/가/기**
> 1. 선반의 방호장치
> 2. 밀링, 플레이너, 세이퍼 작업의 안전사항
> 3. 연삭기의 방호장치
> 4. 연삭기 덮개 노출 각도
> 5. 연삭숫돌 파괴 원인
> 6. 연삭기 회전속도의 계산
> 7. 비파괴검사의 실시
> 8. 목재가공용 둥근톱의 방호장치
> 9. 동력식 수동대패의 방호장치
> 10. 예초기, 금속절단기, 포장기계의 방호장치

1 공작기계 작업의 안전 ✈

① 움직이는 기계 위에 공구, 재료를 올려놓지 않는다.
② 기계 이송을 건 채 기계를 정지시키지 않는다.
③ 기계 회전을 손이나 공구로 멈추지 않는다.
④ 절삭공구의 장착은 정확하게 한다.
⑤ 절삭공구를 짧게 장착하고, 절삭성이 나쁘면 바꾼다.
⑥ 보안경을 착용하고, 차폐막을 설치한다.
⑦ 절삭분 제거는 기계를 정지하고 브러시나 봉을 사용한다. (손 사용 금지)
⑧ 회전이나 절삭 중에는 공작물 측정, 점검, 주유 등의 작업을 금지한다.(운전을 정지하고 실시한다)
⑨ 장갑은 절대 착용 금지한다.

2 선반의 안전

(1) 선반의 특징

주축에 일감을 고정하고 회전시키며 일감을 절삭하는 공작 기계로 가장 많이 사용되는 공작 기계이다.

(2) 선반의 구성

① 주축대
주축과 주축 속도 변환장치들이 내장되어 있으며, 공작물을 회전시키는 것이 목적이다.

합격의 key

용어정의
* 절삭가공
바이트로 깎거나 자르는 가공법

참고
* 기계작업 시의 주의사항
① 치수측정은 기계 회전 중에 하지 않는다.
② 구멍 깎기 작업을 할 때에는 기계 운전 중에도 구멍 속을 청소해서는 안 된다.
③ 기계 회전 중에는 다듬면 검사를 하지 않는다.
④ 베드 및 테이블의 면을 공구대 대용으로 쓰지 않는다.

기출
* 선반 작업 시 주의사항
① 회전 중에 가공물을 직접 만지지 않는다.
② 공작물의 설치가 끝나면, 척에서 렌치류는 곧바로 제거 한다.
③ 칩(chip)이 비산할 때는 보안경을 쓰고 방호판을 설치하여 사용한다.
④ 돌리개는 적정 크기의 것을 선택하고, 심압대 스핀들은 가능하면 짧게 나오도록 한다.

② 심압대
  일감을 주축과 심압대 사이에 고정할 때 이용된다.
③ 왕복대
  베드 위에서 바이트에 가로 이송 및 세로 이송을 주는 장치이다.
④ 베드
  심압대, 왕복대, 주축대를 올려놓을 수 있는 선반의 몸체를 말한다.

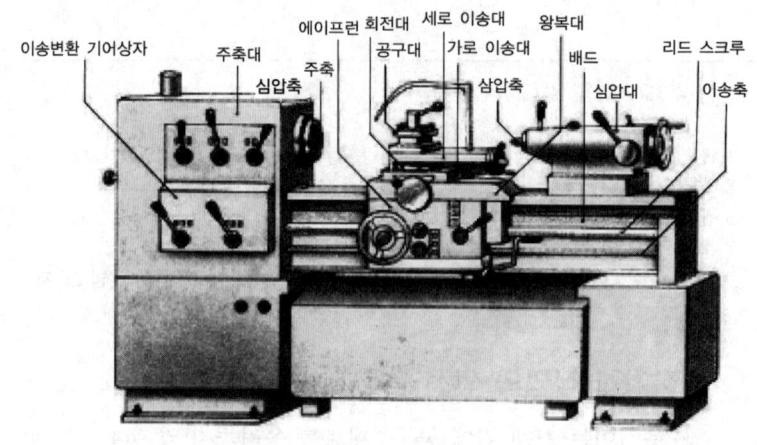

[선반의 구조]

> ⓞ기출
> ※ 선반의 크기 표시
> ① 양쪽 센터 사이의 최대 거리
> ② 왕복대 위의 스윙
> ③ 베드 위의 스윙

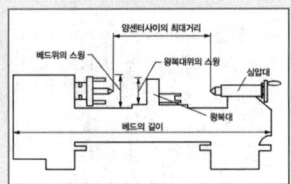

(3) 선반의 방호장치 ✦
  ① 쉴드(Shield) : 칩 및 절삭유의 비산을 방지하기 위해 설치하는 플라스틱 덮개
  ② 칩 브레이커 : 칩을 짧게 절단하는 장치
  ③ 척 커버 : 기어 등을 복개하는 장치
  ④ 브레이크 : 선반의 일시 정지 장치

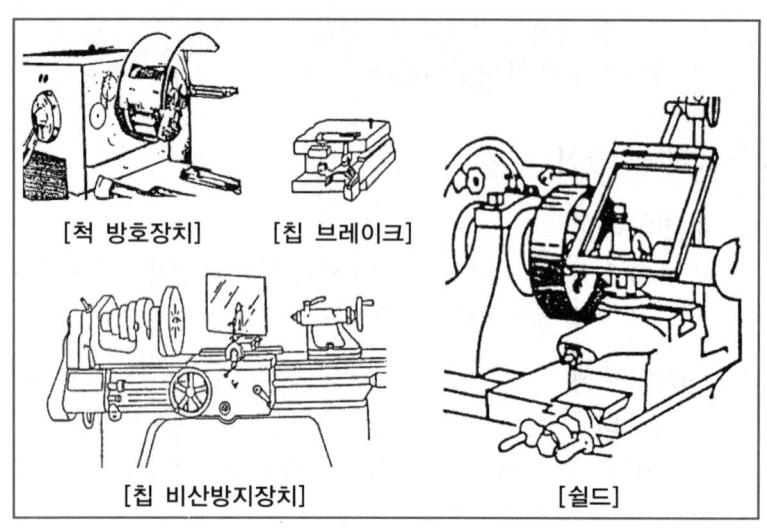

[척 방호장치]   [칩 브레이크]

[칩 비산방지장치]   [쉴드]

(4) 선반의 안전 작업 방법 ✦

① 베드에는 공구를 올려놓지 말 것
② 칩 제거는 운전 정지 후 브러시를 이용할 것
③ 양센터 작업 시에는 심압대에 윤활유를 자주 주입할 것
④ 공작물의 길이가 직경의 12~20배 이상일 때에는 방진구 사용하여 재료를 고정할 것
⑤ 바이트는 끝을 짧게 할 것
⑥ 시동 전에 척 핸들을 빼둘 것
⑦ 반드시 보안경을 착용할 것

3 밀링(Milling) 작업의 안전 ✦

① 커터가 날카롭고 예리해서 칩이 가장 가늘고 예리하다.
② 반드시 보호 안경 착용, 장갑은 절대 착용을 금지한다.
③ 칩 제거는 운전 정지 후 브러시를 이용한다.
④ 강력 절삭 시 일감을 바이스에 깊게 물린다.
⑤ 제품을 측정, 풀어낼 때는 반드시 운전을 정지한다.
⑥ 보링, 드릴, 내형 홈파기 작업이 가능하다.

[밀링머신]

4 플레이너(Planer : 평삭기) 작업의 안전 ✦

① 플레이너 운동 범위에 방책을 설치한다.
② 프레임 내 피트에 덮개를 설치한다.
③ 베드 위에 물건 등을 두지 않는다.
④ 바이트는 되도록 짧게 나오도록 설치한다.

용어정의
* 방진구 : 선반작업에서 가늘고 긴 공작물의 처짐이나 휨을 방지하는 부속장치
* 스핀들 : 절삭 공구의 장착에 사용되는 회전축

용어정의
* 밀링
밀링커터를 회전시켜 이송되어온 공작물을 절삭하는 공작기계로서 평면절삭·홈절삭·절단 등 복잡한 절삭이 가능하며, 용도가 넓다.

참고
* 밀링의 절삭방법
1. 상향절삭 : 커터의 회전 방향과 반대 방향으로 일감을 이송
2. 하향절삭 : 커터의 회전 방향과 같은 방향으로 일감을 이송
3. 백래시 제거 장치 : 하향절삭시 절삭력을 가하면 백래시 양만큼 급격한 이송으로 절삭상태가 불안정해지므로 백래시 제거용 암나사를 설치하여 핸들을 돌리면 나사기어에 의해 암나사가 돌아 백래시를 제거한다.

문제
밀링머신 작업의 안전작업 방법에 해당하지 않는 것은?
㉮ 강력절삭을 할 때는 일감을 바이스로부터 길게 물린다.
㉯ 일감을 측정할 때에는 반드시 정지시킨 다음에 한다.
㉰ 상하 이송장치의 핸들은 사용 후 반드시 빼두어야 한다.
㉱ 칩의 제거는 반드시 기계 정지 후 브러시를 사용한다.

[해설]
㉮ 강력절삭을 할 때는 일감을 바이스로부터 깊게 물린다.

정답 ㉮

용어정의
* 플레이너
평면절삭을 위한 공작기계 수평 왕복운동을 하는 테이블 위에 공작물을 장착하고 바이트는 공작물과 직각방향으로 운동하며 절삭한다.

합격의 key

기출
* 플레이너 및 셰이퍼의 방호장치 ★
  ① 방책
  ② 칩받이
  ③ 칸막이

용어정의
* 셰이퍼
  공작물의 홈 깎기 등에 사용하는 공작기계 커터를 장착한 램은 전·후 운동하고, 공작물을 장착한 테이블은 상·하, 좌·우로 이동한다.

문제

공작기계인 셰이핑 머신 (shaping machine) 작업에서 위험요인이 아닌 것은?
㉮ 가공칩(chip)비산
㉯ 램(ram)말단부 충돌
㉰ 바이트(bite)의 이탈
㉱ 척-핸들(chuck-handle) 이탈

[해설]
㉱ 척-핸들(chuck- handle) 이탈은 회전하며 절삭하는 선반, 드릴 작업의 위험요인 이다.

정답 ㉱

문제

다음 중 드릴 작업 시 안전작업 방법이 아닌 것은?
㉮ 재료의 회전정지 지그를 갖춘다.
㉯ 드릴 척에 렌치를 끼우고 작업한다.
㉰ 마이크로 스위치를 이용한 자동급유 장치를 구성한다.
㉱ 다축 드릴링의 드릴커버로 플라스틱제의 평판을 사용한다.

[해설]
㉯ 드릴 척에서 렌치를 제거하고 작업하여야 한다.

정답 ㉯

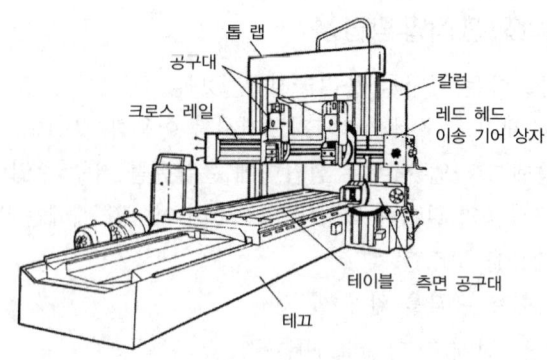

[쌍주식 플레이너]

⑤ 셰이퍼(Shaper : 형삭기) 작업의 안전 ★

① 램은 가급적 행정을 짧게한다.
② 바이트를 짧게 물린다.
③ 재질에 따라 절삭속도를 결정한다.
④ 운전자는 바이트의 운동 방향(정면)에 서지 말고 측면에서 작업한다.
⑤ 셰이퍼 운동 범위에 방책을 설치한다.

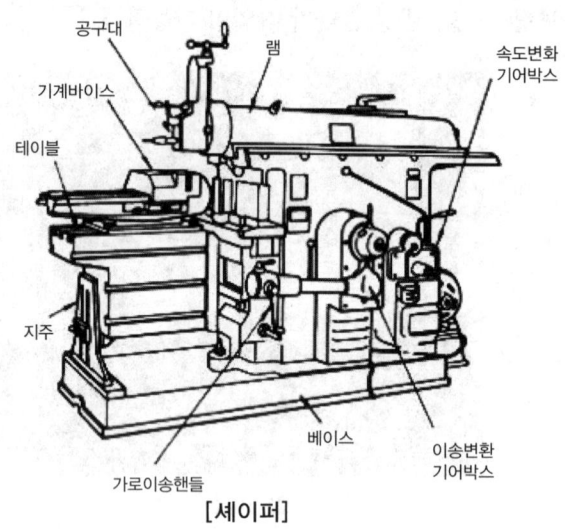

[셰이퍼]

⑥ 드릴(Drill) 작업의 안전

(1) 일감 고정 방법 ★

① 일감 작을 때 : 바이스로 고정
② 일감이 크고 복잡할 때 : 볼트와 고정구
③ 대량 생산과 정밀도를 요할 때 : 전용의 지그 사용

(2) 드릴 안전 대책

① 드릴 작업 시에는 장갑 착용 금지
② 칩 제거 시에는 운전 정지 후 솔로서 제거
③ 큰 구멍을 뚫을 때에는 작은 구멍을 먼저 뚫은 후에 뚫을 것
④ 작업 시에는 보안경 착용
⑤ 자동 이송 작업 중에는 기계를 멈추지 말 것

[공작물 고정]

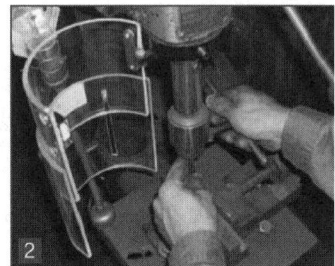

[드릴날 고정]

7 연삭기 작업의 안전

(1) 용어 정의

① "**연삭기(grinding machine) 또는 연마기**"란 동력에 의해 회전하는 연삭숫돌 등 연삭·연마공구를 사용하여 금속이나 그 밖의 가공물의 표면을 깎아내거나 절단 또는 광택을 내기 위해 사용되는 기계를 말하며, 연삭기 또는 연마기의 주요구조부는 다음 각 목과 같다.
  가. 테이블
  나. 베드
  다. 공작물 고정장치
  라. 연삭숫돌 덮개

② "**기계식 연삭기**"란 제품 외부 및 내부를 정밀하게 연삭할 목적으로 제작된 대형기계로 만능연삭기, 원통 연삭기, 평면 연삭기, 만능공구 연삭기 등을 말한다.

참고

※ 사출성형기 등의 방호장치

① 사업주는 사출성형기(射出成形機)·주형조형기(鑄型造形機) 및 형단조기(프레스 등은 제외) 등에 근로자의 신체 일부가 말려들어갈 우려가 있는 경우 게이트가드(gate guard) 또는 양수조작식 등에 의한 방호장치, 그 밖에 필요한 방호 조치를 하여야 한다.
② 게이트가드는 닫지 아니하면 기계가 작동되지 아니하는 연동구조(連動構造)여야 한다.
③ 사업주는 사출성형기(射出成形機)·주형조형기(鑄型造形機) 및 형단조기(프레스 등은 제외) 등의 가열 부위 또는 감전 우려가 있는 부위에는 방호덮개를 설치하는 등 필요한 안전조치를 하여야 한다.

기출

※ 기계 작업 시의 주의사항
① 치수측정은 기계 회전 중에 하지 않는다.
② 구멍 깎기 작업을 할 때에는 기계 운전 중에도 구멍 속을 청소해서는 안 된다.
③ 기계 회전 중에는 다듬면 검사를 하지 않는다.
④ 베드 및 테이블의 면을 공구대 대용으로 쓰지 않는다.

기출

※ 연삭기의 종류
① 보통외경 연삭기
② 원통 연삭기
③ 센터리스 연삭기
④ 만능 연삭기

> **참고**
>
> ※ 연삭기 방호덮개의 구조
> ① 연결부는 연삭숫돌 파편에 의해 분리되지 않을 정도의 충분한 강성을 가질 것
> ② 용접부에는 균열, 용입 부족, 언더컷 등의 결함이 없을 것
> ③ 연삭숫돌이 파손되더라도 각 부분이 느슨해지거나 움직이지 않도록 연삭기에 고정될 것
> ④ 최대 원주속도의 130%에서 연삭숫돌 파손 시 파편이 갖는 최대 에너지에 견딜 수 있을 것

③ "탁상용 연삭기"란 일반적으로 많이 사용되는 연삭기로 가공물을 손에 들고 연삭숫돌에 접촉시켜 가공하는 연삭기 등을 말한다.
④ "휴대용 연삭기"란 손으로 연삭기를 휴대하고 공작물 표면에 연삭숫돌을 접촉시켜 가공하는 연삭기를 말한다.
⑤ "워크레스트(workrest)"란 탁상용 연삭기에 사용하는 것으로 공작물을 연삭할 때 가공물 지지점이 되도록 받쳐주는 것을 말한다.

(2) 연삭기에 의한 재해의 유형

① 연삭 숫돌에 신체의 접촉
② 숫돌 파괴에 의한 파편 비산
③ 연삭분이 튀어 눈에 들어가는 사고
④ 재료의 튕김

(3) 안전대책 ✪✪

① 숫돌에 충격을 가하지 말 것
② 작업 시작 전 1분 이상, 숫돌 대체 시 3분 이상 시운전할 것
③ 연삭 숫돌 최고사용 회전속도 초과 사용 금지
④ 측면을 사용하는 것을 목적으로 제작된 연삭기 이외에는 측면 사용 금지
⑤ 작업 시에는 숫돌의 원주면을 이용하고, 작업자는 숫돌의 측면에서 작업할 것

(4) 연삭기의 방호장치 ✪

1) 덮개 ✪✪

① 산업안전보건법에는 숫돌 직경이 5cm 이상인 것부터 반드시 설치하도록 되어 있다.
② 덮개의 설치
• 숫돌의 외경이 125mm 이상인 연삭기 또는 연마기 : 숫돌의 절단면과 가드 사이의 거리가 5mm 이내이고 숫돌의 측면과의 간격이 10mm 이내가 되도록 조정할 것

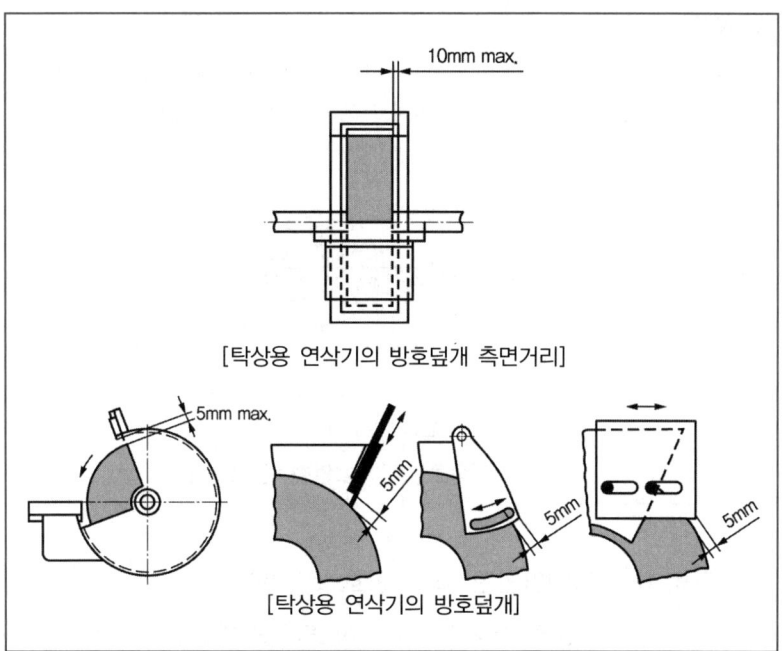

[탁상용 연삭기의 방호덮개 측면거리]

[탁상용 연삭기의 방호덮개]

[위험 기계·기구 자율안전확인 고시]

> **참고**
> * 연삭숫돌 구성의 3요소
>   ① 입자
>   ② 기공
>   ③ 결합제
>
> * 연삭숫돌표기
>   WA-80-K-7-V
>   WA : 연삭입자
>   (WA : 백색 용융알루미늄질)
>   80 : 입도, 숫돌 입자의 크기
>   (80 : 보통 가는 입도)
>   K : 결합도(K : "연")
>   7 : 조직, 연삭숫돌의 밀도
>   (7 : 거친 것)
>   V : 결합제 종류
>   (V : 비트리파이드 결합제)

> **참고**
> 자율안전확인 연삭기 덮개에는 규칙에 따른 표시 외에 다음 각 목의 사항을 추가로 표시하여야 한다.
> 가. 숫돌 사용 주 속도
> 나. 숫돌 회전 방향

2) 가공물 받침대(워크레스트)및 유도·고정장치
   (위험 기계·기구 자율안전확인 고시)

   ① 연삭기 또는 연마기에는 가공물이 움직이지 않도록 가공물 고정장치를 설치해야 한다.
   ② 탁상용 및 절단용 연삭기에는 아래 요건에 적합한 조절 가능한 가공물 받침대를 설치해야 한다.

   • 연삭숫돌의 외주면과 받침대 사이의 거리는 2mm를 초과하지 않을 것 ✪
   • 연삭기에서 사용토록 설계된 연삭숫돌 폭 이상의 크기일 것
   • 연삭기에 견고히 고정될 것

   ③ 동력작동식 고정장치가 부착된 연삭기 또는 연마기는 고정용 동력이 차단되는 경우 가공물의 투입 및 전진작동이 되지 않도록 연동되어야 한다.

> 참고
>
> 탁상용 연삭기의 덮개에는 워크레스트 및 조정편을 구비하여야 하며, 워크레스트는 연삭숫돌과의 간격을 3밀리미터 이하로 조정할 수 있는 구조이어야 한다.
>
>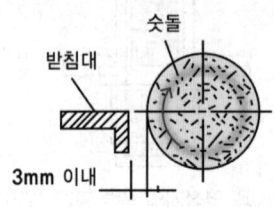
>
> 받침대의 간격
>
> [방호장치 자율안전기준 고시]

3) 투명 비산방지판(안전 실드, 방호 스크린)

연삭분의 비산을 방지하기 위하여 투명한 비산방지판을 설치한다.

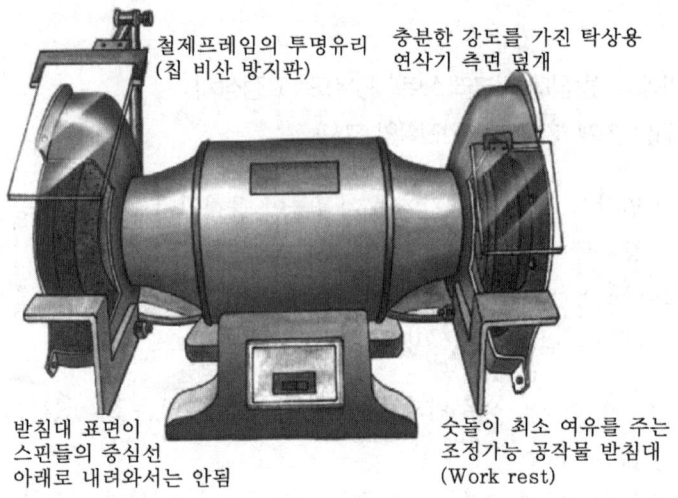

(5) 덮개 노출각도 ✰✰

① 탁상용
- 상부를 사용하는 경우 : 60° 이내
- 수평면 이하에서 연삭 : 125° 이내
- 최대 원주 속도가 초당 50m 이하인 경우 : 90° 이내(주축면 위로 50°)
- 그 외 탁상용 연삭기 : 80° 이내(주축면 위로 65°)

② 절단기, 평면형 연삭기 : 150° 이내

③ 휴대용, 원통형 연삭기 : 180° 이내

> 참고 **연삭기 덮개의 설치 기준**

(1) 덮개의 각도

탁상용 연삭기	① 상부를 사용하는 경우 : 60° 이내 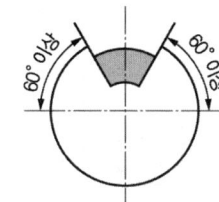
	② 수평면 이하에서 연삭할 경우 : 노출 각도를 125° 까지 증가시킬 수 있다. 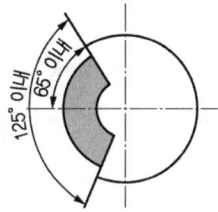
	①, ② 외의 탁상용연삭기 : 80° 이내(주축면 위로 65°) 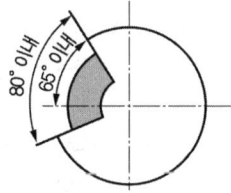
	③ 최대 원주 속도가 초당 50m 이하인 탁상용 연삭기 : 90° 이내 (주축면 위로 50°) 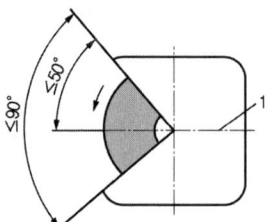　1 : X축

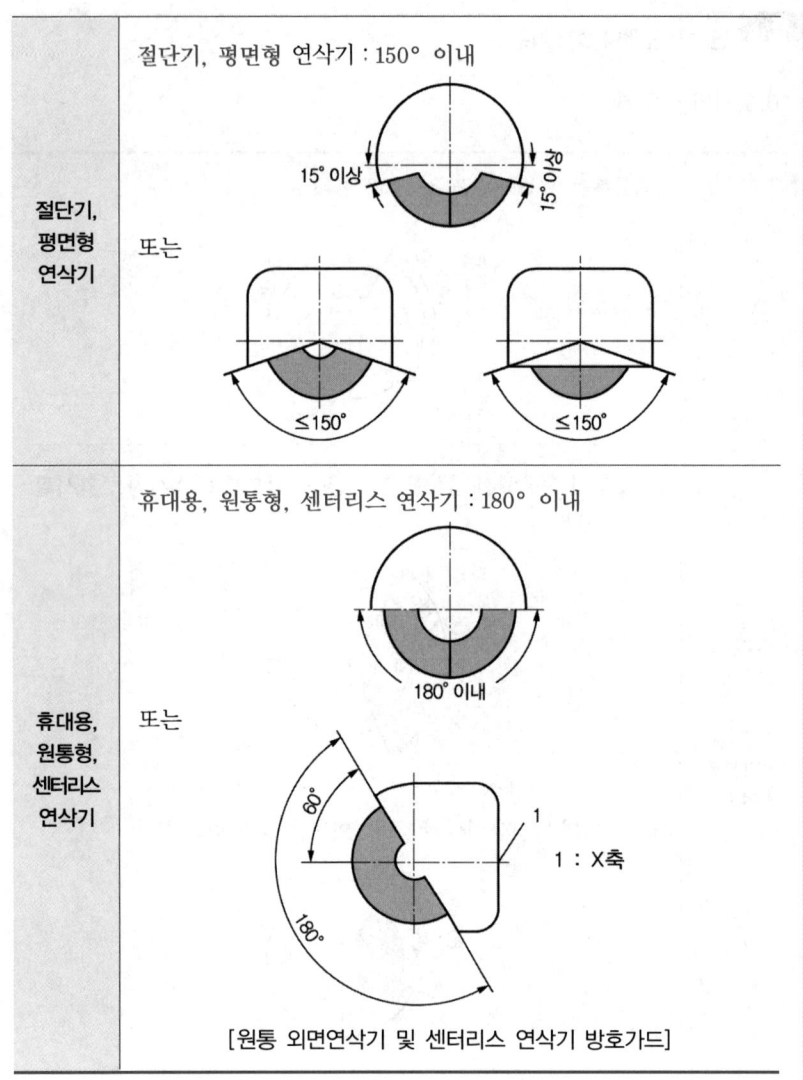

(6) 연삭기 숫돌 파괴 원인 ★★

① 숫돌의 회전속도가 너무 빠를 때(회전력이 결합력보다 클 때)
② 숫돌 자체에 균열이 있을 때
③ 숫돌의 측면을 사용하여 작업할 때
④ 숫돌에 과대한 충격을 가할 때
⑤ 플랜지가 현저히 작을 때(플랜지는 숫돌 지름의 1/3 이상일 것)
⑥ 숫돌 불균형, 베어링 마모에 의한 진동이 있을 때
⑦ 반지름 방향의 온도변화가 심할 때

(7) 연삭기의 회전속도(원주속도) 계산

연삭기 회전속도의 계산 ★★★

회전속도 $V = \dfrac{\pi \times D \times N}{1000}$ (m/min)

D : 연삭숫돌의 직경(mm) N : 회전수(rpm)

예제 01

연삭기에서 숫돌의 바깥지름이 180mm일 경우 숫돌 고정용 평형플랜지의 지름으로 적합한 것은?

① 30mm 이상   ② 40mm 이상   ③ 50mm 이상   ④ 60mm 이상

[해설]
- 플랜지 지름은 숫돌 지름의 $\dfrac{1}{3}$ 이상일 것
- $180 \times \dfrac{1}{3} = 60$mm 이상

[정답] ④

예제 02

회전수가 300rpm, 연삭숫돌의 지름이 200mm일 때 숫돌의 원주 속도는 약 몇 m/min인가?

① 60.0   ② 94.2   ③ 150.0   ④ 188.5

[해설]
원주속도(회전속도)
$V = \dfrac{\pi \times D \times N}{1000}$ (m/min)
D : 롤러의 직경(mm)
N : 회전수(rpm)

$V = \dfrac{\pi \times 200 \times 300}{1000} = 188.50$ (m/min)

[정답] ④

참고

* 연삭기의 회전속도(원주속도) 계산

1. 원주속도(회전속도)
   $V = \dfrac{\pi \times D \times N}{1000}$ (m/min)
   D : 롤러의 직경(mm)
   N : 회전수(rpm)

2. 원주속도(회전속도)
   $V = \pi \times D \times N$ (m/min)
   D : 롤러의 직경(m)
   N : 회전수(rpm)

3. 원주속도(회전속도)
   $V = \pi \times D \times N$ (mm/min)
   D : 롤러의 직경(mm)
   N : 회전수(rpm)

> 참고

1. 롤러기의 울 등 설치
합판·종이·천 및 금속박 등을 통과시키는 롤러기로서 근로자가 위험해질 우려가 있는 부위에는 울 또는 가이드롤러(guide roller) 등을 설치하여야 한다.

2. 직기의 북이탈방지장치
북(shuttle)이 부착되어 있는 직기(織機)에 북이탈방지장치를 설치하여야 한다.

3. 신선기의 인발블록의 덮개 등
신선기의 인발블록(drawing block) 또는 꼬는 기계의 케이지(cage)로서 근로자가 위험해질 우려가 있는 경우 해당 부위에 덮개 또는 울 등을 설치하여야 한다.

4. 버프연마기의 덮개
버프연마기(천 또는 코르크 등을 사용하는 버프연마기는 제외한다)의 연마에 필요한 부위를 제외하고는 덮개를 설치하여야 한다.

5. 선풍기 등에 의한 위험의 방지
선풍기·송풍기 등의 회전날개에 의하여 근로자가 위험해질 우려가 있는 경우 해당 부위에 망 또는 울 등을 설치하여야 한다.

6. 포장기계의 덮개 등
종이상자·마대 등의 포장기 또는 충진기 등의 작동 부분이 근로자를 위험하게 할 우려가 있는 경우 덮개 설치 등 필요한 조치를 하여야 한다.

7. 정련기에 의한 위험 방지
정련기의 배출구 뚜껑 등을 여는 경우에 내통(內筒)의 회전이 정지되었는지와 내부의 압력과 온도가 근로자를 위험하게 할 우려가 없는지를 미리 확인하여야 한다.

8. 식품분쇄기의 덮개 등
식품 등을 손으로 직접 넣어 분쇄하는 기계의 작동 부분이 근로자를 위험하게 할 우려가 있는 경우 식

8 비파괴검사의 실시 ★

사업주는 고속회전체(회전축의 중량이 1톤을 초과하고 원주속도가 매초 당 120미터 이상인 것에 한한다)의 회전시험을 하는 때에는 미리 회전축의 재질 및 형상 등에 상응하는 종류의 비파괴검사를 실시하여 결함 유무를 확인하여야 한다.

9 공작기계 안전조치

(1) 행정 끝의 덮개

연삭기 또는 평삭기의 테이블, 형삭기램 등의 행정 끝이 근로자에게 위험을 미칠 우려가 있는 때에는 해당 부위에 덮개 또는 울 등을 설치하여야 한다.

(2) 돌출가공물의 덮개

선반 등으로부터 돌출하여 회전하고 있는 가공물이 근로자에게 위험을 미칠 우려가 있는 때에는 덮개 또는 울 등을 설치하여야 한다.

(3) 띠톱 기계의 덮개

띠톱기계(목재가공용 띠톱 기계를 제외한다)의 절단에 필요한 톱날 부위 외의 위험한 톱날 부위에는 덮개 또는 울 등을 설치하여야 한다.

(4) 원형 톱기계의 톱날접촉 예방장치

원형 톱기계(목재가공용 둥근 톱기계를 제외한다)에는 톱날접촉 예방장치를 설치하여야 한다.

(5) 탑승의 금지

사업주는 운전 중인 평삭기(平削機)의 테이블 또는 수직 선반 등의 테이블에 근로자를 탑승시켜서는 아니된다.(다만, 테이블에 탑승한 근로자 또는 배치된 근로자가 즉시 기계를 정지할 수 있도록 하는 등 근로자에게 미칠 위험을 방지하기 위하여 필요한 조치를 한 때에는 그러하지 아니하다)

10 목재가공용 둥근톱 작업의 안전

(1) 용어의 정의
① "가동식 덮개"란 가공재 송급 시 두께에 따라 덮개 또는 보조덮개가 움직이는 형식을 말한다.
② "고정식 덮개"란 가공재 송급 시 두께에 따라 덮개가 움직이지 않는 형식을 말한다.
③ "반발예방장치"란 둥근톱 작업 시 가공재의 반발을 방지하기 위하여 설치하는 분할날을 말한다.
④ "날접촉예방장치"란 목재가공용 둥근톱의 톱날과 인체의 접촉을 방지하기 위한 덮개를 말한다.

(2) 목재 가공용 둥근톱 기계에 의한 재해 위험성
① 톱날과 신체의 접촉에 의한 사고
② 목재의 반발에 의한 사고
③ 칩 비산에 의한 눈의 상해

(3) 목재 가공용 둥근톱 기계의 방호장치 ✿✿
① 날접촉 예방장치(덮개)
② 반발 예방장치
- 분할날
- 반발 방지 기구(finger)
- 반발 방지 롤러

분할날의 설치조건 ✿

- 분할날 두께는 톱 두께의 1.1배 이상이며 치진 폭보다 작을 것

$$1.1\, t_1 \leq t_2 < b$$

여기서, t_1 : 톱 두께, t_2 : 분할날 두께, b : 치진 폭

- 톱날 후면과의 간격은 12mm 이내일 것
- 후면 날의 2/3 이상을 덮어 설치할 것
- 분할날 조임볼트는 2개 이상일 것

$$\text{분할날 최소길이 } L(\text{mm}) = \frac{\pi \times D}{6}$$

여기서, D : 톱날 직경(mm)

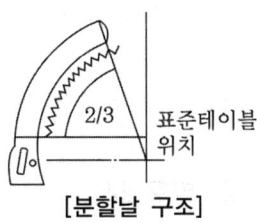

[분할날 구조]

- 직경이 610mm를 넘는 둥근 톱에는 현수식 분할날을 사용할 것

> 🔍 **기출**
> 자율안전 확인 덮개와 분할날에는 자율안전 확인의 표시 외에 다음 각 목의 사항을 추가로 표시하여야 한다.
> ① 덮개의 종류
> ② 둥근톱의 사용 가능 치수

> **참고** 목재 가공용 둥근톱 기계의 방호장치의 자율안전확인 기준(일부내용)
> (1) 둥근톱 방호장치의 종류
>
> | 구분 | 종류 | 구조 |
> |---|---|---|
> | 덮개 | 가동식 덮개 | 덮개, 보조덮개가 가공물의 크기에 따라 상하로 움직이며 가공할 수 있는 것으로 그 덮개의 하단이 송급되는 가공재의 윗면에 항상 접하는 구조이며, 가공재를 절단하고 있지 않을 때는 덮개가 테이블면까지 내려와 어떠한 경우에도 근로자의 손 등이 톱날에 접촉되는 것을 방지하도록 된 구조임 (그림 1 참조) |
> | | 고정식 덮개 | 작업 중에는 덮개가 움직일 수 없도록 고정된 덮개로 비교적 얇은 판재를 가공할 때 이용하는 구조임(그림 2 참조) |
> | 분할날 | 겸형식 분할날 | 분할날은 가공재에 쐐기작용을 하여 공작물의 반발을 방지할 목적으로 설치된 것으로 둥근톱의 크기에 따라 2가지로 구분됨(그림 3, 그림 4 참조) |
> | | 현수식 분할날 | |
>
>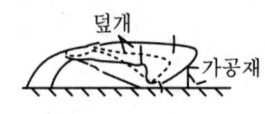
> [그림 1] 가동식 덮개
>
>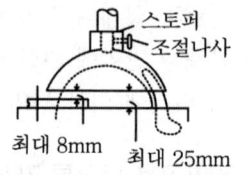
> [그림 2] 고정식 덮개
>
>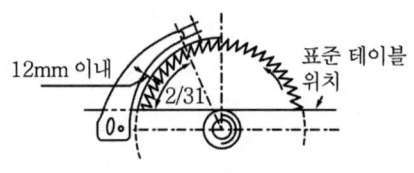
> [그림 3] 겸형식 분할날
>
>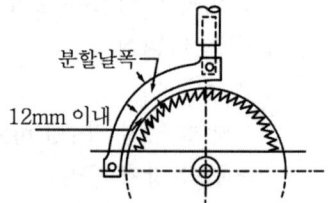
> [그림 4] 현수식 분할날
> (직경이 610mm를 넘을 경우)

11 동력식 수동대패 작업의 안전

(1) 용어의 정의

① "동력식 수동대패"란 가공할 판재를 손의 힘으로 송급하여 표면을 미끈하게 하는 동력 기계를 말한다.

② "칼날 접촉 방지장치"란 인체가 대패 날에 접촉하지 않도록 덮어 주는 것을 말한다.

> 🔍 **기출**
> * 동력식 수동대패
> 가공재와 테이블 간 틈 : 8mm 이하
> 덮개와 테이블 간 틈 : 25mm 이하로 조정한다.

(2) 방호장치 : 칼날 접촉 방지장치(덮개) ✭✭✭

> **참고** 칼날 접촉 방지장치(덮개)

종류	용도
가동식 덮개	대패 날 부위를 가공재료의 크기에 따라 움직이며 인체가 날에 접촉하는 것을 방지해 주는 형식
고정식 덮개	대패 날 부위를 필요에 따라 수동 조정하도록 하는 형식

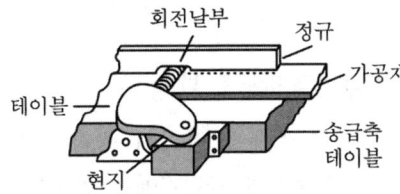

[가동식 접촉 예방장치(덮개의 수평 이동)]

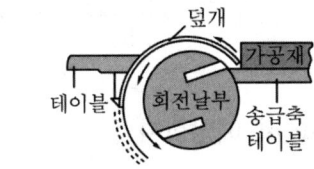

[가동식 접촉 예방장치(덮개의 상하 이동)]

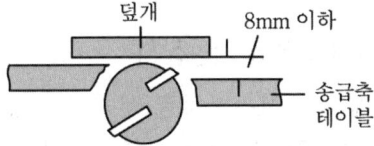

[덮개와 테이블과의 간격]

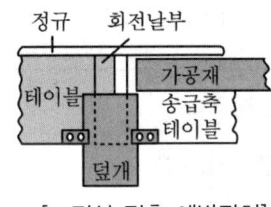

[고정식 접촉 예방장치]

12 목재 가공용 기계의 방호장치

(1) 둥근톱 기계의 반발 예방장치

목재가공용 둥근톱 기계에는 분할날 등 반발 예방장치를 설치하여야 한다.

(2) 둥근톱 기계의 톱날 접촉 예방장치

목재가공용 둥근톱 기계(휴대용 둥근톱을 포함하되, 원목제재용 둥근톱

기계 및 자동이송장치를 부착한 둥근톱 기계를 제외)에는 톱날 접촉 예방장치를 설치하여야 한다.

(3) 띠톱기계의 덮개

목재가공용 띠톱기계의 절단에 필요한 톱날 부위 외의 위험한 톱날 부위에는 덮개 또는 울 등을 설치하여야 한다.

(4) 띠톱기계의 날접촉 예방장치 등

목재가공용 띠톱기계에 있어서 스파이크가 부착되어 있는 이송 롤러기 또는 요철형 이송 롤러기에는 날접촉 예방장치 또는 덮개를 설치하여야 한다. (다만, 스파이크가 부착되어 있는 이송롤러기 또는 요철형 이송롤러기에 급정지장치가 설치되어 있는 때에는 그러하지 아니하다)

(5) 대패 기계의 날접촉 예방장치

작업 대상물이 수동으로 공급되는 동력식 수동 대패 기계에는 날접촉 예방 장치를 하여야 한다.

(6) 모떼기 기계의 날접촉 예방장치

모떼기 기계(자동이송장치를 부착한 것을 제외한다)에는 날접촉 예방장치를 설치하여야 한다. (다만, 작업의 성질상 날접촉 예방장치를 설치하는 것이 곤란하여 당해 근로자에게 작업 공구 등을 사용하도록 한 때에는 그러하지 아니하다)

[목재가공용 둥근톱 기계] [방호장치(고정식)]

[방호장치(가동식)]

13 예초기

엔진으로 구동되는 금속 또는 플라스틱 재질의 절단 날을 이용하여 잡초, 잡목, 작은 나무 또는 이와 유사한 성질의 초목을 자르는 예초기에 대하여 적용한다.

(1) 방호장치 : 날접촉 예방장치 ✖✖
① 두께 2밀리미터 이상
② 절단 날의 회전범위를 100분의 25(90°) 이상 방호할 수 있고, 절단 날의 밑면에서 날접촉 예방장치의 끝단까지의 거리가 3밀리미터 이상인 구조로서 조작자 쪽에 설치할 것
③ 사용 중 탈락 또는 이완되지 않도록 지름 6밀리미터 이상의 볼트를 2개 이상 사용하여 샤프트 튜브에 견고하게 부착하여야 한다.

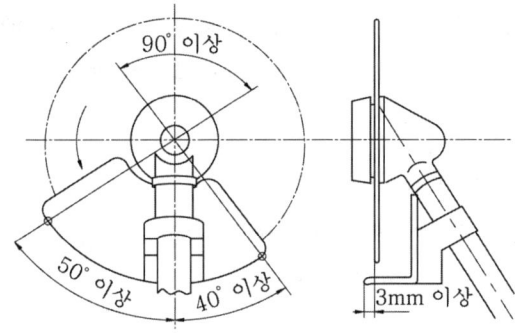

14 금속절단기

동력으로 작동되는 톱날을 이용하여 냉간 금속을 절단하는 기계에 대하여 적용한다.

(1) 방호장치 : 날접촉 예방장치 ✖✖
① 금속절단기의 톱날 부위에는 고정식, 조절식 또는 연동식 날접촉 예방장치를 설치하여야 한다.
② 조절식 날접촉 예방장치는 가공재의 크기에 따라 절단 날의 노출 정도를 조절할 수 있는 구조이어야 한다.
③ 연동식 날접촉 예방장치는 개방 시 기계의 작동이 정지되는 구조여야 한다.

(2) 설치방법

① 작업부분을 제외한 톱날 전체를 덮을 수 있을 것
② 가드와 함께 움직이며 가공물을 절단하는 톱날에는 조정식 가이드를 설치할 것
③ 톱날, 가공물 등의 비산을 방지할 수 있는 충분한 강도를 가질 것
④ 둥근 톱날의 경우 회전 날의 뒤, 옆, 밑 등을 통한 신체 일부의 접근을 차단할 수 있을 것

15 포장기계(진공포장기, 랩핑기)

동력으로 작동되는 포장기계 중 진공포장기 및 랩핑기에 적용한다.

(1) 방호장치 : 구동부 방호 연동장치 ✭✭

진공포장기 및 랩핑기의 다음 각 호의 부위에는 개방 시 기계의 작동이 정지되는 구조의 구동부 방호 연동장치를 설치하여야 한다. 다만, 연동회로의 구성이 곤란한 부위에는 고정식 방호가드를 설치하여야 한다.

① 릴 풀림 장치 등 구동부
② 열 봉합 장치 등 고열 발생 부위
③ 포장 릴(릴 풀림장치 포함) 주변
④ 자동 스플라이싱 장치 주변
⑤ 포장재 절단용 칼날 주변

(2) 설치방법

① 정해진 위치에 견고하게 고정될 것
② 공구를 사용하여야 해체할 수 있을 것
③ 연동장치는 방호덮개 등을 닫은 후 자동으로 재가동되지 아니하고 별도의 조작에 의해서만 기동될 것
④ 구동부와 방호덮개 등의 연동장치가 상호 간섭되지 않도록 충분한 안전거리를 확보할 것

16 식품 가공용 기계의 위험 방지

(1) 사업주는 식품 등을 손으로 직접 넣어 분쇄하는 기계의 작동 부분이 근로자를 위험하게 할 우려가 있는 경우 식품 등을 분쇄기에 넣거나 꺼내는 데에 필요한 부위를 제외하고는 덮개를 설치하고, 분쇄물 투입용 보조 기구를 사용하도록 하는 등 근로자의 손 등이 말려 들어가지 않도록 필요한 조치를 하여야 한다.

(2) 사업주는 식품을 제조하는 과정에서 내용물이 담긴 용기를 들어 올려 부어주는 기계를 작동할 때 근로자에게 위험이 발생할 우려가 있는 경우에는 근로자가 잘 볼 수 있는 곳에 즉시 기계의 작동을 정지시킬 수 있는 비상정지장치를 설치하고, 근로자의 안전을 확보하기 위해 다음 각호의 어느 하나 이상의 조치를 해야 한다.

① 고정식 가드 또는 울타리를 설치하여 근로자의 신체가 위험한계에 들어가는 것을 방지할 것
② 센서 등 감응형 방호장치를 설치하여 근로자의 신체가 위험한계에 들어가면 기계가 자동으로 멈추도록 할 것
③ 기계의 용기를 올리거나 내리는 버튼을 근로자가 직접 누르고 있는 동안에만 운반기계가 작동하도록 기능 변경 등 필요한 조치를 할 것

17 소성가공기계

(1) 소성가공
고체 재료에 힘을 가해 소성변형을 일으켜 갖가지 모양을 만드는 가공법

(2) 소성가공의 종류

1) **단조가공**
   재료를 노안에 넣어 가공할 부분을 일정하게 가열시킨 다음 꺼내어 여러 가지 모양을 만드는 가공법

2) **압연가공**
   재료를 회전하는 롤러 사이를 통과시켜 판재 및 형재를 만드는 가공법

3) **인발가공**
   재료를 잡아당겨 재료의 단면적을 축소시키는 가공법

4) **전조가공**
   재료를 강하게 누르면서 굴려 재료의 표면을 변형시키는 가공법

5) **프레스가공**
   판재에 행하는 가공법으로 절단, 압축, 굽힘을 행하여 얻고자 하는 제품의 형상으로 만드는 가공법

6) **제관가공**
   이음매 없는 파이프를 가공하는 방법

7) **압출가공**
   금속재료를 구멍으로부터 밀어내어 긴 봉이나 관을 제조하는 금속 가공법

참고

※ 소성가공
- 소성변형이 되면 가공경화(재료가 단단해지는 성질)가 나타나서 재료가 더욱 강해진다.
- 재료의 취성(깨지는 성질)이 늘어나므로 주의해야 한다.
- 대량생산이 용이하고 재료를 깎아 내는 게 아니라 압축, 두드림을 통해 만들기 때문에 재료의 낭비를 줄일 수 있다.

(3) 금속재료의 성질

1) 탄성
   외력을 제거하면 원래의 상태로 돌아오는 성질을 말한다.

2) 소성
   외력을 제거해도 변형이 남아있는 성질을 말한다.

3) 연성
   금속재료를 선으로 뽑을 때 길이 방향으로 잘 늘어나는 성질을 말한다.

4) 전성(가단성)
   금속재료를 해머로 타격하여 단련할 때 변형되는 성질을 말한다.

5) 가소성
   연성과 전성을 모두 내포하고 있는 의미이다. 고체상태의 재료에 외력을 가했을 때 유동되는 성질을 말한다.

(4) 금속의 소성 온도에 따른 분류

1) 열간가공
   금속을 재결정온도 이상에서 가공하는 것을 말한다.

2) 냉간가공
   금속을 재결정온도 이하(상온)에서 가공하는 것을 말한다.

3) 온간가공
   열간가공과 냉간가공 사이의 온도에서 가공하는 것을 말한다.

기출 ★

* 신축이음
온도변화에 따른 신축을 고려한 이음으로 배관 파이핑에서 열응력 발생문제를 해결하는데 가장 적절한 방법이다.

용어정의

* 재결정온도
금속을 가열하면 입자가 파괴되어 점점 내부응력이 없는 새로운 결정을 형성하는데 이 때의 온도를 재결정온도라 한다.

> **기출** ★
> * 너트의 풀림방지 조치
>   ① 분할핀 사용
>   ② 록너트 사용
>   ③ 스프링와셔 사용
>   ④ 멈춤나사, 멈춤쇠 사용

18 수공구

(1) 수공구 작업 시 일반 안전 수칙

① 목적에 맞는 최소한의 무게를 가진 공구를 선택한다.
② 수공구를 사용하기 전에 기름 등 이물질을 제거하고 반드시 이상 유무를 확인한 후 사용한다.
③ 수공구는 통풍이 잘되는 보관 장소에 수공구 별로 보관한다.
④ 수공구를 가지고 사다리 등 높은 곳을 오를 때는 호주머니에 넣지 않고 반드시 수공구 주머니에 공구를 넣어 몸에 장착하여 운반한다.
⑤ 보안경 등 작업에 알맞은 보호구를 착용하고 작업한다.
⑥ 수공구는 처음과 끝에 과격한 힘을 주지 말고 서서히 힘을 준다.
⑦ 작업물을 확실히 고정시킨 후 작업한다.
⑧ 안정된 자세를 확보한 후 작업한다.
⑨ 저 소음, 저 진동형 공구로 사용한다.
⑩ 정기적으로 보수 유지하도록 한다.

(2) 정 작업 시 안전 수칙

① 작업을 할 때는 반드시 보안경을 착용할 것
② 정으로 담금질 된 재료를 가공하지 말 것
③ 자르기 시작할 때와 끝날 무렵에는 세게 치지 말 것
④ 철강재를 정으로 절단할 때에는 철편이 날아 튀는 것에 주의할 것

(3) 해머 작업 시 안전 수칙

① 작업 시 장갑을 끼지 말 것
② 작업 중 해머 상태를 확인할 것
③ 처음부터 힘을 주어 치지 말 것
④ 공동작업 시는 호흡을 맞출 것

CHAPTER 02 단원 예상문제

01 밀링작업 시 안전상 고려 사항이 아닌 것은?

㉮ 절삭칩 제거에는 브러시를 사용한다.
㉯ 절삭칩이 날려 눈에 들어갈 수 있다.
㉰ 작업자의 옷소매 등이 커터에 말릴 수 있다.
㉱ 커터의 밑쪽 암(Arm)에 알맞은 커버를 한다.

[해설] **밀링 작업의 안전**
① 커터가 날카롭고 예리해서 칩이 가장 가늘고 예리하다.
② 반드시 보호안경 착용, 장갑은 절대 착용을 금지한다.
③ 칩 제거는 운전 정지 후 브러시를 이용한다.
④ 강력 절삭 시 일감을 바이스에 깊게 물린다.
⑤ 제품을 측정, 풀어낼 때는 반드시 운전을 정지한다.
⑥ 보링, 드릴, 내형 홈파기 작업이 가능하다.

02 선반작업에 대한 안전수칙으로 틀린 것은?

㉮ 척 렌치는 반드시 척에 끼워 둔다.
㉯ 베드 상에 공구를 올려놓지 말아야 한다.
㉰ 바이트는 가급적 짧게 장착한다.
㉱ 작업 시 기계 점검을 한 후 작업한다.

[해설] ㉮ 척 렌치는 척에서 제거하고 작업하여야 한다.

03 다음 공작기계에서 가공물을 고정할 때 바이스를 사용하는 기계가 아닌 것은?

㉮ 세이퍼
㉯ 슬로터
㉰ 선반
㉱ 플레이너

[해설] ㉰ 바이스는 재료를 고정하기 위한 장치이다. 선반은 척 핸들에 재료를 물려 가공하므로 바이스가 필요 없다.

04 방호울을 설치하여야 하는 공작기계는?

㉮ 세이퍼
㉯ 선반
㉰ 드릴
㉱ 밀링

[해설] 플레이너, 세이퍼의 운동 범위에 방책(방호울)을 설치하여야 한다.

{참고} 1. **플레이너(평삭기) 작업의 안전**
① 플레이너 운동 범위에 방책을 설치한다.
② 프레임 내 피트에 덮개를 설치한다.
③ 베드 위에 물건 등을 두지 않는다.
④ 바이트는 되도록 짧게 나오도록 설치한다.

2. **세이퍼(형삭기) 작업의 안전**
① 램은 가급적 행정을 짧게 한다.
② 바이트 짧게 물린다.
③ 재질에 따라 절삭속도를 결정한다.
④ 운전자는 바이트의 운동 방향(정면)에 서지 말고 측면에서 작업한다.
⑤ 세이퍼 운동 범위에 방책을 설치한다.

•)) 정답 01 ㉱ 02 ㉮ 03 ㉰ 04 ㉮

05 연삭숫돌 작업 시 시운전 시간으로 적당한 것은?

㉮ 작업 시작하기 전 2분 이상
㉯ 작업 시작하기 전 4분 이상
㉰ 연삭숫돌 교체 후 1분 이상
㉱ 연삭숫돌 교체 후 3분 이상

[해설] 작업 시작 전 1분 이상, 숫돌 교체 시 3분 이상 시운전할 것

{참고} 연삭기의 안전대책
① 숫돌에 충격을 가하지 말 것
② 작업 시작 전 1분 이상, 숫돌 교체 시 3분 이상 시운전할 것
③ 연삭숫돌 최고 사용 회전속도 초과 사용 금지
④ 측면을 사용하는 것을 목적으로 제작된 연삭기 이외에는 측면 사용 금지
⑤ 작업 시에는 숫돌의 원주면을 이용하고, 작업자는 숫돌의 측면에서 작업할 것

06 연삭기에서 숫돌의 회전속도가 너무 빠르면 위험하다. 숫돌의 원주속도를 표시한 것은?

㉮ 원주속도 = $\pi \times$반지름$\times$매분회전수
㉯ 원주속도 = $\frac{1}{2}\pi \times$반지름$\times$매분회전수
㉰ 원주속도 = $\pi \times$지름$\times$매분회전수
㉱ 원주속도 = $\frac{1}{2}\pi \times$매분회전수

[해설] 연삭기의 회전속도(원주속도) 계산

1. 원주속도(회전속도)

$$V = \frac{\pi \times D \times N}{1000} \text{ (m/min)}$$

D : 롤러의 직경(mm)
N : 회전수(rpm)

2. 원주속도(회전속도)

$$V = \pi \times D \times N \text{ (m/min)}$$

D : 롤러의 직경(m)
N : 회전수(rpm)

07 수직 선반, 터릿 선반 등으로부터의 돌출 가공물에 설치할 방호 장치는?

㉮ 클러치
㉯ 덮개 또는 울
㉰ 슬리이브
㉱ 베드

[해설] **돌출 가공물의 덮개 : 선반 등으로부터 돌출하여 회전하고 있는 가공물**이 근로자에게 위험을 미칠 우려가 있는 때에는 **덮개 또는 울 등을 설치하여야 한다.**

{참고} (1) 행정 끝의 덮개 : 사업주는 연삭기 또는 평삭기의 테이블, 형삭기램 등의 행정 끝이 근로자에게 위험을 미칠 우려가 있는 때에는 해당 부위에 덮개 또는 울 등을 설치하여야 한다.
(2) 띠톱기계의 덮개 : 띠톱기계(목재가공용 띠톱기계를 제외한다)의 절단에 필요한 톱날 부위 외의 위험한 톱날 부위에는 덮개 또는 울 등을 설치하여야 한다.
(3) 원형톱기계의 톱날접촉예방장치 : 원형톱기계(목재가공용 둥근톱기계를 제외한다)에는 톱날접촉 예방장치를 설치하여야 한다.

08 다음 중 밀링작업에 있어서의 안전대책이 아닌 것은?

㉮ 장갑의 착용을 금한다.
㉯ 급송이송은 백래시 제거장치를 작동한 후 실시한다.
㉰ 상하, 좌우 이송 손잡이는 사용 후 반드시 빼둔다.
㉱ 밀링커터는 걸레 등으로 감싸쥐고 다루도록 한다.

[해설] ㉯ 백래시 제거장치는 하향절삭 시에 필요하다.

{참고} 하향절삭에서는 절삭력을 가하면 백래시 양만큼 이동으로 떨림이 일어나 공작물과 커터에 손상을 입히고 절삭상태가 불안정하게 되어 백래시를 제거하여야 한다.

정답 05 ㉱ 06 ㉰ 07 ㉯ 08 ㉯

09 연삭숫돌의 원주면과 받침대(작업대)와의 간격은?

㉮ 10mm 이내   ㉯ 6mm 이내
㉰ 5mm 이내   ㉱ 3mm 이내

[해설] 탁상용 연삭기의 덮개에는 워크레스트 및 조정편을 구비하여야 하며, **워크레스트는 연삭숫돌과의 간격을 3밀리미터 이하로 조정할 수 있는 구조**이어야 한다.

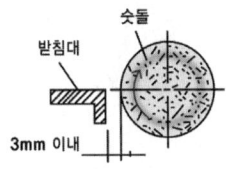

[받침대의 간격]

10 다음은 연삭기의 구조면에서의 방호대책이다. 옳은 것은?

㉮ 숫돌의 결합 시 축과 0.5mm 정도의 틈새를 둔다.
㉯ 칩비산방지 투명판(shield)은 방호장치이다.
㉰ 연삭숫돌을 연삭기에 고정시킬 때 라벨을 제거하고 견고히 부착한다.
㉱ 탁상용 연삭기는 작업 받침대(work rest)와 조정편을 설치하고 연삭숫돌과 조정편의 간격은 1~3mm로 한다.

[해설] **연삭기의 방호 장치**
① 덮개 : 산업안전보건법에는 숫돌 직경이 5cm 이상인 것부터 반드시 설치하도록 되어있다. (법정 안전장치)
② 덮개의 설치 : 덮개와 숫돌과의 간격을 3~10mm 이내로 설치한다.
③ 워크레스트(작업대)의 설치 : 작업대와 숫돌과 간격은 1~3mm 이내로 하고, 작업대 높이는 숫돌 주축과 서로 같게 한다.
④ 투명 비산방지판(안전 실드)

11 선반의 바이트에 설치된 안전장치는?

㉮ 브레이크
㉯ 칩받이
㉰ 커버
㉱ 칩브레이커

[해설] ㉱ 선반의 바이트에는 긴 칩을 절단하기 위한 칩브레이커를 설치한다.

12 동력식 수동대패기계의 덮개 하단과 테이블 간격은 얼마 이내가 적당한가?

㉮ 3mm   ㉯ 5mm
㉰ 8mm   ㉱ 12mm

[해설] 덮개와 테이블과의 간격은 8mm 이하가 적당하다.

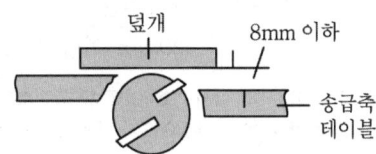

[덮개와 테이블과의 간격]

13 드릴의 직경이 6mm이고 회전수가 1,000rpm일 때의 절삭속도는?

㉮ 6.3m/min   ㉯ 12.6m/min
㉰ 18.8m/min   ㉱ 25.1m/min

[해설] **원주속도(회전속도)**

$$V = \frac{\pi \times D \times N}{1000} \text{ (m/min)}$$

D : 롤러의 직경 (mm)
N : 회전수 (rpm)

$$V = \frac{\pi \times D \times N}{1000} = \frac{\pi \times 6 \times 1000}{1000} = 18.85 \text{m/min}$$

정답 09 ㉱ 10 ㉱ 11 ㉱ 12 ㉰ 13 ㉰

14 기계대패의 작업 시 가장 위험할 때는?

㉮ 가공을 시작할 때
㉯ 중간쯤 가공했을 때
㉰ 거의 끝날 때
㉱ 전부에 걸쳐서

[해설] 작업이 거의 끝나갈 때가 가장 위험하다.

15 회전시험을 할 때, 미리 비파괴검사를 실시해야 하는 고속회전체는?

㉮ 회전축의 중량이 1톤을 초과하고, 원주속도가 25m/s 이상인 것
㉯ 회전축의 중량이 5톤을 초과하고, 원주속도가 25m/s 이상인 것
㉰ 회전축의 중량이 1톤을 초과하고, 원주속도가 120m/s 이상인 것
㉱ 회전축의 중량이 5톤을 초과하고, 원주속도가 120m/s 이상인 것

[해설] 비파괴검사의 실시 : 고속회전체(회전축의 중량이 1톤을 초과하고 원주속도가 매초당 120미터 이상인 것에 한한다)의 회전시험을 하는 때에는 미리 회전축의 재질 및 형상 등에 상응하는 종류의 비파괴검사를 실시하여 결함유무를 확인하여야 한다.

16 탁상용 연삭기의 방호장치를 그림과 같이 설치할 때 a의 각도 및 b, c의 간격으로 옳은 것은?

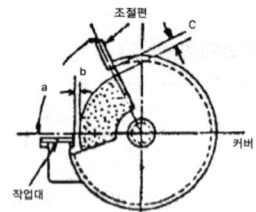

㉮ a : 65° 이내, b : 3mm 이내, c : 5mm 이내
㉯ a : 60° 이내, b : 3mm 이내, c : 10mm 이내
㉰ a : 90° 이내, b : 5mm 이내, c : 5mm 이내
㉱ a : 65° 이내, b : 5mm 이내, c : 10mm 이내

[해설]
- a : 탁상용연삭기의 덮개 노출각도 (주축면 위 65° 이내)
- 작업대와 숫돌의 간격 : 3mm 이하
- 덮개와 숫돌의 간격 : 5mm 이내

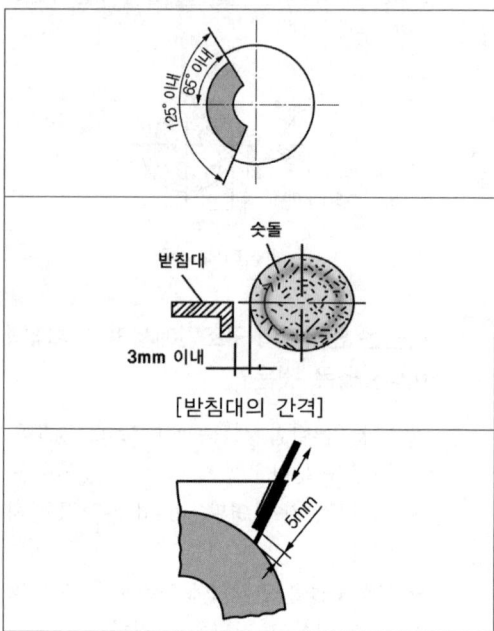

[받침대의 간격]

17 드릴 작업의 효율을 증진시키기 위하여 일감의 고정 시 사용하는 기구는?

㉮ 브러시(Brush)
㉯ 칩 브레이크(Chip breaker)
㉰ 지그(Jig)
㉱ 햄머(Hammer)

[해설] 드릴의 일감 고정 방법
① 일감 작을 때 : 바이스로 고정
② 일감이 크고 복잡할 때 : 볼트와 고정구
③ 대량 생산과 정밀도를 요할 때 : 전용의 지그 사용

정답 14 ㉰ 15 ㉰ 16 ㉮ 17 ㉰

18 선반 작업 시 안전사항에 위배되는 것은?

㉮ 장갑 착용을 금한다.
㉯ 작업 시 공구는 항상 정리해 둔다.
㉰ 기계에 주유 및 청소를 할 때에는 반드시 기계를 정지시키고 한다.
㉱ 가능한 절삭 방향은 심압대 쪽으로 한다.

[해설] **심압대** : 일감을 주축과 심압대 사이에 고정할 때 이용된다.

{참고} 선반작업 시 안전사항
① 베드에는 공구를 올려놓지 말 것
② 칩 제거는 운전 정지 후 브러시를 이용할 것
③ 양 센터 작업 시에는 심압대에 윤활유를 자주 주입할 것
④ **공작물의 길이가 직경의 12~20배 이상일 때에는 방진구를 사용하여 재료를 고정할 것**
⑤ **바이트는 끝을 짧게 할 것**
⑥ 시동 전에 척 핸들을 빼둘 것
⑦ 반드시 **보안경을 착용할 것**

19 다음 중 방호울을 설치하여야 하는 공작기계는?

㉮ 플레이너   ㉯ 선반
㉰ 밀링 머신   ㉱ 드릴링 머신

[해설] 플레이너 및 세이퍼의 운동 범위에 방책(방호울)을 설치하여야 한다.

20 목재가공용 기계톱의 방호장치가 아닌 것은?

㉮ 덮개
㉯ 반발예방장치
㉰ 톱날접촉예방장치
㉱ 과부하방지장치

[해설] 목재가공용 둥근톱 기계의 방호장치
① **날접촉예방장치(덮개)**
② **반발예방장치**
 • 분할날
 • 반발방지기구(finger)
 • 반발방지롤러

21 상부를 사용하는 탁상용 연삭기에 사용하는 덮개의 노출 각도는?

㉮ 45°   ㉯ 60°
㉰ 90°   ㉱ 120°

[해설] 연삭숫돌의 상부를 사용하는 것을 목적으로 하는 탁상용 연삭기의 덮개의 노출 각도 : 60° 이내

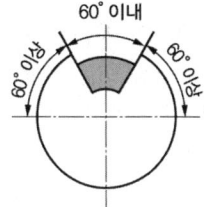

22 일반적인 선반작업에서 방진구를 사용해야 하는 조건은?

㉮ 가공물의 길이가 직경의 8배 이상일 때
㉯ 가공물의 길이가 바이트 길이의 10배 이상일 때
㉰ 가공물의 길이가 직경의 20배 이상일 때
㉱ 가공물의 길이가 바이트 길이의 12배 이상일 때

[해설] 공작물의 길이가 직경의 12~20배 이상일 때에는 방진구를 사용하여 재료를 고정하여야 한다.

정답 18 ㉱ 19 ㉮ 20 ㉱ 21 ㉯ 22 ㉰

23 산업안전기준에 관한 규칙에 의한 수직 선반, 터릿 선반 등으로부터 돌출 가공물에 설치할 방호 장치는?

㉮ 슬리이브
㉯ 건널다리
㉰ 방책
㉱ 덮개 또는 울

[해설] 사업주는 <u>선반 등으로부터 돌출하여 회전하고 있는 가공물</u>이 근로자에게 위험을 미칠 우려가 있는 때에는 <u>덮개 또는 울 등을 설치</u>하여야 한다.

24 연삭작업 시 안전사항으로 옳지 않는 것은?

㉮ 플랜지의 지름은 반드시 숫돌 지름의 1/5 이상 되는 것을 사용한다.
㉯ 연삭숫돌의 최고사용 원주속도를 초과하지 않는다.
㉰ 숫돌의 결합 시에는 축과 0.05~0.5mm 정도의 틈새를 두어야 한다.
㉱ 연삭작업은 숫돌의 측면에 서서 한다.

[해설] ㉮ 플랜지는 숫돌 지름의 1/3 이상일 것

{참고} **연삭작업 시 안전대책**
① 숫돌에 충격을 가하지 말 것
② <u>작업시작 전 1분 이상, 숫돌 교체 시 3분 이상 시운전</u>할 것
③ 연삭숫돌 <u>최고사용 회전속도 초과 사용 금지</u>
④ 측면을 사용하는 것을 목적으로 제작된 연삭기 이외에는 <u>측면 사용 금지</u>
⑤ 작업 시에는 숫돌의 원주면을 이용하고, <u>작업자는 숫돌의 측면에서 작업할 것</u>

25 선반작업에 대한 안전수칙으로 틀린 것은?

㉮ 척 렌치는 반드시 척에 끼워 둔다.
㉯ 베드 위에 공구를 올려놓지 않아야 한다.
㉰ 바이트를 교환할 때는 기계를 정지시키고 한다.
㉱ 기계 점검을 한 후 작업을 시작한다.

[해설] ㉮ 척 렌치는 척에서 제거하고 작업하여야 한다.

26 다음 중 목재가공용 둥근톱 기계의 방호 장치인 반발예방장치가 아닌 것은?

㉮ 반발방지발톱(finger)
㉯ 분할날(spreader)
㉰ 반발방지롤(roll)
㉱ 가동식 접촉예방장치

[해설] **반발예방장치의 종류**
① 분할날(spreader)
② 반발방지기구(finger)
③ 반발방지롤러(roll)

27 정(chisel) 작업의 일반적인 안전수칙으로 잘못된 것은?

㉮ 보안경을 착용하여야 한다.
㉯ 절단작업 시 철편이 날아 튀는 것을 조심하여야 한다.
㉰ 작업을 시작할 때는 가급적 정을 세게 타격하고 점차 힘을 줄여간다.
㉱ 절단이 끝날 무렵에는 정을 세게 타격해서는 안 된다.

[해설] **정 작업 시 안전 수칙**
① 작업을 할 때는 반드시 보안경을 착용할 것
② 정으로 담금질 된 재료를 가공하지 말 것
③ <u>자르기 시작할 때와 끝날 무렵에는 세게 치지 말 것</u>
④ 철강재를 정으로 절단할 때에는 철편이 날아 튀는 것에 주의할 것

정답 23 ㉱ 24 ㉮ 25 ㉮ 26 ㉱ 27 ㉰

28 연삭숫돌이 변형되어 연삭 시 진동이 생길 경우 발생되는 현상 중 가장 관계가 깊은 것은?

㉮ 글레이징(glazing) 현상이 생긴다.
㉯ 숫돌이 경우에 따라 파손될 수 있다.
㉰ 로우딩(loading) 현상이 생긴다.
㉱ 숫돌 입자의 탈락이 잘 안 된다.

[해설] 연삭 시 진동이 있을 경우 숫돌파괴의 원인이 될 수 있다.

{참고} 연삭기 숫돌 파괴 원인
① 숫돌의 회전 속도가 너무 빠를 때
② 숫돌 자체에 균열이 있을 때
③ 숫돌의 측면을 사용하여 작업할 때
④ 숫돌에 과대한 충격을 가할 때
⑤ 플랜지가 현저히 작을 때(플랜지는 숫돌 지름의 1/3 이상일 것)
⑥ 숫돌 불균형, 베어링 마모에 의한 진동이 심할 때
⑦ 반지름 방향 온도변화 심할 때

29 일반적인 연삭기로 발생할 수 있는 재해가 아닌 것은?

㉮ 연삭 분진이 눈에 튀어 들어가는 것
㉯ 숫돌 파괴로 인한 파편의 비래
㉰ 가공 중 공작물의 반발
㉱ 숫돌의 자생 작용에 의한 입자의 탈락

[해설] 연삭기에 의한 재해의 유형
① 연삭 숫돌에 신체의 접촉
② 숫돌 파괴에 의한 파편 비산
③ 연삭분이 튀어 눈에 들어가는 사고
④ 재료의 튕김(가공 중 공작물의 반발)

30 탁상용 연삭기에 사용하는 것으로 공작물을 연삭할 때 가공물 지지점이 되도록 받쳐주는 것은?

㉮ 주판   ㉯ 측판
㉰ 심압대   ㉱ 워크 레스트

[해설] 워크 레스트(작업대) : 탁상용 연삭기에서 공작물을 연삭할 때 가공물을 받쳐주는 용도로 사용된다.

31 둥근톱 기계에서 분할날의 설치에 관한 사항이다. 옳지 않은 것은?

㉮ 분할날 조임볼트는 이완방지조치가 되어야 한다.
㉯ 분할날과 톱날 원주면과의 거리는 12mm 이내로 조정, 유지해야 한다.
㉰ 둥근톱의 두께가 1.20mm이라면 분할날의 두께는 1.32mm 이상이어야 한다.
㉱ 분할날은 표준테이블면(승강반에 있어서도 테이블을 최하로 내릴 때의 면) 상의 톱의 후면날의 1/3 이상을 덮도록 하여야 한다.

[해설] ㉱ 후면날의 2/3 이상을 덮어 설치할 것

{참고} 분할날의 설치조건
① 분할날 두께는 톱 두께의 1.1배 이상이며 치진 폭보다 작을 것

$$1.1\, t_1 \leq t_2 < b$$
(t_1 : 톱 두께, t_2 : 분할날 두께, b : 치진 폭)

② 톱날 후면과의 간격은 12mm 이내일 것
③ 후면날의 2/3 이상을 덮어 설치할 것
④ 분할날 최소 길이

$$L = \frac{\pi \times D}{6} \text{ (mm)}$$
D : 톱날직경(mm)

⑤ 직경이 610mm를 넘는 둥근톱에는 현수식 분할날을 사용할 것

32 연삭숫돌의 바깥지름이 300mm라면, 평형 플랜지의 바깥지름은 몇 mm 이상이어야 하는가?

㉮ 100mm   ㉯ 150mm
㉰ 200mm   ㉱ 250mm

[해설] 1. 플랜지 지름은 숫돌 지름의 1/3 이상 되어야 한다.
2. $300 \times \frac{1}{3} = 100\text{mm}$

정답 28 ㉯ 29 ㉱ 30 ㉱ 31 ㉱ 32 ㉮

33 선반에서 절삭 중 칩을 자동적으로 끊어주는 바이트에 설치된 안전장치는?

㉮ 커버
㉯ 방진구
㉰ 보안경
㉱ 칩브레이커

[해설] 바이트에 설치하여 칩을 끊어주는 안전장치
→ 칩브레이커

{참고} 선반의 안전장치
① **쉴드**(Shield) : 칩 및 절삭유의 비산을 방지하기 위해 설치하는 **플라스틱 덮개**
② **칩브레이커** : **칩을 짧게 절단하는 장치**
③ 척 커버 : 기어 등을 복개하는 장치
④ 브레이크 : **선반의 일시 정지장치**

34 목재가공용 둥근톱에 설치해야 하는 분할날의 두께는?

㉮ 톱날 두께의 1.1배 이상이고, 톱날의 치진폭 이하이어야 한다.
㉯ 톱날 두께의 1.1배 이상이고, 톱날의 치진폭 이상이어야 한다.
㉰ 톱날 두께의 1.1배 이내이고, 톱날의 치진폭 이상이어야 한다.
㉱ 톱날 두께의 1.1배 이내이고, 톱날의 치진폭 이하이어야 한다.

[해설] 분할날 두께는 **톱 두께의 1.1배 이상**이며 **치진 폭보다 작을 것**

$$1.1\, t_1 \leq t_2 < b$$
(t_1 : 톱 두께, t_2 : 분할날 두께, b : 치진 폭)

35 목재 가공용 둥근톱 기계의 방호장치에 관한 설명이다. (　)에 들어갈 내용으로 옳은 것은?

분할날의 두께는 톱날의 두께의 (①)(으)로 하고, (②)(으)로 하여야 한다.

㉮ ① : 1.5배 이상　② : 치진폭 이하
㉯ ① : 1.5배 이하　② : 치진폭 이하
㉰ ① : 1.5배 이하　② : 치진폭 이상
㉱ ① : 1.1배 이상　② : 치진폭 이하

36 연삭기의 원주속도 V[m/s]를 구하는 식은? (단, D는 숫돌의 지름(m), n은 회전수(rpm)이다)

㉮ $V = \dfrac{\pi D n}{16}$　㉯ $V = \dfrac{\pi D n}{32}$
㉰ $V = \dfrac{\pi D n}{60}$　㉱ $V = \dfrac{\pi D n}{1000}$

[해설] **연삭기의 회전속도(원주속도)**

$$V = \frac{\pi \times D \times N}{1000} \text{ (m/min)}$$

D : 롤러의 직경(mm)
N : 회전수(rpm)

$$V = \frac{\pi \times D(\text{mm}) \times N}{1000} (\text{m/min})$$
$$= \pi \times D(\text{m}) \times N \text{ (m/min)}$$
$$= \frac{\pi \times D(\text{m}) \times N}{60} (\text{m/s})$$

37 선반의 안전장치가 아닌 것은?

㉮ 칩 브레이크
㉯ 급브레이크
㉰ 칩비산방지 투명판
㉱ 안전블록

정답 33 ㉱　34 ㉮　35 ㉱　36 ㉰　37 ㉱

[해설] **선반의 안전장치**
① **쉴드**(Shield) : 칩 및 절삭유의 비산을 방지하기 위해 설치하는 **플라스틱 덮개**
② **칩브레이커** : **칩을 짧게 절단하는 장치**
③ **척 커버** : 기어 등을 복개하는 장치
④ **브레이크** : **선반의 일시 정지 장치**

38 목재가공용 둥근톱의 두께가 3mm 일 때 분할날의 두께는 톱날 두께의 몇 mm 이상으로 해야 하는가?

㉮ 3.6
㉯ 3.3
㉰ 4.8
㉱ 4.5

[해설] 분할날 두께는 **톱 두께의 1.1배 이상**이며 치진 폭보다 작을 것

$$1.1\, t_1 \leq t_2 < b$$
(t_1 : 톱 두께, t_2 : 분할날 두께, b : 치진 폭)

분할날의 두께 = 3 × 1.1 = 3.3mm 이상

39 드릴링 작업에 있어서 공작물을 고정하는 방법으로 옳지 않은 것은?

㉮ 작은 공작물은 바이스로 고정한다.
㉯ 작고 길쭉한 공작물은 플라이어로 고정한다.
㉰ 대량 생산과 정밀도를 요구할 때는 지그로 고정한다.
㉱ 공작물이 크고 복잡할 때는 볼트와 고정구로 고정한다.

[해설] **드릴 작업 시 일감 고정 방법**
① 일감이 작을 때 : 바이스로 고정
② 일감이 크고 복잡할 때 : 볼트와 고정구
③ 대량 생산과 정밀도를 요할 때 : 전용의 지그 사용

40 선반 작업 시 주의사항으로 틀린 것은?

㉮ 돌리개는 적정 크기의 것을 선택하고, 심압대 스핀들은 가능하면 길게 나오도록 한다.
㉯ 칩(chip)이 비산할 때는 보안경을 쓰고 방호판을 설치하여 사용한다.
㉰ 공작물의 설치가 끝나면 척에서 렌치류는 곧바로 제거한다.
㉱ 회전 중에 가공품을 직접 만지지 않는다.

[해설] ㉮ 돌리개는 적당한 크기의 것을 선택하고 심압대 스핀들이 지나치게 나오지 않도록 한다.

41 드릴링 머신의 드릴 지름이 10mm이고, 드릴 회전수가 1000rpm 일 때 원주 속도는 약 몇 m/min 인가?

㉮ 3.14m/min
㉯ 6.28m/min
㉰ 31.4m/min
㉱ 62.8m/min

[해설] **회전속도(원주속도)**

$$V = \frac{\pi \times D \times N}{1000} \text{ (m/min)}$$

D : 롤러의 직경(mm)
N : 회전수(rpm)

$$V = \frac{\pi \times D \times N}{1000} = \frac{\pi \times 10 \times 1000}{1000} = 31.4 \text{m/min}$$

정답 38 ㉯ 39 ㉯ 40 ㉮ 41 ㉰

42 밀링작업 시 안전상 옳지 않은 것은?

㉮ 면장갑은 사용하지 않는다.
㉯ 칩 제거는 회전 중 청소용 솔로 한다.
㉰ 커터 설치 시에는 반드시 기계를 정지시킨다.
㉱ 일감은 테이블 또는 바이스에 안전하게 고정한다.

[해설] ㉯ 칩 제거는 기계 운전을 정지하고 솔(브러시)를 사용한다.

43 드릴 작업 시의 유의사항 중 틀린 것은?

㉮ 드릴이 밑면에 나왔는지 확인을 위해 가공물 밑면에 손으로 만지면서 확인한다.
㉯ 드릴을 장치에서 제거할 경우에는 회전을 완전히 멈추고 한다.
㉰ 균열이 심한 드릴은 사용해서는 안 된다.
㉱ 가공 중에는 소리에 주의하여 드릴의 날이 무디어 이상한 소리가 나면 즉시 드릴을 연마하거나 다른 드릴과 교환한다.

[해설] ㉮ 가공물 밑면을 손으로 확인해서는 안 된다.

44 밀링머신(milling machine)의 작업 시 안전수칙에 대한 설명으로 틀린 것은?

㉮ 커터의 교환 시는 테이블 위에 목재를 받쳐 놓는다.
㉯ 강력절삭 시에는 일감을 바이스에 깊게 물린다.
㉰ 작업 중 면장갑은 끼지 않는다.
㉱ 커터는 가능한 컬럼(column)으로 부터 멀리 설치한다.

[해설] 컬럼은 밀링 머신의 몸체로서 커터를 컬럼으로 부터 멀리 설치해서는 안 된다.

정답 42 ㉯ 43 ㉮ 44 ㉱

02 프레스 및 전단기의 안전

> **주/요/내/용 알/고/가/기**
> 1. 프레스의 본질안전 조건
> 2. 프레스의 방호장치 설치기준
> 3. 양수조작식 및 광전자식 방호장치의 안전거리 계산
> 4. 프레스의 작업 시작 전 점검

1 프레스의 종류

(1) "프레스"란 금형과 금형 사이에 금속 또는 비금속 물질을 넣고 압축, 절단 또는 조형하는 기계를 말한다.
(2) "전단기"란 상·하의 칼날 사이에 금속 또는 비금속 물질을 넣고 전단하는 기계를 말한다.
(3) "기계 프레스"란 기계적인 힘에 의하여 슬라이드 등을 구동하는 프레스 등을 말한다.
(4) "핀 클러치 프레스"란 기계 프레스 등에서 클러치가 슬라이딩 핀 구조로 된 것을 말한다.
(5) "키 클러치 프레스"란 동력 프레스 등에서 클러치가 로울링키 구조로 된 것을 말한다.
(6) "마찰 클러치 프레스"란 동력 프레스 등에서 클러치가 마찰판 구조로 된 것을 말한다.
(7) "액압 프레스"란 슬라이드 등의 작동을 유체의 압력에 의하여 작동시키는 프레스 등을 말한다.

합격의 key

참고

* **클러치**
  ① 클러치는 엔진에서 발생한 동력을 연결 또는 단락을 시키는 기능을 한다.
  ② 마찰식과 확동식이 있으며 마찰식 클러치가 안전성이 높다.
  ③ 마찰클러치는 스트로크의 어느 위치에서도 슬라이드를 정지가 가능하고, 확동식 클러치는 일단 가동되면 1사이클이 끝나지 않은 상태에서 클러치의 분리가 불가능하므로 비상정지를 할 수가 없다.
  ④ 클러치 및 브레이크는 운전 작업을 제어하는 역할을 하며, 재해방지에서 가장 중요하다. ★

* **확동식 클러치**
  클러치의 동력전달이 기계적인 맞물림에 의해 이루어지는 구조

* **마찰식 클러치**
  클러치의 동력전달이 마찰판에 의해 이루어지는 구조

* **마찰 클러치 마찰면의 재료의 조건**
  ① 마찰계수가 클 것
  ② 내마모성이 클 것
  ③ 고온에 견딜 수 있을 것
  ④ 오랫동안 변질되지 않을 것
  ⑤ 압축 및 그 밖의 기계적 성질이 우수할 것
  ⑥ 공작이 용이할 것

② 프레스의 작업점에 대한 방호방법

(1) 프레스의 본질안전 조건

> **본질안전 조건**(No-hand in die **방식**, 금형 내 손이 들어가지 않는 구조) ✩✩
> ① 안전울을 부착한 프레스(프레스에 안전울 부착)
> ② 안전한 금형 사용
> ③ 전용 프레스 도입
> ④ 자동 프레스 도입(자동 송급·배출 기구가 있는 프레스, 자동 송급·배출 장치를 부착한 프레스)

(2) hand in die 방식(금형 내 손이 들어가는 구조)

① 프레스기의 종류, 압력 능력, 매분 행정 수, 행정 길이 및 작업방법에 따른 방호장치
- 가드식 방호장치
- 손쳐내기식 방호장치
- 수인식 방호장치

② 프레스기의 정지 성능에 상응하는 방호장치
- 양수 조작식 방호장치
- 감응식(광전자식) 방호장치

─ 📖 **확인** ★ ─
프레스 페달의 오작동을 방지하기 위해 페달에 U자형 덮개(커버)를 설치하여야 한다.

─ 📝 **참고** ─
* 프레스 방호장치의 공통일반구조
① 방호장치의 표면은 벗겨짐 현상이 없어야 하며, 날카로운 모서리 등이 없어야 한다.
② 위험기계·기구 등에 장착이 용이하고 견고하게 고정될 수 있어야 한다.
③ 외부충격으로부터 방호장치의 성능이 유지될 수 있도록 보호덮개가 설치되어야 한다.
④ 각종 스위치, 표시램프는 매립형으로 쉽게 근로자가 볼 수 있는 곳에 설치해야 한다.

③ 프레스의 방호장치 설치기준

일행정 일정지식 프레스(크랭크 프레스)	• 양수 조작식 • 게이트 가드식
행정길이 40mm 이상, SPM 120 이하에서 사용	• 손쳐내기식 • 수인식
슬라이드 작동 중 정지 가능한 구조 ✩✩ (급정지장치 가짐)	• 감응식(광전자식) • 양수조작식
마찰 프레스에 사용 가능하나 크랭크식 프레스에 사용 불가능	• 감응식(광전자식)

4 프레스 방호장치의 종류

(1) 양수 조작식 방호장치

① 1행정 1정지식 프레스에 사용되는 것으로서 누름 버튼을 양손으로 동시에 조작하지 않으면 기계가 동작하지 않으며, 한 손이라도 떼어내면 기계를 정지시키는 방호장치
② 누름 버튼의 상호 간 내측 거리는 300mm 이상이어야 한다.
③ 슬라이드 하강 중 정전 또는 방호장치의 이상 시에 정지할 수 있는 구조이어야 한다.
④ 방호장치는 릴레이, 리미트 스위치 등의 전기부품의 고장, 전원 전압의 변동 및 정전에 의해 슬라이드가 불시에 동작하지 않아야 하며, 사용 전원 전압의 ±(100분의 20)의 변동에 대하여 정상으로 작동되어야 한다.
⑤ 1행정 1정지 기구에 사용할 수 있어야 한다.

안전거리(위험점과 안전장치(버튼) 간의 설치거리)의 계산 ★★

1. (프레스, 전단기의 방호장치 안전인증기준)

   안전거리 D(cm) = 160 × 프레스 작동 후 작업점까지의 도달시간(초)

2. (프레스의 안전인증 기준)

   $$안전거리\ D(mm) = 1600 \times (T_c + T_s)$$

- T_c : 방호장치의 작동시간[누름버튼으로부터 한 손이 떨어졌을 때부터 급정지 기구가 작동을 개시할 때까지의 시간(초)]
- T_s : 프레스의 급정지시간[급정지기구가 작동을 개시했을 때부터 슬라이드가 정지할 때까지의 시간(초)]

비교합시다! 양수기동식 방호장치 ★★

① 버튼에서 손을 떼고 위험점에 접근 시에 슬라이드는 이미 하사점에 도달한 구조
② 안전거리(위험점과 버튼 간의 설치 거리)

$$Dm(mm) = 1.6 \times Tm = 1.6 \times \left(\frac{1}{클러치개소수} + \frac{1}{2}\right) \times \left(\frac{60,000}{매분행정수}\right)$$

여기서, Tm : 슬라이드가 하사점에 도달할 때까지의 시간(ms)
* ms = $\frac{1}{1000}$초

참고

종류	분류
광전자식	A-1 (급정지 기능을 가짐)
	A-2 (급정지 기능이 없음)
양수 조작식	B-1 (유·공압 밸브식)
	B-2 (전기버튼식)
가드식	C
손쳐 내기식	D
수인식	E

문제

클러치 맞물림 개소수 4개, 300SPM(stroke per minute)의 동력프레스기(마찰 클러치) 양수기동식 안전장치의 안전거리는?

㉮ 360mm ㉯ 315mm
㉰ 240mm ㉱ 225mm

[해설]
Dm(mm)
= 1.6 × Tm
= 1.6 × ($\frac{1}{클러치개소수}$ + $\frac{1}{2}$)
  × ($\frac{60,000}{매분 행정수}$)
(Tm : 슬라이드가 하사점에 도달할 때까지의 시간(ms))
Dm = 1.6 × ($\frac{1}{4}$ + $\frac{1}{2}$)
  × ($\frac{60,000}{300}$)
= 240mm

정답 ㉰

> **참고**
>
> **※ 광전자식 방호장치의 일반구조**
>
> 가. 정상 동작 표시램프는 녹색, 위험표시램프는 붉은색으로 하며, 쉽게 근로자가 볼 수 있는 곳에 설치해야 한다.
> 나. 슬라이드 하강 중 정전 또는 방호장치의 이상 시에 정지할 수 있는 구조이어야 한다.
> 다. 방호장치는 릴레이, 리미트 스위치 등의 전기부품의 고장, 전원전압의 변동 및 정전에 의해 슬라이드가 불시에 동작하지 않아야 하며, 사용 전원 전압의 ±(100분의 20)의 변동에 대하여 정상으로 작동되어야 한다.
> 라. 방호장치의 정상 작동 중에 감지가 이루어지거나 공급 전원이 중단되는 경우 적어도 두 개 이상의 독립된 출력 신호 개폐장치가 꺼진 상태로 돼야 한다.
> 마. 방호장치의 감지 기능은 규정한 검출영역 전체에 걸쳐 유효하여야 한다.(다만, 블랭킹 기능이 있는 경우 그렇지 않다)
> 바. 방호장치에 제어기(Controller)가 포함되는 경우에는 이를 연결한 상태에서 모든 시험을 한다.
> 사. 방호장치를 무효화하는 기능이 있어서는 안 된다.

(2) 광전자식 방호장치

① 투광부, 수광부, 컨트롤 부분으로 구성된 것으로서 신체의 일부가 광선을 차단하면 기계를 급정지시키는 방호장치
② 연속 차광폭 30mm 이하(다만, 12광축 이상으로 광축과 작업점과의 수평거리가 500mm를 초과하는 프레스에 사용하는 경우는 40mm 이하)
③ 슬라이드 하강 중 정전 또는 방호장치의 이상 시에 정지할 수 있는 구조이어야 한다.
④ 방호장치는 릴레이, 리미트 스위치 등의 전기부품의 고장, 전원 전압의 변동 및 정전에 의해 슬라이드가 불시에 동작하지 않아야 하며, 사용 전원 전압의 ±(100분의 20)의 변동에 대하여 정상으로 작동되어야 한다.

안전거리(위험점과 안전장치 간의 설치거리)의 계산 ★★

1. (프레스, 전단기의 방호장치 안전인증기준)

$$\text{안전거리 } D(cm) = 160 \times \text{프레스 작동 후 작업점까지의 도달시간(초)}$$

2. (프레스의 안전인증 기준)

$$\text{안전거리 } D(mm) = 1600 \times (T_c + T_s)$$

- T_c : 방호장치의 작동시간[누름버튼으로부터 한 손이 떨어졌을 때부터 급정지기구가 작동을 개시할 때까지의 시간(초)]
- T_s : 프레스의 급정지시간[급정지기구가 작동을 개시했을 때부터 슬라이드가 정지할 때까지의 시간(초)]

(3) 손쳐내기식(Sweep Guard식) 방호장치

① 슬라이드의 작동에 연동시켜 위험상태로 되기 전에 손을 위험영역에서 밀어내거나 쳐내는 방호장치
② 손쳐내기식 방호장치의 일반구조
  - 슬라이드 하 행정거리의 3/4 위치에서 손을 완전히 밀어내야 한다.
  - 손쳐내기 봉의 행정(Stroke) 길이를 조정할 수 있고 진동 폭은 금형 폭 이상이어야 한다.
  - 방호판과 손쳐내기 봉은 경량이면서 충분한 강도를 가져야 한다.
  - 방호판의 폭은 금형 폭의 1/2 이상이어야 하고, 행정길이가 300mm 이상의 프레스기계에는 방호판 폭을 300mm로 해야 한다.
  - 손쳐내기 봉은 손 접촉 시 충격을 완화할 수 있는 완충재를 부착해야 한다.

(4) 수인식(Pull Out식) 방호장치

① 슬라이드와 작업자 손을 끈으로 연결하여 슬라이드 하강 시 작업자 손을 당겨 위험영역에서 빼낼 수 있도록 한 방호장치

② 수인식 방호장치의 일반구조
- 손목밴드(wrist band)의 재료는 유연한 내유성 피혁 또는 이와 동등한 재료를 사용해야 한다.
- 손목밴드는 착용감이 좋으며 쉽게 착용할 수 있는 구조이어야 한다.
- 수인끈의 재료는 합성섬유로 직경이 4mm 이상이어야 한다.
- 수인끈은 작업자와 작업공정에 따라 그 길이를 조정할 수 있어야 한다.
- 수인끈의 안내통은 끈의 마모와 손상을 방지할 수 있는 조치를 해야 한다.
- 각종 레버는 경량이면서 충분한 강도를 가져야 한다.
- 수인량의 시험은 수인량이 링크에 의해서 조정될 수 있도록 되어야 하며 금형으로부터 위험한계 밖으로 당길 수 있는 구조이어야 한다.

(5) 게이트가드식 방호장치

① 가드가 열려 있는 상태에서는 기계의 위험부분이 동작되지 않고 기계가 위험한 상태일 때에는 가드를 열 수 없도록 한 방호장치

② 가드가 열린 상태에서 슬라이드를 동작시킬 수 없고 또한 슬라이드 작동 중에는 게이트 가드를 열 수 없어야 한다.

> **기출**
>
> ※ 손쳐내기식 방호장치의 진동각도 및 진폭 시험
>
> 진동각도 및 진폭 시험방법은 프레스 기계의 행정 길이가 최소일 때는 링크 길이를 조절하고 손쳐내기봉의 진동 각도가 (60 ~ 90)° 정도, 행정 길이가 최대일 때는 (45 ~ 90)° 정도로 해야 한다.

> **기출**
>
> ※ 게이트가드식 방호장치의 종류
> ① 하강식
> ② 도립식
> ③ 횡슬라이드식

참고

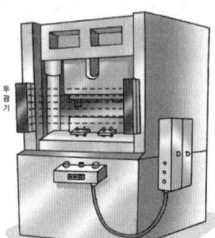
[광전자식 방호장치]

[양수조작식 방호장치]

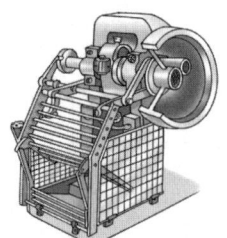 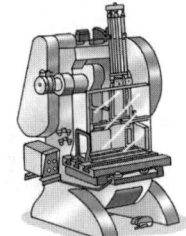
[게이트가드식 방호장치]

[손쳐내기식 방호장치]

[수인식 방호장치]

5 프레스의 작업시작 전 점검 사항 ✩✩✩

프레스의 작업시작 전 점검 ✩✩✩
① 클러치 및 브레이크 기능
② 크랭크축·플라이 휠·슬라이드·연결 봉 및 연결 나사의 볼트 풀림 유무
③ 1행정 1정지 기구·급정지 장치 및 비상 정지 장치의 기능
④ 슬라이드 또는 칼날에 의한 위험 방지 기구의 기능
⑤ 프레스의 금형 및 고정 볼트 상태
⑥ 당해 방호장치의 기능
⑦ 전단기의 칼날 및 테이블의 상태

6 금형의 안전화

(1) 금형을 부착, 해체, 조정 작업할 때 신체 일부가 위험점 내에서 슬라이드 불시 하강으로 인한 위험을 방지할 목적으로 안전블럭을 설치한다. ✩✩ (금형 수리작업은 해당되지 않는다)

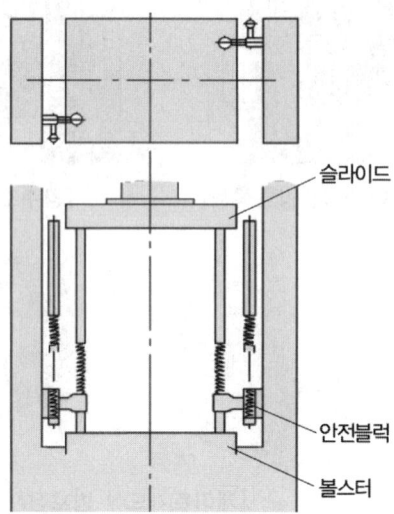

(2) 금형설치 시 안전조치

① 금형 사이 안전망 설치

② 상, 하간의 틈새(펀치와 다이 틈새, 가이드 포스트와 부시와의 틈새, 상사점의 상형. 하형 간격)를 8mm 이하로 하여 손가락이 들어가지 않도록 한다.

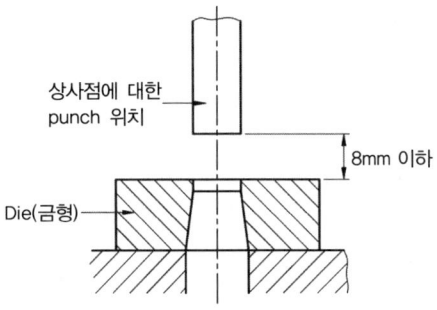

(3) 프레스의 금형설치 시 점검사항

① 다이홀더와 펀치의 직각도, 샹크홀과 펀치의 직각도(그림 ①)

② 펀치와 다이의 평행도, 펀치와 볼스타의 평행도(그림 ②)

③ 다이와 볼스타의 평행도(그림 ③)

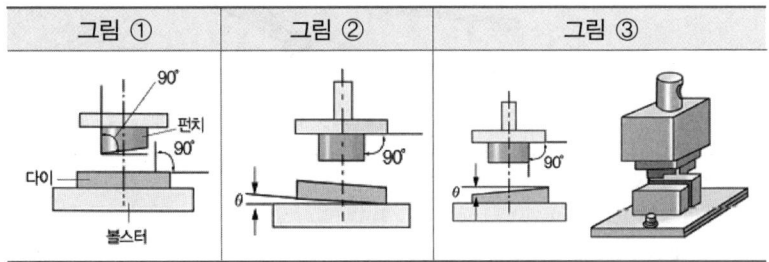

(4) 금형작업 시 사용하는 수공구

① 집게류(플라이어류)

② 핀셋트류

③ 진공컵류

④ 자석공구류(마그넷류)

⑤ 누름봉 및 갈고리류

참고

금형의 파손에 의한 위험방지

① 맞춤 핀을 사용할 때에는 억지끼워 맞춤으로 한다. 상형에 사용할 때에는 낙하방지의 대책을 세워둔다.

② 파일럿 핀, 직경이 작은 펀치, 핀 게이지 등 삽입 부품은 빠질 위험이 있으므로 플랜지를 설치하거나 테이퍼로 하는 등 이탈방지대책을 세워둔다.

③ 쿠션 핀을 사용할 경우에는 상승 시 누름판의 이탈방지를 위하여 단붙임한 나사로 견고히 조여야 한다.

④ 가이드 포스트, 샹크는 확실하게 고정한다.

⑤ 금형의 조립에 사용하는 볼트 및 너트는 헐거움 방지를 위해 분해, 조립을 고려하면서 스프링 와셔, 로크 너트, 키, 핀, 용접, 접착제 등을 적절히 사용한다.

⑥ 금형의 하중 중심은 편하중 방지를 위해 원칙적으로 프레스의 하중 중심과 일치하도록 한다.

⑦ 금형내의 가동부분은 모두 운동하는 범위를 제한하여야 한다. 또한 누름, 노크 아웃, 스트리퍼, 패드, 슬라이드 등과 같은 가동부분은 움직였을 때는 원칙적으로 확실하게 원점으로 되돌아가야 한다.

⑧ 상부 금형 내에서 작동하는 패드가 무거운 경우에는 운동제한과는 별도로 낙하방지를 한다.

⑨ 금형에 사용하는 스프링은 압축형으로 한다.

⑩ 스프링 등의 파손에 의해 부품이 비산될 우려가 있는 부분에는 덮개를 설치한다.

> **참고**
> 프레스 작업에서 제품 및 스크랩을 자동적으로 또는 위험한계 밖으로 배출하기 위해 공기분사장치, 키커, 이젝터 등을 설치한다.

> **참고**
> * 금형운반의 안전
> (1) 상부금형과 하부금형이 닿을 위험이 있을 때는 고정 패드를 이용한 스트랩, 금속재질이나 우레탄 고무의 블록 등을 사용한다.
> (2) 금형을 안전하게 취급하기 위해 아이볼트를 사용할 때는 반드시 쇼울더형으로서 완전하게 고정되어 있어야 한다.
> (3) 관통 아이볼트가 사용될 때는 구멍 틈새가 최소화되도록 한다. 아이볼트 고정을 위한 탭(Tap)이 있는 구멍들은 볼트 크기가 섞이지 않도록 한다.
> (4) 운반하기 위해 꼭 들어 올려야 할 때는 다이를 최소한의 간격을 유지하기 위해 필요한 높이 이상으로 들어 올려서는 안 된다. 항상 작업자는 다이가 매달려 있는 위치 아래에 손, 발 또는 기타 신체의 어느 일부분도 놓여서는 안 된다.

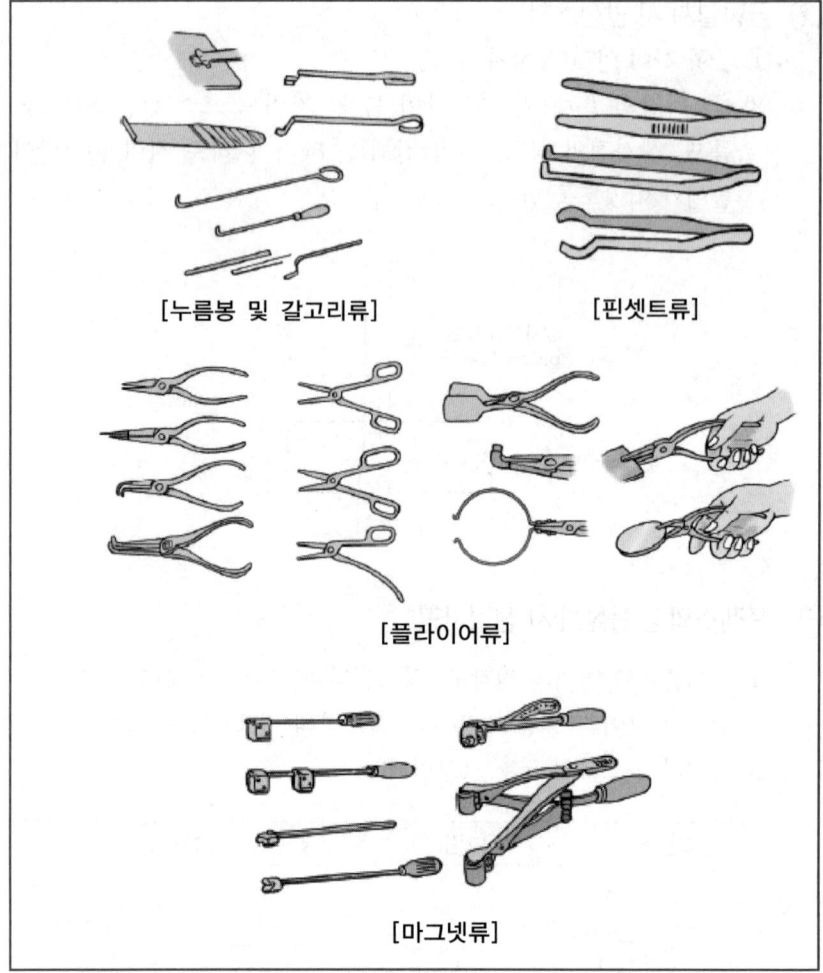

[누름봉 및 갈고리류] [핀셋트류]

[플라이어류]

[마그넷류]

(5) 금형의 표시 사항

① 압력 능력
② 길이
③ 총 중량
④ 상형 중량

CHAPTER 02 단원 예상문제

01 프레스의 금형에서 제품을 꺼낼 때 칩을 제거하기 위하여 사용하는데 가장 안전한 것은?

㉮ 브러시
㉯ 걸레
㉰ 장갑
㉱ 공기분사 장치

[해설] 금형에서 제품을 꺼낼 때 또는 칩을 제거할 때 공기분사 장치를 사용한다.

02 프레스 등을 사용하여 작업할 때 작업 시작 전의 점검사항으로 틀린 것은?

㉮ 클러치 및 브레이크의 기능
㉯ 1행정 1정지기구·급정지장치 및 비상 정지장치의 기능
㉰ 프레스의 금형 및 고정볼트
㉱ 이상음, 진동상태

[해설] **프레스의 작업시작 전 점검 사항**
① 클러치 및 브레이크 기능
② 크랭크축·플라이 휠·슬라이드·연결 봉 및 연결 나사의 볼트 풀림 유무
③ 1행정 1정지 기구·급정지 장치 및 비상 정지 장치의 기능
④ 슬라이드 또는 칼날에 의한 위험 방지 기구의 기능
⑤ 프레스의 금형 및 고정 볼트 상태
⑥ 당해 방호 장치의 기능
⑦ 전단기의 칼날 및 테이블의 상태

03 프레스가 작동 후 작업점까지 도달시간이 0.5초 걸렸다면 양수조작식 안전장치의 조작부의 설치거리는?

㉮ 60cm   ㉯ 70cm
㉰ 80cm   ㉱ 90cm

[해설] **양수조작식 방호장치의 안전거리**

1. (프레스, 전단기의 방호장치 안전인증기준)
   안전거리 D(cm) = 160 × 프레스 작동 후 작업점까지의 도달시간(초)

2. (프레스의 안전인증 기준)
   안전거리 D(mm) = 1600 × (Tc + Ts)

   T_c : 방호장치의 작동시간[즉 누름버튼으로부터 한 손이 떨어졌을 때부터 급정지기구가 작동을 개시할 때까지의 시간(초)]
   T_s : 프레스의 급정지시간[즉 급정지기구가 작동을 개시했을 때부터 슬라이드가 정지할 때까지의 시간(초)]

안전거리 D(cm) = 160 × 프레스 작동 후 작업점까지의 도달시간(초)
= 160 × 0.5
= 80cm

04 프레스기의 금형 부착·해체 또는 조정 작업 시 당해 작업에 종사하는 근로자의 신체의 일부가 위험한계 내에 들어갈 때 슬라이드가 갑자기 작동함으로써 발생하는 근로자의 위험을 방지하기 위하여 사용하는 것은?

㉮ 접촉예방장치
㉯ 전환스위치
㉰ 과부하방지장치
㉱ 안전블록

정답 01 ㉱ 02 ㉱ 03 ㉰ 04 ㉱

[해설] 금형을 부착, 해체, 조정 작업할 때 신체 일부가 위험점 내에서 슬라이드 불시 하강으로 인한 위험을 방지할 목적으로 안전블록을 설치한다.
※ 금형 수리 작업은 해당되지 않는다.

05 다음 중 프레스 작업에 대한 위험성의 특징과 거리가 먼 것은?

㉮ 위험 부위에 노출되는 횟수가 많다.
㉯ 오랜 작업시간과 많은 에너지가 필요하다.
㉰ 금형의 제작, 설계 시 안전의 고려가 미흡하다.
㉱ 작업공정상 방호장치 설치가 곤란한 경우도 있다.

[해설] ㉯ 프레스는 짧은 시간에 많은 에너지가 필요한 기계로 위험성이 더욱 크다.

06 프레스에 대한 안전장치 중 금형 안에 손이 들어가지 않는 구조(No Hand in Die Type)인 것은?

㉮ 자동송급식　　㉯ 양수조작식
㉰ 손쳐내기식　　㉱ 감응식

[해설] 프레스의 본질안전 조건(No-hand in die 방식, 금형 내 손이 들어가지 않는 구조)
① 안전울을 부착한 프레스
② 안전한 금형 사용
③ 전용 프레스 도입
④ 자동 프레스 도입

{참고} hand in die 방식(금형 내 손이 들어가는 구조)
① 프레스기의 종류, 압력 능력, 매분 행정 수, 행정 길이 및 작업 방법에 따른 방호 장치
  • 가드식 방호 장치
  • 손쳐내기식 방호 장치
  • 수인식 방호 장치
② 프레스기의 정지 성능에 상응하는 방호 장치
  • 양수 조작식 방호 장치
  • 감응식(광전자식) 방호 장치

07 다음 중 기동스위치를 활용한 안전장치는?

㉮ 양수조작식
㉯ 게이트가드식
㉰ 광전자식
㉱ 급정지장치

[해설] 양수조작식은 1행정 1정지식 프레스에 사용되는 것으로서 누름버튼(기동 스위치)을 양손으로 동시에 조작하지 않으면 기계가 동작하지 않으며, 한 손이라도 떼어내면 기계를 정지시키는 방호장치이다.

08 프레스의 감응식 방호장치에서 손이 광선을 차단한 직후부터 급정지장치가 작동을 개시한 시간이 0.03초이고, 급정지장치가 작동을 시작하여 슬라이드가 정지한 때까지의 시간이 0.2초이라면 광축의 설치위치는 위험점에서 얼마 이상이어야 하는가?

㉮ 153mm
㉯ 279mm
㉰ 368mm
㉱ 451mm

[해설]
$$D = 1600 \times (T_c + T_s)$$
여기서,
D : 안전거리(mm)
T_c : 방호장치의 작동시간[즉 손이 광선을 차단했을 때부터 급정지기구가 작동을 개시할 때까지의 시간(초)]
T_s : 프레스의 최대정지시간[즉 급정지기구가 작동을 개시했을 때부터 슬라이드가 정지할 때까지의 시간(초)]

$D = 1600 \times (T_c + T_s) = 1600 \times (0.03 + 0.2)$
$= 368mm$

정답 05 ㉯　06 ㉮　07 ㉮　08 ㉰

09 클러치 맞물림 개소가 4개, 200SPM (Stroke Per Minute) 동력 프레스의 양수조작식 안전장치의 거리는?

㉮ 80(mm)　　㉯ 120(mm)
㉰ 200(mm)　　㉱ 360(mm)

[해설] 양수기동식의 안전거리

$$Dm = 1.6 \times Tm$$
$$= 1.6 \times \left(\frac{1}{\text{클러치개소수}} + \frac{1}{2}\right) \times \left(\frac{60,000}{\text{매분행정수}}\right) (mm)$$

(Tm : 슬라이드가 하사점에 도달할 때까지의 시간(ms))

$$Dm = 1.6 \times \left(\frac{1}{4} + \frac{1}{2}\right) \times \left(\frac{60,000}{200}\right) = 360(mm)$$

10 프레스의 일반적인 방호장치가 아닌 것은?

㉮ 광전자식 방호장치
㉯ 포집형 방호장치
㉰ 게이트 가드식 방호장치
㉱ 양수 조작식 장호장치

[해설] 프레스 방호장치의 종류
① **양수 조작식 방호장치** : 1행정 1정지식 프레스에 사용되는 것으로서 **누름버튼을 양손으로 동시에 조작하지 않으면 기계가 동작하지 않으며, 한손이라도 떼어내면 기계를 정지시키는 방호장치**
② **광전자식 방호장치** : 투광부, 수광부, 컨트롤 부분으로 구성된 것으로서 **신체의 일부가 광선을 차단하면 기계를 급정지시키는 방호장치**
③ **손쳐내기식(Sweep Guard식) 방호장치** : 슬라이드의 작동에 연동시켜 위험상태로 되기 전에 **손을 위험 영역에서 밀어내거나 쳐내는 방호장치**
④ **수인식(Pull Out식) 방호장치** : 슬라이드와 작업자 손을 끈으로 연결하여 **슬라이드 하강 시 작업자 손을 당겨 위험영역에서 빼낼 수 있도록 한 방호장치**

⑤ **게이트가드식 방호장치** : 가드가 열려 있는 상태에서는 기계의 위험부분이 동작되지 않고 기계가 위험한 상태일 때에는 가드를 열 수 없도록 한 방호장치

11 산업안전기준에 관한 규칙에 따르면 양수 조작식 방호장치에서 양쪽 누름 버튼 간의 내측 최단거리는 몇 mm 이상이어야 하는가?

㉮ 100　　㉯ 200
㉰ 300　　㉱ 400

[해설] 누름 버튼의 상호 간 내측거리는 300mm 이상이어야 한다.

12 동력 프레스기의 no-hand in die 방식의 방호대책이 아닌 것은?

㉮ 방호울이 부착된 프레스
㉯ 가드식 방호장치 도입
㉰ 전용 프레스의 도입
㉱ 안전금형을 부착한 프레스

[해설] 프레스의 본질안전 조건(No-hand in die 방식, 금형 내 손이 들어가지 않는 구조)
① 안전울을 부착한 프레스
② 안전한 금형 사용
③ 전용 프레스 도입
④ 자동 프레스 도입

{참고} hand in die 방식(금형 내 손이 들어가는 구조)
① 프레스기의 종류, 압력 능력, 매분 행정 수, 행정 길이 및 작업 방법에 따른 방호 장치
　• 가드식 방호 장치
　• 손쳐내기식 방호 장치
　• 수인식 방호 장치
② 프레스기의 정지 성능에 상응하는 방호 장치
　• 양수 조작식 방호 장치
　• 감응식(광전자식) 방호 장치

정답　09 ㉱　10 ㉯　11 ㉰　12 ㉯

13 프레스기에서 슬라이드 행정길이가 몇 mm 이상일 때 손쳐내기식 방호장치를 사용해야 하는가?

㉮ 10mm   ㉯ 20mm
㉰ 40mm   ㉱ 80mm

[해설] 행정길이 40mm 이상, SPM 120 이하에서 사용 가능한 방호장치
① 손쳐내기식
② 수인식

{참고} 프레스의 방호장치 설치기준
(1) 일행정 일정지식 프레스(크랭크 프레스)
   ① 양수 조작식
   ② 게이트 가드식
(2) 행정 길이 40mm 이상, SPM 120 이하에서 사용 가능
   ① 손쳐내기식
   ② 수인식
(3) 슬라이드 작동 중 정지 가능한 구조(급정지장치 가짐)
   ① 감응식(광전자식)
   ② 양수조작식
(4) 마찰 프레스에 사용하나 크랭크식 프레스에 사용 불가능 : 감응식(광전자식)

14 급정지기구가 있는 안전 1행정 프레스에서의 광전자식 방호장치에서 광선에 신체의 일부가 감지된 후로부터 급정지기구의 작동 시까지의 시간이 40ms이고, 급정지 기구의 작동 직후로부터 프레스기가 정지될 때까지의 시간이 20ms라면 안전거리는 몇 mm 이상이어야 하나?

㉮ 65mm   ㉯ 76mm
㉰ 85mm   ㉱ 96mm

[해설] $D = 1600 \times (T_C + T_S)$
$= 1600 \times \left(\dfrac{40}{1000} + \dfrac{20}{1000}\right) = 96mm$
$\left(ms = \dfrac{1}{1000}초\right)$

15 프레스의 방호장치에 해당되지 않는 것은?

㉮ 손쳐내기(sweep guard)식 방호장치
㉯ 수인(pull out)식 방호장치
㉰ 가드(guard)식 방호장치
㉱ 롤 피드(roll feed)식 방호장치

[해설] 프레스 방호장치의 종류
(1) **양수 조작식 방호장치** : 1행정 1정지식 프레스에 사용되는 것으로서 누름 버튼을 양손으로 동시에 조작하지 않으면 기계가 동작하지 않으며, 한 손이라도 떼어내면 기계를 정지시키는 방호장치
(2) **광전자식 방호장치** : 투광부, 수광부, 컨트롤 부분으로 구성된 것으로서 신체의 일부가 광선을 차단하면 기계를 급정지시키는 방호장치
(3) **손쳐내기식(Sweep Guard식) 방호장치** : 슬라이드의 작동에 연동시켜 위험상태로 되기 전에 손을 위험 영역에서 밀어내거나 쳐내는 방호장치
(4) **수인식(Pull Out식) 방호장치** : 슬라이드와 작업자 손을 끈으로 연결하여 슬라이드 하강 시 작업자 손을 당겨 위험영역에서 빼낼 수 있도록 한 방호장치
(5) **게이트가드식 방호장치** : 가드가 열려 있는 상태에서는 기계의 위험부분이 동작되지 않고 기계가 위험한 상태일 때에는 가드를 열 수 없도록 한 방호장치 수 있도록 한 방호장치

16 프레스의 감응식(광전자식) 방호장치의 설치 기준으로 틀린 것은?

㉮ 투광기 및 수광기의 광축의 수는 2 이상으로 할 것
㉯ 광축 상호 간의 간격은 150mm 이하로 할 것
㉰ 전 길이에 걸쳐 유효하게 작동할 것
㉱ 투광기에서 발생하는 빛 이외의 광선에 감응하지 않을 것

[해설] ㉯ 광축 간의 간격은 50mm 이하로 할 것

정답   13 ㉰   14 ㉱   15 ㉱   16 ㉯

17 금형의 파손을 방지하기 위하여 부품 조립 시 주의해야 할 사항으로 거리가 먼 것은?

㉮ 위치 결정 블록을 사용한다.
㉯ 다우웰 핀은 압입으로 한다.
㉰ 금형에 사용하는 스프링은 압축형으로 한다.
㉱ 볼트 너트는 스프링 와셔 등으로 이완을 방지한다.

[해설] **금형의 파손에 의한 위험 방지**
① 맞춤 핀을 사용할 때에는 억지 끼워 맞춤으로 한다. 상형에 사용할 때에는 낙하방지의 대책을 세워둔다.
② 파일럿 핀, 직경이 작은 펀치, 핀 게이지 등 삽입부품은 빠질 위험이 있으므로 플랜지를 설치하거나 테이퍼로 하는 등 이탈 방지대책을 세워둔다.
③ 쿠션 핀을 사용할 경우에는 상승 시 누름판의 이탈방지를 위하여 단붙임한 나사로 견고히 조여야 한다.
④ 가이드 포스트, 샹크는 확실하게 고정한다.
⑤ 금형의 조립에 사용하는 볼트 및 너트는 헐거움 방지를 위해 분해, 조립을 고려하면서 스프링 와셔, 로크 너트, 키, 핀, 용접, 접착제 등을 적절히 사용한다.
⑥ 금형의 하중 중심은 편하중 방지를 위해 원칙적으로 프레스의 하중 중심과 일치하도록 한다.
⑦ 금형 내의 가동 부분은 모두 운동하는 범위를 제한하여야 한다. 또한 누름, 노크 아웃, 스트리퍼, 패드, 슬라이드 등과 같은 가동 부분은 움직였을 때는 원칙적으로 확실하게 원점으로 되돌아가야 한다.
⑧ 상부 금형 내에서 작동하는 패드가 무거운 경우에는 운동 제한과는 별도로 낙하방지를 한다.
⑨ 금형에 사용하는 스프링은 압축형으로 한다.
⑩ 스프링 등의 파손에 의해 부품이 비산될 우려가 있는 부분에는 덮개를 설치한다.

18 프레스 방호장치에 대한 설명으로 틀린 것은?

㉮ 게이트식 방호장치는 가드를 닫지 않으면, 슬라이드가 작동되지 않아야 한다.
㉯ 손쳐내기식 방호장치는 행정길이가 40mm 이상, 행정수가 100spm 이하의 프레스에 사용한다.
㉰ 수인식 방호장치는 행정길이가 50mm 이상, 행정수가 100spm 이하의 프레스에 사용한다.
㉱ 감응식 방호장치는 슬라이드 작동 중 정지가능하고, 슬라이드 작동 중에는 가드를 열 수 없는 구조이어야 한다.

[해설] ㉱ 게이트가드식 방호장치에 대한 설명이다.

{참고} **프레스 방호장치의 종류**
(1) **양수 조작식 방호장치** : 1행정 1정지식 프레스에 사용되는 것으로서 **누름버튼을 양손으로 동시에 조작하지 않으면 기계가 동작하지 않으며, 한손이라도 떼어내면 기계를 정지시키는 방호장치**
(2) **광전자식 방호장치** : 투광부, 수광부, 컨트롤 부분으로 구성된 것으로서 **신체의 일부가 광선을 차단하면 기계를 급정지시키는 방호장치**
(3) **손쳐내기식(Sweep Guard식) 방호장치** : 슬라이드의 작동에 연동시켜 위험 상태로 되기 전에 **손을 위험 영역에서 밀어내거나 쳐내는 방호장치**
(4) **수인식(Pull Out식) 방호장치** : 슬라이드와 작업자 손을 끈으로 연결하여 **슬라이드하강 시 작업자 손을 당겨 위험영역에서 빼낼 수 있도록 한 방호장치**
(5) **게이트가드식 방호장치** : **가드가 열려 있는 상태에서는 기계의 위험부분이 동작되지 않고 기계가 위험한 상태일 때에는 가드를 열수 없도록 한 방호장치** 수 있도록 한 방호장치

정답 17 ㉮ 18 ㉱

19 프레스 작업에서 점검해야 할 가장 중요한 것은?

㉮ 클러치
㉯ 매니퓰레이터
㉰ 체크밸브
㉱ 권과방지장치

[해설] 클러치 및 브레이크는 운전 작업을 제어하는 구조 요소로서 재해방지를 위해 가장 중요한 역할을 한다.

20 다음 ( ) 안에 들어갈 말로 맞는 것은?

> 광전자식 프레스 방호장치에서 위험한 계까지의 거리가 짧은 200mm 이하의 프레스에는 연속 차광폭이 작은 ( )의 방호장치를 선택한다.

㉮ 30mm 초과
㉯ 30mm 이하
㉰ 50mm 초과
㉱ 50mm 이하

[해설] 연속 차광 폭 30mm 이하(다만, 12광축 이상으로 광축과 작업 점과의 수평거리가 500mm를 초과하는 프레스에 사용하는 경우는 40mm 이하)

03 기타 산업용 기계·기구

> 주/요/내/용 알/고/가/기
> 1. 롤러기 가드의 개구부 치수 계산
> 2. 롤러기의 급정지장치
> 3. 아세틸렌 용접장치 및 가스 집합 용접장치의 안전기
> 4. 보일러의 방호장치
> 5. 압력용기의 방호장치
> 6. 산업용 로봇의 방호장치

1 롤러기

(1) "롤러기"란 2개 이상의 원통형을 한 조로 해서 각각 반대 방향으로 회전하면서 가공재료를 롤러 사이로 통과시켜 롤러의 압력에 의하여 소성 변형하거나 연화하는 기계·기구를 말한다.

(2) 가드의 설치 ✿✿

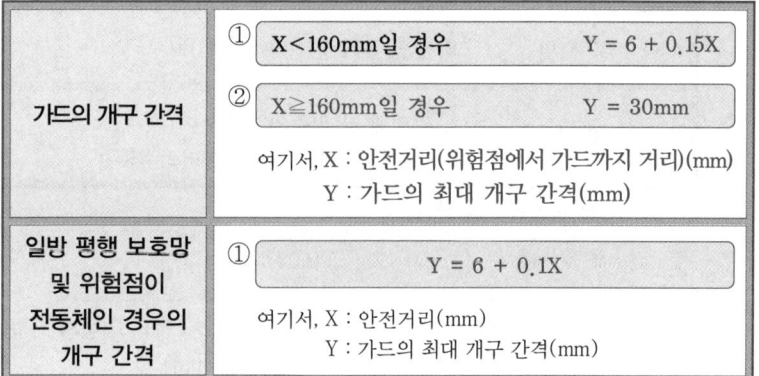

가드의 개구 간격	① X<160mm일 경우 Y = 6 + 0.15X
	② X≥160mm일 경우 Y = 30mm
	여기서, X : 안전거리(위험점에서 가드까지 거리)(mm) Y : 가드의 최대 개구 간격(mm)
일반 평행 보호망 및 위험점이 전동체인 경우의 개구 간격	① Y = 6 + 0.1X
	여기서, X : 안전거리(mm) Y : 가드의 최대 개구 간격(mm)

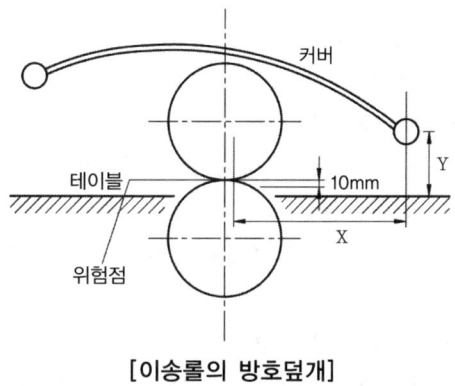

[이송롤의 방호덮개]

문제

롤러기의 맞물림점 전방에 12mm 개구 간격을 가진 가드를 설치할 때 맞물림점으로부터 가드까지의 설치 안전거리는?

㉮ 10mm ㉯ 20mm
㉰ 30mm ㉱ 40mm

[해설]
개구부 치수
① 가드일 경우 :
  Y = 6 + 0.15X
② 보호망일 경우 :
  Y = 6 + 0.1X
①에 의해
12 = 6 + 0.15X
0.15X = 12 – 6
$X = \dfrac{12-6}{0.15} = 40mm$

정답 ㉱

기출

※ 안내 롤러
사업주는 합판·종이·천 및 금속박 등을 통과시키는 롤러기로서 근로자에게 위험을 미칠 우려가 있는 부위에는 울 또는 안내 롤러 등을 설치하여야 한다.

(3) 롤러기의 방호장치명 : 급정지장치 ✿✿✿

급정지장치란 롤러기의 전면에 작업하고 있는 근로자의 신체 일부가 롤러 사이에 말려들어 가거나 말려 들어갈 우려가 있는 경우에 근로자가 손, 무릎, 복부 등으로 급정지 조작부를 동작시킴으로써 브레이크가 작동하여 급정지하게 하는 방호장치를 말한다.

(4) 조작부의 설치 위치에 따른 급정지장치의 종류 ✿✿✿

종 류	설치 위치	비 고
손 조작식	밑면에서 1.8m 이내	위치는 급정지장치의 조작부의 중심점을 기준
복부 조작식	밑면에서 0.8m 이상 1.1m 이내	
무릎 조작식	밑면에서 0.6m 이내 또는 (밑면으로부터 0.4m 이상 0.6m 이내)	

(5) 앞면 롤러의 표면속도에 따른 급정지거리 ✿✿

앞면 롤러의 표면속도(m/min)	급정지거리
30 미만	앞면 롤러 원주의 1/3 이내($=\pi \times D \times \dfrac{1}{3}$)
30 이상	앞면 롤러 원주의 1/2.5 이내($=\pi \times D \times \dfrac{1}{2.5}$) (여기서 $\pi \times D$ = 앞면 롤러의 원주)

이 때 표면속도의 산식은

$$V = \frac{\pi \cdot D \cdot N}{1,000} \text{(m/min)}$$

여기서, V : 표면속도(m/min) D : 롤러 원통의 직경(mm)
         N : 1분 간에 롤러기가 회전되는 수(rpm)

(6) 급정지장치의 일반 요구사항

① 작동이 원활해야 한다.
② 견고하게 설치돼야 한다.
③ 조작부는 근로자가 긴급 시에 조작부를 용이하게 알아볼 수 있게 하기 위해 안전에 관한 색상으로 표시해야 한다.
④ 조작부는 그 조작에 지장이나 변형이 생기지 않고 강성이 유지되도록 설치해야 한다.
⑤ 조작부에 로프를 사용할 경우는 직경이 4mm 이상의 와이어로프 또는 직경이 6mm 이상이고 절단하중이 2.94kN 이상의 합성섬유의 로프를 사용해야 한다.

⑥ 조작부의 설치 위치는 수평안전거리가 반드시 확보되어야 한다.
⑦ 조작스위치 및 기동스위치는 분진 기타 불순물이 침투하지 못하도록 밀폐형으로 제조되어야 한다.
⑧ 급정지장치의 조작스위치, 전자개폐기, 제어용 계전기 및 제동모터는 KS 규격시험에 합격하거나 또는 이와 동등하다고 인정되는 제품을 사용해야 한다.
⑨ 제동모터 및 기타 제동장치에 제동이 걸린 후에 다시 기동스위치를 재조작 하지 않으면 기동될 수 없는 구조이어야 한다.

2 원심기

원심력을 이용하여 액체 속의 고체 입자를 분리 하거나 비중이 서로 다른 혼합액을 분리하기 위한 목적으로 쓰이는 동력에 의해 작동되는 원심기에 적용한다.

(1) 원심기의 방호장치 : 회전체 접촉 예방장치 ✗✗
① 회전통에 설치되는 덮개는 내부 물질이 비산되어 충격이 가해지더라도 변형 또는 파손되지 않을 정도의 충분한 강도일 것
② 개방 시 회전운동이 정지되며, 덮개를 닫은 후 자동으로 작동되지 않고 별도의 조작에 의하여 회전통이 작동되도록 회로를 구성할 것

(2) 설치방법
회전체 접촉 예방장치는 다음 각 호의 요건에 적합하게 설치하여야 한다.
① 회전체 접촉 예방장치가 작동 중 열리지 않도록 잠금장치를 설치할 것
② 작동 중 기계의 진동에 의한 이탈, 이완의 위험이 없도록 체결볼트에는 와셔 등을 이용하여 풀림방지조치를 할 것
③ 급정지로 인하여 기계에 파손위험이 있는 경우에는 순차정지회로를 구성하는 등의 조치를 할 것

③ 아세틸렌 용접장치

(1) 아세틸렌 용접장치 및 가스 집합 용접장치의 방호장치
: 안전기(역화방지기) ✄✄✄

(2) 안전기의 역할 : 가스의 역화 및 역류 방지 ✄

역류	① 산소가 아세틸렌 호스 쪽으로 흘러가는 현상 ② 원인 • 팁의 끝이 막혔을 때 • 산소의 압력이 아세틸렌 압력보다 높을 때
역화	① 아세틸렌 가스의 압력이 부족할 경우 팁 끝에서 "빵빵" 소리를 내면서 불꽃이 들어갔다, 나왔다하는 현상 ② 원인 • 팁 끝이 막혔을 때 • 팁 끝이 과열되었을 때 • 가스 압력과 유량이 적당하지 않았을 때 • 팁의 조임이 풀려올 때 • 압력조정기가 불량일 때 • 토치의 성능이 좋지 않을 때 발생 ③ 방지 팁을 물에 담갔다 냉각시키면 방지된다.

(3) 안전기의 종류
① 수봉식 안전기
   • 유효수주 ┌ 저압용 : 25mm 이상
              └ 중압용 : 50mm 이상
② 건식 안전기(역화방지기)
   • 소염소자식
   • 우회로식

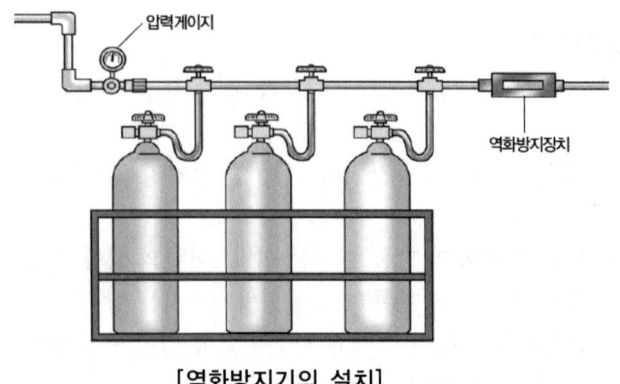

[역화방지기의 설치]

확인 ★
• 작업을 시작할 때는 아세틸렌 밸브를 먼저 열고 산소 밸브를 열어야 한다.
• 작업이 끝난 후에는 산소 밸브를 먼저 닫고 아세틸렌 밸브를 닫아야 한다.

용어정의
※ 소염소자
역화방지기 내부에 설치되는 금망, 소결금속, 다공판, 주름 리본, 기타 금속이나 무기 재료를 이용한 것으로 화염을 차단시키는 역할을 하는 것을 말한다.

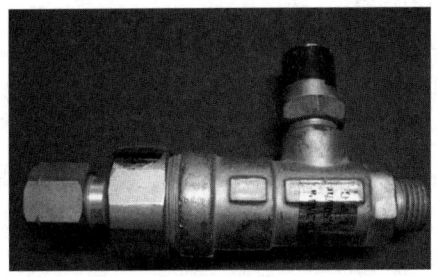

[역화방지기]

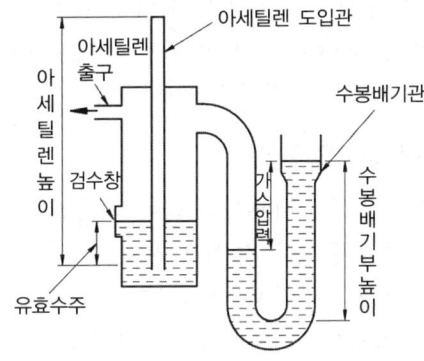

[수봉식 안전기의 구조]

(4) 아세틸렌 용접장치를 사용하여 금속의 용접·용단 또는 가열작업을 하는 경우에는 게이지 압력이 127킬로파스칼(kPa)을 초과하는 압력의 아세틸렌을 발생시켜 사용해서는 아니 된다. ✦✦

(5) 안전기의 설치 ✦✦
① 아세틸렌 용접장치의 취관마다 안전기를 설치하여야 한다. 다만, 주관 및 취관에 가장 가까운 분기관마다 안전기를 부착한 경우에는 그러하지 아니하다.
② 가스용기가 발생기와 분리되어 있는 아세틸렌 용접장치에 대하여는 발생기와 가스용기 사이에 안전기를 설치하여야 한다.

(6) 아세틸렌 발생기실의 설치장소 ✦✦
① 아세틸렌 용접장치의 아세틸렌 발생기를 설치하는 경우에는 전용의 발생기실에 설치하여야 한다.
② 발생기실은 건물의 최상층에 위치하여야 하며, 화기를 사용하는 설비로부터 3미터를 초과하는 장소에 설치하여야 한다.
③ 발생기실을 옥외에 설치한 경우에는 그 개구부를 다른 건축물로부터 1.5미터 이상 떨어지도록 하여야 한다.

◎기출
아세틸렌은 동 또는 동을 70% 이상 함유한 합금을 사용하여서는 안 된다.

◎기출
* 수봉식 안전기의 취급 시 주의사항
① 안전기는 반드시 세워서 잘 보이는 곳에 설치할 것
② 안전기가 동결되었을 경우 따뜻한 물로 녹일 것(40℃)
③ 토치 1개당 안전기 1개를 사용할 것
④ 유효수주는 25mm 이상 유지할 것

합격의 key

문제
용접장치에 사용되는 가스 장치실의 구조에 대한 설명 중 틀린 것은?
㉮ 벽의 재료는 불연성의 재료를 사용할 것
㉯ 천정과 벽은 견고한 콘크리트 구조일 것
㉰ 가스 누출 시 당해 가스가 정체되지 않도록 할 것
㉱ 지붕 및 천정의 재료는 가벼운 불연성의 재료를 사용할 것

[해설]
㉯ 천정과 지붕은 가벼운 불연성재료일 것

정답 ㉯

참고
아세틸렌은 동, 수은, 은과 반응하여 아세틸라이드(폭발 물질)을 생성한다.
아세틸렌 + 구리 → 아세틸라이드(폭발성 물질) + 수소
($C_2H_2 + 2Cu → Cu_2C_2 + H_2$)

---

(7) 발생기실의 구조 ★

① 벽은 불연성 재료로 하고 철근 콘크리트 또는 그 밖에 이와 같은 수준이거나 그 이상의 강도를 가진 구조로 할 것
② 지붕과 천장에는 얇은 철판이나 가벼운 불연성 재료를 사용할 것
③ 바닥면적의 16분의 1 이상의 단면적을 가진 배기통을 옥상으로 돌출시키고 그 개구부를 창이나 출입구로부터 1.5미터 이상 떨어지도록 할 것
④ 출입구의 문은 불연성 재료로 하고 두께 1.5밀리미터 이상의 철판이나 그 밖에 그 이상의 강도를 가진 구조로 할 것
⑤ 벽과 발생기 사이에는 발생기의 조정 또는 카바이트 공급 등의 작업을 방해하지 않도록 간격을 확보할 것

(8) 아세틸렌 용접장치의 관리

아세틸렌 용접장치를 사용하여 금속의 용접·용단(溶斷) 또는 가열 작업을 하는 경우에 다음 각 호의 사항을 준수하여야 한다.
① 발생기(이동식 아세틸렌 용접장치의 발생기는 제외한다)의 종류, 형식, 제작업체명, 매 시 평균 가스발생량 및 1회 카바이드 공급량을 발생기실 내의 보기 쉬운 장소에 게시할 것
② 발생기실에는 관계 근로자가 아닌 사람이 출입하는 것을 금지할 것
③ 발생기에서 5미터 이내 또는 발생기실에서 3미터 이내의 장소에서는 흡연, 화기의 사용 또는 불꽃이 발생할 위험한 행위를 금지시킬 것 ★★
④ 도관에는 산소용과 아세틸렌용의 혼동을 방지하기 위한 조치를 할 것
⑤ 아세틸렌 용접장치의 설치장소에는 소화기 한 대 이상을 갖출 것
⑥ 이동식 아세틸렌 용접장치의 발생기는 고온의 장소, 통풍이나 환기가 불충분한 장소 또는 진동이 많은 장소 등에 설치하지 않도록 할 것

(9) 아세틸렌 가스의 생성

탄화칼슘(카바이트) + 물 → 아세틸렌 + 소석회
$CaC_2 + 2H_2O → C_2H_2 + Ca(OH)_2$

4 가스 집합 용접장치

(1) 가스 집합 장치는 화기를 사용하는 설비로부터 5미터 이상 떨어진 장소에 설치하여야 한다. ★★

(2) 가스 장치실의 구조 ★

① 가스가 누출된 때에는 당해 가스가 정체되지 아니하도록 할 것
② 지붕 및 천장에는 가벼운 불연성의 재료를 사용할 것
③ 벽에는 불연성의 재료를 사용할 것

(3) 가스 집합 용접장치의 배관 ✦

① 플랜지·밸브·콕 등의 접합부에는 개스킷을 사용하고 접합면을 상호밀착 시키는 등의 조치를 할 것
② 주관 및 분기관에는 안전기를 설치할 것(이 경우 하나의 취관에 대하여 2개 이상의 안전기를 설치하여야 한다)

(4) 용해아세틸렌의 가스 집합 용접장치의 배관 및 부속기구는 동 또는 동을 70퍼센트 이상 함유한 합금을 사용하여서는 아니 된다.

(5) 충전 가스용기의 도색 ✦✦

가스용기의 색 	
① 산소 → 녹색	② 수소 → 주황색
③ 탄산가스 → 청색	④ 염소 → 갈색
⑤ 암모니아 → 백색	⑥ 아세틸렌 → 황색
⑦ 그 외 가스 → 회색	

실력이 되ู! 합격이 되ู! **특급 암기법**

산녹 수주 탄청 염갈 아황 암백

(6) 가스등의 용기 취급 시 주의사항 ✦

① 가스용기를 사용·설치·저장 또는 방치하지 않아야 하는 장소
  • 통풍 또는 환기가 불충분한 장소
  • 화기를 사용하는 장소 및 그 부근
  • 위험물 또는 인화성 액체를 취급하는 장소 및 그 부근
② 용기의 온도를 섭씨 40도 이하로 유지할 것
③ 전도의 위험이 없도록 할 것
④ 충격을 가하지 아니하도록 할 것
⑤ 운반할 때에는 캡을 씌울 것
⑥ 사용할 때에는 용기의 마개에 부착되어 있는 유류 및 먼지를 제거할 것
⑦ 밸브의 개폐는 서서히 할 것
⑧ 사용 전 또는 사용 중인 용기와 그 외의 용기를 명확히 구별하여 보관할 것
⑨ 용해 아세틸렌의 용기는 세워 둘 것
⑩ 용기의 부식·마모 또는 변형상태를 점검한 후 사용할 것

참고

＊ 가스집합용접장치의 관리

사업주는 가스집합용접장치를 사용하여 금속의 용접·용단 및 가열 작업을 하는 경우에는 다음 각 호의 사항을 준수하여야 한다.

① 사용하는 가스의 명칭 및 최대 가스 저장량을 가스 장치실의 보기 쉬운 장소에 게시할 것
② 가스용기를 교환하는 경우에는 관리감독자가 참여한 가운데 할 것
③ 밸브·콕 등의 조작 및 점검 요령을 가스 장치실의 보기 쉬운 장소에 게시할 것
④ 가스 장치실에는 관계 근로자가 아닌 사람의 출입을 금지할 것
⑤ 가스집합장치로부터 5미터 이내의 장소에서는 흡연, 화기의 사용 또는 불꽃을 발생할 우려가 있는 행위를 금지할 것 ★
⑥ 도관에는 산소용과의 혼동을 방지하기 위한 조치를 할 것
⑦ 가스집합장치의 설치장소에는 소화설비「소방시설 설치 및 관리에 관한 법률 시행령」별표 1에 따른 소화설비(간이소화용구를 제외한다)] 중 어느 하나 이상을 갖출 것
⑧ 이동식 가스집합용접장치의 가스집합장치는 고온의 장소, 통풍이나 환기가 불충분한 장소 또는 진동이 많은 장소에 설치하지 않도록 할 것
⑨ 해당 작업을 행하는 근로자에게 보안경과 안전장갑을 착용시킬 것

확인

산소 호스 : 흑색
아세틸렌 호스 : 적색

[문제]
용접 부위의 구조 상의 결함 중 기공(blow hole)이 생기는 원인을 열거한 내용 중 아닌 것은?
㉮ 융착부가 급냉을 할 경우
㉯ 부당한 용접봉을 사용한 경우
㉰ 모재에 유황성분이 많은 경우
㉱ Arc 분위기의 수소 또는 일산화탄소가 너무 많을 때

[해설]
기공(blow hole)이 생기는 원인
① 융착부가 급냉을 할 경우
② 모재에 유황성분이 많은 경우
③ Arc 분위기의 수소 또는 일산화탄소가 너무 많을 때
④ 과대전류를 사용할 때

[정답] ㉯

[기출]
* 용접 팁의 청소 : 줄 또는 팁 클리너 이용

[참고]
* 비드(bead)
용접에서 모재(母材)와 용접봉이 녹아서 생긴 띠 모양의 길쭉한 용착 자국을 말하며, 규칙이 정확할수록 양호한 용착이 된다.

(7) 용접결함의 종류

① 크랙 : 용접 터짐, 균열이 발생하는 현상
② Blow hole(기공) : 용접부에 기공이 발생하는 현상
③ slag 혼입 : 융합부에 부스러기가 잔존하는 현상
④ Crater (항아리) : 용접 시 끝이 오목하게 패이는 현상
⑤ Under Cut : 과대 전류가 원인으로 용입 부족으로 모재가 파이는 현상
⑥ pit : 용접부 표면에 생기는 작은 기포 구멍이 발생하는 현상
⑦ 용입 불량 : 모재가 완전 용입되지 않은 현상(녹지 않음)
⑧ fish eye(은점) : 반점이 발생하는 현상
⑨ over lap : 모재가 겹쳐지는 현상
⑩ over hang : 융착금속이 흘러내리는 현상
⑪ 스패터(Spatter) : 용융된 금속의 작은 입자가 튀어나와 모재에 묻어있는 것

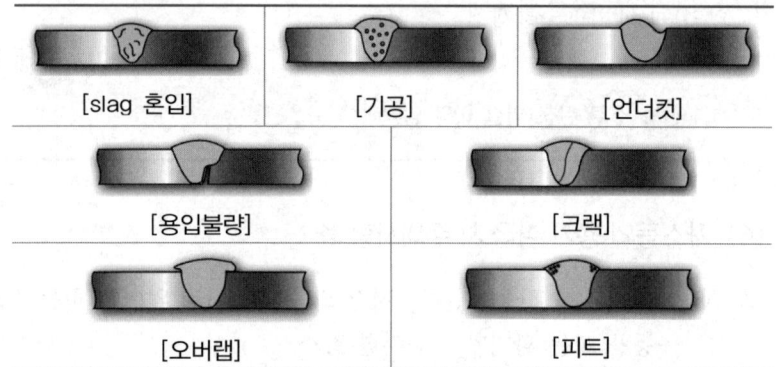

[용접결함의 종류]

(8) 용접결함의 원인

기공 ★	① 융착부가 급냉을 할 경우 ② 모재에 유황성분이 많은 경우 ③ Arc 분위기의 수소 또는 일산화탄소가 너무 많을 때 ④ 과대 전류를 사용할 때
언더컷	① 용접전류가 너무 높을 때 ② 위빙, 용접봉 각도 등이 부적당할 때(용접봉 취급의 부적당) ③ Arc 길이가 너무 길 때 ④ 용접속도가 빠를 때
용입불량	① 용접전류가 너무 낮을 때 ② 용접속도가 너무 빠를 때 ③ 녹, 스케일 등 오염물질 ④ 부적절한 용접기술 ⑤ 용접봉 선택불량

5 보일러

연료를 연소시켜 그 연소열에 의해서 물을 끓여 수증기로 바꾸는 장치를 말한다.

(1) 보일러의 구조 및 종류

① 보일러의 구조
- 본체 : 연소열을 받아 증기를 발생시키는 장치(동체)
- 연소장치 : 연료를 연소시키기 위한 장치(연소실)
- 부속장치 : 보일러를 안전하고 효율적으로 운전하기 위한 장치 (각종 계기류, 방호장치, 송기 및 급수장치 등)

[보일러]

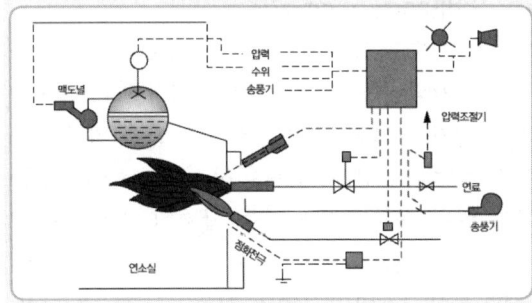

[보일러의 구조]

② 보일러의 종류

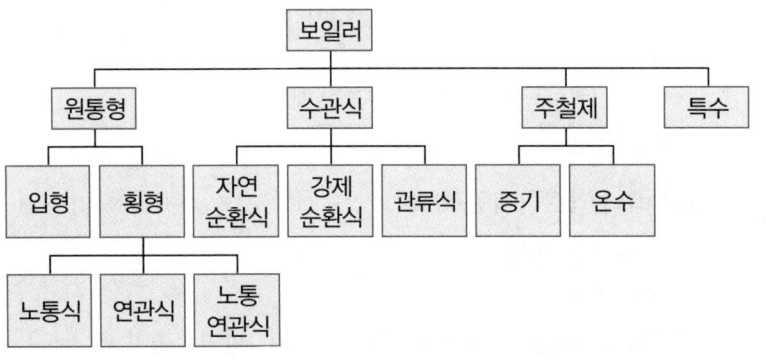

참고

보일러의 종류	용도
노통연관 보일러	• 대규모 건물의 고압 증기보일러 • 지역난방의 고온수 보일러
수관 보일러	• 병원, 호텔의 급탕 및 난방용
주철제 보일러	• 중·소 건물의 급탕 및 난방용
관류 보일러	• 난방용, 발전용, 지역난방용
입형 보일러	• 주택의 난방 및 급탕용
전기 보일러	• 전기식 공조 보조 열원용
주택용 소형 보일러	• 급탕용, 난방용

🔑 기출

* 보일러의 관석(Scale)의 영향
① 과열
② 효율 저하
③ 보일러 수의 순환 저하

* 보일러 내부 부식의 원인
① 급수 중에 포함된 유지분, 산소, 탄산가스 등에 의해 부식된다.
② 급수처리가 부적당하면 부식이 일어난다.
③ 수질이 불량하면 부식이 일어난다.
④ 강재에 포함된 인, 유황 등이 온도 상승과 함께 산화하여 산을 만들어 부식시킨다.
⑤ 강은 포금이나 동에 대해 양극이 된다. 온도 상승과 더불어 그 반응이 활발하여 부식된다.
⑥ 공장에서 전기 누전에 의하여 보일러로 통하면 부식이 빠르게 진행된다.
⑦ 보일러에서 고·저온 도차가 생기면 전류가 흘러 고온도가 양극이 되어 부식된다.

* 프라이밍과 포밍의 발생 원인
① 기계적 결함이 있을 경우
② 보일러가 과부하로 사용될 경우
③ 보일러 수에 불순물이 많이 포함되었을 경우
④ 고수위
⑤ 급격한 과열

(2) 보일러 폭발의 주원인
① 압력 상승에 의한 보일러의 폭발
② 저 수위에 의한 보일러의 폭발
③ 연료가스 누설에 의한 화재, 폭발

(3) 보일러의 과열 원인
① 내면에 스케일이 많이 쌓여 있을 때
② 보일러 수위 저하 시
③ 관수 중에 유지분이 섞여 있을 때
④ 화염이 국부적으로 진행 시

(4) 보일러 취급 시 이상 현상 ✄

① 포밍(foaming, 물거품 솟음)
보일러수 중에 유지류, 용해 고형물, 부유물 등에 의해 보일러 수면에 거품이 생겨 올바른 수위를 판단하지 못하는 현상

② 플라이밍(priming, 비수 현상)
보일러 부하의 급변, 수위 상승 등에 의해 수분이 증기와 분리되지 않아 보일러 수면이 심하게 솟아올라 올바른 수위를 판단하지 못하는 현상

③ 캐리오버(carry over, 기수 공발)
보일러수 중에 용해 고형분이나 수분이 발생, 증기 중에 다량 함유되어 증기의 순도를 저하시킴으로써 관내 응축수가 생겨 워터 해머의 원인이 되고 증기 과열기나 터빈 등의 고장 원인이 된다.

④ 수격 작용 : 물망치 작용(워터 해머, water hammer)
고여 있던 응축수가 밸브를 급격히 개폐시에 고온 고압의 증기에 이끌려 배관을 강하게 치는 현상으로 배관파열을 초래한다.

⑤ 역화(Back Fire) : 보일러 시동 시 연료가 나온 다음 시간을 두고 착화하는 등으로 인해 미연소 가스가 노 내에 잔류하며 비정상적인 폭발적 연소를 일으킨다.

역화 발생원인
• 압입통풍이 너무 강할 때
• 댐퍼를 너무 조여 흡입통풍이 부족할 때
• 연료밸브를 급히 열 때

(5) 보일러의 방호장치 ✄✄✄

① 압력방출 장치
② 압력제한 스위치
③ 기타 방호장치 : 고저 수위조절 장치, 화염검출기

(6) 압력방출장치의 설치 ✯✯✯

① 압력방출장치를 1개 또는 2개 이상 설치하고 최고사용압력 이하에서 작동되도록 하여야 한다. 다만, 압력방출장치가 2개 이상 설치된 경우에는 최고사용압력 이하에서 1개가 작동되고, 다른 압력방출장치는 최고사용압력 1.05배 이하에서 작동되도록 부착하여야 한다.

② 압력방출장치는 매년 1회 이상 "국가교정기관"으로부터 교정을 받은 압력계를 이용하여 토출압력을 시험한 후 납으로 봉인하여 사용하여야 한다. 다만, 공정안전보고서 제출대상으로서 공정안전관리 이행수준 평가결과가 우수한 사업장의 압력방출장치에 대하여 4년마다 1회 이상 토출압력을 시험할 수 있다.

(7) 압력 제한 스위치의 설치 ✯✯✯

보일러의 과열을 방지하기 위하여 최고사용압력과 상용압력 사이에서 보일러의 버너 연소를 차단할 수 있도록 압력 제한 스위치를 부착하여야 한다.

(8) 고저 수위 조절장치의 설치

① 보일러 수위가 이상 현상으로 인해 위험수위로 변하면 작업자가 쉽게 감지할 수 있도록 경보등, 경보음을 발하고 자동적으로 급수 또는 단수되어 수위를 조절하는 방호장치를 말한다.

② 고저 수위 조절장치의 동작 상태를 작업자가 쉽게 감시하도록 하기 위하여 고저 수위지점을 알리는 경보등·경보음 장치 등을 설치하어야 하며, 자동으로 급수 또는 단수되도록 설치하여야 한다.

(9) 운전방법의 교육

보일러의 안전운전을 위하여 다음 각 호의 사항을 근로자에게 교육하여야 한다.

① 가동 중인 보일러에는 작업자가 항상 정위치를 떠나지 아니할 것
② 압력방출장치·압력제한 스위치·화염 검출기의 설치 및 정상 작동 여부를 점검할 것
③ 압력방출장치의 봉인상태를 점검할 것
④ 고저 수위 조절장치와 급수펌프와의 상호기능 상태를 점검할 것
⑤ 보일러의 각종 부속 장치의 누설상태를 점검할 것
⑥ 노 내의 환기 및 통풍장치를 점검할 것

용어정의

* 화염검출기
 연소실 내의 실화나 이상 소화가 되는 즉시 연료차단 밸브를 닫아서 연료의 누입으로 인한 폭발사고를 막아주는 안전장치이다.

참고

* 절탄기
 연도(굴뚝)에서 버려지는 여열을 이용하여 보일러에 공급되는 급수를 예열하는 부속장치

기출

* 보일러의 압력방출 장치의 종류
 ① 중추식
 ② 스프링식
  (가장 많이 사용된다)
 ③ 지렛대식

6 압력용기

압력용기란 압력을 가지는 기체 및 액체를 저장하는 모든 용기를 말한다.

(1) 압력용기의 방호장치 : 압력방출장치 ✮✮✮

압력용기 종류 (열교환기, 교반기, 저장용기, 구형탱크)

(2) 회전부의 덮개

압력 용기 및 공기 압축기 등에 부속하는 원동기·축이음·벨트·풀리의 회전 부위 등 근로자에게 위험을 미칠 우려가 있는 부위에는 덮개 또는 울 등을 설치하여야 한다.

(3) 압력방출장치의 설치 ✮✮

① 압력용기 등에 과압으로 인한 폭발을 방지하기 위하여 압력방출장치를 설치하여야 한다.
② 다단형 압축기 또는 직렬로 접속된 공기압축기에는 과압방지 압력방출장치를 각단마다 설치하여야 한다.
③ 압력방출장치가 압력용기의 최고 사용압력 이전에 작동되도록 설정하여야 한다.
④ 압력방출장치는 1년에 1회 이상 국가교정기관으로부터 교정을 받은 압력계를 이용하여 토출압력을 시험한 후 납으로 봉인하여 사용하여야 한다. 다만, 공정안전보고서 제출대상으로서 공정안전관리

이행수준 평가결과가 우수한 사업장은 압력방출장치에 대하여 4년에 1회 이상 토출압력을 시험할 수 있다.

⑤ 운전자가 토출압력을 임의로 조정하기 위하여 납으로 봉인된 압력방출장치를 해체하거나 조정할 수 없도록 조치하여야 한다.

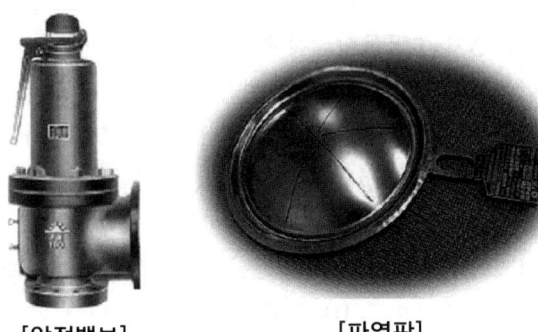

[안전밸브]　　　　[파열판]

(4) 최고사용압력의 표시

압력용기 등의 식별이 가능하도록 하기 위하여 그 압력용기 등의 최고사용압력·제조연월일·제조회사명 등이 지워지지 아니하도록 각인표시된 것을 사용하여야 한다. ✯

⑦ 공기압축기

동력에 의해 구동되고 다음 각 호의 어느 하나에 해당되는 공기압축기에 적용한다.

① 토출압력이 0.2MPa 이상으로서 몸통 내경이 200밀리미터 이상이거나 그 길이가 1,000밀리미터 이상인 것

② 토출압력이 0.2MPa 이상으로서 토출량이 분당 1세제곱미터 이상인 것

(1) 공기압축기의 방호장치 ✯✯

공기압축기에는 다음 각 호에 해당하는 압력방출장치를 설치하여야 한다.

① 공기 토출구의 차단 밸브를 닫아도 용기의 압력이 설정 압력 이하에서 작동하는 구조의 언로드 밸브

② 다음 각 목의 요건에 적합한 안전밸브
　가. 안전인증(KCs)을 받은 것일 것
　나. 내후성이 좋고 장기간 정지하여도 밸브시트에 접착되지 않을 것

참고

* 안전밸브
안전밸브(safety valve) : 밸브 입구 쪽의 압력이 설정압력에 도달하면 자동적으로 빠르게 작동하여 유체가 분출되고 일정압력이하가 되면 정상상태로 복원되는 방호장치를 말한다.

* 파열판
판 입구측의 압력이 설정압력에 도달하면 파열되면서 유체가 분출되도록 설계된 금속판 또는 흑연제품의 방호장치를 말한다.

* 가용합금 안전밸브
온도가 상승하였을 때 금속의 일부분을 녹여 가스의 배출구를 만들어 압력을 분출시켜 용기의 폭발을 방지하는 안전장치

문제

공기압축기의 운전정지 시 탱크 내 공기의 역류방지기는?
㉮ 안전밸브
㉯ 파열판
㉰ 체크밸브
㉱ 언로드밸브

[해설]
역류방지 밸브 : 체크밸브

정답 ㉰

용어정의

* 공기압축기
동력을 사용하여 피스톤, 임펠러, 스크류 등에 의하여 대기압의 공기를 필요한 압력으로 압축시키는 기계를 말한다.

합격의 key

기출

공기압축기의 방호장치
★★★
① 압력방출장치
② 언로드밸브 : 공기탱크내의 압력이 최고사용압력에 달하면 압송을 정지하고, 소정의 압력까지 강하하면 다시 압송작업을 하는 밸브
③ 안전밸브

(2) 압력방출장치의 설치방법

① 압력방출장치는 검사가 용이한 위치의 용기 본체 또는 그 본체에 부설되는 관에 압력방출장치의 밸브 축이 수직되게 설치하여야 한다.
② 공기압축기의 언로드밸브는 공기탱크 등의 적합한 위치에 수직되게 설치하여야 한다.
③ 언로드밸브는 작동상태를 확인하기 쉽고 응축수 등에 의한 부식의 위험이 없는 위치에 설치하여야 한다.
④ 안전밸브는 다음 각 호의 요건에 적합해야 한다.
  - 안전밸브의 조정너트는 임의로 조정할 수 없도록 봉인되어 있을 것
  - 설정압력은 설계압력을 초과하지 아니하고, 작동압력은 설정압력치의 ±5% 이내일 것
  - 설정압력 등이 포함된 표지를 식별이 쉬운 곳에 견고하게 부착할 것

(3) 공기압축기 작업 시작 전 점검사항 ★★★

공기압축기의 작업 시작 전 점검
① 공기저장 압력용기의 외관상태
② 드레인밸브의 조작 및 배수
③ 압력방출장치의 기능
④ 언로드밸브의 기능
⑤ 윤활유의 상태
⑥ 회전부의 덮개 또는 울
⑦ 그 밖의 연결부위의 이상 유무

8 산업용 로봇

"복합동작을 할 수 있는 산업용 로봇"이라 함은 매니퓰레이터 및 기억장치를 가지고 기억장치 정보에 의해 매니퓰레이터의 동작을 자동적으로 행할 수 있는 기계를 말한다.

(1) 산업용 로봇의 방호장치 : 안전매트 또는 광전자식 방호장치, 높이 1.8m 이상의 울타리

기출

※ 보호장치 적용 제외 대상 로봇
① 정격출력이 80W 이하의 구동용 원동기를 갖는 로봇
② 고정 시퀀스 제어장치의 정보에 따라 한 가지 동작만 반복하는 로봇
③ 연구, 시험, 교육용 로봇

(2) 산업용 로봇의 종류

[입력정보 및 교시방법에 따른 분류]

수동 조작형 로봇 (Manual Manipulator)	사용자의 조작에 따라서만 움직이는 로봇
고정 작업형 로봇 (Fixed Sequence Robot)	미리 설정된 순서와 조건, 위치에 따라서 연속된 동작을 반복적으로 수행하는 것으로서, 설정된 정보의 변경이 쉽지 않은 로봇
가변 작업형 로봇 (Variable Sequence Robot)	고정 작업형 로봇과 동작 및 기능은 동일하나 설정된 정보의 변경이 용이한 로봇
기억재생 로봇 (Playback Robot)	여러 가지 작업의 순서, 조건, 위치를 사용자가 기억시키고, 필요에 따라 기억을 재생시켜 반복작업 할 수 있는 로봇
수치제어 로봇 (Nummerical Control Robot)	작업의 순서, 조건, 위치 정보를 저장하여 저장된 수치 데이터로 지령하여 작업을 수행하는 로봇
지능 로봇 (Intelligent Robot)	시각이나 촉각 등과 같이 감각기능을 이용하여 작업 상황을 인식하고, 판단하여 작업을 수행하는 로봇
감각제어 로봇	감각정보를 가지고 동작의 제어를 수행하는 로봇
적용제어 로봇	환경의 변화 등에 따라 적용제어기능을 가진 로봇
학습제어 로봇	작업경험 등을 반영시켜 적절한 작업을 수행하는 학습제어기능을 갖는 로봇

[기구학적 형태에 따른 분류]

직각좌표형 로봇	서로 직각인 2축 이상 운동의 조합으로 공간상의 한점을 결정해 주는 로봇으로 기계적 강도 및 정도가 높으나 작업 공간의 제약이 단점이다.
원통좌표형 로봇	원통좌표형식의 운동으로 공간상의 한 점을 결정하는 로봇으로 작업영역이 넓고, 작업공간의 유연성이 있으며, 위치 결정의 정밀도가 높다.
극좌표형 로봇	극좌표형식의 운동으로 공간상의 한 점을 결정하는 로봇으로 작업영역이 넓고, 손 끝의 속도가 빠르다.
다관절형 로봇	회전운동을 하는 관절들의 조합으로 공간상의 한점을 결정하는 로봇으로 수평 관절형 로봇과 수직 다관절형 로봇이 있다. 운동방향이 넓어 방호조치에 주의를 요한다.

참고

*시퀀스 로봇
기계의 동작상태가 설정된 순서, 조건에 따라 진행되어, 한 가지 상태의 종류가 다음 상태를 생성하는 제어 시스템을 가진 로봇

문제

동일한 조건의 경우 다음 로봇의 동작 형태로 보아 운동 방향이 넓어 방호조치에 특히 주의를 요하는 것은?
㉮ 극좌표 로봇
㉯ 다관절 로봇
㉰ 원통좌표 로봇
㉱ 직각좌표 로봇

[해설]
운동 방향이 넓어 방호조치에 특히 주의를 요하는 것
→ 다관절 로봇

정답 ㉯

기출

로봇에 설치되는 제어장치는 다음 각 목의 요건에 적합하도록 설계·제작되어야 한다.
가. 누름버튼은 오작동 방지를 위한 가드를 설치하는 등 불시기동을 방지할 수 있는 구조로 제작·설치되어야 한다.
나. 전원공급램프, 자동운전, 결함검출 등 작동제어의 상태를 확인할 수 있는 표시장치를 설치해야 한다.
다. 조작버튼 및 선택스위치 등 제어장치에는 해당 기능을 명확하게 구분할 수 있도록 표시해야 한다.

합격의 key

※ 매니퓰레이터
산업용 로봇의 재해발생에 대한 주된 원인이며, 본체의 외부에 조립되어 인간의 팔에 해당되는 기능을 하는 것

(3) 로봇 교시 등 작업 시의 안전

산업용 로봇의 작동범위 내에서 교시 등(매니퓰레이터의 작동순서, 위치·속도의 설정·변경 또는 그 결과를 확인하는 것을 말한다)의 작업을 하는 때에는 당해 로봇의 불의의 작동 또는 오조작에 의한 위험을 방지하기 위하여 다음 각 호의 조치를 하여야 한다.

로봇 교시 작업 시의 작업 지침

- 로봇의 조작방법 및 순서
- 작업 중의 매니퓰레이터의 속도
- 2인 이상의 근로자에게 작업을 시킬 때의 신호방법
- 이상을 발견한 때의 조치
- 이상을 발견하여 로봇의 운전을 정지시킨 후 이를 재가동 시킬 때의 조치
- 그 밖에 로봇의 예기치 못한 작동 또는 오조작에 의한 위험을 방지하기 위하여 필요한 조치

① 작업에 종사하고 있는 근로자 또는 그 근로자를 감시하는 사람은 이상을 발견하면 즉시 로봇의 운전을 정지시키기 위한 조치를 할 것
② 작업을 하고 있는 동안 로봇의 기동스위치 등에 작업 중이라는 표시를 하는 등 작업에 종사하고 있는 근로자가 아닌 사람이 그 스위치 등을 조작할 수 없도록 필요한 조치를 할 것

※ 안전매트
유효감지영역 내의 임의의 위치에 일정한 정도 이상의 압력이 주어졌을 때 이를 감지하여 신호를 발생시키는 장치를 말하며 감지기, 제어부 및 출력부로 구성된다.

(4) 수리 등 작업 시의 조치

로봇의 작동범위에서 해당 로봇의 수리·검사·조정(교시 등에 해당하는 것은 제외한다)·청소·급유 또는 결과에 대한 확인작업을 하는 경우에는 해당 로봇의 운전을 정지함과 동시에 그 작업을 하고 있는 동안 로봇의 기동스위치를 열쇠로 잠근 후 열쇠를 별도 관리하거나 해당 로봇의 기동스위치에 작업 중이란 내용의 표지판을 부착하는 등 해당 작업에 종사하고 있는 근로자가 아닌 사람이 해당 기동스위치를 조작할 수 없도록 필요한 조치를 하여야 한다. 다만, 로봇의 운전 중에 작업을 하지 아니하면 안 되는 경우로서 해당 로봇의 예기치 못한 작동 또는 오조작에 의한 위험을 방지하기 위하여 조치를 한 경우에는 그러하지 아니하다.

(5) 로봇의 작업 시작 전 점검 사항

로봇의 작업 시작 전 점검 ✿✿✿
① 외부전선의 피복 또는 외장의 손상 유무 ② 매니퓰레이터(manipulator) 작동의 이상 유무 ③ 제동장치 및 비상정지장치의 기능

(6) 운전 중 위험 방지 ✿✿

로봇의 운전(교시 등을 위한 로봇의 운전은 제외한다)으로 인하여 근로자에게 발생할 수 있는 부상 등의 위험을 방지하기 위하여 높이 1.8미터 이상의 울타리(로봇의 가동범위 등을 고려하여 높이로 인한 위험성이 없는 경우에는 높이를 그 이하로 조절할 수 있다)를 설치하여야 하며, 컨베이어 시스템의 설치 등으로 울타리를 설치할 수 없는 일부 구간에 대해서는 안전매트 또는 광전자식 방호장치 등 감응형 방호장치를 설치하여야 한다.

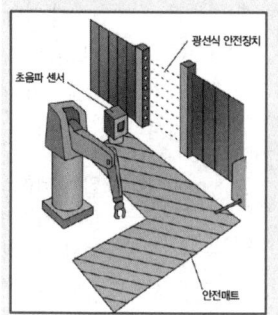

＊ 운전 중 위험 방지

CHAPTER 02 단원 예상문제

01 보일러에서 압력 제한 스위치의 역할은?

㉮ 최고 사용압력과 상용압력 사이에서 보일러의 버너 연소를 차단
㉯ 최고 사용압력과 상용압력 사이에서 급수펌프 작동을 제한
㉰ 최고 사용압력 도달 시 과열된 공기를 대기에 방출하여 압력 조절
㉱ 위험 압력 시 버너, 급수펌프 및 고저 수위 조절장치 등을 통제하여 일정 압력 유지

[해설] **압력 제한스위치의 설치** : 보일러의 과열을 방지하기 위하여 **최고사용압력과 상용압력 사이에서 보일러의 버너 연소를 차단**할 수 있도록 압력 제한 스위치를 부착하여야 한다.

02 롤러의 맞물림점 전방에 개구 간격 18mm의 가드를 설치하고자 한다. 가드의 설치 위치는 맞물림점에서 얼마의 간격을 최소한 유지하여야 하는가?

㉮ 60mm
㉯ 70mm
㉰ 80mm
㉱ 90mm

[해설] 가드의 개구부 치수

가드의 개구 간격	일방 평행 보호망, 위험점이 전동체인 경우
① X<160mm일 경우 $Y = 6 + 0.15 \times X$ ② X≧160mm일 경우 $Y = 30mm$ 여기서, X : 안전거리(위험점에서 가드까지의 거리)(mm) Y : 가드의 최대 개구 간격(mm)	① $Y = 6 + 0.1 \times X$ 여기서, X : 안전거리(mm) Y : 가드의 최대 개구 간격(mm)

$Y = 6 + 0.15 \times X$
$0.15 \times X = Y - 6$
$X = \dfrac{Y-6}{0.15} = \dfrac{18-6}{0.15} = 80mm$

03 수봉식 안전기 사용 시 가장 주의하여야 할 사항은?

㉮ 수위
㉯ 온도
㉰ 물의 교환
㉱ 수직 설치

[해설] 수봉식 안전기 사용 시 반드시 유효 수주 25mm 이상을 유지하여야 한다.

{참고} **수봉식 안전기의 취급 시 주의사항**
① 안전기는 반드시 세워서 잘 보이는 곳에 설치할 것
② 안전기가 동결되었을 경우 따뜻한 물로 녹일 것 (40℃)
③ 토치 1개당 안전기 1개를 사용할 것
④ 유효 수주는 25mm 이상 유지할 것

정답 01 ㉮ 02 ㉰ 03 ㉮

04 롤러기의 급정지 장치로서 무릎 조작식은 다음 어느 위치에 있어야 하는가?

㉮ 밑면에서 1.8m 이상
㉯ 밑면에서 0.7m ~ 1.1m 이내
㉰ 밑면에서 0.4m ~ 0.6m 이내
㉱ 밑면에서 0.4m 이내

[해설] **조작부의 설치 위치에 따른 급정지 장치의 종류**

1. 자율안전확인 노동부 고시 기준

종 류	설치 위치	비 고
손조작식	밑면에서 1.8m 이내	위치는 급정지 장치의 조작부의 중심점을 기준
복부 조작식	밑면에서 0.8m 이상 1.1m 이내	
무릎 조작식	밑면에서 0.6m 이내 (밑면으로부터 0.4m 이상 0.6m 이내)	

2. 안전검사 및 롤러기 의무안전 인증 노동부 고시 기준

급정지장치 조작부의 종류	설치 위치	비 고
손으로 조작하는 것	밑면으로부터 1.8m 이내	위치는 급정지장치 조작부의 중심점을 기준으로 함
복부로 조작하는 것	밑면으로부터 0.8m 이상 1.1m 이내	
무릎으로 조작하는 것	밑면으로부터 0.4m 이상 0.6m 이내	

05 보일러 수에 유지류, 고형물 등의 부유물로 인한 거품이 발생하여 수위를 판단하지 못하는 현상을 무엇이라 하는가?

㉮ 프라이밍(priming)
㉯ 캐리오버(carry over)
㉰ 포밍(foaming)
㉱ 기수(氣水)

[해설] 보일러 수면에 거품이 생겨 올바른 수위를 판단하지 못하는 현상 → 포밍

{참고} **보일러 취급 시 이상 현상**

① **포밍**(foaming, 물거품 솟음) : 보일러 수 중에 유지류, 용해 고형물, 부유물 등에 의해 **보일러 수면에 거품이 생겨 올바른 수위를 판단하지 못하는 현상**
② **플라이밍**(priming, 비수 현상) : 보일러 부하의 급변 수위 과승 등에 의해 **수분이 증기와 분리되지 않아 보일러 수면이 심하게 솟아올라 올바른 수위를 판단하지 못하는 현상**
③ **캐리오버**(carry over, 기수 공발) : 보일러 수 중에 용해 고형분이나 수분이 발생, 증기 중에 다량 함유되어 증기의 순도를 저하시킴으로써 관내 응축수가 생겨 워터 해머의 원인이 되고 증기 과열이나 터빈 등의 고장 원인이 된다.
④ **수격 작용**(물망치 작용, 워터 해머, water hammer) : 고여 있던 **응축수**가 밸브를 급격히 개폐 시에 **고온 고압의 증기에 이끌려 배관을 강하게 치는 현상**으로 배관 파열을 초래한다.

06 보일러의 방호장치가 아닌 것은?

㉮ 언로드밸브
㉯ 화염검출기
㉰ 압력 제한스위치
㉱ 고저 수위 조절장치

[해설] **보일러의 방호장치**
① 압력방출장치 ② 압력 제한스위치
③ 고저 수위 조절장치 ④ 화염검출기

07 법령상 아세틸렌 용접장치의 취관에 설치하는 것은?

㉮ 압력조정기   ㉯ 안전기
㉰ 토치 클러치   ㉱ 자동전격방지기

[해설] **안전기의 설치**
① **아세틸렌 용접장치의 취관마다 안전기를 설치**하여야 한다. 다만, 주관 및 취관에 가장 가까운 분기관마다 안전기를 부착한 경우에는 그러하지 아니하다.
② 가스용기가 발생기와 분리되어 있는 아세틸렌 용접장치에 대하여는 **발생기와 가스용기 사이에 안전기를 설치**하여야 한다.

정답 04 ㉰ 05 ㉰ 06 ㉮ 07 ㉯

08 보일러의 저수위(이상감수)의 발생 원인으로 가장 거리가 먼 것은?

㉮ 분출 밸브 등의 누수
㉯ 급수관의 이물질 축적
㉰ 급수장치 및 수면계의 고장
㉱ 연소장치의 고장

[해설] **보일러 저수위 발생 원인**
① 급수장치의 고장
② 분출밸브에서 보일러 수 누설
③ 급수밸브 및 체크밸브 고장으로 보일러수가 급수 탱크로 역류
④ 급수관의 이물질 축적으로 구멍이 막혀 급수가 불능
⑤ 자동 급수 제어장치 고장 또는 작동 불량
⑥ 증기 토출량이 지나치게 과대한 경우
⑦ 펌프의 용량이 증발 능력에 비해 과소한 것을 설치한 경우
⑧ 보일러 연결부에서 누수 발생

09 다음 중 공기압축기 작업 시작 전 점검 사항이 아닌 것은?

㉮ 제동장치, 비상정지 장치의 기능
㉯ 드레인밸브의 조작 및 배수
㉰ 압력방출장치의 기능
㉱ 언로드밸브의 기능

[해설] **공기압축기 작업 시작 전 점검 사항**
① 공기저장 압력용기의 외관 상태
② 드레인 밸브의 조작 및 배수
③ 압력방출장치의 기능
④ 언로드 밸브의 기능
⑤ 윤활유의 상태
⑥ 회전부의 덮개 또는 울
⑦ 그 밖의 연결부위의 이상 유무

10 보일러에서 압력방출장치가 2개 이상 설치될 경우 최고 사용압력 이하에서 1개가 작동하고 다른 압력방출장치는 최고 사용압력 몇 배 이하에서 작용되도록 부착하는가?

㉮ 1.03   ㉯ 10.5
㉰ 1.3   ㉱ 1.05

[해설] **압력방출장치의 설치**
① 압력방출장치를 1개 또는 2개 이상 설치하고 최고 사용압력 이하에서 작동되도록 하여야 한다. 다만, 압력방출장치가 2개 이상 설치된 경우에는 최고 사용압력 이하에서 1개가 작동되고, 다른 압력방출장치는 최고사용압력의 1.05배 이하에서 작동되도록 부착하여야 한다.
② 압력방출장치는 매년 1회 이상 "국가교정기관"으로부터 교정을 받은 압력계를 이용하여 토출압력을 시험한 후 납으로 봉인하여 사용하여야 한다. 다만, 공정안전보고서 제출대상으로서 공정안전관리 이행수준 평가결과가 우수한 사업장의 압력방출장치에 대하여 4년마다 1회 이상 토출압력을 시험할 수 있다.

11 아세틸렌 용접장치를 사용하여 금속의 용접, 용단 또는 가열 작업 시 게이지 압력은 얼마를 초과하여 아세틸렌을 발생시켜 사용해서는 안되는가?

㉮ 127kPa
㉯ 350kPa
㉰ 2.0kg/cm²
㉱ 2.3kg/cm²

[해설] 아세틸렌 용접장치를 사용하여 금속의 용접·용단 또는 가열작업을 하는 경우에는 **게이지 압력이 127킬로파스칼(kPa)을 초과하는 압력의 아세틸렌을 발생시켜 사용해서는 아니 된다.**

▶정답 08 ㉱ 09 ㉮ 10 ㉱ 11 ㉮

12 압력용기에 설치하는 압력방출장치의 작동 설정점은?

㉮ 상용압력 초과 시
㉯ 최고사용압력 이전
㉰ 최고사용압력 초과 시
㉱ 최고사용압력의 110%

[해설] 압력방출장치의 설치 : 압력방출장치를 1개 또는 2개 이상 설치하고 최고사용압력 이하에서 작동되도록 하여야 한다. 다만, **압력방출장치가 2개 이상 설치된 경우에는 최고사용압력 이하에서 1개가 작동되고, 다른 압력방출장치는 최고사용압력 1.05배 이하에서 작동**되도록 부착하여야 한다.

{참고} 압력방출장치는 **매년 1회 이상** "국가교정기관"으로부터 교정을 받은 압력계를 이용하여 토출압력을 시험한 후 납으로 봉인하여 사용하여야 한다. 다만, **공정안전보고서 제출대상으로서 공정안전관리 이행수준 평가결과가 우수한 사업장의 압력방출장치에 대하여 4년마다 1회 이상** 토출압력을 시험할 수 있다.

13 다음 중 보일러 발생증기의 이상 현상이 아닌 것은?

㉮ 캐리오버(carry over)
㉯ 프라이밍(priming)
㉰ 포밍(foaming)
㉱ 비등(boiling)

14 용접장치의 산업안전기준에 관한 내용으로 옳은 것은?

㉮ 아세틸렌 발생기실 출입구의 문은 목재로 한다.
㉯ 게이지 압력이 매제곱센티미터당 1.3 킬로그램을 초과하는 압력의 아세틸렌을 발생시켜 사용한다.
㉰ 아세틸렌 용접장치에는 취관마다 안전기를 설치하여야 한다. (단, 근접한 분기관마다 안전기를 부착했음)
㉱ 아세틸렌 발생기실은 건물의 최상층에 위치하게 하여야 한다.

[해설] ㉮ 출입구의 문은 불연성 재료로 하고 두께 1.5밀리미터 이상의 철판이나 그밖에 그 이상의 강도를 가진 구조로 할 것
㉯ 아세틸렌 용접장치를 사용하여 금속의 용접·용단 또는 가열작업을 하는 경우에는 게이지 압력이 127킬로파스칼을 초과하는 압력의 아세틸렌을 발생시켜 사용해서는 아니 된다.
㉰ 아세틸렌 용접장치의 **취관마다 안전기를 설치**하여야 한다. 다만, 주관 및 취관에 가장 **가까운 분기관마다 안전기를 부착한 경우에는 그러하지 아니하다.**

{참고} 1. 아세틸렌 발생기실의 설치장소
① 아세틸렌 용접장치의 아세틸렌 발생기를 설치하는 경우에는 **전용의 발생기실에 설치**하여야 한다.
② 발생기실은 **건물의 최상층에 위치**하여야 하며, 화기를 사용하는 설비로 부터 3미터를 초과하는 장소에 설치하여야 한다.
③ 발생기실을 **옥외**에 설치한 경우에는 그 개구부를 다른 건축물로부터 1.5미터 이상 떨어지도록 하여야 한다.

2. 발생기실의 구조
① 벽은 불연성 재료로 하고 철근 콘크리트 또는 그 밖에 이와 동등하거나 그 이상의 강도를 가진 구조로 할 것
② 지붕과 천장에는 얇은 철판이나 가벼운 불연성 재료를 사용할 것
③ 바닥면의 16분의 1 이상의 단면적을 가진 배기통을 옥상으로 돌출시키고 그 개구부를 창이나 출입구로부터 1.5미터 이상 떨어지도록 할 것
④ 출입구의 문은 불연성 재료로 하고 두께 1.5밀리미터 이상의 철판이나 그밖에 그 이상의 강도를 가진 구조로 할 것
⑤ 벽과 발생기 사이에는 발생기의 조정 또는 카바이드 공급 등의 **작업을 방해하지 않도록 간격을 확보할 것**

15 가스 집합장치의 위험 방지를 위하여 사업주는 화기를 사용하는 설비로부터 몇 m 이상 떨어진 장소에 가스 집합장치를 설치하여야 하는가?

㉮ 20   ㉯ 10
㉰ 7   ㉱ 5

정답 12 ㉯ 13 ㉱ 14 ㉱ 15 ㉱

[해설] 가스집합장치는 화기를 사용하는 설비로부터 5미터 이상 떨어진 장소에 설치하여야 한다.

{참고} 아세틸렌 발생기에서 5미터 이내 또는 발생기실에서 3미터 이내의 장소에서는 흡연, 화기의 사용 또는 불꽃이 발생할 위험한 행위를 금지시킬 것

16 산업안전기준에 따르면 가스집합용접장치의 배관 시에 있어서 하나의 취관에 대하여 설치해야 할 안전기는 최소 몇 개 이상인가?

㉮ 1개　　㉯ 2개
㉰ 3개　　㉱ 5개

[해설] 가스집합용접장치의 배관
① 플랜지・밸브・콕 등의 접합부에는 개스킷을 사용하고 접합면을 상호밀착 시키는 등의 조치를 할 것
② 주관 및 분기관에는 안전기를 설치할 것 (이 경우 하나의 취관에 대하여 2개 이상의 안전기를 설치하여야 한다)

17 산소-아세틸렌 가스용접장치에 사용되는 호스 색깔 중 [산소 호스 : 아세틸렌 호스] 색이 바르게 짝지어진 것은?

㉮ 적색 : 흑색
㉯ 적색 : 녹색
㉰ 흑색 : 적색
㉱ 녹색 : 흑색

[해설] 산소 호스 : 흑색
아세틸렌 호스 : 적색

{참고} 가스용기의 색
① 산소 → 녹색
② 수소 → 주황색
③ 탄산가스 → 청색
④ 염소 → 갈색
⑤ 암모니아 → 백색
⑥ 아세틸렌 → 황색
⑦ 그 외 가스 → 회색

18 롤러 방호장치의 무부하 동작시험 시 앞면 롤러의 지름이 150mm이고 회전수가 30rpm인 롤러기를 사용하고 있다. 이 롤러기의 급정지거리는 몇 mm 이내여야 하는가?

㉮ 157
㉯ 207
㉰ 257
㉱ 307

[해설] 앞면 롤러의 표면속도에 따른 급정지거리

앞면 롤러의 표면속도(m/min)	급정지 거리
30 미만	앞면 롤러 원주의 1/3 이내 $\left(\pi \times d \times \dfrac{1}{3}\right)$
30 이상	앞면 롤러 원주의 1/2.5 이내 $\left(\pi \times d \times \dfrac{1}{2.5}\right)$

1. 표면속도

$$V = \frac{\pi \times D \times N}{1,000} \text{ (m/min)}$$

여기서,
V : 표면속도
D : 롤러 원통의 직경(mm)
N : 1분간에 롤러기가 회전되는 수(rpm)

$V = \dfrac{\pi \times D \times N}{1,000} = \dfrac{\pi \times 150 \times 30}{1,000} = 14.14 \text{m/min}$

2. 속도가 30 미만이므로

급정지거리 $= \pi \times d \times \dfrac{1}{3} = \pi \times 150 \times \dfrac{1}{3}$
$= 157.08 \text{mm}$

정답 16 ㉯　17 ㉰　18 ㉮

19 다음 가스용접 작업의 안전수칙 중 잘못된 것은?

㉮ 용접하기 전에 소화기, 소화수의 위치를 확인할 것
㉯ 보호안경을 반드시 쓸 것
㉰ 아세틸렌의 게이지 압력이 127킬로파스칼을 초과하는 압력의 아세틸렌을 발생시켜 사용해서는 아니 된다.
㉱ 작업 후에는 아세틸렌 밸브를 먼저 닫고 산소 밸브를 닫을 것

[해설] ㉱ 작업 후에는 산소 밸브를 먼저 닫고 아세틸렌 밸브를 닫아야 한다.
{참고} 작업을 시작할 때는 아세틸렌 밸브를 먼저 열고 산소 밸브를 열어야 한다.

20 다음 중 산업용 로봇에의 교시작업을 개시하기 전에 점검하여야 할 사항으로 거리가 먼 것은?

㉮ 비상정지장치의 기능 상태
㉯ 외부전선의 피복 손상 유무
㉰ 매니퓰레이터 작동의 이상 유무
㉱ 비정상적인 소음 및 진동의 유무

[해설] **로봇의 작업시작 전 점검사항**
① 외부전선의 피복 또는 외장의 손상 유무
② 매니퓰레이터(manipulator) 작동의 이상 유무
③ 제동장치 및 비상정지장치의 기능

21 보일러에서 사용하는 압력방출장치의 종류가 아닌 것은?

㉮ 중추식 안전밸브
㉯ 스프링식 안전밸브
㉰ 지렛대식 안전밸브
㉱ 고저수위 조절장치

[해설] **보일러의 압력방출장치의 종류**
① 중추식
② 스프링식(가장 많이 사용된다)
③ 지렛대식

22 보일러의 압력방출장치가 2개 이상 설치된 경우, 최고사용 압력 이하에서 1개가 작동되고, 다른 압력방출장치는 얼마에서 작동되도록 부착하여야 하는가?

㉮ 최고사용압력 1.05배 이하
㉯ 최고사용압력 1.1배 이하
㉰ 최고사용압력 1.25배 이하
㉱ 최고사용압력 1.5배 이하

[해설] **압력방출장치의 설치**
① 압력방출장치를 1개 또는 2개 이상 설치하고 최고사용압력 이하에서 작동되도록 하여야 한다. 다만, 압력방출장치가 2개 이상 설치된 경우에는 최고사용압력 이하에서 1개가 작동되고, 다른 압력방출장치는 최고사용압력 1.05배 이하에서 작동되도록 부착하여야한다.
② 압력방출장치는 매년 1회 이상 "국가교정기관"으로부터 교정을 받은 압력계를 이용하여 토출압력을 시험한 후 납으로 봉인하여사용하여야 한다. 다만, 공정안전보고서 제출대상으로서 공정안전관리 이행수준 평가결과가 우수한 사업장의 압력방출장치에 대하여 4년마다 1회 이상 토출압력을 시험할 수 있다.

23 산업용 로봇에 접근하여 위험이 발생될 우려에 대비해서 사용되는 방호장치로 적합하지 않은 것은?

㉮ 안전방책   ㉯ 초음파센서
㉰ 안전매트   ㉱ 안전블록

[해설] **산업용 로봇의 방호장치**
① 높이 1.8미터 이상의 울타리
② 안전매트
③ 광전자식 방호장치 등 감응형 방호장치

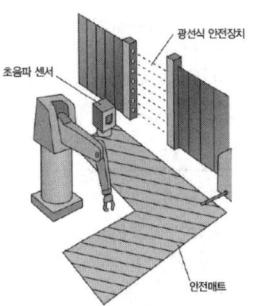

정답 19 ㉱ 20 ㉱ 21 ㉱ 22 ㉮ 23 ㉯

24 용기(Bombe)의 도색으로 연결이 잘못된 것은?

㉮ 산소 – 청색
㉯ 아세틸렌 – 황색
㉰ 액화석유가스 – 회색
㉱ 수소 – 주황색

[해설] 충전가스 용기의 도색
① 산소 → 녹색 ② 수소 → 주황색
③ 탄산가스 → 청색 ④ 염소 → 갈색
⑤ 암모니아 → 백색 ⑥ 아세틸렌 → 황색
⑦ 그 외 가스 → 회색

산녹 / 수주 / 탄청 / 염갈 / 아황 / 암백

25 로울러의 위험점 전방에 개구간격 16.5 mm의 가드를 설치하고자 한다면, 개구부에서 위험점까지의 거리는 몇 mm 이상이어야 하는가?

㉮ 60mm ㉯ 70mm
㉰ 80mm ㉱ 90mm

[해설] 가드의 개구부 치수

가드의 개구간격	일방 평행 보호망, 위험점이 전동체인 경우
① X<160mm일 경우 $Y = 6+0.15 \times X$ ② X≥160mm일 경우 $Y = 30mm$ 여기서, X : 안전거리(위험점에서 가드까지의 거리)(mm) Y : 가드의 최대 개구 간격(mm)	① $Y = 6+0.1 \times X$ 여기서, X : 안전거리(mm) Y : 가드의 최대 개구 간격(mm)

$Y = 6 + 0.15 \times X$
$Y - 6 = 0.15 \times X$
$X = \dfrac{Y-6}{0.15} = \dfrac{16.5-6}{0.15} = 70mm$

26 산업용 로봇의 재해 발생에 대한 주된 원인이며, 본체의 외부에 조립되어 인간의 팔에 해당하는 기능을 하는 것은?

㉮ 제동장치   ㉯ 외부전선
㉰ 매니퓰레이터 ㉱ 배관

[해설] 인간의 팔에 해당하는 기관 → 매니퓰레이터

27 다음 빈칸에 들어갈 용어로 알맞은 것은?

사업주는 가스용기가 발생기와 분리되어 있는 아세틸렌 용접장치에 대하여는 발생기와 가스용기 사이에 (   )을(를) 설치하여야 한다.

㉮ 격납실   ㉯ 안전기
㉰ 안전밸브 ㉱ 소화설비

[해설] 안전기의 설치
① 아세틸렌 용접장치의 **취관마다 안전기를 설치**하여야 한다. 다만, 주관 및 취관에 가장 가까운 분기관마다 안전기를 부착한 경우에는 그러하지 아니하다.
② 가스용기가 발생기와 분리되어 있는 아세틸렌 용접장치에 대하여는 **발생기와 가스용기 사이에 안전기를 설치**하여야 한다.

28 가스집합용접장치에서 가스 장치실을 설치할 때 유의사항으로 틀린 것은?

㉮ 가스가 누출될 때에는 당해 가스가 정체되지 않도록 한다.
㉯ 지붕 및 천장은 콘크리트 등의 재료로 폭발을 대비하여 견고히 한다.
㉰ 벽에는 불연성 재료를 사용한다.
㉱ 가스 장치실에는 관계 근로자 외의 자의 출입을 금지시킨다.

[해설] 가스장치실의 구조
① 가스가 누출된 때에는 당해 가스가 정체되지 아니하도록 할 것
② 지붕 및 천장에는 가벼운 불연성의 재료를 사용할 것
③ 벽에는 불연성의 재료를 사용할 것

29 보일러 방호장치 설치방법을 설명한 것이다. 옳지 않은 것은?

㉮ 압력방출장치는 검사가 용이한 위치에 밸브축이 수평되게 설치한다.
㉯ 압력방출장치는 가능한 보일러 동체에 직접 설치한다.
㉰ 압력제한스위치는 보일러의 압력계가 설치된 배관상에 설치해야 한다.
㉱ 압력방출장치는 최고사용압력 이하에서 작동하는 방호장치를 설치해야 한다.

[해설] ㉮ 압력방출장치는 밸브축이 수직되게 설치한다.

30 다음 중 산업용 로봇에의 교시작업을 개시하기 전에 점검하여야 할 사항으로 거리가 먼 것은?

㉮ 비상정지 장치의 기능 상태
㉯ 외부 전선의 피복 손상 유무
㉰ 매니퓰레이터 작동의 이상 유무
㉱ 비정상적인 소음 및 진동의 유무

[해설] 로봇의 작업시작 전 점검사항
① 외부전선의 피복 또는 외장의 손상 유무
② 매니퓰레이터(manipulator) 작동의 이상 유무
③ 제동장치 및 비상정지장치의 기능

31 용접 토치 팁의 청소는 무엇으로 해야 가장 좋은가?

㉮ 놋쇠선
㉯ 철선
㉰ 전선 케이블
㉱ 팁 클리너

[해설] 토치 팁의 청소 → 팁 클리너

32 종이, 천, 금속박 등을 통과시키는 롤러기로서 근로자에게 위험을 미칠 우려가 있는 부위에 설치해야 할 방호장치에 해당하는 것은?

㉮ 방호판
㉯ 안내 롤러
㉰ 과부하방지장치
㉱ 반발예방장치

[해설] 사업주는 합판·종이·천 및 금속박 등을 통과시키는 롤러기로서 근로자에게 위험을 미칠 우려가 있는 부위에는 울 또는 안내롤러 등을 설치하여야 한다.

33 롤러기에서 조작부에 로프를 사용하는 급정지 장치를 사용할 경우 로프의 파단강도 기준은?

㉮ 740N 이상
㉯ 1470N 이상
㉰ 2940N 이상
㉱ 3860N 이상

[해설] 조작부에 로프를 사용할 경우는 직경이 4mm 이상의 와이어로프 또는 직경이 6mm 이상이고 절단하중이 2.94kN(2940N) 이상의 합성섬유의 로프를 사용해야 한다.

정답 29 ㉮ 30 ㉱ 31 ㉱ 32 ㉯ 33 ㉰

34 아세틸렌은 특정 금속과 결합 시 폭발을 쉽게 일으킬 수 있는 물질로 변한다. 이 금속에 해당하지 않는 것은?

㉮ 은
㉯ 구리
㉰ 수은
㉱ 철

[해설] 아세틸렌은 철과는 반응하지 않는다.

35 보일러의 부식원인 중 거리가 먼 것은?

㉮ 급수에 해로운 불순물이 혼입되었을 때
㉯ 불순물을 사용하여 수관이 부식되었을 때
㉰ 급수처리를 하지 않은 물을 사용할 때
㉱ 증기 발생이 과다할 때

[해설] 보일러 내부 부식의 원인
① 급수 중에 포함된 유지분, 산소, 탄산가스 등에 의해 부식된다.
② 급수처리가 부적당하면 부식이 일어난다.
③ 수질이 불량하면 부식이 일어난다.
④ 강재에 포함된 인, 유황 등이 온도 상승과 함께 산화하여 산을 만들어 부식시킨다.
⑤ 강은 포금이나 동에 대해 양극이 된다. 온도 상승과 더불어 그 반응이 활발하여 부식된다.
⑥ 공장에서 전기 누전에 의하여 보일러로 통하면 부식이 빠르게 진행된다.
⑦ 보일러에서 고·저온 온도 차가 생기면 전류가 흘러 고온도가 양극이 되어 부식된다.

36 아세틸렌 용접장치에서 사용되는 수봉식 혹은 건식 안전기를 취급할 때의 주의사항으로 틀린 것은?

㉮ 건식 안전기는 아무나 분해 또는 수리하지 않는다.
㉯ 수봉식 안전기는 지면에 평행하게 설치하여 사용한다.
㉰ 수봉식 안전기는 항상 지정된 수위를 유지하도록 주의한다.
㉱ 수봉식 안전기의 수봉부의 물이 얼었을 때는 더운 물로 녹인다.

[해설] ㉯ 안전기는 반드시 세워서 잘 보이는 곳에 설치할 것

37 기계의 동작 상태가 설정된 순서, 조건에 따라 진행되어, 한 가지 상태의 종류가 다음 상태를 생성하는 제어 시스템을 가진 로봇은?

㉮ 플레이백 로봇
㉯ 학습 제어 로봇
㉰ 수치 제어 로봇
㉱ 스퀀스 로봇

[해설] 한 가지 상태의 종류가 다음 상태를 생성하는 제어 시스템을 가진 로봇 → 시퀀스 로봇

{참고} 1. 기억재생 로봇(Playback Robot) : 여러 가지 작업의 순서, 조건, 위치를 사용자가 기억시키고, 필요에 따라 기억을 재생시켜 반복 작업 할 수 있는 로봇
2. 수치제어 로봇(Nummerical Control Robot) : 작업의 순서, 조건, 위치 정보를 저장하여 저장된 수치 데이타로 지령하여 작업을 수행하는 로봇
3. 학습제어 로봇 : 작업 경험 등을 반영시켜 적절한 작업을 수행하는 학습제어기능을 갖는 로봇

정답 34 ㉱ 35 ㉱ 36 ㉯ 37 ㉱

38 산업안전기준에 따르면 가스집합용접장치의 배관 시에 있어서 하나의 취관에 대하여 설치해야 할 안전기는 최소 몇 개 이상인가?

㉮ 1개 ㉯ 2개
㉰ 3개 ㉱ 5개

[해설] 가스집합용접장치의 배관
① 플랜지 · 밸브 · 콕 등의 접합부에는 개스킷을 사용하고 접합면을 상호 밀착시키는 등의 조치를 할 것
② 주관 및 분기관에는 안전기를 설치할 것(이 경우 하나의 취관에 대하여 2개 이상의 안전기를 설치하여야 한다)

39 기계의 동작상태가 설정한 순서 조건에 따라 진행되어 한 가지 상태의 종료가 끝난 다음 상태를 생성하는 제어시스템을 가진 로봇은?

㉮ 시퀀스 로봇
㉯ 플레이백 로봇
㉰ 수치제어 로봇
㉱ 학습제어 로봇

[해설] 시퀀스 로봇 : 기계의 동작상태가 설정된 순서, 조건에 따라 진행되어, 한 가지 상태의 종료가 다음 상태를 생성하는 제어 시스템을 가진 로봇

40 다음 ( ) 안에 들어갈 말로 옳은 것은?

사업주는 보일러의 과열을 방지하기 위하여 최고사용압력과 상용압력 사이에서 보일러의 버너연소를 차단할 수 있도록 ( )를 부착하여 사용하여야 한다.

㉮ 고저수위조절스위치
㉯ 압력방출장치
㉰ 압력제한스위치
㉱ 비상정지장치

[해설] 압력 제한스위치의 설치 : 보일러의 과열을 방지하기 위하여 최고사용압력과 상용압력 사이에서 보일러의 버너 연소를 차단할 수 있도록 압력 제한 스위치를 부착하여야 한다.

41 아세틸렌 용접장치의 역화 원인으로 거리가 먼 것은?

㉮ 토치 팁에 이물질이 묻었을 때
㉯ 팁이 과열되었을 때
㉰ 산소 공급이 부족할 때
㉱ 압력 조정기가 고장일 때

[해설] ㉰ 역화는 아세틸렌 압력이 부족할 경우 발생한다.

{참고}

	역류	역화
	① 산소가 아세틸렌 호스 쪽으로 흘러가는 현상 ② 원인 • 팁의 끝이 막혔을 때 • 산소의 압력이 아세틸렌 압력보다 높을 때	① 아세틸렌 가스의 압력이 부족할 경우 팁 끝에서 "빵빵" 소리를 내면서 불꽃이 들어갔다, 나왔다 하는 현상 ② 원인 • 팁 끝이 막혔을 때 • 팁 끝이 과열되었을 때 • 가스 압력과 유량이 적당하지 않았을 때 • 팁의 조임이 풀려올 때 발생 ③ 방지 • 팁을 물에 담갔다 냉각시키면 방지된다.

정답 38 ㉯ 39 ㉮ 40 ㉰ 41 ㉰

04 운반기계 및 건설기계

> **주/요/내/용 알/고/가/기**
> 1. 차량계 하역 운반기계 및 차량계 건설기계의 넘어짐(전도) 방지 조치
> 2. 차량계 하역 운반기계 및 차량계 건설기계의 운전자 운전 위치 이탈 시 조치
> 3. 화물적재 시의 조치
> 4. 지게차의 안전 조건 및 안정도
> 5. 지게차의 헤드가드
> 6. 지게차, 화물자동차, 고소작업대, 구내 운반차의 작업 시작 전 점검
> 7. 컨베이어의 방호장치
> 8. 컨베이어의 작업 시작 전 점검
> 9. 항타기, 항발기 조립하는 때 점검 사항

1 운반기계

(1) 접촉 방지조치

① 차량계 하역 운반기계 등을 사용하여 작업을 하는 경우에 하역 또는 운반 중인 화물이나 그 차량계 하역 운반기계 등에 접촉되어 근로자가 위험해질 우려가 있는 장소에는 근로자를 출입시켜서는 아니 된다. 다만, 작업지휘자 또는 유도자를 배치하고 그 차량계 하역 운반기계 등을 유도하는 경우에는 그러하지 아니하다.
② 차량계 하역 운반기계 등의 운전자는 작업지휘자 또는 유도자가 유도하는 대로 따라야 한다.

(2) 차량계 하역 운반기계의 넘어짐(전도) 방지 조치 ✲✲

① 지반의 부동침하(불동침하) 방지
② 갓길의 붕괴 방지
③ 유도자 배치

참고
* 차량계 하역 운반기계의 종류
  지게차·구내 운반차·화물자동차 등

비교
차량계 건설기계의 넘어짐(전도) 방지 조치 ★★
① 지반의 부동침하 방지
② 갓길의 붕괴 방지
③ 유도자 배치
④ 도로의 폭 유지

(3) 차량계 하역 운반기계에 화물적재 시의 조치 ✿✿✿

① 하중이 한쪽으로 치우치지 않도록 적재할 것
② 구내 운반차 또는 화물자동차의 경우 화물의 붕괴 또는 낙하에 의한 위험을 방지하기 위하여 화물에 로프를 거는 등 필요한 조치를 할 것
③ 운전자의 시야를 가리지 않도록 화물을 적재할 것
④ 화물을 적재하는 경우에는 최대적재량을 초과해서는 아니 된다.

(4) 차량계 하역 운반기계 운전 위치 이탈 시의 조치 ✿✿✿

① 포크, 버킷, 디퍼 등의 장치를 가장 낮은 위치 또는 지면에 내려 둘 것
② 원동기를 정지시키고 브레이크를 확실히 거는 등 갑작스러운 이동을 방지하기 위한 조치를 할 것
③ 운전석을 이탈하는 경우에는 시동키를 운전대에서 분리시킬 것. 다만, 운전석에 잠금장치를 하는 등 운전자가 아닌 사람이 운전하지 못하도록 조치한 경우에는 그러하지 아니하다.

(5) 수리 등의 작업 시 조치

차량계 하역 운반기계 등의 수리 또는 부속 장치의 장착 및 해체작업을 하는 때에는 해당 작업의 지휘자를 지정하여 다음 각 호의 사항을 준수하도록 하여야 한다.

① 작업순서를 결정하고 작업을 지휘할 것
② 안전지지대 또는 안전블록 등의 사용상황 등을 점검할 것

(6) 싣거나 내리는 작업 ✿

차량계 하역 운반기계에 단위화물의 무게가 100킬로그램 이상인 화물을 싣는 작업 또는 내리는 작업을 하는 때에는 당해 작업의 지휘자를 지정하여 다음 각 호의 사항을 준수하도록 하여야 한다.

① 작업순서 및 작업방법을 정하고 작업을 지휘할 것
② 기구 및 공구를 점검하고 불량품을 제거할 것
③ 해당 작업을 하는 장소에 관계 근로자가 아닌 사람이 출입하는 것을 금지할 것
④ 로프 풀기 작업 또는 덮개 벗기기 작업은 적재함의 화물이 떨어질 위험이 없음을 확인한 후에 하도록 할 것

> **비교**
> ※ 차량계 건설기계 운전 위치 이탈 시의 조치 ★★
> ① 포크, 버킷, 디퍼 등의 장치를 가장 낮은 위치 또는 지면에 내려 둘 것
> ② 원동기를 정지시키고 브레이크를 확실히 거는 등 갑작스러운 이동을 방지하기 위한 조치를 할 것
> ③ 운전석을 이탈하는 경우에는 시동키를 운전대에서 분리시킬 것. 다만, 운전석에 잠금장치를 하는 등 운전자가 아닌 사람이 운전하지 못하도록 조치한 경우에는 그러하지 아니하다.

② 지게차

포크, 램(ram)등의 화물적재 장치와 그 장치를 승강시키는 마스트(mast)를 구비하고 동력에 의해 이동하는 지게차에 적용한다.

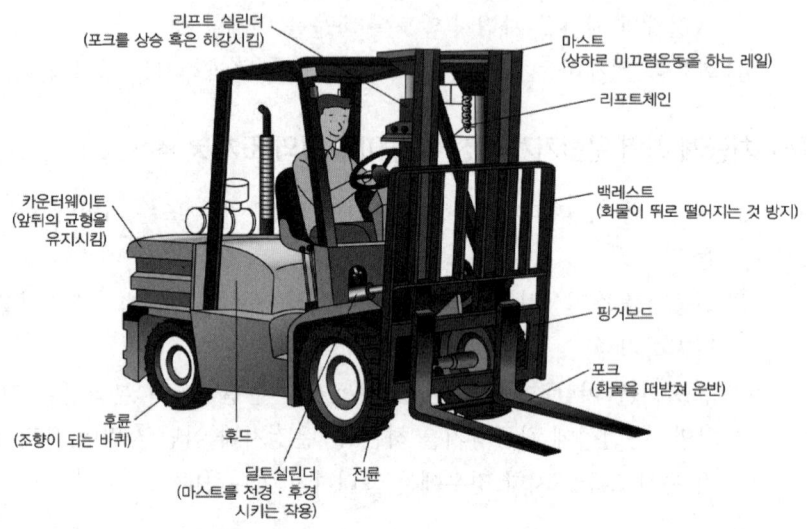

(1) 방호장치 ✿✿

① 헤드가드 : 지게차에는 최대하중의 2배(4톤을 넘는 값에 대해서는 4톤으로 한다)에 해당하는 등분포정하중(等分布靜荷重)에 견딜 수 있는 강도의 헤드가드를 설치하여야 한다.

② 백레스트 : 지게차에는 포크에 적재된 화물이 마스트의 뒤쪽으로 떨어지는 것을 방지하기 위한 백레스트(backrest)를 설치하여야 한다.

③ 전조등, 후미등 : 지게차에는 7천5백칸델라 이상의 광도를 가지는 전조등, 2칸델라 이상의 광도를 가지는 후미등을 설치하여야 한다.

④ 안전벨트 : 다음 각 호의 요건에 적합한 안전벨트를 설치하여야 한다.
- 「산업표준화법에 따라 인증을 받은 제품」, 「품질경영 및 공산품 안전관리법」에 따라 안전인증을 받은 제품, 국제적으로 인정되는 규격에 따른 제품 또는 국토해양부 장관이 이와 동등 이상이라고 인정하는 제품일 것
- 사용자가 쉽게 잠그고 풀 수 있는 구조일 것

(2) 설치방법 ✿✿

헤드가드	① 상부 틀의 각 개구의 폭 또는 길이는 16센티미터 미만일 것 ② 운전자가 앉아서 조작하거나 서서 조작하는 지게차의 헤드가드는 한국산업표준에서 정하는 높이 기준 이상일 것 (좌식 : 903mm 이상, 입식 : 1,905mm 이상)
백레스트	① 외부충격이나 진동 등에 의해 탈락 또는 파손되지 않도록 견고하게 부착할 것 ② 최대하중을 적재한 상태에서 마스트가 뒤쪽으로 경사지더라도 변형 또는 파손이 없을 것
전조등	① 좌우에 1개씩 설치할 것 ② 등광색은 백색으로 할 것 ③ 점등 시 차체의 다른 부분에 의하여 가려지지 아니할 것
후미등	① 지게차 뒷면 양쪽에 설치할 것 ② 등광색은 적색으로 할 것 ③ 지게차 중심선에 대하여 좌우대칭이 되게 설치할 것 ④ 등화의 중심점을 기준으로 외측의 수평각 45도에서 볼 때에 투영면적이 12.5제곱센티미터 이상일 것

(3) 지게차의 안전기준

1) 사업주는 전조등과 후미등을 갖추지 아니한 지게차를 사용해서는 아니 된다. 다만, 작업을 안전하게 수행하기 위하여 필요한 조명이 확보되어 있는 장소에서 사용하는 경우에는 그러하지 아니하다.

2) 사업주는 지게차 작업 중 근로자와 충돌할 위험이 있는 경우에는 지게차에 후진경보기와 경광등을 설치하거나 후방감지기를 설치하는 등 후방을 확인할 수 있는 조치를 해야 한다.

3) 사업주는 적합한 헤드가드(head guard)를 갖추지 아니한 지게차를 사용해서는 아니 된다. 다만, 화물의 낙하에 의하여 지게차의 운전자에게 위험을 미칠 우려가 없는 경우에는 그러하지 아니하다.

4) 사업주는 백레스트(backrest)를 갖추지 아니한 지게차를 사용해서는 아니 된다. 다만, 마스트의 후방에서 화물이 낙하함으로써 근로자가 위험해질 우려가 없는 경우에는 그러하지 아니하다.

5) 사업주는 지게차에 의한 하역 운반작업에 사용하는 팔레트(pallet) 또는 스키드(skid)는 다음 각 호에 해당하는 것을 사용하여야 한다.
   ① 적재하는 화물의 중량에 따른 충분한 강도를 가질 것
   ② 심한 손상·변형 또는 부식이 없을 것

합격의 key

문제

하물 중량이 200kg, 지게차의 중량이 400kg, 앞바퀴에서 하물의 중심까지의 최단 거리가 1m이면 지게차가 안정되기 위한 앞바퀴에서 지게차의 중심까지의 최단 거리는?
㉮ 0.2m 초과
㉯ 0.5m 초과
㉰ 1m 초과
㉱ 3m 이상

[해설]
W×a < G×b
(W : 화물 중량
 a : 앞바퀴 – 화물 중심까지 거리
 G : 지게차 자체 중량
 b : 앞바퀴 – 차 중심까지 거리)

200 × 1 < 400 × b
∴ b > 0.5m

정답 ㉯

---

6) 사업주는 앞에서 조작하는 방식의 지게차를 운전하는 근로자에게 좌석 안전띠를 착용하도록 하여야 한다.

(4) 지게차에 의한 사고 유형
① 주행 시 지게차와 작업자의 충돌(가장 많다)
② 화물의 낙하
③ 지게차의 전도, 전락

(5) 지게차 안전조건
① 지게차가 전도되지 않고 안정되기 위해서는 물체의 모멘트 ($M_1 = W \times a$)보다 지게차의 모멘트($M_2 = G \times b$)가 더 커야 한다.

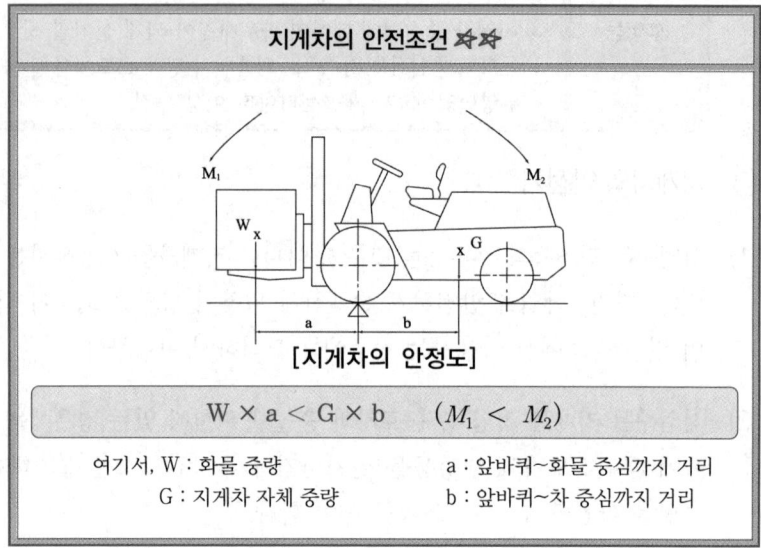

[지게차의 안정도]

$$W \times a < G \times b \quad (M_1 < M_2)$$

여기서, W : 화물 중량   a : 앞바퀴~화물 중심까지 거리
       G : 지게차 자체 중량   b : 앞바퀴~차 중심까지 거리

② **전 경사각** : 마스터의 수직 위치에서 앞으로 기울인 경우 최대 경사각 5~6°
③ **후 경사각** : 마스터의 수직 위치에서 뒤로 기울인 경우 최대 경사각 10~12°

(6) 지게차 작업 시의 안정도 ✦✦

안정도	지게차의 상태
하역작업 시의 전·후 안정도 : 4% 이내(5t 이상 : 3.5%)	(위에서 본 경우)
주행 시의 전·후 안정도 : 18% 이내	
하역작업 시의 좌·우 안정도 : 6% 이내	(밑에서 본 경우)
주행 시의 좌·우 안정도 : (15+1.1V)% 이내 최대 40%(V : 최고속도 km/h)	

안정도 = $\dfrac{h}{l} \times 100(\%)$

(7) 지게차 운전 중 주의 사항 ✦

① 정해진 하중 및 높이를 초과하여 적재를 금지한다.
② 운전자 이외에는 절대 탑승을 금지한다.
③ 급격한 후퇴를 피해야 한다.
④ 정해진 구역 외는 운전을 금지한다.
⑤ 견인 시 견인봉을 사용한다.
⑥ 짐을 싣고 비탈길을 내려갈 때에는 후진한다.

(8) 지게차의 작업 시작 전 점검 사항

지게차의 작업 시작 전 점검 ✦✦✦

① 하역장치 및 유압장치 기능의 이상 유무
② 제동장치 및 조종장치 기능의 이상 유무
③ 바퀴의 이상 유무
④ 전조등, 후미등, 방향지시기, 경보장치 기능의 이상 유무

참고

1. 지게차는 지면에서 중심선이 지면의 기울어진 방향과 평행할 경우 앞이나 뒤로 넘어지지 아니하여야 한다.
   (1) 지게차의 최대하중 상태에서 쇠스랑을 가장 높이 올린 경우 기울기가 100분의 4(4%) [지게차의 최대하중이 5톤 이상인 경우에는 100분의 3.5(3.5%)]인 지면
   (2) 지게차의 기준 부하상태에서 주행할 경우 기울기가 100분의 18(18%)인 지면

2. 지게차는 지면에서 중심선이 지면의 기울어진 방향과 직각으로 교차할 경우 옆으로 넘어지지 아니하여야 한다.
   (1) 지게차의 최대하중 상태에서 쇠스랑을 가장 높이 올리고 마스트를 가장 뒤로 기울인 경우 기울기가 100분의 6(6%)인 지면
   (2) 지게차의 기준 무부하 상태에서 주행할 경우 구배가 지게차의 최고 주행속도에 1.1을 곱한 후 15를 더한 값인 지면. 다만, 규격이 5,000킬로그램 미만인 경우에는 최대 기울기가 100분의 50, 5,000킬로그램 이상인 경우에는 최대 기울기가 100분의 40인 지면을 말한다.

③ 구내 운반차

(1) 제동장치

구내 운반차를 사용하는 경우에 다음 각 호의 사항을 준수해야 한다.

① 주행을 제동하고 또한 정지 상태를 유지하기 위하여 유효한 제동장치를 갖출 것
② 경음기를 갖출 것
③ 운전석이 차 실내에 있는 것은 좌우에 한 개씩 방향지시기를 갖출 것
④ 전조등과 후미등을 갖출 것. 다만, 작업을 안전하게 하기 위하여 필요한 조명이 있는 장소에서 사용하는 구내 운반차에 대해서는 그러하지 아니하다.
⑤ 구내 운반차가 후진 중에 주변의 근로자 또는 차량계 하역운반기계 등과 충돌할 위험이 있는 경우에는 구내 운반차에 후진 경보기와 경광등을 설치할 것

(2) 구내 운반차의 작업 시작 전 점검 사항

구내 운반차의 작업 시작 전 점검 ☆☆☆
① 제동장치 및 조종장치 기능의 이상 유무 ② 하역장치 및 유압장치 기능의 이상 유무 ③ 바퀴의 이상 유무 ④ 전조등·후미등·방향지시기 및 경음기 기능의 이상 유무 ⑤ 충전장치를 포함한 홀더 등의 결합상태의 이상 유무

④ 고소작업대

[고소작업대]

(1) 고소작업대를 설치하는 때에는 다음 각 호에 해당하는 것을 설치하여야 한다.

① 작업대를 와이어로프 또는 체인으로 상승 또는 하강시킬 때에는 와이어로프 또는 체인이 끊어져 작업대가 낙하하지 아니하는 구조이어야 하며, 와이어로프 또는 체인의 안전율은 5 이상일 것
② 작업대를 유압에 의하여 상승 또는 하강시킬 때에는 작업대를 일정한 위치에 유지할 수 있는 장치를 갖추고 압력의 이상 저하를 방지할 수 있는 구조일 것
③ 권과방지장치를 갖추거나 압력의 이상 상승을 방지할 수 있는 구조일 것
④ 붐의 최대 지면 경사각을 초과 운전하여 전도되지 않도록 할 것
⑤ 작업대에 정격하중(안전율 5 이상)을 표시할 것
⑥ 작업대에 끼임·충돌 등 재해를 예방하기 위한 가드 또는 과상승 방지장치를 설치할 것
⑦ 조작반의 스위치는 눈으로 확인할 수 있도록 명칭 및 방향 표시를 유지할 것

(2) 고소작업대를 설치하는 때에는 다음 각 호의 사항을 준수하여야 한다.

① 바닥과 고소작업대는 가능한 한 수평을 유지하도록 할 것
② 갑작스러운 이동을 방지하기 위하여 아웃트리거(outrigger) 또는 브레이크 등을 확실히 사용할 것

(3) 사업주는 고소작업대를 이동하는 때에는 다음 각 호의 사항을 준수하여야 한다.

① 작업대를 가장 낮게 하강시킬 것
② 작업자를 태우고 이동하지 말 것. 다만, 이동 중 전도 등의 위험예방을 위하여 유도하는 사람을 배치하고 짧은 구간을 이동하는 경우에는 작업대를 가장 낮게 내린 상태에서 작업자를 태우고 이동할 수 있다.
③ 이동통로의 요철상태 또는 장애물의 유무 등을 확인할 것

(4) 고소작업대를 사용하는 때에는 다음 각 호의 사항을 준수하여야 한다.

① 작업자가 안전모·안전대 등의 보호구를 착용하도록 할 것
② 관계자 외의 자가 작업구역 내에 들어오는 것을 방지하기 위하여 필요한 조치를 할 것
③ 안전한 작업을 위하여 적정수준의 조도를 유지할 것
④ 전로(電路)에 근접하여 작업을 하는 때에는 작업감시자를 배치하는 등 감전사고를 방지하기 위하여 필요한 조치를 할 것
⑤ 작업대를 정기적으로 점검하고 붐·작업대 등 각 부위의 이상 유무를 확인할 것
⑥ 전환 스위치는 다른 물체를 이용하여 고정하지 말 것
⑦ 작업대는 정격하중을 초과하여 물건을 싣거나 탑승하지 말 것
⑧ 작업대의 붐대를 상승시킨 상태에서 탑승자는 작업대를 벗어나지 말 것. 다만, 작업대에 안전대 부착 설비를 설치하고 안전대를 연결하였을 때에는 그러하지 아니하다.

(5) 악천후 시 작업 중지 ✿

비·눈 그 밖의 기상상태의 불안정으로 인하여 날씨가 몹시 나쁠 때에 10미터 이상의 높이에서 고소작업대를 사용함에 있어 근로자에게 위험을 미칠 우려가 있는 때에는 작업을 중지하여야 한다.

(6) 고소작업대의 작업 시작 전 점검 사항

고소작업대의 작업 시작 전 점검 ✿✿✿
① 비상정지장치 및 비상 하강 방지장치 기능의 이상 유무
② 과부하방지장치의 작동 유무(와이어로프 또는 체인 구동 방식의 경우)
③ 아웃트리거 또는 바퀴의 이상 유무
④ 작업면의 기울기 또는 요철 유무

5 화물자동차

(1) 승강 설비의 설치
바닥으로부터 짐 윗면까지의 높이가 2미터 이상인 화물자동차에 짐을 싣는 작업 또는 내리는 작업을 하는 때에는 추락에 의한 근로자의 위험을 방지하기 위하여 근로자가 바닥과 적재함의 짐 윗면과의 사이를 안전하게 상승 또는 하강하기 위한 설비를 설치하여야 한다.

(2) 섬유로프 등의 점검
사업주는 섬유로프 등을 화물자동차의 짐 걸이에 사용하는 때에는 당해 작업 시작 전에 다음의 조치를 하여야 한다.
① 작업순서 및 작업순서마다 작업방법을 결정하고 작업을 직접 지휘하는 일
② 기구 및 공구를 점검하고 불량품을 제거하는 일
③ 해당 작업을 하는 장소에 관계 근로자가 아닌 사람의 출입을 금지하는 일
④ 로프 풀기 작업 및 덮개 벗기기 작업을 하는 경우에는 적재함의 화물에 낙하 위험이 없음을 확인한 후에 해당 작업의 착수를 지시하는 일

(3) 화물자동차 작업 시작 전 점검 사항

화물자동차의 작업 시작 전 점검 ☆☆☆
① 제동 장치 및 조종 장치의 기능
② 하역 장치 및 유압 장치의 기능
③ 바퀴의 이상 유무

6 컨베이어

(1) 컨베이어의 종류
① 벨트 컨베이어(belt conveyor)
② 체인 컨베이어(chain conveyor)
③ 스크루 컨베이어(screw conveyor)
④ 버킷 컨베이어(bucket conveyor)
⑤ 롤러 컨베이어(roller conveyor)
⑥ 슬랫 컨베이어(slat conveyor)
⑦ 플라이트 컨베이어(flight conveyor)
⑧ 트롤리 컨베이어(trolley conveyor)
⑨ 유체(流體) 컨베이어(fluid conveyor)

참고

벨트 컨베이어	고무·직물·철망·강판 등으로 만들어진 벨트를 순환시켜서 그 위에 물건을 올려 놓고 연속으로 운반하는 장치이다.
스크루 컨베이어 (나사 컨베이어)	원통형 또는 단면의 아래쪽 반이 반원형인 물통 모양의 외곽 속에 나사를 넣고, 이 나사를 회전시켜서 물건을 나사의 날개에 따라 이동시키는 장치이다.
버킷 컨베이어	쇠사슬이나 벨트에 버킷(bucket)을 여러 개 달고 회전시켜서 버킷에 재료를 담아 낮은 곳에서 높은 곳으로 석탄·모래·자갈·곡물과 같은 것을 운반하는 장치이다.
체인 컨베이어	쇠사슬 위에 물건을 직접 올려 놓거나, 또는 쇠사슬에 매달린 용기(容器)에 물건을 담아 쇠사슬을 이용하여 운반하는 장치이다.

(2) 컨베이어의 방호장치 ✦✦✦

① 이탈 등의 방지장치

컨베이어 등을 사용하는 때에는 정전·전압강하 등에 의한 화물 또는 운반구의 이탈 및 역주행을 방지하는 장치를 갖추어야 한다. (다만, 무동력상태 또는 수평 상태로만 사용하여 근로자가 위험해질 우려가 없는 경우에는 그러하지 아니하다)

② 비상정지장치

컨베이어 등에 근로자의 신체의 일부가 말려드는 등 근로자에게 위험을 미칠 우려가 있는 때 및 비상시에는 즉시 컨베이어 등의 운전을 정지시킬 수 있는 장치를 설치하여야 한다. (다만, 무동력상태로만 사용하여 근로자가 위험해질 우려가 없는 경우에는 그러하지 아니하다)

③ 덮개, 울의 설치

컨베이어 등으로부터 화물이 떨어져 근로자가 위험해질 우려가 있는 경우에는 해당 컨베이어 등에 덮개 또는 울을 설치하는 등 낙하 방지를 위한 조치를 하여야 한다.

> ⓘ 기출
> * 역회전 방지장치 형식
>   ① 라쳇휠식
>   ② 웜기어식
>   ③ 벤드식 브레이크
>   ④ 전기 브레이크 (슬러스트 브레이크)
>   ⑤ 롤러휠식

> 참고
> 작업구역 및 통행구역에서 다음의 부위에는 덮개, 울, 물림보호물(nip guard), 감응형 방호장치(광전자식, 안전매트 등) 등을 설치해야 한다.
> ① 컨베이어의 동력전달 부분
> ② 컨베이어 벨트, 풀리, 롤러, 체인, 스프라켓, 스크류 등
> ③ 호퍼, 슈트의 개구부 및 장력 유지장치
> ④ 기타 가동부분과 정지부분 또는 다른 물건 사이 틈 등 작업자에게 위험을 미칠 우려가 있는 부분. 다만, 그 틈이 5mm 이내인 경우에는 예외로 할 수 있다.
> ⑤ 운반되는 재료 또는 컨베이어가 화상 등을 일으킬 수 있는 구간. 다만, 이 경우 덮개나 울을 설치해야 한다.

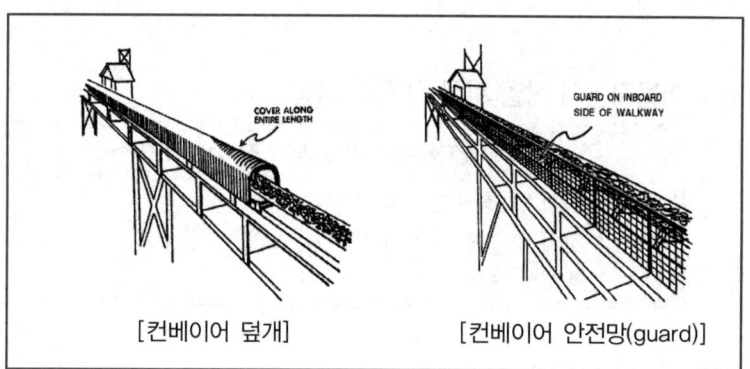

[컨베이어 덮개]　　　[컨베이어 안전망(guard)]

(3) 건널다리의 설치 ✦

운전 중인 컨베이어 등의 위로 근로자를 넘어가도록 하는 때에는 위험을 방지하기 위하여 건널다리를 설치하는 등 필요한 조치를 하여야 한다.

(4) 통행의 제한

동일 선상에 구간별 설치된 컨베이어에 중량물을 운반하는 경우에는 중량물 충돌에 대비한 스토퍼를 설치하거나 작업자 출입을 금지하여야 한다.

(5) 컨베이어 작업 시작 전 점검사항

컨베이어의 작업 시작 전 점검 ✧✧✧
① 원동기 및 풀리기능의 이상 유무 ② 이탈 등의 방지장치기능의 이상 유무 ③ 비상정지장치 기능의 이상 유무 ④ 원동기·회전축·기어 및 풀리 등의 덮개 또는 울 등의 이상 유무

7 차량계 건설기계

(1) 차량계 건설기계의 정의

"차량계 건설기계"라 함은 동력원을 사용하여 특정되지 아니한 장소로 스스로 이동이 가능한 건설기계로서 [별표]에 정한 기계를 말한다.

[별표]

차량계 건설기계

1. 도저형 건설기계(불도저, 스트레이트도저, 틸트도저, 앵글도저, 버킷도저 등)
2. 모터그레이더(motor grader, 땅 고르는 기계)
3. 로더(포크 등 부착물 종류에 따른 용도 변경 형식을 포함한다)
4. 스크레이퍼(scraper, 흙을 절삭·운반하거나 펴 고르는 등의 작업을 하는 토공기계)
5. 크레인형 굴착기계(크램쉘, 드래그라인 등)
6. 굴착기(브레이커, 크러셔, 드릴 등 부착물 종류에 따른 용도 변경 형식을 포함한다)
7. 항타기 및 항발기
8. 천공용 건설기계(어스드릴, 어스오거, 크롤러드릴, 점보드릴 등)
9. 지반 압밀침하용 건설기계(샌드드레인머신, 페이퍼드레인머신, 팩드레인머신 등)
10. 지반 다짐용 건설기계(타이어롤러, 매커덤롤러, 탠덤롤러 등)
11. 준설용 건설기계(버킷준설선, 그래브준설선, 펌프준설선 등)
12. 콘크리트 펌프카
13. 덤프트럭
14. 콘크리트 믹서 트럭
15. 도로포장용 건설기계(아스팔트 살포기, 콘크리트 살포기, 아스팔트 피니셔, 콘크리트 피니셔 등)
16. 제1호부터 제15호까지와 유사한 구조 또는 기능을 갖는 건설기계로서 건설 작업에 사용하는 것

합격의 key

비교
* 차량계 하역 운반기계의 넘어짐(전도) 방지 조치
① 지반의 부동침하 방지
② 갓길의 붕괴 방지
③ 유도자 배치

비교
* 차량계 하역운반 운전자 운전 위치 이탈 시의 조치
① 포크, 버킷, 디퍼 등의 장치를 가장 낮은 위치 또는 지면에 내려둘 것
② 원동기를 정지시키고 브레이크를 확실히 거는 등 갑작스러운 이동을 방지하기 위한 조치를 할 것
③ 운전석을 이탈하는 경우에는 시동키를 운전대에서 분리시킬 것. 다만, 운전석에 잠금장치를 하는 등 운전자가 아닌 사람이 운전하지 못하도록 조치한 경우에는 그러하지 아니하다.

(2) 낙하물 보호구조의 설치 ✖

사업주는 토사 등이 떨어질 우려가 있는 등 위험한 장소에서 차량계 건설기계[불도저, 트랙터, 굴착기, 로더, 스크레이퍼, 덤프트럭, 모터 그레이더, 롤러, 천공기, 항타기 및 항발기로 한정한다]를 사용하는 경우에는 해당 차량계 건설기계에 견고한 낙하물 보호구조를 갖춰야 한다.

(3) 차량계 건설기계 넘어짐(전도) 등의 방지 ✖✖

① 지반의 부동침하방지
② 갓길의 붕괴방지
③ 유도하는 자 배치
④ 도로의 폭의 유지

(4) 차량계 건설기계 운전 위치 이탈 시의 조치 ✖✖

① 포크, 버킷, 디퍼 등의 장치를 가장 낮은 위치 또는 지면에 내려둘 것
② 원동기를 정지시키고 브레이크를 확실히 거는 등 갑작스러운 이동을 방지하기 위한 조치를 할 것
③ 운전석을 이탈하는 경우에는 시동키를 운전대에서 분리시킬 것. 다만, 운전석에 잠금장치를 하는 등 운전자가 아닌 사람이 운전하지 못하도록 조치한 경우에는 그러하지 아니하다.

(5) 붐 등의 강하에 의한 위험의 방지

차량계 건설기계의 붐·암 등을 올리고 그 밑에서 수리·점검 작업 등을 하는 때에는 붐·암 등이 갑자기 내려옴으로써 발생하는 위험을 방지하기 위하여 해당 작업에 종사하는 근로자에게 안전지지대 또는 안전블록 등을 사용하도록 하여야 한다.

(6) 수리 등의 작업 시 조치

차량계 건설기계의 수리 또는 부속 장치의 장착 및 제거 작업을 하는 때에는 해당 작업을 지휘하는 지휘자를 지정하여 다음 각 호의 사항을 준수하도록 하여야 한다.

① 작업순서를 결정하고 작업을 지휘할 것
② 안전지지대 또는 안전블록 등의 사용상황 등을 점검할 것

8 항타기, 항발기

(1) 항타기 또는 항발기의 무너짐을 방지하기 위한 준수사항(무너짐 방지 조치) ✈

① 연약한 지반에 설치하는 경우에는 아웃트리거·받침 등 지지구조물의 침하를 방지하기 위하여 깔판·받침목 등을 사용할 것
② 시설 또는 가설물 등에 설치하는 때에는 그 내력을 확인하고 내력이 부족한 때에는 그 내력을 보강할 것
③ 아웃트리거·받침 등 지지구조물이 미끄러질 우려가 있는 때에는 말뚝 또는 쐐기 등을 사용하여 해당 지지구조물을 고정시킬 것
④ 궤도 또는 차로 이동하는 항타기 또는 항발기에 대하여는 불시에 이동하는 것을 방지하기 위하여 레일클램프 및 쐐기 등으로 고정시킬 것
⑤ 상단 부분은 버팀대·버팀줄로 고정하여 안정시키고, 그 하단 부분은 견고한 버팀·말뚝 또는 철골 등으로 고정시킬 것

(2) 권상용 와이어로프의 길이

① 항타기 또는 항발기의 권상용 와이어로프의 안전계수가 5 이상이 아니면 이를 사용하여서는 아니 된다. ✈
② 권상용 와이어로프는 추 또는 해머가 최저의 위치에 있을 때 또는 널말뚝을 빼어내기 시작한 때를 기준으로 하여 권상장치의 드럼에 적어도 2회 감기고 남을 수 있는 충분한 길이일 것
③ 권상용 와이어로프는 권상장치의 드럼에 클램프·클립등을 사용하여 견고하게 고정할 것
④ 항타기의 권상용 와이어로프에서 추·해머 등과의 연결은 클램프·클립 등을 사용하여 견고하게 할 것
⑤ 클램프·클립 등은 한국산업표준 제품이거나 한국산업표준이 없는 제품의 경우에는 이에 준하는 규격을 갖춘 제품을 사용할 것

(3) 도르래의 위치

① 항타기나 항발기에 도르래나 도르래 뭉치를 부착하는 경우에는 부착부가 받는 하중에 의하여 파괴될 우려가 없는 브라켓·샤클 및 와이어로프 등으로 견고하게 부착하여야 한다.
② 항타기 또는 항발기의 권상장치의 드럼축과 권상장치로부터 첫 번째 도르래의 축과의 거리를 권상장치의 드럼 폭의 15배 이상으로 하여야 한다. ✈

③ 도르래는 권상장치의 드럼의 중심을 지나야 하며 축과 수직면상에 있어야 한다. ✄

(4) 항타기, 항발기 조립하는 때 점검 사항 ✄
① 본체 연결부의 풀림 또는 손상의 유무
② 권상용 와이어로프·드럼 및 도르래의 부착상태의 이상 유무
③ 권상장치의 브레이크 및 쐐기 장치 기능의 이상 유무
④ 권상기의 설치 상태의 이상 유무
⑤ 리더(leader)의 버팀 방법 및 고정상태의 이상 유무
⑥ 본체·부속장치 및 부속품의 강도가 적합한지 여부
⑦ 본체·부속장치 및 부속품에 심한 손상·마모·변형 또는 부식이 있는지 여부

(5) 항타기 또는 항발기를 조립하거나 해체하는 경우 준수사항
① 항타기 또는 항발기에 사용하는 권상기에 쐐기장치 또는 역회전방지용 브레이크를 부착할 것
② 항타기 또는 항발기의 권상기가 들리거나 미끄러지거나 흔들리지 않도록 설치할 것
③ 그 밖에 조립·해체에 필요한 사항은 제조사에서 정한 설치·해체 작업 설명서에 따를 것

(6) 항타기, 항발기 사용 시의 조치
① 증기나 압축공기를 동력원으로 하는 항타기나 항발기를 사용하는 경우에는 다음 각 호의 사항을 준수하여야 한다.
  - 해머의 운동에 의하여 증기호스 또는 공기호스와 해머의 접속부가 파손되거나 벗겨지는 것을 방지하기 위하여 그 접속부가 아닌 부위를 선정하여 증기호스 또는 공기호스를 해머에 고정시킬 것
  - 증기나 공기를 차단하는 장치를 해머의 운전자가 쉽게 조작할 수 있는 위치에 설치할 것
② 항타기나 항발기의 권상장치의 드럼에 권상용 와이어로프가 꼬인 경우에는 와이어로프에 하중을 걸어서는 아니 된다.
③ 항타기나 항발기의 권상장치에 하중을 건 상태로 정지하여 두는 경우에는 쐐기장치 또는 역회전방지용 브레이크를 사용하여 제동하는 등 확실하게 정지시켜 두어야 한다.

05 양중기

> **주/요/내/용 알/고/가/기**
>
> 1. 양중기의 종류 및 방호장치
> 2. 타워크레인 작업계획서 포함사항
> 3. 악천후 시 조치
> 4. 작업 시작 전 점검
> 5. 와이어로프의 안전계수
> 6. 와이어로프, 달기체인, 섬유로프의 사용금지 대상
> 7. 와이어로프의 안전율 계산

1 양중기

양중기란 동력을 사용하여 화물, 사람 등을 운반하는 기계, 설비를 말하며, 크레인, 이동식 크레인, 리프트, 곤돌라, 승강기 등이 있다.

(1) 양중기의 종류(산업안전보건법 기준)

양중기의 종류 ✿✿✿
① 크레인[호이스트(hoist)를 포함한다]
② 이동식 크레인
③ 리프트(이삿짐운반용 리프트의 경우에는 적재하중이 0.1톤 이상인 것으로 한정한다)
④ 곤돌라
⑤ 승강기

(2) 크레인

"크레인"이란 동력을 사용하여 중량물을 매달아 상하 및 좌우로 운반하는 것을 목적으로 하는 기계 또는 기계장치를 말하며, "호이스트"란 훅이나 그 밖의 달기구 등을 사용하여 화물을 권상 및 횡행 또는 권상 동작만을 하여 양중하는 것을 말한다.

[크레인의 종류 및 특징]

드레그 크레인 (drag crane)	① 크레인 선회 부분을 고무 타이어의 트럭 위에 장치한 기계를 말한다. ② 연약지 작업이 불가능하나 기동성이 크고 미세한 인칭(inching)이 가능하다. ③ 고층 건물의 철골 조립, 자재의 적재, 운반, 항만 하역 작업 등에 사용한다.
휠 크레인 (wheel crane)	① 크롤러 크레인의 크롤러 대신 차륜을 장치한 것으로서 드레그 크레인보다 소형이며, 모빌 크레인이라고도 한다. ② 공장과 같이 작업 범위가 제한되어 있는 장소나 고속 주행을 요할 경우에 적합하다.

◎기출

* 양중기의 표시 사항
양중기(승강기는 제외한다) 및 달기구를 사용하여 작업하는 운전자 또는 작업자가 보기 쉬운 곳에 해당 기계의 정격하중, 운전속도, 경고표시 등을 부착하여야 한다. 다만, 달기구는 정격하중만 표시한다.

크롤러 크레인 (crawler crane)	① 크롤러 셔블에 크레인 부속 장치를 설치한 것으로서 안정성이 높으며 다목적이다. ② 고르지 못한 지형이나 연약 지반에서의 작업, 좁은 장소나 습지대 등에서도 작업이 가능하다.
케이블 크레인 (cable crane)	① 타워(tower)에 케이블을 쳐서 트롤리를 달아 운반물을 달아 올리는 기계이다. ② 댐 공사 등에서 콘크리트나 자재 운반 시에 이용한다.
천장주행 크레인	① 천장형 크레인에 주행 레일을 설치하여 이동하도록 한 기계이다. ② 콘크리트 빔의 제작이나 가공 현장 등에서 사용한다.
타워 크레인 (tower crane)	① 360° 회전이 가능하다. ② 주로 높이를 필요로 하는 건축 현장이나 빌딩 고층화 등에 사용한다.

*적용 제외
　이동식 크레인, 데릭, 엘리베이터, 간이 엘리베이터, 건설용 리프트는 크레인에 적용하지 않는다.

(3) 이동식 크레인

"이동식 크레인"이란 원동기를 내장하고 있는 것으로서 불특정 장소에 스스로 이동할 수 있는 크레인으로 동력을 사용하여 중량물을 매달아 상하 및 좌우로 운반하는 설비로서 기중기 또는 화물·특수자동차의 작업부에 탑재하여 화물운반 등에 사용하는 기계 또는 기계장치를 말한다.

(4) 리프트

"리프트"란 동력을 사용하여 사람이나 화물을 운반하는 것을 목적으로 하는 기계 설비를 말한다.

[리프트의 종류 및 특징]

건설용 리프트	동력을 사용하여 가이드레일(운반구를 지지하여 상승 및 하강 동작을 안내하는 레일)을 따라 상하로 움직이는 운반구를 매달아 사람이나 화물을 운반할 수 있는 설비 또는 이와 유사한 구조 및 성능을 가진 것으로 건설 현장에서 사용하는 것을 말한다.
산업용 리프트	동력을 사용하여 가이드레일을 따라 상하로 움직이는 운반구를 매달아 화물을 운반할 수 있는 설비 또는 이와 유사한 구조 및 성능을 가진 것으로 건설 현장 외의 장소에서 사용하는 것을 말한다.
자동차정비용 리프트	동력을 사용하여 가이드레일을 따라 움직이는 지지대로 자동차 등을 일정한 높이로 올리거나 내리는 구조의 리프트로서 자동차 정비에 사용하는 것을 말한다.
이삿짐운반용 리프트	연장 및 축소가 가능하고 끝단을 건축물 등에 지지하는 구조의 사다리형 붐에 따라 동력을 사용하여 움직이는 운반구를 매달아 화물을 운반하는 설비로서 화물자동차 등 차량 위에 탑재하여 이삿짐 운반 등에 사용하는 것을 말한다.

(5) 곤돌라

"곤돌라"란 달기발판 또는 운반구, 승강장치, 그 밖의 장치 및 이들에 부속된 기계부품에 의하여 구성되고, 와이어로프 또는 달기강선에 의하여 달기발판 또는 운반구가 전용 승강장치에 의하여 오르내리는 설비를 말한다.

(6) 승강기

"승강기"란 건축물이나 고정된 시설물에 설치되어 일정한 경로에 따라 사람이나 화물을 승강장으로 옮기는 데에 사용되는 설비로서 다음 각 목의 것을 말한다.

[승강기의 종류 및 특징]

승객용 엘리베이터	사람의 운송에 적합하게 제조·설치된 엘리베이터
승객화물용 엘리베이터	사람의 운송과 화물 운반을 겸용하는데 적합하게 제조·설치된 엘리베이터
화물용 엘리베이터	화물 운반에 적합하게 제조·설치된 엘리베이터로서 조작자 또는 화물취급자 1명은 탑승할 수 있는 것(적재용량이 300킬로그램 미만인 것은 제외한다)
소형화물용 엘리베이터	음식물이나 서적 등 소형 화물의 운반에 적합하게 제조·설치된 엘리베이터로서 사람의 탑승이 금지된 것
에스컬레이터	일정한 경사로 또는 수평로를 따라 위·아래 또는 옆으로 움직이는 디딤판을 통해 사람이나 화물을 승강장으로 운송시키는 설비

(7) 양중기의 방호장치

1) 다음 각 호의 양중기에 과부하방지장치, 권과방지장치(捲過防止裝置), 비상정지장치 및 제동장치, 그 밖의 방호장치[(승강기의 파이널 리미트 스위치(final limit switch), 조속기(調速機), 출입문 인터록(inter lock) 등을 말한다]가 정상적으로 작동될 수 있도록 미리 조정해 두어야 한다.

- 크레인
- 이동식 크레인
- 리프트
- 곤돌라
- 승강기

참고

* 과부하방지장치
① 양중기에 있어서 정격하중 이상의 하중이 부하되었을 경우 자동적으로 동작을 정지시켜 주는 방호장치를 말한다. ★
② 과부하방지장치는 정격하중의 1.1배 권상 시 경보와 함께 권상 동작이 정지되고 횡행과 주행동작이 불가능한 구조이어야 한다. 다만, 타워크레인은 정격하중의 1.05배 이내로 한다. ★
③ 과부하방지장치 작동 시 경보음과 경보램프가 작동되어야 하며 양중기는 작동이 되지 않아야 한다. 다만, 크레인은 과부하 상태 해지를 위하여 권상된 만큼 권하시킬 수 있다.
④ 과부하방지장치에는 정상동작 상태의 녹색 램프와 과부하 시 경고 표시를 할 수 있는 붉은색 램프와 경보음을 발하는 장치 등을 갖추어야 하며, 양중기 운전자가 확인할 수 있는 위치에 설치해야 한다.

2) 권과방지장치는 훅·버킷 등 달기구의 윗면(그 달기구에 권상용 도르래가 설치된 경우에는 권상용 도르래의 윗면)이 드럼, 상부 도르래, 트롤리프레임 등 권상장치의 아랫면과 접촉할 우려가 있는 경우에 그 간격이 0.25미터 이상[직동식(直動式) 권과방지장치는 0.05미터 이상으로 한다)]이 되도록 조정하여야 한다. ✄

3) 권과방지장치를 설치하지 않은 크레인에 대해서는 권상용 와이어로프에 위험표시를 하고 경보장치를 설치하는 등 권상용 와이어로프가 지나치게 감겨서 근로자가 위험해질 상황을 방지하기 위한 조치를 하여야 한다.

4) 리프트의 방호장치
   ① 리프트(자동차정비용 리프트는 제외한다)의 운반구 이탈 등의 위험을 방지하기 위하여 권과방지장치, 과부하방지장치, 비상정지장치 등을 설치하는 등 필요한 조치를 하여야 한다.
   ② 운반구의 내부에만 탑승 조작장치가 설치되어 있는 리프트를 사람이 탑승하지 아니한 상태로 작동하게 해서는 아니 된다. (무인작동의 제한)
   ③ 리프트 조작반(盤)에 잠금장치를 설치하는 등 관계 근로자가 아닌 사람이 리프트를 임의로 조작함으로써 발생하는 위험을 방지하기 위하여 필요한 조치를 하여야 한다.

5) 크레인의 방호장치
   ① 유압을 동력으로 사용하는 크레인의 과도한 압력상승을 방지하기 위한 안전밸브에 대하여 정격하중을 건 때의 압력 이하로 작동되도록 조정하여야 한다. (다만, 하중시험 또는 안전도 시험을 하는 경우 그러하지 아니하다)
   ② 훅걸이용 와이어로프 등이 훅으로부터 벗겨지는 것을 방지하기 위한 장치(해지장치)를 구비한 크레인을 사용하여야 하며, 그 크레인을 사용하여 짐을 운반하는 경우에는 해지장치를 사용하여야 한다.
   ③ 지브 크레인을 사용하여 작업을 하는 경우에 크레인 명세서에 적혀 있는 지브의 경사각(인양하중이 3톤 미만인 지브 크레인의 경우에는 제조한 자가 지정한 지브의 경사각)의 범위에서 사용하도록 하여야 한다.

> **참고**
> * 리프트의 안전조치
> 1. 피트 청소 시의 조치
> 리프트의 피트 등의 바닥을 청소하는 경우 운반구의 낙하에 의한 근로자의 위험을 방지하기 위하여 다음 각 호의 조치를 하여야 한다.
>   ① 승강로에 각재 또는 원목 등을 걸칠 것
>   ② 걸친 각재(角材) 또는 원목 위에 운반구를 놓고 역회전방지기가 붙은 브레이크를 사용하여 구동모터 또는 윈치(winch)를 확실하게 제동해 둘 것
> 2. 운반구의 정지 위치
> 리프트 운반구를 주행로 위에 달아 올린 상태로 정지시켜 두어서는 아니 된다.

④ 같은 주행로에 병렬로 설치되어 있는 주행 크레인의 수리·조정 및 점검 등의 작업을 하는 경우, 주행로 상이나 그 밖에 주행 크레인이 근로자와 접촉할 우려가 있는 장소에서 작업을 하는 경우 등에 주행 크레인끼리 충돌하거나 주행 크레인이 근로자와 접촉할 위험을 방지하기 위하여 감시인을 두고 주행로 상에 스토퍼(stopper)를 설치하는 등 위험 방지 조치를 하여야 한다.

⑤ 갠트리 크레인 등과 같이 작업장 바닥에 고정된 레일을 따라 주행하는 크레인의 새들(saddle) 돌출부와 주변 구조물 사이의 안전공간이 40센티미터 이상 되도록 바닥에 표시를 하는 등 안전공간을 확보하여야 한다. ✄

6) 이동식 크레인의 방호장치

① 유압을 동력으로 사용하는 이동식 크레인의 과도한 압력상승을 방지하기 위한 안전밸브에 대하여 최대의 정격하중을 건 때의 압력 이하로 작동되도록 조정하여야 한다. 다만, 하중시험 또는 안전도시험을 실시할 때에 시험 하중에 맞는 압력으로 작동될 수 있도록 조정한 경우에는 그러하지 아니하다.

② 이동식 크레인을 사용하여 하물을 운반하는 경우에는 해지장치를 사용하여야 한다.

③ 이동식 크레인을 사용하여 작업을 하는 경우 이동식 크레인 명세서에 적혀 있는 지브의 경사각(인양하중이 3톤 미만인 이동식 크레인의 경우에는 제조한 자가 지정한 지브의 경사각)의 범위에서 사용하도록 하여야 한다.

합격의 key

> **참고**
>
> 1. 다음 각 호의 양중기에 과부하방지장치, 권과방지장치(捲過防止裝置), 비상정지장치 및 제동장치, 그 밖의 방호장치[(승강기의 파이널 리미트 스위치(final limit switch), 조속기(調速機), 출입문 인터록(inter lock) 등을 말한다]가 정상적으로 작동될 수 있도록 미리 조정해 두어야 한다.
>   - 크레인
>   - 이동식 크레인
>   - 리프트
>   - 곤돌라
>   - 승강기
>
> 2. 리프트의 방호장치
> ① 리프트(자동차정비용 리프트는 제외한다)의 운반구 이탈 등의 위험을 방지하기 위하여 권과방지장치, 과부하방지장치, 비상정지장치 등을 설치하는 등 필요한 조치를 하여야 한다.
> ② 리프트 조작반(盤)에 잠금장치를 설치하는 등 관계 근로자가 아닌 사람이 리프트를 임의로 조작함으로써 발생하는 위험을 방지하기 위하여 필요한 조치를 하여야 한다.

주요 내용요약 — 양중기의 방호장치 ✿✿✿

크레인	• 과부하방지장치 • 권과방지장치(捲過防止裝置) • 비상정지장치 • 제동장치 <기타 방호장치> 훅의 해지장치 안전밸브(유압식)
이동식 크레인	• 과부하방지장치 • 권과방지장치(捲過防止裝置) • 비상정지장치 • 제동장치 <기타 방호장치> 훅의 해지장치 안전밸브(유압식)
리프트 (자동차정비용 리프트 제외)	• 권과방지장치 • 과부하방지장치 • 비상정지장치 • 제동장치 • 조작반(盤) 잠금장치
곤돌라	• 과부하방지장치 • 권과방지장치(捲過防止裝置) • 비상정지장치 • 제동장치
승강기	• 과부하방지장치 • 권과방지장치(捲過防止裝置) • 비상정지장치 • 제동장치 • 파이널리미트스위치 • 출입문인터록 • 속도조절기(조속기)

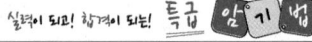

- **양중기 공통 방호장치** : 과부하방지장치, 권과방지장치, 비상정지장치, 제동장치
- **추가 설치**
  - **리프트(자동차정비용 제외)** : 조작반잠금장치
  - **승강기** : 파이널리미트스위치, 출입문인터록, 속도조절기(조속기)

참고

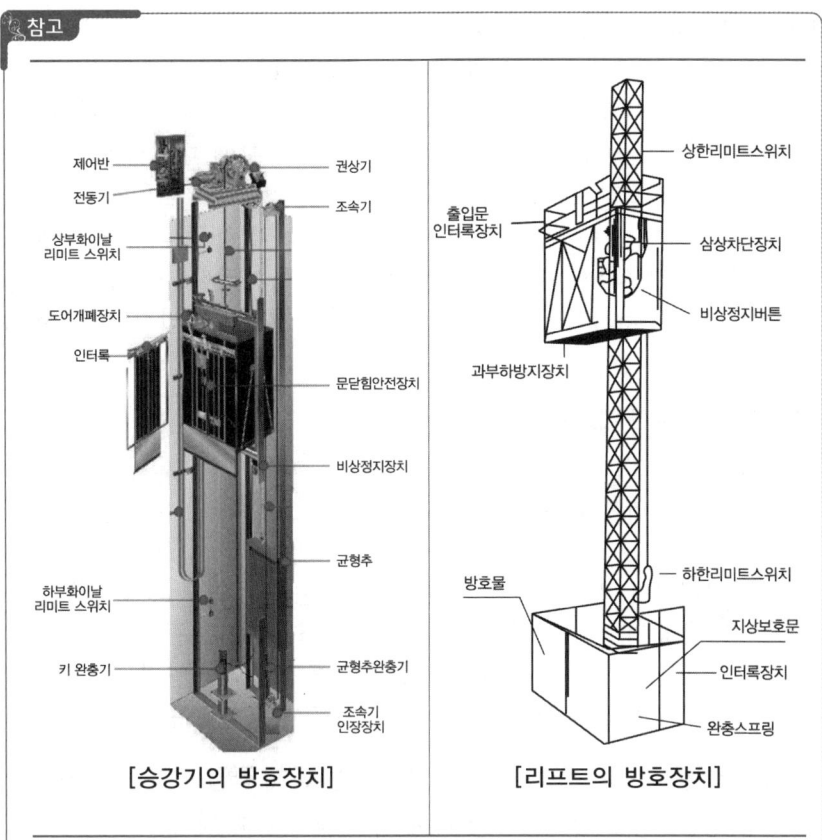

[승강기의 방호장치] [리프트의 방호장치]

[리프트의 방호장치]

(8) 크레인과 건설물 등과의 통로
① 주행 크레인 또는 선회 크레인과 건설물 또는 설비와의 사이에 통로를 설치하는 경우 그 폭을 0.6미터 이상으로 하여야 한다. 다만, 그 통로 중 건설물의 기둥에 접촉하는 부분에 대해서는 0.4미터 이상으로 할 수 있다. ✡
② 통로 또는 주행궤도 상에서 정비·보수·점검 등의 작업을 하는 경우 그 작업에 종사하는 근로자가 주행하는 크레인에 접촉될 우려가 없도록 크레인의 운전을 정지시키는 등 필요한 안전조치를 하여야 한다.

(9) 건설물 등의 벽체와 통로의 간격
다음 각 호의 간격을 0.3미터 이하로 하여야 한다. 다만, 근로자가 추락할 위험이 없는 경우에는 그 간격을 0.3미터 이하로 유지하지 아니할 수 있다. ✡
① 크레인의 운전실 또는 운전대를 통하는 통로의 끝과 건설물 등의 벽체의 간격
② 크레인 거더(girder)의 통로 끝과 크레인 거더의 간격
③ 크레인 거더의 통로로 통하는 통로의 끝과 건설물 등의 벽체의 간격

(10) 크레인의 설치·조립·수리·점검 또는 해체 작업 시의 조치사항 ✡
① 작업순서를 정하고 그 순서에 따라 작업을 할 것
② 작업을 할 구역에 관계 근로자가 아닌 사람의 출입을 금지하고 그 취지를 보기 쉬운 곳에 표시할 것
③ 비, 눈, 그 밖에 기상상태의 불안정으로 날씨가 몹시 나쁜 경우에는 그 작업을 중지시킬 것
④ 작업장소는 안전한 작업이 이루어질 수 있도록 충분한 공간을 확보하고 장애물이 없도록 할 것
⑤ 들어올리거나 내리는 기자재는 균형을 유지하면서 작업을 하도록 할 것
⑥ 크레인의 성능, 사용조건 등에 따라 충분한 응력(應力)을 갖는 구조로 기초를 설치하고 침하 등이 일어나지 않도록 할 것
⑦ 규격품인 조립용 볼트를 사용하고 대칭되는 곳을 차례로 결합하고 분해할 것

(11) 타워크레인 작업

타워크레인 작업계획서 포함사항 ✡✡
① 타워크레인의 종류 및 형식
② 설치·조립 및 해체순서
③ 작업 도구·장비·가설설비(假設設備) 및 방호설비
④ 작업 인원의 구성 및 작업근로자의 역할 범위
⑤ 타워크레인 지지방법

참고 | 타워크레인의 지지방법

사업주는 타워크레인을 자립고(自立高) 이상의 높이로 설치하는 경우 건축물 등의 벽체에 지지하도록 하여야 한다. 다만, 지지할 벽체가 없는 등 부득이한 경우에는 와이어로프에 의하여 지지할 수 있다.

(1) 타워크레인을 벽체에 지지하는 경우 다음 각 호의 사항을 준수하여야 한다.
① 서면심사에 관한 서류 또는 제조사의 설치작업설명서 등에 따라 설치할 것
② 서면심사 서류 등이 없거나 명확하지 아니한 경우에는 「국가기술자격법」에 따른 건축구조·건설기계·기계안전·건설안전기술사 또는 건설 안전분야 산업안전지도사의 확인을 받아 설치하거나 기종별·모델별 공인된 표준방법으로 설치할 것
③ 콘크리트구조물에 고정시키는 경우에는 매립이나 관통 또는 이와 같은 수준 이상의 방법으로 충분히 지지되도록 할 것
④ 건축 중인 시설물에 지지하는 경우에는 그 시설물의 구조적 안정성에 영향이 없도록 할 것

(2) 타워크레인을 와이어로프로 지지하는 경우 다음 각 호의 사항을 준수하여야 한다.
① 서면심사에 관한 서류 또는 제조사의 설치작업설명서 등에 따라 설치할 것 또는 서면심사 서류 등이 없거나 명확하지 아니한 경우에는 건축구조·건설기계·기계안전·건설안전기술사 또는 건설안전분야 산업안전지도사의 확인을 받아 설치하거나 기종별·모델별 공인된 표준방법으로 설치할 것
② 와이어로프를 고정하기 위한 전용 지지프레임을 사용할 것
③ 와이어로프 설치각도는 수평면에서 60도 이내로 하되, 지지점은 4개소 이상으로 하고, 같은 각도로 설치할 것
④ 와이어로프와 그 고정부위는 충분한 강도와 장력을 갖도록 설치하고, 와이어로프를 클립·샤클(shackle) 등의 고정기구를 사용하여 견고하게 고정시켜 풀리지 아니하도록 하며, 사용 중에는 충분한 강도와 장력을 유지하도록 할 것
⑤ 와이어로프가 가공전선(架空電線)에 근접하지 않도록 할 것

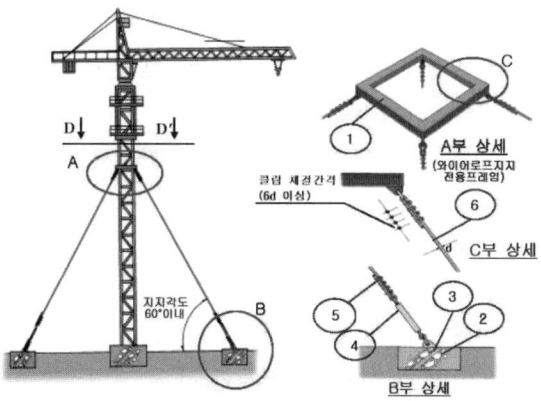

번호	품명	수량	비고
1	와이어 로프 지지전용 프레임	1	
2	기초고정 블럭	4	
3	샤클	8	
4	유압식 긴장장치	4	
5	와이어로프 클립	40	1개소당 최소 5개 이상

(12) 탑승의 제한

① 크레인을 사용하여 근로자를 운반하거나 근로자를 달아 올린 상태에서 작업에 종사시켜서는 아니 된다. (다만, 크레인에 전용 탑승설비를 설치하고 추락 위험을 방지하기 위하여 다음 각 호의 조치를 한 경우에는 그러하지 아니하다)

크레인에 전용 탑승설비를 설치하고 추락 위험을 방지하기 위하여 실시해야 할 조치
• 탑승설비가 뒤집히거나 떨어지지 않도록 필요한 조치를 할 것 • 안전대나 구명줄을 설치하고, 안전난간을 설치할 수 있는 구조이면 안전난간을 설치할 것 • 탑승설비를 하강시킬 때에는 동력하강방법으로 할 것

② 이동식 크레인을 사용하여 근로자를 운반하거나 근로자를 달아 올린 상태에서 작업에 종사시켜서는 아니 된다.

③ 내부에 비상정지장치·조작스위치 등 탑승 조작장치가 설치되어 있지 아니한 리프트의 운반구에 근로자를 탑승시켜서는 아니 된다. 다만, 리프트의 수리·조정 및 점검 등의 작업을 하는 경우로서 그 작업에 종사하는 근로자가 추락할 위험이 없도록 조치를 한 경우에는 그러하지 아니하다.

④ 자동차정비용 리프트에 근로자를 탑승시켜서는 아니 된다. 다만, 자동차정비용 리프트의 수리·조정 및 점검 등의 작업을 할 때에 그 작업에 종사하는 근로자가 위험해질 우려가 없도록 조치한 경우에는 그러하지 아니하다.

⑤ 곤돌라의 운반구에 근로자를 탑승시켜서는 아니 된다. 다만, 추락 위험을 방지하기 위하여 다음 각 호의 조치를 한 경우에는 그러하지 아니하다.
  • 운반구가 뒤집히거나 떨어지지 않도록 필요한 조치를 할 것
  • 안전대나 구명줄을 설치하고, 안전난간을 설치할 수 있는 구조인 경우이면 안전난간을 설치할 것

⑥ 소형화물용 엘리베이터에 근로자를 탑승시켜서는 아니 된다. 다만, 소형화물용 엘리베이터의 수리·조정 및 점검 등의 작업을 하는 경우에는 그러하지 아니하다.

⑦ 차량계 하역 운반기계(화물자동차는 제외한다)를 사용하여 작업을 하는 경우 승차석이 아닌 위치에 근로자를 탑승시켜서는 아니 된다. 다만, 추락 등의 위험을 방지하기 위한 조치를 한 경우에는 그러하지 아니하다.

⑧ 화물자동차 적재함에 근로자를 탑승시켜서는 아니 된다. 다만, 화물자동차에 울 등을 설치하여 추락을 방지하는 조치를 한 경우에는 그러하지 아니하다.
⑨ 운전 중인 컨베이어 등에 근로자를 탑승시켜서는 아니 된다. 다만, 근로자를 운반할 수 있는 구조를 갖춘 컨베이어 등으로서 추락·접촉 등에 의한 위험을 방지할 수 있는 조치를 한 경우에는 그러하지 아니하다.
⑩ 이삿짐운반용 리프트 운반구에 근로자를 탑승시켜서는 아니 된다. 다만, 이삿짐운반용 리프트의 수리·조정 및 점검 등의 작업을 할 때에 그 작업에 종사하는 근로자가 추락할 위험이 없도록 조치한 경우에는 그러하지 아니하다.
⑪ 전조등, 제동등, 후미등, 후사경 또는 제동장치가 정상적으로 작동되지 아니하는 이륜자동차에 근로자를 탑승시켜서는 아니 된다.

(13) 크레인 작업 시의 조치

1) 사업주는 크레인을 사용하여 작업을 하는 경우 다음 각 호의 조치를 준수하고, 그 작업에 종사하는 관계 근로자가 그 조치를 준수하도록 하여야 한다. ✮
   ① 인양할 하물(荷物)을 바닥에서 끌어당기거나 밀어내는 작업을 하지 아니할 것
   ② 유류드럼이나 가스통 등 운반 도중에 떨어져 폭발하거나 누출될 가능성이 있는 위험물 용기는 보관함(또는 보관고)에 담아 안전하게 매달아 운반할 것
   ③ 고정된 물체를 직접 분리·제거하는 작업을 하지 아니할 것
   ④ 미리 근로자의 출입을 통제하여 인양 중인 하물이 작업자의 머리 위로 통과하지 않도록 할 것
   ⑤ 인양할 하물이 보이지 아니하는 경우에는 어떠한 동작도 하지 아니할 것(신호하는 사람에 의하여 작업을 하는 경우는 제외한다)

2) 사업주는 조종석이 설치되지 아니한 크레인에 대하여 다음 각 호의 조치를 하여야 한다.
   ① 고용노동부장관이 고시하는 크레인의 제작기준과 안전기준에 맞는 무선원격제어기 또는 펜던트 스위치를 설치·사용할 것
   ② 무선원격제어기 또는 펜던트 스위치를 취급하는 근로자에게는 작동요령 등 안전조작에 관한 사항을 충분히 주지시킬 것

3) 사업주는 타워크레인을 사용하여 작업을 하는 경우 타워크레인마다 근로자와 조종 작업을 하는 사람 간에 신호업무를 담당하는 사람을 각각 두어야 한다.

합격의 key

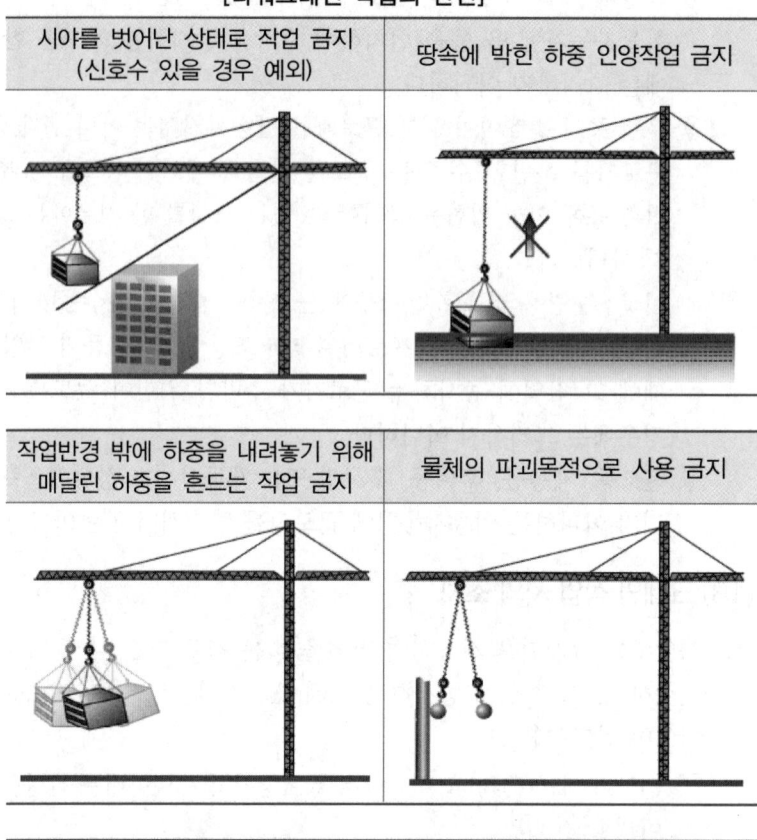

[타워크레인 작업의 안전]

(14) 악천후 시 조치

[타워크레인의 악천후 시 조치사항 ✿✿✿]

① 순간풍속이 매초당 10미터를 초과하는 경우	타워크레인의 설치·수리·점검 또는 해체작업을 중지
② 순간풍속이 매초당 15미터를 초과하는 경우	타워크레인의 운전 작업을 중지
③ 순간풍속이 초당 30미터를 초과하는 바람이 불거나 중진(中震) 이상 진도의 지진이 있은 후	옥외에 설치되어 있는 양중기를 사용하여 작업을 하는 경우 미리 기계 각 부위에 이상이 있는지를 점검
④ 순간풍속이 초당 30미터를 초과하는 바람이 불어올 우려가 있는 경우	옥외에 설치되어 있는 주행 크레인에 대하여 이탈방지장치를 작동시키는 등 이탈방지를 위한 조치
⑤ 순간풍속이 초당 35미터를 초과하는 바람이 불어올 우려가 있는 경우	건설작업용 리프트(지하에 설치되어 있는 것은 제외) 및 승강기에 대하여 받침의 수를 증가시키는 등 승강기가 무너지는 것을 방지하기 위한 조치

(15) 승강기, 리프트의 설치·조립·수리·점검 또는 해체 작업을 하는 경우 조치사항

① 작업을 지휘하는 사람을 선임하여 그 사람의 지휘 하에 작업을 실시할 것

작업 지휘자의 이행사항 ✿

① 작업방법과 근로자의 배치를 결정하고 해당 작업을 지휘하는 일
② 재료의 결함 유무 또는 기구 및 공구의 기능을 점검하고 불량품을 제거하는 일
③ 작업 중 안전대 등 보호구의 착용 상황을 감시하는 일

---

② 작업을 할 구역에 관계 근로자가 아닌 사람의 출입을 금지하고 그 취지를 보기 쉬운 장소에 표시할 것
③ 비, 눈, 그 밖에 기상상태의 불안정으로 날씨가 몹시 나쁜 경우에는 그 작업을 중지시킬 것

(16) 작업 시작 전 점검 사항 ✿✿✿

크레인	• 권과방지장치 · 브레이크 · 클러치 및 운전장치의 기능 • 주행로의 상측 및 트롤리가 횡행(橫行)하는 레일의 상태 • 와이어로프가 통하고 있는 곳의 상태
이동식 크레인	• 권과방지장치 그 밖의 경보장치의 기능 • 브레이크 · 클러치 및 조정장치의 기능 • 와이어로프가 통하고 있는 곳 및 작업장소의 지반상태
리프트	• 방호장치 · 브레이크 및 클러치의 기능 • 와이어로프가 통하고 있는 곳의 상태
곤돌라	• 방호장치 · 브레이크의 기능 • 와이어로프 · 슬링와이어 등의 상태

2 양중기의 와이어로프 등

(1) 와이어로프 등의 안전계수

안전계수 : 달기구 절단하중의 값을 그 달기구에 걸리는 하중의 최대값으로 나눈 값 ✿

> **와이어로프의 안전계수** ✿✿✿
> ① 근로자가 탑승하는 운반구를 지지하는 달기와이어로프 또는 달기체인의 경우 : **10 이상**
> ② 화물의 하중을 직접 지지하는 달기와이어로프 또는 달기체인의 경우 : **5 이상**
> ③ 훅, 샤클, 클램프, 리프팅 빔의 경우 : **3 이상**
> ④ 그 밖의 경우 : **4 이상**

(2) 고리걸이 훅 등의 안전계수

고리걸이 훅 또는 샤클의 안전계수가 사용되는 달기 와이어로프 또는 달기체인의 안전계수와 같은 값 이상의 것을 사용하여야 한다.

(3) 와이어로프의 절단방법

① 와이어로프를 절단하여 양중(揚重)작업 용구를 제작하는 경우 반드시 기계적인 방법으로 절단하여야 하며, 가스용단(鎔斷) 등 열에 의한 방법으로 절단해서는 아니 된다.
② 아크(arc), 화염, 고온부 접촉 등으로 인하여 열 영향을 받은 와이어로프를 사용해서는 아니 된다.

(4) 와이어로프 등의 사용금지 사항

와이어로프의 사용금지 사항 ✄✄✄

① 이음매가 있는 것
② 와이어로프의 한 꼬임(스트랜드 : strand)에서 끊어진 소선의 수가 10퍼센트 이상(비자전로프의 경우에는 끊어진 소선의 수가 와이어로프 호칭지름의 6배 길이 이내에서 4개 이상이거나 호칭지름 30배 길이 이내에서 8개 이상)인 것
③ 지름의 감소가 공칭지름의 7퍼센트를 초과하는 것
④ 꼬인 것
⑤ 심하게 변형되거나 부식된 것
⑥ 열과 전기 충격에 의해 손상된 것

(5) 늘어난 달기체인 등의 사용금지

달기체인의 사용금지 사항 ✄✄

① 달기 체인의 길이가 달기 체인이 제조된 때의 길이의 5퍼센트를 초과한 것
② 링의 단면지름이 달기 체인이 제조된 때의 해당 링의 지름의 10퍼센트를 초과하여 감소한 것
③ 균열이 있거나 심하게 변형된 것

(6) 섬유로프의 사용금지 사항

섬유로프의 사용금지 사항 ✄✄

① 꼬임이 끊어진 것
② 심하게 손상되거나 부식된 것

(7) 변형되어 있는 훅·샤클 등의 사용금지 사항

① 훅·샤클·클램프 및 링 등의 철구로서 변형되어 있는 것 또는 균열이 있는 것을 크레인 또는 이동식 크레인의 고리걸이 용구로 사용해서는 아니 된다.
② 중량물을 운반하기 위해 제작하는 지그, 훅의 구조를 운반 중 주변 구조물과의 충돌로 슬링이 이탈되지 않도록 하여야 한다.
③ 안전성 시험을 거쳐 안전율이 3 이상 확보된 중량물 취급용구를 구매하여 사용하거나 자체 제작한 중량물 취급용구에 대하여 비파괴시험을 하여야 한다.

참고

사업주는 레버풀러(lever puller) 또는 체인블록(chain block)을 사용하는 경우 다음 각 호의 사항을 준수하여야 한다.

1. 정격하중을 초과하여 사용하지 말 것
2. 레버풀러 작업 중 훅이 빠져 튕길 우려가 있을 경우에는 훅을 대상물에 직접 걸지 말고 피벗 클램프(pivot clamp)나 러그(lug)를 연결하여 사용할 것
3. 레버풀러의 레버에 파이프 등을 끼워서 사용하지 말 것
4. 체인블록의 상부 훅(top hook)은 인양 하중에 충분히 견디는 강도를 갖고, 정확히 지탱될 수 있는 곳에 걸어서 사용할 것
5. 훅의 입구(hook mouth) 간격이 제조자가 제공하는 제품사양서 기준으로 10퍼센트 이상 벌어진 것은 폐기할 것
6. 체인블록은 체인의 꼬임과 헝클어지지 않도록 할 것
7. 체인과 훅은 변형, 파손, 부식, 마모(磨耗)되거나 균열된 것을 사용하지 않도록 조치할 것

확인

※ 달비계에 사용하는 섬유로프 또는 안전대의 섬유벨트의 사용금지 사항
① 꼬임이 끊어진 것
② 심하게 손상되거나 부식된 것
③ 2개 이상의 작업용 섬유로프 또는 섬유벨트를 연결한 것
④ 작업 높이보다 길이가 짧은 것

합격의 key

용어정의

* "소선"이라함은 스트랜드를 구성하는 강선을 말한다.
* "스트랜드"라 함은 복수의 소선 등을 꼰 로프의 구성요소를 말한다.

문제

와이어로프 "6 × 19"라는 표기에서 숫자의 "6"은 무엇을 나타내는 뜻인가?
㉮ 소선의 직경(mm)
㉯ 소선의 수량(wire수)
㉰ 자승의 수량(strand수)
㉱ 로프의 인장강도 (kg/cm^2)

[해설]
와이어로프의 표시 "6×19"
① 6 : 꼬임(가닥, 자승, stand)의 수
② 19 : 소선의 수량

정답 ㉰

참고

* D/d 가 클수록 와이어로프(Wire Rope)의 수명은 길어진다.
  (D : 드럼의 직경, d : 와이어로프의 직경)

와이어 로프의 안전율 계산 ★	$S = \dfrac{N \times P}{Q}$ 여기서 S : 안전율 N : 로프 가닥수 P : 로프의 파단강도(kg/mm^2) Q : 허용응력(kg/mm^2)
와이어 로프에 걸리는 총 하중 계산 ★	총 하중(w) = 정하중(w_1)+동하중(w_2) = $w_1 + (\dfrac{w_1}{g} \times a)$ $(w_2 = \dfrac{w_1}{g} \times a)$ 여기서, w : 총 하중(kg_f) w_1 : 정하중(kg_f) w_2 : 동하중(kg_f) g : 중력 가속도($9.8m/s^2$) a : 가속도(m/s^2) * 정하중 : 매단 물체의 무게
와이어 로프 한 가닥에 걸리는 하중 계산 ★	한 가닥에 걸리는 하중(kg_f) = $\dfrac{w}{2} \div \cos\dfrac{\theta}{2}$ 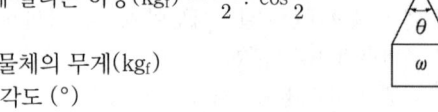 w : 매단물체의 무게(kg_f) θ : 매단 각도(°)
달아매기 각도에 의한 장력의 변화	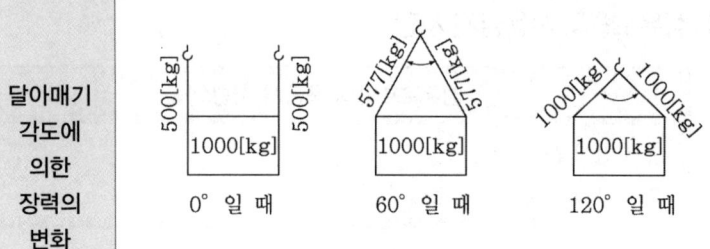 0° 일 때 60° 일 때 120° 일 때 * 매다는 각도는 작을수록 좋으나 60° 이내로 사용하는 것이 바람직하다.
와이어 로프의 구조 ★	심강, 로프, 꼬임(가닥, 자승, 스트랜드), 소선
와이어 로프의 표시 ★	"6 × 19" 여기서 6 : 꼬임(가닥, 자승, 스트랜드)의 수 19 : 소선의 수량

합격의 key

문제

와이어로프의 꼬임은 특수 로프를 제외하고는 보통꼬임(Regular-Lay)과 랭꼬임(Lang-Lay)으로 나눈다. 보통꼬임의 특성이 아닌 것은?

㉮ 로프 자체의 변형이 적다.
㉯ 킹크가 잘 생기지 않는다.
㉰ 저항성이 크다.
㉱ 내마모성, 유연성, 내피로성이 우수하다.

[해설]
㉱ 내마모성, 유연성, 내피로성이 우수하다. → 랭꼬임(Lang-Lay)의 특성이다.

정답 ㉱

클립(CLIP) 고정법

① 클립의 새들(SADDLE)은 (그림 1)과 같이 와이어로프의 힘이 걸리는 쪽에 있어야 한다.
② 클립과의 간격은 와이어로프 직경의 6배 이상, 수량은 최소 4개 이상이어야 한다.(그림2)
③ 클립의 체결수량은 다음 (표 1)에 따른다.
④ 하중을 걸기 전후에 단단하게 조여줄 것
⑤ 가능한 팀블(Thimble)을 부착할 것
⑥ 남은 부분을 시이징(Seizing)할 것
⑦ 팀블 접합부가 이탈되지 않도록 할 것

[표 1]

와이어로프의 지름(mm)	16 이하	16 초과 ~ 28 이하	28 초과
클립수	4개	5개	6개

〈그림 1〉 〈그림 2〉

와이어 로프 꼬임의 종류 ★

① 보통꼬임
 • 스트랜드 꼬임 방향과 로프의 꼬임 방향이 반대인 것
 • 랑그꼬임에 비해 더 한층 유연하여 EYE 작업을 쉽게 할 수 있다.
 • 로프자체의 변형이 적다.
 • 킹크가 잘 생기지 않는다.
 • 하중을 걸었을 때 저항성이 크다.

② 랑그(랭)꼬임
 • 스트랜드 꼬임 방향과 로프의 꼬임 방향이 같은 방향인 것
 • 보통꼬임의 로프보다 사용 시 표면 전체가 균일하게 마모됨으로 인하여 수명이 길다.
 • 내마모성, 유연성, 내피로성이 우수하다.

[보통 Z꼬임] [보통 S꼬임] [랭 Z꼬임] [랭 S꼬임]

와이어 로프의 직경 측정법

와이어로프의 직경을 측정하는 방법으로는 수직 또는 대각선으로 측정하며, 섬유로프인 경우는 게이지(gauge)로 측정하는 것이 바람직하다.

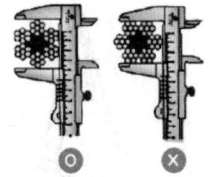 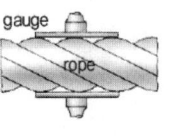

합격의 key

> **참고**
>
> ※ 링 등의 구비조건
> ① 엔드리스(endless)가 아닌 와이어로프 또는 달기 체인에 대하여 그 양단에 훅·샤클·링 또는 고리를 구비한 것이 아니면 크레인 또는 이동식 크레인의 고리걸이용구로 사용해서는 아니 된다.
> ② 고리는 꼬아넣기[아이 스플라이스(eye splice)를 말한다.], 압축멈춤 또는 이러한 것과 같은 정도 이상의 힘을 유지하는 방법으로 제작된 것이어야 한다. 이 경우 꼬아넣기는 와이어로프의 모든 꼬임을 3회 이상 끼워 짠 후 각각의 꼬임의 소선 절반을 잘라내고 남은 소선을 다시 2회 이상(모든 꼬임을 4회 이상 끼워 짠 경우에는 1회 이상) 끼워 짜야 한다.

소켓 가공법 ★	폐쇄형 소켓(Closed socket) 개방형 소켓(Opened socket) 브릿지 소켓(Bridge socket)
아이 스플라이스 가공법	아이 스플라이스(Eye Splice) 가공은 로프의 단말을 링 형태로 가공하는 방법으로 주로 슬링용 로프에 이용된다. ① 감아넣기 : 단말부 스트랜드를 로프의 꼬임결 방향대로 꼬아 넣는 방법으로 외관은 로프와 같은 모양이 된다. ② 엮어넣기 : 단말부 스트랜드를 로프 본체의 꼬임 반대방향으로 밀어 넣는 방법으로 가공표면이 바구니처럼 엮여 있는 모양이다. B : 로프지름의 20배　　　E : 50mm 이하 – 로프지름의 40배 C : 로프지름의 5배　　　　　 50mm 초과 – 로프지름의 50배 D : 로프지름의 약 18배　　D : 로프지름의 약 20배
줄걸이 방법	(1) 2줄 걸이 　• 긴 환봉 등의 줄걸이 작업 시 활용 (2) 3줄 걸이 　• U자나 +형의 형상일 때 적합 　• 3점의 중심위치가 무게중심을 중앙으로 환원주상에 등간격이 되어야 함 (3) +자걸이 　• 사다리 꼴의 형상 등에 적합 　• 2본의 로프를 십자형으로 거는데 로프의 간격이 똑같도록 함

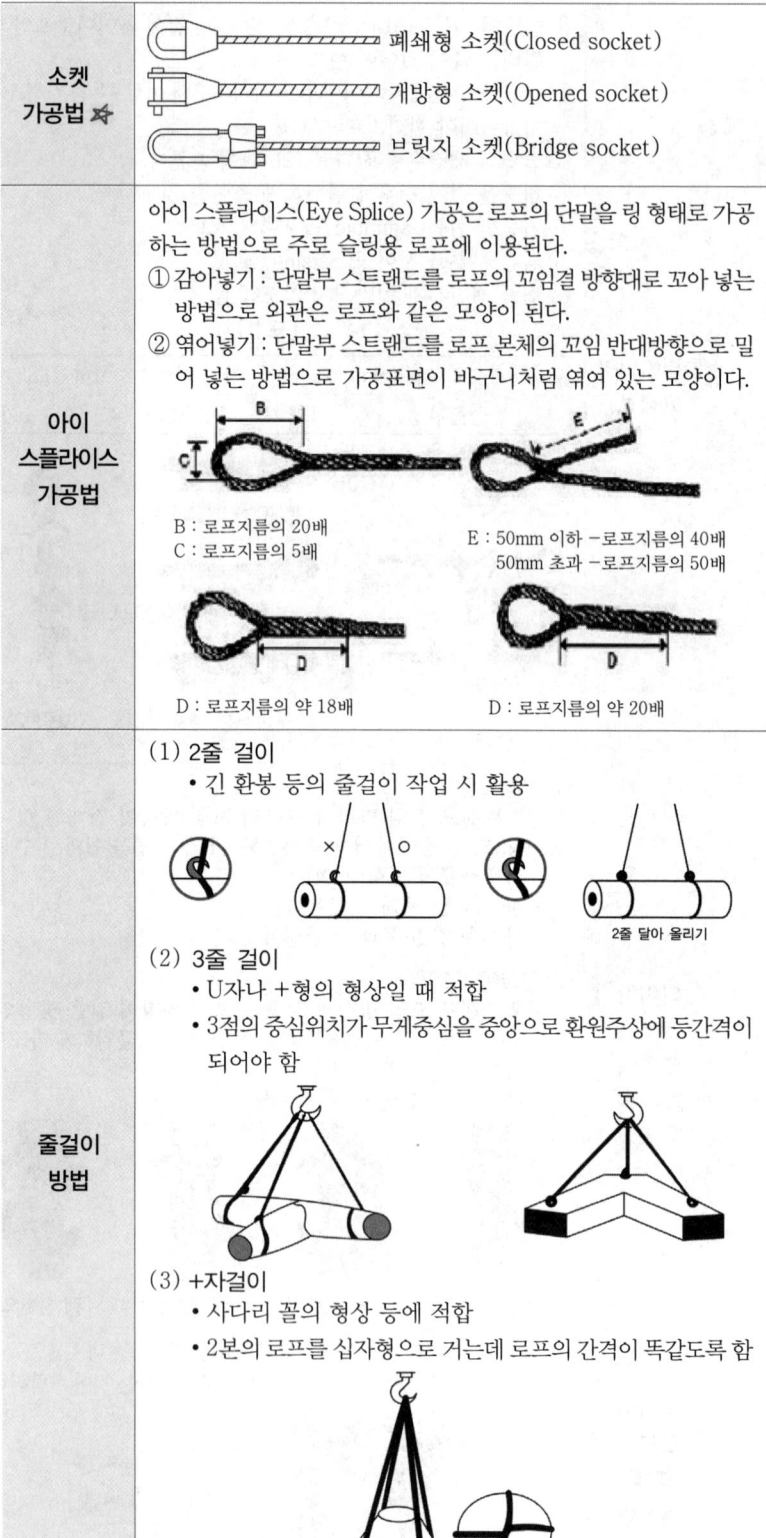

CHAPTER 02 단원 예상문제

01 수평 지게차의 헤드가드 상부 틀에 있어서 각 개구부의 폭 또는 길이의 크기는?

㉮ 8cm 미만 ㉯ 10cm 미만
㉰ 16cm 미만 ㉱ 20cm 미만

[해설] **지게차의 헤드가드**
① 강도는 지게차 **최대하중의 2배(4톤을 넘는 값에 대해서는 4톤으로 한다)에 해당하는 등분포 정하중(等分布靜荷重)에 견딜 수 있을 것**
② 상부 틀의 각 **개구의 폭 또는 길이는 16센티미터 미만일 것**
③ 한국산업표준에서 정하는 높이 기준 이상일 것
(좌식 : 903mm, 입식 : 1,905mm 이상)

02 와이어로프 표기 6 Fi(24) IWRC20mm에서 괄호 안의 24의 숫자는 무엇을 나타내고 있는가?

㉮ Strand 구성 소선 수
㉯ 와이어로프의 직경
㉰ 로프의 인장강도
㉱ Strand 수

[해설] 6 : 꼬임의 수
24 : 소선의 수(스트랜드 수)
20mm : 와이어로프의 직경

{참고} **와이어로프의 표시**

> "6 × 19"
> 여기서 6 : 꼬임(가닥, 자승, 스트랜드)의 수
>   19 : 소선의 수량

03 크레인과 관련된 사항 중 사실과 다른 것은?

㉮ 체인 길이의 늘어남은 제조 당시보다 7%까지 허용된다.
㉯ 와이어로프의 직경 감소가 공칭 지름의 7% 초과 시 사용할 수 없다.
㉰ 훅, 샤클 등의 철구로서 변형된 것은 크레인의 고리걸이 용구로 사용할 수 없다.
㉱ 크레인에서 사용되는 와이어로프 중 화물 하중을 직접 지지하는 경우 안전계수는 5 이상이다.

[해설] ㉮ 체인 길이의 늘어남은 제조 당시보다 5%까지 허용된다.

{참고} 1. **사용금지 사항**

와이어 로프	① 이음매가 있는 것 ② 와이어로프의 한 꼬임(스트랜드 : strand)에서 끊어진 소선의 수가 10퍼센트 이상(비자전 로프의 경우에는 끊어진 소선의 수가 와이어로프 호칭지름의 6배 길이 이내에서 4개 이상이거나 호칭지름 30배 길이 이내에서 8개 이상)인 것 ③ **지름의 감소가 공칭지름의 7퍼센트를 초과하는 것** ④ 꼬인 것 ⑤ 심하게 변형되거나 부식된 것 ⑥ 열과 전기충격에 의해 손상된 것
달기체인	① 달기 체인의 **길이가** 달기 체인이 **제조된 때의 길이의 5퍼센트를 초과한 것** ② 링의 단면지름이 달기 체인이 제조된 때의 해당 링의 지름의 10퍼센트를 초과하여 감소한 것 ③ **균열이 있거나 심하게 변형된 것**

•) 정답 01 ㉰ 02 ㉮ 03 ㉮

화물 자동차의 짐걸이 등으로 사용하는 섬유로프	① 꼬임이 끊어진 것 ② 심하게 손상 또는 부식된 것

2. 변형되어 있는 훅·샤클 등의 사용금지 사항
   ① 훅·샤클·클램프 및 링 등의 철구로서 **변형되어 있는 것 또는 균열이 있는 것을 크레인 또는 이동식 크레인의 고리걸이용 구로 사용해서는 아니 된다.**
   ② 중량물을 운반하기 위해 제작하는 지그, 훅의 구조를 운반 중 주변 구조물과의 충돌로 슬링이 이탈되지 않도록 하여야 한다.
   ③ 안전성 시험을 거쳐 안전율이 3 이상 확보된 중량물 취급용구를 구매하여 사용하거나 자체 제작한 중량물 취급용구에 대하여 비파괴시험을 하여야 한다.

3. 와이어로프 등의 안전계수 : 달기구 절단하중의 값을 그 달기구에 걸리는 하중의 최대값으로 나눈 값
   ① 근로자가 탑승하는 운반구를 지지하는 달기 와이어로프 또는 달기체인의 경우 : 10 이상
   ② 화물의 하중을 직접 지지하는 달기와이어 로프 또는 달기체인의 경우 : 5 이상
   ③ 훅, 샤클, 클램프, 리프팅 빔의 경우 : 3 이상
   ④ 그 밖의 경우 : 4 이상

04 지게차로 20km/hr의 속력으로 주행할 때 좌·우 안정도는 얼마이어야 하는가?

㉮ 37% ㉯ 39%
㉰ 40% ㉱ 42%

[해설] 주행 시의 좌·우 안정도
= 15 + 1.1 × V = 15 + 1.1 × 20 = 37%

{참고} 지게차 작업 시의 안정도

안정도	지게차의 상태
하역작업 시의 전·후 안정도 : 4% 이내 (5t 이상 : 3.5%)	(위에서 본 경우)
주행 시의 전·후 안정도 : 18% 이내	
하역작업 시의 좌·우 안정도 : 6% 이내	(밑에서 본 경우)
주행 시의 좌·우 안정도 (15+1.1V)% 이내 최대 40% (V : 최고속도 km/h)	

안정도 = $\frac{h}{l} \times 100\%$

05 컨베이어의 종류가 아닌 것은?

㉮ 벨트 컨베이어
㉯ 체인 컨베이어
㉰ 롤러 컨베이어
㉱ 풀리 컨베이어

[해설] 컨베이어의 종류
① 벨트 컨베이어(belt conveyor)
② 체인 컨베이어(chain conveyor)
③ 스크루 컨베이어(screw conveyor)
④ 버킷 컨베이어(bucket conveyor)
⑤ 롤러 컨베이어(roller conveyor)
⑥ 슬랫 컨베이어(slat conveyor)
⑦ 플라이트 컨베이어(flight conveyor)
⑧ 트롤리 컨베이어(trolley conveyor)

정답 04 ㉮ 05 ㉱

06 운전 중 이동 시 안전을 위하여 건널다리를 설치하는 운반기계는?

㉮ 포크리프트 ㉯ 데릭
㉰ 호이스트   ㉱ 컨베이어

[해설] 건널다리의 설치 : 운전 중인 컨베이어 등의 위로 근로자를 넘어가도록 하는 때에는 위험을 방지하기 위하여 건널다리를 설치하는 등 필요한 조치를 하여야 한다.

07 달기 체인(Chain)의 신장률 체크사항 중 사용 금지 기준으로 올바른 것은?

㉮ 폭에 대한 3%
㉯ 길이에 대한 5%
㉰ 길이에 대한 2%
㉱ D지름에 대한 7%

[해설] 늘어난 달기체인 등의 사용 금지 사항
① 달기 체인의 길이가 달기 체인이 제조된 때의 길이의 5퍼센트를 초과한 것
② 링의 단면지름이 달기 체인이 제조된 때의 해당 링의 지름의 10퍼센트를 초과하여 감소한 것
③ 균열이 있거나 심하게 변형된 것

08 크레인의 작업 시작 전 점검 내용이 아닌 것은?

㉮ 권과방지장치·브레이크·클러치 및 운전장치의 기능
㉯ 주행로의 상측 및 트롤리가 횡행(橫行)하는 레일의 상태
㉰ 와이어로프가 통하고 있는 곳의 상태
㉱ 그 밖의 부속장치의 부식 및 균열 등 이상 유무

[해설] 크레인의 작업 시작 전 점검
㉮ 권과방지장치·브레이크·클러치 및 운전장치의 기능
㉯ 주행로의 상측 및 트롤리가 횡행(橫行)하는 레일의 상태
㉰ 와이어로프가 통하고 있는 곳의 상태

{참고} 작업시작 전 점검

이동식 크레인	① 권과방지장치 그 밖의 경보장치의 기능 ② 브레이크·클러치 및 조정장치의 기능 ③ 와이어로프가 통하고 있는 곳 및 작업장소의 지반상태
리프트	① 방호장치·브레이크 및 클러치의 기능 ② 와이어로프가 통하고 있는 곳의 상태
곤돌라	① 방호장치·브레이크의 기능 ② 와이어로프·슬링와이어 등의 상태

09 컨베이어에 부착해야 하는 방호장치로서 옳은 것은?

㉮ 비상정지장치
㉯ 속도조절장치
㉰ 급정지장치
㉱ 자동전격방지기

[해설] 컨베이어의 방호장치
① 이탈 등의 방지장치
   컨베이어 등을 사용하는 때에는 정전·전압강하 등에 의한 화물 또는 운반구의 이탈 및 역주행을 방지하는 장치를 갖추어야 한다.
② 비상정지장치
   컨베이어 등에 근로자의 신체의 일부가 말려드는 등 근로자에게 위험을 미칠 우려가 있는 때 및 비상 시에는 즉시 컨베이어 등의 운전을 정지시킬 수 있는 장치를 설치하여야 한다.
③ 덮개, 울의 설치
   컨베이어 등으로 부터 화물이 떨어져 근로자가 위험해질 우려가 있는 경우에는 해당 컨베이어 등에 덮개 또는 울을 설치하는 등 낙하 방지를 위한 조치를 하여야 한다.

정답 06 ㉱ 07 ㉯ 08 ㉱ 09 ㉮

10 와이어로프로 중량물을 달아 올릴 때 다음 중 로프에 가장 힘이 작게 걸리는 각도는?

㉮ 30° ㉯ 60°
㉰ 90° ㉱ 120°

[해설] 매다는 각도가 작을수록 로프에 힘이 작게 걸린다.

11 와이어로프의 절단하중이 1116kg이고, 한 줄로 물건을 매달고자 할 때 안전계수를 6으로 하면 얼마 이하의 물건을 매달 수 있는가?

㉮ 186kg ㉯ 190kg
㉰ 195kg ㉱ 200kg

[해설] 안전계수 = $\dfrac{절단하중}{사용하중}$

사용하중 = $\dfrac{절단하중}{안전계수} = \dfrac{1116}{6} = 186$kg

12 양중기에서 절단하중이 100톤인 와이어로프를 사용하여 근로자가 탑승하는 운반구를 지지하는 경우, 와이어로프에 걸리는 최대하중은 얼마로 하여야 하는가?

㉮ 10톤 ㉯ 20톤
㉰ 25톤 ㉱ 50톤

[해설] 근로자가 탑승하는 운반구를 지지하는 경우 와이어로프의 안전계수는 10이므로

안전계수 = $\dfrac{절단하중}{최대사용하중}$

최대사용하중 = $\dfrac{절단하중}{안전계수} = \dfrac{100}{10} = 10$톤

{참고} **와이어로프 등의 안전계수**

안전계수 : 달기구 절단하중의 값을 그 달기구에 걸리는 하중의 최대값으로 나눈 값
① 근로자가 탑승하는 운반구를 지지하는 달기와이어로프 또는 달기체인의 경우 : 10 이상
② 화물의 하중을 직접 지지하는 달기와이어로프 또는 달기체인의 경우 : 5 이상
③ 훅, 샤클, 클램프, 리프팅 빔의 경우 : 3이상
④ 그 밖의 경우 : 4 이상

13 그림과 같은 지게차에서 W를 화물중량, G를 지게차 자체중량, a를 앞바퀴부터 화물의 중심까지의 최단거리, b를 앞바퀴 중심에서 지게차의 중심까지의 최단거리라고 할 때 지게차 안정조건은?

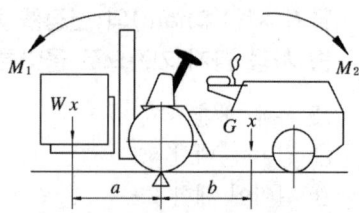

M_1 : 화물의 모멘트
M_2 : 차의 모멘트

㉮ $W \cdot a < G \cdot b$

㉯ $W - 1 < G \cdot \dfrac{b}{a}$

㉰ $W \cdot a > G \cdot (b-1)$

㉱ $W > G \cdot \dfrac{b}{a}$

[해설] **지게차의 안정조건**

$$W \times a < G \times b$$
$$(M_1 < M_2)$$

여기서 W : 화물 중량
a : 앞바퀴 ~ 화물 중심까지 거리
G : 지게차 자체 중량
b : 앞바퀴 ~ 차 중심까지 거리

정답 10 ㉮ 11 ㉮ 12 ㉮ 13 ㉮

14 순간풍속이 m/s를 초과하는 바람이 불어 올 우려가 있을 때, 옥외에 설치되어 있는 승강기에 대하여 받침수를 증가하는 등의 무너짐을 방지하기 위한 조치를 해야 하는가?

㉮ 25
㉯ 30
㉰ 35
㉱ 40

[해설] **악천 후 시 조치**
① 순간풍속이 매 초당 10미터를 초과하는 경우 : 타워크레인의 설치·수리·점검 또는 해체작업을 중지
② 순간풍속이 매 초당 15미터를 초과하는 경우 : 타워크레인의 운전 작업을 중지
③ 순간풍속이 초당 30미터를 초과하는 바람이 불거나 중진(中震) 이상 진도의 지진이 있은 후 : 옥외에 설치되어 있는 양중기를 사용하여 작업을 하는 경우 미리 기계 각 부위에 이상이 있는지를 점검
④ 순간풍속이 초당 30미터를 초과하는 바람이 불어올 우려가 있는 경우 : 옥외에 설치되어 있는 주행 크레인의 이탈 방지를 위한 조치
⑤ 순간풍속이 초당 35미터를 초과하는 바람이 불어올 우려가 있는 경우 : 건설용 리프트(지하에 설치되어 있는 것은 제외한다) 및 승강기가 무너지는 것을 방지하기 위한 조치

15 승강기의 안전장치가 아닌 것은?

㉮ 과부하방지장치
㉯ 이탈방지장치
㉰ 리미트스위치
㉱ 비상정지장치

[해설] 과부하방지장치, 권과방지장치가 리미트스위치에 해당한다.

{참고}

크레인	• 과부하방지장치
	• **권과방지장치**
	  (捲過防止裝置)
	• **비상정지장치**
	• **제동장치**
	  (기타 방호장치)
	• 훅의 해지장치
	• 안전밸브(유압식)

이동식 크레인	• 과부하방지장치
	• **권과방지장치**
	  (捲過防止裝置)
	• **비상정지장치**
	• **제동장치**
	  (기타 방호장치)
	• 훅의 해지장치
	• 안전밸브(유압식)

리프트 (자동차정비용 리프트 제외)	• 과부하방지장치 • 권과방지장치 • 비상정지장치 • 제동장치 • 조작반(盤) 잠금장치
곤돌라	• **과부하방지장치** • **권과방지장치** **(捲過防止裝置)** • **비상정지장치** • **제동장치**
승강기	• **과부하방지장치** • **권과방지장치** **(捲過防止裝置)** • **비상정지장치** • **제동장치** • 파이널리미트스위치 • 출입문인터록 • 속도조절기(조속기)

정답 14 ㉯ 15 ㉯

16 크레인 작업 시의 준수사항 중 가장 거리가 먼 것은?

㉮ 인양할 하물은 바닥에서 끌어당기거나, 밀어 작업하지 아니할 것
㉯ 유류드럼이나 가스통 등의 위험물 용기는 보관함에 담아 운반할 것
㉰ 고정된 물체는 직접 분리, 제거하는 작업을 할 것
㉱ 근로자의 출입을 통제하여 하물이 작업자의 머리 위로 통과하지 않게 할 것

[해설] ㉰ 고정된 물체를 직접 분리·제거하는 작업을 하지 아니할 것

17 지게차 운전 중의 주의사항으로 적합지 않는 것은?

㉮ 견인 시는 반드시 견인봉을 사용할 것
㉯ 정해진 하중을 초과하여 적재하지 말 것
㉰ 운전자 외에 한사람 이상 필히 탑승할 것
㉱ 급격한 후퇴는 피할 것

[해설] 지게차 운전 중 주의사항
① 정해진 하중 및 높이를 초과하여 적재를 금지한다.
② 운전자 이외에는 절대 탑승을 금지한다.
③ 급격한 후퇴를 피해야 한다.
④ 정해진 구역 외는 운전을 금지한다.
⑤ 견인 시 견인봉을 사용한다.
⑥ 짐을 싣고 비탈길을 내려갈 때에는 후진한다.

18 사업주는 크레인의 하중 시험을 실시한 경우 그 결과를 몇 년간 보존해야 하는가?

㉮ 6개월 ㉯ 1년
㉰ 2년 ㉱ 3년

[해설] 시험에 대한 결과 자료는 3년간 보존하여야 한다.

19 지게차에 설치하는 헤드가드에 대한 조건 중 틀린 것은?

㉮ 강도는 지게차 최대하중의 2배의 값(4톤 초과 시 4톤)의 등분포 정하중에 견딜 수 있는 것일 것
㉯ 상부틀의 각 개구의 폭은 16cm 미만일 것
㉰ 운전석이 마련된 경우에는 운전자 좌석의 상면에서 헤드가드의 상부틀 하면까지의 높이가 903mm 이상일 것
㉱ 서서 조작할 때에는 운전석의 바닥면에서 헤드가드의 상부틀 하면까지의 높이가 1.5m 이상일 것

[해설] 지게차의 헤드가드
① 강도는 지게차 최대하중의 2배(4톤을 넘는 값에 대해서는 4톤으로 한다)에 해당하는 등분포정하중(等分布靜荷重)에 견딜 수 있을 것
② 상부 틀의 각 개구의 폭 또는 길이는 16센티미터 미만일 것
③ 한국산업표준에서 정하는 높이 기준 이상일 것 (좌식 : 903mm, 입식 : 1,905mm 이상)

20 컨베이어(conveyer)의 역전방지 장치 형식이 아닌 것은?

㉮ 라쳇식
㉯ 전기브레이크식
㉰ 램식
㉱ 로울러식

[해설] 역회전 방지장치 형식
① 라쳇휠식
② 웜기어식
③ 벤드식 브레이크
④ 전기 브레이크식
⑤ 롤러식

정답 16 ㉰ 17 ㉰ 18 ㉱ 19 ㉱ 20 ㉰

21 크레인에 부착하여야 할 방호장치가 아닌 것은?

㉮ 과부하방지장치　㉯ 조속기
㉰ 권과방지장치　㉱ 비상정지장치

[해설] **크레인의 방호장치**
① 과부하방지장치
② 권과방지장치(捲過防止裝置)
③ 비상정지장치
④ 제동장치
⑤ 훅의 해지장치
⑥ 안전밸브(유압식)

22 4.2ton의 화물을 그림과 같이 60°의 각을 갖는 와이어로프로 매달아 올릴 때 와이어로프 A에 걸리는 장력 W_1은 약 얼마인가?

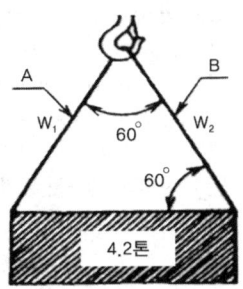

㉮ 2.10ton　㉯ 2.42ton
㉰ 4.20ton　㉱ 4.82ton

[해설]
와이어로프 한 가닥에 걸리는 하중(kg)
$$\frac{w}{2} \div \cos\frac{\theta}{2}$$
w : 매단물체의 무게(kgf)
θ : 매단 각도 (°)

와이어로프 한 가닥에 걸리는 하중(kg)
$= \frac{w}{2} \div \cos\frac{\theta}{2}$
$= \frac{4.2}{2} \div \cos\frac{60}{2}$
$= 2.1 \div \cos 30 = 2.42\text{ton}$

23 어떤 로프의 안전하중이 200kgf이고, 파단하중이 600kgf일 때 이 로프의 안전율은?

㉮ 0.33　㉯ 3
㉰ 200　㉱ 300

[해설]
$$\text{안전율} = \frac{\text{극한강도}}{\text{허용응력}} = \frac{\text{극한강도}}{\text{최대설계응력}}$$
$$= \frac{\text{극한강도}}{\text{사용응력}} = \frac{\text{파괴하중}}{\text{최대사용하중}}$$
$$= \frac{\text{파단하중}}{\text{안전하중}} = \frac{\text{극한하중}}{\text{정격하중}}$$

안전계수(안전율) $= \frac{\text{파단하중}}{\text{안전하중}} = \frac{600}{200} = 3$

24 와이어로프 구성기호 "6×19"의 표기에서 "6"의 의미는?

㉮ 소선의 직경(mm)
㉯ 소선수
㉰ 스트랜드수
㉱ 로프의 인장강도

[해설] **와이어로프의 표시**

6 × 19
6 : 꼬임(가닥, 자승, 스트랜드)의 수
19 : 소선의 수량

25 크레인 작업 시 로프에 1ton의 중량을 걸어, 20m/s²의 가속도로 감아올릴 때 로프에 걸리는 총 하중(kgf)은 약 얼마인가?

㉮ 1040.34　㉯ 2040.53
㉰ 3040.82　㉱ 3540.91

정답 21 ㉯　22 ㉯　23 ㉯　24 ㉰　25 ㉰

[해설]
$$총\ 하중(w) = 정하중(w_1) + 동하중(w_2)$$
$$= 정하중 + \frac{정하중}{9.8} \times 가속도$$

$$동하중(w_2) = \frac{w_1}{g} \times a$$

여기서, w : 총 하중(kg$_f$)
w_1 : 정하중(kg$_f$)
w_2 : 동하중(kg$_f$)
g : 중력 가속도(9.8m/s²)
a : 가속도(m/s²)
* 정하중 : 매단 물체의 무게

$$총\ 하중(w) = 정하중(w_1) + 동하중(w_2)$$
$$= 1000 + \frac{1000}{9.8} \times 20 = 3040.82 kg_f$$

(1ton = 1,000kg$_f$)

26 고리걸이용 와이어로프의 절단하중이 4ton일 때, 이 로프에서 사용할 수 있는 최대사용하중은 몇 kg$_f$ 인가?
(단, 안전계수는 5이다)

㉮ 400
㉯ 500
㉰ 600
㉱ 800

[해설]
$$안전율 = \frac{극한강도}{허용응력} = \frac{극한강도}{최대설계응력}$$
$$= \frac{극한강도}{사용응력} = \frac{파괴하중}{최대사용하중}$$
$$= \frac{파단하중}{안전하중} = \frac{극한하중}{정격하중}$$

$$안전계수(안전율) = \frac{절단하중}{최대사용하중}$$

$$최대사용하중 = \frac{절단하중}{안전계수} = \frac{4000}{5} = 800 kg_f$$

27 와이어로프로 동일 중량물을 달아 올릴 때 다음 중 로프에 가장 힘이 크게 걸리는 각도(θ)는?

㉮ 30° ㉯ 60°
㉰ 120° ㉱ 150°

[해설] 매다는 각도가 작을수록 힘이 작게 걸린다.
(매다는 각도가 클수록 힘이 크게 걸린다)

28 양중기의 와이어로프의 안전계수는 얼마 이상으로 해야 하나? (단, 화물의 하중을 직접 지지하는 경우)

㉮ 5.0 이상   ㉯ 7.0 이상
㉰ 9.0 이상   ㉱ 11.0 이상

[해설] 와이어로프 등의 안전계수 : 달기구 절단하중의 값을 그 달기구에 걸리는 하중의 최댓값으로 나눈 값
① 근로자가 탑승하는 운반구를 지지하는 달기와이어로프 또는 달기체인의 경우 : 10 이상
② 화물의 하중을 직접 지지하는 달기와이어로프 또는 달기체인의 경우 : 5 이상
③ 훅, 샤클, 클램프, 리프팅 빔의 경우 : 3 이상
④ 그 밖의 경우 : 4 이상

29 동력을 사용하여 중량물을 매달아 상하 및 좌우(수평 또는 선회를 말한다)로 운반하는 것을 목적으로 하는 기계는?

㉮ 크레인   ㉯ 리프트
㉰ 곤돌라   ㉱ 승강기

[해설] 크레인 : 동력을 사용하여 중량물을 매달아 상하 및 좌우로 운반하는 것을 목적으로 하는 기계 또는 기계장치를 말한다.

{참고} 1. **호이스트** : 훅이나 그 밖의 달기구 등을 사용하여 화물을 권상 및 횡행 또는 권상동작만을 하여 양중하는 것을 말한다.
2. **리프트** : 동력을 사용하여 사람이나 화물을 운반하는 것을 목적으로 하는 기계 설비를 말한다.

정답 26 ㉱ 27 ㉱ 28 ㉮ 29 ㉮

3. 곤돌라 : 달기발판 또는 운반구, 승강장치, 그 밖의 장치 및 이들에 부속된 기계부품에 의하여 구성되고, **와이어로프 또는 달기강선에 의하여 달기발판 또는 운반구가 전용 승강장치에 의하여 오르내리는 설비**를 말한다.
4. 승강기 : 건축물이나 고정된 시설물에 설치되어 일정한 경로에 따라 사람이나 화물을 승강장으로 옮기는 데에 사용되는 설비를 말한다.

30 지게차의 안전장치에 해당하지 않는 것은?

㉮ 백미러
㉯ 후방접근 경보장치
㉰ 백 레스트
㉱ 권과방지장치

[해설] ㉱ 권과방지장치는 양중기의 방호장치이다.

{참고} **지게차의 방호장치**
① 헤드가드
② 백 레스트
③ 전조등, 후미등
④ 안전벨트

31 산업안전기준에 관한 규칙에 따르면 차량계 하역운반기계를 이용한 화물 적재 시의 준수해야 할 기준으로 틀린 것은?

㉮ 최대적재량의 10% 이상 초과하지 않도록 적재한다.
㉯ 운전자의 시야를 가리지 않도록 적재한다.
㉰ 붕괴, 낙하 방지를 위해 화물에 로프를 거는 등 필요 조치를 한다.
㉱ 편하중이 생기지 않도록 적재한다.

[해설] **차량계 하역운반기계에 화물적재 시의 조치**
① 하중이 한쪽으로 치우치지 않도록 적재할 것
② 구내운반차 또는 화물자동차의 경우 화물의 붕괴 또는 낙하에 의한 위험을 방지하기 위하여 화물에 로프를 거는 등 필요한 조치를 할 것
③ 운전자의 시야를 가리지 않도록 화물을 적재할 것
④ 화물을 적재하는 경우에는 **최대적재량을 초과해서는 아니 된다.**

32 양중기의 와이어로프 또는 달기체인의 안전계수는 얼마 이상이어야 하는가? (단, 화물의 하중을 직접 지지하는 경우)

㉮ 7   ㉯ 5
㉰ 3   ㉱ 1

[해설] **와이어로프 등의 안전계수 : 달기구 절단하중의 값을 그 달기구에 걸리는 하중의 최댓값으로 나눈 값**
① 근로자가 탑승하는 운반구를 지지하는 달기와이어로프 또는 달기체인의 경우 : 10 이상
② 화물의 하중을 직접 지지하는 달기와이어로프 또는 달기체인의 경우 : 5 이상
③ 훅, 샤클, 클램프, 리프팅 빔의 경우 : 3 이상
④ 그 밖의 경우 : 4 이상

33 그림과 같이 2개의 슬링 와이어로프로 무게 1000N의 화물을 인양하고 있다. 로프 T_{AB}에 발생하는 장력의 크기는 약 몇 N 인가?

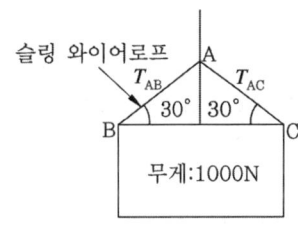

㉮ 500N   ㉯ 707N
㉰ 1000N   ㉱ 1414N

[해설]
$$\text{한 가닥에 걸리는 하중(kg)} = \frac{w}{2} \div \cos\frac{\theta}{2}$$

여기서, w : 매단물체의 무게(kg_f)
        θ : 매단 각도(°)

▶ 정답 30 ㉱ 31 ㉮ 32 ㉯ 33 ㉰

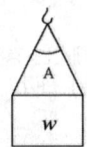

A = 180 − 30 − 30 = 120°
(삼각형 세 각의 합은 180° 이다)

$$T_{AB} = \frac{w}{2} \div \cos\frac{\theta}{2}$$
$$= \frac{1000}{2} \div \cos\frac{120}{2}$$
$$= 500 \div \cos 60 = 1000N$$

34 지게차 안정도에서 주행 시의 전후 안정도 기준은 몇 % 이내이어야 하나? (단, 기준은 무부하 상태이다)

㉮ 3.5 ㉯ 4%
㉰ 6% ㉱ 18%

[해설] **지게차 작업 시의 안정도**

안정도
하역작업 시의 전·후 안정도 : 4% 이내 (5t 이상 : 3.5%)
주행 시의 전·후 안정도 : 18% 이내
하역작업 시의 좌·우 안정도 : 6% 이내
주행 시의 좌·우 안정도 : (15+1.1V)% 이내 최대 40% (V : 최고 속도 km/h)

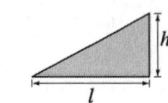

안정도 = $\frac{h}{l} \times 100\%$

35 인력운반 작업 시 안전수칙 중 잘못된 것은?

㉮ 물건을 들어 올릴 때는 팔과 무릎을 사용하고 허리를 구부린다.
㉯ 운반 대상물의 특성에 따라 필요한 보호구를 확인 착용한다.
㉰ 화물에 가능한 한 접근하여 화물의 무게중심을 몸에 가까이 밀착시킨다.
㉱ 무거운 물건은 공동작업으로 하고 보조기구를 이용한다.

[해설] **인력운반 작업(화물운반 시 올바른 자세)**
① 화물의 무게중심을 찾아 최대한 몸의 무게중심에 가까이 밀착시킨다.
② 인체의 기계적인 이점을 활용하여 대퇴부와 정강이 사이의 각도를 90° 이상 두어 이곳에서 나오는 힘으로 화물을 든다.
③ 양발은 화물을 사이에 두고 대각선으로 2족장 정도 벌려 안정된 자세를 유지한다.
④ 손바닥 전체로 화물을 감싸고 턱은 당기며 <u>허리를 곧추세우고 지면과 직각이 되도록 하여 다리 힘으로 든다.</u>
⑤ 화물을 들고 방향을 전환할 때에는 갑자기 허리를 틀지 말고 한, 두 걸음 좌·우측으로 나간 후 발과 함께 돌리도록 하여 허리에 갑자기 무리가 가지 않도록 한다.

36 지게차로 20km/hr의 속력으로 주행할 때 좌우 안정도는 몇 % 이내이어야 하는가? (단, 무부하 상태를 기준으로 한다)

㉮ 37% ㉯ 39%
㉰ 40% ㉱ 42%

[해설]

주행 시 좌, 우 안정도 = 15 + 1.1V(%)
여기서, V : 최고속도

안정도 = 15 + 1.1 × 20 = 37%

정답 34 ㉱ 35 ㉮ 36 ㉮

37 리프트(lift)의 방호장치로 가장 적당한 것은?

㉮ 역화방지장치
㉯ 권과방지장치
㉰ 반발방지장치
㉱ 압력방출장치

[해설]

리프트 (자동차정비용 리프트 제외)	• 권과방지장치 • 과부하방지장치 • 비상정지장치 • 제동장치 • 조작반(盤) 잠금장치

38 다음과 같은 작업 조건일 경우 와이어 로프의 안전율은?

작업조건 : 작업대에서 사용된 와이어 로프 1줄의 절단하중이 10톤, 인양하중이 4톤, 로프의 줄수가 2줄

㉮ 2   ㉯ 3
㉰ 4   ㉱ 5

[해설] 와이어로프의 안전율 계산

$$S = \frac{N \times P}{Q}$$

여기서, S : 안전율
N : 로프 가닥수
P : 로프의 파단강도(kg/mm²)
Q : 허용응력(kg/mm²)

$$S = \frac{N \times P}{Q} = \frac{2 \times 10}{4} = 5$$

39 다음 중 산업안전보건법에서 정하는 양중기에 해당되지 않는 것은?

㉮ 크레인   ㉯ 리프트
㉰ 곤돌라   ㉱ 체인블럭

[해설] 양중기의 종류
① 크레인[호이스트(hoist)를 포함한다]
② 이동식 크레인
③ 리프트(이삿짐운반용 리프트의 경우에는 적재하중이 0.1톤 이상인 것으로 한정)
④ 곤돌라
⑤ 승강기

40 달기체인(chain)의 신장율 체크사항 중 사용금지 기준으로 올바른 것은?

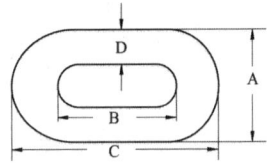

㉮ A의 폭에 대하여 3% 변화
㉯ B의 길이에 대하여 5% 변화
㉰ C의 길이에 대하여 1% 변화
㉱ D의 지름에 대하여 7% 변화

[해설] 늘어난 달기 체인 등의 사용 금지 사항
① 달기 체인의 길이가 달기 체인이 제조된 때의 길이의 5퍼센트를 초과한 것
② 링의 단면지름이 달기 체인이 제조된 때의 해당 링의 지름의 10퍼센트를 초과하여 감소한 것
③ 균열이 있거나 심하게 변형된 것

정답 37 ㉯ 38 ㉱ 39 ㉱ 40 ㉯

CHAPTER 03 기계안전시설 관리

합격의 key

01 안전시설 관리 계획하기

> 주/요/내/용 알/고/가/기
> 1. 유해하거나 위험한 기계·기구에 대한 방호조치
> 2. 방호조치가 필요한 유해위험 기계·기구 및 방호조치
> 3. 방호장치의 인간공학적 설계
> 4. 작업점 가드
> 5. 기능적 안전

1 유해하거나 위험한 기계·기구에 대한 방호조치

(1) "방호조치"란 위험기계·기구의 위험장소 또는 부위에 근로자가 통상적인 방법으로는 접근하지 못하도록 하는 제한조치를 말하며, 방호망, 방책, 덮개 또는 각종 방호장치 등을 설치하는 것을 포함한다.

(2) 누구든지 동력(動力)으로 작동하는 기계·기구로서 대통령령으로 정하는 것은 고용노동부령으로 정하는 유해·위험 방지를 위한 방호조치를 하지 아니하고는 양도, 대여, 설치 또는 사용에 제공하거나 양도·대여의 목적으로 진열해서는 아니 된다.

방호조치를 하지 아니하고는 양도·대여·설치·사용, 진열해서는 아니되는 기계·기구 ☆☆☆
① 예초기 ② 원심기 ③ 공기압축기 ④ 금속절단기 ⑤ 지게차 ⑥ 포장기계(진공포장기, 랩핑기로 한정)

실쾌! 되고! 합격이 되는! 특급

방호조치 없이 포장된 공원에서는 원예 금지

참고

※ 방호장치
기계·기구 및 설비를 사용할 경우 작업자에게 상해를 입힐 우려가 있는 부분으로부터 작업자를 보호하기 위하여 일시적 또는 영구적으로 설치하는 기계적 안전장치를 말한다.

※ 방호장치의 기본 목적
① 작업자의 보호
② 인적·물적 손실의 방지
③ 기계위험 부위의 접촉 방지

※ 방호장치 선정 시 검토사항
① 방호의 정도
② 적용의 범위
③ 보수, 정비의 난이
④ 신뢰성
⑤ 작업성
⑥ 경비

※ 방호장치의 일반원칙
① 작업방해의 제거
② 작업점의 방호
③ 외관상의 안전화
④ 기계특성에의 적합성

(3) 누구든지 동력으로 작동하는 기계·기구로서 다음 각 호의 어느 하나에 해당하는 것은 고용노동부령으로 정하는 방호조치를 하지 아니하고는 양도, 대여, 설치 또는 사용에 제공하거나 양도·대여의 목적으로 진열해서는 아니 된다.

> **동력으로 작동하는 기계·기구 중 방호조치를 하지 아니하고는 양도·대여·설치·사용, 진열해서는 아니 되는 경우**
> ① 작동 부분에 돌기 부분이 있는 것
> ② 동력전달 부분 또는 속도조절 부분이 있는 것
> ③ 회전기계에 물체 등이 말려 들어갈 부분이 있는 것
>
> 실력이 되고! 합격이 되는! 특급 암기법
>
> 돌이 동력전달부에 말려들어 속도 조절됨

(4) 유해·위험 방지를 위하여 필요한 조치를 하여야 할 기계·기구·설비 및 건축물 등은 다음과 같다.

유해·위험 방지를 위하여 필요한 조치를 하여야 할 기계·기구·설비 및 건축물
1. 사무실 및 공장용 건축물 2. 이동식 크레인
3. 타워크레인 4. 불도저
5. 모터 그레이더 6. 로더
7. 스크레이퍼 8. 스크레이퍼 도저
9. 파워 셔블 10. 드래그라인
11. 클램셸 12. 버킷굴삭기
13. 트렌치 14. 항타기
15. 항발기 16. 어스드릴
17. 천공기 18. 어스오거
19. 페이퍼드레인머신 20. 리프트
21. 지게차 22. 롤러기
23. 콘크리트 펌프
24. 그 밖에 산업재해 보상보험 및 예방심의위원회 심의를 거쳐 고용노동부장관이 정하여 고시하는 기계, 기구, 설비 및 건축물 등

(5) 사업주는 방호조치가 정상적인 기능을 발휘할 수 있도록 방호조치와 관련되는 장치를 상시적으로 점검하고 정비하여야 한다.

참고

※ 대여자 등이 안전조치 등을 해야 하는 기계·기구·설비 및 건축물
1. 사무실 및 공장용 건축물
2. 이동식 크레인
3. 타워크레인
4. 불도저
5. 모터 그레이더
6. 로더
7. 스크레이퍼
8. 스크레이퍼 도저
9. 파워 셔블
10. 드래그라인
11. 클램셸
12. 버킷굴삭기
13. 트렌치
14. 항타기
15. 항발기
16. 어스드릴
17. 천공기
18. 어스오거
19. 페이퍼드레인머신
20. 리프트
21. 지게차
22. 롤러기
23. 콘크리트 펌프
24. 고소작업대
25. 그 밖에 산업재해 보상보험 및 예방심의위원회 심의를 거쳐 고용노동부장관이 정하여 고시하는 기계, 기구, 설비 및 건축물 등

합격의 Key

> **참고**
> 금속절단기 날접촉 예방장치는 다음 각 호의 요건에 적합하게 설치하여야 한다.
> 1. 작업부분을 제외한 톱날 전체를 덮을 수 있을 것
> 2. 가드와 함께 움직이며 가공물을 절단하는 톱날에는 조정식 가이드를 설치할 것
> 3. 톱날, 가공물 등의 비산을 방지할 수 있는 충분한 강도를 가질 것
> 4. 둥근 톱날의 경우 회전날의 뒤, 옆, 밑 등을 통한 신체 일부의 접근을 차단할 수 있을 것

② 방호조치가 필요한 유해위험 기계·기구 및 방호조치

(1) 사업주는 방호조치가 정상적인 기능을 발휘할 수 있도록 방호조치와 관련되는 장치를 상시적으로 점검하고 정비하여야 한다.

(2) 사업주와 근로자는 방호조치를 해체하려는 경우 등 고용노동부령으로 정하는 경우에는 필요한 안전조치 및 보건조치를 하여야 한다.
   ① 방호조치를 해체하려는 경우 : 사업주의 허가를 받아 해체할 것
   ② 방호조치 해체 사유가 소멸된 경우 : 방호조치를 지체 없이 원상으로 회복시킬 것
   ③ 방호조치의 기능이 상실된 것을 발견한 경우 : 지체 없이 사업주에게 신고할 것

방호조치가 필요한 유해위험 기계·기구 및 방호조치 ☆☆☆		
1. 예초기의 날 접촉 예방장치		예초기의 절단 날 또는 비산물로부터 작업자를 보호하기 위해 설치하는 보호덮개 등의 장치를 말한다.
2. 원심기의 회전체 접촉 예방장치		원심기의 케이싱 또는 하우징 내부의 회전통 등에 작업자의 신체 일부가 접촉되는 것을 방지하기 위해 설치하는 덮개 등의 장치를 말한다.
3. 공기압축기의 압력방출장치		공기압축기에 부속된 압력용기의 과도한 압력 상승을 방지하기 위하여 설치하는 안전밸브, 언로드밸브 등의 장치를 말한다.
4. 금속절단기의 날 접촉 예방장치		띠톱, 둥근톱 등 금속절단기의 절단 날 또는 비산물로부터 작업자를 보호하기 위하여 설치하는 장치를 말한다.
5. 지게차의 헤드가드, 백레스트, 전조등, 후미등, 안전벨트	헤드가드	지게차를 이용한 작업 중에 위쪽으로부터 떨어지는 물건에 의한 위험을 방지하기 위하여 운전자의 머리 위쪽에 설치하는 덮개를 말한다.
	백레스트	지게차를 이용한 작업 중에 마스트를 뒤로 기울일 때 화물이 마스트 방향으로 떨어지는 것을 방지하기 위해 설치하는 짐받이 틀을 말한다.
6. 포장기계(진공포장기, 랩핑기)의 구동부 방호 연동장치		진공포장기, 랩핑기의 구동부에 설치되는 방호장치 등이 개방되었을 때 기계의 작동이 정지되도록 하거나 방호장치가 닫힌 상태에서만 기계가 작동되도록 상호 연결시키는 것을 말한다.

> **방호조치가 필요한 유해위험 기계기구 중
> 동력으로 작동되는 기계·기구의 방호조치**
> ① 작동 부분의 돌기 부분은 묻힘형으로 하거나 덮개를 부착할 것
> ② 동력 전달 부분 및 속도 조절 부분에는 덮개를 부착하거나 방호망을 설치할 것
> ③ 회전기계의 물림점(롤러·기어 등)에는 덮개 또는 울을 설치할 것

3 방호장치의 인간공학적 설계

(1) 트랩의 최소 여유

몸	다리	발
500mm	180mm	120mm

팔	손	손가락
120mm	100mm	25mm

4 작업점 가드

(1) 가드의 정의

기계의 운동 부분(위험점)에 신체가 접촉하는 것을 방지하여 작업자를 보호하기 위한 목적으로 설치하는 장치이다.

(2) 가드의 종류
  ① 고정가드
    기계의 운동부분(위험점)에 신체가 접촉하는 것을 방지하는 목적으로 기계의 개구부에 고정하여 설치하는 가드

합격의 key

문제
롤러기에서 가드의 개구부와 위험점 간의 거리가 200mm이면 개구부 간격은 몇 mm이어야 하는가?(단, 위험점이 전동체이다)
㉮ 30mm ㉯ 26mm
㉰ 36mm ㉱ 20mm

[해설]
위험점이 전동체인 경우 가드의 개구부 간격
Y = 6+0.1X
  = 6+0.1×200
  = 26mm

정답 ㉯

용어정의

* 항복점
  연강의 인장시험에서 일정크기 외력에서 그 이상 힘을 가하지 않아도 변형이 커지는 현상(항복)이 일어나고, 재료가 파괴된다. 변형이 급격히 증대하기 시작하는 점을 항복점이라 한다.
* 크리이프(creep)
  일정 하중을 지속적으로 가할 때, 시간이 흐름에 따라 재료의 변형이 증대하고 결국 파괴에 이르는 현상
* 연신율 : 인장실험 시 재료의 늘어나는 비율을 말한다.
* 탄성한도 : 외부 힘에 의하여 변형을 일으킨 물체가 힘이 제거되었을 때 본래대로 되돌아 갈 수 있는 힘의 한계를 탄성한도라 한다.
* 피로(fatigue) : 재료가 응력의 변동에 따라 강도가 약해지는 현상을 말한다.
* 응력 : 재료에 외력이 작용할 때 그 내부에 생기는 저항력
* 강도 : 재료의 강한 정도, 재료에 하중이 걸린 경우 재료가 파괴되기까지의 변형저항

고정형 가드의 구비 조건

- 기계의 운동 부분(위험점)에 신체가 접촉하는 것을 방지하는 구조일 것
- 충분한 강도를 유지할 것
- 단순한 구조이며 조정이 용이할 것
- 일반작업, 점검, 주유 시 방해되지 않는 구조일 것

② 조정 가드
  - 위험 구역에 맞추어 형상과 크기를 조절 가능한 가드
③ 연동 가드(인터록 가드)
  - 기계 작동 중에 가드를 개폐하는 경우 기계가 정지하는 가드
④ 자동 가드

(3) 가드의 개구부 치수 ✶✶

[개구부 치수(최대 개구 간격) ✶✶]

가드	① X<160mm일 경우 Y = 6 + 0.15X ② X≧160mm일 경우 Y = 30mm 여기서, X : 안전거리(위험점에서 가드까지의 거리)(mm) Y : 가드의 최대 개구 간격(mm)
일방 평행 보호망, 위험점이 전동체인 경우	① Y = 6+0.1X 여기서, X : 안전거리(mm), Y : 가드의 최대 개구 간격(mm)

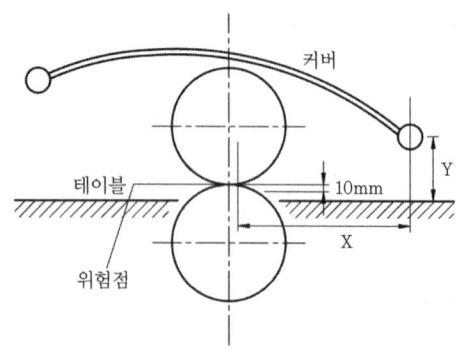

[이송롤의 방호덮개]

⑤ 구조적 안전

(1) 재료에 있어서의 결함
- 균열, 부식, 강도 저하 등

(2) 설계에 있어서의 결함
① 설계상 가장 큰 과오의 원인은 강도 계산상의 잘못이다.
② 최대하중 예측의 오차와 강도 저하를 생각하여 안전율을 충분히 고려해 주어야 한다.
③ cardullo의 안전율 산정방법

$$F = a \times b \times c \times d$$

여기서 a : 극한 한도(사용재료의 탄성 강도)
  b : 하중의 종류
  c : 하중 속도
  d : 재료의 조건

④ 안전여유 산정식

$$\text{안전여유} = \text{극한강도} - \text{허용응력(정격하중)}$$

(3) 가공에 있어서의 결함
가공 도중에 생기는 가공경화 등

(4) 응력, 강도의 계산 ✭✭

응력, 강도의 계산

$$\text{응력(강도)} \ \sigma = \frac{P_t}{A} = \frac{\text{하중}}{\text{단면적}} \ (kg_f/mm^2, kg_f/cm^2)$$

(지름 d가 주어질 경우의 단면적 $A = \frac{\pi \times d^2}{4}$)

① 인장응력(강도) = $\frac{\text{인장하중}}{\text{단면적}}$

② 전단응력(강도) = $\frac{\text{전단하중}}{\text{단면적}}$

③ 압축응력(강도) = $\frac{\text{압축하중}}{\text{단면적}}$

합격의 key

* 인장응력
  재료가 외력을 받아 늘어날 때, 내부에서 발생하는 저항력
* 전단응력
  물체의 어떤 면에서 어긋남의 변형이 일어날 때 그 면에 평행인 방향으로 작용하여 원형을 지키려는 힘
* 압축응력
  외부에서 가해지는 압축력에 의해 재료내부에 생기는 힘
* 정하중
  크기, 위치, 방향 등이 변화하지 않고 정지하고 있는 하중
* 교번하중
  반복하중 중 크기와 방향이 변화하는 하중
* 반복하중
  하중의 크기와 방향이 일정한 하중이 되풀이되는 하중
* 충격하중
  짧은 시간에 충격적으로 가해진 하중

기출
피로파괴는 재료가 반복해서 하중을 받아 파괴에 이르는 현상으로 노치, 부식, 치수 효과와 관련이 있다.

참고
1. 노치(notch) : 높은 응력집중을 일으키는 구조상의 불 연속부
2. 치수 효과(size effect) : 휨 강도, 전단 강도, 인장강도나 압축강도 등이 부재 치수의 증가에 따라 일반적으로 저하하는 현상

기출 ★
* 안전율(허용응력) 결정 시 고려사항
① 재료의 품질
② 하중과 응력의 정확성
③ 공작방법 및 정밀도
④ 하중 종류에 따른 응력의 성질
⑤ 부재의 형상, 사용 장소, 온도

(5) 응력집중

노치(notch)나 구멍 등이 있어 단면 현상이 변화되는 재료에 외력이 작용할 때 그 부분의 응력이 국부적으로 커지는 현상

(6) 안전율 ★★

기계나 기구를 설계할 때 각 부분에 가해지는 힘에 견딜 수 있도록 설계하여야 한다. 부재(部材)에 가해지는 힘에 대하여 몇 배의 하중에 견딜 수 있으면 되는가를 결정하고 계산하게 되는데, 이 배율을 안전율이라 한다.

안전율의 계산 ★
$\text{안전율} = \dfrac{\text{극한강도}}{\text{허용응력}} = \dfrac{\text{극한강도}}{\text{최대설계응력}} = \dfrac{\text{극한강도}}{\text{사용응력}} = \dfrac{\text{파괴하중}}{\text{최대사용하중}}$ $= \dfrac{\text{파단하중}}{\text{안전하중}} = \dfrac{\text{극한하중}}{\text{정격하중}}$

위험도가 큰 하중(안전율이 커진다) ★
: 충격하중 > 교번하중 > 반복하중 > 정하중

- 안전율을 가장 크게 취해야 하는 하중(가장 위험하다) : 충격하중
- 안전율을 가장 작게 취해야 하는 하중(가장 안전하다) : 정하중

6 기능적 안전

(1) 소극적 대책

이상 시 기계의 급정지로 안전화를 도모한다.

(2) 적극적 대책

페일세이프, 회로개선 등으로 오동작을 방지한다.

페일세이프의 구분 ★★
① Fail-passive : 부품 고장 시 기계장치는 정지한다.
② Fail-active : 부품 고장 시 기계는 경보를 울리며 짧은 시간 운전한다.
③ Fail-operational : 부품 고장이 있어도 다음 정기점검까지 운전이 가능하다.

> 확인 ★★
>
> ※ 페일세이프
> 인간 또는 기계에 과오나 실패가 있더라도 안전사고를 발생시키지 않도록 2중, 3중으로 통제를 가한다.

CHAPTER 03 단원 예상문제

01 기계·기구의 방호조치에 대한 근로자 준수 사항에 해당되지 않는 것은?

㉮ 방호조치 해체 시 사업주에게 허가를 득할 것
㉯ 방호조치 해체 사유 소멸 시 즉시 원상 회복할 것
㉰ 방호조치 기능상실 발견 시 사업주에게 신고
㉱ 방호조치 사고 시 수리, 보수, 작업 중지 등 조치

[해설] 근로자는 기계·기구에 설치하는 방호조치에 대하여 다음 사항을 준수하여야 한다.
① 방호조치를 해체하고자 할 경우에는 사업주의 허가를 받아 해체할 것
② 방호조치를 해체한 후 그 사유가 소멸된 때에는 지체없이 원상으로 회복시킬 것
③ 방호조치의 기능이 상실된 것을 발견한 때에는 지체없이 사업주에게 신고할 것

02 허용응력과 안전율의 관계를 올바르게 표현한 것은?

㉮ 기초강도×안전율
㉯ 안전율/기초강도
㉰ 기초강도/안전율
㉱ (안전율×기초강도)/2

[해설] 안전율 = $\dfrac{\text{기초강도}}{\text{허용응력}}$

허용응력 = $\dfrac{\text{기초강도}}{\text{안전율}}$

{참고}
안전율 = $\dfrac{\text{극한강도}}{\text{허용응력}}$ = $\dfrac{\text{극한강도}}{\text{최대설계응력}}$
= $\dfrac{\text{극한강도}}{\text{사용응력}}$ = $\dfrac{\text{파괴하중}}{\text{최대사용하중}}$
= $\dfrac{\text{파단하중}}{\text{안전하중}}$ = $\dfrac{\text{극한하중}}{\text{정격하중}}$

03 가드와 위험 부분 사이의 거리가 20mm일 때 가드 보호망 구멍의 지름은 얼마로 하는 것이 적합한가?

㉮ 6mm
㉯ 8mm
㉰ 13mm
㉱ 19mm

[해설] 가드의 개구부 치수

가드의 개구간격	일방 평행 보호망, 위험점이 전동체인 경우의 개구간격
① X<160mm일 경우 $Y = 6 + 0.15 \times X$ ② X≥160mm일 경우 $Y = 30$mm 여기서, X : 안전거리(위험점에서 가드까지의 거리)(mm) Y : 가드의 최대 개구 간격(mm)	① $Y = 6 + 0.1 \times X$ 여기서, X : 안전거리(mm) Y : 가드의 최대 개구 간격(mm)

보호망이므로
$Y = 6 + 0.1 \times X = 6 + 0.1 \times 20 = 8$mm

정답 01 ㉱ 02 ㉰ 03 ㉯

04 기계시설의 기능적 안전화를 위한 대책은?

㉮ Fool Proof ㉯ Fail Safe
㉰ 예방정비 ㉱ 진단

[해설] 페일세이프(fail safe) : 기계, 설비가 고장나더라도 사고로 연결되지 않도록 2중, 3중 통제를 한다.

05 파단하중(절단하중)이 220kg이고, 안전계수가 5인 와이어로프의 안전하중은?

㉮ 24kg ㉯ 34kg
㉰ 44kg ㉱ 54kg

[해설] 안전율 = $\frac{파단하중}{안전하중}$

안전하중 = $\frac{파단하중}{안전율} = \frac{220}{5} = 44kg$

06 기계부품에 작용하는 힘 중에서 안전율을 가장 크게 취하여야 할 힘의 종류는?

㉮ 정하중 ㉯ 교번하중
㉰ 충격하중 ㉱ 반복하중

[해설]
• 안전율을 가장 크게 취해야 하는 하중 (가장 위험하다) : 충격하중
• 안전율을 가장 작게 취해야 하는 하중 (가장 안전하다) : 정하중

07 기계나 그 부품에 고장이나 기능 불량이 생겨도 항상 안전하게 작동하는 구조와 기능을 무엇이라 하는가?

㉮ 풀 프루프
㉯ 자동가드
㉰ 페일 세이프
㉱ 릴레이

[해설] 페일 세이프(fail safe) : 기계, 설비가 고장 나더라도 사고로 연결되지 않도록 2중, 3중 통제를 가한다.

08 롤러의 러닝 닙 포인트의 전방 40mm 거리에 가드를 설치하고자 한다. 가드의 개구부 설치 간격은 얼마 정도로 하여야 하는가?
(단, 국제노동기구 규정을 따른다)

㉮ 12mm ㉯ 15mm
㉰ 18mm ㉱ 20mm

[해설]

가드의 개구간격	일방 평행 보호망, 위험점이 전동체인 경우
① X<160mm일 경우 Y = 6+0.15×X ② X≥160mm일 경우 Y = 30mm 여기서, X : 안전거리(위험점에서 가드까지의 거리)(mm) Y : 가드의 최대 개구 간격(mm)	① Y = 6+0.1×X 여기서, X : 안전거리(mm) Y : 가드의 최대 개구 간격(mm)

개구부 간격
$Y = 6+0.15 \times X$
$Y = 6+0.15 \times 40 = 12mm$

09 한계하중 이하의 하중이라도 일정 하중을 지속적으로 가하면 시간의 경과에 따라 변형이 증가하고 결국은 파괴에 이르게 되는 현상을 무엇이라 하는가?

㉮ 크리이프(creep)
㉯ 피로(fatigue)
㉰ 응력집중
㉱ 응력부식

[해설] 크리이프(creep) : 일정 하중을 지속적으로 가할 때, 시간이 흐름에 따라 재료의 변형이 증대하고 결국 파괴에 이르는 현상

정답 04 ㉯ 05 ㉰ 06 ㉰ 07 ㉰ 08 ㉮ 09 ㉮

10 기계설비에서 풀 프루프(fool-proof) 개선의 경우가 아닌 것은?

㉮ 기계의 회전 부분에 울이나 커버를 붙인다.
㉯ 선풍기의 가드에 손이 닿으면 날개의 회전이 멈춘다.
㉰ 안전 점검을 실시하고 미비점은 개선한다.
㉱ 승강기에서 중량 제한이 초과되면 움직이지 않는다.

[해설] **풀 프루프** : 인간의 실수가 있더라도 사고로 연결되지 않도록 2중, 3중으로 통제를 가한다.

11 페일 세이프(Fail safe) 구조의 기능면에서 설비 및 기계 장치의 일부가 고장이 난 경우 기능의 저하를 가져오더라도 전체 기능은 정지하지 않고 다음 정기점검 시까지 운전이 가능한 방법은?

㉮ Fail-passive
㉯ Fail-soft
㉰ Fail-active
㉱ Fail-operational

[해설] **페일세이프(Fail-Safe)** : 기계 설비에 결함이 발생되더라도 사고가 발생되지 않도록 2중, 3중으로 통제를 가한다.
① Fail Passive : 부품의 고장 시 기계장치는 정지 상태로 옮겨간다.
② Fail active : 부품이 고장 나면 경보를 울리며 짧은 시간 운전이 가능하다.
③ Fail operational : 부품의 고장이 있어도 다음 정기점검까지 운전이 가능하다.

12 고온에서 정하중을 받게 되는 기계구조 부분의 설계 시 허용응력을 결정하기 위한 기초강도로 다음 중 가장 적합한 것은?

㉮ 항복점 ㉯ 피로 한도
㉰ 극한 강도 ㉱ 크리이프 한도

[해설] 정하중을 받게 되는 기계구조 부분의 설계 시 허용응력을 결정하기 위한 기초강도로 크리이프 한도를 이용한다.
{참고} **크리이프(creep)** : 일정 하중을 지속적으로 가할 때, 시간이 흐름에 따라 재료의 변형이 증대하고 결국 파괴에 이르는 현상

13 재료에 구멍이 있거나 노치(notch) 등이 있을 때, 외력이 작용하면 국부적으로 응력이 커지는 현상은?

㉮ 가공경화 ㉯ 피로
㉰ 응력집중 ㉱ 크리이프(creep)

[해설] **응력집중** : 노치(notch)나 구멍 등이 있어 단면 형상이 변화되는 재료에 외력이 작용할 때 그 부분의 응력이 국부적으로 커지는 현상

14 안전계수 5인 체인의 최대 설계응력이 1 kN이라면, 이 체인의 극한강도는 얼마인가?

㉮ 5kN ㉯ 6kN
㉰ 10kN ㉱ 12kN

[해설]
$$\text{안전율} = \frac{\text{극한강도}}{\text{허용응력}} = \frac{\text{극한강도}}{\text{최대설계응력}}$$
$$= \frac{\text{극한강도}}{\text{사용응력}} = \frac{\text{파괴하중}}{\text{최대사용하중}}$$
$$= \frac{\text{파단하중}}{\text{안전하중}} = \frac{\text{극한하중}}{\text{정격하중}}$$

안전계수(안전율) = $\frac{\text{극한강도}}{\text{최대설계응력}}$

극한강도 = 안전계수 × 최대설계응력
= 5 × 1kN = 5kN

정답 10 ㉰ 11 ㉱ 12 ㉱ 13 ㉰

02 안전시설 설치하기

⇨ 시험출제빈도가 낮은 내용입니다. 가볍게 읽고 넘어가세요!

주/요/내/용 알/고/가/기

1. 안전보건표지 설치 기준

1 안전보건표지 설치 기준

(1) 안전보건표지의 설치 · 부착 · 유지관리

1) 사업주는 유해하거나 위험한 장소 · 시설 · 물질에 대한 경고, 비상시에 대처하기 위한 지시 · 안내 또는 그 밖에 근로자의 안전 및 보건의식을 고취하기 위한 사항 등을 그림, 기호 및 글자 등으로 나타낸 표지("안전보건표지"라 한다)를 근로자가 쉽게 알아볼 수 있도록 설치하거나 붙여야 한다. 이 경우 「외국인근로자의 고용 등에 관한 법률」에 따른 외국인 근로자를 사용하는 사업주는 안전보건표지를 고용노동부장관이 정하는 바에 따라 해당 외국인 근로자의 모국어로 작성하여야 한다.

2) 안전보건표지의 제작
   ① 안전보건표지는 그 종류별로 기본모형에 의하여 산업안전보건법 시행규칙 별표 7의 구분에 따라 제작해야 한다.
   ② 안전보건표지는 그 표시내용을 근로자가 빠르고 쉽게 알아볼 수 있는 크기로 제작해야 한다.
   ③ 안전보건표지 속의 그림 또는 부호의 크기는 안전보건표지의 크기와 비례해야 하며, 안전보건표지 전체 규격의 30퍼센트 이상이 되어야 한다.
   ④ 안전보건표지는 쉽게 파손되거나 변형되지 않는 재료로 제작해야 한다.
   ⑤ 야간에 필요한 안전보건표지는 야광물질을 사용하는 등 쉽게 알아볼 수 있도록 제작해야 한다.
   ⑥ 안전보건표지와 신호는 강제력을 지닌 명확하고 공통적으로 적용되는 규정에 따라야 한다.
   ⑦ 혼동을 일으킬 수 있는 너무 많은 표시를 사용하지 않아야 한다.

3) 안전보건표지의 설치

① 사업주는 안전보건표지를 설치하거나 부착할 때에는 근로자가 쉽게 알아볼 수 있는 장소·시설 또는 물체에 설치하거나 부착해야 한다.
② 사업주는 안전보건표지를 설치하거나 부착할 때에는 흔들리거나 쉽게 파손되지 않도록 견고하게 설치하거나 부착해야 한다.
③ 안전보건표지의 성질상 설치하거나 부착하는 것이 곤란한 경우에는 해당 물체에 직접 도색할 수 있다.

4) 안전보건표지의 유지관리

모든 안전보건표지는 의도된 기능을 적합하게 나타내도록 정기적인 점검과 세척이 필요하며, 작동에 지장이 없도록 상시 전력 공급에 만전을 기하여야 한다.

(2) 안전보건표지 및 신호

안전보건표지는 표지판, 색상, 전광판, 청각신호, 구두전달 혹은 수신호 등에 의해 작업 시 산업안전보건에 관한 정보 혹은 지침을 제시하는 것이다.

1) 표지판

① 모양, 색상 그리고 상징 등으로 정보 혹은 지침을 제공하는 표지로 일반 안전 표지판, 형광 안전 표지판, 축광 안전 표지판, 발광 안전 표지판 등이 있다.
② 일반 안전 표지판은 강판, 알루미늄판 및 합성 수지판의 바탕판의 표면에 일반색채로 안전 보건표지의 디자인을 한 표지판이다.
③ 형광 안전 표지판은 강판, 알루미늄판 및 합성 수지판의 바탕판의 표면에 형광을 가진 색채로 안전보건표지의 디자인을 한 표지판이다.
④ 축광 안전표지판은 합성 수지판의 바탕판의 표면을 축광성 재료에 의해 가공하고 색채에 의해 안전보건표지의 디자인을 한 표지판이다.
⑤ 발광 안전표지판은 가판과 투명판 사이에 형광성 색채의 발광재료를 사용한 표지면을 밀봉하여 안전보호표지의 디자인을 한 표지판이다.
   • 발광표지는 눈부심이 없이 볼 수 있도록 충분히 밝아야 하며, 즉각적인 시각적 효과를 주도록 적절한 높이와 거리에 설치되어야 한다.

- 발광표지에는 여러 표시가 혼재되어 나타나지 않도록 하여야 하며 근로자가 쉽게 볼 수 있어야 한다.

2) 안전 색채

① 빨강, 노랑, 주황, 녹색, 파랑, 자주의 안전색채가 사용된다.

[안전색의 일반적인 의미]

안전색	의미	사용 보기
빨강 7.5R 4/15	방화	방화표지, 배관계 식별 소화표시
	금지	금지표시
	정지	긴급정지 버튼, 정지신호기
	고도위험	화학경고표, 발파경고표, 화약류의 표시
주황 2.5YR 6/14	위험	위험표지, 배관계 식별 위험표시, 스위치 박스, 뚜껑 안쪽면, 기계의 안전 커버 안쪽면, 노출 기어의 옆면, 눈금관의 위험 범위
	항해, 항공 보안시설	구명보트, 구명구, 구명대, 수로표지, 선박계류 부표, 비행장용 구급차, 비행장용 연료차
노랑 2.5Y 8/14	주의	주의표지, 감전주의 표지, 크레인 범퍼, 충동위험 기둥, 바닥 돌출물, 피트 가장자리, 바닥면의 끝, 호퍼 주위 및 계단 가장자리, 전선 방호구 도로, 바리케이드, 해로운 물질을 잘게 부수는 용기 또는 사용장소, 가전제품의 경고표시
녹색 10G 4/10	안전	안전지도표지 및 안전기
	피난	유도표지, 비상구 방향 표지, 대피소 위치, 갱구, 특정 구역의 방향을 나타내는 표지
	구호	위생지도표지, 노동위생기, 구호표지, 보호구 상자, 들것, 구급상자, 구호소의 위치 및 방향 표지
	진행	통행신호기
파랑 2.5PB 3.5/10	의무적 행동	지시표시
	지시	보호안경의 착용, 가스측정 등 지시하는 표지, 수리 중 또는 운전휴게 장소를 나타내는 표지, 스위치 박스의 바깥면
자주 2.5RP 4/12	방사능	방사능표지, 방사능 경표, 방사성 동위원소 및 여기에 관한 폐지 작업실, 저장시설, 관리구역 등에 설치하는 울타리 등

② 색 조합이 의미를 가지기도 한다.

[안전 색 조합의 일반적인 의미]

배치	색 조합	의미 / 사용	
→노랑 →검정	노랑과 검정 대비색	다음의 위험요소가 있는 위험장소나 방해물	잠재적 위험경고
→빨강 →하양	빨강과 하양 대비색	- 사람의 부딪힘 또는 낙상 - 중량물 낙하	출입 금지
→파랑 →하양	파랑과 하양 대비색	강제적인 지시를 나타냄	
→초록 →하양	초록과 하양 대비색	안전한 상태를 나타냄	

③ 대비색이 사용되기도 한다.

안전색	대응하는 대비색
빨 강	흰색, 검정색
주 황	검정색
노 랑	검정색
녹 색	흰색, 검정색
파 랑	흰색, 검정색
자 주	검정색

3) 상징과 표지판

① 상징은 간결하게 정보를 전달하기 위한 그래픽 구성요소이다.

모양	의미
○	금지, 정지, 고도의 위험, 의무행동, 지시, 안전, 구호, 지도, 보호, 방사능
◇	위험
△ ▽	주의
▭ ▯	정보(지시 포함), 금지, 정지, 고도의 위험, 방화, 안전, 구호, 지도, 보호, 방사능, 유도, 보조 표지

참고
※ 구두신호의 예

신호 용어	의미
시작	작동 시작
중지	작동 중단
끝	작동 정지
올림	화물 올림
내림	화물 내림
전진	앞으로 이동
후진	뒤로 이동
오른쪽	오른쪽 신호로 이동
왼쪽	왼쪽 신호로 이동
위험	긴급 정지
신속히	신속한 이동

4) 표지판 모양 및 의미

기하학적 형태	의미	안전색	대비색	그림 표지의 색	사용 보기
대각선이 있는 원	금지	빨강	하양*	검정	- 금연 - 수영 금지 - 화기엄금
원	지시	파랑	하양*	하양*	- 보안경 착용 - 안전복 착용 - 사용 후 전원 차단
정삼각형	경고/주의	노랑	검정	검정	- 뜨거운 표면 주의 - 생물학적 위험 주의 - 전기 주의
정사각형	안전 조건	초록	하양*	하양*	- 의무실 - 비상구 - 대피소
정사각형	화재 안전	빨강	하양*	하양*	- 화재 경보 위치 - 소화 장비 - 소화전

※ 하양은 ISO 3864-4에서 정의된 물성을 가진 자연광 조건에서 인광성 물질에 대한 색을 포함한다.

참고
1. 금지표지
  • 둥근 모양, 흰색배경, 빨간색 글자 및 대각선 (표지영역의 최소 35%를 차지하는 빨간색 부분)에 검정색 픽토그램 사용

2. 경고표지
  • 삼각형 모양, 검은색 글자가 있는 노란색 바탕에 검정색 픽토그램 (표지영역의 최소 50%를 차지하는 노란색 부분)

5) 신호

청각신호	① 화재경고음과 같이 음성을 이용하지 않고 전달하는 음성 신호이다. ② 청각신호는 주위의 소음보다 10dB 정도 높아야 하지만, 과도하거나 고통을 주어서는 안 된다. ③ 쉽게 인지할 수 있는 신호여야 하고, 특히 진동의 크기와 진동 주기가 중요하며, 동시에 둘 이상의 신호를 사용해서는 안 된다.
구두 신호(전달)	① 음성이나 기계적 음으로 메시지를 전달한다. ② 구두신호에 사용되는 메시지는 명확, 간결하고 근로자가 쉽게 이해 할 수 있는 것이어야 한다.
수신호	① 위험 상황을 손이나 팔의 움직임과 위치로 행동지침을 제시한다. ② 크레인 혹은 차량 이동 등 직접적인 위험이 상존하는 상황에 쓰인다. ③ 신호는 정확하고 단순하며 이해하기 쉬워야 하며 동작도 용이하여야 한다. ④ 수신호 행위자는 신호를 잘 활용할 수 있어야 하고 정기적으로 훈련을 받아야 한다. ⑤ 수신호 코드는 정확한 인식과 이해가 중요하므로 근로자에게 정확히 공지, 설명하고 수시로 훈련해야 한다.

6) 표지판 사용

① 사업장 내 표지판은 쉽게 볼 수 있고 이해할 수 있도록 충분한 크기를 가져야 하고 선명해야 하며, 자연광이 약할 경우 인공조명이나 반사하는 재료로 만들어진 표지판을 설치해야 한다.
② 근거리에 너무 많은 표지판이 있어 혼동되는 것을 지양해야 된다.

(3) 화재안전표지

① 화재 발생 시 대피통로, 비상구 그리고 소화장비의 위치 등에 관한 정보를 제공하기 위한 표지로 심볼 및 픽토그램 등의 발광표지 혹은 청각신호로 나타낸다.
② 건물 혹은 시설에 대한 안전성 평가의 결과에 따라 설치하여야 한다.

합격의 key

3. 화학물질 경고표지
- 마름모 모양, 흰색배경, 검정색 픽토그램

4. 지시표지
- 둥근 모양, 파란색 배경에 흰색그림(문자영역의 최소 50%를 차지하는 파란색 부문)

5. 안내표지(비상탈출 또는 응급처치 표지판)
- 직사각형 또는 사각형, 녹색 배경에 흰색 그림 문자(표지영역의 50%를 차지하는 녹색 부문)
- 비상탈출 표지의 경우 탈출 방향과 화살표의 위치가 모순되지 않도록 주의

6. 소방표지판
- 직사각형 또는 사각형, 빨간색 배경에 흰색그림 문자(표지영역의 최소 50%를 차지하는 빨간색 부문)
- 비상장비에 대한 방향을 나타내기 위해 화살표를 사용하는 것이 탈출 방향과 혼동될 수 없고 모순되지 않도록 주의해야 한다.
- 건물을 대피하는 사람들이 방향을 잘못 잡게 될 수 있는 혼란이 발생할 위험이 있는 경우에는 이러한 표지판을 사용해야 하는지를 고려해야 한다.

1) 안전신호 색상

빨간색	소화 장비 – 위치 및 확인
녹색	비상구 – 문, 출구, 대피 통로 등

2) 유지관리

　표지판은 선명도를 유지하기 위해 항시 청결해야 하며, 단단히 고정되어 있어야 하고, 전광판의 경우 수시 점검을 통해 전구가 양호한 상태를 유지하도록 해야 한다.

3) 설치

　① 화재 안전표지는 건물 및 구조물 내 비상대피 출입구 상단 및 사람들의 시야 확보가 용이한 곳에 설치한다.
　② 사람들이 혼동하지 않도록 이중 설치를 가급적 피하고, 모호하지 않도록 해야 한다.

4) 소방장비 표시 및 분류

　① 일반적으로 소방장비는 빨간색으로 나타내며, 표지판 혹은 장비 뒷면을 빨간색으로 칠함으로서 나타낸다.

5) 화재 경보

　① 사업장 내 화재 발생을 인지하도록 하기 위해 사용되는 경보시스템은 주로 청각신호에 의해 나타낸다.
　② 청각신호는 일정한 간격과 속도, 형식으로 나타내는데 주위 소음에 비해 큰 음량을 가져야 한다.
　③ 청각신호는 평시에 모든 근로자들이 인지하고 이해하도록 공지, 훈련되어야 한다.
　④ 화재 경보에 사용되는 스피커 및 장비는 정기적 점검을 통해 정상적 작동 유무를 확인해야 하며, 스피커는 사업장 내 모든 근로자가 쉽게 들을 수 있는 곳에 설치하여야 한다.

03 안전시설 유지·관리하기

> 시험출제빈도가 낮은 내용입니다. 가볍게 읽고 넘어가세요!

주/요/내/용 알/고/가/기

1. KS B 규격
2. 국제 표준화 기구(ISO : International Organization for Standardization) 규격

1 KS B 규격

(1) KS규격

1) 한국산업표준(KS : Korean Industrial Standards)은 산업표준화법에 의거하여 산업표준심의회의 심의를 거쳐 국가기술표준원장이 고시함으로써 확정되는 국가표준으로서 약칭하여 KS로 표시한다.

2) 한국산업표준은 기본부문(A)부터 정보부문(X)까지 21개 부문으로 구성되며 크게 다음 세 가지 국면으로 분류할 수 있다.

   ① **제품표준** : 제품의 형상·치수·품질 등을 규정한 것
   ② **방법표준** : 시험·분석·검사 및 측정방법, 작업표준 등을 규정한 것
   ③ **전달표준** : 용어·기술·단위·수열 등을 규정한 것

3) KS B는 기계부분의 KS규격을 뜻한다.

(2) 한국산업표준 제정의 4대 원칙

① 산업표준의 통일성
② 산업표준의 조사·심의과정의 민주적 운영
③ 산업표준의 객관적 타당성 및 합리성 유지
④ 산업표준의 공중성 유지

(3) 한국산업표준 제정의 우선 순위

① 원재료에 관한 것
② 소비자가 품질을 식별하기 어려운 대량 소비품
③ 각종 시험기준, 용어 및 기호로서 기본적인 통일 표준을 요하는 것
④ 정부 조달 품목

참고

* 표준화의 의의
- 표준화(Standardization)란 일상적이고 반복적으로 일어나거나 일어날 수 있는 문제를 주어진 여건 하에서 최선의 상태로 해결하기 위한 일련의 활동을 말한다.
- 표준은 합의에 의해 작성되고 인정된 기관에 의해 승인되며, 공통적이고 반복적인 사용을 위해 제공되는 규칙, 가이드 또는 특성을 제공하는 문서
- 과학·기술 및 경험에 대한 총괄적인 발견 사항들에 근거하여야 하며, 공동체 이익의 최적화 촉진을 목적으로 하는 것을 원칙으로 하고 있다.

⑤ 수출품
⑥ 군납품
⑦ 각 기관에서 요하는 품목 또는 규격 제정의 긴급을 요하는 품목

(4) 한국산업표준의 분류체계

대분류	중분류
기본부문(A)	기본일반/방사선(능)관리/가이드/인간공학/신인성관리/문화/사회시스템/기타
기계부문(B)	기계일반/기계요소/공구/공작기계/측정계산용기계기구·물리기계/일반기계/산업기계/농업기계/열사용기기·가스기기/계량·측정/산업자동화/기타
전기전자부문(C)	전기전자일반/측정·시험용 기계기구/전기·전자재료/전선·케이블·전로용품/전기 기계기구/전기응용 기계기구/전기·전자·통신부품/전구·조명기구/배선·전기기기/반도체·디스플레이/기타
금속부문(D)	금속일반/원재료/강재/주강·주철/신동품/주물/신재/2차제품/가공방법/분석/기타
광산부문(E)	광산일반/채광/보안/광산물/운반/기타
건설부문(F)	건설일반/시험·검사·측량/재료·부재/시공/기타
일용품부문(G)	일용품일반/가구·실내장식품/문구·사무용품/가정용품/레저·스포츠용품/악기류/기타
식료부문(H)	식품일반/농산물가공품/축산물가공품/수산물가공품/기타
환경부문(I)	환경일반/환경평가/대기/수질/토양/폐기물/소음진동/악취/해양환경/기타
생물부문(J)	생물일반/생물공정/생물화학·생물연료/산업미생물/생물검정·정보/기타
섬유부문(K)	섬유일반/피복/실·편직물·직물/편·직물제조기/산업용 섬유제품/기타
요업부문(L)	요업일반/유리/내화물/도자기·점토제품/시멘트/연마재/기계구조 요업/전기전자 요업/원소재/기타
화학부문(M)	화학일반/산업약품/고무·가죽/유지·광유/플라스틱·사진재료/염료·폭약/안료·도료잉크/종이·펄프/시약/화장품/기타

의료부문(P)	의료일반/일반의료기기/의료용설비·기기/의료용 재료/의료용기·위생용품/재활보조기구·관련기기·고령친화용품/전자의료기기/기타
품질경영부문(Q)	품질경영 일반/공장관리/관능검사/시스템인증/적합성평가/통계적기법 응용/기타
수송기계부문(R)	서비스일반/산업서비스/소비자서비스/기타
서비스부문(S)	서비스일반/산업서비스/소비자서비스/기타
물류부문(T)	물류일반/포장/보관·하역/운송/물류정보/기타
조선부문(V)	조선일반/선체/기관/전기기기/항해용기기·계기/기타
항공우주부문(W)	항공우주 일반/표준부품/항공기체·재료/항공추진기관/항공전자장비/지상지원장비/기타
정보부문(X)	정보일반/정보기술(IT) 응용/문자세트·부호화·자동인식/소프트웨어·컴퓨터그래픽스·네트워킹·IT상호접속/정보상호기기·데이터 저장매체/전자문서·전자상거래/기타

2 국제 표준화 기구 규격
(ISO : International Organization for Standardization)

(1) ISO 규격
① 국제 표준화 기구가 개발한 국제표준을 말한다.
② 국제 표준은 전 세계적으로 사용하는 데 적합함을 의미한다.

(2) ISO표준 제정 절차
① 제안부터 발행까지 6단계로 구성된다.
② ISO/IEC 기술작업 지침서를 준수한다.
③ 신규표준제안은 ISO 국가회원기관, TC/SC 간사기관, 연계기관, 기술관리이사회 또는 자문그룹, ISO 사무총장에 의해 이루어질 수 있고, 작업안은 해당 기술위원회의 정회원들에게 회부되어 투표를 거치게 된다.

> **참고**
> 1. ISO의 설립 목적
>   상품 및 서비스의 국제적 교환을 촉진하고, 지적, 과학적, 기술적, 경제적 활동 분야에서의 협력 증진을 위하여 세계의 표준화 및 관련 활동의 발전을 촉진시키는데 있다.
>
> 2. ISO의 수행업무
>   ① 표준 및 관련 활동의 세계적인 조화를 촉진시키기 위한 조치를 취한다.
>   ② 국제표준을 개발, 발간하며, 이 표준들이 세계적으로 사용되도록 조치를 취한다.
>   ③ 회원기관 및 기술위원회의 작업에 관한 정보의 교환을 주선한다.
>   ④ 관련 문제에 관심을 갖는 다른 국제기구와 협력하고, 특히 이들이 요청하는 경우 표준화 사업에 관한 연구를 통하여 타 국제기구와 협력한다.
>   ⑤ 표준화 사업에 관한 연구를 통하여 타 국제기구와 협력한다.

합격의 key

프로젝트 단계	관련 문서	
	명 칭	약 어
0 예비 단계	예비 업무 항목 • 기술위원회나 분과위원회는 후속 단계로 진행하기에는 충분하지 않은 예비작업항목(PWI)을 P멤버의 단순 과반수 투표로 작업프로그램에 도입할 수 있다.	PWI
1 제안 단계	신규작업항목 제안 • NP제안서식에 작성하여 제출하며, 이 항목을 작업프로그램에 추가할 것인지는 서신 또는 회의를 통해 결정한다. • 적어도 5개 이상의 P멤버가 적극적으로 참여하겠다는 의사를 표명해야 하며, 작업프로그램에 프로젝트로 포함시키는 문제는 1단계에서 결정된다.	NP
2 준비 단계	작업초안(WD) • 이 단계에서는 ISO/IEC Directive, Part 2에 따라 작업초안(WD)을 작성한다. • 완성된 작업초안을 위원회안(CD)이라 하며, 위원회안이 기술위원회 또는 분과위원회의 멤버들에게 회람되고 중앙사무국에 등록되면 준비단계는 종료된다.	WD
3 위원회 단계	위원회 초안 • 위원회 단계는 국가 회원기관들의 의견을 검토하는 단계이다. • 이 단계에서 국가 회원기관들은 위원회안의 내용을 검토하여 관련된 모든 의견, 특히 기술적인 의견을 제출하게 되며 국제회의 대표자들은 자국의 입장에 대해 보고하게 된다. • 질의 안에 대한 회부 결정은 합의 원칙에 따르며, 위원회 안이 회람을 위해 질의 안으로 승인되고 중앙사무국에 등록되면 위원회단계는 종료된다.	CD
4 질의 단계	질의 안(국제표준안) • 질의 단계 기간 동안 중앙사무국은 질의 안을 모든 회원기관들에 배포하여 찬반투표를 하도록 하며 이는 다음 조건에서 승인된다. – 기술위원회 또는 분과위원회 P멤버 투표수의 2/3가 찬성하고 – 전체 투표수의 1/4 이하가 반대할 경우	DIS

5 승인 단계	최종 국제표준안 • 최종 국제표준안을 중앙사무국에서 회원국에 배포 후 8주 동안 투표한다. • 회원국은 찬성, 반대, 또는 기권의 의사를 명시하며 반대를 하는 경우 반드시 기술적 사유를 명시한다. • 최종 국제표준안은 질의안과 같은 조건에서 승인되며, 승인단계는 최종 국제표준안을 국제표준으로 발간토록 승인하였음을 명시하는 투표보고서를 회람함으로써 종료된다.	FDIS
6 출판 단계	국제표준 • 4주 안에 중앙사무국 기술위원회 또는 분과위원회 간사기관은 지적된 인쇄상 오류들을 수정하여 국제표준으로 인쇄하고 배포한다. • 이 단계는 국제표준의 발간과 함께 종료된다.	ISO

04 설비진단 및 검사

> 주/요/내/용 알/고/가/기
> 1. 비파괴검사의 정의
> 2. 비파괴검사의 종류별 특징

1 비파괴검사

재료나 제품을 원형과 기능에 변화를 주지 않고 원하는 것을 알 수 있는 검사를 말한다. 즉 재료나 제품을 물리적 현상을 이용한 특수방법으로 검사하여 대상물을 파괴, 분리 또는 손상을 입히지 않고 결함의 유무와 상태 또는 그것의 성질, 상태, 내부구조 등을 알아내는 모든 검사를 말한다.

2 비파괴검사의 종류 ✯

검사방법	기본원리	검출대상	특징
침투탐상 검사(PT)	• 침투작용(모세관, 지각 현상)을 이용한 방법 • 시험체 표면에 개구해 있는 결함에 침투한 침투액을 흡출시켜 결함 지시모양을 식별	용접부, 단조품 등의 비기공성 재료에 대한 표면개구결함 검출에 이용	• 금속, 비금속 등 거의 모든 재료에 적용 가능 • 현장적용이 용이 • 제품이 크기 형상 등에 크게 제한받지 않음
자분탐상 검사(MT)	• 자기 흡인 작용을 이용한 방법 • 철강 재료와 같은 강자성체를 자화시키면 결함 누설자장이 형성되며, 이 부위에 자분을 도포하면 자분이 흡착 되는 원리를 이용	강자성체 재료용접부, 주강품, 단강품 등)의 표면 및 표면 직하 결함 검출에 이용된다.	• 강자성체에만 적용 가능 • 장치 및 방법이 단순 • 결함의 육안식별이 가능 • 비자성체에는 적용 불가 • 신속하고 저렴함

> 참고
> * 자분탐상검사의 자화 방법
> ① 축 통전법
> ② 직각 통전법
> ③ 전류 관통법
> ④ 자속 관통법
> ⑤ 극간법
> ⑥ 코일법
> ⑦ 프로드법

검사방법	기본원리	검출대상	특징
방사선 투과검사 (RT)	• 투과성을 이용한 방법 • 방사선을 시험체에 조사하였을 때 투과한 사선의 강도의 변화 즉, 건전부와 결함부의 투과선량의 차에 의한 필름상의 농도차로부터 결함을 검출한다.	• 용접부, 주조품 등의 내·외부 결함 검출에 이용된다.	• 반영구적인 기록이 가능 • 거의 모든 재료에 적용 가능 • 표면 및 내부결함 검출가능 • 방사선 안전관리가 요구된다.
초음파 탐상검사 (UT)	• 펄스반사법을 이용한 방법 • 시험체 내부에 초음파 펄스를 입사시켰을 때 결함에 의한 초음파 반사 신호의 해독을 이용한다.	• 용접부, 주조품, 압연품, 단조품 등의 내부 결함 검출, 두께측정에 사용된다.	• 균열에 높은 감도 및 높은 투과력 가짐 • 표면 및 내부 결함 검출가능
와류탐상 검사(ET)	• 전자유도작용을 이용한 방법 • 시험체 표층부의 결함에 의해 발생한 와전류의 변화 즉 시험 코일의 임피던스 변화를 측정하여 결함을 식별한다.	• 철강, 비철재료의 파이프, 와이어 등의 표면 또는 표면근처의 결함검출 • 박막두께 측정 및 재질 식별에 이용된다.	• 금비접촉탐상, 고속탐상, 자동탐상가능 • 표면결함 검출 능력 우수 • 표피효과, 열교환기 튜브의 결함탐지
육안검사	• 인간의 육안을 이용하여 대상의 표면 결함을 발견하는 방법이다. • 이상 유무 판단의 가장 기본적인 비파괴 시험법이다.	• 모든 시험 대상 체의 이상 유무를 식별할 수 있다.	• 미세한 결함을 검출하는 경우는 보조기구를 사용 • 육안검사로 검출 및 평가할 수 있는 결함은 제한적임
누설검사	• 암모니아, 할로겐, 헬륨 등의 기체 또는 물을 이용하여 누설을 확인하여 대상의 기밀성을 평가하는 검사	• 압력용기, 저장 탱크, 파이프라인 등의 누설탐지	• 관통된 불연속만 탐지가능 • 최종 건전성시험으로 주로 사용
음향방출 검사	• 하중을 받고 있는 재료의 결함부에서 방출되는 응력파를 수신하여 분석함으로써 결함의 위치판정, 손상의 진전 감시 등 동적거동을 판단하는 검사방법	• 모든 재료에 적용하며 소성변형, 균열의 생성 및 진전 감시 등 동적거동 파악 • 결함부의 추이 판정 및 재료의 특성평가에 이용	• 회전체 이상 진단 등의 감시기법 • 카이져효과 • 소성변형 및 전위를 위한 에너지가 필요 • 불연속의 정적 거동은 탐지불가

> 기출
> ＊ 초음파 탐상법의 종류
> ① 반사식
> ② 투과식
> ③ 공진식

합격의 key

③ 진동 ⇨ 시험출제빈도가 낮은 내용입니다. 가볍게 읽고 넘어가세요!

(1) 진동

모든 물체는 그 물체의 구성물질, 크기, 구조, 질량 및 형태에 따라 어떤 특정 주파수에 반응 진동을 하려는 경향이 있다. 이러한 자연 진동 주파수를 공명이라 한다. 어떤 기계가 어떤 물질의 공명주파수로 진동할 때 진동 기계는 최대량의 에너지를 그 물체에 전송한다. 진동하는 물체에 접촉하게 되면 진동에너지가 접촉한 사람의 몸으로 전달되어 진동에 노출된다.

(2) 전신진동

트럭, 버스, 트랙터 등의 운전 시에 진동에너지는 의자나 바닥을 통해 온 몸으로 받아들여지고, 몸 전체에 영향을 주거나 또는 몸 안의 몇몇 장기에 영향을 준다.

① 전신 진동의 영향
  - 피로, 불면, 두통을 초래하고, 오한이나 떨림 현상 등을 야기한다.
  - 심박수, 산소소비량, 호흡률을 증가시키고 또한 혈액과 소변에 변화를 준다.

② 전신 진동의 대책
  - 진동하는 바닥에서 작업하는 작업자는 총 작업 시간을 제한한다.
  - 폭로 정도를 감소시키기 위하여 진동 원이나 표면을 기계적/물리적으로 격리한다.
  - 과도한 진동을 피하기 위하여 장비는 적절히 보수유지 되도록 한다.
  - 진동 저감 의자 등을 설치한다.

(3) 국소 진동

진동이 어느 장기, 몸의 어느 한 부분에 영향을 끼치는 경우를 말한다. 가장 흔한 국소 진동은 손-팔 진동으로 주로 손과 팔에 영향을 준다. 손-팔 진동은 체인쏘, 착암용 드릴, 절삭기, 전동 드릴, 그라인더 등 동력 수공구 또는 손으로 잡고 동작을 하는 동력 장비를 취급하는 작업자들에게 영향을 준다.

① 영향
- 손 – 팔 진동 증후군은 레이노드 현상이라고도 한다.
- 레이노드 현상은 감소된 혈액순환으로 인해 저온 환경 하에서 손·발저림, 무감각, 백색 수지 현상을 일으킨다.

② 대책
- 적절한 공구의 선택(방진 공구)
- 적절한 흡진 물질(예 장갑)사용
- 공구나 공정의 안전한 작동이 유지되는 범위 내에서 할 수 있는 한에서 최소한의 손잡기로 공구를 잡고 유지한다.
- 따뜻하게 유지할 수 있도록 장갑을 포함 알맞은 의복을 착용한다.
- 연속적인 진동에의 노출을 피하기 위해 휴식시간을 가진다.
- 잘못된 공구의 사용을 금한다.
- 절단용 공구의 경우 적절한 날카로움을 유지한다.

(4) 사업주는 근로자가 진동 작업에 종사하는 경우에 다음 각 호의 사항을 근로자에게 충분히 알려야 한다.

① 인체에 미치는 영향과 증상
② 보호구의 선정과 착용 방법
③ 진동 기계·기구 관리 방법
④ 진동 장해 예방 방법

4 소음

(1) 소음의 종류

① 연속음(continuous noise)
- 하루 종일 같은 크기의 소리가 발생하는 것
- 소음이 1초에 1회 이상 반복되는 음

② 단속음(interrupted noise)
- 소음의 반복음이 1초보다 간격이 클 때

③ 충격음(impulse noise)
- 최대음압수준이 120dB 이상인 소음이 1초 이상 간격으로 발생하는 것
- 충격음의 최대 허용기준은 140dB

(2) 난청의 종류

① 일시적 난청
강렬한 소음에 폭로되어 청신경 세포의 피로현상으로 휴식을 취하면 회복되어 정상적으로 돌아옴

② 영구적 난청
청신경의 피로가 누적되어 신경세포가 비가역적인 변성을 일으키거나 파괴되는 현상으로 치료가 불가능

③ 노인성 난청
나이가 많아짐에 따라 청신경이 퇴행성 변화를 일으켜 청력손실 발생

(3) 대책

① 발생원 대책(가장 적극적 대책) : 음원 제거, 소음의 강제적 저감 등
② 소음장치 대책 : 밀폐조치, 흡음 장치 사용, 음향처리재 사용 등
③ 거리대책 : 발생원과의 거리를 멀게 할 것
④ 지향성 대책 : 발생원의 방향 변경
⑤ 보호구 착용(가장 소극적 대책) : 귀마개, 귀덮개 사용